AF904659

Die Kältemaschine

Grundlagen, Ausführung, Betrieb, Untersuchung und Berechnung von Kälteanlagen

von

Dipl.-Ing. **M. Hirsch**

Beratender Ingenieur VBI

Zweite
verbesserte und vermehrte Auflage

Mit 390 Textabbildungen

Berlin
Verlag von Julius Springer
1932

ISBN-13:978-3-642-89849-5 e-ISBN-13:978-3-642-91706-6
DOI: 10.1007/978-3-642-91706-6

Alle Rechte, insbesondere
das der Übersetzung in fremde Sprachen, vorbehalten.
Copyright 1932 by Julius Springer in Berlin.
Softcover reprint of the hardcover 2nd edition 1932

Vorwort zur zweiten Auflage.

Lebensmittelforschung und Wärmelehre haben seit dem Ersterscheinen dieses Buches im Jahre 1924 große, für die Kältetechnik bedeutsame, Fortschritte genommen. Sie verlangten, wenn die Neuauflage nicht einen Rückschritt bedeuten sollte, einen Ausbau des Stoffes, zu dem sich der Verfasser trotz der allgemeinen Krise entschließen mußte. Eine Entschuldigung mag in der wichtigen Rolle erblickt werden, die der Kälteindustrie für die Weltwirtschaft zukommt. Sie läßt eine großzügige Fortentwicklung selbst dann erwarten, wenn andere Zweige der Technik in ihrer Weiterbildung gehemmt bleiben.

Bei der Neubearbeitung wurde Überholtes und Überflüssiges gestrichen, auf eine Darstellung der geschichtlichen Entwicklung der Kältemaschine von vornherein verzichtet und dadurch Raum für Neues geschaffen. Die Beschreibung ausgeführter Kälteanlagen unterblieb wie bei der Erstauflage mit Rücksicht auf ihre Erfassung durch Fachzeitschriften.

Die Vierteilung des Stoffes wurde beibehalten, die Berechnung jedoch zuletzt gebracht. Sie stellt an den Leser höhere Anforderungen als die drei vorangestellten Abschnitte, deren Lektüre für einen erweiterten Leserkreis in Frage kommt und für diesen durch die geänderte Gruppierung erleichtert ist.

Im ersten Abschnitt über Grundlagen der Kälteerzeugung und Kälteanwendung haben die Arbeitsstoffgruppen eine Erweiterung erfahren. Außer den im einzelnen genannten Quellen standen hierfür wertvolle Aufschlüsse der I. G. Farbenindustrie zur Verfügung, für deren Überlassung gedankt sei. Die periodisch wirkenden Zweistoff-, die ununterbrochen arbeitenden Dreistoff-Absorptionskühlanlagen ebenso wie die Mehrstufenkühlanlagen wurden ihrer zunehmenden Bedeutung entsprechend berücksichtigt. Der fortgeschrittene Stand der Lebensmittelkunde begründet die erweiterte Darstellung der Grundsätze der Kälteanwendung. Für die schematische Wiedergabe der verschiedenen Arbeitsverfahren bei der Kälteerzeugung sind die von Stender vorgeschlagenen Bildzeichen gewählt.

Im Abschnitt über Ausführung kehren nur wenige Beispiele der Erstauflage wieder, da die Bauformen unter dem Einfluß fortgeschrittener Erkenntnis sich wesentlich geändert haben. Die Wandlung kommt vor allem bei der Darstellung des Verflüssigers und Verdampfers zum Ausdruck. Verbund- und Kreiselverdichter sind, der wachsenden Bedeutung entsprechend, eingehend behandelt. Die Entwicklung der Kleinkühlanlage verlangte Besprechung der selbsttätigen Regelung und Schaltung. Hierbei hat sich der Verfasser auf das Wesentliche beschränkt, dessen Kenntnis zur Wertung der vorhandenen Ausführungen erforderlich ist. Die besondere Bauweise zeitgemäßer Verflüssiger und Verdampfer beeinflußt die Leitungsführung und begründet eine entsprechende Erweiterung des Stoffes. In der Ausführung der Eiserzeugungsanlagen ist eine Annäherung der europäischen und amerikanischen Formen festzustellen. Sie kommt dadurch zum Ausdruck, daß die Erzeugung von Klareis vermittels Lufteinblasens im Vordergrunde steht. Das Gesamtbild der angewandten Kälte konnte für die meisten Arten von Kühlgut erweitert, außerdem durch neue Anwendungsgebiete ergänzt werden. Die für Kleinhandel, Gewerbe und Haushalt wichtige Kleinkühlanlage findet sich durch kennzeichnende Beispiele vertreten. Auf eine umfassendere Darstellung durfte mit Rücksicht auf das Plankscher Buch über „Haushalt-Kältemaschinen" verzichtet werden.

Der Abschnitt über Betriebsführung konnte, unter Ergänzung, von der Erstauflage übernommen werden. Um so durchgreifendere Änderungen forderte die Entwicklung der wärmetechnischen Forschung für den letzten Abschnitt über Berechnung. Die zahlenmäßige Behandlung der Kälteerzeugung umfaßt hier erweiterte Arbeitsstoffgruppen. Bei der Verfolgung der Wärmeübertragung hat der Verfasser, wie bei der von ihm bearbeiteten 7. Auflage von Hausbrands „Verdampfen, Kondensieren und Kühlen", die Wärmeübergangs-, Wärmeleit- und Wärmedurchgangszahl durch den von Jakob vorgeschlagenen Begriff des Wärmewiderstandes ersetzt und einige allgemeine Kapitel ohne wesentliche Änderung aus der erwähnten Arbeit übernommen. Der Wert der wissenschaftlichen Forschung für die Berechnung des Wärmeaustausches bei Kühlanlagen wird an zahlreichen Beispielen nachgewiesen. Das Molliersche i-x-Bild, an das sich der Verfasser eng anschließt, schafft einen festen Boden für die Ermittlung der Wärmeteilleistung, die als Verdunstung des Flüssigkeitsgehalts bzw. als Niederschlag des Dampfgehalts zum Ausdruck kommt. Mit der Erkenntnis des zahlenmäßigen Einflusses des Luftzustandes auf das Verhalten feuchten Gutes, insbesondere dessen Gewichtsverlust, und mit der Aufdeckung der zur Beherrschung des Luftzustandes gebotenen Maßnahmen dürfte eine wichtige Frage der Kältetechnik gelöst sein.

Auch für die neue Auflage haben Hersteller von Kältemaschinen dem Verfasser bereitwilligst Unterstützung gewährt, die vorzugsweise im zweiten Abschnitt zum Ausdruck gelangt. Naturgemäß stehen deutsche Firmen im Vordergrund. Für die Berücksichtigung ausländischer Bauweisen lag weniger Anlaß vor als bei der Erstauflage, weil Deutschland den Vorsprung, den fremde Länder während der Kriegs- und Nachkriegszeit gewonnen hatten, inzwischen reichlich einzuholen vermochte. Wenn sich gleichwohl zahlreiche ausländische Ausführungen und Forschungen erwähnt finden, so bedeutet dies nur verdiente Würdigung ihres Anteils an der erfolgreichen Weiterentwicklung der Kältemaschine. Die Freihaltung des Blickes auf die Umwelt ist in der Gegenwart des Zweifelns und Sichabschließens nötiger als je, und der Ingenieur mehr als andere berufen, der Gemeinschaft des Weltgeschehens Rechnung zu tragen. In keinem Falle soll die Namensnennung im einzelnen einen Wertmesser darstellen. Der Verfasser fühlt sich allen verpflichtet, die ihn bei seiner Arbeit unterstützt haben, insbesondere seinem Verleger, der sich durch die Herausgabe mit dem Verfasser in zuversichtlicher Hoffnung auf die Zukunft verbindet. Auch bei diesem Buch war meine Frau mir treue Helferin.

Frankfurt a. M., Mai 1932.

M. Hirsch.

Inhaltsverzeichnis.

Seite

B. Ausführung.

C. Betrieb und Untersuchung.

D. Berechnung.

Formelzeichen.

A	Wärmewert der Arbeitseinheit [kcal/mkg]; $A = \frac{1}{427}$,
a	Temperaturleitfähigkeit [m²/h]; $a = \frac{\lambda}{c \cdot \gamma}$,
a_s	Hilfsgröße; $a_s = \frac{\left(\frac{T_1}{100}\right)^4 - \left(\frac{T_2}{100}\right)^4}{T_1 - T_2}$,
α	Wärmeübergangszahl [kcal/m² · °C · h],
$\frac{1}{\alpha}$	Wärmeübergangswiderstand der Flächeneinheit $\left[{}^0\mathrm{C}/\frac{\mathrm{kcal}}{\mathrm{m}^2 \cdot \mathrm{h}}\right]$; $\frac{1}{\alpha} = R_\alpha \cdot F$,
B	Breite [m],
β	räumliche Ausdehnung [/° C],
	Winkel [Grad],
C	Strahlungskonstante [kcal/m² (°C abs)⁴ · h],
	allgemeine Zahl,
c	spezifische Wärme [kcal/kg · °C],
c_p	spezifische Wärme bei gleichbleibendem Druck,
c_v	spezifische Wärme bei gleichbleibendem Volumen,
X	Funktionszeichen,
χ	Formfaktor (Jakob),
D	Durchmesser [m],
d	Differential,
Δ	Zeichen für endlichen Unterschied,
e	Stärke [m],
	Basis des natürlichen Logarithmus; $e = 2{,}718$,
ε	Leistungsziffer; $\varepsilon = \frac{q_0}{q_N}$,
η	Wirkungsgrad,
η_i	indizierter Wirkungsgrad,
F	Fläche [m²],
f	Querschnitt [m²],
G	Gewicht, Kraft [kg],
G_h	stündlich umlaufendes Gewicht [kg/h],
g	Beschleunigung der Erdschwere [m/s²]; $g \sim 9{,}81$,
γ	spezifisches Gewicht [kg/m³],
H	Höhe [m],
J	Wärmeinhalt der Lösung, bezogen auf 1 kg wasserfreien Salzgehalt [kcal/(1 + x)kg],
i	spezifischer Wärmeinhalt (Enthalpie) [kcal/kg],
k	Wärmedurchgangszahl [kcal/m² · °C · h],
$\frac{1}{k}$	Wärmedurchgangswiderstand der Flächeneinheit $\left[{}^0\mathrm{C}/\frac{\mathrm{kcal}}{\mathrm{m}^2 \cdot \mathrm{h}}\right]$; $\frac{1}{k} = R_k \cdot F$,
k'	Verdunstungszahl [kg/m² · h],
k_g	Diffusionskonstante [m²/h],
$\varkappa$	$= \frac{c_p}{c_v}$,
L	Arbeitsbedarf [mkg],

L_i	indizierter Arbeitsbedarf [mkg],
$L_{i,h}$	indizierter stündlicher Arbeitsbedarf [mkg/h],
l	spezifischer Arbeitsbedarf [mkg/kg],
l_i	indizierter spezifischer Arbeitsbedarf [mkg/kg],
lg	Briggsscher Logarithmus,
ln	natürlicher Logarithmus,
λ	Wärmeleitfähigkeit [kcal/m · ° C · h],
$\frac{e}{\lambda}$	Wärmeleitwiderstand der Flächeneinheit $\left[{}^0\text{C}/\frac{\text{kcal}}{\text{m}^2\cdot\text{h}}\right]$; $\frac{e}{\lambda} = R_\lambda \cdot F$,
λ_0	Liefergrad des Verdichters,
λ_R	Widerstandsziffer der Leitung,
m	allgemeine Zahl,
μ	Zähigkeit [kg · s/m²],
N	Leistung [PS],
N_i	indizierte Leistung [PSi],
N_e	effektive Leistung [PSe],
n	allgemeine Zahl,
	minutliche Drehzahl,
ν	kinematische Zähigkeit [m²/s]; $\nu = \frac{\mu}{\varrho}$,
P	absoluter Druck [kg/m²],
Φ	Funktionszeichen,
φ_0	volumetrischer Wirkungsgrad,
φ_x	Wassergehalt [Gtl. in 1 Gtl. wasserhaltigem Stoff],
Ψ	Funktionszeichen,
Q	Wärmemenge [kcal],
Q_h	Wärmeleistung [kcal/h]; $Q_{t,h}$ fühlbare Wärme; Q'_h Dampfwärme,
$Q_{0,h}$	Kälteleistung [kcal/h],
Q''_N	Verdichtungsarbeit im Wärmemaß [kcal],
Q'_N	Ausdehnungarbeit im Wärmemaß [kcal],
q	spezifische Wärmemenge [kcal/kg],
q_0	spezifische Kälteleistung [kcal/kg],
q_N	Hilfsenergie im Wärmemaß [kcal/kg],
R	Wärmeübertragungswiderstand $\left[{}^0\text{C}/\frac{\text{kcal}}{\text{h}}\right]$,
	Krümmungshalbmesser [m],
Re	Kenngröße (Reynolds); $Re = \frac{w \cdot D}{\nu}$,
r	Verdampfwärme [kcal/kg],
ϱ	Massendichte [kg · s²/m⁴]; $\varrho = \frac{\gamma}{g}$,
s	Entropie [kcal/kg · ° C abs],
Σ	Summenzeichen für endliche Größen,
T	absolute Temperatur [° C abs]; $T \sim 273 + t$,
t	Temperatur [° C],
τ	Kühlgrenze [° C],
U	Umfang [m],
V	Volumen [m³],
V_h	stündliche Förderleistung [m³/h],
v	spezifisches Volumen [m³/kg]; $v = \frac{1}{\gamma}$,
W	Wasserwert [kcal/° C],
W_h	Wasserwert der Stundenmenge [kcal/° C · h],
w	mittlere Geschwindigkeit [m/s],

x	Dampfgehalt feuchten Dampfes, bezogen auf 1 kg Gemisch, [kg/kg], Feuchtigkeitsgehalt feuchter Luft, bezogen auf 1 kg Reinluft, [kg/(1 + x)kg], Feuchtigkeitsgehalt der Lösung, bezogen auf 1 kg wasserfreien Salzgehalt, [kg/(1 + x)kg], Feuchtigkeitsgehalt des Kühlgutes, bezogen auf 1 kg Trockenstoff, [kg/(1 + x)kg],
ξ	Gewichtsanteil des gelösten Stoffes (NH_3) im Gemisch [kg/kg],
z	Zeit [h],
ζ	Widerstandsziffer des Einzelwiderstandes.

Index.

ohne	Index: wärmere Seite,
0	kältere Seite,
g0	in gefrorenem Zustande,
′	im Zustand gesättigter Flüssigkeit,
	gleichwertig, Dampfwärme,
″	im Zustand gesättigten Dampfes,
a	anfangs, außen,
best	Bestwert,
d	Dampf,
e	schließlich,
F	Fremdkörper,
f	Flüssigkeit,
g	Gas,
gegen	Gegenstrom,
ges	gesättigt,
gleich	Gleichstrom,
h	stündlich, waagerecht,
i	indiziert, theoretisch, innen,
kr.	kritisch,
kreuz	Kreuzstrom,
l	Luft,
m	mittel, Zwischenstufe bei Mehrstufen,
max	Höchstwert,
min	Mindestwert,
N	Leistung,
p	bei gleichbleibendem Druck,
R	Reibung,
s	Sole, Kälteträger,
	Strahlung,
T	Trockenstoff,
t	fühlbare Wärme,
überh	überhitzt,
V	räumlich,
v	bei gleichbleibendem Volumen,
W	Wand,
w	Wasser.

Schaltbilderzeichen.

(in Anlehnung an Stender).

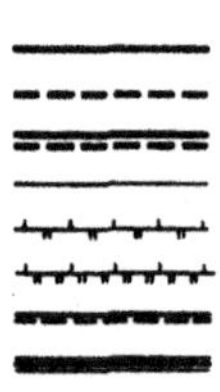

Dampf,
verflüssigter Dampf, Kondensat,
Dampf-Flüssigkeitsgemisch,
Flüssigkeit, Kühlwasser,
schwache Lösung,
starke Lösung,
Hilfsgas, Luft,
Heizgas,
Abgas.

Abkürzung der Quellenangaben.

A. S. R. E. J.	American Society of Refrigerating Engineers-Journal.
Arch. Wärmewirtsch.	Archiv für Wärmewirtschaft und Dampfkesselwesen.
Beihefte z. Gesundh.-Ing.	Beihefte zum Gesundheits-Ingenieur.
Beihefte z. Z. ges. Kälteind.	Beihefte zur Zeitschrift für die gesamte Kälteindustrie.
Bull. U. S. Dept. Agric.	Bulletin United States Department of Agriculture.
Bur. Stand. J. Res.	Bureau of Standards Journal of Research.
Circular U. S. Dept. Agric.	Circular United States Department of Agriculture.
Forschg. Ing.-Wes.	Forschung auf dem Gebiete des Ingenieurwesens.
Gesundh.-Ing.	Gesundheits-Ingenieur.
Ice Cold Stor.	Ice and Cold Storage.
Ice Refrig.	Ice and Refrigeration.
Ind. Engng. Chem.	Industrial and Engineering Chemistry.
J. Agric. Res.	Journal of Agricultural Research.
Mech. Engng.	Mechanical Engineering.
Mitt. Forsch.-Heim Wärmeschutz München.	Mitteilungen aus dem Forschungsheim für Wärmeschutz (E. V.) München.
Mitt. Kältetechn. Inst. Techn. Hochschule Karlsruhe	Mitteilungen aus dem Kältetechnischen Institut der Technischen Hochschule Karlsruhe.
Philos. Mag.	Philosophical Magazine and Journal of Science, The, London, Edinburgh and Dublin.
Philos. Trans. Roy. Soc., Lond.	Philosophical Transactions of the Royal Society, London.
Physic. Rev.	Physical Review, The.
Proc. Roy. Soc., London	Proceedings of the Royal Society of London.
Refrig. Engng.	Refrigerating Engineering.
Refrig. Wld.	Refrigerating World.
Rep. A. S. R. E. Corrosion Comm. Res.	Report of A. S. R. E. Corrosion Comittee and Research.
Rep. Food Invest. Bd.	Report of the Food Investigation Board.
Sci.	Science.
Sci. Pap. Bur. Stand.	Scientific Papers of the Bureau of Standards.
Spec. Rep. Food Invest. Bd.	Special Report Food Investigation Board.
Techn. Mech. Thermodyn.	Technische Mechanik und Thermodynamik, ab 1931 Forschg. Ing.-Wes.
Techn. Mech. VDI-Sonderh.	Technische Mechanik, VDI-Sonderheft.
Univ. Illinois Bull. Engng. Exp. Stat.	University of Illinois Bulletin Engineering Experiment Station.

VDI-Forsch.-Heft	VDI-Forschungsheft, vor 1931 Forschungsarbeiten auf dem Gebiete des Ingenieurwesens.
Wschr. Brauerei	Wochenschrift für Brauerei.
Z. allg. Physiol.	Zeitschrift für allgemeine Physiologie.
Z. angew. Math. Mech.	Zeitschrift für angewandte Mathematik und Mechanik.
Z. ges. Kälteind.	Zeitschrift für die gesamte Kälteindustrie.
Z. Pflanzenernährg. u. Düngg.	Zeitschrift für Pflanzenernährung und Düngung.
Z. physik. Chem.	Zeitschrift für physikalische Chemie.
Z. Spiritusind.	Zeitschrift für Spiritusindustrie.
Z. techn. Physik	Zeitschrift für technische Physik.
Z. VDI	Zeitschrift des Vereins deutscher Ingenieure (VDI).

Berichtigungen.

Seite 26, Zeile 7 v. o.: „Methylchloridanlagen“ statt „Ammoniakanlagen“.
„ 26, Zeile 9 v. o.: 12,0 und 15,7 Vol.-% statt 8,2 und 18,6 Vol.-%.
„ 218, Unterschrift zu Abb. 175 ändern: „e_1 Niederdruckdampfstrahlluftpumpe, e_2 Hochdruckdampfstrahlluftpumpe“.
„ 308, Zeile 15 v. u.: „Reinigungmasse“ statt „Reinigungsgase“.
„ 376, Unterschrift zu Abb. 272: t — t statt t — t.
„ 376, Zeile 14 v. u.: Komma streichen.
„ 387, Formel (3): $\frac{q}{T}$ statt $\int \frac{q}{T}$.
„ 418. Zeile 18 v. u.: i_0''' statt i.
„ 441, Unterschrift zu Abb. 312: „Sättigungskurve“ statt „Sättungskurve“.
„ 456, „ „ „ 323: „i-x-Bild“ statt „J-x-Bild“.
„ 472, Zeile 4 v. o.: $R_{\alpha_0} . F_0$ statt $R_{\alpha_0} . {}_0$.
„ 472, Formel (45): $(t - t_0)_{gegen}$ statt $(t - t_a)_{gegen}$.
„ 524 bis 529, Die Werte für Zähigkeit der Arbeitsstoffe wurden von Stakelbeck im Kältetechnischen Institut der Technischen Hochschule, Karlsruhe, ermittelt und das bisher unveröffentlichte Ergebnis dem Verfasser zur Verfügung gestellt.
„ 596, Zeile 3 v. u.: 2,16 statt 216.

Hirsch, Kältemaschine. 2. Auflage.

A. Grundlagen.

I. Die physikalischen Grundlagen der Kälteerzeugung.

Als Kälteerzeugung im engeren Sinne gilt die Herstellung und Erhaltung eines Zustandes mit tieferer Temperatur, als irgendeinem verfügbaren Körper der Umgebung zukommt. Reine Wärmeaustauschvorgänge durch Berührung oder Mischung eines Körpers höherer Temperatur mit einem Körper niedrigerer Temperatur scheiden daher aus der Betrachtung aus. Als Mittel zur Kälteerzeugung kommen, abgesehen von Kältemischungen und Thermoelementen, vorzugsweise folgende Möglichkeiten in Frage:

Kaltdampfanlagen. Eine Flüssigkeit wird zum Verdampfen gebracht. Da die Siedetemperatur sich mit dem Drucke ändert, kann durch Einhaltung eines genügend kleinen Druckes die Verdampfung bei einer Temperatur durchgeführt werden, die niedriger ist als die der Umgebung;

Kaltluftanlagen. Ein Gas dehnt sich unter Arbeitsleistung aus. Mit der Ausdehnung ist eine Temperaturabnahme verbunden. Besaß das Gas vorher die Temperatur der Umgebung, so nimmt es nach der Ausdehnung eine tiefere Temperatur an.

Hierher gehört auch die Thomson-Joulesche Wirkung, die darin besteht, daß Gase nach Durchgang durch Drosselstellen ihre Temperatur verändern. Sie wird vor allem bei der Gasverflüssigung benutzt, die als Sondergebiet hier nicht behandelt werden soll.

1. Kaltdampfanlage.

Der zur Verwendung gelangende Arbeitsstoff durchläuft einen geschlossenen Kreis. Er wird nach der Verdampfung in die flüssige Form zurückgeführt. Dazu sind erforderlich:

eine Absaugvorrichtung,

eine Verdichtungsvorrichtung, um den Druck der Dämpfe auf solche Höhe zu bringen, daß die Verflüssigung unter Anwendung eines mit bestimmter Temperatur verfügbaren Körpers der Umgebung — des Kühlwassers, in Ausnahmefällen der Luft, — möglich ist,

eine Verflüssigungsvorrichtung,

eine Entspannungsvorrichtung, um den bei höherem Druck verflüssigten Arbeitsstoff auf den niedrigeren Verdampfdruck zu bringen. Je nach der Ausbildung der Absaug- und Verdichtungsvorrichtung ergeben sich hierbei Kälteanlagen mit Verdichter oder Absorptionsanlagen mit Austreiber. Der Kreislauf des Arbeitsstoffes entspricht in den grundlegenden Ausführungsformen den Abb. 1—6.

a) Kaltdampfanlage mit Verdichter und Ausdehnungsmotor (Abb. 1).

In dem Verdampfer wird die äußere Wärme Q_0 gebunden, während die Flüssigkeit bei der Siedetemperatur T_0 verdampft. Eine Gaspumpe — Verdichter — saugt die Dämpfe bei dem Drucke P_0 ab und verdichtet sie auf den Druck P, wobei die äußere Arbeit Q_N'' zugeführt wird. In dem Verflüssiger werden die Dämpfe bei der Siedetemperatur T niedergeschlagen, die hierbei freiwerdende Wärme Q tritt in die Umgebung. Die hochgespannte Flüssigkeit durchläuft einen Ausdehnungsmotor und leistet in ihm die Arbeit Q_N', wobei der Druck P auf P_0 sinkt. Verdichter und Ausdehnungsmotor können als Kolben- oder Kreiselmaschinen ausgebildet sein.

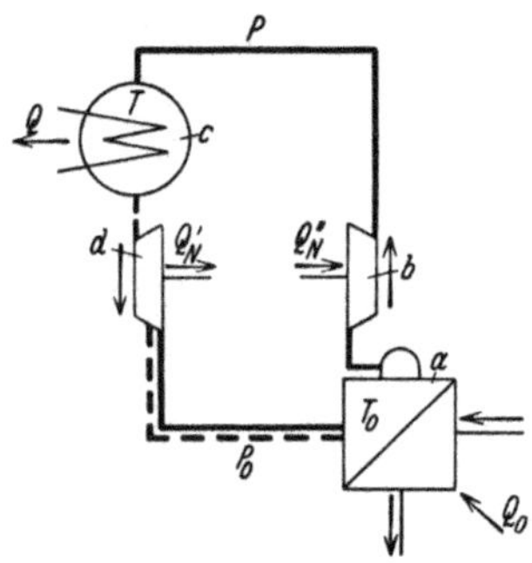

Abb. 1. Arbeitsbild einer Kaltdampfanlage mit Verdichter und Ausdehnungsmotor. *a* Verdampfer, *b* Verdichter, *c* Verflüssiger, *d* Ausdehnungsmotor.

Für die angeführten Größen gelten folgende Bezeichnungen:

Q_0 Verdampferleistung, Kühlleistung,
T_0 absolute Verdampftemperatur,
P_0 Verdampfdruck,
Q Verflüssigerleistung,
T absolute Verflüssigungstemperatur,
P Verflüssigungsdruck,
Q_N'' Wärmewert der Verdichtungsarbeit,
Q_N' Wärmewert der Ausdehnungsarbeit.

Da für Kaltdampfanlagen die im Ausdehnungsmotor rückgewinnbare Arbeit gegenüber dem Arbeitsbedarf Q_N'' gering ist, wird im allgemeinen an Stelle des Ausdehnungsmotors eine Drosselvorrichtung angewandt.

b) Kaltdampfanlage mit Verdichter und Regler (Abb. 2).

Die Ausdehnungsarbeit geht dadurch verloren, daß der Ausdehnungsmotor fehlt und durch eine Drosselvorrichtung — Regler — ersetzt wird. Im übrigen entspricht der Vorgang dem vorbeschriebenen.

c) Wasserdampfkühlanlage mit Dampfstrahlverdichter (Abb. 3).

Dient im Sonderfalle Wasserdampf als Arbeitsstoff, so ermöglicht die Anwendung eines Dampfstrahlverdichters eine weitere Vereinfachung. Der Kraftdampf liefert die Energie Q_N''. Er mischt sich mit dem Arbeitsdampf, so daß zur Aufrechterhaltung des Beharrungszustandes eine dem Kraftdampf entsprechende Menge Flüssigkeit aus dem Verflüssiger zu entfernen ist.

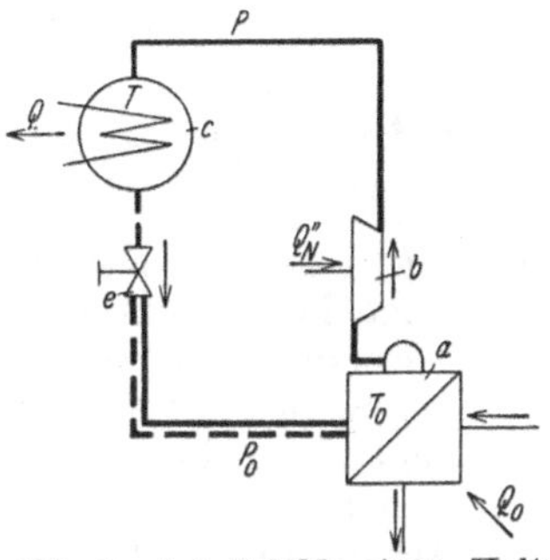

Abb. 2. Arbeitsbild einer Kaltdampfanlage mit Verdichter und Regler. *a* Verdampfer, *b* Verdichter, *c* Verflüssiger, *e* Regler.

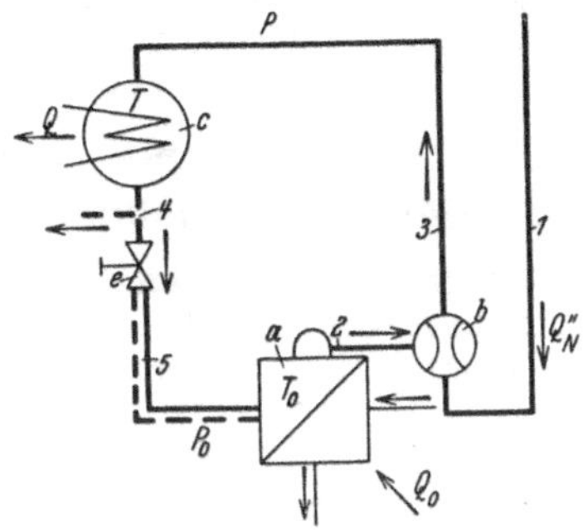

Abb. 3. Arbeitsbild einer Wasserdampfkühlanlage mit Dampfstrahlverdichter. *a* Verdampfer, *b* Dampfstrahlverdichter, *c* Verflüssiger, *e* Regler. *1* Treibdampf, *2* Brüden, *3* Mischdampf, *4* Flüssigkeit, *5* entspannte Flüssigkeit.

d) Kaltdampfanlage mit Aufsauger, Austreiber und Lösungspumpe, Zweistoff-Absorptionskühlanlage (Abb. 4).

Die Teilvorgänge des Absaugens und Verdichtens werden getrennten Vorrichtungen übertragen. Die Gase treten in dem Aufsauger (Absorber) mit einem Körper in Berührung, der die Fähigkeit besitzt, sie zu binden (absorbieren). So saugt gesättigte Schwefelsäure gierig Wasserdampf auf, ebenso verhält sich Wasser gegenüber Ammoniakdämpfen. Im Austreiber (Kocher) wird durch Zuführung der Wärme Q_N'' die Temperatur der Mischung erhöht und eine Trennung der Dämpfe von dem Lösungsmittel bewirkt, das zur neuerlichen Benutzung durch eine Drosselvorrichtung nach dem Aufsauger zurückströmt. Zur Überführung der Lösung von dem Aufsauger nach dem Austreiber dient die Lösungspumpe, der die äußere Arbeit Q_N' zugeführt wird. Bei dem Bindungsvorgang im Aufsauger wird die Wärme Q_2 frei und, ebenso wie die Verflüssigungswärme Q_1, nach außen geführt. Um die Beträge Q_N''

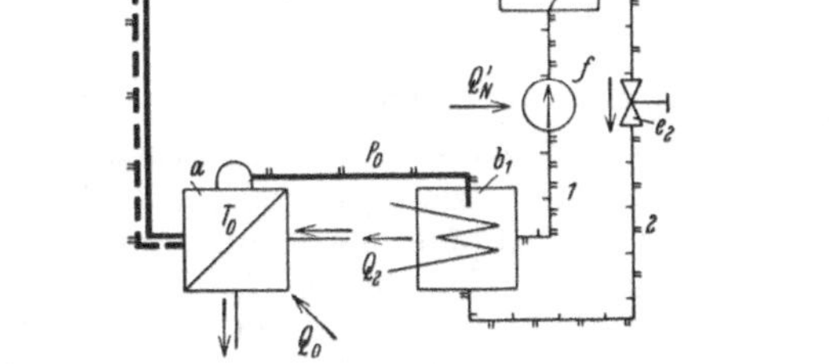

Abb. 4. Arbeitsbild einer Kaltdampfanlage mit Aufsauger, Austreiber und Lösungspumpe. *a* Verdampfer, b_1 Aufsauger, b_2 Austreiber, *c* Verflüssiger, e_1 Regler für Arbeitsstoff, e_2 Regler für Lösung, *f* Lösungspumpe, *g* Temperaturwechsler. *1* starke Lösung, *2* schwache Lösung.

und Q_2 zu verringern, überträgt die schwache Lösung in einer Austauschvorrichtung — Temperaturwechsler — zwischen Austreiber und Aufsauger ihre überschüssige Wärme auf die vom Aufsauger zum Austreiber strömende starke Lösung.

e) Kaltdampfanlage mit Aufsauger und Austreiber ohne Lösungspumpe, Dreistoff-Absorptionskühlanlage (Abb. 5).

Der kennzeichnende Unterschied zwischen der mit Verdichter arbeitenden Kaltdampfanlage und der Absorptionskühlanlage liegt in der Verschiedenartigkeit der für den Betrieb benötigten Energie. Sie besteht im ersten Falle aus der dem Verdichter zugeführten mechanischen Arbeit, im zweiten Falle aus der im Austreiber verbrauchten Wärme. Die daneben bei der Absorptionskühlanlage auftretende mechanische Arbeit für Antrieb der Lösungspumpe spielt wegen ihrer Geringfügigkeit keine besondere Rolle. Nur bei kleinen Anlagen entsteht das Bedürfnis, ohne jeglichen mechanischen Antrieb auszukommen, die Lösungspumpe also entbehrlich zu machen. Dieses bereits von Geppert angestrebte Ziel haben neuerdings Platen und Munters dadurch verwirklicht, daß sie Wasserstoff als neutrales Gas der Niederdruckseite beifügen, wobei der Teildruck P_g dieses Gases zusammen mit dem Teildruck P_0 des Arbeitsstoffes im Verdampfer und Aufsauger dem Druck P im Austreiber und Verflüssiger gleichkommt. Zu dem Kreislauf des Arbeitsstoffes, der sich auf alle Teile erstreckt, tritt ein Hilfskreislauf des Wasserstoffes, der sich auf Verdampfer und Aufsauger beschränkt. Nach Abb. 5 sinkt das aus dem Arbeitsstoff — als solcher wird hier Ammoniak angewandt — und dem Wasserstoff bestehende Gasgemisch vom Verdampfer in den Aufsauger. Hier wird das Ammoniak durch die vom Austreiber kommende schwache Lösung gebunden. Der Wasserstoff bleibt gasförmig und steigt nach dem Verdampfer über. Die starke Lösung tritt in den Austreiber durch ein enges Rohr, das durch die gleiche Heizquelle erwärmt wird, die den Austreiber versorgt. Das in dem Rohr entstehende Gemisch aus

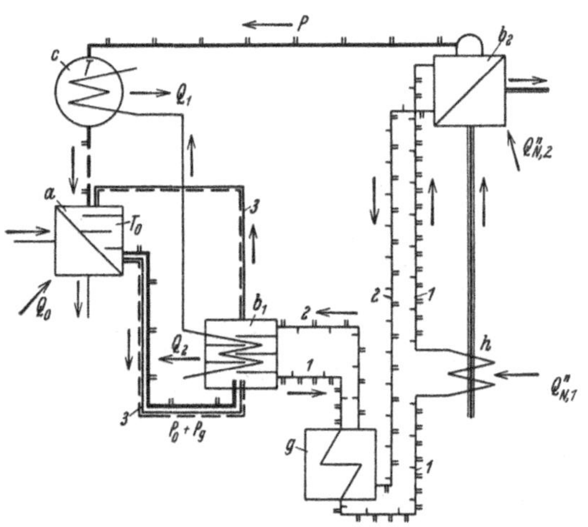

Abb. 5. Arbeitsbild einer Kaltdampfanlage mit Aufsauger und Austreiber, ohne Lösungspumpe (Platen-Munters). *a* Verdampfer, b_1 Aufsauger, b_2 Austreiber, *c* Verflüssiger, *g* Temperaturwechsler, *h* Vorwärmer, *1* starke Lösung, *2* schwache Lösung, *3* Hilfsgas (H_2).

Dampfblasen und starker Lösung steigt hierbei bis zu einer größeren Höhe, als dem Flüssigkeitsstand im Aufsauger entspricht. Hierdurch wird die Strömungsbewegung zwischen Kocher und Aufsauger aufrecht erhalten.

f) Kaltdampfanlage mit Aufsauger-Austreiber-Kessel, periodisch wirkende Zweistoff-Absorptionskühlanlage

(Abb. 6).

In mehr behelfsmäßiger Weise kann die Lösungspumpe auch dadurch entbehrlich gemacht werden, daß die Vorgänge, die sich unter verschiedenen Drücken abspielen, also Verdampfen und Aufsaugen einerseits, Austreiben und Verflüssigen andererseits, nicht zu gleicher Zeit, sondern nacheinander abgewikkelt werden. Auf diese Weise entsteht die periodisch wirkende Absorptionskühlanlage, bei der ein Kessel abwechselnd als Austreiber und Aufsauger arbeitet. Abb. 6 stellt unten den Vorgang des Kühlens dar. Die im Verdampfer, unter Bindung der äußeren Wärme Q_0, entwickelten Dämpfe treten nach dem Aufsauger über, aus dem die Wärme Q_2 fortgeführt wird. Hieran schließt der Kochvorgang nach Abb. 6 oben. Dem nunmehr zum Austreiber umgeschalteten Kessel wird die Wärme Q_N'' zugeleitet. Die aus der Lösung tretenden Dämpfe strömen nach dem Verflüssiger und werden hier, unter Abgabe der Wärme Q_1, niedergeschlagen. Der flüssige Arbeitsstoff sinkt in den Verdampfer. Die Stärke der in dem Kessel befindlichen Lösung nimmt während des Kühlvorganges allmählich zu, während des Kochvorganges allmählich ab. Dementsprechend erfolgen Verdampfung und Verflüssigung mit veränderlicher Spannung und Temperatur. Während des Kochens wird die Kühlwirkung des Verdampfers nicht nur unterbrochen, sondern in eine, wenn auch schwache, Erwärmung umgekehrt. Kürze der Kochdauer im Verhältnis zur Kühlzeit ist daher Voraussetzung für eine befriedigende Arbeitsweise.

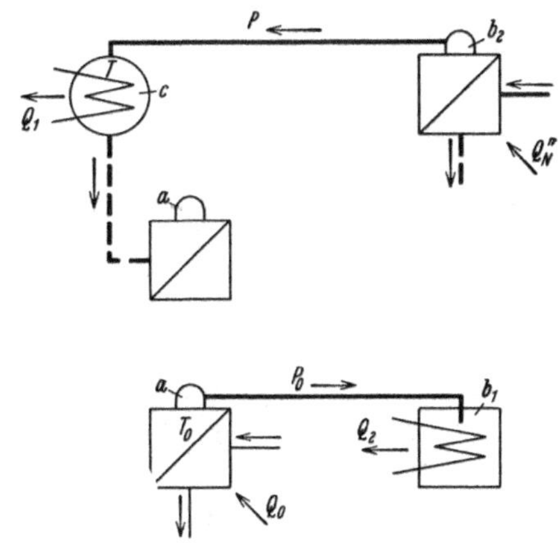

Abb. 6. Arbeitsbild einer Kaltdampfanlage mit Aufsauger - Austreiber-Kessel. *a* Verdampfer, b_1 Kessel als Aufsauger wirkend, b_2 Kessel als Austreiber wirkend, *c* Verflüssiger.

g) „Trockene" Absorptionskühlanlage.

Bei der periodisch arbeitenden Absorptionskühlanlage verändert das Lösungsmittel seinen Ort nicht, es kann daher, statt aus Flüssigkeit, auch aus einem festen Stoff, beispielsweise Kalziumchlorid, bestehen, das in Verbindung mit Ammoniak Ammoniakate verschiedener Zusammensetzung bildet.

h) Adsorptionskühlanlage.

Wird schließlich als Bindemittel ein fester Stoff gewählt, der durch Oberflächenwirkung, also vorzugsweise physikalisch und ohne die bei Absorptionsanlagen auftretenden chemischen Veränderungen im engeren Sinne, den Arbeitsstoff bindet, so geht die Absorptionskühlanlage in die Adsorptionskühlanlage über. Als Adsorptionsmittel kommen z. B. aktive Kohle mit Ammoniak als Arbeitsstoff und Silica - Gel (getrocknete kolloidale Kieselsäure) mit Schwefligsäure als Arbeitsstoff in Betracht.

2. Kaltluftanlage.

Auch hier bildet der geschlossene Kreislauf die Regel. Die Kaltluftanlage besitzt alsdann außer dem an Stelle des Verdampfers tretenden Kühler

eine Absaug- und Verdichtungsvorrichtung,
eine Kühlvorrichtung für das verdichtete Gas,
eine Ausdehnungsvorrichtung.

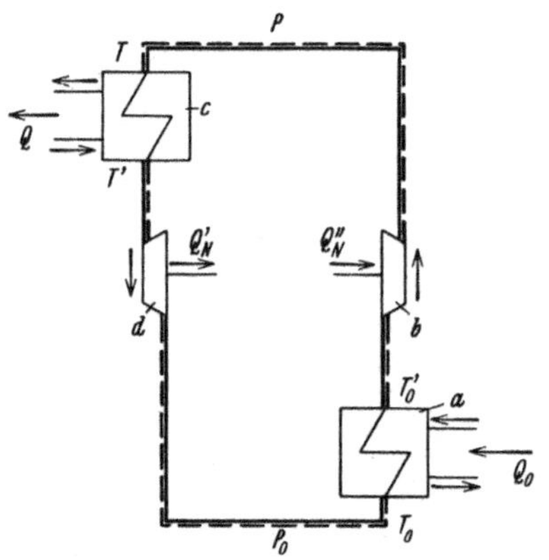

Abb. 7. Arbeitsbild einer Kaltluftanlage. *a* Kühler, *b* Verdichter, *c* Hochdruckkühler, *d* Ausdehnungsmotor.

Die Arbeitsweise entspricht Abb. 7. In dem Kühler wird die äußere Wärme Q_0 bei dem Drucke P_0 gebunden, indem das Gas sich von der Temperatur T_0 auf die Temperatur T'_0 erwärmt. Die Gaspumpe saugt das Gas ab, verdichtet es auf den Druck P und die Temperatur T, wobei die äußere Arbeit Q''_N verzehrt wird. In dem an Stelle des Verflüssigers tretenden Hochdruckkühler wird das Gas von der Temperatur T auf die Temperatur T' gekühlt und hierbei die Wärme Q nach außen abgeführt. Die hochgespannten Gase durchlaufen schließlich den Ausdehnungsmotor und leisten unter Abnahme des Druckes von P auf P_0 die Arbeit Q'_N. Ebenso wie bei der Kaltdampfanlage können bei der Kaltluftanlage Verdichter und Ausdehnungsmotor als Kolben- oder Kreiselmaschinen ausgebildet werden.

II. Stufenweise Verdichtung, Verdampfung und Verflüssigung.

1. Kaltdampfanlage.

Nimmt das Verhältnis P/P_0 einen hohen Wert an, sei es, daß Kühlwasser nur in geringer Menge oder nur mit hoher Temperatur zur Verfügung steht — hoher Wert P —, sei es, daß tiefe Kältegrade gefordert werden — niedriger Wert P_0 —, so ergeben sich Schwierigkeiten bei der Überwindung des Druckgefälles. Die im Verdichter entstehenden Höchsttemperaturen stellen das sichere Arbeiten der Schmierung in Frage. Die Baustoffe der arbeitenden Verdichterteile erfahren starke Beanspruchung.

Zu diesen sicherheitsmindernden Gesichtspunkten treten wirtschaftliche Rücksichten: der Arbeitsverbrauch nimmt mit dem Druckgefälle rasch zu, die inneren Undichtheiten erfahren eine Vermehrung und die Leistung der Kühlanlage nimmt ab.

Um diesen Schwierigkeiten zu begegnen, wird der Vorgang stufenweise vollzogen. Die Unterteilung erstreckt sich in erster Linie auf die Verdichtung, daneben auf die Ausdehnung bzw. Drosselung, Verdampfung und Verflüssigung. Hierbei können ein einziger dieser Teilvorgänge oder mehrere gleichzeitig abgestuft werden.

a) Kaltdampfanlage mit Verdichter und Ausdehnungsmotor.

Es ist denkbar, die in dem Ausdehnungsmotor geleistete Arbeit Q'_N dadurch zu vermehren, daß die Entspannung der Flüssigkeit zunächst nur teilweise erfolgt, der hierbei abgekühlte Arbeitsstoff durch eine äußere Quelle erwärmt und danach in einer zweiten Stufe des Ausdehnungsmotors die restliche Entspannung vorgenommen wird. Vom kältetechnischen Standpunkt aus ist dieses Verfahren zu verwerfen, weil Wärmezufuhr von außen nur im Verdampfer wünschenswert ist, wo sie Nutzleistung darstellt. Der nebenher laufende Arbeitsgewinn im Ausdehnungsmotor spielt wegen der verhältnismäßig geringen Größe von Q'_N gegenüber der im Verdichter aufzuwendenden äußeren Arbeit Q''_N keine Rolle. Die stufenweise Ausdehnung hat daher hier keine Berechtigung. Die bei den übrigen Teilvorgängen möglichen Abstufungen sind die gleichen wie in dem nachstehend beschriebenen Falle.

b) Kaltdampfanlage mit Verdichter und Regler.

Der bereits erwähnte Ersatz des Kolbenverdichters durch einen Kreiselverdichter ergibt die einfachste Möglichkeit für Unterteilung des Verdichtungsvorganges in mehrere Stufen. Der Vorteil äußert sich hierbei vor allem darin, daß die Unterschiede zwischen Eintritts- und Austrittstemperatur für jede einzelne Stufe gering sind, was Leistung und Arbeitsverbrauch günstig beeinflußt. Dieser Gewinn bildet jedoch nicht die eigentliche Ursache für die mehrstufige Bauweise der Kreiselverdichter. Maßgebend hierfür ist vielmehr die praktische Unmöglichkeit, die Verdichtung von P_0 auf P in einer Stufe zu überwinden. Da diese Schwierigkeit bei Kolbenverdichtern nicht vorliegt, fehlt hier zunächst ein Anlaß, mehrere Stufen hintereinanderzuschalten, nur um das Druck- und Temperaturgefälle auf verschiedene Zylinder zu verteilen. Die Möglichkeit, Leistung und Arbeitsverbrauch hierdurch zu verbessern, gewinnt praktische Bedeutung, wenn gleichzeitig nach Abb. 8 zwischen den beiden Verdichtungsstufen ein Zwischenkühler eingeschaltet und die darin freiwerdende Wärme Q_2 nach außen geführt wird. Als Übertragungsmittel dient Kühlwasser.

Dieses Verfahren ist an die Voraussetzung gebunden, daß die Temperatur am Austritt der ersten Verdichterstufe wesentlich höher ist als die des verfügbaren Kühlwassers. Trifft dies nicht zu, so steht als Zwischenkühlmittel noch der Arbeitsstoff selbst zur Verfügung. Hiermit wird vorteilhafterweise eine stufenweise Regelung nach Abb. 9 verbunden. Die Entspannung erfolgt in dem Zwischenkühler auf den

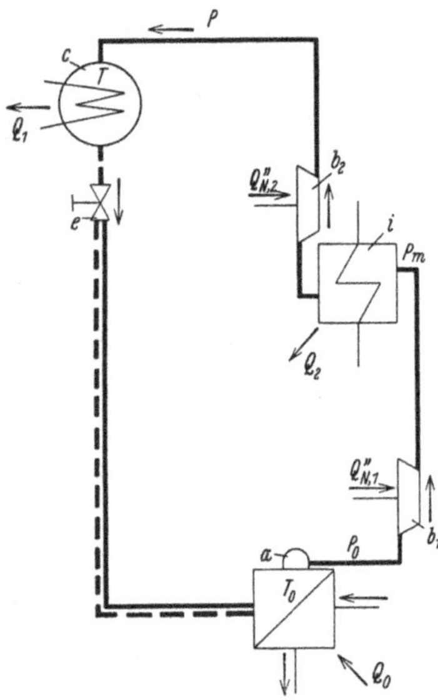

Abb. 8. Arbeitsbild einer Kaltdampfanlage mit Verbundverdichtung, Zwischenkühlung und einfacher Regelung. *a* Verdampfer, b_1 Niederdruckverdichter, b_2 Hochdruckverdichter, *c* Verflüssiger, *e* Regler, *i* Zwischenkühler.

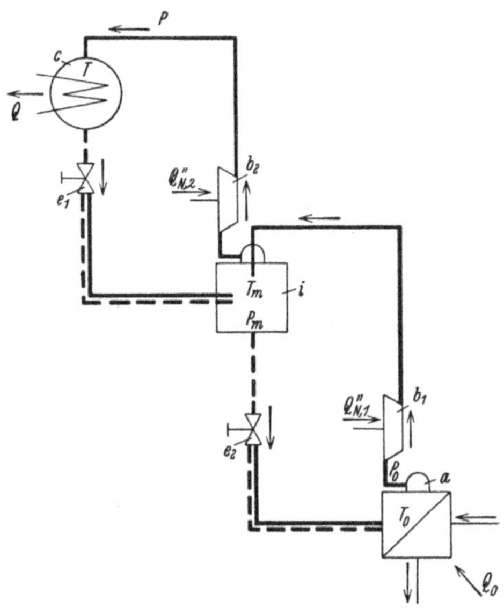

Abb. 9. Arbeitsbild einer Kaltdampfanlage mit Verbundverdichtung und Stufenregelung. *a* Verdampfer, b_1 Niederdruckverdichter, b_2 Hochdruckverdichter, *c* Verflüssiger, e_1 Hochdruckregler, e_2 Niederdruckregler, *i* Zwischenkühler.

zwischen den beiden Verdichterstufen herrschenden Zwischendruck P_m, danach auf den der Verdampfertemperatur T_0 entsprechenden Druck P_0. Die Zwischenkühlung der in der ersten Verdichterstufe verdichteten Dämpfe erfolgt im Zwischenkühler auf die dem Druck P_m entsprechende Siedetemperatur T_m unter teilweiser Verdampfung der in den Zwischenkühler eingeführten Flüssigkeit. Die entstandenen Dämpfe werden gleichzeitig mit den von der ersten Verdichterstufe kommenden von der zweiten Verdichterstufe angesaugt und auf den Druck P verdichtet. In dem zweiten Regler, dem Verdampfer und der ersten Verdichterstufe arbeitet daher eine geringere Arbeitsstoffmenge als in dem ersten Regler, der zweiten Verdichterstufe und dem Verflüssiger.

Liegt die Zwischentemperatur T_m höher als die Temperatur des verfügbaren Kühlwassers, so kann das in Abb. 8 dargestellte Verfahren nach Abb. 10 mit der stufenweisen Regelung verbunden werden. Der Vorteil, der durch die letzte hinzukommt, besteht in der Hauptsache darin, daß die bei der erstmaligen Entspannung entstehenden Teildämpfe die erste Verdichterstufe umgehen.

Es ist möglich, das in Abb. 9 dargestellte Verfahren durch Einschaltung eines mit Kühlwasser arbeitenden Zwischenkühlers hinter der ersten Verdichterstufe zu verbessern, wobei nur die restliche Zwischenkühlung durch den Arbeitsstoff erfolgt.

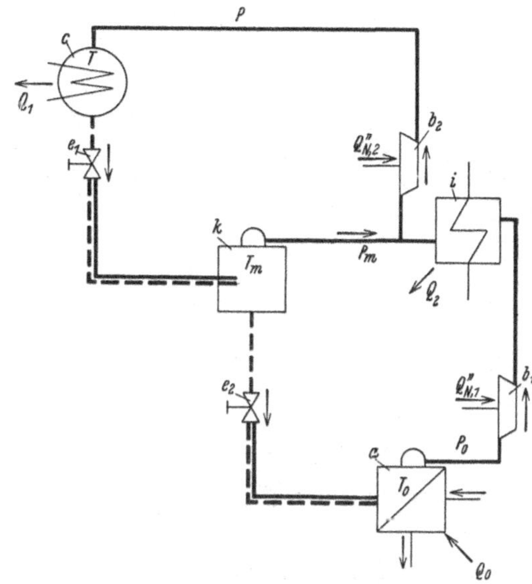

Abb. 10. Arbeitsbild einer Kaltdampfanlage mit Verbundverdichtung, Zwischenkühlung und Stufenregelung. *a* Verdampfer, b_1 Niederdruckverdichter, b_2 Hochdruckverdichter, *c* Verflüssiger, e_1 Hochdruckregler, e_2 Niederdruckregler, *i* Zwischenkühler *k* Entspannungskessel.

Wird der in Abb. 10 dargestellte, mit Wasser arbeitende Zwischenkühler weggelassen, so ist der mit der stufenweisen Regelung verknüpfte Vorteil im allgemeinen zu gering, als daß sich die Stufenteilung der Verdichtung lohnte. Nach dem Vorschlage von Voorhees wird daher nach Abb. 11 einstufige Verdichtung mit zweistufiger Regelung verbunden. Der Verdichter saugt sich mit Dämpfen von dem Drucke P_0 aus dem Verdampfer voll, alsdann strömen die zwischen den beiden Reglern gebildeten Dämpfe mit dem höheren Druck P_m in den Verdichter nach. Das Nachströmen wird zwangläufig durch die Kolbenstellung gesteuert, gleichzeitig durch ein Rückschlagventil oder zwangläufige Steuerung das Rückströmen der höher gespannten Dämpfe in den Verdampfer verhindert.

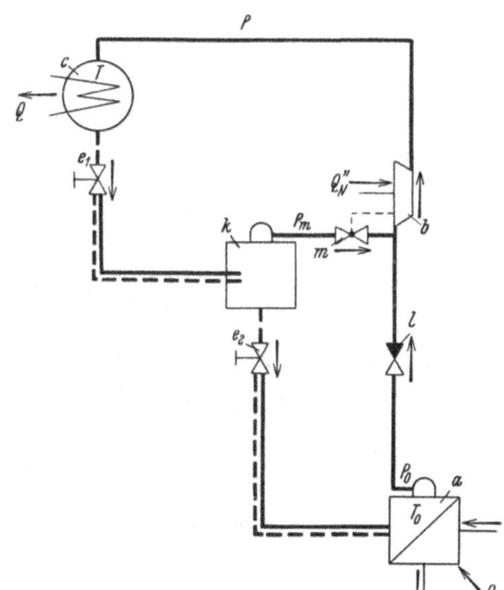

Abb. 11. Arbeitsbild einer Kaltdampfanlage mit Nachströmverdichter und Stufenregeluug (Voorhees). *a* Verdampfer, *b* Verdichter, *c* Verflüssiger, e_1 Hochdruckregler, e_2 Niederdruckregler, *k* Entspannungskessel, *l* Rückschlagventil, *m* gesteuertes Ventil.

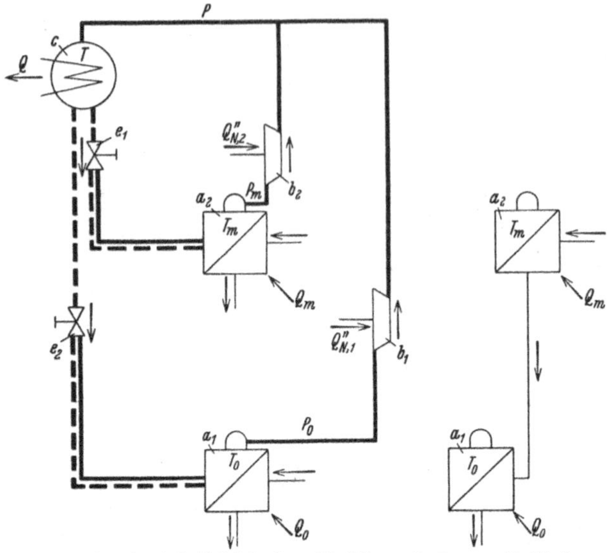

Abb. 12. Arbeitsbild einer Kaltdampfanlage mit Stufenverdampfung, getrennter Verdichtung und getrennter Regelung. a_1 Niederdruckverdampfer, a_2 Hochdruckverdampfer, b_1 Niederdruckverdichter, b_2 Hochdruckverdichter, c Verflüssiger, e_1 Hochdruckregler, e_2 Niederdruckregler.

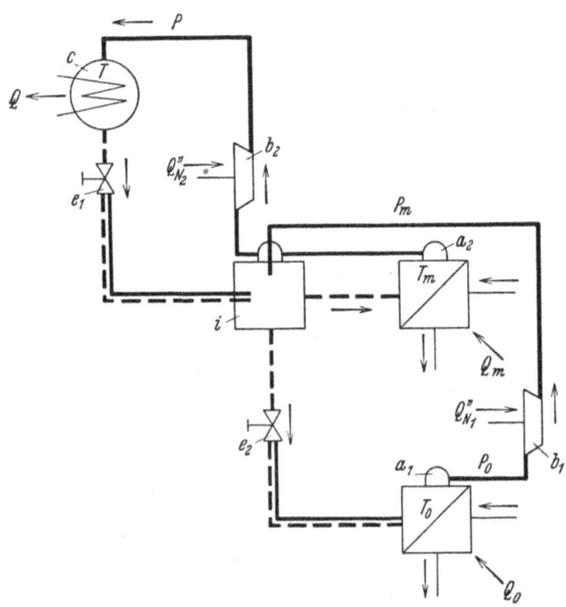

Abb. 13. Arbeitsbild einer Kaltdampfanlage mit Stufenverdampfung, Stufenverdichtung und Stufenregelung. a_1 Niederdruckverdampfer, a_2 Hochdruckverdampfer, b_1 Niederdruckverdichter, b_2 Hochdruckverdichter, c Verflüssiger, e_1 Hochdruckregler, e_2 Niederdruckregler, i Zwischenkühler.

Wird die äußere Wärme Q_0 zum Teil in einem Niederdruckverdampfer bei der Temperatur T_0, zum Teil in einem Hochdruckverdampfer bei einer höheren Temperatur T_m gebunden, und liegen die Temperaturen T_0 und T_m beträchtlich auseinander, so kann nach Abb. 12 die Verdichtung in zwei Verdichtern vorgenommen werden. Der eine saugt die Dämpfe des Niederdruckverdampfers beim Drucke P_0, der andere die Dämpfe des Hochdruckverdampfers beim Drucke P_m an, beide verdichten auf den Druck P. Diese Schaltung kommt in Frage sowohl bei zwei Verdampfern, die vollkommen unabhängig voneinander äußere Wärme bei verschiedener Temperatur binden, als auch für den in Abb. 12 seitlich dargestellten Fall, bei dem der zu kühlende Stoff die beiden Verdampfer hintereinander durchläuft und seine Wärme zunächst bei der Temperatur T_m, danach bei der Temperatur T_0 abgibt.

Arbeiten die beiden Verdichter nicht parallel, sondern hintereinander derart, daß der Niederdruckverdichter nur auf den Druck P_m, der Hochdruckverdichter die vom Hochdruckverdampfer und Niederdruckverdichter kommenden Gase auf den Druck P verdichtet, so bedeutet dies eine wesentliche Verbesserung nur dann, wenn zwischen die beiden Verdichter ein Zwischenkühler eingeschaltet wird, der je nachdem mit Kühlwasser oder dem Arbeitsstoff als Kühlmittel arbeitet.

Im letzten Falle ergibt sich von selbst die Verbindung mit zweistufiger Regelung nach Abb. 13. Das Verfahren unterscheidet sich von dem in Abb. 9 dargestellten dadurch, daß dem Zwischenkühler ein Hochdruckverdampfer parallel geschaltet ist. Die von dem Hochdruckverdichter verarbeitete Menge von Arbeitsstoff überwiegt daher die des Niederdruckverdichters in noch höherem Maße.

Liegt die Austrittstemperatur der Gase des Niederdruckverdichters höher als die Temperatur des verfügbaren Kühlwassers, so erfolgt die Zwischenkühlung nach Abb. 14 mit Wasser als Kühlmittel. Bei der Verbindung mit mehrstufiger Verdampfung liegt die Temperatur T_m wohl ausnahmslos niedriger als die Kühlwassertemperatur. Dem mit Wasser arbeitenden Zwischenkühler obliegt die Vorkühlung, während die restliche Zwischenkühlung unter Verwendung des Arbeitsstoffes erfolgt.

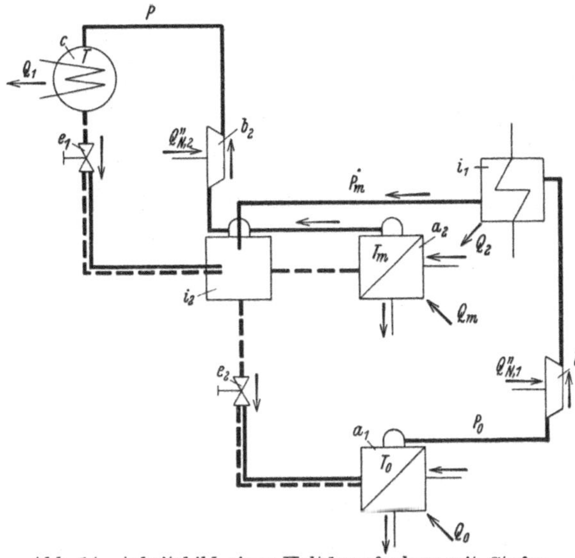

Abb. 14. Arbeitsbild einer Kaltdampfanlage mit Stufenverdampfung, Stufenverdichtung, Stufenregelung und zweifacher Zwischenkühlung. a_1 Niederdruckverdampfer, a_2 Hochdruckverdampfer, b_1 Niederdruckverdichter, b_2 Hochdruckverdichter, c Verflüssiger, e_1 Hochdruckregler, e_2 Niederdruckregler, i_1 Zwischenkühler (Vorkühler), i_2 Zwischenkühler (Nachkühler).

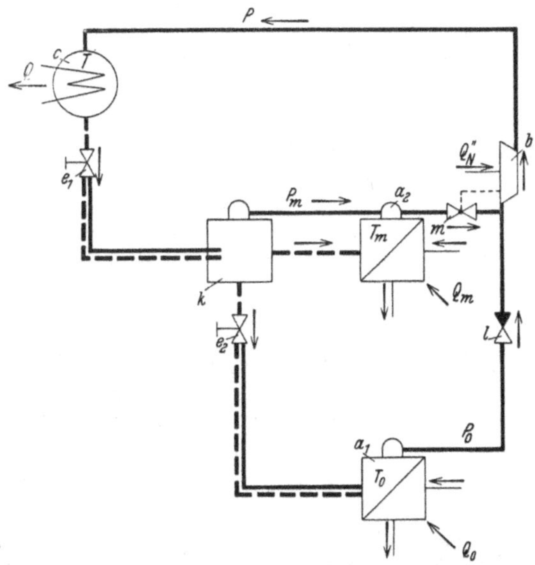

Abb. 15. Arbeitsbild einer Kaltdampfanlage mit Nachströmverdichter, Stufenverdampfung und Stufenregelung (Voorhees). a_1 **Niederdruckverdampfer,** a_2 **Hochdruckverdampfer,** b **Verdichter,** c **Verflüssiger,** e_1 **Hochdruckregler,** e_2 **Niederdruckregler,** k **Entspannungskessel,** l **Rückschlagventil,** m **gesteuertes Ventil.**

Das von Voorhees entwickelte Verfahren stellt sich, auf zwei mit verschiedenen Temperaturen arbeitende Verdampfer angewandt, nach Abb. 15 dar. Sie unterscheidet sich von Abb. 11 dadurch, daß in den Verdichter, nach Füllung mit Dämpfen von der Spannung P_0, höher gespannte Dämpfe mit dem Druck P_m nachströmen, die nicht nur von der Entspannung im ersten Regler, sondern vor allem auch von dem mit höherer Temperatur arbeitenden Verdampfer stammen.

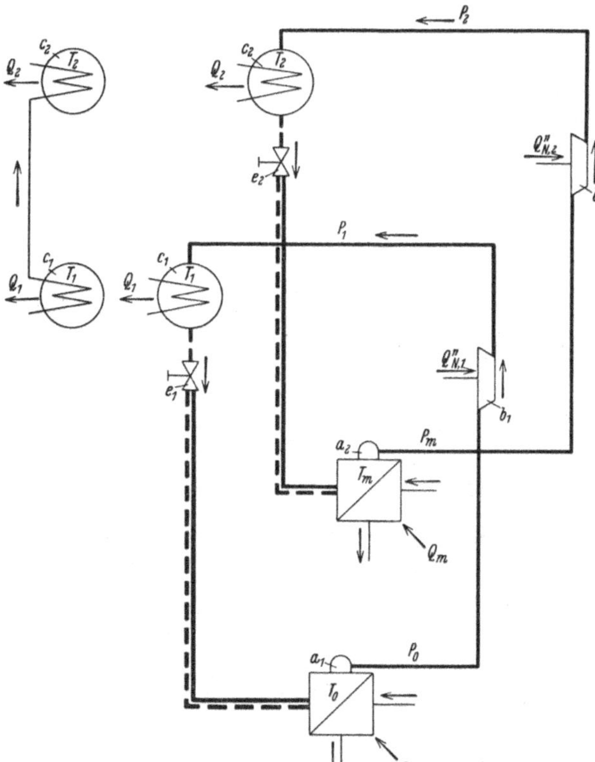

Abb. 16. Arbeitsbild einer Kaltdampfanlage mit Stufenverflüssigung, Stufenverdampfung, getrennter Verdichtung und getrennter Regelung. a_1 Niederdruckverdampfer, a_2 Hochdruckverdampfer, b_1 Niederdruckverdichter, b_2 Hochdruckverdichter, c_1 Niederdruckverflüssiger, c_2 Hochdruckverflüssiger, e_1 Niederdruckregler, e_2 Hochdruckregler.

Abb. 16 stellt ein Beispiel für die Stufenteilung der Verflüssigung dar. Die Wärme Q_1 wird in dem ersten Verflüssiger bei einer niedrigeren Temperatur T_1 und einem niedrigeren Druck P_1 frei als die Wärme Q_2, der im zweiten Verflüssiger die Temperatur T_2 und der Druck P_2 zugeordnet sind. Auf jeden Verflüssiger arbeiten besondere Verdichter, die z. B. in Abb. 16 aus zwei verschiedenen Verdampfern saugen. Die Abführung der Wärmemengen Q_1 und Q_2 erfolgt entweder unabhängig durch zwei verschieden temperierte Kühlmittel (DRP. 491093) oder, wie in Abb. 16 links angedeutet, durch ein und dasselbe Kühlmittel hintereinander. Die Schaltung kommt bei unabhängiger Kühlung der Verflüssiger z. B. für Betriebe in Frage, bei denen ein Kühlmittel anfällt, dessen Temperatur tiefer liegt als die des verfügbaren Kühlwassers (DRP. 515760).

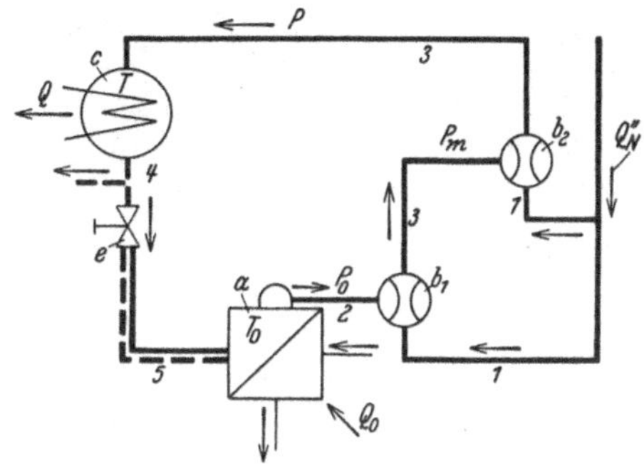

Abb. 17. Arbeitsbild einer Wasserdampfkühlanlage mit Dampfstrahlstufenverdichtung. *a* Verdampfer, b_1 Niederdruckdampfstrahlverdichter, b_2 Hochdruckdampfstrahlverdichter, *c* Verflüssiger, *e* Regler, *1* Treibdampf, *2* Brüden, *3* Mischdampf, *4* Flüssigkeit, *5* entspannte Flüssigkeit.

c) Wasserdampfkühlanlage mit Dampfstrahlverdichter.

Die Verdichtung erfolgt nach Abb. 17 in zwei hintereinandergeschalteten Dampfstrahlverdichtern. Gegenüber einstufiger Dampfstrahlverdichtung wird die im Kraftdampf zugeführte Energie Q_N'' verringert, weil der Wirkungsgrad von Dampfstrahlverdichtern mit Abnahme des zu überwindenden Druckgefälles steigt. Bei zweistufiger Verdampfung treten nach Abb. 18 in den zweiten Dampfstrahlverdichter auch die vom Hochdruckverdampfer kommenden Dämpfe.

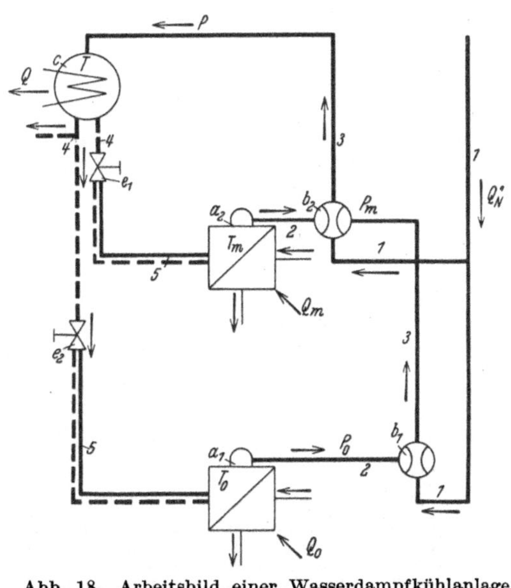

Abb. 18. Arbeitsbild einer Wasserdampfkühlanlage mit Stufenverdampfung und Dampfstrahlstufenverdichtung. a_1 Niederdruckverdampfer, a_2 Hochdruckverdampfer, b_1 Niederdruckdampfstrahlverdichter, b_2 Hochdruckdampfstrahlverdichter, *c* Verflüssiger, e_1 Hochdruckregler, e_2 Niederdruckregler, *1* Treibdampf, *2* Brüden, *3* Mischdampf, *4* Flüssigkeit, *5* entspannte Flüssigkeit.

Wenn im vorstehenden von Zweiteilung der Abstufung als Regel gesprochen wurde, so bestehen Ausnahmen insofern, als drei- und mehrstufige Unterteilungen vorgenommen werden können. So gibt Abb. 19 das Arbeitsbild einer Wasserdampfkühlanlage wieder, bei der nach dem Vorschlage von Scam-Follain die Verdichtung, Verdampfung und Verflüssigung in drei Stufen erfolgt. Sowohl die Verflüssiger als auch die Verdampfer werden von dem Kühlwasser bzw. der abzukühlenden Flüssigkeit hintereinander durchlaufen.

d) Absorptionskühlanlage.

An Stelle der zweistufigen Verdichtung tritt hier Unterteilung von Aufsaugung und Austreibung nach Abb. 20. Sie ist dann vorteil-

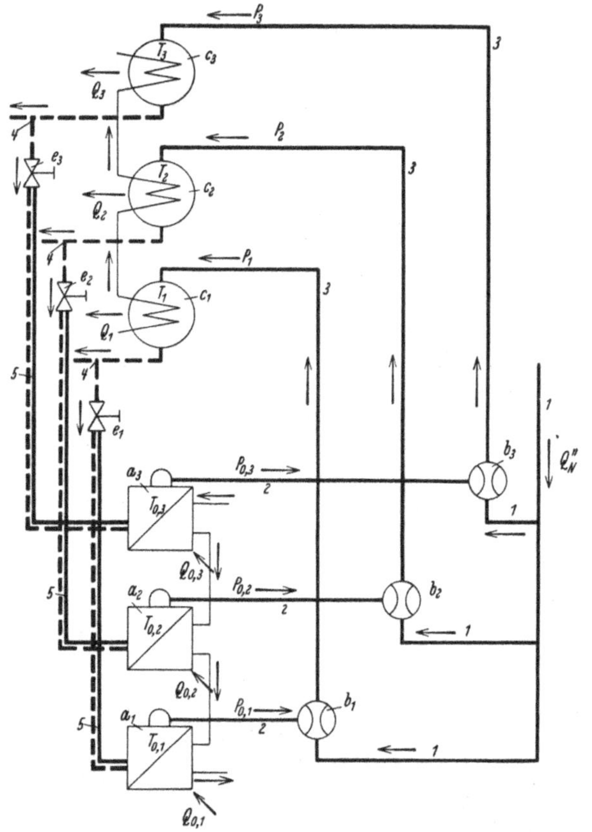

Abb. 19. Arbeitsbild einer Wasserdampfkühlanlage mit Stufenverdampfung und Dampfstrahlstufenverdichtung (Scam-Follain). a_1 Niederdruck-, a_2 Mitteldruck-, a_3 Hochdruckverdampfer, b_1 Niederdruck-, b_2 Mitteldruck-, b_3 Hochdruckdampfstrahlverdichter, c_1 Niederdruck-, c_2 Mitteldruck-, c_3 Hochdruckverflüssiger, e_1 Niederdruck-, e_2 Mitteldruck-, e_3 Hochdruckregler. *1* Treibdampf, *2* Brüden, *3* Mischdampf, *4* Flüssigkeit, *5* entspannte Flüssigkeit.

haft, wenn die Temperatur des für die Austreibung verfügbaren Heizmittels der Temperatur des in den Aufsaugern benutzten Kühlwassers nahekommt. Die Austreibung erfolgt in der ersten Stufe bei einem Zwischendruck P_m. Die beiden Kreisläufe sind hinsichtlich des Umlaufs der Lösung unabhängig voneinander. Während bei der zweistufigen

Verdichtung die Unterteilung sich auch auf das Temperaturgefälle $T—T_0$ erstreckt, arbeiten hier beide Aufsauger bei der gleichen, durch das Kühlwasser, und beide Kocher bei der gleichen, durch das Heizmittel bedingten Temperatur. Verglichen mit einstufigem Arbeiten, erfolgt in der Zwischenstufe eine weitergehende Austreibung, weil $P_m < P$, und eine weitergehende Aufsaugung, weil $P_m > P_0$, in der Hochdruckstufe wird daher die Austreibung beim Drucke P wegen der höheren Stärke der Lösung erleichtert bzw. überhaupt erst ermöglicht.

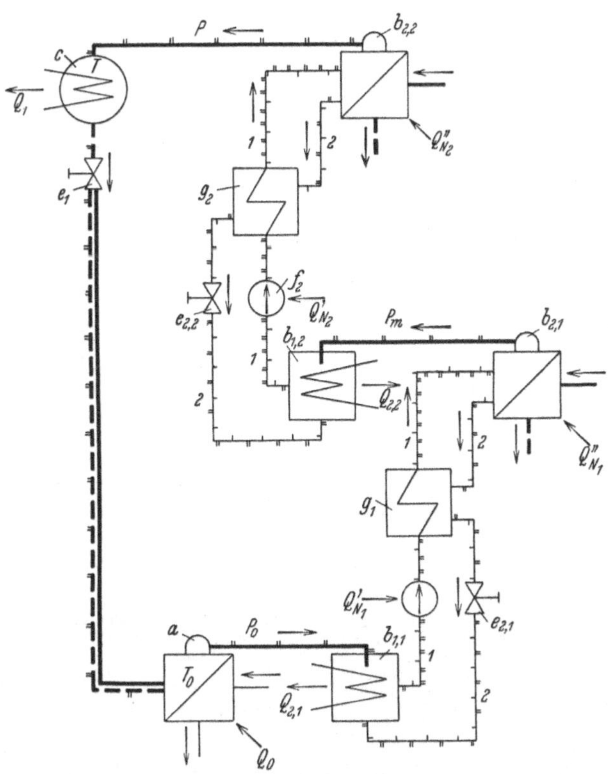

Abb. 20. Arbeitsbild einer Kaltdampfanlage mit Stufenaufsaugung und Stufenaustreibung. a Verdampfer, $b_{1,1}$ Niederdruckaufsauger, $b_{1,2}$ Hochdruckaufsauger, $b_{2,1}$ Niederdruckaustreiber, $b_{2,2}$ Hochdruckaustreiber, c Verflüssiger, e_1 Regler für Arbeitsstoff, $e_{2,1}$ Niederdruckregler für Lösung, $e_{2,2}$ Hochdruckregler für Lösung, f_1 Niederdrucklösungspumpe, f_2 Hochdrucklösungspumpe, g_1 Niederdrucktemperaturwechsler, g_2 Hochdrucktemperaturwechsler, *1* starke Lösung, *2* schwache Lösung.

Zweistufige Regelung und Verdampfung bei verschiedenen Temperaturen T_0 und T_m bedingt nach Abb. 21 eine Unterteilung des Aufsaugers. Hierbei wird die im Niederdruckaufsauger angereicherte Lösung durch die Niederdrucklösungspumpe dem Hochdruckaufsauger zugeführt, hier, unter Aufnahme der vom Hochdruckverdampfer kommenden

Dämpfe, auf die bei dem höheren Druck $P_m > P_0$ größere Stärke gebracht und danach durch die Hochdrucklösungspumpe zum Austreiber geleitet. Aus diesem strömt die schwache Lösung zum Niederdruckaufsauger zurück.

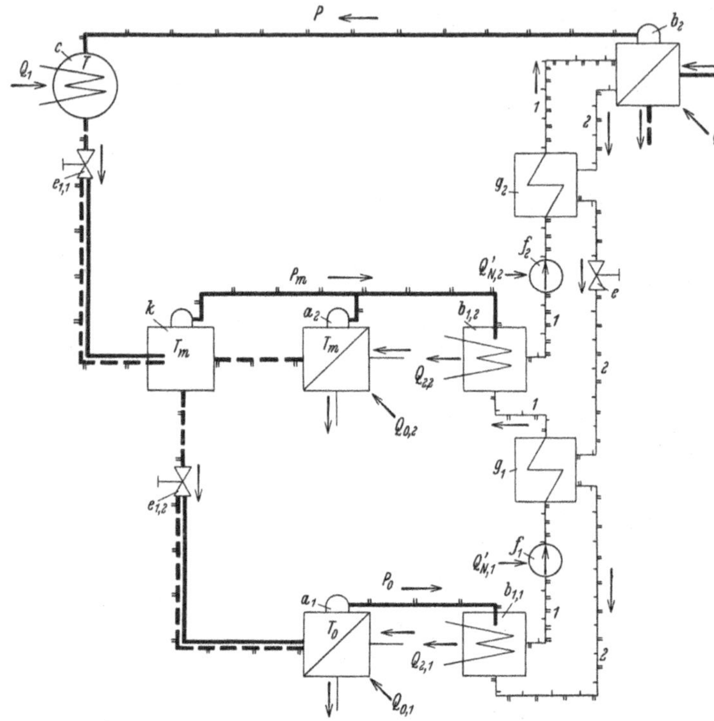

Abb. 21. Arbeitsbild einer Kaltdampfanlage mit Stufenregelung, Stufenverdampfung und Stufenaufsaugung. a_1 Niederdruckverdampfer, a_2 Hochdruckverdampfer, $b_{1,1}$ Niederdruckaufsauger, $b_{1,2}$ Hochdruckaufsauger, b_2 Austreiber, c Verflüssiger, $e_{1,1}$ Hochdruckregler für Arbeitsstoff, $e_{1,2}$ Niederdruckregler für Arbeitsstoff, e_2 Regler für Lösung, f_1 Niederdrucklösungspumpe, f_2 Hochdrucklösungspumpe, g_1 Niederdrucktemperaturwechsler g_2 Hochdrucktemperaturwechsler, k Entspannungskessel, *1* starke Lösung, *2* schwache Lösung.

Auch bei der Absorptionskühlanlage ist eine Stufenteilung der Verflüssigung möglich, wobei auf jeden Verflüssigerteil ein besonderer Austreiber arbeitet.

2. Kaltluftanlage.

Kreiselgebläse als Luftverdichter und Luftturbinen als Ausdehnungsmotoren ergeben Stufenteilung aus baulichen Gründen. Bei der Verdichtung bildet Zwischenkühlung die Regel und führt zu Arbeitsersparnis. Da der Wasserdampfgehalt in 1 m^3 gesättigter Luft nur von der Temperatur, nicht vom Druck, abhängt, tritt bei der Zwischen- und Endkühlung um so eher Übersättigung auf, je höher der Feuchtigkeitsgehal der angesaugten Luft und je höher der Druck im Kühler ist. Wird die abgeschiedene Feuchtigkeit entfernt — was bei Kreiselgebläsen aus Betriebsgründen nötig ist —, so kommt zu der Temperatursenkung im Ausdehnungsmotor eine Entfeuchtung der Luft bei der Verdichtung als Nebenwirkung hinzu. Sie ist häufig dann willkommen und zuweilen Hauptzweck des Arbeitsvorganges, wenn die Luft gleichzeitig als Arbeitsstoff und Kälteträger auftritt, der geschlossene Kreislauf also in den offenen übergeht. Nach Abb. 22 kommt alsdann der Kühler, in dem die Luft äußere Wärme bindet, in Wegfall.

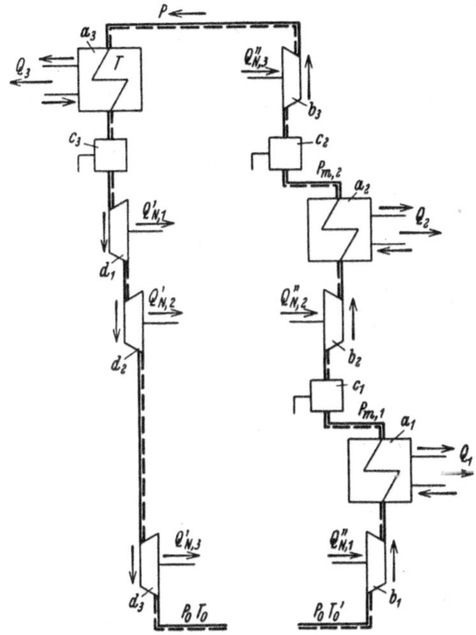

Abb. 22. Arbeitsbild einer offenen Kaltluftanlage mit Stufenverdichtung, Stufenkühlung und Stufenausdehnung. a_1 Niederdruck-, a_2 Mitteldruck-, a_3 Hochdruckkühler, b_1 Niederdruck-, b_2 Mitteldruck-, b_3 Hochdruckverdichter, c_1 Niederdruck-, c_2 Mitteldruck-, c_3 Hochdruckwasserabscheider, d_1 Hochdruck-, d_2 Mitteldruck-, d_3 Niederdruckausdehnungsmotor.

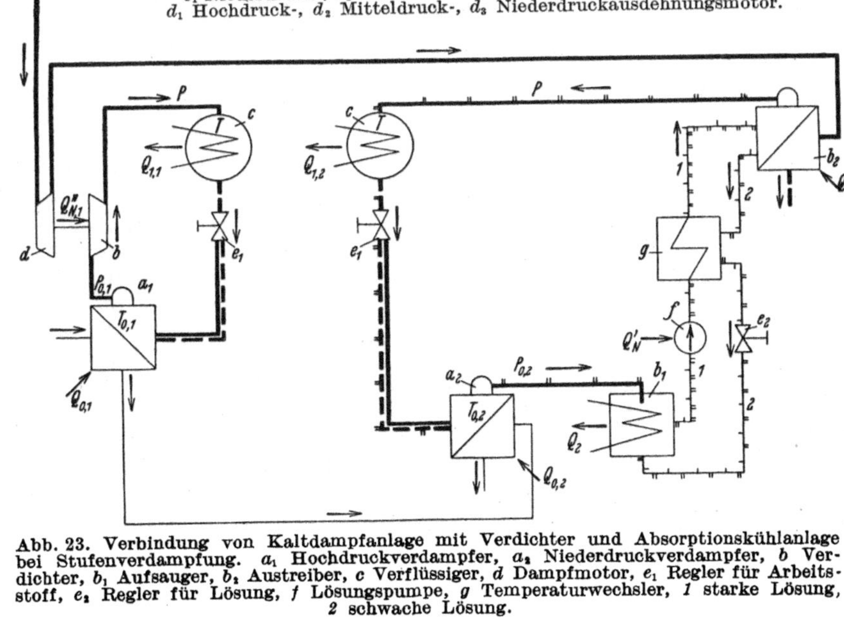

Abb. 23. Verbindung von Kaltdampfanlage mit Verdichter und Absorptionskühlanlage bei Stufenverdampfung. a_1 Hochdruckverdampfer, a_2 Niederdruckverdampfer, b Verdichter, b_1 Aufsauger, b_2 Austreiber, c Verflüssiger, d Dampfmotor, e_1 Regler für Arbeitsstoff, e_2 Regler für Lösung, f Lösungspumpe, g Temperaturwechsler, *1* starke Lösung, *2* schwache Lösung.

3. Zweistoffkühlanlage.

Es liegt nahe, eine Kaltdampfanlage mit durch Dampf betriebenem Verdichter und eine durch Dampf beheizte Absorptionskühlanlage so zu verbinden, daß der Abdampf des Dampfmotors die Austreibwärme liefert. Stufenteilung ergibt sich alsdann, wenn Verdampfer oder Verflüssiger oder beide mit unterschiedlichen Drücken und Temperaturen arbeiten. In gleicher Weise lassen sich zwei Kaltdampfanlagen vereinigen, die beide mit Verdichtern arbeiten, deren Arbeitsstoffe jedoch verschieden sind. Nach Abb. 23 wird beispielsweise eine mit Verdichter ausgestattete, durch Dampfmotor angetriebene Kaltdampfanlage zur Vorkühlung in einem Hochdruckverdampfer benutzt und mit einer Absorptionskühlanlage zusammengeschaltet, deren Austreiber den Dampfmotorabdampf ausnutzt und deren Niederdruckverdampfer die restliche Kühlung übernimmt. Die Hintereinanderschaltung zweier Kaltdampfanlagen mit verschiedenem Arbeitsstoff kann nach Abb. 24 so erfolgen, daß der Verflüssiger der Niederdruckanlage und der Verdampfer der Hochdruckanlage zusammenfallen. Die Nutzkälteleistung im Niederdruckverdampfer wird hierbei dem Arbeitsstoff übertragen, der bei niedriger Temperatur günstiger arbeitet, während der andere Arbeitsstoff die Verflüssigung bei hoher Temperatur übernimmt, für die er besser geeignet ist. Derartige Anlagen kommen für Kühlung auf sehr tiefe Temperaturen in Betracht, wie sie vorzugsweise die chemische Industrie fordert.

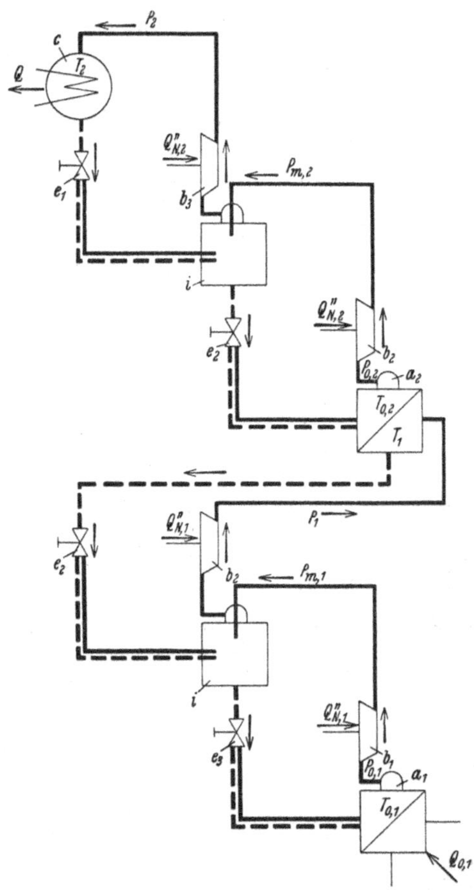

Abb. 24. Verbindung zweier Kaltdampfanlagen mit Verbundverdichtung und Zwischenkühlung zu einer Zweistoffkaltdampfanlage. a_1 Niederdruckverdampfer, a_2 Mitteldruckverdampfer - Verflüssiger, b_1 Niederdruckverdichter, b_2 Mitteldruckverdichter, b_3 Hochdruckverdichter, c Hochdruckverflüssiger, e_1 Hochdruckregler, e_2 Mitteldruckregler, e_3 Niederdruckregler, i Zwischenkühler.

III. Die Arbeitsstoffe der Kaltdampfanlage.

1. Kaltdampfanlage mit Verdichter.

Bei Dämpfen im Sättigungszustande entspricht jeder Temperatur ein bestimmter Druck. Für Arbeitsstoffe, die bei Kaltdampfanlagen mit Verdichtern in erster Linie in Betracht kommen, stellt Abb. 25 die absoluten Drücke abhängig von den Siedetemperaturen dar. Wird das Gebiet zwischen den Temperaturen — 30° und 40° betrachtet, so ergeben sich vier Gruppen von Arbeitsstoffen mit allmählichem Übergang ineinander. Es arbeiten:

1. mit hohen Drücken: Stickoxydul (N_2O), Äthan (C_2H_6) und Kohlensäure (CO_2),

2. mit mäßigen Drücken, die aber durchweg noch oberhalb des Unterdruckgebietes liegen: Propan (C_3H_8) und Ammoniak (NH_3),

3. mit niedrigen Drücken, die bei tiefen Temperaturen ins Unterdruckgebiet eingreifen: Methylchlorid (CH_3Cl), Isobutan (C_4H_{10}), Schwefligsäure (SO_2), Butan (C_4H_{10}), Äthylchlorid (C_2H_5Cl) und Äthyläther ($(C_2H_5)_2O$),

4. vollständig im Unterdruckgebiet: Methylenchlorid (CH_2Cl_2), Dichloräthylen ($C_2H_2Cl_2$)*, Trichloräthylen (C_2HCl_3) und Wasserdampf (H_2O).

Der Umstand, daß durch hohe Drücke, z. B. für Kohlensäuremaschinen, besondere bauliche Maßnahmen für Verdichter und Austauschvorrichtungen nötig sind, wurde früher mehr als gegenwärtig gegen die Kohlensäuremaschinen ins Feld geführt. Die Erfahrung hat gezeigt, daß die Beherrschung dieser Drücke für die Ausführung keine besonderen Schwierigkeiten bietet, so daß eine Zurücksetzung der Kohlensäuremaschinen nur aus diesem Grunde heute als unberechtigt gilt.

Der Siedepunkt (Siedetemperatur bei einem Druck von 760 mm Q.-S. = 1,033 at) ergibt sich wie folgt:

Gruppe							
1	Arbeitsstoff	N_2O	C_2H_6	CO_2			
	Siedepunkt, ° C	—89,5	—88,3	—78,5			
2	Arbeitsstoff	C_3H_8	NH_3				
	Siedepunkt, ° C	—44,5	—33,3				
3	Arbeitsstoff	CH_3Cl	C_4H_{10} Isobutan	SO_2	C_4H_{10} Butan	C_2H_5Cl	$(C_2H_5)_2O$
	Siedepunkt, ° C	—23,7	—10,2	—10	0,6	12,2	34,5
4	Arbeitsstoff	CH_2Cl_2	Cis-$C_2H_2Cl_2$		Trans-$C_2H_2Cl_2$	C_2HCl_3	H_2O
	Siedepunkt, ° C	40,1	48,4		60,3	88	100

* Die beiden Isomeren Cis-$C_2H_2Cl_2$ und Trans-$C_2H_2Cl_2$ werden meist als Gemisch verwandt.

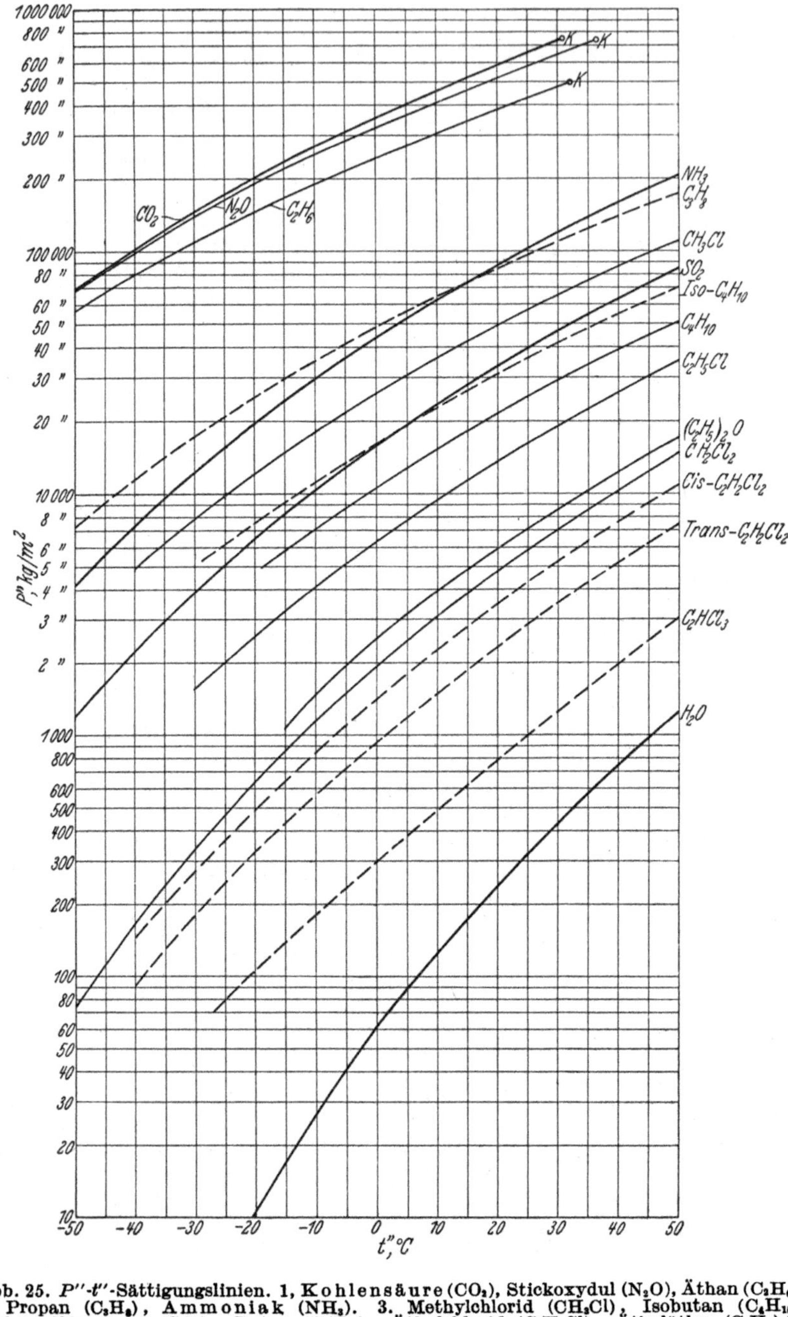

Abb. 25. P''-t''-Sättigungslinien. 1, Kohlensäure (CO_2), Stickoxydul (N_2O), Äthan (C_2H_6). 2. Propan (C_3H_8), Ammoniak (NH_3). 3. Methylchlorid (CH_3Cl), Isobutan (C_4H_{10}), Schwefligsäure (SO_2), Butan (C_4H_{10}), Äthylchlorid (C_2H_5Cl), Äthyläther $(C_2H_5)_2O$. 4. Methylenchlorid (CH_2Cl_2), Cisdichloräthylen ($C_2H_2Cl_2$), Transdichloräthylen ($C_2H_2Cl_2$), Trichloräthylen (C_2HCl_3), Wasser (H_2O). *K* Kritischer Punkt.

Unterhalb dieser Grenztemperaturen herrscht gegenüber der Umgebung ein Unterdruck, der bei Undichtheiten Veranlassung zum Eindringen der äußeren Luft mitsamt der in ihr stets enthaltenen Feuchtigkeit geben kann. Luft und Feuchtigkeit aber stellen Fremdkörper in dem Kreislaufe der Kaltdampfmaschinen dar, führen zu Verschlechterung des Wirkungsgrades und Störungen im Betrieb.

Die hiernach mögliche Gefährdung liegt regelmäßig bei der dritten und vierten Gruppe von Arbeitsstoffen, ausnahmsweise bei der zweiten Gruppe vor, bei der ersten Gruppe ist sie ausgeschlossen. Wird dem Eindringen von Luft durch geeignete Maßnahmen wirksam begegnet, so kehrt sich der Nachteil für die Arbeitsstoffe der vierten Gruppe in einen Vorzug um, weil der ständige Unterdruck ein Entweichen des Arbeitsstoffes in die Umgebung ausschließt. Hinzukommt, daß die Handhabung von Arbeitsstoffen dieser Art besonders einfach ist, weil sie bei üblichen Raumtemperaturen unter atmosphärischem Druck flüssig, die zur Aufbewahrung dienenden Vorratsbehälter daher keinem Druck unterworfen sind.

Der den kritischen Zustand des Gases kennzeichnende Punkt (*K* in Abb. 25) legt den Wert der höchsten Temperatur fest, oberhalb deren ein eigentlicher Sättigungszustand nicht mehr besteht. Er fällt nur für die erste Gruppe von Arbeitsstoffen in den Bereich der Abb. 25, im einzelnen liegt er wie folgt:

Gruppe							
1	Arbeitsstoff	N_2O	C_2H_6	CO_2			
	Kritische Temperatur, ° C	36,5	32,1	31,1			
	Kritischer Druck, kg/cm² .	71,7	48,8	73			
2	Arbeitsstoff	C_3H_8	NH_3				
	Kritische Temperatur, ° C .	95,6	132,4				
	Kritischer Druck, kg/cm² .	43	111,5				
3	Arbeitsstoff	CH_3Cl	C_4H_{10} Isobutan	SO_2	C_4H_{10} Butan	C_2H_5Cl	$(C_2H_5)_2O$
	Kritische Temperatur, ° C .	143,1	134	157,2	153	187,2	193,8
	Kritischer Druck, kg/cm² .	65,8	37	77,7	36	52	35,5
4	Arbeitsstoff	CH_2Cl_2	$C_2H_2Cl_2$	H_2O			
	Kritische Temperatur, ° C .	245,1	243	374			
	Kritischer Druck, kg/cm² .	—	56	217,7			

Wenn es auch falsch ist, die Verwendungsmöglichkeit von Arbeitsstoffen für Kaltdampfanlagen zu verneinen, wenn sie den Verflüssiger oberhalb des kritischen Zustandes verlassen, so nimmt doch die Wirksamkeit der Anlage bei Temperaturen nahe der kritischen so erheblich ab, daß die erste Gruppe von Arbeitsstoffen weniger geeignet erscheint, wenn mit diesen Temperaturen gerechnet werden muß. Bei allen übrigen Gruppen liegt die kritische Temperatur wesentlich höher und weit außerhalb des bei Kälteanlagen in Betracht kommenden Bereiches.

Der Tripelpunkt, bei dem der Arbeitsstoff fest wird, begrenzt seine Verwendungsmöglichkeit nach unten. Er liegt im einzelnen wie folgt:

Gruppe							
1	Arbeitsstoff	N_2O	C_2H_6	CO_2			
	Tripelpunkt, ⁰ C . .	—102,4	—172	—56,6			
2	Arbeitsstoff	C_3H_8	NH_3				
	Tripelpunkt, ⁰ C . .	—189,9	—77,7				
3	Arbeitsstoff	CH_3Cl	C_4H_{10} Isobutan	SO_2	C_4H_{10} Butan	C_2H_5Cl	$(C_2H_5)_2O$
	Tripelpunkt, ⁰ C . .	—97,6	—145	—72,7	—135	—138,7	—116,3
4	Arbeitsstoff	CH_2Cl_2	Cis-$C_2H_2Cl_2$	Trans-$C_2H_2Cl_2$	C_2HCl_3	H_2O	
	Tripelpunkt, ⁰ C . .	—96,7	—50	—80,5	—86,4	0	

Abgesehen von Wasser, liegt die tiefste Temperatur T_0 des Kreislaufs im allgemeinen erheblich über dem Tripelpunkt, so daß mit Rücksicht hierauf alle angeführten Arbeitsstoffe verwendbar bleiben. Erfolgt ausnahmsweise die Kühlung auf Temperaturen, bei denen der Tripelpunkt bestimmter Arbeitsstoffe unterschritten wird, so scheiden diese für die endgültige Kühlung aus. Für solche Fälle kommen daher vorzugsweise Propan und Äthan in Betracht, außerdem die hier nicht im einzelnen behandelten Arbeitsstoffe Methan (CH_4) und Äthylen (C_2H_4), deren Tripelpunkt bei einer Temperatur von —184 bzw. —169,4⁰, also ungewöhnlich niedrig, liegt.

Wie die Höhe des einer bestimmten Temperatur zugeordneten Verflüssigungsdruckes wird die Frage der für eine bestimmte Kälteleistung aufzubringenden Verdichterförderleistung häufig zu Unrecht in den Vordergrund gerückt und aus der Tatsache, daß die erforderlichen Hubräume in der Reihenfolge CO_2, NH_3, CH_3Cl, SO_2, C_2H_5Cl, H_2O zunehmen, ein Vorzug des einen Arbeitsstoffes vor den folgenden abgeleitet. In diesem allgemeinen Sinne kann dem nicht beigepflichtet werden, da der Verdichterhubraum nur die Anschaffungskosten und diese in der Regel in untergeordnetem Maße beeinflußt. Dagegen kommt der Größe der bei den einzelnen Arbeitsstoffen für die gleiche Kälteleistung nötigen Förderleistung insofern grundsätzliche Bedeutung zu, als sie bei bestimmten Arbeitsstoffen das Maß überschreitet, das sich mit Kolbenverdichtern noch wirtschaftlich bewältigen läßt. Dies trifft für die vierte Gruppe von Arbeitsstoffen, also CH_2Cl_2, $C_2H_2Cl_2$, C_2HCl_3, H_2O zu, so daß für die drei ersten der Verdichter regelmäßig die Form des Kreiselgebläses annimmt, während für den Wasserdampf die Anwendung des Dampfstrahlgebläses ein besonders einfaches Mittel zur Verdichtung ungewöhnlich großer Raummengen bietet. Umgekehrt wird für die übrigen Arbeitsstoffe der häufig angestrebte Ersatz des Kolbenverdichters durch ein Kreiselgebläse erst jenseits einer bestimmten Grenzleistung wirtschaftlich möglich[1].

Ähnlich liegen die Verhältnisse in bezug auf die Höhe der für eine bestimmte Kälteleistung aufzuwendenden Arbeit als Maßstab für die

[1] Neuerdings wird Methylbromid (CH_3Br) als Arbeitsstoff für Kreiselgebläse vorgeschlagen. Seine Eigenschaften hat Hsia (Die thermischen Eigenschaften einiger Stoffe von hohem Molekulargewicht, mit besonderer Berücksichtigung ihrer Verwendung in Kältemaschinen mit Turbokompressoren. Diss. Karlsruhe 1931) untersucht.

Bewertung verschiedener Arbeitsstoffe. Unterhalb des kritischen Punktes ist der spezifische Arbeitsverbrauch für das vollkommene Verfahren mit Ausdehnungsmotor theoretisch unabhängig von der Art des angewandten Arbeitsstoffes. Der Ersatz des Ausdehnungsmotors durch den Regler führt zu Unterschieden. Sie sind nicht so wesentlich, daß aus diesem Grunde allein ein Arbeitsstoff vor dem anderen vorzuziehen wäre. Bei hohen Kühlwassertemperaturen ergibt sich eine merkliche Verschlechterung der Wirtschaftlichkeit für die Arbeitsstoffe, deren kritischer Punkt hierbei überschritten wird, also vorzugsweise für CO_2 und C_2H_6.

Viel wichtiger für die Entscheidung zugunsten des einen oder anderen Arbeitsstoffes ist das chemische Verhalten gegenüber den für Verdichter, Wärmeaustauschvorrichtungen und Rohrleitungen in Betracht kommenden Metallen und Dichtungsstoffen und den für die Schmierung des Verdichters verfügbaren Mitteln. Ganz allgemein kann gesagt werden, daß bei dem heutigen Stande der Forschung Mittel vorhanden sind, um diesen Einflüssen für alle hier betrachteten Arbeitsstoffe durch geeignete Auswahl von Baustoffen und Schmiermitteln Rechnung zu tragen.

Ammoniak ist in reinem Zustande bei nicht zu hohen Temperaturen gegenüber Eisen, Kupfer, Nickel, Aluminium, Monelmetall, Messing, Zink und Zinn unwirksam. Das Verhalten ändert sich, wenn das Ammoniak Verunreinigungen enthält. So wird bei Anwesenheit von Wasser Kupfer und Messing angegriffen. Methylchlorid, Äthylchlorid und Methylenchlorid beeinflussen Aluminium und Leichtmetalle. Eisen, Kupfer und Bronze stellen hierfür geeignete Baustoffe dar. Schwefligsäure greift bei Anwesenheit von geringsten Wasserspuren Eisen erheblich an. Für die Erhaltung des gußeisernen Verdichterzylinders ist daher größte Reinheit der verwendeten Schwefligsäure zu fordern. Bei den übrigen Arbeitsstoffen ist die Einwirkung auf Metalle verschwindend, jedenfalls so gering, daß Kupfer und Eisen verwendbar bleiben.

Äthan, Äthylchlorid, Äther, Dichloräthylen und Trichloräthylen lösen Gummi mehr oder weniger auf. Für sie sind Blei, Klingerit und ähnliches geeignete Dichtungsstoffe.

Gegenüber mineralischen Schmierölen sind die meisten Arbeitsstoffe beständig. Äthan, Propan und Butan lösen sich in Mineralöl in gasförmigem Zustande schwach, in flüssigem Zustande stark. Für die Schmierung kommt daher in erster Linie Glyzerin in Frage. Bei Kohlensäureverdichtern war die früher vorwiegende Anwendung von Lederstulpen zur Dichtung von Kolben und Stopfbüchse maßgebend für die Bevorzugung von Glyzerin. Neuerdings werden auch hier Mineralöle dort verwendet, wo metallische Dichtungen sich durchgesetzt haben. Die Tatsache, daß Methylchlorid sich mit Ölen in allen Verhältnissen mischt, hat ursprünglich zur Verwendung wasserfreien Glyzerins als ausschließlichem Schmiermittel geführt. Neuerdings arbeiten fast sämtliche Methylchloridverdichter mit Schmieröl, ohne daß sich praktische Schwierigkeiten ergeben hätten. Für Äthylchlorid kommt Glyzerin neben Polyglykol in Betracht. Von größter Wichtigkeit ist die Auswahl des Schmiermittels bei Schwefligsäureverdichtern. Das verwandte Öl darf sich in Verbindung mit Schwefligsäure nicht zersetzen, insbesondere keine festen Rückstände bilden. Die besondere Sorgfalt bei der Herstellung wasser- und luftfreier Öle bedarf einer Ergänzung durch Fernhaltung äußerer Einflüsse bei der Aufbewahrung und dem Gebrauch. Untergeordnete Bedeutung besitzt die Frage der Schmierung bei den mit Methylenchlorid, Dichloräthylen und Trichloräthylen arbeitenden Kreiselgebläsen, da sie sich hier auf Stopfbüchse und Innenlager beschränkt. Diese Arbeitsstoffe mischen sich mit Öl, nicht aber mit Glyzerin, dem deshalb der Vorzug zukommt.

Im vorstehenden wurden bereits einzelne Fälle behandelt, bei denen Verunreinigung der Füllung durch Wasser das Verhalten des Arbeitsstoffes grundsätzlich in ungünstigem Sinne verändert. Wasser kann, an feuchte Luft gebunden, bei Unterdruck durch die Stopfbüchse in die Anlage gelangen oder sich in flüssiger Form mit der beschlagenen Kolbenstange einschleichen. Eine weitere Quelle hierfür bildet das stark hygroskopische Verhalten von Glyzerin in den Fällen, in denen es als Schmiermittel vorzugsweise in Betracht kommt. Bei der Auswahl von Baustoff, Dicht- und Schmiermittel ist daher vorsichtigerweise mit einer gewissen Verunreinigung des Arbeitsstoffes durch Wasser als Regel zu rechnen. Dies darf jedoch nicht hindern, an die Reinheit des gelieferten Arbeitsstoffes die höchsten Anforderungen zu stellen und alle Maßnahmen durchzuführen, die zur Erhaltung der ursprünglichen Reinheit dienen können. Ammoniak soll frei von organischen Verunreinigungen, vor allem Pyridin, sein und keine Spuren von Öl und Wasser aufweisen. Die Möglichkeit, vollkommen wasserfreie Schwefligsäure zu liefern, ist ausschlaggebend geworden für ihren heutigen weiten Verwendungsbereich.

Solange die Kältemaschinen sich auf industrielle und gewerbliche Betriebe beschränkten, wurde die Frage der Gefährdung von Gesundheit und Leben durch die in Betracht kommenden Arbeitsstoffe mit dem hier üblichen Maßstab gemessen, der eine Einschränkung der Gefahren mit praktisch möglichen und wirtschaftlich vertretbaren Mitteln anstrebt. Hierbei eroberte sich Ammoniak allmählich das Feld. Daneben gelangte Kohlensäure dort zur Verwendung, wo reichlich kaltes Wasser zur Verfügung stand oder bei abgeschlossenem Arbeitsraum — beispielsweise auf Schiffen — jeder Gefährdung vorgebeugt zu sein schien, schließlich Schwefligsäure in den Tropen. Die daneben auftretende Anwendung von Kohlenwasserstoffen beschränkte sich auf die chemische Großindustrie und hier auf Fälle, in denen ungewöhnlich tiefe Temperaturen erreicht werden sollten. Diese Verhältnisse haben sich für die erwähnten Betriebe nur unwesentlich geändert. Die Kohlensäureanlage behauptet an Bord das Feld gegenüber der Ammoniakanlage, die hier in bescheidenem Maße eingedrungen ist. Bei gewerblichen Anlagen ist Methylchlorid zu den übrigen Arbeitsstoffen hinzugekommen. Die insbesondere in den Vereinigten Staaten, neuerdings auch in Europa gelungene Einführung der Haushaltungskühlanlage hat den Maßstab verändert, mit dem der Grad der Gefährdung von Menschen durch den Arbeitsstoff beurteilt wurde. Statt möglicher Sicherung wird hier mit Recht Ausschluß jeder nur denkbaren Unsicherheit gefordert. Die Praxis hat diese

Bedingung bei der Anwendung von Schwefligsäure und Methylchlorid in befriedigender Weise zu erfüllen verstanden. Trotzdem ist sich niemand unklar darüber geblieben, daß die letzte Lösung noch nicht vorliegt. Der an den Namen Carrier als Pionier gebundenen Einführung größter Kühlanlagen für die Raumbewetterung von Theatern und anderen Versammlungsräumen verdanken die neuerdings in zunehmendem Maße benutzten Arbeitsstoffe Dichloräthylen, Trichloräthylen und Methylenchlorid ihre Bedeutung[1].

Ammoniak besitzt einen stechenden Geruch. Kleinste Undichtheiten werden hierdurch sofort bemerkbar. Schleimhäute und Atmungsorgane erfahren durch Ammoniak eine Reizung, die bei großen Undichtheiten Gesundheit und Leben gefährden kann. Die Gefahr der Entzündung ausströmenden Ammoniaks ist gering, seine Brennbarkeit an eine starke äußere Wärmequelle gebunden, die das Gas auf Entzündungstemperatur bringt und hält. Gemische von Ammoniak und Luft können nach den neueren Feststellungen durch die Chemisch-Technische Reichsanstalt bei einem Ammoniakgehalt von nicht unter 17 und nicht über 27 Vol.-% zu Explosionen führen. Die untere Grenze liegt hierbei so hoch, daß ein Aufenthalt in dem vergasten Raum lange vorher unmöglich ist. Der zudem enge Bereich der Explosionsgrenzen kennzeichnet die Gefahr als gering. Hinzukommt, daß der Einsatz der Explosion schwierig ist und nur durch offenes Licht und Funken gelingt, daß ferner die Explosionsgeschwindigkeit mit 0,3 bis 0,5 m/s klein und die Explosionskraft schwach bleibt. Die Gefahr der Zersetzung von Ammoniak unter Bildung von Wasserstoff wurde früher überschätzt. Neuere Untersuchungen haben ergeben, daß bei den in Ammoniakverdichtern auftretenden Höchsttemperaturen unter 180° mit einer irgendwie merklichen Zersetzung nicht zu rechnen ist.

Kohlensäure und Schwefligsäure sind unbrennbar. Eine Gefährdung der Gesundheit durch ungewöhnlich hohen Kohlensäuregehalt der Luft liegt nur ausnahmsweise dort vor, wo durch besonders ungünstige Lage des Aufstellungsortes und Undurchlässigkeit der Umfassungen ein Diffundieren des Kohlensäuregehaltes in die Umgebung erschwert ist. Die Geruchlosigkeit der Kohlensäure stellt nur scheinbar einen Vorzug dar, da sie die rechtzeitige Feststellung von Undichtheiten verhindert. Aus diesem Grunde werden in Fällen, wo mit einer Gefährdung zu rechnen ist, z. B. bei Schiffskühlanlagen, Riechstoffe, wie Kampferöl, der Füllung beigegeben. Im Gegensatz hierzu macht der ätzende Geruch von Schwefligsäure die kleinste Undichtheit sofort bemerkbar. Die Reizwirkung auf die Schleimhäute und Atmungsorgane ist bei ihr besonders groß und geeignet, die Gesundheit in höherem Maße zu gefährden als bei irgendeinem anderen gebräuchlichen Arbeitsstoff.

---

[1] In letzter Zeit wird als Arbeitsstoff von besonderer Sicherheit Dichlordifluormethan (CCl_2F_2) empfohlen, das bei den im Betrieb auftretenden Temperaturen sich nicht zersetzt, nicht brennt, die Gesundheit nicht gefährdet und in wasserfreiem Zustande Metalle nicht angreift. Sein Geruch ähnelt dem von Chloroform. Der Siedepunkt liegt bei — 30°.

Methylchlorid besitzt einen schwach süßlichen, kaum merklichen Geruch. Da es gesundheitlich auch in kleinen Mengen nicht harmlos ist und bei langer Einwirkung betäubend wirkt, ist neuerdings die Zufügung eines geeigneten Riechstoffes Vorbedingung für die Beibehaltung dieses Arbeitsstoffes bei Haushaltkühlanlagen geworden. Als Warnungsmittel verwenden Roessler & Hasslacher Chemical Co. für Ammoniakanlagen einen Reizstoff Akrolein (CH_2CHCHO), die I. G. Farbenindustrie A. G. einen neutralen Parfümzusatz. Methylchlorid ist brennbar. Die Explosionsgrenzen liegen bei 8,2 und 18,6 Vol.-%.

Methylenchlorid brennt mit schwacher Flamme, die unter der Einwirkung eines lebhaften Luftzuges erlischt. Der Explosionsbereich verläuft zwischen 12 und 15,7 Vol.-%, ist also besonders eng. Der Explosionseinsatz erfolgt schwierig und nur durch offene Flamme oder Funken.

Die physiologische Wirkung von Äthylchlorid ist ähnlich der von Methylchlorid. Eine erhöhte Gefahr tritt bei Äthylchlorid dadurch auf, daß es stark brennbar ist, die Explosionsgrenzen mit 4,9 bis 13,5 Vol.-% bei einem verhältnismäßig niedrigen Gehalt beginnen und weit auseinander liegen.

Äthan, Propan, Butan und Äthyläther wirken betäubend und sind stark brennbar, Eigenschaften, die ihrer Verwendbarkeit enge Grenzen setzen. Auch das süßlich riechende Methylenchlorid wirkt berauschend, macht außerdem die Haut spröde. Im Betrieb kommen diese Nachteile kaum zur Geltung, da die niedrigen Drücke Undichtheiten praktisch ausschließen. Methylenchlorid ist nicht brennbar. Dichloräthylen ist geruchlos, nur schwach brennbar und ohne Einwirkung auf den menschlichen Körper.

Wie im vorstehenden bereits eingeflochten, ist die durch die Eigenschaften der Arbeitsstoffe mögliche Gefahr verschieden zu werten, je nachdem der Arbeitsstoff selbst oder eine künstliche Zugabe rechtzeitige Warnung sichert und die Möglichkeit zum Ausströmen in die Umgebung mehr oder weniger vorliegt. So kommt z. B. vollkommen geschlossenen Kälteanlagen ein kaum zu übertreffender Sicherheitsgrad zu, auch wenn sie die gefährliche Schwefligsäure als Arbeitsstoff benutzen. Von Einfluß ist auch das Verhältnis der Füllungsmenge zum Inhalt des Aufstellungsraumes. Ist dieses klein, so steht eine Ansammlung von Dämpfen in der Raumluft bis zu einem die Gesundheit gefährdenden oder Explosionen ermöglichenden Grade weniger zu befürchten als im umgekehrten Falle. Diese Sicherheit besteht jedoch nur gegenüber einem gelegentlich auftretenden Entweichen der gesamten Füllung, nicht gegenüber ständig auftretenden Undichtheiten und wiederholter Nachfüllung.

2. Absorptionskühlanlage.

Als Arbeitsstoff für Absorptionskühlanlagen hat Ammoniak eine weit überragende Bedeutung gewonnen. Daneben sind Wasserdampfabsorptionskühlanlagen mit Schwefelsäure als Aufsaugemittel für kleine Leistungen zur Anwendung gelangt.

Während bei reinen Flüssigkeiten im Sättigungszustande jedem Druck eine bestimmte Temperatur als Siedetemperatur zugeordnet ist, ergibt sich bei Zweistoffgemischen eine Abhängigkeit beider von der Gemischzusammensetzung. Sie geht für Ammoniak-Wassergemische aus Abb. 26 hervor, wobei ξ den Gewichtsanteil des Ammoniaks im Gemisch bedeutet. Die einem bestimmten Druck zugeordneten Temperaturen sind hiernach bei reinem Ammoniak ($\xi = 1$) am niedrigsten und um so höher, je geringer der Ammoniakgehalt des Gemisches ist. Die obere Grenze entspricht der Siedetemperatur des Wassers ($\xi = 0$). Hieraus ergibt sich, daß die Temperatur im Aufsauger höher liegt als im Verdampfer, dessen Temperatur den Druck beider bedingt. Ebenso liegt

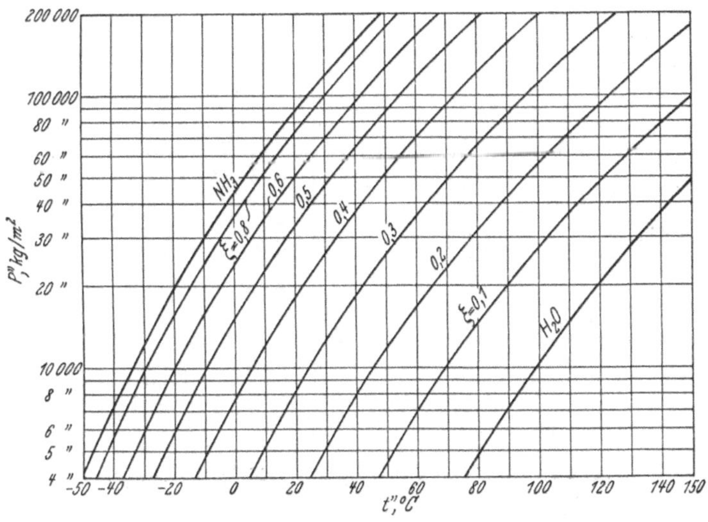

Abb. 26. P''-t''-Bild für Ammoniak-Wassergemische. ξ Gtl. NH_3 in 1 Gtl. Gemisch.

die Temperatur im Austreiber über der des Verflüssigers, dessen Temperatur den gemeinsamen Druck beider festlegt. Bei der Absorptionskühlanlage ist daher eine Zersetzung des Arbeitsstoffes in erhöhtem Maße möglich. Auf der anderen Seite bedeutet, verglichen mit der Verdichteranlage, der Wegfall der Schmierung einen Vorzug, da hierdurch eine dauernde Reinheit der Füllung gesichert ist. (Arbeiten Absorptions- und Verdichteranlage zusammen, so empfiehlt es sich nicht, ein und denselben Verdampfer für beide zu benutzen, da alsdann der Vorteil der Absorptionskühlanlage verloren geht, zudem das Schmieröl des Verdichters in den Austreiber gelangen und sich hier zersetzen kann.)

Bei Ammoniakabsorptionskühlanlagen ergibt sich eine Unannehmlichkeit dadurch, daß aus dem Austreiber geringe Mengen Wasserdampf in den Verflüssiger gelangen, hier niederschlagen und sich schließlich im Verdampfer ansammeln. Dies bedingt Einschaltung eines Wasserabscheiders zwischen Austreiber und Verflüssiger sowie Maßnahmen für

Rückführung des wasserhaltigen Gemisches aus dem Verdampfer in den Aufsauger, also eine an sich unerwünschte bauliche und betriebstechnische Verwicklung. Bei Verwendung von festen Aufsaugemitteln wird dieser Nachteil vermieden. Hierbei ändern sich jedoch die für den Zusammenhang zwischen Temperatur und Druck maßgebenden grundlegenden Verhältnisse. Beispielsweise bildet Kalziumchlorid in Verbindung mit Ammoniak Ammoniakate, bei denen auf 1 Mol $CaCl_2$ 1, 2, 4 oder — bei voller Sättigung — 8 Mol NH_3 entfallen. Bei gleicher Temperatur steigt der Dampfdruck sprunghaft, wenn die eine Stufe in die nächste übergeht, bleibt jedoch zwischen zwei Stufen gleich. Nach den Versuchen

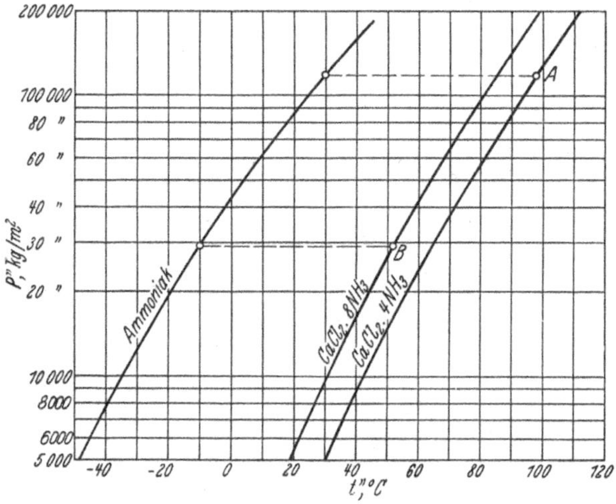

Abb. 27. P''-t''-Bild für Kalziumchlorid-Ammoniakate.

von Linge[1] ergibt sich der in Abb. 27 (Plank[2]) dargestellte Zusammenhang zwischen Temperatur und Dampfdruck für die Verbindungen $CaCl_2 \cdot 8\,NH_3$ und $CaCl_2 \cdot 4\,NH_3$. Bei einer Verflüssigungstemperatur von 30° ist daher zur Austreibung von 8 Mol NH_3 auf 4 Mol NH_3 eine Temperatur von 86°, zur weiteren Austreibung auf 2 Mol NH_3 eine Temperatur von 98° nötig. Soll im Aufsauger bei einer Verdampftemperatur von — 10° volle Sättigung zu $CaCl_2 \cdot 8\,NH_3$ erfolgen, so darf die Temperatur im Aufsauger 53° nicht überschreiten. Plank weist darauf hin, daß wegen der zulässigen verhältnismäßig hohen Temperaturen im Aufsauger derartige Absorptionskühlmaschinen sich für Anwendung in den Tropen und auch für Kühlung durch Luft allein eignen. Er untersucht auch den Ersatz von Ammoniak durch Monomethylamin (CH_3NH_2)

[1] Linge: Über periodische Absorptionskältemaschinen. Beihefte z. Z. ges. Kälteind. 1929 Heft 1.

[2] Plank-Vahl: Die thermischen Eigenschaften von Ammoniakaten und ähnlichen Verbindungen und ihre Verwendung in Absorptionskältemaschinen. Forschg. Ing.-Wes. 1931.

bei Absorptionskühlanlagen, die feste Aufsaugemittel anwenden und findet die Verbindung von Lithiumchlorid (LiCl) mit Methylamin besonders geeignet, weil dann bei hohen Verflüssigungstemperaturen die bei Ammoniak als Arbeitsstoff auftretenden hohen Drücke vermieden werden.

Für Adsorptionskühlanlagen gelangt bisher vorzugsweise Silica-Gel (SiO_2) als Adsorptionsmittel mit Schwefligsäure als adsorbiertem Stoff zur Verwendung. Günstig wirkt hierbei die hohe Adsorptionsfähigkeit von Silica-Gel, das bei den für den Adsorber maßgebenden Druck- und Temperaturverhältnissen bis 40% seines Eigengewichts an Schwefligsäure zu binden vermag. Da ferner Silica-Gel sich bei der Austreibung in keiner Weise verändert und Schwefligsäure bei den in Betracht kommenden Temperaturen als beständig anzusehen ist, sind die wichtigsten Voraussetzungen für dauernd störungsfreies Arbeiten erfüllt. Inwieweit dies für die daneben als Adsorptionsmittel vorgeschlagene aktive Kohle mit Ammoniak oder Alkohol als adsorbiertem Stoff zutrifft, muß die Erfahrung noch entscheiden.

IV. Kälteträger der mittelbaren Kühlung.

Während bei unmittelbarer Kühlung der verdampfende Arbeitsstoff durch die wärmeübertragenden Flächen den zu kühlenden festen, flüssigen oder gasförmigen Körper selbst beeinflußt, werden bei mittelbarer Kühlung Zwischenstoffe — Kälteträger — eingeschaltet. Als solche kommen in Betracht:

feste Körper, vor allem in Form von Kunsteis,
flüssige Körper, Wasser oder Solelösungen,
Gase, in erster Linie Luft.

1. Feste Körper als Kälteträger.

Je nach der Herstellung ist zu unterscheiden:

der Form nach

Zelleneis, handliche Blöcke, in Blechformen — Zellen — gewonnen, die gewöhnlich zu Reihen in Rahmen zusammengefaßt werden,
Kanneneis, große Blöcke, früher in Einzelgefäßen, neuerdings gleichfalls reihenweise erzeugt,
Platteneis, an gekühlten Gefrierwänden gebildet,

der Beschaffenheit nach

Trübeis, ohne besondere Vorbereitung des Gefrierwassers,
Klareis, auf mechanischem Wege von Luft und festen Bestandteilen befreit, meist noch mit trübem Kern,
Kristalleis, aus destilliertem Wasser.

Dient das Eis zur Versorgung von Eiskästen, wobei es nicht in Berührung mit Genußmitteln kommt, so genügt das in einfachster Weise in Zellen oder Kannen hergestellte Trübeis. Zur Auflage bei Lebensmitteln oder Mischung mit Getränken ist Trübeis nur dann geeignet, wenn das benutzte Gefrierwasser zum Genusse taugt. Klareis wird bei höheren Ansprüchen gefordert. Der Unterschied gegenüber Trübeis ist kein rein äußerlicher, da das dichtere Klareis — Raumgewicht 910, gegenüber dem von Trübeis bis herunter zu etwa 850 — langsamer schmilzt, also mit kleinerem Verlust gelagert und befördert werden kann, außerdem einen geringeren Gehalt an schädlichen Bestandteilen aufweist, wenn es als Platteneis oder als Zellen- und Kanneneis unter Absaugung des Kernwassers gewonnen wird. Unterbleibt das Absaugen, so finden sich die Verunreinigungen im Kern angereichert. Das in Zellen und Kannen hergestellte Kristalleis stellt die wertvollste Art dar, verlangt allerdings kostspielige Vorrichtungen für die Vorbereitung des Gefrierwassers. Dazu kommen vermehrte Betriebskosten durch den Wärmeverbrauch für die Destillation, die nur bei Vorhandensein einer Dampfanlage für den Antrieb unwesentlich werden. Der Geschmack des Kristalleises unterscheidet sich von anderen Sorten durch das Fehlen von Salzen. Vollkommene Keimfreiheit ist bei der Verwendung von destilliertem Gefrierwasser nur dann erzielt, wenn während der Vorbehandlung eine Erwärmung auf mindestens 80^0 stattfindet. Bei Führung der Destillation unter Luftleere wird dieser Bedingung erst durch Anordnung eines besonderen offenen Aufkochers entsprochen. Was außerhalb dieser Gesichtspunkte für oder gegen die eine oder andere Eisart geltend gemacht wird, läuft in der Regel auf Vorurteil hinaus. Vor allem ist es falsch, klarem Eis den Vorzug zu geben, weil es bei der Anwendung langsamer schmilzt. Jede Sorte läßt sich durch entsprechende Zerkleinerung und Verteilung für gleiche Kühlgeschwindigkeit verwenden. Anlagen, bei denen das Gefrierwasser durch Vorbehandlung mit Ozon keimfrei gemacht wird, sind in einzelnen Fällen zur Anwendung gelangt, sie bieten eine Möglichkeit, bei nicht keimfreiem Wasser ohne Destillation gesundheitlich einwandfreies Eis zu erhalten.

Das aus Wasser erzeugte Eis bindet bei der Kühlung, seiner Schmelzwärme entsprechend, rund 80 kcal/kg. Die bei der Eiserzeugung aufgewandte Kälte zur Abkühlung des Gefrierwassers bis auf den Gefrierpunkt und zur Unterkühlung des fertig gefrorenen Eises kommt hierbei nicht zur Geltung. Das Schmelzwasser wird in der Regel sofort abgeführt. Die Unterkühlung geht bei der Lagerung und Beförderung alsbald verloren. Dem Schmelzpunkt des Eises von 0^0 entsprechend, kommt seine Anwendung zur Kühlung zunächst nur für Fälle in Betracht, in denen Temperaturen oberhalb des Nullpunktes gefordert werden. Die Dunstspannung über schmelzendem Eis beträgt 4,6 mm Q.-S. Dient das Eis zur Luftkühlung, so ist der erreichbare Luftfeuchtigkeitsgrad um so niedriger, je höher die Lufttemperatur liegt. Er beträgt im Grenzfalle

bei	0	2	4	6	8	10^0,
entsprechend dem Verhältnis von 4,6 mm Q.-S. zu der in gesättigter Luft herrschenden Dampfspannung von	4,6	5,3	6,1	7,0	8,0	9,2 mm Q.-S.
$\varphi_{min} =$	1	0,87	0,75	0,66	0,57	0,50.

An sich ist also die Eiskühlung nicht ungeeignet für die Lagerung von Kühlgut, das in gesättigter Luft verdirbt.

Für die Erzielung von Temperaturen unter 0^0 und weitergehende Lufttrocknung kommen für kleine Leistungen Kältemischungen zur Anwendung. Beispielsweise sinkt bei Mischung von

	Natriumchlorid und Eis	Kalziumchlorid und Eis
im Gewichtsverhältnis	1 : 1	2 : 1
die Temperatur im Grenzfalle von 0^0 auf	-18^0	-42^0.

Minuseis wird durch Gefrieren gesättigter Salzlösung von bestimmter Zusammensetzung gewonnen, z. B. aus einer Natriumchloridlösung, die 28,9 Gtl. NaCl auf 100 Gtl. Wasser enthält und einen Schmelzpunkt von $-21{,}2^0$ besitzt. Die Schmelzwärme von Sole ist geringer als von Wassereis, sie beträgt z. B. für die angegebene Mischung rund 58 kcal/kg.

Die Verwendung von fester Kohlensäure als Mittel zur Tiefkühlung gewinnt neuerdings Bedeutung. Während bei der Eiskühlung Schmelzwasser entsteht, geht feste Kohlensäure durch Sublimation unmittelbar in Gasform über. Aus diesem Grunde wird sie mit Recht als Trockeneis bezeichnet. Der Sublimationspunkt liegt für atmosphärischen Druck bei $-78{,}5^0$, die Sublimationswärme ist mit 137 kcal/kg höher als die Schmelzwärme des Wassereises. Zudem lassen sich bei Erwärmung der gasförmigen Kohlensäure von $-78{,}5$ auf 0^0 noch rund 15 kcal/kg, insgesamt also 152 kcal/kg, binden. Trockeneis kommt vorzugsweise für Kühlung von Waren in Betracht, die, wie Speiseeis und gefrorene Fische, besonders tiefe Temperaturen fordern. Da die Wärmeleitfähigkeit von gasförmiger Kohlensäure nur etwa halb so groß ist wie von Luft, führt die Anreicherung der Kühlraumluft mit Kohlensäure und ihr Eindringen in die Lufträume der wärmeschützenden Umfassungen zu einer Verminderung der von außen eindringenden Wärme, so daß der Kältebedarf sinkt. Diese Eigenschaft ist geeignet, die Anwendung von fester Kohlensäure als Kühlmittel über das nächstliegende Gebiet hinaus zu erweitern. Der Gefährdung von Gesundheit und Leben durch Anreicherung der Atmungsluft mit Kohlensäure muß begegnet werden, wenn das Trockeneis in größerem Maßstabe zur Benutzung gelangt. Für die Kühlung von Waren, die, wie Obst und Gemüse, Sauerstoff atmen und Kohlensäure abgeben, ist feste Kohlensäure als unmittelbares Kühlmittel ungeeignet.

2. Flüssigkeiten als Kälteträger.

Als flüssige Kälteträger kommen für Temperaturen über 0^0 Wasser, darunter Sole in Betracht, in Ausnahmefällen auch andere Stoffe, wie Zuckerlösung in unmittelbarer Berührung mit Früchten oder Alkohol für Weinkühlung, wenn es sich darum handelt, den bei Undichtheit der übertragenden Metallwände möglichen Verderb zu verhindern. Um bei der Kühlung künstlichen Mineralwassers ohne Gefahr dem Gefrierpunkte möglichst nahe zu kommen, werden beispielsweise die Mineralwasser führenden Kupferschlangen ebenso wie der Verdampfer in ein Süßwasserbad versenkt und hierbei die gegenüber unmittelbarer Kälteübertragung geringere Wirtschaftlichkeit des Verfahrens in Kauf genommen. Ganz allgemein liegt der Grund für Anwendung flüssiger Kälteträger in der erhöhten Sicherheit, der gegenüber wirtschaftliche Gesichtspunkte häufig zurücktreten müssen. Für die Zwischenschaltung eines flüssigen Kälteträgers spricht auch die leichte Verteilung auf zahlreiche parallel geschaltete Gruppen, ferner die Speicherfähigkeit, die eine Fortsetzung der Kühlung bei Stillstand der Kälteerzeugungsanlage ermöglicht, allerdings auf Kosten der für Erreichung des Beharrungszustandes erforderlichen Betriebsdauer.

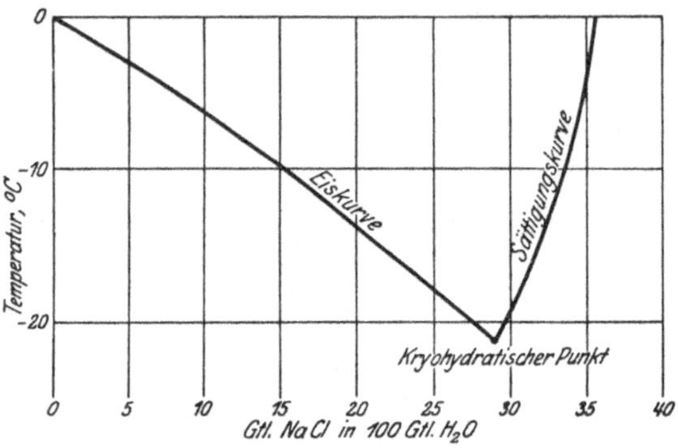

Abb. 28. Eis- und Sättigungskurve bei wässeriger NaCl-Lösung (Altenkirch).

In den Abb. 28 bis 30 sind für wässerige NaCl-, $CaCl_2$- und $MgCl_2$-Lösungen nach Altenkirch[1] die „Eis- und Sättigungskurven" dargestellt, die den Zusammenhang zwischen Salzgehalt und Temperatur für bestimmte Grenzzustände wiedergeben. Wird eine Lösung mit beispielsweise 15 Gtl. NaCl auf 100 Gtl. Wasser abgekühlt, so bleibt ihre Zusammensetzung zunächst gleich. Bei einer durch die Eiskurve bestimmten Temperatur von —10° beginnt die Bildung von Eiskristallen. Wird die Kühlung fortgesetzt, so scheidet sich das Wasser weiter in Form von Eiskristallen aus, die Lösung verstärkt sich mehr und mehr. Ihr Zustand bewegt sich auf der „Eiskurve" abwärts und erreicht schließlich bei der tiefsten Temperatur den kryohydratischen Punkt. Er liegt für NaCl bei —21,2°, für $CaCl_2$ bei —55°, für $MgCl_2$ bei —33,6° und einem Salzgehalt von 28,9 Gtl. NaCl, 42,5 Gtl. $CaCl_2$,

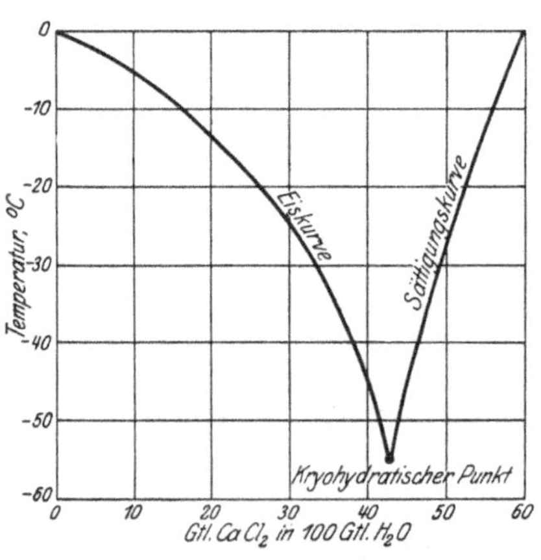

Abb. 29. Eis- und Sättigungskurve bei wässeriger $CaCl_2$-Lösung (Altenkirch).

[1] Altenkirch: Eigenschaften der Chlornatrium-, Chlorkalzium-, Chlormagnesiumlösung. Z. ges. Kälteind. 1918 u. 1919.

27,6 Gtl. $MgCl_2$ auf 100 Gtl. Wasser. Der kryohydratische Punkt bestimmt Stärke und Temperatur, bei der die flüssig gebliebene Masse als einheitlicher Körper erstarrt. Die „Sättigungskurve" kennzeichnet das Verhalten von Lösungen, deren ursprüngliche Stärke höher ist als dem kryohydratischen Punkte entspricht. Bei diesen bewirkt die Abkühlung Ausscheidung von Salz, die verbleibende Lösung wird schwächer. Ihr Salzgehalt bewegt sich auf der Sättigungskurve abwärts, bis auch hier wieder im kryohydratischen Punkte die Zusammensetzung erreicht ist, mit der die Restlösung einheitlich erstarrt.

Das Anwendungsgebiet von Sole als Kälteträger liegt oberhalb der Eiskurve. Das Gebiet oberhalb der Sättigungskurve kommt erst an

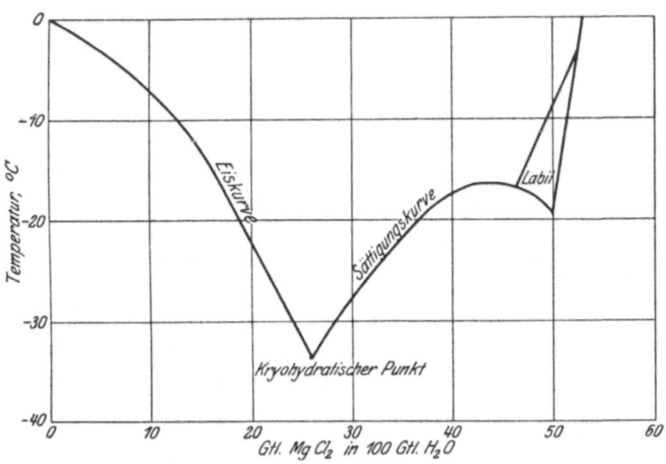

Abb. 30. Eis- und Sättigungskurve bei wässeriger $MgCl_2$-Lösung (Altenkirch).

zweiter Stelle in Betracht, weil im Grenzfalle die Ausscheidung von Eis wegen der leichten Rückbildung weniger schadet als die Ausscheidung von Salz, das nur schwer wieder in Lösung geht. Der kryohydratische Punkt kennzeichnet die tiefste Temperatur, für die der Kälteträger noch in Betracht gezogen werden kann. Infolgedessen verliert die NaCl-Lösung bei Temperaturen nahe bei und unterhalb — $21{,}2^0$ ihre Eignung. $MgCl_2$- und vor allem $CaCl_2$-Lösungen treten alsdann in den Vordergrund.

Abgesehen von der tiefen Lage des Gefrierpunktes, ist von dem Kälteträger zu fordern, daß sein Angriffsvermögen gegenüber den Metallen, aus denen Behälter und Kühlflächen bestehen, gering ist bzw. durch einfache Mittel dauernd auf ein verschwindendes Maß herabgemindert werden kann, daß ferner bei der unvermeidlichen Mischung mit Luft und gelegentlichem Eindringen des Arbeitsstoffes kein Niederschlag ausfällt und daß schließlich seine spezifische Wärme hoch ist, um bei festliegendem Temperaturgefälle die Pumpenarbeit niedrig zu halten.

Für wässerige Lösungen von

	NaCl		$CaCl_2$		$MgCl_2$		
beträgt bei einer Stärke, deren Gefrierpunkt	—10	—20	—10	—20	—10	—20°	
entspricht, die spezifische Wärme rund	0,85	0,80	0,80	0,72	0,84	0,77	kcal/kg · °C.

In dieser Beziehung ist daher NaCl gegenüber $MgCl_2$ und $CaCl_2$ im Vorteil, ohne daß jedoch der Unterschied praktische Bedeutung gewinnt.

Für das Verhalten von Sole gegen Metalle und die Gegenmittel zur

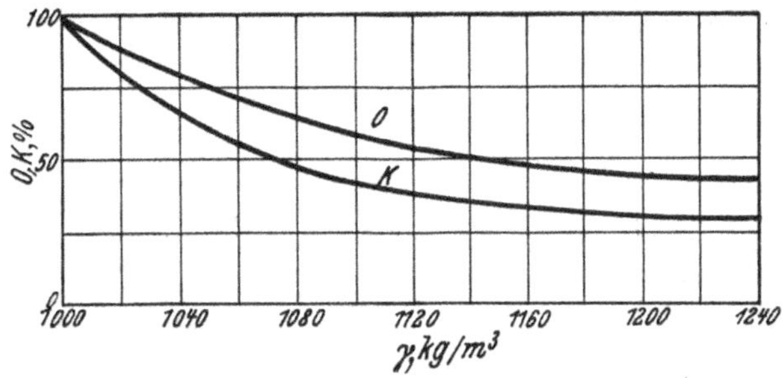

Abb. 31. Relativer Sauerstoffgehalt (*O*) und relative Korrosion von Stahl (*K*) in $CaCl_2$-Sole, die mit Sauerstoff gesättigt ist. *O*, % des bei Luftsättigung möglichen Höchstgehaltes.

Verhütung von Schädigungen bilden die im folgenden benutzten Feststellungen des Korrosionsausschusses des amerikanischen Kältevereins[1] die wertvolle Zusammenfassung der gegenwärtigen Erkenntnis.

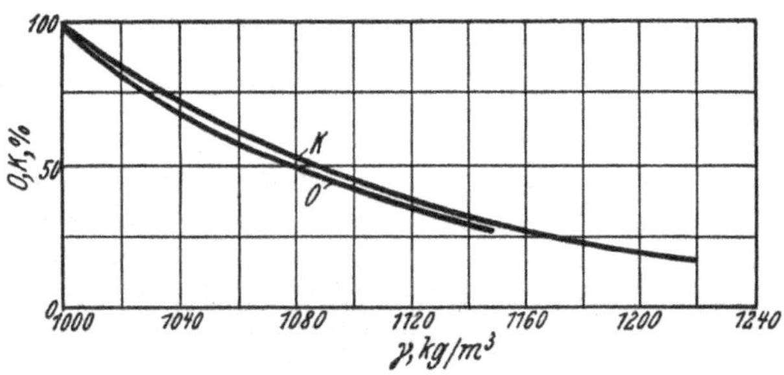

Abb. 32. Relativer Sauerstoffgehalt (*O*) und relative Korrosion von Stahl (*K*) in NaCl-Sole, die mit Sauerstoff gesättigt ist. *O*, % des bei Luftsättigung möglichen Höchstgehaltes.

In Verbindung mit Metallen wirkt Sole mehr oder weniger korrodierend. Das Metall geht hierbei an einer Stelle — der Anode — in Lösung, während an einer anderen Stelle — der Kathode — Wasserstoff niederschlägt. Verschwindet der gebildete Wasserstoff, z. B. durch Vereinigung mit Sauerstoff zu Wasser, so schreitet die Korrosion fort und führt zu einer allgemeinen oder örtlichen Zerstörung des Metalls.

Bei gleicher Temperatur und schwacher Alkalität greift Natriumchloridlösung Eisen kaum mehr, Zink weniger an als Kalzium- und Magnesiumchloridlösung. Der bei offenen Behältern besonders hohe Sauerstoffgehalt der Sole besitzt, nach Abb. 31 und 32, verglichen mit reinem Wasser, ein um so größeres Angriffsvermögen auf Eisen, je niedriger die Solestärke ist, weil mit deren Abnahme die Löslichkeit

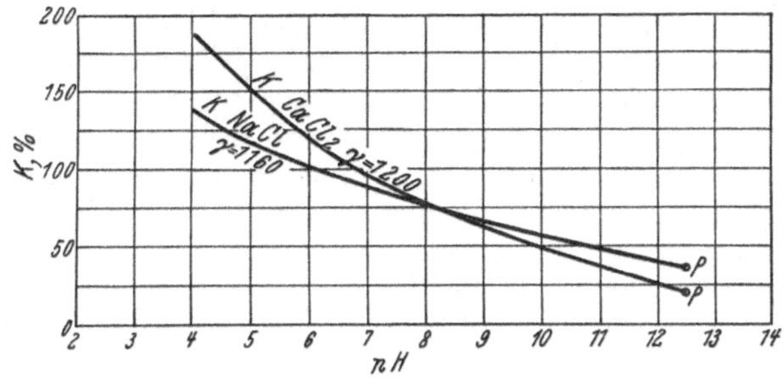

Abb. 33. Relative Korrosion (*K*) von Eisen und Stahl in $CaCl_2$- und NaCl-Sole, abhängig von dem *pH*-Werte. *P* starke örtliche Korrosion.

des Sauerstoffes wächst. Nach Abb. 33 vermindert zunehmende Alkalität die Korrosion von Eisen bis zu einem oberen Grenzwert, bei dem starke örtliche Anfressungen auftreten. Das Angriffsvermögen gegen Zink verschwindet nach Abb. 34 bei Natriumchloridlösung mit zunehmender

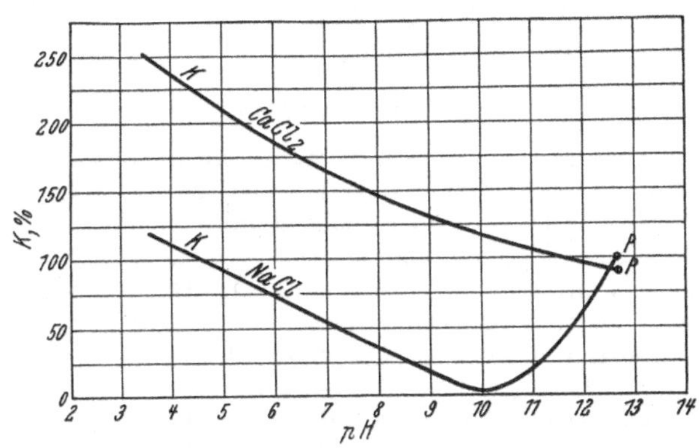

Abb. 34. Relative Korrosion (*K*) von Zink und verzinktem Eisen in Sole, abhängig von dem *pH*-Werte. *P* Starke örtliche Korrosion. 100% entspricht dem Korrosionsgrad von blankem Stahl in $CaCl_2$-Sole bei $pH = 7$.

Alkalität — bei $pH \sim 10$ —*, um danach rasch anzusteigen. Ein neutraler Punkt fehlt bei Kalziumchloridlösung. Beiden gemeinsam ist die bei besonders hoher Alkalität auftretende starke örtliche Korrosion.

Zur Verhütung der Korrosion dienen Beigaben: Natriumchromat[1] bei

* *pH* = reziproker Wert des Logarithmus der Wasserstoffionenkonzentration.

[1] Natriumchromat ist giftig und greift die Haut an. Gegen seine Verwendung bestehen daher auch bei geschlossenen Systemen Bedenken mit Rücksicht auf mögliche Undichtheiten an soleführenden Teilen.

geschlossenen, Natriumphosphat bei offenen Systemen. Daneben werden mannigfache Zusätze, auch organische Verbindungen, wie Pyridin, Chinolin und Naphthochinolin[1] empfohlen.

Undichtheiten der den Arbeitsstoff führenden Kühlrohre beeinflussen die Sole bald im Sinne einer Zunahme — Ammoniak —, bald im Sinne einer Abnahme — Kohlensäure, Schwefligsäure — des alkalischen Charakters. Magnesiumchloridsole wird durch Ammoniak zersetzt in Magnesiumhydroxyd und Ammoniumchlorid. Die Folgen sind Niederschläge und verstärktes Angriffsvermögen gegen Eisen und Zink.

Von den neuerdings im Handel aufgetauchten Mischsolen hat Reinhartin vielfach Anwendung gefunden. Von der Wiedergabe der physikalischen Eigenschaften darf hier solange abgesehen werden, wie die Zusammensetzung derartiger Sonderlösungen geheim gehalten wird und ihre jederzeitige Nachprüfung nicht möglich ist. Sie bezwecken, Beigabe von Korrosionsverhütern im Betrieb entbehrlich zu machen. Für ungewöhnlich tiefe Temperaturen kommen Mischsolen zur Verwendung, die, neben Kalziumchlorid und Magnesiumchlorid, Alkohol u. a. enthalten.

3. Luft als Kälteträger.

Die als gasförmiger Kälteträger angewandte atmosphärische Luft enthält stets mehr oder weniger Wasserdampf. Der absolute Wassergehalt ist bei gleichem Sättigungsgrad um so kleiner, je niedriger die Temperatur liegt. Auf 1 kg trockene Luft entfällt im Sättigungszustande

	bei —20	—10	0	10	20	30°
ein Wassergehalt von	0,0006	0,0016	0,0039	0,0079	0,0152	0,02814 kg/kg.

Bei Abkühlung feuchter Luft fällt der überschüssige Wassergehalt in Form von Tau, Reif, Schnee oder Eis aus. Die Wirkung der Luft als Kälteträger erschöpft sich daher nicht damit, daß sie unter Erhöhung ihrer Temperatur Wärme bindet, sie vermag vielmehr gleichzeitig Feuchtigkeit bis zu dem Wert aufzunehmen, der bei der höheren Temperatur dem Sättigungszustande zukommt. Diese Eigenschaft stellt einen Vorteil dar, wenn das zu kühlende Gut eine trockene Oberfläche verlangt.

Die atmosphärische Luft ist durch Staub, Schimmelsporen und Bakterien verunreinigt. Die mit der Abkühlung verbundene Entfeuchtung bewirkt eine teilweise oder vollständige Reinigung der Luft von Fremdkörpern, die als Kerne der niederschlagenden Nebelteilchen gefaßt werden. Solange Schimmelsporen und Bakterien im Tau und Reif keinen Nährboden finden, hört ihre Entwicklung mit der Ausscheidung aus der Luft auf. Infolgedessen ist es von untergeordneter Bedeutung für die Luftreinheit, ob der Niederschlag, wie bei luftkühlenden Rohren (trockenen Luftkühlern), alsbald entfernt wird oder, wie bei luftkühlenden Flüssigkeiten (Naßluftkühlern), so lange im

[1] Creutzfeldt: Korrosionsforschung vom Standpunkt der Metallkunde. Leipzig 1924.

Kreislauf verbleibt, bis die Anreicherung Reinigung oder Ersatz des Kälteträgers fordert. Der Sauerstoffgehalt der Luft tritt mit vielen Kühlgutarten in Wechselwirkung. Sie ist bald erwünscht, bald schädlich. Der mit der Oxydation verbundene Luftverbrauch fordert Einführung frischer Ersatzluft. Bei der Wahl der Entnahmestelle spielt neben der Rücksicht auf die Eigenart der Umgebung vor allem die Tatsache eine Rolle, daß höhere Luftschichten trockener und vor allem reiner sind als tiefere. Die Frischluft darf nicht unmittelbar eingeführt werden. Sie bestreicht zunächst die Kühlvorrichtung, um durch sie gekühlt, entfeuchtet und gereinigt zu werden. Der Gehalt an Kohlensäure und anderen Zersetzungsstoffen ist am Entstehungsort, d. h. unmittelbar an dem Kühlgut, am höchsten, im übrigen aber nahezu gleichmäßig über die verschiedenen Höhenlagen verteilt. Die Abführung der ersetzten Luft erfolgt daher zweckmäßig dort, wo sie am wertlosesten, d. h. am wärmsten, ist.

V. Grundlagen der Kälteanwendung.

Das hervorstechende Merkmal der künstlichen Kühlung ist Senkung der Temperatur unter die der Umgebung. Die absolute Höhe der erreichten Temperatur stellt das Hauptkennzeichen für die erzielte Wirkung dar. Daneben kommt anderen Einflüssen Bedeutung zu, die im allgemeinen untergeordneter Art, zuweilen jedoch ausschlaggebend ist. Es sind dies: Unterschied der künstlich gesenkten Temperatur gegenüber der Temperatur des Körpers, auf den sie einwirken soll (des Kühlgutes); Art des Wärmeüberganges von dem Kälteträger auf die zu beeinflussende Ware; deren Größe, Form und Stoffeigenschaften, die zusammen den Grad der Temperaturträgheit des Kühlgutes bedingen; schließlich die Beschaffenheit des Kälteträgers.

Der Zweck der künstlichen Kühlung besteht in der Beeinflussung der physikalischen, chemischen und biologischen Eigenschaften des behandelten Körpers. Seine Veränderung soll je nachdem bewirkt, verzögert oder verhütet, auf alle Fälle zwangsweise geregelt werden. Die nachstehenden Ausführungen versuchen, an Stelle einer Einzelschilderung der angewandten Kühlverfahren, zunächst einheitliche Grundsätze dafür aufzustellen. Die Sonderfälle sinken hierbei zur Bedeutung von Beispielen herab.

a) Einfluß der absoluten Höhe der Kühltemperatur auf die Eigenschaften des Kühlgutes.

1. Die physikalischen Eigenschaften.

α) Feste Körper. Durch die Temperaturerniedrigung zieht sich der feste Körper zusammen. Seine Festigkeitseigenschaften werden verändert, und zwar in der Regel in günstigem Sinne. Die Zugfestigkeit von Flußeisen nimmt um 6,5% zu, wenn die Temperatur von 20° auf

— 20° sinkt. Gummi dagegen wird bei tiefen Temperaturen hart und spröde. Die Druckfestigkeit von reinem Eis steigt nach Krekler[1] von 18 kg/cm² bei — 15° auf 37 kg/cm² bei — 47°.

Die künstliche Kühlung kommt daher in Anwendung, um bei der Stoffprüfung Untersuchungsräume mit tiefen Temperaturen zu schaffen, beispielsweise um die Widerstandsfähigkeit von Kupplungsschläuchen für Eisenbahnwagen bei einer Kälte von — 30° zu beobachten. Für die neueren Versuche, die Stratosphäre für Fernflüge zu benutzen, ist die Prüfung der Flugzeugbaustoffe bei tiefen Temperaturen bedeutsam geworden.

Bei der Gummiverarbeitung werden Blöcke in eisernen Behältern durch Einsetzen in tiefgekühlte Sole von etwa — 20° zum Erstarren gebracht und danach in Räumen, die auf etwa 5° gehalten sind, in Blätter geschnitten oder anderswie verarbeitet. Eine Festigung des Zusammenhanges strebt die Kühlung des Waschwassers auf etwa 15° bei der Gummiverarbeitung in warmer Gegend an, weil bei einer Temperatur von etwa 25° die Gummimasse weich und schmierig wird.

Die mit der tieferen Temperatur zunehmende Festigkeit des reinen Eises tritt in verstärktem Grade bei Ton- oder gesättigten Wasser-Sand-Mischungen auf. Nach Zaeringer[2] beträgt die Festigkeit einer Frostmauer bei — 15°, wenn das Gebirge aus

Schwimmsand	sandigem Ton	reinem Ton	besteht,
138	90	72	kg/cm².

Bei — 25° wächst die Festigkeit von Schwimmsand auf 200 kg/cm². Hierauf beruht die große Widerstandsfähigkeit von Gefrierschachtwänden.

Die Ausdehnungszahl ist für verschiedenartige Stoffe verschieden. Diese Eigenschaft benutzt die Optik, um die beim Schleifen in Zement — aus schwedischem Pech und Kalk — eingebetteten kostbaren Gläser ohne Verlust loszusprengen. Sie werden in ein Solebad von etwa — 15° eingetaucht oder auf der Oberfläche durch einen scharfen Luftzug von etwa gleicher Temperatur angeblasen. Bei den großen parabolischen Spiegeln der Observatorien bewirken Temperaturschwankungen eine Veränderung der Spiegelwirkung. Um dem zu begegnen, wird beispielsweise im Mt. Wilson Observatorium der Raum, in dem sich der Riesenspiegel des Hooker Teleskops von 2,6 m Durchmesser befindet, durch künstliche Kühlung auf gleichbleibender Temperatur gehalten.

β) Flüssigkeiten und wasserhaltige Stoffe. Auch Flüssigkeiten ziehen sich bei Temperaturerniedrigung zusammen. (Wasser erreicht seine größte Dichte bei 4° und dehnt sich darunter aus.) Die Zähigkeit von Flüssigkeiten nimmt bei tieferer Temperatur zu. Dies äußert sich

---

[1] Krekler: Der Wert des Tiefkühlverfahrens für den Schachtbau und die Grenzen seiner Anwendbarkeit in technischer und wissenschaftlicher Hinsicht. Z. ges. Kälteind. 1919.

[2] Zaeringer: Das Gefrierverfahren und seine neueste Entwicklung. Z. ges. Kälteind. 1919.

beispielsweise bei der Kaltlagerung von Eiern darin, daß die größere Zähigkeit des Eiweißes das Eigelb in Schwebe hält und an der gefährlichen Berührung mit der Schale hindert, die im allgemeinen den Verderb des Eies einleitet.

Bei genügend weit getriebener Abkühlung geht die Flüssigkeit in Erstarrung über, nimmt also die Eigenschaften eines festen Körpers an. Der Vorgang verläuft verschieden, je nachdem es sich um reine Flüssigkeiten oder ungesättigte Lösungen handelt.

Reine Flüssigkeiten. Die Erzeugung von Kunsteis stellt die hauptsächliche Anwendung des Gefrierens reiner Flüssigkeit dar. Die Eisbildung beginnt bei Natureis an der Oberfläche und schreitet allmählich nach unten fort. Das künstlich gewonnene Eis dagegen bildet sich an Metallflächen, die auf —4 bis —15° gekühlt werden, und zwar bei ruhigem Wasser so, daß die Kristalle senkrecht zu der Oberfläche gerichtet sind, weil sie die Wärme in der Achsrichtung am besten leiten. Die von der Metallwand ausgehende Eishaut wächst mit abnehmender Geschwindigkeit weiter bis zur Fertigstellung eines geschlossenen Blocks oder einer dicken Platte.

Die auf einem dichten Netz von Kühlrohren mit Sole von etwa —8° aufgebaute Kunsteisbahn wächst von unten nach oben, besitzt daher an der Lauffläche die dem Läufer willkommene Festigkeit, ohne glasig zu sein.

Der Übergang in den festen Zustand ist bei Wasser mit einer plötzlichen Ausdehnung verbunden, da das Raumgewicht von reinem Eis nur 916,7 kg/m³, gegenüber 999,9 kg/m³ bei Wasser von 0°, beträgt. Dieses Wachsen des Eises beansprucht die Hülle bis zur schließlichen Sprengung, wenn das Wasser allseitig eingeschlossen zum Frieren gebracht wird. So platzt die Haut von Trauben beim Einfrieren von Maische.

Hierher scheinen auch Erstarrungsvorgänge zu gehören, bei denen die künstliche Kühlung angewandt wird, nicht um die Änderung des Aggregatzustandes überhaupt zu erzwingen, sondern um sie bei einer günstigeren Temperatur zu führen, als der Umgebung entspricht. Es handelt sich dabei z. B. um Fette, deren Erstarrungspunkt mit

14 bis 23°	19 bis 20°	21 bis 27°	27 bis 30°	23 bis 38°	für
Kokosnußöl	Butterfett	Kakaobutter	Schweineschmalz	Talg	

im allgemeinen höher liegt, als die verfügbare Umgebungstemperatur. Der tiefere Grund für Anwendung künstlicher Kälte liegt hier jedoch nicht in der Erzielung einer Temperatur von bestimmter absoluter Höhe, sondern in der Einstellung eines Temperaturunterschiedes zwischen Kühlmittel und Kühlgut, mit der später zu erörternde Vorteile verbunden sind. Das gleiche gilt für die Festigung von Schokolade, Seife und Leim.

Lösungen. Genau betrachtet handelt es sich auch bei der Erzeugung von Kunsteis, abgesehen von dem Sonderfall chemisch reinen Gefrierwassers, nicht um das Erstarren einer reinen Flüssigkeit, sondern einer ungesättigten Lösung. Die im natürlichen Wasser gelösten Stoffe geben ihm die Eigenschaften einer verdünnten Lösung. Das Verhalten gefrierender Lösungen ist für fast alle Arten gefrierenden Kühlguts von höchster Bedeutung.

Der Vorgang des Ausfrierens von ungesättigten Salzlösungen unterscheidet sich von dem Frieren reiner Flüssigkeiten vor allem dadurch, daß er sich bei abnehmender Temperatur vollzieht. Die bei Lösungen als Gefrierpunkt gekennzeichnete, der Eiskurve entsprechende Temperatur ist daher als Temperatur des Gefrierbeginns aufzufassen. Der aus Lösungen gebildete Eiskörper besteht aus einer Hülle, deren Zusammensetzung dem Lösungsmittel — hier Wasser — entspricht, und aus einem Kern, der die gelösten Stoffe — hier Salze — in zunehmender Anhäufung enthält. Der im kryohydratischen Punkt erstarrte Kern besteht aus einer in sich einheitlichen, von der Hülle jedoch verschiedenen Masse. In Wirklichkeit gehen die beiden scharf abgegrenzten Schichten teilweise ineinander über, weil durch Hemmungen — Oberflächenspannung, Verzugserscheinungen — die vollständige Ausscheidung des Salzes gehindert wird, so daß Teile davon auch in der Hülle mit einfrieren. Bei dem umgekehrten Vorgange des Auftauens ist mit zwei Möglichkeiten zu rechnen. Bei sehr starker äußerer Wärmeeinwirkung schmilzt zuerst die Hülle, danach der Kern, weil die Wärme nicht schnell genug durch die Hülle nach dem Kern durchgeleitet wird. Langsames Auftauen dagegen bedeutet allmähliche Steigerung der einheitlichen Temperatur derart, daß der Kern über die kryohydratische Temperatur erwärmt ist und schmilzt, ehe der Schmelzpunkt der reinen Eishülle erreicht wird.

Die Ausscheidung der Salze aus ungesättigter frierender Lösung bildet den Grund für die Selbstreinigung des Gefrierwassers während der Erstarrung. Die in dem Wasser gelösten Stoffe sammeln sich unter zunehmender Anreicherung in dem flüssig bleibenden Teile an, während in der Hauptsache das reine Wasser auskristallisiert. Bei genügend tiefer Temperatur würde die Restflüssigkeit schließlich als kryohydratische Lösung einfrieren, wenn sie nicht zuvor entfernt und durch reines Wasser ersetzt wurde. Bei der Klareiserzeugung wird diese selbstreinigende Kraft des frierenden Wassers ausgenutzt, um einwandfreies Eis zu erhalten. Da bei ruhendem Wasser die Eisbildung durch Gefrierverzug unregelmäßig wird und plötzlich sich formende Kristalle Teile der Verunreinigungen festhalten, wird die Selbstreinigung durch ständige Bewegung des Gefrierwassers unterstützt, die auch gleichzeitig dazu beiträgt, Fremdkörper von der Eisoberfläche abzuwaschen und ihr Einfrieren zu verhüten.

Die Untersuchungen von Sparks[1] ergaben, daß beispielsweise ein Gehalt an Kalziumkarbonat von 1,2 g/l oder weniger bis auf einen Rest von 3% ausscheidet, ebenso ein Gehalt an Kalziumsulfat von nicht über 0,6 g/l bis auf einen Rest von 11 bis 15%. Ungünstiger verhält sich dagegen ein Gehalt an Magnesiumkarbonat oder Magnesiumsulfat, die zum größten Teile im gefrierenden Wasser eingeschlossen werden, so daß beispielsweise bei einem Gehalt von 0,2 g/l nur 21% oder weniger ausscheiden. Noch schlimmer steht es bei Natriumsulfat, das sogar eine Anreicherung

[1] Sparks: Chemistry of raw water can ice. Refrig. Wld 1914.

im Eise erfährt, dergestalt, daß z. B. bei einem Gehalt des Wassers von 3,9 g/l sich im Eis 5,7 g/l in erkennbaren Kristallen finden.

Die Entfernung des trüben Kernes von Kannen- und Zelleneis ebenso wie die zeitweise vollständige Erneuerung des Wasserinhaltes von Platteneiserzeugern empfiehlt sich, abgesehen von Aussehen und gesundheitlichen Forderungen, auch mit Rücksicht auf die Wirtschaftlichkeit der Arbeitsweise, weil der Gefrierpunkt der angereicherten Kern- bzw. Restflüssigkeit und damit die Leistung sinkt. Außer Salzen enthält das natürliche Wasser organische Verunreinigungen und Kleinlebewesen. Beide verhalten sich bei dem Ausfrieren ähnlich wie die Salze und finden sich angereichert im Kernwasser vor. Die selbsttätige Ausscheidung ist jedoch nach Sparks nicht vollkommen genug, um Zusatzmaßnahmen entbehren zu können. Wird die empfohlene Wasserbewegung durch Einblasen von reiner Luft bewirkt, so oxydieren die organischen Stoffe bis zu einem bestimmten Grade. Darüber hinaus und stets bei Anwesenheit von Krankheitserregern bleibt nichts übrig als Vorbehandlung des Wassers mit physikalischen und vor allem chemischen Mitteln.

Der kryohydratische Punkt kennzeichnet die Zusammensetzung einer Lösung, bei der sie zur Herstellung von Minuseis geeignet ist. Dieses schmilzt bei gleichbleibender Temperatur unter 0° und bildet einen beweglichen Kälteträger für solche Fälle, bei denen reines Eis nicht mehr genügt und Kältemischungen — aus Eis und Salz u. dgl. — vermieden werden sollen. Die erzielbaren Temperaturen bewegen sich für die verschiedenen Kryohydraten von — 0,15° bei CaO bis — 86° bei HCl, umfassen also das ganze für allgemeine Zwecke in Betracht kommende Gebiet.

Der flüssige Anteil des tierischen oder pflanzlichen Fleisches stellt eine ungesättigte, organische Lösung dar, die sich unter der Temperatur des Gefrierbeginns ähnlich verhält, wie eine ungesättigte anorganische Lösung. Das Erstarren vollzieht sich auch hier allmählich bei abnehmender Temperatur, die zuerst gebildeten Kristalle bestehen vorzugsweise aus reinem Wasser, während die gelösten Stoffe sich in dem flüssig bleibenden Rest ansammeln. Jeder Stoff besitzt einen kryohydratischen Punkt, bei dem das Gefrieren beendigt ist.

Einen Anhalt über die Temperatur des Gefrierbeginns bei biologischen Lösungen bietet der Vergleich mit einer Kochsalzlösung gleicher Konzentration. Der Wassergehalt ist hierbei selbstverständlich nicht auf den wasserfrei gedachten gesamten Feststoff, sondern nur auf dessen löslichen Anteil zu beziehen. Da die so aufgefaßte natürliche Konzentration des pflanzlichen und tierischen Saftes nur schwach ist, beginnt das Gefrieren bei Temperaturen, die nur wenig über dem Nullpunkt liegen. Allgemein gültige genaue Zahlen lassen sich hierfür nicht aufstellen, weil die Zusammensetzung von Lebensmitteln Schwankungen unterworfen ist. Als Mittelwerte für Pflanzen können nach den Messungen des U. S. Bureau of Plant Industry[1] folgende runden Zahlen gelten:

[1] Bull. U. S. Dept. Agric. 1929.

Himbeere (rot)	— 0,9°
Bananenfleisch (grün)	— 1°
Erdbeere, Bananenschale (grün)	— 1,2°
Pfirsich, Bananenschale (reif)	— 1,4°
Johannisbeere (schwarz)	— 1,6°
Stachelbeere	— 1,7°
Himbeere (schwarz)	— 1,8°
Apfel, Birne, Pflaume, Grapefruit	— 2°
Traube, Zitrone, Orange	— 2,2°
Kirsche	— 2,4°
Preißelbeere	— 3°
Bananenfleisch (reif)	— 3,4°
Kastanie	— 4,5°
Walnuß	— 6,7°
Salat, Kohl	— 0,4°
Tomate, Aubergine	— 0,9°
Steckrübe	— 1°
Blumenkohl, Kohlrabi, Zwiebel (trocken), Erbse (grün)	— 1,1°
Brechbohne, Sellerie	— 1,3°
Karotte	— 1,4°
Kartoffel, Mais	— 1,7°
Rose (Stiel)	— 1,1°
Lilie (Stiel)	— 1,5°
Päonie (Stiel)	— 1,7°
Rose (Blatt), Päonie (Blatt)	— 2°
Lilie (Blatt)	— 2,5°

Bei Früchten, die in Zucker eingefroren werden, sinkt der Gefrierpunkt. Für Pfirsiche hat beispielsweise Woodroof[1] die Temperatur des Gefrierbeginns zu — 4 bzw. — 7° festgestellt, wenn die Früchte mit einer 35- bzw. 55%igen Siruplösung bedeckt waren.

Für frisch geschlachtetes Fleisch liegt die Temperatur des Gefrierbeginns bei etwa — 1°. Sie rückt mit fortschreitender Austrocknung tiefer. Die Lage des kryohydratischen Punktes ist nicht genau bekannt. Er liegt jedenfalls so tief, daß er bei den in der Praxis für das Einfrieren angewandten Temperaturen noch nicht erreicht wird. Bei gesalzenem Fleisch gewinnt der Salzgehalt erheblichen Einfluß. Für gesalzenen Schinken haben die Untersuchungen von Callow[2] im englischen Lebensmitteluntersuchungamts einen Salzgehalt von 5,5 bis 10% im Schinken und eine Zusammensetzung des flüssigen Anteils entsprechend 8,4 bis 17,5 Gtl. NaCl auf 100 Gtl. Wasser festgestellt. Nach den Messungen von Callow liegt der Gefrierpunkt gesalzenen Fleisches etwa 1° tiefer als der einer wässerigen Kochsalzlösung mit einer Konzentration, wie sie dem Salzgehalt des Fleisches, bezogen auf seinen Wassergehalt, entspricht, im untersuchten Falle daher bei etwa — 6 bis — 13°. Für das Einfrieren und anschließende Lagern gesalzenen Fleisches sind daher Temperaturen angebracht, die 5 bis 12° tiefer liegen als bei ungesalzenem Fleisch.

---

[1] Zumbro: New application of low temperature freezing. Refrig. Engng. 1931.
[2] Callow: The freezing point of cured meat. Rep. Food Invest. Bd. 1929.

Das Einfrieren von Leichen und Leichenteilen zu anatomischen Zwecken soll die inneren Organe in ihrer natürlichen Lage festhalten, um bei Schnitten den Zusammenhang richtig zu erkennen. Dieses Ziel wird bei einem Zustande erreicht, der noch oberhalb des kryohydratischen Punktes, bei etwa — 10° liegt, weil es nicht nötig ist, den letzten Rest der Muskellösung zum Erstarren zu bringen.

Bei Fischen schwankt die Temperatur des Gefrierbeginns zwischen — 0,6 und — 2°, würde also einer NaCl-Lösung entsprechen, die 1 bis 3,5 Gtl. NaCl auf 100 Gtl. Wasser enthält. Für eine derartige Sole würde eine Erniedrigung der Temperatur auf — 3° (bei 1 Gtl. NaCl) bis — 11,5° (bei 3,5 Gtl. NaCl) zum Ausfrieren von $^4/_5$ des gesamten Wassergehalts führen. Danach scheint es, als ob die mit der Stärke der Gewebeflüssigkeit zunehmende Gefrierpunkterniedrigung für die Wahl der Einfrier- und Lagertemperatur in höherem Maße ausschlaggebend sein sollte, als bisher angenommen wird, und daß hierfür ein Kältegrad angemessen ist, der etwa dem 8fachen der Gefrierpunkterniedrigung, also beispielsweise — 12° bei einem Gefrierbeginn von — 1,5°, entspricht.

Über den kryohydratischen Punkt liegen auch hier keine verläßlichen Zahlen vor. Einen Anhalt gibt der Bericht des englischen Lebensmitteluntersuchungsamtes[1], wonach bei Hering und einer Innentemperatur von — 6° Blut und Gewebeflüssigkeit noch flüssig sind, bei — 8,3° sich noch ein wenig Blut ausquetschen läßt, bei — 8,9° dagegen der Fisch voll gefroren ist. Da es sich hierbei um Proben handelt, die durch Abschrecken in tiefgekühlter Sole zum Erstarren gebracht wurden, liegt der kryohydratische Punkt voraussichtlich wesentlich tiefer.

Milch beginnt bei einer Temperatur von etwa — 0,5° zu gefrieren. Hierbei bleibt das Butterfett weich und sammelt sich an der Oberfläche an. Das Wasser scheidet sich in Eisform am gekühlten Umfang des Behälters aus, Kasein und Milchzucker treten in zunehmender Menge nach dem Kern. Am Boden findet sich fast reines Kasein. Wird gefrorene Milch aufgetaut, so bilden sich Flocken, die hauptsächlich aus Fett und Albumin bestehen und beim Kochen nur dann verschwinden, wenn der gefrorene Zustand nicht über etwa 14 Tage währte. Darüber hinaus nimmt die nachträgliche Löslichkeit der Fette mehr und mehr ab, bis sie nach etwa dreimonatigem Lagern vollkommen aufhört. Dieses Verhalten der Milch ist die Hauptursache, weshalb ihr aus anderen Gründen empfehlenswertes Einfrieren sich zunächst nicht durchzusetzen vermochte. Wird die Milch beim Einfrieren zerstäubt, so tritt die Entmischung nicht auf. Beim Auftauen wird alsdann eine der Frischmilch gleichartige Emulsion gewonnen.

Alle wasserhaltigen Körper stellen in gefrorenem Zustande Kältespeicher dar, deren „Ladung" mit dem Wassergehalt zunimmt. Einfrieren sichert daher das Kühlgut in besonderem Maße gegen Schwankungen der Innentemperatur, ist also ein vollkommeneres Mittel für

[1] Interim-Report on methods of freezing fish with special reference to the handling of large quantities in gluts. Spec. Rep. 4. Food Invest. Bd. 1920.

lange Aufbewahrung als die bloße Kühlhaltung bei Temperaturen oberhalb des Gefrierbeginns. Wird die äußere Wirkung der Kühlung unterbrochen, z. B. in Betriebspausen oder während des Versands, und war der kryohydratische Punkt zuvor unterschritten, so ist zunächst mit einem Schmelzen des Kryohydratkerns zu rechnen, also mit einer beträchtlichen Wärmebindung bei einer inneren Temperatur weit unter 0°. War jedoch zuvor der kryohydratische Punkt nicht erreicht, so steigt die Innentemperatur zunächst rasch, dann immer langsamer an und erreicht schließlich die dem Gefrierbeginn zugeordnete Temperatur. Die verfügbare Speicherleistung entspricht zahlenmäßig der beim Gefrieren aufgewandten Kühlleistung. Das Speichervermögen gefrorenen Kühlgutes wird nach dem Vorschlage von Mrs. Pennington für den Bahnversand von gekühltem Geflügel dadurch ausgenutzt, daß ein Teil der Ladung bei etwa — 15° eingefroren und zum Ausgleich der Temperaturunterschiede in der Mitte des Wagens gestapelt wird.

Die Trennung des ausfrierenden Wassers von den gelösten Trockenstoffen stellt eine, häufig unerwünschte, Nebenerscheinung dar. In besonderen Fällen wird sie zum Hauptzwecke. Das Ausfrieren dient hierbei als Ersatz für das Eindampfen. Daß hohe Temperaturen vermieden werden, ist ein in manchen Fällen schätzenswerter Vorzug. Die wirtschaftliche Grenze entscheidet sich in der Hauptsache mit der Frage, welches der beiden Verfahren den geringsten Aufwand an Energie in der verfügbaren Form erfordert. Das Vorhandensein von überschüssiger Wärme spricht für Eindampfen, von überschüssiger Kraft für Ausfrieren. Muß die Kraft erst aus Wärme erzeugt werden und ist keinerlei Abfallenergie vorhanden, so ergibt die Rechnung im allgemeinen, daß bei hohen Ausfriertemperaturen 1 kg Dampf je nach Größe und Güte der Anlage 1 bis 8 kg Wasser ausfriert, also einstufige Eindampfanlagen auf alle Fälle, mehrstufige häufig unterlegen sind. Die Ausfriertemperatur liegt um so höher, je weiter sie vom kryohydratischen Punkte abbleibt, d. h. je schwächer die angestrebte Endkonzentration ist. Je weiter sich das Ausfrieren fortsetzt, um so tiefer sinkt die Temperatur und mit ihr die Leistung, so daß bei starker Eindickung von Lösungen das Ausfrierverfahren besonders dann wirtschaftlich wird, wenn der kryohydratische Punkt hoch liegt. Grundsätzliche Verbesserungen beider Verfahren, wie Verdichtung des Schwadens zu Heizzwecken im einen, Ausnutzung der Schmelzwärme des Eises im anderen Falle, ergeben Verschiebungen, die sich zahlenmäßig nur für die jeweils vorliegenden bestimmten Verhältnisse beurteilen lassen. Das Verstärken von Traubenmost durch Ausfrieren beruht auf diesen Gedanken. Die Ausführung des Verfahrens leidet unter Verzugserscheinungen, durch die wertvolle Extraktstoffe von den Eiskristallen mit eingeschlossen werden und verloren gehen, auch wenn die ausgefrorene Masse sorgfältig ausgeschleudert wird. Ähnlich steht es mit dem Eindicken von Wein durch Ausfrieren, bei dem meist unzulässige Alkoholverluste auftreten. Während bei Most und Wein die Verluste an Extrakt und Alkohol rund 2% betragen, lassen sie sich beim Eindicken von Fruchtsäften durch Zerkleinern und Ausschleudern des Eises auf etwa 1%, bei nachträglichem leichten Anwärmen und abermaligem Ausschleudern auf noch weniger, herabziehen. Die angewandten Temperaturen bewegen sich um — 6 bis — 10°. Ihre genaue Höhe hängt von der Art der Ware und dem angestrebten Eindickungsgrade ab.

Für die Vorgänge bei dem Niedertreiben von Gefrierschächten sind die Mitteilungen von Krekler[1] bedeutsam, wonach Versuche mit natürlicher Gebirgssole ergaben, daß eine Schachtsole mit 4 Gtl. Salz bei — 20°, mit 15 Gtl. bei — 33° fest wurde. Die Lage des kryohydratischen Punktes von NaCl ist nicht maßgebend, weil die Lösung daneben andere Salze enthält, außerdem der Gebirgsdruck den Gefrierpunkt erniedrigt, bei reinem Wasser nach den Untersuchungen von Bridgman[2] um $0{,}0085^0\,\mathrm{C} / \frac{\mathrm{kg}}{\mathrm{cm}^2}$. Ein Ausfrieren von Wasser ist bei Gefrierschächten nicht zu beobachten. Vielmehr scheint hier die schwere Sole nach der Schachttiefe zu sinken und dort zu erstarren. Hieraus erklärt es sich, daß in einem bestimmten Falle[3] eine Sole mit 25 Gtl. Salz eine Temperatur von — 43° zur Schließung der Frostmauer erforderte.

Während Abkühlung ungesättigter Lösungen längs der Eiskurve zur Wasserausscheidung führt, ermöglicht Abkühlung übersättigter Lösungen umgekehrt das Auskristallisieren der gelösten Stoffe. Bei der Herstellung von Riechstoffen wird Anethol aus Anisessenz, Fenonil aus Pfefferminzessenz, Safrol aus Kampferöl, Methylnonylzeton aus Rautenessenz und Leugenol aus Nelkenessenz durch Tiefkühlung auskristallisiert.

Bei der Stearingewinnung wird durch Kühlung Stearin mit großer Ausgiebigkeit aus Oleinen ausgeschieden.

Aus gesättigter Schwefelsäure scheiden Schwefelsäuremonohydrate bei Abkühlung in Kristallform aus, ebenso Glaubersalz, Kaliumchlorat, Natriumperborat und Salmiaksoda aus ihren Mutterlaugen.

Alle diese Anwendungen werden jedoch übertroffen durch die Bedeutung, die das Ausscheiden von Paraffin aus Rohöl gewonnen hat. Vor der Kältebehandlung werden die paraffinhaltigen Rohöle durch Destillation auf den Sättigungsgrad gebracht, bei dem erst das Auskristallisieren durch Abkühlung möglich wird. Die hierfür erforderliche Temperatur schwankt mit dem Schmelzpunkt und bewegt sich nach Porges[4] zwischen 16° und — 18°, so daß es sich bei der Paraffingewinnung um eines jener Grenzgebiete handelt, für die, je nach der Beschaffenheit des Rohstoffes, die verfügbaren Temperaturen der Umgebung ausreichen oder künstliche Kühlung in verschiedener

---

[1] Krekler: Der Wert des Tiefkühlverfahrens für den Schachtbau und die Grenzen seiner Anwendbarkeit in technischer und wirtschaftlicher Hinsicht. Z. ges. Kälteind. 1919.

[2] Bridgman: Properties of water and ice under high pressure. Ice Refrig. 1925.

[3] Stegemann: Über Fortschritte im Schachtabteufen, insbesondere auf der linken Rheinseite. Z. ges. Kälteind. 1910.

[4] Porges: Die Anwendung der Kältemaschine in der Paraffinindustrie Österreichs. III. Int. Kältekongr., Chicago 1913.

Temperaturhöhe angewandt werden muß. Da die Kristallisation einen ganz oder teilweise umkehrbaren Vorgang darstellt und der durch Kühlung bewirkte Niederschlag sich bei nachfolgender Erwärmung wieder löst, müssen die einmal erreichten Temperaturen bei der nachfolgenden Behandlung zur Trennung der Kristalle von dem Lösungsmittel — Auspressen, Filtern, Ausschleudern — aufrechterhalten, die zur Verwendung gelangenden Vorrichtungen und Arbeitsräume also entsprechend gekühlt werden.

Bei zahlreichen anderen Verfahren werden durch die Tiefkühlung Bestandteile niedergeschlagen, die als unwillkommene Fremdkörper entfernt werden sollen. Es handelt sich dabei in der Hauptsache darum, Flüssigkeiten kältebeständig zu machen, die bei tiefen Temperaturen eintretende Trübung also künstlich vorwegzunehmen und die dabei ausscheidenden Stoffe durch Filtern zurückzuhalten. Nach dem Verfahren von Niegmann kann beispielsweise Leinöl durch langsame Abkühlung auf etwa —20° von seinen schleimigen Bestandteilen befreit und nach deren Trennung klar gefiltert werden. Ebenso scheiden gewisse Speiseöle, vor allem Baumwollöl, bei langsamer Erniedrigung ihrer Temperatur auf 4 bis 12° je nach der besonderen Art die festen Glyzeride — Margarine — in Form von kristallinischen Flocken aus und verlieren nach deren Abfiltern die unangenehme Eigenschaft, sich in der Kälte zu trüben. Bei den Riechstoffen ergeben die bei Kälte ausfallenden Terpentine und Kampfer Trübungen, die sich durch Abkühlen und Filtern bei Temperaturen von —5 bis —10° vermeiden lassen. Schmieröle von tiefem Stockpunkt für Kühlmaschinenverdichter oder für Radsätze von Eisenbahnwagen werden in ähnlicher Weise gewonnen, wobei die Tiefe der Arbeitstemperatur von den besonderen Anforderungen abhängt.

Rasche Abkühlung von Gerbextrakten aus Quebrachoholz auf etwa 10° trennt nach dem Verfahren von Redlich die schwerlöslichen Farbstoffe ab und schafft helle, kaltlösliche Extrakte von verbessertem Gerbvermögen.

Branntweine, Südweine und Bier — in erster Linie das warm vergorene und gelagerte obergärige —, werden für Versand in kalte Gegenden durch Kühlung haltbar gemacht. Bei Bier scheiden sich durch Erniedrigung der Temperatur bis nahe an den Gefrierpunkt die trübenden Eiweißstoffe und schwereren Hopfenöle aus, sie werden durch die nachfolgende Filterung zurückgehalten. Bei Wein schwankt die Temperatur des Gefrierbeginns zwischen —2° bei niedrigem und —10° bei hohem Alkoholgehalt. Dementsprechend liegen die Kühltemperaturen wesentlich niedriger, etwa bei —1 bis —8°. Der durch Kälte entstehende Niederschlag besteht hauptsächlich aus Weinsteinsäure. Die Klärung von Wein nach diesem Verfahren wird häufig mit einer Behandlung auf künstliches Altern verbunden. Sie läuft auf wiederholte Kühlung und Lüftung hinaus. Das Ausreifen von Sekt wird in ähnlicher Weise durch mehrere Folgen allmählicher Anwärmung und Abkühlung beschleunigt. Bei dem „Degorgieren“ von Sekt wird durch Eintauchen des gesenkten Flaschenkopfes in einen Kälteträger von etwa —18°

der Hefesatz rasch zum Erstarren gebracht, um beim Öffnen in Form eines Pfropfens ohne Verlust herauszufliegen.

Bei dem Ausfrieren des Wassergehalts aus Lösungen bildet die Anwendung von Umlaufvorrichtungen die Regel. Wird auf sie verzichtet, so ergeben sich in verschiedenen Höhenlagen des Lösungsbades verschiedene Temperatur und Stärke. Das Ausfrieren erfolgt alsdann nicht mehr gleichmäßig in allen Höhenlagen der kühlenden Wandungen. Maßgebend für das Verhalten im einzelnen sind die wechselnden Beziehungen zwischen dem Gefrierpunkt der Lösung und dem Höchstwert ihrer Dichte. Bei einer ganz schwachen Lösung, wie sie das in der Natur gefundene Quellwasser darstellt, liegt dieser Höchstwert bei etwa 4^0, also höher als der Gefrierpunkt. Infolgedessen nimmt die Temperatur von oben nach unten zu. Das Ausfrieren beginnt am höchsten Punkt. Die Eisbildung ist in den höheren Schichten stärker als unten. Geht die Eindickung durch fortgesetztes Ausfrieren weiter, so wird schließlich ein Zustand erreicht, bei dem der Höchstwert der Dichte mit dem Gefrierpunkt zusammenfällt. Im weiteren Verlauf kehrt sich die Beziehung um. Bei starker Lösung liegt der Gefrierpunkt bei einer höheren Temperatur als der Höchstwert der Dichte; für sie überwiegt die Eisbildung in den tieferen Schichten. Dieser Unterschied äußert sich auch darin, daß bei der Abkühlung schwacher Lösungen die Schichtenbildung stabil ist, während bei starken Lösungen bis zum Beginn des Ausfrierens ein selbsttätiger Umlauf stattfindet, der an den kühlenden Wandungen abwärts gerichtet ist. Versuche von Giambalvo[1] mit NaCl-Lösungen haben dies bestätigt.

γ) Gasförmige Körper. Das spezifische Gewicht der Gase verändert sich durch Abkühlung bei gleichbleibendem Druck. Nach den Untersuchungen des Verfassers[2] kann die künstliche Kühlung von Gebläseluft zum Zwecke der Arbeitsersparnis in gewissen Grenzen in Betracht gezogen werden. Sie darf nicht weiter getrieben werden, als daß am Ende der Verdichtung sich noch die Temperatur der Luft ergibt, die der äußeren Umgebung entspricht. Wird bei der Verflüssigung von Kohlensäure ein Teil der flüssigen Kohlensäure in den Saugstrom geleitet und dieser dadurch tief gekühlt, so errechnet sich bei einstufiger Verdichtung ein Kraftbedarf, der niedriger ist als bei zweistufiger Verdichtung ohne Vorkühlung. Bei der Hochofenwindtrocknung ergibt sich die günstigere Arbeitsweise der Gebläse infolge der erniedrigten Ansaugetemperatur der Luft als willkommene Nebenwirkung. In seinem Bericht vor dem Iron and Steel Institute New York 1904 stellt Gayley fest, daß bei seiner Versuchsanlage trotz Steigerung der Roheisenerzeugung von 364 auf 454 t die Drehzahl der Gebläse um 20% vermindert und dadurch 687 PS gespart werden konnten, die zur Deckung des Kraftbedarfs der Kälteanlage reichlich genügten. Ein Teil dieses

[1] Giambalvo: Über das Gefrieren verdünnter, der Ruhe überlassener Lösungen. Z. techn. Physik 1931.

[2] Hirsch: Die Anwendung der maschinellen Kühlung auf den Kompressorbetrieb. Z. ges. Kälteind. 1907.

Gewinns entfällt auf den gleichzeitigen Rückgang des Koksverbrauchs von 996 auf 770 t.

Die Löslichkeit von Gasen in Flüssigkeiten nimmt mit sinkender Temperatur zu. Sie beträgt beispielsweise bei einem Drucke von 760 mm Q.-S. und einer Temperatur von

	0	5	10	15	20°	für
Kohlensäure in Wasser	0,33	0,28	0,23	0,20	0,17	Gtl. CO_2 in 100 Gtl. H_2O
Luft in Wasser	0,0038	0,0032	0,0029	0,0026	0,0024	Gtl. Luft in 100 Gtl. H_2O.

Bei der Herstellung künstlichen und Verbesserung natürlichen Mineralwassers durch Zusatz von Kohlensäure wird durch Tiefkühlung auf nahezu 0° die Aufnahmefähigkeit des Wassers für Kohlensäure erhöht und gleichzeitig der erforderliche Gasdruck ermäßigt. Bei der Sektbereitung bewirkt die Lagerung mit niedrigen Temperaturen, nicht über 12°, gleichfalls eine Verringerung des Gasdruckes und damit des Flaschenbruchs. Die erhöhte Aufnahme von Kohlensäure durch das bei tiefer Temperatur unter Druck gelagerte untergärige Bier beruht gleichfalls auf dieser Eigenschaft. Sie wird bei obergärigem Bier ausgenutzt, um nach der zur Fällung der Trübstoffe vorgenommenen Tiefkühlung fremde Kohlensäure in das fein verteilte Bier einzuleiten und dieses damit zu sättigen.

In Fällen, bei denen leichtflüchtige Bestandteile, besonders aromatische Öle, eine Rolle spielen, wird der Verlust durch Senkung der Temperatur vermindert. Dies gilt für alle hochwertigen Nahrungsmittel, wie reifes Obst, Butter, Fleisch, ebenso wie Blumen, Tabak und Hopfen, schließlich auch für offen gelagerte Getränke, wie gärendes Bier und vor allem Wein, bei dem die „Blume" durch Kühlhaltung bei 5° bis 12° nicht nur günstig entwickelt, sondern auch gut erhalten wird.

Die bei höherer Temperatur abnehmende Löslichkeit von Gasen in Wasser bildet die Grundlage für die Entlüftung von Gefrierwasser. Bei der Bildung von Oberflächen-Natureis werden die Gase nach unten verdrängt, bei strömendem Wasser durch ständiges Abspülen am Festhaften und Einfrieren gehindert, bei ruhendem Wasser dagegen entweder in Form von größeren Luftperlen oder unzähligen, das Eis milchig färbenden Bläschen eingeschlossen. Bei der künstlichen Eisbereitung an gekühlten Metallflächen bleiben die freiwerdenden Luftblasen teilweise an den Wänden haften, teilweise steigen sie hoch, um an der Oberfläche zu platzen, oder auch vorher durch Eisnadeln festgehalten zu werden. Infolgedessen bleibt das künstliche Eis, wenn keine besonderen Maßnahmen getroffen werden, von Luft durchsetzt und erscheint trübe. Wird die Gefrierform selbst bewegt, oder das Gefrierwasser auf irgendeine Weise beständig in Wallung gehalten, so lösen sich die Luftblasen von den Wänden los und steigen hoch. Das so gewonnene Eis ist luftfrei und klar, soweit nicht Trübungen durch andere

Fremdstoffe herbeigeführt werden. Es ergibt sich von selbst, daß die Entlüftung des Gefrierwassers während des Frierens unnötig ist, wenn es zuvor durch besondere Behandlung seines Luftgehaltes beraubt wurde. Das gegebene Mittel hierfür ist Aufkochen in offenen Gefäßen oder unter Luftleere. Noch vollkommener wirkt die Destillation des Gefrierwassers, wenn dem Aufkochen des Destillates eine Entlüftung des Verdampferspeisewassers vorausgeht. Selbstverständlich muß das bei höheren Temperaturen von Luft befreite Wasser bei der nachfolgenden Abkühlung vor der Berührung mit der Luft geschützt werden, die anderenfalls aufs neue gebunden würde. Ein physikalischer Unterschied zwischen trübem und klarem Eis besteht insofern, als die regelmäßige Anordnung der Eiskristalle mit der Hauptachse senkrecht zur Eisbildungsebene durch die Bewegung des Gefrierwassers gestört wird, infolgedessen ein Körper von geringerer Wärmeleitfähigkeit entsteht, der bei gleichen Verhältnissen langsamer schmilzt, soweit die Wärmeleitfähigkeit des Eises maßgebend ist. Dies ist bei seiner Verwendung in unmittelbarer Berührung mit zu kühlenden Körpern der Fall, beispielsweise dem Durchstreuen von Fischen mit gemahlenem Eis, während in den Fällen, bei denen die Wärmeübergangswiderstände entscheiden, also bei Verwendung von Eis zur Luftkühlung von Eiskästen u. dgl., die Vergrößerung der Trübeisoberfläche durch die Luftgrübchen die Begründung dafür liefert, weshalb hier das luftfreie Eis langsamer schmilzt, d. h. schlechter kühlt. Daß, wie sich aus dem Vorstehenden ergibt, die Wärmeleitfähigkeit des klaren Eises höher ist, wenn es aus vorher entlüftetem Wasser entsteht, als wenn das Gefrierwasser erst während des Erstarrens durch Bewegung von Luft befreit wird, bedarf noch des Nachweises. Die Entlüftung des Gefrierwassers durch Bewegung erleichtert die Selbstreinigung von gelösten Feststoffen dadurch, daß Verzugserscheinungen vermieden werden. Hieraus folgt, daß, wenn die Wallung des Wassers durch Lufteinblasen erfolgt, die Menge der eingeführten Luft ein bestimmtes Maß nicht unterschreiten darf, um die nötige Kraft für das Loslösen der vorher gebundenen, durch die Kristallbildung freiwerdenden Luftblasen zu liefern, darüber hinaus jedoch der Gehalt an gelösten festen Bestandteilen die Luftmenge bedingt. In diesem Punkte geben die Untersuchungen von Sparks[1] mit amerikanischem Kanneneis von 300 lbs. Blockgewicht einigen Aufschluß. Er fand hierfür eine Menge Einblaseluft erforderlich, die für jede 300 lbs.-Kanne bei einer Soletemperatur von tiefstens -10^0 etwa 1,1 m^3/h beträgt, wenn das Gefrierwasser nicht mehr als 60 mg/l feste Bestandteile enthält. Bei stärkerer Verunreinigung empfiehlt Sparks Erhöhung der Luftmenge, die für jedes mg/l mehr 0,06 m^3/h beträgt, wenn es sich um Kalziumkarbonat handelt, bzw. 0,04 m^3/h bei Kalziumsulfat, 0,7 m^3/h bei Magnesiumkarbonat und 0,9 m^3/h bei Magnesiumsulfat. Liegt außerdem die Temperatur der Sole unter -10^0, so ist für je 1^0 tiefere Temperatur die Luftmenge um etwa $^1/_5$ zu vergrößern.

[1] Sparks: Chemistry of raw water can ice. Refrig. Wld 1914.

Die Menge der Einblaseluft hängt nach Baer[1] auch von der Anordnung des Einblaserohres in der Zelle und dem dadurch bedingten Druck ab. Der von ihm angegebene Luftverbrauch beim Einhängen des Einblaserohres in der Mitte der Zelle und Anwendung eines Luftdrucks von 11000 bis 12000 kg/m² deckt sich mit der von Sparks genannten Zahl, während er bei Anbringung des Einblaserohres an der Zellenwand und Steigerung des Luftdrucks auf 24000 bis 30000 kg/m² nur 40% dieses Betrages für erforderlich hält.

Da die Oberfläche im Verhältnis zum Inhalt um so mehr zunimmt, je kleiner die Zellenmaße sind, wird der spezifische Luftverbrauch für kleinere Blöcke höher, für Platteneis erreicht er die untere Grenze. Er ist besonders groß für kleine Zellen und Arbeiten mit hohem Luftdruck, weil alsdann die zur Vermeidung von Verstopfungen nötige Mindestweite der Luftaustrittsöffnung von etwa 0,5 mm eine größere Luftmenge durchtreten läßt, als die Klärung des Blockes an sich fordert.

Bei Abkühlung von Gasen auf Siedetemperatur erfolgt Verflüssigung. Von der Anwendung künstlicher Kühlung für die eigentliche Gasverflüssigung sei hier abgesehen, da das in Frage kommende Gebiet tiefster Temperaturen außerhalb der Betrachtung bleiben soll. Die Untersuchung gilt daher in erster Linie dem Verhalten von Gasgemischen, deren einer Anteil bei der Abkühlung teilweise niederschlägt, während der Rest gasförmig bleibt, also beispielsweise der Trocknung von feuchter Luft oder Rückgewinnung wertvoller Dämpfe aus Luft.

Die Ausscheidung des in der äußeren Luft stets enthaltenen Wasserdampfes tritt als Hauptzweck auf bei der von Gayley eingeführten Trocknung des Hochofenwindes. Der Wirkungsgrad der Hochofenanlage ist abhängig von der Witterung und um so günstiger, je mehr der Wassergehalt der Gebläseluft sinkt. Wird die Luft dauernd auf etwa — 5° gekühlt, so ergibt sich ihr Feuchtigkeitsgehalt bei einem Drucke von 10330 kg/m² (760 mm Q.-S.) zu gleichbleibend rund 0,0025 kg/kg. Durch Entziehung des Wasserdampfüberschusses erfährt nach Wüst[2] die oxydierende Zone vor den Formen eine Einschränkung, womit sich die beobachteten Ergebnisse: verminderter Verbrauch an Koks, Vermehrung und Verbesserung des erzeugten Roheisens und verlängerte Lebensdauer des Hochofens erklären. Die praktischen Erfolge des Verfahrens sind allerdings immer wieder angezweifelt und verschiedene nach Gayley gebaute Anlagen aus nicht bekanntgegebenen Gründen stillgesetzt worden. Das in 1 m³ gesättigter Luft enthaltene Wasserdampfgewicht ist unabhängig von dem Druck und nur durch die Temperatur bestimmt. Es erscheint daher vorteilhaft, die Lufttrocknung nach der Verdichtung durch die Gebläse vorzunehmen. Wird hierbei durch gewöhnliche Mittel, Oberflächenwasserkühler u. dgl., die Luft vorgekühlt, so scheidet sich ein Teil ihres Wassergehaltes schon vor Einsetzen der kostspieligeren künstlichen Kühlung ab. Außerdem ist für Herabminderung des maßgebenden, auf 1 kg Trockenluft bezogenen

[1] Baer: Air treatment for raw water ice. Refrig. Engng. 1925.

[2] Wüst: Über die Ursache der Brennstoffersparnis und der Mehrerzeugung beim Hochofenbetrieb. Int. Kongr., Düsseldorf 1910.

Feuchtigkeitsgehaltes auf ein bestimmtes Maß eine weniger weitgehende Kühlung erforderlich, beispielsweise für 0,0025 kg/kg und eine Pressung von 20000 kg/m² etwa 4° gegenüber — 5° bei atmosphärischem Druck. Die Folge ist ein aus beiden Gründen wirtschaftlicheres Arbeiten, dem allerdings eine Gefahr insofern gegenübersteht, als bei gleichbleibender Endtemperatur jeder Schwankung der Pressung ein veränderlicher Feuchtigkeitsgehalt entspricht.

Die Gasfernleitung hat der künstlichen Kühlung neue Möglichkeiten eröffnet. Wird das entteerte Gas auf etwa — 10° abgekühlt, so fallen Naphthalin, Leichtöle und die restlichen Teerteile aus. Hierdurch wird der Gefahr von Leitungsverstopfungen begegnet. Aus dem gereinigten Gas läßt sich Benzol mit aktiver Kohle ausscheiden. Das gewonnene Ammoniakwasser besitzt den hohen Gehalt von etwa 15% Ammoniak.

Bei der Ozonisierung wird möglichste Trockenheit der zu behandelnden Luft, bei der Härtung von Öl zur Kunstbutterbereitung ein von Feuchtigkeit möglichst freier Wasserstoff verlangt.

Weniger einfach als die Ausscheidung von Wasserdampf ist die Wiedergewinnung wertvoller Dämpfe aus Luft, wie sie in Form von Benzin bei der Gummierzeugung, Alkohol und Kampfer bei der Zelluloidbereitung, Äther und Alkohol bei der Pulverherstellung verdunsten. Die Schwierigkeit liegt darin, daß bei den in Betracht kommenden Temperaturen der Sättigungsdruck für leichtflüchtige Stoffe hoch liegt, die Verflüssigung also an die Bedingung gebunden ist, daß der Teildruck des Dampfes dem Sättigungsdrucke entspricht. Die erforderliche Temperatur liegt daher um so niedriger, je geringer der Dampfgehalt der Luft ist. Die Mittel, um das Verfahren wirksam zu machen, laufen darauf hinaus, die Dämpfe möglichst unvermischt zu erfassen und gegebenenfalls vorzuverdichten, wenn nach Luftgehalt und Verdichtungstemperatur keine Explosion zu befürchten ist. Künstliche Kühlung erhöht die Aufnahmefähigkeit von Absorptionsmitteln, die als Waschflüssigkeit für Wiedergewinnung der Lösungsmittel aus der Luft, beispielsweise bei der Kunstseideerzeugung nach dem Acetatverfahren, angewandt werden.

2. Die chemischen Eigenschaften.

α) Feste Körper. Die chemische Wirksamkeit nimmt im allgemeinen bei tieferen Temperaturen ab. Neuzeitliche Nitropulverarten neigen bei höheren Temperaturen, etwa jenseits 30°, zur Zersetzung, verlieren hierdurch an Sprengkraft und verändern ihre ballistischen Eigenschaften in nicht vorauszubestimmender Weise. Um dem vorzubeugen, werden die Munitionsräume der Kriegsschiffe künstlich gekühlt.

β) Flüssigkeiten und wasserhaltige Körper. Die Verzögerung der chemischen Wirkung durch Temperaturerniedrigung wird in bedeutendem Ausmaße in der chemischen Großindustrie ausgenutzt. Bei der Erzeugung von Azofarbstoffen werden die Diazokörper auf Temperaturen um 0° gekühlt, um ihre Zersetzung zu verhindern. Senkung der Temperatur auf etwa 15° und rasche Abführung der Reaktionswärme wirkt bei der Herstellung künstlichen Kampfers der Umwandlung von Pinen in Terpen und der entsprechenden Verminderung der Ausgiebigkeit entgegen. Abkühlung beim Nitrieren beschleunigt den Arbeitsvorgang in Dynamitwerkstätten und erhöht gleichzeitig die Sicherheit.

Die Verarbeitung von Rohöldestillaten zu Leuchtöl vermittels Schwefligsäure erfolgt nach dem Verfahren von Edeleanu[1] besonders wirtschaftlich, wenn der Arbeitsvorgang bei niedrigen Temperaturen geleitet wird, die sich je nach Herkunft und Zusammensetzung des Destillats zwischen 10^0 und -10^0 bewegen.

Wird das zum Beschweren von Seide dienende Zinnchloridbad ständig auf etwa 15^0 gekühlt, so ergibt sich eine Verringerung des Verbrauchs und eine bessere Erhaltung der Faser. Ähnliches gilt für die Tiefkühlung der Natronlauge bei der Herstellung von Kunstseide, besonders bei Verwendung schwacher Laugen unter 30^0 Bé, schließlich bei den sog. Glanzstoffen durch Auflösung von Zellulose in ammoniakalischer Lösung von Kupferoxyd bei etwa 0 bis 5^0.

Ein Beispiel für die Verminderung schädlicher chemischer Zersetzung durch Kühlung bei Lebensmitteln bietet die Kaltlagerung von Eiern. Der allmähliche Verderb äußert sich hier als Zunahme des Ammoniaknitratgehalts, von anfangs 1 bis 2, auf 3% nach etwa einjähriger Lagerung. Den Maßstab für die Veränderung der gelagerten Eier bietet nach Sharp[2] die pH-Zahl, die im Eiweiß von dem dem Frischei entsprechenden Werte $pH \sim 7{,}6$ bis auf $\sim 9{,}6$ zunimmt. Gleiches gilt, jedoch in geringerem Grade, von dem Eigelb, das im frischen Zustande einen Wert $pH \sim 6$ besitzt. Von dem Gesichtspunkt ausgehend, daß die Zunahme des pH-Wertes durch Einwirkung einer Säure gehemmt werden kann, wurde vorgeschlagen, den Kohlensäuregehalt der Kühlraumluft auf etwa 3% und damit im Gleichgewicht mit dem pH-Wert der Eier zu halten.

Trockenmilch bleibt bei einer Lagertemperatur von etwa 4^0 zwei Jahre und länger löslich und über ein Jahr frei von Talggeschmack.

Die Veränderung des natürlichen Farbstoffs von Früchten in verzinnten Büchsen wird durch tiefe Temperatur stark gehemmt. Nach amerikanischen Versuchen[3] blieben Preiselbeeren und Erdbeeren, die im Juli bzw. Juni verarbeitet und erst Mitte September in Versuchsräumen bei 0^0 gelagert wurden, bis Anfang November des folgenden Jahres vollwertig.

γ) Gasförmige Körper. Die Oxydationswirkung des in der Luft enthaltenen Sauerstoffs wird bei tieferen Temperaturen schwächer, die darauf beruhende Zersetzung, vor allem von Lebensmitteln, daher durch Kühlung merklich geringer.

---

[1] Jodeck: Das Edeleanuverfahren zur Verarbeitung von Erdölprodukten und anderen Mineralölen. Z. ges. Kälteind. 1913.

[2] Sharp: Sci. 1929.

[3] Kohman: Effect of storage temperature on losses in canned fruits. Ice Refrig. 1926.

3. Die biologischen Eigenschaften.

Nach den Untersuchungen von Müller-Thurgau, Molusch, Mez, Rein und Apelt an zahlreichen Pflanzen tritt der mit dem Verderb gleichbedeutende Tod bei einer im allgemeinen scharf begrenzten Temperatur ein, die merklich tiefer liegt als der Punkt des Gefrierbeginnes, beispielsweise

für	bei	für	bei
Gurke	— 2,05°	Oleanderblatt	— 4,1°
Kürbis	— 2,23°	Oleanderstiel	— 5°
Hyazinthenzwiebel	— 2,5°	Runkelrübenwurzel	— 5°
Dahlie	— 2,5°	Eßzwiebel	— 5,7°
Maltakartoffel	— 2,5°	Roggen	— 7,8°
Apfel	— 2,7°	Gänseblümchen	— 7,9°
Birne	— 2,75°	Veilchenstengel	— 9,3°
Runkelrübenstiel	— 2,95°	Moos	— 16,2°
Magnum-Bonum-Kartoffel	— 3,2°		

Diese Zahlen entsprechen natürlich nur ganz bestimmten Proben. Je nach dem Klima sind, wie aus dem unterschiedlichen Verhalten der beiden Kartoffelsorten ersichtlich, verschiedene Zahlen zu erwarten, ebenso wie längere Lagerung bei tiefen Temperaturen eine Verschiebung des Todespunktes nach unten ergibt. Jedenfalls besteht für jede Pflanze eine ganz bestimmte kritische Temperatur, die bei der Kaltlagerung vermieden werden muß, wenn die Entwicklungsfähigkeit erhalten bleiben soll.

Der Todespunkt von Pflanzen erklärt sich daraus, daß die aus Zellulose bestehenden Zellenwandungen verhältnismäßig wenig elastisch sind und infolge der Ausdehnung des erstarrenden Saftes bersten. Hinzukommt, daß das pflanzliche Protein beim Gefrieren in nicht umkehrbarer Form gerinnt und nach dem Auftauen die Feuchtigkeit nicht mehr in vollem Maße zu binden vermag. Infolgedessen unterscheidet sich das aufgetaute pflanzliche Fleisch von dem frischen durch Zusammenbruch der Zellenstruktur und Saftverlust.

Wenn Chandler[1] beobachtet, daß Erhöhung der Saftstärke die kritische Temperatur tiefer drückt, so erklärt sich dies zwanglos daraus, daß hiermit der Punkt der beginnenden Eisausscheidung auf der „Eiskurve" einer tieferen Temperatur zugeordnet wird. Auch die von Diehl-Wright[2] festgestellte Möglichkeit, erschütterungsfrei gelagerte Äpfel ohne Schaden bis auf Temperaturen unter den Gefahrenpunkt zu kühlen, widerspricht der allgemeinen Regel nicht, weil hierbei die Eisbildung durch Unterkühlung verzögert wird.

Die Lebenderhaltung des Blumensamens gelingt am besten bei Lagertemperaturen um 0°. Das Einfrieren von Maiglöckchenkeimen ist durch eine Temperatur von etwa — 2° nach unten begrenzt. In all diesen Fällen folgt der durch das Einfrieren gehemmten Lebensfähigkeit nach dem in freier Luft üblichen langsamen Auftauen eine

[1] Chandler: The killing of plant tissue by low temperature. Missouri Sta. Res. Bull. No 8.

[2] Diehl-Wright: Injury of apples. J. Agric. Res. 1924. U. S. Dept. Agric.

lebhaft gesteigerte Entwicklung, die durch allmähliche Erhöhung der Temperatur geregelt werden kann. Das Einpflanzen erfolgt daher bei einer Temperatur von etwa 15°, die allmählich auf Treibhauswärme gesteigert wird. Die Regelung der Entwicklung durch niedrige Temperatur gelingt auch nach erfolgter Blüte, so daß bei etwa 2° Erhaltung von Topfpflanzen während mehrerer Monate möglich ist. Für Schnittblumen liegt die günstigste Temperatur in gleicher Höhe. Hierbei lassen sich Nelken, Chrysanthemen, Lilien, Narzissen und Tulpen etwa 1 Monat, Rosen etwa 3 Tage frisch erhalten. Junge Büsche und Bäume, die als Sprößlinge in der Zeit des Ruhezustandes, November bis Januar, geerntet werden, bleiben, in Moos verpackt, bei etwa 5° 6 bis 8 Monate bis zum Augenblick des Einpflanzens lebensfähig. Die Erzielung einer Temperatur von bestimmter Höhe ist bei der Aufbewahrung von Blumen und jungen Pflanzen weniger wichtig, als die Vermeidung von Temperaturpendelungen.

Bei Obst bewirkt die Kaltlagerung eine Verzögerung der Reife. Die Reifungsgeschwindigkeit wird durch die bei der Atmung des Obstes entwickelte Kohlensäure gemessen. Sie nimmt mit der Temperatur rasch zu und ist für die einzelnen Fruchtsorten unter gleichen Verhältnissen außerordentlich verschieden. An der Spitze stehen Brombeeren, Himbeeren und Erdbeeren mit einer Kohlensäureentwicklung von 15 bis 30 mg/kg · h bei 0°. Die niedrigsten Werte mit 2 bis 5 mg/kg · h bei 0° kommen Äpfeln, Birnen, Trauben, Zitronen, Orangen, Kartoffeln und Zwiebeln zu, während Pfirsiche, Kirschen, Johannisbeeren mit 6 bis 10 mg/kg · h bei 0° in der Mitte stehen.

Bei einer Temperatur von	5	15	25°
erhöht sich die Kohlensäureentwicklung gegenüber 0° auf etwa das	2-	4-	8fache.

Die Reihenfolge bestimmt die zunehmende Haltbarkeit. Sie ist bei Beeren am geringsten, für die der Menge nach wichtigsten Äpfel hoch. Die mit der Atmung des Obstes verbundene Wärmeerzeugung stellt einen bleibenden Temperaturunterschied gegenüber der Raumluft her. Versuche von Plank und Gerlach[1] haben ergeben, daß das schließliche Temperaturgefälle bei Beeren am höchsten ist und bei anderen Früchten etwa im gleichen Verhältnis abnimmt wie die Zahlen der Atmungsgeschwindigkeit. Bei Beeren darf daher die Kühlraumtemperatur dem Gefrierpunkt näher liegen als beispielsweise bei Äpfeln, ohne daß Gefahr des Einfrierens besteht. Was die genauen Zahlen der zweckmäßigsten Luftbeschaffenheit betrifft, so ist es trotz reicher Versuchsunterlagen ausgeschlossen, einheitliche Verhältnisse zu empfehlen, weil für ein und dieselbe Obstart Herkunft, Bodenverhältnisse und Reifegrad recht verschieden sind, so daß an einer Stelle bewährte Zahlen von anderer nicht ohne Prüfung übernommen werden können. Für Äpfel und Birnen scheint 1° bis —1° die bestgeeignete Temperatur darzustellen, wenn es sich um Früchte handelt, deren Reifung zurückgehalten werden soll, die

[1] Plank u. Gerlach: Über die Konservierung von frischen Beeren, Kern- und Steinobst in Kühlräumen. München 1917.

also lange lagern. Bei vereinzelten Apfelsorten darf die Lagertemperatur 2 bis 4° nicht unterschreiten, weil sonst ein innerer Zerfall eintritt. Geringe Temperaturunterschiede vermögen wesentliche Verbesserungen herbeizuführen. Nach den Feststellungen von Taylor[1] vollzieht sich die durch Druckprüfung gemessene Reife von Äpfeln bei 0° um 25% schneller als bei — 1°. Während die Haltbarkeit von Äpfeln und Birnen von einer Ernte bis zur nächsten währt, lassen sich andere Früchte nur beschränkte Zeit erhalten, z. B. süße Kirschen bei 0° etwa zwei Wochen. Umgekehrt gelingt bei Nüssen eine vollwertige Erhaltung über vier Jahre bei einer Temperatur von 0°. Orangen und Grapefruit bedürfen einer Vorbehandlung, äußerliche Entkeimung durch Vergasen oder Ablaugen, um die Haltbarkeit im ersten Falle auf vier Monate bei 6°, im letzten Falle auf zwei Monate bei 0° auszudehnen.

Erdbeeren halten sich, wenn reif gepflückt, bei 1 bis 2° etwa 6 bis 7 Tage. Unreife Erdbeeren reifen ebenso wie Pflaumen weder im Kühlraum noch nach dem anschließenden Ausbringen. Bananen werden in unreifem Zustande geerntet und sofort den Dampfern zugeführt, deren Kühlräume auf etwa 10° gehalten und auf 13° in dem Maße gesteigert werden, in dem die Ausreifung erfolgen soll.

Früchte, die nach dem Auftauen nicht zum Rohgenuß, sondern zur Verarbeitung bestimmt sind oder bei denen ein Zusammenbruch der Zellenstruktur in Kauf genommen wird, können bei Temperaturen eingefroren und gelagert werden, die weit unter dem Gefahrenpunkt liegen. So halten sich in Zuckerlösung eingefrorene Himbeeren, Preiselbeeren, Johannisbeeren, Brombeeren, Heidelbeeren und Stachelbeeren bei — 10 bis — 12°, ohne daß Farbe und Aroma leiden. Neuerdings wird in den Vereinigten Staaten das Einfrieren von Pfirsichen in großem Maßstabe, unter Verwendung starker Zuckerlösungen und besonders tiefer Temperaturen, bis — 30°, erfolgreich durchgeführt. Der Enzymegehalt verlangt hier besondere Maßnahmen. Sie sind aus dem gleichen Grunde beim Einfrieren von Erdbeeren angebracht, um Aromaverluste zu verhüten, die besonders stark bei dem Auftauen vor dem Genuß auftreten.

Ähnlich wie Obst verhalten sich Gemüse, die der Kaltlagerung unterworfen werden. Um über die Verhältnisse während der Aufbewahrung von Kartoffeln bei niedrigen Temperaturen endgültig zu urteilen, erscheint es erforderlich, die Ergebnisse früherer Versuche neuerlich zu prüfen. Mit Verlusten während der Einlagerung muß wegen mitgebrachter Krankheit einzelner Knollen gerechnet werden. Versuche bei 2 bis 3° Raumtemperatur führten nach Eggenbrecher[2] zu keinen einheitlichen Ergebnissen und konnten eine Verminderung des Genußwertes nicht verhüten. Nach Beobachtungen von Shapovalor[3] über die Lebensbedingungen des bei Kartoffeln auftretenden Schorfes erscheint eine Temperatur von 3 bis 5° ausreichend, da hierbei das Wachstum des

[1] Taylor: Storage and transportation of fruits and vegetables. Ice Refrig. 1926.

[2] Eggenbrecher: Z. Spiritusind. 1912.

[3] Shapovalor: Effect of temperatures on germination and growth of the common potatoe scab organism. J. Agric. Res. 1915.

Schorfes einhält und gleichzeitig die Keimfähigkeit der Kartoffel auf ein Mindestmaß sinkt. Die auf alle Fälle zu vermeidende Temperatur liegt bei Kartoffeln nach den Untersuchungen von Wright-Taylor[1] bei etwa — 2°. Da der zwischen — 2,5 und — 3,2° liegende Todespunkt nicht erreicht ist, nimmt die Kartoffel im Ruhezustande keinen unmittelbaren Schaden, wenn die Temperatursenkung allmählich vor sich geht. Erschütterung durch Fall, Druck und Rollbewegung führt jedoch zu Frosterscheinungen. Allgemein kann als zweckmäßige Lagertemperatur für Gemüse eine Temperatur um 0° bei Spätsorten, um 3° bei Frühsorten angesehen werden. Für Zwiebelgewächse ist eine Temperatur von — 3° noch unbedenklich.

In Ausnahmefällen wird die Zerstörung der Zellenstruktur durch Einfrieren bei tiefen Temperaturen ausdrücklich angestrebt, z. B. bei Kohl. Das Einfrieren bedeutet hier eine Verbesserung der Verdaulichkeit, läuft also parallel mit dem beim Kochvorgang beabsichtigten Aufschluß. Bei der Verarbeitung von Algen zu Geliermitteln (Agar) wird das Extrakt ausgefroren, das Eis gemahlen, die Körner bei einer Temperatur von unter 10° aufgetaut und die nunmehr aufgeschlossene Masse in Filtern entwässert. Das gebundene Wasser wird bei dem Gefriervorgang frei. Ähnlich liegen die Verhältnisse beim Gefrieren von Torf, der seinen bei Verwendung als Brennstoff und Wärmeschutzstoff unerwünschten Wassergehalt nach dem Zerfrieren leicht abgibt, während mit anderen Mitteln die Entwässerung nur schwer gelingt. Wegen der Geringwertigkeit des Torfes ist für seine Aufbereitung durch Kälte die Lösung der Wirtschaftlichkeitsfrage nicht leicht und bisher auch noch nicht gefunden.

Bei der Kaltlagerung von Getreide, Roggen und Hafer, bleibt das Keimvermögen in der Nähe des Nullpunktes oder einige Grad darunter nach Graßmann[2] auch nach einjähriger Dauer besser erhalten als bei gewöhnlicher Temperatur. Der Nährwert wird hierbei nicht beeinträchtigt.

Die Zellenwand des tierischen Fleisches ist, im Gegensatz zu der von Pflanzen, elastisch und vermag der Beanspruchung durch Ausdehnung des Zellensaftes beim Gefrieren leichter zu widerstehen. Da ferner die teilweise Gerinnung des Proteingehaltes beim Frieren tierischen Fleisches eine umkehrbare Erscheinung darstellt, bleiben die Frischfleischeigenschaften, auch bei Anwendung von Temperaturen tief unterhalb der Temperatur des Gefrierbeginnes, nach dem Auftauen erhalten.

Nach den Beobachtungen von Smith-Moran[3] geht beim Gefrieren des tierischen Muskels parallel mit der zunehmenden Ausscheidung des Wassers die Bildung von Milchsäure. (In dieser Hinsicht äußern sich Ausfrieren und Austrocknen in gleicher Weise.) Wasserausscheidung und

---

[1] Wright-Taylor: Freezing injury to potatoes when undercooled. Bull. 916. U.S. Dept. Agric. 1921.

[2] Graßmann: Landwirtsch. Jb. 1892.

[3] Smith-Moran: The formation of lactic acid in desiccated amphibian muscles. Rep. Food Invest. Bd. 1929.

Milchsäurebildung wurden an gefrierenden Froschmuskeln gemäß Abb. 35 gefunden. Die Temperatur von etwa — 2,5°, bei der etwa 80% des Wassergehaltes ausgefroren sind, kennzeichnet die Lage des Höchstwertes der gebildeten Milchsäure. Die Temperatur, bei der die Lebenstätigkeit aufhört, fällt genügend genau hiermit zusammen. Dieser Gedankengang, wonach das Maß der Wasserentziehung eine bestimmte Grenze nicht überschreiten darf, wenn die Zellenstruktur und damit die Lebensfähigkeit erhalten bleiben soll, scheint gegenüber der mechanischen Beanspruchung der Zellenwand beim Gefrieren höherer Beachtung wert.

Handelt es sich darum, Lebewesen durch Kälte zu vernichten, so genügt es nicht, die Temperatur soweit zu senken, daß das Lebewesen erstarrt. Es ist vielmehr nötig, die Selbstschutzmittel, die der Schädling entwickelt, solange er Nahrung findet, zu überwinden, also den kritischen Zustand bis zum Absterben infolge Nahrungsmangel aufrecht zu erhalten oder tiefere Temperaturen anzuwenden, um den sofortigen Tod herbeizuführen.

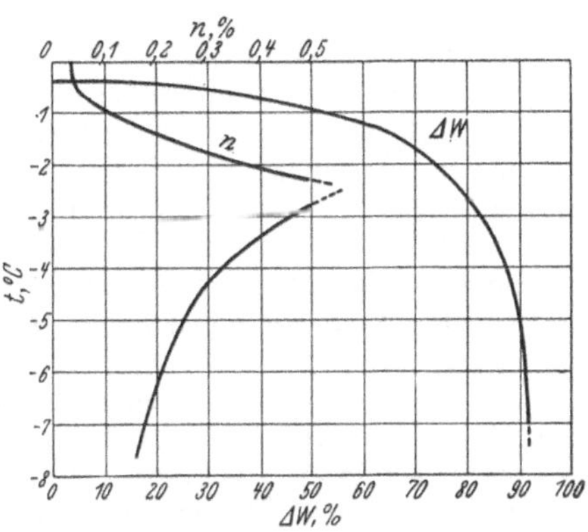

Abb. 35. Ausfrieren des Wassergehaltes und Bildung von Milchsäure beim Gefrieren von Froschmuskeln (Smith-Moran). t Muskeltemperatur, n Milchsäure, ΔW ausgefrorenes Wasser.

Hieraus erklärt sich die im nachstehenden aufgeführte Anwendung künstlicher Kühlung zur Beeinflussung der Lebenstätigkeit.

Die normale Bruttemperatur des Eies bewegt sich nach Moran-Piqué[1] zwischen 38 und 40°. Sichtbare Entwicklung beginnt schon bei 21°. Eine verschwindende Veränderung des Embryos setzt bei 16° ein. Hat daher eine Temperatur von 16° längere Zeit auf das Ei eingewirkt, so ist es für den Genuß nicht mehr vollwertig. Bei der Kaltlagerung verliert das Ei in höchstens 10 Tagen seine Fruchtbarkeit. Der Gefrierbeginn des Eigelbs liegt im mittel bei — 0,65°, der des Eiweißes bei — 0,45°. (Unterkühlung des ganzen Eies gelingt bis auf — 11°.) Als tiefste Temperatur des Lagerraumes ist daher — 0,5° zulässig. Wichtiger als die Festlegung einer bestimmten Temperaturgrenze erscheint die Vermeidung von Temperaturschwankungen.

Die regelmäßige Entwicklung des Seidenspinners erfolgt nicht ohne Kältewirkung auf das Ei vor dem Auskriechen der Larve. Die günstigste Temperatur beträgt hierbei etwa 4 bis 7°. Um die natürliche Entwicklung im Sinne einer auf längere Zeit ausgedehnten Zucht zu hemmen, kann der Winter künstlich hinausgeschoben und das Auskriechen auf mehrere Zeitabschnitte verteilt werden. Zu diesem Zwecke schließt sich der Warmhaltung zu Winterbeginn gleichmäßige Kühlung bis in das Frühjahr hinein an, der im Laufe des Sommers das zweite Auskriechen

[1] Moran-Piqué: The storage of eggs. Spec. Rep. 26, Food Invest. Bd. 1925.

folgt. Auch die verpuppte Seidenraupe läßt sich bei einer Temperatur um 5° lange genug zurückhalten, um die Spindeln während des ganzen Jahres gleichmäßig mit frischen „Kokons" zu versorgen. Schließlich wird auch für das Abtöten der Puppen, an Stelle der Erwärmung der Kokons, Einwirkung einer Temperatur von —10 bis —18° während eines bis mehrerer Tage empfohlen.

Nach den Versuchen von Read[1] werden Motteneier bei Temperaturen unter 12° nicht mehr ausgebrütet. Untersuchungen der Entomologischen Abteilung des amerikanischen Landwirtschaftlichen Instituts [2] ergaben, daß Motteneier bei einer Temperatur von 4 bis 7° nach etwa 6 Wochen, bei —4 bis —7° nach etwa 3 Wochen, bei —14 bis —18° nach einem Tage getötet werden. Im Zustande der Larve tritt eine vollkommene Hemmung der Lebenstätigkeit bei etwa 5° ein. Aber selbst bei —8° bleibt die Larve zunächst noch am Leben. Erst dauernde Einwirkung einer Temperatur von —4 bis —7° während etwa zwei Monaten tötet sie ab. Die ausgeschlüpfte Larve wird bei —1° nach etwa einer Woche, bei —7 bis —9° nach einem Tage getötet, vermag jedoch länger zu bestehen, wenn sie sich durch Verschlüpfen in Wolle und Pelzwerk schützt. Für die Aufbewahrung von Pelzwerk und Geweben, deren Beschädigung nur von der Larve zu befürchten ist, reicht hiernach eine Temperatur von etwa 4° aus. Um eine nachträgliche zerstörende Wirkung nach dem Wiederausbringen zu vermeiden, soll jedoch der Lagerung eine kurze Kühlung auf —18° vorausgehen. Erfolgt vor der Lagerung eine gründliche Reinigung und sichere Entfernung aller Larven, so bietet schon eine Temperatur von etwa 10° Sicherheit gegen das Ausbrüten von Eiern. Dagegen ist auch hier vorübergehend eine Temperatur von —18° erforderlich, um durch Abtötung der Eier vollkommenen Schutz zu schaffen.

Die bei der Broterzeugung vorkommenden tierischen Schädlinge — Käfer, Würmer, Heimchen — stellen nach Brandeis[3] bei einer Temperatur von 1,5° nach 5 bis 6 Tagen ihre Lebenstätigkeit ein. Für getrocknete Früchte, Erbsen und gesacktes Getreide gelten gleiche Verhältnisse.

Der Tabakwurm wird nach den Untersuchungen von Poock durch Lagerung bei —3 bis —10° nach 22 Tagen sicher getötet.

Die Vernichtung von Trichinen im Fleisch erfordert nach Ransom Einwirkung einer Temperatur von —15° während etwa 20 Tagen. Hiernach ließe sich die Trichinenschau bei dem im gefrorenen Zustande eingeführten Schweinefleisch durch entsprechend lange Lagerung bei mindestens —15° ersetzen, wobei durch freie Aufhängung und gute Luftverteilung Sicherheit zu schaffen wäre, daß jedes Stück der Ware bis in den Kern der tiefen Temperatur unterworfen ist.

---

[1] Read: Proper temperatures to carry furs and fabrics, effect of low temperatures upon clothes, moth and beetle. III. Int. Kältekongr., Chicago 1913.

[2] Bark-Cotton: Effect of cold storage upon clothes moths. Refrig. Engng. 1927.

[3] Brandeis: Die Anwendung der Kälte in der Broterzeugung. I. Int. Kältekongr., Paris 1908.

Die Kaltlagerung tritt erfolgreich in Wettbewerb mit Verfahren, die Wärme zur keimfreien Aufbewahrung von Lebensmitteln anwenden. Diesen gegenüber erhält sie in höherem Maße die für den Genuß wertvollen Eigenschaften. Vitamine werden beispielsweise durch hohe Temperaturen ganz oder teilweise zerstört, erleiden jedoch bei der Kühlung kaum eine Einbuße. Das gleiche gilt für die als Reizmittel bedeutsamen Aromastoffe. Wird darüber hinaus durch das angewandte Kühlverfahren Strukturveränderung der Ware vermieden und die Wirkung von Bakterien, Schimmel, unerwünschten Hefen zum Stillstand gebracht, so sind die wesentlichen Eigenschaften erfüllt, die an ein Verfahren zur Frischhaltung von Lebensmitteln zu stellen sind.

Im allgemeinen geht der Kühlung eine Entkeimung der Ware — etwa durch Erhitzen oder chemische Behandlung — nicht voraus. Die zu lagernden Lebensmittel sind daher in der Regel als nicht keimfrei zu betrachten. In anderen Fällen, bei denen zu Anfang mit Keimfreiheit gerechnet werden kann, trägt die Luft nachträglich neue Keime zu. Die Widerstandsfähigkeit der Kleinlebewesen ist außerordentlich groß, die wirtschaftlich anwendbaren Temperaturen genügen nicht, um sie zu töten, so daß die Aufgabe sich darin erschöpft, die Entwicklung wirksam zu hemmen. Für Bakterien ergibt eine Temperatur von 20 bis 30° die günstigsten Entwicklungsbedingungen. Viele Arten hören auf, zu wirken, wenn der Gefrierpunkt erreicht ist, ohne jedoch abzusterben oder die Fähigkeit zu verlieren, bei Erhöhung der Temperatur sich weiter zu entwickeln. Das unterschiedliche Verhalten verschiedener Keime ermöglicht zuweilen, eine Art zurückzuhalten und für eine andere günstige Bedingungen zu schaffen.

Der bei der Butterlagerung auftretende Verlust an bezeichnendem Aroma ist nach Rogers[1] durch die Wirkung von Bakterien und Hefen veranlaßt, die noch bei etwa 7° günstige Entwicklungsbedingungen finden. Bei tieferen Temperaturen kann mit einer wirksamen Hemmung ihrer Tätigkeit gerechnet werden. Während des als zweckmäßig erkannten Einfrierens und Lagerns bei — 12 bis — 18° ergibt sich sogar eine Abnahme der Bakterien, durch die allerdings die Entwicklung der Schimmelsporen erleichtert wird.

Bei der Herstellung von Käse ist Kühlung während des Salzens vorteilhaft, um schädliche Bakterien, die sich im Innern vor dem Eindringen des Salzes entwickeln können, in ihrem Wachstum zu hemmen. Für feste Käse — Emmentaler — kommt hierbei eine Temperatur von 10 bis 12°, für weiche Käse — Gorgonzola — 6 bis 8° in Betracht, wenn Milch von niedrigem Säuregrad verarbeitet wurde. Bei Verwendung von saurer Milch sind tiefere Temperaturen, 1 bis 2°, angebracht. Bei der Reifung von Gorgonzola wird die Temperatur allmählich von 8 bis 10° auf 2° gesenkt. Auch bei Cheddarkäse bewährt sich eine Beeinflussung der Reifung durch niedrige Temperatur, etwa 5°, um ein Erzeugnis von mildem Geschmack zu erhalten. Bei Schweizer Käse verbietet sie sich,

[1] Rogers: Factors influencing changes in storage butter. III. Int. Kältekongr., Chicago 1913.

weil bei tiefen Temperaturen das Gefüge zu dicht wird, ebenso bei Limburger Käse wegen Verschwindens des ausgesprochen starken Geschmacks. Die Herstellung von Roquefortkäse erfolgt bekanntlich unter Ausnutzung natürlicher Felsenkeller, die ständig eine Temperatur von 8⁰ aufweisen. Für alle Käsesorten kommt die Kühlung zur besseren Erhaltung der gewonnenen Eigenschaften nach erfolgter Reife in Betracht. Roquefort wird beispielsweise, in Zinnfolie gehüllt, bei 0⁰ während 6 bis 8 Monaten gelagert.

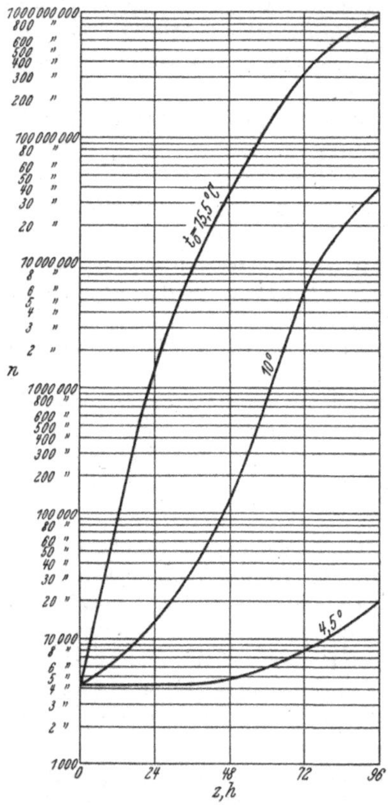

Abb. 36. Bakterienzunahme (n) in Milch verschiedener Temperatur.

Die Keimzahl von Milch nimmt nach Abb. 36 bei tiefer Temperatur während der ersten 24 Stunden um ein Geringes ab, danach beschleunigt zu. Die schließlich erreichte Keimzahl bleibt jedoch viel niedriger als bei höheren Temperaturen. Bei Lagerung unter 4,5⁰ während 4 Tagen wird schließlich dieselbe Keimzahl erreicht wie bei 10⁰ nach etwa 28, bzw. bei 15,5⁰ nach etwa 6 Stunden. Eine Unterbrechung der Keimentwicklung über längere Dauer gelingt erst durch Einfrieren der Milch, das jedoch nach dem früher Gesagten mit einer ungünstig wirkenden Entmischung verbunden ist. Die Hauptbedeutung der Kälteanwendung liegt daher bei der Milchverarbeitung und anschließenden kurzfristigen Aufbewahrung. Bei den hauptsächlich der Butterverarbeitung dienenden Landmolkereien wird der entkeimte Rahm auf 2 bis 6⁰ gekühlt, während die für städtische Milchversorgung bestimmten Molkereien die Verkaufsmilch auf 2 bis 4⁰ bringen und im Kühlraum auf dieser Temperatur halten. Im ersten Falle ergibt sich eine Nebenausnutzung der Kühlmöglichkeit dadurch, daß die Temperatur des Rahms im Reifer vor der Verbutterung auf etwa 10 bis 14⁰ heruntergedrückt wird, ferner durch Behandlung während der Butterfertigung mit kaltem Wasser von 6 bis 8⁰, schließlich durch Anlage kleiner Kühlräume für kurze Aufnahme der Milch bis zur Verarbeitung und der Butter bis zur Ablieferung.

Frisch geschlachtetes Fleisch ist an sich keimfrei. Es schafft einen Nährboden für Bakterien erst, nachdem durch Autolyse bei höheren Temperaturen lösliche Stickstoffverbindungen entstehen.

Der Einfluß der Kühlung mit 2 bis 4⁰ äußert sich als Verzögerung der Reifung über 2 bis 3 Wochen gegenüber wenigen Tagen bei frischem, in gewöhnlicher Temperatur aufbewahrtem Fleisch. Bei Überseedampfern ist es wegen der langen Fahrtzeit nötig, mit der Temperatur in Fleischkühlräumen bis auf — 1,5° herunterzugehen, wobei das Fleisch fest wird, ohne jedoch durchzufrieren. Bei gefrorenem Fleisch ist der Reifungsvorgang fast vollkommen unterbunden. Schweinefleisch wird vor der Pökelung auf etwa 4° gekühlt, um Zersetzung zu verhindern, und während der Pökelung auf 4° gehalten. Bei Wurstfleisch, das schnell durchreifen soll, genügt eine Temperatur von 6°. Bakterien gefährden das Fleisch bei höheren Temperaturen, bei Gefrierfleisch wird ihre Entwicklung weitgehend gehemmt. Statt ihrer können sich dann in gewissen Grenzen Schimmelpilze leichter entwickeln. Als solche kommen nach Brooks[1] hauptsächlich in Betracht:

cladosporium herbarum als Ursache von schwarzen Flecken, die nicht gesundheitsschädlich sind, das Ansehen des Fleisches jedoch beeinträchtigen;

sporotrichum carnis als Ursache von weißen Flecken. Der Pilz dringt nicht tief in das Fleisch ein und läßt sich abwischen;

penicillium als Ursache von blau-grünen Flecken;

rosa oder weiße Hefen, die in feuchtem Zustande halb durchsichtig, in trockenem Zustande bräunlich erscheinen.

Diese Schimmelsorten entwickeln sich lebhaft bei Temperaturen nahe dem Nullpunkt. Bei Temperaturen unter — 8° hört ihre Entwicklung auf, bei längerer Lagerung soll daher die Temperatur unter diese Grenze gesenkt werden.

Bei Wild und Geflügel ist anzunehmen, daß das Kühlgut in erhöhtem Maße Kleinlebewesen mitbringt, die in ihrer Entwicklung möglichst zu hemmen sind. Für längere Lagerung kommt eine Temperatur von — 10° in Betracht, während für Geflügel, das für den baldigen Gebrauch bereitzustellen ist, Kaltlagerung mit — 1 bis 2° sich bewährt.

Werden Häute bei den für Frischfleisch bewährten Temperaturen von 2 bis 4° aufbewahrt, so lassen sie sich beschränkte Zeit ungesalzen erhalten. Bei der nachfolgenden Verarbeitung wird hierdurch die Arbeit für Wässerung und Weichung vermindert. Bei gesalzenen Häuten schützt die Kühlung gegen die zersetzende Wirkung schädlicher Bakterien. Um das Durchpökeln zu beschleunigen, sind anfangs höhere Temperaturen, etwa 12 bis 14°, anzuwenden.

Der zum Einfrieren abgelieferte Fisch ist äußerlich und auch im Muskelgewebe nicht keimfrei, so daß auch hier der Kaltlagerung die Aufgabe zufällt, die Entwicklung der Bakterien zurückzuhalten. Gegenüber Schimmelbildung ist der Fisch weniger empfindlich als Fleisch.

Die für Eier zulässige tiefste Temperatur von — 0,5° genügt nicht, um die Entwicklung von Kleinlebewesen ausreichend zu unterbinden. Sorgfältigste Auswahl der für die Kaltlagerung bestimmten Eier und Ausschluß der beschädigten und verschmutzten ist daher für den Erfolg ebenso ausschlaggebend wie ständige Reinhaltung der Raumluft. Zweit-

[1] Brooks: Mould growth on cold store meat. IV. Int. Kältekongr., London 1924.

klassige Eier sollen nicht in der Schale gelagert, sondern ausgeschlagen und eingefroren werden. Hierbei ist vollständig keimfreie Behandlung notwendig, um das empfindliche Eiweiß vor dem Verderb zu schützen.

Für Hefe liegt die günstigste Entwicklungstemperatur in der Nähe der menschlichen Bluttemperatur (37°). Die Entwicklung nimmt unterhalb 20° schnell ab und kommt bei etwa 4° praktisch zum Stillstand. Soll in Brotfabriken während der Nacht der Betrieb ruhen, so ist es nötig, den Teig am Vorabend zu bereiten, während der Nacht jedoch durch Kühlhaltung der Aufbewahrungsräume eine zu schnelle Entwicklung zu verhindern. Um den Teig bei der Verarbeitung in schnell laufenden Mischern vor Überhitzung zu schützen, wird das beizugebende Wasser, außerdem der Mischer selbst, gekühlt. Der Teig soll den Mischer mit einer Temperatur von nicht über 26 bis 28° verlassen. Diese Temperatur stellt gleichzeitig den günstigsten Ausgangspunkt für die anschließende Gärung dar.

Bei der Durchführung einer teilweisen oder vollständigen Vergärung von Flüssigkeiten fällt der künstlichen Kühlung die Aufgabe zu, die Entwicklung der guten Hefearten zu erhalten, das Wachstum der unerwünschten wilden Sorten oder fremder Pilze und Bakterien möglichst zu unterbinden. Bei untergärigem Bier verläuft die Gärung bei einer Temperatur von etwa 4° am günstigsten. Das Bier wird nach erfolgter Hauptgärung bei etwa 1° gelagert. Die Nachgärung setzt sich hierbei verlangsamt fort. Erst bei der zuweilen zur Entfernung der Trübstoffe angewandten Tiefkühlung bis unter 0° kann ein vollständiger Stillstand der Hefearbeit angenommen werden. Innerhalb dieser Temperaturgrenzen finden die Reinhefen günstigen Nährboden, während die schädlichen Pilze und Bakterien eine Schwächung erfahren. Nach den Versuchen von Stockhausen-Windisch[1] im Laboratorium der Versuchs- und Lehranstalt für Brauereien in Berlin wechselt der zeitliche Verlauf der Gärung stark mit der Lagertemperatur und der Aufbewahrungsdauer. Zu langsame oder zu stürmische Gärung läßt sich daher durch Regelung der Temperatur der unter Wasser lagernden Hefe beeinflussen.

Umgekehrt liegen die Verhältnisse bei gärendem Wein, dessen Reinhefe durch tiefe Temperaturen gelähmt und von der Tätigkeit unerwünschter Bakterien überwuchert wird. Kommt die Temperatur dem Gefrierpunkt nahe, so hört die Tätigkeit der Hefepilze vollständig auf. Sie werden jedoch nicht getötet, sondern treten nach Erhöhung der Temperatur neuerlich in Tätigkeit, ebenso wie die säureverzehrenden Bakterien, die beim Lagern den erwünschten Säurerückgang bewirken. Eingefrorene Traubenmaische läßt sich bei — 5° ein Jahr lang erhalten und danach zu Wein verarbeiten. Ebenso gelingt die Aufbewahrung von süßem Most. Gaspar[2] hat bei ungarischem Most, der sofort nach

---

[1] Stockhausen-Windisch: Einfluß der Aufbewahrungstemperatur der Bierhefe unter Wasser auf Gärung, Vermehrung, Säurebildung in Ausschlagwürze. Wschr. Brauerei 1927.

[2] Gaspar: The condensation and conservation of wine and new wine by means of cold. III. Int. Kältekongr., Chicago 1913.

der Ernte gekeltert und gefroren wurde, nach 6 Monaten folgende Veränderungen beobachtet:

Gehalt	anfänglich %	nach Lagerung bei — 4° %	nach Lagerung bei — 10° %
Extrakt	18,6	10,6	18
Zucker	15,2	9	15,2
Säure	1—1,1	0,93	0,9
Weinsteinsäure .	0,47	0,4	0,35
Alkohol	0	3,75	0

Die Vergärung steht also bei — 4° noch nicht still, ist jedoch bei — 10° vollkommen unterbunden. Die Gärung entwickelt sich auch im letzten Falle, nach Ansteigen der Temperatur auf 16 bis 17° in 6 bis 8 Tagen, und verläuft stürmisch. Da bei einer Temperatur von 37° die Hefe zu entarten beginnt, ist es vorteilhaft, den Most kühl zu halten. Die Gärung verläuft bei etwa 18° besonders regelmäßig und unter günstiger Entwicklung der „Blume".

Fruchtsäfte lassen sich, bei — 10° eingefroren, fast unbegrenzt in frischem Zustande erhalten. Schon bei 0° wird die Gärung so stark gehemmt, daß beispielsweise Apfelsaft 2 bis 3 Monate süß bleibt.

Die günstige Haltbarkeit von Hopfen bei 0 bis 2° Lagertemperatur findet ihren Grund in der starken Herabminderung der Tätigkeit von Enzymen und Kleinlebewesen.

Bei der Herstellung von Leim und Gelatine kann in heißen Gegenden Kühlung der Kalkbäder unwillkommene Gärungserscheinungen verhindern.

Große Bedeutung besitzt die künstliche Kühlung für die Aufbewahrung von Impfstoff und Serum. Nach Elgin wird Pockenlymphe bei etwa 36° in 3 bis 4 Tagen, bei 21° in 1 bis 2 Wochen getötet, während sie bei 10° 3 bis 4 Monate, bei — 12° über 4 Jahre wirksam bleibt. Die Möglichkeit, Impfstoffe längere Zeit aufzubewahren, führt dazu, die leichtere Herstellungsmöglichkeit der Wintermonate für den Bedarf des ganzen Jahres auszunutzen. Bei Serum geht nach Anderson der Verlust im Laufe eines Jahres von 18% bei gewöhnlicher Temperatur auf 7% bei 5° zurück. Bei der Zucht lebender Bakterienkulturen ist eine Umpflanzung um so seltener notwendig, je tiefer die Raumtemperatur gehalten wird.

b) Einfluß der Kühlgeschwindigkeit auf die Eigenschaften des Kühlgutes.

Das Temperaturgefälle zwischen dem Kühlgut vor Erreichung des Dauerzustandes und der darauf wirkenden Umgebung bedingt zusammen mit der Art des Wärmeüberganges und den Stoffeigenschaften der Ware die Kühlgeschwindigkeit. Ist sie niedrig, so ergeben sich als Regel

Gleichgewichtszustände, ist sie hoch, so kann mit Verzugserscheinungen um so mehr gerechnet werden, je größer die Veränderungsträgheit des Kühlgutes ist. Im ersten Falle finden die der Temperaturabnahme entsprechenden Umwandlungen in vollem Maße statt, im letzten Falle werden sie zum mindesten zeitlich gegenüber der Temperaturabnahme verschoben, manchmal überhaupt unmöglich gemacht und durch andere Erscheinungen ersetzt. Hieraus ergibt sich der allgemeine Grundsatz, geringe Kühlgeschwindigkeit, d. h. langsame Abkühlung, dann anzuwenden, wenn die im Gleichgewichtszustande der Temperatursenkung zukommenden Veränderungen für den Zweck erwünscht sind, dagegen mit hohen Kühlgeschwindigkeiten, d. h. Abschreckwirkungen, zu arbeiten, wenn die hierdurch zu erwartenden Abweichungen vom Gleichgewichtszustande angestrebt werden.

Hohe Kühlgeschwindigkeit ergibt sich, wenn temperaturempfindliche Körper von günstiger Form in unmittelbare Berührung mit gekühlten Metallflächen treten, deren Temperatur viel tiefer liegt als die des Kühlgutes. Die Auflage muß hierbei möglichst vollkommen sein, oder ein Hilfsmittel angewandt werden, um die Wärmeübertragung zu verbessern, beispielsweise dadurch, daß unregelmäßig geformte Waren in Metallschalen gebracht und die Zwischenräume mit einer möglichst gut leitenden Flüssigkeit ausgefüllt werden. Werden kleine Fische in flachen, wassergefüllten Behältern auf Kühlrohre gesetzt, in denen der Arbeitsstoff mit tiefer Temperatur verdampft, so liegt dieser Fall vor; noch besser wird er verwirklicht, wenn das Kühlgut zwischen tiefgekühlten Metallflächen ausgebreitet, zum Frieren gebracht wird.

Hohe Kühlgeschwindigkeit ergibt sich auch bei unmittelbarer Berührung von Kühlflächen mit einer zu kühlenden Flüssigkeit, besonders dann, wenn durch lebhafte Bewegung der Wärmeübergangswiderstand niedrig gehalten wird und gleichzeitig hohes Temperaturgefälle besteht. Besonders wirksam sind in dieser Beziehung Kühlwalzen, bei denen innen der Arbeitsstoff oder Kälteträger strömt, außen der zu kühlende Stoff, z. B. Fett, in dünner Schicht aufgetragen wird.

Werden feste Körper in tief gekühlte Flüssigkeit eingebracht, so ist auch hier die Kühlgeschwindigkeit um so größer, je lebhafter der Kälteträger das Kühlgut bespült und je höher der Temperaturunterschied zwischen beiden ist. Als weitere Bedingung kommt hinzu, daß der zu kühlende Körper günstige Form und hohe Temperaturleitfähigkeit besitzt. Je nachdem sind hierbei kürzere Kühlzeiten zu erwarten als bei dem ersterwähnten Falle der Metallberührung, besonders dann, wenn durch unregelmäßige Oberfläche des Kühlgutes die Auflage mangelhaft ist und die Wärmeübertragung in der Hauptsache mittelbar durch die Hilfsflüssigkeit erfolgt; denn diese bietet, weil im Ruhezustande, auf alle Fälle einen größeren Wärmeübergangswiderstand als bei der Bewegung, die im letzten Falle möglich ist. Werden daher Fische in ein tiefgekühltes Solebad getaucht, so ist für große rundliche Sorten eine höhere Kühlgeschwindigkeit zu erwarten, als bei Einbringen in Schalen und Kühlung auf den Rohren selbst, wenn in beiden Fällen die gleiche tiefste Temperatur vorliegt. Die größte Gefriergeschwindigkeit wird bei reinen Flüssigkeiten als Kälteträger durch die Lage ihres Gefrierpunkts, bei Lösungen durch Konzentration und Lage der Eiskurve bestimmt. Vorzugsweise kommen Kälteträger in Betracht, deren Zusammensetzung mit dem Gut verwandt ist, wie Kochsalzlösung für Fische, Zuckerlösung für Früchte; andere scheiden wegen ungünstiger Einwirkung aus, obwohl die tiefe Lage von Gefrierpunkt oder Eiskurve sie an sich besonders geeignet erscheinen lassen. Aus diesem Widerstreit ergibt sich, daß die für Anwendung tiefster Temperaturen besonders geeignete Kalziumchloridlösung zum schnellen Gefrieren nur mittelbar verwandt wird, z. B. indem metallene, das Kühlgut aufnehmende Behälter im Kühlbad schwimmen, und daß hierbei trotz der weniger günstigen Wärmeübertragung der höhere Temperaturunterschied ein gleich gutes oder sogar besseres Ergebnis zeitigt wie beim unmittelbaren Eintauchen des Gutes in Kochsalzlösung.

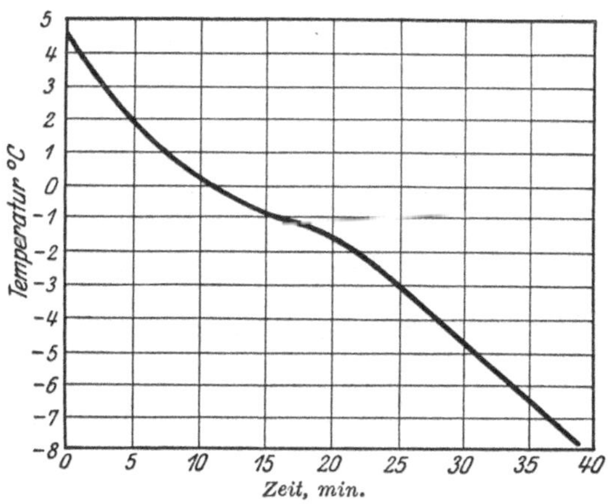

Abb. 37. Einfrieren von Fischen in Sole (Plank).

Eine sprungweise Verlangsamung des Kühlvorganges ergibt sich, wenn statt einer tropfbaren Flüssigkeit ein Gas, also vor allem Luft, verwendet wird, da der Wärmeübergangswiderstand auf ein Mehrfaches ansteigt und auch bei hohem Temperaturgefälle der Unterschied kaum ausgeglichen wird. Lebhafter Luftumlauf stellt auch hier ein Mittel zur Vergrößerung der Kühlgeschwindigkeit dar. Die beim Erstarren von Rahmeis und Einfrieren von Pfirsichen, Erdbeeren sowie anderen enzymehaltigen Früchten in Luft angewandten ungewöhnlich tiefen Temperaturen von etwa —20 bis —30° finden ebenso wie der Ersatz der Kammern durch gut belüftete Kanäle ihren Grund darin, daß die Kühlwirkung möglichst schnell ins Innere der Behälter dringen soll.

Für das Einfrieren von Fischen in tiefgekühlter Sole gibt Plank[1] den in Abb. 37 dargestellten zeitlichen Verlauf der Temperatur. Zwei flache Wendungen kennzeichnen die Lage des eigentlichen Gefriervorganges. Bei Kühlung in Luft von —8° wird dieser Teil, wie aus Abb. 38 hervorgeht, erheblich in die Länge gezogen.

Liegt die Endtemperatur des Kühlguts höher als die Temperatur des Gefrierbeginns, so werden durch hohe Kühlgeschwindigkeit ungünstige Veränderungen vor Eintritt des Beharrungszustandes verhindert, zum mindesten stark eingeschränkt. Fleisch soll unmittelbar

[1] Plank-Ehrenbaum-Reuter: Die Konservierung von Fischen durch das Gefrierverfahren. Berlin 1916.

nach der Schlachtung rasch auf etwa 0° gekühlt werden, um zu verhüten, daß sich durch Autolyse lösliche Stickstoffverbindungen und damit Nährböden für Bakterien bilden. Nach den Untersuchungen von Acevedo-Romat[1] wird nur unter dieser Voraussetzung der unerwünschte Knochengeruch vermieden. Auch bei Obst wirkt rasche Auskühlung günstig. Sie kommt sowohl unmittelbar nach der Einbringung für die anschließende Lagerung als auch anschließend an die Ernte für die Beförderung im Eisenbahnwagen in Betracht. In amerikanischen Vorkühlanlagen wird zu diesem Zwecke Obst durch lebhaft bewegte Luft mit —12° Eintritts-, —4° Austrittstemperatur nach 4 Stunden auf 4° gebracht.

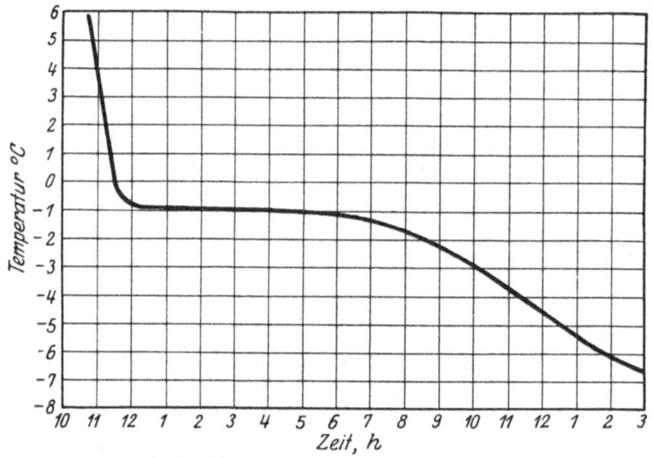

Abb. 38. Einfrieren von Fischen in Luft (Plank).

Größte Bedeutung kommt jedoch gesteigerter Kühlgeschwindigkeit bei Erstarrungsvorgängen, besonders beim Gefrieren tierischer oder pflanzlicher Stoffe, zu.

Nach Thammann[2] bilden sich bei einer Temperatur nahe dem Gefrierbeginn Kristallkerne in geringer Anzahl. Daraus entstehen bei langsamem Gefrieren wenige und daher grobe Kristalle. Sie treten bei tierischen oder pflanzlichen Zellengebilden außerhalb der Zellen in dem Bindegewebe auf. Ein Grund hierfür kann darin gesucht werden, daß die Gewebeflüssigkeit einen niedrigeren Gefrierpunkt hat als der Zelleninhalt, Kristallkerne daher zuerst in dem Gewebe entstehen. Die Eisbildung führt zu hoher mechanischer Beanspruchung der Zellenwandungen. Erfolgt dagegen das Einfrieren mit großer Geschwindigkeit, so bilden sich Kristallkerne in höherer Anzahl und gleichmäßiger Verteilung in Gewebe- und Zellenflüssigkeit. Auch hierbei werden die Zellenwandungen infolge Ausdehnung der Zellenflüssigkeit beim Gefrieren

[1] Acevedo-Romat: Contribucion al estudio del „bone stink" o „bone taint" hueso hediondo. V. Int. Kältekongr. Rom 1928.

[2] Thammann: Kristallisieren und Schmelzen. Leipzig 1913.

mechanisch beansprucht, und zwar um so mehr, je näher die Temperatur dem kryohydratischen Punkt rückt. Mit ihm erreicht die Beanspruchung die obere Grenze.

Beim Gefrieren wird fast ausnahmslos Umkehrbarkeit in dem Sinne angestrebt, daß die Struktur nach dem Auftauen der frischen Ware entspricht. Der Grad, in dem dieses Ziel erreichbar erscheint, wurde bisher in der Hauptsache nach der beschriebenen mechanischen Einwirkung der Eiskristalle auf die Zellenwandungen und nach deren Widerstandsfähigkeit gegenüber diesen Beanspruchungen beurteilt, eine klare Deutung hierbei jedoch nicht immer gefunden. Neuerdings wird sie in der mit dem Gefrieren einhergehenden Austrocknung des Zelleninhalts gesucht. Nach den in Abb. 35 wiedergegebenen Beobachtungen von Smith-Moran[1] nimmt der bei tierischen Muskeln mit Abnahme des Wassergehalts zunächst ansteigende Milchsäuregehalt unterhalb einer kritischen Temperatur wieder ab. Dies läßt sich dahin deuten, daß die Muskel bei Vermeidung der kritischen Temperatur weniger geschädigt wird. Dies gelingt beim raschen Gefrieren dadurch, daß zunächst starke Unterkühlung auftritt, die schließlich eine plötzlich einsetzende umfassende Erstarrung auslöst. Für Pflanzenfleisch scheint dagegen die mechanische Beanspruchung tatsächlich ausschlaggebend zu sein. Wegen der geringen Widerstandsfähigkeit der pflanzlichen Zellenwandung kann auch bei hoher Gefriergeschwindigkeit nicht damit gerechnet werden, daß die Strukturerhaltung gefrorener Früchte erhalten bleibt.

Soweit die Umkehrbarkeit durch rasches Gefrieren gesichert wird, ist es wichtig, während der Lagerung zu verhüten, daß die fein verteilten Kristalle sich zu gröberen umbilden. Aus diesem Grunde müssen Temperaturschwankungen während der Lagerung vermieden werden. Denn jede Temperaturerhöhung bedeutet ein teilweises Auftauen, die anschließende Temperatursenkung ein neuerliches, jedoch im allgemeinen langsames Gefrieren, bei dem einzelne Kristalle sich auf Kosten anderer aufbauen. Fische, die rasch, jedoch unvollständig in Sole gefroren und anschließend in Luft gelagert werden, zeigen ein Gefüge, das dem reinen Luftfrieren entspricht. Auf dieser Erkenntnis wurden verschiedene Arbeitsverfahren aufgebaut, durch die das einwandfreie Gefrieren von Fischen als gelöst betrachtet werden darf.

Die Ausbildung von Schnellgefrierverfahren für Fleisch steht noch im Anfange. Versuche haben die an Fischen gemachten Beobachtungen auch hierfür bestätigt. Dies gilt sowohl für die Verarbeitung kleiner Fleischstücke, worüber Plank-Kallert[2] berichten, als auch für das Einfrieren innerer Organe in tief gekühlter Sole nach den Versuchen von Kallert[3]. In allerletzter Zeit wird in den Vereinigten Staaten

[1] Smith-Moran: The formation of lactic acid in desiccated amphibian muscles. Rep. Food Invest. Bd. 1929.

[2] Plank-Kallert: Die neue Schnellgefriermethode von Ottesen mit besonderer Berücksichtigung ihrer Anwendung auf Fleisch. Z. ges. Kälteind. 1924.

[3] Kallert: Das Einfrieren innerer Organe in kalter Kochsalzlösung. Versuche über das Auftauen gefrorener innerer Organe. Z. ges. Kälteind. 1924.

das verkaufsfertig zerteilte Fleisch erfolgreich gefroren. Maßgebend scheint hierbei weniger die Frage der Güteverbesserung als das Bestreben zu sein, die fachmännische Zerteilung im Schlachtbetrieb vorwegzunehmen und den Verkauf im allgemeinen Lebensmittelgeschäft oder Warenhaus zu vereinfachen.

Eigentümlich ist das Verhalten von Eiern bei tiefen Temperaturen. Nach den Untersuchungen des englischen Lebensmitteluntersuchungsamtes[1] stellt für das Hühnerei die Temperatur von — 6° insofern eine Gefahrengrenze dar, als das Eigelb beim Auftauen pastenartige Beschaffenheit besitzt, wenn diese Temperatur zu irgendeinem Zeitpunkte erreicht wurde. Die bei — 6° auftretenden Vorgänge scheinen daher im allgemeinen nicht umkehrbar zu sein. Hiergegen schützt auch rasches Gefrieren allein nicht. Erst wenn auch das Auftauen mit hoher Geschwindigkeit erfolgt, ergibt sich eine Umkehrbarkeit des Verfahrens und damit die Grundlage für seine Verwertbarkeit. Beim Einfrieren ausgeschlagener Eier, die ausnahmslos zu Backwerk u. dgl. dienen, bildet dieses Verhalten kein Hindernis. Hierfür werden Temperaturen von — 15 bis — 20° angewandt, mit dem Ziele, durch rasches Erstarren einer Trennung des Wassergehalts von den gelösten Stoffen nach Möglichkeit vorzubeugen. Da trotzdem für das Durchfrieren der üblichen 15 kg-Büchse etwa 36 Stunden erforderlich sind, wird das angestrebte Ziel praktisch nicht erreicht. Für die bis über ein Jahr sich ausdehnende Lagerung genügen Temperaturen von — 10 bis — 15°, weil die einmal gefrorene Masse nicht als ganzes auftaut und das Flüssigwerden des Innern der einzelnen Körnchen allein so lange nichts schadet, wie die Durchmischung nicht aufgehoben wird.

Erfolgt das Einfrieren von Pfirsichen in Siruplösung bei der dem Gefrierbeginn entsprechenden Temperatur oder wenig darunter, so bilden sich grobe Eiskristalle im Fleisch. Die aufgetaute Frucht verliert ihre Form. Eine Verbesserung ergibt sich nach Zumbro[2] bei Senkung der Einfriertemperatur auf etwa — 25°, ohne daß es hierbei jedoch gelänge, den Zusammenbruch der Struktur nach dem vollständigen Auftauen zu verhüten.

Der günstige Einfluß hoher Kühlgeschwindigkeit ist auch der Grund für Anwendung künstlicher Kälte in Fällen, bei denen an sich mit der Temperatur der Umgebung auszukommen wäre. Um Schmalz von gleichartiger Beschaffenheit und feinem Korn zu erhalten, wird das flüssige Fett in dünnem Schleier über Walzen geführt, in deren Innerem Sole von etwa — 15° fließt, und dadurch abgeschreckt. Damit der Vorteil nicht bei der Vorkühlung mit Wasser verloren geht, muß auch sie mit hoher Geschwindigkeit erfolgen und bei einer Temperatur von etwa 30°, unter Inkaufnahme geringer Wirtschaftlichkeit, endigen. Bei der Herstellung von gepreßtem Schmalz werden die mit der Masse gefüllten Schalen in gekühlte Räume gebracht, um darin auszukristallisieren. Kunstbutter aus tierischem Fett erhält zartes Gefüge, indem

[1] Rep. Food Invest. Bd. 1923.

[2] Zumbro: New application of low temperature freezing. Refrig. Engng. 1931.

die Flüssigkeit unmittelbar mit Süßwasser von 0 bis 2° bespritzt wird. Neuerdings wird in zunehmendem Maße auch hier die Kühlgeschwindigkeit durch Anwendung von Kühlwalzen gesteigert. Kunstbutter aus Pflanzenölen wird in gekühlten Räumen bei 12 bis 15° Lufttemperatur zur Erstarrung gebracht. In einzelnen Fällen wird besonders rasche Kühlung dadurch herbeigeführt, daß Schalen mit der Masse durch ein Wasserbad von 5 bis 10° gezogen werden.

Bei langsamer Abkühlung von Schokolade bilden sich grobe Kristalle und mattgraue Bruchflächen, bei raschem Abkühlen in Luft von 5 bis 10° feine Kristalle und zarter Bruch. Ähnliche Gesichtspunkte werden bei der Anwendung künstlicher Kühlung zum beschleunigten Erstarren von Seife und Knochenleim geltend gemacht.

Die Kühlgeschwindigkeit ist von Einfluß bei der Herstellung von Kunsteis. Wird sie durch niedrige Temperaturunterschiede zwischen Gefrierwasser und Kälteträger gering gehalten, so sind Unterkühlungserscheinungen weniger zu erwarten als bei schnellem Frieren. Erfahrungsgemäß geht die Selbstreinigung des Gefrierwassers von aufgelösten oder festen Verunreinigungen ohne künstliche Mittel befriedigend vonstatten, wenn die Temperatur der wärmeübertragenden Gefrierwand — 3 bis — 4° nicht unterschreitet. Hierbei genügt die durch den Umlauf des Kälteträgers veranlaßte Erschütterung, um freiwerdende Luftblasen von der Eisfläche zu lösen. Es wird also im allgemeinen klares Eis gewonnen, wenn das Kernwasser rechtzeitig entfernt wird. Bei der üblichen Anwendung niedrigerer Gefriertemperaturen wird die Unterkühlung durch mechanische Bewegung des Gefrierwassers verhindert.

Stetefeld empfiehlt Ausnutzung der Verzugserscheinungen dadurch, daß die ungesättigte Salzlösung durch Abschrecken schnell zum Erstarren gebracht wird, wobei die Salze keine Zeit finden, sich auszuscheiden. Dieses ungesättigte Minuseis besteht aus einheitlichen Körnern, deren Inneres die angereicherte Salzlösung als Tröpfchen enthält. Es ist bröckelig, beim Bruch ohne scharfe Kanten, besitzt darum beispielsweise den Vorzug, Fische, denen es beigemischt wird, weniger zu beschädigen als reines Eis. Für diesen Zweck ist daher Meerwasserminuseis empfohlen worden, das durch schnelles Frieren zu gewinnen ist.

Das Speiseeis besteht, wenn besonders hochwertig, aus Sahne und Fruchtmark. Geringeren Sorten werden mehr oder weniger Milch bzw. Wasser beigemischt, bis schließlich die billigsten Arten nur aus gesüßtem Wasser unter Beifügung von natürlichen oder künstlichen Säften bestehen. Hiernach stellt die Gefriermischung eine Lösung dar, die sich von dem Grade der Übersättigung über den Zustand des Kryohydraten bis zur starken Verdünnung bewegt, deren Verhalten darum beim Frieren sehr verschieden sein muß. Das in der Körnung feinste Eis entsteht aus dem Kryohydraten. Es verlangt eine bestimmte Temperatur, die um — 20° herum liegt. Aus übersättigter Lösung scheiden sich Kristalle aus, die bei Sahneeis beispielsweise aus Laktose bestehen. Sie geben dem Erzeugnis einen sandigen Geschmack. Aus den ungesättigten Lösungen wird ein zusagendes Eis von gleichmäßiger

Beschaffenheit dadurch gewonnen, daß, wie bei dem allgemeinen ungesättigten Minuseis, die Mischung durch Anwendung tiefer Temperaturen, — 10° und darunter, abgeschreckt und durch Frieren in 10 bis 20 Minuten bei gleichzeitiger lebhafter Rührbewegung die Abscheidung der Beimengungen vermieden wird.

Von anderen Gesichtspunkten geht die Rahmeisherstellung nach amerikanischem Muster aus. Das Gefrieren der Masse erfolgt unter lebhaftem Schlagen und bezweckt nur eine Festigung bis zur Formhaltigkeit. Deshalb wird hier eine Gefriertemperatur von etwa — 5° nicht unterschritten. Die eigentliche Festigung obliegt den Härteräumen, in denen Temperaturen von — 25° angewandt werden, um Feinkörnigkeit der hart gefrorenen Masse zu sichern.

Werden bei der Kühlung von alkoholischen Getränken tiefe Temperaturen angewandt, um Trübstoffe sofort auszuscheiden, so sind in dem Niederschlag wertvolle Aromastoffe eingeschlossen. Die Haltbarkeit ist alsdann geringer, als wenn während ein bis zwei Wochen langsam gekühlt und dadurch vollkommene Ausscheidung gesichert wird.

Bei der Auskristallisierung von Wachsbestandteilen aus Öl fällt nach Jones [1] der Niederschlag in der durch Schleudern leicht trennbaren Grobkörnung aus, wenn die Kühlung auf etwa — 25° langsam während etwa 48 Stunden erfolgt. Verkürzung der Abkühlzeit führt schließlich zu einer Abschreckung des Öls, durch die feste Wachsteile in kolloidaler Form in Lösung bleiben und sich nicht mehr ausschleudern lassen.

c) Einfluß der Kälteträgerbeschaffenheit auf die Eigenschaften des Kühlgutes.

Unmittelbare Beeinflussung des Kühlgutes durch die Metallwand, auf deren anderer Seite der Arbeitsstoff oder der meist flüssige Kälteträger sich befindet, bildet die Regel bei Kühlung von Flüssigkeiten und Gasen. Die hierbei für den Kühlvorgang maßgebenden Gesichtspunkte sind durch die absolute Höhe der Kühltemperatur und die Kühlgeschwindigkeit begrenzt, während der Einfluß des als Kälteüberträger auftretenden Metalls untergeordneter Art ist. Die Beschaffenheit der Metallwand findet zahlenmäßige Berücksichtigung bei der Berechnung des Wärmeüberganges. Für die Ausnahmefälle, bei denen feste Körper durch die Metallwand gekühlt werden, spielen deren Eigenschaften eine weit geringere Rolle als die zur Veränderung der Kühlgeschwindigkeit getroffenen Hilfsmaßnahmen. Sie laufen, wenn es sich um Beschleunigung des Kühlvorganges handelt, darauf hinaus, die Größe der unmittelbaren Berührungsfläche zu erweitern, wenn dagegen die Kühlwirkung gemildert werden soll, darauf, schlecht leitende Zwischenlagen anzubringen, durch die allerdings die unmittelbare Wirkung schließlich so stark vermindert wird, daß die Raumluft den Hauptteil

---

[1] Jones: Refrigeration as applied to the waxing of lubricants. IV. Int. Kältekongr., London 1924.

der Kühlwirkung übernimmt und die für Luftkühlung gültigen Gesichtspunkte ausschlaggebend werden. Im Gegensatz hierzu können die physikalischen, chemischen und biologischen Eigenschaften flüssiger und gasförmiger Kälteträger erheblichen Einfluß auf das damit in Berührung kommende Kühlgut ausüben.

1. Die physikalischen Eigenschaften.

α) Flüssigkeiten als Kälteträger. Werden wasserhaltige Waren gefroren, so tritt durch Diffusion ein Ausgleich der gelösten Stoffe ein. Besteht der Kälteträger aus Sole, so nimmt die Ware Salz auf. Ottesen fand, daß die Salzaufnahme besonders gering ist, wenn die Sole auf der zur Eiskurve gehörigen Temperatur gehalten wird. Das von ihm entwickelte Verfahren wird heute vielfach mit Erfolg für das Einfrieren von Fischen in Sole angewandt. Ein Nachteil für den Betrieb ergibt sich bei der Verwendung der Sole mit dem durch die Eiskurve bestimmten Zusammenhang von Temperatur und Stärkegrad dadurch, daß die Abkühlung zur Eisausscheidung an den Kühlschlangen führt und deren Wärmedurchgang allmählich verschlechtert. Spätere Vorschläge von Ottesen[1] laufen darauf hinaus, durch Verwendung von Dreistoffgemischen als Kältemittel eine breite Zone zu schaffen, innerhalb der die Salzaufnahme gering bleibt und die Eisbildung an den Kühlschlangen wegfällt. Der von Ottesen empfohlene Zusatz von Glyzerin zu einer Kochsalzlösung erniedrigt den Gefrierbeginn um etwa 0,2° für je 1 Gtl. Glyzerin auf 100 Gtl. NaCl-Lösung und verhütet gleichzeitig die Eisausscheidung in dem der Senkung des Gefrierbeginns entsprechenden Temperaturfeld. Versuche des Verfassers mit Soletemperaturen oberhalb, jedoch in Nähe des Eispunktes, haben ergeben, daß hierbei wohl eine merkliche Salzaufnahme des Fisches stattfindet, jedoch immer noch so wenig, daß nachteilige Wirkungen auf den Geschmack nicht eintreten. Da sich hierbei das Einfrieren der Kühlschlangen bei lebhaftem Soleumlauf vermindern bzw. ganz vermeiden läßt, erscheint diese Abweichung vorteilhaft, wenn an dem Ottesenschen Grundgedanken festgehalten, also der Temperaturunterschied auf wenige Grad beschränkt wird. Verwendung von $CaCl_2$- und $MgCl_2$-Lösungen empfiehlt sich nicht, da mit einem, wenn auch nur geringfügigen und oberflächlichen Eindringen des Salzes gerechnet werden muß.

Für Kühlung des Gutes auf eine Temperatur oberhalb des Gefrierbeginns werden bisher nur in seltenen Ausnahmefällen Flüssigkeiten als mittelbare Kälteträger verwandt. Die Ursache liegt wohl darin, daß ungünstige Gefügeveränderungen bei fehlender Eisausscheidung wenig zu befürchten sind, die durch flüssige Kälteträger erzielbare hohe Kühlgeschwindigkeit daher keine ausschlaggebende Rolle spielt. Zu den Ausnahmen zählt die Kühlung von besonders wasserliebenden Früchten und Gemüsen, wie Melonen und Sellerie. Sie erfolgt im Wasserbad bei etwa 4°.

[1] Plank-Kallert: Die neue Schnellgefriermethode von Ottesen mit besonderer Berücksichtigung ihrer Anwendung auf Fleisch. Z. ges. Kälteind. 1924.

Werden feuchte Gase durch Lösungen getrieben, so ist deren Beschaffenheit auf den Grad der Feuchtigkeitsentziehung insofern von Einfluß, als der Dampfdruck außer von der Temperatur auch von Art und Stärke der Lösung abhängt. Er beträgt beispielsweise bei 0°

für Wasser		4,6				mm Q.-S.
Sole mit	10	20	28,9	35		Gtl. NaCl auf 100 Gtl. Wasser
	4,3	4	3,7	3,5		mm Q.-S.
Sole mit	10	20	30	42,5	55	Gtl. $CaCl_2$ auf 100 Gtl. Wasser
	4,4	4,1	3,6	2,9	2,3	mm Q.-S.

Bei Naßluftkühlern entspricht im Grenzfalle der Feuchtigkeitsgehalt der austretenden Luft der Dampfspannung, wie sie der Kühlflüssigkeit nach Art und Temperatur zukommt. Besteht der Kälteträger aus Salzlösung, so ergibt sich bei gleicher Temperatur eine höhere Trockenwirkung als bei Wasser. Der Unterschied nimmt mit dem Stärkegrad der Lösung zu und läßt sich mit $CaCl_2$-Lösung wegen des hier möglichen hohen Salzgehaltes besonders weit treiben. Die Mindeststärke der Lösung ist bei einer bestimmten Temperatur durch den Punkt des Gefrierbeginns bedingt. Der Betrieb wird sich demgegenüber mit einer geringen Sicherheitserhöhung bescheiden, wenn die Lufttrockenheit nicht übermäßig sein darf, dagegen mit verstärkter Lösung arbeiten, wenn die Trockenwirkung Hauptzweck des Kühlvorganges ist.

β) Gase als Kälteträger. Als gasförmiger Kälteträger kommt fast ausschließlich Luft in Betracht. Die allgemeine Annahme, daß bei der Kühlung fester Körper durch kalte Luft die Temperatur des Kühlgutes sich allmählich der Lufttemperatur nähert, ferner, je nach dem Feuchtigkeitsgrade der Luft, nasse Oberflächen des Kühlgutes mehr oder weniger getrocknet werden und bei wasserhaltigem Kühlgut ein dauernder, mit fortschreitender Lagerzeit abnehmender Gewichtsverlust entsteht, erschöpft keineswegs die hier auftretenden Vorgänge.

Handelt es sich bei dem Kühlgut um einen vollkommen trockenen Körper oder um feuchte Waren, bei denen die Verdunstung des Feuchtigkeitsgehalts durch eine dampfdichte Umhüllung unmöglich gemacht ist, so erfolgt die Wärmeabgabe des Kühlgutes an die Umgebung allein in Form fühlbarer Wärme, also ohne Austausch der Feuchtigkeit. Auf das Kühlgut wirken hierbei außer der Raumluft die baulichen Umfassungsflächen sowie die kältevermittelnden Flächen, die entweder aus Innenkühlrohren oder Luftkanälen bestehen. Die Beeinflussung des Kühlgutes ist verschieden. Die Teile des Kühlgutes, die gegen die Umfassungsflächen des Kühlraums zu lagern, also die untersten, obersten und äußersten Schichten, treten in Wärmeaustausch mit Boden, Decke und Wänden. Herrscht auf den Außenseiten eine höhere Temperatur als im Innern, so liegt die Temperatur der inneren Oberflächen über der Temperatur der Kühlraumluft, so daß eine Wärmeabgabe an das Kühlgut erfolgt. Wird die Luftbewegung zwischen der baulichen Fläche und dem nächstgelagerten Kühlgut allein durch den natürlichen Auftrieb bewirkt, so erfolgt eine weitere Wärmezufuhr an das Kühlgut unter dem Einfluß der Strömung. Wird jedoch dem Auftrieb durch künstliche Bewegung der Kühlraumluft entgegengewirkt, so kann dieser Anteil der Wärmeabgabe ausgeglichen oder in Wärmeentziehung umgekehrt werden, wenn eine genügende Luftmenge von entsprechender Temperatur zum Umlauf gebracht wird. In diesem Falle sinkt auch die Temperatur der baulichen Begrenzungsoberfläche und damit ihr Anteil an der Wärmeübertragung. Ist die Temperatur auf der Gegenseite niedriger als im Innern, so tritt der umgekehrte Fall ein, daß eine Wärmeentziehung durch die kältere innere Oberfläche stattfindet, die willkommen ist, solange hierdurch keine unerwünschte Unterkühlung der Ware herbeigeführt wird. Wie die Umfassungswände, so wirken auch Teile innerhalb des Kühlraums, die mit dem Bau in leitender Verbindung stehen, also vor allem die Säulen. Solange die Kühlung in Betrieb ist, besitzen Innenkühlrohre und Luftleitungen, die zur Kälteübertragung dienen, eine Oberflächentemperatur, die tiefer liegt als die des benachbarten Kühlgutes. Es erfolgt daher durch sie eine örtlich verschiedene Wärmeentziehung.

Werden besondere Maßnahmen zur gleichmäßigen Verteilung der Kühlwirkung getroffen, so ergibt sich bei Einbringung der Ware mit einer höheren Temperatur ein gleichmäßiges Sinken bis zu der Grenze, bei der das gesamte Kühlgut die Temperatur der Kühlraumluft erreicht hat. Solange die inneren Teile der Ware noch einen Überschuß an Wärme besitzen, ist die Oberflächentemperatur des Kühlguts höher als die der Kühlraumluft. Die Grenze des Kühlvorganges ist dann erreicht und kann unmittelbar dadurch festgestellt werden, daß ein Unterschied zwischen der Temperatur der Kühlgutoberfläche und der benachbarten kühlenden Luft nicht mehr besteht.

Die stillschweigende Voraussetzung hierfür, daß das Kühlgut während seines Aufenthalts im Kühlraum keine Veränderungen erfährt, die zu einer inneren Wärmeentwicklung führen, ist selten erfüllt, da gerade die Hemmung derartiger Vorgänge — Zersetzung, Gärung, Reifung — vielfach Zweck der Kühlung und Kaltlagerung ist, die angewandten Temperaturen jedoch in der Regel nicht genügen, um Veränderungen vollkommen zu unterbinden. Die Folge ist, daß in solchen Fällen die Temperatur der Oberfläche des Kühlguts dauernd höher liegt als die der benachbarten Raumluft und eine Beendigung des Niederkühlens überhaupt nicht eintritt. Für die Erreichung des Beharrungszustandes ist alsdann, ein bestimmtes Kühlverfahren vorausgesetzt, die Einstellung eines gewissen Temperaturunterschiedes zwischen Kühlgut und Raumluft bezeichnend.

Die geschilderten Fälle sind Ausnahmen. In der Regel handelt es sich bei Kühlung und Kaltlagerung um Waren, die einen gewissen Wassergehalt besitzen und deren Oberfläche dampfdurchlässig ist. Auch bei diesen Kühlgütern wirkt der fühlbare Wärmeaustausch in dem geschilderten Sinne. Als weitere Quelle kommt jedoch die Verdunstung eines Teiles des Wassergehaltes hinzu, die auf Wärmeentziehung hinwirkt. Unter der Annahme, daß vor Eintritt in den Kühlraum das Kühlgut einem länger dauernden Beharrungszustande ausgesetzt war, wird es mit einer Temperatur eingebracht, die für Oberfläche und inneren Kern ungefähr gleich ist. Im Verlauf der Kühlung senken sich beide

Die Temperatur der Oberfläche erreicht schließlich die des Kühlraums, ohne jedoch hier stehen zu bleiben. Es findet eine weitere Temperatursenkung statt bis etwa zur „Kühlgrenze", d. i. dem Punkte, den ein feuchtes Thermometer in dem Raume anzeigt. Er wird erreicht, wenn keine Wärmeabgabe mehr aus dem Innern nach der Oberfläche zu stattfindet, ist daher bezeichnend für den Zeitpunkt, mit dem die Ware ausgekühlt ist. Sobald die Temperatur der Kühlgutoberfläche die der Kühlraumluft erreicht, hört die fühlbare Wärmeentziehung auf, danach kehrt sie sich um in Wärmezufuhr. Der Beharrungszustand ist erreicht, wenn das Gut so viel fühlbare Wärme aufnimmt, wie es Wärme durch Verdunstung abgibt. Das Maß der Untertemperatur von Kühlgutoberfläche gegen Kühlraumluft hängt von dem Feuchtigkeitsgrad der Kühlraumluft ab und ergibt sich aus den psychrometrischen Tafeln. Bei einer Raumtemperatur von 2° und einem Feuchtigkeitsgrad von 0,7 zeigt beispielsweise das feuchte Thermometer 0,2°, bei —10° und 0,9 Feuchtigkeitsgrad —10,3°. Die gesenkte Temperatur liegt stets höher als die Oberflächentemperatur der Innenkühlrohre oder Luftleitungen, so daß diese Wärme zu entziehen fortfahren und eine Senkung der Temperatur unter die Anzeige eines feuchten Thermometers bewirken können.

Die Verdunstung ist willkommen, soweit es sich um die Entfernung von Feuchtigkeitsniederschlag auf der Oberfläche des Kühlguts handelt, dagegen im allgemeinen unerwünscht, soweit sie auf eine Austrocknung des Innern, d. h. Gewichtsverlust der Ware, hinwirkt. Die Lagerungsdauer ist dadurch begrenzt, daß die Austrocknung ein gewisses Maß nicht überschreiten und auf keinen Fall zu einer vollständigen Entziehung der gesamten Feuchtigkeit führen soll. Bei feuchten Waren findet daher eine Fortsetzung des Wärmeaustausches auch nach Erreichung der vollständigen Durchkühlung statt. Der Ausgleichzustand, der sich dadurch kennzeichnet, daß die Oberflächentemperatur etwa gleich der ist, die das nasse Thermometer anzeigt, ist daher nur ein scheinbarer Beharrungszustand. In Wirklichkeit geht die Veränderung des Kühlguts durch Verminderung des Feuchtigkeitsgehalts weiter.

Auch hier ist zur Voraussetzung gemacht, daß chemische oder biologische Vorgänge nicht vor sich gehen. Dies trifft bei feuchten Körpern erst recht nicht zu, da der Feuchtigkeitsgehalt eine günstige Vorbedingung für diese Veränderungen darstellt. Die Verhältnisse verschieben sich daher in dem Sinne, daß mit einer dauernden Wärmeerzeugung des Kühlguts zu rechnen ist. Sie verzögert das Heruntergehen der Temperatur beim Tiefkühlen und vermindert die Untertemperatur bei Erreichung des scheinbaren Beharrungszustandes. Diese kann auf Null sinken, d. h. die schließliche Oberflächentemperatur gleich der der Raumluft sein, oder sich so weit vermindern, daß die Raumtemperatur nicht einmal erreicht wird.

Ist der Feuchtigkeitsgehalt des Kühlguts verhältnismäßig niedrig, so kann der hygroskopische Zustand erreicht werden. Hierbei ist die Dunstspannung über dem Gut niedriger als die Dunstspannung über Wasser von gleicher Temperatur. Bei gleicher Beschaffenheit der Raumluft ergibt sich dann eine geringere Verdunstung als bei ausgesprochen feuchtem Gut, die Temperatur der Oberfläche kann wohl unter die Raumtemperatur sinken, ohne jedoch die Kühlgrenze zu erreichen. Für die Wechselwirkung mit der Luft ist die Beschaffenheit der Oberfläche des Guts maßgebend. Ist sie beispielsweise infolge teilweiser Austrocknung hygroskopisch geworden, so nimmt der Gewichtsverlust ab, auch wenn das Innere der Ware noch feucht ist. Auf diese Weise ergibt sich vielfach eine Selbstregelung des Gewichtsverlusts, der mit der Zeit mehr und mehr abnimmt.

Bei flüssigen oder wasserhaltigen festen Körpern kann durch die Kühlung eine Veränderung des Aggregatzustandes beabsichtigt sein, wie Erstarren bei Fetten und Schokolade, Gefrieren bei Fleisch und Fischen. Auch Kristallisationserscheinungen fallen hierunter. Diese Vorgänge laufen mit Wärmeerzeugung Hand in Hand. Ehe sie beendigt sind, ist der scheinbare Beharrungszustand nicht erreicht, die Oberflächentemperatur liegt solange über dem tiefsten, zum Schluß erreichten Maß. Die Veränderung des Aggregatzustandes gehört daher zu dem Gesamtvorgang des Niederkühlens, und die Einflüsse des Kühlvorganges auf das Kühlgut sind währenddessen gleichbedeutend mit den geschilderten. Was von scheinbarem Beharrungszustand und Fortdauer der Verdunstungswirkung nach dessen Erreichung gesagt ist, gilt in gleicher Weise, wenn die Ware vorher eine Änderung des Aggregatzustandes erfahren hat. Die Austrocknung schreitet daher auch bei gefrorenem Kühlgut während der Lagerung weiter.

Der Gewichtsverlust stellt einen Trockenvorgang dar, bei dem Wärme gebunden wird. Der Menge der im Kühlgut verfügbaren Wärme kommt daher ebenso große Bedeutung zu, wie der Luftbeschaffenheit des Raums. Der Wärmeüberschuß im Kühlgut ergibt sich durch die infolge höherer Außentemperatur mitgebrachte und durch biologische und chemische Vorgänge entstehende Wärme. Eine dritte Wärmequelle kann dadurch auftreten, daß Körper, die dauernd wärmer sind als die Kühlraumluft, vor allem bauliche Teile, durch Strahlung die Temperatur des Kühlguts über der Lufttemperatur halten. Schließlich ergeben sich bei unterbrochenem Betriebe Temperatursteigerungen während des Stillstandes, die auch das Kühlgut umfassen und bei der Wiederaufnahme des Betriebs ein Temperaturgefälle herstellen. Hieraus folgt, daß ein verhältnismäßig großer Gewichtsverlust wegen des Wärmeüberschusses des frisch eingebrachten Kühlguts in die erste Zeit der Behandlung fällt.

Die Austrocknung wird bei gleicher Lagerzeit und gleichen Lagerbedingungen um so stärker, je ungünstiger das Verhältnis von Oberfläche zu Gewicht ist. Bei Fischen, für die dieses Verhältnis eine hohe Zahl darstellt, können daher die Gewichtsverluste sowohl beim Einfrieren in Luft als auch bei der nachfolgenden Lagerung verhältnismäßig hoch und, neben der aus allgemeinen Gründen gebotenen dichten Lagerung, tiefen Lagertemperatur und hohem Feuchtigkeitsgrad, noch besondere Maßnahmen nötig werden, um die Fischeinlagerung nicht unwirtschaftlich zu machen. Da der Fettgehalt die Durchlässigkeit der Körperfeuchtigkeit nach außen verringert, erfahren magere Fische einen größeren Gewichtsverlust als fette. Wird der tiefgekühlte Fisch auf kurze Zeit in Süßwasser eingetaucht, so überzieht er sich mit einer Eisglasur, die einen luftdichten Abschluß bildet, jedoch allmählich, je nach der Form des Fisches in 2 bis 4 Wochen, verschwindet. Solange die Eisglasur unverletzt ist, wird der umschlossene Fisch seinerseits vor Gewichtsverlust geschützt, so daß im Rahmen der Haltbarkeit der Eisschicht eine verlustlose Aufbewahrung gesichert ist. Wird danach die Glasur nicht erneuert, so folgt der Entblößung des Fisches die schnelle Austrocknung. Eine besonders wirksame Form des Schutzes durch eine Eishülle stellt das Einfrieren von Fischen in Eisblöcken dar. Wird der Fisch in Luft eingefroren, so kommt der dabei sich ergebende Gewichtsverlust zu dem während der Lagerzeit auftretenden Schwund hinzu.

Die über den Gewichtsverlust von Fischen bekannt gewordenen Zahlen geben kein klares Bild. Sie sind auch deshalb von untergeordnetem Interesse, weil das Auftreten eines Gewichtsverlusts überhaupt auf Mängel des Verfahrens schließen läßt. Er ist nur möglich nach Verdunstung des an der Oberfläche haftenden Wassers. Dieses aber ist für die einwandfreie Erhaltung des Fisches unentbehrlich. Die Fischoberfläche muß dauernd feucht sein. Gewichtsverlust ist hier gleichbedeutend mit Verderb. Die Gefahr ist besonders groß, wenn Fische für vorübergehende Zeit bei Temperaturen oberhalb des Gefrierpunktes in Luft gelagert werden. Nach dem vom Verfasser empfohlenen Verfahren (DRP. 484 804) wird alsdann der Fisch in gekühlten Behältern aufbewahrt und die Raumluftbeschaffenheit so geregelt, daß der Taupunkt der Luft höher liegt als die Oberflächentemperatur des Fisches. Infolgedessen schlägt Feuchtigkeit aus der Luft auf den Fisch nieder.

Umgekehrt liegen die Verhältnisse in solchen Fällen, wo die Kühlung ein Mittel für Trocknung bei niedrigen Temperaturen darstellt und als Trockenmittel Luft dient, die durch Abkühlung entfeuchtet, danach mäßig erwärmt wird. Benutzt wird dieses Verfahren bei der Herstellung von Filmen, Trockenplatten und photographischen Papieren. Sein Feld liegt ganz allgemein dort, wo die Lebhaftigkeit der Trocknung nicht mit einer bedenklich hohen Temperatur erkauft werden soll. Bei der kalten Trocknung des Films läßt sich zu rasche Entfeuchtung leichter vermeiden als bei höheren Temperaturen. Für die Zündholzindustrie bietet die Entfeuchtung der Luft in den Arbeitsräumen ein Mittel, um Stillstand während der feuchten Jahreszeit zu vermeiden. Die Empfindlichkeit von Zündern und Granatfüllung hängt davon ab, daß Temperatur und vor allem Feuchtigkeit der Luft in den Arbeitsräumen genau gleichbleiben. Bei einer Lufttemperatur von 20^0 hat sich hierfür Einhaltung des niedrigen Feuchtigkeitsgrades von 0,5 bewährt.

Den weitaus breitesten Raum nehmen bei der Lagerung solche Kühlgüter ein, die weder Befeuchtung noch merkliche Trocknung verlangen, bei denen vielmehr die Aufgabe gestellt ist, zwischen Luftzustand und Oberfläche des Kühlguts Gleichgewicht zu halten. Da ein Beschlagen bei Lebensmitteln, um die es sich hier in der Hauptsache handelt, den Verderb beschleunigt, ein Gewichtsverlust dagegen eine Einbuße an Menge, nicht Güte, darstellt, wird ausnahmslos der Gewichtsverlust als kleineres Übel in Kauf genommen und der Luftzustand so geregelt, daß dauernd eine schwache Verdunstung an der Kühlgutoberfläche erfolgt.

In Brotfabriken entspricht diesen Forderungen ein Luftfeuchtigkeitsgrad von 0,7 im Aufbewahrungsraum für Mehl, 0,75 im Gärraum und 0,6 im Brotlager. Demgegenüber kommt der Temperatur geringere Bedeutung zu mit Ausnahme des Gärraums, wo sie auf 26 bis 28° gehalten wird. Entfeuchtung der Luft durch künstliche Kühlung wird daher vorzugsweise in feucht-warmen Gegenden nötig; mit ihr läßt sich der Gewichtsverlust beim Brot sowie die für schnelle Gasabgabe hinderliche Oberflächenhärtung beim Teig vermeiden.

Bei der Tabakverarbeitung sichert die Einhaltung eines Luftfeuchtigkeitsgrades von etwa 0,7 gegen unerwünschtes Austrocknen des Deckblattes vor und während der Verarbeitung sowie gegen Feuchtigkeitsaufnahme des getrockneten Wickels bei der Lagerung. Auch hier ist die Lufttemperatur nebensächlich, soweit die Ware allein in Betracht kommt.

Aus der Besorgnis heraus, daß hohe Luftfeuchtigkeit die Entwicklung von Schimmel und Bakterien begünstigt, haben die Kühlbetriebe bis in die letzte Zeit hinein vielfach einen zu niedrigen Feuchtigkeitsgrad eingehalten und damit verhältnismäßig hohe Gewichtsverluste in Kauf genommen. In dieser Beziehung bereitet sich ein Wandel vor. Verfasser hat an anderer Stelle[1] darauf hingewiesen, daß dort, wo mit Rücksicht auf Vermeidung von Gewichtsverlusten der Luftzustand möglichst im Gleichgewicht mit dem Feuchtigkeitszustand des Kühlguts gehalten werden soll, der zulässige Grenzwert des Luftfeuchtigkeitsgrades im Kühlgut selbst gemessen werden sollte. Zu diesem Zwecke können ein Haarhygrometer und eine Kühlgutprobe in einem Behälter luftdicht von der Raumluft abgeschlossen werden. Das Hygrometer stellt sich alsdann auf den Feuchtigkeitsgrad ein, der dem Gleichgewichtszustande entspricht. Es genügt, den Feuchtigkeitsgrad der Raumluft um einen Sicherheitsgrad von 2 bis 5% unterhalb dieses Wertes zu halten.

Dies Verfahren kommt für die Lagerung nach der Auskühlung in Betracht. Während der Auskühlung müssen höhere Gewichtsverluste in Kauf genommen werden. Rasches Abkühlen unter Anwendung verhältnismäßig tiefer Temperatur der Raumluft verringert hierbei den Gewichtsverlust. Die im nachstehenden angegebenen Erfahrungszahlen dürften daher in naher Zukunft, wenn die Erkenntnis auch in die Betriebe vorgedrungen ist, eine Verbesserung erfahren.

Die zum Auskühlen im Schlachthof hängenden Rinderviertel erfahren trotz der nahezu gesättigten Atmosphäre während 10 bis 12 Stunden einen merklichen Gewichtsverlust, der sich um 1% herum bewegt. Bei der etwa 36 Stunden währenden Auskühlung im Vorkühlraum und Kühlraum, deren Feuchtigkeitsgrad zwischen 0,75 und 0,85 sich bewegt, tritt ein weiterer Gewichtsverlust von 2 bis 3% hinzu. Soll das Fleisch eingefroren gelagert werden, so bedingt die Fortsetzung

[1] Hirsch: Welcher Luftfeuchtigkeitsgrad ist dem Kühlgut am zuträglichsten? Z. ges. Kälteind. 1929.

der Auskühlung und das Einfrieren bei einem Luftfeuchtigkeitsgrad von etwa 0,8 und einer Gefrierdauer von etwa einer Woche einen weiteren Gewichtsverlust von 2 bis 3%. Bei Pferdefleisch wird wegen der verminderten Haltbarkeit der Feuchtigkeitsgrad der Luft etwa 10 bis 20% niedriger gehalten und damit ein noch höherer Gewichtsverlust in Kauf genommen. Hinzukommt, daß hier das Verhältnis der der Luft ausgesetzten Oberfläche zu dem Gewicht größer, d. h. ungünstiger, ist als bei Rindervierteln. Dieser Einfluß wirkt sich um so mehr aus, je kleiner die zu kühlenden Stücke sind. Schafe ergeben infolgedessen einen Gewichtsverlust, der bei gleichen Verhältnissen um etwa 50% höher liegt als bei Rindervierteln. Bei Schweinen bringt die geringere Durchlässigkeit der starken Fettschicht den Gewichtsverlust auf nur 75 bis 20% des für Rinderviertel bei gleichen Verhältnissen gültigen

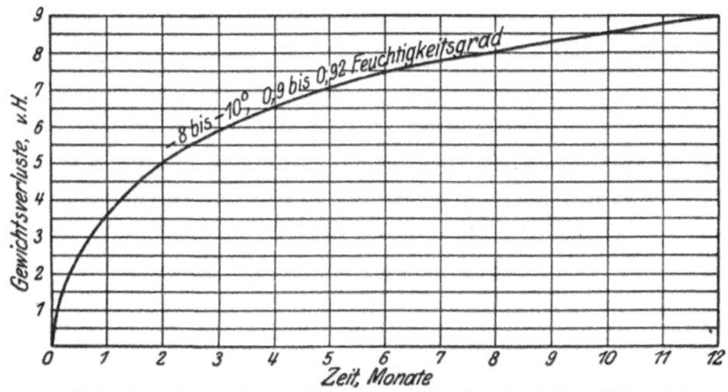

Abb. 39. Gewichtsverlust von Rindervierteln (Plank).

Maßes, je nach dem die Schweine als Hälften oder ungeteilt zur Kühlung kommen. Wird das gekühlte Fleisch weiter gelagert, so beträgt der Gewichtsverlust für Rinderviertel bei den angegebenen Kühlraumverhältnissen etwa $^1/_2$% täglich. Er nimmt mit der Länge der Lagerung ab, weil die Oberfläche allmählich austrocknet, das Kühlgut also die Eigenschaften eines hygroskopischen Körpers annimmt.

Der Gewichtsverlust von gefrorenen Rindervierteln ist in Abb. 39 nach den Beobachtungen von Plank-Kallert[1] für einjährige Lagerdauer bei einer Gefrierlagertemperatur von etwa -9^0 und einem Feuchtigkeitsgrad von etwa 0,91 dargestellt. Er beträgt im ersten Monat 3,5%, steigt bis zum Ende des zweiten Monats bis auf 5% und erreicht nach 12 Monaten 9%.

Das Auftauen und Anwärmen von Gefrier- und Kühlgut ist begreiflicherweise mit einem Gewichtsverlust verbunden, wenn ein Beschlagen des Gutes unbedingt ausgeschlossen bleiben soll und zu diesem Zwecke der Feuchtigkeitsgrad der Anwärmeluft besonders niedrig gehalten wird. Es ist denkbar, sowohl Beschlagen als auch Gewichtsverlust beim Anwärmen zu vermeiden, wenn der Anwärmeraum von der Umgebung vollkommen abgeschlossen gehalten wird, weil sich alsdann

[1] Plank-Kallert: Über die Behandlung und Verarbeitung von gefrorenem Rindfleisch. Berlin 1916.

Gleichgewicht zwischen dem Dunstdruck in der Luft und auf der Oberfläche des Gutes einstellt. Der Temperaturunterschied zwischen Luft und Kühlgut spielt alsdann keine Rolle mehr, weil die Wasseraufnahme der Luft mit höherer Temperatur wohl ansteigt, die hierbei gebundene Feuchtigkeitsmenge jedoch bei den üblichen Verhältnissen von Luftraum zu Kühlgutmenge keinen praktischen Einfluß auf die Gewichtsveränderung des Gutes auszuüben vermag. Es liegt hiernach nahe, die Anwärmung im geschlossenen Raum unter Anwendung so hoher Temperaturen vorzunehmen, wie sie mit Rücksicht auf die Schonung des Gutes gerade noch zulässig sind. Denn nur das rasche Anwärmen gestattet im allgemeinen, ohne Frischluftzusatz auszukommen. Je enger die durch die Gutseigenschaften gesetzten Grenzen des Erwärmungsgrades gezogen sind — bei Gefriergut verbietet sich ein zu schnelles Auftauen mit Rücksicht auf Gefügeveränderung und mangelhafte Wiederbindung der Flüssigkeit —, um so mehr ist während des Auftauens und der Anwärmung mit stofflichen Umbildungen zu rechnen, die die Heranziehung von Frischluft erforderlich machen, um die entstandenen Gase zu entfernen. In solchen Fällen erweitert sich die Aufgabe, Gleichgewicht des Dunstdruckes der Luft und der Oberfläche des Gutes zu halten, durch die Forderung, die eingeführte Frischluft entsprechend vorzubereiten. Während jedoch bei dem vollkommenen Abschluß der Umgebung dieser Gleichgewichtszustand sich ganz von selbst einstellt, ist bei der Vorbehandlung von Frischluft im praktischen Falle besondere Vorsicht geboten. Ob diese darin besteht, daß der Feuchtigkeitsgrad der Raumluft um ein Sicherheitsmaß niedriger gehalten wird, als dem Gleichgewichtszustand entspricht, oder nicht, hängt davon ab, wieweit ein Beschlagen das Kühlgut gefährdet. Die Annahme, daß der Niederschlag aus reinem Wasser besteht und unbedenklich ist, wenn er nur alsbald wieder durch Nachtrocknung zum Verschwinden gebracht wird, ist nicht stichhaltig. Denn mit diesem Niederschlag treten in der Luft enthaltene Fremdkörper, wie Staub, Schimmelsporen und Keime, auf die Oberfläche des Gutes und erhöhen in unzulässigem Maße die Gefahr einer nachträglichen Schädigung. Aus diesem Grunde ist es richtig, ganz allgemein den Feuchtigkeitsgrad der Raumluft niedriger einzustellen, als dem Gleichgewichtszustand mit dem Gute entspricht. Wird diese Sicherheit auch bei geschlossener Anwärmung angewandt, so ist eine, wenn auch nur geringe, dauernde Entfeuchtung der Raumluft nötig, die naturgemäß durch Kühlung erfolgt. Die Kühlleistung kann hierbei sehr niedrig bleiben, nur muß die Dunstspannung der Luft, die bei Röhrenkühlung durch die Oberflächentemperatur gegeben ist, bei offener Solekühlung von Temperatur und Stärke der Solelösung abhängt, niedriger liegen als die an der Oberfläche des Trockenguts sich einstellende. Die letzte nimmt mit fortschreitender Erwärmung zu. Unterbleibt daher eine Nachregelung der Kühlwirkung, so ergibt sich ein zunehmender Gewichtsverlust. Er bleibt ohne Bedeutung, wenn die Kühlleistung sehr gering gehalten wird. Das aber genügt, weil es nur darauf ankommt, die Dunstspannung der Raumluft überhaupt, gleichgültig wie wenig, zu senken.

Da Gefrierfleisch beim Auftauen nachreift und zur Schimmelbildung neigt, darf die Auftauzeit nicht zu lang bemessen werden. Das naheliegende Verfahren, bei Luftverhältnissen aufzutauen, die im Kühlraum herrschen, kommt aus diesem Grunde nicht in Frage. Werden nach dem Vorschlage von Nelson an der Decke des Auftauraums Kühlrohre mit Sole von — 20°, an den Wänden Dampfheizschlangen angebracht und die Raumluft auf etwa 14° bei einem Feuchtigkeitsgrad von 0,35 gehalten, so wird schnelles Auftauen und trockene Oberfläche durch erheblichen Aufwand von Kälte und Wärme sowie merklichen Gewichtsverlust erkauft. Auch ist eine weniger schonende Behandlung des Kühlguts zu erwarten, als wenn das Auftauen bei steigenden Temperaturen zwischen 0 und 12° erfolgt und dafür gesorgt wird, daß der Feuchtigkeitsgrad anfangs etwa 0,7, zum Schluß 0,9 nicht überschreitet. Die hierbei sich ergebende Auftauzeit von etwa 80 Stunden bei Hintervierteln, 60 Stunden bei Vordervierteln genügt erfahrungsgemäß, um die Wiederbindung des beim Gefrieren in das Bindegewebe ausgetretenen Wassers durch die Zellen zu sichern.

Suarez[1] empfiehlt in Anlehnung an die Versuchsergebnisse von Kallert[2] ein etwas verwickelteres Verfahren, nämlich Lagerung während dreier Tage in Luft von 6 bis 8° und 0,95 Feuchtigkeitsgrad, anschließend während 24 Stunden Trocknen der Oberfläche in nullgrädigem Luftstrom, schließlich Fertigauftauen während zweier Tage bei 4° und 0,75 Feuchtigkeitsgrad. Hierbei ergab sich bei Rindervierteln von 64 kg Stückgewicht ein Gewichtsverlust von 0,48%, während er beim Auftauen während $4^1/_2$ Tagen in Luft von 3 bis 4° und 0,65 Feuchtigkeitsgrad 3,2% betrug. Das Auftauen wird durch die anfänglich höheren Temperaturen beschleunigt, der Gewichtsverlust durch die anfänglich hohe Luftfeuchtigkeit vermindert, während die Nachbehandlung dem Fleisch gute Farbe und Festigkeit geben soll.

Da das gefrorene und in diesem Zustande gelagerte Fleisch durch Austrocknung der Oberfläche hygroskopische Eigenschaften annimmt, kann bei hoher Luftfeuchtigkeit das auf dem Fleisch niederschlagende Wasser teilweise gebunden werden. Hierdurch erklärt es sich, wenn ausnahmsweise das aufgetaute Fleisch keinen Gewichtsverlust oder gar eine Gewichtszunahme zeigt. Die Gewichtsveränderung ist jedoch gleich dem Unterschied zwischen Saftverlust und Wasseraufnahme aus der Luft, so daß Gewichtsgleichheit vor und nach dem Auftauen Verlust von Nährstoffen nicht ausschließt. Aufgetautes Gefrierfleisch soll keiner längeren Lagerung mehr unterzogen werden. Ist dies ausnahmsweise nötig, so ist nach erfolgtem Auftauen die Temperatur rasch auf etwa 2° zu senken und der Feuchtigkeitsgrad auf etwa 0,8 zu halten.

Für das Auftauen gefrorener Fische hat sich als einfachstes Mittel Einbringen in kaltes Wasser bewährt. Hierbei ergibt sich nebenher

[1] Suarez: Contribucion al estudio de la descongelacion de las carnes. V. Int. Kältekongr., Rom 1928.

[2] Kallert: Neue Versuche über das Auftauen von gefrorenem Rindfleisch. Z. ges. Kälteind. 1925.

der Vorteil, daß vorausgehender Gewichtsverlust durch Aufnahme von Wasser ausgeglichen wird.

Bei der Obstlagerung ist die Vernachlässigung der Wärmeentwicklung durch chemische und biologische Vorgänge nicht zulässig, weil die Reifung gehemmt, aber nicht vollkommen unterbunden werden soll. Infolgedessen liegt die Temperatur des Kühlguts dauernd höher als die der Luft, außerdem bildet sich um das Lagergut herum ein Dunst, der nach englischen Beobachtungen[1] den Feuchtigkeitsgrad der Luft von 0,85 im Kühlraum auf 0,98 in unmittelbarer Nähe von in Kisten gepackten Äpfeln erhöht. Da in solchen Fällen die Gefahr einer Nebelbildung auf der Oberfläche des Kühlguts besteht, die offensichtlich für das Wachsen von Bakterien und Schimmel besonders günstige Bedingungen schafft, sind für die dauernde Erhaltung des Obstes ohne übermäßigen Gewichtsverlust besondere Maßnahmen erforderlich. Je lebhafter der durch Feststellung der Kohlensäureentwicklung meßbare Reifungsvorgang ist, um so niedriger liegt der zweckmäßige Feuchtigkeitsgrad. Da mit Herabsetzung der Lagertemperatur die Reifungsgeschwindigkeit abnimmt, sind bei tieferen Temperaturen höhere Feuchtigkeitsgrade zulässig.

Englische Untersuchungen[2] über den Einfluß der Luftfeuchtigkeit auf den Gewichtsverlust ergaben, daß bei Äpfeln die Gewichtsabnahme auf den vierten Teil zurückging, wenn der Luftfeuchtigkeitsgrad von 0,75 auf 0,95 stieg. Mit dem höheren Gewichtsverlust geht ein Einschrumpfen einher, das den Handelswert mindert. Ein Feuchtigkeitsgrad von 0,85 bis 0,88 verhindert nach den Erfahrungen in den Vereinigten Staaten[3] Schimmelbildung und Einschrumpfen.

In den Lagerräumen der Bananenkühlschiffe wird ein Luftfeuchtigkeitsgrad von 0,8 bis 0,9 gehalten und damit verhütet, daß die Schnittflächen zu feucht werden. Aus dem gleichen Grunde wird neuerdings empfohlen, Bananen, die in Handform verpackt zum Versand gelangen, zuvor in verhältnismäßig trockener Luft zu kühlen und dadurch an der Oberfläche zu trocknen.

Blattgemüse erfordern im allgemeinen einen besonders hohen Luftfeuchtigkeitsgrad von etwa 0,9, um Verwelken zu verhüten. Für Sellerie und die Spätsorten von Kartoffeln und roten Rüben hat sich ein Luftfeuchtigkeitsgrad von 0,8 bewährt, während die Frühsorten einen höheren Feuchtigkeitsgrad von etwa 0,85 bis 0,95 verlangen. Die letzten Zahlen gelten nach Rasmusson[4] auch für die langfristige Lagerung gefrorener Zwiebeln.

Für den Gewichtsverlust von Eiern sind vorzugsweise die Eigenschaften des Eiweißes maßgebend. Dieses stellt eine Lösung von Salz und Kolloiden mit einem Dampfdruck dar, der dem reinen Wassers sehr naheliegt. Nach den Untersuchungen von Moran und Piqué[5] beginnt das Eiweiß bei — 0,45° zu gefrieren und entspricht damit einer

[1] Rep. Food Invest. Bd. 1918. [2] Rep. Food Invest. Bd. 1930.
[3] Bull. 1406 U. S. Dept. Agric. 1926.
[4] Rasmusson: Die Zwiebel und ihre Konservierung. Z. ges. Kälteind. 1926.
[5] Moran-Piqué: The storage of eggs. Spec. Rep. 26 Food Invest. Bd. 1926.

Kochsalzlösung mit etwa 0,8 Gtl. Salz auf 100 Gtl. Wasser, deren Dampfdruck 99,6% des Dampfdrucks über reinem Wasser beträgt. Ein Luftfeuchtigkeitsgrad von etwa 0,996 bedeutet daher Gleichgewichtszustand, darunter verdunstet der Wassergehalt des Eiweißes. Da mit Rücksicht auf Schimmelbildung der Feuchtigkeitsgrad der Luft niedriger gehalten wird, ist ein Gewichtsverlust unvermeidlich. Smith fand bei gleichbleibender Temperatur von 0,5° die Höhe der Verdunstung für

0,90	Feuchtigkeitsgrad	zu	7,5 mg/24 h
0,70	„	„	18,3 „
0,50	„	„	25,8 „

Bei gleichbleibendem Feuchtigkeitsgrad wächst die Verdunstung mit steigender Temperatur und erreicht bei 0,80 Feuchtigkeitsgrad für 10° etwa die doppelte Höhe wie für 0,5°. Bei einem mittleren Luftfeuchtigkeitsgrad von 0,85 und 0,5° tritt ein Gewichtsverlust auf, der während neunmonatiger Lagerdauer 2% nicht überschreitet und damit unbedenklich scheint. Hierbei ist allerdings vorausgesetzt, daß die Raumtemperatur keinen größeren Schwankungen unterworfen ist. Anderenfalls wirkt bei abnehmender Temperatur der Wärmeüberschuß des Eies im Sinne einer Zunahme des Gewichtsverlusts. Während der Lagerung geht Wasser von dem Eiweiß in das Eigelb über. Grenlay beobachtete, daß der Wassergehalt des Eigelbs von ursprünglich 45% in 250 Tagen auf etwa 51% stieg. Hierin und in der Wasserabgabe durch Verdunstung liegt die Ursache für die zunehmende Zähigkeit des Eiweißes mit zunehmender Lagerzeit. Ein unvermeidlicher, anfangs verhältnismäßig hoher Gewichtsverlust ist dadurch bedingt, daß die Eierkiste und Packung weitergehend getrocknet sind, als dem Gleichgewichtszustand mit dem Ei entspricht. Infolgedessen erfährt die Packung eine Gewichtszunahme, die erst nach langer Zeit zum Stillstande kommt.

Über den Gewichtsverlust von Butter und Käse während der Lagerung liegen erschöpfende Erfahrungen nicht vor. Soviel steht fest, daß auch hier die Annäherung der Temperatur an die aus anderen Gründen sich ergebende untere Grenze den Gewichtsverlust vermindert. Wird diese Temperatur eingehalten, so erscheint ein Feuchtigkeitsgrad von etwa 0,8 geeignet, einerseits übermäßigen Gewichtsverlust zu verhüten, andererseits vor Verderb zu schützen.

Der Einfluß des Luftfeuchtigkeitsgrades kann von dem Kühlgut dadurch ferngehalten werden, daß es mit einer mehr oder weniger luftdichten Umhüllung versehen wird. Unter diesen Gesichtspunkt fällt das Einschlagen von gefrorenen Fischen in Pergamentpapier, das Umhüllen von wertvollen Obstsorten mit Zeitungspapier, das Paraffinieren von Käse, Apfelsinen u. a.

2. Die chemischen Eigenschaften.

a) **Flüssigkeiten als Kälteträger.** Flüssige Kälteträger sollen gegenüber dem Kühlgut chemisch unwirksam sein. Zuweilen werden Flüssigkeiten als Schutzbäder angewandt, beispielsweise bei der Lagerung eingefrorener Früchte in Zuckerlösung, die das Entfärben verhindert.

Hierher gehört auch in gewissem Sinne das Einfrieren von Fischen im Eisblock, die hierdurch dem Einflusse der Luft entzogen werden.

Bei der Anwendung von Sole zum unmittelbaren Einfrieren tritt chemische Wirkung auf. Hierin liegt ein Hindernis für die Benutzung des Verfahrens beim Gefrieren von Fleisch. Die auf die Gegenwart von Oxyhämoglobin zurückzuführende hellrote Färbung geht durch Bildung von Methämoglobin in Bräune über. Wird die Sole durch Ammoniak alkalisch gemacht, so tritt die Braunfärbung nicht auf. Hierbei handelt es sich nur scheinbar um Erhaltung des natürlichen Zustandes, in Wirklichkeit ist das in der Sole entwickelte Rot eine alkalische Verbindung des Hämoglobins, kein Oxyhämoglobin. Die Untersuchungen von Heiß[1] haben als einen der Gründe für die Bildung von Methämoglobin die Störung des Ionengleichgewichts gefunden, die sich bei solegefrorenem Fleisch in einer erheblichen Zunahme der sauren Eigenschaft gegenüber frischem Fleisch äußert. Heiß schlägt als wirksame Gegenmaßnahme vor, das Fleisch vor dem Einfrieren, gegebenenfalls auch während der Lagerung, mit Kohlenoxyd zu begasen. Es erscheint fraglich, ob bei diesem Verfahren die Vorteile die nicht zu leugnende Gefahr für die Bedienung überwiegen.

Bei flüssigen Kälteträgern wirken häufig gelöste Metallsalze als Katalysatoren besonders ungünstig. So wird bei Butterlagerung durch Metallsalze, die aus vorbereitenden Verfahren herrühren, der Verderb beschleunigt.

β) Gase als Kälteträger. Der Sauerstoff der Luft übt vielfach eine schädliche Wirkung aus, die es durch besondere Maßnahmen auf ein unmerkliches Maß zu vermindern gilt. Bei Fleisch ergibt sich unter Mitwirkung des Wassergehalts eine Spaltung der Fette und eine Oxydation der Spaltungserzeugnisse, die Ursache für den ranzigen Geschmack, außerdem bewirkt die Oxydation des Muskelfarbstoffes ein allmähliches Dunkeln der Fleischoberteile. Fische verhalten sich ähnlich. Das Ranzigwerden bietet auch bei der Butterlagerung eine zeitliche Gefahr, während bei hefehaltigen Früchten die Entfärbung die Haltbarkeit begrenzt. Die wertvollen Eigenschaften des Hopfens gehen durch Oxydation an der Luft teilweise verloren.

Mulders[2] fand die Oxydationswirkung des Luftsauerstoffs auf Fischfette um so stärker, je höher die Raumtemperatur lag. Die Anwesenheit von Eisensalzen ($FeCl_3$) erhöht die Oxydation auch hier durch katalytische Wirkung. Den gleichen Einfluß hat Licht als Katalysator. Mit der Zunahme der Fettsäure sinkt der Jodgehalt.

Die Beschleunigung der Oxydation durch die katalytische Wirkung des Lichtes fand Lea[3] bei den Fetten von Warmblütern bestätigt. Hat die Oxydation einmal eingesetzt, so nimmt ihre Geschwindigkeit nach Entfernung der Lichtquelle nicht wieder ab. Die Stärke der Lichtquelle ist für die Wirkung von Einfluß, dieser jedoch keinesfalls ver-

[1] Heiß: Untersuchung über die Ursache und Verhinderung der Verfärbung von Gefrierfleisch. Diss. Karlsruhe 1930.

[2] Mulders: Untersuchungen über die Konservierung von fetten Fischen durch Einfrieren. Leiden 1925.

[3] Lea: The action of light on fats. Rep. Food Invest. Bd. 1929.

hältnisgleich. Schwache Lichtquellen ergeben unerwartet hohe katalytische Wirkung.

Der schädliche Einfluß des Luftsauerstoffes scheint dann besonders groß zu sein, wenn die Oberfläche des Kühlguts infolge falscher Behandlung zeitweise feucht wird.

Um diesen Einflüssen zu begegnen, wird in kritischen Fällen das Kühlgut von der Luft abgeschlossen, z. B. bei eingefrorenen Fischen durch Überziehen mit Eisglasur, bei eingefrorenen Früchten durch Bedecken mit Zuckerlösung, schließlich durch Umhüllen des Gutes mit ganz oder teilweise gasdichten Stoffen. Hierher gehört auch das Paraffinieren von gekühlten Früchten. Die Benutzung von Kohlensäure und Stickstoff als neutralen Gasen, unter gleichzeitiger Verdrängung des Luftsauerstoffs, hat bis jetzt für die Anwendung im großen noch keine Bedeutung gewonnen.

3. Die biologischen Eigenschaften.

α) **Flüssigkeiten als Kälteträger.** Ein Vorteil des Einfrierens von Fischen in Sole ergibt sich nebenbei durch Verminderung des Bakteriengehalts.

Versuche, den flüssigen Kälteträger durch besondereBeigaben zur Sterilisierung des Kühlgutes zu benutzen, sind im Anfang stehen geblieben. Die Eigenschaft der künstlichen Kühlung als Frischhaltungsmittel würde hierdurch auch eine nicht zu leugnende Verschiebung erfahren.

β) **Gase als Kälteträger.** Ist die Oberfläche des Kühlgutes feucht, d. h. entspricht seine Dampfspannung dem Sättigungszustande, so sind die Vorbedingungen für Entwicklung von Bakterien, Hefen und Schimmelpilzen am günstigsten. Bei Fleisch und anderem Kühlgut, das nach seiner Eigenart von vornherein einen guten Nährboden für Bakterien bildet, tritt die Entwicklung der Schimmelpilze gegenüber der Vermehrung der Bakterien zurück. Bei abnehmender Dunstspannung an der Oberfläche des Gutes, d. h. zunehmend hygroskopischer Eigenschaft, nimmt das Wachstum von Bakterien und Schimmelpilzen ab, weil die für ihre Entwicklung nötige Flüssigkeit nur mit zunehmender Saugkraft entzogen werden kann. Die Saugfähigkeit erreicht schließlich ihre Grenze. Walter[1] schätzt, daß diese Grenze für Bakterien erreicht ist, wenn die Dunstspannung an der Oberfläche des Gutes 96% der Sättigungsspannung unterschreitet, während bei Schimmelpilzen die Grenze erst mit 85% erreicht wird. Dies darf keinesfalls so gedeutet werden, als ob die Einhaltung eines Luftfeuchtigkeitsgrades von 0,96 bzw. 0,85 vollkommenen Schutz gegen Fäulnis bzw. Verschimmelung darstellen würde; denn der dabei vorausgesetzte Gleichgewichtszustand von Kühlgut und Luft wird im praktischen Falle der Lagerung kaum erreicht. Bakterien und Schimmelpilze werden sich daher an der Oberfläche feuchten Gutes auch dann noch entwickeln, wenn der Feuchtigkeitsgrad der Luft unterhalb dieser Grenze liegt. Je weiter er sie unterschreitet, um so schneller nimmt die Oberfläche des Gutes hygroskopische Eigen-

[1] Walter: Die Wassersättigung der Pflanzen und ihre Bedeutung für das Pflanzenwachstum. Z. Pflanzenernährg. u. Düngg. Bd. 6.

schaften in der zu fordernden Mindeststärke an. Es liegt nahe, hiernach vorzuschlagen, das Gut in trockener Luft rasch an der Oberfläche auszutrocknen, um danach den Feuchtigkeitsgrad der Luft bis zu dem zulässigen Grenzwert zu steigern, also während kurzer Zeit einen verhältnismäßig hohen Gewichtsverlust in Kauf zu nehmen und während der anschließenden Hauptlagerzeit ihn besonders niedrig zu halten. Dies ist jedoch im allgemeinen kaum durchführbar, weil nach Steigerung des Luftfeuchtigkeitsgrades die im Kern des Kühlgutes enthaltene Feuchtigkeit an die Oberfläche dringt und dieser die Eigenschaft eines feuchteren Körpers wiedergibt. Der Feuchtigkeitsgrad der Luft muß also auch während der Lagerung unterhalb des Grenzwertes liegen, und zwar um so mehr, je leichter die innere Feuchtigkeit an die Oberfläche zieht. Bei Kühlgut bestimmter Form und Zusammensetzung dringt die Kernfeuchtigkeit um so schneller nach außen, je höher die Temperatur liegt, weil alsdann die Zähigkeit der Flüssigkeit in stärkerem Maße sinkt als ihre Kapillarität. Bei niedrigen Temperaturen kann daher der Luftfeuchtigkeitsgrad höher und damit der Gewichtsverlust niedriger gehalten werden.

Unter diesem Gesichtspunkt hört der Gewichtsverlust feuchten Gutes auf, eine unerwünschte Nebenerscheinung der Lagerung zu sein. Er wird vielmehr durch die Kühlguteigenschaften selbst in bestimmter Höhe gefordert, um die Entwicklung von Bakterien und Schimmelpilzen genügend zu hemmen oder ganz zu unterbinden, und darf keinesfalls unter dem hierdurch bedingten Maß gehalten werden. Das Bestreben, den Gewichtsverlust niedrig zu halten, muß daher von der Beeinflussung des Kühlgutes ausgehen und gipfelt hier in Senkung der Temperatur bis zur möglichen unteren Grenze. Damit liegt das Mindestmaß des nötigen Gewichtsverlustes fest. Die weiteren Maßnahmen laufen darauf hinaus, Mittel zu finden, um dieses Maß möglichst wenig zu überschreiten.

Schmid[1] hat im Kältetechnischen Institut der Technischen Hochschule, Karlsruhe, den Einfluß von Lufttemperatur und Luftfeuchtigkeit auf das Bakterienwachstum zahlenmäßig untersucht und hierbei den in Abb. 40 dargestellten Zusammenhang gefunden. Bei dem besonders gekennzeichneten Keimgehalt von 50 bis 100 Millionen Bakterien auf 1 cm^2 Fleischoberfläche sieht Schmid den Übergang zwischen gut und unbrauchbar. Die Zeiteinheiten waren bei dem mit kleinen Stückchen Rindfleisch durchgeführten Versuch Stunden. Für die üblichen größeren Fleischstücke sind sie mit einer Zahl zu vervielfältigen, die Schmid zu 3 schätzt. Der oben gezogene wichtige Schluß, daß mit Rücksicht auf das Bakterienwachstum der Feuchtigkeitsgrad der Luft bei tieferen Temperaturen höher gehalten werden darf, findet hiermit seine Bestätigung.

Nach Untersuchungen von Knoblauch-Noell[2] beginnt die Schimmelgefahr für Äpfel bei einem Feuchtigkeitsgrad von 0,93, für Pflaumen, Pfirsiche und Birnen bei 0,96, für Kirschen bei 0,98.

[1] Schmid: Einfluß von Temperatur und Feuchtigkeit auf das Bakterienwachstum auf gekühltem Fleisch. Z. ges. Kälteind. 1931.

[2] Knoblauch-Noell: Vermeidung von Schwitzwasser in Obstkellern. Gesundh.-Ing. 1916.

Das Fleckigwerden von Äpfeln wird nach Plagge-Maney[1] verhütet, wenn bei 0° der Feuchtigkeitsgrad der Luft 0,9 nicht überschreitet. Um die Übertragung von Bakterien und ihre Entwicklung zu verhindern, werden hochwertige Früchte in geöltes Papier eingeschlagen.

Bei unverletzten Früchten nimmt der Schimmel erfahrungsgemäß seinen Ausgang am Stielende bzw. der Fruchtnarbe. Das Verschmieren der Stielenden mit Paraffinwachs hat sich bei Ananas, Melonen und vor allem den in Büscheln gelagerten Bananen bewährt. Die Begünstigung der Schimmelbildung durch die Feuchtigkeit begründet die

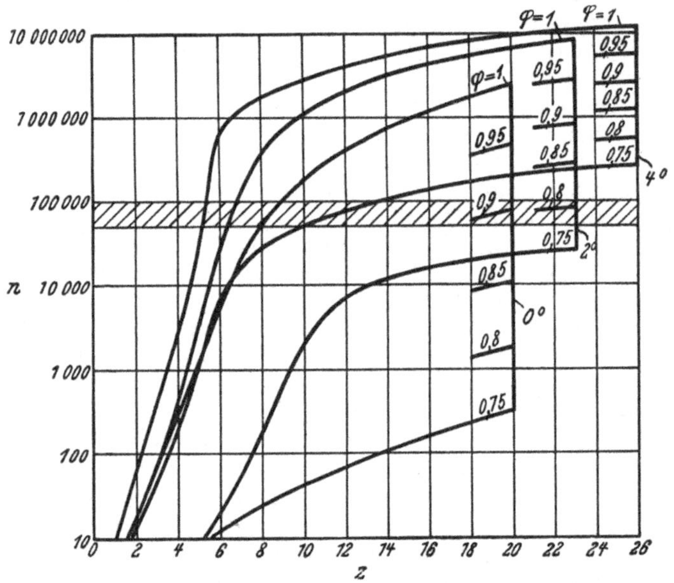

Abb. 40. Bakterienwachstum auf Fleisch bei verschiedenem Luftfeuchtigkeitsgrad (Schmid). *n* Bakterienzahl, 1000/cm², *z* Zeiteinheit.

nicht streng genug zu befolgende Vorschrift, beschädigte Früchte von vornherein von der Einlagerung auszuschließen. Die Erhaltung der natürlichen Wachshaut ist aus dem gleichen Grunde wichtig, ebenso die Anweisung beachtlich, das Pflücken von Früchten mit Zwickvorrichtungen in Beutel vorzunehmen und die Packer mit Handschuhen arbeiten zu lassen.

Die Auswahl der Packstoffe ist bei den empfindlichen Eiern besonders wichtig. Sie dürfen keinen Geruch entwickeln, der sich auf das Ei übertragen könnte. Lebhaft einsetzende Luftbewegung unter Inkaufnahme höheren Gewichtsverlustes bedeutet eine zusätzliche Sicherung.

Durch Schimmelbildung werden fleischige Pflanzen gefährdet. Der Luftfeuchtigkeitsgrad soll hier 0,8 nicht überschreiten, für zartere Blumen ist ein höherer Feuchtigkeitsgrad günstiger. Beispielsweise

---

[1] Plagge-Maney: Apple storage investigation. Ice Refrig. 1925.

hat für die Frischhaltung von Chrysanthemen, Iris, Lilien, Rosen, Narzissen, Nelken, Tulpen und anderen Schnittblumen ein Feuchtigkeitsgrad von 0,85 sich bewährt.

Um die Bakterienbildung zu verhüten, werden die Gärkeller der Brauerei mehr und mehr mit Außenluftkühlern ausgestattet, bei denen sich leicht ein niedrigerer Luftfeuchtigkeitsgrad einhalten läßt.

Bei der Pelzlagerung ist ein Luftfeuchtigkeitsgrad von etwa 0,85 angebracht, bei dem das hygroskopische Fell etwa im Gleichgewicht mit Luft steht. Höhere Luftfeuchtigkeit fördert die Schimmelbildung, niedrigere führt zu einem Brüchigwerden der Lederhaut. Diesem häufig übersehenen Gesichtspunkt kommt mindestens die gleiche Bedeutung zu, wie der Bekämpfung von Schädlingen im Pelzwerk durch tiefe Temperaturen.

In Ausnahmefällen ist die Schimmelbildung unschädlich oder gar erwünscht. So tritt bei Käse die Aufgabe auf, durch Regelung der Feuchtigkeit, ohne Rücksicht auf Schimmelbildung, die Reifung zu beeinflussen. Sie wird z. B. bei Gorgonzola durch anfangs mittlere Luftfeuchtigkeit eingeleitet. Anschließend wird durch niedrige Feuchtigkeit die Trocknung beschleunigt, dann durch hohe Feuchtigkeit die Reifung, unter Vermeidung des Einschrumpfens, zu Ende geführt. Nach erfolgter Reifung ist hohe Luftfeuchtigkeit am Platze.

Die Pflanze verbraucht bei der Nachreife nach der Ernte zur Atmung Sauerstoff. Aus diesem Grunde bedeutet vollkommener Luftabschluß eine Unterbrechung des Reifungsvorganges, die im allgemeinen nur dann zulässig erscheint, wenn gleichzeitig das Leben durch Wärmewirkung oder Austrocknen vernichtet wurde. Bei frisch zu haltenden Äpfeln genügt es nicht, die Atmung durch offene Lagerung in Luft überhaupt zu ermöglichen; sie darf auch nicht über ein gewisses Maß erschwert werden. Die zulässige Grenze ist nach den Untersuchungen des englischen Lebensmittelamtes[1] dann überschritten, wenn die ausgeatmete Kohlensäure sich im Lagerraum so stark angesammelt hat, daß sie mehr als etwa 10 Vol.-% der Luft beträgt. Um den dann rasch einsetzenden Verderb durch innere Bräunung zu verhüten, muß Frischluft in genügendem Maße zugeführt werden. Unter diesem Gesichtspunkt wird das Maß der Lufterneuerung abhängig von der Menge der erzeugten Kohlensäure bzw. der ihr verhältnisgleichen Wärmeentwicklung der Pflanze, daher um so größer, je höher die Lagertemperatur liegt. Bei Früchten, deren Reifung, wie bei Bananen, durch Temperatursenkung fast vollständig unterbrochen ist, genügt mäßige Lufterneuerung. Zuführung von Luft ist auch nötig, um den gekühlten Blumensamen lebend zu erhalten; zurückgehaltene Topfpflanzen fordern Luft unter dauernder Aufrechterhaltung hohen Feuchtigkeitsgrades von etwa 0,9.

Bei Lebewesen ist der Luftsauerstoff in noch höherem Maße unentbehrlich. Wird daher die künstliche Kühlung zur Regelung der Seidenspinnerzucht angewandt, so muß dem Ei und der Puppe ständig frische Luft zugeführt werden. Die Luftfeuchtigkeit darf hierbei

[1] Rep. Food Invest. Bd. 1923.

nicht zu hoch ansteigen. Entziehung des Luftsauerstoffes zur Abtötung von Schädlingen ist im allgemeinen schwierig durchzuführen. Hier bietet sich in der Einhaltung eines besonders niedrigen Luftfeuchtigkeitsgrades ein Mittel, dessen Anwendung allerdings meist daran scheitert, daß die zu schützende Ware, wie Pelzwerk, Mehl, unter der niedrigen Luftfeuchtigkeit leidet.

Auch der Mensch ist empfindlich für die Beschaffenheit der Raumluft. Seine Leistungsfähigkeit wird durch hohe Temperatur und hohe Feuchtigkeit stark vermindert. Die Erkenntnis, den menschlichen Wirkungsgrad durch Herstellung behaglicher Luftverhältnisse in Aufenthalts- und Arbeitsräumen zu steigern, geht von den Vereinigten Staaten aus und setzt sich auch bei uns mehr und mehr durch. Künstliche Kühlung ist hierdurch dort erforderlich, wo das Kühlwasser, das für die Aufbereitung der Luft in erster Linie in Betracht kommt, nicht kalt genug ist oder nur in ungenügender Menge zur Verfügung steht. Die Raumtemperatur soll abhängig von der Außentemperatur geregelt werden und diese um nicht mehr als 5 bis 10° unterschreiten. Der Luftfeuchtigkeitsgrad muß deshalb gleichfalls veränderlich und bei höherer Temperatur niedriger gehalten werden. Ist der zu fordernde Luftfeuchtigkeitsgrad durch die Eigenart der verarbeiteten Ware festgelegt und, wie bei Tabakverarbeitung, ungewöhnlich hoch, so steht damit auch die mit Rücksicht auf die Behaglichkeit des Arbeiters zu fordernde Lufttemperatur fest. Den für das Behaglichkeitsgefühl des Menschen maßgebenden Zusammenhang zwischen Luftfeuchtigkeit und Lufttemperatur haben die Untersuchungen der amerikanischen Vereinigung der Heizungs- und Lüftungsingenieure unter Berücksichtigung des Einflusses der Luftbewegung sowohl für den ruhenden als auch für den arbeitenden Menschen geklärt. Im Ruhezustand verlangt das Behaglichkeitsgefühl bei hoher Luftgeschwindigkeit zu einer gegebenen Temperatur einen höheren Feuchtigkeitsgrad bzw. zu einem gegebenen Feuchtigkeitsgrad eine höhere Temperatur als beim Arbeiten. Bezüglich der Einzelheiten sei auf den Bericht des Verfassers[1] hingewiesen. Derartige Einrichtungen zur Beeinflussung der Luftbeschaffenheit, die als Bewetterungsanlagen im allgemeinen Sinne bezeichnet werden dürfen, gewinnen auch bei der Krankenbehandlung zunehmende Bedeutung. Über eine zu Heilzwecken dienende Krankenhauskühlung im Mt. Sinai-Hospital, New York, berichtet Feldmann[2]. Die Zimmer, die zur Aufnahme von an Gastroenteritis erkrankten Kindern bestimmt sind, werden, je nach der Außentemperatur, auf 17 bis 23° bei einem Feuchtigkeitsgrad von 0,6 gehalten. Für die Behandlung allergischer Krankheiten hat Storm van Leeuwen Luftkühlanlagen angewandt, wobei es sich allerdings weniger darum handelt, Behaglichkeitsverhältnisse herzustellen, als darum, den Feuchtigkeitsgehalt der Luft möglichst restlos niederzuschlagen und damit die Allergene zu entfernen, die den Kern der Nebelteilchen bilden.

---

[1] Hirsch: Hausbewetterung. Künstliche Regelung der Luftbeschaffenheit in Gebäuderäumen. Gesundh.-Ing. 1926 u. 1927.

[2] Feldmann: Cooling systems of buildings. A.S.R.E. J. 1922.

Nach amerikanischen Untersuchungen in tiefen heißen Gruben stellt in ruhender Luft eine am feuchten Thermometer gemessene Lufttemperatur — Kühlgrenze — von etwa 30° den Grenzwert dar, der von dem ruhenden Körper ohne Temperatursteigerung noch eben ertragen werden kann. Bei lebhafter Luftbewegung kann ohne Schädigung körperliche Arbeit gerade noch geleistet werden, wenn das feuchte Thermometer 27° zeigt.

In der ungewöhnlich tief — 1960 m unter der Erdoberfläche, 1100 m unter Meeresspiegel — liegenden brasilianischen Goldgrube Morro Velho wird durch Kühlung der Bewetterungsluft deren Kühlgrenze um 3 bis 5,5° gesenkt. Der Erfolg zeigte sich in erheblicher Steigerung der Förderleistung und Verminderung der Unfälle.

Bei allen Kühlanlagen für Aufenthalts- und Arbeitsräume kommt es weniger auf die Senkung der Temperatur, als der Kühlgrenze an. Um stets gleich günstige Verhältnisse zu schaffen, muß die Leistung der Kühlanlage in weiten Grenzen regelbar sein, beispielsweise dadurch, daß bei nicht zu hohen Außentemperaturen eine Brunnenwasservorkühlung allein den Betrieb versorgt und die eigentliche Kälteanlage nur ausnahmsweise zur Nachkühlung zugeschaltet wird, oder dadurch, daß die für ungünstige Verhältnisse der Außenluft errechnete Höchstleistung auf verschiedene hintereinander wirkende Einheiten — bei Morro Velho sechs — verteilt ist und mit abnehmender Kühlgrenze der Außenluft eine oder mehrere abgeschaltet werden.

Tritt trotz vorbeugender Maßnahmen die Bildung von Schimmel oder Bakterienherden auf, so muß das Kühlgut umgelagert, der Seuchenherd örtlich sorgfältig entfernt und der entleerte Raum mit Luftkühler und Luftkanälen entkeimt werden. Hierfür kommt Formaldehyddampf oder Formalinlösung in Betracht. Die Ozonisierung der Luft ist nur dann geeignet, den Raum wieder brauchbar zu machen, wenn die Verseuchung noch nicht bis zur Kolonienbildung fortgeschritten ist[1]. Dagegen ist ihre günstige Wirkung unbestritten, wenn es sich darum handelt, bei Wechsel des Kühlgutes Geruchstoffe zu vernichten. Ist Gewähr für rasches Trocknen gegeben, so läßt sich die Entkeimung durch Auftragen von Kalk- oder Eisenvitriollösung wirksam und einfach durchführen. Damit die bei der Kaltlagerung von reifendem Kühlgut, Fleisch, Obst, Gemüse, Blumen, erforderliche Ersatzluft ihren Zweck voll erfüllt, muß sie von einwandfreier Beschaffenheit, d. h. vor allem keimfrei sein. Ist dies nicht von vornherein gewährleistet, so sind besondere Reinigungsmaßnahmen für die Frischluft geboten: mechanische Filterung für nicht zu hohe Ansprüche, Ozonisierung für mittlere Verhältnisse und chemische Behandlung, beispielsweise mit einer Lösung von übermangansaurem Kali, wenn es sich um geringe Luftmengen handelt, die unbedingt keimfrei zu machen sind. Bei der Ozonisierung von Kühlräumen für Fleisch und Fette ist ein Übermaß von Ozon wegen der Möglichkeit der Fettoxydase unbedingt schädlich.

[1] Arbeiten Gesundh.-Amt 1915/17.

B. Ausführung.

I. Ausführung der Verdichter.

Es ist wohl dem Umstande zuzuschreiben, daß die glückliche bauliche Lösung des Verdichters durch Linde allseitig zu unfreier Nachahmung einlud, wenn die Ausführungsformen lange Zeit ziemlich starre blieben und der Entwurf von dem Vorurteil erfaßt war, daß ein Kältemaschinenverdichter ein ganz besonderes Gepräge besitzen müsse. Die heutige Auffassung hat sich von dieser engen Anschauung frei gemacht und folgt bezüglich der gasführenden Teile den bewährten Formen von allgemeinen Luft- und Gasverdichtern, bezüglich des Gesamtaufbaues den Grundsätzen des allgemeinen Maschinenbaues. Hierdurch ist eine Mannigfaltigkeit von Ausführungen entstanden, die restlos aufzuzählen sich erübrigt, da hier nur das Wesentliche hervorgehoben werden soll, um dem Entwurf richtige Wege zu zeigen und den Betrieb auf den Sinn der wichtigsten Teile hinzuweisen.

1. Arbeitsventile.

Die Seele des Kolbenverdichters liegt in den selbsttätigen Ventilen. Die ursprünglich fast ausnahmslos angewandte Form mit kegelförmiger Dichtungsfläche und langer, verhältnismäßig dünner Führungsspindel hat eine mannigfaltige Umgestaltung erfahren, vor allem dadurch, daß der Spindeldurchmesser nicht allein nach Festigkeitsrücksichten bemessen, sondern nach Abb. 41 (VDK) im Durchmesser wesentlich erweitert wurde, um einen leichten Gang auch bei der nicht zu vermeidenden allmählichen Abnutzung zu sichern. Hierbei wurde zuweilen die ursprünglich außen liegende Führung in das Innere der Ventilhülse verlegt oder das Ventil in Glockenform ausgebildet.

Abb. 41 gibt gleichzeitig ein Beispiel für einige bezeichnende Einzelheiten:

Vorgelagerter Korb beim Saugventil, um zu verhindern, daß bei einem Bruch Teile des Ventils in den Verdichterzylinder hineinfallen und Zerstörungen verursachen;

Luftpuffer zwischen Ventilhülse und Führung zur Dämpfung der Ventilbewegung;

Federpuffer als nachgiebige Hubbegrenzung.

Für stehende Verdichter werden die nach Abb. 42 (Frick) in dem Kolben sitzenden Saugventile mit einer das Gewicht des Ventils ausgleichenden Entlastungsfeder versehen und die Ventilbewegung durch Luftpufferwirkung gebremst.

Vollkommen andere Wege ging der Verfasser, als er, zunächst für schnelllaufende Verdichter, Plattenventile anwandte, die allgemeine Verbreitung gefunden haben. Die richtige Arbeitsweise wird bei Spindel- und Hülsenventilen durch eine oder mehrere Federn angestrebt, deren richtigen Abstimmung allergrößte Bedeutung zukommt, während das Plattenventil

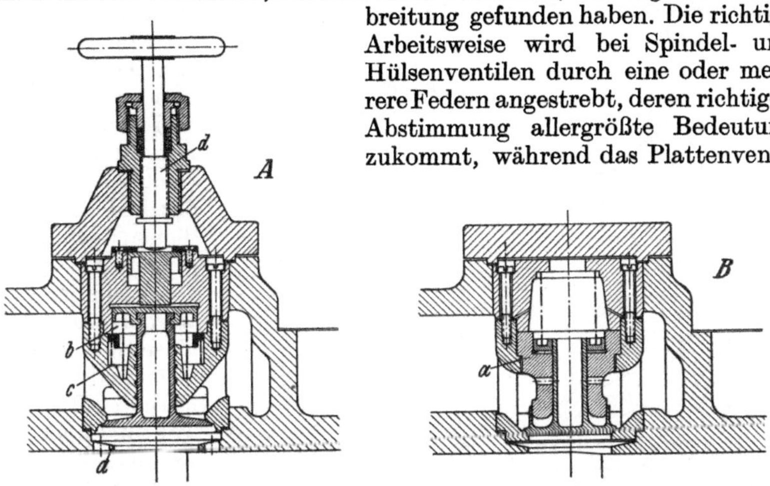

Abb. 41. Verdichterventil mit Hohlspindel (VDK). *A* Saugventil mit Abstellvorrichtung, *B* Druckventil, *a* Fangkorb, *b* Luftpuffer, *c* Federpuffer, *d* Abstellvorrichtung.

entweder ganz ohne Feder arbeitet, oder eine leichte Zusatzfederbelastung erhält, deren Einfluß auf alle Fälle untergeordneter Art bleibt. Die Grundsätze richtiger Ventilausführung: kleine Masse, geringe Reibung und niedriger Klebwiderstand lassen sich offensichtlich bei einem Ventil leichter ausführen, wenn es aus einer dünnen freifliegenden Platte besteht, als wenn die Bewegung durch eine Führung der Ventilverlängerung geleitet wird. Auch die Untersuchungen von Eck[1], nach denen die von Schrenk bei kleinen Hubhöhen beobachtete rechtwinkelige Abbiegung der Strömung geringste Widerstände ergibt, sprechen für die Ausbildung des Ventils als Platte.

Plattenventile in Mehrringform finden in großen Verdichtern Anwendung. Jeder

[1] Eck: Betrachtungen über Ventilströmungen. Techn. Mech. VDI-Sonderh. 1925.

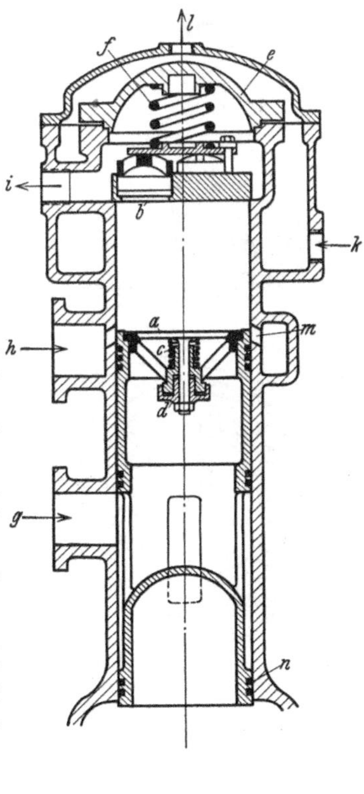

Abb. 42. Verdichter nach Voorhees mit Nachströmschlitzen (Frick). *a* Saugventil, *b* Druckventil, *c* Entlastungsfeder, *d* Luftpuffer, *e* Sicherheitsdeckel, *f* Sicherungsfeder, *g* Niederdrucksaugleitung, *h* Hochdrucksaugleitung, *i* Druckleitung, *k* Kühlwassereintritt, *l* Kühlwasseraustritt *m* Nachströmschlitz, *n* Abstreifkolbenringe.

Ventilring wird hierbei mit einer leichten Feder belastet und am Umfang durch Leisten geführt.

Bei den Hoerbiger-Ventilen der Abb. 43 (Hoerbiger) sind die Mehrringplatten durch Stege zu einem Ganzen verbunden. Der innere Teil ist festgeklemmt und durch Schlitzung zur Feder ausgebildet. Federnde Fänger dienen als Hubbegrenzung.

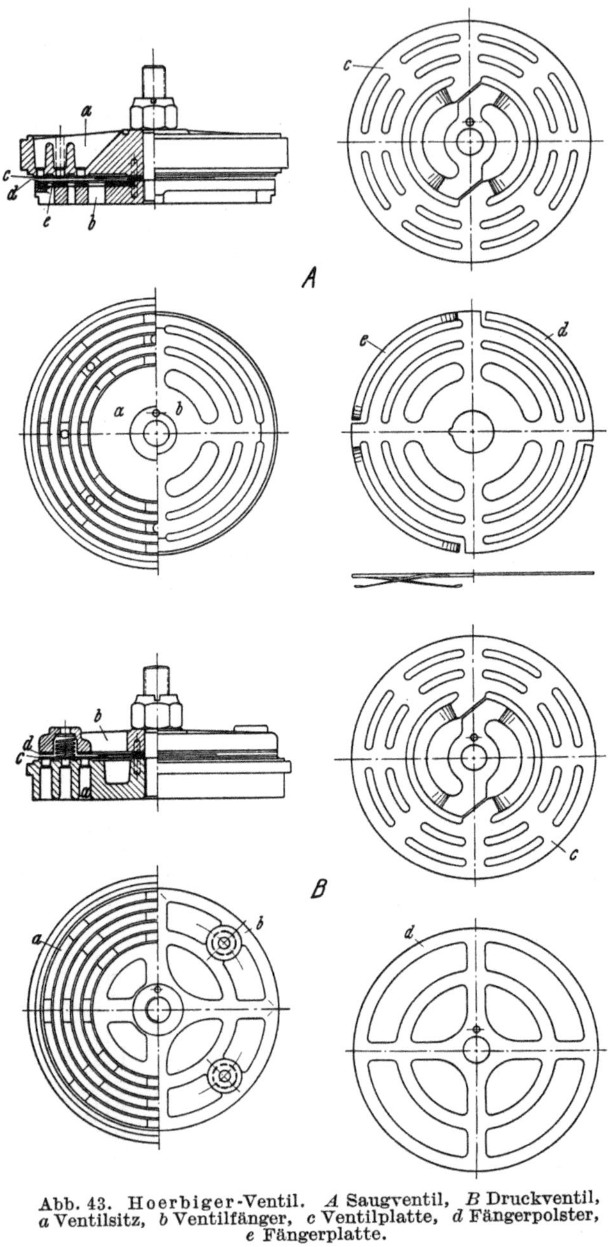

Abb. 43. Hoerbiger-Ventil. *A* Saugventil, *B* Druckventil, *a* Ventilsitz, *b* Ventilfänger, *c* Ventilplatte, *d* Fängerpolster, *e* Fängerplatte.

Ausnahmsweise werden auch dünne, einseitig zu einer Plattfeder eingespannte Bleche als Ventilklappen verwendet.

Die Dichtfläche des Ventilsitzes gegen Zylinder bzw. Zylinderdeckel wird fast ausnahmslos flach gestaltet. Die früher übliche Kegelform ist mit Recht fast ganz verlassen worden.

Als Dichtmittel empfiehlt sich entweder Aufschleifen der sich berührenden Flächen oder hitzebeständige Dichtfarbe zwischen beiden. Das übliche mittelbare Festpressen des Sitzes verlangt besondere Sorgfalt bei Herstellung und Zusammenbau, um dauerndes Festsitzen des Gehäuses zu sichern. Bei im Kolben sitzenden Saugventilen sind die Ventilsitze meist gesondert eingeschraubt.

Bei kleinsten Verdichtern kann nach Abb. 44 (Frigidaire) auf die Verwendung eines besonderen Ventilsitzes verzichtet und die Kolbenstirnwand als Sitz ausgebildet werden. Als Ventilfänger dient ein kreuzförmiges federndes Stahlblech, das am Umfang in Eindrehungen des Kolbens einspringt. Bei anderen Ausführungen finden sich in der Kolbenstirnwand Aussparungen für die Einführung des Fängerkreuzes, das nach dem Einsetzen gegen die Aussparungen verdreht wird. Durch Umbiegen eines mit dem Kreuz verbundenen Lappens in eine Aussparung des Kolbens erfolgt die Sicherung.

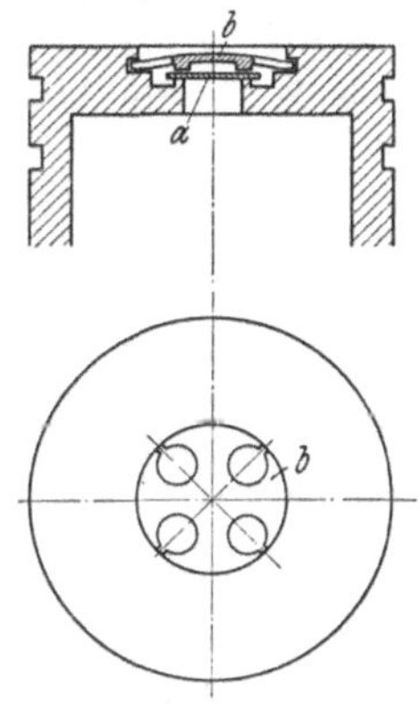

Abb. 44. Saugventil (Frigidaire). *a* Ventilplatte, *b* Ventilfänger.

Bei Plattenventilen bietet sich die Möglichkeit, den Ventilsitz durch eine in der Mitte angreifende Druckschraube gegen die Paßfläche anzudrücken. Bei dem Saugventil muß hierbei der Druck stärker sein, als dem während des Ausschubes auf den Ventilsitz wirkenden Druckunterschied entspricht. Mit der Sicherheit darf nicht zu weit gegangen werden, da sonst für den Ventilsitz die Gefahr des Verziehens und damit des mangelhaften Dichtens der Ventilplatten entsteht. Die Druckschrauben werden daher, da erfahrungsgemäß die Bedienung eine Schraube um so gewaltsamer anzieht, je stärker sie ist, für das Auge im allgemeinen als schwacher Punkt erscheinen dürfen. Gleichzeitig wird hiermit erreicht, daß die auf Abscherung beanspruchten Stege im Ventilsitz schmäler gehalten werden können.

Der Ventilsitz ist so zu formen, daß bei Ein- und Durchtritt der Gase keine unnötigen Widerstände entstehen. Besonders weit in dieser Hinsicht geht der Vorschlag von Schrenk[1], die Strömung hinter dem Ventil durch einen feststehenden Diffusor zu leiten und dadurch die Geschwindigkeit teilweise in Druck zurückzuverwandeln. Selbstverständlich hat es keinen Zweck, mit der Austrittsgeschwindigkeit aus dem Diffusor unter den Wert zu gehen, der durch die anschließenden Querschnitte, z. B. die Rohrleitung, bedingt ist. Um hinter dem Ventilkörper Strömungsverluste nach Möglichkeit zu vermeiden, sollte die Strömung nicht etwa in einem Ausgleichraum nahezu zur Ruhe kommen, sondern mit gleichbleibender Geschwindigkeit bis in die anschließende Rohrleitung verlaufen, und diese die unmittelbare Fortsetzung des Diffusors bilden. Bei mehreren Ventilen wäre eine der Ventilzahl gleiche Anzahl von Zweigleitungen anzubringen und in geeigneter Form zu einer gemeinsamen Leitung zu vereinigen. Wegen der Pendelbewegung ist bei den Druckventilen eines mit Kurbeltrieb arbeitenden Verdichters die angedeutete Lösung nicht in vollkommener Weise möglich, weil in der Rohrleitung sich eine mittlere, im Diffusor und anschließenden Rohrstück eine veränderliche Geschwindigkeit einstellt.

[1] Schrenk: Versuche über Strömungsarten, Ventilwiderstand und Ventilbelastung. VDI-Forsch.-Heft 272.

Gleiches gilt, wenn auch in geringerem Maße, für die Saugventile. Von dem angedeuteten Kunstgriff darf daher kein übermäßiger Gewinn erwartet werden. Es erscheint abwegig, damit weiter zu gehen, als die Rücksicht auf wichtigere Gesichtspunkte — Betriebssicherheit, Abnutzung, ständiges Dichthalten, Vermeidung schädlicher Flächen — gebietet.

Als Baustoff für geführte Ventile und Ventilplatten hat sich Chromnickelstahl bewährt. Auf die Möglichkeit, durch nachträgliche Säureätzung die Kerbwirkung zu verringern, verweisen die Versuche von Kändler[1]. Abgesehen von fehlerhafter Formengebung und gelegentlichen Beschädigungen treten bei Ventilen kerbenartige Oberflächen in Gestalt von Schleifrissen auf. Die Ätzung wirkt sowohl hierauf als auch auf jede Kantenform ausrundend und erhöht damit die Lebensdauer. Für Ventilgehäuse und Führung soll einheitlicher Baustoff verwendet werden, für Ammoniak feinkörniges Gußeisen — $1^1/_2$ bis 2% Nickelzusatz erleichtert die Bearbeitung und sichert Porenfreiheit —, für Schwefligsäure und Kohlensäure außerdem Rotguß. Bei größeren Ventilen empfiehlt sich Trennung der Sitzfläche von dem Gehäuse in Form eines besonderen, austauschbaren Ringes.

Um gegebenenfalls den Verflüssiger leerzusaugen und die Füllung in den Verdampfer zu drücken, können Saug- und Druckventilgehäuse austauschbar gehalten werden. Wo sich dies nicht ermöglichen läßt, kommt Kreuzverbindung zwischen Saug- und Druckseite in Betracht.

Bei Ventilen mit langer Führung kann durch Festziehen des Gehäuses ein Verspannen eintreten und dadurch der leichte Gang des Ventils gehemmt werden. Es ist daher stets wünschenswert, das richtige Spielen des Ventils nach dem Zusammenbau zu prüfen. Fühlstifte, die durch die äußeren Ventilgehäusedeckel treten, können hierbei gute Dienste tun, wenn sie so leicht gehen, daß das richtige Gefühl für die führende Hand bleibt. Nach der Prüfung werden die Stifte zurückgezogen bzw. zurückgeschraubt. Mit dieser Vorrichtung läßt sich auch die Ventilbewegung beim Arbeiten in betriebswarmem Zustande beobachten.

Bei den Ventilfedern liegt die Gefahr einerseits in falschen Abmessungen, andererseits in Wahl ungeeigneten Baustoffes. Zu schwache Bemessung vermindert die Stoßdämpfung beim Öffnen und Schließen; bei zu starker Bemessung neigt das Ventil zum Flattern und vorzeitigen Verschleiß. Viele schwache Windungen ergeben geringe Veränderung der Spannung während der Öffnung, wenige starke das Gegenteil. Die Ventilbewegung ist daher im letzten Falle sanfter. Im Betriebe neigt die Spannung der Ventilfedern zum Nachlassen, dem durch Verwendung besten Chromvanadiumstahls begegnet werden kann. Die Bedeutung der Ventilfeder ist um so höher, je größer Ventilmasse, Drehzahl des Verdichters und Ventilhub sind. Der Übergang zu federlosen Ventilen konnte daher erst dann zum Erfolge führen, als in richtiger Erkenntnis

[1] Kändler: Neue Wege zur Herabsetzung der Kerbwirkung. Z. techn. Physik 1924.

dieser Gesichtspunkte fast masselose Platten mit einem Hub von etwa $^1/_2$ bis 3 mm angewandt wurden.

Eine genaue Vorausbestimmung der Ventilbewegung und -belastung hat mit zahlreichen Annahmen zu rechnen, die nur durch den Versuch für jede besondere Ventilbauart festgestellt werden können. Hiermit ist jedoch nicht gesagt, daß die Grundsätze, die für ein günstiges Arbeiten der Ventile maßgebend sind, nicht von vornherein zu berücksichtigen wären. Einen ungewissen Punkt für die Vorausberechnung stellt die Klebkraft des Ventils auf seinem Sitze und der Hubbegrenzung dar. Die Erfahrung mit Plattenventilen, bei denen die Ventilsitzfläche im Verhältnis zu der gesamten Fläche der Platte häufig sehr groß ist, haben gezeigt, daß der hiernach zu erwartende erhebliche Klebwiderstand nicht auftritt, auch wenn durch sorgfältigstes Aufschleifen der Platte auf dem Sitz eine satte Auflage im Betriebe angenommen werden kann. Das Schmieröl verbleibt bei leichten Ventilen mit sanfter Schließbewegung zwischen Platte und Sitz und überträgt den Druck hydraulisch. Der Ventilwiderstand im Augenblicke der Eröffnung ist abhängig von diesem Klebdruck und der Vorspannung der Belastungsfeder. Um ihn niedrig zu halten, wird die Dichtungsfläche des Ventils verkleinert, jedoch nicht weiter, als daß gute Dichtung und mäßige Beanspruchung noch gesichert bleiben. Bei zu knapp bemessener Ventildichtungsfläche wird infolge der großen Pressung schließlich das Schmieröl zwischen Platte und Sitz verdrängt und die Klebkraft bedeutend erhöht.

Sobald die Ventileröffnung begonnen hat, wird der Teil des Überdruckes frei, der zur Überwindung des Klebdruckes nötig war. Er bewirkt die anfängliche Beschleunigung des Ventils, während der Rest des Überdruckes, dem durch die Belastungsfeder das Gleichgewicht gehalten wird, sich in Geschwindigkeit umsetzt. Die Beschleunigungsarbeit wird entweder durch die Zusatzspannung der Ventilfeder oder durch die Schlagarbeit an der Hubbegrenzung aufgehoben. Der erste Fall, bei dem die Feder so stark bemessen sein muß, daß das Ventil den Hubfänger nicht erreicht, ergibt im allgemeinen ein unerwünschtes Auf- und Niederpendeln des Ventils. Die richtig bemessene Ventilfeder soll höchstens so stark sein, daß ihre Kraft im Zustande des offenen Ventils dem höchsten Geschwindigkeitsdruck $F \cdot \zeta \cdot \gamma \cdot w^2/2\,g$ gleichkommt, wobei bedeuten

F die Angriffsfläche des Überdrucks, die einen Wert zwischen dem freien Durchgangsquerschnitt und der gesamten Ventilfläche besitzt, und der Sicherheit halber gleich dem freien Durchschnittsquerschnitt anzunehmen ist, in m^2,

w die rechnerisch höchste Durchflußgeschwindigkeit im Ventilspalt, in m/s,

γ das spezifische Gewicht der durchströmenden Gase, in kg/m^3,

ζ einen von der Bauart des Ventils abhängigen Wert, der Größenordnung nach etwa gleich 3.

Die Feder soll vor allem auch gegen Hubende das Ventil von dem Hubfänger lösen, um ein allmähliches Schließen bis zum toten Punkt des Kolbens zu sichern. Eine zu schwache Feder würde nicht genügen, um diese Loslösung einzuleiten, daher eine Verzögerung der Ventilschlußbewegung bis zur Umkehr des Kolbens bewirken, die im allgemeinen von hartem Schlag begleitet ist. Wenn daher Plattenventile mit schwachen Federn ausgestattet sind, so soll der Hubfänger nur mit kleinen Flächen anliegen, weil zwischen ihm und der Platte im allgemeinen mit hydraulischer Druckübertragung einer Schmierölzwischenschicht nicht gerechnet werden kann.

Der Klebdruck zwischen Ventil und Sitz und die nach seiner Überwindung freiwerdende Beschleunigungskraft nehmen mit dem Druck zu. Daher sind bei hohen Drücken größere Ventilhübe zulässig als bei niedrigen. Wenn trotzdem im allgemeinen die Ein- und Auslaßventile mit gleichem Hub arbeiten, so ist bei dem Entwurf der ersten ganz besondere Sorgfalt geboten, um eine sanfte Schließbewegung zu sichern. Aus der berechtigten Absicht heraus, zu vereinfachen, werden häufig Ventile bestimmter Größe für Verdichter mit verschiedenen Abmessungen und vor allem verschiedener Drehzahl ungeändert verwandt. Höhere Drehzahl verlangt jedoch kleineren Ventilhub, wenn einem unregelmäßigen Schluß begegnet werden soll.

Wird die Bedingung aufgestellt, daß die Durchtrittsgeschwindigkeit im Ventilsitz und -spalt gleich sei, so ergibt sich der wirksame Hub eines Tellerventils mit einem Durchmesser D zu $H' = D/4$. Während bei flachem Sitz H' gleichbedeutend ist mit dem wirklichen Hub H, ergibt sich bei Kegelsitz für einen Neigungswinkel 2α der wirksame Hub $H' = H \cdot \sin\alpha$. Diese Beziehung ist jedoch durch die Bedingung begrenzt, daß $H \leqq B/\cos\alpha$ ist, wobei B die Breite der Dichtungsfläche bedeutet. Je mehr der wirkliche Hub dieses Maß überschreitet, was besonders bei verhältnismäßig schmalen Sitzflächen eintritt, um so mehr nähert sich H' dem Werte H. Die Beherrschung des Ventilspiels wird um so schwieriger, je größer der Ventilhub ist. 25 mm stellt etwa die obere Grenze dar. Hieraus ergibt sich bei flacher Dichtungsfläche ein größter, im Durchgang gemessener Ventildurchmesser von etwa 100 mm, bzw. bei kegelförmiger Dichtungsfläche und einem Neigungswinkel $2\alpha = 90^0$, von etwa 70 mm. In Wirklichkeit wird auch bei den Ventilen mit kegelförmigem Sitz der Durchmesser weiter, bis 100 mm und mehr, gewählt und die Sitzbreite kleiner gehalten, als sie der Bedingung $B \geqq H \cdot \cos\alpha$ entspricht. Diese Bemessung ist auch insofern berechtigt, als bei ungleicher Geschwindigkeit diejenige im Spalt als die größere angenommen werden sollte, weil hier schädliche Wirbelbildungen weniger zu befürchten sind als im Sitz.

Bei Plattenventilen bestehen die Bohrungen im Sitz häufig aus bearbeiteten kreisförmigen Löchern von einem Durchmesser d und einer Anzahl x, also einem gesamten Querschnitt $x \cdot d^2 \cdot \pi/4$. Bezeichnet e die durch Festigkeitsrücksichten bestimmte Stegbreite zwischen je zwei Löchern, so folgt der mittlere Lochkreisdurchmesser der Bohrungen im Ventilsitz aus $D \cdot \pi = x\,(d + e)$. Ist das Plattenventil so ausgebildet, daß die Gase beiderseits des Ventilringes nach außen und innen strömen, so folgt der Hub H aus der Bedingung $H = \frac{\pi}{8} \cdot \frac{d^2}{d + e}$. Brauchbare

Verhältnisse ergeben sich aus $e = d/2$. Hieraus folgt $H = d \cdot \pi/12$ bzw. $d = 12\,H/\pi$, für einen Hub von 2 bzw. 3 mm also beispielsweise eine Bohrung der Löcher von rund 8 bzw. 12 mm. Bei nur außenseitigem Abströmen der Gase führt die Bedingung gleicher Geschwindigkeit in Sitz und Spalt, wenn gleichzeitig $d = e$ gewählt wird, zu Löchern mit einem Durchmesser $d = 8\,H/\pi$, also für 2 bzw. 3 mm Hub zu rund 5 bzw. 8 mm. Werden die Einzellöcher zu bogenförmigen Schlitzen zusammengezogen, so folgt deren Mindestweite bei zweiseitigem Abströmen ohne Berücksichtigung der Stege zu $2\,H$ und auf alle Fälle kleiner als der Lochdurchmesser.

Einen Anhalt für die Berechnung der Ventilfedern von Plattenventilen bietet die Formel von Hoerbiger $G = 0{,}00003 \cdot F \cdot w \sqrt{n} \cdot \Delta P$, worin

G die Federspannung bei geschlossenem Ventil, in kg,
F die gasberührte untere Plattenfläche, in m^2,
w die Gasgeschwindigkeit im Spalt, in m/s,
n die minutliche Drehzahl,
ΔP den größten Druckunterschied zu beiden Seiten der Ventilplatte, in kg/m^2

bedeuten.

Im allgemeinen wird noch zu wenig darauf geachtet, daß Masse und Oberfläche der Ventile ihr Teil zu den Wandungseinflüssen beitragen, zerklüftete Bauart daher schädlich wirken kann. Der bei Saugventilen aus Sicherheitsgründen angewandte Fangkorb ist in dieser Beziehung ungünstig, ebenso Ausbildung der Ventile in Glockenform, wobei die Führung unterhalb des Ventilsitzes eingreift und die schädlichen Flächen vergrößert. Bei Plattenventilen ergeben zahlreiche kleine Löcher im Ventilsitz bei gleichem Querschnitt größere schädliche Flächen als Schlitze oder wenige große Löcher.

2. Ventilanordnung.

Der Einbau der Ventile gibt dem Verdichterzylinder sein eigentümliches Gepräge. Axiales Einsetzen der Ventile in die Zylinderdeckel liegender Verdichter ist heute verlassen, statt dessen radiale Anordnung der Ventile im Zylinderumfang nach Abb. 45 (Linde) zur Regel geworden. Die Tatsache, daß bei Einsetzen der Ventile im Deckel und genauer Anpassung von Ventil- und Kolbenform der schädliche Raum sich auf ein Mindestmaß beschränken läßt, hat mit der Einführung der überhitzten Arbeitsweise ihre Bedeutung verloren.

Für die Anordnung der Ventile im Verdichterzylinder ist das Bestreben maßgebend, den Wärmeaustausch zwischen Saug- und Druckseite zu verhindern, da er gleich den Wandungseinflüssen auf die Leistung ungünstig wirkt. Gemeinsame Trennungswand zwischen den die Saug- und Druckventile aufnehmenden Räumen bedeutet unmittelbare Wärmeübertragung der heißen Druckgase auf die kalten angesaugten Gase. Dies ist um so schädlicher, je größer Saug- und Druckraum sind. Die zudem in diesem Falle beiderseits der Trennungswand auftretenden

Temperaturunterschiede verlangen sorgfältige Berücksichtigung, um Risse oder gar Brüche zu vermeiden.

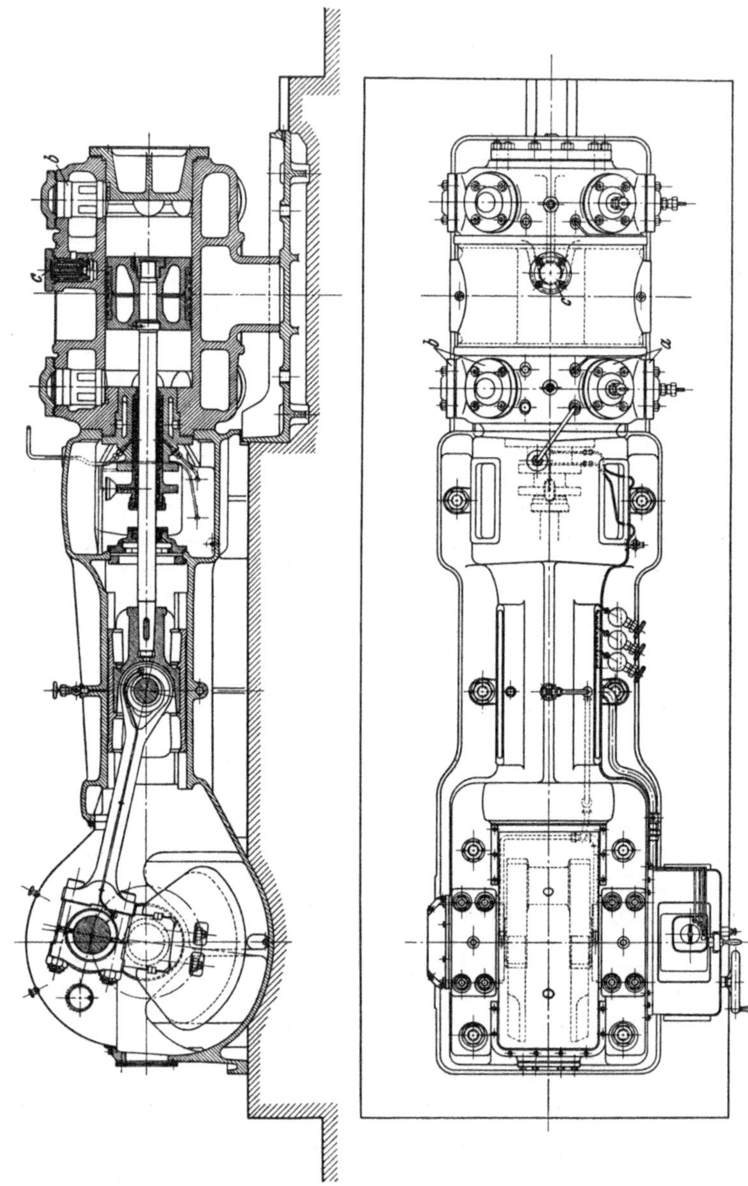

Abb. 45. Liegender Ammoniakverdichter mit Ventilen im Mantel (Linde). *a* Saugventile, *b* Druckventile, *c* Sicherheitsventil.

Saugventile können gelegentlich in geöffnetem Zustande hängen bleiben, sollen daher stets so angeordnet sein, daß der Kolben bei der

Vorwärtsbewegung das Ventil nicht trifft. Spindelventile dürfen also in geöffnetem Zustande nicht in den Zylinderhubraum hineinragen. Die hiermit verbundene Vergrößerung des schädlichen Raumes muß als das kleinere Übel in Kauf genommen werden. Besonders weit in dieser Richtung geht die Vorsicht, wenn bei liegenden Verdichtern alle Ventile unterhalb des Zylinders angeordnet werden. Gegen die Gefährdung durch Ventilbrüche, Lösung von mit dem Kolben verbundenen Teilen und Flüssigkeitsschläge schützen innere Sicherheitsdeckel, die sich nach Abb. 42 über die ganze Bohrung ausdehnen und durch Federn oder Bruchschrauben gehalten sind.

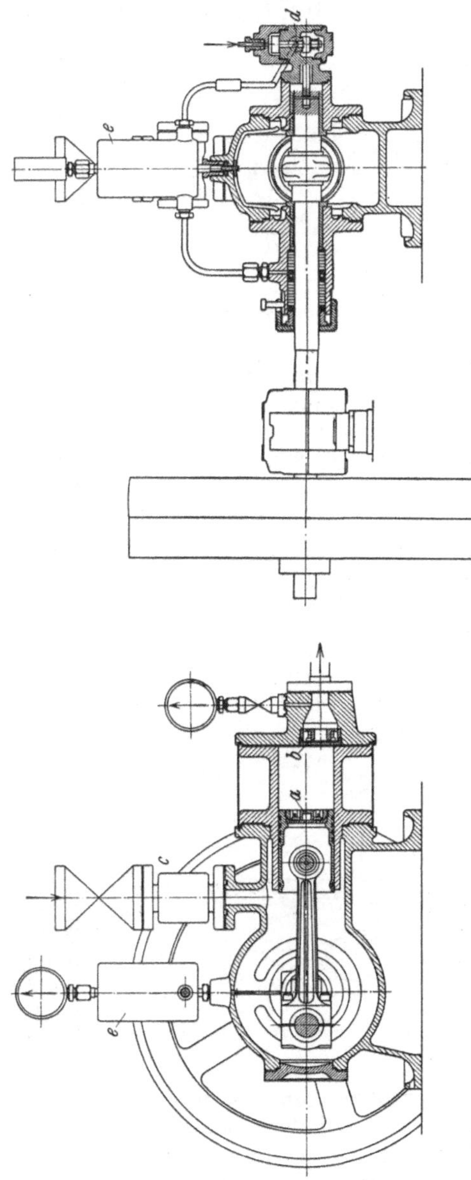

Abb. 46. Liegender Ammoniakverdichter (Sümak). *a* Saugventil, *b* Druckventil, *c* Siebtopf, *d* Ölpumpe, *e* Ölverteilgefäß.

Die Gefährdung durch Flüssigkeitsschläge liegt bei dem heute die Regel bildenden Ansaugen trockener Dämpfe weniger vor als bei dem früher angewandten nassen Arbeiten. Bildet nach Abb. 46 (Sümak) ein Druckventil den tiefsten Punkt des Zylinders, so findet eingedrungene Flüssigkeit einen natürlichen Ausweg. Gegenüber dem Vorteil dieser Sicherung darf die Rücksicht auf Ebenmäßigkeit keine Rolle spielen. Damit die aus dem Zylinder getriebene Flüssigkeit sich nicht hinter den Druckventilen sammelt und deren Arbeitsweise erschwert, soll der Weg der ausgestoßenen Gase, etwa nach Abb. 47 (Apeldoorn), in stetem Gefälle verlaufen.

Der nach dem Grundsatze einer Gleichstrommaschine entworfene einfach wirkende Verdichterzylinder mit senkrechter Achse der Abb. 48 ist nach unten hängend angeordnet, um die eintretende, ebenso wie die während des Verdichtungshubes an den Wandungen sich bildende Flüssigkeit, beim Ausschub restlos zu entfernen. Das Maß, um das die mittlere Temperatur der Zylinderwandungen höher liegt als die Ansaugtemperatur, bedingt die Vorwärmung der angesaugten Gase und

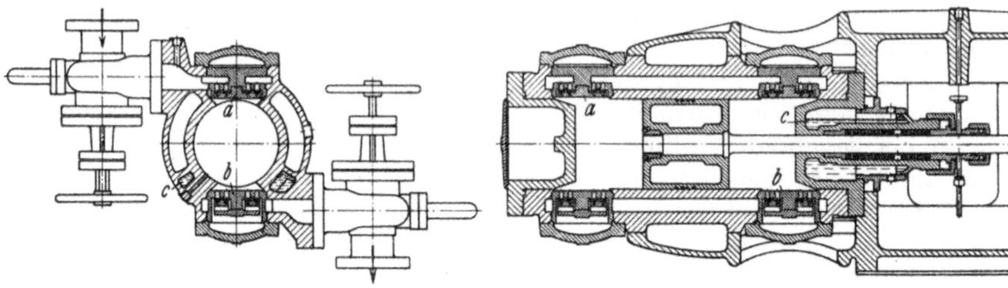

Abb. 47. Ammoniakverdichterzylinder (Apeldoorn). *a* Saugventil, *b* Druckventil, *c* Kühlwassermantel.

den damit zusammenhängenden Leistungsverlust. Der Grad, um den die mittlere Temperatur der Zylinderwandungen niedriger liegt, als die gegen Ende der Verdichtung und während des Ausschubes auftretende Gastemperatur, führt gegen Ende des Druckhubes zu Unterkühlung der Gase an den Wandungen und Bildung von Flüssigkeit. Wird durch hängende Anordnung ihre Abführung gesichert, so vermindert sich ein Teil des ungünstigen Wandungseinflusses, hinsichtlich der Zylinderkühlung bleibt dann eindeutig die Forderung bestehen, die Wandungstemperatur so tief wie möglich herabzuziehen.

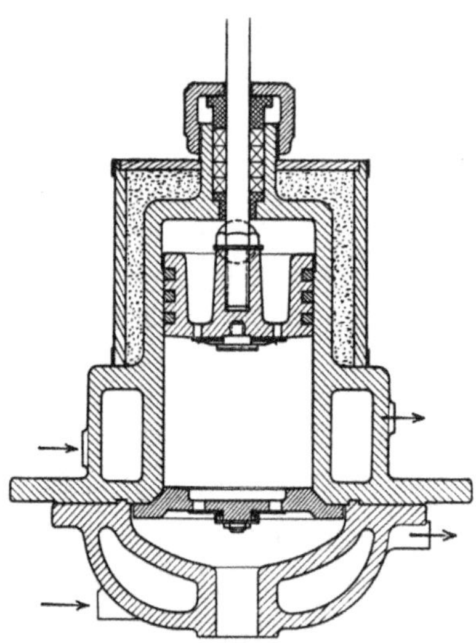

Abb. 48. Hängender Ammoniakverdichterzylinder.

Ein ähnlicher Erfolg ist zu erwarten, wenn nach Abb. 49 (Freundlich) die übliche Anordnung mit tief gelagerter Welle beibehalten, jedoch Saug- und Druckseite vertauscht werden. Das Saugventil sitzt im Zwischendeckel, das Druckventil im Kolben. Flüssigkeit sammelt sich daher über dem Druckventil und verläßt beim Ausschub sofort den Zylinder.

Anordnung des Saugventils auf dem Kolben ergibt Beeinflussung der Ventilbewegung durch Gewicht und Trägheitskräfte. Bei aufrechtstehenden Zylindern wirken beide Umstände einander entgegen, bei hängenden Zylindern in gleichem Sinne, so daß im letzten Falle eine Ausgleichfeder erforderlich wird. Da Öffnung des auf dem Kolben sitzenden Saugventils nicht unter dem alleinigen Einfluß des Unterdrucks im Zylinder erfolgt, werden Indikatordiagramme möglich, die einen Liefergrad $\lambda = 1$ vortäuschen, wenn die Trägheitskräfte

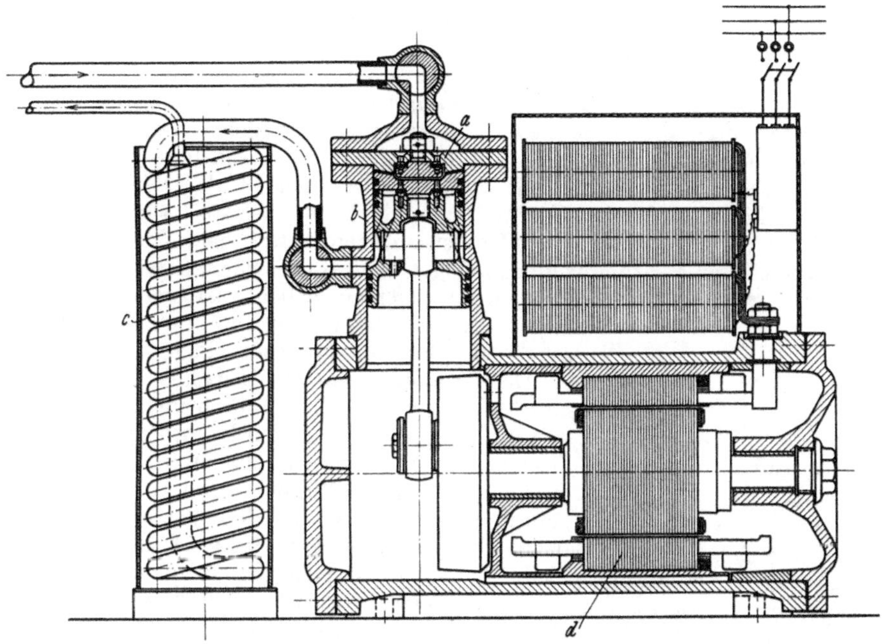

Abb. 49. Stopfbüchsloser Ammoniakverdichter (Freundlich). *a* Saugventil, *b* Druckventil, *c* Verflüssiger, *d* Motor.

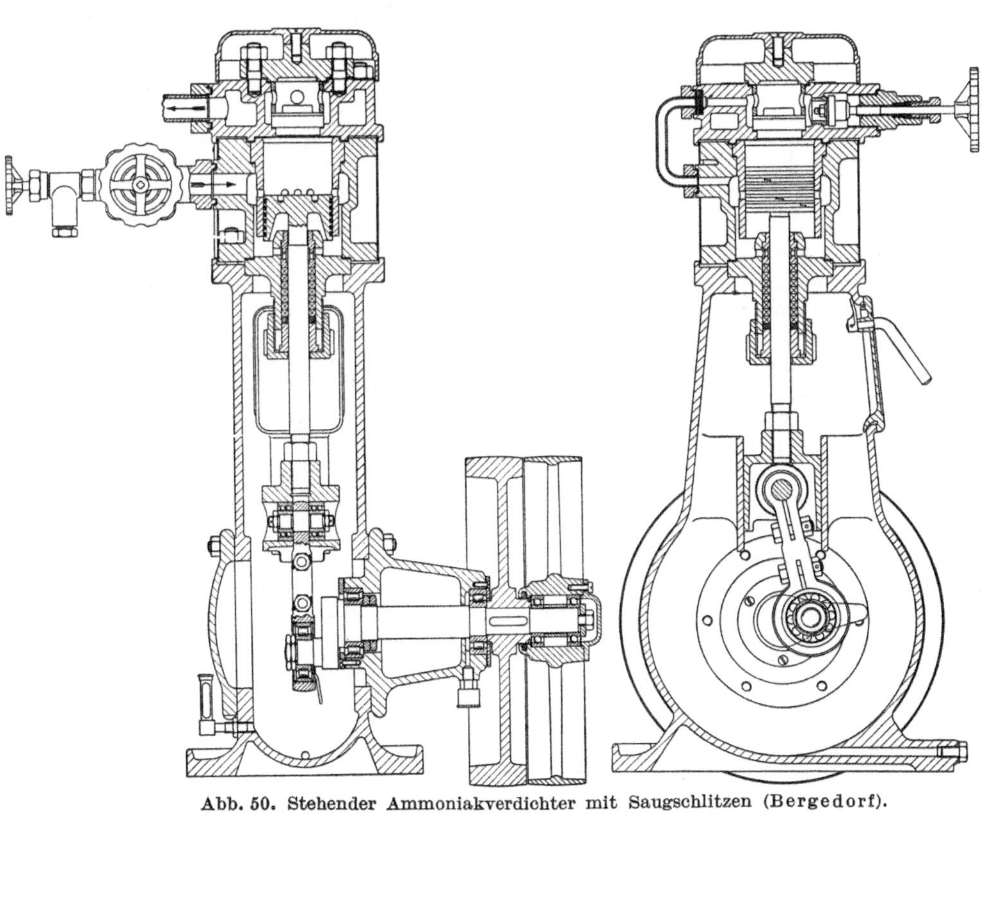

Abb. 50. Stehender Ammoniakverdichter mit Saugschlitzen (Bergedorf).

das Saugventil unmittelbar im Hubende aufreißen. In diesem Falle geht die durch die Ausdehnung gewinnbare Arbeit verloren, die im Hubende durch den schädlichen Raum eingeschlossenen verdichteten Gase treten nach der Saugseite zurück. Dieser nicht umkehrbare Vorgang ist auf alle Fälle ungünstig und dadurch zu vermeiden, daß das Ventil leicht gehalten und gegebenenfalls durch Feder belastet wird. Bei Ammoniak- und erst recht bei Kohlensäureverdichtern liegt die Gefahr der vorzeitigen Ventileröffnung weniger vor, als bei Schwefligsäureverdichtern, weil dort der Enddruck im allgemeinen höher ist, als der aus Masse und Hub des Ventils und Drehzahl sich ergebende Beschleunigungsdruck.

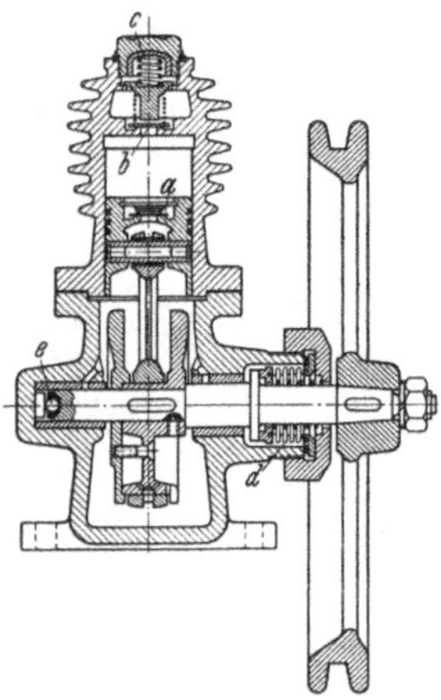

Abb. 51. Stehender Methylchloridverdichter (Teves). *a* Saugventil, *b* Druckventil, *c* Sicherungsfeder, *d* Metallbalg-Wellenstopfbüchse, *e* Kugeldrucklager.

Der Grundsatz des Gleichstroms, daß die Gase ohne grundsätzlichen Richtungswechsel von der Saugseite durch den Kolben nach der Deckelseite des Zylinders übertreten und ohne Umkehr während des Verdichtungshubes weiter gefördert werden, ist bei den Ausführungen nach Abb. 42, 46 und 49 befolgt. Das Verbleiben einer dichtenden Ölschicht zwischen Ventil und Ventilsitz ist vorzugsweise bei der Bauweise nach Abb. 42 und 49 gesichert.

Vereinzelt und nur bei Verdichtern kleiner Leistung werden an Stelle der Saugventile Saugschlitze nach Abb. 50 (Bergedorf) angewandt, die der Kolben im Hubende freigibt. Dem Nachteil, daß die Ausdehnung sich bis zum Punkt der Schlitzeröffnung fortsetzt und die wirksame Hublänge um die Schlitzbreite vermindert wird, steht die Verminderung bewegter Teile und die dadurch erhöhte Sicherheit als Vorteil gegenüber.

Die Form der Gußteile ist möglichst einfach zu halten, um Gußspannungen zu vermeiden und ein Verziehen unter dem Einfluß der verschiedenen Betriebstemperaturen zu verhüten. Aus diesem Grunde erfolgt bei Einbau der Ventile im Zylinderumfange häufig eine Abtrennung der Endstücke von der eigentlichen Lauffläche. Bei kleinsten Verdichtern können umgekehrt zur Verminderung der Dichtungsstellen Zylinder und Kopf in einem Stück gegossen werden, wie bei dem Methylchloridverdichter der Abb. 51 (Teves).

3. Zylinderkühlung.

Nach den Untersuchungen von Fischer[1] an einer Ammoniakkälteanlage ist die Wirkung eines Wassermantels bei Betrieb mit nassem Dampf zweifelhaft, bei Ansaugen von überhitztem Dampf jedoch günstig.

[1] Fischer: Untersuchungen an einer Ammoniak-Kältemaschine unter besonderer Berücksichtigung des Einflusses des Kühlwassermantels am Kompressor. Berlin 1921.

Neuere Ausführungen verwenden auch für Ammoniakverdichter Wasserkühlung, wie sie bei Schwefligsäureverdichtern von vornherein üblich war. Ausdehnung der Kühlung auf die Stopfbüchse bildet bei doppeltwirkenden Verdichtern nach Abb. 47 die Regel. Bei Gleichstromverdichtern mit Druckventilen im Deckel kann dieser nach Abb. 42 in den Kühlwasserlauf einbezogen werden. Die Mantelkühlung ergibt eine Verwicklung der Gußform, der durch Einsetzen einer besonderen Laufbüchse begegnet werden kann. Sie findet sich, zur Vereinfachung der Herstellung, nach Abb. 50 auch bei ungekühlten Zylindern. Bei offener

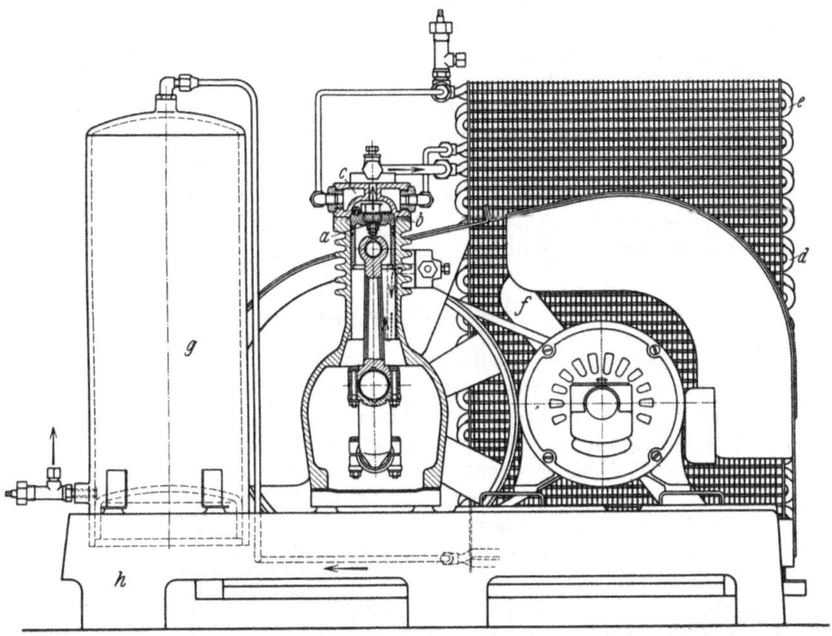

Abb. 52. Stehender Schwefligsäureverdichter (Kelvinator). *a* Saugventil, *b* Druckventil, *c* Zylinderdeckelkühlung, *d* Verflüssiger, *e* Kühler für Zylinderdeckel, *f* Lüfterflügel, *g* Schwefligsäuresammelbehälter, *h* Grundplatte.

Ausführung des Kühlwassermantels lassen sich Verunreinigungen der wassergekühlten Fläche leichter beobachten und beseitigen. Es ist selbstverständlich zwecklos und schädlich, den Kühlwassermantel bei den Teilen des Zylinders anzuwenden, die beständig den kalten Gasen ausgesetzt bleiben. Aus diesem Grunde wird nach Abb. 48 die Wasserkühlung nur auf die vom Kolben freigegebene Zylinderlänge und den Deckel ausgedehnt. Abb. 47 strebt den gleichen Zweck dadurch an, daß nur der untere Teil des Verdichterzylinders beiderseits des eingegossenen Druckkanals und der Stopfbüchsdeckel gekühlt werden.

In Abb. 48 ist schließlich der Kühlwassermantel teilweise durch eine Wärmeschutzschicht ersetzt. Werden Mantel und Deckel gekühlt, so ist das Wasser vom einen zum andern derart überzuführen, daß es auf keinen Fall in den Zylinder gelangen kann. Am einfachsten wird dies erreicht, wenn der Kühlwasserraum gegen die Zylinderflanschen zu vollkommen geschlossen ist und die Verbindung durch außen herumgeführte Rohre erfolgt. Um darüber hinaus Eindringen von Wasser in den Zylinder bei Undichtwerden von Kernverschraubungen unmöglich zu machen, sollen die Kühlwasseranschlüsse außerhalb des Dichtungskreises liegen. Aus dem gleichen Grunde werden bei eingesetzten Laufbüchsen die Deckel zweckmäßig gegen die Büchsen gedichtet.

Die für Schwefligsäureverdichter ursprünglich angewandte Wasserkühlung der hohl gehaltenen Kolbenstange ist bei neueren Ausführungen verlassen worden.

Bei kleinen Verdichtern ersetzen Rippen auf dem Zylindermantel nach Abb. 51 den Kühlwassermantel. Statt Wasser wird nach Abb. 52 (Kelvinator) der verflüssigte Arbeitsstoff als Kühlmittel für den Verdichterdeckel verwandt. Dadurch wird die Verflüssigungstemperatur als untere Grenze festgelegt, eine — an sich unerwünschte — Verflüssigung des Arbeitsstoffes vor Verlassen des Verdichters daher verhütet. Der kühlende Arbeitsstoff kreist durch einen über dem Verflüssiger angeordneten Kühler.

4. Anschlußstutzen.

Der Anbringung der Rohrleitungsanschlüsse an dem Verdichterzylinder kommt beim Ansaugen trockener Gase nicht die Bedeutung zu wie bei nassem Arbeiten. Im letzten Fall darf der Flüssigkeit der Eintritt in den Verdichter nicht erschwert werden. Das bedeutet Forderung eines ständigen Gefälles nach dem Zylinder, Anordnung des Saugstutzens als höchsten, des Druckstutzens als tiefsten Punkt, das letzte, um Öl und flüssigem Arbeitsstoff den Austritt zu erleichtern. Bei waagerechten Verdichtern bestehen gegen diese Anordnung nach Abb. 47 keine Schwierigkeiten.

Bei doppeltwirkenden liegenden Verdichtern erfolgt die Verbindung beider Seiten zuweilen durch angegossene Kanäle. Hierdurch ergeben sich erhöhte Gußschwierigkeiten, ungünstige Wandungseinflüsse, bei Kühlwassermantel außerdem eine unerwünschte Unterbrechung des umspülten Umfangs durch den Druckkanal. Aus diesen Gründen ist der Verwendung besonderer Formstücke der Vorzug zu geben. Durch ihre Vergrößerung zu Windkesselform, Abb. 53 (Freundlich), wird eine günstige Ausgleichwirkung erzielt.

Bei senkrechten Verdichtern kann die Vorschrift eines hoch liegenden Saug- und tief abgehenden Druckstutzens bei der Ausführung mit hängendem Zylinder und der Bauweise Abb. 49 erfüllt werden. Bei der üblichen umgekehrten Bauart muß notgedrungen hierauf verzichtet werden. Bei doppeltwirkenden stehenden Verdichtern wird darum die untere Seite kälter arbeiten als die obere.

Kohlensäureverdichterzylinder, die aus einem Stahlblock hergestellt werden, erhalten Verbindungen und Anschlüsse für Leitungen in Form von inneren Bohrungen.

Soll ein doppeltwirkender Verdichter mit zwei verschiedenen Saugspannungen arbeiten, so werden die Saugseiten getrennt. Die Regel

Abb. 53. Liegende Ammoniakverdichter (Freundlich).

Abb. 54. Liegende Ammoniakverdichter mit getrennten Saugseiten (Linde).

bildet hierbei eine Querverbindung zwischen beiden mit Zwischenabsperrungen, Abb. 54 (Linde), die gestatten, die ganze Verdichterleistung nach der einen oder anderen Verdampferseite zu schalten.

Für Inbetriebsetzung und laufenden Betrieb sind einige Nebenteile erforderlich, deren Anbringung zweckmäßig an den Saug- und Druckbügeln des Verdichters erfolgt. Hierunter fallen:

Thermometernocken auf Saug- und Druckseite, zweckmäßig einheitlich mit $^3/_4''$ G.-G., in die Einschraubthermometer passen. Diese sollen ein geschlossenes Tauchrohr haben, das hinsichtlich Baustoff und Festigkeit dem Arbeitsstoff entspricht. Für übliche Fälle ist als Meßbereich auf der Saugseite — 30 bis 30°, auf der Druckseite 0 bis 150° zu fordern. Arbeitet der Verdichter mit Hilfseinspritzung, so ist die Anzeige der Mischtemperatur durch ein am Verdichter selbst sitzendes Thermometer zwecklos. In diesem Falle muß das in der Saugseite anzuordnende Thermometer in einiger Entfernung vor der Einmündungsstelle der Hilfseinspritzung sitzen. Thermometereinsätze in den Ventilgehäusedeckeln können gute Dienste für die Prüfung der richtigen Ventilarbeitsweise tun;

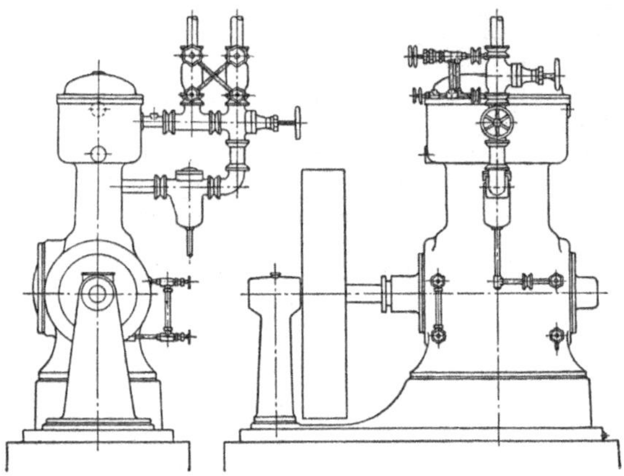

Abb. 55. Ammoniakverdichter mit Kreuzverbindung (Frick).

Ventilnocken auf Saug- und Druckseite, zweckmäßig einheitlich $^1/_2''$ G.-G., für Einsetzen von Manometerabsperrungen. Diese sollen eine Entlüftungsmöglichkeit erhalten, um die Manometer jederzeit prüfen zu können. Manometergewinde $^1/_2''$ G.-G.;

Stopfbüchshähne auf der Saugseite zum Einsaugen von Luft für das erstmalige Abpressen, auf der Druckseite für das Ausstoßen von Luft beim erstmaligen Leersaugen. Die Hähne sind mit Schlauchtülle und Überwurfmutter auszustatten, um gleichzeitig für Ablassen des Arbeitsstoffes Verwendung zu finden. Das Verpacken ihrer Stopfbüchse muß unter Druck möglich sein.

Hierzu kommt in den Fällen, in denen ein Vertauschen von Saug- und Druckventilen nicht möglich ist, eine Kreuzverbindung zwischen beiden Seiten der in den Leitungen unmittelbar am Verdichter sitzenden Absperrventile, um die Rolle von Verflüssiger und Verdampfer vertauschen zu können. Hiermit in übersichtlicher Anordnung verbunden finden sich bei der Ausführung der Abb. 55 (Frick) die Vorrichtungen zum Lufteinsaugen und -ausstoßen. Sie zeigt auch die Einschaltung eines Ventils zwischen Saug- und Druckseite, dessen Öffnung ein unbelastetes Anlaufen des Verdichters ermöglicht. Die Handhabung der

Kreuzverbindung erfolgt so, daß ihre Ventile geöffnet, die Hauptabsperrungen geschlossen werden.

5. Sicherheitsventil.

Die Anbringung eines zuverlässigen Sicherheitsventils auf der Druckseite stellt eine selbstverständliche Forderung dar. Bedenken, daß ein undichtes Sicherheitsventil Veranlassung zu einer dauernd unbemerkt bleibenden Leistungsminderung geben kann, dürfen keinesfalls zu einem Verzicht auf Sicherung des Betriebes führen.

Die Ausblaseseite des Sicherheitsventils kann bei Kohlensäure frei in die Umgebung münden. Hierbei ergibt sich der Vorteil, daß eine Undichtheit des Sicherheitsventils, ebenso wie seine Tätigkeit im Gefahrenfalle, ohne weiteres feststellbar ist. Bei anderen Arbeitsstoffen ist die Ausblaseöffnung durch eine Leitung mit der Saugseite zu verbinden, um ein Austreten des Arbeitsstoffes und Gefährdung der Umgebung zu verhüten.

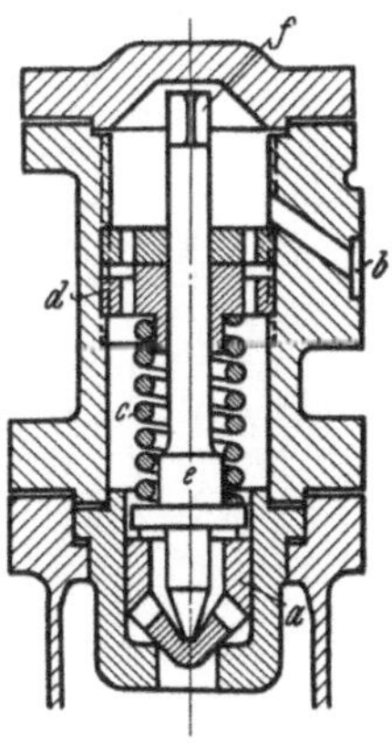

Abb. 56. Ammoniaksicherheitsventil (Sabroe). *a* Ventilkegel, *b* Auslaßöffnung, *c* Feder, *d* Stellmutter, *e* Spindel, *f* Vierkant.

Die beweglichen Teile der Sicherheitsvorrichtung und die mit ihr in Berührung stehenden Sitze und Führungen müssen aus einem Baustoff bestehen, der unter dem Einfluß des Arbeitsstoffes und gelegentlicher Verunreinigungen durch Wasser, Schmiermittel und Luft keine Veränderung erfährt. Nichtrostender Stahl erfüllt diese Bedingungen in besonderem Maße.

Für die bauliche Ausführung gelten folgende Gesichtspunkte:

kleine Sitzfläche im Verhältnis zum freien Querschnitt;
lange Führung;
tiefe Lage des Angriffspunktes der Belastung;
Führung frei von seitlichem Druck, wie er z. B. durch einseitige Strömung entsteht;
Möglichkeit des Nachschleifens.

Diesen Forderungen entspricht die Ausführung der Abb. 56 (Sabroe). Ein Nachschleifen ohne Öffnung des Ventilgehäusedeckels ließe sich hierbei durch Kupplung der Spindel mit einem durch Stopfbüchse nach außen geführten Steckschlüssel ermöglichen. Hierbei müßte der Spindelvierkant mit Spiel nach allen Seiten in die Aussparung des Schlüssels treten.

Zuweilen wird das Sicherheitsventil mit einer Vorrichtung zur Lüftung von Hand versehen oder nebenher als Umführungsventil für unbelasteten Anlauf verwandt. Hiergegen bestehen ernste Bedenken, da die Erfahrung zeigt, daß eine einmalige Öffnung des Kegels die nachfolgende Dichtheit fraglich macht.

Ausnahmsweise werden bei Ammoniakverdichtern für kleine Leistung Bruchplatten nach Abb. 50 verwandt. Sie bilden bei Kohlensäureverdichtern die Regel. Hierbei können nach Abb. 57 (Bergedorf) zwei Kupferscheiben hintereinandergeschaltet werden, von denen die erste bei dem höchst zulässigen, die zweite vor dem Saugrohr sitzende, bei einem etwa halb so hohen Druck bricht. Die Flächen, zwischen denen der Bruchkörper eingespannt ist, sollen scharfe Kanten besitzen, die für rechtzeitigen Bruch zuverlässiger sind als abgerundete.

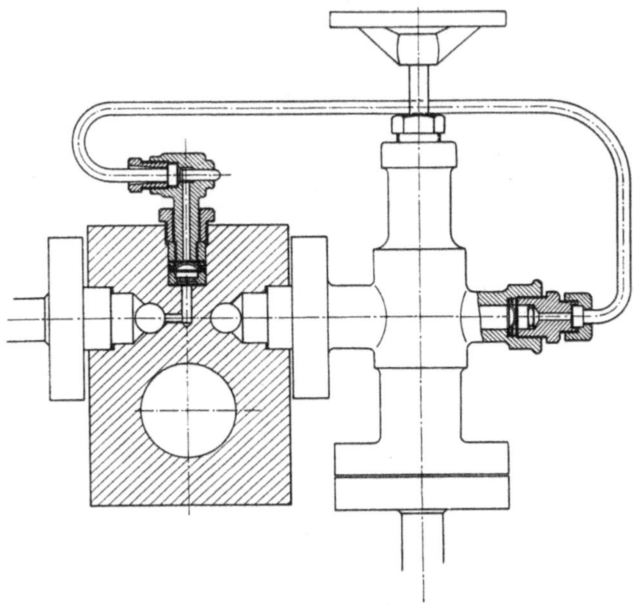

Abb. 57. Sicherheits-Bruchplatten an Kohlensäureverdichter (Bergedorf).

Wird die Ausblaseöffnung des Sicherheitsventils durch eine Leitung hinter die in der Druckleitung sitzende Absperrvorrichtung geführt, so schafft sie Sicherung bei Anlauf gegen das versehentlich geschlossene Druckabsperrventil. Der Schutz gegen unzulässige Drucksteigerung aus anderen Gründen, z. B. Kühlwassermangel, muß alsdann durch ein hinter dem Druckabsperrventil sitzendes zweites Sicherheitsventil geschaffen werden. Der Vorteil, daß bei unbemerkter Undichtheit des ersten Sicherheitsventils kein Leistungsverlust eintritt, geht größtenteils verloren. Dagegen stellt die Möglichkeit, das zweite Ventil in größerer Entfernung von dem Verdichter anzuordnen, dadurch den Druckstößen zu entziehen und kleiner zu halten, einen Vorzug dar.

Für die Bemessung des freien Querschnitts der Sicherheitsventile sind in dem Entwurf des Verbandes für Kältemaschinen für Unfallverhütungsvorschriften Vorschläge gemacht, die von der Art des Arbeitsstoffes und der Hubleistung des Verdichters ausgehen. Sie ergeben eine mittlere Strömungsgeschwindigkeit von

etwa 200 bis 600 m/s für Ammoniak,
„ 50 „ 100 „ „ Kohlensäure,
„ 70 „ 250 „ „ Schwefligsäure, Methylchlorid und Äthylchlorid,

wobei die kleineren Zahlen für kleinste Hubleistungen gelten. Die Sicherheitsvorschriften des amerikanischen Kältevereins gehen von dem Gewicht des in der Anlage enthaltenen Arbeitsstoffes aus und schreiben für Kohlensäure und Äthan einen freien Querschnitt von rund 1 cm² für je 1000 kg Füllung, für alle übrigen Arbeitsstoffe den vierfachen Querschnitt vor. Die Bemessung nach der Hubleistung des Verdichters bietet vorzugsweise Sicherheit gegen Drucküberschreitung bei geschlossenem Druckabsperrventil oder Arbeiten gegen unzulässig hohen Verflüssigungsdruck, z. B. bei Ausbleiben des Kühlwassers. Andererseits tragen die amerikanischen Vorschriften dem Gesichtspunkte Rechnung, daß im Gefahrenfalle, z. B. bei Brand, der Arbeitsstoff in angemessener Zeit entweichen soll. Der Widerspruch, daß bei Kohlensäure nach den deutschen Vorschlägen nur ein Viertel, nach den amerikanischen das Vierfache der Geschwindigkeit zugelassen wird wie bei Ammoniak, läßt sich kaum begründen. Wird von dem Gesichtspunkt ausgegangen, daß das Durchströmen des Sicherheitsventils mit einem Druckverlust erfolgen soll, der etwa verhältnisgleich dem Druck ist, bei dem das Sicherheitsventil in Tätigkeit tritt, so verhalten sich die zulässigen Geschwindigkeiten für Ammoniak, Kohlensäure, Schwefligsäure etwa wie die Wurzeln aus dem auf atmosphärischen Druck bezogenen spezifischen Volumen, also etwa wie 1 : 0,6 : 0,5. Eine vorzugsweise Behandlung durch Einhaltung niedriger Geschwindigkeiten ist daher keinesfalls bei Ammoniak, höchstens bei den übrigen Arbeitsstoffen am Platze, wie dies die deutschen Vorschläge andeuten. Solange keine endgültigen Normen vorliegen, kann für die Sicherheitsventile bei Ammoniakverdichtern eine mittlere Durchströmgeschwindigkeit von 300 m/s, bei den übrigen Arbeitsstoffen von 150 m/s empfohlen werden.

Die Einstellung der Sicherheitsventile ist verschieden, je nachdem der Verdichter in heißer Gegend, also mit hoher Kühlwassertemperatur, arbeiten soll und dafür besonders stark gebaut ist oder nicht. Für den ersten Fall kann Einstellung auf die nachfolgend angegebenen Drücke empfohlen werden:

Kohlensäure	100	kg/cm²
Äthan	80	„
Ammoniak und Propan	20	„
Methylchlorid	12	„
Schwefligsäure und Isobutan	10	„
Butan und Äthylchlorid	7	„
Dichlormethan, Dichloräthylen und Trichloräthylen	1	„ ,

vorausgesetzt, daß die von dem Arbeitsstoff durchlaufenen Teile der Anlage einem Probedruck gleich dem 1,5fachen dieser Werte unterworfen wurden. Für gewöhnliche Verhältnisse kann Einstellung auf das etwa 0,75fache dieser Drücke erfolgen. Die Regelung des Sicherheitsventils darf nicht der Willkür unsachgemäßer Bedienung unterworfen sein. Aus diesem Grunde ist seine Plombierung nach Einstellung unbedingt zu fordern.

Ein Sicherheitsventil kann die Gefahr beseitigen, nicht aber die Ursache der Störung beheben. Es bedarf daher ergänzender Maßnahmen, um die Bedienung zur rechtzeitigen Abstellung des Mangels zu veranlassen oder die Anlage selbsttätig stillzusetzen. In bescheidenem Maße erfolgt diese zusätzliche Sicherung durch Anbringung eines einstellbaren Anschlages am Druckmanometer, der bei Überschreitung des zulässigen Druckes eine Warnvorrichtung in Tätigkeit setzt und dadurch das Eingreifen der Bedienung veranlaßt. Eine selbsttätige Abhilfe

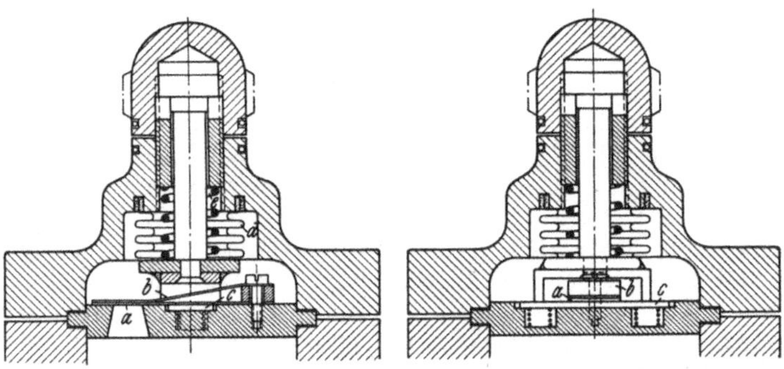

Abb. 58. Ausschaltvorrichtung (Bayer). *a* Druckventil, *b* Druckventilfeder, *c* Abhebebügel, *d* Metallbalg, *e* Belastungsfeder.

besteht z. B. in einer Vorrichtung, die bei zu hohen Drücken den Verdichterantrieb ausschaltet. Sie bildet bei selbsttätig gesteuerten Kleinanlagen die Regel. Wird sie auf den allgemeinen Fall übertragen, so muß durch besondere Maßnahmen verhütet werden, daß der Verflüssigerinhalt sich in den Verdampfer entleert und bei Wiederanlauf den Verdichter gefährdet. Dies ist z. B. durch Anwendung der Schwimmerregelung für die Verdampferspeisung möglich.

Unter Umgehung eines eigentlichen Sicherheitsventils erfolgt ein Ausschalten der Verdichterarbeit nach Abb. 58 (Bayer) durch Anheben des Druckventils bei Überschreitung des Höchstdruckes. Der um das Ventilblatt greifende Bügel wird durch eine Feder niedergehalten. Der Überdruck wirkt auf einen Metallbalg und preßt diesen bei zu hohem Druck gleichzeitig mit der Belastungsfeder zusammen. Bei dieser für kleinste Verdichter angewandten Vorrichtung erübrigt sich eine Verbindungsleitung zur Saugseite.

An Stelle eines Sicherheitsventils wird von Wahl eine Sicherheitsregelung angewandt. Der Verdichtungsdruck wirkt auf eine Membrane, die einen Ausklinkhebel steuert. Eine Zugfeder betätigt nach Aufhebung der Sperrung ein Hebelwerk, das das Flüssigkeitsventil absperrt, die Saugventilplatten abhebt und dadurch eine weitere Steigerung des Druckes verhindert.

Schaltungen wie die beiden letzterwähnten sind anwendbar, um zu verhüten, daß beim Ausbleiben von Kühlwasser der Verflüssigungsdruck unzulässig hoch steigt. Um die gebotene Sicherheit gegen Flüssigkeitsschläge und Anlauf mit voller Geschwindigkeit bei geschlossenem Druckabsperrventil zu bieten, bedürfen sie der Ergänzung durch ein Sicherheitsventil im oben beschriebenen Sinne, von dem sie sich grundsätzlich durch die verzögernden Zwischenbewegungen unterscheiden.

Es ist unzulässig, in die Ausblaseleitung des Sicherheitsventils ein von Hand zu bedienendes Absperrventil einzuschalten, um z. B. bei Bruch der Sicherheitsplatte das Hilfsventil absperren und bis zum erfolgten Austausch weiterarbeiten zu können. Dagegen kann hinter der Sicherheitsplatte ein federbelastetes Ventil angeordnet werden, um den Betrieb ohne Austausch der Sicherheitsplatte vorläufig weiterführen zu können, wenn die Ursache des Überdrucks beseitigt ist.

6. Kolben.

Geteilte Ausführung des Kolbens von Ammoniakverdichtern nach Abb. 45 zählt heute zu den Ausnahmen. Die übliche Bauart läuft auf die für Dampfmaschinen bewährte Form des einteiligen Hohlkolbens nach Abb. 47 hinaus. Ebenso haben sich, an Stelle breiter, mit hinterlegter Spannfeder versehener, schmale, selbstspannende Kolbenringe durchgesetzt. Der Baustoff ist hierbei so zu wählen, daß die Abnutzung auf den Kolbenring, nicht auf die Zylinderwand fällt. Bei Bezug fertiger Kolbenringe aus Sonderwerkstätten ist hierauf ausdrücklich zu achten. Die Abnutzung des Zylindermantels erfordert stets kostspielige Instandsetzungen. Wird eine besondere Laufbüchse verwendet, so ergibt sich bei größerem Verschleiß der Vorteil, daß nur die Büchse, nicht der Kolben und schließlich der ganze Zylinder ersetzt zu werden braucht. Um diesen Vorzug voll zu erhalten, soll die Laufbüchse in den Zylinder nicht eingepreßt, sondern, was durchaus genügt, im Schiebesitz eingesetzt werden. Die Kolbenringzahl kann um so geringer sein, je höher die Drehzahl des Verdichters ist. Wenn daher bei niedriger Drehzahl 4 Ringe als ausreichend gelten, kann bei hohen Umlaufgeschwindigkeiten kleiner Verdichter bis auf 2 Ringe heruntergegangen werden. Bei allerkleinsten Ausführungen wird zuweilen auf die Verwendung von Kolbenringen ganz verzichtet. Besondere Sorgfalt ist bei der Sicherung der Kolbenringe gegen Drehung geboten. Die hierzu dienenden Keile oder Schrauben sollen niemals von außen eingesetzt sein, da sie sich sonst lösen können.

Die Kolbenmutter ist gegen Lösung sorgfältig zu sichern. Zu diesem Zwecke wird sie häufig mit dem Kolbenkörper durch einen nachträglich auszuführenden halb in der Mutter, halb im Kolbenkörper verlaufenden Weißmetallausguß starr verbunden. Um bei kolbenstangenlosen und gekapselten Verdichtern ein Überreißen des durch die Kurbel herumgeschleuderten Schmieröls zu vermeiden, empfiehlt es sich, den als Führung dienenden unteren Kolbenteil nach Abb. 42 oben zu schließen und mit einem oder mehreren Dichtungsringen zu versehen. Das Abstreifen des Schmieröls wird durch leichte Abrundung der Kolbenringe verhütet.

Wird die Kolbenbreite gleich dem Hub oder größer gehalten, so wechseln die einzelnen Teile der Zylinderwandung nicht von Seite zu

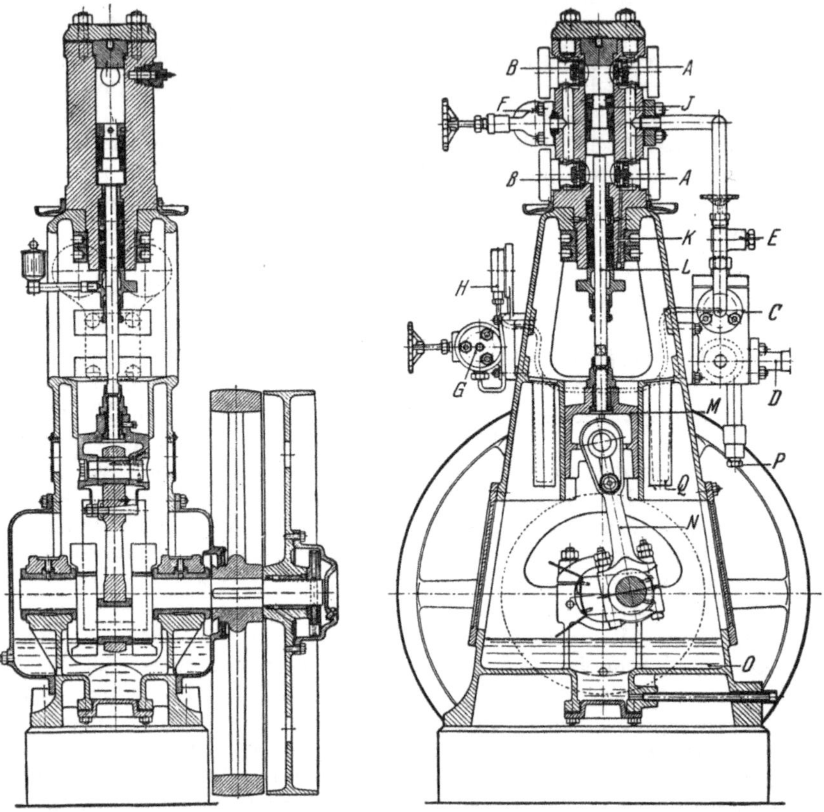

Abb. 59. Stehender Kohlensäureverdichter (Bergedorf). *A* Saugventil, *B* Druckventil, *C* Siebtopf, *D* Saugabsperrventil, *E* Füllventil, *F* Druckabsperrventil, *G* Regler, *H* Druckmesser, *J* Kolben, *K* Stopfbüchse, *L* Kolbenstange, *M* Kreuzkopf, *N* Pleuelstange, *O* Ölbad, *P* Ablaß, *Q* Ölsieb.

Seite, sondern ein und dieselbe Stelle gehört dauernd zur vorderen — unteren — oder hinteren — oberen — Seite. Bei einem unendlich schmalen Kolben wäre das Umgekehrte der Fall; jeder Punkt des Zylindermantels gehörte bald zur einen, bald zur anderen Seite, und der Wechsel träte augenblicklich auf, so daß beispielsweise der Zylinderstreifen, der gerade bei Öffnung der Druckventile den heißen Gasen ausgesetzt ist, unmittelbar darauf mit den angesaugten kalten Gasen in Berührung träte. Das aber bedeutet ungünstige Wandungswirkung und damit niedrige Leistungsziffer. Die Verbreiterung des Kolbens nach Abb. 47 stellt daher einen Vorzug dar, dem gegenüber der Nachteil der Verlängerung des Zylinders und der Vermehrung der bewegten Massen zurücktritt.

Ähnlich wie für Ammoniak sind die Kolben für Schwefligsäure ausgebildet. Bei Kohlensäureverdichtern werden noch häufig Lederstulpen nach Abb. 59 (Bergedorf) verwendet und mit der Notwendigkeit eines Austausches nach etwa 500 bis 1000 Arbeitsstunden von vornherein gerechnet. Der Grund liegt in dem schlechten Zusammenarbeiten von gußeisernen Ringen mit Stahl oder Bronze, den hauptsächlichen Baustoffen der Kohlensäureverdichterzylinder. Die Stulpen wirken unter dem Einfluß des dahinter tretenden Druckes selbstdichtend gegen die Wandung. Bei gußeisernen Zylindern und stets dann, wenn eine besondere Laufbüchse aus Gußeisen eingezogen wird, steht jedoch der Verwendung selbstfedernder Ringe nichts im Wege. Durch Wahl besonderer Legierungen läßt sich auch ein befriedigendes Zusammenarbeiten mit Stahlzylindern erzielen.

Wertvolle Hinweise für die Wahl des Kolbenbaustoffes bringen die Untersuchungen von Becker[1] und Jakob[2]. Danach besitzen für Motoren Leichtmetallkolben gegenüber gußeisernen den Vorzug wirksamerer Wärmeableitung aus dem Kolbenboden in den Zylinder und niedrigerer Temperatur des Kolbenkörpers. Auf den Kühlmaschinenbau übertragen, würde dies eine geringere Vorwärmung der angesaugten Gase und damit einen günstigeren Verlauf des Verdichtungsvorganges bedeuten. Bei doppeltwirkenden Zylindern ergibt hohe Wärmeleitfähigkeit des Kolbens eine unwillkommene Wärmeübertragung von der Verdichtungs- auf die Ansaugeseite. Hier könnte es alsdann vorteilhaft werden, den Kolben aus zwei durch schlechtleitende Zwischenlage getrennten Hälften zusammenzusetzen.

Für die Kolbenstange kommt hochwertiger Stahl in Betracht, der meist an der Oberfläche vergütet wird. Da die Kolbenstangen sich allmählich abnutzen, soll das in der Führung sitzende Ende, das beim Einsetzen des Kolbens durch die Stopfbüchse tritt, von vornherein einen kleineren Durchmesser erhalten als der laufende Stangenteil. Für die Befestigung der Kolbenstange in der Führung sowie die Kolbenmutter besitzt Feingewinde den Vorzug, sich unter dem Einfluß des wechselnden Druckes nicht zu lösen. Für kleinste Verdichter kommt Herstellung von Kolben und Kolbenstange aus einem Stück bei Ammoniak nach Abb. 50 ausnahmsweise vor, bei Kohlensäure bildet sie die Regel.

7. Stopfbüchse.

Für die Stopfbüchsen der Verdichter werden Baumwollzöpfe von rechteckigem Querschnitt benutzt und vor dem Einsetzen mit den für den Arbeitsstoff in Frage kommenden Schmiermitteln — Kompressoröl

---

[1] Becker: Vervollkommnung der Kraftzeugmotoren durch Leichtmetallkolben. München 1922.

[2] Jakob: Temperaturschwankungen und Wärmeaufnahme der Kolben von Verbrennungsmaschinen Z. VDI 1922.

bei Ammoniak, Glyzerin bei Kohlensäure, wasserfreier Talg bei Schwefligsäure — gründlich durchtränkt. Um den Ringen eine, besonders bei höheren Drücken wünschenswerte, größere Festigkeit zu geben, finden, statt reiner Baumwolle, Gewebe Verwendung, die aus abwechselnden Lagen von Gummi und Segeltuch bestehen. Eine Verringerung der Dehnbarkeit muß hierbei in Kauf genommen werden. Ihr entsprechend ist genaues Abpassen auf den Durchmesser von Kolbenstange und Stopfbüchsenhals erforderlich. Damit die Ringe nach dem Zusammenbiegen auch nach außen schließen, müssen die beiden Enden zuvor schräg und mit entgegengesetzter Neigung zugeschnitten werden. Um bei Gemischringen eine größere Anpassungsfähigkeit zu erreichen, werden wohl auch die einzelnen Lagen, statt in einer Ebene senkrecht zur Stopfbüchsenachse, schräg angeordnet, so daß sie sich unter Wirkung des Anpressungsdruckes seitlich voneinander abschieben und beiderseits dichten. Noch weiter gehen in dieser Beziehung zweiteilige Ringe aus Gemischgewebe mit trapezförmigem Querschnitt, Abb. 60 (Garlock), die sich, ähnlich wie die Metallringe einer Götze-Packung, ineinanderfügen. Für Schwefligsäurestopfbüchsen kommen auch paraffinierte Korkringe in Betracht. Verbindungen von Weich- mit Metallpackungen in der Weise, daß Ausschnitte aus geeignetem Metall in die Weichpackungsringe eingesetzt werden, finden sich zahlreich bei den amerikanischen Verdichtern, ohne jedoch gegenüber bewährten reinen Metallpackungen Vorteile zu bieten. Bei Schwefligsäure verfolgt die Einfügung von Metallringen zwischen die Weichpackung den Zweck, die äußere Wasserkühlung des Stopfbüchsenhalses auf die Kolbenstange zu übertragen. Um vollkommenes Anliegen der Weichpackung zu sichern, können einteilige Zinnringe als Zwischenlage Verwendung finden.

Abb. 60. Weichpackung (Garlock).

Bei Weichpackungen sind Maßnahmen erforderlich, um Mitreißen von Fasern in das Zylinderinnere zu vermeiden. Eine Grundbüchse allein genügt hierfür nicht immer. Sie ist einteilig und genau eingepaßt, so daß zufällig eintretende hohe Überhitzung zum Bruch führen kann, der unbemerkt bleibt. Es empfiehlt sich daher, hinter der Grundbüchse noch einen auf der Kolbenstange leicht aufgepaßten einteiligen Stahlring anzuordnen, der bei Zerstörung der Grundbüchse ihre Aufgabe teilweise übernimmt und Faserteile zurückhält.

Unter den Metallpackungen ist die bekannte Götze-Packung aus doppelkegeligen Ringen, von denen die inneren aus Weißmetall oder weichstem Gußeisen — bei Schwefligsäure auch aus Bronze —, die äußeren aus Gußeisen bestehen, weit verbreitet. Die Stöße der geteilten Ringe müssen gegeneinander versetzt sein. Durch einen aus Gummi bestehenden Schlußring wird die Nachgiebigkeit der Packung gesichert.

Bei höheren Überhitzungstemperaturen empfehlen sich bewegliche Packungen, z. B. nach Abb. 45, die im großen ganzen den für Dampfmaschinen bewährten Grundsätzen entsprechen. Um die Kolbenstange liegen mehrteilige Ringe, die hier unmittelbar, bei anderen Packungen durch Federdruck, unter Verwendung von besonderen umgelegten Ringen, zusammengehalten werden. Zur Verstärkung des Anpressungsdrucks erhalten die umeinander liegenden Ringe zuweilen nach dem Vorbilde der Götze-Packung kegelförmige oder auch stulpenförmige Berührungsfläche. Freie Beweglichkeit in Richtung der Achse erreicht die Halberg-Packung, Abb. 61, durch Einschaltung einer Federspannung. Die Huhnsche Packung nach Abb. 47 besitzt gute Anpassungsfähigkeit, läßt sich jedoch nach erfolgtem Ausbau nicht wieder verwenden.

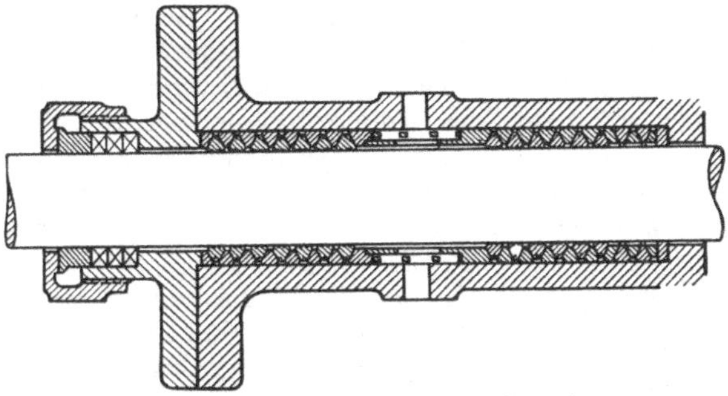

Abb. 61. Metallpackung (Halberg).

Für die Stopfbüchse von Kohlensäureverdichtern werden nach Abb. 59 Lederstulpen in Verbindung mit Metall- und Gummiringen verwendet. Da Gummi sich unter dem Einfluß der Kohlensäure aufbläht, darf die Packung von vornherein nicht stark angezogen werden.

Bei doppeltwirkenden Verdichtern wird die gesamte Packung, beispielsweise nach Abb. 45 und 47, durch eine „Laterne" in zwei Hälften geteilt und der Laternenraum mit der Saugseite verbunden. Bei Schwefligsäure ist diese Maßnahme von zweifelhaftem Wert, da sie bei niedrigen Temperaturen das Eindringen von Luft begünstigt. Wird dem Laternenraum Öl als Sperrflüssigkeit, also mit einem Druck zugeführt, der höher ist als der größte auf die Stopfbüchse wirkende Druck, so muß die Bauweise der beiderseits anschließenden Packungen Bürgschaft dafür bieten, daß Öl weder im Übermaß in den Zylinder eindringt, noch in großen Mengen nach außen verloren geht. Diesem Gesichtspunkt trägt die Ausführung der Kohlensäurestopfbüchse, Abb. 62 (Seagers), Rechnung. Besonders geformte Lederstulpen sind gegeneinander angeordnet. Der Öldruck preßt sie einerseits an die Kolbenstange, andererseits an den Stopfbüchsenhals. Zwischen den Lederstulpen sind konische Ringe aus Weichmetall eingelegt. Zwischen Laterne und den beiderseits benachbarten Ringen befindet sich eine Weichpackung, die sich der Stulpenform anpaßt. Derartige durch den Druck gedichtete Packungen sind

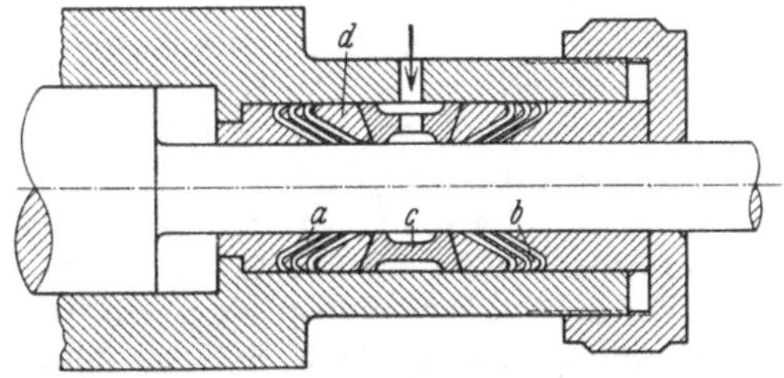

Abb. 62. Kohlensäure-Kolbenstangenstopfbüchse (Seagers). *a* Lederstulpen, *b* Weichmetallringe, *c* Laterne, *d* Weichpackung.

ohne große Vorpressung einzusetzen und im Bedarfsfalle nur schwach nachzuziehen.

Bei dem Entwurf der Stopfbüchse ist ausreichender Raum zum bequemen Nachziehen zu schaffen. Verbindung zwischen Zylinder und Gestell durch eine mit Öffnungen versehene Laterne erfüllt diese Forderung nicht immer hinreichend. In solchen Fällen bietet Ausbildung der Stopfbüchsenmutter mit äußerer Verzahnung und ihre Betätigung durch eine mit Handrad versehene Schnecke Abhilfe. Die größte Gefahr für die Stopfbüchse bildet schiefes Anziehen. Um dies zu vermeiden, kann ein gut passender Außenring als letztes Glied in die im allgemeinen verwendete Vorstopfbüchse eingebaut werden. Läßt er sich nach dem Anziehen der Hauptstopfbüchse von Hand spielend drehen, so ist der Anzug gleichmäßig.

Während bei Schwefligsäureverdichtern das Tränken der neuen Packung mit Talg eine Zeitlang nachhält und im übrigen gelegentliches Einfetten der Stange mit Vaseline genügt, verlangen die Packungen von Ammoniak- und Kohlensäureverdichtern ständige Schmierung. Die einfachste Ausführungsform ist hierbei, die Kolbenstange durch eine offene Ölkammer zu ziehen. Öl bzw. Glyzerin haftet an der Stange und wandert mit ihr in das Stopfbüchseninnere. Die offene Ölkammer verrät gleichzeitig Undichtheiten durch aufsteigende Blasen. Ähnlich wirkt Einführung des Schmiermittels in den Laternenraum unter Anwendung kleiner Kolbenpumpen oder Bosch-Öler, Abb. 45. Wichtig ist hierbei Einschaltung eines sicher wirkenden Rückschlagventils in die Öldruckleitung. Häufig wird das Schmiermittel der Vorstopfbüchse oder gar der freilaufenden Kolbenstange durch Tropföler zugeführt. Das letzte Verfahren ergibt auf alle Fälle einen weniger zuverlässigen Betrieb und höheren Ölverbrauch. Bei Kohlensäureverdichtern wird häufig an Stelle von Glyzerinpumpen eine selbsttätige Preßvorrichtung angewandt, die aus einem Zylinder mit Kolben besteht, dessen einseitige Kolbenstange nach außen tritt. Wird die Kolbenstangenseite mit der Verdichterstopfbüchse, die andere mit der Druckleitung verbunden, so liegt auf der Verdichterstopfbüchse stets ein Glyzerinüberdruck. Bei stehenden Verdichtern erübrigt sich eine besondere Ölzuführung zur Stopfbüchse, wenn der Zylinder anderweitig geschmiert wird.

Für die Verpackung der Wellendurchführung gekapselter Verdichter, deren Gehäuse unter Gasdruck steht, gelten ähnliche Gesichtspunkte wie für die Stopfbüchse der Kolbenstange. Grundring und Öllaterne sind auch hier wichtige Bestandteile. Auf besondere Schmiervorrichtung wird zuweilen mit Rücksicht darauf verzichtet, daß genügend Öl von dem Wellenlager nach der Packung durchschleicht. Besser ist eine besondere Schmierung in den Laternenraum nach Abb. 46. Für die Wellenstopfbüchse könnte auch Labyrinthdichtung in Betracht gezogen werden. Zu beachten ist jedoch hierbei, daß deren Grundsatz darauf hinausläuft, durch wiederholte Drosselung die Menge des durchtretenden Stoffes zu vermindern. Hört der Durchfluß ganz auf, so wirkt auch die Labyrinthdichtung nicht mehr. Sie führt daher niemals zu einer vollkommenen Abdichtung. Da im allgemeinen das Verdichtergehäuse unter Saugdruck steht, beschränkt sich ihre Anwendungsmöglichkeit auf die Fälle, bei denen Öl als Sperrflüssigkeit vorgeschaltet wird.

Besonders hohe Zuverlässigkeit ist bei der Wellenstopfbüchse kleinster Verdichter zu fordern. Weichpackungen, die aufmerksame Wartung verlangen und von Zeit zu Zeit ersetzt werden müssen, scheiden in der Regel aus. Statt dessen gelangen Metalldichtungen mit selbsttätiger Anpressung zur Verwendung. Bei der Wellenstopfbüchse der Abb. 63 (Frigidaire) wird ein Ring aus graphithaltiger Bronze gegen den Wellenansatz gepreßt. Der Ring schleift gegen einen zweiten metallischen Ring, der seinerseits mit einem zwischen Verdichtergehäuse und äußerem Abschlußflansch eingeklemmten Metallbalg verbunden ist. Eine starke Spiralfeder dichtet die beiden Ringe gegeneinander ab. Die gleiche Ausführung findet sich bei Abb. 51, die erkennen läßt, wie der axiale Federdruck durch eine Stahlkugel am entgegengesetzten Wellenende aufgenommen wird. Nach Abb. 64 (Cooke) wird der Metallbalg entbehrlich und der Anwendungsbereich dadurch erweitert. Die Spannfeder legt sich auf der inneren Seite gegen den Wellenansatz und läuft samt dem auf ihrer äußeren Seite sitzenden und hier gegen die Welle gedichteten Ring mit der Welle um, während der Bronzegegenring mit dem Deckel verlötet ist. Die schleifenden Flächen dichten hierbei das mit Öl gefüllte Gehäuse, die relativ zur Welle ruhenden Packungsringe die Welle nach außen ab, während bei der zuvor beschriebenen Bauweise umgekehrt die schleifenden Flächen die Welle und der ruhende Metallbalg das Gehäuse gegen die Umgebung abschließen. Das durch die Reibung gebildete Drehmoment wird im einen Falle durch die Spannfeder, im anderen Falle durch den Metallbalg aufgenommen.

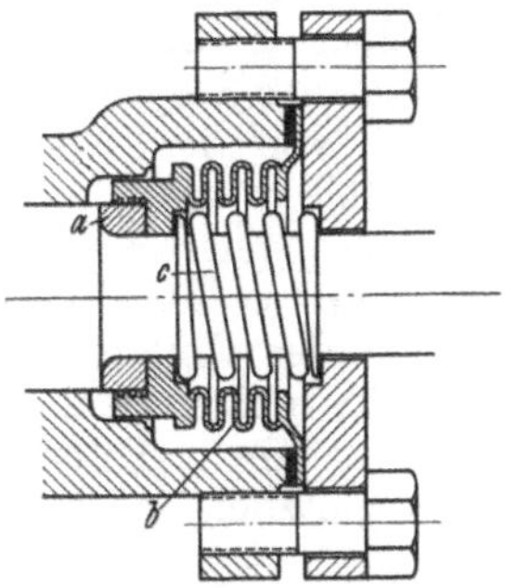

Abb. 63. Metallbalg-Wellenstopfbüchse (Frigidaire). *a* Bronzering, *b* Metallbalg, *c* Feder.

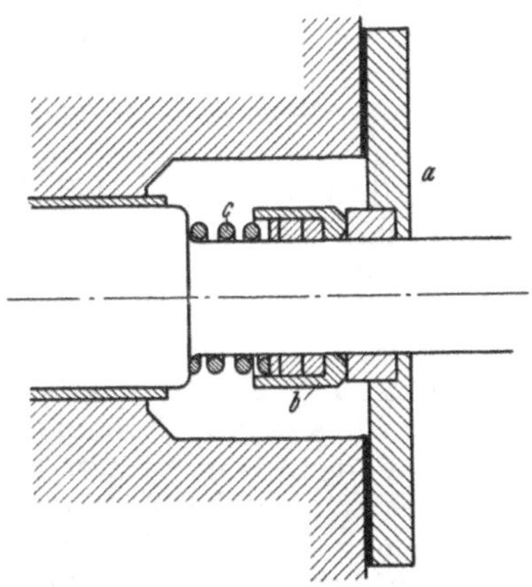

Abb. 64. Wellenstopfbüchse (Cooke). *a* Bronzering, *b* Schleifring, *c* Feder.

8. Zylinderschmierung.

Die Auffassung, daß bei Schwefligsäureverdichtern auf eine Schmierung des Zylinders verzichtet werden kann, ist in dem Maße aufgegeben worden, in dem geeignete Schmieröle geschaffen wurden. Dies gilt für alle Fälle, in denen das Öl gleichzeitig zur Schmierung von Zylinder und Triebwerk dient, z. B. bei kleinen, mit Tauchkolben arbeitenden

Verdichtern. Eine Erleichterung ergibt sich hierbei aus der Erfahrungstatsache, daß geeignetes Öl seine Schmierfähigkeit über lange Jahre behalten, daher ständig wieder verwendet werden kann. Bei naß arbeitenden Ammoniak- und Kohlensäureanlagen genügt im allgemeinen mittelbare Einführung von Öl bzw. Glyzerin durch die Stopfbüchse. Dagegen machen die mit Überhitzung arbeitenden Verdichter unmittelbare Schmierung des Zylinders erforderlich, die vermittels Pumpe, wie bei der Stopfbüchse, erfolgt. Ihr Antrieb geschieht durch Schnurriemen von der Welle, Mitnehmer von der Geradführung oder auch unmittelbar von der Welle, Abb. 45, 46, 54. Wird das verbrauchte Schmieröl nur teilweise erneuert und im übrigen im ständigen Umlauf gehalten, so ist eine sicher wirkende Filtervorrichtung in die Saugleitung der Umlaufpumpe einzusetzen. Bei großen Anlagen empfiehlt es sich, neben dem Antrieb der Pumpe durch den Verdichter nach Abb. 45 einen Hilfsantrieb von Hand vorzusehen, um beim Anlauf oder plötzlich auftretenden höheren Ölbedarf nachhelfen zu können.

9. Ölabscheider.

In die Druckleitung der dauernd geschmierten Verdichter ist ein Abscheider einzuschalten, da die Verölung die Wirkung der Wärmeaustauschflächen beeinträchtigt. Die Trennung des Schmiermittels von dem gasförmigen Arbeitsstoff erfolgt durch Geschwindigkeits- und Richtungsänderung. Die Aufgabe des Ölabscheiders bei einer Kältemaschine ist nicht zu vergleichen mit der bei einer Dampfmaschine. Während es sich hier darum handelt, das verbrauchte Öl möglichst bis zum letzten Rest abzuscheiden, sei es, um es neuerlich zu verwerten, sei es, um den niedergeschlagenen Dampf für Zwecke zu gebrauchen, die Ölfreiheit verlangen, sind die Ansprüche bei Kälteanlagen weniger weitgehend, weil ein geschlossener Kreislauf vorliegt, das nicht abgeschiedene Öl daher ganz oder teilweise zum Verdichter zurückkehrt und eine Verringerung der Zufuhr von frischem Schmierstoff gestattet. Da zudem eine vollkommene Ölabscheidung durch die üblichen Vorrichtungen niemals zu erzielen ist, wird auch der beste Ölabscheider zu einer allmählichen Verölung der Verflüssiger- und Verdampferflächen führen, die bei einem weniger guten nur zeitlich früher eintritt. Hieraus erklärt es sich, daß bei Kälteanlagen Ölabscheider von einfachster Bauart Verwendung finden, mit einem Einbau, der im allgemeinen nur aus einem abwärts geführten Rohr auf der Eintrittsseite besteht. Das Weglassen dieses Rohres oder gar die fehlerhafte Vertauschung von Ein- und Austritt sind zu verwerfen. Auf die Ölabscheidung hat vor allem auch die Art des verwandten Schmieröls insofern Einfluß, als niedriger Flammpunkt besonders bei überhitztem Arbeiten die Menge des abgeschiedenen Öls verringert. Aus diesem Grunde wird zweckmäßig, neben dem in Nähe des Verdichters angeordneten Entöler, ein zweiter unmittelbar bei dem Verflüssiger aufgestellt und mit Wasser gekühlt. Diesem fällt dann das Niederschlagen der Öldämpfe zu, die bei niedrigen Temperaturen aus den leicht siedenden Bestandteilen des Schmiermittels entstehen. In voller Auswertung dieser Tatsache wird schließlich nach Abb. 65 (A. S. Atlas) das erste Verflüssigerelement selbst als Ölabscheider ausgebildet.

Für die Entfernung des abgeschiedenen Schmiermittels kann ein besonderer Sammeltopf dienen, der am höchsten Punkt mit der Saugleitung verbunden wird, um vor der Entleerung den mitgerissenen Arbeitsstoff abzusaugen. Ein mit warmem Wasser zu speisender Mantel bezweckt hierbei beschleunigtes Austreiben.

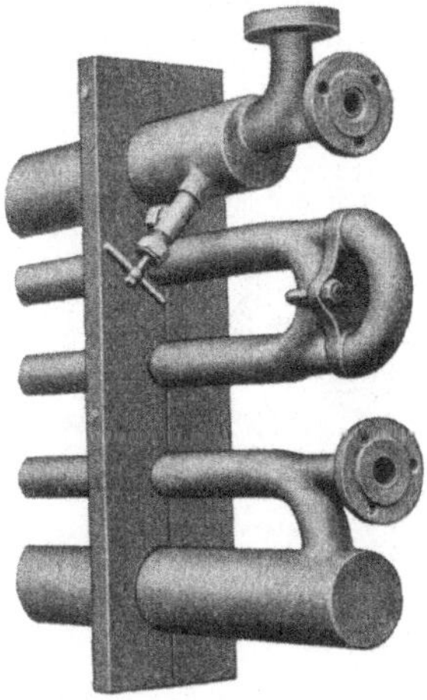

Abb. 65. Ammoniak-Doppelrohrverflüssiger mit oberem Ölabscheider und unterem Flüssigkeitssammler (A. S. Atlas).

Bei mehreren Verdichtern ist es nicht nötig, jeden einzelnen mit einem Ölabscheider zu versehen. Wird ein gemeinsamer Abscheider verwendet, örtlich mit dem Ammoniaksammler vereinigt, und ein Ölsammelbehälter an beide angeschlossen, so ergibt sich eine willkommene Vereinfachung für die Bedienung. Flüssigkeitsstände erleichtern die Wartung. Sie dürfen jedoch nur unter Beachtung aller möglichen Vorsichtsmaßnahmen — Schutzhülsen um die Gläser, Rückschlagventile in beiden Anschlüssen, sorgfältige Verbindung mit den zugehörigen Behältern, leicht bewegliche Absperrungen auf beiden Seiten, durch Gewichtsbelastung selbstschließend, Abdichtung der Schaugläser ohne gefährliche Spannung, Vorlagerung einer den Beobachter schützenden Hülse — angewandt werden, um nicht eine Gefahrenquelle zu bilden. Lange Schaugläser werden besser durch Unterteilung in mehrere, übereinander greifende Flüssigkeitsstände vermieden.

Bei Ammoniakanlagen, die mit Überhitzung arbeiten, wird zuweilen die Wärme des Druckrohrs hinter dem Ölabscheider zum Austreiben des im Öl aufgesaugten Arbeitsstoffes benutzt. Da hierbei die Temperatur im eigentlichen Abscheider höher ist, als im Austreiber, und das Aufsaugevermögen mit sinkender Temperatur zunimmt, ist es zweckmäßiger, die heißen Gase zunächst den Austreiber betreten zu lassen.

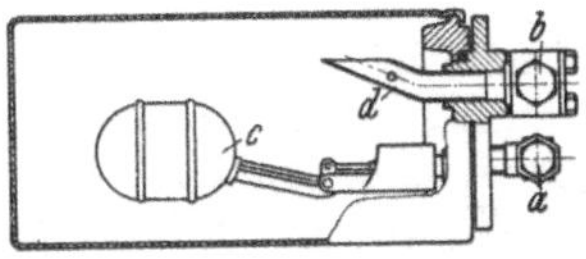

Abb. 66. Verdampferkessel mit Schwimmerregler (Frigidaire). *a* Flüssigkeitseintritt, *b* Dampfaustritt, *c* Schwimmerregler, *d* Absaugekrümmer mit Ölloch.

Bei Kleinkühlanlagen, die mit Schwefligsäure, Methylchlorid u. a. arbeiten, wird auf Einfügung eines besonderen Ölabscheiders zwischen Verdichter und Verflüssiger im allgemeinen verzichtet. Infolgedessen tritt das Öl in den Verflüssiger, von hier in den Verdampfer über und muß aus diesem in den Verdichter zurückgeführt werden. Dies geschieht, wenn der Verdampfer höher steht als der Verdichter, selbsttätig, z. B. nach Abb. 66 (Frigidaire) durch eine Öffnung des im Verdampfer angebrachten Absaugekrümmers, die als

Überlauf wirkt, sobald das an der Oberfläche schwimmende Öl entsprechend hoch gestiegen ist.

10. Siebtopf.

Bei Verwendung schmiedeeiserner Rohre muß damit gerechnet werden, daß trotz sorgfältigster Reinigung nachträglich Rost und Hammerschlag sich lösen und gegen den Verdichter vordringen. Um ihren Eintritt in den Verdichterzylinder zu verhüten, wird auf der Saugseite ein Siebtopf angewandt. Bei seiner Ausbildung nach Abb. 67 wird unnötiger Widerstand vermieden und leichte Reinigung gesichert. Der am Innern des Siebzylinders zurückgehaltene Schmutz fällt in den an tiefster Stelle angeordneten Schmutzsack. Das Sieb selbst kann durch ein Handloch leicht gebürstet oder auch ganz herausgenommen werden.

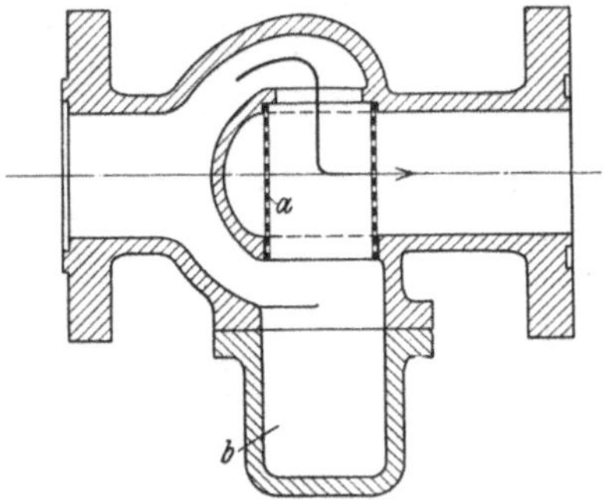

Abb. 67. Siebtopf. *a* Sieb, *b* Schmutzsack.

11. Schädlicher Raum.

Das heute allgemein angewandte Ansaugen trockener Dämpfe läßt die Bedeutung des schädlichen Raumes zurücktreten. Seine Einschränkung unter Inkaufnahme kleinsten Spiels zwischen Kolben und Deckel besitzt keine Berechtigung mehr. Ein schädlicher Raum, der 0,2 mm und weniger beträgt und früher als besonderer Vorzug angesehen wurde, stellt bei überhitztem Arbeiten eher eine Verminderung der in erster Linie zu fordernden Sicherheit dar. Bedeutet L den Kolbenhub in mm, so kann zwischen Kolben und hinterem Deckel ein Spiel von $L/500 + 0{,}5$ mm, auf der Stopfbüchsseite von $L/1000 + 0{,}5$ mm unbedenklich zugelassen werden. Mit der Vergrößerung des schädlichen Raumes gewinnt der Ausschub von Öl und flüssigem Arbeitsstoff bei jedem Hub erhöhte Bedeutung, da ihr Verbleiben im schädlichen Raum die Wandungseinflüsse vermehrt.

12. Hilfseinspritzung.

Bei hohem Druckverhältnis ergeben sich im allgemeinen unzulässige Überhitzungstemperaturen, denen durch Einspritzen flüssigen Arbeitsstoffes in die Saugleitung begegnet wird. Erfolgt hierbei die Einführung unmittelbar am Verdichter, so ist bei Trennung der beiden Saugseiten zu beachten, daß die gemeinsame Druckseite eine zulässige Überhitzungstemperatur anzeigen kann, auch wenn die Grenze einseitig überschritten wird. Wichtig ist daher die Einschaltung von Thermometern in den beiden Druckstutzen vor ihrer Vereinigung. Bei der Handhabung derartiger Einspritzvorrichtungen ist selbstverständlich äußerste Vorsicht geboten. Sie können durch mangelnde Aufsicht beim Stillsetzen des Verdichters offen bleiben und beim Wiederanstellen durch Flüssigkeitsschläge verheerend wirken, bleiben daher auf alle Fälle bedenklich, ebenso wie die zuweilen getroffene Maßnahme, den Arbeitsstoff beim Füllen unmittelbar in den Verdichter einzusaugen.

13. Zylinderverkleidung.

Aus Schönheitsgründen erhalten die Verdichterzylinder eine Verkleidung aus Glanzblech. Bei überhitztem Arbeiten verhindert die Verkleidung die wünschenswerte Wärmeabgabe ungekühlter Zylinderwandungen an die Umgebung. Bei nassem Ansaugen unterbindet sie die Beobachtung der Zylinderbereifung, die der Bedienung häufig in einfacher Weise einen Anhaltspunkt für richtige Führung des Verdichters gibt.

14. Indikatorstutzen.

Abgesehen von Maschinen kleinster Leistung ist bei allen Verdichterzylindern die Anbringung eines Indikatorstutzens vorzuschreiben. Er erhält zweckmäßig einheitlich ein Gewinde von $^3/_4''$. Um während des Betriebes eine Vergrößerung des schädlichen Raums zu vermeiden, trägt die Stutzenverschraubung im allgemeinen einen die Bohrung ausfüllenden Verlängerungsstift, dessen Wert nicht zu hoch veranschlagt werden darf. Für dauernd beobachtete Betriebe ist es wünschenswert, die Indikatorabsperrungen ständig sitzen zu lassen. Die Schwierigkeit des dauernden Dichthaltens wird hierbei überwunden, wenn, an Stelle von Hähnen, Ventile zur Anwendung gelangen, die bei Kohlensäureverdichtern wegen des hohen Druckes die Regel bilden. Bei einfachwirkenden Zylindern entsteht auf der nicht arbeitenden Seite ein Verlustdiagramm. Für genaue Untersuchungen ist daher auch hier die Möglichkeit des Indizierens vorzusehen. Bei Verdichtern mit Tauchkolben oder unzugänglicher Kolbenstange, also vor allem bei Kapselbauart, ist die Möglichkeit des Indikatorantriebs von der Welle, beispielsweise durch Zapfen außerhalb der Wellenmitte, zu sichern. Für großhübige Maschinen soll ein am Gestell anzubringendes Hebelwerk den Hub für Antrieb des Indikators ins Kleine übersetzen.

15. Gestell.

Mit der Steigerung der Drehzahl gewinnt die Forderung starrer Verbindung zwischen Verdichterzylinder und Triebwerk erhöhte Bedeutung. Bei Unterbringung der Ventile im Zylindermantel wird es möglich, die offene Verbindung zwischen Zylinder und Führung zu verlassen und die bei Dampfmaschinen bewährte geschlossene Form der Abb. 45, 53, 54 zu wählen. Diese bildet bei stehenden Maschinen die ausnahmslose, bei liegenden Maschinen die weit überwiegende Regel. Bei kleinen Verdichtern bestehen Zylinder und Gehäuse nicht selten aus einem Stück, Abb. 52. Für das unter Gasdruck stehende Gehäuse gelten die Forderungen, die bezüglich Widerstandsfähigkeit an den Verdichterzylinder zu stellen sind. Sowohl für liegende als auch stehende Ausführung ist niedrige Lage der Welle günstig, damit die nicht ausgeglichenen waagerechten Trägheitskräfte einen nur kleinen Hebelarm finden.

16. Triebwerk.

Hinsichtlich der Bauweise des Triebwerkes sollten bei Kältemaschinenverdichtern möglichst wenig Sonderheiten angestrebt und in weitestem Maße Anpassung an die Regeln gesucht werden, wie sie sich für den Bau von Dampfmaschinen und Luftverdichtern ergeben haben. Es sei daher hier davon abgesehen, allgemeingültige Gesichtspunkte anzuführen und nur das betont, was als Eigentümlichkeit übrig bleibt.

Bei kleinen Verdichtern nach Abb. 46, 51, 52, deren Gehäuse vom Arbeitsstoff erfüllt ist, kommen für das Triebwerk nur bestimmte Baustoffe in Betracht. Dient das Gehäuse nicht als Ansaugeraum, so ist es durch eine Ausgleichleitung mit der Saugseite zu verbinden, um die Druckschwankungen zu vermindern und die Wellenstopfbüchse zu entlasten. Ausnahmsweise steht bei der Ausführung nach Abb. 49 das Gehäuse unter dem Verflüssigerdruck. Die abgestufte Kolbenform unter Ausbildung des Ringteiles als Druckraum ergibt besonders günstige Verhältnisse für den Druckwechsel im Gestänge, daher ruhigen Lauf.

Mit dem Übergang von Bajonett- zu Gabelgestell ist die Anwendung gekröpfter Kurbelwellen auch bei liegenden Maschinen vorwiegend geworden. Bei stehenden Maschinen bildet sie die Regel. Beiderseitige Lagerung im Gehäuse macht ein besonderes Außenlager nur dann entbehrlich, wenn das Gewicht der Antriebsscheibe ohne wesentliche zusätzliche Lager- und Wellenbeanspruchung aufgenommen wird. Bei ausnahmsweiser Verwendung von Kurbel und Kurbelzapfen wird nach Abb. 49, 50 und 68 (Bayer) ein zweites Lager nötig. Die verbesserte Zugänglichkeit zum Triebwerk durch den am Gehäuse angeordneten lagerfreien Deckel stellt einen Vorzug dieser Bauweise dar. Hinzukommt beim gasführenden Gestell die leichtere Bedienung der Wellenstopfbüchse. Dieser Gesichtspunkt ist häufig auch bei gekröpften Wellen ausschlaggebend für die Anordnung eines dritten Lagers nach Abb. 46. Bei dem Methylchloridverdichter, Abb. 51, ist die Welle glatt gehalten. Der Antrieb erfolgt durch Exzenter.

Die geringe Größe des schädlichen Raumes weist darauf hin, die der Abnutzung unterworfenen Lager reichlich zu bemessen, außerdem so nachstellbar zu halten, daß die Entfernung von Mitte Welle bis Kolben gleich bleibt. Wird hierauf keine Rücksicht genommen, so ist die Kolbenstange mit einstellbarem Gewinde in der Führung zu befestigen. Das Spiel der Wellenzapfen und Bolzen soll beim neuen Zusammenpassen je nach den Lagerabmessungen $\frac{1}{25}$ bis $\frac{1}{10}$ mm nicht überschreiten.

Erfahrung und Werkstattechnik müssen hier das letzte Wort sprechen. Das seitliche Spiel des Wellenlagers darf bis $\frac{1}{5}$, des Kreuzkopfzapfens bis $\frac{1}{2}$, des Kurbelzapfens bis 3 mm beiderseits betragen.

Auch bei dem Triebwerk schnellaufender Verdichter sind in der Hauptsache die allgemein geltenden Gesichtspunkte zu beachten, die auf genaueste Werkstattarbeit, sorgfältige Schmierung und reichliche Abmessung der Lager, unter Berücksichtigung der erhöhten Wärmebildung, hinauslaufen.

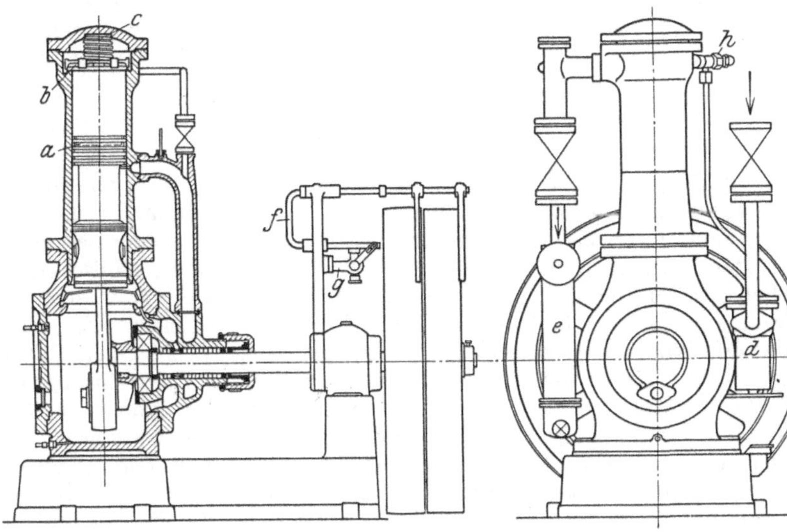

Abb. 68. Stehender Ammoniakverdichter mit Sicherheitsausrücker (Bayer). *a* Saugventil, *b* Druckventil, *c* Sicherungsfeder, *d* Siebtopf, *e* Ölabscheider, *f* Ausrücker, *g* Kühlwasserhahn, *h* Sicherheitsventil.

Bei gekapselten Verdichtern kann die Prüfung des Kurbelgehäuses dadurch wesentlich verbessert werden, daß die Innenseiten einen ölbeständigen, weiß glänzenden Anstrich in Emailfarbe erhalten. Manche Untersuchung kann durch Anwendung eines Spiegels an Stellen erleichtert werden, zu denen sonst das Auge nur nach schwierigsten Körperverrenkungen gelangt.

Größere oder kleinere Ungleichförmigkeit des Ganges ist von unwesentlichem Einfluß auf die Wirkungsweise des Verdichters. Die Schwere des Schwungrades wird daher durch Rücksicht auf seinen Antrieb bestimmt. Erfolgt dieser durch Elektromotor, so ist bei unmittelbarer Kupplung ein Ungleichförmigkeitsgrad von etwa $\frac{1}{100}$, bei Zwischenschaltung eines Riemens von etwa $\frac{1}{70}$ am Platze, während für Transmissionsantrieb etwa $\frac{1}{40}$ genügt. Bei unmittelbarer Verbindung mit Dampfmaschine oder anderer Kraftmaschine ist der Kupplungswinkel zwischen Kraft- und Arbeitskurbel von besonderer Bedeutung. Zu seiner Festlegung sind die Tangentialdruckdiagramme für Kraftmaschine und Verdichter in bekannter Weise zu entwerfen und so zu verschieben, daß die größte Überschußarbeit einen Mindestwert annimmt.

Die Schmierung des Triebwerks erfolgt bei zeitgemäßen Verdichtern als Sammelschmierung, unter Verwendung einer Umlaufpumpe, z. B. nach Abb. 45. Bei gekapselten Maschinen darf Eintauchen der Kurbel nach Abb. 50, 51, 52, 59, 68 für kleine Leistungen angewandt werden, bei größeren bildet Druckschmierung nach Abb. 46 die Regel. Um bei Kapselverdichtern, deren Triebwerksraum den Arbeitsstoff führt, das Schmiermittel ersetzen zu können, wird meist die Einrichtung getroffen, daß bei geschlossenem Absperrventil der Saugleitung das Gehäuse leergesaugt und gleichzeitig Öl eingezogen wird, wie in Abb. 55 ersichtlich.

17. Drehzahl.

Liegt der durch die geforderte Leistung und die Druckverhältnisse bestimmte Hubraum des Verdichters fest, so ist es zunächst möglich, durch Veränderungen des Verhältnisses von Hub : Durchmesser einerseits, der Hubzahl andererseits das Ziel in verschiedener Weise zu erreichen. Unter Annahme, daß zunächst der Durchmesser feststehe, und hieraus der Betrag Hub $\times$ Drehzahl gleichfalls bestimmt sei, macht eine Vergrößerung des Hubs eine Herabsetzung der Drehzahl nötig und umgekehrt. Die Hubverlängerung führt zu einer Vergrößerung der schädlichen Flächen, also einer Verschlechterung. Die daneben einherlaufende Herabsetzung der Drehzahl führt zu einer zeitlichen Verlängerung des jedesmaligen Verdichtungsvorganges und kommt gleichfalls auf eine erhöhte Wirksamkeit der schädlichen Flächen heraus. Die Maßnahme ist also aus doppelten Gründen unzweckmäßig und bei gegebenem Durchmesser bzw. feststehender Kolbengeschwindigkeit kleiner Hub und hohe Drehzahl günstig.

Die allgemeine Gestaltung des Verdichterzylinders soll davon ausgehen, kleine schädliche Flächen zu schaffen, d. h. den Hubraum mit kleinsten Oberflächen zu erreichen, ein Ziel, dem die Beziehung Hub $L =$ Durchmesser D am besten entspricht. An dieser Forderung braucht jedoch nicht streng festgehalten zu werden, da, verglichen mit dem günstigsten Verhältnis $L/D = 1$, beispielsweise bei einem Verhältnis $L/D = 8$ die auf die Raumeinheit zurückgeführte Oberfläche nur um etwa 40%, bei einem Verhältnis $L/D = \frac{1}{8}$ erst auf das Doppelte ansteigt. Bei geringen Abweichungen, z. B. für $L/D = 2$, wird die kleinste Oberfläche der Raumeinheit nur unbedeutend überschritten, so daß hier schon die Möglichkeit, den Zylindermantel besser zu kühlen als die Zylinderdeckel, bei Verdichtern mit am Deckel sitzenden Ventilen den Ausschlag gibt und eine mehr langhübige Maschine günstig erscheinen läßt. Sitzen dagegen die Ventile im Zylinderumfange, so gilt das Umgekehrte, und eine kurzhübige Maschine bietet Vorteile.

Ist nach diesen Gesichtspunkten für eine bestimmte Bauart das Verhältnis L/D festgelegt, so führt Verringerung der Drehzahl zu

Vergrößerung von Hub und gleichzeitig Durchmesser, wobei jedoch der Hub weniger zunimmt, als zuvor für gleichbleibendes D angenommen, die Kolbengeschwindigkeit also abnimmt. Alle Umstände wirken hierbei in gleicher Richtung: Die Verringerung der Drehzahl erhöht die Zeitdauer, die für den schädlichen Wärmeaustausch zur Verfügung steht, die Vergrößerung von Hub und Durchmesser führt zu einer Erweiterung der schädlichen Flächen. Wegen der verringerten Kolbengeschwindigkeit können hierbei allerdings die Ventilquerschnitte im Verhältnis zum Zylinderquerschnitt kleiner gehalten werden. Da jedoch diese Verminderung in demselben Maße erfolgt, wie die Verlängerung des Verdichtungsvorganges — umgekehrt dem Verhältnis der Drehzahl —, so ist eine Verminderung der durch die Ventilquerschnitte bedingten Undichtheitsverluste im ganzen nicht zu erwarten. Andererseits führt ein großer Kolbendurchmesser zu höherem Lässigkeitsverlust als ein kleiner, zumal wenn für das Überströmen von der einen nach der anderen Seite ein verlängerter Zeitraum zur Verfügung steht, so daß also, in jeder Richtung betrachtet, hohe Drehzahl Vorteile bietet.

Die Steigerung der Drehzahl wird vor allem durch die Rücksicht auf die Beherrschung der Trägheitskräfte und die damit in Zusammenhang stehenden Stöße beim Druckwechsel des Triebwerks begrenzt. Berücksichtigung der Beschleunigungskräfte führt zu einer bestimmten Umformung der durch das Überdruckdiagramm dargestellten Druckverhältnisse. Wenn angenommen wird, daß die hin- und hergehenden Massen, zurückgeführt auf die Einheit der Kolbenfläche, für eine bestimmte Verdichterbauart und einen bestimmten Arbeitsstoff unter den gerade gegebenen Druckverhältnissen gleichbleiben, so gilt für die Veränderung des Überdruckdiagramms durch die Trägheitskräfte ein und dieselbe Darstellung unter der Bedingung, daß das Produkt $L \cdot n^2$ für alle Größen der betreffenden Verdichterbauart gleichbleibt. Dies bedeutet, daß die Grenze der höchsten Drehzahl dadurch gegeben ist, daß der Wert $L \cdot n^2$ eine bestimmte Höchstzahl nicht überschreitet. Bei kleinen Verdichtern darf daher die Drehzahl nicht so weit gesteigert werden, wie das Festhalten an einer bestimmten Kolbengeschwindigkeit ergäbe, mit anderen Worten, die Kolbengeschwindigkeit wird bei kleinen Verdichtern geringer, als bei großen gleicher Bauart. Der Wert $L \cdot n^2$ kann als bezeichnend für die betreffende Verdichtergattung angesehen werden. Ist er hoch, so handelt es sich um schnellaufende Maschinen, ist er niedrig, um mäßiglaufende. Bei der Festlegung von $L \cdot n^2$ ist von dem unter Berücksichtigung der Trägheitskräfte entworfenen Überdruckdiagramm auszugehen und anzustreben, daß einerseits die Druckwechselverhältnisse günstig werden, andererseits durch die Trägheitskräfte im Hubbeginn kein höherer Druck auf das Triebwerk kommt, als er sich im Hubende aus dem höchsten Überdruck ergibt. Der Gang der Untersuchung ist der gleiche wie für alle mit Kurbeltrieb arbeitenden Maschinen, das Ergebnis von den Einzelheiten der Bauart abhängig. Werte von $L \cdot n^2 = 10000$ für schnellaufende Maschinen, $L \cdot n^2 = 5000$ für mäßiglaufende, dürften durchschnittlichen Verhältnissen entsprechen, wenn L in m und n als minutliche Drehzahl eingesetzt werden.

18. Antrieb.

Die Verwendung einer Dampfmaschine als unmittelbare Antriebskraft für den Verdichter tritt immer mehr gegenüber unmittelbarem oder mittelbarem elektrischen Antrieb zurück, nachdem neuerdings die Drehzahl der Verdichter eine erhebliche Steigerung erfahren hat. Dies gilt auch für solche Betriebe, bei denen neben dem Kraftbedarf der Kälteanlage noch ein Wärmebedarf in erheblicher Höhe zu decken ist, wie dies z. B. bei Brauereien, Molkereien, Kunstbutterfabriken und Schlachthöfen zutrifft. Für die Deckung des Wärmeverbrauchs wird in solchen Fällen entweder ein Hilfsdampfaggregat herangezogen, in dem der Kesseldampf unter Arbeitsleistung entspannt wird, wobei die Lieferung einer bestimmten Abwärme als primäre Forderung auftritt und die entfallende Kraft zu Nebenzwecken Verwendung findet, oder es wird die Dampfkraftanlage zur Gesamtstromversorgung herangezogen und der Wärmebedarf durch Anzapf- und Abdampf gedeckt. Die mehr oder minder zwangläufige Kupplung zwischen Kühlmaschine und Wärmeversorgung ist daher in beiden Fällen aufgegeben. Einen Grund hierfür bildet die mangelnde Übereinstimmung zwischen geforderter Wärmeleistung und verfügbarer Abdampfwärme während des Kühlbetriebes, wie sie z. B. bei öffentlichen Schlachthöfen dadurch bedingt ist, daß die Kühlung auch an den Tagen in Betrieb gehalten werden muß, an denen wenig oder keine Schlachtungen stattfinden. Eine Rückkehr zu dem früher häufigen Dampfantrieb ist wohl erst zu erwarten, wenn der Gedanke, eine Verdichterkühlanlage mit einer Absorptionskühlanlage zu vereinigen und die letzte mit Abwärme zu betreiben, in die Wirklichkeit umgesetzt wird.

Erfolgt der Antrieb von der Dampfmaschine durch unmittelbare Kupplung, so ist bei liegenden Maschinen und Nebeneinanderanordnung ein Ausgleich insofern nötig, als für den Verdichter der Rückwärtslauf, für die Dampfmaschine der Vorwärtslauf die günstigsten Schmierungsverhältnisse in der Geradführung ergibt. Bei gegenläufiger Verbindung wird diese Schwierigkeit vermieden. Antrieb des Verdichterzylinders durch die rückwärts verlängerte Dampfmaschinenkolbenstange ermöglicht leichtere Ausführung des Triebwerkes. Diesem Vorteile gegenüber geben jedoch im allgemeinen die Nachteile, Wärmeaustausch durch die gemeinsame Kolbenstange und Vergrößerung des schädlichen Raums, den Ausschlag. Ähnlich liegen die Verhältnisse bei Verbindung der beiderseits der Welle angeordneten und durch ein Kleinsches Maschinenelement verbundenen Dampf- und Verdichterzylinder. Hier ist der unmittelbare Wärmeaustausch allerdings in geringerem Maße zu befürchten. Die Verkürzung der Anlage gegenüber gegenläufiger Anordnung besitzt häufig, beispielsweise für Schiffskühlanlagen, besonderen Wert. Bei der in England und Amerika noch zu findenden Verbindung einer waagerechten Dampfmaschine mit einem stehenden Verdichter wird es möglich, einen günstigen Ausgleich der hin- und hergehenden Massen zu schaffen.

Die mit Verdichter ausgestattete Kälteanlage ergibt günstige Bedingungen für den Anschluß an elektrische Sammelnetze, vor allem deshalb, weil größte Belastung und größter Arbeitsbedarf in der Regel während der heißen Jahreszeit auftreten. Bezüglich der Belastung durch Licht ergeben sich die umgekehrten Verhältnisse, so daß die Vereinigung beider Bedarfsfälle zu einem Ausgleich der Belastungsschwankungen führt. In der Regel bietet es keine Schwierigkeit, während gewisser Sperrstunden in den Wintermonaten die Kälteanlage stillzusetzen. Ein weiterer Vorteil für das kraftliefernde Werk liegt darin, daß der Stromverbrauch der Kälteanlage während des Betriebes wenig schwankt. Bei den Stromlieferungsverbänden dringt das Verständnis für die

Abb. 69. Zwillings-Ammoniakzweistufenverdichter mit elektrischem Antrieb (Sulzer).

Eigenart der Kälteanlage bei Kupplung an bestehende Elektrizitätswerke allmählich durch, Entgegenkommen in Tariffragen bis zur Grenze des Möglichen ist jedoch noch nicht zur Regel geworden, obwohl bei wenig anderen Betrieben die Möglichkeit, Überschußkraft wirtschaftlich auszunutzen, so klar liegt wie gerade hier. Bei Eisfabriken führte die Forderung, Kristalleis herzustellen, zur Wahl des Dampfantriebes. Er wurde zugunsten des elektrischen Antriebes in dem Maße aufgegeben, in dem die Eiserzeugung aus Rohwasser die Oberhand gewann. Auch hier ist erforderlich, daß durch günstige Strompreise der Anreiz zur Eigenkrafterzeugung genommen wird.

Der elektrische Antrieb hat sich bei Kühlmaschinen jeder Abmessung durchgesetzt. Die in Abb. 69 (Sulzer) dargestellte Kühlanlage mit Zwillings-Ammoniakverbundverdichter von 8000000 kcal/h Gesamtleistung wird durch einen Elektromotor angetrieben. Maschinen mittlerer Größe mit unmittelbar gekuppeltem Motor nach dem Vorbilde der Kohlensäureanlage der Abb. 70 (Freundlich) haben sich zuerst für Schiffskühlzwecke eingeführt, nachdem hier Einzeldampfmaschinen für die Hilfsantriebe mehr und mehr aufgegeben wurden. Für kleinste Leistungen ist der unmittelbare elektrische Antrieb unbedingt das Gegebene, zumal er die in Abb. 49 verwirklichte Möglichkeit gibt, den Antrieb im Getrieberaum unterzubringen und damit die Stopfbüchse entbehrlich zu machen. Es ist auffallend, daß kleinste Verdichter überwiegend noch mittelbar durch Motor, meist unter Verwendung geräuschlos laufender Keilriemen, Abb. 52, angetrieben werden, weil die Drehzahlen von Verdichter und Motor nicht übereinstimmen. In dieser Beziehung dürfte das letzte Wort noch nicht gesprochen sein.

Abb. 70. Kohlensäureverdichter für elektrischen Antrieb (Freundlich).

Bei kleinsten Kühlanlagen bietet der elektrische Antrieb den besonderen Vorzug, daß die Anlage leicht für selbsttätiges Stillsetzen und Wiederanlaufen ausgebildet und daher für Tag- und Nachtbetrieb bemessen werden kann, ohne daß es hierzu eines besonderen Bedienungsaufwands bedarf. Hierbei läßt sich auch der billige Nachtstrom ausnutzen. In dieser Hinsicht darf jedoch keine übertriebene Hoffnung Platz greifen, da die Maschinen auch tagsüber laufen müssen, um unzulässige Temperaturschwankungen zu vermeiden. Der Verbrauch an Tagesstrom wird daher überwiegen. Anders liegen die Verhältnisse bei Großkühlanlagen, soweit sie vorzugsweise der Kühllagerung dienen. Bei zweckentsprechender Bauweise bietet es hier keine Schwierigkeit, den Betrieb auf die Nachtstunden zu beschränken.

Bei elektrischem Antrieb empfiehlt es sich, den Motor nicht höher zu sichern, als dem vorübergehend beim Durchlaufen des ungünstigsten Verdampfdruckes sich ergebenden größten Arbeitsbedarf entspricht, um bei unzulässiger Drucksteigerung ein zusätzliches Unfallverhütungsmittel zu haben. Diese Maßnahme versagt allerdings, wenn mehrere

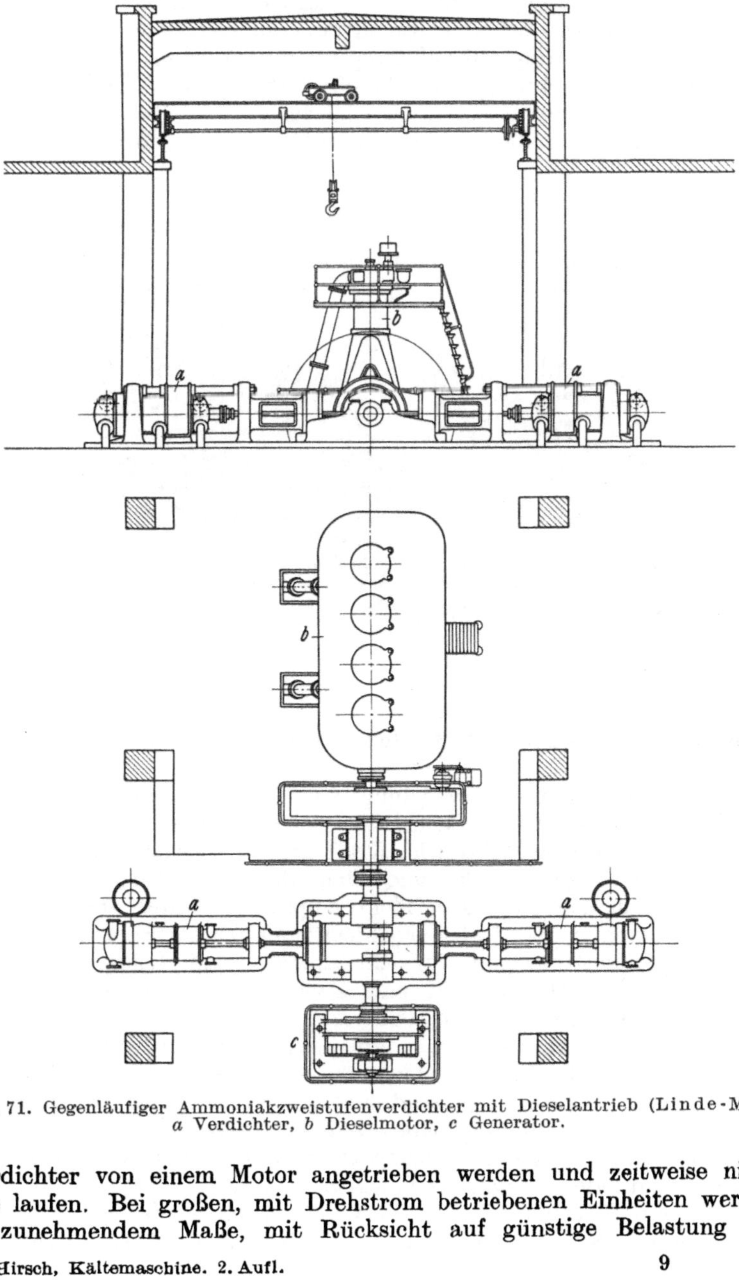

Abb. 71. Gegenläufiger Ammoniakzweistufenverdichter mit Dieselantrieb (Linde-MAN) *a* Verdichter, *b* Dieselmotor, *c* Generator.

Verdichter von einem Motor angetrieben werden und zeitweise nicht alle laufen. Bei großen, mit Drehstrom betriebenen Einheiten werden in zunehmendem Maße, mit Rücksicht auf günstige Belastung des

Netzes, kompensierte Motoren verwandt. Kleinste Verdichtermotoren mit einer Leistung bis 1 kW sollen bei zweipoligem Anschluß als Repulsionsmotoren ausgebildet sein, um störungsfreien Anlauf unter Belastung zu sichern. Bei Anlagen mit selbsttätigem Anlauf bildet diese Ausführung die Regel. Schalter, Schützen, Anlasser und Regler sind in gekapselter Ausführung mit Ölfüllung zu wählen, wenn die angetriebene Kühlanlage einen brennbaren Arbeitsstoff enthält. Der elektrische Antrieb bietet dadurch einen besonderen Vorzug, daß das Abstellen im Gefahrenfalle außerhalb des Maschinenraums durch Betätigung

Abb. 72. Stehender Mehrzylinder-Ammoniakverdichter mit Dieselantrieb (Haslam).

eines auf einen Schütz arbeitenden Druckknopfes oder eines Schalters möglich ist.

Das Feld für die Verwendung von Verbrennungskraftmaschinen zum Verdichterantrieb ist naturgemäß enger begrenzt und auf die Fälle beschränkt, in denen elektrische Kraft nicht preiswert oder überhaupt nicht zur Verfügung steht und eine Dampfkraftanlage wegen des fehlenden Wärmebedarfs sich nicht empfiehlt. Unter diesen Voraussetzungen kommt die fast ausnahmslos als Dieselmotor ausgebildete Verbrennungskraftmaschine für Kälteanlagen jeder Leistung in Frage. Abb. 71 (Linde-MAN) stellt eine Zwillings-Ammoniakverbundanlage mit einer Leistung von 3000000 kcal/h und einem Dieselmotor von 1500 PSe dar, dem neben der Versorgung des Verdichters auch die Erzeugung der für die Nebenantriebe benötigten elektrischen Energie zufällt. Abb. 72 (Haslam) zeigt eine Anlage mittlerer Leistung. Die hier gewählte Verbindung eines aufrechtstehenden Verdichters mit einem gleichfalls aufrechtstehenden Dieselmotor bietet bei beschränkten Raumverhältnissen Vorteile. Schließlich gibt Abb. 73 (Dairy Refrigeration) ein Beispiel für die Verwendung einer Verbrennungskraftmaschine bei Kühlanlagen kleinster Leistung. In dieser Ausführung wird die Maschine unabhängig von fremder Energieversorgung und beispielsweise für abseits liegende Milchwirtschaften besonders geeignet.

Bei mit Verdichter ausgestatteten Kühlanlagen ist es stets vorteilhaft, eine Hilfsmaschine für Umlauf von Sole und Luft, Beleuchtung u. dgl. vorzusehen, um außerhalb des vollen Betriebs, an Stelle schlecht belasteter Hauptmaschinen, eine wirtschaftlich arbeitende Hilfsgruppe zu erhalten. Bei Dampfanlagen kann hierbei die Frage auftauchen, die Hilfsgruppe als Elektromotor, unter Bezug des Stroms, zu wählen, um mit möglichst wenig Bedienungsmannschaft auszukommen.

Abb. 73. Kleinkühlanlage mit Antrieb durch Benzinmotor (Dairy Refrigeration).

Die erörterten Ausführungsformen können und wollen nicht alle möglichen Fälle erschöpfen. Die Frage der Antriebsart ist in erster Linie eine wirtschaftliche und läßt sich nur von Fall zu Fall unter Würdigung der örtlichen Verhältnisse lösen. Durch sie wird auch häufig die Entscheidung getroffen, ob an Stelle der Verdichteranlage eine Absorptionsanlage Verwendung finden soll, wenn Abfallwärme mit genügendem Temperaturgefälle zur Verfügung steht. Bei reinen Eisfabriken ergibt sich eine besondere Beweglichkeit und Anpassungsfähigkeit an die Verhältnisse durch Schaffung von Eislagern, womit die Größe der Kälteanlage dem mittleren Jahresbedarf angenähert und gegebenenfalls ein günstiger Ausgleich mit einer Kraft- oder Wärmeanlage geschaffen werden kann.

19. Fundierung.

Der für Kühlzwecke dienende Verdichter stellt bezüglich Ausführung der Fundierungen gegenüber anderen gleichartigen Maschinen keine besonderen Ansprüche. Müssen die Fundierungen unausgeglichene

Kräfte aufnehmen, so sind sie entsprechend zu armieren. Der in vielen Fällen auftretenden Forderung, die Ausbreitung von Erschütterung und Geräusch in die Umgebung zu verhüten, wird durch Einfügung druckfester Korkplatten zwischen Untergrund und Fundamentblock sowie einen rings um das Fundament laufenden Luftspalt entsprochen. Bei kleinen Einheiten kommt statt dessen, oder auch als zusätzliche Maßnahme, die Einfügung von Schwingungsdämpfern zwischen Maschine und Fundament in Betracht. Die Schwingungen werden hierbei durch Druckfedern ausgeglichen. Schließlich kann bei Schrankkühlanlagen das ganze Maschinenaggregat unter Einfügung von Zugfedern an den Schrankwänden aufgehängt werden.

Bei Kühlanlagen kleinster Leistung, die zur Versorgung eines mit dem Gebäude fest verbundenen Kühlraumes dienen, also nicht etwa gleichzeitig mit einer schrankartig ausgebildeten, beweglichen Kühlanlage geliefert werden, ist der Zusammenbau zu einem geschlossenen Aggregat wünschenswert, um die Aufstellungsarbeiten zu verringern. Sind in solchen Fällen alle freien Kräfte ausgeglichen, so kann nach Abb. 52 das Ganze auf ein loses Gestell aufgebaut, also auf ein besonderes Fundament verzichtet werden.

20. Leistungsregelung.

Gestattet es der Antrieb, so bietet sich als einfachstes Mittel der Leistungsregelung Veränderung der Drehzahl. Ist sie nicht möglich, so kann Verminderung der Verdichterleistung bei gleichbleibender Drehzahl auf verschiedene Weise bewirkt werden:

Sind mehrere Zylinder vorhanden, so kann einer durch Öffnung eines Umführungsventils, das Saug- und Druckseite außerhalb des Zylinders verbindet, ausgeschaltet werden. Die im Saughub eingezogenen Gase werden beim Druckhub durch die Umführungsleitung in die Saugleitung zurückgefördert, wobei der Verflüssiger durch das Hauptabsperrventil oder besser durch ein Rückschlagventil abgeschlossen bleibt. Um der starken Überhitzung der hin- und herpendelnden Gase zu begegnen, kann Hilfseinspritzung in den Zylinder vorgesehen werden. Ähnlich läßt sich bei einem doppeltwirkenden Zylinder eine Seite ausschalten, wenn beide Seiten mit gesonderten Saug- und Druckleitungen versehen sind.

Im allgemeinen dienen die beiden beschriebenen Anordnungen nur dazu, beim Anlassen den Antrieb zu entlasten. Alsdann bleibt nach Abb. 55 das Absperrventil der Saugseite geschlossen, bis der Verdichter auf Leistung geschaltet ist, während das Absperrventil der Druckseite von vornherein geöffnet wird.

Handelt es sich um eine Leistungsminderung für längere Zeit, so bietet künstliche Vergrößerung des schädlichen Raums durch Hinzufügung eines oder mehrerer abschaltbarer Zusatzräume, z. B. nach Abb. 74 (Linde), ein besseres Mittel. Bei vollständig zurückgezogenem Ventil ist der innere Zuschaltraum allein, in mittlerer Stellung des Ventils auch der äußere wirksam. Die Anordnung des Ventils an tiefster

Stelle verhütet Ansammlung von Flüssigkeit in den Zuschalträumen. Die Zuschalträume können so bemessen werden, daß die betreffende Zylinderseite nicht vollkommen ausgeschaltet ist, sondern nur mit verminderter Leistung arbeitet. Hieraus ergibt sich der Vorteil, daß die kalten Ansaugegase ständig den Zylinder durchspülen und unzulässige Überhitzung vermeiden. Um übermäßigen Durchströmwiderständen zu begegnen, ist auf genügende Bemessung des Anschlußquerschnitts besonders zu achten.

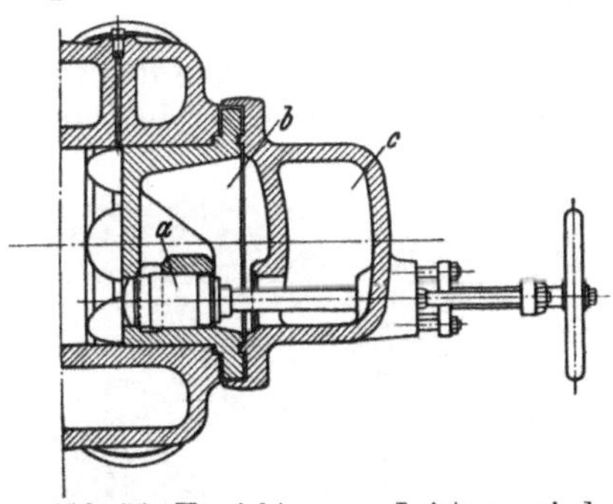

Abb. 74. Vorrichtung zur Leistungsminderung (Linde). *a* Kolbenventil, *b* innerer Zuschaltraum, *c* äußerer Zuschaltraum.

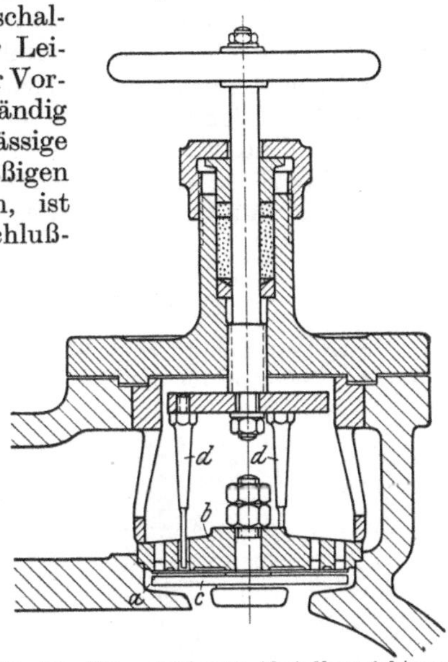

Abb. 75. Saugventil mit Abstellvorrichtung (I. Brünner). *a* Ventilplatte, *b* Ventilsitz, *c* Ventilfänger, *d* Abdrückvorrichtung.

Von der Möglichkeit, die Saugseite abzusperren, wird deshalb kaum Gebrauch gemacht, weil die Druckventile nicht als vollkommen dicht angesehen werden können, daher geringe Mengen heißer Gase unter allmählicher starker Erhitzung hin- und herpendeln würden. Dagegen werden häufig die Saugventile ständig offen gehalten, beispielsweise dadurch, daß nach Abb. 41 die Ventilkegel, bzw. nach Abb. 75 (I. Brünner) die Ventilplatten aufgedrückt bleiben. (Dies ist nur dann möglich, wenn sie

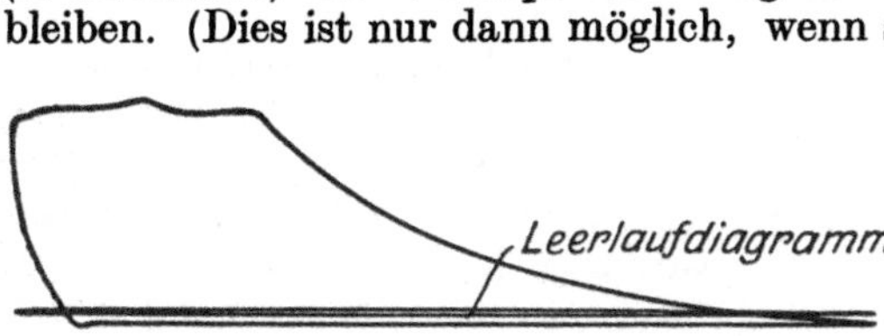

Abb. 76. Arbeits- und Leerlaufdiagramm bei abstellbaren Saugventilen.

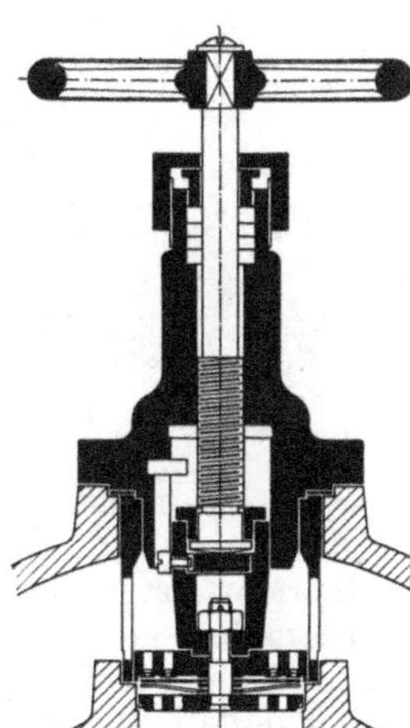

Abb. 77. Saugventil mit Abhebevorrichtung (Sulzer).

in offenem Zustande nicht in den vom Kolben durchlaufenen Raum hineinragen.) Temperatursteigerung läßt sich hierbei nicht vermeiden,

sie bleibt jedoch in zulässigen Grenzen, weil im allgemeinen die Wärmeabführung durch die nächstliegenden Teile der Saugleitung genügt. Bei dieser Regelweise verschwindet nach Abb. 76 das Arbeitsdiagramm bis auf eine Fläche, die nahezu mit einer Linie gleichen Drucks zusammenfällt. Sie liegt höher als die Ansauglinie im Betriebe, weil die Verdampferleistung und damit das Temperaturgefälle gegenüber dem Kälteträger wegfällt. Grundsäzlich gleich ist die Wirkungsweise bei der Ausführung nach Abb. 77 (Sulzer). Hierbei wird das ganze Saugventil vom Sitz abgehoben und der Durchflußwiderstand besonders klein gehalten.

21. Verbundverdichtung.

Zuweilen läßt es sich ermöglichen, Anlagen mit Verbundverdichtung unter Verwendung eines doppeltwirkenden Verdichters einstufiger

Abb. 78. Gegenläufiger Ammoniakzweistufenverdichter (A. S. Atlas).

Bauweise zu schaffen, dessen Saug- und Druckseiten alsdann zu trennen sind. Dieser Fall, der einem Verhältnis der Förderleistung von 1:1 entspricht, ist z. B. dann gegeben, wenn neben einem Niederdruckverdampfer ein Hochdruckverdampfer kleiner Leistung vorhanden ist und die Verhältnisse sich so abstimmen lassen, daß die vom Hochdruckverdampfer kommenden Gase zusammen mit den auf den gleichen Druck vorverdichteten Gasen des Niederdruckverdampfers gerade der Förderleistung der einen Zylinderseite entsprechen. Eine ähnliche Schaltung ergibt sich, wenn nach Abb. 78 (A. S. Atlas) von zwei doppeltwirkenden Verdichterzylindern der eine ganz, der andere zur Hälfte als Niederdruckstufe, die restliche Hälfte des zweiten als Hochdruckstufe arbeiten. Bei gleichen Abmessungen der Zylinder und gleicher Drehzahl verhalten sich hierbei die Förderleistungen wie 3:1, was bei

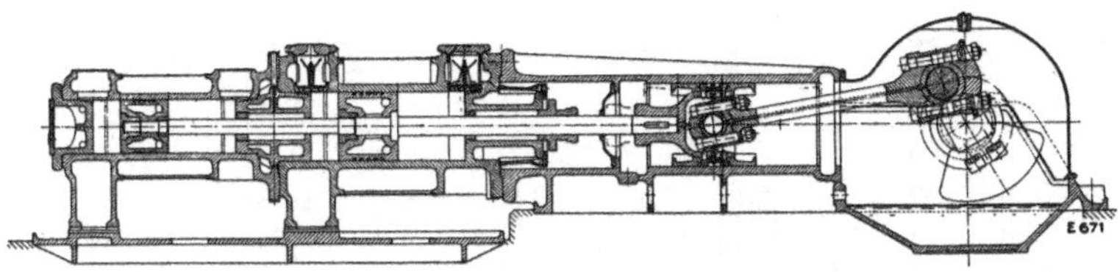

Abb. 79. Liegender Ammoniakzweistufenverdichter mit hintereinanderliegenden Zylindern (Escher Wyss).

hohem Druckgefälle dem Bestwert entsprechen kann. Die Hochdruckseite liegt hierbei außen, um die Stopfbüchse zu entlasten.

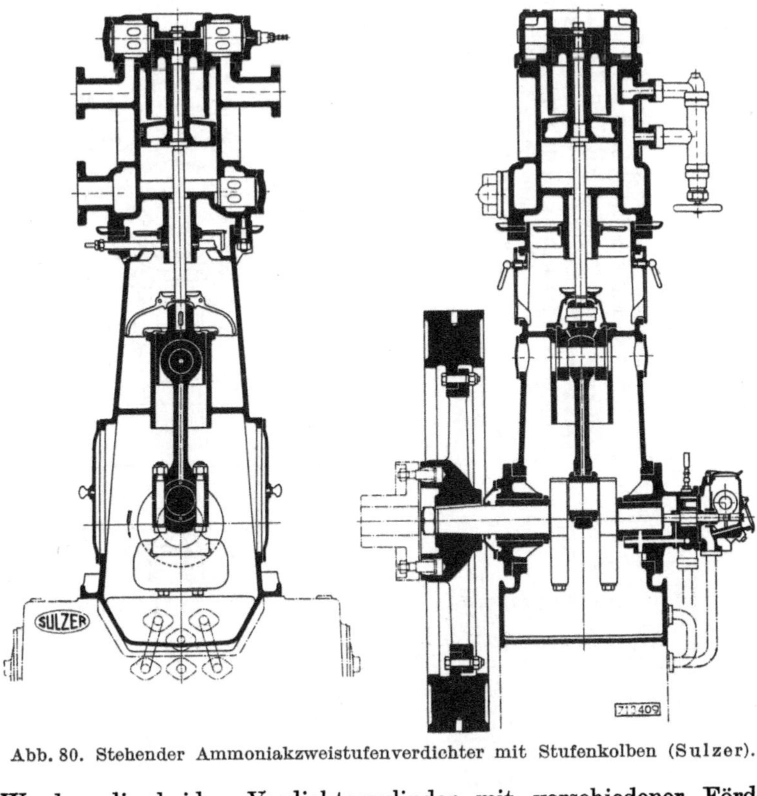

Abb. 80. Stehender Ammoniakzweistufenverdichter mit Stufenkolben (Sulzer).

Werden die beiden Verdichterzylinder mit verschiedener Förderleistung ausgeführt, so läßt sich der im bestimmten Falle günstigste Zwischendruck nach Belieben einhalten. Bei Hintereinanderanordnung zweier Zylinder mit verschiedenen Durchmessern wird auf Zugänglichkeit der Zwischenstopfbüchse in der Regel verzichtet, da Undichtheiten

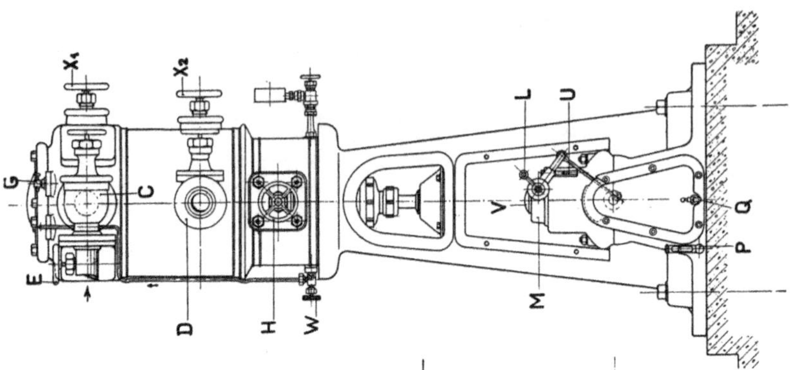

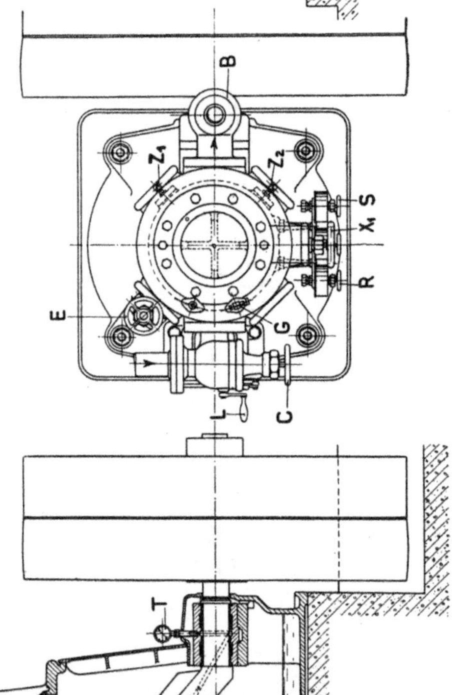

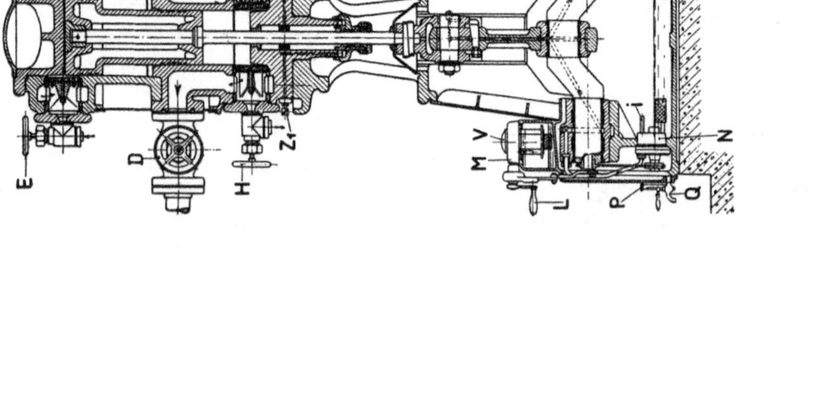

Abb. 81.

Stehender Ammoniakzweistufenverdichter mit Stufenkolben (Escher Wyss).

B Aufnehmer, *C* Saugabsperrventil, *D* Druckabsperrventil, *E* Lufteinlaßventil, *G* Zylinderschmierung, *H* Luftauslaßventil, *L* Hilfskurbel für Schmierpumpe, *M* Schmierpumpe für Zylinder, *N* Schmierpumpe für Getriebe, *P*, *U* Ölstand, *Q* Ölablaß, *R*, *S* Druckmesser, *T* Öldruckmesser, *V* Ölbehälter, *W* Stopfbüchsenabsaugung, X_1, X_2 Umführungsventile, Z_1, Z_2 Stopfbüchsschmierung.

sich äußerlich nicht störend bemerkbar machen. Um innere Verluste zu vermeiden, ist jedoch besonders sorgfältige Ausbildung, wie selbsttätige Nachspannung, Druckschmierung und äußere Kühlung, zu fordern. Wird nach Abb. 79 (Escher Wyss) wie üblich der Niederdruckzylinder dem Kreuzkopf zunächst angeordnet, so wird der höchste Druck von der äußeren Stopfbüchse ferngehalten, dafür aber in Kauf genommen, daß sich der Niederdruckkolben nur nach Entfernung des Hochdruckzylinders ausbauen läßt.

Neuerdings werden in zunehmendem Maße Einzylinderverdichter mit Stufenkolben für Verbundwirkung verwendet. Greift die Kolbenstange nach Abb. 80 (Sulzer) an dem Niederdruckkolben an und ist

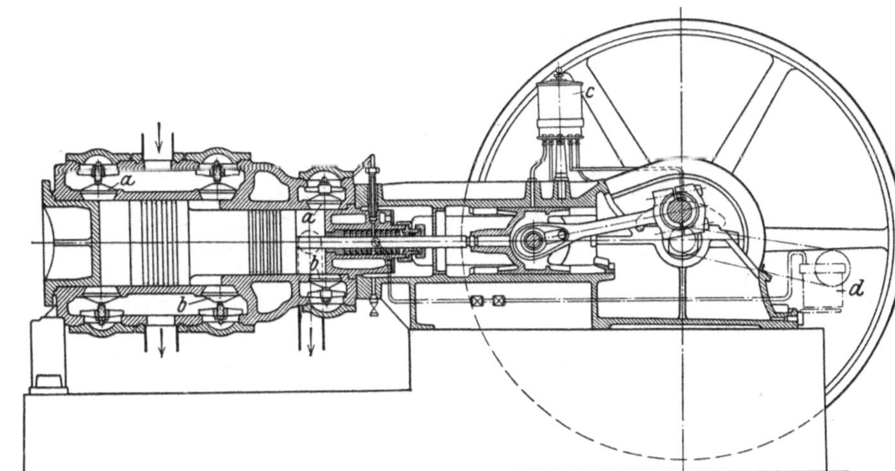

Abb. 82. Liegender Ammoniakzweistufenverdichter mit Stufenkolben (Freundlich). *a* Saugventil, *b* Druckventil, *c* Sammelschmierung für Triebwerk, *d* Sammelschmierung für Zylinder.

der Raum zwischen beiden Kolbenteilen mit der Niederdrucksaugseite verbunden, so müssen die Hochdruckkolbenringe gegen den größten Druckunterschied dichten. Beim Hochgang des Kolbens wirkt die gleiche Kolbenkraft wie bei einem einstufigen doppeltwirkenden Zylinder mit einem Durchmesser gleich dem des Hochdruckzylinders. Beim Niedergang des Kolbens tritt, wenn von den Trägheitskräften abgesehen wird, der Druckwechsel verspätet auf, weil zunächst der Überdruck von oben überwiegt. Günstige Verteilung der Triebwerkskräfte, Verringerung der Wandungseinflüsse und der inneren Undichtheiten auf der Niederdruckseite, schließlich Fernhaltung hoher Drücke von der Stopfbüchse geben dieser Bauweise auch dann Berechtigung, wenn, unter Verzicht auf Zwischenkühlung, die vorverdichteten Gase durch eine Umführungsleitung unmittelbar der Hochdruckstufe zugeführt werden. Nach Abb. 80 wird die Schwierigkeit des Kolbenausbaus dadurch umgangen, daß der Hochdruckteil des Zylinders gleichzeitig mit dem Deckel entfernt werden kann. Dies erübrigt sich, wenn umgekehrt nach

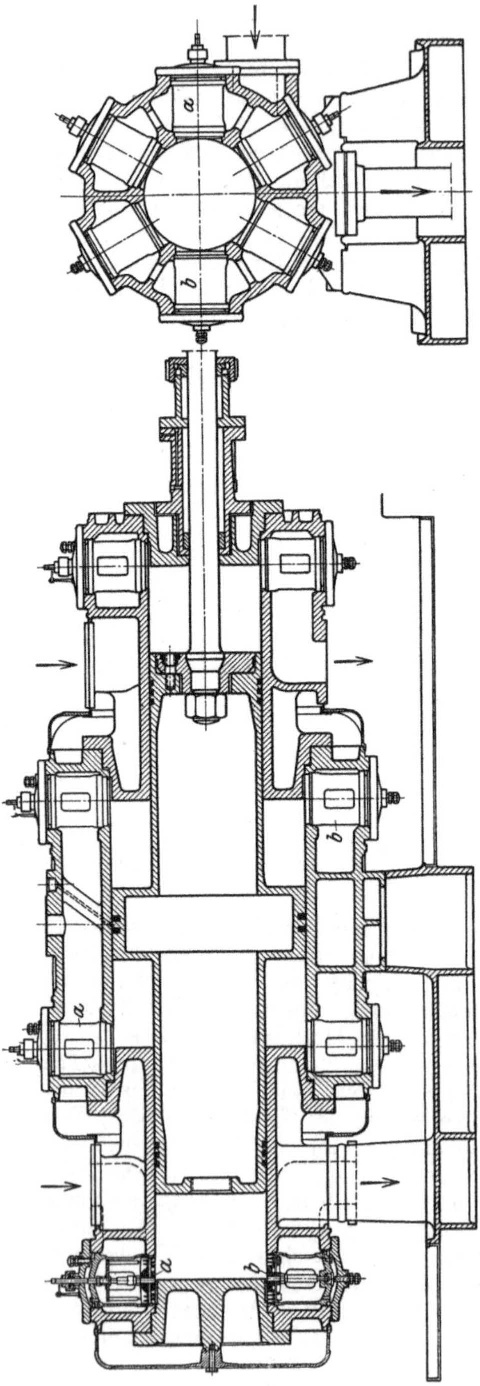

Abb. 83. Liegender Ammoniakzweistufenverdichter mit doppelt abgestuftem Kolben (A. S. Atlas). *a* Saugventile, *b* Druckventile.

Abb. 81 (Escher Wyss) die Kolbenstange an der Hochdruckseite des Kolbens angreift. Der durch die Abstufung des Kolbens gebildete Ringraum steht unter Niederdruck.

Wird nach Abb. 82 (Freundlich) der Ringraum zur Niederdruckseite geschaltet, so ergibt sich eine günstigere Ausnutzung des aufgewandten Baustoffes, insbesondere wenn das Druckgefälle hoch, der Hochdruckkolben infolgedessen verhältnismäßig klein ist. Die an sich mögliche Ausbildung des Ringraums als Hochdruckseite, der beiden Stirnflächen des Kolbens als Niederdruckseite kommt trotz des Vorteils einer entlasteten Stopfbüchse wegen der Verwicklung der Leitungsanschlüsse kaum in Frage.

Bei Kohlensäureverdichtern bildet häufig die verhältnismäßig dicke Kolbenstange die natürliche Abstufung, die äußere Kolbenseite arbeitet als Niederdruck-, der zwischen Kolben und Kolbenstange gebildete Ringraum als Hochdruckstufe.

Tritt kein Druckwechsel im Gestänge auf, so wird zum mindesten während der Hälfte einer Umdrehung keine Arbeit durch die Welle zugeführt. Die Arbeitseinleitung erfolgt ungleichmäßig. Dem ruhigeren Gang des Verdichters steht ein ungünstiger Antrieb gegenüber, außerdem werden die zu übertragenden Höchstkräfte größer. Steht der nicht arbeitende Raum unter dem Saugdruck der Niederdruckstufe, so läßt sich durch entsprechende Abstufung erreichen, daß die beim Hin- und Hergang auftretenden höchsten Kolbenkräfte gleich sind. Es wäre jedoch verfehlt, den hiermit gesicherten Vorteil eines leichten Triebwerks und eines gleichmäßig beanspruchten Antriebs zu überschätzen. Die Rückwirkung auf den Antrieb läßt sich durch entsprechende Bemessung der Schwungradmassen ausgleichen. Die Stärke des Triebwerks wird um so mehr durch die zu übertragende mittlere Arbeit und um so weniger durch die auftretenden Höchstdrücke bedingt, je schneller der Verdichter läuft, je mehr daher die Ableitung der Reibungswärme in den Vordergrund tritt. Die Abstufung der Kolbenfläche soll daher vorzugsweise nach wirtschaftlichen und betriebstechnischen Gesichtspunkten derart erfolgen, daß die Arbeitsersparnis durch Verbundwirkung den Höchstwert erreicht und die auf beiden Seiten auftretenden höchsten Temperaturen niedrig bleiben.

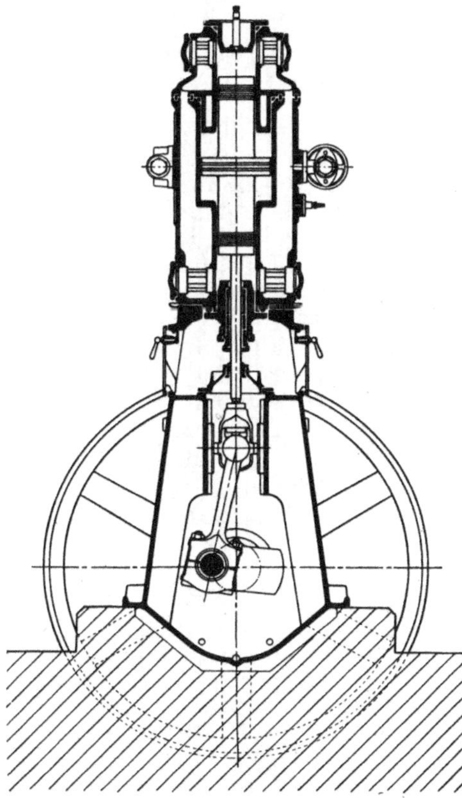

Abb. 84. Stehender Ammoniakzweistufenverdichter mit doppelt abgestuftem Kolben (Sulzer).

Bei großen Leistungen ist die volle Ausnutzung des Zylinderraumes angebracht. Die Möglichkeit hierfür bietet doppelte Abstufung des Kolbens nach Abb. 83 (A. S. Atlas). Sie löst auch die Aufgabe, gleiche Kolbenkräfte beim Hin- und Rückgang mit beliebiger Abstufung einzuhalten. Die Ansprüche an die Werkstatttechnik sind bei liegenden Maschinen dieser Bauweise besonders hoch. Bei stehender Ausführung nach Abb. 84 (Sulzer) werden sie geringer, weil der Durchhang des langen Kolbens wegfällt.

Der doppelt abgestufte Kolben stellt die geeignete Form für Dreifachverbundverdichter dar. Die äußere Kolbenfläche bildet hierbei in der Regel nach Abb. 85 (Escher Wyss) die Hochdruckstufe. Wie Mitteldruck und Hochdruck auf die übrigen Flächen verteilt werden, bleibt dem einzelnen Falle überlassen. Beispielsweise kann die innere Kolbenfläche als Niederdruckstufe, der eine Ringraum als Mitteldruckstufe wirken und der zweite Ringraum unter dem Saugdruck der Nieder- oder Mitteldruckstufe stehen, oder es können beide Ringräume oder auch nur einer als Niederdruckstufe arbeiten. Bei der doppelten Abstufung des Kolbens ergeben sich beträchtliche Zylinderlängen. Die großen Gewichte müssen durch Unterstützungen aufgenommen werden. Mit Rücksicht auf die Längendehnung sind gleitende Flächen am Platze.

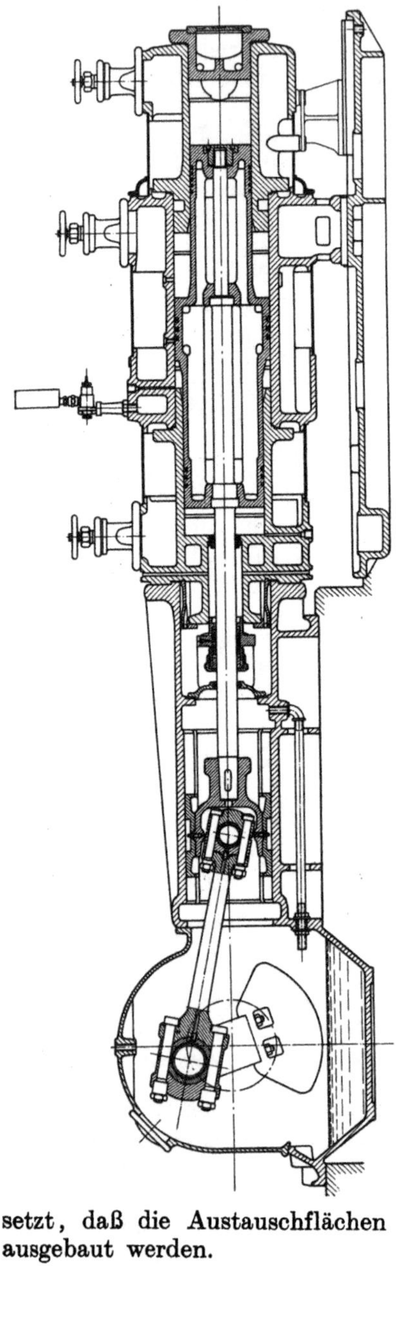

Abb. 85. Liegender Ammoniak-Dreistufenverdichter mit doppelt abgestuftem Kolben (Escher Wyss).

In der ursprünglichen Ausführung des Verdichters nach dem Vorschlage von Voorhees tritt zu den selbsttätigen Arbeitsventilen ein vom Kolben mechanisch gesteuertes Ventil, das im Hubende die Hochdrucksaugseite öffnet, wobei gleichzeitig ein Rückschlagventil die Niederdrucksaugseite schließt. In anderer Ausführung erfolgt das Nachströmen der Hochdruckdämpfe nach Abb. 42 durch Schlitze, die der Kolben im Hubende freigibt. Verglichen mit dem gesteuerten Einlaßventil verringert sich hierbei die Förderleistung im Verhältnis der Schlitzbreite zur Hublänge.

Die Veränderung des schädlichen Raumes bietet bei mehrstufigen Verdichtern eine bequeme Möglichkeit, das Stufenverhältnis während des Betriebes wechselnden Verhältnissen anzupassen.

Bisweilen bietet die nachträgliche Vorschaltung einer Niederdruckstufe ein einfaches Mittel, um die Leistung einer Anlage wesentlich zu erhöhen. Hand in Hand hiermit geht eine der Stufenteilung entsprechende Arbeitsverbesserung, vorausgesetzt, daß die Austauschflächen der Leistungserhöhung entsprechend ausgebaut werden.

22. Kreiselverdichter (Turbogebläse).

Bei Verwendung von Turbogebläsen als Verdichter werden vor allem die Wandungseinflüsse dadurch vermindert, daß die einzelne Gruppe von Rädern und Gehäuseringen jeweils nur mit Gasen nahezu gleichbleibender Temperatur in Berührung kommt. Außerdem ergibt sich hierbei von selbst die Möglichkeit vielstufiger Verdichtung und, nach Erreichung einer Gastemperatur in Höhe der Kühlwassertemperatur,

Abb. 86. Dichloräthylen-Kühlanlage mit elektrisch angetriebenem Kreiselverdichter (Carrier).

mehrfacher Zwischenkühlung. Bei Anlauf mit geschlossener Druckabsperrung ist kein Zerknall möglich, da der höchsterreichbare Enddruck durch die Drehzahl begrenzt ist. Ein weiterer Vorzug besteht in dem Wegfall der Schmierung, daher dauerndem Reinbleiben des Inneren von Verdampfer und Verflüssiger. Trotzdem hat es überraschend lange gedauert, bis die Anwendung von Kreiselverdichtern zur Tatsache geworden ist. Eine der Ursachen liegt darin, daß die für Kaltdampfanlagen üblichen Arbeitsstoffe nur in bestimmten Grenzen hierfür verwendbar sind. Kreiselverdichter eignen sich nur für große Förderleistungen, da sonst innere Lässigkeit und Reibung den Wirkungsgrad verschlechtern, außerdem die Durchflußquerschnitte zu eng und schließlich unausführbar werden. Drehzahl und Druckverhältnis des Einzelrades bestimmen die untere Grenze der Förderleistung, das gesamte Druckverhältnis ist maßgebend für die nötige Stufenzahl. Ein Arbeitsstoff eignet sich daher für Verdichtung durch Turbogebläse in bestimmten Fällen um so mehr, je höher die für die geforderte Kälteleistung nötige

Förderleistung und je niedriger das durch das vorliegende Temperaturgefälle bedingte Druckverhältnis sich ergeben.

Während in Europa Kreiselverdichter für Kühlzwecke nur vereinzelt angewandt werden, haben sie in den Vereinigten Staaten durch Carrier für die Bewetterung von Versammlungs- und Arbeitsräumen große Bedeutung gewonnen, und zwar insonderheit durch Anwendung von Dichloräthylen, neuerdings auch Methylenchlorid als Arbeitsstoff. Der Verdichter arbeitet hierbei mit 4 bis 6 Stufen. Die Ausführung erfolgt nach Abb. 86 (Carrier) in der Regel für Antrieb durch Elektromotor

Abb. 87. Ammoniakkreiselverdichter (BBC).

unter Zusammenbau von Verdichter, Verflüssiger und Verdampfer zu einer raumsparenden Gruppe, mit der auch die benötigten Umlaufpumpen verbunden werden. Die durch Öl abgedichtete Stopfbüchse des Verdichters steht unter Luftleere. Eindringende Fremdgase werden ständig aus dem Verflüssiger abgesaugt. Da der Wert $\varkappa = \frac{c_p}{c_v}$ bei den verwandten Arbeitsstoffen niedrig liegt, tritt bei der Verdichtung nur eine geringe Überhitzung auf. Zwischenkühlung ist daher entbehrlich.

Voigt[1] beschreibt ein von BBC Baden hergestelltes Ammoniakturbogebläse, das bei — 15° Verdampf-, 30° Verflüssigungstemperatur, 6000 U. p. M. 6 000 000 kcal/h leistet und hierbei 2 365 PS aufnimmt. Die Leistung ist in den weiten Grenzen von 3 000 000 bis 8 000 000 kcal/h regelbar, wobei die Drehzahl zwischen 5400 und 6750 U. p. M. wechselt und die weitergehende Änderung durch Diffusorregelung vorgenommen wird. Der Antrieb erfolgt durch Dampfturbine, deren Niederdruckteil abkuppelbar ist. Der Verdichter ist dreigehäusig, das dritte (Hochdruck-)

[1] Voigt: Kompressoren für große Kälteleistungen. Z. VDI 1927.

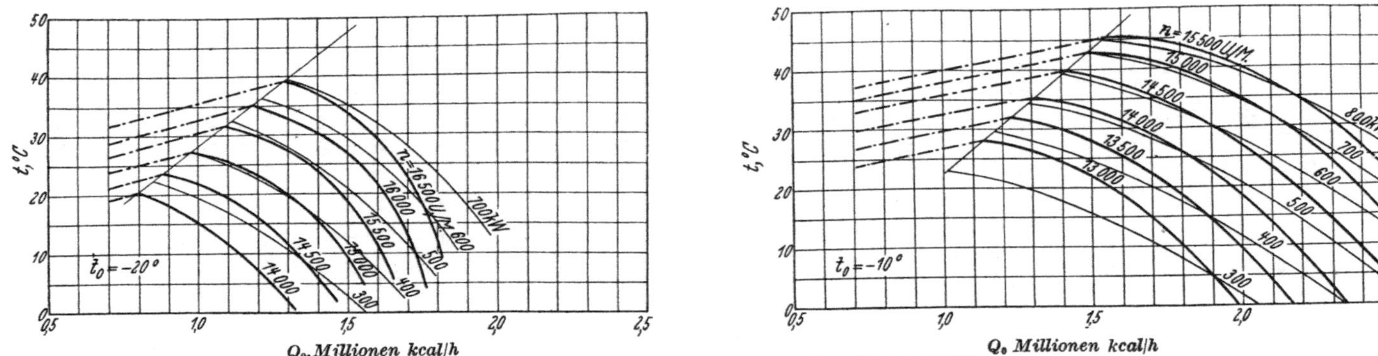

Abb. 88. Kennlinien für Ammoniakkreiselverdichter (BBC).
——— Linien gleicher Drehzahl, ——— Linien gleicher Leistungsaufnahme,
—·—·— Diffusorregulierung.

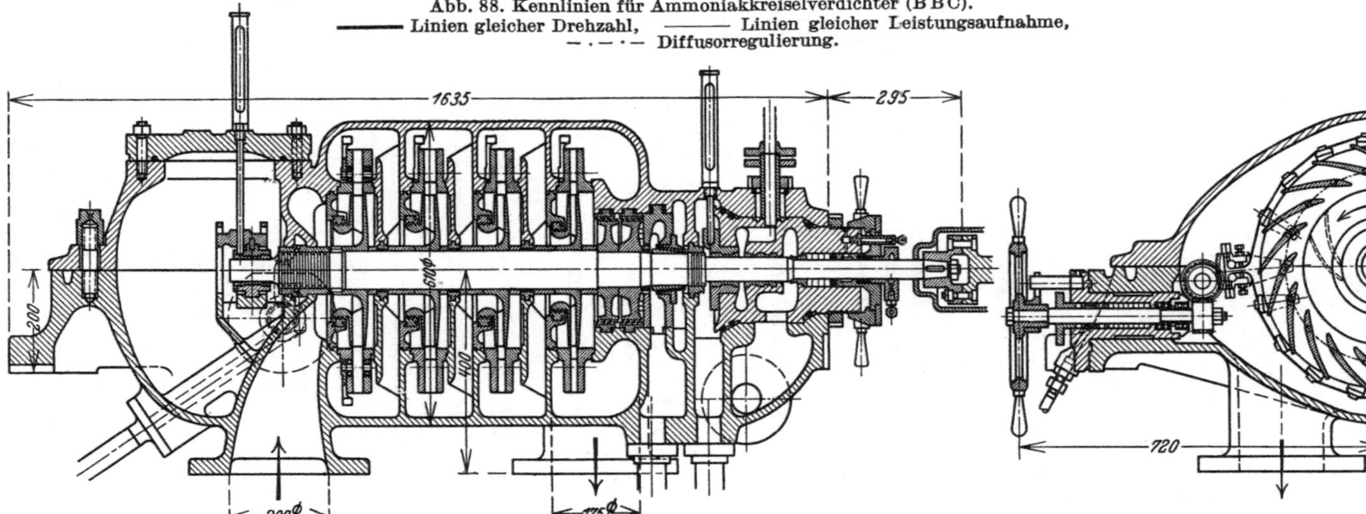

Abb. 89. Äthylchloridkreiselverdichter mit Diffusorregelung (BBC).

Gehäuse abschaltbar. Zwischen den drei Stufen sind Zwischenkühler eingeschaltet. Die Stopfbüchsen werden durch Öl als Sperrflüssigkeit abgedichtet. Die Flanschen der waagerecht geteilten Gehäuse sind mit Rinnen versehen, die eine Gaspumpe absaugt. Sie ist auch an die Vorräume der Stopfbüchsen von Haupt- und Diffusorwelle angeschlossen. Der in Abb. 87 (B B C) mit abgenommener oberer Gehäusehälfte wiedergegebene Kreiselverdichter arbeitet gleichfalls mit Ammoniak als Arbeitsstoff. Steigerung der Drehzahl auf 16 000 U. p. M. macht die Ausführung noch für die verhältnismäßig niedrige Leistung von 1 540 000 kcal/h bei — 15° Verdampf-, 27° Verflüssigungstemperatur möglich. Die Bauweise ist durch den Einbau der Lager in den Gasraum und die dadurch gewonnene Einschränkung der Stopfbüchsenzahl auf eine einzige gekennzeichnet.

Bei gleichbleibender Verdampftemperatur besteht zwischen Verflüssigungstemperatur, Drehzahl und Kälteleistung der in Abb. 88 (B B C) für einen bestimmten Fall dargestellte Zusammenhang. Mit Zunahme der Verflüssigungstemperatur nimmt die Leistung ab. Ausgleich läßt sich durch Steigerung der Drehzahl schaffen. Die in der gleichen Abbildung aufgenommenen Linien gleicher Leistungsaufnahme verlaufen ähnlich wie die Linien gleicher Drehzahl. Oberhalb einer bestimmten Grenze tritt die Diffusorregelung in Wirkung. Bei feststehender Drehzahl ergibt sie für abnehmende Verflüssigungstemperatur sinkende Leistung.

Abb. 89 (B B C) läßt die Einzelheiten eines Äthylchloridverdichters von 200 000 kcal/h bei — 20° Verdampf-, 25° Verflüssigungstemperatur bei 13 500 U. p. M. erkennen. Für die innere Abdichtung beweglicher Teile dienen vorzugsweise Labyrinthnuten. Ausgleichkolben nehmen den Axialschub reibungslos auf. Als Sperrflüssigkeit dient ein besonderes in Äthylchlorid nicht lösliches Öl.

23. Kreiskolbenverdichter (Kapselgebläse).

Für kleine Leistungen versprechen Kapselverdichter wegen der Einfachheit ihrer Herstellung Erfolg. Der allgemeine Nachweis ihrer Lebensfähigkeit ist erst zu erbringen.

Durch Anwendung kleiner Exzentrizität, doppelter Rollenlagerung von Exzenter und Welle und Druckölschmierung der dichtenden Stirnflächen lassen sich mit dem Methylchlorid-Drehkolbenverdichter der Abb. 90 (Niemeyer) befriedigende Leistungszahlen erzielen. Das Schmieröl wird am höchsten Punkte zugeführt, sickert nach unten, wird in dem als Ölabscheider ausgebildeten Fuß von dem Arbeitsstoff getrennt, durch Filter gereinigt und schließlich durch eine Drosseldüse oben wieder eingeleitet. Während hier die Führungsnuß mit dem Bügel drehzapfenartig verbunden ist, dichtet bei dem Schwefligsäure-Drehkolbenverdichter der Abb. 91 (DKW) auf Seite 146 der Schieber gegen den Exzenterring in einer schleifenden Fläche. Beiden Ausführungen gemeinsam ist das Einsaugen durch einen Schlitz und das Ausstoßen durch ein Druckventil. Neuerdings werden in den Vereinigten Staaten Kapselverdichter mit Winkelzahnrädern als Arbeitskolben für große Leistungen verwandt. Als Arbeitsstoff dient Methylchlorid, als Schmiermittel Glyzerin.

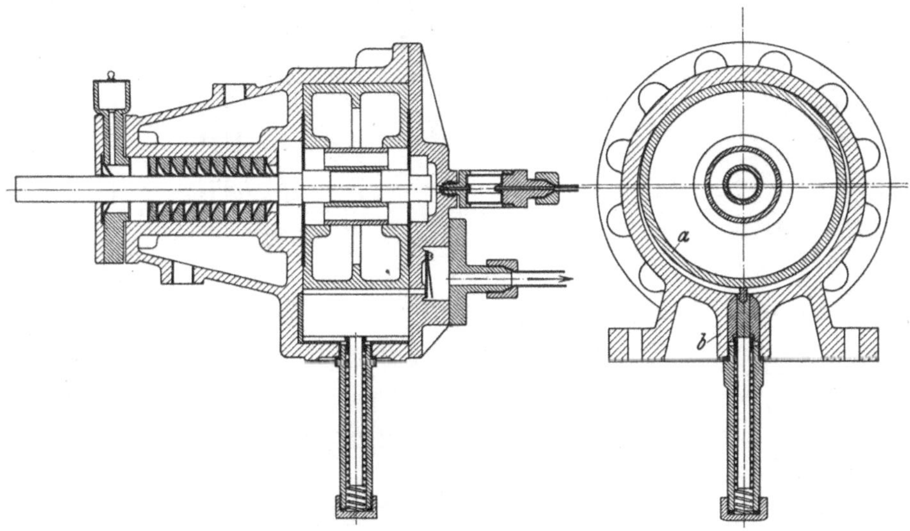

Abb. 90. Methylchlorid-Drehkolbenverdichter (Niemeyer). *a* Exzenterbügel, *b* Führungsnuß.

II. Ausführung der Verflüssiger.

Erst in letzter Zeit hat sich, nach auffallend langem Suchen, die Erkenntnis durchgesetzt, daß bei Verflüssigern von Kälteanlagen die Bauweise am günstigsten wirkt, bei der rasche Abführung des verflüssigten Arbeitsstoffes mit hoher Geschwindigkeit des Kühlwassers verbunden und Ansammlung fremder Gase vermieden ist. Damit aber verschwinden die Unterschiede in der Formengebung gegenüber dem vollkommenen Oberflächenverflüssiger der Dampfkraftanlage.

Die bei den letzten übliche Bauweise waagerechter, vom Dampf umströmter, vom Kühlwasser in mehreren Läufen durchströmter Röhrenbündel ist bei Verwendung geeigneter Baustoffe für das Gehäuse und sorgfältiger Dichtung der Rohre in den Böden auch hier anwendbar. Sie bildet begreiflicherweise bei den Wasserdampfkälteanlagen, außerdem bei den mit Dichloräthylen, Trichloräthylen, Methylenchlorid unter besonders niedrigem Druck arbeitenden Verflüssigern die Regel. Wird sie nach Abb. 92 (Haslam) auf Ammoniakverflüssiger übertragen, so darf der Einfluß von Leitwänden im Dampfraum nicht überschätzt werden. Die Verbesserung durch Erhöhung der Strömungsgeschwindigkeit wird durch die Hemmung des Flüssigkeitsablaufs und der Entlüftung wohl überwogen. Auf alle Fälle müssen die Leitwände so weit

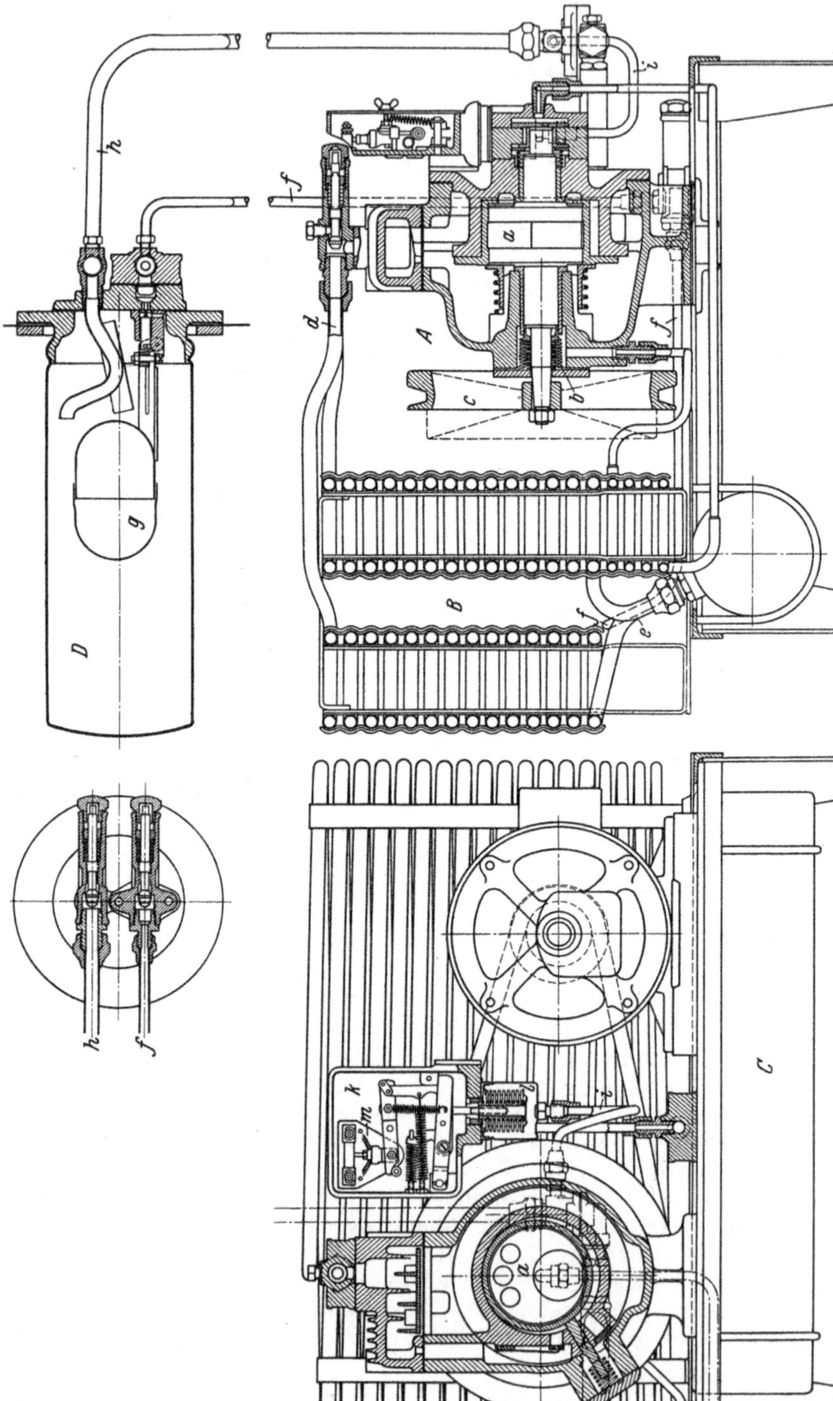

Abb. 91. Schwefligsäure-Kleinkältemaschine mit Drehkolbenverdichter (D K W). *A* Verdichter, *B* Verflüssiger, *C* Flüssigkeitssammler, *D* Verdampfer, *a* Drehkolben, *b* Wellenstopfbüchse, *c* Schwungrad mit Lüfterflügel, *d* Druckleitung, *e* Flüssigkeitsleitung zum Sammler, *f* Flüssigkeitsleitung vom Sammler, *g* Schwimmerregler, *h* Saugleitung, *i* Reglerleitung, *k* Druckregler, *l* Membranbalg, *m* Schalter.

von den darüber liegenden Rohren entfernt sein, daß diese auf keinen Fall in die ablaufende Flüssigkeit eintauchen. Versetzen der Rohre in den untereinander liegenden Reihen wirkt günstig, weil die an den höher liegenden Rohren gebildete Flüssigkeit die darunter folgenden Rohre nicht trifft, daher deren Wirksamkeit nicht beeinträchtigt. Strömen nach Abb. 92 Wasser und Dampf im Gegenstrom, so ist es möglich, den verflüssigten Arbeitsstoff weitgehend zu unterkühlen und das Wasser mit verhältnismäßig hoher Temperatur ablaufen zu lassen.

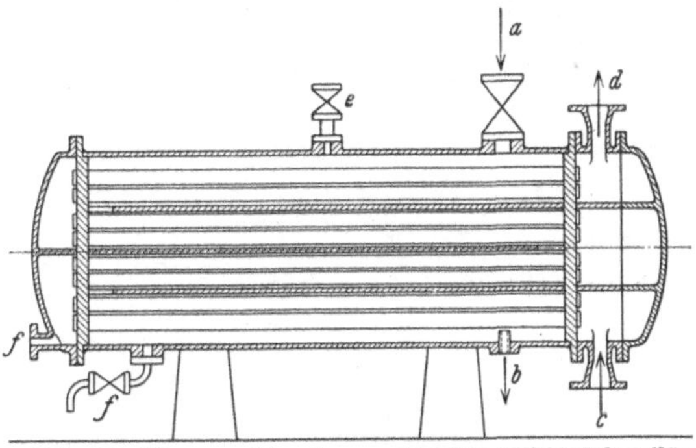

Abb. 92. Waagerechter Ammoniak-Röhrenbündelverflüssiger (Haslam). *a* Druckleitung, *b* Flüssigkeitsleitung, *c* Kühlwassereintritt, *d* Kühlwasseraustritt, *e* Sicherheitsventil, *f* Entleerung.

Bei großen Leistungen und hohem Verflüssigungsdruck bietet die Herstellung eines widerstandsfähigen Gehäuses gewisse Schwierigkeiten. Die Unterteilung des Verflüssigers in mehrere Elemente von Rohrbündelgruppen nach Abb. 93 (Sulzer) ist alsdann berechtigt. Sie läßt sich ganz allgemein damit vertreten, daß die Wassergeschwindigkeit beliebig gesteigert und die ungünstige Wechselwirkung der übereinanderliegenden Rohrreihen vermindert werden kann. Wird die Flüssigkeit mit dem noch nicht verflüssigten Teil der Dämpfe durch die einzelnen Röhrenbündel geleitet, so muß auch hier durch die Anordnung verhütet werden, daß die tiefstliegenden Rohre in die Flüssigkeit eintauchen und an Wirksamkeit einbüßen. In Abb. 93 ist zu unterst ein Flüssigkeitssammler angeordnet, der die Speicherung des Arbeitsstoffes übernimmt und den eigentlichen Verflüssiger freihält. Auch hier kommt der Zickzackbewegung des Arbeitsstoffes nicht die häufig vermutete große Bedeutung zu. Vielmehr wirkt Parallelschaltung der Gruppenelemente derart, daß am einen Ende der gasförmige Arbeitsstoff verteilt, am entgegengesetzten Ende die Flüssigkeit gesammelt wird, günstiger.

Abb. 93. Röhrenbündel-Elementenverflüssiger mit Ölabscheider und Flüssigkeitssammler (Sulzer).

Im Grenzfalle führt die Unterteilung des waagerechten Röhrenbündels zu dem Doppelrohrverflüssiger der Abb. 65. Die Wassergeschwindigkeit läßt sich durch entsprechende Bemessung des Querschnitts des wasserführenden Innenrohrs beliebig steigern. Für den Wasserweg ist Hintereinanderschaltung eindeutig richtig. Wird sie auch für den Arbeitsstoff durchgeführt und dieser, dem Wasserlauf entgegen, von oben nach unten geleitet, so erscheint es richtig, den zu unterkühlenden flüssigen Arbeitsstoff in den unteren Rohren nicht zu langsam strömen zu lassen;

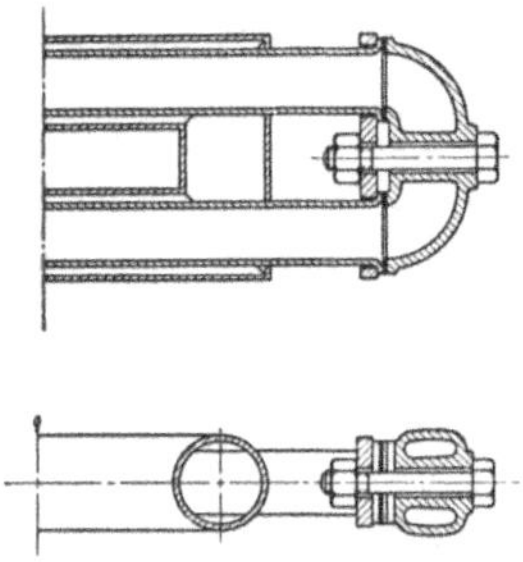

Abb. 94. Verbindung für Doppelrohrverflüssiger (Siro).

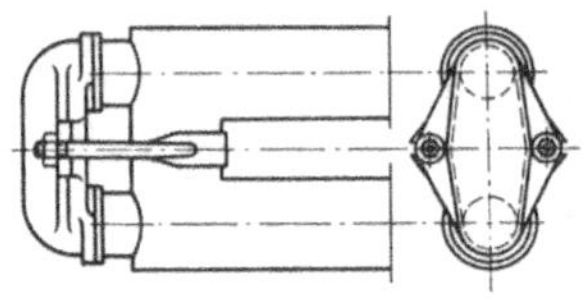

Abb. 95. Verbindung für Doppelrohrverflüssiger. (Siro).

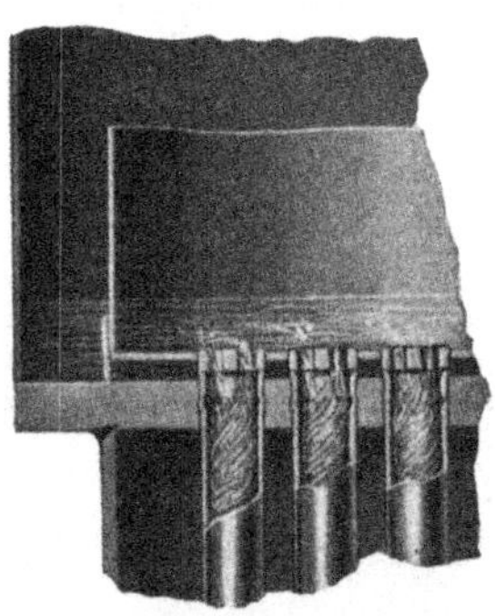

Abb. 96. Senkrechter Ammoniak-Röhrenbündelverflüssiger (Vilter).

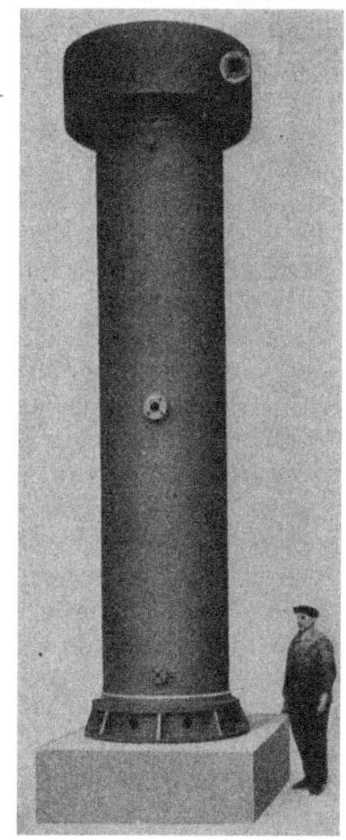

Abb. 97. Senkrechter Ammoniak-Röhrenbündelverflüssiger (Sulzer).

in dem Verflüssigungsfeld dagegen tritt der Einfluß der Dampfgeschwindigkeit hier erst recht in den Hintergrund. Der Entlastung des eigentlichen Verflüssigers von Flüssigkeit durch Anschluß eines genügend großen Speicherbehälters kommt ganz besondere Bedeutung zu.

Die wichtige Reinhaltung der Wasserwege ist erfahrungsgemäß nur dann gesichert, wenn sie ohne Schwierigkeit und zeitraubende Arbeit möglich ist, bei Doppelrohrverflüssigern also z. B. das Lösen der Doppelbogen in einfacher Weise erfolgt. Diese Forderung ist bei Ausführung nach Abb. 94 und 95 (Siro) erfüllt, bei der nach Lockern einer Schraube und Drehen des Doppelbogens um 90° bzw. nach Lösen des Haltebügels das Rohrinnere freiliegt.

Bei stark angreifendem Wasser sollen die wasserführenden Innenrohre sich leicht auswechseln lassen. Ihre Abdichtung erfolgt in solchen Fällen durch Stopfbüchsen. Gegen das ausnahmsweise angewandte Ausfüttern der Innenrohre (Kupferseele bei Ammoniakverflüssigern von Schiffskühlmaschinen) bestehen keine ernsten Bedenken, wenn beide Metalle satt aufeinander gewalzt werden.

Bei senkrechter Anordnung eines Röhrenbündelverflüssigers stößt die Umkehr des Wassers auf Schwierigkeiten, so daß geradlinige Durchführung die Regel bildet. Zur Erhöhung der Wassergeschwindigkeit in den zahlreichen parallel geschalteten Rohren werden besondere Kunstmittel angewandt, z. B. nach Abb. 96 (Vilter) Einsätze in den wasserführenden Rohren, durch die das Kühlwasser in Drehung versetzt und an die innere Wandung des Rohrs gelenkt wird. Der dampfförmige Arbeitsstoff kann nach Abb. 97 (Sulzer) unbedenklich in mittlerer Höhe eintreten, da er alsbald praktisch zur Ruhe kommt.

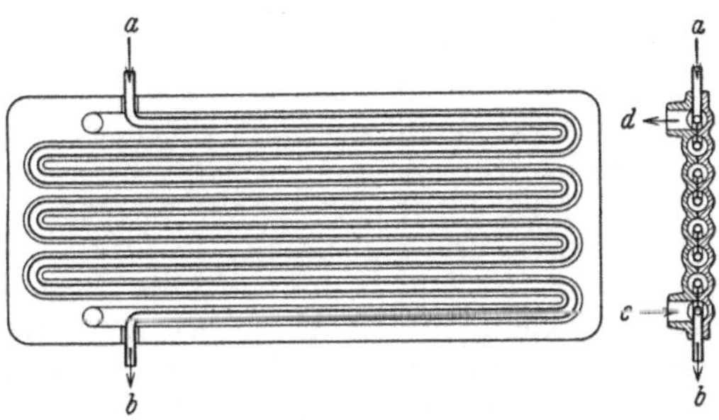

Abb. 98. Plattenverflüssiger (Teves). *a* Druckleitung, *b* Flüssigkeitsleitung, *c* Kühlwassereintritt, *d* Kühlwasseraustritt.

Verflüssiger, bei denen wasserführende Schlangen in den Arbeitsstoffbehälter eingebaut werden, verbieten sich im allgemeinen, weil der Wasserweg von Schlamm und Wasserstein kaum gereinigt werden kann. Die umgekehrte Form des „Tauchverflüssigers", bei dem eine oder mehrere den Arbeitsstoff führende Rohrschlangen im Wasserbade liegen, war früher weit verbreitet, gehört heute aber in der Hauptsache der Geschichte an. Ihr Mangel besteht nicht nur in der geringen Geschwindigkeit des Wassers, die sich durch innere Abblendzylinder, Mischwerke oder auch am Boden sitzende Wasserleiträder einigermaßen erhöhen läßt, sondern vor allem in der Untauglichkeit einer verhältnismäßig langen und engen Rohrschlange zur raschen Ableitung der entstehenden Flüssigkeit überhaupt. Der für den Tauchverflüssiger angeführte Vorteil wirksamer Unterkühlung des Arbeitsstoffes ist mit jeder anderen Bauart, notfalls durch Hinterschaltung eines besonderen Gegenstromnachkühlers, erzielbar. Bei kleinen Verflüssigern wird ausnahmsweise nach Abb. 98 (Teves) der Arbeitsstoff durch eine Schlange geleitet, die Kühlwasser im Gegenstrom umfließt. Der Wasserweg ist hierbei in zwei Plattenhälften ausgearbeitet und nach deren Trennung für die Reinigung zugänglich. Ist das Wasser vollkommen rein, so kann auf die Zugänglichkeit des Wasserweges verzichtet und ein Verflüssiger

Abb. 99. Doppelmantelverflüssiger (Frigidaire).

in einfachster Form nach Abb. 99 (Frigidaire) durch zwei gleichachsige Zylinder gebildet werden. Der Arbeitsstoff wird im Innern verflüssigt, das Kühlwasser läuft im Mantelraum. Zur Vergrößerung der wirksamen Kühlfläche ist der innere Zylinder als Wellrohr ausgebildet.

Bei den angeführten Bauarten folgt das Kühlwasser zwangläufig einem geschlossenen Weg. Bei den Berieselungsverflüssigern wird es in einen frei fallenden Schleier aufgelöst, der die Rohre mehr oder minder vollkommen benetzt. Eine Übergangsform stellen die beschriebenen senkrechten Röhrenverflüssiger dar, bei denen jedoch der Einfluß der umgebenden Luft ausgeschaltet ist. Die eigentlichen Berieselungsverflüssiger bestehen aus Rohren, die bei waagerechter Anordnung meist hintereinander, bei senkrechter stets parallel geschaltet und in freier Luft aufgestellt sind, um gleichzeitig der Rückkühlung des Wassers zu dienen. Ihr Vorzug besteht u. a. auch in der leichten Beobachtungsmöglichkeit und daraus folgenden rechtzeitigen Reinigung des Wasserweges. Die Aufstellung in freier Luft verliert in dem Maße an Bedeutung, in dem die Kühlfläche durch hohe Wirksamkeit verhältnismäßig klein, ihre Rückkühlwirkung daher gering wird. Abgesehen hiervon ist die freie Aufstellung dann am Platze, wenn Mangel an Kühlwasser besteht und dieses, unter Deckung der durch Verdunsten und Verspritzen entstehenden Verluste, ständig umläuft. Da die Aufstellung in freier Luft ungünstig wirkt, sobald die Temperatur des Wassers die an dem feuchten Luftthermometer beobachtete Kühlgrenze unterschreitet, sollen Berieselungsverflüssiger mit einem Umbau versehen sein, der sich durch Klappenwände öffnen und schließen läßt, um die Einwirkung der umgebenden Luft zu regeln.

Bei dem gewöhnlichen Berieselungsverflüssiger tritt der Arbeitsstoff oben gasförmig ein, unten flüssig aus. Da er zum Schlusse mit dem abfließenden Wasser in Wärmeaustausch tritt, ist eine merkliche Unterkühlung bei Berieselern zunächst nur durch Hinterschaltung eines besonderen Nachkühlers möglich. Wird über den unteren Windungen des Berieselungsverflüssigers das Umlaufwasser durch Schirmbleche abgefangen und darunter das Frischwasser aufgeleitet, so ergibt sich auch hier eine Unterkühlung des flüssigen Arbeitsstoffes. Um sie voll wirksam zu machen, ist der Arbeitsstoff nach Abb. 100 im Gegenstrom zu dem niederfallenden Wasser zu führen. Bei einer amerikanischen Ausführung (Frick) liegen die zur Abführung der Überhitzungswärme dienenden Windungen zu unterst, die eigentlichen Verflüssigerrohre darüber. Der Arbeitsstoff läuft in beiden Teilen der Kühlfläche von oben nach unten und wird von dem letzten Rohr des Enthitzerteils zu dem obersten Rohre des Verflüssigerteils übergeleitet. Die für den Verflüssigungsdruck maßgebende Kühlwassertemperatur liegt daher niedriger.

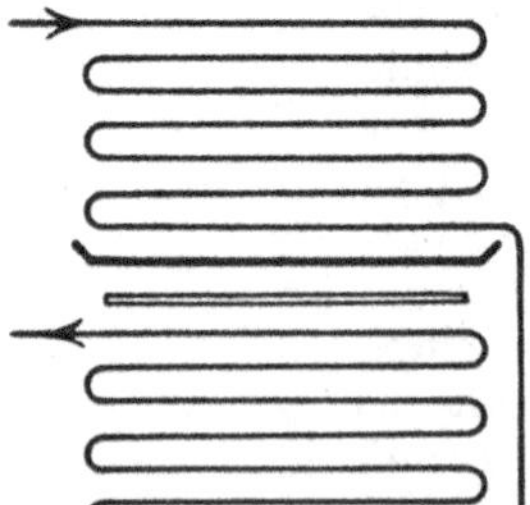

Abb. 100. Berieselungsverflüssiger mit getrenntem Unterkühlungsteil.

Die Schlangenform des Gleichstromberieselers hat sich länger erhalten, als berechtigt ist. Der Grundsatz, die gebildete Flüssigkeit rasch von der Kühlfläche wegzuführen, ist hierbei alles weniger als erfüllt. Infolgedessen sind verhältnismäßig große Kühlflächen erforderlich. Die Bauweise läßt sich nur dann noch einigermaßen vertreten, wenn, wie bei Abb. 101 (**Freundlich**), die Rückkühlwirkung im Vordergrunde steht, der für eine bestimmte Verflüssigerleistung erforderliche ungewöhnliche Aufwand von Rohrfläche daher eine etwa gleich große Rückkühlfläche ersetzt, die bei hochwertigen Verflüssigern zusätzlich aufzuwenden wäre.

Abb. 101. Berieselungsverflüssiger mit Flachschlangen (Freundlich).

Die rasche Entfernung der fremden Gase — Luft, Öldämpfe und zersetzter Arbeitsstoff — ist bei Verflüssigern jeder Art im Betriebe dadurch erschwert, daß sich nicht, wie häufig angenommen wird, gasreiche und gasfreie Dämpfe nach Maßgabe des verschiedenen spezifischen Gemischgewichts übereinander schichten, sondern die Gase der Bewegungsrichtung der niederschlagenden Dämpfe um so mehr folgen, je schneller der Arbeitsstoff strömt. Eine scharfe Schichtung im Betrieb kann daher höchstens bei großräumigen waagerechten oder senkrechten Röhrenbündelverflüssigern, keinesfalls bei Rohrschlangen erwartet werden. Bei den letzten und mehr oder weniger bei jeder anderen Bauweise reißt zudem der flüssige Arbeitsstoff fremde Gase mit fort. Unter diesem Gesichtspunkt verdient der Gegenstromberieseler den Vorzug, wobei der Arbeitsstoff, scheinbar den natürlichen Gesetzen zuwider, durchweg von unten nach oben strömt. Die Erfahrung lehrt, daß diese Bauart eine wesentliche Verbesserung der Arbeitsweise ergibt.

Abb. 102. Ammoniak-Berieselungsverflüssiger Bauart Block (Freundlich).

Bei dem in Abb. 102 (Freundlich) wiedergegebenen Block-Verflüssiger sind die Doppelbogen so ausgeführt, daß die Rohre stets halb voll Flüssigkeit bleiben. Das Gas tritt einerseits mittelbar durch den im unteren Teile des Rohrs befindlichen flüssigen Arbeitsstoff, andererseits in der oberen Hälfte durch die Rohrwandung unmittelbar in Wärmeaustausch mit dem Kühlwasser. In Wirklichkeit darf angenommen werden, daß während des Betriebs der Flüssigkeitsspiegel nicht ruht, sondern Gas und Flüssigkeit durchmischt werden. Der Erfolg ist für die unteren Rohre der, daß an Stelle des durch Niederschlag gehemmten Wärmeübergangs von Dampf an Rohrwand zunächst ein Wärmeaustausch zwischen den Gasblasen und der Flüssigkeit stattfindet, wobei die letzte teilweise verdampft und der weitere Wärmeaustausch in der günstigen Form von lebhaft bewegter Flüssigkeit an Rohrwand erfolgt. Die verbesserte Wirkung im Hauptteil des Verflüssigers läßt sich durch die Lebhaftigkeit der Dampfbewegung allein kaum erklären, da die absichtliche Überflutung der Rohre eher eine Verschlechterung der Wärmeübertragung erwarten ließe. Die Lösung liegt wohl darin, daß auch hier die Verflüssigung in der Hauptsache in unmittelbarem Wärmeaustausch mit dem verflüssigten und — wenn auch nur wenig — unterkühlten Arbeitsstoff vor sich geht, die Wärmeübertragung an das Kühlwasser daher vorzugsweise aus dem flüssigen Arbeitsstoff, also zwischen zwei tropfbaren Flüssigkeiten, erfolgt. Hierbei aber ist die durch das Aufwärtsströmen bedingte Unruhe von günstigem Einfluß. Es ist auch nicht zu übersehen, daß die Schädlichkeit der Flüssigkeitshaut auf der Kühlfläche gemildert wird, wenn diese aus dem Ruhezustand bzw. der laminaren Fortbewegung in turbulente Strömung übergeht. Das aber ist hier zweifellos der Fall. Bei dem Blockverflüssiger tritt der Arbeitsstoff in den oberen Rohren in Wärmeaustausch mit dem kältesten Wasser, so daß eine Unterkühlung bis nahe an dessen Eintrittstemperatur möglich wird. Der niedrigeren Wassertemperatur im oberen Teile des Verflüssigungsgebietes entspricht ein geringerer Sättigungsdruck als im unteren, so daß der Dampf nach oben klettert und damit der Gewichtswirkung des Dampf-Flüssigkeitsgemisches entgegenarbeitet. Versuche mit Ammoniak-Blockverflüssigern ergaben, bei einer Belastung mit etwa 3000 bis 5000 kcal/m$^2 \cdot$ h Verflüssigerleistung, eine Verflüssigungstemperatur, die 2 bis 4^0 über der Temperatur des ablaufenden Kühlwassers liegt, und eine Unterkühlung des Arbeitsstoffs bis nahe an die Auflauftemperatur des Kühlwassers, also ähnliche Ergebnisse, wie sie für Doppelrohrverflüssiger mit hohen Geschwindigkeiten gelten.

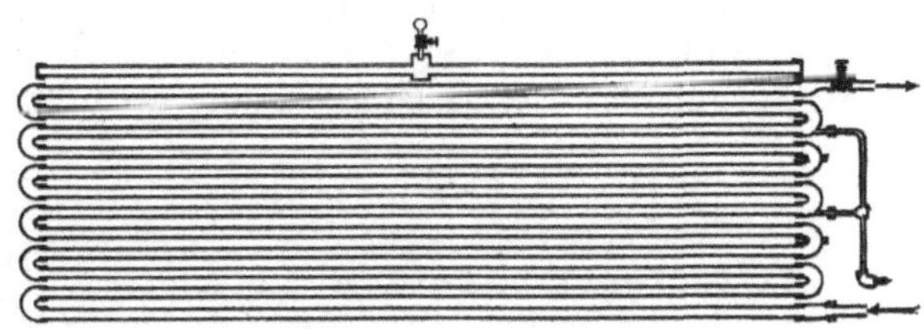
Abb. 103. Ammoniak-Berieselungsverflüssiger (De La Vergne).

Auch bei der Bauart der Abb. 103 (De La Vergne) tritt der gasförmige Arbeitsstoff unten ein. Die Flüssigkeit wird darüber an verschiedenen Stellen abgezapft, um die Kühlfläche für die niederschlagenden Dämpfe voll verfügbar zu halten. Für den Shipley-Verflüssiger ist die Einschaltung einer doppelten Mischdüse an der Stelle des gleichfalls unten liegenden Gaseintritts, Abb. 104, bezeichnend.

Parallelschaltung waagerechter Rohre bei Berieselern verändert die Arbeitsweise gegenüber den vorbeschriebenen Ausführungen. Mit turbulenter Bewegung der Flüssigkeitshaut ist hierbei kaum zu rechnen, die sich von selbst ergebende rasche Entleerung des Einzelrohres daher als Grund für die vorzügliche Wirkungsweise zu betrachten. Das gleiche gilt für senkrechte, verhältnismäßig kurze Rohre. Bei großer Länge findet hier allmählich ein Übergang der geordneten Flüssigkeitsbewegung in turbulente Strömung statt. Einführung der Dämpfe oben und Ableitung der Flüssigkeit unten ergibt die günstigste Wärmeübertragung, wenn mit fremden Gasen nicht

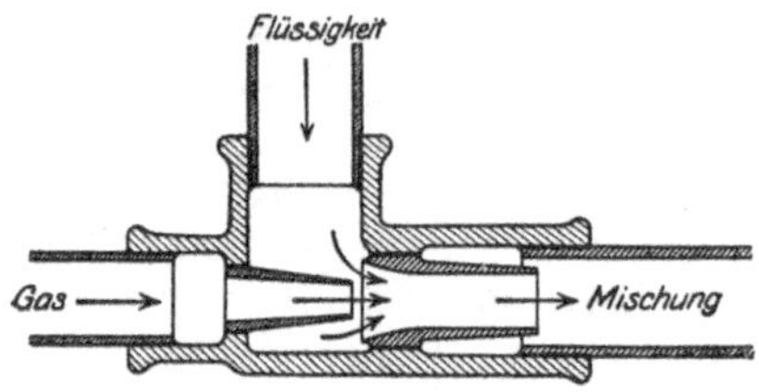

Abb. 104. Mischdüse für Gegenstrom-Berieselungsverflüssiger (Shipley).

Abb. 105. Berieselungsverflüssiger mit senkrechten Rohrgittern (Linde).

gerechnet werden muß. In Wirklichkeit sind solche stets vorhanden. Ihre Abscheidung wird alsdann durch die Abwärtsströmung von Dampf und Flüssigkeit erschwert. Sie treten in der Hauptsache mit der

Flüssigkeit aus. Bei dem Berieseler der Abb. 105 (Linde) erleichtert niedrige Geschwindigkeit in den zahlreichen parallel geschalteten Rohren die Abscheidung fremder Gase in dem an höchster Stelle angeordneten Sammelgefäß. Die Geschwindigkeit des Kühlwassers ist bei dem senkrechten Niederrieseln groß, so daß auch auf der Wasserseite eine wichtige Vorbedingung für günstige Übertragungsfähigkeit erfüllt ist.

Verflüssiger mit unterem Dampfeintritt verlegen die Enthitzung des Arbeitsstoffes in den Verflüssiger selbst und führen sie als Mischvorgang durch, wobei die Kühlflächenwandtemperatur die Siedetemperatur des Arbeitsstoffes bei dem vorliegenden Verflüssigungsdruck nicht überschreitet. Die Vorteile, die sich hieraus bezüglich der Entlastung der Kühlfläche ergeben, wurden früher überschätzt. Wird die Enthitzung durch einen besonderen Kühlflächenteil abgeführt, so ist der neueren Erkenntnis, daß die Wärmeübertragung von überhitztem Dampf günstiger ist als von vollkommenen Gasen und der von gesättigtem Dampf etwa gleichkommt, wenn die Wandtemperatur unter der Verflüssigungstemperatur liegt, durch Sicherung lebhaften Wärmeübergangs auf der Kühlwasserseite Rechnung zu tragen. Die Zuführung des kältesten Wassers zum Enthitzungsteil, also Arbeiten im Gleichstrom, kann hierbei durchaus berechtigt sein. Anders liegen die Verhältnisse, wenn die Möglichkeit, unter Ausnutzung der Überhitzungstemperatur, Warmwasser, z. B. für das Auftauen von Eiszellen, zu erzeugen, in einem besonderen Wärmeaustauscher verwirklicht wird. Dieser arbeitet dann im Gegenstrom, das Wasser wird mit höherer Temperatur zugeführt, mit der es vom Verflüssigungsteil kommt, seine Temperatur liegt in der Hauptsache höher als die Verflüssigungstemperatur des Arbeitsstoffes. Damit entfällt eine Voraussetzung für günstige Wärmeübertragung, und es muß hohe Gasgeschwindigkeit angewandt werden, um mit kleinen Kühlflächen auszukommen. Derartige Vorrichtungen sind daher nach den bekannten Gesichtspunkten als Gaskühler auszubilden.

Bei überhitztem Arbeiten findet, nach der Abtrennung des hauptsächlichen Teiles mitgerissenen Öles in dem unmittelbar hinter dem Verdichter angeordneten Abscheider, noch eine Verflüssigung der bei niedrigen Temperaturen siedenden Ölbestandteile statt, die mit der Enthitzung der Arbeitsstoffdämpfe einhergeht. Der vorbeschriebene Gaskühler wird daher stets verölen. Wegen des ungünstigen Wärmeüberganges auf der Gasseite an sich erscheint dies unbedenklich. Dagegen ist am Ende des Gaskühlers ein Ölabscheider erforderlich, um den Verflüssigungsteil gegen die hier sehr schädliche Verschmutzung zu schützen. Da im Betrieb mit einem Beginn der Verflüssigung im Gaskühler gerechnet werden muß, wirkt der Ölabscheider gleichzeitig als Trennungsvorrichtung für die Flüssigkeitstropfen. Seine Entleerung erfolgt daher zweckmäßig in den Flüssigkeitssammler und die Entölung gemeinsam mit der vom eigentlichen Verflüssiger kommenden Flüssigkeit, die stets noch Spuren von Öl mit sich führt.

Zusammenfassend können für die bauliche Ausführung der Verflüssigungsanlage folgende Gesichtspunkte als Regel angeführt werden:

Enthitzung durch besonderen Gegenstromgaskühler nur dann, wenn die Wärme ausgenutzt werden soll. Im Gaskühler hohe Gasgeschwindigkeit, der Einfluß der Wassergeschwindigkeit tritt zurück;

Verflüssigung mit geringer Dampfgeschwindigkeit und rascher Ableitung der Flüssigkeit, wenn Dampf, Flüssigkeit und fremde Gase nach verschiedenen Richtungen streben. Strömen Dampf und Flüssigkeit aufwärts, so wirken hohe Dampfgeschwindigkeit und große Füllung günstig. Die Wassergeschwindigkeit ist auf alle Fälle hoch zu halten;

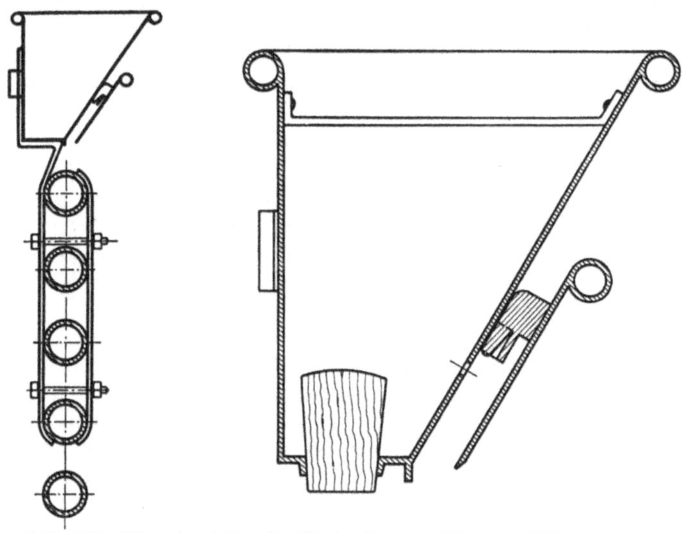

Abb. 106. Wasserverteiler für Berieselungsverflüssiger (Kleucker).

Unterkühlung im Gegenstrom mit hoher Geschwindigkeit von Flüssigkeit und Wasser.

Die beschriebenen Bauarten von Verflüssigern kommen unter Beachtung der verschiedenen Vorschriften für Baustoff und Geschwindigkeit für die hauptsächlichsten Arbeitsstoffe — Ammoniak, Schwefligsäure, Kohlensäure und Methylchlorid — in Betracht. Auch für Ammoniak-Absorptionskühlanlagen können sie ohne weiteres übernommen werden. Da bei diesen mit einem bestimmten Wassergehalt des Arbeitsstoffes zu rechnen ist, muß für selbsttätige Entwässerung des Verflüssigerraums in die Flüssigkeitsleitung gesorgt werden, eine Bedingung, die hier gegen Anwendung des Aufwärtsstroms spricht.

Verbindungen verschiedener Bauweisen sind in mannigfaltiger Form möglich, beispielsweise durch Vereinigung eines Doppelrohrnachkühlers mit einem Doppelrohrberieseler, bei dem die Wasserkühlung sowohl durch Innenrohre als auch durch äußere Berieselung wirkt.

Bei waagerechten Berieselern mit hoher Belastungsfähigkeit wird die Anzahl übereinander angeordneter Rohre dadurch begrenzt, daß nur eine bestimmte Kühlwassermenge wirksam über die Rohrwand verteilt werden kann. Soll mit Rücksicht auf die Ausnützung der Grundfläche eine größere Bauhöhe angewandt werden, so können zwei Gruppen übereinander angeordnet und mit getrenntem Wasserlauf eingerichtet werden.

In dem Maße, in dem die Belastungsfähigkeit von Berieselern eine Verbesserung erfährt, wird es notwendig, dafür Sorge zu tragen, daß die entsprechende, hohe Wassermenge zweckmäßig verteilt wird. Die allgemein übliche Form der Wasserverteilung mit oben geschlitzten Rohren oder V-förmigen, oben zickzackartig ausgeschnittenen Rinnen ergibt bei großen Wassermengen ungleichmäßige Verteilung. Um diesem Übelstande abzuhelfen, kann nach dem Vorschlag von Kleucker[1] die Verteilrinne nach Abb. 106 ausgeführt werden, wobei die schräge Wand nahe am Boden mit über die ganze Länge verteilten Löchern versehen ist, durch die das Wasser gegen ein Ablenkblech strömt, um von da aus über die Mitte des obersten Rohrs geleitet zu werden. Der Unterschied gegenüber den üblichen Vorrichtungen besteht darin, daß ein offener Wasserspiegel von erheblicher Höhe über der Ausflußöffnung wirksam ist, so daß die Überhöhung, die an dem Wassereinlauf in die Rinne auftritt, keinen wesentlichen Einfluß auf die Verteilung ausübt.

Nach der gleichmäßigen Aufleitung des Wassers auf das oberste Rohr ist Sorge zu tragen, daß der Wasserschleier auch im weiteren Verlauf geregelt bleibt. Hierzu können bei waagerechten Rohren Leitflächen aus Holz oder verzinktem Eisen dienen, die in gewissen Abständen das abgelenkte Wasser wieder zurechtführen. Auch der Wind ist von Einfluß. Bläst er senkrecht zu den Rohren, so stört er das Niederrieseln des Wassers. Weniger ist dies bei längs der Rohre streichendem Wind der Fall. Am günstigsten wird die Wirkung, wenn die Luft gezwungen ist, die Rohrsysteme, entgegen dem niederfallenden Wasser, von unten nach oben zu bestreichen, etwa dadurch, daß die Sammelbecken zwischen den Schlangen Bodenschlitze für den Lufteintritt erhalten, die durch Hauben gegen Wasserverlust geschützt werden.

Bei Wassermangel werden Rückkühlanlage mit den Verflüssigern verbunden. Die Anforderungen an sie sind besonders hoch und alle möglichen Maßnahmen zur Annäherung der Wasserablauftemperatur an die „Kühlgrenze“, d. h. die Anzeige des feuchten Luftthermometers, geboten. Sie laufen hinaus auf Zuführung einer genügenden Luftmenge, gleichmäßige Verteilung von Luft und Wasser und mäßige Belastung, betrachtet als die auf 1 m² Bodenfläche entfallende Wassermenge.

Während bei einem Gleichstromschlangenberieseler wegen der großen Kühlfläche die Rückkühlung des Wassers sich nebenher ohne besondere Maßnahme ergibt und bei höheren Ansprüchen bescheidene Zusatzvorrichtungen, wie Drahtgeflechte unter den Schlangen nach Abb. 101, genügen, bildet im allgemeinen Falle getrennte Durchführung von Verflüssigung und Rückkühlung die Regel.

Verteilung des Wassers durch Streudüsen unmittelbar über einem Sammelbecken ergibt gute Wirkung, fordert jedoch große Grundflächen.

---

[1] Kleucker: A water distributing device for condensers. A. S. R. E. J. 1920.

Da hierbei ein Umbau fehlt, ist auch bei starkem Wind mit erheblichem Wasserverlust zu rechnen. Werden nach Abb. 107 (Marley) die Düsen

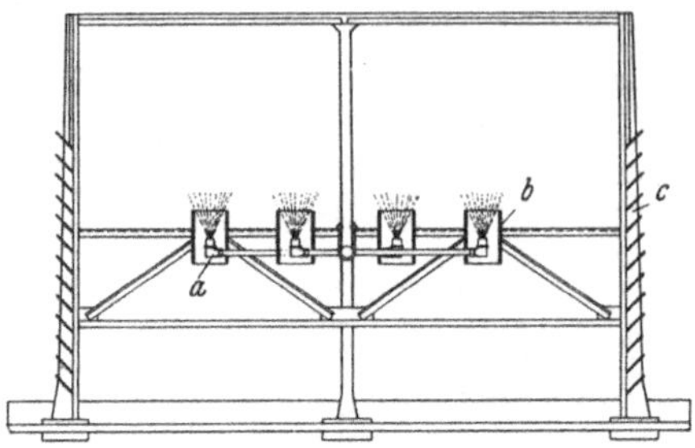

Abb. 107. Rückkühlwerk mit Streudüsen (Marley). *a* Streudüse, *b* Blechzylinder, *c* Luftleitwand.

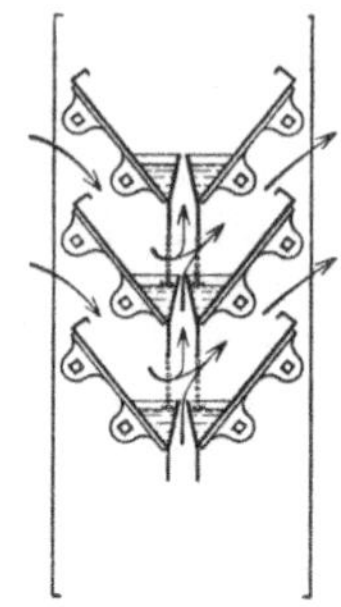

Abb. 108. Rückkühlwerk (Burhorn).

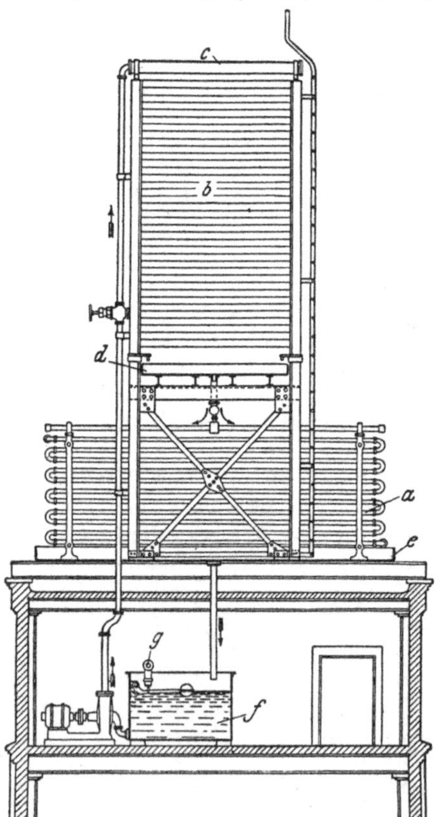

Abb. 109. Berieselungsverflüssiger mit Rückkühlwerk (Burhorn). *a* Verflüssiger, *b* Rückkühlwerk, *c* Verteilbecken, *d* Zwischenbecken, *e* Sammelbecken, *f* Ausgleichbehälter, *g* Schwimmerventil.

in einer gewissen Höhe über dem Sammelbecken angeordnet und der Düsenraum durch Luftleitwände umbaut, so ergibt sich eine Verbesserung der Durchmischung von Luft und Wasser, bei gleicher Wirkung daher kleinere Grundfläche. Nach Abb. 107 sind die Düsen von Blechzylindern umgeben, um in einfacher Weise die Wasserenergie zur Luftförderung mitzubenutzen. Im Gegensatz zu den Rückkühlanlagen von Kondensationsdampfmaschinen handelt es sich bei denen von Kühlmaschinenverflüssigern um verhältnismäßig kleine Leistungen, jedoch weitgehende Annäherung an die Kühlgrenze. Dem entsprechen auch geänderte Bauweisen wie die vorbeschriebene. Das gleiche gilt für Rieselwerke, die beispielsweise nach Abb. 108 (Burhorn) ausgeführt werden. Die Sorge um die Wasserverteilung tritt gegenüber den Maßnahmen für gute Durchmischung von Luft und Wasser zurück. Die Anordnung des Rückkühlwerkes in bezug auf den Verflüssiger kann auf gleicher Höhe mit ihm oder auch ober- bzw. unterhalb erfolgen. In den beiden letzten Fällen wird das Wasser gegen die Summe von Rückkühler- und Berieselerhöhe gefördert. Der Anordnung über dem Berieseler ist der Vorzug vor der umgekehrten zu geben, weil es bei dem Berieseler doppelt wichtig ist, Zerstörungen durch Sturm und Wetter, die zu Undichtheiten führen könnten, zu vermeiden, außerdem weil eine zusätzliche Verlängerung der Arbeitsstoffleitungen den Wirkungsgrad ungünstig beeinflußt. Bei Anordnung der Rückkühlvorrichtung auf gleicher Höhe mit dem Verflüssiger muß das Wasser zweimal und im ganzen gleichfalls gegen die Gesamthöhe von Verflüssiger und

Abb. 110. Ammoniak-Berieselungsverflüssiger Bauart Block mit Rückkühlelementen (Freundlich).

Rückkühler gefördert werden. Die Anordnung gemäß Abb. 109 (Burhorn) erscheint daher zweckmäßig. Das hinter den Berieseler geschaltete Ausgleichbecken regelt den Zulauf des Zusatzwassers durch Schwimmerventil. Diese Ausführung ist der im allgemeinen üblichen vorzuziehen, bei der das Zusatzwasser dem Verteilbecken über dem Berieseler zugeführt wird und ein Überlauf im Sammelbecken des Berieselers den Überschuß abführt. Während das Schwimmerventil stets nur so viel Frischwasser zuläßt, wie verdunstet und verspritzt, ist im anderen Falle in der Regel mit einem nutzlosen Zuviel an Zusatzwasser zu rechnen. Der Vorteil, daß das Zusetzen des Frischwassers vor dem Berieseler die Auflauftemperatur erniedrigt, ist so lange unwesentlich, als nur der Verlust zu decken ist, weil in diesem Falle das Zusatzwasser nur wenige Hundertstel des Umlaufwassers beträgt und die Temperatur nicht merklich zu senken vermag.

Verteilung der Rückkühlvorrichtung über die ganze Höhe des hoch belasteten Berieselers ergibt nach Abb. 110 (Freundlich) eine besonders einfache Bauweise. Die Rückkühlelemente bestehen hier aus Rundhölzern.

Da die Hauptkühlleistung und damit die stärkste Erwärmung des Wassers dort auftritt, wo das kalte Wasser zuläuft, also etwa im oberen Drittel des Berieselers, wird die Rückkühlung nach Abb. 111 zweckmäßig hinter diese Zone geschaltet. Bei gleicher Bemessung von Kühl- und Rückkühlfläche ist hierbei, verglichen mit der üblichen Schaltung, eine Senkung der mittleren Wassertemperatur und des Verflüssigungsdrucks zu erwarten.

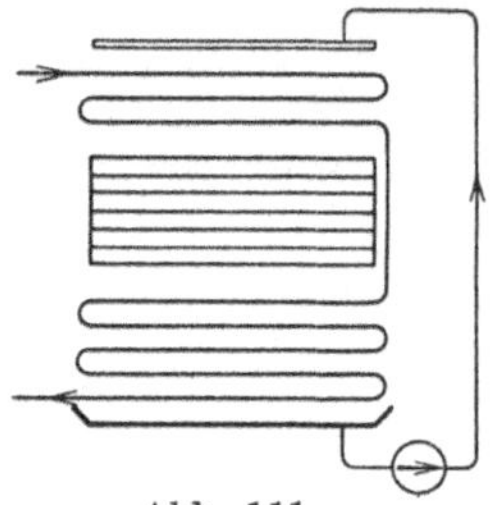

Abb. 111. Beriseelungsverflüssiger mit zwischengeschaltetem Rückkühlwerk.

Im Spätherbst und Winter liegt die Kühlgrenze und damit die Temperatur des rückgekühlten Wassers besonders niedrig, im Sommer besonders hoch, an ein und demselben Tage nimmt sie in der Mittagszeit den Höchstwert, am frühen Morgen den Mindestwert an. Bei rückgekühltem Wasser verlaufen daher Wassertemperatur und damit Verflüssigungsdruck, Kraftbedarf und Leistungsziffer in der kalten Jahreszeit sowie vom späten Abend bis zum frühen Morgen am günstigsten. Ermöglicht es der Betrieb, die Kälteanlage tagsüber zeitweise stillzusetzen, so sind als Betriebszeit zunächst die Stunden ins Auge zu fassen, für die die Kühlgrenze am niedrigsten liegt. Bei einer achtstündigen Betriebszeit heißt das beispielsweise, im Juli von etwa 11 Uhr abends bis 7 Uhr vormittags, im März von Mitternacht bis 8 Uhr vormittags arbeiten. Unwirtschaftlich ist demgegenüber der Betrieb am Tage, z. B. von 8 Uhr vormittags bis 4 Uhr nachmittags, da in diese Zeit die Höchstwerte der Kühlgrenze fallen. Bei Bezug elektrischer Kraft kann in dem günstigen Nachtstromtarif ein weiterer Anreiz für Nachtarbeit liegen. Bedingung für diese Einteilung ist selbstverständlich, daß es gleichgültig ist, zu welcher Tageszeit der Kältebedarf gedeckt wird. Ein Kühlhaus, bei dem es sich nur darum handelt, die Temperaturen unter einem bestimmten Höchstwerte zu halten, würde zunächst den Nachtbetrieb ermöglichen. Allerdings ist das Bild der Außentemperatur etwa das gleiche wie das der Kühlgrenze, d. h. der Wärmeeintritt ist tagsüber am größten, nachts geringer. Eine Gleichhaltung der Kühlraumtemperatur würde daher das Kühlen in erster Linie während der Tageshitze verlangen. Hierzu kommen erhöhte Kosten und verringerte Zuverlässigkeit der Nachtarbeit, so daß schließlich Zugeständnisse notwendig werden.

Besteht der Verflüssiger aus mehreren parallel geschalteten Gruppen, so ist anzustreben, daß der Arbeitsstoff auf alle gleichmäßig verteilt wird. Ein Mittel hierzu bieten sternartige Verteil- und Sammelstücke nach Abb. 102, in deren Mitte der Arbeitsstoff eintritt, während die Verteilung in einer hierzu senkrechten Ebene erfolgt. Auf genaue Einhaltung dieser Form wird häufig einseitig zu großer Wert gelegt und dabei vergessen, daß die verschieden langen und verschieden geformten Verbindungsrohre zwischen den Verteilungsstutzen und den Schlangen die Gleichmäßigkeit stören, ebenso wie ungleiche Länge der verschiedenen Gruppen oder ungleiche Formengebung, z. B. bei ineinandergesteckten Spiralschlangen. (Genau genommen müßte, um eine gleiche Verteilung des Arbeitsstoffs zu sichern, die eng gewundene, größeren Widerstand bietende Schlange eine kleinere Länge erhalten als die weit gewundene.) Wird das Verteilstück als Ausgleichbehälter ausgebildet, d. h. so, daß die Fließgeschwindigkeit gering ist, so genügt im allgemeinen auch ein gerades Verteilrohr.

Ungleichmäßige Verteilung an der Eintrittsseite ergibt Überladung der bevorzugten Gruppe, deren Wirksamkeit abnimmt. Hieraus folgt

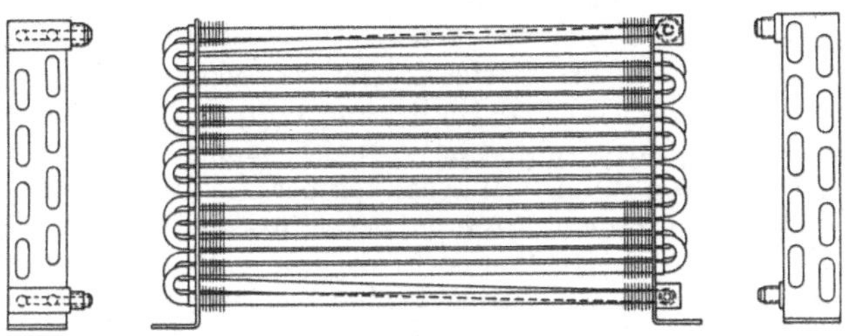

Abb. 112. Luftgekühlter Rippenrohrverflüssiger (Bush).

eine gewisse Selbstregelung, denn der größere Zufluß verlangt eine wirksamere Kühlfläche. Bei ungleichmäßigem Zusammenlauf am Austritt findet eine teilweise Entleerung der bevorzugten Schlangen statt. Die Folge ist eine Vergrößerung der wirksamen Kühlfläche, der bei gleichem Druck ein erhöhter Zufluß entspricht. Hier fehlt also die Selbstregelung, deshalb ist in erster Linie eine zweckmäßige Formgebung des Sammelstücks am Austritt geboten.

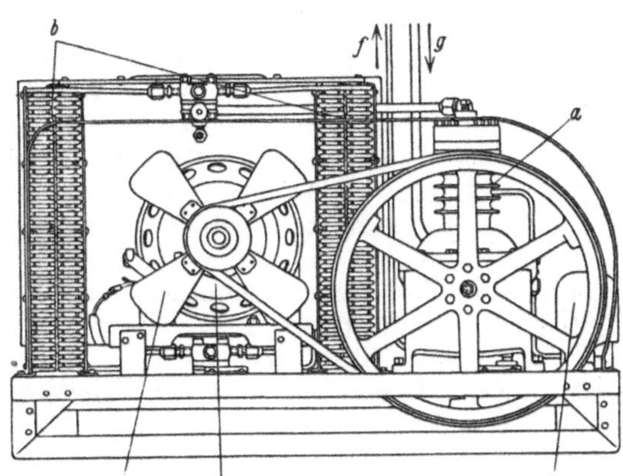

Abb. 113. Schwefligsäure-Kleinkühlanlage mit luftgekühltem Verflüssiger (Frigidaire). *a* Verdichter, *b* Verflüssiger, *c* Motor, *d* Lüfter, *e* Schalter, *f* zum Verdampfer, *g* vom Verdampfer.

Bei Flüssigkeitsnachkühlern ergibt ungleichmäßige Verteilung einen erhöhten Durchfluß in den bevorzugten Schlangen auf Kosten einer schwächeren Unterkühlung. Hier äußert sich eine ungleichmäßige Verteilung am Ein- und Austritt gleich ungünstig.

Bei Freiluftverflüssigern ist die Gefahr der Zerstörung durch die Lufteinflüsse besonders groß, vor allem an den Enden der Kühlschlangen, die nicht ständig berieselt und auch nicht dauernd trocken sind. Umwicklungen aus Guttapercha oder Schutzmäntel aus Blei (Freundlich) haben sich hier bewährt. Alle Teile, die für die Kühlwirkung nicht in Betracht kommen — Verteil- und Sammelbecken, Leitbleche, Ventile u. dgl. —, sollen mit Rostschutzfarbe gründlich gestrichen, die Holzteile des Umbaus mit Karbolineum durchtränkt werden. Die Ventilspindeln sind, da ein Festrosten oder gar Einfressen zu unliebsamen Störungen führen kann, durch dichtsitzende Überwurfhauben zu schützen. Noch besser ist es, den Berieselungsraum scharf abzugrenzen und eine besondere dichte Kammer zu schaffen, in der die ganzen Ventile, vor Wasser und Wetter geschützt, Unterbringung finden.

Das von den Verflüssigern ablaufende Kühlwasser ist nicht ohne weiteres als einwandfreies Genußwasser zu betrachten, einmal wegen der Möglichkeit, daß Teile des Arbeitsstoffes durch Undichtheiten in das Wasser übergehen, bei Berieselungsverflüssigern außerdem wegen Aufnahme der in der Luft enthaltenen Verunreinigungen. Dagegen ist die Verwendung für technische Zwecke ebenso wie für Reinigung im allgemeinen unbedenklich. In besonderen Fällen ist Vorsicht geboten, z. B. wenn das von einem Ammoniakverflüssiger ablaufende Wasser zur Kühlung des Oberflächenverflüssigers einer Dampfkraftanlage benutzt wird, weil hierbei die Messingrohre des letzten durch Ammoniakgehalt des Wassers gefährdet werden.

Bei beweglichen Kühlanlagen von Landfahrzeugen bietet die Wasserversorgung Schwierigkeiten. In solchen Ausnahmefällen werden die Verflüssiger für Luftkühlung vorgesehen und als Rippenrohre mit reichlich bemessener Kühlfläche ausgebildet. Zur Verbesserung des Wärmeüberganges dienen alsdann besondere Schraubenlüfter. Bei Kühlanlagen in Eisenbahnfahrzeugen, die nur während der Fahrt in Betrieb gehalten werden sollen, werden die Lüfter entbehrlich, wenn sich der Rippenrohrverflüssiger auf dem Dache unterbringen läßt. Das Bestreben nach weitestgehender Vereinfachung hat auch bei Haushaltungskühlanlagen zur großen Verbreitung luftgekühlter Verflüssiger, beispielsweise nach Abb. 112 (Bush), geführt. Der hierbei nicht entbehrliche Lüfter wird entweder durch die flügelartig ausgebildeten Speichen des Verdichters gebildet oder, nach Abb. 113 (Frigidaire), auf die Welle des Antriebmotors gesetzt, ausnahmsweise auch nach Abb. 73 mit der Riemenspannrolle verbunden. Auf eine systematische Luftführung kann in der Regel verzichtet werden, wenn der Lüfter über den Verflüssiger saugt; dagegen ist es nötig, das Aggregat an einem Ort aufzustellen, dessen Luft mit der Umgebung wechselt.

III. Ausführung der Verdampfer.

Für die Formengebung der Verdampfer war allzu lange die Auffassung maßgebend, daß der Wärmeübergangswiderstand zwischen Wand und verdampfendem Arbeitsstoff den Wärmeübergangswiderstand zwischen Kälteträger und Wand ebenso wie den Wärmeleitwiderstand der Wand der Größenordnung nach weit unterschreite, in erster Linie daher eine Verbesserung des Wärmeübergangs auf der Seite des Kälteträgers anzustreben sei. Für gasförmige Kälteträger trifft diese Annahme tatsächlich zu. Infolgedessen ist bei der Ausbildung eines unmittelbar durch den Arbeitsstoff gekühlten Gaskühlers in der Hauptsache nur darauf zu achten, daß die zu kühlenden Gase mit hoher Geschwindigkeit die Kühlfläche bestreichen und im Innern des Verdampfers keine Stauung des Arbeitsstoffes eintritt.

Die Höhe des Flüssigkeitsstandes im Verdampferinnern ergibt einen Temperaturverlust. Besitzt der flüssige Arbeitsstoff ein spezifisches Gewicht γ_f kg/m³ und steht der Flüssigkeitsspiegel des Arbeitsstoffes H_f m oberhalb des tiefsten Punktes der Kühlfläche, so siedet an dieser tiefsten Stelle der Arbeitsstoff unter einem Druck $(P_0 + H_f \cdot \gamma_f)$ kg/m², wenn im Dampfraum ein Druck P_0 herrscht. Besteht der Arbeitsstoff beispielsweise aus Ammoniak und beträgt der Druck $P_0 = 29660$ kg/m², entsprechend einer Siedetemperatur von — 10°, so führt eine Höhe des flüssigen Ammoniaks von 1 m oberhalb der Heizfläche zu einer Drucksteigerung um 650 kg/m² auf 30310 kg/m² und zu einer Erhöhung der Siedetemperatur von — 10° auf — 9,5°, d. i. um 0,5°. Bei einem Druck von 12190 kg/m², entsprechend einer Siedetemperatur von — 30°, steigt der Druck am tiefsten Punkte auf 12870 kg/m² und die Siedetemperatur auf — 29°, d. i. um 1°. Bei Schwefligsäure erhöht sich die Siedetemperatur im ersten Falle (— 10° Siedetemperatur) um 3°, im zweiten Falle (— 30° Siedetemperatur) um 5,5°. Je höher das spezifische Gewicht und je niedriger die Sättigungsspannung des Arbeitsstoffes ist, um so bedenklicher wird die Erhöhung der Siedetemperatur durch hydrostatischen Druck und um so mehr muß eine Anstauung vermieden werden. Denn die Erhöhung der Siedetemperatur hat zur Folge, daß das wirksame Temperaturgefälle in den tiefer liegenden Teilen der Kühlfläche sich vermindert, im Grenzfalle ganz verschwindet, so daß hier schließlich ein Wärmeaustausch überhaupt nicht stattfindet.

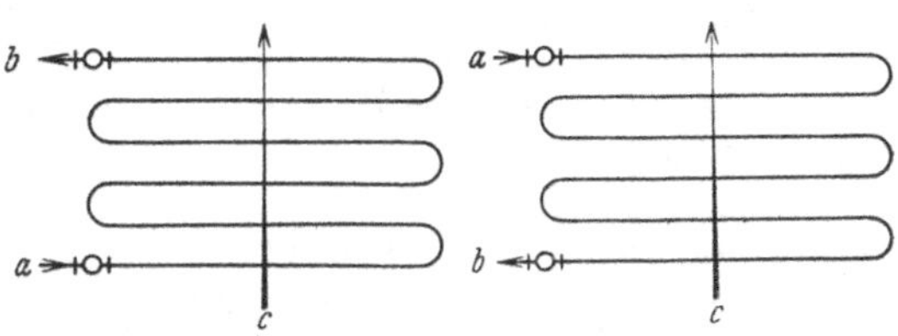

Abb. 114a. Abb. 114b.
Rohrschlangenverdampfer. *a* Einspritzleitung, *b* Saugleitung, *c* Kälteträger.

Die früher für den Verdampfer fast ausschließlich angewandte Form langer mehrfach gewundener Rohrschlangen nach Abb. 114a mit Einleitung der Flüssigkeit von unten hat nach dem Gesagten für Luft- und Gaskühler noch Berechtigung, wenn folgende Gesichtspunkte Beachtung finden:

Hohe Geschwindigkeit des Arbeitsstoffes, der durch die Förderwirkung der entstehenden Dampfblasen hochgetrieben wird, so daß die Flüssigkeit die Kühlfläche in ihrer ganzen Höhe benetzt und sich nicht im unteren Teil absetzt. Die Geschwindigkeit wird nach oben dadurch begrenzt, daß der mit ihr rasch zunehmende Strömungswiderstand nicht übermäßig ansteigen darf. Denn ihm entspricht ebenso wie dem hydrostatischen Druck ein Siedeverzug, der sich an den Stellen besonders auswirkt, die dem Eintrittsende naheliegen. Aus dieser Wechselwirkung ergibt sich in jedem Falle ein Bestwert der anzuwendenden Arbeitsstoffgeschwindigkeit;

Strömung des zu kühlenden Gases mit hoher Geschwindigkeit von unten nach oben. Bei gleicher Geschwindigkeit ergibt die Bewegung des Gases senkrecht zur Rohrachse einen besseren Wärmeübergang als bei Strömung längs der Rohrachse. Da die Temperatur des eintretenden Gases merklich höher liegt als die des austretenden, wird ein gegebenenfalls im unteren Teil vorliegender Siedeverzug des Arbeitsstoffes durch die höhere Gastemperatur ausgeglichen. Abgesehen von dem Siedeverzug ergibt sich im unteren Teile des Verdampfers eine besonders hohe Verdampfleistung, einmal wegen des höheren Temperaturgefälles, dann deshalb, weil der Wärmeübergang an dem erst getroffenen Rohre günstiger ist als an dem folgenden teilweise im Strömungsschatten liegenden und an diesem günstiger als an den folgenden. Die Erhöhung der Verdampfleistung an tiefster Stelle der Heizfläche ist aber von besonderer Wichtigkeit, weil sie das Mittel darstellt, um ein Anstauen des flüssigen Arbeitsstoffes mit Sicherheit zu vermeiden;

genaue Regelung der eingeführten Arbeitsstoffmenge, die der verdampfenden Menge entsprechen muß. Unterschreitung führt zu einer mangelhaften Benetzung der oberen Heizflächenteile, die unwirksam werden, Überschreitung zu einer allmählichen Überfüllung des Verdampfers mit Arbeitsstoff oder Überreißen von flüssigem Arbeitsstoff in die Saugleitung.

Eine wesentliche Veränderung dieser Beziehungen ist nicht zu erwarten, wenn nach Abb. 114b der Arbeitsstoff oben, statt unten, zugeführt wird. Während bei Abb. 114a mit einem Flüssigkeits-Dampfgemisch zu rechnen ist, das mit zunehmendem Dampfgehalt nach oben strömt, wird nach Abb. 114b der flüssige Arbeitsstoff in der Hauptsache an den unteren Teilen der Heizfläche niederfließen. Die Gefahr des Siedeverzugs durch hydrostatischen Druck liegt hier nicht vor. Die Benetzung der oberen Teile der Rohre ist bei einigermaßen lebhafter Verdampfung durch die Wirkung der den Flüssigkeitsspiegel lebhaft durchdringenden Dampfblasen gesichert. Strömt das zu kühlende Gas auch hier von unten nach oben, so nimmt die Verdampfleistung in gleicher Richtung ab, wenn die Rohre über die ganze Höhe gleichmäßig benetzt sind.

Daß Verdampfer, deren Bauweise auf die beschriebene hinausläuft, neuerdings für Flüssigkeitskühlung nur noch in Ausnahmefällen angewandt werden, beruht auf der Erkenntnis, daß der Wärmeübergangswiderstand rasch bewegter Flüssigkeit von gleicher Größenordnung ist wie der Wärmeübergangswiderstand einer verdampfenden Flüssigkeit und daß der letzte bei ungenügender Benetzung der Heizfläche sowie bei Temperaturverlust durch hydrostatischen Druck und Strömungswiderstand leicht dermaßen zunimmt, daß der Schwerpunkt von der flüssigkeitsberührten Seite auf die Seite des verdampfenden Arbeitsstoffes verlegt wird. Einen Schritt zur Anpassung der Verdampfer an diese Gesichtspunkte stellt die Anordnung nach Abb. 115a dar. Sie stimmt mit Abb. 114a in der Form mehrfach gewundener, verhältnismäßig langer Rohrschlangen überein. Die Arbeitsweise wird jedoch dadurch wesentlich verändert, daß der Arbeitsstoff mehrmalig umläuft.

Zu diesem Zwecke ist ein Flüssigkeitsabscheider angeordnet, in dem die vom Verdampfer kommenden, mit Flüssigkeit reichlich beladenen Dämpfe getrocknet werden. Die abgeschiedene Flüssigkeit tritt zusammen mit dem frisch zugeführten Arbeitsstoff in den Verdampfer

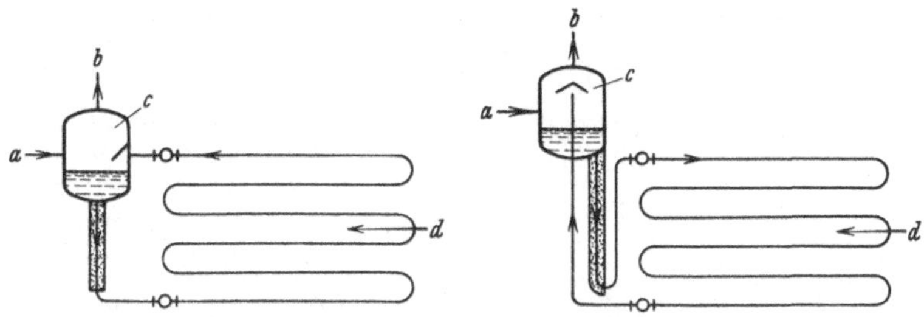

Abb. 115a. Abb. 115b.
Rohrschlangenverdampfer mit Flüssigkeitsabscheidung und Rückführung.
a Einspritzleitung, *b* Saugleitung, *c* Flüssigkeitsabscheider, *d* Kälteträger.

zurück. Hierbei ergibt sich eine Überflutung der Heizfläche, die vollkommene Benetzung sichert, insbesondere auch in den von dem Arbeitsstoff zuletzt durchströmten Teilen. Wird durch Überfüllung des Verdampfers das Verhältnis der umlaufenden zu der im Beharrungszustande frisch zugeführten Arbeitsstoffmenge übertrieben, so kehrt sich der Vorteil der reichlichen Benetzung in den Nachteil der Anstauung um. Maßnahmen zur Regelung des Flüssigkeitsinhalts des Verdampfers sind daher besonders wichtig.

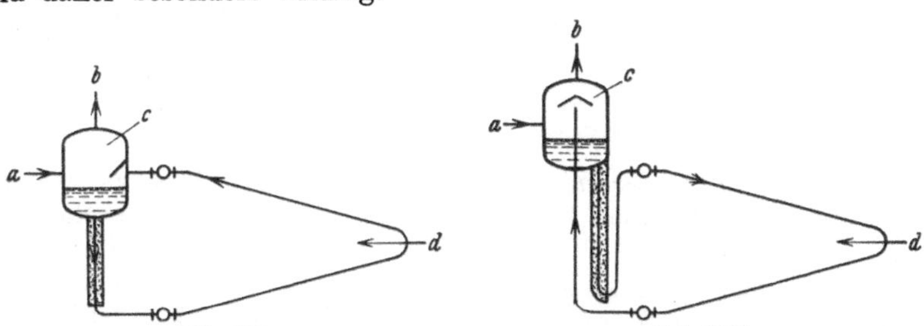

Abb. 116a. Abb. 116b.
Verdampfer mit kurzen Rohrschlangen, Flüssigkeitsabscheidung und Rückführung.
a Einspritzleitung, *b* Saugleitung, *c* Flüssigkeitsabscheider, *d* Kälteträger.

Die Umgestaltung des Verdampfers von Abb. 114b nach Abb. 115b verlangt eine Sicherheitsmaßnahme, um Austritt von Dämpfen aus den oberen Teilen der Heizfläche nach dem Abscheider zu vermeiden, beispielsweise in Form der angedeuteten Schleife.

Der nächste Schritt, den der Verdampferbau genommen hat, bestand darin, daß anstatt weniger langer, zahlreiche kurze Rohrschlangen nach Abb. 116a und 116b parallel geschaltet und mit einem Flüssigkeitsabscheider verbunden wurden. Damit ergab sich auf Umwegen die naheliegende Anpassung an den Röhrenverdampfer, wie er im Dampfkesselbau vorliegt. Die Strömungswiderstände sind gegenüber Ausbildung nach Abb. 115 wesentlich verringert, Flüssigkeitsumlauf und damit ausreichende Benetzung daher in besonderem Maße gesichert.

Einen Grenzfall für die Beschränkung der Rohrlänge stellt die Parallelschaltung von Einzelrohren dar, die in der Hauptsache senkrecht verlaufen. Hierbei können nach Abb. 117 die Rohre teilweise als Rücklaufrohre ausgebildet werden. In einfachster Weise gelingt dies dadurch, daß sie einen wesentlich größeren Durchmesser als die Rohre mit aufwärts gerichteter Strömung erhalten, weil dann infolge des kleineren Verhältnisses $\frac{\text{Oberfläche}}{\text{Inhalt}}$ der Dampfgehalt geringer und das spezifische Gewicht größer wird. Die Rücklaufrohre münden in den beiden Sammelkörpern unter Flüssigkeitsspiegel aus, während die Hauptverdampfrohre

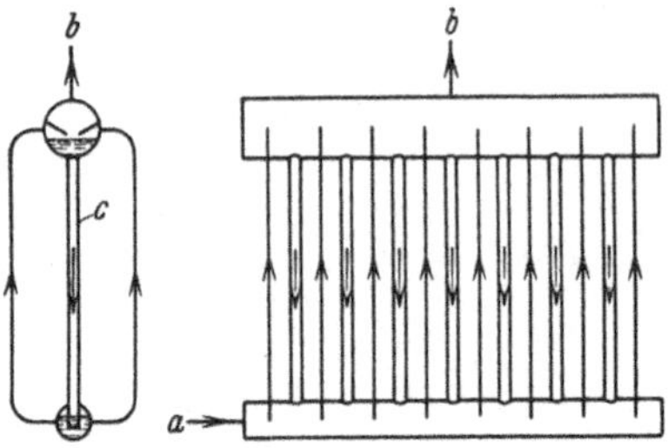

Abb. 117. Umlaufverdampfer mit senkrechten Rohren. *a* Einspritzleitung, *b* Saugleitung, *c* Rücklaufrohre.

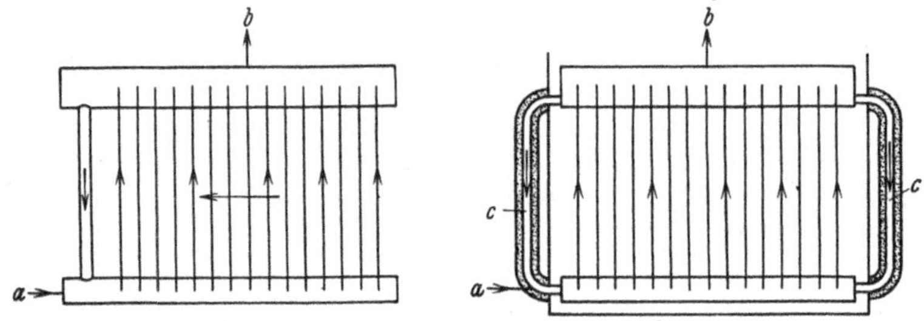

Abb. 118a. Abb. 118b.
Umlaufverdampfer mit senkrechten Rohren. *a* Einspritzleitung, *b* Saugleitung, *c* Rücklaufrohre.

im Ausdampfkörper zweckmäßigerweise oberhalb des Flüssigkeitsspiegels enden. In gleichem Sinne wie die Vergrößerung des Rohrdurchmessers wirkt die in Abb. 118a angedeutete Verlegung der Abfallrohre nach der Stelle, an der der Kälteträger den Verdampfer verläßt, das Temperaturgefälle daher am niedrigsten ist. Schließlich kann nach Abb. 118b der Rücklauf dem Einfluß des Kälteträgers ganz entzogen, außerhalb des Flüssigkeitsbades verlegt und gegen Wärmeeinstrahlung besonders geschützt werden. Diese Anordnung liegt nahe, wenn der Kälteträger nach Abb. 119 den Verdampfer außen berieselt. Verdampfer mit senkrechten Rohren dürfen wegen des Temperaturverlustes durch hydrostatischen Druck nur mit

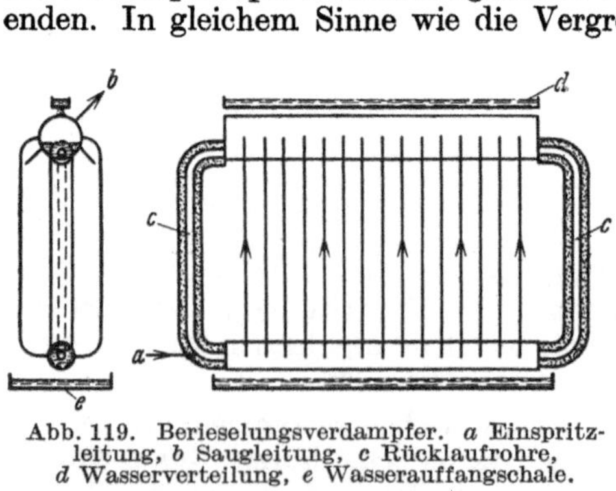

Abb. 119. Berieselungsverdampfer. *a* Einspritzleitung, *b* Saugleitung, *c* Rücklaufrohre, *d* Wasserverteilung, *e* Wasserauffangschale.

verhältnismäßig geringer Füllung arbeiten. Der Bestwert liegt vor, wenn die höchsten Teile der Verdampferrohre noch eben genügend von Flüssigkeit benetzt werden. Solange genaue Beobachtungen nicht vorliegen, kann er zu ein Drittel der Rohrlänge geschätzt werden.

Der Kälteträger strömt bei den Ausführungen der Abb. 115 und 116 längs der Rohrachsen. Bei Abb. 117 und 118 wird er in Richtung der Verteilkörperachsen geleitet, wenn ein einziger Verdampferkörper vorhanden ist oder bei mehreren Verdampferkörpern hierbei mehr Rohre hintereinander als nebeneinander liegen, im umgekehrten Falle auch senkrecht zur Achse der Verteilkörper. Bei allen beschriebenen Formen kann der Kälteträger durch Steigerung der Umlaufmenge mit beliebiger Geschwindigkeit über die Verdampferrohre geführt werden. Die Grenze

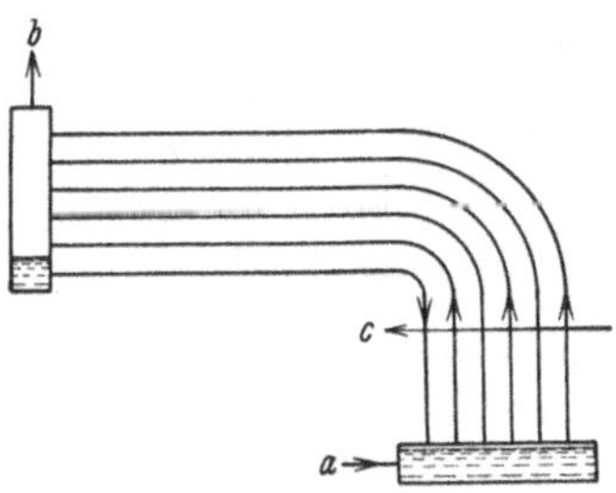

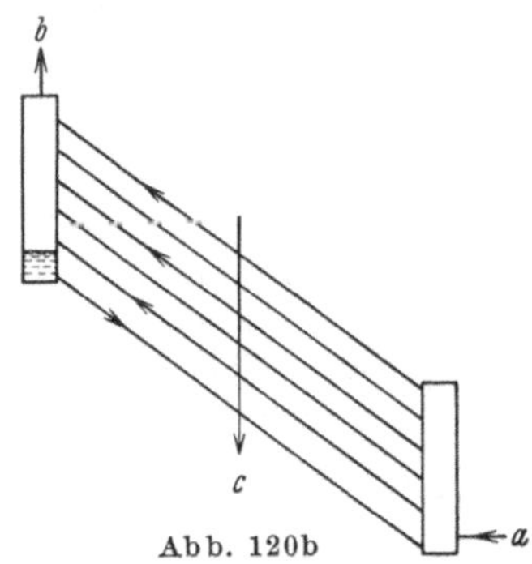

Abb. 120a. Abb. 120b

Verdampfer mit gebogenen und schrägen Rohren. *a* Einspritzleitung, *b* Saugleitung, *c* Kälteträger.

wird durch wirtschaftliche Gesichtspunkte gezogen, da mit Steigerung der Geschwindigkeit und Umlaufmenge der Arbeitsverbrauch der Umlaufvorrichtung rasch ansteigt. Verengung des Strömungsquerschnitts stellt ein Mittel dar, um den Wärmeübergang ohne unzulässig hohen Arbeitsverbrauch der Umlaufvorrichtung zu steigern. Bei dem Berieselungsverdampfer der Abb. 119 ist die Geschwindigkeit begrenzt und von Höhe sowie Kälteträgermenge nur wenig abhängig.

Neben den beschriebenen Formen von Verdampfern liegen zahlreiche Abarten vor. Sie bieten nicht immer Vorteile gegenüber den elementaren Formen. Bei der Ausführung nach Abb. 120a, die ein Zwischending zwischen Ausführung Abb. 116a und 117 darstellt, fehlen eigentliche Rücklaufrohre. Infolgedessen bilden sich die Rohre, in denen die Verdampfung weniger lebhaft erfolgt, zu Rücklaufrohren aus, das sind bei der angedeuteten Strömungsrichtung des Kälteträgers die kürzeren Rohre. Bei der Abart nach Abb. 120b wird ein Umlauf in dem angedeuteten Sinne dadurch gesichert, daß der Kälteträger zuerst auf die Rohre trifft, in denen die Strömung aufwärts erfolgt. Ein Nachteil liegt hier darin, daß der Flüssigkeitsstand in dem Verteilkörper mit Rücksicht auf die Speisung der zu oberst liegenden Rohre hoch gehalten werden muß, die tiefer liegenden Rohre daher einen Temperaturverlust durch hydrostatischen Druck erfahren.

Bei Verdampfern mit waagerechten Röhrenbündeln strömt in der Regel nach Abb. 121 der Kälteträger durch, der Arbeitsstoff um die Rohre. Damit hierbei der innere Umlauf in dem angedeuteten Sinne erfolgt, soll der Kälteträger nur einmalig durchgeführt und damit die Verdampfleistung an der Eintrittseite höher gehalten werden als an der Austrittseite. Günstig ist es, den oberen Teil des Verdampferkörpers von Rohren freizuhalten. Ergibt sich die Geschwindigkeit bei einmaliger Führung des Kälteträgers zu niedrig, so sichert die Verteilung der Rohre innerhalb des Verdampferkörpers nach Abb. 122 einen wirksamen Umlauf in dem angedeuteten Sinne.

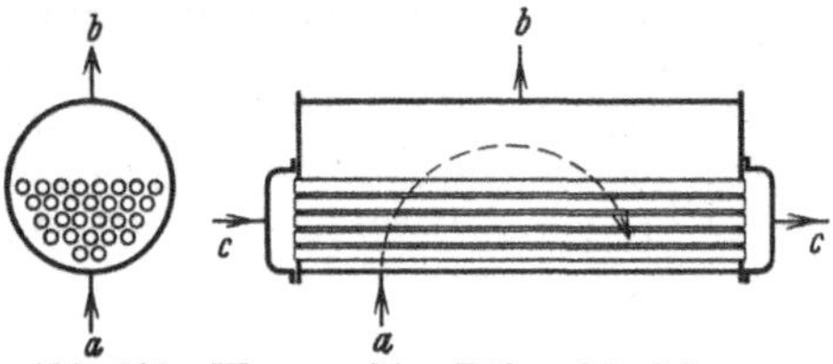

Abb. 121. Waagerechter Röhrenbündelverdampfer mit einmaligem Durchgang. *a* Einspritzleitung, *b* Saugleitung, *c* Kälteträger.

Bei den nachbeschriebenen Ausführungsformen finden sich diese neueren Erkenntnisse mehr oder weniger verwertet. Die Entwicklung des Verdampferbaus ist noch in vollem Fluß, die gegenwärtig vorliegende Gestaltung von übergroßer Mannigfaltigkeit. Sie wird in den Fällen, in denen es sich um die unmittelbare Kühlung von besonderen Kühlgutarten handelt, durch deren Eigenart mitbeeinflußt. Derartige Verdampfer sind unter „Gesamtbild der angewandten Kälte“ behandelt. Von den beiden hauptsächlichen Arten ist die Verdampferform mit Luft als Kälteträger unter „Ausführung der Luftkühlvorrichtung“ behandelt, so daß die nachstehenden Erörterungen sich auf die Bauweise des Verdampfers mit Flüssigkeit — Wasser und vor allem Sole — als Kälteträger beschränken.

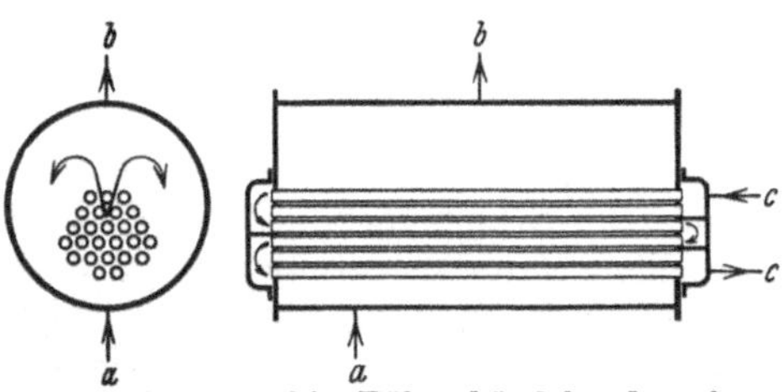

Abb. 122. Waagerechter Röhrenbündelverdampfer mit mehrmaligem Durchgang. *a* Einspritzleitung, *b* Saugleitung, *c* Kälteträger.

Bei dem Röhrenbündelverdampfer Abb. 123 (V D K) mit waagerechten, außen von Arbeitsstoff umspülten Rohren wird das Schwergewicht auf den Umlauf des Kälteträgers gelegt, der sich in zahlreichen Läufen von unten nach oben bewegt. Auf geregelten Umlauf des Arbeitsstoffes wird verzichtet und der ganze Kesselquerschnitt gleichmäßig von versetzten Rohrreihen erfüllt. Dem aufgesetzten Dom kommt besondere Bedeutung als Dampftrockner zu, weil im Verdampferkörper selbst nicht mit einer genügenden Abscheidung von Tropfen gerechnet werden kann.

Unter Wegfall der Deckel und Ausnutzung des Kesselmantels als Kühlfläche werden Röhrenbündel nach Abb. 124 (Vilter) als Verdampfer für große Eiserzeuger verwandt. In beiden Formen ist sorgfältigste Arbeit erforderlich, um Undichtheiten auszuschließen. Die hieraus bei großen Leistungen sich ergebenden Herstellungsschwierigkeiten bilden den hauptsächlichen Grund für die Zerlegung von Röhrenbündelverdampfern in einzelne Elemente, die parallel mit Arbeitsstoff gespeist werden, während der Kälteträger sie hintereinander durchströmt. Bei geschlossenen Röhrenbündelverdampfern liegt die Gefahr des Einfrierens der flüssigkeitsführenden Rohre vor. Sie eignen sich daher vorzugsweise nur für solche Fälle, bei denen der Gefrierpunkt des Kälteträgers nicht unterschritten wird. Bei Doppelrohrverdampfern bildet auch für den in dem Ringraum strömenden Arbeitsstoff Hintereinanderschaltung der Einzelrohre die Regel, weil die parallele Speisung Schwierigkeiten bietet. Hieraus ergibt sich jedoch ein unbefriedigender Wärmeübergang von Arbeitsstoff an Rohrwand. Diese Bauweise hat daher im allgemeinen keine Berechtigung, sie läßt sich höchstens dann einigermaßen vertreten, wenn der Verdampfer in das Kälteträgerbad versenkt wird und die Kälteübertragung durch das innere und äußere Rohr gleichzeitig erfolgt.

Bei Rohrschlangenverdampfern, durch die der Kälteträger geleitet wird, ist die gelegentlich notwendige Reinigung des Schlangeninnern schwierig. Der umgekehrten, noch häufig zu findenden Ausführung, bei der der Arbeitsstoff unten in die Schlangen eingeführt wird und oben als Dampf abgeht, kommt höchstens in Ausnahmefällen Berechtigung zu, z. B. bei Verdampfern kleiner Leistung, wobei die Rücksicht auf Einfachheit gegenüber dem Streben, mit kleinster Kühlfläche

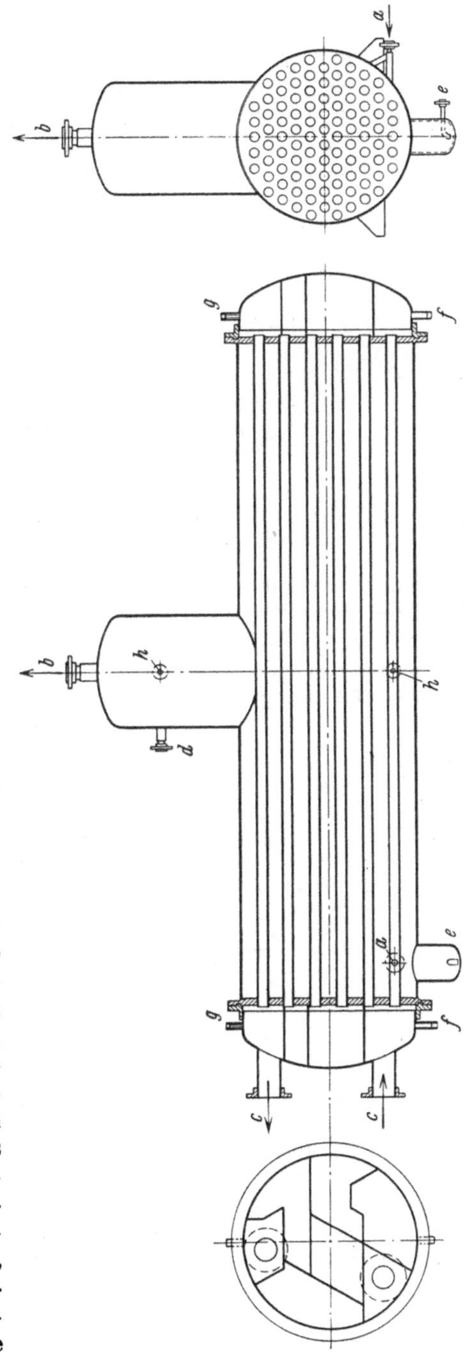

Abb. 123. Waagerechter Ammoniak-Röhrenbündelverdampfer (V D K). *a* Einspritzleitung, *b* Saugleitung, *c* Kälteträger, *d* Sicherheitsventil, *e* Ölablaß, *f* Entleerung, *g* Entlüftung, *h* Flüssigkeitsstand.

auszukommen, überwiegt, oder wenn Verwendungsweise und Eigenart des Kälteträgers geschlossene Bauweise verlangen. Für das Ausziehen des Verdampfers zwecks äußerer Reinigung ist die hierbei geringe Anzahl der zu lösenden Verbindungen vorteilhaft. Werden — zu Unrecht — Schlangenverdampfer für erhebliche Leistungen angewandt, so ist nach Abb. 125 ein Flüssigkeitsabscheider einzuschalten, um dem Regelvorgang die große Empfindlichkeit zu nehmen. Dem Abscheider kommt hierbei die doppelte Aufgabe zu, den Verdichter gegen Eindringen von Flüssigkeit zu schützen und die Füllung des Verdampfers zu vergrößern. Zur Rückführung der abgeschiedenen Flüssigkeit bietet sich als einfachstes Mittel die Schwerkraft. Der Abscheider ist daher entsprechend hoch über dem Verdampfer anzuordnen und das Abfallrohr genügend groß zu bemessen, außerdem gegen äußere Wärme zu schützen, da die entstehenden Dampfblasen den Rücklauf hindern. Der richtigen Abschätzung des Widerstandes, den der Arbeitsstoff beim Umlauf durch den Verdampfer findet, kommt besondere Bedeutung zu. Dem spezifischen Gewicht des flüssigen Arbeitsstoffes entsprechend ist z. B. bei Ammoniak für rund 650 kg/m²

Abb. 124. Waagerechter Ammoniak-Röhrenbündelverdampfer mit Flüssigkeitsstandrohr (Vilter).

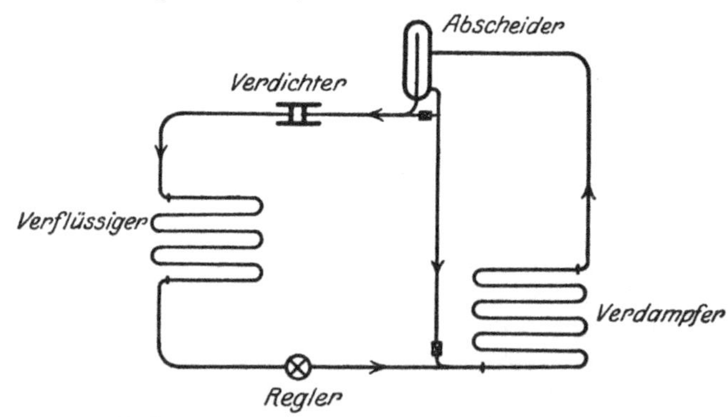

Abb. 125. Kaltdampfanlage für überhitztes und überflutetes Arbeiten.

Widerstandsdruck rechnerisch ein Höhenunterschied von 1 m erforderlich. Er ist, mit Rücksicht auf den im Abfallrohr durch Reibung und Dampfblasenbildung entstehenden zusätzlichen Widerstand, auf mindestens das Doppelte zu vergrößern. Um falschen Umlauf der Flüssigkeit zu vermeiden, wird die Abfalleitung tangential in die Einspritzleitung geführt. Der Einfluß des damit auszunutzenden Geschwindigkeitsdrucks darf jedoch nicht überschätzt werden, auch dann nicht, wenn durch Verlegung des Reglers an die Verbindungsstelle und deren Ausbildung zur Düse die Verhältnisse verbessert werden. Einschaltung eines Rückschlagventils in die Falleitung erhöht die Sicherheit, die insbesondere auch für den Fall zu fordern ist, daß der Verdampfer gelegentlich mit Flüssigkeit überladen wird. In der Regel wird auf Ausnutzung der Treibkraft der im Regler entspannten Flüssigkeit verzichtet und die entspannte Flüssigkeit nach Abb. 115 dem Abscheider zugeführt, der dadurch mit dem Verdampfer organisch verwächst. Die bei der Entspannung gebildeten Dämpfe treten dann, unter Umgehung des Verdampfers, unmittelbar nach dem Verdichter, belasten daher nicht unnütz die Verdampferfläche.

Daneben sind verschiedene Schaltungen des Abscheiders zu finden, denen nach der heutigen Erkenntnis kaum mehr Berechtigung innewohnt. Beispielsweise wird bei mehreren Verdampfern der Arbeitsstoff einem Verdampfer im Überschuß zugeführt und die in dem Abscheider getrennte Flüssigkeit einem zweiten Verdampfer zugeleitet; oder es findet, unter Verzicht auf die Ausnutzung der Schwerkraft, eine besondere Flüssigkeitspumpe Verwendung, die die abgeschiedene Flüssigkeit vor den Regler zurückführt, also gegen den Verflüssigerdruck fördert. Derartige Flüssigkeitspumpen werden wegen des hohen Druckgefälles zweckmäßig als Kolbenpumpen ausgeführt. Eine Vereinfachung ergibt sich, wenn die Pumpe mit dem Verdichter verbunden ist, z. B. eine hintere Kolbenstange oder der Ringraum eines abgestuften Kolbens die Förderung der abgeschiedenen Flüssigkeit übernimmt und diese in die Druckleitung vor dem Verflüssiger einführt. In diesem Falle arbeitet der Pumpenraum nur mit teilweiser Füllung, um bei der verhältnismäßig hohen Kolbengeschwindigkeit Stöße zu vermeiden. Die Vereinfachung geht auf Kosten eines Kälteverlusts, da die abgeschiedene kalte Flüssigkeit einen Teil der Verflüssigerleistung deckt, der in wirtschaftlicherer Weise an das Kühlwasser zu übertragen wäre. Da dieser Verlust mit dem Verhältnis von abgeschiedener Flüssigkeit zu verdampfendem Arbeitsstoff wächst, kommt die Rückführung in die Druckleitung nur bei kleinen Leistungen und hier zweckmäßig auch nur dann in Betracht, wenn der Flüssigkeitsabscheider den Verdichter sichern, nicht die Verdampfung verbessern soll.

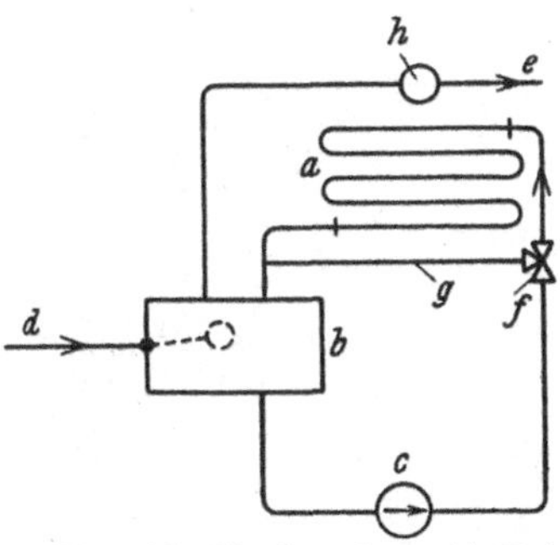

Abb. 126. Verdampfer mit Entspannungsbehälter und Umlaufpumpe. *a* Verdampfer, b Entspannungsbehälter, *c* Umlaufpunpe, *d* Flüssigkeitsleitung, *e* Saugleitung, *f* Regelventil, *g* Umlauf, *h* Druckregler.

Nicht zu verwechseln hiermit ist die Ausführung nach Abb. 126 (York), wobei eine Flüssigkeitspumpe den Umlauf im Verdampfer zwangläufig regelt. Die Flüssigkeitsleitung wird nach der Entspannung einem Sammelbehälter zugeführt, der die ganze Arbeitsstoffüllung der Anlage faßt. Aus ihm speist die Umlaufpumpe die Verdampferschlangen am höchsten Punkt. Die Flüssigkeit rieselt durch die Schlangen nieder. Beim Stillstand ist der Verdampfer vollständig leer. Die bei der Entspannung und Verdampfung gebildeten Dämpfe werden durch den Verdichter aus dem Sammelbehälter abgesaugt. Durch ein Dreiwegventil läßt sich die Menge der den Verdampfer durchströmenden Flüssigkeit regeln. Diese Anordnung besitzt größte Unempfindlichkeit, wenn

Abb. 127. Schrägrohr-Umlaufverdampfer (Grasso).

der Verdampfer besonders hoch oder weitab steht oder eine Vielzahl von Verdampfern außerhalb des Maschinenraumes vorhanden und damit

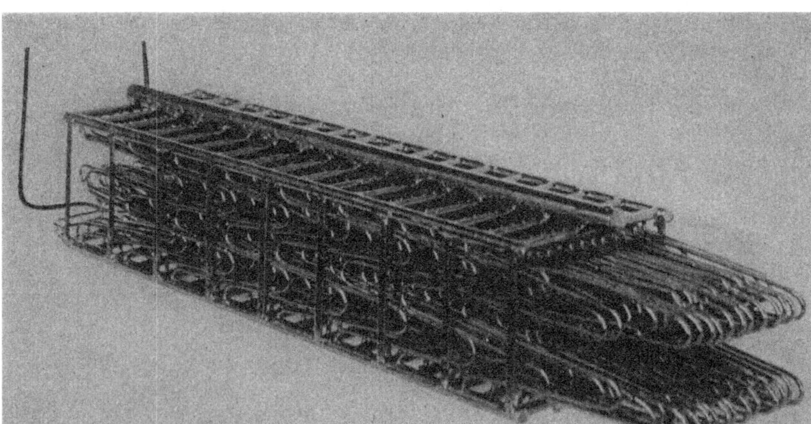

Abb. 128. Umlaufverdampfer mit kurzen Rohrschlangen (Frick).

zu rechnen ist, daß ihre Bedienung ohne Beobachtung der Verdichterarbeitsweise erfolgt. Nebenher ergibt sich eine selbsttätige Entölung des Verdampfers und, bei Ausbildung des Verdampfers zum Luftkühler, leichtes Abtauen der im Ruhezustand leeren Schlangen.

In schroffem Gegensatz zu Schlangenrohrverdampfern mit erzwungenem Umlauf steht der Schrägrohrverdampfer der Abb. 127 (Grasso), bei dem schrägliegende Einzelrohre kreuzweise zwischen senkrechten Sammelkörpern verlaufen. Der Arbeitsstoff strömt in beiden Richtungen schräg aufwärts durch die Rohre. Die Sammelkörper arbeiten vollkommen gleichsinnig als Dampfsammler und Abscheider für die aus den Verdampferrohren tretende überschüssige Flüssigkeit. Die Speisung erfolgt daher in gleicher Weise für alle Verteilkörper, die sich an höchster Stelle vereinigen.

Den Übergang zu senkrechten Einzelrohren zwischen waagerechten Sammelkörpern bilden kurze Rohrschlangen nach Abb. 128 (Frick).

Abb. 129. Umlaufverdampfer mit gebogenen Rohren (Escher Wyss).

Zwischen vier waagerechten Längsrohren verlaufen waagerechte Querrohre, in die W-förmige Schlangenrohre münden. Der flüssige Arbeitsstoff wird den unteren Längsrohren zugeführt, der Dampf aus den oberen Längsrohren abgesaugt. Auf den systematischen Umlauf des Arbeitsstoffes wird hierbei verzichtet. (Tatsächlich kommt er dadurch zustande, daß einzelne Schlangen sich als Rückläufe ausbilden.) Die Schlangenrohre erfüllen den Raum zwischen den waagerechten Verteilrohren derart, daß der Kälteträger mit hoher Geschwindigkeit wirksam hindurchgeleitet werden kann. Während bei dieser Ausführung die zwangläufige Strömung des Schlangenverdampfers wohl verwischt, grundsätzlich aber beibehalten ist, kommt nach Abb. 129 (Escher Wyss) bei der Anwendung V-förmiger Rohre zwischen waagerechten, durch ein senkrechtes Standrohr verbundenen Sammelkörpern der selbsttätige Umlauf zur Geltung. Diese Formengebung wurde wohl erstmalig von Shipley[1] vorgeschlagen. Die Speisung erfolgt in das Standrohr, das gleichzeitig als Abscheider wirkt und an das oben die Saugleitung anschließt. Die in den V-Rohren mitgerissene Flüssigkeit schleicht am tiefsten Punkt des oberen waagerechten Sammelrohrs

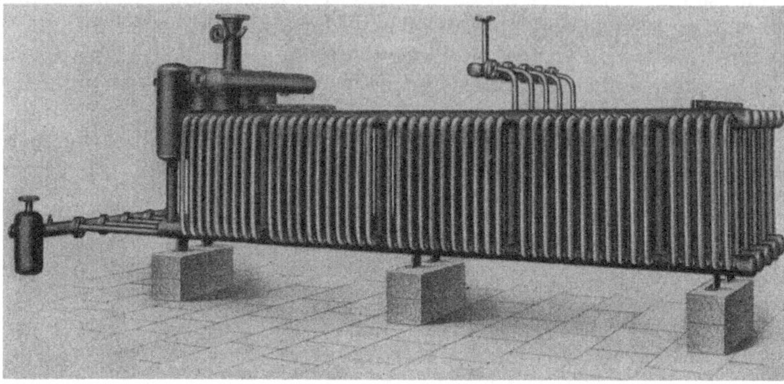

Abb. 130. Umlaufverdampfer mit senkrechten Rohren (Linde).

zum Standrohr. Damit sie nicht, den Dämpfen entgegen, durch die V-Rohre zurücksinkt, sollen diese genügend weit über dem tiefsten Punkt des oberen Sammelrohrs ausmünden. Ausgesprochen senkrechten Verlauf nehmen die Rohre bei der Bauweise der Abb. 130 (Linde). Die Vielzahl der Rücklaufrohre wirkt günstig, da sie den Weg der abgeschiedenen Flüssigkeit im oberen Sammelrohr verkürzt und verhindert, daß sich in einzelnen Verdampferrohren ein unerwünschter Rücklauf entgegen den hochstrebenden Dämpfen ausbildet.

Abb. 131. Süßwasserkühler mit Verdampferkessel (Frigidaire).

Bei kleinsten Leistungen schrumpft der Verdampfer auf den glatten kesselartigen Körper der Abb. 131 (Frigidaire) zusammen, der im Innern die aus Abb. 66 ersichtliche Regelvorrichtung aufnimmt und an dessen oberen Teil die Saugleitung anschließt. Der dargestellte Verdampfer dient zur Trinkwasserkühlung. Da hierbei eine Vereisung des Verdampfermantels nicht zu vermeiden, mit Rücksicht auf die Kältespeicherung sogar erwünscht ist, bietet diese Form Schutz gegen die Sprengwirkung einer abgetauten und wieder anfrierenden Eisschale.

Werden Verdampfer außen von dem Kälteträger berieselt, so stellt die Verbindung mit der Umgebung einen Nachteil dar. Diese Ausführung kommt daher ausschließlich dann in Betracht, wenn die Mög-

[1] Shipley: Evaporating systems. Ice Refrig. 1928.

lichkeit, die vom Kälteträger berührte Verdampferoberfläche leicht zu überwachen, ausschlaggebend ist, oder das Kühlgut eine Belüftung fordert. Dies trifft z. B. für Würzekühler und Milchkühler mit unmittelbarer Verdampfung des Arbeitsstoffes zu. Waagerechter Verlauf der

Abb. 132. Berieselungskühler mit unmittelbarer Verdampfung (Bergedorf).

Rohre und Durchführung des Arbeitsstoffes im Zickzack von unten nach oben nach Abb. 132 (Bergedorf) bildet hier die Regel. An sich steht jedoch nichts im Wege, die Verdampferrohre senkrecht verlaufen zu lassen, den Arbeitsstoff parallel hindurchzuführen, schließlich Rücklaufwege vorzusehen und damit auch die Leistung dieser Berieselungsverdampfer zu verbessern.

Abb. 133. Kühlwalze mit unmittelbarer Verdampfung (Grasso).

Verdampfer mit beweglicher Kühlfläche machen Stopfbüchsen für die Anschlüsse des Arbeitsstoffes nötig, finden daher nur ausnahmsweise Anwendung. Sie nehmen hierbei nach Abb. 133 (Grasso) die Form einer Walze an, die in den zu kühlenden Stoff eintaucht. Der Vorteil liegt hier einmal, wie bei dem Berieselungsverdampfer, in der leichten Überwachung der kühlenden Flächen, daneben in der Möglichkeit, Stoffe, die bei der Abkühlung erstarren oder teilweise auskristallisieren, durch feststehende Schabevorrichtungen abzuheben und dadurch die Kühlfläche im Betrieb dauernd rein und voll wirksam zu halten. Schließlich stellt der Umlauf der Kühlflächen ein Mittel zu besonders günstiger Wärmeübertragung sowohl auf der vom Arbeitsstoff bespülten Innenseite als auch auf der vom gekühlten Stoff benetzten Außenseite dar. Aus diesem Grunde verdient der umlaufende Verdampfer auch dann ernste Beachtung, wenn für seine Gestaltung die Eigenart des Kühlgutes nicht maßgebend ist.

In dem Maße, in dem die Erkenntnis über das Wesen der wirksamen Verdampfung in der Bauweise des Verdampfers zum Ausdruck kommt, verschwinden auch die Unterschiede in der Gestaltung bei Anwendung verschiedener Arbeitsstoffe. Die Tatsache, daß bei Schwefligsäure das Mitreißen von Flüssigkeit in den Verdichter besonders verhängnisvoll wirkt, hat es mit sich gebracht, daß die Schwefligsäureverdampfer von vornherein richtige Formen erhielten und ihre Entwicklung in dieser Beziehung den viel weiter verbreiteten Ammoniak- und Kohlensäureanlagen vorauseilte.

Bei Ammoniak-Absorptionskühlanlagen sammelt sich im Verdampfer an tiefster Stelle ein Ammoniak-Wassergemisch mit zunehmendem Wassergehalt an. Bei Kühlanlagen mit Verdichtern ist ein Übertritt des Schmiermittels in den Verdampfer auch bei sorgfältigster Entölung nicht vollständig zu vermeiden. In beiden Fällen muß die Abführung möglich sein. Dies bedingt Anordnung eines Ablasses an tiefster Stelle oder andere wirksame Maßnahmen, die z. B. bei kleinen Schwefligsäureverdampfern auf ein Abschöpfen des Öls vom Flüssigkeitsspiegel nach Abb. 66 hinauslaufen. Liegt die Verdampfertemperatur ungewöhnlich niedrig, so daß Erstarren des Schmiermittels und Verstopfung zu befürchten ist, so muß die Verölung unbedingt verhütet werden. Hierfür kommen z. B. Filter vor dem Verdampfereintritt in Frage, die mit Asbestwolle oder Haarfilz gefüllt sind und das Schmiermittel durch Adsorption zurückhalten.

Liegt die größte Dichte des Kälteträgers bei einer Temperatur, die niedriger als die Eintritts- und höher als die Austrittstemperatur ist, und soll die natürliche Schichtung des Kälteträgers zum Umlauf benutzt werden, so läßt sich dies nur durch Unterteilung der Verdampferleistung erreichen. Der Kälteträger wird hierbei im ersten Verdampfer auf die seiner größten Dichte entsprechende Temperatur gekühlt.

Für die Ausbildung der Verteil- und Sammelstücke an Schlangenverdampfern mit mehreren Gruppen gelten ähnliche Gesichtspunkte wie für Verflüssiger. Ungleichmäßige Verteilung des eintretenden Gemisches führt zu einer Überladung der bevorzugten Schlangen. Die erste Folge ist eine erhöhte Verdampfung, der jedoch unmittelbar eine Stauung folgt, so daß diese Gruppe schließlich ersäuft und unwirksam wird. Dieser Fehler kann dazu führen, daß der ganze Verdampfer versagt. Ungleichmäßige Verbindung der Austritte hat eine verstärkte Absaugung der bevorzugten Schlange zur Folge, der eine Vermehrung des einströmenden Gemisches entspricht. Diese Gruppe wird daher im allgemeinen besser arbeiten als die übrigen. Eine teilweise Selbstregelung tritt hierbei dadurch ein, daß der Druck in der bevorzugten Schlange sinkt und ein Überdruck gegenüber den schlechter arbeitenden entsteht, der die Tätigkeit der letzten anregt. Gleichwohl ist bei Schlangenverdampfern außer der unbedingt gebotenen regelmäßigen Verteilung am Eintritt auch der richtigen Gestaltung der Sammelstücke am Austritt besondere Beachtung zu schenken. Ein kesselartiger Flüssigkeitsverteiler ist im oberen Teile von Dämpfen erfüllt, daher genau waagerechte Lage der Einmündungsstellen der Rohrschlangenenden Bedingung für gleichmäßige Flüssigkeitsverteilung. Trifft dies nicht zu, so strömt die Flüssigkeit in der Hauptsache den an tieferen Stellen anschließenden Rohrschlangen zu, in denen sich auch das mit dem flüssigen Arbeitsstoff gemischte Öl ansammelt.

Bei Hochleistungsverdampfern mit Überflutung verschwindet der Einfluß der Verteilerform, weil an den Anschlußstellen der Einzelrohre ganz geringe Geschwindigkeit herrscht und alle Verdampferelemente sich auf gleichen Flüssigkeitsstand einstellen.

Selbsttätige Speisung von Hochleistungsverdampfern, die mit hoher Füllung arbeiten, kann durch ein Schwimmerventil erfolgen, das den Flüssigkeitsstand in einem dem Verdampfer parallel geschalteten Speicherrohr gleichhält. Um bei Versagen des Schwimmerreglers rechtzeitig einzugreifen, soll der Flüssigkeitsstand auch äußerlich erkennbar sein. Hierzu dienen z. B. Standrohre nach Abb. 124, an denen die Flüssigkeitshöhe sich durch die Vereisungsgrenze äußerlich abzeichnet. Wird das äußere Flüssigkeitsstandrohr zur Spirale gewunden und in der Mitte behälterförmig erweitert, so bewegt sich ein mit dem Mittelteil verbundener Zeiger mit der Flüssigkeit auf und ab. Diese Vorrichtung bedarf der Eichung. Erfolgt sie mit Wasser, so ist die Abweichung des tatsächlichen spezifischen Gewichts des Arbeitsstoffes zu berücksichtigen. Die Anbringung von Schaugläsern scheitert bei Verdampfern, abgesehen von der Gefährlichkeit, daran, daß ihre Ablesung durch Beschlagen erschwert wird. Um diesem Übelstande abzuhelfen, wird nach Abb. 134 (Meade Goodloe) das innere flüssigkeitsführende Rohr durch ein zweites Glasrohr eingehüllt und der Zwischenraum luftleer gehalten. Das eine Ende des Innenrohrs ist spiralig ausgebildet, um der Wärmedehnung folgen zu können, das Außenrohr zur Verminderung der Einstrahlwirkung bis auf den Sehschlitz versilbert.

Abb. 134. Flüssigkeitsstandanzeiger (Meade Goodloe).

Die durch den äußeren Flüssigkeitsstand angezeigte Flüssigkeitshöhe ist keinesfalls gleichbedeutend mit der im Verdampferinnern herrschenden, wenn, wie dies die Regel bildet, das Flüssigkeits-Dampfgemisch im Verdampfer eine andere Zusammensetzung und Geschwindigkeit besitzt als in dem Flüssigkeitsstand. Der Unterschied ist um so größer, je lebhafter die Dampfentwicklung im Verdampfer vor sich geht und je weniger in dem Anzeiger eine Verdampfung eintritt. Ähnlich liegen die Verhältnisse bei einem außen angebrachten Schwimmerregler. Soll daher im Betrieb der Verdampfer vollständig überflutet sein, so ist es um so weniger nötig, den Schwimmerregler an höchster Stelle anzuordnen, je enger und länger die Verdampferrohre sind und je höher ihre spezifische Belastung ist. Die Anordnung an höchster Stelle läßt sich deshalb in der Regel nur bei Verdampfern kleinsten Ausmaßes vertreten. Bei größerer Leistung ergibt Anbringung des Schwimmerreglers in etwa ein Drittel der Gesamthöhe meist vollkommene Überflutung, wenn es sich um Hochleistungsverdampfer mit verhältnismäßig kurzen, schwach belasteten Rohren handelt. Dagegen ist der Schwimmer noch niedriger anzuordnen, wenn lange, hochbelastete Rohrschlangen durch ihn gespeist werden.

Manche Verdampfer bedürfen, wie die beschriebenen Berieselungsverdampfer für Milch und Bier, gelegentlich warmer Reinigung. In solchen Fällen ist, um jede Gefahr durch unzulässige Drucksteigerung auszuschließen, ein Sicherheitsventil anzubringen.

Für den Schutz der aus dem Bade des Kälteträgers herausragenden Rohrenden sind ähnliche Maßnahmen zweckmäßig, wie bei den Freiluftverflüssigern erwähnt. Bei Sole als Kälteträger gewinnen sie erhöhte Bedeutung.

Bei Verdampfern ist der Wärmeeintritt aus der Umgebung möglichst zu verhindern, einmal durch Verringerung der äußeren Oberfläche, dann durch sorgfältigen Wärmeschutz. Da der Inhalt durch die Größe der unterzubringenden Kühlschlangen, Geschwindigkeit des Kälteträgers und beabsichtigte Speicherwirkung im allgemeinen feststeht, handelt es sich bei der Formengebung darum, den Inhalt mit geringster Oberfläche unterzubringen. Dies führt auf Formen, die dem Würfel und dem Zylinder mit einer Höhe gleich dem Durchmesser möglichst nahekommen. Zuweilen wird an Stelle des Verdampferbehälters der Raum selbst gegen Wärme geschützt, besonders wenn mehrere Verdampfer in einem Raume stehen. Die Absicht zielt hierbei einerseits auf Ersparnis, weil der Wärmeschutz des Raumes einfacher auszuführen und häufig auch in der Oberfläche kleiner ist, als die Summe der Verdampferoberflächen, andererseits auf beste Zugänglichkeit des Verdampfermantels. Der letzte Zweck wird jedoch nur bei Temperaturen über Null erreicht, dann aber unter Inkaufnahme eines stärkeren Rostens der ständig benetzten Metallwände. Bei Temperaturen unter Null läßt sich eine allmähliche Vereisung der Oberflächen, die schließlich die Zugänglichkeit aufhebt, kaum vermeiden.

Bei der Ausbildung der Fundamente von Solekühlern irgendwelcher Art und Form ist der zerstörende Einfluß von Salzwasser auf Beton und Eisen zu berücksichtigen. Vor allem handelt es sich hierbei darum, den Bau selbst zu schützen, demnächst, die Fundamente vor Zerstörung zu bewahren. Das Angriffsvermögen der Sole gegen Beton ist außerordentlich stark, wenn keine besonderen Schutzmaßnahmen getroffen werden. Aus diesem Grunde muß jeder soleführende Behälter unbedingt so weit über dem tragenden Boden erhöht aufgestellt werden, daß gelegentliche Undichtheiten sofort sichtbar in Erscheinung treten und beseitigt werden können, ehe der Boden durchtränkt wird. Dieser ist zudem unterhalb des Behälters als säurefeste, asphaltierte Wanne auszubilden und nach einer sichtbaren Stelle hin zu entwässern.

Solange das Wesen der wirksamen Verdampfung nicht voll erkannt war, wurde zuweilen Hintereinanderschaltung mehrerer Verdampfergruppen für die Verbesserung der Wirkungsweise in Betracht gezogen.

Diese Maßnahme kommt heute nur noch ausnahmsweise und aus anderen Gründen in Betracht, nämlich dann, wenn die Vielzahl von Verdampfern eine Verminderung der Regelvorrichtungen wünschenswert erscheinen läßt. Dadurch, daß hierbei der mehrfache Umlauf des Arbeitsstoffes entfällt, ist diese Schaltung von vornherein als Notbehelf gekennzeichnet. Läßt sich alsdann die Anordnung nach Abb. 135 so treffen, daß die einzelnen Gruppen übereinander liegen und der flüssige Arbeitsstoff oben eintritt, so sind keine Schwierigkeiten zu befürchten. Beim umgekehrten Lauf des Arbeitsstoffs neigt die Flüssigkeit dazu, sich im untersten Teile festzusetzen und dadurch die richtige Kühlung in den folgenden Gruppen zu unterbinden. Bei Anordnung auf gleicher Höhe kann die Schaltung der Abb. 136 angewandt werden. Einführung der Flüssigkeit in die erste Gruppe oben wirkt hierbei günstiger als unten, weil das Ersaufen des ersten Verdampfers eher vermieden wird. Die Gefahr des Absetzens der Flüssigkeit vor dem Übertritt zur folgenden Gruppe bleibt bestehen; ihr ist dadurch zu begegnen, daß die hochsteigende Verbindungsleitung eng bemessen und so ein Überreißen der Flüssigkeit gesichert wird. Die Verbesserungsmöglichkeit durch Anordnung von Hilfseinspritzungen bei mehreren hintereinander geschalteten Gruppen nach Abb. 137 ist zweifelhaft, weil hierdurch eine bessere Arbeitsweise der hinteren Teile auf Kosten der vorderen geht, deren Durchflußgeschwindigkeit niedriger als bei vollkommener Hintereinanderschaltung ist. Dagegen erscheint es vorteilhaft, etwa nach Abb. 138 die Dämpfe hinter jeder Gruppe abzusaugen und die folgenden mit der abgeschiedenen Flüssigkeit zu speisen, weil dann die Querschnitte wesentlich kleiner, daher wirksamer gehalten werden können.

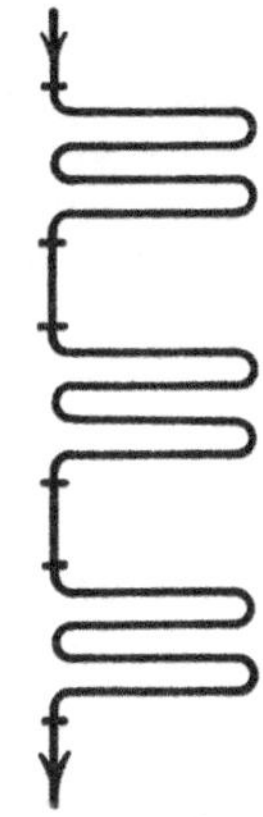

Abb. 135. Verdampferschaltung.

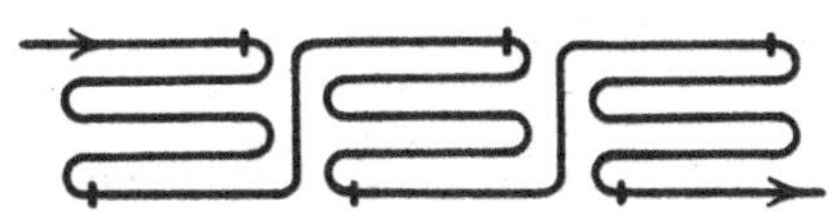

Abb. 136. Verdampferschaltung.

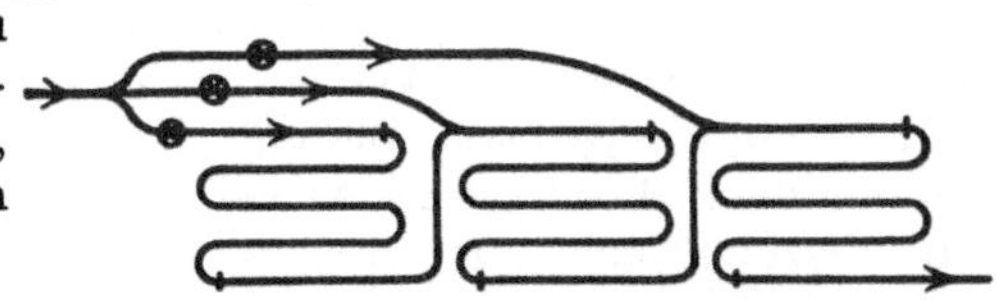

Abb. 137. Verdampferschaltung.

Eine besondere Erschwerung der Arbeitsweise tritt dann ein, wenn mehrere Verdampfer auf die gleiche Saugleitung geschaltet sind und mit verschiedenen äußeren Temperaturen arbeiten sollen. Lassen sich die Verhältnisse von vornherein genau überblicken, so kann ihnen durch verschiedenartige Bemessung der Kühlfläche Rechnung getragen werden. Die mit der tiefsten äußeren Temperatur arbeitenden Verdampfer sind reichlich, die übrigen um so knapper zu bemessen, je höher die zugeordnete äußere Temperatur liegt. Bei gleichen Wärmedurchgangs-

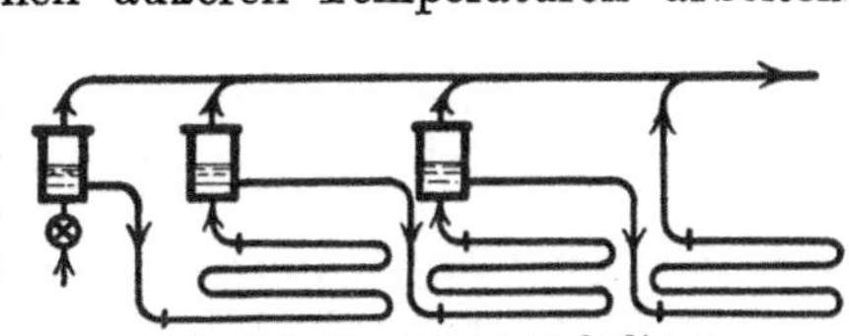

Abb. 138. Verdampferschaltung.

verhältnissen sind also, auf die Einheitsleistung bezogen, die Kühlflächen nicht gleich, sondern so zu wählen, daß die gewünschte Wirkung sich bei der für alle gemeinsamen Verdampftemperatur ergibt. Wird diesem Gesichtspunkte nicht Rechnung getragen, so leisten die Verdampfer mit tieferer äußerer Temperatur verhältnismäßig zu wenig; außerdem neigt der Arbeitsstoff dazu, sich gerade in ihnen anzusammeln und dadurch die geordnete Regelung zu stören. Im allgemeinen ist es nicht möglich, die Verhältnisse bereits beim Entwurf genau abzuschätzen. Bei Hintereinanderschaltung von mehreren Verdampfern wird daher zweckmäßig jeder mit einer Umführungsleitung versehen, um zeitweise ausgeschaltet werden zu können. Das Ansammeln von Arbeitsstoff in der mit tiefster äußerer Temperatur arbeitenden Gruppe läßt sich hierbei nur dann vermeiden, wenn Absperrungen, außer in der Umführungsverbindung auch an den Enden des Verdampfers angeordnet werden. Selbsttätige Abstimmung läßt sich durch Druckregler schaffen, die in jedem Verdampfer verschiedenen Druck und damit verschiedene Verdampftemperatur halten. Der Verdichter arbeitet hierbei mit dem vorkommenden niedrigsten Dampfdruck. Diese Regelung bedeutet selbstverständlich, wie die ganze Schaltung überhaupt, einen Verlust. Ihre Anwendung ist nur in Fällen berechtigt, wo Unterschreitung eines bestimmten Verdampfdruckes in einem Teilverdampfer unbedingt vermieden werden muß und die anteilige Kälteleistung verhältnismäßig gering ist.

IV. Ausführung der Rohrleitung.

1. Rohre.

Für die Fortleitung des Arbeitsstoffs kommen nahtlose Flußstahlrohre von einer Güte in Betracht, wie sie für die Dampfleitungen genügt. Außer bei Ammoniak, können daneben nahtlose Kupferrohre zur Verwendung gelangen. Die Wandstärke ist durch den Arbeitsdruck bedingt, bei Rohren, die gebogen werden sollen, außerdem durch die Forderung, daß an dem Biegungsrücken keine unzulässige Schwächung entsteht. Zur Verminderung der Anzahl von Flanschenverbindungen können einzelne Rohrlängen durch Schweißung verbunden werden. Hierfür spricht auch bei den kalten Leitungen die verringerte Wärmedurchgangsfläche. Die Grenze für das Zusammenschweißen ist durch die Rücksicht auf den Auseinanderbau bei innerer Prüfung oder späterer Änderung gegeben. An den Durchführungen durch Mauern und Decken sollten beiderseits Flanschen vorgesehen werden. Einer Zerstörung eingemauerter Rohrteile ist durch sorgfältigen Rost- und Wärmeschutz vorzubeugen.

Für die der Fortleitung des Kälteträgers dienenden Leitungen gelten allgemeine Gesichtspunkte. Bei Sole bewährt sich Gußeisen besser als das meist angewandte Flußeisen. Verzinkung als Rostschutz sollte bei den Zuführungsleitungen von Flüssigkeiten mehr als bisher in Betracht gezogen werden. Schweißen nach dem Verzinken ist zu vermeiden und durch heißes Aufschrumpfen langer Muffen über das genau abgearbeitete Rohr zu ersetzen. Das Verzinken geschweißter Rohre bedarf besonderer Erfahrung, da an den Schweißstellen leicht Undichtheiten durch Porenbildung und Spannung auftreten. Sorgfältige Prüfung nach dem Verzinken ist auf alle Fälle geboten.

2. Flanschen.

Der Baustoff der Flanschen kann nach den gleichen Gesichtspunkten gewählt werden wie bei den Dampfleitungen. Nur bei niedrigen Drücken sind Gußflanschen zulässig und auch dann wegen ihrer Unzuverlässigkeit bedenklich. Die Verbindung zwischen Flanschen und Rohr kann durch Umbördeln, Einwalzen, Einschrauben, Einlöten, Anschweißen oder eine Vereinigung von mehreren dieser Möglichkeiten erfolgen. Wird der Flansch mit Ansatz versehen und dieser zur Aufnahme des Lotes ausgedreht, das Rohr zudem mit dem Flansch verschraubt, so entsteht bei sachgemäßer Arbeit eine Verbindung, die im allgemeinen den gefährlichen Querschnitt aus dem Flansch in das Rohr selbst verlegt. Bei starkwandigen Rohren ist diese Sicherheit nicht immer gegeben und durch besondere Sorgfalt bei Herstellung und Prüfung der Flanschverbindung anzustreben, daß die unvermeidliche Schwächung den Sicherheitsgrad nicht mindert. Um auch das Gewinde zur Erhöhung von Festigkeit und Dichtheit heranzuziehen, können Flansch und Rohr mit Spannung ineinandergefügt werden. Das Rohrende ist hierbei zu verzinnen und abgekühlt in den Flansch einzuschrauben, der zuvor im Zinnbade erwärmt wurde. Bei Aufwalzflanschen können sich die Rohre unter dem Druck herausziehen. Die Flanschenden sind daher, besonders bei großen Abmessungen, mit Abfasung zu versehen oder die Flanschen mit den Rohren zu vernieten.

Während für den Kälteträger Flanschen mit glatter Dichtungsfläche genügen, bildet bei der den Arbeitsstoff führenden Leitung Ausführung mit Nut und Feder die Regel, um ein Herausfliegen der Dichtung zu vermeiden. Die Erschwerung des Dichtungsersatzes wird hierbei in Kauf genommen. Bei Verwendung von Stahlwellringen oder anderen Hartdichtungen bestehen gegen die Anwendung glatter Flanschen auch hier keine Bedenken, wenn das Dichthalten durch gut gedrehte Flächen verbürgt wird.

Bei Nut- und Federflanschen soll die Dichtbreite das bei Dampfleitungen bewährte Maß nicht überschreiten. Wegen rascher Einbaumöglichkeit von Formstücken ist es wünschenswert, den Nutflansch von dem Federflansch durch äußerlich erkennbare Merkmale zu unterscheiden.

3. Flanschdichtungen.

Als Packung für die Flanschen der den Arbeitsstoff führenden Leitungen kommen in Betracht:

Sondergummiringe mit oder ohne Gewebeeinlage für Ammoniak und Schwefligsäure, soweit keine hohen Temperaturen auftreten;

It-Ringe — z. B. Klingerit —, die sich besonders für die Druckleitungen der überhitzt arbeitenden Anlagen eignen, außerdem für Äthylchlorid, Methylchlorid, Methylenchlorid, Dichloräthylen, Trichloräthylen in Betracht kommen;

Fiberringe, vor allem für Kohlensäure, weil sie gegen den hohen Anpressungsdruck besonders widerstandsfähig sind;

Metallwellringe oder Metallringe, die so eingedreht sind, daß verschiedene konzentrische Gratringe entstehen, vor allem für Kohlensäure und hier aus Kupfer.

Für den Kälteträger kommt als Packung Gummi und Pappe bei Wasser und Sole, Pappe und Leder bei Öl zur Anwendung.

Vor dem Einsetzen werden die Packungen zweckmäßig beiderseits mit Graphit bestrichen, um bei späterem Lösen der Flanschen nicht zu reißen. Glatte Flanschen sind, um ein Herausfliegen der Packung zu erschweren, so groß zu wählen, daß die Flanschenschrauben noch innerhalb des Packungsringes liegen. Der als Anpreßfläche dienende Flanschenvorsprung soll nicht zu breit gehalten werden, um ohne übermäßige Beanspruchung der Schrauben einen hohen Dichtungsdruck zu sichern.

4. Formstücke.

Bei der Ausbildung von Formstücken sind die einmaligen Widerstände möglichst gering zu halten. T-Stücke mit rechtwinkeligem Abzweig sind in dieser Beziehung ungünstig; Kugelform strebt eine Verbesserung an, am vorteilhaftesten sind Hosenstücke. Bei Flüssigkeiten, vor allem Sole, wirkt hohe Geschwindigkeit bei starker Ablenkung zerstörend auf den Baustoff, so daß großer Biegungshalbmesser, gegebenenfalls einseitige Verstärkung der Wand, empfehlenswert wird.

In der Anbringung von Nut und Feder bei Formstücken besteht keine Einheitlichkeit. Da Federn leichter beschädigt werden als Nuten, sollen große Stücke möglichst Nuten erhalten. Mit diesen ist daher bei den Anschlußstutzen der Verdichterzylinder und den Ölabscheidern als Regel zu rechnen. Krümmer erhalten zweckmäßig einerseits Nut, andererseits Feder. T-Stücke sollen auf einer Seite des Durchgangs und am Abzweig den Anschluß eines Ventils ermöglichen. Da dieses so eingebaut wird, daß der Flüssigkeitsstrom unter dem Absperrkegel eintritt, erhält es im allgemeinen beiderseits Feder, um einmal als Saug-, ein andermal als Druckabsperrventil verwendbar zu sein, womit sich gleichzeitig die richtige Form für die häufige Anfügung gegen Zylinder, Ölabscheider und andere große Formstücke ergibt. Demgemäß sollen T-Stücke an einer Seite des Durchgangs und dem Abzweig Nut, an der zweiten Seite des Durchgangs Feder erhalten. Aus dem gleichen Grunde sind Kreuzstücke mit 1 Feder- und 3 Nutflanschen zu versehen. Als weitere Regel kann empfohlen werden, so weit wie möglich in der geraden Leitung, in der Stromrichtung betrachtet, zuerst den Nut-, dann den Federflansch anzuordnen.

5. Absperrungen.

Nach den Untersuchungen von Denecke[1] sind die wirtschaftlichen Dampfgeschwindigkeiten hauptsächlich durch Zahl, Widerstand und Preis der Absperrvorrichtungen bestimmt. Diese werden daher, soweit sie nur dazu dienen, den Arbeitsstoff oder Kälteträger an Abzweigen zu verteilen, ohne daß hier vollkommene Abdichtung in geschlossenem Zustande bedingt wäre, bei kleinerer Abmessung zweckmäßig als Drehhähne, bei größerer als Pflockhähne ausgebildet, die einen weit geringeren Widerstand bieten als Tellerventile. Wo die Abdichtung Hauptzweck ist, kommen neuzeitliche, auf geringsten Widerstand abzielende Ventilbauweisen in Betracht. Diese Verbesserung gewinnt in dem Maße an Bedeutung, in dem die Leistung zunimmt und wirtschaftliche Rücksichten auf eine Erhöhung der Dampfgeschwindigkeit in Saug- und Druckleitungen hinweisen.

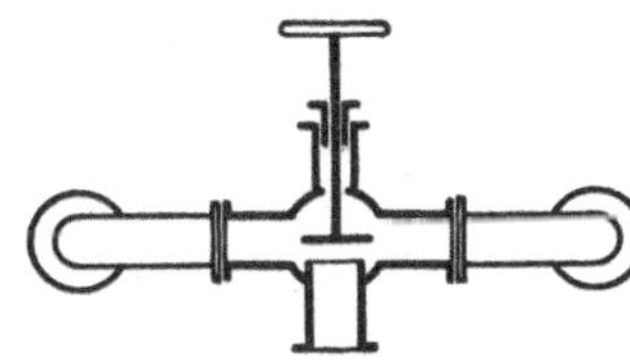

Abb. 139. Verdichterbügel mit T-förmiger Absperrung.

Schieber können für den Kälteträger Verwendung finden, sind jedoch als Drosselvorrichtungen wenig geeignet, an Abzweigen und Verteilstellen daher besser durch Hähne zu ersetzen. T-förmige Absperrventile, bei denen der Durchgang stets offen bleibt und der Abzweig von dem Ventilteller abgesperrt wird, lassen sich als Vereinfachung dort anwenden, wo T-Stück und Durchgangsventil üblich sind, z. B. bei den Saug- und Druckbügeln doppeltwirkender Verdichter nach Abb. 139 oder, unter Stellung der beiden Durchgangsstutzen unter 90°, bei Verdichtern mit getrennten Saugseiten nach Abb. 140. Aufsteigende Spindeln mit äußerem Gewinde machen die Stellung der Absperrung von außen erkennbar. Bei dem wichtigen Absperrventil der Druckseite empfiehlt sich außerdem Anbringung eines in die Augen fallenden Zeigers. Eine gewisse Sicherung ergibt sich, wenn die Handräder der Druck- und Saugabsperrventile nach Abb. 53 so gekuppelt sind, daß die Saugleitung erst nach Freigabe der Druckseite geöffnet werden kann. Bei Wahl der Spindelsteigung und Handradgröße ist darauf Rücksicht zu nehmen, daß der Zweck einer zu gelegentlicher Schaltung des Leitungsnetzes angeordneten Absperrung ein wesentlich anderer ist als der ständig zu bedienender Ventile am Verdichter. Die letzten sollen sich leicht und schnell schließen lassen und Handräder von großem Durchmesser erhalten. Da beim Anlassen langsames Öffnen des Saugabsperrventils wichtig ist, kann es bei größeren Abmessungen vorteilhaft sein, ein kleines Umführungsventil mit der Hauptabsperrung zu verbinden und vor dieser zu öffnen.

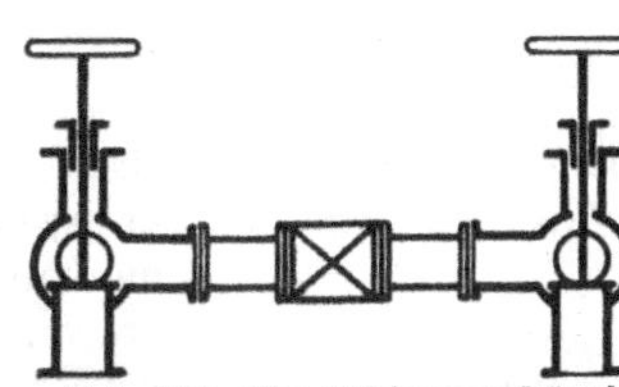

Abb. 140. Verdichtersaugbügel mit winkelförmigen Absperrungen

[1] Denecke: Der Einfluß der Absperrorgane auf die wirtschaftliche Dampfgeschwindigkeit der Heißdampfturbinen. Gestaltung 1922.

Als Stopfbüchspackung bei Absperrvorrichtungen für den Arbeitsstoff kommen Weichpackungsringe in Betracht. Verhältnismäßig harte

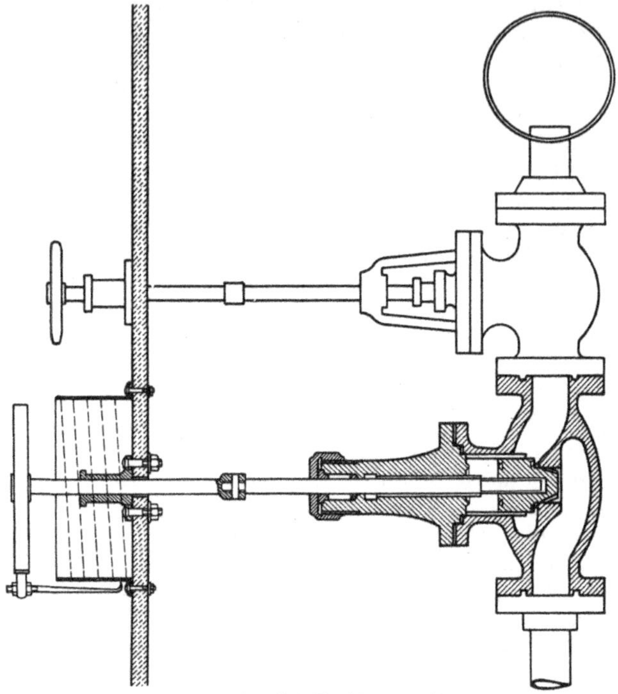

Abb. 141. Regelstelle (Freundlich).

Ringe, z. B. mit zahlreichen Segeltucheinlagen, haben sich besser bewährt als weiche Baumwollzöpfe, weil die ersten bei gelegentlich zu scharfem Anziehen nicht so leicht zu einem Festbremsen der Spindel führen. Die Möglichkeit gefahrloser Verpackung der Stopfbüchse ist zu sichern, beispielsweise dadurch, daß der Ventilteller in geöffnetem Zustande sich nach Abb. 141 (Freundlich) gegen den Stopfbüchsaufsatz dichtend vorlegt.

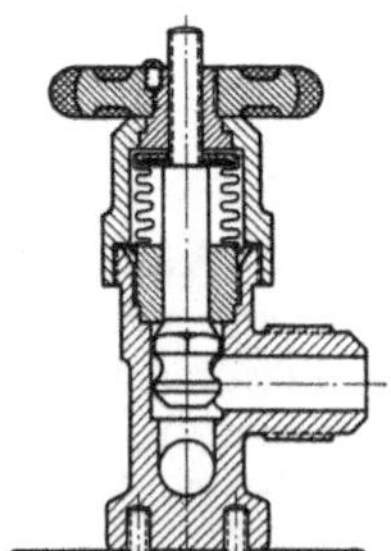

Abb. 142. Absperrventil mit Membranabdichtung (Kerotest).

Bei kleinen Absperrungen lassen sich nach Abb. 142 (Kerotest) Stopfbüchsen durch Membranen umgehen. Die Ventilspindel bewegt sich durch das mit dem Handrad verschraubte Gewindestück ohne Drehung ein und aus. Die Membrane ist einerseits gegen das Ventilgehäuse, andererseits, vermittels des Membrantellers, gegen die Ventilspindel abgedichtet. Der Raum um die Membrane steht durch das niemals ganz dichte, nach außen durchtretende Spindelgewinde mit der Umgebung in Verbindung. Bei tiefen Temperaturen liegt daher die Gefahr einer Vereisung des Membranäußeren vor, der durch Ausfüllen mit einer kältebeständigen Lösung begegnet werden kann. Hiermit ergibt sich aber die Notwendigkeit, die Ventilspindel gegen Flüssigkeit abzudichten, wenn das Ventil mit waagerechter oder nach unten austretender Spindel angeordnet ist. Wird zudem die Bruchgefahr einer Membrane berücksichtigt, so sind die Vorteile gegenüber einer hochwertigen Stopfbüchsendichtung keinesfalls so groß, wie dies auf den ersten Blick scheint.

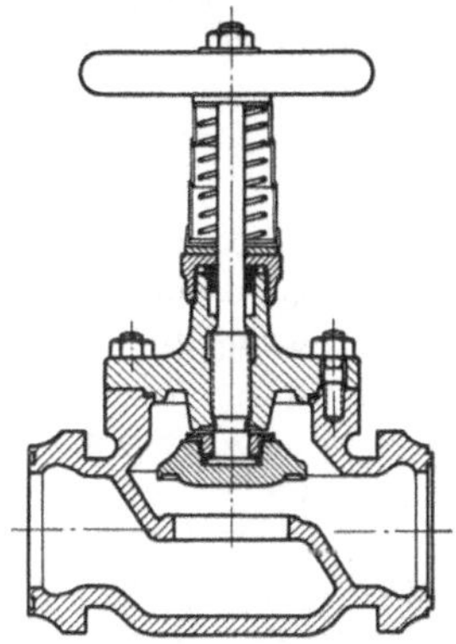

Abb. 143. Absperrventil mit Stopfbüchse unter Flüssigkeitsverschluß (York).

Bei den Absperrungen der kalten Leitungen besteht die Möglichkeit des Zufrierens durch äußere Bereifung bis zu einem Grade, der die Handhabung unmöglich macht. So kommt es vor, daß im Augenblicke der Gefahr ein offenes Ventil nicht rechtzeitig geschlossen werden kann. Absperrungen mit nach oben oder schräg seitwärts stehender Spindel sind in dieser Beziehung weniger bedenklich, als die mit senkrecht nach unten hängender Spindel, an der das Tauwasser niederfällt. Vollkommener Schutz läßt sich nach Abb. 143 (York) dadurch schaffen, daß die Spindel in einen mit nicht frierender Flüssigkeit (z. B. Verdichteröl) gefüllten Behälter eingebaut ist, dessen Wände teleskopartig ineinander gleiten. Die beiderseitige Abdichtung erfolgt durch Filzringe. Daß derartige Maßnahmen auch gleichzeitig Schutz gegen Festrosten der Spindel bieten, verliert in dem Maße an Bedeutung, in dem Herstellung der Spindeln aus nichtrostendem Stahl zur Regel wird. Um bei Bruch des Verdichters die Gefahr durch ausströmende Gase zu verringern und Verlust der kostbaren Füllung nach Möglichkeit zu vermeiden, wird in der Regel ein selbsttätiges Rückschlagventil in die Druckleitung geschaltet. Um den dadurch entstehenden zusätzlichen Widerstand zu umgehen, kann das Druckabsperrventil mit losem Kegel ausgebildet werden. Durch eine den Teller hebende Entlastungsfeder bleibt der Durchgang im Betrieb offen, während bei Bruch vor dem Ventil die aus dem Verflüssiger mit großer Geschwindigkeit zurückströmenden Gase den Teller unter Überwindung der Federkraft schließen. Besteht hierbei die Möglichkeit, den Arbeitsstoff an der Regelstelle oder in der Saugleitung sofort abzusperren, so ist die Füllung des Verflüssigers gerettet. Anderenfalls bleibt ihr der Ausweg über die Flüssigkeits-, Einspritz- und Saugleitung durch die Bruchstelle. Es liegt nahe, sich auch hiergegen dadurch zu schützen, daß auf der Saugseite in möglichster Nähe des Verdichters ein Rohrbruchventil eingeschaltet wird. Da dies jedoch bei niedrigen Drücken nur geringe Zuverlässigkeit besitzt, wird im allgemeinen, u. a. auch wegen des Zusatzwiderstands, hierauf verzichtet.

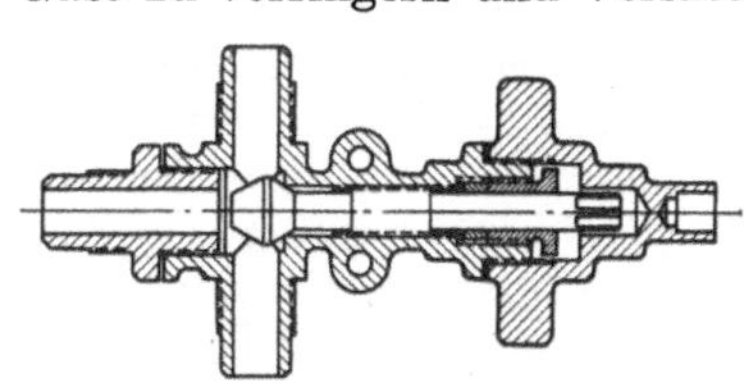

Abb. 144. Absperrventil mit Überwurfhaube (Mueller).

Bei selbsttätigen Kühlanlagen werden Absperrungen für die eigentliche Betriebsführung entbehrlich. Absperrungen auf Druck- und Saugseite des Verdichters erleichtern jedoch Instandsetzungsarbeiten. Um Eingriffe Ungeschulter zu erschweren, sind bei selbsttätigen Kühlanlagen die Ventilhandräder fortzulassen und die Ventilspindeln durch Überwurfhauben zu schützen. Diese können nach Abb. 144 (Mueller) mit Vierkantloch versehen sein und gleichzeitig zum Aufstecken als Handgriff dienen.

6. Regelstelle.

Das Regelventil gehört zu den wichtigsten Teilen der Anlage. Seine Aufgabe, kleinste Flüssigkeitsmengen abzudrosseln, ist dauernd nur dann zu erfüllen, wenn die Bauart des Ventilkegels, vor allem seine Verbindung mit der Spindel, die Einstellung kleiner Durchgangsquerschnitte sicher gestattet. Spiel zwischen Spindel und Ventilteller macht zuverlässiges Arbeiten von vornherein unmöglich. Geringere Bedeutung kommt der Form des Ventilkegels zu, der sich als Spitzkegel mit eingeschnittenen Nuten, Halbkugel und auch als Flachteller bewährt hat. Besonders genaue Einstellung ohne Empfindlichkeit der Handradbetätigung wird nach Abb. 141 dadurch erreicht, daß die Spindel in dem gegen Drehung gesicherten Kegel mit Linksgewinde läuft, in dem Gehäuse jedoch mit etwas steilerem Rechtsgewinde. Der an dem Handrad angebrachte Zeiger läuft längs einer auf einer Trommel eingezeichneten Schraubenlinie und erleichtert der Bedienung das jeweilige Einstellen.

Das Regelventil leidet durch scharfes Schließen. Es soll daher nicht zum Absperren der Einspritzleitung dienen, sondern hierfür nach Abb. 141 ein gewöhnliches Ventil vorgeschaltet werden. Zweckmäßig ist es auch, am Eintritt des Verdampfers ein weiteres Absperrventil anzuordnen, um das zwischen beiden sitzende Regelventil bei Verstopfung oder anderer Störung ohne Schwierigkeit öffnen zu können. Zeigt sich die Regelung übermäßig empfindlich, derart, daß bereits eine winzige Öffnung des Ventils zuviel Arbeitsstoff übertreten läßt, so deutet dies auf eine zu große Bemessung der Querschnitte. Ersatz des Kegels durch einen kleineren und ein entsprechendes Einsatzstück im Sitz schaffen Abhilfe.

An der Regelstelle findet sich im allgemeinen die Vorrichtung zum Einsaugen des Arbeitsstoffes, bei einem einzigen Regelventil meist so angeordnet, daß Absperr- und Regelventil durch ein T-Stück verbunden sind, an dessen Abzweig das Einfüllventil sitzt. Bei mehreren Regelventilen kann das Einfüllventil entweder einem bestimmten Regler zugeordnet werden oder auf dem gemeinsamen Sammelrohr sitzen, was allerdings den Nachteil bringt, daß vor dem Einsaugen das Sammelrohr jeweils leergepumpt werden muß. Seltener findet sich Anordnung des Einfüllventils hinter dem Regler, obwohl sie allein gegen die Gefahr schützt, eine fehlerhafterweise zu kalt gelagerte oder ständig mit offenem Ventil angeschlossene Flasche zu überfüllen. Mit dem Einfüllventil wird die den Arbeitsstoff enthaltende Flasche durch ein Füllrohr verbunden, das möglichst nachgiebig zu halten ist, daher bei Ammoniak zweckmäßig aus Blei, bei Schwefligsäure und Kohlensäure aus Kupfer besteht.

Je größer der Gesamtinhalt des Verdampfers gegenüber dem des Verflüssigers sich ergibt — bei Luftkühlung mit unmittelbarer Verdampfung ist das Verhältnis im allgemeinen besonders ungünstig —, um so mehr empfiehlt es sich, durch einen genügend großen Flüssigkeitssammler einer Überfüllung des Verflüssigers beim Absaugen des Verdampfers vorzubeugen und doch eine genügende Füllung für den regelmäßigen Betrieb verfügbar zu halten. Ist ein Flüssigkeitsnachkühler vorhanden, so wird der Flüssigkeitssammler zweckmäßig vor diesen geschaltet, damit der unterkühlte Arbeitsstoff sich nicht nachträglich im Sammelbehälter erwärmt. Dessen Inhalt ist nach oben durch die Rücksicht auf Sicherheit der Anlage begrenzt. Bei fehlendem Nachkühler erfolgt die Ausbildung des Sammlers im allgemeinen in Form eines Verteilers, an dem die Regelventile sitzen. Gehen die Einspritzleitungen nach unten ab, so ist im Betriebe stets damit zu rechnen, daß Luft oder andere vollkommene Gase im oberen Teil des Sammelbehälters stehen bleiben, während im umgekehrten Falle, oder wenn eine besondere Ausgleichleitung von dem höchsten Punkte des Sammlers nach der Entlüftungsleitung des Verflüssigers führt, eine vollständige Füllung mit Flüssigkeit möglich ist. Hierbei ergibt sich eine Gefahr dadurch, daß allseitige Absperrung des Sammlers von den anschließenden Leitungen und Erwärmung des Inhalts beim Stillstand bedenkliche Druckerhöhung herbeiführen kann. Für solche Fälle ist die Anbringung eines Sicherheitsventils, dessen Ausgang in die Flüssigkeitsleitung geführt werden kann, zu fordern. Einen Schutz bietet nach Abb. 145 Aufsatz eines windkesselartigen Domes auf dem Behälter. Um bei nach unten abgehenden Einspritzleitungen eine ungenügende Flüssigkeitshöhe von außen festzustellen, werden häufig Flüssigkeitsstände angebracht, für deren Ausbildung die angegebenen Vorsichtsmaßnahmen zu beachten sind.

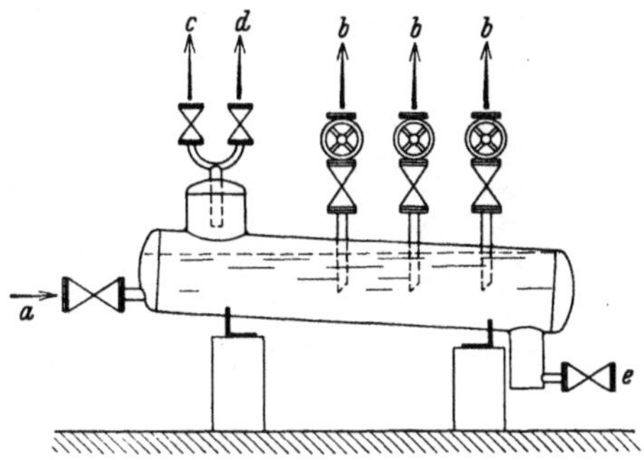

Abb. 145. Regelstelle. *a* Flüssigkeitsleitung, *b* Einspritzleitung, *c* Entlüftung, *d* Ausgleichleitung, *e* Ölablaß.

Die leichten, im Verflüssiger niedergeschlagenen Öldestillate scheiden sich erst in dem Sammelbehälter ab und sind hier am tiefsten Punkte abzuführen, bei größeren Anlagen zweckmäßig dadurch, daß hier ein besonderer Ölsammeltopf angeschlossen wird. Um den Regelventilen nur reine Flüssigkeit zuzuführen, sollen die Anschlußstutzen in den Sammler hineinragen. Die Einschaltung eines Siebes zwischen Flüssigkeitsleitung und Sammelbehälter tut gute Dienste, um feste Verunreinigungen, beispielsweise Teile von Weichpackungen der Verdichterstopfbüchse, zurückzuhalten, ehe sie zu einer hinderlichen Verstopfung der Regelventile führen können. Der Flüssigkeitssammler bietet gute Gelegenheit, auch andere Verunreinigungen, vor allem Wasser, auszuscheiden. Diese Aufgabe wird zuweilen einer besonderen Vorrichtung übertragen, die nach dem Vorbilde des Öltopfes gebaut ist. Ein Behälter wird von der Flüssigkeitsleitung her gespeist, danach der Arbeitsstoff unter äußerer Wärmezufuhr abgedampft und nach der Saugleitung geführt, während die Rückstände abgelassen werden. Da gleichzeitig

Abb. 146. Regelstelle (Freundlich).

mit dem Arbeitsstoff um so mehr Wasserdämpfe abströmen, je höher die Temperatur ist, wirkt eine derartige Vorrichtung günstiger, als wenn ausnahmsweise der Ölabscheider für die Reinigung der Füllung herangezogen wird. Es ergibt sich von selbst, daß sie nebenher dazu benutzt werden kann, um die Rückstände des Ölabscheiders von dem Arbeitsstoff zu befreien.

Größte Sorgfalt ist der Werkstattausführung des Sammelbehälters zu widmen, da, wegen des großen Flüssigkeitsinhalts, ein Bruch verheerend wirken würde. Verschweißung der Böden mit dem Metall bedingt sorgfältigste nachträgliche Prüfung unter kräftigem Abhämmern.

Mit der Regelstelle werden im allgemeinen die Hauptmanometer örtlich vereinigt. (Bei größeren Anlagen befinden sich außerdem nach Abb. 53 und 54 unmittelbar bei den Verdichtern besondere Manometer, die den

Vergleich mit der Anzeige der Thermometer in den Anschlußstutzen erleichtern.) In der gebräuchlichen Ausführung zeigen sie Überdruck bzw. Luftleere an und enthalten daneben die Zahlen der zugeordneten Sättigungstemperatur. Diese stimmen nur dann, wenn der tatsächliche Barometerstand mit dem der Einteilung zugrunde gelegten zusammenfällt. Bei jedem Manometer muß daher Klarheit darüber bestehen, für welchen Luftdruck die beigeschriebenen Sättigungstemperaturen gelten sollen. Bei allen wichtigen Beobachtungen sind die absoluten Drücke festzustellen, die sich beim Überdruck durch Zuzählung des tatsächlichen Barometerstandes, beim Unterdruck durch Abzug der abgelesenen Luftleere von dem tatsächlichen Barometerstand ergeben. Diese Berichtigung ist um so wichtiger, je niedriger die beobachteten Drücke sind und je mehr der wirkliche Luftdruck von dem der Eichung zugrunde liegenden abweicht. Zur Vermeidung der Umrechnung, die der Bedienungsmannschaft nicht zugemutet werden sollte, können auf mehreren konzentrischen Einteilungen die verschiedenen Siedetemperaturen aufgetragen werden, die den verschiedenen Barometerständen zugeordnet sind.

Durch starkes Ausschwingen leiden die Manometer und zeigen alsbald nicht mehr richtig. Es ist daher zweckmäßig, Ventilchen vorzuschalten (besonders gilt dies für die unmittelbar am Verdichter sitzenden Manometer) und im Betriebe so einzustellen, daß der Zeiger nur schwach schwingt. Die Gefahr, daß bei Druckmanometern unzulässige Drucksteigerungen unbemerkt bleiben, wenn versehentlich dieses Ventil ganz geschlossen ist, darf nicht verkannt werden. Stutzen zur Anbringung von Prüfmanometern sollten eine selbstverständliche Ergänzung dieses wichtigen Teils der Anlage darstellen. Anschlagstifte des Manometers sollen jenseits des Nullpunktes liegen, um durch Entlüftung feststellen zu können, ob die Anzeige richtig ist.

Es entspricht durchaus der Wichtigkeit der Regelstelle, wenn sie durch gute äußere Ausstattung, Abb. 146 (Freundlich), betont und in übersichtlicher Anordnung mit Anzeigevorrichtungen vereinigt wird, die den Zusammenhang mit der Anlage herstellen. Hierunter zählen beispielsweise Barometer, Fernthermometer, Leistungsmesser und Fernwasserstände.

7. Selbsttätige Regelventile.

Die für das Regelventil kennzeichnende stetige Einstellung erfolgt heute noch vorzugsweise von Hand. Es ist jedoch vorauszusehen, daß das Bestreben, die Bedienung zu entlasten, mehr und mehr zur selbsttätigen Regelung führt. Bei kleinsten Anlagen, die ohne Wartung laufen, bildet sie jetzt schon die ausnahmslose Regel.

Als Impuls für die Einstellung dienen:

a) der Verdampferdruck,

b) die Verdampfertemperatur,

c) die Temperatur des Kälteträgers (der gekühlten Flüssigkeit bzw. des gekühlten Raumes),

d) der Überhitzungsgrad der angesaugten Dämpfe,

e) der Flüssigkeitsstand im Verdampfer.

Zu a. Wird der Verdampferdruck unveränderlich gehalten, so bleibt das umlaufende Gewicht des Arbeitsstoffes nahezu gleich. Bei sinkender Temperatur des Kälteträgers verringert sich das wirksame Temperaturgefälle, dadurch nimmt die Verdampfleistung ab. Flüssiger Arbeitsstoff sammelt sich im Verdampfer und dringt schließlich gegen den Verdichter vor. Bei steigender Temperatur des Kälteträgers nimmt das wirksame Temperaturgefälle zu, die Verdampfleistung wächst. Da jedoch der Verdichter kein größeres Arbeitsstoffgewicht fördert, steigt die Temperatur der angesaugten Dämpfe. Der letzte Teil der Verdampferkühlfläche wird weniger wirksam. Diese Gefährdung des Verdichters durch Flüssigkeit im einen, durch zu hohe Temperatur im anderen Falle kennzeichnet, zusammen mit der abwechselnd zu starken und zu schwachen Speisung des Verdampfers, die Regelung auf gleichbleibenden Verdampferdruck als unvollkommen. Sie kann daher nur empfohlen werden, wenn die Temperatur des Kälteträgers sich nicht verändert, eine Voraussetzung, die selten von selbst erfüllt ist und meist eine zusätzliche Regelung erfordert. Alsdann aber ergeben sich besonders einfache Formen des selbsttätigen Regelventils. Nach Abb. 147 (Teves) dient ein Metallbalg als Impulsempfänger und gleichzeitig als Steuerkörper. Er steht außen unter dem Einfluß des Verdampferdruckes, innen unter der Belastung durch eine einstellbare Feder und bewegt die federbelastete Regelspindel bei steigendem Verdampferdruck im Sinne der Schließbewegung und umgekehrt. Die Flüssigkeit tritt durch ein Sieb, das Verunreinigungen von dem Spindelsitz fernhält.

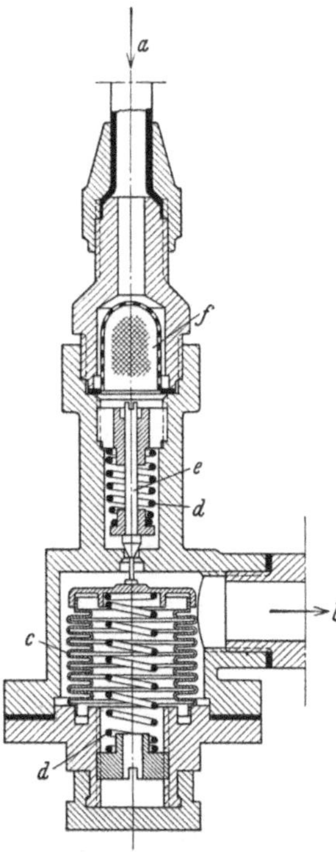

Abb. 147. Selbsttätiger Regler (Teves). *a* Flüssigkeitsleitung, *b* Einspritzleitung, *c* Metallbalg, *d* Einstellfeder, *e* Regelspindel, *f* Sieb.

Zu b. Dem Verfahren einer Regelung mit gleichbleibender Verdampfertemperatur haften die erwähnten Mängel an. In der Ausführung wird der Regler gleich dem nachbeschriebenen.

Zu c. Bei Regelung auf unveränderliche Temperatur des Kälteträgers ergibt sich eine Vermehrung des zugeführten Arbeitsstoffgewichts bei steigender Temperatur des Kälteträgers. Da gleichzeitig das wirksame Temperaturgefälle, und damit die Verdampfleistung, zunehmen, sollte der Verdichter ein erhöhtes Arbeitsstoffgewicht ansaugen. Dies verlangt Anstieg des Verdampferdruckes, führt also zu teilweisem Ausgleich der Mehrleistung. Hierbei ergibt sich schließlich eine Ansammlung von Flüssigkeit im Verdampfer, umgekehrt bei sinkender Temperatur des Kälteträgers zunehmende Überhitzung der angesaugten Dämpfe. Da eine zusätzliche Verdichterleistung in der Regel fehlt, arbeitet dieses

Verfahren keinesfalls günstiger als die zuvor erwähnten. Den Impulsempfänger bildet ein Thermostat. Er wirkt nach Abb. 148 (American) zunächst auf einen geschlossenen Membranbalg, in dem die Steuerkraft der wärmeempfindlichen Flüssigkeit sich auswirkt, ohne daß bewegliche Dichtungen nötig werden. Eine Steuerstange überträgt die Bewegung auf einen zweiten Membranbalg, der den vom Arbeitsstoff erfüllten Reglerraum abschließt. Die Reglerspindel schließt gegen den Verflüssigerdruck, was ein Flattern eher verhütet als die umgekehrte Anordnung, außerdem die Selbstreinigung des Spindelsitzes begünstigt. Soll mit diesem Regler die Lufttemperatur gleich gehalten werden, so muß die ganze Vorrichtung sich in dem gekühlten Raume befinden, weil sonst die Flüssigkeit, die den Impuls überträgt, in dem von ihr erfüllten Metallbalg störend beeinflußt würde. Bei flüssigem Kälteträger erübrigt sich diese Vorschrift.

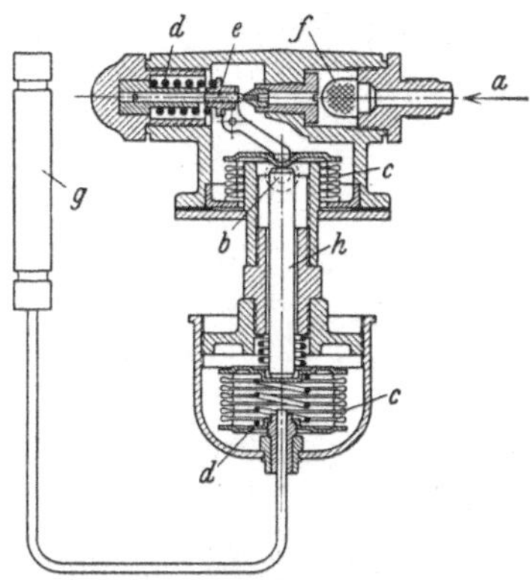

Abb. 148. Selbsttätiger Regler (American). *a* Flüssigkeitsleitung, *b* Einspritzleitung, *c* Metallbalg, *d* Einstellfeder, *e* Regelspindel, *f* Sieb, *g* Thermostat, *h* Steuerstange.

Zu d. Es liegt nahe, die letztbeschriebene Regelvorrichtung zu benutzen, um die Temperatur des Arbeitsstoffes am Verdampferaustritt oder Verdichtereintritt gleichzuhalten. Da jedoch der Verdampferdruck im allgemeinen wechselt, bedeutet unveränderliche Ansaugetemperatur einen veränderlichen Unterschied gegenüber der Siedetemperatur. Infolgedessen liegt die Gefahr von Flüssigkeitsansammlung bei steigendem Verdampferdruck, von ungewöhnlich hoher Überhitzung bei sinkendem Verdampferdruck vor. Wird dagegen der Unterschied zwischen Ansauge- und Siedetemperatur, also der Überhitzungsgrad der angesaugten Dämpfe als Impuls gewählt und auf gleicher Höhe gehalten, so verbürgt dies eine wirtschaftliche und sichere Arbeitsweise. Der Impuls gelangt in der Regel nicht als Temperaturunterschied, sondern als Druckunterschied zur Wirkung, indem eine Membrane als Impulsempfänger einerseits unter dem Druck des Verdampfers, andererseits unter dem etwas höheren Druck steht, wie er der Ansaugetemperatur im Sättigungszustande entspricht. Um diesen höheren Druck zu verwirklichen, wird flüssiger Arbeitsstoff als Füllmittel für eine Heizkammer benutzt, um die oder durch die der angesaugte Arbeitsstoff strömt. Nach Abb. 149 (Alco) wird diese Kammer durch einen Mantel um das Ansaugerohr gebildet und durch ein Ventil von der Flüssigkeitsleitung her teilweise gefüllt. Die Membrane steht im Betrieb einerseits in Verbindung mit dieser Kammer, andererseits unter dem Druck des Verdampfers. Zunehmende Überhitzungstemperatur bewirkt ein weiteres Öffnen des federbelasteten Kegels, durch den die Flüssigkeit entspannt wird; verschwindet die Überhitzung, so bleibt der Zulauf abgesperrt. Der Überhitzungsgrad läßt sich durch die Belastungsfeder regeln, die einseitig auf die Membrane wirkt. Die Vorrichtung ist durch sorgfältigen Wärmeschutz gegen störende Einflüsse der Umgebung zu sichern. Der **Hilger-Regler** der Abb. 150 (**No-Freeze Back**) wird in die Saugleitung selbst eingebaut. Die Heizkammer wird von der Flüssigkeitsleitung her teilweise gefüllt. Der Impulsempfänger besteht aus zwei Metallmembranen, zwischen denen, zur Verhütung störender Temperatureinflüsse, eine Korkscheibe liegt. Damit auf der einen Seite der Membrane wirklich der Verdampferdruck wirkt, ist dem Regelkörper ein Druckminderventil vorgeschaltet und auf den Druck eingestellt, der dem höchsten in Betracht kommenden Verdampferdruck entspricht.

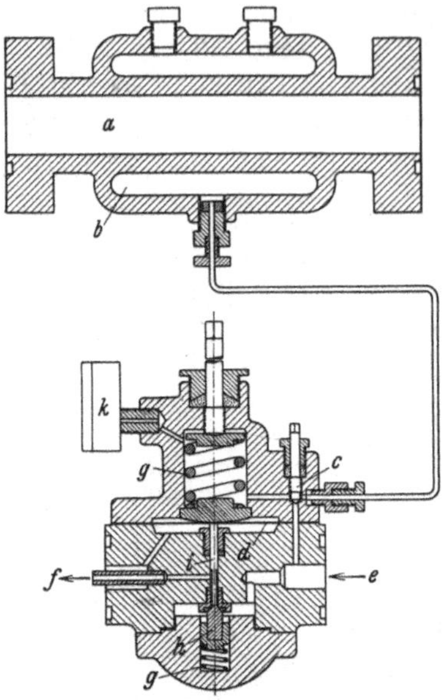

Abb. 149. Selbsttätiger Regler (Alco). *a* Saugleitung, *b* Heizkammer, *c* Füllventil, *d* Membrane, *e* Flüssigkeitsleitung, *f* Einspritzleitung, *g* Einstellfeder, *h* Regelspindel, *i* Steuerstange, *k* Druckmesser.

Zu e. Arbeitet der Verdampfer mit Überflutung, so läßt sich der Flüssigkeitsstand durch Schwimmerregler auf der gleichbleibenden Höhe halten, bei der die verdampfende Flüssigkeit noch wirksam umläuft, ohne in die Saugleitung überzutreten. Das Verfahren kommt dem letztbeschriebenen hinsichtlich Wirtschaftlichkeit und Sicherheit gleich. Das Schwimmergehäuse muß mit dem Verdampfer im Flüssigkeitsraum unten, im Dampfraum oben in Verbindung stehen. Zweckmäßig kann es werden, die Höhe des Schwimmers verstellbar zu halten. Bei selbsttätigen Kleinkühlanlagen werden regelmäßig Schwimmerregler nach Abb. 66 verwendet und im Verdampferkessel eingebaut.

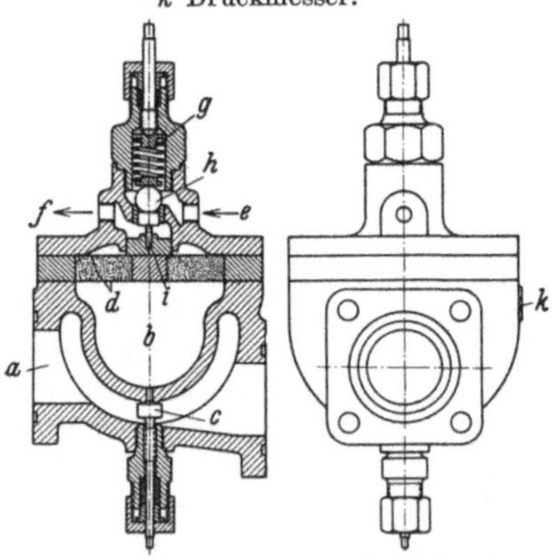

Abb. 150. Selbsttätiger Hilger-Regler (No-Freeze Back). *a* Saugleitung, *b* Heizkammer, *c* Entlüftungsventil, *d* Doppelmembrane, *e* Flüssigkeitsleitung, *f* Einspritzleitung, *g* Einstellfeder, *h* Regelventil, *i* Steuerstange, *k* Fülleitung.

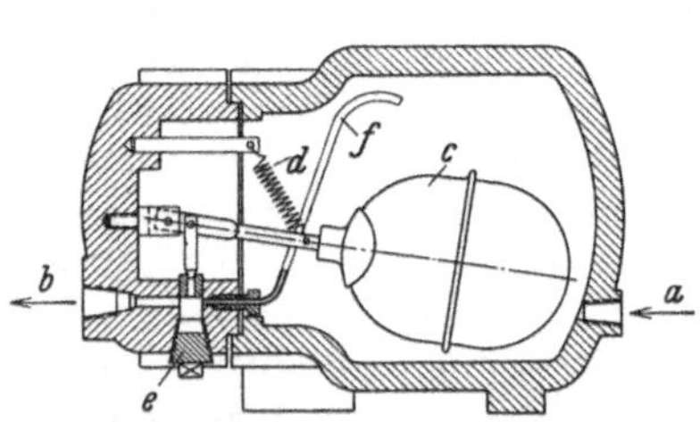

Abb. 151. Schwimmerregler (Alco). *a* vom Verflüssiger, *b* zum Verdampfer, *c* Schwimmer, *d* Ausgleichfeder, *e* Einstellschraube, *f* Entlüftungsrohr.

Für kleine Anlagen kann ein Schwimmerregler nach Abb. 151 (Alco) nach Art eines Kondenstopfes in die Flüssigkeitsleitung geschaltet werden.

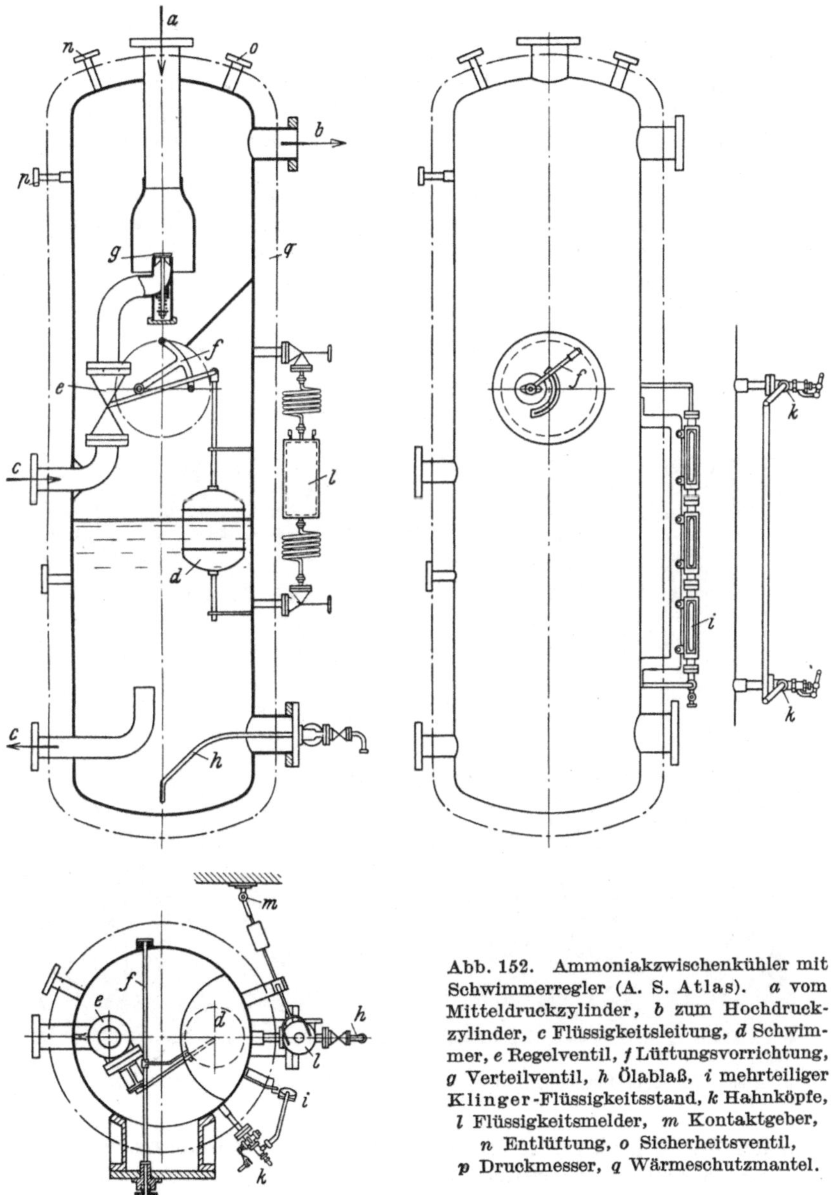

Abb. 152. Ammoniakzwischenkühler mit Schwimmerregler (A. S. Atlas). *a* vom Mitteldruckzylinder, *b* zum Hochdruckzylinder, *c* Flüssigkeitsleitung, *d* Schwimmer, *e* Regelventil, *f* Lüftungsvorrichtung, *g* Verteilventil, *h* Ölablaß, *i* mehrteiliger Klinger-Flüssigkeitsstand, *k* Hahnköpfe, *l* Flüssigkeitsmelder, *m* Kontaktgeber, *n* Entlüftung, *o* Sicherheitsventil, *p* Druckmesser, *q* Wärmeschutzmantel.

Er hält den Verflüssiger stets frei von Flüssigkeit, die Füllung befindet sich also in der Hauptsache im Verdampfer. Sie darf nicht zu groß sein, um die Verdampfung nicht zu hemmen. Ein zum höchsten Punkt des Schwimmergehäuses führendes Röhrchen vermeidet Ansammlung von fremden Gasen und bewirkt daneben Druckausgleich beim Stillstand.

Bei kleinen Anlagen wird zuweilen der Regler durch eine nicht einstellbare nach Erfahrung bemessene Drosseldüse ersetzt. Ihr Querschnitt muß dem kleinsten Maß entsprechen, das durch den vorkommenden tiefsten Verdampferdruck bestimmt ist. Bei höherem Verdampferdruck wird ungenügendes Durchströmen von Arbeitsstoff und höhere Überhitzung in Kauf genommen.

Sind mehrere Verdampfer vorhanden, so lassen sich die Regler zu *a*, *b*, *c* und *d* mit besonderem Vorteil anwenden, um die verschiedenen Systeme verschieden einzustellen. Gleiches gilt für den Schwimmerregler im Verdampfer.

8. Zweistufen-Regelstelle.

Die Notwendigkeit, zwei hintereinander geschaltete Regler genau aufeinander abzustimmen, führt von selbst dazu, zum mindesten den

Abb. 153. Ammoniakzwischenkühler mit Regelstelle und selbstschreibendem Linde-Leistungsmesser (A. S. Atlas).

einen selbsttätig zu gestalten. Da der Mitteldruckaufnehmer stets einen Vorrat an Flüssigkeit besitzen muß, aus dem die Niederdruckregelstelle gespeist wird, ist die Regelung durch Schwimmer auf gleichbleibenden Flüssigkeitsstand nach Abb. 152 (A. S. Atlas) (s. S. 193) das Gegebene. Der Entspannungskessel dient als Zwischenkühler. Die Flüssigkeit wird mit den vom Niederdruckzylinder kommenden Dämpfen innig gemischt, die bei der Entspannung gebildeten Dämpfe treten zusammen mit den vorverdichteten abgekühlten Dämpfen nach dem Hochdruckzylinder, während die Restflüssigkeit zur Niederdruckregelstelle strömt, deren Ausbildung nach Abb. 153 (A. S. Atlas) die übliche ist. Beachtlich sind die Maßnahmen für äußere Kenntlichmachung des Flüssigkeitsstandes. Ein aus mehreren Teilen zusammengeschraubter Klinger-Wasserstand ist an dem Behälter befestigt und mit den Hahnköpfen durch nachgiebige Rohre verbunden. Ein beiderseits in Rohrspiralen freischwingender kleiner Behälter steht mit dem Behälterinnern in Verbindung und trägt einen Kontaktgeber, der einen elektrischen Rufer in Tätigkeit setzt, wenn bei hohem Stand der Flüssigkeit der Anzeigebehälter seine untere Grenzstellung erreicht.

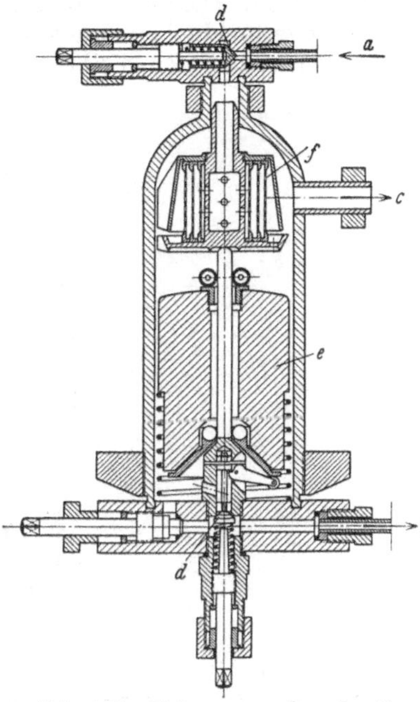

Abb. 154. Entspannungskessel mit selbsttätiger Stufenregelung (Seagers). *a* Flüssigkeitsleitung, *b* Einspritzleitung, *c* zum Verdichter, *d* federbelastetes Regelventil, *e* Schwimmer, *f* Siebzylinder.

Eine bewährte Ausbildung für den nur zur Entspannung nach Voorhees dienenden Aufnehmer zeigt Abb. 154 (Seagers). Der vom Verflüssiger kommende Arbeitsstoff durchströmt ein auf gleichbleibenden Druckunterschied eingestelltes federbelastetes Regelventil, wird durch mehrere konzentrische Siebzylinder beruhigt und hierbei in Flüssigkeit und Dampf zerlegt. Der Dampf tritt im Hubende in den Verdichter, während die entspannte Flüssigkeit durch ein von einem Schwimmer beeinflußtes federbelastetes zweites Regelventil dem Verdampfer zugeführt wird.

9. Leistungsmesser.

Neuerdings bildet bei größeren Anlagen der Einbau von Leistungsmessern in die Flüssigkeitsleitung die Regel. Ihre Anzeige entspricht nur im Beharrungszustande der tatsächlichen Leistung. Jede Verstellung des Regelventils verändert sofort die Anzeige, ehe die Kälteleistung sich geändert hat. Aus diesem Grunde verlieren solche Leistungsprüfer ihren Wert als Anzeigevorrichtungen für die jeweilige Augenblicksleistung. Ihre Bedeutung erschöpft sich darin, daß sie ein Bild für die Veränderung der Flüssigkeitsmengen bei Handhabung des Regelventils geben. Die Beurteilung der Leistung wird erst durch Verbindung mit Schreibvorrichtungen nach Abb. 155 (Linde) und Planimetrierung der Schreibblätter möglich. Da die Leistungsprüfer nur die Flüssigkeitsmengen messen, gelten die in der Regel auf den Zeigerblättern aufgeschriebenen Leistungszahlen nur für eine bestimmte Flüssigkeits- und Verdampftemperatur, bedürfen daher jeweils einer Berichtigung nach den tatsächlich vorliegenden Verhältnissen.

Die Genauigkeit der Leistungsprüfer ist davon abhängig, daß keine Gasblasen in der Flüssigkeit enthalten sind oder entstehen. Sie lassen sich daher nur in Leitungen einbauen, die merklich unterkühlte Flüssigkeit führen. Die Unterkühlung muß mindestens so groß sein, daß nach dem unvermeidlichen Druckabfall im Leistungsprüfer die Siedetemperatur noch unterschritten bleibt. Bei mehrstufigen Kühlanlagen mit Kühlung

Abb. 155. Selbstschreibender Leistungsmesser (Linde).

im Zwischenkühler durch den Arbeitsstoff ist der Leistungsprüfer in die vom Zwischenkühler kommende, zum Verdampfer führende Flüssigkeitsleitung einzubauen. Um alsdann die nötige Unterkühlung herzustellen, bedarf es eines besonderen Nachkühlers. Er kann aus einem genügend langen Doppelrohr bestehen, durch das einerseits die zu messende Flüssigkeit, andererseits der Arbeitsstoff unter dem Verdampferdruck fließt.

Als Leistungsprüfer können Mengenmesser der für allgemeine Flüssigkeitsmessung üblichen Bauart verwendet werden, wenn sie in ihren Einzelheiten den durch Druck und chemisches Verhalten des Arbeits stoffes bedingten besonderen Forderungen angepaßt werden. Beispielsweise stellt Abb. 156 (Grefe) einen für Einbau in eine Ammoniakflüssigkeitsleitung bestimmten Messer dar, bei dem die Durchgangsleistung an dem Stand der Kegelverlängerung erkenntlich ist. Verbreiteter ist die Verwendung von Meßdüsen. Um den Meßbereich zu erweitern, ohne bei der unteren Grenzleistung ungenaue Anzeige, bei der oberen Grenzleistung unerwünscht hohen Druckverlust in Kauf zu nehmen, sieht Linde die Leistungsprüfer mit einer Anzahl von Meßdüsen vor, die wechselweise in den Flüssigkeitsweg eingeschaltet werden können. Die Leistungsmessung selbst läuft hier auf Feststellung des Druckabfalls durch ein Differentialmanometer hinaus. Bei anderen Ausführungen wird der Druckverlust als Höhe einer Ammoniakflüssigkeitssäule festgestellt. Der Meßbehälter ist hierbei durch einen Zwischenboden (Gläsel-Leistungskontroller, Stein) oder durch einen zylinderförmigen Einsatz (Sümak) unterteilt und die Meßdüse zwischen beide geschaltet. Das Zustandekommen einer ablesbaren Anzeige ist davon abhängig, daß sich in dem vor der Düse durchströmten Behälterteil ein freier Spiegel bildet, außerdem der Zwischenboden unten frei bleibt bzw., beim Doppelzylinder, der hinter der Düse durchlaufene Behälter gleichfalls einen freien Spiegel bildet. Das verlangt Abstimmung zwischen Flüssigkeits- und Regelventil und gelingt leichter, wenn der Regler als Schwimmerventil ausgebildet ist, das den Flüssigkeitsstand gleichhält (Sümak). Wird der Druckunterschied zwischen beiden Seiten der Meßdüse auf eine Quecksilbersäule übertragen, so bildet die Einschaltung eines mit Öl gefüllten Schutzbehälters zwischen Arbeitsstoff und Quecksilber die Regel. Hierbei muß die Höhe der Schutzflüssigkeit stets gleichbleiben bzw. vor jeder Messung auf das vorgeschriebene Maß gebracht werden. Schließlich sind noch Leistungsprüfer in Anwendung, bei denen die Flüssigkeitsmenge durch Kippbehälter gewogen wird.

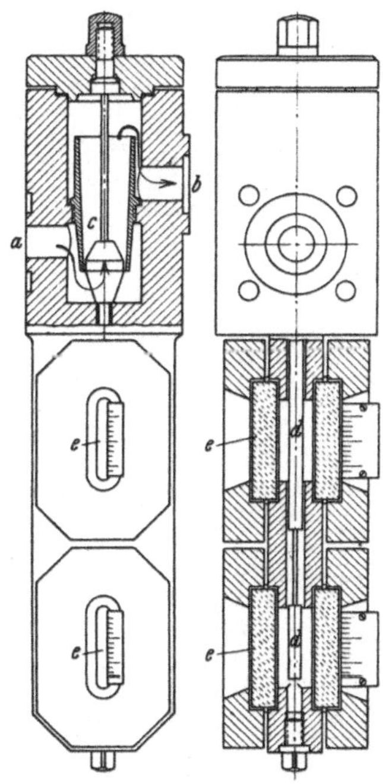

Abb. 156. Leistungsmesser (Grefe). *a* Flüssigkeitseintritt, *b* Flüssigkeitsaustritt, *c* Schwimmer, *d* Schwimmerverlängerung, *e* Schaugläser mit Skalen.

10. Entlüfter.

Allzulange hat sich der Irrtum erhalten, daß für die Entfernung der fremden Gase vorzugsweise die höchste Stelle des Verflüssigers in Betracht komme. Dies trifft einigermaßen nur zu, wenn die Anlage stillsteht. Im Betrieb dagegen finden die fremden Gase keine Zeit, sich von den Dämpfen abzusondern, treten daher mit der Flüssigkeit in den Sammler über. Hier sind die über der Flüssigkeit schwebenden Dämpfe besonders reich an fremden Gasen. Bei durchgehendem oder nur kurz unterbrochenem Betrieb und Entlüftung des Verflüssigers allein läßt sich erfahrungsgemäß ein allmählicher Anstieg des auf die fremden Gase entfallenden Teildruckes nicht vermeiden. Verlegung der Entlüftungsstelle an den Flüssigkeitssammler dagegen ermöglicht, den Arbeitsstoff ständig rein zu halten. Aus dieser Erkenntnis heraus wird auf die Ausbildung der Entlüftungsvorrichtung neuerdings besonderer Wert gelegt. Kennzeichnend ist die Abkühlung des Gasgemisches auf die Verdampfertemperatur, um den Arbeitsstoff möglichst restlos niederzuschlagen.

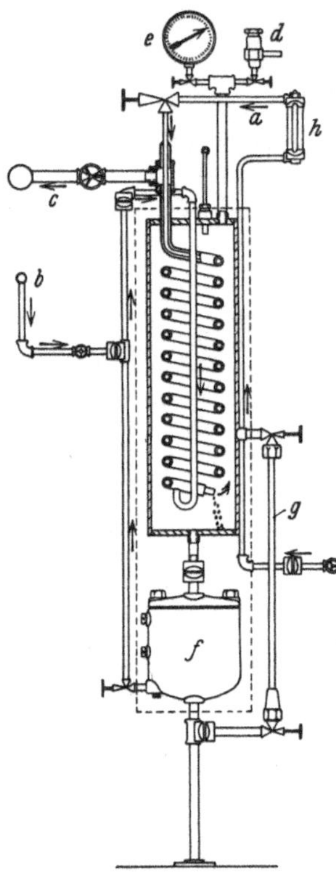

Abb. 157. Entlüfter (York). *a* Luftleitung, *b* Einspritzleitung, *c* Absaugeleitung, *d* Überdruckventil, *e* Druckmesser, *f* Schwimmertopf, *g* Flüssigkeitsstand, *h* Schauglas.

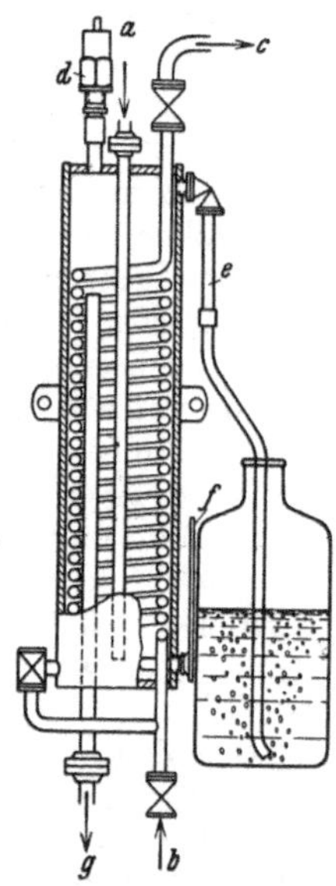

Abb. 158. Entlüfter (Hill). *a* Luftleitung, *b* Einspritzleitung, *c* Absaugeleitung, *d* Überdruckventil, *e* Luftaustritt, *f* Thermometer, *g* Überlaufleitung.

Bei der Ausführung nach Abb. 157 (York) durchströmt das Gasgemisch das Innere einer Doppelrohrschlange, in deren Ringraum der Arbeitsstoff eingeführt wird. Er tritt gasförmig in die Saugleitung aus. Der aus dem Gemisch flüssig ausströmende Arbeitsstoff fließt in einen Schwimmertopf und von hier selbsttätig in die den Ringraum der Schlange speisende Einspritzleitung, die einen Anschluß an die Flüssigkeitsleitung besitzt. Die fremden Gase entweichen durch ein Überdruckventil, das auf einen Druck von etwa 1 at unter Verflüssigungsdruck eingestellt ist. Die Zuführung der fremden Flüssigkeit, der die Deckung der Kälteverluste obliegt, wird nach einem Flüssigkeitsstand geregelt, das Einlassen des Gemisches erfolgt unter Beobachtung eines in die Gasleitung eingeschalteten Schauglases solange, wie durch die sich sammelnde Flüssigkeit ein Strom von Gasblasen perlt.

Es bedeutet demgegenüber keinen Nachteil, wenn die Kühlung durch fremde Flüssigkeit allein erfolgt und der ausgefallene Arbeitsstoff in den Sammler zurücktritt. Der unerwünschte Flüssigkeitsstand wird hierbei entbehrlich. In dieser Weise ist der Lindesche Entlüfter ausgebildet, bei dem der kühlende Arbeitsstoff das Innere einer Doppelrohrschlange durchläuft, während das Gasgemisch im Ringraum unten eingelassen wird, wobei die fremden Gase oben durch ein Überdruckventil entweichen, während die niedergeschlagene Flüssigkeit dem Gasstrom entgegen zurückfällt. Auf ähnliche Wirkung laufen andere Ausführungen hinaus, bei denen das Gemisch in einen Behälter tritt, der eine einfache Kühlschlange besitzt. Wird darin nach Abb. 158 (Hill) die niederschlagende Flüssigkeit angestaut und das Gemisch unten eingeführt, so ist eine besonders wirksame Kühlung und Trennung zu erwarten.

11. Ausgleichbehälter.

Um die pendelnde Bewegung der Gase in den Rohrleitungen von Verdichteranlagen zu dämpfen, empfiehlt es sich, in Nähe des Verdichters Ausgleichbehälter anzuordnen, die mit der Ölabscheidevorrichtung auf der Druckseite und dem Flüssigkeitsabscheider auf der Saugseite zusammenfallen können. Wegen der Abnahme der Geschwindigkeit ist in dem Ausgleichbehälter der Saugleitung neben Abscheidung von flüssigen Arbeitsstoffen mit Absonderung mitgerissener Ölteilchen zu rechnen. Dies hat vor allem bei Kohlensäureanlagen Bedeutung, weil das Glyzerin-Wassergemisch bei den tiefen Temperaturen sich leicht abtrennt. Eine Ablaßmöglichkeit für das Schmiermittel ist daher auf alle Fälle vorzusehen. Ausgleichbehälter in der Saugleitung, die tiefer liegen als der Verdichter und aus denen die abgeschiedene Flüssigkeit nicht selbsttätig abgelassen wird, können zu einer Gefährdung des Verdichters führen. Bei Mehrstufenanlagen lassen sich die Zwischenkühler als Ausgleichbehälter ausbilden und unmittelbar bei dem Verdichter anordnen.

12. Leitungsführung.

Bei allen Leitungen, die den Arbeitsstoff als Gas, Dampf oder Flüssigkeit führen, sind störende Sackbildungen möglich. Bei trockenen Gasen entsteht ein Flüssigkeitssack, wenn die Leitung hinter dem tiefsten Punkte wieder ansteigt. Bei Flüssigkeit ergibt sich ein Gassack, wenn die Leitung hinter dem höchsten Punkte wieder niederfällt. Bei nassen Dämpfen hat der flüssige Teil bei jeder Richtungsänderung das Bestreben, sich abzuscheiden, sammelt sich daher bei einer zunächst fallenden, danach ansteigenden Leitung am tiefsten Punkte, wenn nicht durch hohe Geschwindigkeit für Aufrechterhaltung einer gleichmäßigen Durchmischung gesorgt wird.

Saugleitung.

Bei Rohrschlangenverdampfern ist mit Austreten nasser Dämpfe als Regel zu rechnen, bei richtig gebauten Umlaufverdampfern gehen die Dämpfe trocken gesättigt ab. Rohrschlangenverdampfer mit Flüssigkeitsabscheider und Rückführung der abgetrennten Flüssigkeit liefern gleichfalls trocken gesättigte Dämpfe. Die Einflüsse der Umgebung wirken auf die Saugleitung im Sinne einer Verminderung des Feuchtigkeitsgehaltes bzw. Vergrößerung des Überhitzungsgrades.

Rohrschlangenverdampfer ohne Abscheider:

Bei Speisung von unten ist der Verdichter stets durch Überfüllung gefährdet.

Abb. 159a. Verdampfer liegt höher als Verdichter. Saugleitung fällt stetig zum Verdichter. Ein plötzlicher Flüssigkeitseinbruch ist nicht zu befürchten, solange das Fassungsvermögen des Verdampfers die Füllung wesentlich übersteigt.

Abb. 159b. Verdampfer liegt tiefer als Verdichter. Saugleitung steigt stetig zum Verdichter. Auch hier tritt bei genügendem Fassungsvermögen des Verdampfers die Gefahr eines Flüssigkeitseinbruches nicht plötzlich ein.

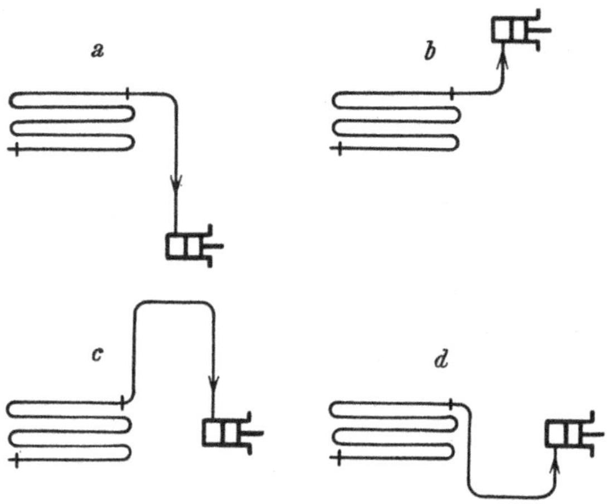

Abb. 159. Führung der Saugleitung bei Rohrschlangenverdampfern ohne Abscheider, Speisung von unten.

Abb. 159c. Verdampfer liegt etwa gleich hoch wie Verdichter. Saugleitung zunächst hochsteigend, dann zum Verdichter fallend. Die Schleife ergibt eine erhöhte Sicherung des Verdichters gegen plötzliche Flüssigkeitsschläge, oder

Abb. 159d. Saugleitung zunächst fallend, dann zum Verdichter ansteigend. Die Schleife wirkt als Flüssigkeitsabscheider. Gerät die sich absetzende Flüssigkeit in Schwingung, so kann sie schlagartig in den Verdichter eindringen. Diese Leitungsführung ist daher zu vermeiden; ist sie nicht zu umgehen, so soll die Geschwindigkeit in der Schleife so hoch sein, daß ein Absetzen von Flüssigkeit nicht zu erwarten ist. Abscheider an tiefster Stelle verringern keinesfalls die Gefahr.

Bei all diesen Leitungsführungen ist die Rückführung des in den Verdampfer eindringenden Öles oder Wassers nicht gesichert; dies wird um so bedenklicher, je geringer die Geschwindigkeit des Arbeitsstoffes im Verdampfer ist. Einen Ausweg bildet die Anordnung eines Ablasses an tiefster Stelle des Verdampfers, um nach Absaugen des Verdampfers bei Stillstand die vollständige Entleerung — bei großen Anlagen nach einem genügend tief stehenden Ölsammler, bei kleinen Anlagen und Anordnung nach a auch nach dem Ölsammler des Verdichters — vornehmen zu können. Das Schmieröl ist bei Ammoniak und Kohlensäure schwerer, bei Methylchlorid und vor allem Schwefligsäure leichter als der flüssige Arbeitsstoff. Im ersten Falle gelingt die Ableitung an tiefster Stelle auch bei unvollständigem Absaugen des Arbeitsstoffes, im zweiten Falle schwimmt das Öl auf dem flüssigen Arbeitsstoff.

Bei Speisung von oben tritt die Gefährdung des Verdichters noch leichter ein.

Abb. 160a. Verdampfer liegt höher als Verdichter. Stetiger Fall der Saugleitung nach dem Verdichter, wie gestrichelt angedeutet, rückt die Gefahr in unmittelbare Nähe. Durch die hochgehende Schleife wird sie mit zunehmender Höhe der Schleife verringert, jedoch keinesfalls aufgehoben.

Abb. 160b. Verdampfer liegt tiefer als Verdichter. Saugleitung steigt stetig zu Verdichter. Bei hinreichendem Fassungsvermögen des Verdampfers liegt keine unmittelbare Gefährdung des Verdichters durch plötzlichen Flüssigkeitseinbruch vor, wenn der Verdichter so hoch über dem tiefsten Punkt liegt, daß Schwingungen der an tiefster Stelle abgesetzten Flüssigkeit nicht bis zu ihm vordringen können.

Abb. 160c. Verdampfer liegt etwa gleich hoch wie Verdichter. Saugleitung zunächst hochsteigend, dann zum Verdichter fallend. Entspricht grundsätzlich dem Fall a, oder

Abb. 160d. Saugleitung zunächst fallend, dann zum Verdichter ansteigend. Die Schleife füllt sich im Betrieb bis zur Verdampferhöhe mit Flüssigkeit, bietet daher keine höhere Sicherheit, als der gestrichelt angedeutete Verlauf mit stetigem Anstieg zum Verdichter. Beide Leitungsführungen sind zu verwerfen.

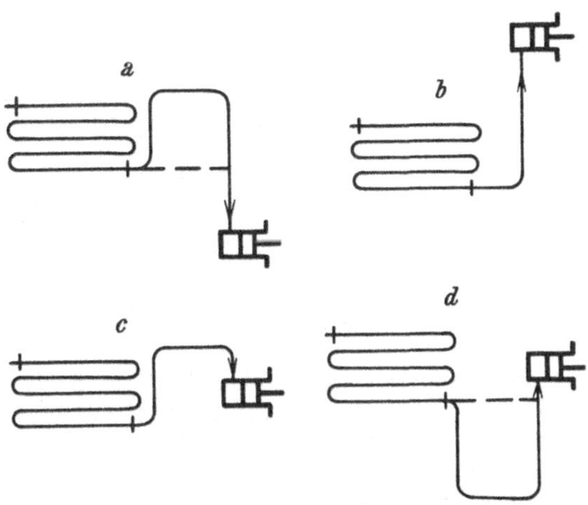

Abb. 160. Führung der Saugleitung bei Rohrschlangenverdampfern ohne Abscheider, Speisung von oben.

Bei oberer Speisung des Verdampfers ist die Möglichkeit einer Verölung und Ansammlung von Wasser geringer als bei unterer Speisung; gleichwohl empfiehlt sich, auch hier die Ablaßmöglichkeit nach einem genügend tiefstehenden Öltopf (bei a für kleine Anlagen auch nach dem Ölraum des Verdichters) vorzusehen.

Umlaufverdampfer und Rohrschlangenverdampfer mit Flüssigkeitsabscheidung und Rückführung:

Eine Gefährdung des Verdichters liegt bei geordnetem Betrieb nicht vor; sie ist praktisch ausgeschlossen, wenn das Fassungsvermögen des Verdampfers eine Überfüllung unmöglich macht.

Abb. 161a. Verdampfer liegt höher als Verdichter. Saugleitung fällt stetig zum Verdichter.

Abb. 161b. Verdampfer liegt tiefer als Verdichter. Saugleitung steigt stetig zum Verdichter.

Abb. 161c. Verdampfer liegt etwa gleich hoch wie Verdichter. Saugleitung zunächst hochsteigend, dann zum Verdichter fallend, oder

Abb. 161d. Saugleitung zunächst fallend, dann zum Verdichter ansteigend. Da die Schleife sich gelegentlich als Flüssigkeitssack auswirkt, ist diese Anordnung weniger günstig als c, jedoch unbedenklich, wenn die Geschwindigkeit in der Saugleitung genügend hoch gehalten wird.

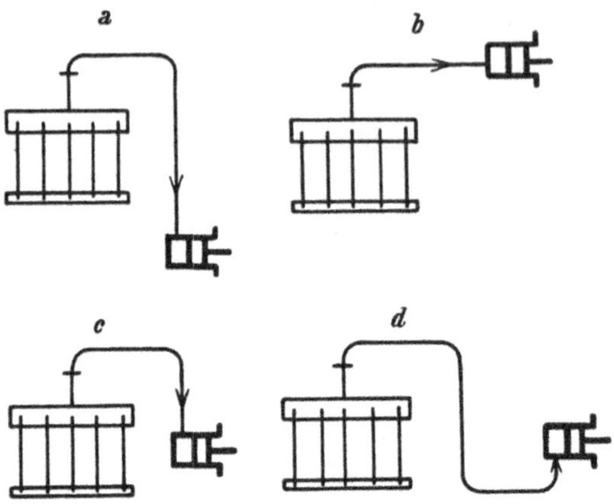

Abb. 161. Führung der Saugleitung bei Umlaufverdampfern.

Bezüglich der Ableitung von Öl und Wasser gelten dieselben Gesichtspunkte wie bei Rohrschlangenverdampfern mit unterer Speisung. Das Abziehen des bei Methylchlorid und Schwefligsäure über dem flüssigen Arbeitsstoff schwimmenden Öles erfolgt hier bei kleinen Anlagen zweckmäßig an dem oberen Sammelkessel unter vollständiger Überflutung der Verdampferrohre. Wird der Saugrohrstutzen von unten her durch den Sammler geführt und in entsprechender Höhe mit kleinen Durchbohrungen versehen, so läßt sich durch diese das Öl gefahrlos in den Verdichter zurücksaugen. Die Vermeidung von Flüssigkeitssäcken in der Saugleitung gewinnt alsdann erhöhte Bedeutung.

Druckleitung.

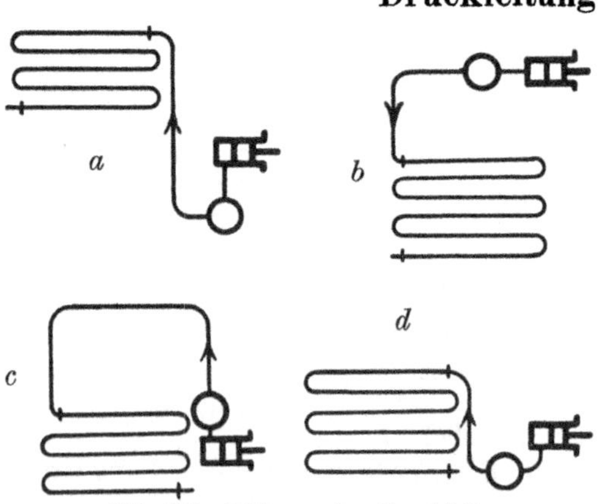

Abb. 162. Führung der Druckleitung.

Abb. 162a. Verflüssiger liegt höher als Verdichter. Druckleitung fällt zu dem als tiefsten Punkt angeordneten Ölabscheider und steigt dahinter zum Verflüssiger hoch. Die tiefe Anordnung des Abscheiders ist dadurch begründet, daß bei Stillstand Abkühlung der Druckleitung eine Verflüssigung der darin enthaltenen Gase herbeiführen kann, die sich dann im Abscheider ansammeln, ohne den Verdichter zu gefährden. Läßt sich die tiefe Aufstellung des Abscheiders nicht ermöglichen, so ist die hochsteigende Verbindungsleitung zwischen Verdichter und Abscheider möglichst kurz zu halten.

Abb. 162b. Verflüssiger liegt tiefer als Verdichter. Druckleitung stetig fallend. Anordnung des Abscheiders beliebig.

Abb. 162c. Verflüssiger liegt etwa gleich hoch wie Verdichter. Druckleitung zunächst hochsteigend, dann fallend. Anordnung des Abscheiders unmittelbar hinter dem Verdichter, oder

Abb. 162d. Druckleitung zunächst zu dem am tiefsten Punkte angeordneten Abscheider fallend, von da zum Verflüssiger ansteigend. Anordnung des Ölabscheiders hinter der Schleife würde dort zu einem Ölsack führen, der dauernd erhöhten Durchflußwiderstand ergäbe.

Flüssigkeitsleitung.

Rohrschlangenverflüssiger mit unterem Austritt:

Abb. 163a. Verflüssiger liegt höher als Flüssigkeitssammler. Flüssigkeitsleitung fällt zum Flüssigkeitssammler. Ausgleichleitung vom Flüssigkeitssammler nach dem Entlüftungskessel des Verflüssigers. Luft und andere vollkommene Gase werden mit der Flüssigkeit niedergerissen und kommen im Flüssigkeitssammler zur Ausscheidung. Hier liegt die Stelle für dauernde Entlüftung im Betrieb. Ein Teil der fremden Gase staut sich im Verflüssiger an, sammelt sich bei Stillstand im Entlüftungskessel und kann hier abgeführt werden.

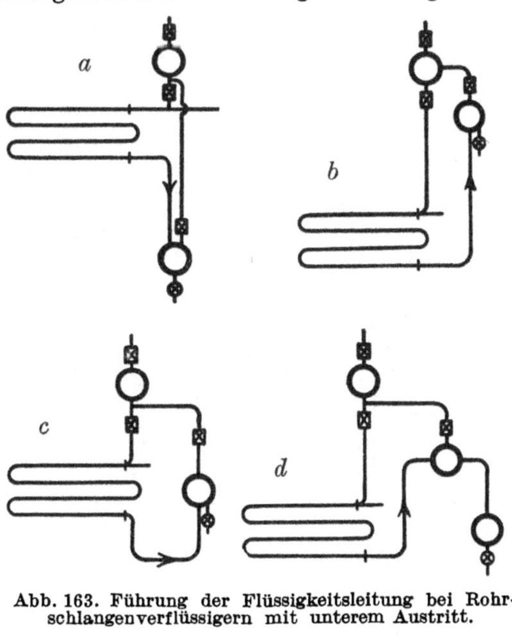

Abb. 163. Führung der Flüssigkeitsleitung bei Rohrschlangenverflüssigern mit unterem Austritt.

Abb. 163b. Verflüssiger liegt tiefer als Flüssigkeitssammler. Flüssigkeitsleitung steigt zum Flüssigkeitssammler. Ausgleichleitung vom Flüssigkeitssammler zu dem als höchsten Punkt angeordneten Entlüftungskessel des Verflüssigers. Fremde Gase steigen mit der Flüssigkeit hemmungslos in den Sammler hoch.

Abb. 163c. Verflüssiger liegt etwa gleich hoch wie Flüssigkeitssammler. Flüssigkeitsleitung zunächst fallend, dann ansteigend. Ausgleichleitung wie Abb. 163b. Falsch wäre es hier, die Flüssigkeitsleitung ansteigen, dann fallen zu lassen, da alsdann am höchsten Punkte ein Gassack entstünde. Läßt sich diese Führung nicht vermeiden, so muß nach

Abb. 163d ein besonderer Luftabscheider an höchster Stelle angeordnet werden.

Rohrschlangenverflüssiger mit oberem Austritt:

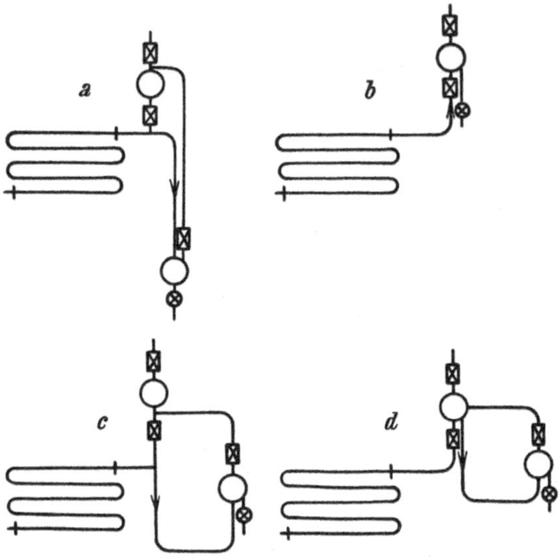

Abb. 164. Führung der Flüssigkeitsleitung bei Rohrschlangenverflüssigern mit oberem Austritt.

Die Anstauung von fremden Gasen im Verflüssiger entfällt. Der Entlüftungskessel gewinnt erhöhte Bedeutung.

Abb. 164a. Verflüssiger liegt höher als Flüssigkeitssammler. Leitungsführung wie bei oberem Eintritt.

Abb. 164b. Verflüssiger liegt tiefer als Flüssigkeitssammler. Der Flüssigkeitssammler dient gleichzeitig als Entlüftungskessel.

Abb. 164c. Verflüssiger liegt etwa gleich hoch wie Flüssigkeitssammler. Leitungsführung wie bei oberem Eintritt.

Abb. 164d. Bei zunächst ansteigender, dann fallender Flüssigkeitsleitung dient der Entlüftungskessel als Durchgangsabscheider.

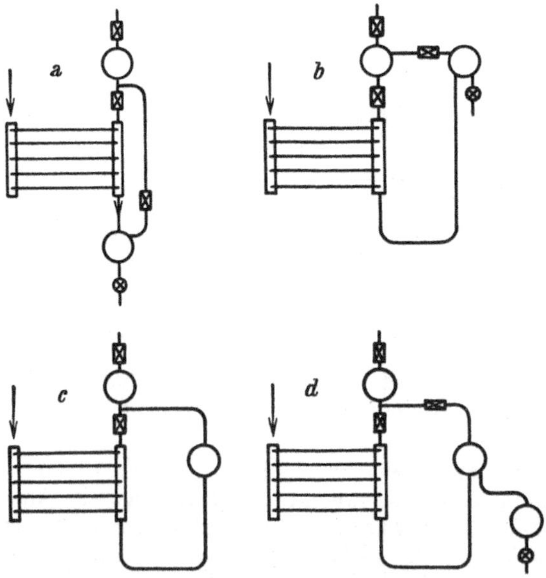

Abb. 165. Führung der Flüssigkeitsleitung bei Parallelstromverflüssigern.

Parallelstromverflüssiger:

Abb. 165a bis d. Die Leitungsführung entspricht der Anordnung bei oberem Eintritt. Die Anstauung der fremden Gase im Verflüssiger wird dadurch vermieden, daß das Standrohr als Abscheider wirkt. Sein oberer Teil kann gleichzeitig als Sammelraum für fremde Gase ausgebildet werden.

Einspritzleitung.

Ohne Abscheidung vor dem Verdampfer:

Abb. 166a. Flüssigkeitssammler liegt höher als Verdampfer. Einspritzleitung fällt stetig.

Abb. 166b. Flüssigkeitssammler liegt tiefer als Verdampfer. Einspritzleitung steigt stetig. Um gleichmäßiges Gemisch aufrecht zu erhalten, sind große Geschwindigkeiten erforderlich. Günstiger wirkt es, wenn die Steigleitung als Flüssigkeitsleitung ausgebildet und das Regelventil am höchsten Punkte angeordnet wird.

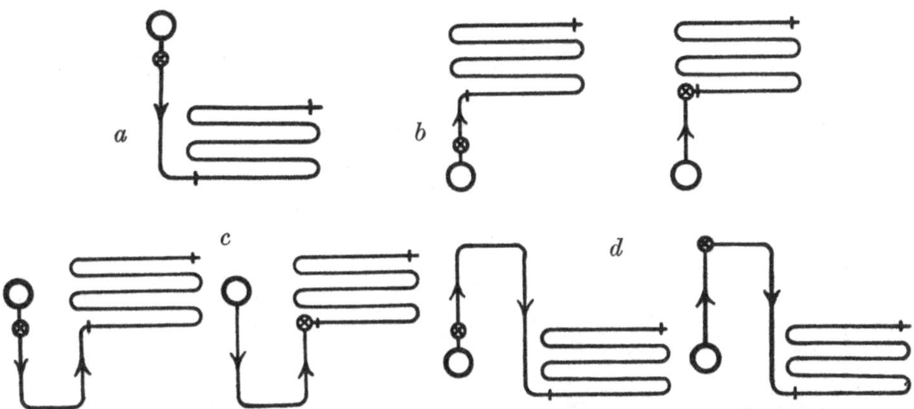

Abb. 166. Führung der Einspritzleitung ohne Abscheidung vor dem Verdampfer.

Abb. 166c. Sammelbehälter liegt etwa gleich hoch wie Verdampfer. Einspritzleitung zunächst fallend, dann steigend. Um Flüssigkeitsansammlung zu vermeiden, muß die Geschwindigkeit vom tiefsten Punkte an hoch sein. Besser ist es, die Schleife als Flüssigkeitsleitung auszubilden und das Regelventil am Verdampfereintritt anzuordnen, oder

Abb. 166d. Einspritzleitung zunächst steigend, dann fallend. Um einen Gassack an der höchsten Stelle zu vermeiden, muß die Geschwindigkeit bis dahin hochgehalten werden. Daher ist es richtiger, das Regelventil hier anzuordnen und den hochsteigenden Strang als Flüssigkeitsleitung auszubilden. Eine ganz einwandfreie Lösung stellt diese Leitungsführung nie dar.

Mit Abscheidung vor dem Verdampfer:

Abb. 167a. Flüssigkeitssammler liegt höher als Verdampfer. Einspritzleitung fällt stetig. Günstiger wird die Anordnung, wenn die Falleitung als Flüssigkeitsleitung ausgebildet ist und das Regelventil — am besten Schwimmerregler — am Abscheider des Verdampfers sitzt.

Abb. 167b. Flüssigkeitssammler liegt tiefer als Verdampfer. Einspritzleitung steigt stetig. Auch hier bedeutet die Verlegung des Reglers an den Abscheider des Verdampfers eine Verbesserung.

Abb. 167c. Sammler liegt etwa gleich hoch wie Verdampfer. Einspritzleitung fallend, dann steigend. Der Flüssigkeitssack hindert das

Freiwerden der Dampfblasen. Die Regelung am Verdampfer selbst vermeidet den Nachteil.

Abb. 167d. Einspritzleitung steigend, dann fallend. Der Gassack an höchster Stelle bleibt auch bei Verlegung des Reglers an den Verdampfer. Diese Leitungsführung ist daher nicht unbedenklich.

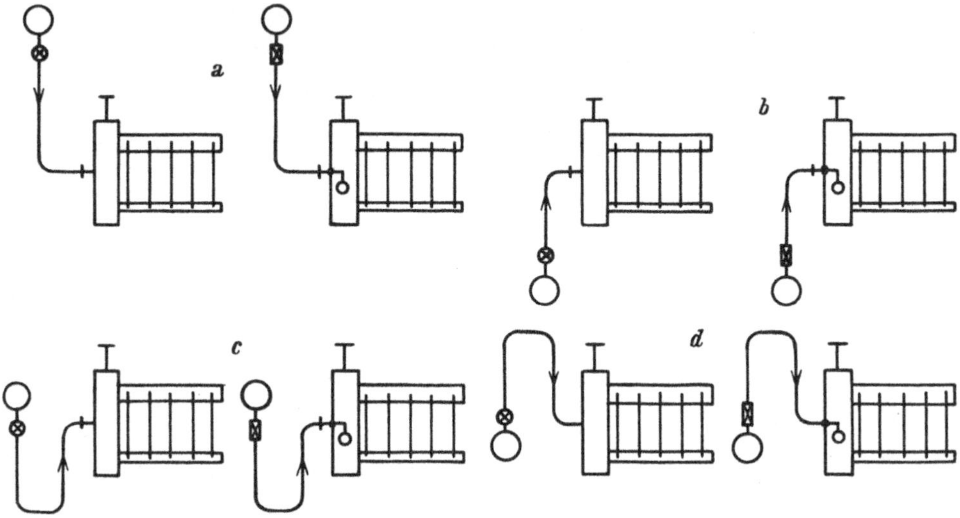

Abb. 167. Führung der Einspritzleitung mit Abscheidung vor dem Verdampfer.

Störungen durch Bildung von Flüssigkeits- und Gassäcken bei unsachgemäßer Leitungsführung werden um so empfindlicher, je größer der Unterschied im spezifischen Gewicht von Flüssigkeit und Dampf ist. Sie machen sich daher bei Kohlensäure weniger als bei Ammoniak und am meisten bei Schwefligsäure fühlbar.

Steht die Führung der Leitung nach den örtlichen Verhältnissen vollkommen frei, so kann auch auf den untergeordneten Einfluß Rücksicht genommen werden, der dem Gewicht der Gas- und Flüssigkeitssäulen zukommt. Liegt der Verdichter um $\pm H_0$ m tiefer als der Verdampfer und um $\pm H$ m höher als der Verflüssiger, so lastet auf dem Kolben abwechselnd der Druck $P_0 \pm H_0 \cdot \gamma_0$ bzw. $P \mp H \cdot \gamma$, entsprechend einem Druckverhältnis $\frac{P \mp H \cdot \gamma}{P_0 \pm H_0 \cdot \gamma_0}$. Es wird am niedrigsten und damit der Kraftverbrauch am günstigsten, wenn das Vorzeichen im Zähler negativ, im Nenner positiv ist, d. h. der Verflüssiger möglichst weit unter, der Verdampfer möglichst weit über dem Verdichter steht. Diese Anordnung ist auch für den Regelvorgang am günstigsten, weil die Flüssigkeitssäule vom Verflüssiger bis zur Regelstelle eine Einleitung der Entspannung ergibt, während im umgekehrten Falle vor dem Regler ein höherer Druck herrscht als im Verflüssiger und eine Abdrosselung in weiteren Grenzen, d. h. mit höherem Verlust, erfolgen muß. Im Grenzfalle ist es denkbar, daß die Flüssigkeitssäule allein die Aufgabe des Regelventils übernimmt, wenn ihre Höhe dem Druckunterschied zwischen Verflüssiger und Verdampfer gerade entspricht. Bei Schwefligsäureanlagen z. B. kann dieser Fall tatsächlich eintreten, besonders bei niedrigem Verflüssiger- und hohem Verdampferdruck. Eine Siedetemperatur von 20° ($P = 33\,500$ kg/m²) auf der Druckseite und 0° ($P_0 = 15\,800$ kg/m²) auf der Saugseite würde hier beispielsweise einem Höhenunterschiede von $\frac{33\,500 - 15800}{1410} \sim 12{,}6$ m entsprechen, wobei 1410 das mittlere Raumgewicht der Flüssigkeitssäule darstellt. In solchen Fällen, die bei hochmolekularen mit besonders niedrigen Druckunterschieden arbeitenden Stoffen auftreten, werden Flüssigkeitspumpen erforderlich, um die statische Druckhöhe auszugleichen. Bei Ammoniak und erst recht bei Kohlensäure liegen die Zahlen um ein Vielfaches höher und besitzen in Wirklichkeit keine Bedeutung.

Soweit die Leitungen weder steigen noch fallen, ist der nie zu verwirklichenden genau waagerechten Führung gleichbleibendes Gefälle in der Richtung vorzuziehen, die Flüssigkeits- und Gassäcke ausschließt.

In den nassen Dampf führenden Leitungen zieht sich der flüssige Arbeitsstoff teilweise am Boden hin. Bei Abzweigen müssen daher die Verteilstränge in gleicher Höhe liegen. Eine Querschnittsveränderung des Abzweigs erfolgt zweckmäßig erst in einem gewissen Abstande hinter der Verteilstelle. Um gleichen Flüssigkeitsgehalt zu sichern, sind außerdem rechtwinkelige Abzweige zu vermeiden und durch hosenförmige oder, bei mehreren Abzweigen, sternförmige zu ersetzen. Diese Gesichtspunkte gelten vor allem für die Abzweige aus einer gemeinsamen Saugleitung nach mehreren Verdichtern und aus einer gemeinsamen Einspritzleitung nach mehreren Verdampfern. Im letzten Falle sollte statt der entspannten, die noch unter Druck stehende Flüssigkeit verteilt, d. h. Anordnung der Regelventile hinter den Abzweigen gewählt werden.

Für die Vereinigung der von verschiedenen Verdampfern kommenden Einzelsaugleitungen bietet sich als einfachste Form Einführung in eine Hauptsaugleitung da, wo sie zunächst dem betreffenden Verdampfer vorbeiführt. Ihr gegenüber ergeben sich erhöhte Kosten, wenn Einzelsaugleitungen nach einem Sammelpunkt geführt werden. Der Vorteil, daß alsdann durch leichte Beobachtung der einzelnen Stränge die richtige Arbeitsweise eines jeden geregelt werden kann, kommt besonders dann zum Ausdruck, wenn diese Sammelstelle mit der Regelstelle örtlich vereinigt wird.

Mit dem Vordringen von Kühlanlagen in Geschäfts- und Wohngebäude hat sich die Forderung unbedingter Sicherung bis zum äußersten gesteigert. Für die Ausführung der Rohrleitungen wurde hierbei in den Vereinigten Staaten die berechtigte Vorschrift entwickelt, daß Rohre, die den Arbeitsstoff führen und über Gänge oder andere mit dem Aufstellungsort der Kühlanlage nicht zusammenfallende Räume gehen, mit gasdichten Schutzrohren zu umgeben sind, durch die bei Undichtheit der Arbeitsrohre der Arbeitsstoff weggeführt wird, ohne in die fremden Räume austreten zu können. Eine in dieser Weise ausgebildete Anlage

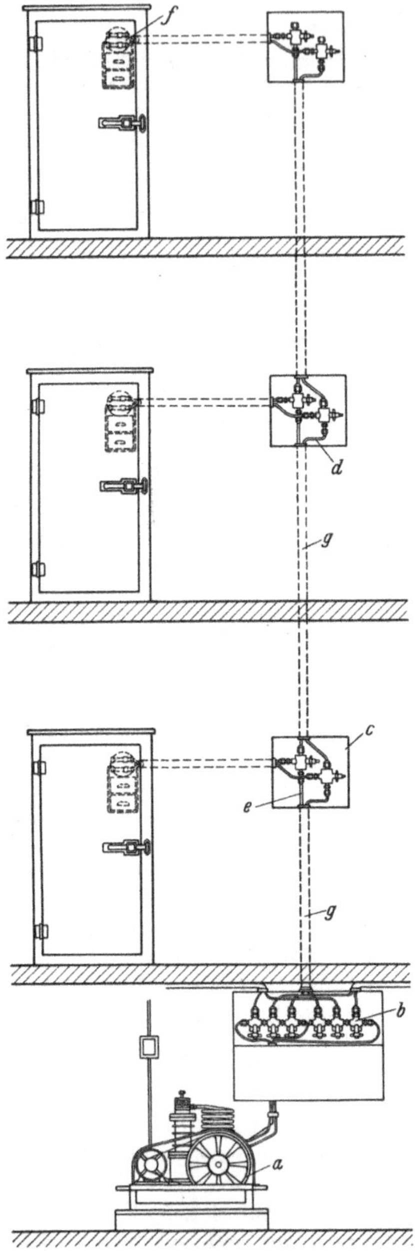

Abb. 168. Kleinkühlanlage mit mehreren Verdampfern und geschützten Arbeitsstoffleitungen (Frigidaire). *a* Kühlmaschine, *b* Verteilstelle, *c* Schutzkasten, *d* Flüssigkeitsleitung, *e* Saugleitung, *f* Verdampfer, *g* Schutzrohr.

der Abb. 168 (Frigidaire) ist, abgesehen von den Schutzrohren, dadurch gekennzeichnet, daß am Ende der Einspritz- und Saugleitungen im Kühlmaschinenraum, ebenso wie an den beiden Abzweigen nach jeder gekühlten Stelle Absperrungen angebracht und in einem gasdichten, meist in das Mauerwerk versenkten Kasten eingeschlossen werden. Ähnliche Schutzmaßnahmen empfehlen sich auch für den Verlauf der Rohrleitung innerhalb der Kühlräume, soweit sie hier gelegentlichen Beschädigungen durch Unvorsichtigkeit der Bedienung ausgesetzt ist. Der Schutz erfolgt in der Regel durch Umkleidung der den Arbeitsstoff führenden Rohre mit gasdichten biegsamen Metallschläuchen.

Es ist unbedingt verwerflich, die den Arbeitsstoff führenden Leitungen in den Boden zu verlegen und zuzuschütten. Scheitern begehbare Kanäle an den Kosten, so sind zum mindesten Deckplatten vorzusehen, die eine Prüfung der Leitung, nicht nur der Flanschverbindungen, ermöglichen. Für gründliche Entwässerung ist Sorge zu tragen.

Bei der Befestigung der Rohrleitung sind die Längenänderungen zu berücksichtigen, die sich durch den Temperaturwechsel ergeben. Von eigentlichen Ausgleichvorrichtungen kann im allgemeinen abgesehen werden, wenn die Leitung so geführt wird, daß sie in sich die notwendige Beweglichkeit besitzt. Auf gleiche Länge bezogen, beträgt im Durchschnitt die Verschiebung in der Saugleitung rund halb soviel wie in der Druckleitung. Werden mit Rücksicht auf Vermeidung großer Widerstände kurze Winkel vermieden und durch schlanke Bogen ersetzt, so ergeben diese die wünschenswerte, im allgemeinen an die Umkehrstelle zu verlegende Beweglichkeit. Bei wärmegeschützten Rohren soll die Befestigung so geschehen, daß möglichst kein Metallteil die Wärmeschutzhülle durchdringt, also beispielsweise durch Angriff des Halters an umgelegten Schellen. Wegen der geringen Festigkeit der Wärmeschutzhülle dürfen durch diese Schellen keine Kräfte auf das Rohr übertragen werden, Längsbewegungen sind daher hier durch Gelenke oder Rollen aufzunehmen. An Festpunkten dagegen muß notgedrungen die Haltevorrichtung feste Verbindung mit dem Rohr erhalten.

Für den Leitungsverlauf von Ammoniak-Absorptionskühlanlagen gelten im allgemeinen die zuvor behandelten Gesichtspunkte. Da hier das Ammoniak vom Kocheraustritt bis zum Aufsaugereintritt nie ganz wasserfrei ist, kommt der Möglichkeit, den Verdampfer vollständig in den Aufsauger zu entleeren, größte Bedeutung zu. Gleiches gilt für die Rückführung des im Trockner niedergeschlagenen Gemisches in den Kocher.

Der Rohrleitungsplan gehört zu den schwierigsten Aufgaben des Entwurfs. Wenn Maschinen und Austauschvorrichtungen fehlerlos ausgeführt sind, was bei erfahrenen Werkstätten von vornherein anzunehmen ist, so ist die Anordnung der Rohrleitung in jedem einzelnen Falle verschieden und von der persönlichen Geschicklichkeit des Entwerfenden in hohem Maße abhängig. Bei nicht sehr einfachen Anlagen sollte der Zeichnung, die den Verlauf der Rohrleitung unter genauer Berücksichtigung der räumlichen Verhältnisse festlegt, der grundsätzliche Leitungsplan vorausgehen und nicht, wie dies häufig die Regel ist, folgen, um etwa der Bedienungsmannschaft die Verhältnisse klarzulegen. Ein solches Leitungsbild ist in Abb. 169 beispielsweise für eine Kühlhausanlage mit Eiserzeugung wiedergegeben:

Zwei gegenläufige Ammoniak-Doppelverdichter arbeiten mit getrennten, jedoch auch zusammenschaltbaren Saugseiten auf zwei Ausgleichbehälter. An den einen schließt die Saugleitung vom Eiserzeuger und die eine der beiden von den Luftkühlern kommenden Saugleitungen an, während die zweite, in die auch die gemeinsame Saugleitung der Raumberohrung mündet, an den anderen Sammelbehälter angeschlossen ist. Die Anlage arbeitet mit Überhitzung, jeder Luftkühler besitzt einen Abscheider, je ein weiterer ist am Eiserzeuger und der Raumberohrung an höchster Stelle angeordnet. Durch Querverbindungen wird es ermöglicht, daß immer zwei auf gleicher Höhe angeordnete Luftkühler entweder gemeinsam auf einen der Ausgleichbehälter oder getrennt auf beide arbeiten. Das letzte wird empfehlenswert, wenn in den zugehörigen Räumen verschiedene Temperaturen auftreten;

die Druckleitungen sind für je zwei auf der gleichen Seite der Doppelverdichter liegende Zylinder vereinigt und nach der in zwei Hälften geteilten Verflüssigeranlage geführt. Eine Querverbindung sorgt dafür, daß auf jede Verflüssigerhälfte getrennt oder auf beide gemeinsam gearbeitet werden kann;

die Flüssigkeitsleitungen führen nach einer zwischen den beiden Regelstellen angeordneten Verteilung, die so ausgeführt ist, daß die

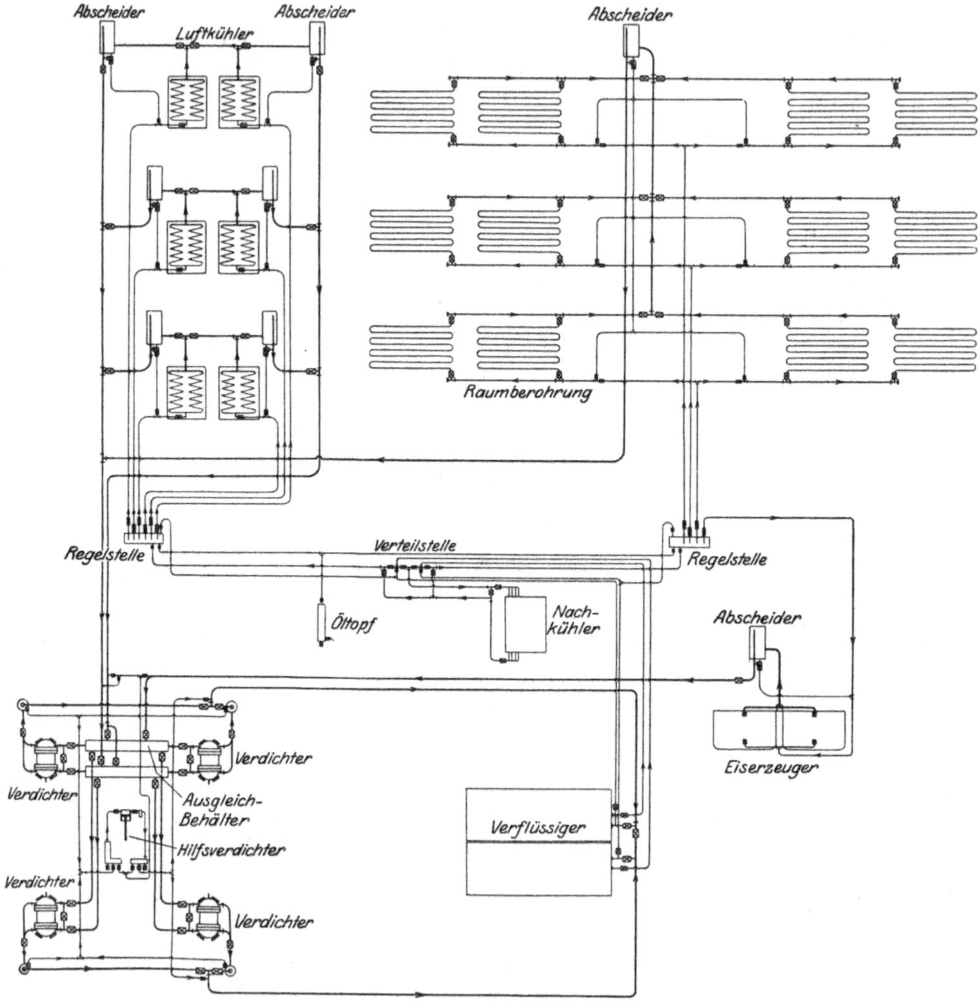

Abb. 169. Leitungsbild einer Kühl- und Eiserzeugungsanlage.

Flüssigkeit jeder Verflüssigerhälfte getrennt oder vereinigt unmittelbar nach den Sammelbehältern der Regelstellen gelangt, oder zuvor einen Nachkühler durchströmt. Die Sammelbehälter der beiden Regelstellen sind unten an einen gemeinsamen Ölsammeltopf, oben an eine nach dem Verflüssiger führende Ausgleichleitung angeschlossen, mit der auch der Verteilpunkt der Flüssigkeitsleitungen verbunden ist;

die Einspritzleitungen gehen für die Luftkühler von der einen, für die Raumberohrung und den Eiserzeuger von der zweiten Regelstelle aus. Jeder Luftkühler besitzt sein eigenes Regelventil, während für die beiden Verdampfer des Eiserzeugers und die auf gleicher Höhe befindlichen Schlangen der Raumberohrung je ein gemeinsamer Vorregler verwendet wird. Hierbei ist es notwendig, die richtige Verteilung nach beiden Seiten des Eiserzeugers und der Raumberohrung durch weitere Regelventile, die unmittelbar vor den Verdampfern sitzen, zu sichern. Außerdem erhalten parallel geschaltete Schlangen der Raumberohrung am Eintritt Einstellvorrichtungen, um einmalig die gleichmäßige Verteilung innerhalb der Kühlräume zu regeln;

die abgeschiedene Flüssigkeit wird bei den Luftkühlern der Einspritzleitung des zugehörigen Verdampfers, bei dem Eiserzeuger der gemeinsamen Einspritzleitung zugeführt, bei der Raumberohrung jedoch aus einer gemeinsamen Abfalleitung verteilt, um die Kühlschlangen der Räume zu überfluten, deren Kältebedarf gerade am höchsten ist. Eine an den Abscheidern angeordnete Hilfseinspritzung ermöglicht, einen Teil der abgeschiedenen Flüssigkeit zur Vermeidung übermäßiger Überhitzung der Saugleitung zuzuführen. Die Arbeitsweise ist hierbei so gedacht, daß die angesaugten Gase um wenige Grade überhitzt in den Verdichter gelangen und der Überhitzungsgrad während der Verdichtung durch ein feines Einspritzventil am Verdichter selbst geregelt wird;

ein besonderer Hilfsverdichter arbeitet auf zwei Verteilstellen. An die eine sind die Druckseiten der Hauptverdichter, an die andere die beiden Druckleitungen angeschlossen, während eine dritte mit den drei Saugleitungen in Verbindung stehende Rohrleitung in beide Verteilstellen abschaltbar mündet. Auf diese Weise wird es möglich, alle Schlangen auf Saug- und Druckseite bei Bedarf leerzusaugen und Luftkühler sowie Raumberohrung durch Einschaltung in die Druckleitung des Hilfsverdichters abzutauen. Auch das Einsaugen von Ammoniak erfolgt an dieser Stelle;

nicht in das Leitungsbild aufgenommen sind Manometer-, Entlüftungs- und alle die Leitungen, die zur Ausstattung der Verdichter und Hilfsvorrichtungen gehören. Hierbei wird von dem Gesichtspunkt ausgegangen, daß der Zweck des Leitungsbildes nicht etwa darauf hinausläuft, die Arbeitsweise der Anlage bis in alle Einzelheiten zu erklären, sondern die Schaltweise der Leitungen festzulegen, soweit sie nicht stets die gleiche bleibt.

V. Ausführung der Ammoniak-Absorptionskühlanlage.

In der praktischen Ausführung treten zu den in dem Arbeitsbild Abb. 4 dargestellten Teilen noch Ergänzungen, die in Abb. 170 wiedergegeben sind. Ein zwischen Aufsauger und Lösungspumpe geschalteter Sammler dient zum Ausgleich der unvermeidlichen Schwankungen. Die Abkühlung der vom Austreiber kommenden schwachen Lösung im Temperaturwechsler wird durch einen Nachkühler ergänzt. Damit die Dämpfe mit möglichst niedrigem Wassergehalt zum Verflüssiger und von da zum Verdampfer gelangen, ist der Austreiber mit einem Anreicherer verbunden, in dem die starke Lösung den ausgetriebenen Dämpfen entgegen niederrieselt. Dem gleichen Zwecke dient ein dem Verflüssiger vorgeschalteter Trockner, in dem die Dämpfe bis auf etwa 10° über Verflüssigungstemperatur vorgekühlt werden. Hierbei schlägt sich der größte Teil des Wassergehalts, daneben aber auch ein erheblicher Teil des Ammoniakgehalts, nieder. Das Gemisch fällt in den Austreiber zurück und erhöht dessen Wärmeverbrauch. Zuweilen wird als Kühlmittel für den Trockner die vom Aufsauger kommende starke Lösung benutzt. Der Trockner bringt dann eine Entlastung des Temperaturwechslers hinsichtlich Anwärmung der starken Lösung. Da gleichzeitig die Abkühlung der schwachen Lösung unvollkommen erfolgt, muß der Vorkühler entsprechend mehr leisten. Der Vorteil beschränkt sich daher darauf, daß bei Kühlung des Trockners mittels der starken Lösung eine zu weitgehende Abkühlung der Dämpfe und damit eine unwirtschaftliche Arbeitsweise leichter vermeidbar ist als bei Verwendung des kälteren Wassers als Kühlmittel. Die Gesamtanordnung einer für Eiserzeugung angewandten Ammoniak-Absorptionskühlanlage gibt Abb. 171 (Wegelin). Sie entspricht im allgemeinen dem Arbeitsbild Abb. 170. Darüber hinaus ist zwischen Verdampfer und Aufsauger ein Wärmeaustauscher geschaltet, in dem das vom Verdampfer mitgerissene Ammoniak-Wassergemisch durch die vom Nachkühler zum Regler strömende Ammoniakflüssigkeit erwärmt wird. Der Zweck dieser Vorrichtung liegt darin, daß ein teilweises Austreiben des im Verdampfer sich ansammelnden Wassergehalts nicht nur verlustlos erfolgt, sondern darüber hinaus an Kühlleistung gewonnen wird, wenn die Dämpfe den Wärmeaustauscher überhitzt verlassen.

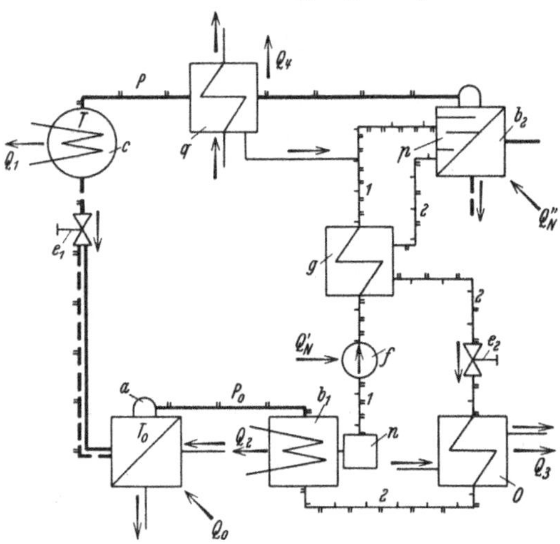

Abb. 170. Arbeitsbild einer Kaltdampfanlage mit Aufsauger, Austreiber und Lösungspumpe. *a* Verdampfer, b_1 Aufsauger, b_2 Austreiber, *c* Verflüssiger, e_1 Regler für Arbeitsstoff, e_2 Regler für Lösung, *f* Lösungspumpe, *g* Temperaturwechsler, *n* Sammler, *o* Nachkühler für schwache Lösung, *p* Anreicherer, *q* Trockner, *1* starke Lösung, *2* schwache Lösung.

Die Bauweise von Verdampfer und Verflüssiger weicht von der allgemeinen Ausführung nicht wesentlich ab. Da in beiden mit Ansammlung von Wasser zu rechnen ist, muß die Möglichkeit einer Entleerung in den Aufsauger vorgesehen werden.

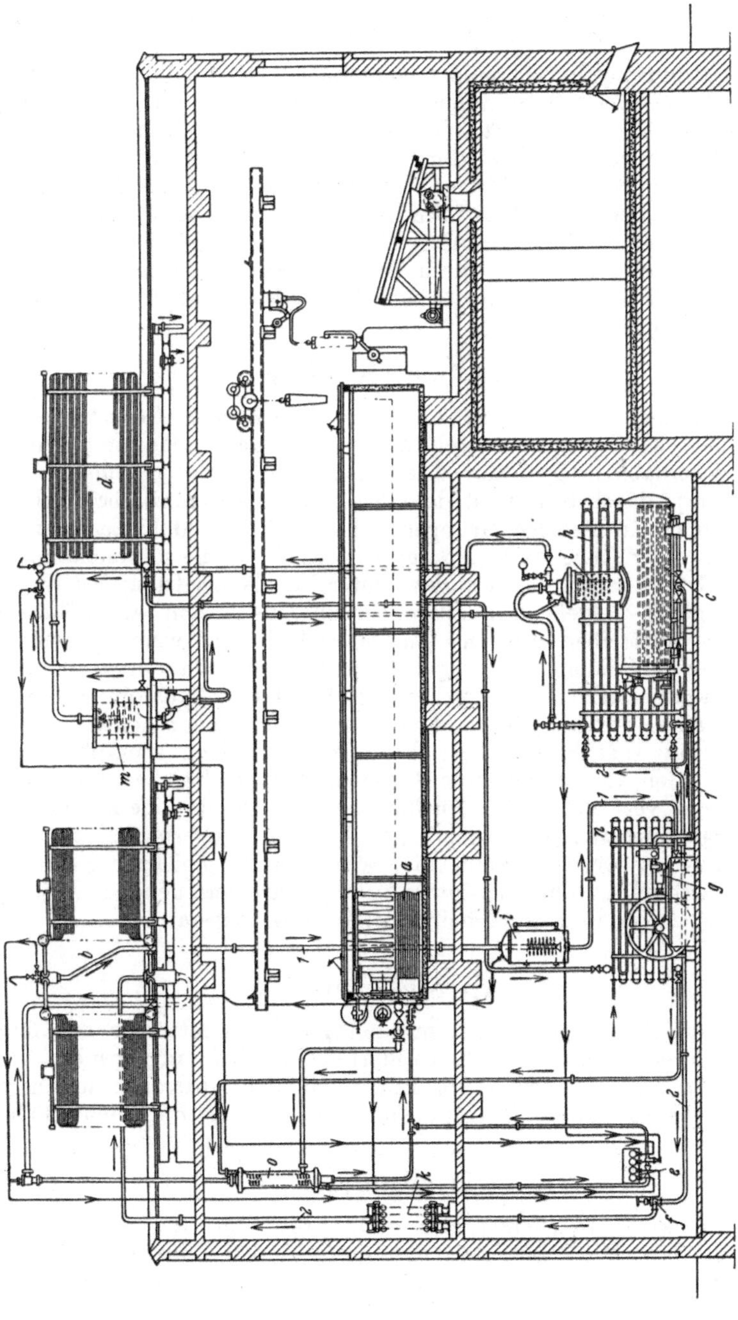

Abb. 171. Ammoniak-Absorptionskühlanlage mit Eiserzeuger (Wegelin). *a* Verdampfer, *b* Berieselungsaufsauger, *c* Austreiberkessel, *d* Berieselungsverflüssiger, *e* Regler für Arbeitsstoff, *f* Regler für Lösung, *g* Lösungspumpe, *h* Doppelrohrtemperaturwechsler, *i* Sammler, *k* Doppelrohrnachkühler für schwache Lösung, *l* Anreicherer, *m* Trockner für Hochdruckdampf, *n* Doppelrohrnachkühler für Ammoniakflüssigkeit, *o* Wärmeaustauscher, *1* starke Lösung, *2* schwache Lösung.

Aufsauger.

Die Ausführungsformen sind mannigfaltig. Die Kühlfläche erhält bald die Form eines Röhrenbündels, bald die einer wasserführenden Rohrschlange. Das Gas tritt entweder unten in die Lösung ein und sprudelt in ihr hoch, oder es wird mit der durch Brausen, gelochte Bleche u. dgl. verteilten schwachen Lösung innig durchmischt. Bei Ausführung in Berieseler- oder Doppelrohrform treten Gas und schwache Lösung gemeinsam am einen Ende ein, Abb. 171. Die Regelung der eintretenden Lösungsmenge erfolgt häufig durch Schwimmerventil. Das Kühlwasser wird über Aufsauger und Verflüssiger entweder parallel oder hintereinander geleitet.

Austreiber (Kocher).

Der für den Dampfkessel allgemein anerkannte Gesichtspunkt, Trockenheit des Dampfes durch große Ausdampffläche zu sichern, ist hier gleichfalls maßgebend. Die Heizung erfolgt ausnahmslos vermittels Dampf durch Röhrenbündel oder Rohrschlangen, die bei Teilung des Austreibers in einzelne Gruppen bald parallel, bald hintereinander geschaltet werden. Die starke Lösung tritt oben ein, die schwache unten aus. Bei Gruppenaustreibern bildet Hintereinanderschaltung des Weges der Lösung die Regel. Das ausgetriebene Gas strömt am höchsten Punkte des Austreibers ab. Der Austreiber soll, auch wenn er den für Dampffässer geltenden Prüfungsvorschriften nicht unterworfen ist, diese doch hinsichtlich Ausführung und Wahl der Baustoffe erfüllen. Es ist unverantwortlich, wenn, trotz der Gefahr einer hohen Drucküberschreitung, bei kesselartiger Form flache Böden stumpf vorgeschweißt werden, anstatt gewölbte Böden mit genügend großem Krempenhalbmesser zu verwenden. Die Ausführung einer Druckprobe mit Wasser kann bei geschweißten Austreibern nur dann als einigermaßen befriedigend angesehen werden, wenn die Schweißstelle gleichzeitig kräftig abgehämmert wird. Zur Ausstattung des Austreibers gehören Flüssigkeitsstandanzeiger und Sicherheitsventile im Lösungsraum.

Anreicherer.

Der Anreicherer ist in den meisten Fällen unmittelbar mit dem Austreiber verbunden und als turmartiger Aufbau angeordnet. Die starke Lösung rieselt hierbei vor Eintritt in den Austreiber in umgekehrter Richtung zu dem ausgetriebenen Gas über durchbrochene Böden nieder.

Trockner.

Der Trockner stellt einen der wichtigsten Teile der Absorptionskühlanlage dar. Die Temperatur der austretenden Gase und der zum Anreichern zurücklaufenden Flüssigkeit darf der Siedetemperatur nicht zu nah kommen, da dann zuviel Ammoniak niederschlägt und in den Anreicherer zurückfällt. Andererseits darf sie nicht zu weit über der Siedetemperatur liegen, damit der Teildruck des Wasserdampfes und damit der Wasserdampfgehalt, der nach dem Verflüssiger überströmt, gering ist. Bei der Ausstattung des Trockners spielt daher das in der Gasaustrittsleitung sitzende Thermometer eine besondere Rolle. Der Einbau eines von den abziehenden Gasen umströmten Röhrenbündels als Trockner an höchster Stelle des Anreichererturms bildet die Ausnahme. In der Regel dient als Trockner ein besonderer Kühler in Tauch-, Doppelrohr- oder Berieselerform. Das Abzapfen des niedergeschlagenen Wassergehalts erfolgt unter Zwischenschaltung eines Wasserverschlusses.

Vorkühler für die schwache Lösung und Temperaturwechsler.

Diese sind als allgemeine Wärmeaustauschvorrichtungen für Flüssigkeit beiderseits anzusehen und nach den hierfür maßgebenden Gesichtspunkten ausgebildet. Doppelrohrform bildet die Regel.

Lösungspumpe.

Die zur Förderung der starken Lösung dienende Pumpe darf keine Kupfer- oder kupferhaltigen Teile besitzen. Im übrigen ist sie nach den Erfahrungen des allgemeinen Pumpenbaues zu entwerfen. Auf Verringerung des Saugventilwiderstandes ist besonders zu achten, um Gasentwicklung zu vermeiden. Für die Stopfbüchse empfiehlt sich Vorschaltung eines Wasserverschlusses.

Für die Verbesserung des Arbeitsvorganges in den Absorptionskühlanlagen hat Altenkirch[1] bemerkenswerte Vorschläge gemacht. Er geht davon aus, daß in dem Temperaturwechsler sich nicht umkehrbare Vorgänge abspielen. Vervollkommnete Absorptionskühlanlagen erstreben in dem Aufsauger einen umkehrbaren Verlauf dadurch, daß sie die Aufsaugung möglichst bei der Siedetemperatur vor sich gehen, also bei der höchsten Temperatur beginnen und bei der tiefsten endigen lassen. Altenkirch geht weiter und leitet die Entgasung im Kocher zum Schlusse bei hohen Temperaturen, z. B. den Temperaturen von Verbrennungsgasen, anfangs bei Temperaturen, die niedriger sind als die höchsten Temperaturen im Aufsauger. Auf diese Weise ermöglicht er es, durch Wärmeaustausch einen Teil der Wärmeentziehung aus dem Aufsauger durch den Austreiber zu decken, dessen Wärmebedarf hierbei zum Teil durch den Aufsauger ausgeglichen wird. Die beiden Vorrichtungen arbeiten also in weiten Temperaturgrenzen, ihre unteren Temperaturen decken sich. Außerdem läßt Altenkirch die schwache Lösung des Austreibers den Austreiber unter Wärmeabgabe im Gegenstrom durchlaufen, ehe sie in den Aufsauger tritt, ebenso die starke

[1] Altenkirch: Reversible Absorptionsmaschinen. Z. ges. Kälteind. 1913.

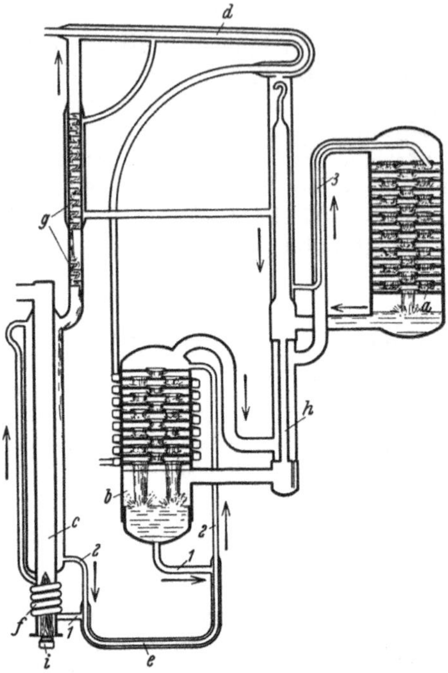

Abb. 172. Platen-Munters-Kaltdampfanlage mit Aufsauger und Austreiber ohne Lösungspumpe (Elektrolux). *a* Verdampfer, *b* Aufsauger, *c* Austreiber, *d* Verflüssiger, *e* Temperaturwechsler, *f* Vorwärmer, *g* Trockner und Anreicherer, *h* Wärmeaustauscher, *i* Heizquelle, *1* starke Lösung, *2* schwache Lösung, *3* Hilfsgas (H_2).

Lösung des Aufsaugers, wobei der Wärmebedarf des Austreibers einerseits, die Wärmeentziehung aus dem Aufsauger andererseits durch die betreffenden Vorrichtungen selbst bestritten wird, ein Temperaturwechsler daher entfällt. Ein weiterer Vorschlag von Altenkirch läuft darauf hinaus, den Osenbrückschen Vorgang, bei dem an Stelle des Verdampfers ein Austreiber, an Stelle des Verflüssigers ein Aufsauger tritt, nach den gleichen Gesichtspunkten der Umkehrbarkeit anzunähern.

Die Einzelausführung der pumpenlosen Platen-Munters-Absorptionskühlmaschine geht aus Abb. 172 (Elektrolux) hervor. Im dargestellten Falle erfolgt die Beheizung durch Gas. Die in der engen Schlange fließende starke Lösung wird durch die Erwärmung hochgetrieben und tritt nach der Austreibung als schwache Lösung unter natürlichem Gefälle durch den Temperaturwechsler in den Aufsauger zurück. Die vom Kocher zum Verflüssiger strömenden Dämpfe durchlaufen einen Trockner, dessen Kühlmittel das flüssige Ammoniak bildet. Verdampfer und Aufsauger sind als Rieselsäulen ausgebildet. Das am Boden des Verdampfers sich ansammelnde Gasgemisch tritt durch das Innenrohr eines zweiten Temperaturwechslers in den Aufsauger unten über. Der als Hilfsgas angewandte Wasserstoff geht oben am Aufsauger ab und kehrt durch den zweiten Temperaturwechsler in den Verdampfer zurück.

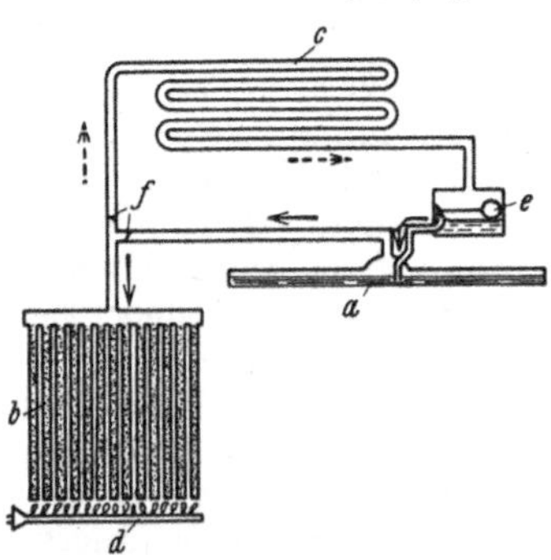

Abb. 173. Schwefligsäure-Silica-Gel-Adsorptionskühlanlage (Copeland). *a* Verdampfer, *b* Aufsauger-Austreiber, *c* Verflüssiger, *d* Heizquelle, *e* Schwimmerregler, *f* Rückschlagventil.

Als Beispiel einer Adsorptionskühlanlage stellt Abb. 173 (Copeland) die Ausführung mit Silica-Gel als Adsorptionsmittel und Schwefligsäure als Arbeitsstoff dar. Das Silica-Gel befindet sich in Stahlröhren. Als Heizmittel dient Gas. Der Brenner wird selbsttätig durch ein Uhrwerk an- und abgestellt.

Der Zulauf der Flüssigkeit zum Verdampfer ist durch Schwimmerventil geregelt. Ein Rückschlagventil schließt beim Adsorptionsvorgang den Verflüssiger, ein zweites beim Heizen den Verdampfer von dem Austreiber-Adsorber ab. Durch Zweiteilung des Adsorbers und abwechselnde Heizung kann ununterbrochene Kühlung erreicht werden. Die Heizung dauert etwa 30 Minuten, die folgende Kühlung $4^1/_2$ Stunden.

VI. Ausführung der Wasserdampfkältemaschine.

Das Arbeitsbild der Abb. 3 der einfachen Wasserdampfkältemaschine mit Dampfstrahlverdichter erfährt für die praktische Ausführung in mehrfacher Hinsicht eine Erweiterung. Der Druck im Verflüssiger liegt bei einer Kühlwassertemperatur von 30° mit 433 kg/m² im Gebiete höchster Luftleere. Er wird im Verdampfer, entsprechend den darin herrschenden tieferen Temperaturen, noch erheblich unterschritten. Für die Entfernung des überschüssigen, in der Menge dem zugeführten Treibdampf entsprechenden Kondensats aus dem Verflüssiger sind daher besondere Absaugevorrichtungen erforderlich. Sie können bei Oberflächenverflüssigern aus Kondensatkolbenpumpen bestehen. Die Regel bildet jedoch Anwendung von umlaufenden Naßluftpumpen oder Strahlverdichtern mit Dampf oder Druckwasser als Treibmittel. Naßluft- oder Wasserstrahlluftpumpen entfernen hierbei gleichzeitig mit dem Kondensat die Luft aus dem Verflüssiger, während bei Dampfstrahlluftpumpen ein weiterer Dampfstrahlverdichter die Luft aus dem Hauptverflüssiger abzusaugen und das Gemisch einem unter atmosphärischem Druck stehenden Hilfsverflüssiger zuzuführen pflegt. Bei dem Verdampfer wird eine besondere Kühlfläche dadurch entbehrlich, daß Wasser oder Sole in ihm gleichzeitig als Arbeitsstoff und Kälteträger arbeiten. Den Umlauf des Kälteträgers bewirkt eine Pumpe, die geeignet sein muß, gegen höchste Luftleere zu saugen. Hierdurch

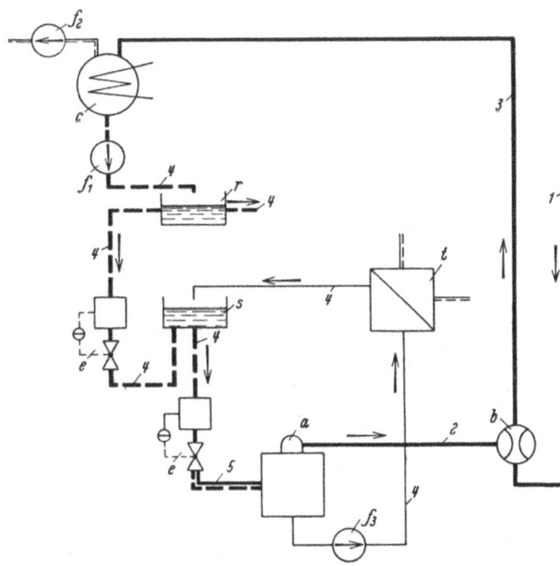

Abb. 174. Arbeitsbild einer Wasserdampfkühlanlage mit Dampfstrahlverdichter. *a* Verdampfer, *b* Dampfstrahlverdichter, *c* Verflüssiger, *e* Schwimmerregler, f_1 Kondensatpumpe, f_2 Luftpumpe, f_3 Kälteträgerpumpe, *r* Überlaufbehälter, *s* Mischbehälter, *t* Kühler, *1* Treibdampf, *2* Brüden, *3* Mischdampf, *4* Flüssigkeit, *5* entspannte Flüssigkeit.

ergibt sich das Arbeitsbild der Abb. 174. Es unterscheidet sich von der einfachen Darstellung der Abb. 3, außer den erwähnten Punkten, auch

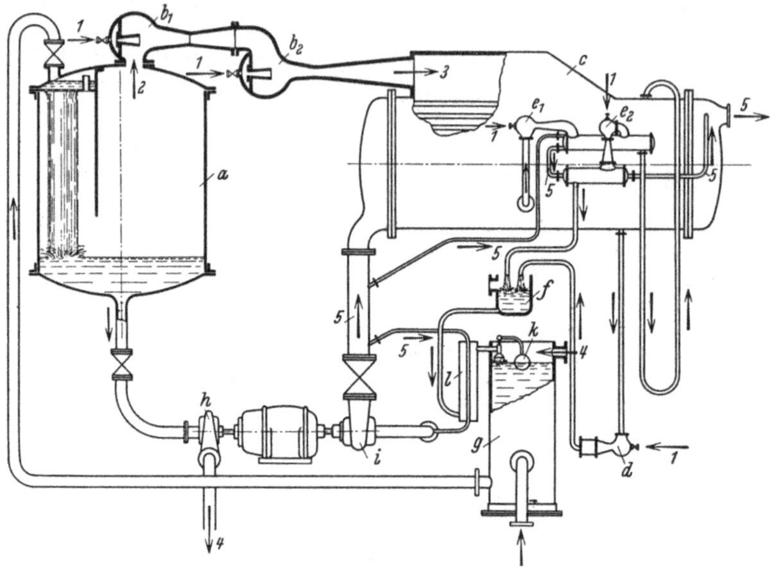

Abb. 175. Westinghouse-Leblanc-Wasserdampfkühlanlage mit Dampfstrahlstufenverdichtung (Scam-Follain). *a* Verdampfer, b_1 Niederdruckdampfstrahlverdichter, b_2 Hochdruckdampfstrahlverdichter, *c* Verflüssiger, *d* Kondensatstrahlpumpe, e_1 Niederdruckluftstrahlpumpe, e_2 Hochdruckluftstrahlpumpe, *f* Überlaufbehälter, *g* Mischbehälter, *h* Kälteträgerpumpe, *i* Kühlwasserpumpe, *k* Schwimmerregler, *l* Nachkühler, *1* Treibdampf, *2* Brüden, *3* Mischdampf, *4* Kälteträger, *5* Kühlwasser.

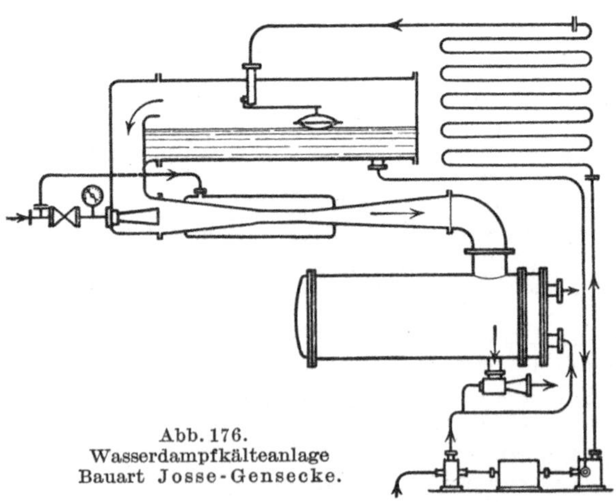

Abb. 176. Wasserdampfkälteanlage Bauart Josse-Gensecke.

noch dadurch, daß nicht ein Teil des Kondensats des Hauptverflüssigers unmittelbar in den Verdampfer zurückgeleitet wird, sondern das gesamte abgesaugte Kondensat in einen offenen Behälter tritt, von hier aus sich in einem zweiten Behälter mit dem durch den Verdampfer umlaufenden Kälteträger mischt, während der Überschuß abläuft. Zur Regelung des Flüssigkeitsstandes in dem Mischbehälter für Kondensat und Kälteträger sowie in dem Verdampfer dienen Schwimmerregler. Bei dieser offenen Arbeitsweise steht der Kühler nicht unter Luftleere, Undichtheiten sind daher weniger zu befürchten.

Diesem Arbeitsbilde entspricht die Ausführung Westinghouse-Leblanc nach Abb. 175 (Scam-Follain), bei der zudem das Absaugen

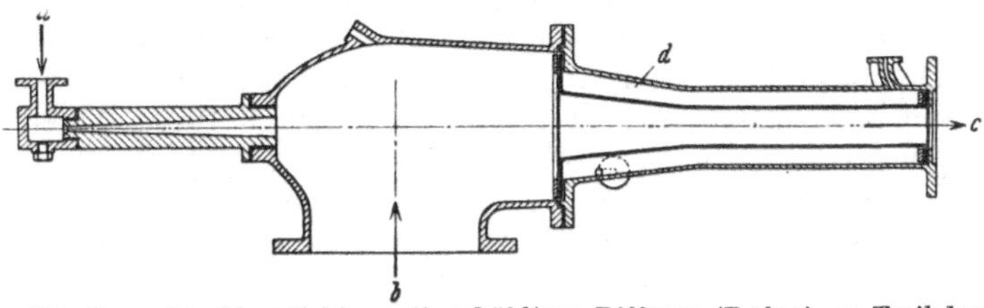

Abb. 177. Dampfstrahlverdichter mit gekühltem Diffusor (Delas). *a* Treibdampf, *b* Brüden, *c* Mischdampf, *d* Kühlwasser.

der Dämpfe aus dem Verdampfer durch zwei hintereinander geschaltete Dampfstrahlverdichter erfolgt. Bei der Wasserdampfkühlanlage von Josse-Gensecke werden nach Abb. 176 Luft und Kondensat aus dem Verflüssiger durch ein Wasserstrahlgebläse abgesaugt, für das die Kühlwasserpumpe des Verflüssigers nebenher Druckwasser als Treibmittel liefert.

Bei dem Dampfstrahlverdichter der Abb. 177 (Delas) umspült Kühlwasser den Diffusor. Hierdurch ergibt sich ein Absaugen der Grenzschichtwirbel im Dampfstrom. Plötzliches Versagen ist daher weniger zu befürchten, außerdem wird der Wirkungsgrad besser.

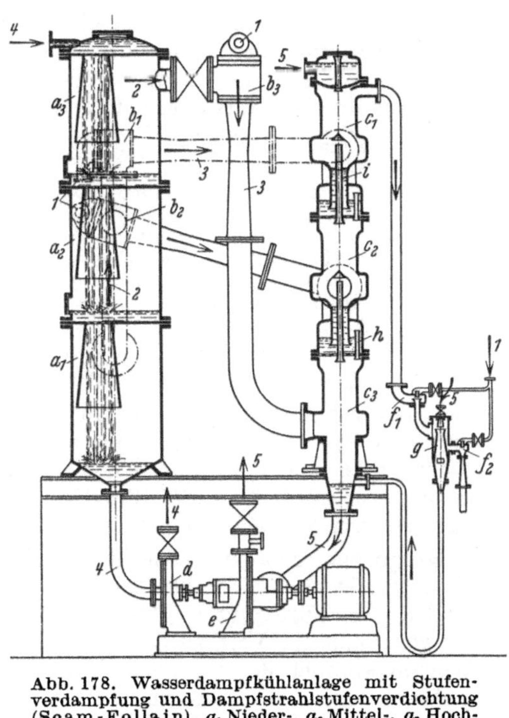

Abb. 178. Wasserdampfkühlanlage mit Stufenverdampfung und Dampfstrahlstufenverdichtung (Scam-Follain). a_1 Nieder-, a_2 Mittel-, a_3 Hochdruckverdampfer, b_1 Nieder-, b_2 Mittel-, b_3 Hochdruckdampfstrahlverdichter, c_1 Nieder-, c_2 Mittel-, c_3 Hochdruckverflüssiger, *d* Kälteträgerpumpe, *e* Kühlwasserpumpe, f_1 Nieder-, f_2 Hochdruckstrahlluftpumpe, *g* Mischverflüssiger, *h* Ausgleichrohre, *i* Luftrohre, *1* Treibdampf, *2* Brüden, *3* Mischdampf, *4* Kälteträger, *5* Kühlwasser.

Die Anwendung von Oberflächenverflüssigern bildet bei Schiffskühlanlagen die Regel, weil hier auf die Wiedergewinnung des Kondensats Wert zu legen ist und die Deckung des hohen Kühlwasserbedarfs keine Schwierigkeiten bietet. Oberflächenverflüssiger verdienen ganz allgemein den Vorzug aus den gleichen Gründen, aus denen sie im Dampfturbinenbau, bei dem es gleichfalls auf Einhaltung höchster Luftleere ankommt, durchgedrungen sind. Demgegenüber besitzt der Mischverflüssiger den Vorteil, daß Wärmeaustauschflächen für den Arbeitsstoff entbehrlich werden. Eine derartige Ausführung für mehrstufiges

Verdampfen zeigt Abb. 178 (Scam-Follain). Das Kühlwasser wird in die höchste Stufe eingesaugt, die zur Verflüssigung der aus der kältesten Verdampferstufe abgesaugten Dämpfe dient, und fließt von hier aus nach den weiteren Stufen, um an tiefster Stelle abgesaugt zu werden. Dampf und Luft steigen, dem niederrieselnden Wasser entgegen, hoch. Zum Absaugen der Luft dient ein Dampfstrahlverdichter, der in einen Mischverflüssiger arbeitet. Aus diesem wird mit einem zweiten Dampfstrahlverdichter die Luft ins Freie gefördert, während das Kühlwasser des Hilfsmischverflüssigers gleichzeitig als Treibmittel für ein Wasserstrahlgebläse dient, das die Überführung in den Hauptverflüssiger sichert. Bei dieser Bauweise fließt das Kühlwasser gegen den höheren Druck einer tiefer liegenden Stufe nieder. Um hierbei Störungen zu vermeiden, wird durch Ausgleichrohre *h* der Raum über dem Wasserspiegel mit dem tiefer liegenden, unter höherer Luftleere stehenden Raum verbunden. Zwischen den benachbarten Stufen sind die Rohre *i* angeordnet und in ihrem Querschnitt so bemessen, daß sie die Luft durchlassen, ohne den Druckunterschied zwischen den einzelnen Stufen aufzuheben. An einer solchen Wasserdampfstrahlkälteanlage wurden nach Angabe der Herstellerin folgende Zahlen festgestellt:

Kälteleistung	98250 kcal/h
Wasserabkühlung . . . . von	17,5 auf 2,5°
Erwärmung des Verflüssigerkühlwassers von	17,5 auf 32°
Luftleere im kältesten Verdampfer	754,5 mm Q.-S.
Luftleere im wärmsten Verflüssiger	720 mm Q.-S.
Verbrauch an Dampf von 7,5 at einschließlich Luftsauger	380 kg/h
entsprechend rund	3,8 kg/1000 kcal
Kühlwasserverbrauch	21,2 m³/h
entsprechend rund	215 kg/1000 kcal
Hierzu kommt ein Arbeitsverbrauch von .	5,1 PSe.

Der Dampfverbrauch liegt hiermit etwa 20 bis 30%, der Kühlwasserverbrauch etwa 50% niedriger als bei den mit einstufigen Dampfstrahlkälteanlagen bekannt gewordenen Ergebnissen. Die Ursache ist vor allem darin zu suchen, daß die Dampfstrahlverdichter gegen ein verringertes Druckgefälle arbeiten, für das sie vorzugsweise geeignet sind.

Verglichen mit Kaltdampfkühlanlagen ist der Wasserverbrauch bei Dampfstrahlkühlanlagen beträchtlich höher, weil zu den aus dem Verdampfer abgesaugten Dämpfen der Treibmitteldampf hinzutritt, der gleichfalls im Verflüssiger niedergeschlagen werden muß. Um den Arbeitsverbrauch der aus dem Verdampfer saugenden gegen die Atmosphäre drückenden Pumpe zu verringern, empfiehlt sich ihre Aufstellung etwa 3 bis 4 m unterhalb des Flüssigkeitsspiegels im Verdampfer.

VII. Ausführung der Kaltluftmaschine.

Von einer eingehenden Erörterung der Ausführungsformen von Kaltluftmaschinen sei hier mit Rücksicht auf ihre geringe Bedeutung abgesehen. Zunächst scheint sich die offene Kaltluftanlage in der Ausführung zu empfehlen, in der Arbeitsstoff und Kälteträger zusammenfallen. Die Schwierigkeit liegt hierbei darin, daß der Niederschlag der Luftfeuchtigkeit im Ausdehnungszylinder in Reifform auftritt und zu Störungen Anlaß gibt. Ihr begegnet Colemann dadurch, daß er die verdichtete Luft vor Eintritt in den Ausdehnungszylinder durch einen Kühler trocknet und hierbei die kalte Luft vor Eintritt in den Verdichter als Kühlmittel benutzt. Lightfoot wendet zweistufige Ausdehnung an und läßt die erste Stufe nicht tiefer als bis 0° arbeiten, um den Hauptteil der Luftfeuchtigkeit in flüssiger Form auszuscheiden.

Die Möglichkeit, Kreiselgebläse als Kaltluftverdichter zu verwenden, untersucht Elgenfeld[1] und gelangt hierbei zu dem Ergebnis, daß Leistungen von etwa 50000 kcal/h mit einem Wirkungsgrad erzielt werden können, der dem von Kolbenverdichtern nicht nachsteht. Als Vergleich führt er an, daß ausgeführte Kaltluftkolbenverdichter bei 30° Kühlwassertemperatur und einer am Austritt aus den Kühlerkammern gemessenen Lufttemperatur von — 5° unter Anwendung eines Druckverhältnisses von 180000 : 60000 kg/m² für eine Leistung von je 1000 kcal einen Hubraum von 14,8 m³ und einen Arbeitsverbrauch von 3 PSh erfordern, während rechnerisch 11,8 m³ und etwa 0,6 PSh nötig sind. Der hauptsächliche Grund für diese ungünstige Wirkungsweise der Kaltluftmaschine liegt darin, daß der Arbeitsbedarf sich aus dem Unterschied zweier großen Zahlen (Arbeitsbedarf des Verdichters — Arbeitslieferung des Ausdehnungsmotors) ergibt. Die gleiche Frage behandelt Lorenz[2] und stellt fest, daß beispielsweise bei einer Ansaugtemperatur des Verdichters von — 8°, einer Lufttemperatur vor dem Ausdehnungszylinder von 22° im günstigsten Falle der Arbeitsaufwand der ausführbaren Kaltluftmaschine etwa 14mal so groß wird wie der rechnerische. Das von ihm angeführte Beispiel einer Anlage von 100000 kcal/h, die rechnerisch im Verdichter 372 PSi verbraucht, im Ausdehnungsmotor 310 PSi zurückliefert, entsprechend einem Unterschied von 62 PSi, in Wirklichkeit jedoch bei einem mechanischen Wirkungsgrad von 0,775 für Verdichter und Ausdehnungsmotor etwa 480 — 240 = 240 PSe fordert, wird durch die Erfahrung bestätigt. Durch die Verwendung von Kreiselrädern erwartet Lorenz hier keine Verbesserung, weil Verluste durch Reibung der rasch strömenden Luft in den Radschaufeln sowie innere Undichtheiten auftreten und eine geringere wirtschaftliche Wertzahl ergeben. Wegen der verhältnismäßig hohen Arbeitsverluste beginnen Kaltluftmaschinen mit bestimmten Grenztemperaturen erst bei einem bestimmten Druckverhältnis zu wirken. Ihre wirtschaftliche Wertzahl erreicht den Höchstbetrag bei einer gewissen Höhe dieses Druckverhältnisses, um darüber hinaus wieder abzunehmen. Wegen der Ausführbarkeit kommen nach Lorenz Kreiselräder erst von Leistungen an in Betracht, die bei — 8°, 22° oberhalb etwa 30000 kcal/h liegen.

[1] Elgenfeld: Über Kaltluftturbomaschinen. Z. ges. Kälteind. 1911.

[2] Lorenz: Die Wirtschaftlichkeit von Kaltluftmaschinen mit Arbeitskolben und Kreiselrädern. Z. ges. Kälteind. 1911.

Baumann[1] berichtet über die erfolgreiche Verwendung einer B B C-Kaltluftmaschine für die Entfeuchtung der Grubenbewetterungsluft. Sie besteht aus einem elektrisch betriebenen vierstufigen Kreiselverdichter, einer auf der Verdichterwelle angeordneten einstufigen Entspannungsturbine und zwei Kühlern, von denen der erste zwischen der zweiten und dritten Stufe, der zweite hinter der letzten Stufe eingeschaltet ist. Die gesättigt von dem Verdichter angesaugte Luft verliert durch die Verdichtung und nachfolgende Kühlung beträchtliche Mengen des Feuchtigkeitsgehalts, während der restliche Überschuß hinter der Entspannungsturbine in einem Wasserabscheider abgetrennt wird. Bei dem Versuch besaß nach Ostertag[2] die abgesaugte Luft eine Temperatur von 44,7° und einen Feuchtigkeitsgehalt von 0,0392 kg, bezogen auf 1 kg Reinluft, hinter dem Wasserabscheider der Turbine eine Temperatur von 4,4° und einen Feuchtigkeitsgehalt von 0,0075 kg. Die Verdichtung erfolgte von 8860 auf 31900 kg/m², die Entspannung von 30900 auf 11720 kg/m² in der Turbine und dahinter auf 10210 kg/m². Verarbeitet wurden 5226 kg/h Reinluft mit einem Arbeitsaufwand von 242,6 kW. Bei der Beurteilung der hieraus errechneten Kühlleistung von $\sim$ 150000 kcal/h ist zu berücksichtigen, daß ein großer Teil des Wassergehalts schon bei der Verdichtung und anschließenden Kühlung mittels Wassers zwischen den Stufen des Verdichters und hinter diesem ausfällt. Die Trocknung der Luft, die den einen Teil der Aufgabe bildet, erfolgt also großenteils vor der Entspannungsturbine, d. h. in einem Teil der Anlage, der nicht als eigentliche Kühlanlage zu bezeichnen ist.

Neuere Vorschläge laufen darauf hinaus, durch Anwendung sehr hoher Drücke (Linde) und Vornahme von Verdichtung und Ausdehnung in einem besonders gebauten, mit Lüftern zusammen arbeitenden Zylinder (Leblanc) den Vorgang der geschlossenen Kaltluftmaschine zu verbessern.

VIII. Ausführung der künstlichen Eiserzeugung.

Eis läßt sich sowohl durch unmittelbare als auch mittelbare Kühlung herstellen. Eisbereitung durch Schwefligsäure, die in dem doppelten Mantel einer Zelle verdampft, wurde schon 1904 durch Stetefeld zur Anwendung gebracht und hierbei für das Auftauen Einschaltung des Mantelraumes in die Druckleitung des Arbeitsstoffes vorgesehen. Das Verfahren ist auf kleinste Anlagen beschränkt geblieben. Platteneis durch unmittelbar verdampfendes Ammoniak wird nach amerikanischem Vorbilde dadurch gewonnen, daß Ammoniakkühlrohre zu flachen Schlangen in senkrechter Ebene gewunden und beiderseits mit Blechplatten besetzt werden. Bei weitem überwiegend ist jedoch in allen Fällen die mittelbare Eiserzeugung durch gekühlte Sole. Hierbei werden Zellen oder Kannen in das Bad des Kälteträgers eingehängt, während

[1] Baumann: Kühlung und Entfeuchtung von Raumluft, insbesondere nach dem Luftexpansionsprozeß. Z. ges. Kälteind. 1930.

[2] Ostertag: Versuche an einer Luftentfeuchtungsanlage. Z. VDI 1930.

bei der Platteneisbereitung die Sole in doppelwandigen Gefriertaschen umläuft, die außen von dem Gefrierwasser bespült werden.

Der Vorteil des unmittelbaren Frierens liegt auf wirtschaftlichem Gebiete. Durch das Wegfallen des Kälteträgers läßt sich das Temperaturgefälle zwischen Gefrierwasser und Arbeitsstoff vermindern und der Arbeitsbedarf verringern. Schwierigkeiten ergeben sich in der Ausführung und der Kälteverteilung.

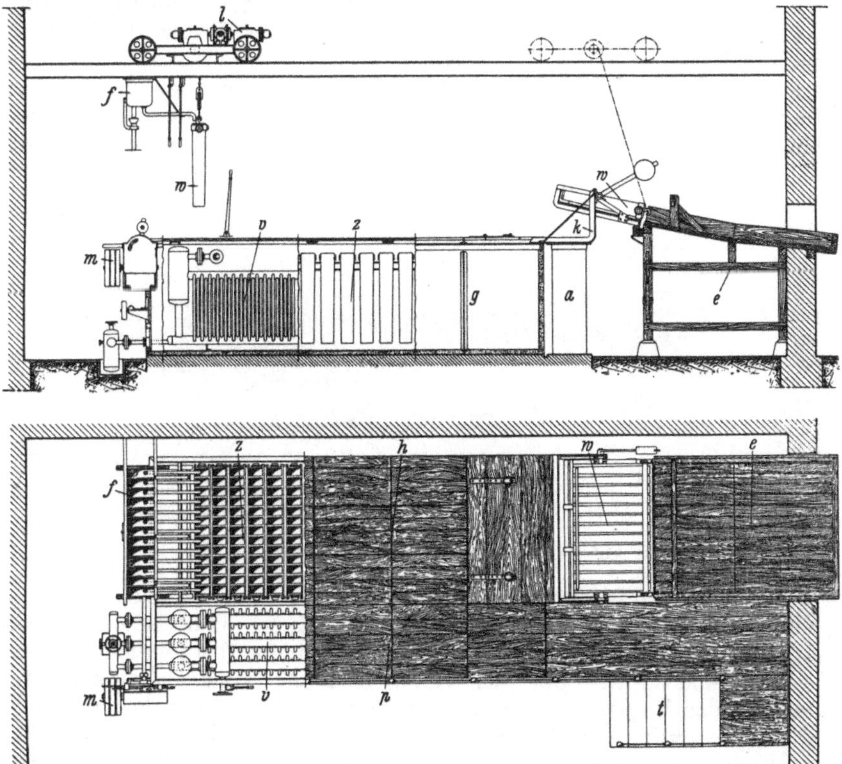

Abb. 179. Zelleneiserzeuger (Linde). *a* Auftaugefäß, *e* Eisrutsche, *f* Füllvorrichtung, *g* Solebehälter, *l* Eislaufkran, *m* Vorschiebevorrichtung, *p* Laufbühne, *t* Treppe, *v* Verdampfer, *w* Zellenreihe, *z* Zellenraum des Eiserzeugers.

Erfolgt die Vorkühlung des Gefrierwassers bis auf etwa 0° nicht in dem Eiserzeuger selbst, sondern, wie bei Platteneis die Regel und auch bei Zellen- und Kanneneis empfehlenswert, in einem besonderen Gefrierwasservorkühler, so wird der entsprechende Teil des Kältebedarfs dann in besonders wirtschaftlicher Weise gedeckt, wenn dafür eine getrennte Einheit der Kälteanlage zur Verfügung steht, die mit höherer Verdampftemperatur arbeitet, als für den Eiserzeuger gefordert wird. Ein weiterer Vorteil ergibt sich hierbei dadurch, daß bei gleicher Zellen- oder Kannenzahl die Eisleistung wächst, wenn die gleiche Soletemperatur angewandt wird, bzw. daß Sole- und Verdampftemperatur höher, d. h. wirtschaftlicher, gehalten werden können, wenn auf Erhöhung der Eiserzeugung verzichtet wird.

Der zuerst von Linde in vollkommener Weise ausgebildete Zelleneiserzeuger, Abb. 179, besteht aus einem wärmegeschützten schmiedeeisernen Gefäß, das Verdampfer und Eiszellen aufnimmt. Diese sind in fahrbarem Rahmen zusammengefaßt und bewegen sich mit dem fortschreitenden Ausfrieren von einem Ende zum anderen. Zur Kälteübertragung dient Sole, die durch ein Rührwerk in Umlauf gehalten wird. Das Füllen der einzelnen Zellen mit Gefrierwasser, das Loslösen des Eisblocks von den Zellenwänden und die Entleerung der Zellen erfolgt reihenweise unter Benutzung eines Laufkrans, der die einzelnen Rahmen zum Füllgefäß führt, am einen Ende in den Eiserzeuger niederläßt, am anderen aushebt und zur Auftau- und Kippvorrichtung bringt.

Abb. 180. Zellenfüllvorrichtung (Freundlich).

Nach jedem Aushub werden die gesamten Zellenrahmen um eine Rahmenbreite vorgeschoben. Diese Bauart ist ohne grundsätzliche Änderungen im Laufe der Jahre fast allgemein übernommen worden.

Während früher die aus verhältnismäßig langen Rohrschlangen bestehenden Verdampfer ihren Platz unter einem Zwischenboden fanden, bildet neuerdings seitlicher Einbau der nach verbesserten Gesichtspunkten ausgebildeten Hochleistungsverdampfer die Regel. Hierfür spricht, abgesehen von der leichteren Zugänglichkeit, die Verbesserung der Wärmeübertragung mit der Solegeschwindigkeit, die sich bei seitlicher Anordnung leicht beliebig steigern läßt. Steht für das Auftauen nur verhältnismäßig kaltes Wasser zur Verfügung, so ist es zweckmäßig, das Auftaugefäß mit einer Breite für Aufnahme mehrerer Zellenreihen auszubilden. Vorrichtungen zur Beschleunigung des Wasserumlaufs im Auftaugefäß, die stets vorteilhaft sind, gewinnen alsdann erhöhte Bedeutung. Sie sichern gleichmäßiges Abtauen des Eisblocks und mindern dadurch den Auftauverlust. Das Füllgefäß muß die Einzelzellen gleichmäßig speisen. Die Füllschnäbel stehen daher mit getrennten Abteilen in Verbindung, die genau gleiche Mengen fassen. Das Füllen geschieht durch Senken der Füllschnäbel, die durch Schläuche oder Drehgelenke mit dem Füllgefäß verbunden sind. Durch Einschaltung eines Wasserabschlusses wird nach Abb. 180 (Freundlich) erreicht, daß die Füllung der Zellen sich nachträglich durch Heberwirkung ausgleicht. Die Unterteilung des Füllgefäßes erübrigt sich alsdann. Neuerdings bilden die Füllschnäbel mit dem Füllgefäß ein festes Ganzes, und das Füllgefäß selbst wird beim Füllen geschwenkt.

Für das Ausheben der Zellenreihen dienen Laufkräne mit einer der Eiserzeugerbreite entsprechenden Spurweite. Die in Rahmen eingespannten Eiszellen werden durch Zellenhebel gefaßt. Je nach der Größe wird der Kran von Hand, durch Transmission oder elektrisch angetrieben. Zwischen Antrieb und Kranwellen für Fahr- und Hubbewegung sind im allgemeinen Reibungskupplungen, Abb. 181 (Zobel-Neubert)

Abb. 181. Eislaufkran (Zobel-Neubert).

geschaltet, die aus Doppelkegelgetrieben bestehen. Heben, Senken und Fahren läßt sich hierbei mit der erforderlichen Genauigkeit leiten, außerdem der bei rein elektrischer Schaltung auftretende Zeitverlust für An- und Auslauf vermeiden. Elektrische Hebevorrichtungen werden entweder als Einmotor- oder, bei den größten Ausführungen, als Zweimotorenlaufkräne, Hub- und Fahrbewegung getrennt, ausgeführt. Stets ist darauf zu achten, daß die Betätigung durch sinngemäße Hebelbewegungen erfolgt. Die übliche Geschwindigkeit beträgt 4 bis 5 m/min für Heben und Senken, 20 bis 30 m/min für Fahren.

Um die Güte des Eises zu erhöhen, kann das Gefrierwasser durch chemische Behandlung mit anschließender Filterung oder durch Destillation besonders vorbereitet werden. Im ersten Falle kann durch das Verschwinden einer Beimengung ein Körper entstehen, der womöglich noch ungünstiger wirkt, beispielsweise wenn Sulfate mit kaustischer Soda behandelt werden und sich Natriumsulfat bildet, das ein wolkiges Aussehen des Eisblocks ergibt. Die in dieser Richtung von Behrmann[1] gefundenen Ergebnisse sind in nachstehender Zusammenstellung verwertet:

[1] Ind. Engng. Chem. 1921.

Art der Verunreinigung		Wirkung	Abhilfe
Kalzium- und Magnesiumverbindungen	Bikarbonate, die vorübergehende Härte bedingen	Beim Ausfrieren wird, ganz ähnlich wie beim Erwärmen, die halb gebundene Kohlensäure ausgetrieben. Es verbleiben die Monokarbonate — oder auch Magnesium-Hydrate —. Diese bilden einen Niederschlag, der sich im Kern sammelt, zuweilen auch in Form von Blasen und Flecken miteinfriert.	Enthärtung vermittels Kalk und Zurückhaltung der Niederschläge vermittels Sandfilter
	die dauernde Härte bedingen	Magnesium verursacht weißes Eis. Die Kalziumverbindungen sind weniger schädlich	Behandlung mit Kalk, wodurch Magnesium durch Kalzium ersetzt wird. (Gegenüber reiner Kalkbehandlung ergibt Behandlung mit Soda eher eine Verschlechterung als Verbesserung.)
Eisen		Rotes Eis, besonders im Kern	Kalk-Soda-Behandlung mit nachfolgender Sandfilterung
Silizium Aluminium		Schmutziger Kern	
Organische Bestandteile		Helles oder trübes Gelb im Kern	Desgl., unterstützt durch Anwendung von Bleichpulver
Natriumsalze	Sämtliche Natrium- und Kaliumsalze	Verzögern Ausfrieren des Kerns und bilden weißen Niederschlag	
	Natriumbikarbonate	Sprödigkeit, dadurch verursacht, daß die halb gebundene Kohlensäure, soweit sie nicht entweichen kann, vom Eis eingeschlossen wird und innere Spannungen hervorruft	Behandlung mit Kalk verwandelt di[e] Bikarbonate in Mono karbonate und mil dert die Sprödigkeit Im übrigen lassen sic[h] die Nachteile der Na triumsalze nur durc[h] Destillation, nicht durch Enthärtung be seitigen
	Natriumsulfate	Weißer Mantel um den Block	

Zu ähnlichen Ergebnissen haben die Untersuchungen von Felsecker und Bartlett[1] geführt. In bezug auf die Durchführung des Enthärteverfahrens weisen sie auf die Wichtigkeit der selbsttätigen Zuführung des Enthärtungsmittels in stets richtig bemessener Menge hin, ferner auf die Notwendigkeit, durch reichliche Bemessung des Reinigerinhalts der Reaktion genügend Zeit zu lassen (etwa 6 Stunden), schließlich auf die Vorschrift, den Filter leicht und wirksam zu reinigen, etwa durch Umkehr des Wasserweges und gleichzeitiges Einblasen von Luft.

Nachbehandlung des mit Kalk gereinigten Gefrierwassers durch Aluminiumsulfat verwandelt die Reste von löslichem Kalziumkarbonat in lösliches Kalziumsulfat und ergibt klareres Eis.

Eine Aufbereitung des Gefrierwassers erübrigt sich, wenn der Gehalt an Kalzium- und Magnesiumkarbonat zusammen 0,07 g/l, an Sulfaten, Chloriden und Natriumkarbonat zusammen 0,2 g/l nicht überschreitet sowie Eisen, Aluminium, Silizium und organische Verunreinigungen nur in Spuren vorhanden sind.

Bei der Herstellung von Gefrierwasser aus destilliertem Wasser kommen verschiedene Verfahren in Betracht, für die als Forderung gilt: Chemische Reinheit, Luftfreiheit und bakteriologische Reinheit des Niederschlagwassers sowie geringer Heizstoffverbrauch.

Chemische Reinheit des Niederschlagwassers wird nur dann erreicht, wenn während der Verdampfung das Mitreißen von Wassertropfen vermieden wird. Die Ausdampfgeschwindigkeit soll daher niedrig sein und der Salzgehalt durch Ablassen der Lauge gering gehalten werden. Schaumbildend wirken organische Stoffe, die mit dem Speisewasser in den Verdampfer gelangen, sowie Öl, das bei Abdampfkondensat vorkommt und mit den im Wasser enthaltenen Alkalien verseift. Gegen die ersten schützt im allgemeinen Behandlung des Wassers mit Alaun oder Eisensulfat unter nachträglicher Filterung. Um die Verölung des Verdampfers zu vermeiden, ist eine zweckmäßige Entölung von Abdampf und Kondensat und die Verwendung von Ölen geboten, die mit Wasser keine Emulsion bilden. Um die letzten Unreinheiten aus dem Destillat zurückzuhalten, werden Filter verschiedener Art benutzt. Bei Verwendung von Holzkohle als Füllstoff wird gleichzeitig fremder Geruch entfernt, wie er beispielsweise bei Abdampfkondensat durch die Berührung mit Öl entstehen kann. Außerdem kommen Schwämme, Papierschichten u. dgl. als Filterstoffe in Frage.

Zur Erzielung der Luftfreiheit des Destillats ist es nötig, die in dem Wasser gebundenen Gase auszutreiben. Da die Löslichkeit der Gase um so größer ist, je niedriger Wassertemperatur und Druck liegen, bietet Aufkochen ein Mittel zur hinreichenden Entgasung.

Die bakteriologische Reinheit des Niederschlages wird dadurch gesichert, daß das behandelte Wasser an irgendeiner Stelle entkeimt, d. h. während nicht zu kurzer Dauer einer Temperatur von mindestens 80° ausgesetzt und im weiteren Verlauf für die Fernhaltung von Keimen gesorgt wird.

---

[1] Felsecker: Water treatment for raw water ice. A. S. R. E. J. 1921.

Wird anderweitig kein Dampf benötigt, so ist mehrstufige Verdampfung mit Frischdampf als Heizmittel am Platz. Das Destillat tritt nacheinander in den Aufkocher, Kühler, Filter und Gefrierwasserbehälter. Hierbei steht die gesamte Dampfanlage unter Überdruck, der vom ersten Verdampfer bis zum Gefrierwasserbehälter allmählich abnimmt. Die Heizung der Aufkocherschlange erfolgt durch Dampf aus dem letzten Verdampfer, das Destillat läuft frei aus.

Eine Abart dieser Anordnung entsteht, wenn das Gefälle des Dampfes bis in das Gebiet der Luftleere ausgedehnt wird. Aufkocher, Oberflächenverflüssiger und die letzten Verdampfer werden hierbei durch eine Luftpumpe unter Luftleere gehalten. Eine Wasserpumpe saugt das Destillat aus dem Aufkocher ab und drückt es durch die folgenden Vorrichtungen weiter. Wird hierbei vollkommene Keimfreiheit verlangt, so muß die Heizvorrichtung des offenen Aufkochers an einen noch mit Überdruck arbeitenden Verdampfer angeschlossen und die Wasserpumpe vor dem Aufkocher angeordnet werden. Zwischen Pumpe und Aufkocher wird dann zweckmäßig eine Austauschvorrichtung geschaltet und in ihr das Destillat aus Verdampfer und Oberflächenverflüssiger durch das aufgekochte Destillat vor dessen Eintritt in den Kühler vorgewärmt.

Bei Absorptionskühlanlagen übernimmt der Austreiber die Rolle des Verdampfers, das aus ihm gewonnene Kondensat braucht nur im Aufkocher, Kühler nnd Filter nachbehandelt zu werden, um einwandfreies Gefrierwasser zu gewinnen. Die Ammoniakpumpe wird zweckmäßig als Dampfpumpe ausgebildet und ihr Abdampf zum Aufkochen benutzt.

Erfolgt der Antrieb der Kälteanlage durch Dampfmaschine mit Oberflächenverflüssiger, so läßt sich das Kondensat nach gründlicher Entölung für die Gefrierwassererzeugung verwenden.

Die auf diese Weise gewonnene Kondensatmenge genügt für die Eiserzeugung nur dann, wenn die Dampfmaschine gleichzeitig noch einen weiteren Betrieb mit Kraft zu versorgen hat. Bei reiner Eiserzeugung sind zusätzliche Maßnahmen erforderlich, um die fehlende Gefrierwassermenge zu schaffen. Als solche kommt die Schaltung von einem oder mehreren Verdampfern zwischen Dampfmaschine und Oberflächenverflüssiger in Betracht. Je nachdem die Maschine mit Gegendruck oder Luftleere arbeitet, ist die Stufenzahl kleiner oder größer. Eine etwa dreifache Verdampfung stellt bei Einhaltung einer günstigen Luftleere in der Dampfmaschine die wirtschaftliche Grenze dar. Zuweilen wird das Kondensat des ersten Verdampfers nicht mit dem Destillat der nachfolgenden Verdampfer vereinigt, sondern anderweitig, z. B. zur Kesselspeisung, verwendet.

Ist der Gegendruck bei der Dampfmaschine genügend hoch, so arbeitet die ganze Anlage mit Überdruck. Bei mäßigem Gegendruck steht der erste Verdampfer unter Überdruck, die folgenden unter Luftleere. Das Destillat muß durch Pumpen abgesaugt, die Luft aus den hinteren Verdampfern, dem Oberflächenverflüssiger und dem Aufkocher durch Luftpumpen entfernt werden. Arbeitet die gesamte Anlage unter Luftleere, so ist außerdem eine zweite Pumpe erforderlich, falls das Kondensat des ersten Verdampfers getrennt abgeführt werden soll. Die Pumpe wird auch hier vor dem Aufkocher angeordnet, wenn mit Rücksicht auf Keimfreiheit das Aufkochen unter Überdruck vor sich geht.

Es besteht vielfach die falsche Ansicht, daß bei Herstellung des Gefrierwassers unter Ausnutzung des Abdampfes zu mehrfacher Destillation in einer reinen Eisfabrik die Verwendung einer hochwertigen Dampfmaschine unangebracht sei. Demgegenüber ist festzustellen, daß bei einer Kristalleisfabrik größerer Leistung folgende Zahlen zugrunde gelegt werden können:

Erforderliche Dampfmaschinenleistung für 1000 kg/h Eiserzeugung: 80 PSi;

erzielbares Destillat bei dreifachem Destillieren, also aus Verdampfer erster, zweiter, dritter Stufe und Oberflächenverflüssiger: das 2,2fache des Dampfverbrauchs;

Bedarf an Gefrierwasser für 1000 kg Eiserzeugung reichlich genommen: 1200 kg;

mindest erforderliche Abdampfmenge für 1000 kg Eiserzeugung: $\frac{1200}{2,2} \sim 550$ kg.

Gleichgewicht zwischen Gefrierwasserbedarf und Dampfverbrauch ergibt sich daher, wenn der Dampfverbrauch $\frac{550}{80} \sim 6,8$ kg/PSi beträgt. Dieser Bedingung entspricht aber nur eine hochwertige Dampfmaschine, die mit Überhitzung und guter Luftleere arbeitet. Um damit dreifach destillieren zu können, sind große Flächen der Destillierverdampfer und Oberflächenverflüssiger, reichlich bemessene Rohrleitung und gut arbeitende Luftpumpen, wie sie bei Dampfturbinenanlagen üblich sind, erforderlich. In jedem Falle ist die Wirtschaftlichkeit der Anlage maßgebend. Diese hängt aber nicht allein von dem geringsten Dampfverbrauch, sondern auch von den Beschaffungskosten ab, die bei mehrfachem Destillieren und reichlich bemessenen Verdampfern erheblich höher sind, als bei einer vereinfachten Anlage mit knappen Verdampferflächen und der dazu passenden Antriebsmaschine mit höherem Dampfverbrauch.

Bezüglich der Einzelheiten von Verdampferbauweise, Anordnung und Betrieb der Destillationsanlage sei auf die vom Verfasser bearbeitete 7. Auflage von Hausbrandt[1], Verdampfen, Kondensieren und Kühlen verwiesen.

Um zu vermeiden, daß beim Füllen der Zellen mit destilliertem Wasser Luft sich neuerlich mit dem Wasser mischt, erfolgt die Einführung von unten, beispielsweise durch die in Abb. 182 (Sulzer) dargestellte Ausführung. Die Füllrohre sind mit Fußventilen versehen, die sich beim Aufsetzen auf den Zellenboden öffnen.

Die Erzeugung von Kristalleis aus destilliertem Wasser tritt in letzter Zeit zurück gegenüber Verfahren, bei denen das Gefrierwasser

[1] Berlin: Julius Springer 1931.

mechanisch entlüftet wird. Hierzu diente früher häufig eine Rüttelvorrichtung mit V-förmigen Flossen, die in den Zellen hin- und herschwingen und deren Hubbewegung mit zunehmendem Ausfrieren der

Abb. 182. Zellenfüllvorrichtung für Kristalleis (Sulzer).

Zellen abnimmt. Vor Beendigung des Frierens müssen die Flossen entfernt werden, um nicht festzufrieren. Auch dieses Verfahren scheint allmählich zu verschwinden und die Erzeugung von Klareis unter Anwendung des Lufteinblaseverfahrens nach amerikanischem Vorbild

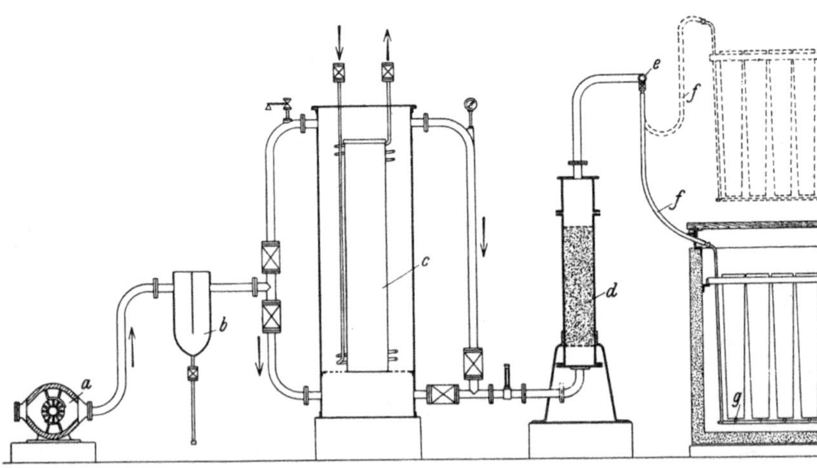

Abb. 183. Eiserzeugungsanlage mit Klärung durch Lufteinblasen (Freundlich). *a* Luftverdichter, *b* Ölabscheider, *c* Luftkühler, *d* Luftfilter, *e* Blaseluftleitung, *f* Luftschlauch, *g* Düse.

sich durchzusetzen. (Daneben kommt, unter Verzicht auf jedwede Aufbereitung bei geeignetem Gefrierwasser die Möglichkeit in Betracht, durch langsames Frieren, also Anwendung von Soletemperaturen, die keinesfalls tiefer als — 5° liegen, beim Gefrieren frei werdende gelöste Gase selbsttätig entweichen zu lassen. Bei größeren Anlagen scheitert diese Arbeitsweise an der langen Gefrierdauer und dadurch verminderten Wirtschaftlichkeit.)

Die bisher in Deutschland ausgeführten Eiserzeugungsanlagen mit Klärung durch Lufteinblasen arbeiten in der Hauptsache mit einem Luftdruck von 20000 bis 30000 kg/m², unter Einführung der Luft am Zellenboden durch eine Düse. Die Einführungsstelle der Luft wird für eine ganze Zellenreihe durch eine feste Leitung und diese außerhalb des Solebades mit der Hauptluftleitung verbunden. Damit die den tiefen Soletemperaturen ausgesetzte Luft innerhalb der Zuführungsrohre keine Feuchtigkeit absetzt, die gefriert und die Eintritts-

Abb. 184. Kanneneiserzeuger (Knickerbocker).

öffnungen verstopft, bedarf sie einer Vorbehandlung, die auf gründliche Trocknung hinausläuft und z. B. nach Abb. 183 (Freundlich) erfolgt. Die Luft durchläuft nacheinander einen Ölabscheider, einen oder mehrere Luftkühler und einen Filter. Im Interesse der gründlichen Reinigung werden zweckmäßig Naßluftkühler verwandt, wobei für ständige Erneuerung des Kühlwassers bzw. Verstärkung der Sole Sorge zu tragen ist. Da der im Grenzfalle mögliche Feuchtigkeitsgehalt der Luft nur von ihrer Temperatur, nicht ihrem Druck, abhängt, bietet es Vorteile, die Trocknung bei einem höheren Druck vorzunehmen, als das Verfahren an sich fordert, und den Überdruck vor Eintritt in die Luftverteilungsleitung abzudrosseln.

Bei Einführung der Luft von unten kann Füllwasser in die Düse eindringen und ein Auffrieren des Luftrohrs herbeiführen. Das Einblasen der Luft muß daher vor Beginn des Frierens erfolgen, woraus sich die Forderung ergibt, entweder die Luftanschlüsse nach Abb. 183 so beweglich zu halten, daß die Verbindung vor Einsetzen der Zellenreihen möglich ist, oder das Einfüllen in die gesenkten Zellen vorzunehmen und die Füllvorrichtung beweglich zu halten. Bei diesem Hochdruckverfahren kann das Blasen der Luft bis zum letzten Augenblicke fortgesetzt werden. Das Auspumpen des Kerns vor Beendigung des Ausfrierens ist nur dann erforderlich, wenn das Wasser Verunreinigungen enthält, die Niederschläge bewirken. Statt dessen kann auch auf vollständiges Ausfrieren verzichtet und das Kernwasser ausgegossen werden.

In den Vereinigten Staaten bildete früher das Einsetzen einzelner großer Eiskannen die Regel. Der Gefrierbehälter war hierbei netzartig, im allgemeinen durch Holzwerk, unterteilt. Neuerdings verschwindet auch dort mehr und mehr die zeitraubende Handhabung einzelner oder einiger weniger in kleinen Rahmen zusammengefaßter Kannen zugunsten der Zusammenfassung einer großen Kannenzahl in Rahmen nach

Abb. 185. Eiskannen mit eingehängtem Blaserohr (Martocello).

Abb. 184 (Knickerbocker). Neben dem beschriebenen Verfahren, bei dem hoch gespannte Luft eingeblasen wird, wird hier vielfach mit niedrigem Druck von etwa 12000 kg/m^2 gearbeitet und die Luft durch ein von oben in das Gefrierwasser eintauchendes Blaserohr nach Abb. 185 (Martocello) eingeführt. Das Blaserohr wird vor Beendigung des Ausfrierens oder, unter Anwendung einer dampfbeheizten Nadel, beim Auftauen entfernt. In der Regel ist jedes Blaserohr mit dem Verteilrohr durch ein Rückschlagventil verbunden, das sich beim Kuppeln öffnet und beim Lösen schließt. Zum Absaugen des trüben Kernwassers und Auffüllen mit gereinigtem Frischwasser werden die Blaserohrreihen oder auch besondere Rohre abwechselnd mit einer Saug- bzw. Fülleitung verbunden. Die Absaugung erfolgt durch eine Wasserstrahlpumpe. Bei der Ausführung von Frick ist das Blaserohr pendelnd aufgehängt, erfüllt daher nebenbei die Aufgabe einer Rüttelvorrichtung. Das gleiche gilt für die Bauweise Knickerbocker, bei der die Blaserohrträger einerseits mit Schläuchen an die Druckluftleitung angeschlossen sind, andererseits durch eine röhrenförmige, auf Kugeln gelagerte Führungsstange schwingend mitgenommen werden. Neben der am Zellenboden angebrachten Düse findet sich in den Vereinigten Staaten beim Hochdruckverfahren ein unten platt geschlagenes Luftrohr in einer Ecke der Zelle, wobei Luftrohr und Zellenwand glatt verlötet sind.

Um die Nachteile der beiden beschriebenen Arbeitsweisen zu vermeiden, hat die De La Vergne Machine Co. ein Zwischenverfahren geschaffen, bei dem der in der Leitung herrschende hohe Luftdruck an jeder Kanne vor Eintritt in das Blaserohr durch eine Drosseldüse herabgemindert wird. Der wirksame Luftdruck entspricht daher ebenso wie bei dem Niederdruckverfahren der Höhe der Wassersäule, steigt jedoch, wenn Widerstände durch Niederschlag oder Eisbildung auftreten, in dem Blaserohr bis zu dem vollen Druck an. Bezeichnend für das Verfahren ist die Lage des Blaserohrs, das von der Schmalseite der Kanne schräg in die Mitte läuft. Hierdurch wird vermieden, daß das Blaserohr mit der Kannenwand die tiefe Soletemperatur annimmt und einfriert. Das Luftrohr friert schließlich mit ein und wird, während die Kanne im Auftaugefäß ruht, durch Einführung einer dampfbeheizten Nadel losgetaut.

Bei Kanneneisanlagen wird häufig, um die Wege zu verkürzen, die Kippvorrichtung mit Sprührohren verbunden und die gesenkte Kanne durch sie berieselt. Der losgelöste Block gleitet heraus, übermäßige Auftauverluste durch Unachtsamkeit der Bedienung sind daher weniger zu befürchten.

Solange die Kannen nur einzeln, paarweise oder wohl auch zu vieren gehandhabt wurden, war die Vorrichtung zum Ausheben und Vorwärtsbewegen verhältnismäßig einfach. Sie bestand im allgemeinen aus einer in der Längsrichtung des Eiserzeugers laufenden Kranbrücke und einer damit verbundenen Laufkatze für die Querbewegung. Für größere Leistungen dienten Zweimotorenkrane mit elektrischer Hebe- und Längsbewegung. Die neuerdings zur Regel gewordene reihenweise Handhabung bedingt besondere Beweglichkeit des Krans. Er besitzt meist drei Motoren zur Hub-, Längs- und Querbewegung. Häufig sind die Zellenhebel drehbar, so daß das Füllen und Entleeren in einer Richtung erfolgen kann, die um 90^0 zu der Lage der Rahmen im Eiserzeuger verdreht ist.

Eine Zwischenstufe zwischen Kanneneis und Platteneis bildet das Arctic-Pownall-Verfahren, bei dem das Gefrierwasser ganz ähnlich behandelt wird, wie bei der De La Vergne Machine Co. Der Unterschied besteht darin, daß die Handhabung sich jeweils auf eine ganze Abteilung des schottenartig unterteilten Gefrierbehälters mit einigen Dutzend Kannen erstreckt, nicht nur auf 2 bis 4 Stück. Diese Gruppen werden gleichzeitig gefüllt, entlüftet, der Kern vor dem vollständigen Ausfrieren abgesaugt und durch frisches Wasser ersetzt. Das Auftauen geschieht verlustlos dadurch, daß die Sole des Behälterteils durch einen Gefrierwasservorkühler geleitet wird und sich so erwärmt. Die Leistungsfähigkeit der Bedienung wird hierdurch gesteigert.

Bei Platteneiserzeugern wird die zur Erzielung klaren Eises angewandte Luftblasevorrichtung am Boden des Behälters zwischen den sich bildenden Eiswänden angeordnet und mit feinen, nach oben und seitlich gerichteten Öffnungen versehen. Da der Friervorgang stets abgebrochen wird, ehe zwei benachbarte Platten zusammenstoßen, ist Einfrieren der Luftleitungen nicht zu befürchten und eine Vortrocknung der Luft entbehrlich. Der von Zeit zu Zeit zu erneuernde Gefrierwasserinhalt des Behälters wird zweckmäßig durch eine Austauschvorrichtung geleitet, in der das neu eintretende Wasser vorgekühlt wird. Das Verhältnis des gesamten Wasserinhalts zu dem Eisinhalt in ausgefrorenem Zustande soll möglichst klein sein. Die Frierwände werden in mehreren Behälterabteilen untergebracht, aus denen abwechselnd der angereicherte Gefrierwasserrest abgelassen werden kann. Faßt jedes Abteil gerade eine Tagesleistung, so ergibt sich bei einer Gefrierzeit von 6 bis 7 Tagen Einteilung des ganzen Platteneiserzeugers in etwa 7 getrennte Räume. Das Ausheben der schweren Eisplatten erfolgt durch besondere Kräne, entweder mittels eingefrorener Haken oder umgeschlungener Ketten oder schließlich dadurch, daß mehrere beiderseits dicht verschraubte Rohre miteingefroren und nach dem Niederlegen der Platten durch Einführung von Dampf losgetaut werden.

Über die meist angewandten Blockabmessungen bei den verschiedenen Arten der Eiserzeuger gibt die nachstehende Zusammenstellung Aufschluß.

Eisblock- und Eisformengröße.

	Blockgewicht	Obere Kantenlänge	Zellenhöhe
deutsches Zelleneis	50 kg	0,38 × 0,19 m	1,1 m
	25 kg	0,19 × 0,19 m	1,1 m
	12,5 kg	0,19 × 0,11 m	1,1 m
russisches Zelleneis	1 Pud (16 kg)	0,19 × 0,13 m	1,1 m
Kanneneis	200 lbs.	$22^1/_2'' \times 11^1/_2''$	31″
	300 lbs.	$22^1/_2'' \times 11^1/_2''$	44″
	400 lbs.	$22^1/_2'' \times 11^1/_2''$	57″
Platteneis 11″ Dicke			
14″ Dicke			

Für die Zerkleinerung des Platteneises dienen je nach dem Verwendungszwecke Eismühlen, die das zerschlagene Eis verarbeiten, oder Kreissägen, bei denen das Sägeblatt um 90° drehbar gelagert ist, so daß aus den Platten Blöcke von handlicher Größe geschnitten werden können. Die Notwendigkeit der Zerteilung ergibt sich auch bei den verhältnismäßig großen in amerikanischen Kannen gewonnenen Blöcken. Hierzu dienen entweder Ritzvorrichtungen oder Sägen nach Abb. 186 (Gifford-Wood), in denen der durchlaufende Block durch umlaufende Sägeblätter zunächst zwei Längseinschnitte, danach durch zwei seitlich angeordnete Reihen von Sägen parallele senkrechte Einschnitte erhält.

Der Nachteil, daß der Wärmeübergang im Innern der ruhenden Eiszelle niedrig ist und mit zunehmender Eisbildung der Wärmedurchgang sich immer mehr verringert, hat zu Versuchen geführt, um Eis, statt in Block- und Plattenform, in dünner Schicht auf einem sich drehenden Zylinder zu bilden. Nach Field[1] wird der Zylindermantel elastisch ausgebildet und durch sein Auf- und Abbiegen das entstehende Eis losgesprengt. Das Innere des Zylinders ist von gekühlter Sole durch-

[1] Field: Machinery for continuous ice production. Refrig. Engng. 1929.

flossen, außen taucht er in das Gefrierwasser ein. Nach den Versuchen von Field kann die Eisleistung einer Walze von 1,5 m Durchmesser und 2 m Länge bei einer Soletemperatur von — 10° im mittel zu etwa 1000 kg/h geschätzt werden, wenn die Eisschicht mit einer Stärke von etwa 2 mm losgelöst wird. Bedenken bestehen hinsichtlich der Verwertbarkeit der dünnen Eisscherben und des wegen ihres leichten Schmelzens notwendigen besonderen Schutzes während der Beförderung. Durch Anwendung genügend hohen Druckes lassen sich die Scherben zu Eisblöcken zusammenpressen und dann in üblicher Weise lagern, befördern und verwenden. Nach dem Vorschlag von Taylor[1] wird ein wellrohrartiger ruhender Körper außen von dem Arbeitsstoff, innen

Abb. 186. Eissäge (Gifford-Wood).

von dem Gefrierwasser umspült. Das sich bildende Eis wird durch umlaufende Schabevorrichtungen losgelöst. Nach dem Vorschlage des Verfassers soll ein endloses, auf der Oberfläche wabenartig unterteiltes Gummiband über zwei Walzen laufen, die napfartigen Vertiefungen am einen Ende gefüllt, die Eisstückchen bei der Umkehr am anderen Ende selbsttätig ausgeworfen werden, wobei die Kühlung auf der geraden Strecke durch kalte Luft oder den flüssigen Kälteträger erfolgt. Der Nachweis für die Brauchbarkeit dieser neueren Verfahren bleibt noch zu erbringen. Sie verdienen Beachtung, einmal weil für viele Anwendungszwecke, beispielsweise die Fischindustrie, großstückiges Eis nachträglich zerkleinert werden muß, dann auch wegen der vereinfachten Arbeitsweise im Sinne eines selbsttätigen Betriebes, schließlich mit Rücksicht auf die verbesserte Ausnutzung von Raum und Baustoff infolge der günstigeren Wärmeübertragungsverhältnisse.

Jeder größeren Eiserzeugungsanlage ist in der Regel ein Eislagerraum angegliedert. Ihm fällt die Aufgabe zu, die täglichen Schwankungen auszugleichen und zu ermöglichen, daß das Eis gleichmäßig gezogen werden kann, auch wenn die Abfuhr sich nur auf bestimmte Stunden verteilt. Hierdurch wird der Betrieb besonders wirtschaftlich, da die Eiserzeugung bei den höchstmöglichen Verdampftemperaturen vor sich geht. Bleibt das Eis nach dem Ausfrieren im Eiserzeuger und

[1] Taylor: The Pak-ice machine. Refrig. Engng. 1931.

läuft die Kälteanlage weiter, so senken sich die Temperaturen und damit die Leistungsziffer. Im allgemeinen genügt eine Größe des Eislagers, die der Tagesleistung entspricht. Dagegen werden bedeutende Anlagen erforderlich, wenn das Eislager die Bestimmung erhält, größere Schwankungen auszugleichen, besonders dann, wenn darin die Wintererzeugung für den Sommer aufgespeichert werden soll. In diesem Falle kann die Kälteanlage dem mittleren Bedarf angepaßt und entsprechend kleiner gehalten werden. Bei der Eiserzeugung im Winter ist der Verflüssigerdruck niedriger, und die Eiserzeugungskosten sinken. Die Kohlenersparnis wird dabei allerdings durch den Kapitaldienst für Anlage des Eislagers etwa aufgehoben. Verbindung eines großen Eislagers mit einer Eiserzeugungsanlage darf daher keineswegs als unbedingt vorteilhaft angesehen werden, die besonderen Verhältnisse sind jeweils zu berücksichtigen, wobei vor allem auch der Frage Bedeutung zukommt, daß ein Eiswerk ein glückliches Mittel bietet, um die Belastungsverhältnisse einer Lichtanlage im Sommer, einer Wärmeanlage im Winter zu verbessern. Es ist von großer Wichtigkeit, das Eislager so zweckmäßig anzuordnen, daß durch die Bewegung der Eisblöcke keine unzulässige Verteuerung entsteht. Hierbei können Hilfsfördereinrichtungen von großem Vorteil sein. Abb. 187 (Gifford-Wood) zeigt die Beschickung durch eine Laufkette, bei der die offenbleibende Fülltür ein Mindestmaß erhält. Für die Senkrechtbewegung innerhalb des Lagerraumes dienen bewegliche Stapler

Abb. 187. Eisfördervorrichtung (Gifford-Wood).

Abb. 188. Eishebevorrichtung (Gifford-Wood).

nach Abb. 188 (Gifford-Wood). Bei großzügig angelegten Eislagern kommen einfache, schnell laufende Hebewerke nach Abb. 189 (Capital) in Betracht, die z. B. dazu dienen, das hochliegende Dauerlager aus dem Tageslager zu füllen und umgekehrt oder das Eis aus einem der beiden Lager zur Ladebühne zu schaffen. Die Entleerung erfolgt selbsttätig durch einstellbare Anschläge.

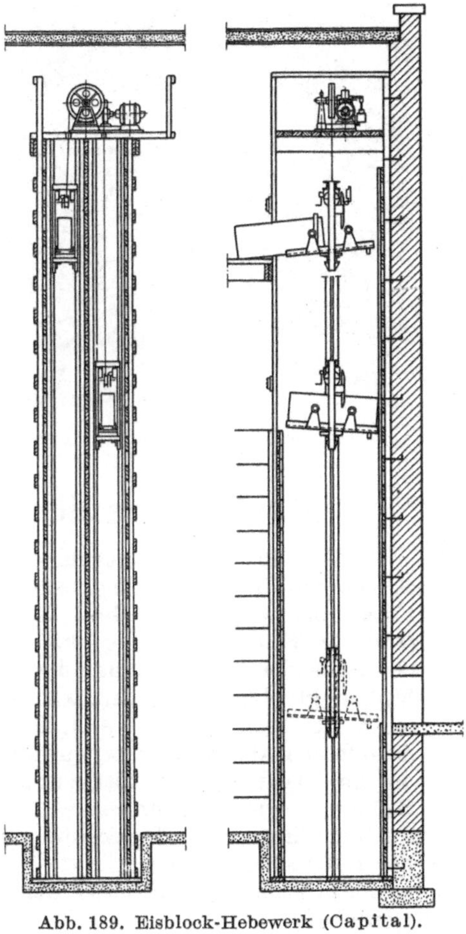
Abb. 189. Eisblock-Hebewerk (Capital).

Die zulässige Stapelhöhe ist durch die Festigkeit des Eises bestimmt. Sie nimmt mit abnehmender Temperatur zu. In den gekühlten Eislagerräumen kann mit der einer Temperatur von etwa — 2° entsprechenden Festigkeit gerechnet werden; die Sicherheit verlangt jedoch, die für 0° geltende Zahl zugrunde zu legen. Nach der im Auftrag der Firma Krystalisvaerket Aktieselskabet, Kopenhagen, vorgenommenen Untersuchung der staatlichen Prüfungsanstalt in Kopenhagen besitzt ein Kristalleisblock bei einer Temperatur um 0° herum eine Festigkeit, die zwischen 5 und 13 kg/cm² schwankt. Die hohen Zahlen wurden zu Anfang, die niedrigeren später festgestellt, so daß anzunehmen ist, daß die abnehmende innere Unterkühlung einen Einfluß ausübt. Wird danach mit einer mindestens zweifachen Sicherheit gerechnet, so ist eine Belastung mit 2,5 kg/cm² zulässig. Bei Stapelung der Eisblöcke ohne Zwischenlage aufeinander ergibt sich hierbei eine mögliche Stapelhöhe von etwa 30 m, die aus anderen Gründen nicht in Frage kommt. Werden jedoch zwei 4 cm breite Latten zwischen 1 m lange Blöcke gelegt und damit die Auflagefläche auf 1/12,5 vermindert, so sinkt die zulässige Stapelhöhe auf etwa 3 m. Reicht dieses Maß nicht aus, so muß die Anzahl der Zwischenlagen vermehrt oder zur satten Auflage der Blöcke aufeinander übergegangen werden, die dann unbedenklich ist, wenn die Blöcke unterkühlt und trocken aufeinander gelegt werden, so daß ein Zusammenfrieren nicht zu befürchten ist.

Bei hohen Eislagern ist mit merklichen Temperaturunterschieden und Neigung der Luft, unten auszufallen und von außen nachzuströmen, zu rechnen. Das wirksamste Mittel hiergegen besteht in Schaffung einer luftundurchlässigen Umfassung. Damit die bei luftdurchlässigen Wänden oben eindringende Außenluft keine Feuchtigkeit in der Wärmeschutzschicht ablagert, kann nach Bair[1] im Dachfirst ein kleiner Luftkühler angeordnet und mit der Außenluft in Verbindung gesetzt werden, um den Unterdruck zu brechen.

Abb. 190. Eislieferwagen (Gifford-Wood).

Eine nicht zu unterschätzende Bedeutung kommt der richtigen Bauweise des Eislieferwagens zu. Guter Wärmeschutz des Wagenkastens soll die Regel bilden. Eine Ausnahme ist denkbar bei Lieferung über kurze Wege durch Kleinkraftwagen. Hierbei ist es von Vorteil, nach Abb. 190 (Gifford-Wood) die Klappe zur Eisentnahme vorn neben dem Fahrersitz anzuordnen.

IX. Ausführung der Luftkühlvorrichtungen.

Die Ausführung der Luftkühlvorrichtungen ist verschieden, je nachdem es sich um Innenberohrung oder Außenluftkühler handelt. In beiden Fällen überwiegen die Gesichtspunkte für die Gestaltung der luftberührten Seite und Art der Luftführung die Rücksichten auf die Leitung des kühlenden Mittels, so daß die Erwägungen im wesentlichen dieselben bleiben, gleichgültig, ob der Arbeitsstoff selbst oder gekühlte Flüssigkeit als Kälteträger umläuft. Aus diesem Grunde wird hier, neben der unmittelbaren, die mittelbare Luftkühlung behandelt und damit ein Teil der im folgenden Abschnitt zusammenfassend behandelten mittelbaren Kühlung vorweggenommen.

Die Wirkung der Luftkühlung wird stark beeinflußt durch die Art der Luftbewegung, die als

natürlicher Umlauf unter der Wirkung verschiedenen spezifischen Gewichts,

verstärkter natürlicher Umlauf durch Anwendung besonderer Luftleitvorrichtungen und Hilfslüfter im Rauminnern,

künstlicher Umlauf durch Lüfter von Außenluftkühlern

ausgeführt wird.

Natürlicher Luftumlauf. Es liegt nahe, den Grundsatz der Heizung, die Luft dort zu beeinflussen, wo sie durch äußere Einwirkungen ihren Zustand verändert, auch auf die künstliche Kühlung zu übertragen,

[1] Bair: Construction and insulation of ice storage houses. Ice Refrig. 1926.

d. h. die Kühlkörper an den warmen Außenwänden und Decken des Gebäudes anzuordnen, um die eindringende Wärme sofort zu binden. Für die gegen Nachbarkühlräume grenzenden Zwischenwände kommt diese Maßnahme dann in Betracht, wenn diese zeitweise nicht gekühlt werden. Am Fußboden ist die Ausbreitung von Kühlröhren im allgemeinen hinderlich und durch Anordnung von Rosten zu ersetzen, unter denen die kalte Luft umläuft. Auf diese Weise ergibt sich beispielsweise die Verteilung der Innenberohrung gemäß Abb. 191. Für die hierbei folgende natürliche Luftbewegung sind nachstehende Gesetze maßgebend[1]:

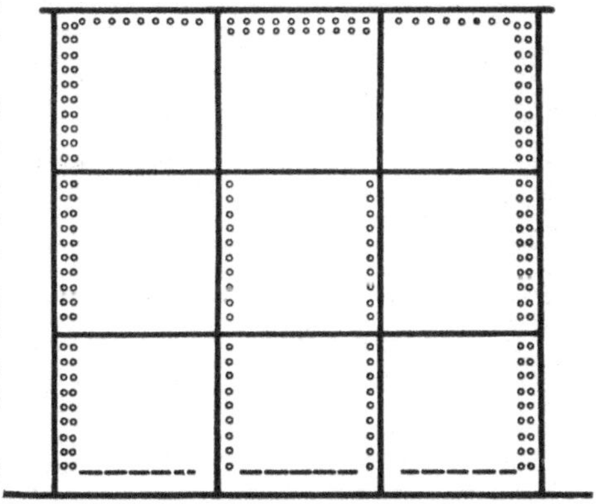

Abb. 191. Innenberohrung.

a) Luft, die sich abkühlt, ohne ihren Feuchtigkeitsgehalt zu verändern, wird schwerer und sinkt,

b) Luft, die Feuchtigkeit abgibt, ohne ihre Temperatur zu verändern, wird schwerer und sinkt,

c) Luft, die sich abkühlt und gleichzeitig Feuchtigkeit abgibt, wird in besonderem Maße schwerer und sinkt schnell nieder,

d) Luft, die sich erwärmt, ohne ihren Feuchtigkeitsgehalt zu verändern, wird leichter und steigt,

e) Luft, die Feuchtigkeit aufnimmt, ohne ihre Temperatur zu verändern, wird leichter und steigt,

f) Luft, die sich erwärmt und gleichzeitig Feuchtigkeit aufnimmt, wird in besonderem Maße leichter und steigt schnell hoch,

g) Luft, die Feuchtigkeit abgibt, ohne ihren Wärmeinhalt zu verändern, wird leichter und steigt,

h) Luft, die Feuchtigkeit aufnimmt, ohne ihren Wärmeinhalt zu verändern, wird schwerer und sinkt.

An den Kühlrohren (Fall c) sinkt die Luft nieder, an den wärmeren Umfassungsflächen des Gebäudes (Fall d) steigt sie hoch. Die Bedenken, daß beide Bewegungen sich stören, werden dadurch vermindert, daß die bauliche Außenhaut — meist auch die Zwischenwände und -decken — bei ordnungsgemäßer Ausführung einen sorgfältigen Wärmeschutz besitzt und dadurch die Temperatur der inneren Oberfläche sich von der Raumlufttemperatur nur wenig unterscheidet. Infolgedessen sinkt die Bedeutung der natürlichen Luftbewegung und der dadurch veranlaßten Wärmeübertragung durch Strömung, und der Anteil der Wärmeübertragung durch Strahlung und Leitung überwiegt. Der Vorteil, die eindringende Wärme unschädlich zu machen, ehe sie auf das Kühlgut wirken kann, bleibt daher maßgebend.

An trockenem Kühlgut (Fall d) steigt gleichfalls die Luft unter Wärmeaufnahme hoch, solange die Auskühlung noch nicht vollständig

[1] Vgl. Hirsch: Die natürliche Luftführung bei Trockenanlagen. Gesundh.-Ing. 1920.

ist. Bei feuchtem Kühlgut (Fall f) ergibt sich dieselbe Strömung mit erhöhter Lebhaftigkeit. Nach Erreichung des Beharrungszustandes tritt jedoch bei feuchter Ware (Fall h) eine Bewegungsumkehr der Luft ein, die nunmehr das Bestreben hat, niederzusinken. Hieraus ergibt sich der in Abb. 192 dargestellte Luftkreislauf:

Abb. 192a Kühlraum leer oder mit ausgekühltem trockenem Kühlgut,
Abb. 192b Kühlraum mit noch nicht ausgekühltem Kühlgut,
Abb. 192c Kühlraum mit ausgekühltem feuchtem Kühlgut.

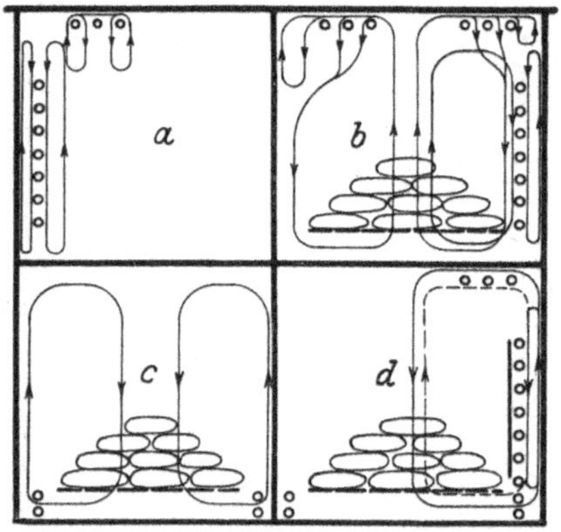

Abb. 192. Natürlicher Luftumlauf bei Innenberohrung.

Der Vergleich zeigt, daß die verschiedenen für einen Kühlraum je nach seiner Verwendung zu stellenden Bedingungen nicht ohne weiteres erfüllt sind und Zusatzmaßnahmen nötig werden können, wie sie in Abb. 192d in Form von Zwischenwänden aus nichtleitendem Stoff — Holz o. dgl. — angedeutet sind. In diesem Falle wird eine Umkehr der Luftbewegung ohne Störung möglich. Im allgemeinen steht von vornherein fest, zu welchen Zwecken der Kühlraum dienen soll. Ein Bierlagerkeller fällt unter die Darstellung b, weil die Nachgärung dauernd Wärme entwickelt. Ähnliche Verhältnisse ergeben sich für einen Obstkühlraum. Im Lagerkeller ist der Fall denkbar, daß die Schlangenkühlung der Tanks die Biertemperatur unter die Lufttemperatur drückt, was der Darstellung c entsprechen würde. Kühlräume für Aufbewahrung frischen Fleisches während beschränkter Dauer decken sich mit Darstellung b, dagegen gehen Einfrierräume von Fall b in Fall c über, sobald sie nach vollzogener Auskühlung für langfristige Lagerung benutzt werden.

Die unterhalb der Deckenberohrung stehende Luftsäule besitzt eine durchschnittliche Temperatur, die nahezu mit der tiefsten Lufttemperatur zusammenfällt. Bei Seitenberohrung hat die Luftsäule oben die höchste, unten die tiefste, im Durchschnitt eine mittlere Temperatur. Hieraus ergibt sich, daß die Lebhaftigkeit des Luftumlaufs für gleiche Raumhöhe bei Deckenberohrung größer ist als bei Wandberohrung. Diese ist erst in zweiter Linie in Betracht zu ziehen, da schwächerer Luftumlauf gleichbedeutend mit größerem Temperaturunterschied ist. Erfüllt die Wandberohrung nicht die ganze Höhe, so soll sie vorzugsweise im oberen Teil untergebracht werden.

Sollen große Räume durch Innenberohrung mit natürlichem Luftumlauf gekühlt werden, so ist eine Unterteilung der Kühlflächen und Kühlgutstapel vorzunehmen und um so weiter zu treiben, je empfindlicher die Ware gegen Abweichungen ihrer Temperatur von dem Bestwert ist. Nur in dem seltenen Falle, daß ein Raum ausschließlich zur Lagerung trockenen, vor Einbringung durchkühlten und während der Lagerung keine Wärme entwickelnden Kühlgutes dient, kann hierauf verzichtet und die Kühlvorrichtung auch bei großen Räumen nur längs der baulichen Begrenzungsflächen angeordnet werden.

Die Zunahme, die die Lufttemperatur beim Bestreichen des Kühlgutes erfährt, kann bei Lagerung verschiedener Kühlgutarten in einem Raum dadurch Berücksichtigung finden, daß Waren, die tiefere Temperaturen verlangen, von der gekühlten Luft zuerst umspült werden. Da die Luft an den Kühlsystemen gleichzeitig mit dem Feuchtigkeitsüberschuß auch die Verunreinigungen — Bakterien, Schimmelpilze, Geruchstoffe — entlädt, sollen hierbei die Kühlgutarten, die in besonderem Maße Geruch entwickeln, von der Kühlluft zuletzt, also unmittelbar vor ihrer Rückkehr zur Kühlvorrichtung, getroffen werden. In einem Kühlschrank ergibt sich unter diesem Gesichtspunkt die Vorschrift, Milch, Butter und Fleisch zu unterst, Eier und gekochte Speisen in mittlerer Höhe, Früchte, Gemüse und Käse an höchster Stelle zu lagern.

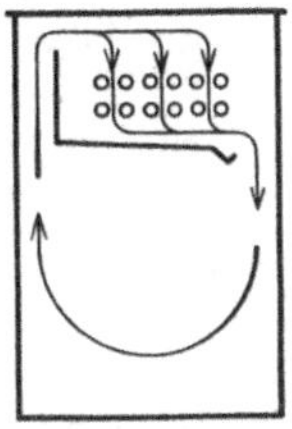

Abb. 193. Natürlicher Luftumlauf bei Innenberohrung mit einseitiger Luftleitfläche.

Verstärkter natürlicher Luftumlauf. Die Anordnung von Ablenkflächen vor den Kühlrohren nach Abb. 192d stellt den Übergang zu dem Verfahren mit künstlich verstärktem Luftumlauf dar.

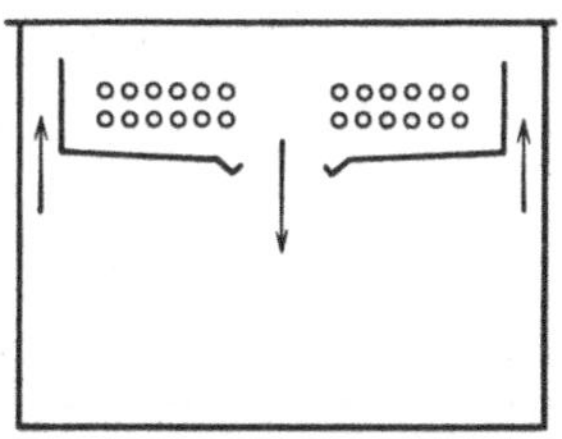

Abb. 194. Natürlicher Luftumlauf bei Innenberohrung mit beiderseitigen Luftleitflächen.

Ablenkflächen tragen auch bei Deckenberohrung zur Verbesserung des Luftumlaufs bei. Für ihre Ausführung kann Abb. 193 als allgemeiner Anhalt gelten. Die irgendwie gestalteten Kühlsysteme befinden sich in etwa gleichem Abstande von Decke und unterer Ablenkwand, um oben die Ausbreitung der warmen, unten die Zusammenführung der gekühlten Luft zu ermöglichen. Die mit der Ablenkwand seitlich verbundene senkrechte Schutzwand ist nötig, um zu verhindern, daß hier gekühlte Luftströme niedersinken. Die Ablenkwand erhält eine schwache Neigung im Sinne der Luftströmung und mündet in eine Sammelrinne, die das Tauwasser abführt. Die Breite des freien Luftquerschnittes soll etwa $^1/_7$ der Raumbreite nicht unterschreiten. Bei einer Breite des Kühlraumes von mehr als 3 m empfiehlt es sich, die Deckenberohrung in zwei Gruppen zu verteilen und die in Abb. 194 dargestellte Anordnung zu wählen.

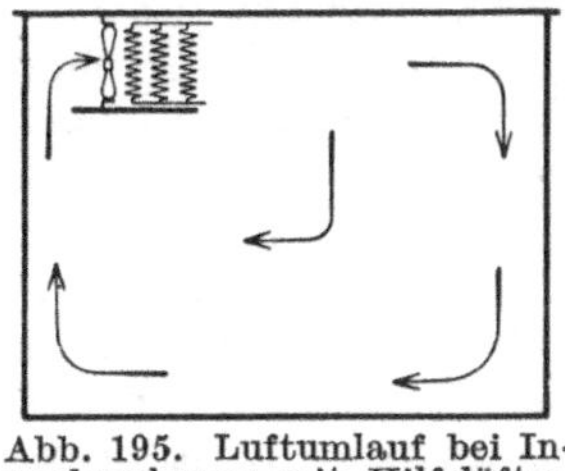

Abb. 195. Luftumlauf bei Innenberohrung mit Hilfslüfter.

Wird bei Innenberohrung ein Hilfslüfter nach Abb. 195 angewandt, so ist der Sinn der Luftbewegung durch die natürliche Strömungsrichtung gegeben. Der Lüfterantrieb soll nach Möglichkeit außerhalb des Kühlraums liegen, damit Riemen und Motor dem Einfluß von Feuchtigkeit und Kälte entzogen sind und die durch sie erzeugte Verlustwärme nicht als Mehrkältebedarf auftritt.

Künstlicher Luftumlauf. Bei Außenluftkühlern ist die natürliche Luftbewegung innerhalb des Kühlraumes keinesfalls gleichgültig, sondern die Lüfterarbeit zur Verstärkung des sich ohnehin ergebenden Umlaufs zu benutzen. Die hieraus folgende Anordnung der Luftkanäle ist in Abb. 196 dargestellt:

Abb. 196a Kühlraum leer oder mit ausgekühltem trockenem Kühlgut,
Abb. 196b Kühlraum mit noch nicht ausgekühltem Kühlgut,
Abb. 196c Kühlraum mit ausgekühltem feuchtem Kühlgut.

Von dem üblichen weicht vor allem der Fall c ab, bei dem für das Absaugen der schwersten Luft und das Ausblasen der erst nach Erwärmung trocknenden Luft Kanäle am Boden angeordnet sind. Die Mittel, um Fall a, b, c zu vereinigen, zeigt Abb. 196d. Sie sind bei ausgekühltem feuchtem Kühlgut nur dann wirksam, wenn die Luft den Druckkanal mit einem Feuchtigkeitsgrad verläßt, der niedriger ist als 1.

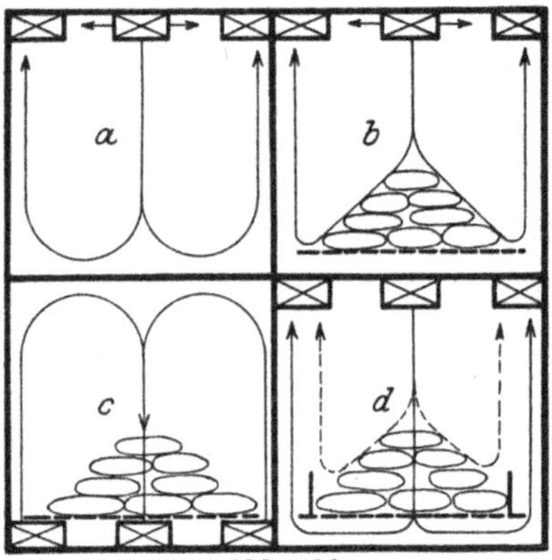

Abb. 196.
Luftführung bei Außenluftkühlung.

Durch entsprechende Bemessung der Luftöffnungen läßt sich von vornherein dafür sorgen, daß in dem Kühlraum Über- oder Unterdruck herrscht. Das erste ist vorzuziehen, weil hier Eindringen von feuchter Außenluft vermieden wird. Der Verlust durch Türen, Fenster u. dgl. wird alsdann zweckmäßig durch Einsaugen von Ersatzluft am Kühlereintritt aufgehoben. Unterdruck im Kühlraum kann sich in Ausnahmefällen empfehlen, wenn das Kühlgut Gerüche entwickelt, deren Verbreitung unbedingt vermieden werden soll. Alsdann muß zum Schutze des Kühlguts und zur Vermeidung eines Beschlagens der inneren Gebäudeteile nach Möglichkeit ein Abzweig des Saugkanals vor die für Eindringen von Außenluft in Frage kommenden Öffnungen gelegt werden.

Erträgt das Kühlgut nicht die Temperaturen, wie sie an kalten Wintertagen der Außenluft entsprechen, so kann es notwendig werden, künstliche Heizvorrichtungen in Betrieb zu nehmen.

Der Lüfter soll die durch Kälteleistung und Trockenwirkung bedingte Luftmenge gegen den durch den Entwurf der Luftwege festgelegten Widerstand mit dem geringsten Arbeitsaufwand fördern. In der Regel ist es weniger schädlich, wenn der Lüfter knapp bemessen wird, als wenn seine Leistung sich als zu groß erweist. Es gibt eine Grenze, bei der die vom Lüfter erzeugte Wärme die gesamte Kühlerleistung vernichtet oder gar die Kühlung in Heizung umkehrt, wenn bei einem Kühler verhältnismäßig geringer Leistung ein Lüfter mit großem Fördervermögen gegen ungewöhnlich hohe Widerstände arbeitet. Am besten ist es, den Lüfter so zu bestimmen, daß für ihn die größte voraussichtlich notwendige Luftmenge und der sich hierbei ergebende Höchstwiderstand einem Punkt auf der Kennlinie des Wirkungsgrades entsprechen, der schon etwas jenseits des Bestwertes liegt. Die zu erwartende Verminderung der Leistung durch Herabsetzung der Drehzahl ergibt alsdann eine Annäherung an den Bestwert des Wirkungsgrades.

Ob Schrauben- oder Fliehkraftlüfter Verwendung finden, ist zunächst ohne Bedeutung. Der erste kommt für geringe Widerstände in Frage und besitzt im allgemeinen einen schlechteren Wirkungsgrad als der letzte. Da der Fliehkraftlüfter große Widerstände überwindet, liegt bei seiner Verwendung die Versuchung nahe, den Luftweg eng zu halten. Es ist verfehlt, hierbei das richtige Maß zu unterschreiten. Denn während Verringerung der Luftmenge eine Senkung der tiefsten Lufttemperatur und damit eine wirtschaftliche Verschlechterung zur Folge

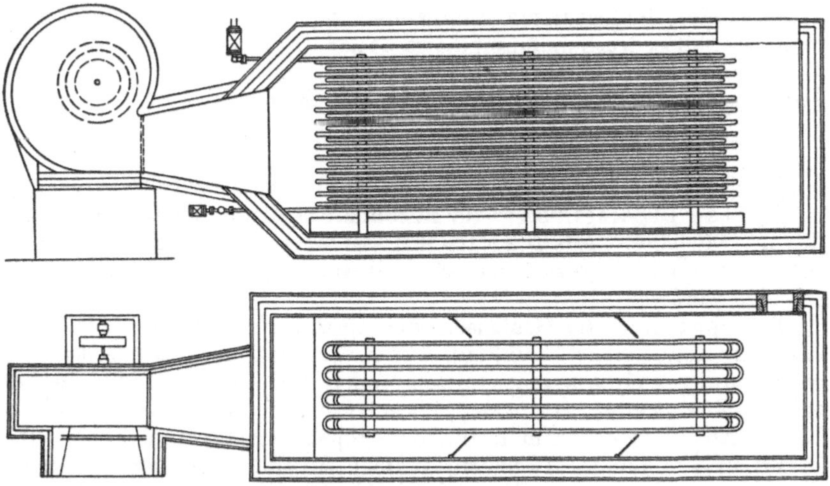

Abb. 197. Außenluftkühler.

hat, Vergrößerung der Luftmenge dagegen die Arbeitsleistung für die Luftförderung erhöht, wirkt Vergrößerung des Luftwiderstandes durch Verringerung des Luftquerschnittes stets eindeutig auf Vermehrung des Kraftbedarfs und Verminderung der Nutzleistung des Luftkühlers.

Der Arbeitsbedarf des Lüfters hängt neben den Strömungswiderständen auch von der größten Geschwindigkeit der Luft an irgendeiner Stelle ab. Beim Fliehkraftlüfter befindet sich dieser Punkt im allgemeinen an der Ausblaseöffnung des Gebläses selbst, der gegenüber in Kühler und Luftkanälen geringere Geschwindigkeiten herrschen. Es liegt nahe, zur Verminderung des Kraftbedarfs, den Geschwindigkeitsüberschuß auf der Druckseite durch Düsenwirkung in Überdruck umzuwandeln und ebenso auf der Saugseite einen allmählichen Übergang zu der höchsten Geschwindigkeit durch sanfte Formen, z. B. nach Abb. 197 zu sichern. Damit der Luftstrahl sich nicht von der Wandung loslöst, sollen die Neigungswinkel der Wände zur Achse 10 bis 15° nicht überschreiten. Um übermäßige Länge zu vermeiden, kann nach

Erreichung einer mäßigen Geschwindigkeit auf die weitere Rückgewinnung der Geschwindigkeitsarbeit um so eher verzichtet werden, als die Drücke sich im Verhältnis des Quadrats der Geschwindigkeit verändern, also beispielsweise bei einer Höchstgeschwindigkeit von 20 m/s, nach Erreichung einer verminderten Geschwindigkeit von 10 bzw. 5 m/s, $^3/_4$ bzw. $^{15}/_{16}$ der Geschwindigkeitsarbeit sich umgewandelt haben, die Rückgewinnung des Restes daher sich bei der halben Geschwindigkeit kaum, bei der Viertelgeschwindigkeit in keinem Falle lohnt. An der Abzugstelle ist die sorgfältige Gestaltung des Überganges von dem größeren Querschnitt des Luftkühlers in die kleineren Abmessungen der anschließenden Luftleitungen zwecklos. Hier hat die Luft das Bestreben, von allen Seiten dem Austrittsquerschnitt zuzuströmen. Bei kleinen Luftkühlern, bei denen die kastenförmig ausgebildeten Kühlsysteme unmittelbar mit einem daran befestigten Schraubenlüfter verbunden sind, ist daher die Einströmseite im vollen Querschnitt offen zu halten und vorzusehen, daß der Lüfter die gekühlte Luft absaugt, nicht umgekehrt durch den Kühler drückt.

Die Innenberohrung wird in folgenden Formen ausgeführt:

glatte Flußeisenrohre für mittelbare und unmittelbare Kühlung, die in beliebiger Gestalt zu flachen Schlangen in waagerechter oder senkrechter Ebene gewunden oder als flach gedrückte Spiralen ausgebildet werden;

Rippenrohre aus Gußeisen für mittelbare Kühlung, aus Flußeisen für unmittelbare Kühlung, wobei die Rippen aus Einzelscheiben oder spiralig aufgewundenen Blechstreifen bestehen. Die gußeisernen Rippenrohre treten in großer Mannigfaltigkeit auf. Vorherrschend ist die Abmessung 75 mm l. W., 52 Rippen von 190 mm, 3 m² Kühlfläche für 2 m Länge. Daneben kommen Ausführungen vor, bei denen die Rippenzahl zwischen 40 und 95, der Rippendurchmesser zwischen 160 und 210 mm, die Kühlfläche zwischen 2,6 und 5,1 m², alles für 2 m Länge, schwankt. Noch größer als bei gußeisernen Rippenrohren ist die Verschiedenheit bei schmiedeeisernen. Die angewandten Kühlflächen eines 2 m-Rohrs von 40 mm l. W. bewegen sich zwischen 1,8 und 5,4 m², die Rippenzahl zwischen 50 und 260, der Rippendurchmesser zwischen 95 und 200 mm, die Rippenstärke zwischen 1 und 3 mm. Gegen enge Berippung bestehen keine Bedenken, wenn eine Bereifung der Rippen nicht in Betracht kommt. Im umgekehrten Falle sind weitstehende Rippen angebracht, die einen um so größeren Durchmesser erhalten dürfen, je ungünstiger der äußere Wärmeübergang ist;

Speicherrohre mit großem Soleinhalt und glatter, in Ausnahmefällen auch berippter Oberfläche. Bei mittelbarer Kühlung wird die Sole durch das Speicherrohr in Umlauf gehalten; bei unmittelbarer Kühlung befindet sich im äußeren Speicherrohr ein inneres, den Arbeitsstoff führendes Verdampferrohr;

gußeiserne Kühlgitter. Ihre Bauweise folgt der für Heizzwecke angewandten Radiatorform. Der lichte Abstand der Querverbindung ist enger oder weiter, je nachdem eine Vereisung des Zwischenraumes in geringerem oder höherem Grade zu erwarten steht. Diese Form von Luftkühlvorrichtungen hat bisher nur in den Vereinigten Staaten Verbreitung gefunden und wird hier nach Abb. 198 und 199 (American) mit genormten Abmessungen ausgeführt, die einer äußeren Kühlfläche von 0,79 m² (8,5 sq. ft.) bzw. 0,56 m² (6 sq. ft.) entsprechen. Derartige Radiatoren werden sowohl für mittelbare Kühlung als auch unmittelbare Kühlung mit Ammoniakverdampfung angewandt. Im letzten Falle erscheint die Ausführung aus Gußeisen nicht unbedenklich, sie verlangt auf alle Fälle eine bewegliche Befestigung, um Gefährdung durch Temperaturspannungen zu verhüten. In der Regel werden eine Anzahl derartiger Radiatoren zu einem längeren Gitter zusammengeschraubt. Das Kältemittel tritt auf der einen Seite am einen Ende ein, auf der anderen Seite am entgegengesetzten Ende aus. Der Druckabfall in den längs verlaufenden Verteilrohren gleicht sich infolgedessen so aus, daß bei mittelbarer Kühlung das Druckgefälle zwischen den beiderseitigen Einmündungen der Querverbindung überall etwa gleich ist. Bei unmittelbarer Kühlung ist diese Sicherheit nicht gegeben, da bei der gleichartigen Bemessung des Querschnittes der Längsrohre ein merklicher Druckabfall nur in dem gasführenden Längsrohr auftritt. Wenn für diese Luftkühlerform der Vorteil geringer Durchschnittsgeschwindigkeit ins Feld geführt wird, so findet dies in gewissem Sinne seine Berechtigung darin, daß der Wärmeübergang von der Luft wesentlich ungünstiger erfolgt als der Wärmeübergang an das flüssige Kältemittel oder den verdampfenden Arbeitsstoff, auch wenn im Innern die für den Wärmeübergang an sich ungünstigen niedrigen Geschwindigkeiten herrschen. Voraussetzung bleibt hierbei, daß trotz der niedrigen Geschwindigkeiten eine gleichmäßige Verteilung von Kältemittel und Arbeitsstoff gesichert ist. Die Schaltung aufrecht nebeneinander gestellter Kühlgitter erfolgt entweder hintereinander, wobei die unteren und oberen Verteilrohre für sich durch Doppelbogenverbindungen zu Schlangenform vereinigt werden, oder parallel, mit Eintritt für sämtliche Gitter auf der einen Seite unten, Austritt für sämtliche Gitter auf der entgegengesetzten Seite oben. Bei Aufstellung der Gitter in waagerechter Lage nebeneinander bildet Hintereinanderschaltung die Regel, weil sich nur hierdurch die Geschwindigkeit in den Querverbindungen auf das für gleichmäßige Verteilung nötige Maß steigern läßt. Es liegt hier wegen des

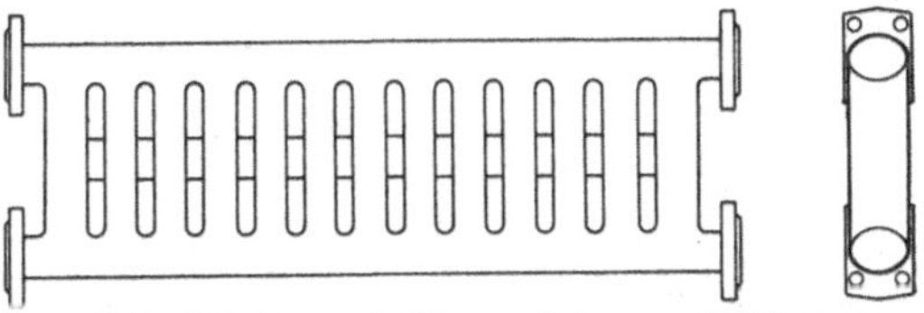

Abb. 198. Enggestelltes gußeisernes Kühlgitter (American).

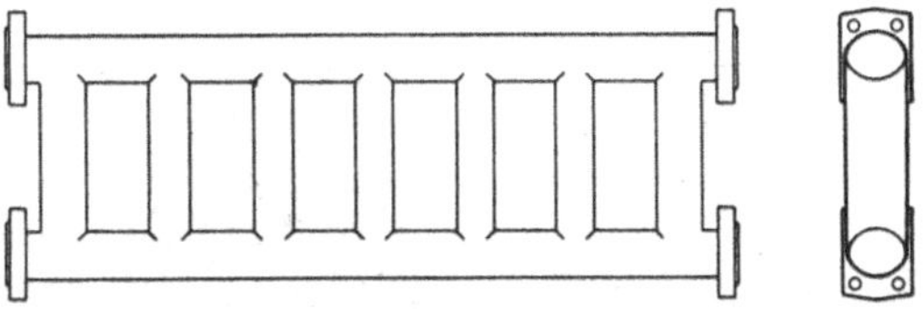

Abb. 199. Weitgestelltes gußeisernes Kühlgitter (American).

wegfallenden Einflusses der natürlichen Schichtung (Auftrieb bei mittelbarer Kühlung, Trennung von Flüssigkeit und Gas bei unmittelbarer Kühlung) höher als bei aufrechter Stellung. Das gleiche gilt, wenn waagerecht liegende Kühlgitter nicht neben-, sondern, zu Gestellen ausgebildet, übereinander aufgebaut werden. Für die Ausbildung von Wandkühlsystemen durch Anordnung mehrerer senkrechter Kühlgitter übereinander kommt Parallel- oder Hintereinanderschaltung in Frage. Im letzten Falle wird jeweils der obere Austritt des unteren Gitters mit dem unteren Eintritt des darüberliegenden Gitters verbunden.

Abb. 200. Einsatz für Eiswürfel (American).

Je nach dem Verwendungszweck treten mannigfaltige Verbindungen der verschiedenen Gestaltungsmöglichkeiten und Abarten der elementaren Formengebung auf, z. B. Vereinigung von Rippenrohren und Speicherrohren, durch die einerseits rasche Senkung der Raumtemperatur, andererseits Verminderung der Temperaturschwankungen angestrebt wird.

Außerordentlich mannigfaltig ist die Formengebung der bei Kleinkühlanlagen angewandten Luftkühler. Auch hier haben die Amerikaner gute Vorbilder geliefert. Bei Schrankkühlanlagen bildet das Einschieben eines oder mehrerer Einsätze für Herstellung kleiner Eiswürfel die Regel. Diese bestehen nach Abb. 200 (American) aus verzinnten Kupferschalen mit festem oder herausnehmbarem Rost. Erfolgt die Kühlung, wie es bei Schrankkühlanlagen überwiegend der Fall ist, unmittelbar, so besteht der Luftkühler meist aus einem kleinen Kessel und daran anschließenden U-förmigen Rohren, die nach Abb. 201 (Kelvinator) glatt oder nach Abb. 202 (Frigidaire) mit aufgelöteten Rippen versehen sind. Der Kühler arbeitet mit Überflutung. Die Zuführung des Arbeitsstoffes erfolgt, ebenso wie das Absaugen, am Verdampferkessel. Das zur Regelung dienende Schwimmerventil ist in den Verdampferkessel eingebaut. Die Rippenfläche erreicht zuweilen ein im Verhältnis zur Rohrfläche ungewöhnliches Ausmaß. Bei freier Kühlfläche werden hierbei die von den Rohren entfernten Teile der

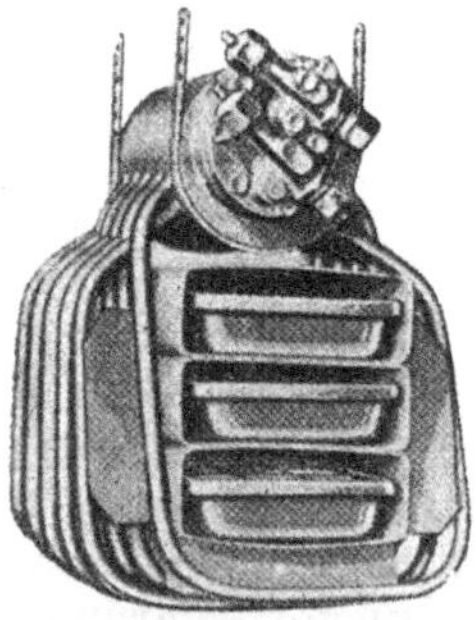

Abb. 201. Luftkühlerkessel mit U-förmigen Kühlrohren und Eiswürfeleinsätzen (Kelvinator).

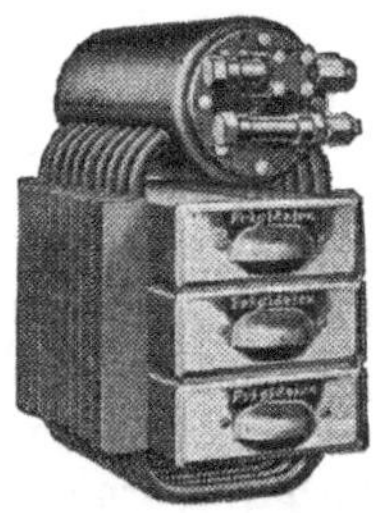

Abb. 202. Luftkühlerkessel mit berippten U-förmigen Kühlrohren und Eiswürfeleinsätzen (Frigidaire).

Rippenfläche wenig wirksam. Sie treten jedoch in dem Maße mehr in Wirkung, in dem die Vereisung der den Rohren benachbarten Teile der Rippenfläche zunimmt. In anderen Fällen geht die Größe der Rippen nach Abb. 203 (Kelvinator) auf das bei den Rippenrohren übliche Verhältnis zurück. Statt einzelner Rippen werden hierbei zuweilen platten- oder streifenförmige Strahlelemente angewandt.

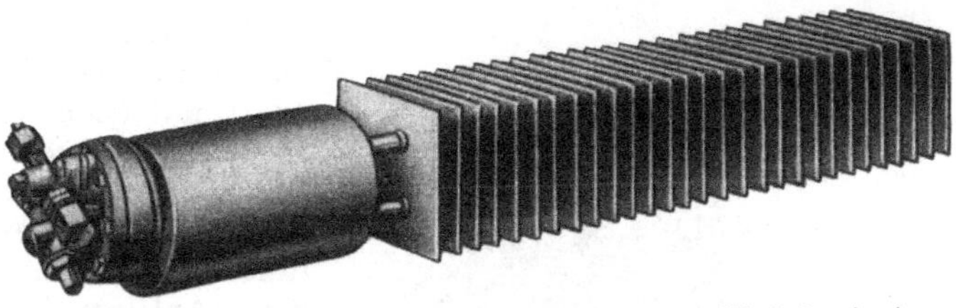

Abb. 203. Luftkühlerkessel mit Rippenkühlrohren (Kelvinator).

Bei den Haushaltungskühlanlagen ergibt Anwendung unmittelbarer Kühlung den Vorteil, daß bei jedesmaligem Stillstand ein selbsttätiges Abtauen erfolgt, wenn — wie üblich — die Raumtemperatur über dem

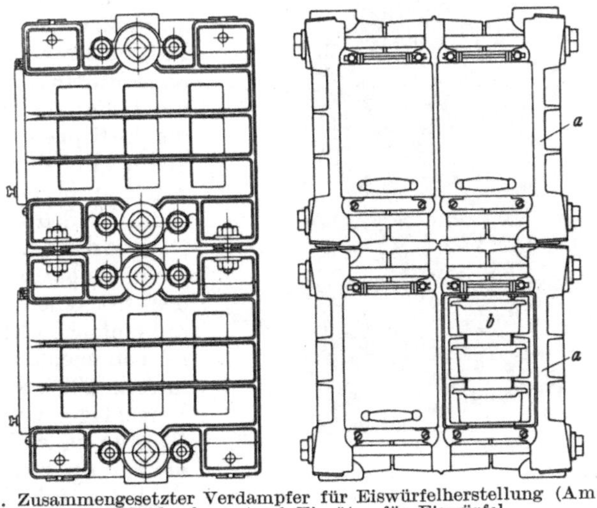

Abb. 204. Zusammengesetzter Verdampfer für Eiswürfelherstellung (American).
a Kühlerelemente, *b* Einsätze für Eiswürfel.

Eispunkt liegt. Im Gegensatz hierzu verlangt die Speicherwirkung eines mit Sole mittelbar arbeitenden Luftkühlers die Ausschaltung der Kühlung während längerer Zeit. Aus dem Bestreben heraus, die Haushaltungskühlanlagen unabhängig von aufmerksamer Wartung zu machen, werden daher mittelbare Luftkühler hierfür nur noch in abnehmendem Maße verwandt. Tritt die Erzeugung von Eiswürfeln gegenüber der Raumkühlung in den Vordergrund, so können nach Abb. 204 (American) genormte Kühlerelemente in beliebiger Zahl zusammengefügt werden. Im dargestellten Falle erfolgt die Wärmeübertragung durch die radiatorartig gestalteten seitlichen Kühlgitter, deren senkrechte verrippte Säulen oben und unten durch waagerechte Verteilrohre verbunden sind. Waagerecht verlaufende Querrohre verbinden das Innere der beiden Seitenwände.

Abb. 205. Innenluftkühler (Grinnell).

Zur Typisierung besonders geeignet sind Innenluftkühler nach Abb. 205 (Grinnell), mit denen ein Lüfter organisch zusammengebaut ist. Es steht zu erwarten, daß die Industrie dieser Ausführungsform für gewerbliche Anlagen in Zukunft höheres Augenmerk schenkt als bisher und damit einen Schritt weitergeht auf dem Wege, die Aufstellungsarbeiten zugunsten der Werkstättenausführung einzuschränken. Der dargestellte Luftkühler besitzt senkrecht angeordnete, in waagerechte Sammelkörper mündende Rippenrohre. Er arbeitet mit Überflutung, geregelt durch ein hoch angeordnetes Schwimmerventil.

Wie diese Anordnung für kleine Anlagen die Vorzüge des trockenen Luftkühlers mit einfachen Mitteln zu erreichen sucht, so strebt der in Abb. 206 wiedergegebene Vorschlag von Bloom-Brine[1] eine Übertragung der Vorzüge des nassen Luftkühlers auf die Innenberohrung an. Hierbei werden Streudüsen in Blechrohre so eingebaut, daß sie, neben der Zuführung der gekühlten Sole als Kälteträger, den Umlauf der Raumluft bewirken.

Die bauliche Ausführung der — abgesehen von Tau und Reif — mit trockener Oberfläche arbeitenden Außenluftkühler läuft darauf hinaus, die Kühlrohre in einer wärmegeschützten Kammer zu vereinigen und durch einen Lüfter den Umlauf zwischen Kühlraum und Kühlerkammer

[1] Bloom-Brine: Spray refrigeration. A.S.R.E. J. 1922.

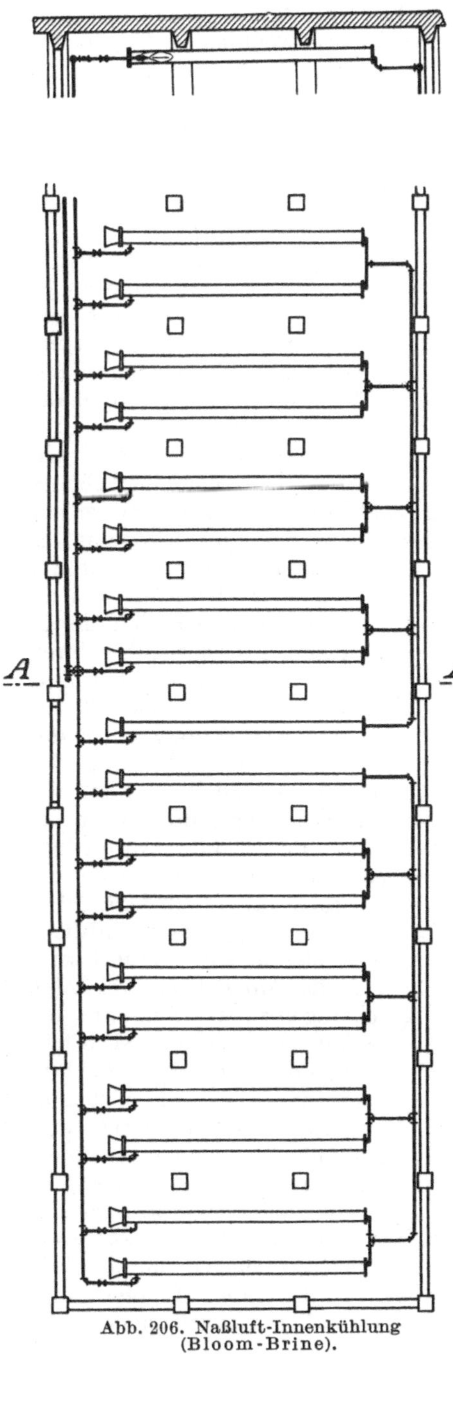

Abb. 206. Naßluft-Innenkühlung (Bloom-Brine).

zu bewirken. Die Kühlrohre erhalten auch hier glatte oder berippte Oberfläche. Im ersten Falle kann die Anordnung der Rohrachse in Richtung des Luftstroms oder besser senkrecht dazu erfolgen; im letzten Falle verlangt die Rücksicht auf Vermeidung übermäßiger Strömungswiderstände Anordnung der Rohrachse senkrecht zur Luftbewegung.

In der einfachsten Ausführungsform bestehen die Trockenluftkühler aus einer Erweiterung des Luftkanals, in der die mit dem

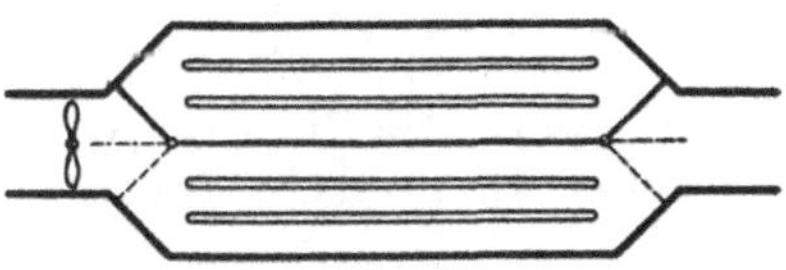
Abb. 207. Zweikammer-Trockenluftkühler.

Arbeitsstoff selbst oder Sole als Kälteträger arbeitenden Rohre untergebracht sind. Hierbei ergibt sich ein geringster Luftwiderstand. Die Kühlerkammer erhält allerdings erhebliche Länge bzw., bei beschränkter Länge, großen Querschnitt. Kleine Luftgeschwindigkeit und ungünstige Wärmeübertragung sind die Folge.

Ähnliche Vor- und Nachteile besitzen Doppelkammern nach Abb. 207 mit Teilung durch waagerechte oder senkrechte Wände, wenn die Luft durch die eine oder andere Seite oder durch beide gemeinsam strömt. Für das Abtauen der Kühlflächen besitzt diese Teilung den Vorzug, daß ohne Betriebsunterbrechung die eine Hälfte abgeschaltet werden kann.

Die Regel bilden Trockenluftkühler, bei denen die Luft ihre Richtung ein- oder zweimal ändert. Bei einmaliger Wendung ergeben sich Luftein- und -austritt am gleichen Ende der Kühlerkammer. Durch Anwendung des in Abb. 208 dargestellten schwenkbaren Doppelver-

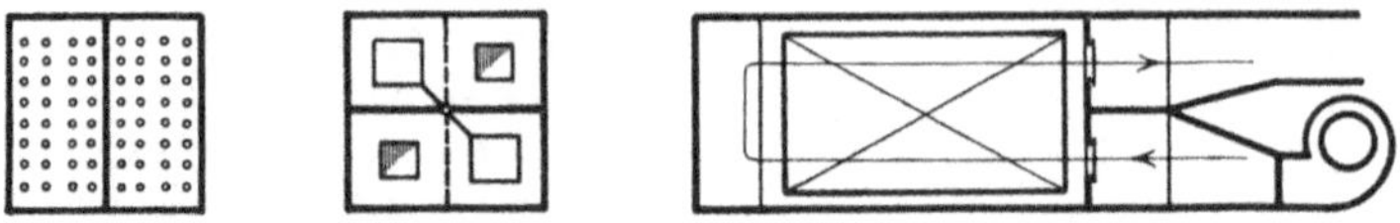

Abb. 208. Zweikammer-Trockenluftkühler (Freundlich).

schlusses (Freundlich) wird es hierbei möglich, den Luftweg umzukehren, um bei Lufttemperaturen, die über und nicht zu nahe an 0° liegen, eine Hälfte nach der anderen abzutauen, wenn gleichzeitig die beiden Kühlrohrgruppen für sich abschaltbar gehalten sind.

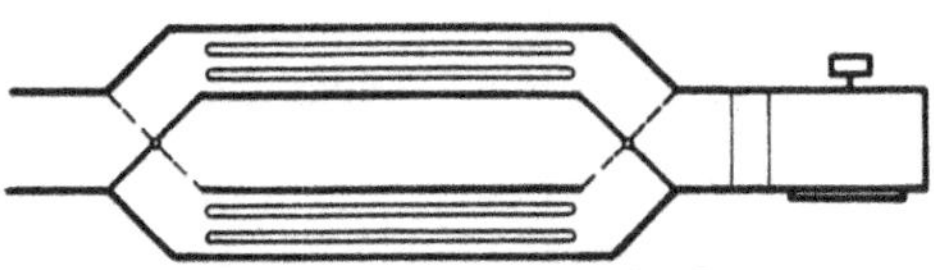

Abb. 209. Dreikammer-Trockenluftkühler (Fixary-Humboldt).

Vorbildlich für dieses Abtauverfahren durch Umkehr des Luftweges ist der Fixary-Humboldt-Luftkühler der Abb. 209 der mit doppelter Luftumkehr arbeitet. Die mittlere Kammer wird nur als Umleitkanal benutzt. Luftein- und -austritt befinden sich an entgegengesetzten Enden. Im allgemeinen ergeben sich hierdurch günstigere Anschlußverhältnisse der Saug- und Druckkanäle als bei einfacher Umkehr, bei der allerdings der Widerstand der Mittelkammer in Wegfall kommt.

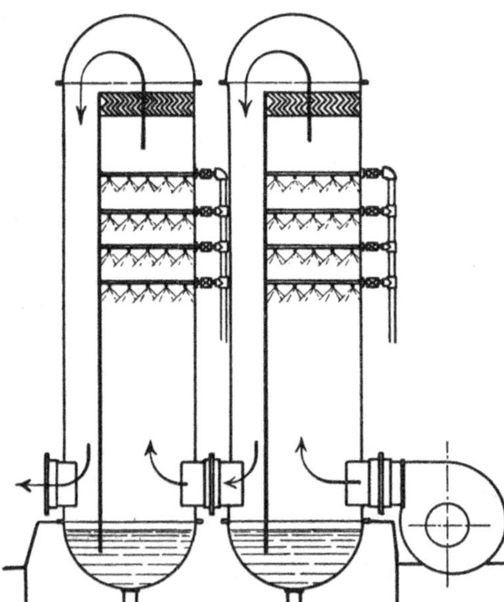

Abb. 210. Naßluftkühler (Lyle).

Um Störungen durch Undichtheiten der Kühlrohrverbindungen zu vermeiden, sollen die Flanschen außerhalb der Kühlerkammer liegen und luftdicht durch deren Wand geführt sein. Auf die Möglichkeit, einzelne Schlangen zu ersetzen, ohne den Umbau zu zerstören, ist Rücksicht zu nehmen. Um die Schlangen jederzeit beobachten zu können, ist die Luftkühlerkammer geräumig zu bauen und beiderseits ein schmaler Durchgang zu lassen, der während des Betriebes durch schräg gestellte Leitwände so abgeblendet wird, daß die Luft nicht unwirksam neben den Kühlschlangen vorbeistreichen kann, Abb. 197.

Naßluftkühler arbeiten entweder mit freifallenden Tropfen oder mit dünnen, an Leitflächen niederrieselnden Flüssigkeitsschichten. In

Abb. 210 (Lyle[1]) ist ein Naßluftkühler dargestellt, wie er zum Trocknen von Hochofenwind Verwendung findet. Von den beiden Türmen dient der von der Luft zuerst bestrichene zur Vorkühlung durch Brunnenwasser, der zweite zur Nachkühlung durch Sole. Die Luft strömt dem Wasserschleier entgegen, tritt oberhalb der Düsen durch einen Ablenker und fällt nach dem tief gelegenen Austrittsstutzen nieder.

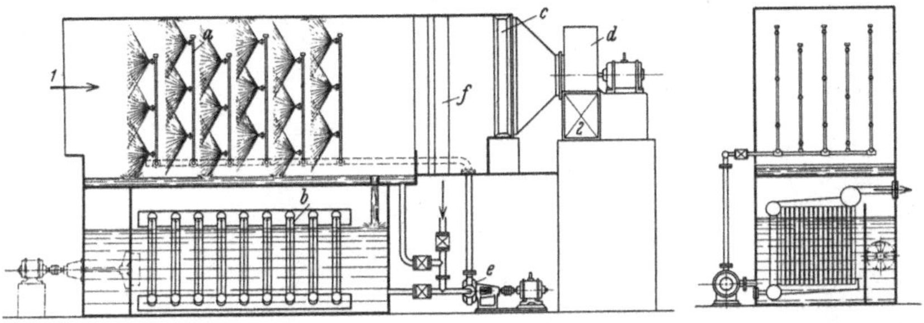

Abb. 211. Naßluftkühler mit Düsenkammer. *a* Düsenwände, *b* Kühler, *c* Lufterhitzer, *d* Lüfter, *e* Umlaufpumpe, *f* Tropfenfänger, *1* Lufteintritt, *2* Luftaustritt.

Abb. 211 zeigt die grundsätzliche Anordnung der vorzugsweise für Raumbewetterung angewandten mit Düsenwänden arbeitenden Naßluftkühler. Die Luft streicht durch die hintereinander angeordneten Regenwände, die durch verdüste Flüssigkeit — Wasser oder Sole — gebildet sind, trifft danach auf eine Tropfenfangvorrichtung, um schließ-

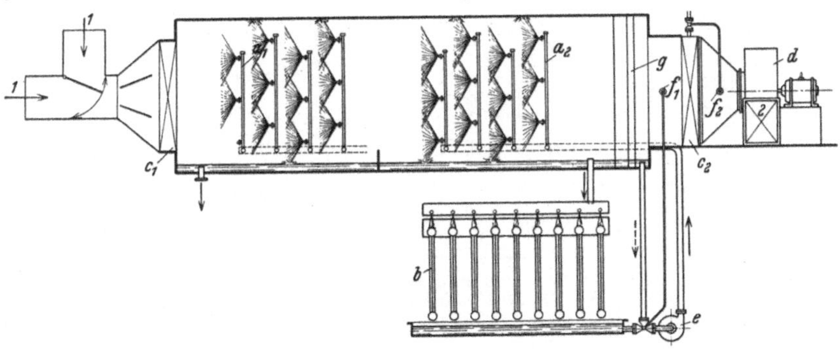

Abb. 212. Wetterfertigeranlage. a_1 Düsenwände für Brunnenwasser, a_2 Düsenwände für gekühltes Wasser, *b* Kühler, c_1 Lufterhitzer für Mischluft, c_2 Luftnacherhitzer, *d* Lüfter, *e* Umlaufpumpe, f_1 Thermostat für Mischventil, f_2 Thermostat für Dampfventil, *g* Tropfenfänger, *1* Lufteintritt, *2* Luftaustritt.

lich dem Lüfter zuzuströmen und von diesem in den zu bewetternden Raum geleitet zu werden. Die niederfallenden Tropfen werden durch ein Schiff gesammelt und über den Flüssigkeitskühler geleitet, der sich im allgemeinen unmittelbar unter der Düsenkammer befindet. Eine Kreiselpumpe fördert die gekühlte Flüssigkeit nach den Düsenwänden zurück.

[1] Lyle: Atmospheric dehumidifying. A.S.R.E. J. 1912.

In dem Maße, in dem die Kühlwirkung zurücktritt und die Frage der Versorgung eines Aufenthaltsraums mit einwandfreier Luft die Ausführung beherrscht, erfährt der Naßluftkühler eine Umgestaltung zum Wetterfertiger nach Abb. 212. Am Eintritt befinden sich Mischklappen, die das Verhältnis der Frischluft zur rückgesaugten Luft regeln. Es folgt ein Lufterhitzer, der die Temperatur der Mischluft im Winter so hoch hält, daß die Düsen nicht einfrieren können. Die ersten Düsenreihen werden durch kaltes Brunnenwasser versorgt, dem die Vorkühlung der Luft im Sommer zufällt. Die hinteren Düsenwände arbeiten mit gekühltem Wasser. Vor Eintritt in den zu belüftenden Raum kann die Luft durch einen zweiten Lufterhitzer erwärmt und damit auf den gewünschten Luftfeuchtigkeitsgrad gebracht werden. Das Brunnenwasser läuft ab, das gekühlte Wasser kreist über dem Flüssigkeitskühler. Temperatur und Feuchtigkeit werden meist selbsttätig geregelt. Ein vor dem zweiten Lufterhitzer angeordneter

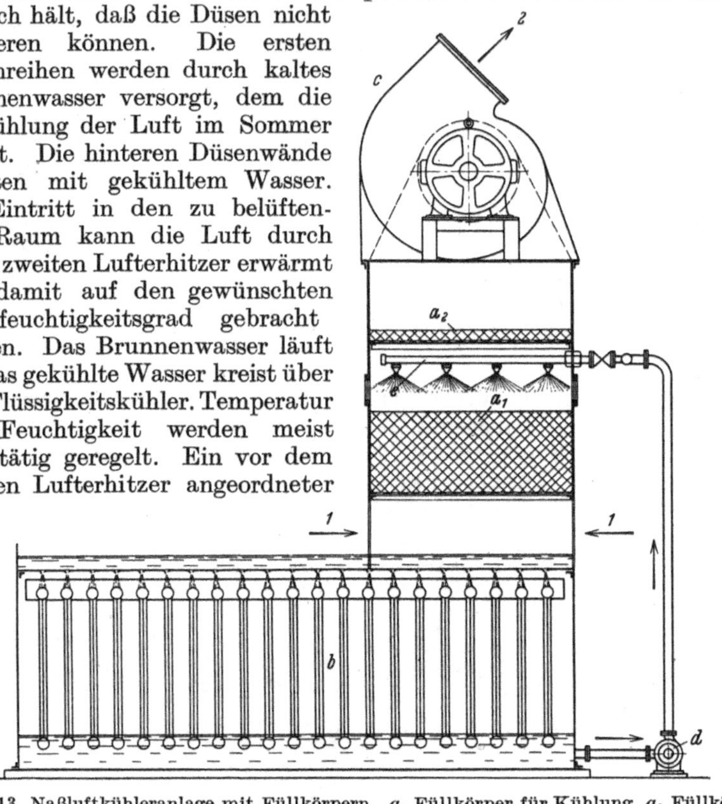

Abb. 213. Naßluftkühleranlage mit Füllkörpern. a_1 Füllkörper für Kühlung, a_2 Füllkörper für Trocknung, *b* Kühler, *c* Lüfter, *d* Umlaufpumpe, *e* Flüssigkeitsverteilung, *1* Lufteintritt, *2* Luftaustritt.

Thermostat mischt nach Bedarf gekühltes Wasser mit Ablaufwasser der hinteren Düsenwände. Ein zweiter, hinter dem zweiten Lufterhitzer sitzender Thermostat regelt die Zufuhr des Heizmittels.

Statt durch Zerstäubung mit Düsen, wird die erforderliche feine Verteilung des Kälteträgers bei freiem Niederrieseln durch Anordnung gelochter Blechschalen in Treppenform (Borsig), Lattenroste und ähnliche Mittel erzwungen.

Naßluftkühler mit Füllstoffen zur Vergrößerung der benetzten Oberfläche nach Abb. 213 ergeben gedrängte Bauart, allerdings auf Kosten eines nicht unerheblichen Luftwiderstandes. Sie sind dort am Platze, wo es sich um nicht zu große Luftmengen handelt, oder die

Raumfrage ausschlaggebend ist. Als Füllstoffe haben sich Ringe, nach Raschig und anderen, vor allem aus Porzellan, bewährt. Die Eigentümlichkeit der Raschig-Ringe besteht darin, daß Durchmesser und Höhe gleiches Maß besitzen, infolgedessen Flüssigkeitskanäle sich weniger bilden, als bei längeren oder kürzeren Zylindern. Die obere Grenze der Luft- und Flüssigkeitsgeschwindigkeit liegt dort, wo eine Stauung der Flüssigkeit eintritt. Deshalb sind große Durchgangsquerschnitte und niedrige Füllstoffhöhen vorzuziehen, die mäßige Geschwindigkeiten und zulässige Strömungswiderstände ergeben. Es ist jedoch im Auge zu behalten, daß für Erzielung einer bestimmten Kühlleistung bei niedrigerer Geschwindigkeit ein größerer Füllraum nötig ist. Der Druckverlust bei Raschig-Ringen beträgt beispielsweise für Porzellanringe $0{,}025 \times 0{,}025$ m, bei einer auf den leer gedachten Querschnitt bezogenen rechnerischen Luftgeschwindigkeit von 1,5 m/s und 1 m Schichthöhe 70 kg/m^2, dagegen nur 40 kg/m^2, wenn die rechnerische Luftgeschwindigkeit auf 0,75 m/s sinkt und gleichzeitig die Schichthöhe auf 3 m zunimmt, wie dies zur Gleichhaltung der Kühlleistung nötig ist. Die Berieselungsstärke ist hierbei mit 6 bzw. 3 m^3/h für 1 m^2 Querschnitt angenommen. Die Vergrößerung des Querschnittes darf nicht zu weit gehen, da, neben genügender Berieselung, eine nicht zu niedrige Luftgeschwindigkeit die Vorbedingung für volle Wirksamkeit des Naßluftkühlers bildet, außerdem mit der Querschnittserweiterung der Aufwand für die Füllkörper schließlich die wirtschaftliche Grenze überschreitet.

Das Bindeglied zwischen Naßluftkühlern mit freiem Tropfenfall und Füllkörpern bilden Vorrichtungen, bei denen der Kälteträger an Leitflächen niederrieselt. Linde verwendet Blechscheiben von etwa 1,5 m Durchmesser, die in Abständen von etwa 0,02 m auf einer in langsamer Drehung — etwa $n = 5$ — gehaltenen Welle sitzen. Derartige Scheibengruppen sind mehrere hintereinander angeordnet und von einem geschlossenen Gehäuse umhüllt. Sie tauchen mit dem unteren Drittel in gekühlte Sole ein und werden in dem oberen Teil von der zu kühlenden Luft bestrichen. Da die Sole an den Metallflächen haftet, ist Mitreißen von Flüssigkeit weniger zu befürchten, als bei freiem Tropfenfall. Die Verbindung des Luftkühlers mit dem Verdampfer kann dadurch hergestellt werden, daß die Kühlschlangen unterhalb der Scheibenkörper und von diesen durch Zwischenböden getrennt angeordnet werden. Dem Vorzug geringen Kälteverlusts, verglichen mit gesonderter Aufstellung eines Verdampfers mit Umlaufpumpe, steht der Nachteil verminderter Zugänglichkeit gegenüber. Bei Naßluftkühlern mit feststehenden Leitwänden aus Wellblechen wird die Sole von dem unteren, als Verdampfer ausgebildeten Teile auf das obere Verteilbecken gehoben, das durch geschlitzte Rohre den Kälteträger über einen gelochten Boden und von da über die Leitflächen führt. Andere Ausführungen verwenden glatte Blechtafeln oder zickzackförmig angeordnete Holzwände. Zuweilen werden die Kühlflächen selbst als Leitwände benutzt, und zwar mit oder ohne Zusatz von erweiternden Rieselflächen aus Blech, Holz o. dgl.

Bei nassen Luftkühlern ist es wichtig, zu verhüten, daß die gekühlte Luft nach dem Verlassen der eigentlichen Kühlerkammer Flüssigkeitsteilchen mit sich trägt und gegebenenfalls in den Kühlraum führt. Das Mittel hiergegen besteht in Richtungsänderung oder allmählicher Überleitung der höheren Luftgeschwindigkeit im Regen- und Rieselraum in die niedrigere Luftgeschwindigkeit dahinter. Tropfen im Luftstrom lassen sich durch eine senkrecht zur Bewegungsrichtung eingebrachte Spiegelfläche nachweisen.

X. Ausführung der mittelbaren Kühlung.

Eiskühlung. Für die zweckmäßige Bauweise von Eiskühlschränken gibt Abb. 214 einen Anhalt. Neben dem allgemeinen Wärmeschutz ist es wichtig, durch die vor dem Eisraum angeordnete Schutzwand

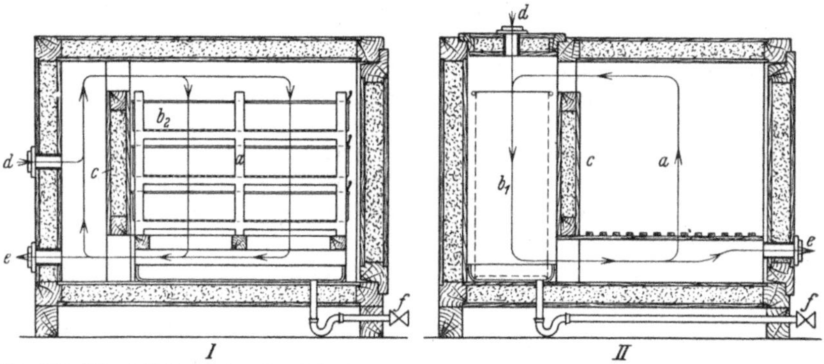

Abb. 214. Eisgekühlter Schrank. *I* für Eisbeigabe zum Kühlgut, *II* für Eisbeigabe seitlich. *a* Kühlgutabteil, b_1 Eisbehälter, b_2 Behälter mit Kühlgut und Eis, *c* Schutzwand, *d* Frischluft, *e* Abluft, *f* Tauwasseraustritt.

lebhaften Luftumlauf zu sichern und die Frischluft so einzuführen, daß sie auf das Eis trifft, ehe sie in dem gekühlten Raum niederfällt. Trotz der Bedeutung, die dem Eisschrank immer noch zukommt, zählen einwandfreie Ausführungen zu den Ausnahmen. Ausführung in Abb. 214 rechts ist kennzeichnend für Kühlschränke, in denen das Kühlgut kalt und trocken gehalten werden soll, während die Darstellung links für den Ausnahmefall der Fischkühlung in Betracht kommt, bei der es sich darum handelt, das Kühlgut kalt und feucht zu halten. Im ersten Falle wird das Eis den Fischbehältern beigefügt, im zweiten befindet sich der Eisbehälter seitlich.

Anders liegen die Verhältnisse bei eisgekühlten Eisenbahnwagen, für die das amerikanische Vorbild der Stirnwandbeeisung mit vorgelagerter Schutzwand allgemein durchgedrungen ist. Die hierbei als maßgebend gefundenen Gesichtspunkte[1] lassen sich wie folgt zusammenfassen:

[1] Nach Pennington: The development of a standard refrigerator car. A. S. R. E. J. 1919.

zusammenhängender Wärmeschutz von Wänden, Decke und Boden;

Vermeidung von leitenden Eisenverbindungen zwischen dem Wagenäußern und -innern;

große Eisbehälter an den Stirnwänden;

nichtleitende Schutzwand vor dem Eisbehälter gegen das Wageninnere, die unten einen Schlitz für die austretende kalte, oben einen Spalt für die zuströmende warme Luft freiläßt;

Lattenbelag auf dem Boden, mit Längshölzern, so angeordnet, daß diese in der Längsrichtung des Wagens freie Kanäle für den Luftumlauf ergeben; die einzelnen Teile des Rostes zwecks Reinigung gegen die Längswände hochklappbar.

Wenn auch diese Bauart gegenüber der früheren Verwirrung einen gewaltigen Fortschritt darstellt, so ist sie doch noch nicht als abschließendes Ergebnis anzusehen. Vor allem bleibt eine Verbesserung anzustreben, um vollkommenen Temperaturausgleich im ganzen Wageninnern zu erreichen und die Übertragung der äußeren Einflüsse von Wärme und Sonnenstrahlung auf das Kühlgut zu dämpfen.

Solekühlung. Die Ausbildung der solegekühlten Vorrichtungen hängt von dem Verwendungszweck ab. Die wichtigsten der sehr mannigfaltigen Formen sind unter „Gesamtbild" angeführt.

Für die Wahl der Umlaufvorrichtung, Solepumpe u. dgl., ist der Gesichtspunkt maßgebend, daß deren Arbeitsbedarf durch Umsetzung in Wärme die Kälteleistung vermindert. Höchster Wirkungsgrad soll daher stets gefordert werden. Er ist nur dann zu erwarten, wenn die Betriebsverhältnisse von vornherein richtig eingeschätzt und bei Bestimmung der Pumpe berücksichtigt werden. Mehrstufige Pumpen sind im allgemeinen nicht erforderlich. Liegt der höchste Punkt der Kälteträgerleitung mehr als etwa 8 m — Flüssigkeitssäule entsprechend dem Barometerstand — über der Ausmündung des Rücklaufes, so kommt für den Arbeitsdruck der Umlaufpumpe neben den allgemeinen Widerständen der künstlich herbeizuführende Druckverlust durch Abdrosselung des Rücklaufes in Betracht. Denn von dem statischen Förderdruck kann höchstens 1 at durch Heberwirkung wiedergewonnen werden, weshalb bei großen Höhenunterschieden hochliegende Anordnung des Sammelbehälters die Regel bilden sollte.

Bei großen Förderleistungen empfiehlt es sich, die Versorgung zahlreicher Stockwerke gruppenweise auf verschiedene Pumpen zu verteilen, weil bei gemeinsamer Leitung der durch die größte Förderhöhe bedingte höchste Widerstand für die gesamte Solemenge zu überwinden ist.

Bei der Führung der Soleleitungen handelt es sich besonders darum, Luftsäcke zu vermeiden. An hochliegenden Umkehrstellen sind Entlüftungsvorrichtungen erforderlich, die zweckmäßig ständig offen bleiben und durch ein Röhrchen zu dem Solekühler zurückgeführt werden. Um die gleichmäßige Verteilung des Kälteträgers auf mehrere Gruppen zu sichern, genügt es im allgemeinen, an den Abzweigstellen nicht zu niedrige Geschwindigkeiten zu wählen, wenn das gesamte Netz auf gleicher Höhe liegt. Verteilen sich jedoch die Kühlvorrichtungen auf verschiedene Stockwerke, so werden zweckmäßig die höher liegenden hinter die tiefer liegenden geschaltet. Wo die damit sich ergebende Bevorzugung der tiefer liegenden Gruppen unzulässig ist, können beide parallel geschaltet und verschiedene Widerstände dadurch ausgeglichen werden, daß entweder die Austrittsleitung von den unteren Gruppen bis zur Höhe der oberen oder die Zuführung beider zunächst bis zum höchsten Punkte geführt und die tiefliegende Gruppe in den abfallenden Strang der Zuleitung eingeschaltet wird. Besitzt, wie bei Schiffskühlanlagen üblich, jede Kühlvorrichtung eine besondere Rücklaufleitung, so kann die gleichmäßige Arbeitsweise durch offenen Auslauf beobachtet werden. Die Einstellung erfolgt alsdann nach der Temperatur der rückkehrenden Sole durch eine im Rücklauf angeordnete Absperrung, weil hierbei die vollständige Füllung am besten gesichert ist.

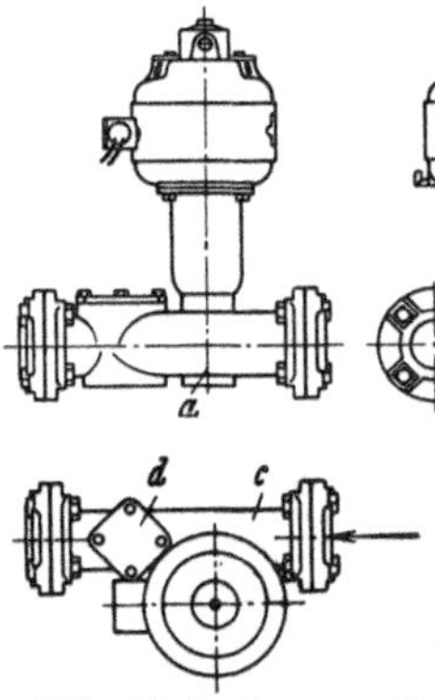

Abb. 215. Umlaufpumpe für unmittelbare Einschaltung in die Leitung (Janette). *a* Umlaufpumpe, *b* Motor, *c* Leitung, *d* selbsttätige Umschaltklappe.

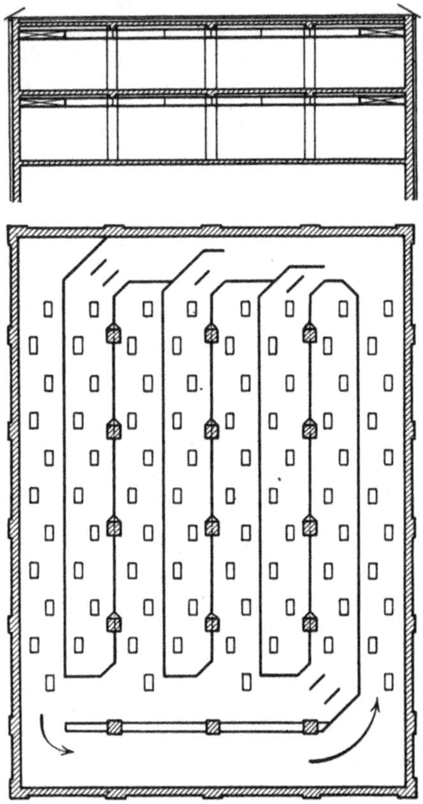

Abb. 216. Luftverteilung durch falsche Decke.

Die Umlaufpumpe verursacht eine, wenn auch geringe, Erwärmung des Kälteträgers. Daher ist es vorteilhaft, den Kühlbehälter so hoch anzuordnen, daß der Kälteträger mit eigenem Gefälle durch die Kühlvorrichtungen nach der Pumpe läuft, die ihn ihrerseits wieder hochfördert, weil hierbei die tiefste Temperatur des Kälteträgers und damit die Verdampftemperatur höher gehalten werden kann, als im umgekehrten Fall.

Der Gegendruck der Umlaufpumpe ist durch den größten Widerstand bedingt, der in einem der parallel geschalteten Kälteträgerwege auftritt. Ergeben sich die Widerstände im einzelnen mit erheblicher Verschiedenheit, so kann bei großen Förderleistungen ein ungewöhnlich hoher Energieverbrauch auftreten, auch wenn nur eine geringe

Teilleistung ungewöhnlich hohen Strömungswiderstand bedingt. Für solche Fälle kommt die Einschaltung einer Hilfsfördervorrichtung in dem Teilkreislauf in Betracht, dessen Widerstand den der übrigen wesentlich übertrifft. Eine kleine, in die Rohrleitung unmittelbar eingebaute und organisch damit verbundene Umlaufpumpe nach Abb. 215 (Janette) kann hierbei gute Dienste leisten.

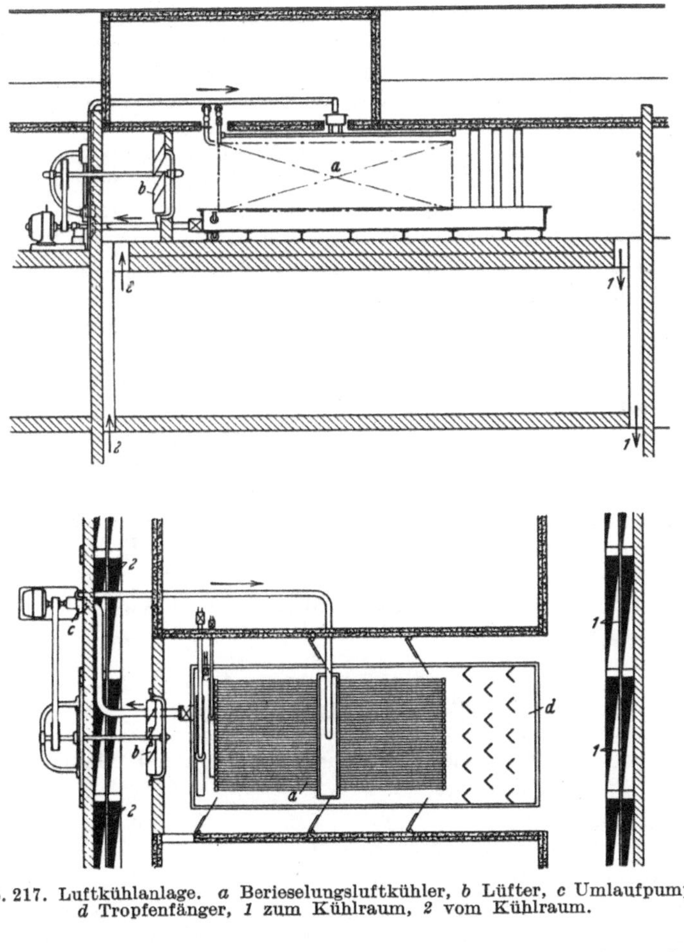

Abb. 217. Luftkühlanlage. *a* Berieselungsluftkühler, *b* Lüfter, *c* Umlaufpumpe, *d* Tropfenfänger, *1* zum Kühlraum, *2* vom Kühlraum.

Luftkühlung. Die Abkühlung der Luft durch Sole oder gekühltes Wasser ist, obwohl ein Sonderfall der mittelbaren Kühlung, der Einfachheit halber oben gemeinsam mit der unmittelbaren Luftkühlung durch den Arbeitsstoff behandelt.

Die zur Verbindung der Luftkühlerkammer mit dem Kühlraum dienenden Luftleitungen werden für kleine Anlagen häufig aus verzinkten Blechrohren mit Schieberverschlüssen hergestellt. Bei großen

Anlagen empfiehlt sich rechteckiger Querschnitt und Herstellung aus imprägniertem Holz. Baulich am vollkommensten wirkt die Anordnung Abb. 216, bei der die ganzen Deckenflächen durch Anbringung glatter Zwischendecken mit eingebauten Scheidewänden als Luftkanäle nutzbar gemacht und als Baustoff Zementdielen, Rabitz o. dgl. verwendet werden. Auf glatte Innenflächen und sanfte Übergänge an Umkehr- und Abzweigstellen ist hierbei besonderes Augenmerk zu richten. Die Kosten sind nicht wesentlich höher als bei viereckigen Kanälen, denen gegenüber die glatte Doppeldecke den Vorzug der Schattenlosigkeit besitzt. Da bei dieser Bauart Saug- und Druckräume durch die Scheidewände getrennt werden, ist unbedingte Dichtheit von größter Bedeutung. Die Schlitze werden zweckmäßig so groß bemessen, daß das Innere der Kanäle durch sie nachgesehen und gereinigt werden kann. Eine vollkommene Ausbildung der Luftkanäle wird im allgemeinen nur dann möglich sein, wenn der bauliche Entwurf von vornherein auf ihre Anordnung genügend Rücksicht nimmt und nicht etwa dem Kältefachmann das Gebäude als fertiger Plan übergeben wird, in den er, so gut er kann, das Netz der Luftkanäle nachträglich einfügen muß.

Während in Europa die Gepflogenheit sich herausgebildet hat, die Luftkühler entweder in besonderen, den Kühlräumen benachbarten Anbauten unterzubringen oder einen Teil der Kühlräume in seiner Gesamthöhe dafür abzutrennen, wird in den Vereinigten Staaten häufig die Kühlvorrichtung durch niedrige Zwischengeschosse aufgenommen und über die ganze Grundfläche der Kühlräume ausgedehnt. Die Anordnung besonderer Luftkanäle läßt sich hierbei häufig vermeiden, allerdings unter Aufwand erhöhter Kosten. Ähnlich ist die Anordnung Abb. 217, bei der die Luftkühler für die zu ebener Erde und im ersten Obergeschoß angeordneten Kühlräume im zweiten Obergeschoß aufgestellt sind und die Luft durch Schlitze verteilt wird, die die Decken in der Längsrichtung durchbrechen.

XI. Rührwerke.

Rührwerke finden Anwendung zur Erhöhung der Umlaufgeschwindigkeit von Flüssigkeiten bei

1. Verflüssigern,
2. Verdampfern und Eiserzeugern,
3. mittelbaren Kühlern.

Zu 1. Bei Verflüssigern bildet Gestaltung des Kühlwasserweges derart, daß der einmalige Durchgang genügend hohe Geschwindigkeit ergibt, die Regel. Mit dem Verschwinden des Tauchverflüssigers, bei dem die Voraussetzung hierfür nicht erfüllt war, haben Rührwerke für Verflüssiger ihre Bedeutung verloren.

Zu 2. Bei Hochleistungsverdampfern bildet der Einbau eines Rührwerks die Regel, weil der Wärmeübergang auf der Arbeitsstoffseite günstig ist, daher Maßnahmen nötig werden, um auch den Wärmeübergang auf der Kälteträgerseite zu steigern. Wegen der verhältnismäßig großen Strömungsquerschnitte ergibt der einmalige Durchgang des Kälteträgers zu niedrige Geschwindigkeit. Beim Eiserzeuger entfällt der äußere Umlauf, das Rührwerk wird hierdurch unentbehrlich. Während früher an den Wirkungsgrad der Rührwerke wegen ihres verhältnismäßig niedrigen Kraftverbrauchs kaum gedacht wurde, gelangen heute regelmäßig hochwertige Ausführungen nach dem Vorbilde von Schraubenpumpen zur Anwendung. Die Ursache liegt darin, daß hoher Wirkungsgrad des Rührwerks nicht nur einen lebhaften Umlauf mit niedrigem Kraftverbrauch ergibt und dadurch den Verlust durch die sich in Wärme umsetzende Rührwerksarbeit verringert, sondern auch darin, daß der gut ausgearbeitete Flügel Wirbelungen vermeidet, die, wegen des Mitreißens von Luft, besonders unerwünscht sind.

Je lebhafter der durch das Rührwerk bewirkte Umlauf ist, um so geringer wird der im Verdampfer feststellbare Temperaturunterschied des Kälteträgers beim Auftreffen und Verlassen der Kühlfläche. Die mittlere Temperatur des Kälteträgers fällt damit mit der durch die Verhältnisse geforderten tiefsten Temperatur nahezu zusammen. Dies bedeutet einen bereits von Krause[1] festgestellten Nachteil, wenn z. B. der äußere Umlauf eine erhebliche Erwärmung des Kälteträgers zur Folge hat und ohne Anwendung eines mehrmaligen inneren Umlaufs sich die mittlere Temperatur des Kälteträgers und damit die Verdampftemperatur des Arbeitsstoffes bei der vorliegenden Kälteleistung höher einstellen würde. Gleiches gilt für den Eiserzeuger, bei dem die Solebewegung durch die Zellenreihen in diesem Zusammenhange als äußerer Umlauf zu deuten ist. Erschöpft sich dagegen die Aufgabe des Verdampfers in der Erzielung einer bestimmten Mindesttemperatur des zu kühlenden Stoffes, so kehrt sich der Nachteil in einen Vorteil um, weil diese Temperatur und damit die Verdampftemperatur um so weniger unterschritten wird, je lebhafter die Flüssigkeit umläuft.

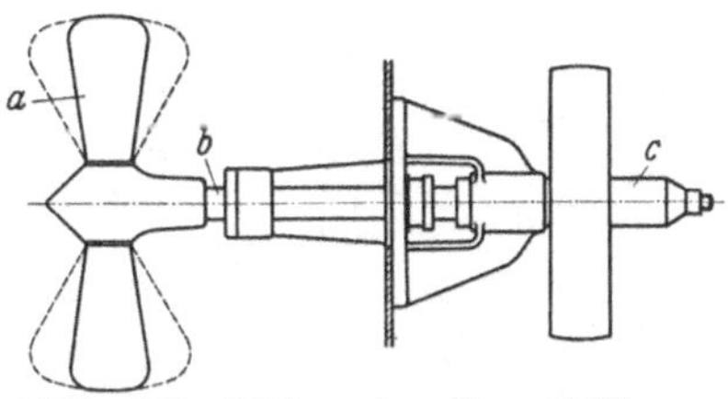

Abb. 218. Rührwerk mit verstellbarer Flügelneigung (Wetzel-Freytag). *a* Drehflügel, *b* Hohlwelle, *c* Drehflügelverstellvorrichtung.

In den meisten Fällen wird die Rührwerksachse nach Abb. 218 (Wetzel-Freytag) waagerecht und der Flügel fliegend angeordnet, weil ein inneres Lager der Beobachtung entzogen ist. Die äußere Lagerung soll bei größeren Rührwerken gesondert erfolgen, um die Stopfbüchse von seitlichen Drücken freizuhalten. Der axiale Schub des Flügels ist durch Wellenbund im Ölraum des Lagers oder ein besonderes Stützlager aufzunehmen. Abb. 218 stellt eine Sonderausführung dar, bei der die Flügelstellung durch eine äußere Regelvorrichtung verändert werden kann.

Senkrechte Anordnung der Rührwerksachse macht die Anwendung einer Stopfbüchse überflüssig und ergibt bei unmittelbarem Motorantrieb besonders günstige Verhältnisse. Der Flügel muß hierbei genügend

[1] Krause: Die mittlere Soletemperatur im Verdampfer. Z. ges. Kälteind. 1917.

tief in die Flüssigkeit eintauchen, um Mitreißen von Luft zu verhindern. Beim Arbeiten des Flügels von oben nach unten werden die Gewichte teilweise aufgehoben. Trotzdem ist die umgekehrte Förderrichtung vorzuziehen, weil hierbei die Gefahr der Trichterbildung wegfällt.

Zu 3. Hierfür gilt das zu 2. Gesagte.

XII. Selbsttätige Schaltung.

Während die an anderer Stelle beschriebenen selbsttätigen Regelventile Feineinstellung der laufenden Anlage bezwecken, dienen die selbsttätigen Schaltvorrichtungen zur Grenzregelung, vor allem also zum selbsttätigen An- und Abstellen der Anlage, sobald das Kühlbedürfnis auftritt bzw. gedeckt ist. Daneben wird die selbsttätige Schaltung in der Regel als Sicherheitseinrichtung ausgebildet, um die Anlage vor Eintritt einer Gefahr stillzulegen. Sie stellt in dieser Hinsicht eine wichtige Ergänzung des Sicherheitsventils dar und ist diesem dadurch überlegen, daß bei ihr die Gefahr nicht abgeleitet, sondern beseitigt wird.

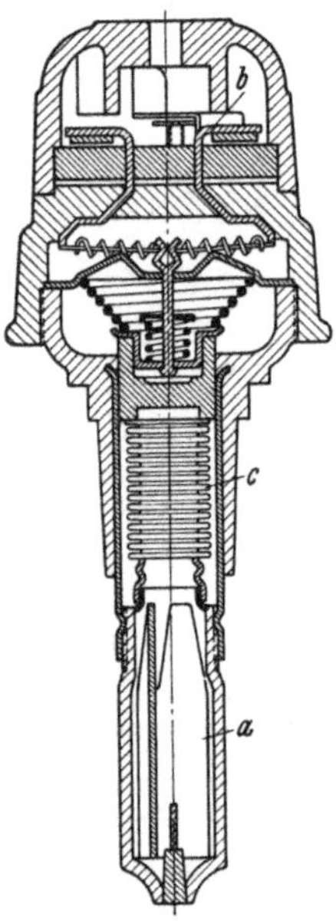

Abb. 219. Selbsttätiger Schalter (Ranco). *a* Thermostat, *b* Schnappschalter, *c* Membranbalg.

Anlagen mittlerer und großer Leistung mit selbsttätiger Schaltung sind selten. Zu diesen Ausnahmen zählt die Ausführung von Sabroe im Schlachthof Bloemfontein mit vier Einheiten von je 80000 kcal/h[1]. Bei kleinsten Kühlanlagen hat die Einführung der selbsttätigen Schaltung umwälzend gewirkt und das Problem einer Kühlanlage, die dem Laien bedenkenlos anvertraut werden kann, erst zu lösen gestattet.

Kleinkühlanlagen mit selbsttätigem Regelventil und luftgekühltem Verflüssiger verlangen zum An- und Abstellen nur Betätigung des Motorschalters. Als Impuls dient bei überflutetem Arbeiten des Verdampfers zuweilen der Verdampferdruck. Den Impulsempfänger bildet hierbei ein Membranbalg z. B. nach Abb. 91 oder eine Bourdonröhre. Sie betätigen den Schalter bei kleinen Stromstärken unmittelbar, bei größeren Stromstärken mittelbar durch ein Relais.

Bei trockenem Arbeiten wirkt der Verdampfer nicht, wie bei überflutetem Arbeiten, als Thermostat. An Stelle eines druckempfindlichen Impulsempfängers wird alsdann ein temperaturempfindlicher angewandt und in metallische Berührung mit der Verdampferwand gebracht. Ein solcher Thermostat kann z. B. nach Abb. 219 (Ranco) mit einer Gefrierlösung (wässerigem Alkohol) gefüllt sein, die sich beim Erstarren ausdehnt und dabei den Schalter betätigt. Durch Einbau von Metall-

[1] The Bloemfontein Municipal Abattoir. Ice Cold Stor. 1930.

zungen wird das Gefrieren vorzugsweise auf den unteren Teil des Thermostaten beschränkt, während die Lösung im oberen balgförmigen Teil flüssig bleibt.

Weit häufiger wird als Impuls die Temperatur des gekühlten Raumes bzw. der gekühlten Flüssigkeit benutzt und der als Impulsempfänger dienende Thermostat unter die Einwirkung dieser Temperatur gebracht. Seine Ausführung entspricht der letztbeschriebenen mit Schnappschalter oder auch Abb. 220 (Mercoid) mit Kippschalter.

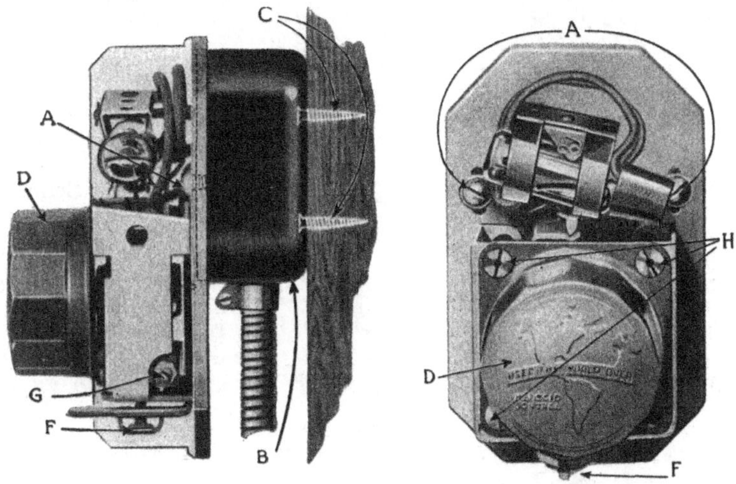

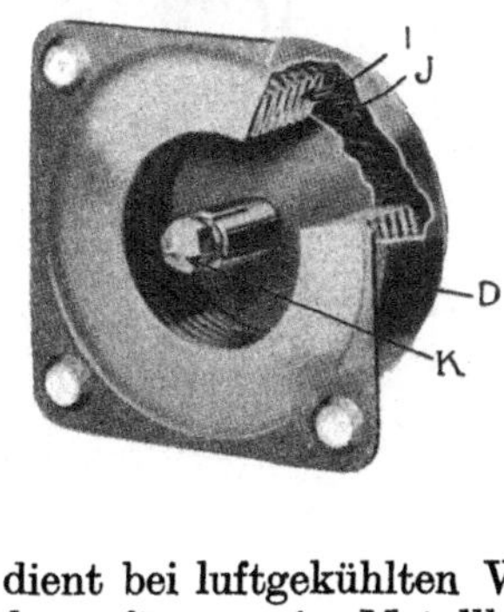

Abb. 220. Selbsttätiger Kippschalter (Mercoid). *A*, *H* Verbindungsschrauben, *B* Anschlußdose, *C* Befestigungsschrauben, *D* Fühlkörper, *F* Schraube für Temperatureinstellung, *G* Schraube für Hubbegrenzung des Metallbalges, *I* Metallbalg, *J* Übertragungsflüssigkeit, *K* Übertragungszapfen zur Betätigung des Schalters.

Als Impuls für die Sicherheitsschaltung dient bei luftgekühlten Verflüssigern der Verflüssigerdruck, als Impulsempfänger ein Metallbalg oder auch eine Bourdonröhre, die auf einen Schnapp- oder Kippschalter wirken. In der Regel ist der Sicherheitsschalter mit dem Selbstschalter verbunden. Beispielsweise wird nach Abb. 221 (Kelvinator) der Schalter durch zwei Metallbälge beeinflußt, von denen der eine unter dem Verdampferdruck, der andere unter dem Verflüssigerdruck steht. Es ist zweckmäßig, die Sicherheitsschaltung so auszubilden, daß das Wiederanstellen von Hand erfolgt, nachdem die Ursache der Gefahr beseitigt wurde. Um auf die Unregelmäßigkeit aufmerksam zu machen, kann

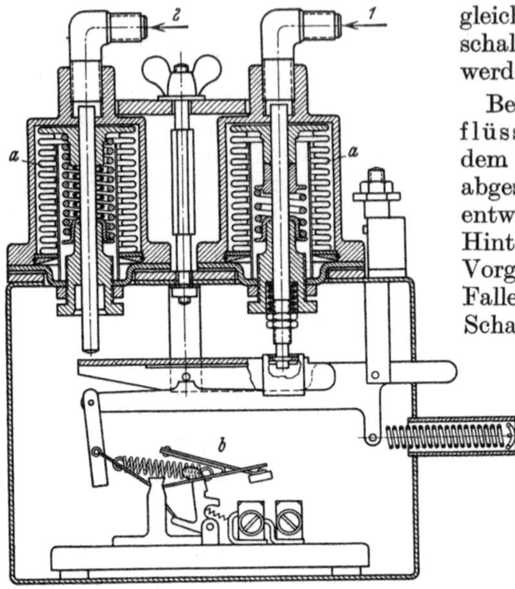

Abb. 221. Selbsttätiger Sicherheitsschalter (Kelvinator). *a* Metallbälge, *b* Schnappschalter, *1* zum Verdampfer, *2* zum Verflüssiger.

gleichzeitig mit der Sicherheitsschaltung eine Klingel betätigt werden.

Bei wassergekühlten Verflüssigern muß gleichzeitig mit dem Motor das Wasser an- und abgestellt werden. Dies kann entweder durch Parallel- oder Hintereinanderschaltung beider Vorgänge erfolgen. Im ersten Falle sind nach Abb. 222 (DKW) Schalter- und Wasserventilgestänge derart miteinander verbunden, daß gleichzeitig mit der Unterbrechung des Stromes das Ventil schließt und umgekehrt. Im anderen Falle wirkt der Impulsempfänger zunächst auf den Kühlwasserlauf, z. B. dadurch, daß ein Thermostat ein elektromagnetisches

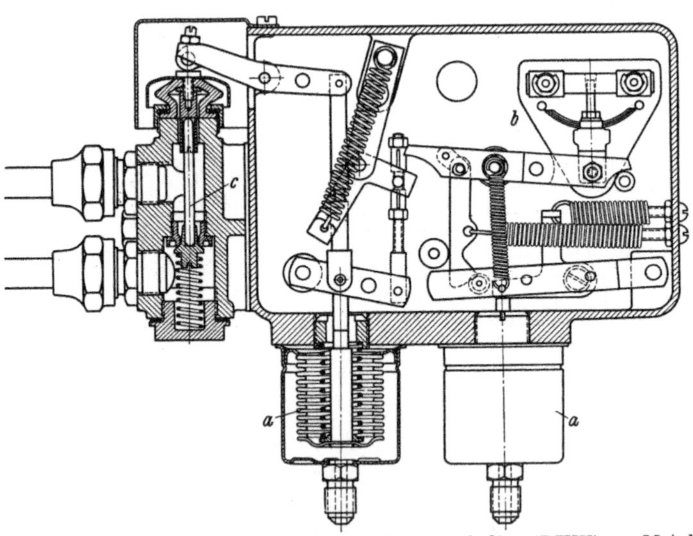

Abb. 222. Selbsttätiger Motor- und Kühlwasserschalter (DKW). *a* Metallbälge, *b* Schnappschalter, *c* Pumpenventil.

Wasserventil betätigt. Erst der Kühlwasserlauf beeinflußt alsdann den Motorschalter, z. B. unter Anwendung eines Schwimmers als Impuls empfänger.

Auch bei wassergekühlten Verflüssigern kann der Verflüssigerdruck als Impuls für die Betätigung der Sicherheitsschaltung dienen. Zweckmäßiger ist es, statt dessen die Temperatür oder Bewegung des Kühlwassers zu benutzen. In diesem Sinne wirkt die letztbeschriebene abhängige Schaltung von Motor und Kühlwasserventil als Sicherheitsschaltung, wenn die Einrichtung so getroffen ist, daß bei zu schwachem Kühlwasserlauf der Motor abgeschaltet wird. In gleicher Weise arbeitet eine Einrichtung, bei der die Temperatur des ablaufenden Kühlwassers den Impuls liefert.

In seltenen Fällen wird selbsttätige Schaltung bei Anlagen angewandt, deren Regelung von Hand erfolgt. Alsdann wird es nötig, auch das Flüssigkeitsventil zu beeinflussen. Beispielsweise kann bei Anlagen mit mehreren Verdampfern das An- und Abstellen jedes einzelnen dadurch erfolgen, daß ein Thermostat als Impulsempfänger das Flüssigkeitsventil des zugehörigen Verdampfers öffnet und schließt. Bei mehreren selbsttätig geregelten Verdampfern erfolgt in sinngemäßer Weise das An- und Abstellen jedes einzelnen nach Abb. 223 (Frigidaire) durch Öffnen und Schließen des in der Saugleitung sitzenden Absperrventils, wobei als Impulsempfänger ein Metallbalg oder Thermostat dient, je nachdem der Verdampfer überflutet oder trocken arbeitet.

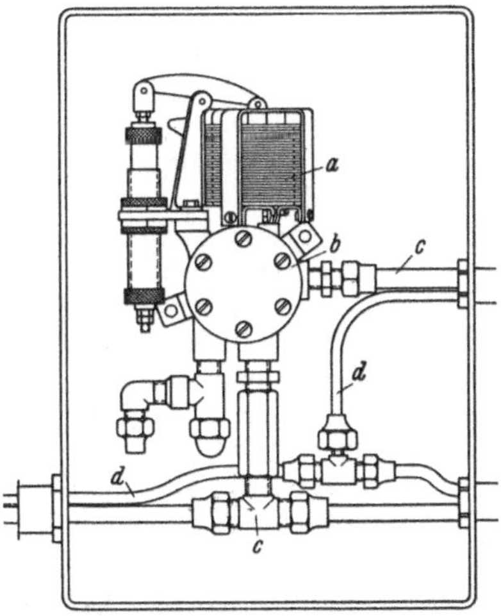

Abb. 223. Selbsttätige Schaltvorrichtung bei mehreren Verdampfern (Frigidaire). *a* Druckregler, *b* selbsttätiges Absperrventil, *c* Saugleitung, *d* Flüssigkeitsleitung.

Bei mittelbarer Kühlung muß gleichzeitig mit dem Verdichter die Umwälzvorrichtung für den Kälteträger an- bzw. abgestellt werden. Sind mehrere unabhängige Kühlsysteme vorhanden, so wird zweckmäßig jedes mit einem Thermostat versehen, der auf ein elektromagnetisches Soleventil wirkt. Die Schaltung ist hierbei so zu treffen, daß beim Schließen des letzten Soleventils der Motor der Solepumpe ausgeschaltet wird und wieder anläuft, wenn irgendeines der Soleventile durch den zugehörigen Thermostaten geöffnet wird.

XIII. Ausführung des Wärmeschutzes.

Wärmeschutzmittel werden bei Kühlanlagen verwandt, um den Wärmedurchtritt von der wärmeren Umgebung zu vermindern und die Temperaturschwankungen während des Stillstandes der Kälteerzeugung in engen Grenzen zu halten. Hierzu kommen als Nebenzwecke: Schutz des Kühlguts durch Milderung der Temperaturunterschiede innerhalb der Kühlräume und Verhinderung der Tauwasserbildung. Für den Wärmeschutz kommen in Betracht:

Kühlräume, die auf einer von der Umgebung stark verschiedenen Temperatur gehalten werden sollen, also vor allem dann, wenn die Temperatur im Raum niedriger liegt als in der Umgebung, in Ausnahmefällen auch dann, wenn ein Sinken der Raumtemperatur durch den Einfluß kälterer Nachbarräume verhindert werden soll;

Kühlvorrichtungen, in denen der gasförmige oder tropfbar flüssige Kälteträger umläuft, also Luftkühlerkammern, Soleverdampfer u. dgl.;

Rohre, die den kalten Arbeitsstoff oder Kälteträger führen, also Saug- und Einspritzleitungen, Luft- und Soleleitungen.

Die von dem Wärmeschutzmittel zu fordernden Eigenschaften sind bei allen Anwendungsarten ziemlich gleich und laufen hinaus auf:

niedrige Wärmeleitfähigkeit,
geringes Raumgewicht,
kleinen Wärmeinhalt,
gute Verarbeitungsfähigkeit,
genügende Festigkeit,
Beständigkeit,
Luftundurchlässigkeit,
Unschädlichkeit,
Schutz gegen Feuersgefahr,
Wirtschaftlichkeit.

Manche dieser Eigenschaften stehen in wechselseitigem Zusammenhang, so daß sich nicht alle gleichzeitig in vollem Maße verwirklichen lassen.

Es kann sich hier nicht darum handeln, alle Wärmeschutzstoffe hinsichtlich ihrer Anwendungsmöglichkeit zu behandeln. Der Entwurf muß von Fall zu Fall unter den verschiedenen Arten eine engere Auswahl treffen und schließlich nach dem Maß, in dem die angestrebten Eigenschaften erfüllt werden, entscheiden.

1. Wärmeleitfähigkeit.

2. Raumgewicht.

3. Wärmeinhalt.

Diese drei Punkte werden grundsätzlich und zahlenmäßig im Teil D behandelt.

4. Verarbeitungsfähigkeit.

Bei doppelwandiger Bauart mit zwischenliegenden Füllstoffen ist im Laufe der Zeit eine Umschichtung möglich, die schädliche Hohlräume schafft. Außerdem ergibt sie, beispielsweise bei Schlackenwolle und Blätterholzkohle, gesundheitsschädliche Staubentwicklung bei der Einbringung. Die Industrie ist daher mehr und mehr dazu übergegangen, den Wärmeschutzmitteln geeignete feste Gestalt zu geben, Plattenform für Kühlräume und Kühlvorrichtungen, Schalenform für Rohrleitungen. In dieser Weise werden Kork, Torf, Pflanzenfaserstoffe, Blätterholzkohle und Schlackenwolle gepreßt. Bei Hölzern ist eine besondere Formengebung nicht erforderlich, Geweberohstoffe dienen in Form von

Zöpfen als Wärmeschutz für Leitungen und Kühlvorrichtungen. Korkplatten lassen sich sägen und hobeln, also ähnlich wie Holz verarbeiten. Faserstoffplatten können besonders leicht mit Holzwerk verbunden werden. Aus diesem Grunde finden z. B. Celotexplatten, deren Grundstoff aus Zuckerrohrfasern besteht, weitgehend Verwendung als Wärmeschutz von Kühlwagen, Abb. 224 (Celotex). Biegsame Kapokmatratzen (Dry Zero) sind für Umhüllung einfach geformter Kühlkästen mit runden Kanten geeignet.

5. Festigkeit.

Bei den Decken von Kühlräumen genügt eine Festigkeit des Wärmeschutzes, die ihm die Eigenschaft einer frei tragenden Bauart sichert. Bei den Wänden von Kühlräumen ist der Wärmeschutz den durch den Betrieb sich ergebenden Stößen ausgesetzt, ebenso bei den innerhalb der Gebäude aufgeführten Säulen. Für den Fußboden kommt die Belastung durch das Kühlgut in Betracht, die je nach Ausnutzung, Ware und Raumhöhe sich zwischen 300 und 1500 kg/m² bewegt. Bei den Luftkühlerkammern gelten ähnliche Gesichtspunkte. Kühlvorrichtungen, wie vor allem die Verdampfergefäße, erfordern für den belasteten Wärmeschutz des Bodens besondere Festigkeit, weniger für Wände und Deckel. Bei Füllstoffen muß genügende Festigkeit durch die umhüllenden Wände geschaffen werden, während Wärmeschutz in Plattenform den Ansprüchen durch Vorpressung gerecht wird. Als notwendige Zusatzmaßnahmen kommen hier in Betracht: Zementputz mit Drahteinlage, Kantenschutz der Säulen — beispielsweise nach Abb. 225 (s. S. 266) (Grünzweig) durch Winkeleisen —, Anbringung besonderer Vorrichtungen für Befestigung irgendwelcher Lasten an den Wänden, Herstellung eines tragfähigen Bodens über dem Wärmeschutz in Kühlräumen und Luftkühlerkammern — beispielsweise 75 mm Betonmischung 1:1 und 25 mm Zement —. Für freitragende Wände eignen sich nach Abb. 226 (s. S. 266) (Grünzweig) Korkplatten, daneben Balsaholz wegen seiner hohen Biegungsfestigkeit von 12 bis 18 kg/cm². Für besondere Ansprüche wird der Kern aus Balsaholz hergestellt und außen mit dünnen Brettern aus Hartholz versehen. Bei anderen Wärmeschutzmitteln wird durch Verbindung mit Leichtbeton eine erhöhte Festigkeit angestrebt.

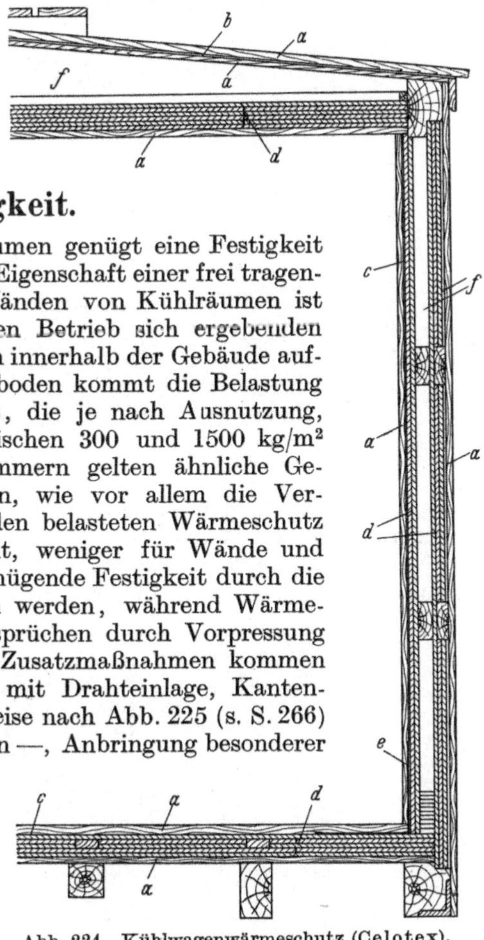

Abb. 224. Kühlwagenwärmeschutz (Celotex). *a* Holz, *b* Dachpappe, *c* wasserdichtes Papier, *d* Celotex, *e* wasserdichte Jute, *f* Luft.

6. Beständigkeit.

Nach englischen Untersuchungen[1] erhöhte sich die Wärmeleitfähigkeit der bei einem Schiffe als Wärmeschutzmittel verwandten Schlackenwollefüllung im Verlauf von 14 Jahren auf das $2^1/_2$fache. Ein ursprünglich hochwertiger Wärmeschutz ist daher fast wertlos,

Abb. 225. Wärmegeschützte Kühlraumsäulen mit Kantenschutz (Grünzweig).

wenn keine Sicherheit besteht, daß seine maßgebenden Eigenschaften dauernd erhalten bleiben.

Die Wirksamkeit des Wärmeschutzes wird durch Feuchtigkeit stark vermindert, weil die Wärmeleitfähigkeit zunimmt, außerdem

Abb. 226. Freitragende Zwischenwände aus Korkplatten (Grünzweig).

allmählich Zerstörung durch Fäulnis eintritt. Der Wärmeschutzstoff muß daher so trocken wie möglich geliefert, verarbeitet und in diesem

[1] Report on heat insulators. Spec. Rep. 5. Food Invest. Bd. 1920.

Zustande erhalten werden. Zu diesem Zwecke bedürfen alle einer entsprechenden Aufbereitung. Korkplatten werden durch Wärmebehandlung oder durch Anwendung eines wasserbeständigen Bindemittels gegen Feuchtigkeit und Fäulnis widerstandsfähig gemacht. Die gleiche Maßnahme erscheint auch für Korkschrot notwendig. Hierher gehört auch der wasserdichte Überzug mit Kitt, bei bescheideneren Ansprüchen mit Zement, auf den Oberflächen und vor allem den bearbeiteten Kanten der Platten. Bei harzreichen Hölzern wird vorzeitige Zerstörung durch Anstrich mit heißem Leinöl verhindert. Für harzarme Sorten kommen als Schutzmittel Eisenvitriol, Antinonnin und Fluorverbindungen, wie Hylinit, in Betracht. Aluminiumfolie, die bei Unterschreitung des Taupunktes beschlägt und alsdann durch Oxydation leidet, wird durch Lacküberzug gegen den zerstörenden Einfluß von Luftsauerstoff und Feuchtigkeit geschützt.

Ein hochwertiger Wärmeschutzstoff soll wasserabweisend sein, d. h. in Wasser eingetaucht sich nicht benetzen und ein Aufsteigen der Feuchtigkeit durch die Lufthohlräume verhindern, wie dies durch besondere Aufbereitung bei der Dyckerhoffschen Torfoleumplatte angestrebt wird.

Luftdurchlässigkeit bei Wärmeschutzstoffen ist gleichbedeutend mit Durchlässigkeit gegenüber der in der Luft enthaltenen Feuchtigkeit. Da die beiden Seiten der Wärmeschutzschicht verschiedene Temperaturen besitzen und der wärmeren Luft im allgemeinen ein höherer Teildruck des Wasserdampfes entspricht, strömt Wasserdampf durch die Kanäle des Wärmeschutzstoffes von der warmen gegen die kalte Seite. Dies führt zu Feuchtigkeitsniederschlag auf der kälteren Seite. Zur Fernhaltung der Feuchtigkeit ist daher luftdichter Abschluß nötig. Befindet sich die luftdichte Schicht auf der Innenseite des Kühlraumes, so wird die Feuchtigkeit der Umgebung sich innerhalb der Bau- und Wärmeschutzschicht niederschlagen, solange der Teildruck des Wasserdampfes in der Umgebung höher ist, als der Raumtemperatur im Sättigungszustande entspricht. Nur in den seltenen Fällen, wenn winters die Außentemperatur niedriger liegt als die des Kühlraumes, wird sich eine derartige Abdichtung bewähren. Richtiger erfolgt sie auf der äußeren Fläche des Wärmeschutzes und schützt diesen alsdann in der vorherrschenden Zeit, während der die Temperatur außen höher liegt als innen. Bei dieser Ausführung kann eine äußere Bauschicht nicht genügend nach innen austrocknen. Ein zum Schutz gegen äußere Feuchtigkeit angebrachter wasserdichter Verputz oder Anstrich würde daher nur verhindern, daß die Mauerfeuchtigkeit überhaupt verschwindet. Er darf deshalb erst nach geraumer Zeit angebracht werden und bleibt auch dann bedenklich, wenn Rissebildungen auftreten, die das Eindringen äußerer Feuchtigkeit ermöglichen, ohne nachträgliches Ausdunsten in hinreichendem Maße zu sichern. Durch Einfügung einer wasserundurchlässigen Schicht in die Grundmauern oberhalb des Grundwassers ist Hochsaugen der Bodenfeuchtigkeit zu unterbinden, ein gleicher Schutz seitlich für die Grundmauern vorzusehen, soweit sie in der Erde stecken. Aus hygienischen Gründen ist es vorteilhaft, Innenwände von Kühlräumen — beispielsweise durch wasserdichten

Zementverputz — abwaschbar zu halten. Für Fußböden ist diese Möglichkeit in allen Fällen vorzusehen und bei Eisenbahnwagen und Schiffsräumen auf die Verwendung einer geschlossenen Zinkblechlage zu erweitern. Die Forderung der Beständigkeit des Wärmeschutzstoffs schließt auch die Bedingung ein, Zerstörung durch Ungeziefer zu verhüten.

7. Luftundurchlässigkeit.

Luftdurchlässigkeit der umgebenden Wände bietet die Möglichkeit zu unmittelbarem Einströmen warmer Außenluft. Gleiches Gefüge der Baustoffe vorausgesetzt, ist der Luftdurchgang um so größer, je dünner die Wandstärke und je geringer damit der Durchströmwiderstand wird. Eine wesentliche Rolle spielt auch die Frage, ob in dem gekühlten Raume vollkommene Druckgleichheit mit der Außenseite herrscht oder Unter- bzw. Überdruck, denn es ist klar, daß ein Entweichen kalter Luft nicht minder schädlich wirkt als das Eindringen warmer Luft. Selbst wenn mit einem Druckunterschied zu beiden Seiten einer Trennwand nicht zu rechnen ist, spielt die Luftdurchlässigkeit insofern eine Rolle, als die in der Luft enthaltenen Gase auch bei ausgeglichenem Druck durch die Undichtheiten diffundieren, wenn die Konzentration zu beiden Seiten verschieden ist. Als solches Gas kommt neben dem Wasserdampf z. B. die durch die Atmung pflanzlicher Lagergüter entwickelte Kohlensäure in Betracht. Während bei der Kohlensäure das Entweichen nach außen im Interesse der Luftreinheit erwünscht ist, muß das Eindringen der Feuchtigkeit unbedingt vermieden werden. Da sich beide Bedingungen im allgemeinen nicht gleichzeitig erfüllen lassen, ist es richtig, die Wärmeschutzschicht gasdicht auszubilden und die Ableitung unerwünschter Gase aus dem Kühlraum der Lüftungsanlage zu überlassen. Der Einfluß des Windanfalls wird vollkommen aufgehoben, wenn eine der beiden Wandseiten eine luftdichte Verkleidung erhält, wie sie beispielsweise durch Glas, Blech o. dgl. geschaffen werden kann. Wird diese Bekleidung auf beiden Seiten angebracht, so ergibt sich eine Verbesserung auch dadurch, daß ein einseitiger Umlauf der Luft innerhalb der Wandflächen verhindert und damit die Bedingung möglichst ruhender Luftteilchen in erhöhtem Maße erfüllt wird. Im allgemeinen werden diese Mittel nicht anwendbar sein. Dann ist als Ersatz eine geschlossene Kittschicht gegen Böden, Wände und Decken von Bauwerken, Isolierpapiereinlage für den Umbau von Kühlschränken, Luftkühlerkammern und Eisenbahnwagen zu fordern. Zu der Luftdurchlässigkeit des Baustoffs kommt bei Fenstern und Türen noch der Verlust durch Undichtheiten der Rahmen, dessen Größe von der Sorgfalt der Ausführung abhängt. Es hat sich nicht bewährt, die Abdichtung aufeinandergepaßten, schrägen Holzflächen zu überlassen, die sich verziehen und sperren. Auch das Besetzen der Dichtungsflächen mit Filz ist nicht vollkommen, da Filz im Laufe der Zeit erhärtet und seine Aufgabe nur noch schlecht erfüllt. Besser scheinen schlauchartig ausgebildete, innen mit elastischem Baumwollgewebe ausgefüllte Dichtungsschnüre, wenn sie aus widerstandsfähigem gummierten Stoff hergestellt sind. Dauernde

Prüfung der Dichtungsstellen und rechtzeitiger Ersatz der Dichtungen gehört mit zur regelmäßigen Überwachung der Anlage. Große Einfahrtstore werden zweckmäßig unterteilt und mit besonderem kleinen Flügel für den Personenverkehr versehen. Bei lebhaftem Verkehr wird hinter der eigentlichen Wärmeschutztür am besten ein Pendelverschluß oder ein Segeltuchvorhang angebracht, der von selbst zuschlägt, da bei zwei regelrechten Türen hintereinander die innere offen zu bleiben pflegt.

Auch in der Fläche selbst ist bei den aus Holzwerk mit zwischengelegtem Schutzstoff bestehenden Türen eine erhöhte Luftdurchlässigkeit zu erwarten. Hiergegen schützt Verkleidung des Holzwerks durch nichtrostenden Metallbelag (emaillierte Bleche, Monelmetall, nichtrostender Stahl). Abgesehen von der erhöhten Sicherung des Wärmeschutzstoffes gegen Eindringen von Wasser bei der Reinigung besteht der Vorteil gegenüber Holz in der Raumbeständigkeit und der Unmöglichkeit des Faulens. Voraussetzung ist jedoch, daß durch den luftdichten Abschluß nicht eine neue Gefahr, wie Eindringen von Luftfeuchtigkeit von außen und Niederschlagen an der inneren Metallbegrenzung, auftritt. Ihr ist durch Anbringung des luftdichten Abschlusses auf der Außenseite vorzubeugen. Bei metallbekleideten Kühlraumtüren und Schränken besteht die Rahmenkonstruktion entweder nach wie vor aus Holz oder auch aus Metall. Die Verringerung des Wärmewiderstandes durch die hierbei gebildeten Wärmebrücken darf nicht unterschätzt werden. Sie ist zahlenmäßig für die von Hölzern durchsetzte Wärmeschutzschicht bei Schiffen durch Joelson[1] ermittelt worden. Den Einfluß von Metallumrahmungen auf die Wärmeschutzwirkung hat van Dusen[2] geprüft. Für ein Element von etwa 1×1 m Oberfläche und eine Stärke der aus Stahlblech bestehenden Umkleidung von $^3/_4$ mm fand er eine Zunahme des Wärmedurchganges um

	40	75	100	120 %
wenn der innere Wärmeschutz	25	50	75	100 mm

stark ist und eine Wärmeleitfähigkeit von 0,036 kcal/m · °C · h besitzt. Diese Zahlen gelten unter der Voraussetzung, daß der Rahmen in metallischer Verbindung mit der beiderseitigen Bekleidung steht. Wird die Verbindung unterbrochen, so ist der Metallrahmen ohne wesentlichen Einfluß. Bei Kühlwagen ist eine allmählich zunehmende Luftdurchlässigkeit infolge der dauernden Erschütterungen in besonderem Maße zu befürchten. Wie groß der schädliche Einfluß der Luftdurchlässigkeit auf das Wärmeschutzvermögen ist, haben u. a. die im Auftrage der Akademie der Ingenieurwissenschaften, Stockholm, vorgenommenen Untersuchungen von Kroeger und Ericksson gezeigt. Eine 100 mm starke Torfwand ergab unter bestimmten Luftbewegungsverhältnissen bei einer Temperatur von — 18° auf der einen, 19° auf der anderen Seite, einen Wärmedurchgangswiderstand $1/k = 1/3{,}4$, der sich durch Auflage einer 3 mm starken Glasscheibe an der warmen Seite auf 1/1,3,

[1] Joelson: Die Berechnung von Schiffsisolierungen. Z. ges. Kälteind. 1930.
[2] van Dusen: Heat transfer through metal-inclosed insulation. Bur. Stand. J. Res. 1930.

an der kalten — offenbar stärker belüfteten — Seite auf 1/0,75 und durch beiderseitige Auflage auf 1/0,47 erhöhte. Bei oberirdischen Kühlräumen fällt die Luft durch die geöffneten Türen in die wärmere Umgebung. Sind Belüftungsrohre oder andere Öffnungen vorhanden, die ins Freie führen, so dringt durch sie Frischluft nach. Fehlen dagegen solche Maßnahmen, so ergibt sich im Kühlraum Unterdruck gegen die Umgebung, der das Eindringen von Luft durch eine nicht abgedichtete Wärmeschutzschicht begünstigt. Diesem Gesichtspunkt kommt um so größere Bedeutung zu, je höher der gekühlte Raum ist.

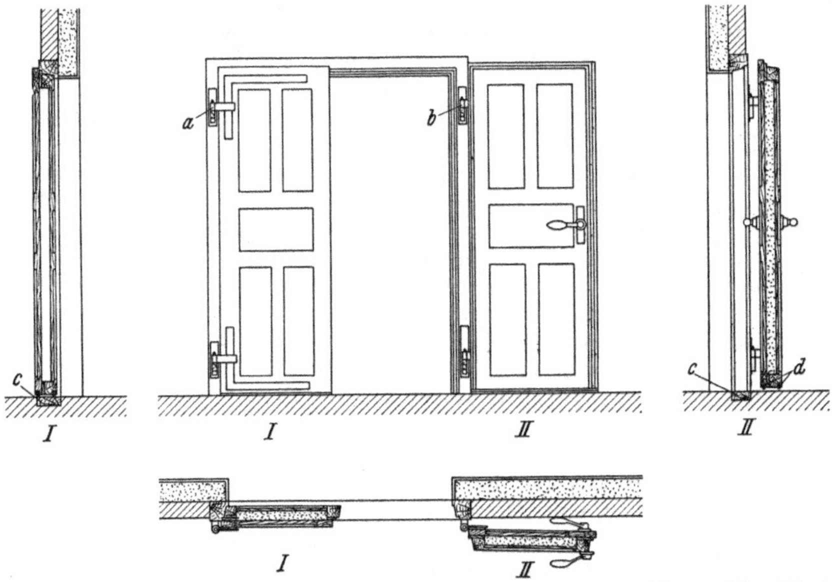

Abb. 227. Kühlraumtür mit bodengleicher Schwelle (Sterkel). *I* geschlossen, *II* geöffnet, *a* Türband bei geschlossener Tür, *b* Türband bei geöffneter Tür, *c* Schwelle, *d* Gummibänder.

Um eine bodengleiche Schwelle zu erhalten, wird häufig auf eine ausgesprochene Dichtung am Boden zu Unrecht verzichtet. Den Mangel behebt die Ausführung nach Abb. 227 (Sterkel), bei der die Tür sich beim Öffnen hebt. Wichtig für Dichtheit ist gutes Anpressen, bei großen Türen z. B. durch mehrfachen Preßverschluß.

Der Innenanstrich von Kühlräumen besteht bald aus einfachen Kalkfarben, die den großen Vorzug besitzen, schädliche Gerüche aufzunehmen, bald aus Lackfarben, die einen luftdichten Abschluß herstellen. Der Wert der letzten ist nicht ohne weiteres zu bejahen, da ein luftdichter Innenanstrich die nachträgliche Austrocknung der Gebäudeteile unter der Einwirkung der kalten und trockenen Luft verhindert. Andererseits bedeutet Luftdurchlässigkeit im allgemeinen eine gewisse Rauhigkeit der Oberfläche, die einen günstigeren Nährboden für Bakterien und Schimmel schafft als beispielsweise die Glätte einer Emailfarbe.

Soweit sich Fenster nicht vermeiden lassen, sind dicht eingemauerte Glasbausteine oder mehrfache Verglasungen empfehlenswert. Die Versuche von Raisch[1] an Fenstern verschiedener Bauart haben ergeben, daß bei einem einfachen Fenster mit Holzrahmen und einem Kastendoppelfenster mit 0,13 m Scheibenabstand ein Windanfall gleich dem Doppelten des Wärmedurchganges zu berücksichtigen ist, während er bei einem Langschen Stock-Doppelfenster mit 0,035 m Scheibenabstand nur die Hälfte beträgt. Bei Glasbausteinen darf, da die Wärmeleitfähigkeit von Glas mit Drahteinlage dem von normalen feuchten Ziegelsteinen etwa gleich zu setzen und die Strahlungskonstante von Glas sehr hoch ist, die Wärmeschutzwirkung keinesfalls überschätzt werden, ebensowenig die zellenartige Unterteilung senkrecht zur Wandfläche, da hierdurch wohl die Wärmeübertragung durch Strömung vermindert wird, der überwiegende Einfluß von Strahlung und Leitung jedoch verbleibt bzw. durch die leitenden Stegverbindungen noch zunimmt. Der Hauptwert der Glasbausteine gegenüber Fenstern ist daher in der Unterbindung der Luftdurchlässigkeit zu suchen und durch besonders sorgfältigen Einbau zu sichern.

8. Unschädlichkeit.

Abgesehen von der selbstverständlichen Bedingung, daß der Wärmeschutzstoff gegenüber seiner Unterlage, Bauwerk oder Metallwand, sich chemisch unwirksam verhalten soll, wird von ihm bei Kühlräumen, die vorzugsweise zur Aufbewahrung von Lebensmitteln dienen, unbedingte Geruchlosigkeit gefordert. Schädliche Gerüche entstehen durch die Einwirkung von Alkalien auf Teeröle bzw. die darin enthaltenen Phenole und Aminbasen. Hierauf ist bei der Verwendung des Bindemittels für den geformten Wärmeschutz, ebenso wie bei seinem Anstrich, zu achten. Einen besonderen Vorzug besitzt durch trockene Destillation von Holz gewonnene Blätterholzkohle, die nicht nur gegen Fäulnis vollkommen widerstandsfähig ist, daher keiner Imprägnierung bedarf, sondern darüber hinaus schädliche Gerüche bindet.

Während die chemische Einwirkung von Alkalien sich allmählich erschöpft, bildet die im Rohkork stets vorhandene Infektion durch Bakterien und Pilze eine dauernde Gefahr, nicht nur wegen der Übertragungsmöglichkeit auf das Kühlgut, sondern auch wegen der Bildung von Geruchstoffen, die schließlich einen Kühlraum für die Aufbewahrung von Lebensmitteln ungeeignet machen. Die Umhüllung der einzelnen Schrotkörner mit Pech genügt schon deshalb nicht, weil die Hülle niemals lückenlos schließt, außerdem während der Verlegung Beschädigungen unterworfen ist. Dagegen ergibt nach Jürges-Reichard[2] Behandlung in trockener Hitze nicht nur eine Sterilisierung des Rohstoffes, sondern auch eine Zerstörung der Nährstoffe und Neubildung keimtötender Stoffe.

---

[1] Raisch: Die Wärme- und Luftdurchlässigkeit von Fenstern verschiedener Konstruktion. Gesundh.-Ing. 1922.

[2] Jürges-Reichard: Die Ursachen des muffigen Geruches in Kühlanlagen. Gesundh.-Ing. 1928.

Voraussetzung für die Entwicklung von Bakterien und Pilzen ist die Gegenwart von Wasser. Eine vollkommen luftdichte äußere Kittschicht, durch die das Eindringen der äußeren Luftfeuchtigkeit verhindert wird, bildet daher einen zusätzlichen Schutz. Da die Entwicklung der Mikroorganismen bei niedrigen Temperaturen verhältnismäßig langsam verläuft, stellt auch die Unterteilung des Wärmeschutzes in mehrere Lagen unter Einfügung einer luftdichten Kittschicht zwischen die einzelnen Lagen eine Sicherung dar, weil alsdann die höchste Temperatur der in erster Linie maßgebenden Innenschicht niedriger liegt als bei einlagiger Ausführung. Es leuchtet ein, daß ungleiche Stärke der beiden Lagen — ganz dünne Innenlage, starke Außenlage — Vorteile bietet. Einen Vorzug stellt es dar, wenn der für den luftdichten Abschluß und die Befestigung dienende Kitt sich ohne Geruch- und Rauchentwicklung verarbeiten läßt, also z. B. aus einer im kalten Zustande flüssigen, rasch erhärtenden Asphaltemulsion besteht.

9. Feuersicherheit.

Fast alle Wärmeschutzstoffe pflanzlicher Herkunft besitzen bei Vermeidung von leicht entflammbaren Bindemitteln in bescheidenem Sinne die Eigenschaft der Feuersicherheit. Die äußere Schicht kohlt zwar an, verzögert aber in starkem Maße das weitere Eindringen des Feuers. Vollkommen feuersicher sind mineralische Wärmeschutzstoffe.

10. Wirtschaftlichkeit.

Wirtschaftlich ist der Wärmeschutz, bei dem der Kapitaldienst zusammen mit den Betriebskosten den Mindestwert erreicht. Um ihn zu ermitteln, ist es erforderlich, für verschiedene Arten und Stärken der in Betracht kommenden Wärmeschutzmittel die benötigte Leistung der Kälteanlage und die hierfür aufzuwendenden Beschaffungs- und Betriebskosten zu errechnen. Ergibt eine Nachrechnung, daß, unter Berücksichtigung der Ausgleichwirkung von Kühlgut und künstlich geschaffenen Kältespeichern, bei diesem wirtschaftlichen Wärmeschutz während des Stillstandes der Kälteerzeugung unzulässige Temperaturschwankungen auftreten, so ist in erster Linie anzustreben, das Verhältnis von Stillstand zu Betriebszeit günstiger zu gestalten, sei es durch Unterteilung auf mehrere Abschnitte, sei es durch Erhöhung der täglichen Arbeitszeit überhaupt, der alsdann eine kleinere Kälteanlage und eine andere wirtschaftliche Wärmeschutzstärke entspricht. Zahlreiche Forscher haben sich in letzter Zeit mit der zahlenmäßigen Festlegung der wirtschaftlichen Wärmeschutzstärke befaßt. Ein allgemeines, einfach zu handhabendes Tafelwerk wurde von Cammerer[1] geschaffen.

[1] Cammerer: Wirtschaftlichste Isolierstärke bei Wärme- und Kälteschutzanlagen und Wärmeabgabe isolierter Rohre bei unterbrochener Betriebsweise. Herrnhausen 1927.

Die Frage, ob der Wärmeschutz auf der Innen- oder Außenseite oder zwischen geteilten tragenden Wänden anzubringen ist, läßt sich nicht eindeutig beantworten. Liegt er außen, so bilden die inneren Bauteile einen Kältespeicher, der besonders bei stark unterbrochenem Betriebe willkommen ist; liegt er innen, so besteht die Gefahr, daß nach Abstellen der Kühlung die in den äußeren Teilen angesammelte Wärme durch den Wärmeschutz dringt und die Raumtemperatur vorzeitig in unzulässigem Maße erhöht. Im allgemeinen wird vermieden, die Hauptgrundmauern durch eine Wärmeschutzschicht zu durchbrechen. Bei äußerer Anbringung ergibt sich daher an dem Fußboden des untersten Geschosses eine Unstetigkeit, durch die Bodenwärme aufsteigt. Bei Innenverlegung läßt sich eine derartige Unstetigkeit an den Zwischendecken nur dann vermeiden, wenn diese beiderseits, außerdem die Säulen durchgehends geschützt werden. Dies bedeutet eine erhebliche Verteuerung. Bei der Außenanbringung gefährdet ein Niederschlag die zunächst liegende, wichtige Wärmeschutzschicht, außerdem dringt Bodennässe bei schadhaftem Feuchtigkeitsschutz der Grundmauern in die inneren Bauteile ein und kann dort durch wiederholtes Ausfrieren bedenkliche Zerstörungen verursachen. Je nachdem der eine oder andere Punkt eine größere Rolle spielt, ist eine der beiden Ausführungsmöglichkeiten zu wählen. Wo die Kostenfrage zurücktritt, erscheint es zweckmäßig, eine allseitige Innenverlegung des Wärmeschutzes vorzunehmen und eine innere Vormauerung anzuordnen, der die Aufgabe der Kältespeicherung zufällt. In diesem Falle sind die Unstetigkeiten der Bauformen auf die Außenseite des Gebäudes zu legen.

Treten kalte Rohrleitungen durch eine Decke oder Wand, so ist an dieser Stelle ein verstärkter Wärmeschutz und ein äußerer, luftdichter Abschluß gegen den Bauteil vorzusehen. Kann die Durchführungsstelle nicht als Festpunkt der Leitung ausgebildet werden, so soll der entsprechend verstärkte Wärmeschutz gegen den Bauteil — nicht gegen das umhüllte Rohr — beweglich gehalten sein.

Die Frage des Wärmeschutzvermögens spielt eine gewisse Rolle bei den aus Gewebestoffen bestehenden Schutzvorhängen, die während des Auffüllens oder Entleerens vor den Türen von Kühlräumen wirksam sind, sowie bei der Schutzkleidung der Kühlhausarbeiter. Über Versuche von Laird mit Geweben berichtet Rood[1]. Laird fand bei Temperaturen von 30 bis 40°

		die Wärmeleitfähigkeit λ [kcal/m · °C · h]
für	Wollstoff und Wolltrikot	0,043
	Seidengewebe	0,036 bis 0,044
	Flanellgewebe	0,047
	Baumwollstoff und Baumwolltrikot .	0,060 bis 0,066
	Leinenstoff und Leinentrikot	0,057 bis 0,06

Für Schutzvorhänge und Schutzkleidungen sind daher Baumwoll- und Leinenstoffe nicht angebracht und Flanell, Wollstoffe oder Seidengewebe vorzuziehen.

[1] Rood: Thermal conductivity of some wearing materials. Physic. Rev. 1921.

Auch die zur Sicherung richtigen Luftumlaufs angewandten Schutzwände sind in einer die Wärmeübertragung hemmenden Weise auszuführen, z. B. als beiderseitig verschalte Korkplatten. Das benutzte Holz muß feuchtigkeitsbeständig und geruchlos sein. Pitchpine und Kiefer sind geeignet. Anstrich mit geruchlosem Lack wirkt günstig. Bei waagerechten Schutzwänden unter den Kühlsystemen empfiehlt es sich, die den Kühlrohren zugewandte Verkleidung aus verzinktem oder emailliertem Blech zu wählen, um Eindringen des ablaufenden Tauwassers zu vermeiden.

XIV. Maschinenraum.

Bei größeren Leistungen soll die Unterbringung von Verdichter, Verflüssiger und Verdampfer mit Zubehör in einem besonderen Maschinenraum die Regel bilden. Seine Lage ist nach Möglichkeit so zu wählen, daß der ausströmende Arbeitsstoff fremde Räume, die dem Aufenthalt oder Verkehr dienen, nicht erreicht. Am vollkommensten wird dieses Ziel bei einem selbständigen Maschinenhaus erfüllt. Wo es sich aus örtlichen oder wirtschaftlichen Gründen verbietet, sind für die bauliche Ausführung bestimmte Mindestforderungen zu stellen:

An zwei entgegengesetzten Seiten des Maschinenhauses sind Ausgänge vorzusehen und nach Möglichkeit unmittelbar ins Freie zu führen;

der Maschinenraum ist in feuersicherer Bauweise auszuführen;

für reichliche Entlüftungsmöglichkeit ist zu sorgen. Zu diesem Zwecke sind Entlüftungsöffnungen auf mindestens zwei entgegengesetzten Seiten anzuordnen. Künstliche Belüftung durch einen reichlich bemessenen Elektrolüfter, der etwa zwanzigfache stündliche Lufterneuerung sichert, erleichtert das Betreten des Maschinenraums nach gelegentlich vorkommenden Undichtheiten. Der Lüfter saugt zweckmäßig die Luft ab und drückt sie durch einen Schacht hoch nach einer Stelle, wo die verunreinigte Luft niemand belästigt. Für das Nachströmen von einwandfreier Frischluft sind an dem dem Lüfter entgegengesetzten Ende des Maschinenraumes reichlich Zuluftöffnungen anzuordnen. Die Betätigung des Lüfters und der Klappen muß an einer ungefährdeten Stelle außerhalb des Maschinenraums erfolgen können;

Verbindungen, die von dem Maschinenraum nach Treppenhäusern, Gängen und anderen, dem allgemeinen Verkehr dienenden Räumen führen, sollen selbstschließende Feuertüren erhalten;

Lichtfülle, freie Zugänglichkeit zu den Maschinen, reichliche Höhe im Maschinenraum, wie sie in Abb. 228 (Linde) zum Ausdruck kommen, bedeuten nicht nur äußerliche Vorzüge, sondern bringen eine nicht zu unterschätzende Erhöhung der Sicherheit.

Arbeitet eine Großkühlanlage mit unmittelbarer Kühlung, so gelten diese Vorschriften auch für die Räume, in denen die Kühlvorrichtungen untergebracht sind. Bei mittleren und kleinen Kühlanlagen ist ihre Durchführung wünschenswert, wenn auch häufig nicht möglich. Aus diesem Grunde sollte die Anwendung unmittelbarer Kühlung für bestimmte Fälle ausscheiden, wo die Kühlräume so liegen, daß durch darin auftretende Undichtheiten fremde, dem allgemeinen Verkehr dienende Räume und Wege gefährdet werden. Alle Teile, die den Arbeitsstoff führen, sind alsdann in dem Maschinenraum zu vereinigen. Hierher gehören öffentliche Versammlungsräume, Fürsorgeanstalten und vor allem Krankenhäuser. Bei Warenhäusern werden sich die gekühlten Räume häufig derart anordnen lassen, daß sie an den Maschinenraum angrenzen und mit diesem eine Einheit bilden. Wo dies nicht möglich ist, sollte mittelbare Kühlung gewählt werden.

Abb. 228. Maschinenraum (Linde).

Ein in den genannten Fällen im Maschinenraum untergebrachter Kühler darf die außerhalb liegenden, mittelbar gekühlten Räume nicht dadurch gefährden, daß Teile des Arbeitsstoffes bei Undichtheiten zusammen mit dem Kältemittel nach dem Kühlraum strömen. Aus diesem Grunde sind Trockenluftkühler mit unmittelbarer Kühlung ebenso wie Naßluftkühler als nicht ungefährlich zu betrachten; die letzten deshalb, weil der von dem Kälteträger in einem undichten Verdampfer aufgenommene Arbeitsstoff im Naßluftkühler ausgetrieben werden und in die Kühlraumluft austreten kann. Eine Ausnahme bilden Anlagen, deren Arbeitsstoff als ungefährlich für Leben und Gesundheit zu betrachten ist. Hierzu gehört vor allem Kohlensäure, vorausgesetzt, daß beim Ausströmen der gesamten Füllung der Kohlensäuregehalt der Raumluft kein gefährliches Maß erreicht.

XV. Das Gesamtbild der angewandten Kälte.

Im nachfolgenden werden in weitem Rahmen die Ausführungsformen bei Anwendung künstlicher Kühlung beschrieben. Den Ausgangspunkt bildet die Art des behandelten Kühlguts. In weiterer Folge ergeben sich Betrachtungen, gegliedert nach der Form, in der die vielseitigen Zwecken dienende Kühlanlage zu einem geschlossenen Ganzen, beispielsweise als Kühlhaus, zusammengefaßt erscheint. Hierbei gehen zwei grundsätzlich verschiedene Anwendungsformen künstlicher Kühlung häufig nebeneinander her. Die eine beeinflußt Arbeitsverfahren, die bei niedrigeren Temperaturen günstiger verlaufen. Im allgemeinen bietet es hierbei keine Schwierigkeiten, Bestbedingungen zu erfüllen und die Aufgabe restlos zu lösen. Die andere betrifft die Erhaltung wertvoller Stoffe über eine längere Zeitdauer, als ohne Anwendung der Kühlung möglich ist. Hierbei sind bestimmte Grenzen dadurch gezogen, daß die chemischen und biologischen Veränderungen vollständig erst bei Temperaturen aufhören, die sich aus wirtschaftlichen Gründen oder auch deshalb verbieten, weil sie das Kühlgut in anderer Hinsicht ungünstig beeinflussen. In diesem Sinne stellt der Punkt des Gefrierbeginns häufig die praktisch anwendbare untere Grenze dar. Das Ziel unbegrenzter Erhaltung läßt sich infolgedessen nur in Ausnahmefällen erreichen, und die Kaltlagerung mit beschränkter Dauer bildet die Regel. Bei tierischen und pflanzlichen Stoffen, die dem Genusse dienen, wird die Grenze durch die Bildung unerwünschter Geschmackstoffe gezogen. Von Ausnahmefällen abgesehen, kann die mögliche Dauer einwandfreier Kaltlagerung in runden Zahlen wie folgt angenommen werden:

Fleisch, Fische, Butter in gefrorenem Zustande . .	6 Monate
Eier	9 „
Obst	6 „
Fleisch, Fische ungefroren	2 „
Gemüse	1 Monat

Diese Zahlen entsprechen den vorliegenden Erfahrungen. Eine Steigerung erscheint in dem Grade nicht ausgeschlossen, in dem die Führung des Kühlbetriebes sich vervollkommnet. Hierbei ist es besonders wichtig, in höherem Grade, als bisher im allgemeinen üblich ist, die Feuchtigkeit der Raumluft nicht nach erfahrungsgemäß ermittelten Durchschnittswerten zu regeln, sondern während der Lagerung — dem wechselnden hygroskopischen Zustand des Gutes entsprechend — zu verändern. Andere Mittel zur Verlängerung der Lagerungsdauer, wie Entkeimung des Kühlgutes vor der Einbringung, Ausschluß des Luftsauerstoffes unter Ersatz durch unwirksame Gase, bleiben hier unberücksichtigt, weil ihre Anwendung fast stets mit Nebenwirkungen verbunden ist, die der Kaltlagerung die Eigenschaft einer mit natürlichen Mitteln durchgeführten Frischhaltung nehmen.

1. Fleisch.

Den ersten Versuchen, als Tellier 1873 mit seiner Methylätherkälteanlage nachwies, daß sich Fleisch bei etwa 2 bis 4^0 wochenlang frisch erhalten läßt, und Carré 1877 zum ersten Male mit seiner Ammoniakkälteanlage Gefrierfleisch erfolgreich über den Ozean führte, folgte bald großzügige Auswertung dieser Gedanken durch die von Linde

1883 geschaffene deutsche Schlachthofkühlanlage und die unter englischem Vortritt gegründeten amerikanischen und australischen Gefrieranstalten.

Für die Angliederung einer Kühlanlage an den öffentlichen Schlachthofbetrieb ist der Gesichtspunkt maßgebend, das Fleisch ohne Schädigung ausreifen zu lassen, und damit für den Genuß zu verbessern, außerdem in gewissen Grenzen die Marktlage auszunutzen.

Das geschlachtete Fleisch wird nur zum kleinsten Teile sofort den örtlichen Verkaufsstellen zugeführt, in der Hauptsache jedoch im Kühlraum des Schlachthofes aufbewahrt. Um unzulässige Temperaturschwankungen zu vermeiden, geht der Lagerung eine Vorkühlung im Vorkühlraum voraus. Nach neuerer Erkenntnis verliert der Vorkühlraum an Bedeutung. Die hier übliche Lufttemperatur von 6 bis 8^0 ist auf alle Fälle zu hoch, um zu verhüten, daß sich lösliche Stickstoffverbindungen bilden, die als Voraussetzung für das Bakterienwachstum unerwünscht sind. Der Vorkühlraum sollte daher nur noch als Kälteschleuse Verwendung finden, d. h. die Durchkühlung des frisch geschlachteten Fleisches übernehmen, ehe es in den Kühlraum zur längeren Lagerung wandert. Hierbei sollte die Temperatur nahe an 0^0, keinesfalls über 4^0, liegen, wie dies für den Kühlraum schon jetzt die allgemeine Regel bildet. Die Aufgabe des Vorkühlraumes beschränkt sich damit darauf, das im Kühlraum liegende Gut vor Feuchtigkeitsniederschlag zu bewahren, der auftritt, wenn warmes Fleisch mit durchgekühltem Fleisch zusammengebracht wird. Die Zukunft wird entscheiden, ob unter diesem Gesichtspunkt der Vorkühlraum nicht besser durch Kühlkanäle ersetzt wird, durch die das Fleisch allmählich in den Kühlraum wandert. Auch die Rücksicht auf Gewichtserhaltung spricht für eine Änderung des bisherigen Verfahrens.

Die verschiedenen Viehgattungen — Großvieh, Kleinvieh und Schweine — werden bei größeren öffentlichen Anlagen getrennt geschlachtet. Im allgemeinen geht damit eine Verteilung der Kühleinrichtung auf mehrere Hallen Hand in Hand. Das Verhältnis des Fassungsvermögens von Vorkühlraum zu Kühlraum ist verschieden, da beispielsweise Schweine nach der Vorkühlung großenteils sofort in die Verkaufsstellen wandern, während das Fleisch des Großviehs fast ausnahmslos zum Abhängen dem Kühlraum zugeführt wird.

Für die Größenbemessung der Schlachthofkühlräume lassen sich keine einheitlichen Vorschriften machen. Ihr Fassungsvermögen hängt ab von der Leistung des Schlachthofes an einem Hauptschlachttage, der wöchentlichen Anzahl von Haupt- und Nebenschlachttagen und dem wechselnden Verhältnis der in die Kühlräume gebrachten zu der nach der Schlachtung alsbald der Verwendung zugeführten Menge. Soweit sich die Verhältnisse von vornherein nicht überblicken lassen, kann als Anhaltspunkt zugrunde gelegt werden, daß die Vorkühlräume die Leistung eines Hauptschlachttages und des folgenden Tages, die Kühlräume die auf eine volle Woche entfallende Schlachtmenge fassen sollen. Die Belegung kann für den Vorkühlraum zu etwa 250, für den Kühlraum im mittel zu etwa 150 kg/m^2 angesetzt werden. Die Schlachthofkühlanlage darf keinesfalls in wirtschaftlicher Hinsicht zu einem kranken Teil der gesamten Einrichtung werden. Aus diesem Grunde ist Zweckmäßigkeit oberstes Gesetz. Ihr wird noch genügt, wenn der Kühlraum eine Nutzhöhe von 3 m, die Verkehrsgänge eine Breite von $1^1/_2$ m, der Vorkühlraum eine Höhe von 4 m besitzen. In vereinzelten Fällen werden die Kühlräume in der Höhe gleich den Vorkühlräumen bemessen und die Zellen mit zwei übereinanderliegenden Aufhängevorrichtungen versehen, von denen die obere zur Aufnahme von kleineren Fleischstücken dient. Ergeben die örtlichen Verhältnisse eine Verteilung der Kühlräume in zwei Stockwerke, so wird gleichmäßige Benutzung beider gesichert, wenn der untere Kühlraum sich um das gleiche Maß unterhalb des Vorkühlraumflurs befindet, wie der obere darüber. Für die Unterbringung des Fleisches ist der Vorkühlraum mit Hakengerüsten ausgestattet. Die eigentlichen Kühlräume enthalten verschließbare, mit Aufhängevorrichtungen versehene Zellen, die unter Aufsicht der einzelnen Mieter stehen. Die Ausführung der Zellenwände erfolgt entweder in Form von Drahtgeflecht oder besser, um das Haftenbleiben von Fleischteilen zu vermeiden, in Form von Rundeisen und runden Röhren. Für den Zellenverschluß sind Schiebetüren bequemer als Flügeltüren. Aus Gründen der Reinhaltung empfiehlt sich Wegfall der unteren Führung. Die Zellen besitzen, um allen Anforderungen zu genügen, in der Regel verschiedene Größe, 3, 4, 6, 8 m^2 und mehr, bei einer Höhe, die im Durchschnitt $2^1/_2$ m beträgt.

Im allgemeinen sind dem Schlachthofbetrieb Pökelräume angegliedert, deren Größe durch die Wünsche der Mieter bestimmt wird. Sie werden in der Regel mit Zellen ausgerüstet. Wegen der erhöhten Rostgefahr werden die Pökelzellen meist aus Holzstäben hergestellt und mit Pökelbottichen ausgestattet.

Der Erleichterung des Verkehrs dienen Hochbahnen, die Kühlhallen und Schlachträume miteinander verbinden. Sie bilden ein Netz von Schienen mit Weichen. Für Kleinvieh beschränkt sich die Anlage im allgemeinen auf einzelne gerade Schienenstränge im Hauptgange des Kühlraumes mit einigen Querverbindungen, um das auszubringende Kühlgut an dem eingeführten vorbei zu bewegen. Bei Großvieh dagegen wird zuweilen der ganze Vorkühlraum mit dem Schienennetz überspannt und der Abstand so gewählt, daß die Hochbahn gleichzeitig als Aufhängevorrichtung dient und eine angemessene Belegung des Raums gestattet. Die Ausführung erfolgt im einzelnen als:

Einschienenbahn, wobei kleine mit Haken oder Schlingketten versehene Förderwagen auf den unteren Flanschen der Geleise laufen und feste Weichen an den Kreuzungsstellen eingebaut sind;

Zweischienenbahn, bei der zwei Formeisen nebeneinander laufen und die oberen Flanschen als Laufbahn für die Förderwagen dienen, deren Hakengehänge durch den Schienenzwischenraum nach unten tritt. Die Weiche kann auch hier feststehend ausgeführt und das Kühlgut durch seitlichen Druck in der gewünschten Richtung bewegt werden.

Zur Übernahme des Kühlguts von den Förderwagen dienen Flaschenzüge oder Laufkräne, die über der Hochbahn angeordnet sind.

Die Kühlung erfolgt für Vorkühlraum und Kühlraum ausnahmslos durch Außenluftkühler, für Pökelraum entweder in gleicher Weise oder durch Innenberohrung. Im ersten Falle muß der Pökelraum einen besonderen Luftkühler erhalten. Kühlräume für nicht einwandfreies Fleisch fordern gleichfalls scharfe Trennung. Die Kanäle werden zweckmäßig so angeordnet, daß die Luft über den Zellen austritt und über den Gängen abgesaugt wird.

Die Beleuchtung wird häufig aus Gründen der Reinhaltung als Oberlicht ausgeführt und durch elektrische Einzellampen der Zellen ergänzt. Ein- und Ausschalten erfolgt zweckmäßig selbsttätig mit dem Öffnen und Schließen der Zellentür.

Bezüglich des Gesamtbildes einer Schlachthofkühlanlage darf auf die zahlreichen Beschreibungen in der Fachliteratur hingewiesen werden.

Neben dem Gefrierfleisch spielt neuerdings, vor allem in England, das überseeische Kühlfleisch eine bedeutende Rolle. Für die Überführung dienen Sonderkühlschiffe. Die Kühlung der Ladung erfolgt mittelbar durch Sole in offenem oder geschlossenem Kreislauf unter Anwendung von drei verschiedenen Temperaturen für Kühlen, Abtauen und Gefrieren. Jedes System kann im Zu- und Rücklauf auf jede Temperatur geschaltet werden. Soweit das Kühlfleisch nicht nach Ankunft sofort dem Verbrauch zugeführt wird, kommt es in Kühlhäuser mit Kühlvorrichtungen, die denen der öffentlichen Schlachthäuser grundsätzlich entsprechen. Neben den Hochbahnen gelangen hier Rutschbahnen mit beweglichen Weichen zur Anwendung, bei denen geglättete Rohre Rutschhaken aufnehmen, an denen das Kühlgut hängt. Seine Bewegung erfolgt durch Einschwingen, so daß der Arbeiter das einzelne Stück nicht zu begleiten braucht.

Erheblichen Aufwand an Zeit und Arbeit erfordert das Wiegen des Kühlfleisches. Mit Rücksicht auf schnelle Behandlung werden die Wiegevorrichtungen in das Hochbahnnetz eingeschaltet und so ausgebildet, daß ihre Benutzung ohne zusätzliche Bewegung erfolgt.

Kühlanlagen in größtem Maßstabe finden sich in den Fleischgefrieranlagen der amerikanischen und australischen Überschußgebiete. Um wirtschaftlich zu arbeiten, werden täglich erhebliche Fleischmengen eingefroren, so daß sich Einheiten von großer Leistung ergeben. Das Vieh wird nach etwa zweitägiger Ruhe getötet und zerlegt in den Kühlkammern, meist ohne Vorkühlung, vermittels Luft von etwa — 20^0 rasch eingefroren, um von da aus entweder bei — 10^0 gelagert zu werden oder unmittelbar zum Schiff zu gelangen.

Das Fassungsvermögen der Einfrierkammern kann zu 4 Vorder- bzw. 5 Hintervierteln von Rindern, oder 15 Hammeln auf 1 m^2 angenommen werden, entsprechend einer durchschnittlichen Belegung mit etwa 300 kg/m^2.

Als Kühlverfahren bildet der Außenluftkühler die Regel. Seine Ausführung erfolgt beispielsweise nach Abb. 217 unter Anwendung unmittelbarer Kühlung verbunden mit Soleberieselung.

Von den Gefrieranstalten gelangt das Fleisch in Überseedampfer. Um gleichmäßige Temperatur zu halten, sind Wände und Decken der

Laderäume fast geschlossen mit Kühlschlangen besetzt, in der Regel sogar die Lukendeckel damit versehen. Die Kühlung erfolgt fast ausschließlich mittelbar durch Sole. Zur Sicherung allseitigen Luftumlaufs werden Boden und Wände mit Balken eng belegt. Die Ladehöhe soll 7 m nicht überschreiten, um die regelrechte Stapelung der unteren Schichten aufrechtzuerhalten und zu verhindern, daß die unteren Teile durch mangelhaften Luftumlauf und Druckwirkung vorzeitig reifen. Die Aufnahmefähigkeit beträgt bei Rindervierteln rund 300 kg/m^3 Nutzinhalt,

Abb. 229. Löschen von Gefrierfleisch (Frigus).

bei Hammeln etwa 10% mehr. Die bei Gefrierfleisch angewandte Umhüllung mit entkeimten Geweben aus Baumwolle oder Jute bietet äußeren Schutz, wenn beim Stapeln die Fleischlast von der Mannschaft, wenn auch mit entsprechenden Vorsichtsmaßnahmen, betreten wird. Hinsichtlich Ausführung und Ausstattung unterliegen die Schiffskühlanlagen bestimmten Vorschriften der Versicherungsgesellschaften.

Nach Ankunft der Überseedampfer gelangt das Gefrierfleisch zum größten Teile in Gefrierlagerhäuser, um von da nach Bedarf dem Verbrauch zugeführt zu werden. Die Unterbringung erfolgt in einzelnen, von den Wänden frei liegenden und von den Böden durch Lattenbelag abgehaltenen Stapeln, um der Luft allseitig freien Zutritt zu lassen und örtliche Erwärmungen zu vermeiden. Das Fassungsvermögen der Lagerräume hängt vor allem von der Raumhöhe ab. Die Regel bildet eine Stapelhöhe von 3 m, bei der sich durchschnittlich 4 Rinder oder 15 Hammel auf 1 m^2 unterbringen lassen.

Während in Amerika als Kühlverfahren Raumberohrung angewandt wird, findet sich in Europa daneben der Außenluftkühler.

Mit der fortschreitenden Entwicklung der äußeren Behandlung des Kühlgutes gewinnen die Fördervorrichtungen erhöhte Bedeutung. Ihnen kommt die Aufgabe zu, Schlag-, Druck- und Fallwirkung von der

Ware fernzuhalten und sie möglichst schnell dem Einfluß der äußeren Witterung zu entziehen. Bei der in Abb. 229 (Frigus, Bremerhaven) dargestellten Anlage löscht der Überseedampfer in Luken, unterhalb deren sich Transportbänder bewegen. Ein Satz arbeitet längsseits des Schiffes nach der Mitte, ein anderer senkrecht dazu nach den Hebewerken des Kühlhauses, die in Form von ununterbrochen arbeitenden Paternostern ausgebildet sind. Derartige Ausführungen lassen sich im allgemeinen einheitlich nur bei Neuanlagen durchführen und auch hier in vollkommener Form nur dann, wenn die Förderanlage als Rückgrat der Planung auftritt und sich die Anordnung des Kühlhauses ihr anpaßt.

Für die Verteilung des Gefrierfleisches aus dem Gefrierlager des Seehafens dienen Eisenbahnkühlwagen oder Binnenkühlschiffe. Im ersten Falle hat die Erfahrung ergeben, daß bei nicht zu langen Förderwegen der in dem Gefrierfleisch aufgestapelte Kältevorrat eine besondere Kühlvorrichtung überflüssig macht. Dagegen ist es erforderlich, durch Roste auf Boden und Wänden eine unmittelbare Berührung des Kühlguts mit der Außenhaut des Wagens zu vermeiden, und den Wärmeeintritt durch reichlichen Wärmeschutz und gut schließende Türen zu verringern. Für große Entfernungen kann jedoch, um zu weitgehendes Auftauen und vorzeitiges Reifen der äußeren Schichten zu verhindern, künstliche Kühlung nicht entbehrt werden. Sie erfolgt in der Hauptsache durch Eis-Salzmischungen in Kästen, die an den Stirnwänden oder der Decke des Wagens untergebracht werden. Maschinengekühlte Einzelwagen oder ganze Kühlzüge, bei denen ein besonderer Maschinenwagen eine Gruppe von Anhängern mit Kälte versorgt, sind vereinzelt zur Ausführung gelangt. Ihre wirtschaftliche Berechtigung hängt von der Regelmäßigkeit des Fahrplans und der Größe der zu überwindenden Entfernungen ab. Beim Einzelwagen erfolgt die Kühlung unmittelbar durch Innenberohrung, in der der Arbeitsstoff verdampft, beim Kühlzug in unmittelbarer Form durch Sole oder gekühlte Luft. Über die Einzelheiten hat Verfasser[1] 1922 vor dem deutschen Kälteverein berichtet. Nach englischen Versuchen mit Kühlleichtern[2] läßt sich bei hinreichendem Wärmeschutz und einer Umgebungstemperatur von etwa 10° dicht gestapeltes Gefrierfleisch ohne Kühlung etwa zwei Tage ohne besondere Maßnahmen einwandfrei befördern. Durch Vorkühlung der Lagerräume auf etwa —7° wird unter sonst gleichen Umständen die Dauer etwa verdoppelt. Bei einer Umgebungstemperatur von etwa 25° betragen die Zeiten die Hälfte. In Fällen mit beschränkter Förderdauer ist daher künstliche Kühlung nach dem Beladen auch hier nicht erforderlich.

Bei einem Leichter für Gefrierfleischbeförderung beobachtete Förster[3], daß bei einer äußeren Lufttemperatur von 32° die äußeren Deckplanken nach halbtägiger Sonnenbestrahlung 60° aufwiesen und bei einer Raumtemperatur von —6° die innere Bodenfläche eine Temperatur über 0° behielt, das Wasser auf dem Boden daher nicht fror.

[1] Hirsch: Maschinell gekühlte Eisenbahnwagen. Z. ges. Kälteind. 1922.
[2] Insulated and refrigerated barges for the carriage of perishable foods. Spec. Rep. 15. Food Invest. Bd. 1923.
[3] Förster: Rheinkühlschiffe. Z. VDI 1920.

Der hieraus folgende Unterschied zwischen Temperatur der Wandung und der angrenzenden Luftschicht verlangt bei einer Leichterkühlanlage ganz besondere Beachtung, weil, im Gegensatz zu anderen Schiffskühlanlagen, die Gesamtheit der Kühlräume fast nur von Außenwänden begrenzt wird. Solange es sich darum handelt, örtliche Schädigung durch Temperaturunterschiede zu vermeiden, läßt sich durch lebhafte Luftbewegung längs der Außenhaut Abhilfe schaffen. Der Kältebedarf bleibt aber gleich hoch oder wird sogar noch um einiges vermehrt, so daß hier reichliche Bemessung und sorgfältige Vorberechnung geboten ist.

Eine Sonderart von Kühlschiffen stellen Seedampfer mit einem Fassungsvermögen um 100 t herum dar, die dazu bestimmt sind, die Rolle der Kühlleichter vom Binnenverkehr auf Überseebeförderung zu übertragen. Sie dienten z. B. dazu, Gefrierfleisch von England nach dem europäischen Festlande oder in Südamerika zwischen der Anlegestelle der Gefrieranstalt und dem Überseehafen zu befördern. Die eigene Bewegungskraft gibt ihnen große Unabhängigkeit und macht sie für schnell zu lösende Aufgaben besonders geeignet.

Im Landesinnern gelangt das Gefrierfleisch an den Hauptverteilungsstellen neuerlich zur Lagerung. Hinsichtlich der Einrichtung unterscheiden sich die Binnenkühlhäuser wenig von den im Seehafen gelegenen. Nur die Fördereinrichtungen sind den geänderten Verhältnissen anzupassen.

Bei der Weiterverarbeitung des Fleisches im Großen und Kleinen behält die Kühlanlage ausschlaggebende Bedeutung. Die Fleischkonservenindustrie wird unabhängig von der Jahreszeit, indem das Trocknen der Wurstwaren bei etwa 10° und einem Luftfeuchtigkeitsgrad von 0,75 auch im Sommer möglich bleibt. Die Lagerung von Räucherwaren bei etwa 15° und einem Luftfeuchtigkeitsgrad von 0,70—0,75 gestattet langfristige Aufbewahrung ohne übermäßigen Gewichtsverlust, wie er bei höheren Temperaturen in Kauf genommen wird, und ohne Farbeinbuße, mit der bei zu tiefen Temperaturen gerechnet werden muß. Schließlich gehört der Kühlraum für Frischfleisch und Pökelwaren zur selbstverständlichen Ausstattung von Metzgereien und Gaststätten. Für die Lebensmittelabteilungen des Warenhauses haben sich in den Vereinigten Staaten besondere Gepflogenheiten herausgebildet, die dem Fleischverkauf das Wesen des fremdartigen Betriebes nehmen. Die Zerteilung wird in der Großschlächterei vorgenommen, das Einzelstück dort eingefroren und verpackt, um mit genauer Kennzeichnung von Art und Gewicht als warenhausfähige Ware zum Verkauf zu gelangen. Dieses Verfahren bedingt Schaukästen in den Lebensmittelabteilungen, die auf etwa — 6° gekühlt werden.

Kühlanlagen für Geflügel im Schwerpunkt des Zuchtgebietes dienen zur Vorbereitung des Versands, daneben zum Ausgleich der Marktschwankungen. Das Durchkühlen der Ware stellt ihre Hauptaufgabe dar; daneben ist die Möglichkeit des Einfrierens vorzusehen. Das Geflügel wird nach dem Rupfen an Kühlgestellen aufgehängt, Kopf nach unten, Beine weit ausgebreitet und den Körper nicht berührend. Es wird während mindestens 24 Stunden im Kühlraum einer Temperatur von etwa 0°, keinesfalls tiefer, ausgesetzt. Durch Luftbewegung wird das Trocknen beschleunigt. Das für die Einlagerung im Großen bestimmte Geflügel wird nach dem Auskühlen während weiterer 48 Stunden bei einer Temperatur von — 20° eingefroren und läßt sich danach bei — 15° Lagertemperatur monatelang einwandfrei erhalten. Hierzu dienen Gefrierräume im Großkühlhaus der Hauptverteilpunkte. Ähnlich liegen die Verhältnisse für den Wildhandel, ohne daß hier der gleiche Maßstab erreicht würde. Beim Kleinverkauf beschränkt sich die Aufgabe der Kühlanlage darauf, Geflügel und Wild während kurzer Zeit frisch zu erhalten, wofür Temperaturen von 0 bzw. — 6° im allgemeinen genügen.

2. Fisch.

Eis, das mit der Einführung der künstlichen Kühlung als Kälteträger für die Frischhaltung von Lebensmitteln fast restlos verdrängt wurde, spielt bei der Aufbewahrung von Fischen noch immer eine bedeutende Rolle. Die zum Fange ausziehenden Dampfer füllen ihre

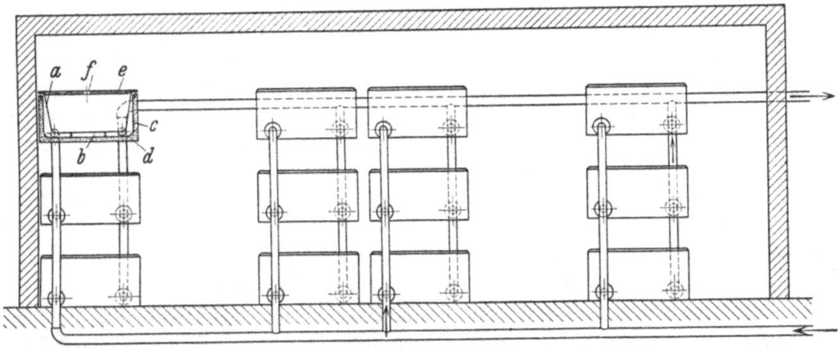

Abb. 230. Fischkühlanlage (DRP. 484804). *a* Fischbehälter, *b* Soleraum, *c* äußerer Solebehälter, *d* Wärmeschutz, *e* Abdeckung, *f* Luftloch.

Bunker mit zerkleinertem Eis, das den Fischen auf der Fahrt beigemischt wird. Nach dem Löschen der Dampfer wird die Eisbeigabe erneuert, um für die Eisenbahnbeförderung und die anschließende kurze Lagerung in den Verkaufsstellen die Frischhaltung zu sichern. Erst durch die Bedürfnisse des Großhandels sind reine Kühl- und vor allem Gefrierverfahren durchgedrungen, die langfristige Lagerung unter Ausnutzung der Marktlage gestatten.

Es liegt nahe, auch für die Fangschiffe künstliche Kühlung heranzuziehen, da die Mitführung von Eis erhebliche Schmelzverluste bis zum Beginn des Fischfanges ergibt. Der Einführung rein künstlicher Kühlung an Bord standen solange Schwierigkeiten gegenüber, wie die Fischoberfläche von Feuchtigkeit entblößt und dem schädlichen Einfluß des Luftsauerstoffs unmittelbar ausgesetzt wurde. Nach Abb. 230 (DRP. 484804) gelingt es, die Fischoberfläche stets feucht zu halten und damit die erste Voraussetzung für einwandfreie Erhaltung zu erfüllen. Zu diesem Zwecke wird der Fisch von unten her durch unmittelbare Berührung mit gekühlten Flächen gekühlt. Sie sind dort, wo die umgebende Luft zutreten kann, mit Wärmeschutzmasse bedeckt. Infolgedessen wird der Fisch nicht durch die kühlere Luft, sondern umgekehrt die Luft durch den kälteren Fisch abgekühlt. An Stelle der Trocknung tritt Befeuchtung, vorausgesetzt, daß die von dem Fisch entzogene Feuchtigkeitsmenge jeweils ersetzt wird, sei es durch Einlassen feuchter Außenluft, sei es durch Zerstäubung von Wasser in die Luft. Es ist bekannt, daß der Feuchtigkeitsniederschlag aus der Luft Verunreinigungen, wie Staub, Schimmelsporen und Keime, enthält, die sich bei dem beschriebenen Verfahren an der Oberfläche des Kühlguts ablagern würden. Aus diesem Grunde ist bei seiner Anwendung für Reinheit der Luft besonders zu sorgen, z. B. dadurch, daß Raumluft und Frischluft durch einen Luftwäscher geleitet werden, der gleichzeitig als Befeuchter wirkt.

Die Anwendung von Einfrierverfahren an Bord des Einzelfangschiffes erfordert, wegen der Unregelmäßigkeit des Fangergebnisses, eine Maschine von erheblicher Leistung. Aus diesem Grunde ist neuerdings versucht worden, die Einfrieranlage auf einem Mutterschiff einzubauen, an das die Fangschiffe ihre Beute auf See entladen.

Solange der Fischfang glaubt, ohne Eisbeigabe zu der Frischfischladung nicht auszukommen, verspricht auch die Aufstellung einer Kühlanlage von verhältnismäßig kleiner Leistung Erfolg, die sowohl Eis erzeugt, als auch die für Lagerung bestimmten, gegen Wärme geschützten Kühlräume versorgt. Während der Ausfahrt beginnt die Eiserzeugung unter Verwendung von Seewasser, was unbedenklich ist, da die Blöcke sofort gemahlen werden, unvollständiges Ausfrieren der Zellen also nicht schadet. Das Eis dient wie bei der üblichen Ausführung zur Beigabe für den Fang, der in die wenig über 0^0 gekühlten Räume gebracht wird. Sie sind, um einen hohen Luftfeuchtigkeitsgrad zu erhalten, mit reichlich bemessener Innenberohrung zu versehen. Der Erfolg einer derartigen Anlage wird darin bestehen, daß bis kurz vor Fangbeginn kein wesentlicher Kälteverbrauch auftritt und die Kühlhaltung der Fische zum kleinsten Teile durch das schmelzende Eis, in der Hauptsache durch die wirtschaftlichere Kühlung des Raumes erfolgt.

Es ist vielfach mit Erfolg nachgewiesen worden, daß das Einfrieren von Fischen den Genußwert und die Wirtschaftlichkeit des Betriebes gegenüber der Beigabe von Eis verbessert. Vorbildlich hat hierbei das Ottesensche Gefrierverfahren gewirkt, bei dem die frischen Fische, unter Schonung der Schleimhaut, gewaschen, in Eiswasser vorgekühlt, im Solebad unter Beachtung bestimmter Stärkegrade und Temperaturen gefroren und danach durch Eintauchen in Eiswasser von den äußerlich haftenden Soleteilchen befreit werden. Der Eisgehalt des Fisches bildet bei der Beförderung den Kälteträger und macht die frachtverteuernde Beifügung der Eislast überflüssig. Das Verfahren kommt vor allem auch in Betracht, wenn langdauernde Lagerung angestrebt wird. Die guten Eigenschaften des frischen Fisches lassen sich mehrere Monate erhalten, der sachgemäß aufgetaute Fisch besitzt dieselbe Haltbarkeit wie der frische Fisch. Fische mit hohem Fettgehalt, wie Aale, Makrelen, Heringe, Karpfen und Forellen werden nach den Versuchen von Plank-Ehrenbaum-Reuter[1] hinsichtlich der Haltbarkeit durch weniger fette Sorten übertroffen. Um den Gewichtsverlust und die den Verderb einleitende Oxydation der Fischhaut in engen Grenzen zu halten, wird der eingefrorene Fisch durch Eintauchen in Eiswasser mit einer schützenden Eisglasur versehen und diese zur gegebenen Zeit immer wieder erneuert. Wie an anderer Stelle ausgeführt, ist für Erhaltung des Genußwertes rasches Einfrieren Bedingung. Da neben der Soletemperatur hierfür die Oberfläche des Kühlgutes maßgebend ist, müssen die Einfriervorrichtungen so ausgebildet werden, daß die Fische voneinander getrennt bleiben und allseitig von Sole bespült werden. Die Einfriervorrichtung kann z. B. nach Abb. 231 (VDK für Kühlfischwerk Cuxhaven) mit Behältern aus gelochtem Blech ausgestattet sein. Das Einsetzen der gefüllten Behälter erfolgt bei gesenktem Solespiegel. Das Wegspülen beim Frieren kann durch Ausbildung der Behälterdeckel als Verdrängerkörper verhindert werden. Die Handhabung erfolgt nach dem Vorbilde des Eiserzeugers mittels Kran. Um mechanische Schädigungen zu vermeiden, werden die gefrorenen Fische zweckmäßig unmittelbar in das Waschwasser geworfen. Bei anderen Ausführungen wandern die Behälter an Ketten durch den Einfrierbehälter hindurch. Der Vorschlag, statt des Eintauchens ein Berieseln der Fische vorzunehmen, wurde erstmalig durch Ludwig Hirsch gemacht und durch Zarotschenzeff und Taylor ausgebaut, wobei der letzte das Arbeiten im Fließverfahren mit Erfolg durchgeführt hat. Für Schiffskühlanlagen werden Trommeln im Solebad in Bewegung gehalten. Der Fisch erfährt hierbei zweifellos eine weniger schonende Behandlung als bei ruhenden Behältern.

Die Fische kommen meist enthäutet, entgrätet und zerteilt in den Handel, um ohne

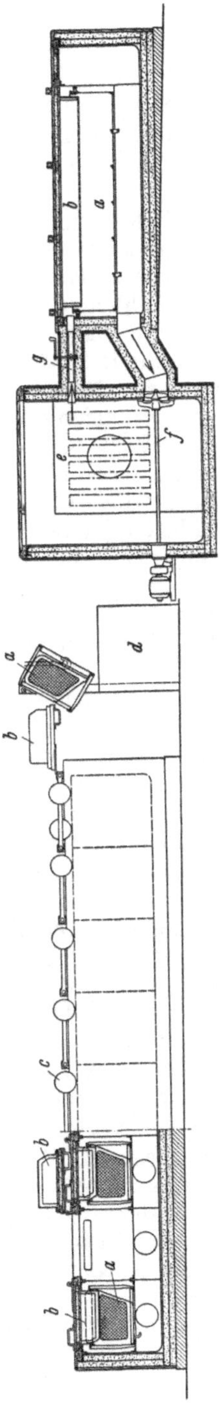

Abb. 231. Einfriervorrichtung für Fische (VDK). *a* Fischkorb, *b* Verdrängerkörper, *c* Gegengewicht, *d* Wasserbehälter, *e* Verdampfer, *f* Rührwerk, *g* Regelklappe.

[1] Plank-Ehrenbaum-Reuter: Die Konservierung von Fischen durch das Gefrierverfahren. Abh. zur Volksernährg. Berlin 1916.

weitere Nachbehandlung kochfertig zu sein. Bei dem Ottesen- und verwandten Verfahren erfolgt die Aufbereitung nach dem Einfrieren. Ihr schließt sich Glasieren, Einschlagen und Lagern in Kisten an.

Für alle Verfahren, bei denen der einzufrierende Fisch in unmittelbare Berührung mit der Sole tritt, kommt nur Natriumchlorid als Salz in Betracht, auch dann, wenn durch nachträgliches Enthäuten der Einfluß der Sole gemildert wird. Hiermit bildet für die Einfriertemperatur der kryohydratische Punkt von wässeriger NaCl-Lösung mit — 21,2° die untere Grenze. Ein weiterer Nachteil beim Einfrieren im Solebad besteht in der allmählichen Verunreinigung der Sole und der ungünstigen Wirkung kleinster im Fisch verbleibender Soleteilchen bei der Lagerung. Aus diesem Grunde ist die Sole häufig zu filtern, von Zeit zu Zeit vollständig zu erneuern. Neuere englische Versuche[1] lassen die Möglichkeit offen, daß die oberflächliche Salzaufnahme die Bindekraft des aufgetauten Fisches erhöht und den Saftverlust verringert. Alkalische Sole neigt zu starker Schaumbildung. Vermeidung freien Falls im Einfrierbehälter und Filter sowie Ausbildung von Pumpen und Rührwerken derart, daß ein Schlagen der Sole und Durchmischen mit Luft nicht auftreten kann, schließlich Beigabe von unschädlicher Säure zur Aufhebung der alkalischen Eigenschaften schaffen Abhilfe. Der bei längerem Betrieb sich bildende Niederschlag besteht zum großen Teil aus Eiweißstoffen. In einem bestimmten Falle ergab die Untersuchung des Schlammes einen Gehalt von 25,2% Eiweißstoffen, 1,2% Fett, 61% Mineralstoffen. Alle von der Gefriersole durchlaufenen Vorrichtungen sollen zweckmäßig so gebaut werden, daß sich sowohl Schwebe- als auch Sinkstoffe leicht abführen lassen. Werden Absetzbehälter zu Hilfe genommen, so ist zu beachten, daß die verunreinigte Sole bei Erwärmung zu Zersetzung und Entwicklung lästiger Gerüche neigt.

Bei dem Verfahren von Petersen[2] werden die Fische zunächst in einer schwachen keimtötenden Lösung gewaschen, dann fest auf Schaffeln gepackt, von diesen in zellenartige Behälter eingeführt und in das Solebad eingesetzt. Die Fische kommen also mit dem Kälteträger nicht in Berührung. Die hohe Gefriergeschwindigkeit wird durch die satte Berührung mit der Zellenwand und dadurch erreicht, daß Kalziumchlorid-Sole auf der tiefen Temperatur von — 32 bis —35° gehalten wird. Hierbei frieren die Fischkuchen bei einer Stärke von etwa 50 mm in durchschnittlich 45 Minuten. Die gefrorenen Fische werden von den Behältern losgetaut und im Wasserbad glasiert.

Bei dem Verfahren nach Birdseye wird das in Schachteln versandfähig gepackte Kühlgut zwischen zwei Förderbändern aus nichtrostendem Stahl oder Monelmetall gehalten und Sole mit — 40 bis — 45° gegen die Außenseite der Bänder geführt. Die so behandelten Fischfilets frieren in etwa $1^1/_2$ Stunden, also wesentlich rascher als in Luft, jedoch langsamer als bei dem Verfahren nach Ottesen, Petersen u. a.

---

[1] Reay: The low-temperature preservation of the haddock. Rep. Food Invest. Bd. 1930.

[2] Petersen: Rapid freezing system. Ice Cold Stor. 1931.

Kolbe[1] verwendet Schalen, die Fischfilets aufnehmen und durch einen langen Kanal auf Kalziumchlorid-Sole von etwa — 28° schwimmen. Die Fischfilets werden nach dem Frieren von den Schalen losgeschlagen.

Daneben werden Fische in Pfannen auf Gefrierrohrgestellen eingefroren, danach in frisches Wasser getaucht, wobei der Fisch sich von der Pfanne loslöst und gleichzeitig glasiert wird. Mehrere solcher Kuchen werden in Kisten verpackt und in Gefrierräumen gelagert.

Große Fische, wie Lachse, werden sowohl beim Einfrieren als auch bei der Lagerung einzeln behandelt und meist hängend aufbewahrt, um die Eishaut ständig beobachten und notfalls erneuern zu können.

Bezweckt der Schiffsversand Überführung der Fische von einem Hafen zum andern, so kann in der Regel damit gerechnet werden, daß die Ware vorher in einer Landanlage ordnungsgemäß eingefroren wurde. Da es sich hierbei im allgemeinen um größere Dampfer handelt, läßt sich die Kühlanlage so bemessen, daß sie auch zum Einfrieren der Fische an Bord dient.

Die Schwierigkeit einwandfreier Lagerung von Fischen während längerer Zeit wird häufig unterschätzt. Um das Schwinden der Glasur zu verlangsamen, ist hohe Luftfeuchtigkeit, d. h. besonders reichliche Berohrung, nötig. Die Lagertemperatur soll etwa — 20° betragen. Schwankungen der Temperatur sind unbedingt zu vermeiden, da sie zu einer Vergröberung des Gefüges infolge Rekristallisation führen. Über die Ursache der beim Lagern auftretenden Rotgelbfärbung von Heilbutt, Salm, Heringen und anderen fettreichen Fischen besteht noch keine vollkommene Klärung. Die Vermutung, daß beim Einfrieren in eisernen Behältern Rostteilchen auf den Fisch gelangen und die Verfärbung durch katalytische Wirkung verursachen, scheint nicht stichhaltig. In dem Maße, in dem es gelungen ist, gefrorene Fische während mehrerer Monate einwandfrei zu lagern, hat die Fischkühlung den Markt günstig beeinflußt, insofern, als die Unterschiede zwischen Fangergebnis und Marktbedürfnis einen besseren Ausgleich finden und für die Herstellung von Marinaden ein längerer Zeitraum zur Verfügung steht, als sich aus der kurzen Dauer der Heringsfangzeit ergibt.

Auch für gesalzene und geräucherte Fische sowie Büchsenware verlängert künstliche Kühlung die Haltbarkeit. Die Bedingungen sind hierbei wesentlich leichter als bei der Behandlung frischer Fische und lassen sich im allgemeinen mit jedem Kühlverfahren erfüllen. Bei Büchsenware ist Einhaltung einer gleichbleibenden Raumtemperatur wichtiger als die Höhe der Temperatur selbst. Bei sinkender Temperatur schlägt sich am Innern des stärker gekühlten Büchsendeckels Feuchtigkeit nieder, die nach dem Durchkühlen des Inhalts wieder verschwindet. Das beständige Beschlagen und Trocknen begünstigt Rostbildung. Außerdem ist es, um äußeres Beschlagen zu verhüten, wichtig, Sättigung der Raumluft zu vermeiden, und zwar um so mehr, je größer die unvermeidlichen Temperaturschwankungen sind.

---

[1] Kolbe: The Kolbe floating pan instant freezing system. Ice Refrig. 1929.

3. Milch und Butter.

Für Milch hat sich langfristige Aufbewahrung unter Anwendung von Kälte, d. h. Einfrieren, nicht durchgesetzt, dagegen ist die Anwendung

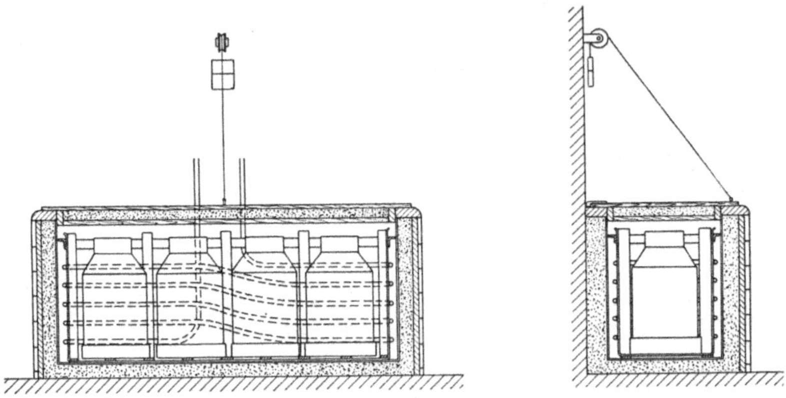

Abb. 232. Gekühltes Wasserbad für Milchkannen.

künstlicher Kühlung zum raschen Temperieren der Milch an der Sammelstelle allgemein geworden. Das Bakterienwachstum findet unmittelbar nach dem Melken günstigste Vorbedingungen. Deshalb ist die sofortige Abkühlung der Milch schon beim Viehhalter zu fordern. Hierfür können Kleinkühlanlagen dienen mit einem Milchkühler und einem Kühlkasten zur Aufnahme der Kannenmilch vom Abend bis zum Morgen. Einfacher für die Handhabung sind gekühlte Wasserbäder für die Kannen nach Abb. 232. Längere Durchkühlzeit wird hierbei in Kauf genommen. Außerdem entfällt der Vorteil der Milchentlüftung, der den Grund für die Ausbildung der Kühler als offene Berieseler bildet.

Abb. 233. Rundkühler (Schmidt).

Bei Rundkühlern nach Abb. 233 (Schmidt) steht dem Vorzug einer leicht zu reinigenden Kühlfläche auf der Milchseite, eine erschwerte Reinigung auf der Seite des Kälteträgers und geringe Druckfestigkeit gegenüber. Durch flache Bauart der Kühler nach Abb. 132 wird diesem Mißstande begegnet. Während für die Vorkühlung der Milch einfache Kühler Anwendung finden, werden Tiefkühler geteilt, im oberen Teile mit Brunnenwasser, im unteren mit gekühltem Süßwasser oder Sole, in Ausnahmefällen dem Arbeitsstoff selbst, gespeist. Bei Sole und unmittelbarer Verdampfung liegt der Schwerpunkt in Sicherung der Dichtheit. Die Kühlfläche wird in diesen Fällen aus nahtlosen Rohren gebildet, die bei Sole sowie unmittelbar verdampfender Schwefligsäure oder Kohlensäure aus Kupfer, bei Ammoniak aus kupferüberzogenem Eisen bestehen. Die Temperatur nach der Vorkühlung hängt von der Temperatur des verfügbaren Wassers ab und kommt ihr bei den üblichen Abmessungen auf etwa 3° nahe. Die Berieselungsstärke schwankt in weiten Grenzen zwischen 200 l/m · h bei niedrigen Kühlern, wobei der Milchschleier gerade noch geschlossen bleibt, und 2000 l/m · h bei hohen Kühlern, wobei ein Verspritzen eben noch vermieden wird.

Wirtschaftlicher Betrieb ist im allgemeinen nur dann zu erwarten, wenn die Kühlmaschinengröße so bemessen wird, daß die der Molkerei eigentümliche kurze Betriebszeit nicht verlängert werden muß. Unter dieser Bedingung ist es auch möglich, bei Dampfantrieb die Abdampfwärme ohne verlustbringende lange Aufspeicherung zur Deckung des Wärmebedarfs im Betriebe heranzuziehen.

Zur Beförderung von Milch über längere Strecken werden in der Hauptsache Eisenbahnkühlwagen verwendet. An Stelle der Milchkannen werden in den Vereinigten Staaten große gegen Wärme geschützte Sammelbehälter in den Kühlwagen untergebracht. Sie ergeben wegen des günstigeren Verhältnisses von Inhalt zu Oberfläche bei gleichen Bedingungen geringere Temperaturzunahme.

Für die Kühlung des Rahmes dienen ähnliche Vorrichtungen wie für Milch. Die Endtemperatur des Rahmes richtet sich nach dem anschließenden Verfahren. Im einen Falle beträgt sie etwa 20° und wird auf dieser Höhe während des Reifens gehalten. Im anderen Falle bewegt sich die Temperatur um etwa 10° und wird vor dem Verbuttern auf etwa 5° gesenkt. Die Butter selbst wird beim Kneten mit Wasser von etwa 1° gewaschen.

Für die Aufbewahrung von Butter in kleinen Mengen und für beschränkte Zeit finden sich Kühlräume in bescheidenem Maßstabe sowohl den Molkereien, als auch den städtischen Milchsammelstellen angegliedert. Überragende Bedeutung besitzen die Kühllager, die im Überschußgebiet die Butter für die Überführung nach der Verbrauchsstelle sammeln oder aus Gründen der Marktlage über längere Zeit aufspeichern. Die Butter wird hierbei im allgemeinen in Fässern und Kisten verpackt und in gefrorenem Zustande gehalten. Ihre hohe Empfindlichkeit gegen fremde Gerüche verlangt größte Reinheit der Kühlraumluft. Bei dem Wärmeschutz und den inneren Einrichtungsteilen sind daher alle riechenden Stoffe auszuschließen, außerdem ist gelegentliche Verwendung des Butterlagerraumes für andere Kühlgüter zu vermeiden. Soweit dies unmöglich ist, muß dem Einbringen der Butter eine gründliche Reinigung vorausgehen.

Während für den Versand von Butter in Kühlschiffen eine Temperatur um —10° angewandt wird, muß sich die Eisenbahnbeförderung im allgemeinen mit höheren Temperaturen abfinden und den Mangel nach Möglichkeit durch Abkürzung der Laufzeit ausgleichen.

Bei der Stapelung sowohl im Kühlhaus als auch im Beförderungsmittel ist durch Zwischenlage von Latten dafür Sorge zu tragen, daß die kühlende Luft allseitig Zutritt findet.

4. Kunstbutter.

Bei der Herstellung von Kunstbutter dient die künstliche Kühlung, außer der Erniedrigung der Temperatur in den Räumen für Lagerung von Rohstoff und Fertigerzeugnis, vor allem zur Bereitung von Süßwasser, das unmittelbar der in den Kirnen verbutterten Masse beigemischt wird und dann wegläuft. Die Erwärmung des Süßwassers um nur wenige Grad stellt einen wirtschaftlichen Nachteil dar. Wegen des Fettgehalts des ablaufenden Süßwassers ist seine weitere Verwendung nicht möglich, der Kälteverbrauch beträgt etwa das Doppelte der rechnerischen Nutzkälteleistung. Dieses Naßverfahren wird in zunehmendem Maße durch Trockenkristallisation auf Kühlwalzen ersetzt, bei denen das Kühlmittel in geschlossenem Kreislauf geführt wird. Die flüssige Emulsion wird auf die Trommeloberfläche aufgetragen, während eines Umlaufes gekühlt und durch Messer abgeschabt. Nebenbei ergibt sich hierdurch der Vorteil, daß das bei unmittelbarem Besprengen mit Süßwasser nicht zu vermeidende Auslaugen der Milch- und Rahmteile entfällt. Bei amerikanischen Ausführungen bleibt das Innere des Zylinders ständig von der gleichen Sole erfüllt. Die Kühlhaltung erfolgt durch Kühlschlangen für unmittelbare Verdampfung, deren Anschlußleitung vermittels Stopfbüchse durch die hohle Welle tritt. Einen Schritt weiter geht die Ausführung nach Abb. 133, bei der die Trommel von dem Arbeitsstoff selbst gekühlt wird.

Bei der Herstellung von Kunstbutter aus Pflanzenölen erfolgt die Erstarrung durch gekühlte Luft, bei großen Betrieben unter Anwendung längerer Luftkanäle, durch die die mit Masse gefüllten Schalen auf Förderbändern geführt werden.

5. Eier.

Durch Anwendung künstlicher Kühlung ist es erst möglich geworden, Eier während der Hauptlegezeit zu sammeln und in vollkommener Weise bis zum folgenden Frühjahr aufzubewahren. Die Temperatur für langfristige Lagerung liegt bei $-\frac{1}{2}$ bis $\frac{1}{2}^{0}$. Sorgfältigste Auswahl der Eier vor dem Einbringen durch Einzeldurchleuchtung ist Vorbedingung für den Erfolg. Frühlingseier sind im allgemeinen für die Einlagerung besser geeignet als Sommereier. Die Aufbewahrung im Lagerraum erfolgt in Kisten mit Lattenzwischenlagen. Die Kühlung wird in der Hauptsache durch Außenluftkühler bewirkt.

Wegen der großen Empfindlichkeit gegen fremde Gerüche verlangen Eier ähnliche Maßnahmen wie Butter — nach Möglichkeit Ausschluß anderen Kühlguts, sowie sorgfältige Auswahl und Behandlung der Ausrüstungsteile —. Kalken des Holzwerkes zur Vernichtung schädlicher Gerüche vor Einbringung der Eier hat sich als zweckmäßig erwiesen. Bei Trockenluftkühlern hat es sich bewährt, die Raumluft zeitweise durch einen Waschapparat zu leiten, wobei peinliche Trocknung der Waschluft Bedingung ist. Bei Naßluftkühlern ergibt sich dies nebenher. Der Wahl der Packstoffe ist besondere Beachtung zu schenken und die Eierkiste mit trockener Holzwolle zu füllen oder mit einem Füllereinbau aus weißem Zellstoff zu versehen. Stroh ist zu vermeiden, da es Bakterien enthält, vor allem von der Art der Aktinomyces, die nach neueren englischen Beobachtungen[1] als Ursache des muffigen „Kühlhausgeruches" anzusehen sind. Die Eier sollen in den Füllern mit der Spitze nach unten stehen, damit das Eigelb, beim Aufsteigen in dem geschwächten Eiweiß, gegen die die Luftzelle nach unten begrenzende Membrane, nicht gegen die Schale, zu liegen kommt. Eier, die während mehrerer Monate gelagert werden sollen, müssen reine, unbeschädigte Schale haben und vollkommen frisch sein. Während der Lagerung nimmt die Größe der Luftzelle zu, das Weiß wird dünnflüssiger und verliert zuweilen die opale Farbe. Nach etwa 6 bis 7 Monaten entwickelt das Eiweiß gewöhnlich einen Gelbton, der sich mit der längeren Lagerung vertieft. Die wolkige Beschaffenheit des Eiweißes tritt vor allem in Erscheinung, wenn große Mengen ausgeschlagen werden. Die Möglichkeit, das Eiweiß zu Schnee zu schlagen, leidet hierunter nicht. Die Eigelbmembrane wird allmählich schwächer, läßt sich aber im allgemeinen noch nach 11 Monaten vom Eiweiß trennen, wenn das Ei frisch zur Einlagerung gelangte.

Der Ammoniak-Nitratgehalt verändert sich nach Heitz[2] von einem anfänglichen Betrag von etwa 0,0012 bis 0,0021 %, während der Lagerung allmählich auf etwa 0,003% und bleibt auf dieser Höhe fast unverändert stehen.

Wegen der Temperaturempfindlichkeit der Eier ist die Möglichkeit einer besonders feinen Regelung des Kühlraums zu fordern. Muß mit Rücksicht auf die Gesamtanlage mit längeren Unterbrechungen gerechnet werden, so sind Kältespeicher in reichlichem Maße anzuwenden. Bei der, allerdings selten angewandten, Raumberohrung ist die Forderung dahin zu erweitern, daß auch örtliche Abweichungen von den vorgeschriebenen Temperaturgrenzen vermieden werden. Die Kühlvorrichtungen sind daher weitgehend zu unterteilen und in der Hauptsache dort anzuordnen, wo die äußere Wärme eindringt. Der ungünstigen Wirkung benachbarter Gefrierräume muß vorgebeugt werden, einerseits durch starken Wärmeschutz, dann durch Verstärkung der Luftbewegung an der betreffenden Stelle.

Besondere Sorgfalt ist bei dem Ausbringen der Eier erforderlich, um ein Beschlagen zu vermeiden. Der Ausbringraum wird entweder künstlich erwärmt und auf einem so niedrigen Feuchtigkeitsgrad gehalten, daß das kalte Ei nicht beschlägt, oder von einem starken Luftstrom durchzogen, der die Bildung von Niederschlag verhindert und gleichzeitig die Temperatur des Kühlguts hebt.

Als Gefrierei kam zunächst kleine, schmutzige und angeknickte Ware zur Verwendung. Die zunehmende Nachfrage führt jedoch dazu, daß

[1] Haines: Bacteriology. Rep. Food Invest. Bd. 1930.

[2] Heitz: The cold storage of eggs and poultry. Circular 73. U. S. Dept. Agric. Washington. 1929.

auch erstklassige Eier gefroren werden. Nach dem Ausschlagen wird der Eiinhalt gemischt und in Behältern von etwa 15 kg Fassungsvermögen gefroren, Eiweiß und Eigelb entweder getrennt oder zusammen. Das Einfrieren erfolgt im Gefrierraum bei einer Temperatur von etwa — 25°, die Lagerung bei etwa — 15 bis — 18°.

6. Teigwaren.

Bei der Broterzeugung im großen kommt die künstliche Kühlung, abgesehen von der Lagerung der Hefe, des Fetts, der Eier bei etwa 4° und des zum Einwickeln dienenden Paraffinpapiers bei etwa 10°, vor allem in Betracht, um die beim Mischen der Rohstoffe und beim Gären der Brote entstehende Wärme zu binden. Im Mischer wird zerkleinertes Eis beigegeben oder das Wasser mit einer Temperatur von etwa 5° zugeführt oder der Doppelmantel durch Sole gekühlt. Einblasen kalter Luft hat sich nicht bewährt. Die Temperatur des Teiges soll während der Mischung 25 bis 27° nicht übersteigen und während des Gärens eine Raumtemperatur von etwa 27° bei einem Feuchtigkeitsgrad von 0,75 eingehalten werden. Rasches Auskühlen des Brotes unter Anwendung von Luft mit etwa 30° und 0,75 Feuchtigkeitsgrad vermindert den Gewichtsverlust.

Künstliche Kühlung macht die Großbäckerei unabhängig von den Einflüssen der wechselnden Tagestemperatur und der Jahreszeiten. Eine gesundheitliche Verbesserung wird meist nebenher dadurch gewonnen, daß neben der Kühlung eine Lüftung der Arbeitsräume einherläuft, durch die schädliche Gase — Kohlensäure und Alkoholdämpfe — abgeführt werden. Ausnahmsweise kann die Kühlung auch für den Lagerraum für Mehl herangezogen werden, dessen Feuchtigkeitsgehalt von etwa 0,135 mit Luft von 0,75 Feuchtigkeitsgrad im Gleichgewicht steht.

7. Obst.

In den Vereinigten Staaten spielt die künstliche Kühlung eine gewaltige Rolle bei dem Ausgleich des Obstreichtums in Kalifornien mit dem Bedarf der Westküste. Das Sammeln der Früchte muß mit besonderer Sorgfalt erfolgen. Sie sollen ausgewachsen, vollfarbig, jedoch nicht vollreif sein. Liegt der Ernteplatz in größerer Entfernung von dem Kühllagerhaus, so sind die Früchte früher zu pflücken. Nur gleichmäßige Entwicklung ermöglicht vollkommene Regelung im Verlauf der Lagerung. Englische Untersuchungen[1] über die Vorbedingungen für gute Haltbarkeit kalt gelagerter Äpfel ergaben, daß Schlammboden günstiger wirkt als Kalkboden. Die Früchte junger Bäume — unter 10 Jahren — zeigten deutlich eine geringere Haltbarkeit. Die Bananenpflanzer vermeiden ängstlich, ihre Früchte bei Sonnenschein zu ernten, weil Einlagern vor Sonnenauf- oder nach Sonnenuntergang die Verluste erfahrungsgemäß vermindert. Ebenso wie rasches Einbringen in den Lagerraum ist schnelle Senkung der Temperatur auf den der Lagerung

[1] Rep. Food Invest. Bd. 1923.

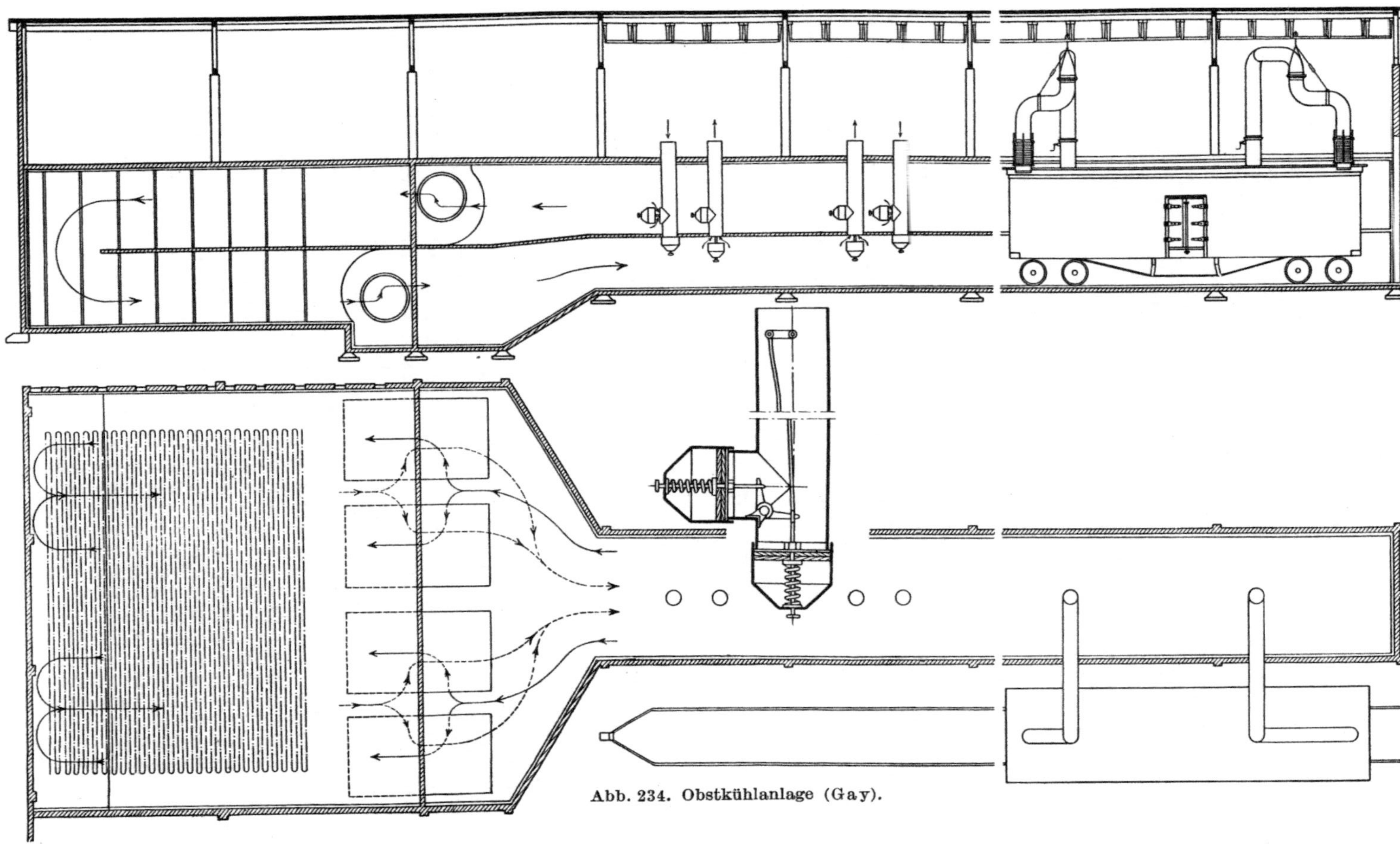

Abb. 234. Obstkühlanlage (Gay).

entsprechenden Grad günstig. Die Aufbewahrung und Beförderung erfolgt in Körben, Fässern und Kisten, wobei wertvolle Früchte noch einzeln eingeschlagen zu werden pflegen. Es hat sich bewährt, der Verpackung eine Durchkühlung vorausgehen zu lassen. Vollständiges Ausreifen der Frucht im Kühlraum gibt ihr zum Schluß nicht das volle Aroma, voraussichtlich deswegen, weil die für Geruch und Geschmack maßgebenden Bestandteile während der Kühlung verflüchtigen. Es ist daher zweckmäßiger, die endgültige Reifung nachträglich bei höherer Temperatur vorzunehmen und die Entwicklung im Kühlraum entsprechend zurückzuhalten. Übermäßiger Gehalt der Luft an Kohlensäure vermindert die Haltbarkeit. Es empfiehlt sich daher, den Kohlensäuregehalt der Luft laufend zu prüfen.

Ein besonderes Gepräge geben der Obstbehandlung die in den Vereinigten Staaten ausgebildeten Vorkühlverfahren. Bei der von Powell 1904 zuerst angewandten und in den folgenden Jahren zu höchster Vollkommenheit entwickelten Ausführung werden die voll beladenen Eisenbahnwagen durch biegsame Schläuche mit Kaltluftkanälen verbunden und schnell heruntergekühlt. Nach den von Gay[1] gemachten Versuchen ergab ein gewöhnlicher Kühlwagen, der geschlossen einem Luftdruck oder einer Luftleere von 13 kg/m² ausgesetzt wurde, eine Durchlässigkeit der Türen und anderen Öffnungen von 1500 bis 4000 m³/h. Um übermäßige Verluste zu vermeiden, soll daher der Luftdruck im Wageninnern und besonders in Nähe der Türen möglichst ausgeglichen sein. Eine von Gay entworfene, in Abb. 234 dargestellte Anlage versorgt gleichzeitig 32 Kühlwagen alle 4 Stunden. Die gegen Wärme geschützte Luftkühlerkammer nimmt die Solekühlrohre auf. 4 obere Lüfter saugen die Luft an, drücken sie über die Kühlvorrichtung, 4 untere Lüfter saugen sie ab und versorgen die Druckkanäle. Diese und die darüber angeordneten Saugkanäle sind zum Ausgleich der von außen eindringenden und durch die Reibung entstehenden Wärme an den Längsseiten mit Zusatzberohrung ausgestattet. Die zur Verbindung mit den Eisenbahnwagen dienenden beweglichen Rohre können abwechselnd gegen die Saug- und Druckseite geöffnet werden, um den Luftweg im Wagen umzukehren. Nahe dem Kanalende befindet sich eine Ausgleichklappe, die bei zu großem Druckunterschied beide Kanäle verbindet. Eine ähnliche Vorrichtung im Saugkanal läßt Ersatzluft von außen eintreten, wenn der Saugdruck durch Verlust in den Wagen zu niedrig ist. Er wird in der Regel auf 12 bis 20 kg/m² Luftleere, die Pressung im Druckkanal auf einem gleich hohen Überdruck gehalten.

Neben dem Gay-Verfahren besteht eine zweite Ausführungsform, bei der die Kälteübertragung gleichfalls durch Luftschläuche erfolgt, die an den Wagen durch Einsetzen falscher Türen angeschlossen werden. Das Wageninnere wird hierbei abwechselnd unter Überdruck und Luftleere gesetzt, atmet also gewissermaßen, um die schlechte Luft aus allen Teilen der Ladung abzusaugen und vollkommenes Durchdringen mit Kühlluft zu sichern. Durch eine Reihe von Klappen in Nähe des Luftkühlers wird die Umschaltung der Verteilleitungen von Saug- auf

[1] Gay: San Bernardino precooling plant. A.S.R.E. J. 1915.

Druckwirkung herbeigeführt. Unter Inkaufnahme eines erhöhten Kälteverbrauchs zugunsten größter Luftreinheit strömt die abgesaugte Luft ins Freie.

Der Einfluß der Vorkühlung geht nach Untersuchungen von Ramsay-Markell[1] aus Abb. 235 hervor. Die Eisenbahnwagen brachten Sellerie von Florida nach New York. Sie wurden teils auf etwa 3° vorgekühlt und danach einmalig beeist, teils nicht vorgekühlt und mehrmalig beeist. Bei den letzten nimmt der Unterschied zwischen der in der Nähe des Eisbehälters beobachteten niedrigsten und der für die oberste Lage geltenden höchsten Temperatur zunächst zu, dann langsam ab, bleibt aber stets erheblich größer als bei den vorgekühlten Wagen. Die Temperatursenkung erfolgt bei der nicht vorgekühlten Ware, besonders in den oberen Lagen, so langsam, daß der natürliche Zerfall nur ungenügend aufgehalten wird. Der Einfluß der stark schwankenden Außentemperatur auf die Ware ist fast restlos ausgeglichen. Dagegen äußert sich die Abnahme der mittleren Tagestemperatur während der Reise u. a. auch darin, daß die Temperatur in den vorgekühlten, nicht nachbeeisten Wagen sich anfangs leicht erhöht, zum Schluß aber, der tieferen Außentemperatur entsprechend, sinkt. Die Temperatur der nahe dem Eisbehälter gelagerten Ware nähert sich sowohl bei dem vorgekühlten als auch bei dem nicht vorgekühlten Wagen alsbald dem gleichen Punkt. Dagegen ist der Temperaturunterschied in den übrigen Lagen dauernd erheblich.

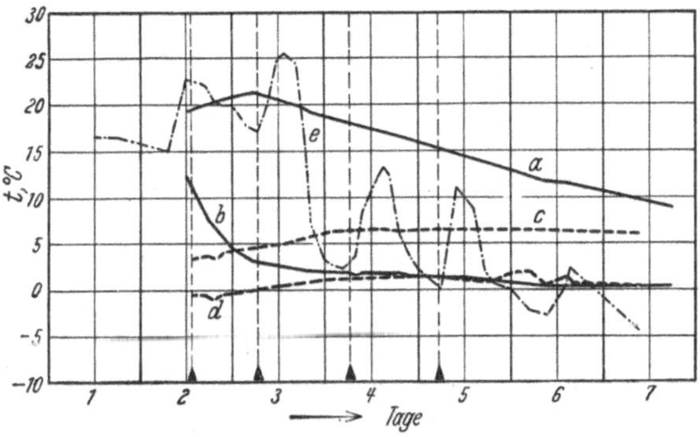

Abb. 235. Verlauf der Temperatur in eisgekühlten Wagen, ohne und mit Vorkühlung (Ramsay-Markell).
a höchste Kühlguttemperatur } Wagen nicht vorgekühlt,
b niedrigste „ „
c höchste „ „ } Wagen vorgekühlt,
d niedrigste „ „
e Außentemperatur, ▲ Beeisung.

Mit der Seebeförderung von Obst wurde 1888 der Anfang gemacht, als der Dampfer „Oceana" australische Äpfel mit Erfolg nach England führte. In zunehmendem Maße gewinnt neuerdings die Versorgung Europas auf dem Wasserwege Bedeutung. Neben Äpfeln spielen vor allem Bananen eine Rolle. Sie werden unverpackt oder in offenen Verschlägen sofort nach der Ernte verschifft. Um unzulässigen Druck zu vermeiden, ist die Gesamthöhe des Schiffsladeraumes durch Lattenroste in mehrere übereinanderliegende Abteilungen getrennt. Die Kühlung auf etwa 12° erfolgt in der Regel durch Außenluftkühler, beispielsweise

[1] Ramsay-Markell: The handling and precooling of Florida lettuce and celery. Bull. 601. U. S. Dept. Agric. 1917.

nach Abb. 236 (Hall), wobei vor den Seitenwänden in begehbarem Abstande Zwischenwände angeordnet und mit Luftöffnungen versehen sind. Starke Gebläse treiben die Luft durch solegekühlte Luftkühler und die als Luftkanäle dienenden Zwischenräume von einer Längsseite des Schiffes nach der anderen.

Die Kaltlagerung einheimischen Obstes hat in Europa nirgends größeres Ausmaß angenommen. Dagegen findet künstliche Kühlung hier An-

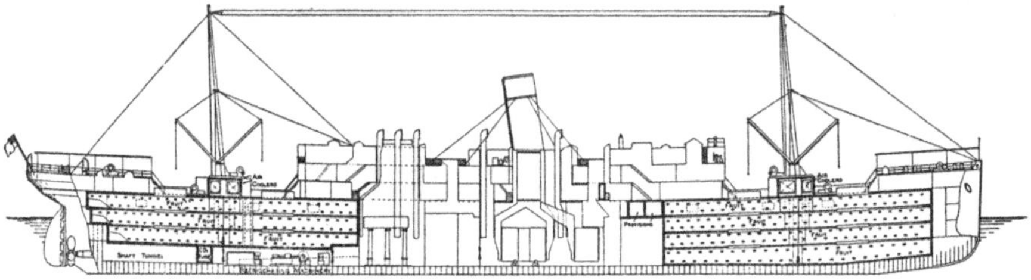

Abb. 236. Obstkühlschiff (Hall).

wendung, um bei Überfüllung des Marktes überseeisches Obst in Kühlhäusern zurückzuhalten. Die Temperaturen bewegen sich alsdann um 0° herum, nur Bananen fordern 12—14°. Sollen die letzten ausreifen, so werden sie in besonderen Kammern feuchter Luft von 16 bis 20° ausgesetzt. Absaugen der Atmungskohlensäure ist hier besonders wichtig.

8. Bier.

Seitdem Linde 1877 bis 1881 schrittweise die gesamte Kälteversorgung der untergärigen Brauerei durch künstliche Kühlung durchgeführt hatte, folgte rasch ihre allgemeine Einführung über die ganze Welt.

Die gekochte Würze wird zunächst auf offenen Schalen — Kühlschiffen — oder in geschlossenen, von entkeimter Luft durchströmten Kesseln — Kühlschiffersatz — unter teilweiser Verdunstung auf die zu der durch die Keimgefahr gesetzten Grenze von äußerst 60° gekühlt. Anschließend erfolgt Kühlung auf dem in der Regel als Berieseler ausgebildeten Würzekühler, in dessen Innerem oben Brunnenwasser zur Vorkühlung strömt, während der untere Teil durch Süßwasser, seltener Sole, in Ausnahmefällen den Arbeitsstoff selbst, gespeist wird. Die Würze verläßt den oberen Teil des Kühlers mit einer Temperatur, die sich je nach Größe der Vorrichtung und Menge des verfügbaren Brunnenwassers dem Kühlwassereintritt auf 4 bis 8° nähert. Die endgültige Ablauftemperatur, mit der die Einführung in den Gärkeller erfolgt, beträgt 4 bis 6°, so daß bei einer Kühlwassertemperatur von 10° je nach der Vollkommenheit der Vorkühlung die Temperaturerniedrigung auf dem künstlich gekühlten Teile des Würzekühlers 8 bis 14°, die Nutzkälteleistung daher 800 bis 1400 kcal/hl beträgt. Sie ist in kurzer Zeit — 1 bis 2 Stunden — zur Verfügung zu stellen und erreicht hierbei Zahlen, die, verglichen mit dem Gesamtbedarf der Brauereikühlung, erheblich sind, so daß es nahe liegt, durch Speicher einen Ausgleich zwischen dem Augenblicksbedarf und der für mittlere Leistung bemessenen Kälteanlage zu schaffen.

Bei Verwendung von Süßwasser für die Würzekühlung wird der Kältespeicher in Form großer Süßwasserbehälter gleichzeitig für die Gärbottichkühlung mitbenutzt. Diese ermöglichen Tag und Nacht gleichmäßige Einstellung der Gärbottiche, auch wenn die Kälteanlage nur tagsüber läuft. Bei Solekühlung ist Kältespeicherung gleichfalls möglich, dagegen kommt sie bei unmittelbarer Anwendung des Arbeitsstoffs nicht in Frage, so daß in diesem Falle eine entsprechend große Verdichterleistung vorhanden sein muß. Undichtheiten bei Sole- und unmittelbarer Kühlung sind bei sorgfältiger Herstellung nicht zu befürchten. Örtliche Unterkühlung der Würze und damit zusammenhängende Veränderung ihrer Beschaffenheit kann bis zum teilweisen Frieren vorkommen, hat sich jedoch im Betriebe als unschädlich erwiesen, weil die Veränderungen bei der nachträglichen Wiedererwärmung aufgehoben werden. Die Abmessung der Würzekühler wird durch die Berieselungsstärke von etwa 1500 l/m · h bedingt, bei der ungleichmäßige Berieselung oder Spritzverlust vermieden bleibt. Die Ausführung erfolgt fast ausschließlich in Form von Kupferrohren, die senkrecht untereinander oder versetzt oder schließlich in geschweifter Form zu einer glatten Fläche zusammengelötet sind. Das Verzinnen der Kupferrohre ergibt sich hierbei von selbst, um die Verlötung zu erleichtern. Bei unmittelbarer Verdampfung und Ammoniak als Arbeitsstoff werden blanke Stahlrohre benutzt, die bei sorgfältiger Wartung sich bewähren. Überzug durch dünnwandige Kupferrohre beseitigt die Rostgefahr, verlangt jedoch sorgfältige Herstellung. Auf das Zusammenlöten der Einzelrohre zu einer geschlossenen Fläche sollte bei unmittelbarer Verdampfung verzichtet werden, weil reines Zinn bei tiefen Temperaturen Neigung zum Zerfall zeigt und gegen weniger zinnreiche Mischungen gesundheitliche Bedenken vorliegen. Die Rohre erhalten hierbei zweckmäßigerweise untere Leitkämme. Um derartige, schwer zu reinigende Würzekühler sicher zu entkeimen, wird der gesamte Kühlerraum mit dichten Tür- und Fensterverschlüssen versehen und nach der Benutzung Dampf eingeleitet. Die Frage der Keimfreiheit war ausschlaggebend für Abänderung offener Kühler in geschlossene. Diesen haftet auf der anderen Seite der Mangel an, daß die Würze durch künstliche Mittel nachbelüftet werden muß, um die Entwicklung der Hefe zu sichern.

Die den Gärbottichen zugeführte Würze wird während der Gärung durch eingehängte Kühlvorrichtungen temperiert. Als Kühlmittel gelangt fast ausschließlich Süßwasser von etwa 1^0 zur Anwendung. Mit Rücksicht auf leichte Reinigung erhalten die Kühlflächen die Form einer Rohrschlange, eines Rohrgitters oder einer glatten Kühltasche, bei der der Weg des Kühlwassers durch eingebaute Wände zickzackförmig gestaltet ist. Als Baustoff wird in der Regel Kupfer benutzt. Eisen ist anwendbar, wenn durch sorgfältigen Lacküberzug die Oxydationsgefahr umgangen wird. Bei der ausnahmsweise angewandten Solekühlung läßt sich örtliche Unterkühlung kaum vermeiden.

Die Kühlung der Gärkeller erfolgt neuerdings nur noch bei kleinen Anlagen durch Deckenberohrung, bei großen durch Außenluftkühler, wenn Wert darauf gelegt wird, daß die Luft nicht nur kalt, sondern, zur

Minderung der Keim- und Schimmelgefahr, auch verhältnismäßig trocken gehalten wird. Die Temperatur des Gärkellers bewegt sich um 4°. Die Kühlung erfolgt durch Sole oder den unmittelbar verdampfenden Arbeitsstoff. Bei Luftkühlung ist darauf Rücksicht zu nehmen, daß die Kräusenbildung an der Oberfläche der Würze nicht gestört wird. Die Lufteinführung erfolgt daher zweckmäßig nach Abb. 237 unterhalb des Bottichrandes in den Gängen. Die Absaugeleitungen sind so anzuordnen, daß möglichst der ganze Raum gleichzeitig durchlüftet wird; daneben sind am Boden einstellbare Öffnungen vorzusehen, um die kohlensäurereiche

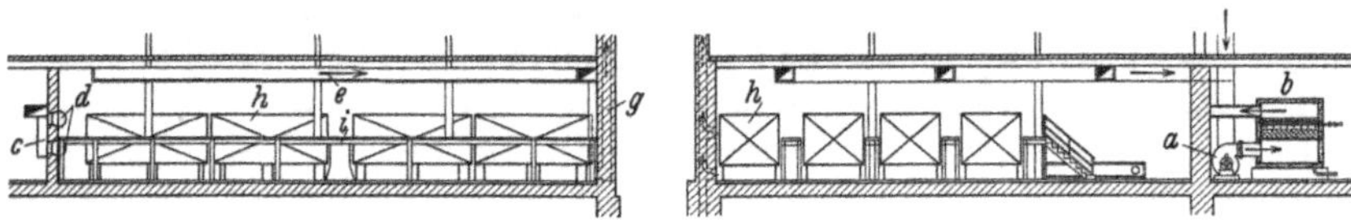

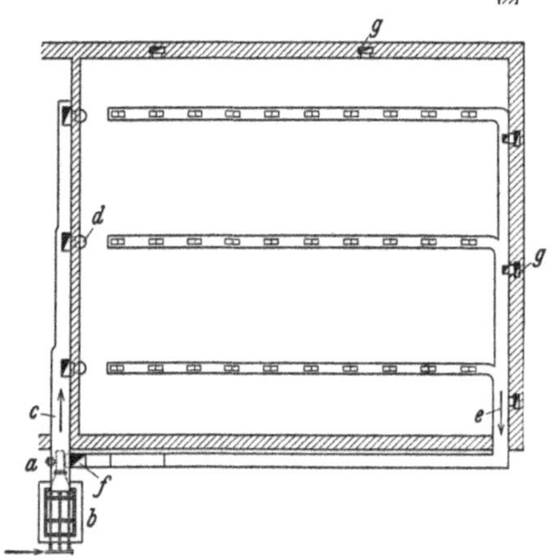

Abb. 237. Gärkellerkühlung. *a* Lüfter, *b* Luftkühler, *c* Zuluft, *d* Luftverteiler, *e* Umluft, *f* Frischluft, *g* Abluft, *h* Gärbehälter, *i* Podestanlage.

Luft abzulassen, ferner ein Anschluß, um Ersatzluft anzusaugen und vorgekühlt dem Hauptluftstrom beizumischen.

Um Temperaturschwankungen im Lagerkeller zu vermeiden, wenn täglich große Mengen von Bier aus den Gärkellern in verhältnismäßig kleine Lagerkellerabteilungen eingelassen werden, wird zuweilen eine besondere Kühlvorrichtung zwischen Gär- und Lagerkeller geschaltet. In ihr erfolgt Kühlung von der gegen Schluß der Gärung bis gegen 8° erhöhten Temperatur auf etwa 0°. Ähnliche Wirkung läßt sich, unter Verzicht auf diesen Sonderkühler, dadurch erzielen, daß vor dem Übertritt des Biers die Temperatur in den Gärgefäßen herabgedrückt wird.

In Lagerkellern erfolgt die Kühlung durch Rohrschlangen, die an der Decke über den Gängen angeordnet sind und in denen Salzwasser oder der Arbeitsstoff selbst umläuft. Die zweckmäßige Kellertemperatur hängt von der Eigenart des Biers ab und schwankt zwischen 0 und 2°.

Wie bei allen gekühlten Waren sind auch bei Bier Temperaturschwankungen schädlich. Seine Behandlung nach der Lagerung erfolgt daher in gekühlten Abfüllkellern.

Neben diesen Hauptzwecken dient die künstliche Kühlung in Verbindung mit dem Brauereibetriebe für Ausscheidung der Trübstoffe — besonders bei obergärigem Bier —, Lagerung des Hopfens und zuweilen für die Tennen der Mälzerei, um den Betrieb auch in der warmen Jahreszeit durchzuführen.

9. Wein.

Die Arbeitsweise bei der künstlichen Weinklärung durch Kältewirkung geht aus Abb. 238 hervor. Der zu behandelnde frische Wein läuft in

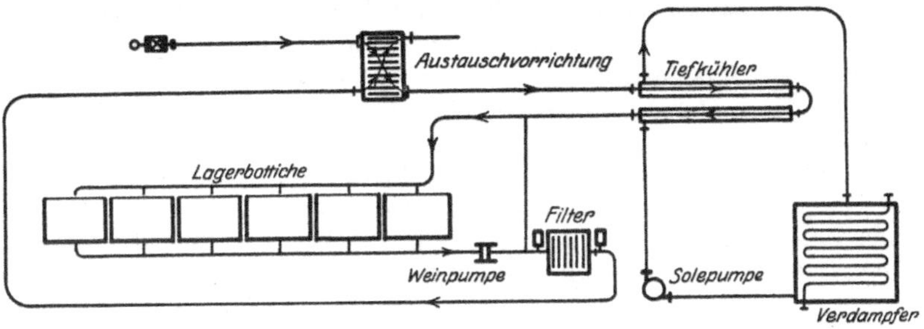

Abb. 238. Weinkläranlage.

eine Austauschvorrichtung, dem verarbeiteten Wein entgegen, und wird hierbei vorgekühlt. Die restliche Kühlung erfolgt in einem besonderen Tiefkühler, von dem aus der Wein Lagerbottichen zufließt, in denen ihm einige Tage Ruhe gelassen wird. Danach wird er gefiltert und ist damit versandfertig. An Stelle des in Doppelrohrform angedeuteten Tiefkühlers werden zuweilen die Ruhebottiche selbst mit Kühlvorrichtungen versehen. Fehlen solche Kühlvorrichtungen im Bottich, so wird dieser gegen die äußere Wärme besonders sorgfältig geschützt und der Bottichraum gekühlt. Als Kälteträger gelangt vorzugsweise Alkohol zur Verwendung.

Bei Obstsäften, die durch Feinfilter von Trübstoffen und Hefe befreit sind, dient Raumkühlung auf etwa 0° zur Verbesserung der gärungsfreien Lagerung.

10. Trinkwasser.

Bei der in den Vereinigten Staaten häufigen Anwendung künstlicher Kühlung kalten Trinkwassers erfolgt die Schaltung im allgemeinen nach Abb. 239. Das aus der städtischen Leitung kommende Wasser durchläuft mehrere hintereinandergeschaltete Filter und wird danach auf einem offenen Berieselungsverdampfer gekühlt. Dieser steht in einem Sammelbehälter, aus dem die Kaltwasserpumpe saugt. Die von ihr ausgehende Steig-

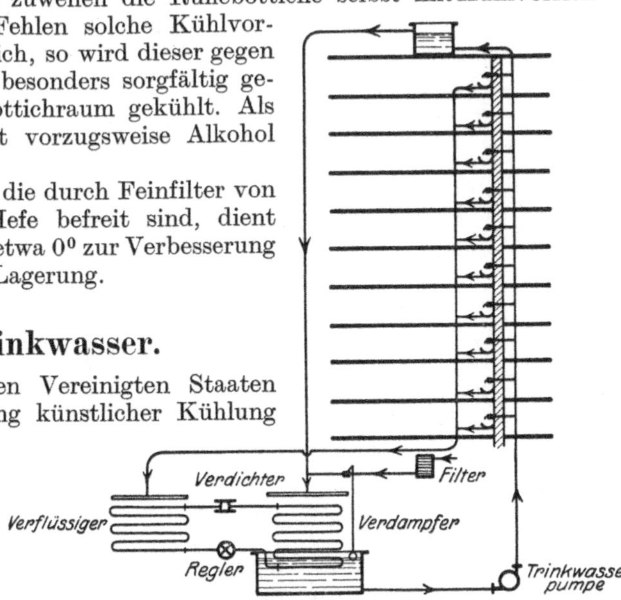

Abb. 239. Trinkwasserkühlanlage.

leitung führt längs der Zapfstellen bis zu einem Ausgleichbehälter, der das überschüssige Wasser aufnimmt, und nach Erreichung des höchstens Wasserstandes über den Berieselungskühler in das tief angeordnete Sammelbecken zurücklaufen läßt. Auf diese Weise wird ein ständiger Umlauf des kalten Wassers erzielt und Wasservergeudung vermieden. Die Wasserzufuhr wird, entsprechend dem Verbrauch, durch ein am unteren Sammelbehälter angebrachtes Schwimmerventil geregelt. Das von den Zapfstellen ablaufende Wasser wird für Kühlung des Verflüssigers mitbenutzt.

Mit der Verbreitung kleiner selbsttätig geschalteter Kühlanlagen wird die Trinkwasserkühlung vielfach örtlich verteilt. Der Frischwasserkühler nimmt hierbei die Form der Abb. 131 an. Eisansatz an den Kühlflächen vervielfacht die Speicherfähigkeit.

11. Schokolade, Zuckerwaren.

Die künstliche Kühlung von Schokolade erfolgt bei kleinen Anlagen in Form von Raumkühlung, bei mittleren Anlagen unter Anwendung von Kühlschränken mit eingebauten Luftkühlern, bei großen An-

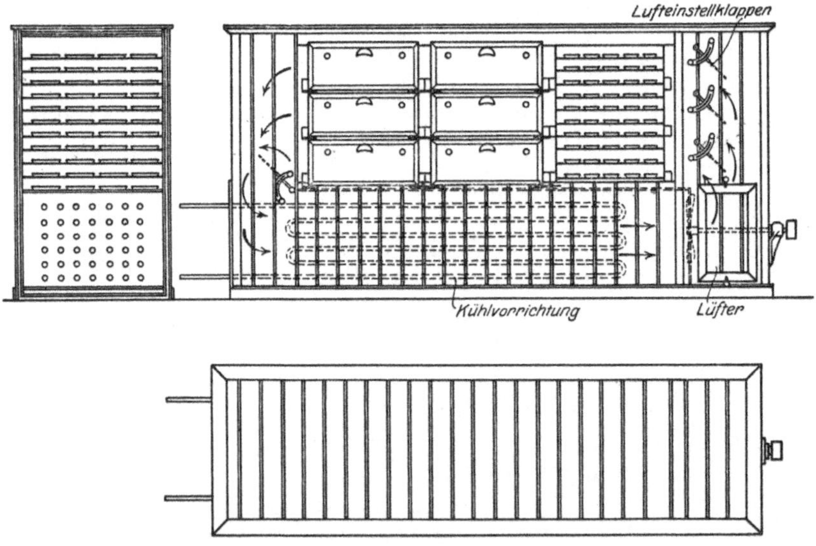

Abb. 240. Schokoladekühlschrank (Lehmann).

lagen in Form von Kühlkanälen, in denen Förderbänder das Kühlgut durch den kalten Luftstrom tragen. Die Einbringtemperatur der Schokolade bewegt sich um 30°, die Ausbringtemperatur um 10°. Mit der Schokolade müssen die Formen gekühlt werden, die etwa das halbe Gewicht der Schokolade ausmachen. Die Leistung der Kühlvorrichtung ist so zu bemessen, daß vollkommene Durchkühlung in 15 bis 30 Minuten erfolgt.

Bei Raumberohrung ergibt sich ein erheblicher Temperaturunterschied zwischen oberer und unterer Luftschicht und eine befriedigende Wirkung nur dann, wenn die Tafeln auf niedrigen Gestellen ruhen oder gar in einer Schicht nahe am Boden ausgebreitet werden. Raumbedarf und Kälteverlust sind hierbei größer als bei Kühlschränken und Kühlkanälen.

Bei dem in Abb. 240 (Lehmann) dargestellten Kühlschrank befindet sich die Kühlvorrichtung unten, das Kühlgut oben in mehreren Lagen. Zwischenböden gestatten, den Luftumlauf von einzelnen Gruppen vermittels Einstellklappen abzusperren, wenn die betreffende Kammer gerade offen ist. Durch reichliche Bemessung des Lüfters wird gleichmäßige Kühlung der einzelnen Schichten gesichert. Der dargestellte Schrank ist ohne wesentliche Änderungen auch für Kühlung von schokoladeüberzogenen Zuckerwaren geeignet.

Bei dem Kühlkanal der Abb. 241 (Lehmann) wird die im unteren Teile gekühlte Luft vermittels Lüfters über das obere, die Tafeln tragende Förderband geblasen. Gegenüber der Schrankkühlung ergibt sich Ersparnis an Arbeitskräften und vollständig gleiche Beeinflussung jeder Tafel. Luft und Kühlgut werden im allgemeinen in gleicher Richtung bewegt, damit die Schokolade vor dem Verlassen des Kanals mit Luft von höherer Temperatur und höherem Feuchtigkeitsgrad zusammentrifft, infolgedessen nach der Ausbringung weniger zum Beschlagen neigt. Die Kühldauer wird durch Veränderung der einstellbaren Geschwindigkeit des Förderbandes geregelt. Für Rückführung der leeren Formen nach dem Ausschlagen der

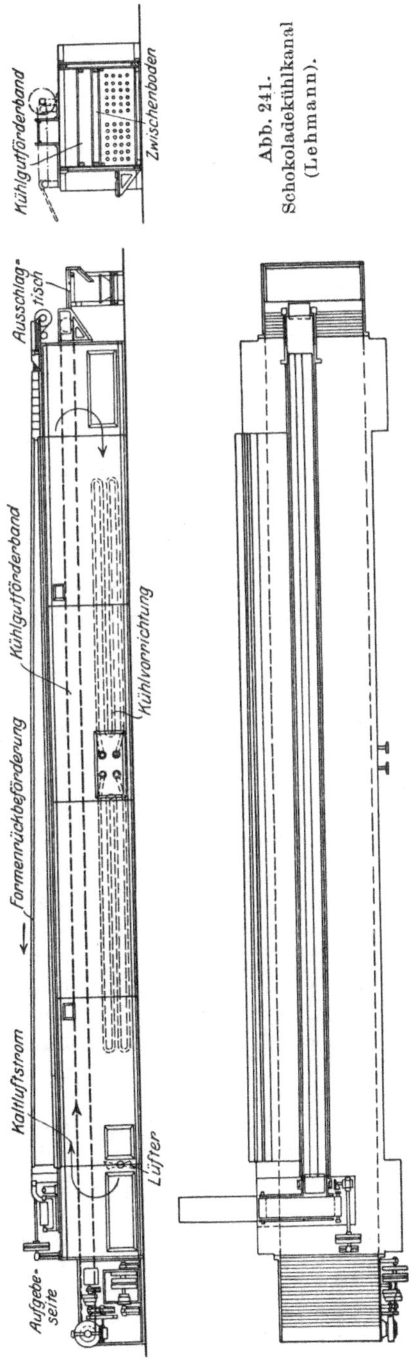

Abb. 241. Schokoladekühlkanal (Lehmann).

Schokolade dient ein zweites, oberhalb der Kanaldecke laufendes Band. An Stelle der gestreckten Form finden sich zuweilen runde Umlaufkühler, bei denen Beschickung und Entnahme an der gleichen Stelle stattfindet.

Wird die Kühlvorrichtung oberhalb des Kühlguts angeordnet, so arbeitet der Lüfter, unterstützt durch die natürliche Bewegung der Luft, mit geringerem Widerstand. Die Gefahr, daß Feuchtigkeit von den Kühlschlangen durch die Luft mitgerissen wird und sich auf dem Kühlgut absetzt, ist allerdings höher. Zuweilen wird das Kühlgut dem Luftstrom entgegengeleitet und hierfür der Vorzug geltend gemacht, daß eine Abschreckwirkung auf die frische Ware vermieden bleibt. Die Erfahrung zeigt jedoch, daß die Schokolade im Zustande der Einbringung weniger empfindlich ist, als nach der Erstarrung.

In Zuckerwarenfabriken werden die Arbeitsräume mit gekühlter, trockener Luft versorgt, um ein Kleben der Ware und Störung des Maschinenganges zu vermeiden.

12. Speiseeis.

Bei der Bereitung von Speiseeis in dem bei uns üblichen kleinen Maßstabe gelangen die gleichen Vorrichtungen zur Anwendung, die für Kühlung durch Eis-Salzmischung vorgesehen sind, und nach Abb. 242 (Schulte) in der Hauptsache aus umlaufenden Trommeln aus verzinntem Kupfer oder nichtrostendem Stahl bestehen. Der Eisraum wird hierbei mit Sole gefüllt und diese durch eine Kühlschlange ständig kalt gehalten.

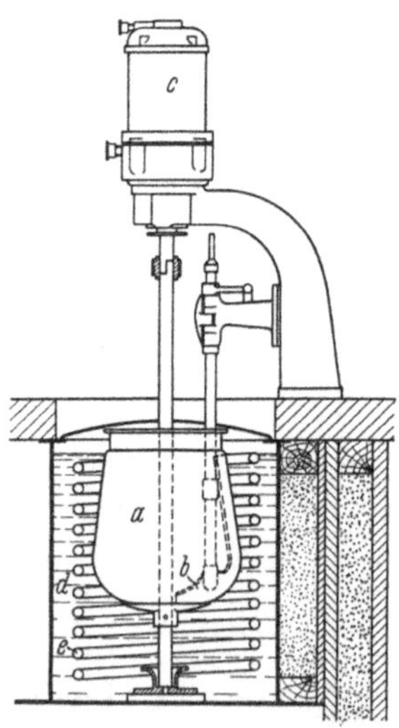

Abb. 242. Speiseeisfrieranlage (Schulte). *a* Gefriertrommel, *b* Schaber, *c* Antriebsmotor, *d* Solebad, *e* Kühlschlange.

Die fabrikmäßige Bereitung von Speiseeis hat in den Vereinigten Staaten, demnächst auch in England, große Bedeutung gewonnen, während die übrigen europäischen Länder unter der Nachwirkung des Krieges am Anfang stehen geblieben sind. Es handelt sich hierbei in der Hauptsache um die Herstellung von Rahmeis aus Milch, Sahne, Butter, denen Zucker, Früchte, Geschmackstoff sowie $^1/_2$% Gelatine zugesetzt werden. Die Gefriermasse wird zunächst durch Erwärmung entkeimt, danach in einer Homogenisiermaschine behandelt, um die Fetteilchen so zu zerkleinern, daß im weiteren keine Aufrahmung stattfindet. Nach rascher Kühlung auf etwa 4° altert die Masse während 2 bis 3 Tagen in Rahmreifern unter Zunahme ihrer Zähigkeit. Das anschließende eigentliche Gefrieren erfolgt auf etwa — 3° in geschlossenen Trommeln, Abb. 243 (York), um die tief gekühlte Sole oder der Arbeitsstoff selbst geleitet wird. Die Gefriermasse wird durch Schaber und Schlagwerke etwa 15 Minuten lang bewegt und erhält hierbei schaumige Form unter Verdoppelung des Volumens. Nach dem Frieren wird das Rahmeis in Härteräumen bei etwa —20° gefestigt, wobei schließlich etwa 80% des Wassergehalts ausgefroren wird. Werden hierfür Kühlkanäle angewandt, so ergibt sich ein erheblicher Zeitgewinn; nach Abb. 244[1] gelingt beispielsweise bei einer Luftgeschwindigkeit von 4 m/s und einer Lufttemperatur von —36° das Härten von Schokolade- und Pfirsicheis in Kartonpackungen von $^1/_2$ Liter in wenig mehr als einer Stunde, wobei die Temperatur im Kern schließlich —18° erreicht.

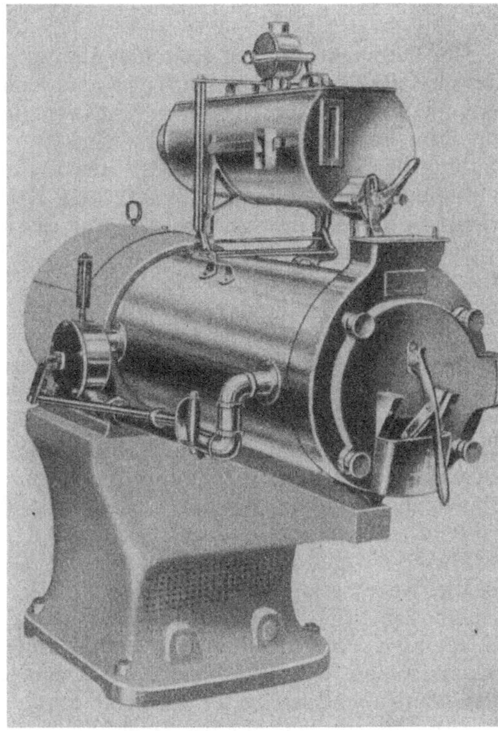

Abb. 243. Rahmeisfrierer (York).

Der Rahmeisverbrauch hat in den Vereinigten Staaten zahlreiche neue Kühlbedürfnisse für den Vertrieb geweckt. Zum Versand in Packungen eignet sich Beigabe von Kohlensäureeis. Die Bereitstellung des Speiseeises erfolgt in Kühlschränken, die gesonderte Abteile mit etwa —12° für Eisbüchsen, mit etwa —18° für Eiswürfel enthalten. Die in Europa noch vorwiegenden einfachen Einrichtungen werden in der Regel mit einem Gefrierschrank für Herstellung von Halbgefrorenem und Formeneis und einem Konservatorkühler verbunden, der mehrere Porzellanbüchsen aufnimmt. Sie sitzen in unten geschlossenen, in das Solebad eintauchenden Blechformen.

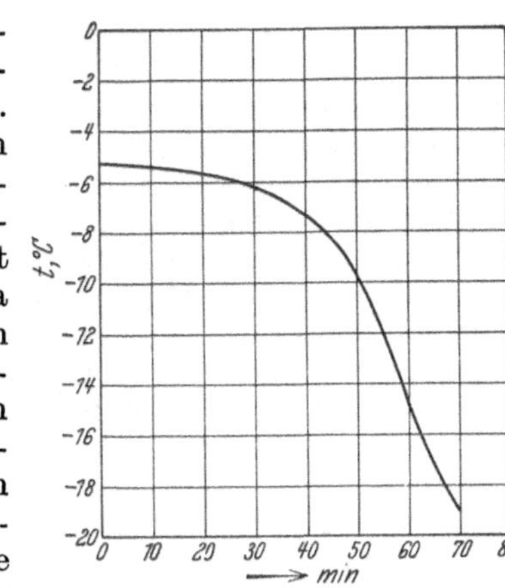

Abb. 244. Verlauf der Temperatur beim Härten von Speiseeis in Kühlkanälen (Zumbro).

[1] Zumbro: New applications of low temperature freezing. Refrig. Engng. 1931.

13. Öl.

Die Verarbeitung von Rohöldestillaten zu Leuchtöl erfolgt in wärmewirtschaftlich vollkommener Weise nach dem Edeleanu-Verfahren[1], bei dem die Temperatur sowohl des zu verarbeitenden Destillats, als auch der ihm beizumischenden Schwefligsäure erniedrigt wird. Zur Vorkühlung beider dienen Wärmeaustauschvorrichtungen, in denen die kalt gewonnenen Erzeugnisse, Extrakt und Raffinat, vor der weiteren Verarbeitung die Wärme von Destillat und Schwefeligsäure teilweise binden.

Da es bei der Kühlung von Speiseölen wichtig ist, die Temperaturerniedrigung allmählich verlaufen zu lassen, werden große Sammelbehälter vermittels Schlangen durch Süßwasser gekühlt, das eine Gruppe nach der anderen durchläuft. Die Schaltung erfolgt hierbei so, daß das kälteste Wasser dem letzten, demnächst zur Filterung gelangenden, das wärmste dem gerade mit der Kühlung beginnenden ersten Behälter zufließt.

Für die Durchführung von Kristallisationsvorgängen werden häufig Einrichtungen verwandt, die mit einem Zelleneiserzeuger fast vollkommen übereinstimmen. Die in Rahmen gefaßten Formen entleeren beim Umkippen ihren Inhalt in ein Gefäß, aus dem die Flüssigkeit abläuft, während die Kristalle durch Schnecken o. dgl. zur weiterverarbeitenden Stelle gefördert werden.

Die Regel bilden jedoch runde Gefäße mit senkrechter Achse und Kegelboden, denen die Kühlvorrichtung sich anpaßt. Die niederschlagenden Kristalle werden durch umlaufende Bürsten abgestreift, sinken in den Kegelteil nieder und werden von da in gewissen Zeitabständen abgelassen oder dauernd durch Förderschnecken entfernt.

Für Gewinnung hochwertiger Schmieröle mit tiefem Stockpunkt wird Paraffindestillat gekühlt. Hierbei kristallisiert das Paraffin aus. Die Abkühlung erfolgt in Stufen, zunächst auf etwa -20^0, dann auf etwa -40^0 und schließlich auf etwa -50^0. Um die Ausscheidung zu beschleunigen, wird das Destillat mit Naphtha etwa im Verhältnis 3:7 zu einer Mischung verbunden, deren spezifisches Gewicht kleiner ist als das des ausscheidenden Paraffins. Nach der Reinigung wird das Naphtha abdestilliert. Damit die Kristalle nicht so fein bleiben, daß sie kaum niedersinken, erfolgt die Kühlung verhältnismäßig langsam, um etwa 2^0 stündlich. Die Temperatur der als Kühlmittel für die erste Stufe dienenden Sole wird gleichzeitig mit der des Öles allmählich gesenkt und ein Temperaturgefälle von etwa 8^0 gehalten. Zur Vorkühlung dienen große, mit Rührwerk ausgestattete Behälter; die Fertigkühlung der zweiten und dritten Stufe erfolgt in Doppelrohrkühlern durch verdampfendes Ammoniak. Das Destillat fließt durch das Innenrohr, das eine Schnecke enthält, die das Paraffin von den Wänden abschabt. Bei anderen Verfahren dient auch für die Vorkühlung ein Doppelrohrkühler, durch den zuweilen das gereinigte Destillat als Kühlmittel geleitet wird. Die Trennung von Kristallen und Lösung geschieht durch Zentrifugen oder Filterpressen. Für die Erzielung der geforderten tiefen Temperaturen ist Stufenteilung Voraussetzung.

---

[1] Jodeck: Das Edeleanu-Verfahren zur Verarbeitung von Erdölprodukten und anderen Mineralölen. Z. ges. Kälteind. 1913.

14. Glaubersalz.

Glaubersalz wird bei der Abkühlung einer Magnesiumsulfat-Steinsalzlauge als kristallisiertes Natriumsulfat gewonnen. Pabst[1] berichtet über eine für die Kaliindustrie entworfene Anlage, bei der die Abkühlung chargenweise in großen Bottichen erfolgt. Hierbei ergibt sich die Notwendigkeit, die inkrustierenden Kristalle nach dem Absetzen des Bottichs von den Kühlrohren zu entfernen. Mit Fortschreiten der Kühlung und Anwachsen des Belages verringert sich der Wärmedurchgang. Demgegenüber bedeutet die Anwendung umlaufender Verdampfer einen großen Fortschritt. Die Zuführung des flüssigen und Ableitung des gasförmigen Arbeitsstoffes erfolgt dabei unter Einschaltung von Stopfbüchsen. Die Kristalle sammeln sich im Unterteil des Behälters, die Kühlfläche bleibt daher in vollem Maße wirksam. Daneben ergeben sich günstige Wärmeübergangsverhältnisse auf beiden Seiten des Trommelmantels.

Für die Gewinnung von Glaubersalz aus Chlorzinklauge, die in chemischen Betrieben nebenher entfällt, werden doppelwandige Kristallisiervorrichtungen mit Rührwerken angewandt, bei denen Sole durch den Ringraum fließt.

15. Tabak.

Zu feuchter Tabak fermentiert zu schnell und, wegen starker Erwärmung, unter Aromaverlust. Aus diesem Grunde soll er vor dem Fermentieren bei tiefen Temperaturen, etwa 10^0, zunächst getrocknet werden, daneben ist Senkung der Temperatur auf 20 bis 25^0 beim Fermentieren selbst erwünscht; schließlich bietet bei der Lagerung die Kühlung Schutz gegen den Tabakwurm. Das Mittel für Lösung dieser Aufgaben stellt eine Bewetterungsanlage dar, die in heißen Gegenden und ganz allgemein bei Mangel an kaltem Wasser Kühlmaschinen fordert. Solche Einrichtungen behalten auch Bedeutung bei der späteren Verarbeitung des Tabaks zu Zigarren und Zigaretten, bei der die Regelung des Luftfeuchtigkeitsgrades in den Vordergrund tritt.

16. Pelze.

Bei der Pelzlagerung verlangen Temperatur und Feuchtigkeitsgrad der Luft gleiche Beachtung. Die Kühlanlage läuft auch hier auf eine Bewetterungsanlage hinaus. Es ist zu verwerfen, wenn das Allheilmittel in recht tiefer Temperatur allein gesucht und darüber der schädliche Einfluß übersehen wird, den zu hohe und zu niedrige Feuchtigkeit auf die Pelzwaren ausübt. In feuchten Ländern stellt die Gefahr der Verschimmelung den Hauptgrund für künstliche Kühlung dar, um den Feuchtigkeitsgrad der Lagerraumluft zu senken.

17. Leichen.

Bei der Leichenkühlung dient Raumberohrung zur Herstellung einer Temperatur von etwa 8^0 in den großen Leichenhallen, Schlangenkühlung

[1] Pabst: Die Kältemaschine in der chemischen Industrie. Z. ges. Kälteind. 1925.

zur Aufrechterhaltung einer Temperatur um 0° in den Einzelzellen der Schauhäuser. Die für Forschungszwecke bestimmten Leichen werden in Gefrierzellen bei —10° eingefroren. Die gleiche Temperatur wird als Vorbereitung von Schnitten zur mikroskopischen Untersuchung angewandt.

18. Eisbahn.

Für die Berohrung künstlicher Eisbahnen werden im allgemeinen runde Rohre von 25 bis 30 mm Durchmesser in einem Abstand bis zu 100 mm verlegt. Wichtig ist die Vermeidung von Luftsäcken in den Rohren. Durch hohe Solegeschwindigkeit läßt sich gleichmäßige Verteilung in den parallel geschalteten Strängen ohne Zuhilfenahme von Einzelabsperrungen sichern. Die Kosten einer künstlichen Eislaufbahn für Betrieb und Kapitaldienst sind so hoch, daß ein wirtschaftlicher Erfolg in vielen Fällen schließlich fehlte. Größte Einfachheit, nach Möglichkeit Verbindung mit Nebenbetrieben müssen daher hier mehr als in anderen Fällen angestrebt werden. Bei 57 m Länge, 26 m Breite und gerundeten Ecken wird die Bahn für berufsmäßiges Hockeyspiel brauchbar. Die Notwendigkeit, den tragenden Boden mit Wärmeschutz zu versehen, ist nur dann zu bejahen, wenn der Eisbahnbetrieb häufig mit anderer Benutzung wechselt.

Zuweilen werden die Gefrierrohre in Sand oder Beton eingebettet, deren Wärmeleitfähigkeit in nassem Zustande hoch ist und etwa der des Eises entspricht. Die umlaufende Solemenge muß so reichlich sein, daß ihre Erwärmung 1 bis $1^1/_2{}^0$ nicht überschreitet, ihre mittlere Temperatur bewegt sich um —9°.

Einen besonderen Anreiz, daneben einige Bürgschaft für Wirtschaftlichkeit, bieten Freilufteisflächen, für deren Benutzung etwa 100 Wintertage in Betracht kommen. Beobachtungen an der Wiener Freiluftkunsteisbahn[1] haben ergeben, daß bei einer mittleren Lufttemperatur von 9° und durchgehendem Betriebe die erforderliche Kälteleistung rund 110 kcal/h · m² Eisfläche beträgt.

Beim Anlegen der Eisbahn wird zunächst eine etwa 5 mm starke Wasserschicht gefroren, danach mehrmals fein vernebeltes, mäßig warmes Wasser bis zu einer Gesamtstärke von 20 bis 30 mm aufgesprengt.

19. Schachtabteufung.

Künstliche Kälte für Schachtabteufung wurde planmäßig zum ersten Male von Poetsch im Jahre 1883 angewandt. Auf ihn gehen alle späteren Ausführungen von Gefrierschachtgründungen zurück. Sein Verfahren besteht darin, daß bei wasserhaltigem Gebirge in einem den geplanten Schacht umgebenden Kreis Bohrlöcher niedergeführt und mit Doppelrohren versehen werden. Tief gekühlte Sole strömt durch das Innenrohr nach dem tiefsten Punkte und steigt unter Erwärmung im Außenrohr hoch. Das umgebende Gebirge wird gefroren und ein

[1] Engelmann: Die Wiener Freiluftkunsteisbahn. III. Int. Kältekongr., Chicago 1913.

Frostkörper gebildet, der sich allmählich zu einer widerstandsfähigen Mauer schließt. Unter ihrem Schutze erfolgt die Abteufung in gewöhnlicher Weise. Die inneren Speiserohre besitzen im allgemeinen einen Durchmesser von etwa 0,025 m, die äußeren von etwa 0,12 m, der Abstand der Bohrlöcher beträgt rund 1 m. Die infolge Abweichung der Bohrer von der Lotrechten unvermeidlichen Ungenauigkeiten dürfen den Abstand der Bohrlöcher am Fußpunkte keinesfalls auf mehr als 2 m vergrößern, anderenfalls sind Ersatzlöcher niederzutreiben. Als Kälteträger gelangen $CaCl_2$-, $MgCl_2$- und Mischsolen zur Anwendung. Zu Anfang besteht zwischen Zu- und Rücklauf ein erheblicher Unterschied, der allmählich bis auf 2 bis 3° zurückgeht. Das Wasser der Frostmauer kühlt sich zunächst bis zur größten Dichte auf 4° ab und sinkt hierbei ständig nieder, danach hört die senkrechte Strömung auf. Das Schließen der Frostmauer wird äußerlich daran beobachtet, daß das Wasser im oberen Vorschacht allmählich steigt. Die Bohrlöcher werden 5 bis 10 m tief ins feste Gebirge gestoßen, damit die Frostmauer fest an das Grundgebirge anschließt. Zum Auftauen der Gefrierschächte werden die Gefrierrohre mit erwärmter Sole unter allmählicher Temperatursteigerung gespeist. Nach dem Verfahren von Joosten[1] wird das Auftauen von innen heraus allmählich vorgenommen, indem die Sole bei abgestelltem Kühlbetrieb weiter umläuft und sich langsam selbst erwärmt. Das zuvor in den Schacht eingelassene Wasser wird gleichzeitig durch Dampf auf 30 bis 35° erwärmt.

Wenn der Schacht durch eine Schicht mit mehr oder weniger gesättigter Sole führt, reichen die üblichen Kältegrade nicht aus. Es muß alsdann ein Tiefkühlverfahren Anwendung finden mit Temperaturen, die nur durch Anwendung mehrstufiger Verdichtung wirtschaftlich erzielt werden. Aus diesem Grunde vorgesehene Verbundverdichter können zunächst parallel geschaltet werden, solange die tiefen Temperaturen noch nicht erforderlich sind. Wesentliche Abkürzung der Abteufzeit durch Anwendung sehr tiefer Temperaturen spielt wegen der Kostspieligkeit der Anlagen eine bedeutende Rolle. Ihr gegenüber ist der wirtschaftliche Nachteil tiefer Kältegrade nicht immer ausschlaggebend.

Für die Abteufung werden im allgemeinen Maschinen gewaltiger Leistung erforderlich, z. B. für eine Doppelschachtanlage von 6 m Durchmesser und 540 m Tiefe bei vierjähriger Abteufdauer etwa 3 000 000 kcal/h.

Nach dem Verfahren der Brüder Vedder[2] wird bei Ölbohrlöchern ein örtlicher Abschluß von Wasserzustrom durch Anwendung eines dreifachen Rohres erzielt. Die mittlere Luftschicht verhindert Wärmeübertragung aus dem inneren Zulauf auf den äußeren Rücklauf. Die Kühlwirkung ist daher am stärksten am tiefsten Punkt, der als Umkehrraum der Gefrierlösung ausgebildet ist und die Herstellung eines Eispfropfens gestattet.

---

[1] Erlinghagen: Die Entwicklung des Schachtabteufens nach dem Gefrierverfahren in den letzten 20 Jahren. Z. VDI 1924.

[2] Munger: „Ice plug“ for water trouble. Petroleum Age 1923.

20. Hochofenwindtrocknung.

Über den Einfluß von feuchtem Gebläsewind auf den Hochofenbetrieb hat Gayley erstmalig vor dem Iron and Steel Institute zu New York 1904 berichtet. Seine Pittsburgher Versuchsanlage besitzt eine Kühlerkammer, die von Rohrschlangen für Solekühlung erfüllt ist. Die von außen angesaugte Luft strömt über die Kühlgruppen nach einem darüber angeordneten Sammelbehälter und von da zu den Gebläsen. Ein Hilfslüfter dient zur Überwindung des mit der Vereisung wachsenden Widerstandes.

Im allgemeinen wird die Hochofenwindtrocknung in zwei Stufen vorgenommen, wobei die erste mit gewöhnlichem Brunnenwasser arbeitet und die Vorkühlung übernimmt, während die zweite der Tiefkühlung unter Anwendung eines im allgemeinen naß arbeitenden Luftkühlers dient. Der Vorteil besteht darin, daß ein guter Teil der Wärmeentziehung und der größte Feuchtigkeitsausfall ohne wesentliche Kraftkosten erfolgt. Trotzdem verbleiben gewaltige Kälteleistungen. Um sie mit mäßigem Kostenaufwand zu erzielen, wird das Temperaturgefälle für die Luftkühlung hoch gehalten und der Kraftbedarf durch stufenweise Kühlung erniedrigt.

21. Gaskühlung.

Kühlung von Rohgas, das in Kokereien, Gasanstalten und Schwelereien erzeugt wird, bezweckt Ausscheidung störender Beimengungen. Mit Rücksicht auf die Möglichkeit, die in solchen Betrieben entfallende Abwärme auszunutzen, bietet die Anwendung von Absorptionskühlanlagen besondere Vorteile. Bei der Abkühlung wird vor allem das Naphthalin ausgeschieden. Damit verschwindet die Ursache für unerwünschte Ablagerungen in den Leitungen. Erfolgt die Abkühlung vor der üblichen Schwefelreinigung, so entfällt die Verschmutzung der Reinigungsgase ebenso wie die Gefährdung der Gasverdichter durch Naphthalin und den gleichfalls ausgeschiedenen Teer. Neuerdings wird nach Pabst[1] die Abkühlung bis auf — 10° getrieben, was eine weitergehende Abscheidung von Teer, daneben auch von Leichtölen, zur Folge hat. Die mit der Abkühlung verbundene Trocknung des Gases verhütet Korrosionen in den Leitungen, Ansammlung des Wassers in den Kondenstöpfen, schließlich — bei der Schwefelreinigung — Einfrieren und Bildung störender Teeremulsionen. Das im Gas enthaltene Ammoniak wird in höherer Konzentration gewonnen als bei fehlender Kühlung. Außerdem ermöglicht die besondere Reinheit des Gases eine Ausscheidung des Benzolgehalts durch aktive Kohle ohne deren häufigen Ersatz.

Wird das im Gas enthaltene Benzol in Skrubbern durch Öl ausgewaschen, so nimmt die Benzolmenge mit steigender Öltemperatur ab. Eine Öltemperatur unter 15° verbietet sich, weil das Öl zu zähe wird und seine Absorptionsfähigkeit sinkt. Ist nicht genügend Kühlwasser

[1] Pabst: Die Kältemaschine in der chemischen Industrie. Z. ges. Kälteind. 1925.

vorhanden, so kann die Anwendung einer Kühlmaschine geboten sein. Wird sie mehrstufig ausgebildet, so kann die kältere Stufe gleichzeitig zur Tiefkühlung des Gases dienen.

22. Rückgewinnung von Lösungsmitteln.

Durch Fortschritte in der Entwicklung großer Adsorptionsanlagen mit aktiver Kohle, Silica-Gel und anderen Adsorptionsmitteln, hat die Möglichkeit, Kühlanlagen zur wirtschaftlichen Rückgewinnung von Lösungsmitteln — wie Benzol bei der Gummiverarbeitung — zu benutzen, an Bedeutung eingebüßt. Bei ihrer Anwendung erstreckt sich die Kühlung entweder auf die Flüssigkeit, die zum Auswaschen des Lösungsmittels aus dem Gasgemisch dient, oder unmittelbar auf das Gasgemisch. Das letzte Verfahren empfiehlt sich nur dann, wenn das Lösungsmittel als fast reines Gas auftritt, also vor allem bei geschlossenen Anlagen.

23. Kühlung von Aufenthalts- und Versammlungsräumen.

Es liegt nahe, die Heizvorrichtungen einer Warmwasserheizung im Sommer für die Kühlung heranzuziehen. Ein Hindernis bildet der verschiedenartige natürliche Luftumlauf, der für die Heizung tiefe, für die Kühlung hohe Anordnung der Austauschvorrichtung verlangt. Die verbundene Heizung und Kühlung müßte daher als Ausgleich ihre Anbringung in mittlerer Zimmerhöhe in Kauf nehmen. Der Umlauf des Kälteträgers kann durch Pumpendruck oder, wie üblich, durch natürlichen Auftrieb bewirkt werden. Während die Heizquelle tief aufgestellt werden muß, verlangt die Kühlung Anordnung des Behälters an höchster Stelle, außerdem einen Kreislauf in der Rohrleitung entgegen dem der Heizung.

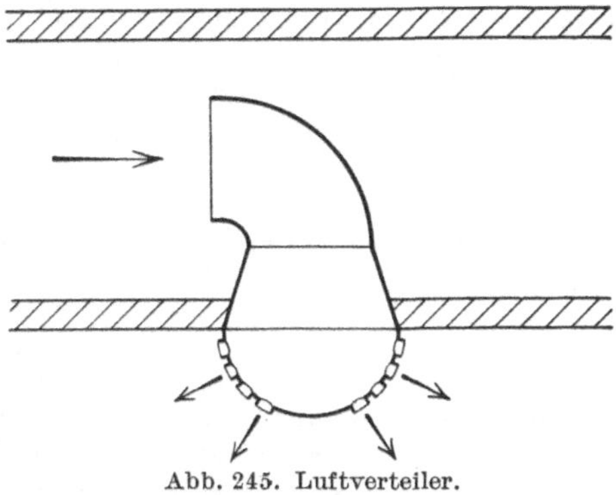

Abb. 245. Luftverteiler.

In der Regel wird auf diese Verbindung verzichtet und Luftkühlung gewählt. Die Einführung der kalten Luft erfolgt zweckmäßig oberhalb Kopfhöhe unter Verwendung von Luftverteilern, etwa in der vom Verfasser vorgeschlagenen Form der Abb. 245 (DRP. 469866), die Abführung der erwärmten Luft an einer tieferen Stelle, gegebenenfalls am Fußboden.

Während in Ländern mit gemäßigtem Klima für die Kühlung kaltes Wasser allein in Betracht gezogen werden kann, ist in heißen Ländern, bei denen die Wassertemperatur 20⁰ oder mehr beträgt, künstliche

Kühlung am Platze. Diese stellt auch den Ausweg dar, wenn bei gemäßigtem Klima die nötigen beträchtlichen Wassermengen nicht zur Verfügung stehen. Im letzten Falle kann der eigentlichen Tiefkühlung eine Vorkühlung vermittels Brunnenwassers vorausgehen. Ausbildung des Luftkühlers für nasse Arbeitsweise mit sorgfältig durchgeführten Tropfenfängern bildet die allgemeine Regel. Bei der Kühlung kommt es nicht nur auf Einhaltung einer mäßigen Lufttemperatur, sondern auch auf Erzielung eines niedrigen Feuchtigkeitsgrades an. Wird die gekühlte Luft an der Raumdecke eingeblasen und die verbrauchte am Boden abgesaugt, so ergibt sich im allgemeinen ohne weiteres hinreichende Trockenheit. Anwendung von Lüftern bildet die Regel. Die stündlich umlaufende Luftmenge schwankt bei ausgeführten Anlagen zwischen dem 3- und 8fachen des Rauminhalts, wovon bis zur Hälfte als Frischluft eingesaugt wird. Temperatur, Feuchtigkeitsgrad und Bewegung der Luft stehen in dem durch Erfahrung gefundenen Zusammenhang für Einhaltung von Behaglichkeitsbedingungen. Je weiter die äußeren Luftverhältnisse von diesen Bedingungen abweichen, um so unangenehmer wird beim Verlassen des auf Behaglichkeitsbedingungen gehaltenen Raumes der Wechsel empfunden. Auch umgekehrt können Störungen eintreten, wenn beispielsweise bei sehr hoher Außentemperatur mit dem Betreten des Innenraumes ein erheblicher Temperaturabfall auf den Körper wirkt. Bei der künstlichen Raumkühlung wird daher zweckmäßig nicht die im allgemeinen erwünschte, den Behaglichkeitsbedingungen entsprechende Temperatur, sondern etwa das Mittel zwischen dieser und der jeweiligen äußeren Temperatur eingehalten, wenn die letzte den Behaglichkeitswert überschreitet.

In den Krankenanstalten ist die Kühlung, abgesehen von Sonderanlagen für Behandlung bestimmter, z. B. allergischer Krankheiten, bei feuchtem Tropenklima bedeutsam vor allem für Entfeuchtung der Luft in Operationssälen, um Beschlagen der Instrumente und Störung des operierenden Arztes durch Schweiß zu verhindern.

24. Druckerei.

In heißer Gegend wird für manches neue Druckverfahren ein sicheres Arbeiten erst unter Anwendung der Kühlmaschine möglich, die zur Versorgung der Bewetterungsanlagen dient. Lager- und Druckraum sollen gleichen Luftfeuchtigkeitsgrad besitzen, damit das Papier beim Drucken nicht schwindet oder wächst. Hohe Luftfeuchtigkeit vermindert die Ansammlung statischer Elektrizität, die bei Verwendung von entzündbaren Lösungsmitteln in Tiefdruckanlagen zu Bränden führen kann. Das Gelingen der Walzenätzung ist davon abhängig, daß der Ätzraum weder zu hohen noch zu niedrigen Luftfeuchtigkeitsgrad aufweist.

25. Photographische Platten und Filme.

Für die rasche Abkühlung der Emulsion dienen Bäder gekühlten Wassers, in die die Porzellanschalen eingesetzt werden. Daneben stehen andere Verfahren mit Kühlwalzen, doppelwandigen Metallschalen u. a. zur Erörterung. Die Trockenräume für photographische Papiere und Filme bedürfen der Kühlung zur Hemmung der Trocknung unmittelbar hinter der Gießmaschine. Ihre Anwendung erfolgt in Form eines kalten Luftstromes, der aufgeblasen wird, um die Zähigkeit der Emulsion zu erhöhen. Für die eigentliche Trocknung kann die Kühlung gleichfalls in Betracht gezogen werden, wenn der Vorteil, die Ware bei tiefen Temperaturen recht schonend zu behandeln, wirtschaftlichen Gesichtspunkten vorangesetzt wird. Ein besonderer Anlaß hierfür liegt in der Möglichkeit, die bei Filmen unbedingt zu fordernde vollkommene Staubfreiheit durch einen Luftwäscher zu sichern, der gleichzeitig zur Kühlung und Entfeuchtung der in geschlossenem Kreislauf geführten Luft dient.

26. Webstoffe.

Auch hier löst die künstliche Kühlung Nebenaufgaben, während die wichtige Bewetterung der Spinn- und Webräume im allgemeinen durch Kühlwasser allein bewirkt werden kann und nur bei heißem Klima oder Mangel an geeignetem Wasser die Heranziehung von Kühlmaschinen berechtigt erscheinen läßt. Der Bewetterungsanlage kommt die Aufgabe zu, den verhältnismäßig hohen Luftfeuchtigkeitsgrad zu schaffen, den die Rücksicht auf Elastizität des Fadens und elektrostatische Erscheinungen fordert, ohne dabei eine für die Arbeiterschaft schwer ertragbare Schwüle in Kauf zu nehmen.

27. Munition.

Die Munitionskühlanlagen der Kriegsschiffe arbeiten fast ausschließlich mit Kohlensäure. Die Kühlung erfolgt mittelbar durch Sole. Die Kühlschlangen müssen sich den zahlreichen, teilweise engen Munitionsräumen anpassen. Um die Kühlung der einzelnen Kammern ständig zu überwachen, ist es zweckmäßig, den Solerücklauf jeder Gruppe getrennt bis zum Verdampfer zu führen und durch Thermometer zu beobachten. An Stelle der Soleschlangen innerhalb der Munitionskammern werden in Ausnahmefällen Außenluftkühler verwandt. Auch hier bietet die Messung der rückkehrenden Luft durch Thermometer ein Mittel zur Überwachung der einzelnen Kammern.

Während in tropischen Gewässern die Aufrechterhaltung zulässiger Temperaturen nur mit Hilfe der Kälteanlage möglich ist, könnte in kühleren Gegenden an Stelle der Sole das Meerwasser selbst umlaufen, um die Ladung gegen unzulässige Temperaturerhöhungen zu sichern, die beispielsweise durch benachbarte Kessel- und Maschinenräume herbeigeführt werden. Bei Luftkühlung käme in solchen Fällen wohl auch Verwendung der kühlen Außenluft in Betracht. Mit Rücksicht auf Einfachheit und Sicherheit des Betriebes wird dieses Aushilfsmittel jedoch kaum benutzt.

28. Kühlhaus.

Die Doppelaufgabe des Kühlhauses, einerseits Waren von der Einfuhr zu Wasser und zu Lande zu übernehmen und bis zur Verteilung an den Verbrauch zu erhalten, andererseits den Erzeugungsüberschuß des Landes zu sammeln, ist maßgebend für die Entscheidung der Frage, an welche Stelle ein Kühlhaus zweckmäßig zu legen ist. Die eingeführte Ware kann im Einfuhrhafen und an der Landesgrenze sofort ins Kühlhaus übernommen werden. Alsdann schließt später für den Verbrauch im Innern ein abermaliger Versand an. Soweit sich der Absatz sicher schätzen läßt, geht daher ein Teil der Einfuhr besser sofort weiter zum Binnenkühlhaus, das in der Großstadt als Verbraucherschwerpunkt liegt. Für das Sammelkühlhaus ist Lage im Schwerpunkt des Erzeugungsgebietes eindeutig richtig. Je nach der Eigenart des Landes wird das Einfuhr-, Verteil- oder Sammelkühlhaus überwiegen oder eine Verbindung möglich sein. In Ländern mit Überschuß an leicht verderblichen Waren kommt hierzu noch als vierte Art das Ausfuhrkühlhaus, dessen Lage entweder im Schwerpunkt des Überschußgebietes liegt, oder an der Ausfuhrsammelstelle — Grenze und Hafen —.

Die für diese Einteilung maßgebende Vermeidung unnützer Bewegung des Kühlgutes ist nicht allein ausschlaggebend. Es wird immer notwendig sein, Einheiten von Kühlhäusern in einer Größe zu schaffen, bei denen die wirtschaftliche Grenze nicht unterschritten ist. Vor allem muß das Kühlhaus stets so groß sein, daß sich Maschineneinheiten mit hohen Leistungen ergeben, die mit geringstem Energieaufwand zu decken sind. Anlage- und Bedienungskosten werden verhältnismäßig um so größer, je kleiner der Betrieb ist, so daß wesentliche Vorteile auf anderen Gebieten vorhanden sein müssen, wenn mit der Unterteilung bis zum Kleinkühlhaus gegangen wird. Allgemein läßt sich das Zusammenwirken der maßgebenden Punkte nicht behandeln. Häufig werden andere Betriebe mit dem Kühlhaus gekuppelt und dadurch besonders günstige Vorbedingungen für Kraftversorgung und Bedienung geschaffen werden können.

Für die der Masse nach hauptsächlich in Betracht kommenden Erzeugnisse können nachstehende Hinweise gelten:

In fettarmen Ländern wird Butter unmittelbar vom Verbrauch aufgenommen werden, die Einfuhr dagegen ruckweise erfolgen und für längere Zeit in den Grenz-, Hafen- und Binnenkühlhäusern Aufnahme finden müssen, um von da zur Deckung der Untererzeugung dem Verbrauch nach Bedarf zuzufließen. Gleiches gilt für Eier, Fleisch und Fett.

Handelt es sich jedoch um ein Land mit Erzeugungsüberschuß, so wird die Butter zweckmäßig in großen Sammelmolkereien unmittelbar nach der Erzeugung gelagert und von da, in jeweils großen Mengen, der Ausfuhrstelle zugeführt, wobei es, besonders bei Überseeversand, empfehlenswert sein kann, das Ausfuhrkühlhaus als Zwischenaufenthalt zu wählen. Eier sind gegen Temperaturschwankungen während der Kühldauer empfindlicher als gegen kurze Hinausschiebung der Kühlung.

Der Zwischenweg nach einem Sammelkühlhaus soll daher vermieden und die Ausfuhr unmittelbar von der Sammelstelle vorgenommen werden.

Die Beförderung lebenden Viehs ist kostspielig und mit großem Wagnis verbunden. Die Schlachtung wird daher in dem Überschußgebiet erfolgen und die Kühlung bzw. das Einfrieren des Fleisches sofort anschließen. Während der Landversand von diesem Kühlhaus unmittelbar erfolgen kann, ist für Überseebeförderung das große Fassungsvermögen von Sonderfleischdampfern maßgebend. Die Ladezeit des Schiffes muß so kurz wie möglich sein, das Fleisch ist darum in Einheiten, die dem Schiffsladevermögen entsprechen, entweder in einem Hafenkühlhaus bereitzustellen, oder in kurzer Zeit durch Sonderkühlzüge und Kühlleichter dahin zu schaffen, wenn die Erzeugungsstelle nicht örtlich mit dem Ausfuhrhafen zusammenfällt.

Halten sich Erzeugung und Bedarf die Waage, so besteht doch im Laufe der Monate ein Unterschied zwischen beiden, der um so erheblicher ist, je mehr die Witterungsverhältnisse im Laufe des Jahres schwanken. Hier fällt dem Kühlhaus die Aufgabe zu, zur Zeit des Überschusses zu sammeln, um zu anderen Zeiten, vor allem im Winter, den die Anlieferung überragenden Spitzenbedarf zu decken. Am günstigsten liegt es in dem Schwerpunkt der landwirtschaftlichen Erzeugung, von dem aus die Zufuhr zum Verbrauch unmittelbar erfolgt.

Bedingung für den Erfolg der Obstlagerung ist rascher Beginn der Kühlung, d. h. Lage des Kühlhauses im Schwerpunkt der Erzeugung, von dem aus, ähnlich wie bei Fleisch, die Abfuhr durch Sondermittel erfolgt. In Ländern mit Obstbedarf wird daher den Einfuhrkühlhäusern die beschränkte Aufgabe zufallen, den Überschuß zu lagern, den der Verbrauch nicht sofort aufzunehmen vermag. Länder, die ihren Bedarf gerade decken, werden in der Hauptsache die schwer zu haltenden Arten sofort dem Verbrauch zuführen, die Wintersorten jedoch lagern, wobei im allgemeinen künstliche Kühlung nicht gefordert wird. Bei höheren Ansprüchen wird jedoch verlangt, daß der Obstgenuß unabhängig von der Ernte möglich bleibt. Dies führt zu der Forderung, auch in solchen Fällen Kühlhäuser anzulegen, die ihren Platz zweckmäßig im Überschußmittelpunkt finden.

Es ist naturgemäß, daß die Fischereifahrzeuge den für fremde Länder bestimmten Fang diesen unmittelbar zuführen, wo er, soweit nicht vom Verbrauch aufgenommen, eingefroren wird. Das Einfrieren kommt auch für die Länder in Betracht, bei denen Bedarf und Fangergebnisse einander entsprechen, um die Marktschwankungen auszugleichen und die Verarbeitung des Fanges über längere Zeit auszudehnen.

Die in den Vereinigten Staaten durchgeführten statistischen Erhebungen ergeben für die Kühlgutbewegung der Kühlhäuser von Massachusetts das in Abb. 246[1] dargestellte Bild. Es zeigt deutlich zwei unterschiedliche Warengattungen, von denen eine zu Beginn und Ende des Jahres, die andere in der Jahresmitte den Höchstbetrag annimmt. Zur ersten gehören Geflügel und Fleisch, zur letzten Eier und Butter. Bei

---

[1] **Lythgoe**: Cold storage of food in Massachusetts. Ice Refrig. 1926.

der ersten Gattung überwiegt der Verbrauch während der ersten Jahreshälfte die Erzeugungsmenge, während in der zweiten Jahreshälfte die Übererzeugung eine Anfüllung der Lagerräume bewirkt. Bei der zweiten Gattung liegen die Verhältnisse umgekehrt.

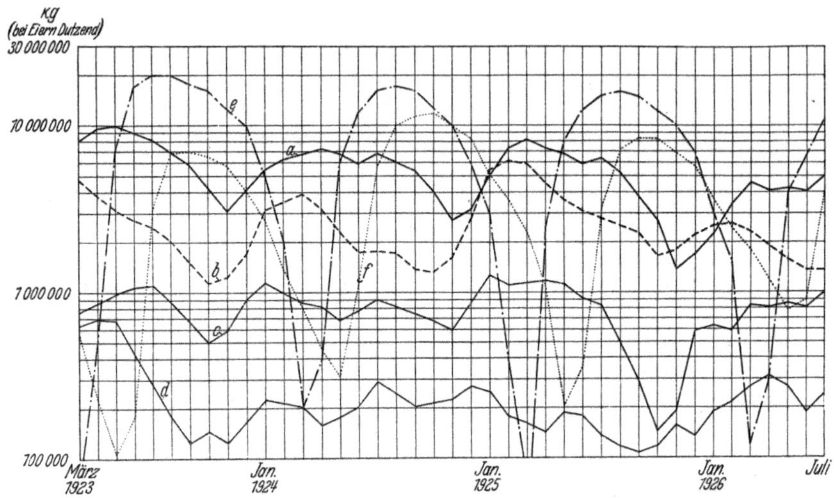

Abb. 246. Kühlgutbewegung in den Kühlhäusern von Massachusetts (Lythgoe). *a* Schweine, *b* Geflügel, *c* Rinder, *d* Hammel, *e* Eier, *f* Butter.

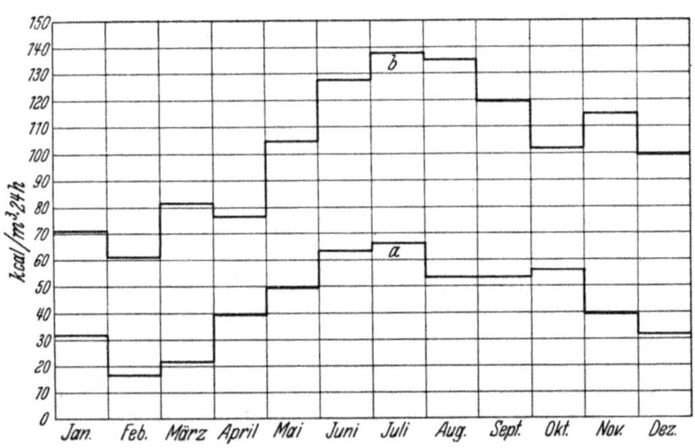

Abb. 247. Spezifischer Kälteverbrauch eines Kühlhauses (Horne). *a* Kühlräume, *b* Gefrierräume.

Hieraus ergibt sich der Fingerzeig, die Kühlräume von Kühlhäusern für gemischte Waren weitgehend zu unterteilen, und, soweit dies das Kühlgut zuläßt, abwechselnd für verschiedene Gattungen zu verwenden.

Der Kälteverbrauch eines großen New Yorker Kühlhauses wechselt nach Horne[1] im Laufe des Jahres nach Abb. 247. Die Anlage umfaßt

[1] Horne: Cold storage operation date. Refrig. Engng. 1926.

etwa 100000 m^3 Kühlräume, die auf etwa $-\frac{1}{2}^0$ gehalten wurden und etwa 60000 m^3 Gefrierräume, deren Temperatur im mittel -20^0 beträgt. Der aus Korkplatten bestehende Wärmeschutz ist für die Kühlräume 0,1 bis 0,15 m, für die Gefrierräume 0,15 bis 0,2 m stark. Abb. 247 zeigt, daß bei einer derartig großen Anlage der durchschnittliche Kälteverbrauch für 1 m^3 Lagerraum viel niedriger liegt, als im allgemeinen angenommen zu werden pflegt. Der Verlauf im einzelnen ist selbstverständlich beeinflußt von den örtlichen Zufälligkeiten, das Gesamtbild hat jedoch allgemeine Bedeutung.

Abb. 248. Deutsches Binnenhafenkühlhaus (Kühltransit).

In der Regel steht das Fassungsvermögen V des gesamten Kühlhauses von vornherein fest. $V^{\frac{1}{3}}$ stellt alsdann bei der vollkommenen Form eines Würfels die Kantenlänge dar, $6\ V^{\frac{2}{3}}$ die Oberfläche des Würfels und $6\ V^{\frac{2}{3}}/V = 6\ V^{-\frac{1}{3}}$ die Oberfläche der Raumeinheit. Sie wird um so kleiner, je größer V ist, d. h. Kühlhäuser mit großem Fassungsvermögen ergeben im allgemeinen günstigere Formen als kleinere. Aus diesem Grunde ist ein einzelner Block günstiger, als zwei aneinandergereihte von ähnlicher Form. Wenn auch diese Gesichtspunkte allein niemals ausschlaggebend sind, sondern Bodenverhältnisse, Baukosten u. a. eine wichtige Rolle spielen, so ist doch bei jedem Entwurf der Wert $6\ V^{-\frac{1}{3}}$ ins Verhältnis zu setzen zu der nach dem Entwurf sich ergebenden Oberfläche der Raumeinheit, um daraus einen wirtschaftlichen Wertungsmaßstab der Bauweise abzuleiten.

Beispiele für Ausführung von Kühlhausbauten in reiner Zweckmäßigkeitsform bieten Abb. 248 (Osthafenkühlhaus Kühltransit, Berlin), dessen Verhältnisse der Würfelform nahekommen, Abb. 249 (Kühltransit, Leipzig), wobei der Doppelwürfel die Grundform bildet, und Abb. 250 (Frigus, Bremerhaven), dessen langgestreckte Form durch die Bodenverhältnisse — Pfahlbau — bestimmt wurde. Um die Wirkung der äußeren Wärme auf die Kühlräume zu vermindern, werden zuweilen

Abb. 249. Deutsches Binnenkühlhaus (Kühltransit).

Abb. 250. Deutsches Hafenkühlhaus (Frigus).

die Ganganlagen als schützende Hülle um den eigentlichen Kühlhausblock gelegt. Diese Anordnung ergibt ungünstigere Ausnutzung des Grundrisses als Beschränkung auf Innengänge. Selbstverständlich kann die vermehrte Gangfläche durch den Verkehr oder dadurch begründet sein, daß die Gänge als Handhabungsräume — zum Verpacken, Wiegen

u. dgl. — Benutzung finden und deshalb ein reichliches Ausmaß bedingen. Die Kühlhäuser der Schlachthöfe sind günstigenfalls zweigeschossig ausgeführt und die Kosten für Bau, Wärmeschutz und Betrieb naturgemäß größer, als wenn bei unbeschränkten Raumverhältnissen Hochbauten angewandt werden. Diese Raumverteilung läßt sich dadurch begründen, daß die Bewegung des Kühlguts wegen der im allgemeinen auf wenige Tage beschränkten Lagerdauer eine viel lebhaftere ist, und Wegfall bzw. Einschränkung der senkrechten Förderung eine Vereinfachung bedeutet, während beim allgemeinen Großkühlhaus wegen der etwa 1 Monat und mehr betragenden Lagerzeit das Verhältnis von Lagermenge und Kühlgutverkehr wesentlich günstiger ist.

Je höher die Temperaturunterschiede in zwei Räumen sind, um so lebhaftere Zugerscheinungen treten auf, wenn die Verbindung zwischen beiden hergestellt wird. Bei Kühl- und erst recht bei Gefrierräumen hat sich aus diesem Grunde Anordnung eines Vorraumes, zwischen dem gekühlten Raum und dem angrenzenden Verkehrsgang, eingebürgert, dem die Aufgabe einer Luftschleuse zukommt. Bei besonderen Fördereinrichtungen können wohl auch die Verbindungsgänge vollkommen verschlossen gehalten werden und die Aufgabe von Luftschleusen übernehmen, wenn das Kühlgut durch Aufzüge gehoben wird.

Die Höhenlage des Kühlhauses wird bei unmittelbarem Gleisanschluß dadurch festgelegt, daß die Flurhöhe des Erdgeschosses mit der Höhe der Laderampe zusammenfällt, also 1,1 m über Gleishöhe liegt. Seitlich ergibt sich der Mindestabstand zwischen Laderampe und Gleismitte zu 1,65 m. Günstige Geländeausnutzung unter Beachtung der Vorschrift, die Laderampe gedeckt oder ganz geschlossen zu halten, wird gewonnen, wenn die Kühlräume im Erdgeschoß um die Breite der Laderampe zurückspringen. Anbauten an die Kühlräume sind möglichst auf die Wind- und Wetterseite zu legen. Fällt sie mit der Sonnenseite zusammen, so ist dies besonders günstig. Wo ein solcher Schutz nicht vorhanden ist, sollte auf der Sonnenseite eine besondere Maßnahme nicht gescheut werden, um den ungünstigen Einfluß der Sonnenbestrahlung zu vermindern.

Die Ausführung der Innenbeleuchtung des Kühlhauses muß den Vorschriften für feuchte Räume entsprechen. Um schädliches Weiterbrennen der Lampen zu vermeiden, soll in den Stromkreis eine außen sichtbare Prüflampe eingeschaltet werden, der Hauptlichtschalter jedoch innerhalb liegen, damit nicht versehentlich von außen das ganze Licht abgedreht und jemand im Kühlraum eingeschlossen werden kann. Die übliche elektrische Beleuchtung läßt Schimmelbildung auf dem Kühlgut nicht recht erkennen. Hierfür dienen Sonderlampen — Moorelicht, Tageslichtlampen u. dgl. —, die eine dem natürlichen Lichte entsprechende Beleuchtung ergeben. Um Kabel in den Gefrier- und Lagerräumen zu umgehen, werden zuweilen Scheinwerfer verwandt, die am Eingange angeordnet sind und Lichtkegel gegen die Decke werfen.

Bei dem hohen Wert der in dem gefüllten Kühlhaus aufgespeicherten Waren erscheint trotz der geringen Feuersgefahr ein ausreichender Feuerschutz selbstverständlich. Wassergefüllte Leitungen werden wegen der Einfriermöglichkeit außerhalb der gekühlten Räume angeordnet. Selbsttätige Löschvorrichtungen, bei denen durch Schmelzen eines Sicherheitspfropfens die Berieselung des Raumes erfolgt, müssen so eingerichtet sein, daß in den Rohren Druckluft steht, deren Ausströmen erst dem nachdringenden Druckwasser den Zutritt gestattet. Die größte Sicherheit bietet das Kohlensäurelöschverfahren, bei dessen Anwendung die Möglichkeit einwandfreier Raumbelüftung vorgesehen werden muß.

Für die Einzelbauweise des Kühlhauses sind nachstehende Hinweise nötig: Der Fußboden muß unter Berücksichtigung des mit ihm verbundenen Wärmeschutzes für die starke Beanspruchung durch, nicht immer zweckmäßig gebaute, Karren ausgebildet werden. Die Kanten wärmegeschützter Innensäulen sind bis Manneshöhe mit Eisen zu schützen. Die Kühlraumtüren sollen mit bodengleichen Schwellen, starken Beschlägen und gutem Verschluß versehen sein, der sich von innen und außen handhaben läßt. Rippenlose Pilzdecken vermeiden Störung des Luftumlaufes und vereinfachen die Führung der Leitungen bei Innenkühlung, der Luftkanäle bei Außenluftkühlern.

29. Schiffskühlung.

Einige Sonderpunkte, die bei Schiffskühlanlagen in Betracht kommen, sind im vorstehenden schon erwähnt. Für die Ausführung maßgebend ist höchste Sicherung des Betriebes. Als Arbeitsstoff findet daher Kohlensäure in überwiegendem Maße Verwendung. Besteht die Möglichkeit, den Verdichter mit seinen Austauschvorrichtungen so unterzubringen, daß der Maschinenraum in unmittelbarer Verbindung mit der Außenluft steht und Undichtheiten auf keinen Fall andere Räume gefährden, so fallen die Bedenken gegen Ammoniak- und Schwefligsäuremaschinen weg. Der Vorzug höherer Leistungsziffer bei warmem Kühlwasser kommt dann zur Geltung. Bei Sonderkühldampfern bildet, der Eigenart des Schiffsbetriebes entsprechend, Dampfantrieb die Regel, wobei häufig nach Abb. 251 (Niemeyer) das Maschinengestell mit dem Verflüssiger zu einem Ganzen vereinigt wird, um höchste Raumausnutzung zu erreichen. Aus dem gleichen Grunde werden die Verdampfer nach Abb. 252 (Atlas-Werke) viereckig ausgebildet und die Schlangen so gewunden, daß größte Kühlfläche in kleinstem Raume Platz findet. Die durch Ausbildung der Dampfmaschine als Verbund-

Abb. 251. Schiffskühlmaschine für Dampfantrieb (Niemeyer).

anlage erzielbare Dampfersparnis ist bei Schiffskühlanlagen nur dann mit ausschlaggebend, wenn ihr Kraftverbrauch im Verhältnis zu dem der Hauptmaschine einigermaßen ins Gewicht fällt, also vor allem bei ausgesprochenen Kühl- oder Gefrierdampfern, die ausschließlich oder größtenteils zur Förderung leicht verderblicher Waren dienen. Unmittelbarer Antrieb des Verdichters durch die verlängerte Dampfkolbenstange stellt eine Vereinfachung und, wegen der schwächeren Belastung des Triebwerks, eine Möglichkeit zur Gewichtsverringerung dar. Diesen Vorteilen gegenüber werden die Nachteile der Verbindung — Wärmeaustausch, Übertragung der Ausdehnung der Dampfmaschinenkolbenstange

Abb. 252. Schiffskühlanlage für Dampfantrieb (Atlas-Werke).

auf den Verdichter und deshalb vergrößerter schädlicher Raum — zuweilen zurückgestellt. Für Binnenleichter stellt die Verbrennungskraftmaschine den gegebenen Antrieb dar. Hierbei ist der Gefahr von Schwingungen des Schiffskörpers durch bauliche Maßnahmen und Einstellung der Drehzahl derart vorzubeugen, daß keinesfalls Resonanzwirkungen auftreten. Bei Dampfern, die neben dem Frachtverkehr vor allem auch für Personenbeförderung bestimmt sind, liegen die Verhältnisse ungünstig, weil die Kühlanlage als Einrichtung von untergeordneter Bedeutung angesehen wird, der aus begreiflichen Gründen kein allzu weitgehender Einfluß auf die Anordnung der einzelnen Schiffsräume zugestanden wird. Nach Möglichkeit wird die Kältemaschine in unmittelbarer Nähe der Hauptkühlräume angeordnet und damit gerechnet, daß der Kälteträger für zahlreiche Nebenzwecke nach mehr oder weniger weit entfernten Punkten gefördert werden muß. Die Kühlschränke für Handvorräte und die Trinkwasserkühler sind an die Nähe der Anrichten und Küchen gebunden. Für das verwickelte Kühlnetz kommt als Kälteträger nur Sole in Betracht, einmal wegen der

Möglichkeit, die zahlreichen Verbrauchsstellen auch bei geringerer Einzelleistung durch eine genügend große Solepumpe zu versorgen, dann wegen der Gefahrlosigkeit und schließlich mit Rücksicht auf die Möglichkeit, das richtige Arbeiten der angeschlossenen Stellen durch einfache Handhabung zu überwachen. Damit der Betrieb der Kühlanlage sich stets den Veränderungen der Kälteversorgung anpaßt, ist es üblich, sämtliche Solerückleitungen getrennt nach einer Stelle zu führen, die unter der Aufsicht des Maschinisten steht, der durch Beobachtung der Rücklauftemperaturen die richtige Kälteverteilung in der Hand behält. Die Kühlung der Proviantträume erfolgt durch Innenberohrung, zu der für Fleisch-, Geflügel-, Obst- und Eierräume Außenluftkühler hinzutreten. Um eine Parallelschaltung von vielen kleinen Gruppen zu vermeiden, werden zahlreiche Schlangen hintereinander angeordnet. Es bedarf besonders sorgfältigen Entwurfs, um die hieraus sich ergebende Abhängigkeit eines Raumes von dem anderen nicht zu einer Gefährdung des Kühlguts werden zu lassen. In der Regel sind daher nur solche Räume in der Kühlleitung hintereinander geschaltet, die etwa gleiche Temperaturen erhalten sollen, und bei denen eine Unterschreitung dieser Temperatur unbedenklich ist. Denn es läßt sich nicht vermeiden, daß bei der Hintereinanderschaltung die Temperatur des einen Raums gelegentlich nur dann auf die vorgeschriebene herabzudrücken ist, wenn gleichzeitig ein anderer, der seine richtige Temperatur schon vorher erreicht, unter diese herabgekühlt wird. Bei den Proviantkühlanlagen der Überseedampfer bildet elektrischer Antrieb der als Schnelläufer ausgebildeten Verdichter die Regel.

Bei Bemessung der Kälteleistung von Schiffskühlanlagen ist die Betriebszeit mit etwa 18 Stunden in tropischer Gegend anzusetzen. Bei kleinen Anlagen wird Hinzufügen einer Hilfsanlage mit voller Leistung, bei größeren Verteilung der Gesamtleistung auf zwei Gruppen und Aufstellung einer dritten als Hilfsanlage die beste Lösung hinsichtlich Sicherheit und Wirtschaftlichkeit ergeben.

Bei Luftkühlung mit lebhaftem Luftumlauf fordert die Rücksicht auf Gesundheit der Arbeiter zuweilen Abstellung des Lüfters während der Arbeitszeit. Bei Kühlschiffen stehen während der Beladung die Luken offen, und der Betrieb des Luftumlaufs wäre verfehlt. Für solche Fälle ist neben der Außenluftkühlung eine Raumberohrung zu fordern und ihr die Notkühlung während der Arbeitszeit zu übertragen.

Wegen des häufigen Ladungswechsels sollen Schiffskühlräume peinlich sauber gehalten werden. An die nasse oder trockne Reinigung nach dem Löschen schließt sich vor dem jeweiligen Neubeladen zweckmäßig ein Auskalken der inneren Umfassungen und Einrichtungsteile an.

Bei Schiffskühlanlagen ist in besonderem Maße darauf zu achten, daß das Kühlgut nicht unmittelbar mit den Außenwänden in Berührung kommt. Diese sind daher allseitig in engem Abstand mit starken Latten zu besetzen.

30. Eisenbahnwagenkühlung.

Um die wirtschaftlichen Möglichkeiten voll auszunutzen, ist eine bis ins kleinste gehende Verkehrsordnung erforderlich, wie sie bisher nur in den Vereinigten Staaten durchgeführt wurde. Sie betrifft die Bereitstellung der erforderlichen Förder- und Kühlmittel und einen umfangreichen Nachrichtendienst, der die Vermittlung zwischen Erzeugerstelle und Verbrauchermarkt aufrechterhält. Bei Anforderung am Abend werden die Kühlwagen am folgenden Tage, wenn gewünscht fertig beeist, zur Verfügung gestellt, so daß die Verladung sofort erfolgen und die Abfahrt sich unmittelbar anschließen kann. Über die langen

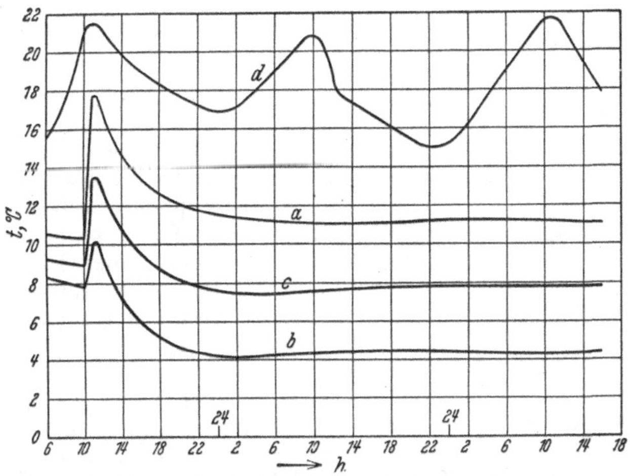

Abb. 253. Verlauf der Temperatur in Kühlwagen mit Beeisung an den Stirnwänden und in der Wagenmitte (Griffiths). *a* oben, *b* unten, *c* Mitte, *d* Außentemperatur, *h* Tagesstunde.

Landstrecken quer durch den Erdteil sind in engem Abstande Beeisungsstellen verteilt und durch ein Nachrichtennetz zusammengefaßt, das die Ergänzung des Eisvorrats unterwegs sichert. Das Eis ist hierbei nicht nur in genügender Menge verfügbar zu halten, sondern es sind vor allem auch Fördervorrichtungen nötig, um gleichzeitig ohne lange Bewegungen eine große Anzahl gekuppelter Wagen rasch zu beeisen. Dies geschieht beispielsweise durch obere Öffnungen von einer in Höhe des Wagendaches laufenden Bühne. Für die Bewegung der großen Eisblöcke dienen Kettenbahnen. Im allgemeinen befindet sich über dieser Bühne eine zweite, von der aus die Wagen durch Karren mit gemahlenem Eis versorgt werden. Die Eismühlen stehen hierbei tief und werden von der unteren Bühne aus mit Eisblöcken gespeist. Das zerkleinerte Eis läuft durch Becherwerke in hochgelegene Bunker, um daraus in die Karren übernommen zu werden. Bei Gelegenheit der Beeisung erfolgt in der Regel durch Beauftragte die Prüfung des Zustandes von Fahrzeug — z. B. Beseitigung von Verstopfungen der Schmelzwasserabflüsse — und Ware sowie Weitergabe des Berichtes an den Empfänger, der auf diese Weise erfährt, ob der Absatz nach Ankunft mehr oder weniger eilig, oder auch eine Aufhaltung der Sendung unterwegs zum sofortigen Verkauf nötig ist.

Versuche von Griffiths[1] mit beeisten Kühlwagen ergaben den Temperaturverlauf gemäß Abb. 253, wenn die Beeisung mit zwei Behältern an den Stirnwänden und zwei weiteren beiderseits der in der Wagenmitte angeordneten Wand erfolgte, dagegen gemäß Abb. 254, wenn Eisbehälter unter der Wagendecke angeordnet waren und sich über die ganze Wagenlänge erstreckten. Im letzten Falle war die Temperatur in den verschiedenen Höhenlagen praktisch gleich, im ersten Falle traten erhebliche Unterschiede auf. Die Innentemperaturen blieben in beiden Fällen schließlich unverändert, die Schwankungen der Außenlufttemperatur wirkten also nicht auf das Innere zurück.

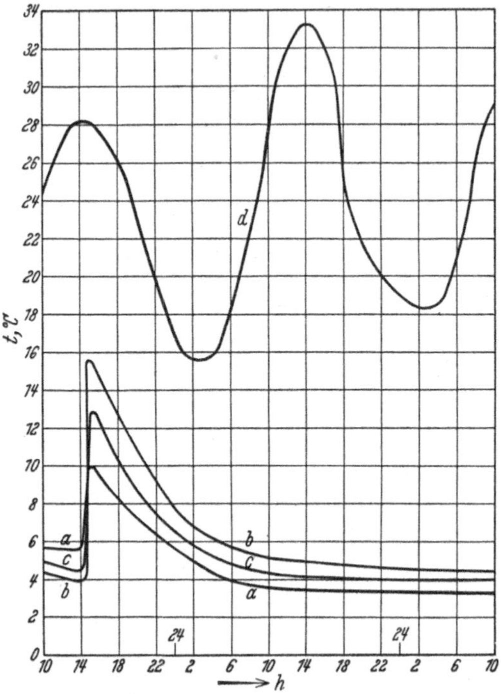

Abb. 254. Verlauf der Temperatur in Kühlwagen mit Deckenbeeisung (Griffiths). *a* oben, *b* unten, *c* Mitte, *d* Außentemperatur, *h* Tagesstunde.

Wegen der für maschinengekühlte Eisenbahnwagen geltenden Grundsätze sei auf den Bericht des Verfassers[2] verwiesen. Raumausnutzung, Beschränkung des Gewichts, Verhütung von Schwingungen und Sicherung des Betriebes sind die hauptsächlichen Gesichtspunkte für ihren Entwurf.

Einen wesentlichen Fortschritt bedeutet es, wenn die Kühlwagen während der Be- und Entladung gegen den Einfluß der wärmeren Umgebung geschützt sind. Diesem Zwecke entspricht beispielsweise die Kühlanlage der Magazzini Generali di Verona. Sie besteht aus einem eingeschossigen kreisförmigen Gebäude mit einer zwei Wagen fassenden Drehscheibe in der Mitte und sieben strahlenförmig angeordneten Kanälen verschiedener Länge für Aufnahme von zwei bis vier Wagen. Ihre Ausbildung mit Luftkühlung gestattet nebenher eine Vorkühlung der verladenen Waren. Die zwischen den Kanälen verbleibenden dreieckförmigen Ausschnitte dienen in der inneren Hälfte als Kühlräume, in der äußeren Hälfte als Handhabungsräume.

[1] Griffiths: Pre-cooling and transport of fruit. Ice Cold Stor. 1931.
[2] Hirsch: Maschinell gekühlte Eisenbahnwagen. Z. ges. Kälteind. 1922.

31. Fernkühlanlagen.

In den Vereinigten Staaten sind Fernkühlanlagen sowohl für Solekühlung als auch für unmittelbare Ammoniakverdampfung zur Ausführung gelangt, die letzten allerdings nachträglich teilweise durch Solekühlanlagen ersetzt worden. Bei den Fernleitungen sind die Verbindungen auf ein Mindestmaß zu beschränken, Flanschen und Absperrungen zugänglich zu halten. Der Vorzug der unmittelbaren Verdampfung liegt in der Möglichkeit, Flüssigkeit und Gas durch den Erdboden mit der Bodentemperatur zu leiten. Bei der Flüssigkeit ergibt sich hierbei die durch die Wasserverhältnisse im allgemeinen begrenzte Unterkühlungstemperatur, bei der Gasleitung jedoch eine verhältnismäßig hohe Überhitzungstemperatur auf der Saugseite, die, zur Vermeidung unzulässiger Verdichtungstemperatur, Verbundverdichtung, mindestens jedoch Hilfseinspritzung von flüssigem Arbeitsstoff in die Saugleitung am Verdichter, fordert. Gegen Rosten oder Zerstörung durch elektrische Wirkung sind die Fernleitungen besonders sorgfältig zu schützen, z. B. durch Verlegung in gut entwässerten Zementrohren oder, besser noch, begehbaren Kanälen. Für die Anordnung der Absperrungen in der Hauptleitung und an den Abzweigstellen lassen sich die Gesichtspunkte, wie sie für städtische Wasser- und Gasleitungen gelten, sinngemäß übertragen. Um an jeder Stelle einen Anschluß anbringen zu können, ist es nötig, die Hauptleitung in kurze Strecken zu unterteilen, die gegebenenfalls leicht entleert werden können. Die Feuersgefahr verlangt außerdem eine Absperrmöglichkeit außerhalb der Gebäude. Falsche Handhabung der an den Kühlvorrichtungen angebrachten Regelventile kann dazu führen, daß die ganze Anlage eine Störung erfährt. Um dies zu vermeiden, empfiehlt es sich, die Regelventile ein für allemal fest einzustellen und dem Mieter nur das An- und Abstellen eines gewöhnlichen Absperrventils zu überlassen.

Wie bei gemeinsam benutzten Sammelheizungen tritt auch bei Fernkühlanlagen die Frage nach Verteilung der Kosten auf. Vergütung nach Temperatur, Raumgröße und geschätzter Beschickung steht auf der einen, Verrechnung nach Anzeige genauer Meßvorrichtungen, die in die Zuleitung eingeschaltet werden, auf der anderen Seite. Das erste Verfahren krankt an der Schwierigkeit der Überwachung, das zweite wartet noch auf die einfache und zuverlässige Meßvorrichtung.

Solekühlung ergibt bei Fernkühlanlagen erhebliche Wärmeverluste und große Aufwendungen für Wärmeschutz. Dem Temperaturgefälle entsprechend werden in höherem Maße Ausgleichvorrichtungen für freie Bewegung des Leitungsnetzes erforderlich. Auf der anderen Seite steht die Ungefährlichkeit des Kälteträgers sowie die Leichtigkeit, Undichtheiten zu beseitigen und neue Anschlüsse anzubringen.

Neuerdings sind die Fernkühlanlagen in den Hintergrund getreten, nachdem die Entwicklung der Einzelkühlanlage für Gewerbe und Haushalt zum Erfolg geführt hat.

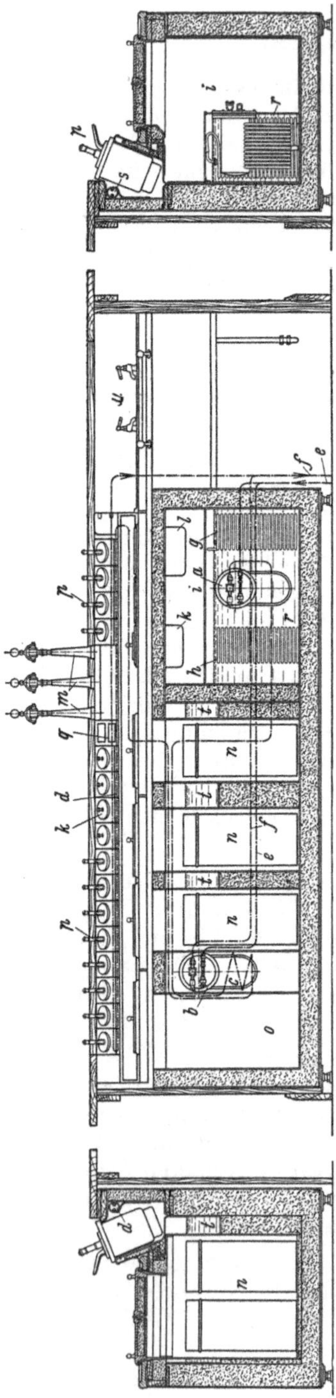

Abb. 255. Sodafontäne (Knight). *a* Hochdruckverdampfer, *b* Niederdruckverdampfer, *c* Zwischenverflüssiger, *d* Doppelrohrkühler, *e* Flüssigkeitsleitung, *f* Saugleitung, *g* Kühlschlange für Trinkwasser, *h* Kühlschlange für Mineralwasser, *i* Kühlraum für kalte Speisen und Getränke, *k* eingemachte Früchte, *l* Eisstückchen, *m* Zapfhähne, *n* Speiseeis in Büchsen, *o* Speiseeis in Packungen, *p* Säfte, *q* Löffelhalter, *r* Wasserbad, *s* Alkohol, *t* Sole, *u* Spülabteil.

32. Nährwarenhäuser.

Für die Entwicklung von Warenhäusern im heutigen Sinne ist der Gesichtspunkt maßgebend, daß der Käufer seine gesamten Bedürfnisse an einer Stelle decken kann. Daneben ergibt sich für den Verkäufer durch die Zusammenfassung eine Vereinfachung des Betriebes und die Möglichkeit zu einer Verbilligung. Wenn der Verkauf leicht verderblicher Lebensmittel in Warenhäusern zusammengefaßt wird, so kommen beide Gesichtspunkte auch hier zur Geltung, weit mehr jedoch der Vorteil, daß gegenüber Einzelläden an Stelle einer Vielzahl von zusammenhanglosen Kühlanlagen eine große Sammelanlage mit ihren Vorzügen entsteht. In gewissem Grade ist die Aufgabe bereits in manchen Warenhäusern oder Markthallen gelöst.

Die Vervollkommnung der Kleinkühlanlagen hat den Anlauf zur Schaffung von Sammelanlagen in Warenhäusern und ähnlichen Lebensmittelbetrieben plötzlich unterbrochen, so daß hier, ebenso wie in großen Gaststätten mit gemischtem Betrieb, eine Vielzahl unabhängiger Kleinkühlanlagen die Regel bildet. Ihre Berechtigung findet die Entwicklung darin, daß, bei der durchweg üblichen selbsttätigen Regelung, der Energieverbrauch für jede angeschlossene Stelle sich dem Bedarf anpaßt, während bei Sammelanlagen eine Regelung in diesem Sinne erschwert, wenn nicht überhaupt unmöglich ist. Hinzukommt die Erleichterung der nachträglichen Aufstellung von Einzelanlagen, bei denen Leitungen durch das Gebäude entfallen und der Verflüssiger mit Luft gekühlt werden kann. Die Gestaltung dieser Einzelanlagen ist hinsichtlich des kühlenden Teiles außerordentlich mannigfaltig und jeweils dem Kühlgut angepaßt. Ein kennzeichnendes Beispiel stellt die als Sodafontäne bezeichnete Einrichtung nach Abb. 255 (Knight) dar, in der die verschiedensten zum sofortigen Genuß bestimmten Waren bei weit auseinanderliegenden Temperaturen kalt gehalten werden. In einem Solebad befinden sich ein Tiefkühlverdampfer und die für Aufnahme der Speiseeiskonservatoren bestimmten Einsätze. Die eine Seitenwand des Solebehälters kühlt das angrenzende trockene Abteil, in dem sich Speiseeis in Packungen befindet. Ein zweiter Kühler ist mit Süßwasser gefüllt und mit einem weiteren Verdampfer versehen. Er kühlt durch die Stirnwand das trockene Abteil, in dem sich Getränke in Flaschen befinden. Die Kühlerdecke dient zur Aufnahme kalter Speisen. Darüber befindet sich ein Einsatz mit Behältern für eingemachte Früchte und Eisstückchen für Beigabe zu Getränken. Die Rückenwand enthält zahlreiche Behälter für Aufnahme von Säften und eingemachten Früchten. Die Kühlung erfolgt hier auf trockenem Wege unter Verwendung eines rohrförmigen Kühlers, dessen Füllung aus Alkohol besteht. Die Verdampftemperatur wird für den Solekühler auf etwa -25^0, für den Süßwasserkühler auf etwa 0^0 durch Selbstregelung gehalten. Die Dämpfe des ersten treten unmittelbar nach dem Verdichter; die des zweiten werden in das Solebad geleitet, hier verflüssigt und durch die in den Alkoholkühler eingebauten Verdampferrohre hindurch zum Verdichter zurückgeführt. In den Süßwasserkühler sind noch Rohrschlangen eingebaut, durch die gewöhnliches Trinkwasser und Mineralwasser fließen.

33. Kleinhandel und Gewerbe.

Zwischen den großen und mittleren Anlagen für reine Kühlbetriebe und den kleinsten vorzugsweise für den Haushalt bestimmten Kühlvorrichtungen stehen die Kühlanlagen für die Bedürfnisse von Kleinhandel und Gewerbe, soweit sich diese mit leicht verderblichen Waren befassen. Fleischereien, Feinkostgeschäfte, Gaststättenbetriebe und Konditoreien stellen die Hauptvertreter dar. Normen für die Ausführung derartiger Kühlanlagen haben sich noch nicht herausgebildet.

Beim Fleischer wird die Anordnung durch das Bedürfnis nach zwei Räumen mit verschiedener Temperatur bestimmt. Innenberohrung der Kühlräume bildet die Regel. In besonderen Fällen bietet reine Luftkühlung Vorteile, z. B. nach Abb. 256 (Escher Wyss), wobei der Verdampfer mit den übrigen Teilen der Kühlanlage zusammengebaut ist.

Beim Feinkosthändler treten zu den Hauptkühlräumen häufig gekühlte Schaukästen nach Abb. 257 (Smoot-Holman). Sie sind vielfach auch im Unterteil als gekühlte Vorratsschränke ausgebildet.

Im Konditoreigewerbe gibt die Speiseeiserzeugungsanlage der gesamten Kühleinrichtung das Gepräge. Sie findet sich auch beim allgemeinen Gaststättenbetrieb, neben Kühlräumen für Frischfleisch, allgemeine Lebensmittel und Getränke sowie Schaukästen für die kalte Küche.

Eine scharfe Trennung zwischen Kleinkühlanlagen für Läden und Gewerbe und kleinsten Gruppen für den Haushalt hat sich noch nicht

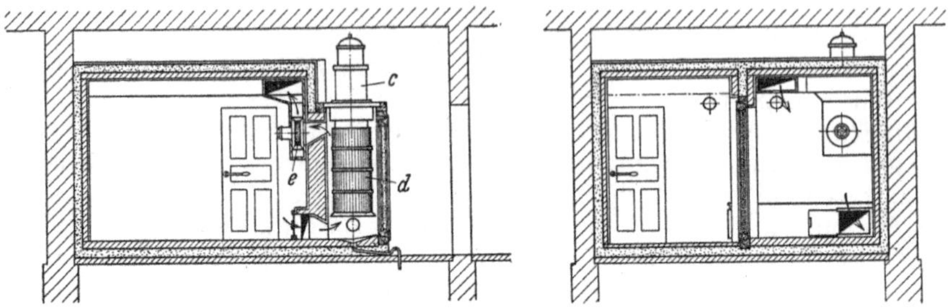

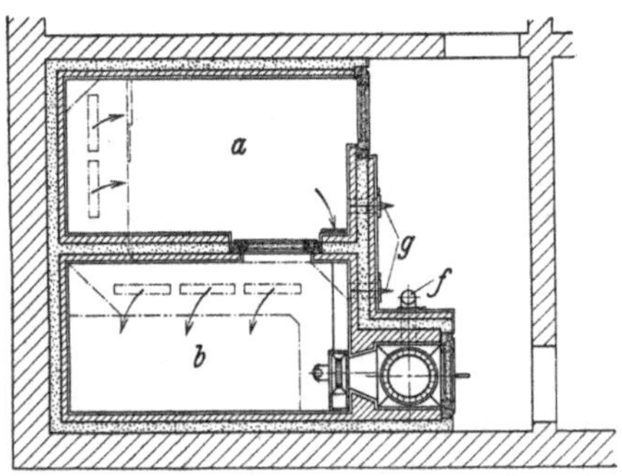

Abb. 256. Fleischkühlanlage (Escher Wyss). *a* Vorraum, *b* Kühlraum, *c* Kältemaschine, *d* Luftkühler, *e* Lüfter, *f* Frischluft, *g* Abluft.

herausgebildet. Eine Merkwürdigkeit zeigt sich insofern, als die stopfbüchslosen Maschinen, die den höchsten Ansprüchen hinsichtlich Sicherheit und Anspruchslosigkeit zu entsprechen scheinen, sich vorzugsweise im Gewerbe finden, während viele im Haushalt angewandte Anlagen in der Ausführung des Verdichters von der für größere Leistungen üblichen nicht sehr abweichen. Die Rollen scheinen also noch teilweise vertauscht zu sein und eine Verschiebung in der Zukunft erwartet werden zu dürfen.

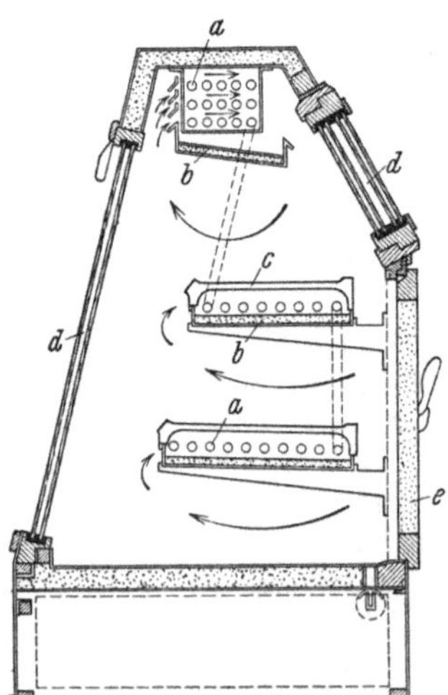

Abb. 257. Gekühlter Schaukasten (Smoot-Holman). *a* Kühler, *b* Tropfrinne, *c* Auflage, *d* mehrfache Verglasung, *e* Tür.

In bewundernswerter Weise löst die Audiffrensche Kleinkühlmaschine, Abb. 258 (B B C), die Aufgabe, eine Anlage ohne besondere Ansprüche an Bedienung zu schaffen. Sie besteht in der Hauptsache aus zwei umlaufenden Drehkörpern, von denen der eine den Verdampfer, der andere den Verflüssiger darstellt. Der Verdampfer *A* bewegt sich in dem Bade des Kälteträgers *R*, der unmittelbar oder auf Umwegen der Kälteverwertung dient. In der dargestellten Ausführung ist das Solebad zu einem kleinen Eiserzeuger erweitert, außerdem jedoch eine Solefördervorrichtung geschaffen, bestehend aus einem Abstreichblech *T*, das die vom Verdampfer mitgenommene Flüssigkeit durch ein Förderrohr der Verbrauchsstelle zuführt, von der es durch die untere Leitung *L* zurückfließt. Der Verflüssiger *B* läuft in dem Kühlwasserbehälter *O* um, der für Fälle, bei denen an Kühlwasser gespart werden soll, oben mit einer Lüftervorrichtung *b* verbunden ist. Verdampfer und Verflüssiger sind durch eine Hohlwelle verbunden, durch deren Öffnung die Gase vom Verdampfer abgezogen werden, während die Flüssigkeit durch ein in der Bohrung gelagertes Röhrchen *N* eingespritzt wird. Die Maschine arbeitet mit Schwefligsäure. Der Verdichter ist in den Verflüssiger eingebaut. Seine Eigentümlichkeit besteht darin, daß der Zylinder auf der Hohlwelle drehbar angeordnet und durch Gewichte so beschwert ist, daß er bei der Drehung der Maschine nicht mitgenommen wird. Der Kolben wird durch einen Nocken *J* auf der Hohlwelle auf und nieder bewegt, während der Zylinder um die Drehzapfen *G* schwingt. Diese Bewegung wird zur Steuerung der Ein- und Auslaßöffnungen benutzt. Die Verdichtung erfolgt in der Weise, daß der gasförmige Arbeitsstoff vom Verdampfer durch die Hohlwelle und den Kanal *F* von dem Kolben beim Aufwärtsgang angesaugt, beim Niedergang verdichtet und in die Verflüssigerkugel verdrängt wird, wo er sich niederschlägt. Die umlaufende Flüssigkeit wird durch eine an höchster Stelle des Verdichtergehäuses befindliche Zunge abgestreift, das Öl in einem Sammelraum unter dem Einfluß der Schwere getrennt und die reine Flüssigkeit durch das Innenrohr *N* dem Verdampfer wieder zugeleitet. Bleibt das Kühlwasser aus und steigt infolgedessen der Druck auf der Verflüssigerseite an, so wird das Gegengewicht schließlich mitgenommen. Es dreht sich dann mit der Maschine, die zu arbeiten aufhört. Dies bedeutet eine besondere Sicherheit, allerdings nicht gegen dauerndes Ausbleiben des Kühlwassers, weil die mit dem Gegengewicht umlaufende Maschine stampft. Die Bedenken, das empfindliche Getriebe eines Verdichters so einzubauen, daß irgendwelche Prüfung ohne Auseinandernahme des zusammengelöteten Verflüssigergehäuses

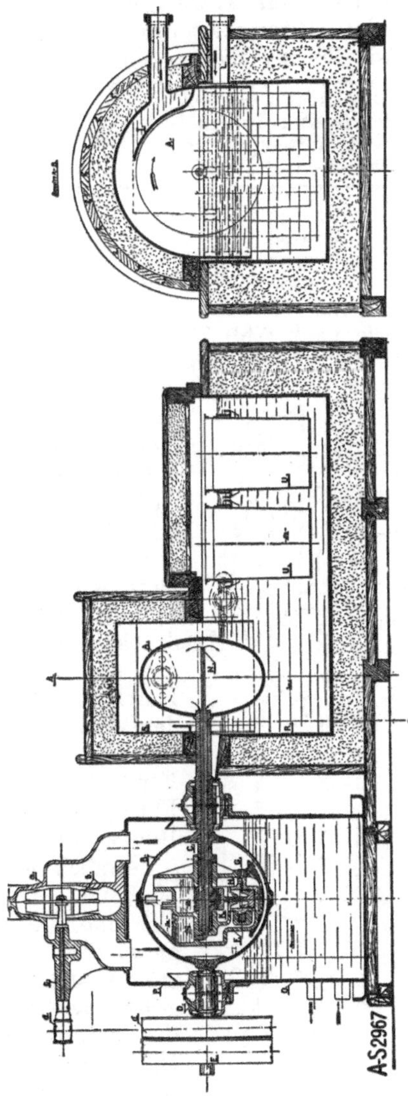

Abb. 258. Kleinkühlanlage Bauart Audiffren (B B C).

unmöglich wird, sind durch die Erfahrung widerlegt. Besondere Betonung verdient die Tatsache, daß bei dieser Ausführungsform die Bedingung, die im Verdampfer entstehenden Gasblasen sofort von der Kühlfläche zu verdrängen, erfüllt wird, ebenso wie die Forderung, die im Verflüssiger gebildete Flüssigkeit rasch abfließen zu lassen. Leistungs- und Verbrauchziffern stellen sich nach Angabe der Herstellerin wie folgt:

Leistung, kcal/h bei —5° Soletemperatur, 10° Kühlwasserzulauftemperatur, gemessen in der Sole	Kraftverbrauch, PSe einschl. selbsttätigen Soleförderer	Kühlwasserbedarf, m³/h
900	0,65	0,13
2300	1,8	0,38
6000	4	0,9
9500	5,5	1,35

Die nach Abb. 256 angewandte Autofrigor-Maschine ist in ihren aus Abb. 259 hervorgehenden Einzelheiten vor allem durch die Antriebsweise gekennzeichnet. Die senkrechte Welle des Verdichters trägt den Anker 3 eines Kurzschlußmotors, dessen Stator 2 von dem Gasraum durch eine möglichst wirbelstromfreie Büchse 4 getrennt wird. Auf diese Weise entfällt eine äußere Stopfbüchse. Die Anlage arbeitet mit Dimethyläther [$O(CH_3)_2$], dessen maßgebenden Eigenschaften denen von Methylchlorid nahe liegen. Die schwingenden Zylinder 5 sind mit Saugschlitzen und Blattfederdruckventilen ausgestattet. Als Verflüssiger wirkt der den Verdichter umgebende Doppelmantel. Durch ein Schwimmerventil 13 wird die Flüssigkeit dem Verdampfer R zugeleitet, der aus einem Doppelrohrkörper mit Längsrippen besteht. (In dieser Form dient die Maschine zur Luftkühlung. Bei Flüssigkeitskühlung wird der Verdampfer zu einer Rohrschlange ausgebildet.)

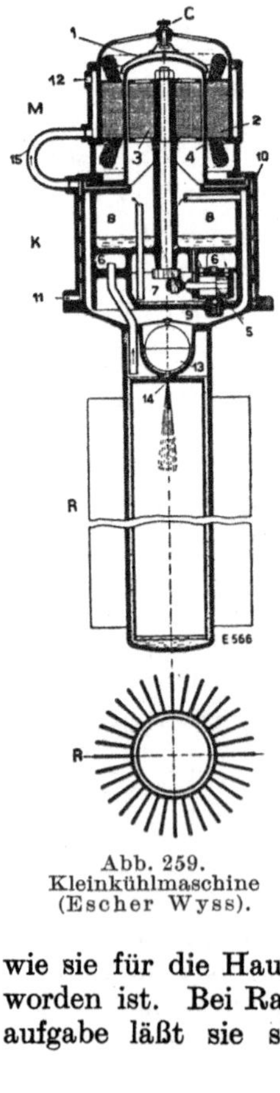

Abb. 259. Kleinkühlmaschine (Escher Wyss).

Ähnlich ist der Aufbau bei der Autopolar-Maschine (Linde), die mit Methylchlorid arbeitet. Der Motor liegt unterhalb des Verdichters und ist ganz, also auch mit dem Stator, dem Arbeitsstoff ausgesetzt. Es bietet keine unüberwindlichen Schwierigkeiten, eine Motorisolierung zu schaffen, die dem Arbeitsstoff widersteht. Diese Aufgabe ist für Ammoniak als Arbeitsstoff bei der Autofrost-Maschine, Abb. 49, gelöst.

Mehr und mehr wird für die hier behandelten Kleinkühlanlagen selbsttätige Regelung gefordert, wie sie für die Haushaltungskühlanlagen zur Selbstverständlichkeit geworden ist. Bei Raumkühlung oder einer anderen einheitlichen Daueraufgabe läßt sie sich ohne weiteres anwenden. Dagegen ist sie in vollkommener Weise dann nicht möglich, wenn wesensfremde Aufgaben zusammentreten, z. B. Speiseeiserzeugung und Raumkühlung nebeneinander bestehen. Stets bleibt jedoch größte Einfachheit der Anlage zu fordern. Verdichter und Verflüssiger finden sich daher in der Regel organisch zusammengebaut und so ausgebildet, daß für die Bedienung die Verlockung zu unberufenen Eingriffen fehlt.

34. Haushaltungskühlanlagen.

Die Aufgabe, eine für den Haushalt geeignete kleinste Kühlanlage zu schaffen, ist heute als gelöst zu betrachten. Zahlreiche Ausführungen haben in jahrelangem Betrieb erwiesen, daß die Forderung unbedingter Sicherheit und vollkommen selbsttätigen Arbeitens erfüllt wird.

Als Arbeitsstoff werden vorzugsweise Schwefligsäure und Methylchlorid angewandt. Mit stopfbüchslosen Verdichtern sind solche mit Wellenstopfbüchse erfolgreich in Wettbewerb getreten. Die Kühlung des Verflüssigers erfolgt in der Regel durch Luft, so daß die Anlage leicht beweglich und von Störungen in der Wasserversorgung unabhängig wird. Eingriffe der im allgemeinen ungeschulten Bedienung dürfen bei einer Haushaltungskühlanlage nicht nötig werden. Darüber hinaus soll die Möglichkeit hierzu unterbunden sein. Absperrungen, die für die fachmännische Prüfung von Wert sind, sollen daher durch Kappen und Plomben gegen unbefugte Handhabung geschützt werden. Aus dem gleichen Grunde fehlen Manometer, obwohl in der Regel Stutzen dafür vorhanden sind. Besonders wichtig sind die zur selbsttätigen Regelung dienenden Teile. Bei Brand kann trotz allem ein Zerknall der Anlage eintreten. Aus diesem Grunde ist die Füllung mit Arbeitsstoff so gering wie möglich zu halten. Hierfür spricht auch die Gefährdung von Leben und Gesundheit bei gelegentlichem Austreten des Arbeitsstoffes in den Aufstellungsraum.

Bei der Kleinheit des Haushaltungskühlschranks liegt in besonderem Maße die Gefahr vor, daß, mit Rücksicht auf Festigkeit, Wärmebrücken in Form von Hölzern u. dgl. in einem den Wärmeschutz wesentlich beeinträchtigenden Maße geschaffen werden. Durch Ausbildung des äußeren und inneren Mantels in Metall erübrigen sich derartige Verstärkungen. Nach Abb. 260 (General Electric Co.) wird die Metallhaut an den freien Kanten unterbrochen und die Verbindung zwischen Innen- und Außenbelag durch Streifen aus Kunsthorn oder einem anderen schlecht leitenden, jedoch genügend widerstandsfähigen Baustoff hergestellt.

Die für den Haushalt angewandten Maschinentypen sind von großer Zahl und Mannigfaltigkeit. Eine lückenlose Behandlung fällt aus dem Rahmen dieses Buches. Sie findet sich an anderer Stelle[1], auf die verwiesen sei. Auch bei der vorausgehend behandelten Ausführung von Einzelteilen sind nur die besonderen Kennzeichen hervorgehoben. Die Bauweise des Kolbenverdichters mit Stopfbüchse nach Abb. 51, 52,

[1] Plank: Haushalt-Kältemaschinen. Berlin: Julius Springer 1928.

113 für mittelbaren elektrischen Antrieb ist die überwiegende. Mit ihm tritt immer wieder der Kreiskolbenverdichter, etwa nach Abb. 90, 91, in Wettbewerb.

Ohne Stopfbüchse arbeitet die Maschine nach Abb. 261 (General Electric Co.), bei der der Antriebsmotor in den von Schwefligsäure erfüllten Druckraum eingebaut ist, und zwar ohne unmittelbare metallische Berührung mit dem Gehäuse. Trotzdem erfolgt die Ableitung der Statorwärme in befriedigender Weise, da Schwefligsäuredämpfe eine hohe Wärmeleitfähigkeit besitzen. Für die einwandfreie Schmierung von

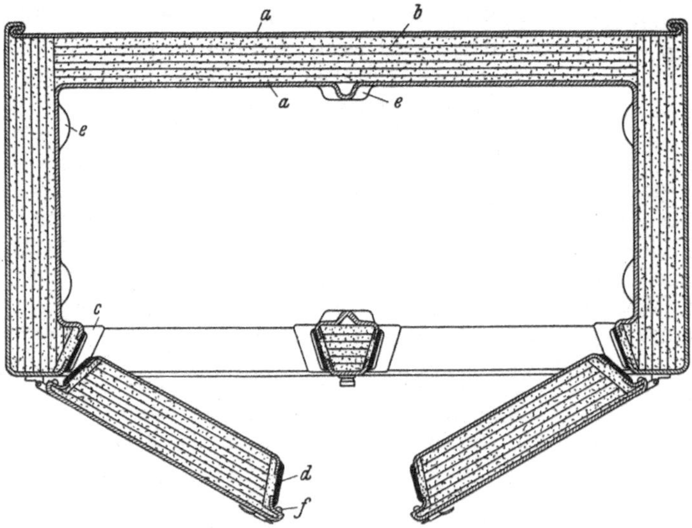

Abb. 260. Haushaltungskühlschrank (General Electric Co.). *a* Stahl, *b* Wärmeschutzplatten, *c* Monelmetall, *d* Wärmeschutzstreifen, *e* Auflagen, *f* Gummi.

Kolben und Triebwerk sind besonders weitgehende Maßnahmen getroffen. Eine kleine Ölpumpe arbeitet parallel mit dem Verdichter. Das Öl im Ölsumpf wird während des Stillstands durch eine elektrische Heizvorrichtung warm gehalten, um den Schwefligsäuregehalt stets wieder auszutreiben. Daneben ergibt sich, infolge Abnahme der Zähigkeit bei höherer Temperatur, ein geringerer Reibungsverlust. Der Öldruck wirkt auch auf einen Steuerkolben, der beim Arbeiten der Maschine hoch steht und ein Umführungsventil geschlossen hält, bei Stillstand niedersinkt, durch Freigabe des Umführungsventils Saug- und Druckseite in Verbindung setzt und dadurch ein leichtes Anlaufen des Motors ohne Belastung ermöglicht. Bei Freigabe der Umführung wird ein in der Saugleitung sitzendes Rückschlagventil durch den Verflüssigerdruck geschlossen und dadurch der Übertritt warmer Dämpfe in den Verdampfer verhindert. Der Verflüssiger besteht aus einer Spiralschlange, die sich um die an das Gehäuse angeschweißten Kühlrippen legt. An den Verdampferkessel schließen röhrenförmige Schleifen an, die durch Aufeinanderlegen eines geraden und eines gewellten Kupferbleches gebildet werden. Zur Regelung dient ein außen sitzender Schwimmer, der den Verdampfer überflutet hält.

Der Aufbau der als Haushaltungskühlmaschine bewährten ununterbrochen arbeitenden Platen-Munterssschen Absorptionskühlanlage geht aus Abb. 172 hervor.

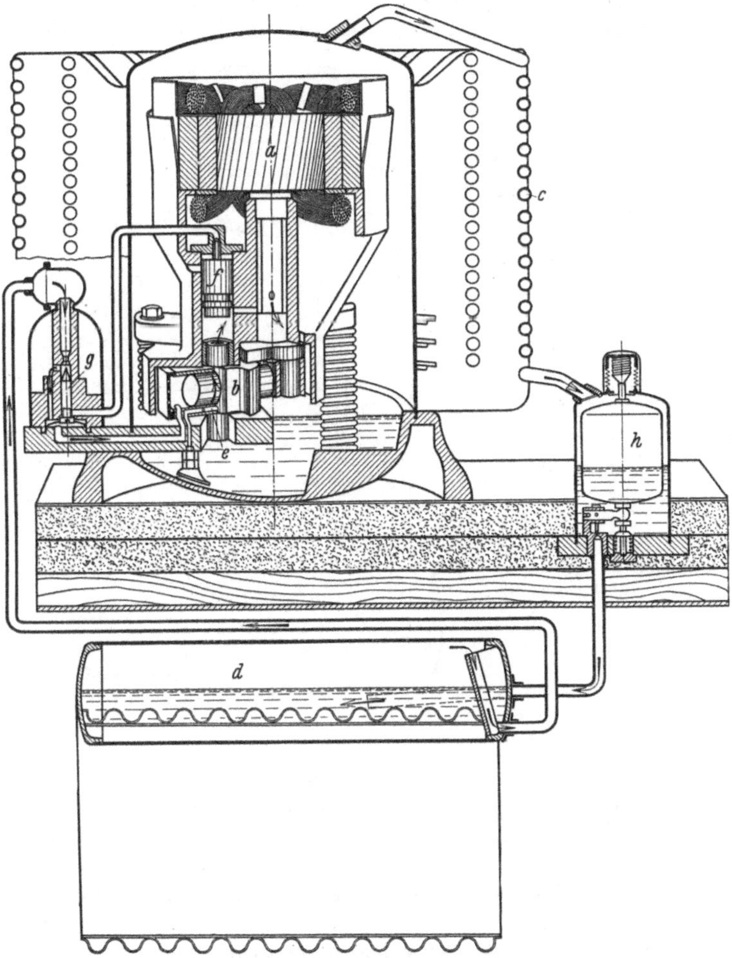

Abb. 261. Haushaltungskühlanlage (General Electric Co.) *a* Motor, *b* Verdichter, *c* Verflüssiger, *d* Verdampfer, *e* Ölpumpe, *f* Steuerkolben, *g* Rückschlagventil, *h* Schwimmerregler.

Die Absorptionskleinkühlmaschine der Abb. 262 (Bayer) arbeitet periodisch mit elektrischem Strom als Heizmittel. In dem abwechselnd als Austreiber und Aufsauger dienenden Kessel befinden sich vier Heizpatronen, ein Thermometer für Beobachtung der Kochtemperatur und der Fühlkörper des Temperaturreglers. Dieser wirkt über einen Ausklinkhebel auf den Kühlwasserschalter, der das Wasser nach Beendigung der Kochzeit vom Verflüssiger auf den nunmehr als Aufsauger wirkenden Kessel umschaltet. Gleichzeitig wird der Wasserdurchgang auf etwa ein Fünftel der während der Kochzeit fließenden Menge vermindert. Der Verflüssiger zerfällt in zwei Teile, zwischen die der Wasserabscheider geschaltet ist. Dieser besitzt als Sicherung gegen Drucküberschreitung bei zu hoher Kochtemperatur eine Blechbruchplatte, hinter der ein Sicherheitsrohr ins Freie führt. Die Schaltung des Heizstroms erfolgt

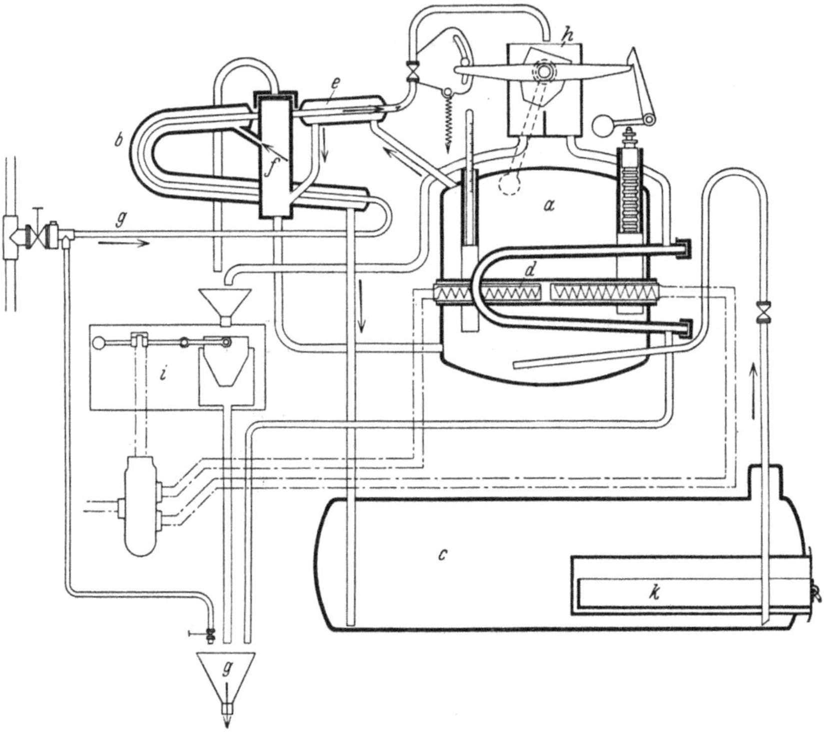

Abb. 262. Periodisch arbeitende Absorptionskühlanlage (Bayer). *a* Aufsauger-Antreiber-Kessel, *b* Verflüssiger, *c* Verdampfer, *d* Heizpatrone, *e* Vorkühler, *f* Trockner, *g* Kühlwasser, *h* Kühlwasserumschalter, *i* Kühlwassersicherheitsschalter, *k* Eisform.

mittelbar durch das vom Verflüssiger ablaufende Kühlwasser. Läuft dieses genügend stark, so ist der Strom eingeschaltet. Bei Verminderung des Kühlwasserumlaufes oder vollständigem Ausbleiben nach Umschalten des vom Temperaturregler gesteuerten Bechers wird der Heizstrom unterbrochen. Die Kochzeit beträgt $1^1/_2$ bis $2^1/_4$, die Kühlzeit 22 bis 30 Stunden. Um Wasser, das beim Versand und auch während des Betriebs allmählich in den Verdampfer gelangt, nach dem Kessel zurückzusaugen, wird während des Kochens die Verbindungsleitung zwischen Verdampfer und Kessel abgesperrt, während des folgenden Kühlens, unter Ausschaltung der selbsttätigen Wasserkleinstellung, der Aufsauger besonders stark gekühlt und erst dann durch Wiederöffnen der Verbindungsleitung zwischen Verdampfer und Aufsauger das Wasser hochgesaugt.

Die als trockene Absorptionskühlmaschine arbeitende Haushaltungskühlanlage der Abb. 263 (S S W) besitzt Kalziumchlorid als Absorptionsmittel, Ammoniak als Arbeitsstoff. Als Sonderheit tritt ein zwischen Verflüssiger und Verdampfer geschalteter Zwischenbehälter auf, der

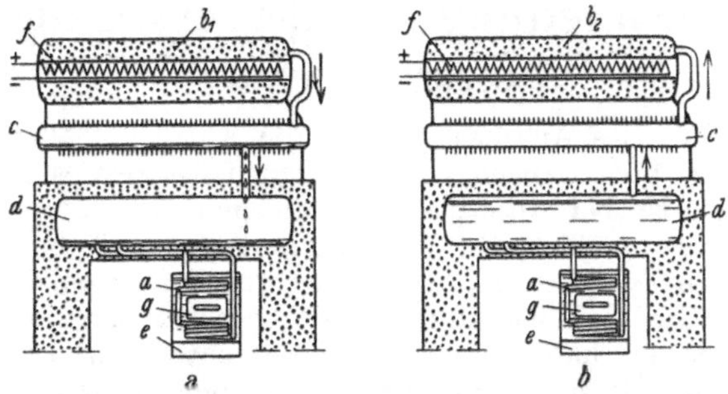

Abb. 263. Periodisch arbeitende Absorptionskühlanlage (S S W). *a* Verdampfer, b_1 Kessel als Austreiber wirkend, b_2 Kessel als Aufsauger wirkend, *c* Verflüssiger, *d* Speicher für flüssigen Arbeitsstoff, *e* Solespeicher, *f* elektrischer Heizwiderstand, *g* Eiseinsatz.

in der Wärmeschutzschicht des Kühlschrankes eingebaut ist, vorzugsweise zur Speicherung des verflüssigten Arbeitsstoffes dient und dadurch der unerwünschten Erwärmung des Verdampfers während der Kochperiode begegnet. Um darüber hinaus die unvermeidlichen Temperaturschwankungen im gekühlten Raum zu verringern, wird der Kühlkörper als Solespeicher ausgebildet. Der Verflüssiger ist, ebenso wie der Aufsauger-Austreiberkessel während der Aufsaugeperiode, durch Luft gekühlt. Ein- und Ausschaltung des Heizstromes erfolgt selbsttätig durch eine Schaltuhr. Die Kälteleistung kann durch einen die Stromaufnahme regelnden, von Hand zu betätigenden Schalter nach Bedarf verändert werden.

C. Betrieb und Untersuchung.

I. Vorbereitung vor der erstmaligen Inbetriebnahme.

Vor Einfüllen des Arbeitsstoffes ist die Anlage in allen Teilen auf Dichtheit zu prüfen, danach die Luft möglichst restlos zu entfernen. Das Abpressen ist bei Absorptionskühlanlagen nur durch Anwendung einer Hilfspumpe möglich, bei Verdichteranlagen wird durch einen Anschluß zwischen Zylinder und Saugabsperrventil Luft eingesaugt. Hierbei sind sämtliche arbeitsstofführenden Absperrungen, mit Ausnahme des geschlossen zu haltenden Saugabsperrventils, zu öffnen und die Maschine, um unzulässige Erhitzung zu vermeiden, zeitweise stillzusetzen. Ist etwa der Druck erreicht, der dem zu erwartenden höchsten Verflüssigerdruck entspricht, so kann eine zusätzliche Sicherheit dadurch gewonnen werden, daß die Einsaugeöffnung und Flüssigkeitsleitung abgesperrt, das Saugabsperrventil geöffnet und die auf der Saugseite befindliche verdichtete Luft auf die Druckseite gefördert wird. Druckverhältnis und Endtemperatur bleiben hierbei niedriger, als wenn Luft von außen angesaugt würde. Der erreichbare Enddruck hängt vom Verhältnis des Inhalts der Saugseite zu dem der Druckseite ab. Die Höhe des Prüfungsdruckes wird im allgemeinen vom Lieferwerk bestimmt. Er soll etwa dem $1^1/_2$fachen des höchsten Verflüssigerdruckes entsprechen, zum mindesten jedoch etwa 1 at höher als dieser liegen.

Mit dieser Dichtheitsprüfung ist die aus Sicherheitsgründen erforderliche Druckfestigkeitsprüfung nicht zu verwechseln. Sie obliegt dem Lieferwerk. Das Abpressen erfolgt dort mit Wasser, um die verheerende Wirkung eines bei Anwendung von Druckluft möglichen Zerknalls zu verhüten. Nach erfolgreichem Abpressen mit Wasser kann eine Nachprüfung mit verringertem Druck in der Weise erfolgen, daß der zu prüfende Teil mit Preßluft gefüllt und zur Feststellung von Undichtheiten unter Wasser gehalten wird. Für den im Lieferwerk anzuwendenden Probedruck dienen folgende Zahlen als Anhalt:

Arbeitsstoff	Mindest-probedruck atü	Arbeitsstoff	Mindest-probedruck atü
CO_2 (Kohlensäure) . . .	100	C_4H_{10} (Butan)	6
C_2H_6 (Äthan)	75	C_2H_5Cl (Äthylchlorid) . .	4
NH_3 (Ammoniak) . . .	20	$(C_2H_5)_2O$ (Äthyläther) .	2
C_3H_8 (Propan)	20	CH_2Cl_2 (Dichlormethan)	2
CH_3Cl (Methylchlorid) .	12	$C_2H_2Cl_2$ (Dichloräthylen)	1
SO_2 (Schwefligsäure) . .	10	C_2HCl_3 (Trichloräthylen)	1
C_4H_{10} (Isobutan)	10	H_2O (Wasserdampf) . .	1

Die Feststellung der äußeren Dichtheit erfolgt durch Auftragen von Seifenwasser an den Dichtungsstellen und Beobachtung des Manometers, das nach Stillsetzen des Verdichters und Abkühlung der Luft auf die Umgebungstemperatur nicht sinken darf. Der Verdichterzylinder ist bei geschlossenem Luftsaugventil zu untersuchen. Durch Öffnen der Indizierverschraubung läßt sich die Dichtheit der Druckarbeitsventile beobachten, anschließend, bei geöffnetem Luftsaugventil, die Dichtheit der Saugarbeitsventile. Ob der Kolben durchläßt, kann bei einfachwirkenden Zylindern dadurch beurteilt werden, daß nach Schließen des Luftsaugventils die arbeitende Seite durch kurzes Öffnen des Saugabsperrventils unter Druck gesetzt und an dem angeschraubten Indikator die Zeit beobachtet wird, innerhalb der der Druck sich verschleicht. Gründliche Prüfung des Kolbens verlangt bei doppeltwirkenden Verdichtern Abbau des hinteren Deckels, Abflanschen der dahin führenden Stutzenverbindung (selbstverständlich sind währenddessen die beiden Absperrventile zu schließen) und Beobachtung des Kolbens nach Öffnen des Saugabsperrventils. Bei Verdichtern mit Wasserkühlung ist es wichtig, eine Dichtheitsprobe durch Unterdrucksetzen des Zylinderinnern und Beobachtung der Wasseranschlüsse besonders sorgfältig vorzunehmen, da sonst im Betriebe unbemerkte Verluste, bei Schwefligsäure zudem Zerstörungen, auftreten.

Die beim Abpressen auftretenden hohen Temperaturen können bei Verwendung von Öl zur Schmierung Zündungen herbeiführen. Das für den Betrieb bestimmte Öl mit tiefem Gefrierpunkt besitzt meist einen niedrigen Flammpunkt, ist also für das Abpressen alles weniger als geeignet. Wird der Zylinder vor dem Zusammenbau gründlich eingefettet, und der Verdichter während des Abpressens häufig zur Abkühlung stillgesetzt, so kann wohl die Ölschmierung des Zylinders währenddessen überhaupt entbehrt werden.

Es ist fast niemals möglich, die arbeitsstofführenden Teile so gründlich von Hammerschlag und Formsandrückständen zu reinigen, daß sich nicht im Betriebe noch Teile davon lösen. Außerdem ist damit zu rechnen, daß Feuchtigkeit beim Abkühlen der Luft ausfällt. Das Ablassen der Luft nach dem Abpressen wird daher zweckmäßig als Ausblasen benutzt. Außerdem empfiehlt es sich, anschließend den Verdichterzylinder (bei gekapselten Verdichtern, deren Triebwerksraum als Ansaugraum wirkt, das ganze Gehäuse), ferner Siebtopf, Ölabscheider und andere Erweiterungen, in denen Verunreinigungen sich abzuscheiden pflegen, zu öffnen und gründlich zu reinigen. Bei dem Verdichterzylinder bezieht sich diese Vorschrift vor allem auf die Ventile, die gegebenenfalls neu aufgeschliffen werden müssen. Das Öl in dem Triebwerksraum gekapselter Verdichter wird aus dem gleichen Grunde zweckmäßig erneuert. Diese Maßnahmen sind nach einigen Tagen Betrieb zu wiederholen. Die Unannehmlichkeit wird vielfach dadurch aufgewogen, daß Schäden an Ventilen, Kolben, Zylinder und Triebwerk durch rechtzeitig angewandte Vorsicht vermieden bleiben.

Zur Betriebsvorbereitung gehört bei Solekühlanlagen die Herrichtung der Salzlösung. Ihr Stärkegrad wird durch die Betriebsverhältnisse bestimmt. Wird Natriumchlorid verwendet, so ist sorgfältige Prüfung nötig, da häufig „Kühlsalz" neben NaCl erhebliche Mengen an Glaubersalz enthält, das leicht zu einer Verkrustung der Schlangen führt. Für die von der Behörde geforderte Vergällung des Genußsalzes sollen nur solche Mittel zugelassen werden, die Schlangen, Behälter, Leitungen und Pumpen nicht angreifen, bei Naßluftkühlern außerdem die Kühlluft nicht ungünstig beeinflussen. Hierfür kommt vor allem reine Soda in Betracht, die gleichzeitig die saure Beschaffenheit der Sole aufhebt und dadurch die Gefahr elektrolytischer Zerstörung vermindert. Die Sodamenge darf nicht zu hoch bemessen sein, da auch stark alkalische Beschaffenheit der Sole schädlich wirkt. Die Alkalität soll einem pH-Wert von 9,5 bis 10 entsprechen. Als Prüfmittel kommt Methylorange in Betracht, das bei saurer Lösung sich orange bis rot färbt, ferner Phenolphthalein, das bei stark alkalischer Lösung rosa bis rote Tönung ergibt. Durch Zusatz von Salzsäure oder besser Einleiten von Kohlensäure ist zu hohe Alkalität auf ein Maß zu vermindern, bei dem die Färbung durch Phenolphthalein nahezu verschwindet.

In den Vereinigten Staaten werden der Sole von vornherein Korrosionsverzögerer nach folgender Anweisung beigegeben[1]:

Geschlossene Systeme:

3,2 g/l Natriumbichromat ($Na_2Cr_2O_7 + 2H_2O$) bei Kalziumchloridsole,
1,6 g/l „ „ „ Magnesiumchloridsole,
3,2 g/l „ „ „ Mischsole aus Kalzium- und Magnesiumchlorid, außerdem in jedem Falle genügend Ätznatron, um das Bichromat in das neutrale Chromat zu verwandeln. (Bei neutraler Sole 27 kg Ätznatron auf 100 kg Bichromat; bei alkalischer Sole ist weniger bzw. überhaupt kein Ätznatron nötig.)

Offene Systeme:

Da Chromat die Haut angreift, kommt hier als Ersatz das weniger wirksame und häufiger zu ergänzende Natriumphosphat ($Na_2HPO_4 + 12\,H_2O$) in Betracht, und zwar erstmalig 1,6 g/l und die gleiche Menge allmonatlich.

Bei Verwendung von Kalziumchlorid ist möglichst geringer Gehalt an Magnesiumchlorid anzustreben, durch dessen Zersetzung die Sole leicht sauer wird. Aus diesem Grunde ist es unstatthaft, wenn von Kalziumchloridlösung zu Magnesiumchloridlösung übergegangen werden soll, allmählich Magnesiumchlorid zuzusetzen. Kalzium- und Magnesiumchlorid erscheinen im Handel in geschmolzener, grobkörniger und pulveriger Form. Die letzte Art ist für die Auflösung die zweckmäßigste.

Wegen der nie fehlenden Rückstände ist es nicht ratsam, das Salz in dem Arbeitsbehälter selbst aufzulösen. Für die erstmalige Solebereitung hilft sich der Betrieb in der Regel damit, daß das Salz und seine Beigaben in Gefäßen zur Auflösung kommen, die schwimmende Verunreinigung abgeschöpft und die Sole vorsichtig übergepumpt wird, während die verunreinigenden Sinkstoffe zurückbleiben. Es ist hierbei leicht und empfehlenswert, die Sole vor Einführung in das Arbeitsgefäß

[1] Rep. A.S.R.E. Corrosion Comm. Res. New York 1930.

durch einen mit Holzwolle u. dgl. gefüllten Filter laufen zu lassen. Bei dauerndem Salzzusatz, z. B. bei Naßluftkühlern, führt zweckmäßig ein Abzweig der Solerückleitung in einen Salzauflöser, damit die Dichte der Sole möglichst wenig schwankt. Während bei der erstmaligen Solebereitung warmes Wasser Verwendung finden kann, muß bei ständigem Salzzusatz die geringere Löslichkeit bei tieferen Temperaturen in Kauf genommen und durch reichliche Bemessung der Auflöser, Rührwerke und andere Hilfsmittel ausgeglichen werden. Warme alkalische Sole wirkt auf Zink stark korrodierend. Das erstmalige Niederkühlen der Sole von Eiserzeugern mit verzinkten Zellen soll daher vor dem Einsetzen der Zellen erfolgen.

Neuerdings werden in zunehmendem Maße flüssige Solen in den Handel gebracht, deren Angriffsvermögen durch besondere Behandlung herabgemindert ist. Bei der Aufbewahrung sind die Solevorratsbehälter vor Kälte zu schützen, da die starken Lösungen bei Abkühlung Salz ausscheiden.

Mit gelegentlichem Undichtwerden von Salzfässern ist stets zu rechnen. Bei Verwendung von Salzsäcken gefährdet die durch Aufnahme der Luftfeuchtigkeit entstehende Sole den Boden des Salzlagerraumes und die damit in Verbindung stehenden Tragteile, soweit sie aus Eisen und Beton bestehen. Auf sorgfältige Lagerung des Salzes ist daher zu achten. Ein abseits liegender, eingeschossiger Raum ist günstiger als der im allgemeinen benutzte Keller des Hauptgebäudes.

An das Abpressen schließt sich zweckmäßig das Austrocknen der Leitungen und Austauschvorrichtungen an. Die Luft wird bei geschlossenem Saugabsperrventil und im übrigen offenen Absperrungen durch das Luftsaugventil eingezogen, streicht durch das ganze Netz und strömt unmittelbar vor dem Saugabsperrventil durch eine gelöste Flanschverbindung oder ein dort angebrachtes Ventilchen ins Freie. Drosselung des Druckabsperrventils (Vorsicht!) bewirkt hierbei Temperaturerhöhung und Verbesserung der Trocknung. Wo mit dem Absetzen von Flüssigkeit zu rechnen ist, sollen Auslässe angeordnet und beim Trocknen wiederholt geöffnet werden. Der Erfolg läßt sich daran erkennen, daß ein vorgehaltener Spiegel nicht mehr beschlägt. Bei Schwefligsäureanlagen ist das Austrocknen besonders wichtig. Ehe das Leersaugen beginnt, muß unbedingte Gewähr dafür geboten sein, daß nirgends Flüssigkeit steht.

Bei dem anschließenden Leersaugen ist das Druckabsperrventil zu schließen, das davor angeordnete Luftausstoßventil ebenso wie alle übrigen Absperrvorrichtungen zu öffnen und der Verdichter langsam in Betrieb zu setzen. Besteht keine Möglichkeit, die Drehzahl zu vermindern, so muß das Luftausstoßventil reichlich bemessen sein, damit keine unzulässige Überlastung eintritt. Sobald während des Absaugens der Druck nicht weiter sinkt, ist der Verdichter stillzusetzen, das Luftausstoßventil zu schließen und die Arbeitsstofflasche an das Füllrohr anzuschließen.

Ihr Inhalt muß zuvor auf Reinheit geprüft sein. Hierzu dient bei Ammoniak die in Abb. 264 dargestellte Vorrichtung. 100 cm^3 des Arbeitsstoffs werden in einem Meßglas zur Verdampfung gebracht, der nicht verdampfende Rest kann als Maß der Verunreinigung an der Einteilung des verjüngten Endes abgelesen werden. Die Verdampfung soll nie bei offenem Prüfglas vorgenommen werden, da sich sonst an den inneren Wandungen Luftfeuchtigkeit niederschlägt und das Ergebnis fälscht. Zur Erwärmung dient am besten Sole von Zimmertemperatur in dem unteren Standglas, in das die Dämpfe übergeleitet werden. Unter Verzicht auf die Aufsaugung kann das Meßglas allein benutzt werden, wobei die Gase durch eine in dem Gummistopfen sitzende etwa 1 mm weite Kapillare ins Freie treten. Die Verdampfung nimmt hierbei mehrere Stunden in Anspruch. Die Untersuchung der Schwefligsäure erfolgt in ähnlicher Weise. Trübes Aussehen der Probe deutet auf Wassergehalt. Kohlensäure kann aus der Flasche vorsichtig in einem Tuch aufgefangen werden, das bei Anwesenheit von Wasser nach dem Verdampfen des Arbeitsstoffs stark durchfeuchtet bleibt. Die gleichzeitig niederschlagende Luftfeuchtigkeit bildet hierbei allerdings eine Fehlerquelle, durch die das Ergebnis stark getrübt wird. Da bei der handelsüblichen Kohlensäure weniger mit Verunreinigung durch Wasser als mit einem unerwünschten Gehalt an Luft zu rechnen ist, empfiehlt sich die Prüfung vermittels einer Winklerschen Gasbürette unter Absorption der Kohlensäure in Kalilauge und Messung des Luftrestes.

Abb. 264. Prüfvorrichtung.

Die Füllungsmenge ergibt sich aus folgenden Erwägungen: der Austritt des Verflüssigers muß unter Flüssigkeitsabschluß stehen. Im übrigen ist möglichst geringe Flüssigkeitsmenge erwünscht, damit die Wärmeaustauschfläche vollständig für Verflüssigung der Dämpfe zur Verfügung steht; der Verdampfer soll in seinem ganzen Verlauf von Flüssigkeit benetzt sein. Im vollkommenen Falle ergibt sich eine Flüssigkeitshaut an der Austauschwandung mit einem Gaskern im Innern; Flüssigkeitsnachkühler, Flüssigkeitssammelbehälter und Flüssigkeitsleitung sind mit Flüssigkeit, Saug- und Druckleitungen sowie der Verdichter mit Gas entsprechender Spannung gefüllt anzunehmen.

Die genaue Berechnung der bei vollkommenen Verhältnissen sich ergebenden Füllungsmenge stößt auf Schwierigkeiten. Andererseits lohnt sie sich auch deswegen nicht, weil genaue Einhaltung dadurch unmöglich wird, daß unvermeidliche Verluste die Füllung ständig verringern, ein gewisses Maß von zusätzlicher Füllung daher nötig ist, um die Verluste für bestimmte Zeit auszugleichen und ständiges Nachfüllen zu vermeiden. Der Überschuß der Füllung kann im Verflüssiger oder Verdampfer untergebracht werden. In beiden Fällen wird die Wirkungsweise der Anlage verschlechtert; Überfüllung des Verflüssigers verringert die für den Wärmeaustausch verfügbare Oberfläche, ebenso führt sie, wenn übertrieben, im Verdampfer zu einer Verschlechterung der Wärmeübertragung. $^1/_3$ des Verflüssiger- und $^1/_{10}$ des Verdampferinhalts zuzüglich des gesamten Fassungsvermögens der flüssigkeitsführenden Teile, Flüssigkeitskühler, Flüssigkeitssammler, Flüssigkeitsleitung, kann annähernd als

Betriebsfüllung angenommen werden. Zu prüfen bleibt dabei, daß die gesamte Füllung von Verdampfer und Verflüssiger nicht größer wird, als etwa der Hälfte des Inhalts von Verflüssiger und Sammler entspricht, damit alle Verdampferrohre ohne Gefahr leergesaugt werden können. Werden ausnahmsweise besonders große Speicherbehälter verwandt, die zur Aufnahme der ganzen Füllung ausreichen, so ist zu ihrem Fassungsvermögen nur noch das Gewicht der Gase in Verflüssiger und Verdampfer bei den Betriebsdrücken hinzuzurechnen. Die Speicherfüllung geht dann im Betrieb um die im Verflüssiger und Verdampfer strömenden Flüssigkeitsmengen zurück.

Diese Ausführungen gelten für den allgemeinen Fall, daß die Verflüssigung unterhalb der kritischen Temperatur des Arbeitsstoffs erfolgt. Bei Kohlensäureanlagen mit hoher Kühlwassertemperatur ist dies nicht mehr der Fall. Bei ihnen bewirkt Überfüllung zwar gleichfalls Erhöhung des Verflüssigerdrucks und Vermehrung der Verdichterarbeit, ergibt jedoch vergrößerte Kälteleistung, so daß die günstigste Füllung hier keineswegs mit der Mindestmenge zusammenfällt.

Die mit hochverdichtetem Arbeitsstoff gefüllten Flaschen verlangen vorsichtige Handhabung. Übermäßige Erwärmung, Fall und Stoß können ihren Zerknall herbeiführen. Der Vorratsraum soll so liegen, daß die ankommenden Flaschen ihn ohne umständliche Bewegung erreichen und der Weg zur Füllstelle kurz und einfach ist. Er muß sonnengeschützt und kühl liegen und im Brandfalle leicht geräumt werden können. Sein Zugang soll daher nicht auf andere Räume oder schmale Gänge führen, sondern ins Freie münden. In Ausnahmefällen läßt sich die Bewegung der Flaschen zur Füllstelle überhaupt vermeiden und ein Füllrohr unmittelbar in den Flaschenraum führen. Zur Einstellung der Einfüllmenge dürfen alsdann nicht die Flaschenventile dienen, sondern nur die dem Maschinisten zugänglichen Regelventile. Bei kleinen Anlagen, bei denen das Einfüllen von nur Teilen eines Flascheninhaltes in Frage kommt, bewährt es sich, die Flasche an einer Waage aufzuhängen, um jederzeit den Inhalt feststellen zu können. Diese Einrichtung empfiehlt sich ganz allgemein auch deshalb, weil damit die Prüfung des Flascheninhalts und Beobachtung der vollständigen Entleerung einfach und sicher vorgenommen werden kann. Beim Einfüllen sind die den Arbeitsstoff enthaltenden Flaschen abwärts geneigt auf einem Bock oder einer anderen zuverlässigen Haltevorrichtung zu befestigen. Bei Kohlensäure ist die Flasche vor dem Anschluß vorsichtig kurz zu öffnen, um Wasser, das sich an tiefster Stelle ansammelt, abzulassen. Bei Schwefligsäure tragen die Flaschenventile als Fortsetzung ein gekrümmtes Rohr, das bis nahe an den Flaschenmantel reicht. Um flüssige Säure einzusaugen, soll daher die Flasche in geneigte Stellung, Ventil nach unten, gebracht werden.

Bei dem Einfüllen ist das Kühlwasser anzustellen, Saug- und Druckabsperrventil zu schließen, das vor letztem sitzende Luftausstoßventil zu öffnen und der Verdichter in Gang zu setzen. Danach werden Saugabsperrventil, Einfüllventil und Flaschenventil vorsichtig geöffnet. Tritt an der Luftausstoßöffnung der Arbeitsstoff aus, so ist das Druckabsperrventil zu öffnen, die Luftausstoßöffnung zu schließen und die Füllung fortzusetzen, bis die vorgeschriebene Menge eingesaugt ist. Liegen hierfür keine bestimmten Angaben vor, so sind von Zeit zu Zeit die Verhältnisse des regelmäßigen Betriebs herzustellen, um aus Beobachtung der Drücke das Maß der Füllung festzustellen.

Häufig werden zur Beschleunigung des Einfüllens die Flaschen angewärmt, sei es mit heißen Tüchern, sei es mit einem Strom von Warmwasser oder gar Dampf. Diese Hilfsmittel sind bedenklich; denn es kann vorkommen, daß das Flaschenventil geschlossen, der Wärmestrom aber nicht unterbrochen wird und Drucksteigerungen entstehen, die schließlich die Flasche zerreißen. Fehlerhaft ist es auch, die Flasche dauernd angeschlossen zu lassen. Durch versehentliches Öffnen von Flaschen- und Einfüllventil kann die Flasche überfüllt werden. Nachträgliches Schließen des Ventils führt dann bei Erwärmung der Flasche zum Zerknall. Auch die Aufbewahrung in tiefgekühlten Räumen ist unter Umständen bedenklich. Beim Öffnen kann es dann vorkommen, daß der Arbeitsstoff sich in der Flasche ansammelt und sie beim Absperren zum Bersten bringt, sobald Erwärmung eintritt. Diese Gefahr wird vermindert, aber nicht ganz ausgeschlossen, wenn der Einfüllstutzen nicht vor, sondern hinter dem Regelventil sitzt. Bei dem Flaschenventil für Kohlensäurebehälter der Abb. 265 steht eine Sicherheitsplatte durch eine seitliche Bohrung mit dem Flascheninhalt in Verbindung; sie bricht bei unzulässiger Druckerhöhung des Inhaltes.

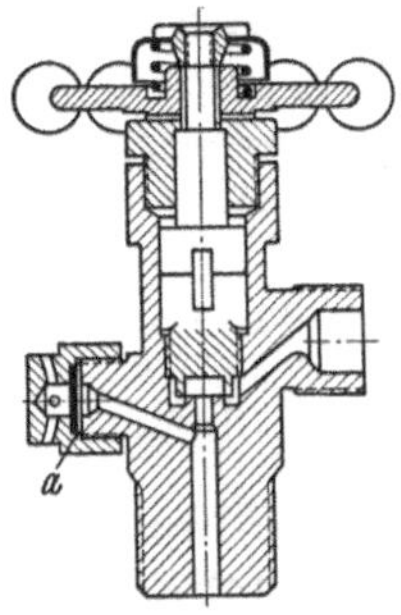

Abb. 265. Kohlensäureflaschenventil. *a* Bruchplatte.

Bei großen Anlagen dient zum Einfüllen des Arbeitsstoffs zuweilen ein Hilfsverdichter, der durch große Ventilquerschnitte und kleine Kolbengeschwindigkeit als Flüssigkeitspumpe geeignet ist. Er saugt den flüssigen Arbeitsstoff unmittelbar an und fördert ihn durch die Flüssigkeitsleitung in den Verflüssiger. Durch Steigerung der Drehzahl auf etwa das 10fache wird diese Hilfspumpe zum Absaugeverdichter und kann bei Störung oder Prüfung von Hauptverdichter, Leitungen und Austauschvorrichtungen zum Leersaugen der betreffenden Teile dienen, ohne hierbei jedesmal den kostbaren Hauptverdichter zu gefährden. Schließlich kann die gleiche Maschine zum Abpressen auf Drücke verwendet werden, die bei dem Hauptverdichter zu einer Überlastung des Triebwerks führen würden.

II. Aufgaben der Bedienung während des regelmäßigen Betriebes.

Vor der jedesmaligen Inbetriebnahme sind die Schmiervorrichtungen zu prüfen und zu regeln. Das Druckabsperrventil ist zu öffnen, das Kühlwasser anzustellen. Dies bedingt, daß die Anlage einen besonderen Antrieb für die Pumpvorrichtung besitzt, oder der Verflüssiger an die eigene oder fremde Wasserleitung angeschlossen ist. Die Maschine ist anzulassen, danach das Saugabsperrventil langsam zu öffnen und nach einiger Zeit das Regelventil einzustellen. Kupplungen und Verriegelungen werden angewandt, um gegen falsche Handhabungen zu sichern. Beispielsweise kann nach Abb. 68 die Ausrückvorrichtung für den Riemen mit dem Kühlwasserhahn verbunden sein. Unbedingte Sicherheit ergibt diese Maßnahme deshalb nicht, weil eine zweite Absperrung in der Kühlwasserleitung geschlossen oder die Kühlwasserversorgung überhaupt gestört sein kann. Richtiger ist es, den Kühlwasserabfluß des Verflüssigers als Impuls eines Sicherheitsreglers zu benutzen und das Anlassen unmöglich zu machen, solange das Kühlwasser nicht läuft. Damit der Verdichter nicht bei geschlossenem Druckabsperrventil anläuft, können mechanische Kupplungen zwischen diesem und der Anlaßvorrichtung vorgesehen werden.

Tritt infolge versehentlich geschlossenen Druckabsperrventils beim Anlassen ein Zerknall des Zylinders ein, so ist die Wirkung doppelt verheerend, wenn das Saugabsperrventil offen ist, weil alsdann eine besonders große Arbeitsstoffmenge entweicht. Das Saugabsperrventil ist daher mit gleicher Sorgfalt zu handhaben wie das Druckabsperrventil und die zuweilen bei kleinen Anlagen gegebene Anweisung falsch, wonach die beiden am Verdichter sitzenden Absperrungen bei Stillstand offen bleiben und nur im Falle einer inneren Prüfung des Zylinders geschlossen werden sollen. Bei offener Druckseite schleicht sich der Druck durch Kolben und Arbeitsventile und durch die offene Saugseite weiter in den Verdampfer. Dieser wirkt hierbei als Verflüssiger und erhöht die Temperatur der Umgebung. Der flüssige Arbeitsstoff sammelt sich am tiefsten Punkte, dem Verdichter, an und führt beim Einrücken zu Flüssigkeitsschlägen, die das Triebwerk überlasten oder gar Zerstörungen herbeiführen.

Während des regelmäßigen Betriebes soll die Anlage sicher und wirtschaftlich arbeiten. Abgesehen von der Fürsorge für die Triebwerke, sind unzulässig hohe Temperaturen und Drücke zu verhüten, ungünstigen Veränderungen von Arbeitsstoff und Kälteträger ist vorzubeugen. Übermäßige Temperaturen gefährden Verdichter und Verflüssiger. Sie sind, von Störungen abgesehen, in falscher Handhabung der Regelung zu suchen und dadurch zu beheben, daß das Regelventil die Stellung erhält, bei der die Endtemperatur nach der Verdichtung ein gewisses Maß nicht überschreitet. Im allgemeinen kann damit gerechnet werden, daß zeitgemäße Verdichter geeignet sind, mit den Temperaturen zu arbeiten, die sich bei nicht zu hohem Druckverhältnis unter der Bedingung trocken gesättigter Ansaugegase ergeben. Maßgebend ist neben der Bauart das Verhalten der angewandten Schmiermittel, die sich weder zersetzen noch teilweise verdampfen dürfen. Die zulässige Höchsttemperatur beträgt etwa 100^0 oder ein weniges darüber. Führt das Arbeiten mit trocken gesättigten Ansaugegasen infolge ungewöhnlicher Druckverhältnisse zu höheren Temperaturen, so muß entweder mit Hilfseinspritzung in den Verdichter oder mit nassen Dämpfen gearbeitet werden.

Für die Bedienungsmannschaft ist daher vor allem Beobachtung der auf Saug- und Druckseite des Verdichters angeordneten Thermometer vorzuschreiben. Das erste soll deutlich, jedoch nur wenige Grad, höher anzeigen als die am Saugmanometer abzulesende Sättigungstemperatur, entsprechend einer unbedeutenden Überhitzung der angesaugten Gase. Zeigt das Thermometer auf der Druckseite eine höhere Temperatur, als das Schmiermittel zuläßt, so sind die Regelventile weiter zu öffnen. Ist die Temperatur auf der Saugseite richtig, jedoch auf der Druckseite zu hoch, so ist die Hilfseinspritzung vorsichtig zu öffnen oder das Regelventil weiter zu stellen und eine Abnahme der Temperatur auf der Saugseite bis zur Übereinstimmung mit der Anzeige des Saugmanometers in Kauf zu nehmen. Befindet sich in der Saugleitung ein Flüssigkeitsabscheider, so ist es im allgemeinen nicht möglich, eine unzulässig hohe, durch das Druckverhältnis bedingte Überhitzungstemperatur durch Öffnen des Regelventils herabzudrücken. Hierfür kommt die Hilfseinspritzung in den Verdichter oder Öffnung einer Umführung am Abscheider in Betracht, die einen Teil der abgesonderten Flüssigkeit hinter dem Abscheider der Saugleitung zuführt. Umgekehrt ist das Regelventil weiter zu schließen, wenn die Temperatur auf der Saugseite bis zur Anzeige des Saugmanometers sinkt und auf der Druckseite gleichzeitig niedriger liegt, als angestrebt wird.

Bei Schwefligsäureanlagen soll stets mit Überhitzung auf der Saugseite gearbeitet werden, weil anderenfalls Flüssigkeit in den Verdichterzylinder gelangen und ihn zerstören kann. Der Bereifungszustand der Saugleitung bietet einen allgemeinen Anhaltspunkt insofern, als bei mäßigen Kältegraden der Verdichter selbst nicht bereifen soll. Ein zuverlässigeres Mittel, das bei tiefen Temperaturen und solchen über 0^0 als einziges in Betracht kommt, stellt auch hier Beobachtung des Saugthermometers dar, das etwa 10^0 mehr zeigen soll, als der Saugspannung im Sättigungszustande entspricht.

Bei Kohlensäure ist der Überhitzungsgrad auf der Saugseite verhältnismäßig hoch zu halten, wenn das Vordringen von Flüssigkeitsteilchen in den Zylinder vermieden werden soll. Denn die Wärmeleitfähigkeit der flüssigen Kohlensäure ist niedrig und bringt die Tröpfchen erst bei erheblichem Temperaturgefälle restlos zur Verdampfung.

Die Anzeige der unmittelbar am Verdichter sitzenden Thermometer ist bei geringer Leistung, also vor allem bei tiefen Ansaugespannungen, nicht mehr maßgebend, denn die in den Gasen enthaltenen Wärmemengen werden alsdann so gering, daß durch Wärmeaustausch mit der Umgebung die Thermometer eine Temperatur anzeigen, die zwischen der Temperatur der Gase und der Umgebung liegt. In solchen Fällen können bei hohem Verdichtungsverhältnis im Zylinder unzulässig hohe Temperaturen auftreten und eine Zersetzung von Schmiermittel oder Arbeitsstoff herbeiführen, während das Thermometer am Druckstutzen noch mäßige Temperaturen anzeigt.

Bei Absorptionskühlanlagen ist das Regelventil nach der Gastemperatur vor dem Aufsauger einzustellen, die einer leichten Überhitzung entsprechen soll.

Bei falscher Handhabung des Regelventils oder Versagen infolge losen Kegels oder sich plötzlich lösender Verstopfung kommt es vor, daß der Verdampfer überfüllt wird. Dies führt zu Störungen, die bei Schlangenverdampfern besonders dann nicht sofort beobachtet werden, wenn die Flüssigkeit unten eintritt, ein Zuviel sich also in dem unteren Teile ansammelt. Nur wenn in den Verdampferschlangen hohe Geschwindigkeiten herrschen, wird die überschüssige Flüssigkeit mit in den Verdichter geführt und dort durch Beobachtung der Thermometer erkenntlich. Bei geringen Geschwindigkeiten erschwert dagegen die angesammelte Flüssigkeit dem nachdringenden, frisch eingespritzten Arbeitsstoff den Eintritt und überflutet gleichzeitig die Oberfläche in einem Maße, das eine wirksame Verdampfung unterbindet. Die Folge ist eine Herabminderung der Kälteleistung, die schließlich sogar in Wärmeleistung umschlagen kann, wenn die Stauung so groß ist, daß der Druck hinter dem Regelventil höher liegt als der Sättigungsdruck, wie er der äußeren Temperatur des Verdampfers entspricht. Neben dieser Störung läuft häufig eine Senkung der Saugspannung einher, weil die wirksame Kühlfläche stark vermindert und die Wärmezufuhr beeinträchtigt ist. Die Erscheinung am Verdichter wird also ähnlich, als wenn gerade das Gegenteil einträte und zu wenig Arbeitsstoff eingespritzt würde. Um beide Fälle auseinanderzuhalten, erscheint es zweckmäßig, in der Einspritzleitung, von dem Regelventil um eine nicht zu kurze Beruhigungsstrecke entfernt, ein Manometer oder Thermometer einzuschalten, an dessen Beobachtung das Zuviel an eingespritztem Arbeitsstoff erkannt wird. Vielfach ermöglicht auch das Abtauen der zuvor bereiften Einspritzleitungen einen Rückschluß. Ist die Überfüllung des Verdampfers eingetreten, so ergibt sich bei dem nachfolgenden Absaugen, unter Absperrung des Regelventils, eine vermehrte Kälteübertragung, die sich schließlich dem Betriebszustande nähert, bei dem Verdampfer und Saugleitung ordnungsgemäß frieren. Wird das Absaugen noch weiter fortgesetzt, so hört die Kühlwirkung alsbald auf, und die Bereifung taut ab. Das vollständige Absaugen des Flüssigkeitsüberschusses bedingt Wärmezufuhr zu dem Verdampfer. Bei trockenen Außenluftkühlern muß daher der Lüfter laufen, weil sonst der geringe Inhalt der Kühlerkammer alsbald so tief gekühlt ist und der Verdichter mit so tiefen Saugspannungen arbeitet, daß seine Leistung verschwindet. Mit dem Überfüllen des Verdampfers ergibt sich gleichzeitig eine Entleerung des Verflüssigers, bemerkbar an dem abnehmenden Verflüssigerdruck. Hierbei kann es schließlich so weit kommen, daß beispielsweise ein Berieseler mit Aufwärtsstrom des Arbeitsstoffs infolge unzureichender Füllung versagt.

Sind mehrere Regelventile vorhanden, so bedeutet richtiges Arbeiten des Verdichters noch nicht, daß die Regelung ordnungsgemäß erfolgt. Es kann vielmehr ein Regelventil zu viel, ein anderes zu wenig geöffnet sein und ein Fehler gegen den anderen sich ausgleichen. Deshalb sind in solchen Fällen Thermometer in den einzelnen, von den Verdampfern kommenden Saugleitungen anzubringen und mit der Temperaturanzeige des Verdampfermanometers zu vergleichen. Beide sollen nahezu übereinstimmen. Überschreitet der Unterschied einige wenige Grad, so ist das zugehörige Regelventil nicht weit genug geöffnet. Das planlose

Verstellen des Regelventils ist hier, wie in allen Fällen, schädlich. Nach jeder Veränderung soll eine Weile gewartet und der Erfolg beobachtet werden.

Ein für die Anlage eigentümlicher, ziemlich gleichbleibender Unterschied besteht zwischen der Temperatur des ablaufenden Kühlwassers und der Temperaturanzeige des Druckmanometers. Die letzte soll je nach der Wirksamkeit des Verflüssigers 3 bis 6^0 höher liegen. Bei dem Kälteträger ist der Unterschied zwischen tiefster und höchster Temperatur für jeden Fall verschieden, zeigt aber für eine bestimmte Anlage im regelmäßigen Betrieb ein fast gleichbleibendes Bild. Abweichungen können in unrichtiger Einstellung der die Umlaufmenge regelnden Mittel liegen. Bei zu hohem Temperaturunterschiede sind daher die Umlaufvorrichtungen, Pumpen, Lüfter u. dgl., schneller laufen zu lassen oder in die Druckleitung eingeschaltete Drosselvorrichtungen weiter zu öffnen. Das Umgekehrte gilt bei zu niedrigem Temperaturunterschiede.

Bei Raumberohrung oder trockenem Außenluftkühler deutet Abnahme des Unterschieds der Grenztemperaturen der Luft auf zunehmende Bereifung der Kühlflächen. Der Temperaturunterschied zwischen Luft und Kälteträger, bzw. Luft und Arbeitsstoff bei unmittelbarer Kühlung, nimmt gleichzeitig zu. Bei mittelbarer Kühlung zeigt auch der Kälteträger eine Verminderung der Temperaturzunahme. Dies alles bedeutet Verschlechterung der Wärmeübertragung, die durch Abtauen der Kühlrohre zu beheben ist. Als einfachstes Mittel hierfür bietet sich Abfegen oder Abkratzen von Hand. Es ist kostspielig und wird häufig durch schlechte Zugänglichkeit der Kühlflächen erschwert.

Bei mittelbarer Kühlung kann das Abtauen durch Einführung warmer Sole erfolgen. Hierbei findet eine unerwünschte Wärmezufuhr in die Umgebung statt, die bei raschem Abtauen und wärmerer Flüssigkeit geringer ausfällt, als bei langsamem Arbeiten mit niedriger Temperatur. Bei langer und weiter Solezuführung empfiehlt sich eine bebesondere, enge Auftauleitung. Das abzutauende Netz wird zunächst in den Solekühler entleert, dann mit warmer Sole gefüllt und diese nach einem Umlauf von entsprechender Dauer in den Anwärmebehälter zurückgeführt. Bei Außenluftkühlern kann das Abtauen auch durch äußere Berieselung mit Sole erfolgen, die bei entsprechendem Stärkegrad nicht erwärmt zu werden braucht, daher den Kälteverlust verringert. Ungünstig wirkt hierbei die vermehrte Neigung der Rohre zum Rosten und die Notwendigkeit, die verwendete Sole nachträglich einzudampfen oder weglaufen zu lassen. Werden besondere Heizrohre zum Abtauen bei Außenluftkühlern angewandt, so sind sie der Höhe nach gut zu verteilen, um gleichmäßiges Abschmelzen des Reifes zu sichern. Beim Abtauen von Luftkühlern, die zur Versorgung von Gefrierräumen dienen, sammeln sich am Boden Eis- und Schneebrocken, die entweder von Hand oder durch eine Heizvorrichtung am Boden beseitigt werden. Wichtig ist die Entwässerung der Heizrohre. Um während des Kühlbetriebs Einschleichen von Dampf zu verhindern, wird am Eintritt zweckmäßig ein Dreiweghahn eingeschaltet, der bei Absperrung des Dampfes die Heizrohre mit der äußeren Luft verbindet.

Vor dem Abtauen soll der Kälteträger abgelassen werden. Dies ist auch dann empfehlenswert, wenn als Heizquelle die Außenluft oder die mit einer Temperatur über 0° umlaufende Kühlluft selbst benutzt wird.

Bei unmittelbarer Kühlung kann in ähnlicher Weise das Abtauen durch äußere Mittel erfolgen. Wärmezufuhr von innen ist hierbei möglich durch Einschaltung des Verdampfers in die Flüssigkeits- oder Druckleitung des Arbeitsstoffs. Im ersten Falle dient die abzutauende Gruppe als Nachkühler, die Schmelzwärme des Reifes kommt einer anderen Gruppe zugute, wenn sie zu regelmäßigem Arbeiten hinter die abzutauende geschaltet wird. Beim Einreihen des Verdampfers in die Druckleitung erfolgt das Abtauen fast augenblicklich. Eine Gefahr liegt hier in der Möglichkeit von Fehlschaltungen und Flüssigkeitsschlägen beim Wiedereinschalten in die Saugleitung. Der bei größeren Anlagen empfehlenswerte Hilfsverdichter kann hierbei gute Dienste tun. In seine Druckleitung ist ein Rückschlagventil einzubauen und mit dem Verflüssiger zu verbinden, um bei falscher Schaltung den Weg auf der Druckseite freizugeben. Er ermöglicht auch das gefahrlose Leersaugen der abgetauten Gruppe, wenn er hierbei mit der verminderten Drehzahl läuft, die ihm als Flüssigkeitspumpe zukommt.

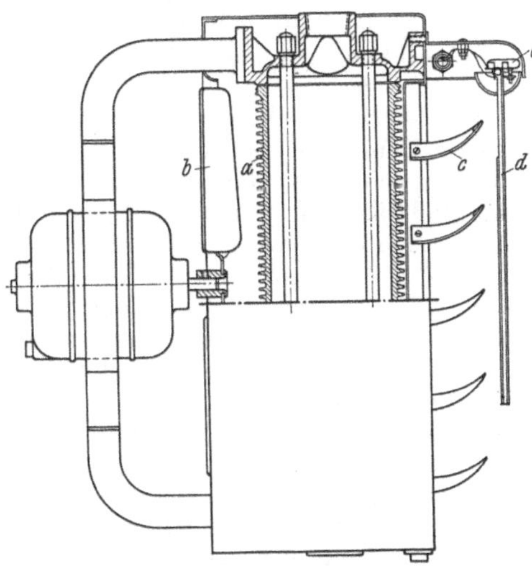

Abb. 266. Luftkühler mit selbsttätiger Schaltung (Schwitzer). *a* Kühler, *b* Lüfter, *c* Luftleitwände, *d* Schwingplatte, *e* Schalter.

Eine selbsttätige Umschaltung zum Zwecke des Abtauens wird bei dem kleinen Luftkühler der Abb. 266 (Schwitzer) dadurch versucht, daß vor dem Luftkühler eine Platte pendelt, die bei reiffreier Kühlfläche durch den kräftigen Luftzug schräg gehalten wird. Nimmt die Luftmenge mit wachsender Bereifung ab, so nähert sich die Fläche ihrer senkrechten Lage, löst den Kontakt in einer Quecksilberkippröhre aus und schließt ein durch den elektrischen Strom offen gehaltenes Absperrventil der Kühlleitung. Der Lüfter läuft hierbei weiter. Sind die Kühlsysteme genügend frostfrei, so findet umgekehrt ein Wiederanstellen des Kühlmittels statt. Die Arbeitsweise ist natürlich nur möglich, wenn die Temperatur der Luft dauernd über dem Gefrierpunkt liegt.

So bestechend auf den ersten Blick die Ausnutzung der in Form von Frost auf den Kühlsystemen angesammelten Kälte für die Nutzkühlung scheint, so ist doch nicht zu übersehen, daß sich hierbei eine Steigerung des Luftfeuchtigkeitsgrades ergibt. In vielen Fällen wird es daher richtiger sein, den Verlust in Kauf zu nehmen, der durch Abtauen unter Zufuhr äußerer Wärme entsteht. Läßt sich dagegen die beim Abtauen sich abkühlende Luft über ein in Betrieb befindliches Kühlsystem leiten und entfeuchten, so ist das Abtauen unter Deckung eines Teils der Nutzwärme das gegebene Verfahren.

Für die Abführung des Tauwassers sind Tropfrinnen auch bei Gefrierräumen nicht entbehrlich. Sie bestehen aus harzreichem Holz oder Blech mit unterem Wärmeschutz und sind durch reichlich bemessene Leitungen so zu verbinden, daß das Tauwasser rasch nach außen abfließt. Die Tropfrinnen sollen leicht abnehmbar gehalten sein, da die Vorbedingungen für günstige Entwicklung von schädlichen Keimen und Schimmel auf ihrer feuchten Seite in besonderem Maße erfüllt sind.

Schlecht arbeitende Kühlrohre erscheinen nach einiger Zeit auf einzelnen Strecken trocken und von Reif entblößt, während an anderen Stellen der Niederschlag sich vermehrt hat. Die Begründung liegt darin, daß die Bereifung von der Stelle höherer Temperatur, dem Gefälle der Dunstspannung folgend, nach der Stelle tieferer Temperatur wandert, ohne daß sichtbare Tropfenbildung auftritt. Wird daher in Nähe einer Kühlgruppe eine zweite angeordnet und in der ersten der Umlauf des Arbeitsstoffs abgestellt, so wandert die Bereifung nach dem weiter arbeitenden Rohrnetz, das zweckmäßig so angeordnet wird, daß der Schnee bequem von Hand entfernt werden kann. Auf diese Weise ist es möglich, die Bereifung von schwer zugänglichen Stellen zu entfernen und die oft unzulässige örtliche Temperaturerhöhung zu vermeiden. Bei gemischter Kühlung durch Raumberohrung und Außenluftkühler ergibt sich diese Abtauwirkung, wenn die Innenrohre abgestellt werden und der Luftkühler mit tiefer Verdampfungstemperatur arbeitet. Sie scheint auf den ersten Blick überraschend, ist jedoch im Wesen nicht verschieden von der Abwanderung der Feuchtigkeit aus gefrorenem Kühlgut nach dem Rohrnetz.

Zwischen der Temperatur des Kühlwasserein- und -austritts besteht ein Unterschied, der bei Tauch- und Doppelrohrverflüssigern nahezu gleichbleibt, solange Leistung und Kühlwassermenge sich nicht verändern, bei Berieselern allerdings in einem nicht sehr einfachen Zusammenhang mit den Wetterverhältnissen steht. Ein dem gegenüber zu hoher Temperaturunterschied bedeutet bei Tauch- und Doppelrohrverflüssigern zu geringe Kühlwassermenge. Die Drehzahl der Pumpe ist in diesem Falle zu erhöhen bzw. eine Drosselvorrichtung in ihrer Druckleitung weiter zu öffnen. Gleiches gilt für den Berieseler, wenn er nur mit frischem Wasser arbeitet. Besitzt er eine besondere Umlaufpumpe und ist der Temperaturunterschied höher, als er bei der jeweiligen Wetterlage sein sollte, so rührt dies, von Störungen abgesehen, von ungenügendem Zutritt der äußeren Luft her. Er ist durch Öffnen vorhandener Regelvorrichtungen zu verbessern. Bei zu niedrigem Temperaturunterschied gilt für Tauch- und Doppelrohrverflüssiger sowie Berieseler mit nur frischem Wasser das Umgekehrte, während bei Berieselern mit Umlaufpumpe die Ursache in verschwenderischem Frischwasserzusatz liegen kann. Ein teilweises Schließen der Regelvorrichtung für Zutritt der äußeren Luft kommt hierbei nicht in Frage, ist vielmehr nur dann am Platze, wenn ungünstige Windverhältnisse die Wasserverteilung stören und zu ungewöhnlich hohem Temperaturunterschied führen. Wegen des Zusammenhanges zwischen Wassertemperatur und Wetterverhältnissen bei wassersparenden Berieselern sei auf die Arbeiten des Verfassers[1] verwiesen.

Bei Verdunstungsverflüssigern, die mit verhältnismäßig geringen Mengen Zusatzwassers arbeiten, besteht Aussicht, Wasser, das Metall angreift, durch Beigaben zu verbessern. In dieser Hinsicht hat sich nach amerikanischer Erfahrung[2] Natriumsilikat in einer Menge bewährt, bei der Phenolphthalein nach einiger Zeit Stehens der Probe rosa Färbung ergibt.

Das zur Zylinderschmierung verwendete Öl soll frei von festen Verunreinigungen sein und keine freie Fettsäure enthalten, die beispielsweise bei Ammoniakverdichtern zu Bildung von störenden Seifen führen würde. Die Zähigkeit läßt sich zahlenmäßig nicht eindeutig festlegen. Sie hängt ab von der tiefsten Ansaugetemperatur, Kolbengeschwindigkeit und Kolbenpressung gegen die Zylinderwandungen. Tiefe Temperatur verlangt ein leichtflüssiges Schmiermittel, weil die Zähigkeit mit abnehmender Temperatur wächst. Ebenso kommen für hohe Geschwindigkeiten wegen des zunehmenden Reibungswiderstandes Schmiermittel von geringer Zähigkeit in Betracht, während schwere selbsttragende Kolben liegender Maschinen eine bestimmte Mindestzähigkeit verlangen. Im Durchschnitt haben sich Öle bewährt, die bei 50° 2 bis 3 Englergrade besitzen. Daneben ist ein nicht zu niedriger Flammpunkt zu fordern, um der Gefahr einer Entzündung von Öldämpfen zu begegnen und die Abscheidung auch bei heißem Arbeiten zu sichern. Ein Flammpunkt von 150° stellt die untere Grenze dar, während bei höherer Überhitzung ein Flammpunkt bis 200° zu fordern ist. Er kommt im allgemeinen nur einem Öl zu, dessen Zähigkeit an der oberen Grenze liegt. Um Einfrieren des durch den Kreislauf in die Einspritzleitung, den Verdampfer und die Saugleitung übergeführten Schmiermittels zu vermeiden, soll sein Erstarrungspunkt tiefer als die niedrigste Verdampftemperatur liegen. Für allgemeine Verhältnisse genügt ein Stockpunkt von etwa — 20°, während für besondere Tiefkühlanlagen weitergehende Forderungen zu stellen sind. Es ist selten möglich, alle diese Bedingungen mit einem Schmiermittel zu erfüllen und meist ein teilweiser Verzicht nötig, um Einfrieren zu verhüten und doch gefahrlose Verdichtung sicherzustellen. Gewöhnliches Lageröl aushilfsweise für Schmierung des Verdichters zu verwenden, ist unbedingt verwerflich, vor allem, weil der Stockpunkt handelsüblicher Lageröle über — 10° liegt und außerdem der für sie noch zugelassene Säuregehalt für die Zylinderschmierung unbedingt verderblich werden muß. Ein wenn auch nicht unfehlbares Mittel, um sich gegen Verwechslung zu schützen, besteht darin, daß für Triebwerk und Zylinder verschiedene Schmierkannen und Öler

[1] Hirsch: Die Wassertemperatur an Berieselungsverflüssigern mit Verdunstungswirkung. Z. ges. Kälteind. 1924. 1926.

[2] Rep. A.S.R.E. Corrosion Comm. Res. New York 1930.

Verwendung finden und hierbei durch enges Ausflußrohr und engen Einguß für Verdichteröl dafür gesorgt wird, daß ein Auffüllen aus der gewöhnlichen Ölkanne mit dickerem Ausgußrohr nicht ohne weiteres möglich ist.

Im einzelnen kommen wegen des chemischen Verhaltens gegenüber dem Arbeitsstoff folgende Schmiermittel zur Verwendung:

für Ammoniak Petrolöle, denen gegenüber wasserfreies Ammoniak unwirksam ist;

für Kohlensäure ebenfalls Petrolöle, meist jedoch reines Glyzerin, dessen Vorteil darin besteht, daß es den Wassergehalt der Füllung bindet und die Gefahr des Einfrierens der Leitungen mindert;

Schwefligsäure wird in verschiedenem Grade von Petrolölen aufgelöst, bildet außerdem Rückstände. Wasserhelle Öle, die eine Vorbehandlung mit Schwefligsäure erfahren haben, besitzen die ungünstige Eigenschaft in geringerem Maße, wirken aber wegen des niedrigen Zähigkeitsgrades schlecht dichtend. Sie kommen vorzugsweise für kleinste mit Ölumlauf arbeitende Anlagen in Betracht, größere Verdichter verlangen Öl mit höherer Zähigkeit.

Äthylchlorid und Methylchlorid sind in Petrolölen vollkommen löslich. Für sie wird daher hauptsächlich Glyzerin als Schmiermittel angewandt. Die Benetzungskraft von Glyzerin gegenüber den in Betracht kommenden Metallen ist nach Dallwitz-Wegner[1] nicht größer, als die von Wasser und Honig und kaum ein Drittel so groß wie die von Petrolölen. Die Verwendung von Glyzerin kann daher nur als Notbehelf gelten. Besonders wenig eignet es sich für Kleinkühlmaschinen mit selbsttätigem Ölumlauf, für die neuerdings Sonderöle mit Erfolg Einführung fanden.

Das Schmieröl im Verdichter erfährt eine Art von stufenweiser Verdampfung und bei der allmählich folgenden Abkühlung in Ölabscheider, Leitung und Verflüssiger eine stufenweise Wiederverflüssigung. Die schweren Hydrokarbonate schlagen sich daher im Ölabscheider nieder, während die leichteren Bestandteile dampfförmig weiterwandern und erst im Verflüssiger ausscheiden. Das Öl, das sich im Flüssigkeitssammler findet, ist also bezüglich Zähigkeit, spezifischem Gewicht und Entflammungspunkt verschieden von dem aus dem Ölabscheider wiedergewonnenen. Vor neuerlicher Verwendung empfiehlt sich Mischung der an verschiedenen Stellen abgezogenen Teilmengen. Vor der Wiederverwendung ist sämtliches Öl zu reinigen, das im Ölabscheider gefundene wegen der darin enthaltenen festen Rückstände, die leichteren Öle wegen ihres Wassergehalts.

Beim Ablassen des Schmiermittels aus den Abscheidevorrichtungen von Ammoniakanlagen ist Vorsicht geboten, da der Austritt von Dämpfen sich nicht vermeiden läßt. Zweckmäßig wird der Auffangbehälter in ein kaltes Wasserbad gestellt und seine Öffnung lose mit feuchten Tüchern abgedeckt, die den entweichenden Arbeitsstoff aufsaugen, ohne die Umgebung zu belästigen.

---

[1] Dallwitz-Wegner: Über die Messung der Schmierfähigkeit von Schmierölen. Z. techn. Physik 1924.

Im geordneten Betrieb ist der Kälteträger, vor allem also die Sole, hinsichtlich bleibender Tauglichkeit zu beobachten. Ihr Stärkegrad soll stets so hoch sein, daß bei der vorkommenden tiefsten Temperatur kein Auskristallisieren des Wasser- oder Salzgehalts auftritt. Wegen des Verlaufs von Eis- und Sättigungskurve beginnt die Ausscheidung bei einem Stärkegrade, der um ein bestimmtes Maß über dem kryohydratischen Punkte liegt, schon bei einer geringeren Temperatursenkung, als bei einem Stärkegrad, der um den gleichen Betrag unter dem kryohydratischen Punkte liegt. Die Gefahr einer Störung liegt daher weniger vor, wenn Stärkegrade über dem kryohydratischen Punkte vermieden werden, der demnach als äußerste Grenze für den Betrieb anzusehen ist. Hinzukommt, daß gelegentliche Eisausscheidung an den Rohrschlangen bei einem schwächeren Stärkegrade durch Erwärmung leichter zum Verschwinden gebracht wird, als die bei einem höheren Stärkegrad auftretende Salzausscheidung.

Ebenso wichtig wie bei der erstmaligen Aufbereitung ist die Sicherung richtiger Solebeschaffenheit während des laufenden Betriebs. Als Beobachtungsmittel dienen am besten Probestäbe aus blankem und verzinktem Eisen, deren Oberflächenveränderung das Verhalten der Sole kennzeichnet. Lassen sie Angriffe erkennen, so ist, in ähnlicher Weise wie bei der ersten Füllung, durch Zusatz von korrosionshemmenden Mitteln Abhilfe zu schaffen. Die Beigabe soll hierbei in Form verdünnter Lösungen langsam an einer Stelle erfolgen, wo die Sole in lebhafter Bewegung ist.

Ist Ammoniak durch Undichtheiten in das Solebad eingedrungen, so lassen sich kleine Mengen durch Einblasen von Kohlensäure binden. Bei größerer Verunreinigung führt Anwärmen der Sole zum Ziele, ist jedoch wegen des gesteigerten Angriffsvermögens warmer alkalischer Lösungen auf Zink bei Eiserzeugern nur nach dem Ausbau verzinkter Zellen zulässig. Erneuern der Sole bedeutet in manchen Fällen den kleineren Verlust. Beim Erwärmen sind nach Angabe des Chemikers kleine Mengen kaustischer Soda beizugeben, um die durch eingeblasene oder aus der Luft eingedrungene Kohlensäure gebildeten Ammoniakverbindungen zu zerstören und den ganzen Ammoniakgehalt frei zu machen.

Um Ammoniak in einer Flüssigkeit festzustellen, ist die Probe in einem Glas mit etwa der halben Menge starker kaustischer Sodalösung zu versetzen, umzurühren und rasch mit einer Glasplatte abzuschließen, an der innen ein Reagenzpapier klebt. Bei Anwesenheit von Ammoniak tritt Rotfärbung ein. Durch leichtes Anwärmen wird der Nachweis beschleunigt.

Bei kleinen Anlagen mit nassem Soleluftkühler läuft, der allmählichen Verdünnung des Kälteträgers entsprechend, ein Teil der Sole weg und wird durch Salzzusatz zu der verbleibenden Sole ersetzt. Bei größeren Anlagen sind Möglichkeiten zu suchen, Salzverschwendung zu vermeiden und den überschüssigen Wassergehalt zu verdampfen, sei es durch billig verfügbare Heizwärme, sei es durch die ungesättigte Außenluft. Hierbei ist anzustreben, die in der verdünnten Sole noch enthaltene

Kälte durch eine Austauschvorrichtung wiederzugewinnen. Sie wird einerseits von der kalten dünnen Lösung durchströmt, andererseits von der warmen eingedickten, die sich vorkühlt und damit Störungen im Luftkühler vermeidet. Zuweilen findet sich bei dampfbetriebenen Kälteanlagen eine Eisenschale auf der Oberfläche des Kesselmauerwerks, in der die dünne Sole abdünstet. Diese Anordnung ist nicht ohne weiteres empfehlenswert, denn die Verdunstung entzieht dem Kesselmauerwerk und der Kesselhausluft Wärme, vermehrt dadurch die Verluste des Kessels, erfolgt also alles weniger als kostenlos. Zweckmäßiger ist Verwendung überschüssigen Abdampfes, der eine in der Verdunstungsschale angeordnete Schlange durchströmt. Es ist verschiedentlich vorgeschlagen worden, die Überhitzungswärme des verdichteten Arbeitsstoffes auszunutzen und über einem besonderen, in freier Luft angeordneten Berieseler die einzudickende Sole in Umlauf zu halten. Hiergegen ist nichts einzuwenden, wenn nach dem Vorschlage von Schmitz die erwähnte Austauschvorrichtung gleichzeitig Anwendung findet. Da sie niemals vollkommen wirken kann und die Sole stets mit höherer Temperatur zurückkehrt, als sie aus dem Kreislauf entnommen wird, ergibt sich bei der Eindampfung auch ein Mehrbedarf an Kälteleistung, der in erster Linie von der Menge der eindampfenden Sole abhängt. Es ist darum zweckmäßiger, einen geringen Teil der Sole auf möglichst hohen Stärkegrad einzudampfen, als eine größere Solemenge auf einen niedrigeren Grad. Während Geruchstoffe und andere in der Luft enthaltene Verunreinigungen bei Trockenluftkühlern mit dem abtauenden Reif jeweils verschwinden, findet bei Naßluftkühlern eine allmähliche Anreicherung der Sole hiermit statt. Das Eindampfen unter Anwendung hoher Temperaturen ergibt daher eine erwünschte Reinigung. Sie fehlt, wenn durch Niederrieseln in freier Luft oder andere Mittel das Eindampfen bei Temperaturen vor sich geht, die zum Austreiben der Geruchstoffe und Abtöten von Keimen nicht ausreichen. In solchen Fällen kann es zweckmäßig werden, durch besondere Maßnahmen, Ozon o. dgl., die Entkeimung zu sichern. Bei all diesen Vorschlägen ist reiflich zu überlegen, in welchem Verhältnis die für die Eindickung aufzuwendenden Anschaffungs- und Kraftkosten zu dem Salzpreise stehen, und die Entscheidung jeweils nach wirtschaftlichen Gesichtspunkten zu treffen.

In keiner größeren Anlage sollte ein Tagebuch fehlen, dessen Aufzeichnungen Aufschluß über richtige Handhabung und besondere Vorkommnisse geben. Der Aufnahme des Dauerbetriebs soll eine Prüfung der Anlage vorausgehen, nicht nur, um nachzuweisen, ob und wieweit die vom Lieferer übernommene Gewähr zahlenmäßig erfüllt ist, sondern um darüber hinaus die günstigste Arbeitsweise festzustellen. Im allgemeinen kann damit gerechnet werden, daß der Betrieb in wirtschaftlicherer Weise möglich ist, als aus den gewährleisteten Zahlen folgt, schon deshalb, weil es im Augenblicke des Geschäftsabschlusses nicht immer möglich ist, die den Betrieb beeinflussenden äußeren Umstände richtig vorauszusehen. Während beim Abnahmeversuch häufig künstliche Verschlechterungen herbeigeführt werden, um die in der Regel für besonders ungünstige Verhältnisse geforderten Gewährzahlen zu prüfen, sind für die Betriebsführung jeweils die günstigsten Verhältnisse maßgebend, so daß eigentlich jedesmal eine Untersuchung gegenüber dem Lieferer und eine zweite für den Besitzer der Anlage geführt werden sollte. Im Anschluß daran ist für die Betriebsmannschaft eine Anweisung auszuarbeiten über die bei wechselnden äußeren Verhältnissen sich ergebenden Drücke, Temperaturen, Betriebszeit und Verbrauchszahlen. Die Betriebsführung soll dieser Anweisung nicht blindlings folgen. Die Beurteilung, ob die tatsächlichen Betriebsverhältnisse den durch Versuch erkannten Bestwerten hinreichend nahekommen, verlangt Schulung und gehört zu den wichtigsten Aufgaben der Betriebsleitung. Bildliche Darstellung wirkt hierbei allein klärend, indem auf einer großen Wandtafel für jeden Tag des Jahres die Hauptbetriebszahlen durch Punkte oder Nadelköpfe festgelegt werden. Neben die Tafel für das laufende Jahr gehört die des verflossenen, um jederzeit mit einem Blick feststellen zu können, ob sich die Verhältnisse geändert haben und weshalb. Um unzulässige Belastung des Betriebsleiters mit Rechenarbeit zu vermeiden, sollten ihm Hilfstafeln über den Zusammenhang der einzelnen Betriebszahlen in allen möglichen Verbindungen zur Verfügung stehen. Ihr Entwurf bildet einen Teil der im Anschluß an die Hauptprüfung der Anlage zu gebenden Anweisung.

Wesentlich einfachere Aufgaben fallen bei der Führung des Tagebuches den Maschinisten zu. Sie haben in gewissen Zeitabständen, die um so enger liegen, je mehr die Verhältnisse im Laufe eines Tages schwanken, die Anzeigen der Thermometer, Manometer, Mengenmesser u. dgl. aufzuschreiben. Unverständig wäre es, die Bedienungsmannschaft in Unkenntnis über den richtigen Zusammenhang der einzelnen Zahlen zu lassen, um Fälschungen zu vermeiden, oder die Aufschreibungen als Prüfmittel für die Zuverlässigkeit der Maschinisten zu benutzen. Die in zwangsweisem Zusammenhang stehenden Verhältnisse der Kälteanlage sollten vielmehr der Mannschaft ständig durch Tafeln vor Augen gehalten werden, beispielsweise die Temperatur am Saugstutzen des Verdichters abhängig vom Verdampfdruck oder die Temperatur am Druckstutzen des Verdichters abhängig von Ansaugetemperatur und Druckverhältnis. Es ist eine bekannte Erfahrung, daß die Bedienung einer Kälteanlage in besonderem Maße anregt, die inneren Vorgänge kennenzulernen, und es sollte für den Berufenen eine Freude sein, die Wißbegier durch mündliche Aufklärung und Lesestoff zu befriedigen.

Endzweck des Tagebuches ist Schaffung und Aufrechterhaltung wirtschaftlicher Betriebsverhältnisse. In ihm müssen daher alle Aufzeichnungen zu finden sein, die nötig sind, um Betriebskosten und Betriebsleistung zu errechnen und aus beiden die Selbstkosten festzustellen. Wird das Erzeugnis, z. B. Eis, aufgespeichert, so kommen zu den Erzeugungskosten die Ausgaben für Lagerung und Verlust. Auch ihre Höhe muß aus den täglichen Aufzeichnungen abgeleitet werden können.

Es ist nicht möglich, in allgemeiner Form die Einzelheiten eines richtigen Tagebuches anzugeben, und möge genügen, im nachstehenden als Beispiel hierfür den Kopf der Eintragungen für ein der Gefrierfleischlagerung dienendes Kühlhaus mit gleichzeitiger Eiserzeugung zu finden.

Monat . . . . 19 . . . .
Tag . . . .

- **Witterung**
  - Temperatur, °C
  - Feuchtigkeitsgrad, %
  - Barometerstand, cm
- **Verdichter**
  - NH_3-Temperatur Thermometer / Manometer, °C
    - Saugseite: I, II, III, IV
    - Druckseite: I, II, III, IV
  - Drehzahl, /min.: I, II, III, IV
  - Betriebszeit, h: I, II, III, IV
  - Ölverbrauch, kg
  - Ölrückgewinnung, kg
  - innere Untersuchung ?
  - Indizierung ?
  - besondere Vorkommnisse ?
- **Verflüssiger**
  - NH_3-Temperatur Unterkühlung, °C: I, II
  - Kühlwasser
    - Menge, m³/h: I, II
    - Zulauf, °C: I, II
    - Ablauf, °C: I, II
  - äußere Reinigung ?
  - Füllungsuntersuchung ?
  - NH_3 eingefüllt ?
  - entlüftet ?
  - besondere Vorkommnisse ?
- **Verdampfer**
  - Sole
    - Menge, m³/h: I, II
    - Rücklauf, °C: I, II
    - Ablauf, °C: I, II
    - Sättigungsgrad, %: I, II
  - Betriebszeit, h: I, II
  - äußere Reinigung ?
  - Füllungsuntersuchung ?
  - Soleuntersuchung ? p^H
  - Salz nachgefüllt ?
  - besondere Zusätze ?
  - besondere Vorkommnisse ?

Eiserzeuger		Soletemperatur, °C	
		Füllwassertemperatur, °C	
		Betriebszeit Verdampfer, h	
		Betriebszeit Eiszieher, h	
		Eiserzeugung, kg	
		äußere Reinigung ?	
		Füllungsuntersuchung ?	
		Soleuntersuchung ? *pH*	
		Salz nachgefüllt ?	
		besondere Zusätze ?	
		besondere Vorkommnisse ?	
Luftkühler	Sole	Eintritt, °C	I, II
		Austritt, °C	I, II
	Luft	Menge, m³/h	I, II
		Eintritt, °C	I, II
		Feuchtigkeitsgrad, %	I, II
		Austritt, °C	I, II
	Betriebszeit, h		I, II
	innere Reinigung ?		
	Lüfteruntersuchung ?		
	besondere Vorkommnisse ?		
Kühlräume	Luft	Temperatur, °C	I, II, III
		Feuchtigkeitsgrad, %	I, II, III
	Kühlzeit, h		I, II, III
	Kühlgutbewegung $\frac{\text{ein}}{\text{aus}}$, $\frac{t}{t}$		I, II, III

Zur geregelten Betriebsführung gehört die Beobachtung aller die Kälteanlage beeinflussenden Maßnahmen in den Kühlräumen. Wenn in amerikanischen Riesenkühlhäusern Jungens nur zur Bedienung der Kühlhaustüren angestellt sind, um unnützes Offenstehen zu vermeiden, so scheint dies weitgehend, weist aber darauf hin, daß die Regelung der Kälteleistung am wirtschaftlichsten an dem Ausgangspunkt erfolgt, der mit der Anwendungsstelle zusammenfällt. Für die Wirtschaftlichkeit des Betriebes ist die höchste Temperatur und Luftfeuchtigkeit im Kühlraum, bei der das Kühlgut sich noch einwandfrei hält, die beste, der Sicherheitsgrad durch Unterschreitung beider daher nicht übermäßig hoch zu halten. Einbringen frischer Ware in den gefüllten Raum wirkt ungünstig auf den bereits gekühlten Inhalt. Strenge Ordnung bürgt für besten Erfolg.

Nach Beendigung der Kühlung erfolgt das Abstellen der Anlage etwa in folgender Weise: Das Absperrventil in der Flüssigkeitsleitung ist zu schließen. Damit keine Gefahr durch Erwärmung eines vollständig gefüllten Flüssigkeitssammelbehälters entsteht, ist dieser zunächst bei offenem Regelventil teilweise zu entleeren und erst danach auch das Regelventil abzustellen. Das Saugmanometer zeigt allmählich abnehmenden Druck, sobald der Flüssigkeitsvorrat in den Verdampfern zu Ende geht. Das vollständige Verschwinden von Flüssigkeit wird daran erkenntlich, daß der Saugdruck beschleunigt sinkt. (Bei Anlagen mit, im Vergleich zum Verflüssiger, großem Verdampferinhalt ist vollständiges Absaugen zuweilen nicht möglich. Muß in diesem Falle auf das Entleeren des Flüssigkeitssammlers verzichtet werden, so darf die Absperrung zwischen Verflüssiger und Flüssigkeitssammler nicht nachträglich geschlossen werden, damit bei Erwärmung die im Sammler sich ausdehnende Flüssigkeit nach dem Verflüssiger zu ausweichen kann.) Nach dem Absaugen ist der Verdichter stillzusetzen und das Absperrventil auf Saug- und Druckseite zu schließen, schließlich Kühlwasser, Schmierung und Umlaufvorrichtung für den Kälteträger abzustellen. Besteht Gefahr, daß Sole aus dem Kühlrohrnetz in den Verdampfer zurückläuft, die Rohrleitung sich entleert oder der Verdampfer überläuft, so sind die Absperrungen in der Druck- und Rücklaufleitung des Kälteträgers dicht zu setzen.

Wird eine mit Überflutung arbeitende Anlage vor dem Stillsetzen vollständig abgesaugt, so muß bei der Inbetriebnahme das Regelventil zunächst weiter geöffnet werden, um dem Verdampfer die zusätzliche Flüssigkeitsmenge zuzuführen. Erst danach erfolgt Einregelung auf die Betriebsstellung. Liegen keine besonderen Gründe vor, so ist bei Anlagen mit Überflutung Absaugen vor dem Stillsetzen unzweckmäßig. Es hat nur Sinn bei nassem Arbeiten, wenn der Verdichter nicht durch Abscheider gegen die Flüssigkeit geschützt ist, die beim Anlassen aus dem teilweise gefüllten Verdampfer mitgerissen werden kann.

III. Maßnahmen bei längerem Stillstand.

Bei längerer Unterbrechung des Betriebes und bei durchgehender Arbeitsweise mindestens einmal im Jahr sind verschiedene Maßnahmen zu treffen, um die Anlage in brauchbarem Zustande zu erhalten und ihr dauerndes wirtschaftliches Arbeiten zu sichern.

Hierzu gehört innere Prüfung des Verdichterzylinders. Beim Öffnen ist ebenso wie bei Lösung von Leitungsteilen, die den Arbeitsstoff führen, zu bedenken, daß Absaugen auf den äußeren Luftdruck oder auch Luftleere keinesfalls das Zurückbleiben flüssigen Arbeitsstoffs ausschließt. Dieser kann nur verdampfen, wenn Wärme zugeführt wird. Bei Teilen, die von schlecht leitender Luft umgeben, stark bereift oder gar mit Wärmeschutz umhüllt sind, ist daher stets mit Anwesenheit flüssigen Arbeitsstoffs an tiefen Punkten zu rechnen. Der Druck steigt mit der Erwärmung nach dem Absaugen allmählich wieder an; gegebenenfalls ist, unter Einschaltung von Pausen, mehrmals abzusaugen, ehe die Öffnung erfolgt.

Zersetzung des Öls oder Abdampfen seiner leicht flüchtigen Bestandteile wird in gesteigertem Grade gegen das Hubende möglich, die Wirkung äußert sich daher vor allem am Kolben, an den Deckeln und Durchgängen der Druckventile. Hier sind bei Verwendung ungeeigneter Schmiermittel feste Rückstände zu suchen. Festgebrannte Kolbenringe erfüllen ihre Aufgabe nicht mehr, ebenso wie der Bewegungswiderstand verschmutzter Ventile bis zum schließlichen Versagen anwächst. Derartige Störungen sind bedenklich, zumal sie sich in besonderem Maße auf das den höchsten Temperaturen ausgesetzte Druckventil erstrecken. Sorgfältige Lösung und gründliche Reinigung beseitigt den Mangel. Die bei Schwefligsäuremaschinen auftretende Verkrustung löst sich in heißem Sodawasser, die weniger harte Verschmutzung von Ammoniak- und Kohlensäuremaschinen läßt sich im allgemeinen durch Petroleum beseitigen.

Bei den Arbeitsventilen ist höchste Sicherheit erstes Gesetz; ein großer Teil der schwersten Unfälle ist auf Ventilbrüche zurückzuführen. Die Widerstandsfähigkeit gegen Ermüdungserscheinungen, die zu Gefügeveränderung und Festigkeitsminderung führen, ist ebenso ausschlaggebend wie die Rücksicht auf Abnutzung. Wenn die Empfehlung, die arbeitenden Ventilteile nach etwa 20000 Betriebsstunden zu erneuern, auch etwas weit zu gehen scheint, so sollte doch die Auffassung, daß die Ventile auch nach langer Betriebszeit niemals verworfen werden sollen, wenn sie äußerlich noch in Ordnung sind, nicht als selbstverständlich gelten. In erhöhtem Maße gilt dies für die Platten und Federn von Plattenventilen, deren alljährlicher Ersatz im allgemeinen ohne zu große Unkosten möglich erscheint. Wirtschaftliche Fragen müssen zurücktreten, wenn es sich darum handelt, die Gefährdung der Bedienung zu verringern. Je sanfter die Ventilbewegung ist, um so weniger sind Ermüdungserscheinungen im Baustoff zu befürchten. Die rechtzeitige Prüfung von Federspannung und Luftpuffern spielt daher eine erhebliche Rolle für die Sicherheit und Lebensdauer des Verdichters.

Beim Erneuern der Stopfbüchspackung des Verdichters ist es unstatthaft, die Brille unter Druck zu lösen, um Packung und Grundring herauszutreiben. Der gefahrlose Ausbau verlangt eine vorhergehende Entleerung des Verdichterzylinders. Der Arbeitsstoff ist hierbei mittels Schlauch in eine Absorptionslösung — für Ammoniak Wasser, für Schwefligsäure Kalkmilch — einzuführen. Hierbei entsteht Gefahr für den Verdichter durch die Möglichkeit, daß bei aufhörendem Ausströmen des Arbeitsstoffes die Absorptionsflüssigkeit eingesaugt wird. Sobald daher der Druck nahezu verschwindet, ist die Absperrung zu schließen und der Rest des Arbeitsstoffes mit einem genügend langen Schlauch vorsichtig ins Freie abzulassen. Wenn möglich, soll beim Verpacken der die Stopfbüchse tragende Deckel abgenommen und Packung mit Grundring durch eine hinter den Grundring fassende Platte herausgedrückt werden. Ausziehen der einzelnen Packungsringe ist mühsam. Es erfolgt bei Weichpackungen durch korkzieherartige Werkzeuge und führt hierbei zu einer Beschädigung der Ringe, bei Metallpackungen durch Gewindedrähte, die in entsprechende Gewindelöcher der Packungsteile eingeschraubt werden. Fehlerhaft ist es, bei undichter Stopfbüchse nur die zunächst erreichbaren Ringe zu ersetzen. Die Aufgabe des Dichthaltens kommt vor allem den Teilen zu, die dem Kolben zunächst sitzen. Die richtige Lage der Stopfbüchsenbrille ist nach dem Aufsetzen jedesmal zu prüfen, am besten dadurch, daß ein nicht zu kurzer, in den Stopfbüchshals genau passender Ring eingeführt wird, wobei der Kolben einmal in die Mittelstellung, danach in die beiden Endlagen zu bringen ist.

Bei Erneuerung der Kolbenstange oder Verpassen einer neu hergerichteten ist es im allgemeinen nötig, den Grundring der Stopfbüchse auszuwechseln und, bei Metallpackungen, alle Ringe neu zu verpassen oder zu ersetzen.

Besitzt der Verdichter einen Kühlwassermantel, so ist bei längerem Stillstand zur Vermeidung des Einfrierens das Wasser abzulassen und eine rostmindernde Lösung mit tiefem Gefrierpunkt — $CaCl_2$-Sole oder wässeriger Alkohol — einzufüllen.

Die Wärmeaustauschvorrichtungen sollen nach Möglichkeit während längerer Betriebspausen von Flüssigkeit entleert und getrocknet werden. Gründliche Reinigung und, wenn nötig, Erneuerung des Anstriches hat sich anzuschließen. Berieselungsverflüssiger sind dem Einflusse der Witterung, soweit wie angängig, zu entziehen. Algen und andere organische Verschmutzungen lassen sich durch vorübergehende Umlaufberieselung mit einer Lösung entfernen, die etwa 10 g Kaliumpermanganat auf 1 m^3 Wasser enthält.

Von dem Anstrichmittel ist gute Leitfähigkeit neben weitgehendem Rostschutz gegen den Einfluß lufthaltiger Flüssigkeit zu fordern. Nicht selten wirken ungeeignete Anstriche rostfördernd auf das darunter liegende Metall. Die Ursache bilden elektrolytische Vorgänge zwischen Farbhaut und Wandung, wobei als Elektrolyt die zwischen beiden von vornherein vorhandene oder sich bildende flüssige Lösung wirkt. Werden den Farben Chromsalze zugesetzt, so tritt das Eisen von der Stelle eines unedleren zu der eines edleren Stoffes, verglichen mit dem bei der Elektrolyse sich bildenden Wasserstoff. In ähnlicher Weise wird Eisen dadurch vor Auflösung bewahrt, daß dem Anstrichmittel nach dem Vorschlage von Liebreich alkalische Zusätze beigemengt werden. Rost — $Fe_2(OH)_6$ — ist gegenüber dem reinen Eisen edler, begünstigt also weitere Zerstörung. Aus diesem Grunde ist es besonders wichtig, vor Aufbringung des Anstriches den Rost gründlich zu entfernen und die Rohre sorgfältig zu trocknen.

Bei verzinkten Eisenteilen oder verzinnten Kupferteilen schützt der Belag das Metall und wird, weil unedler, vor diesem zerstört. Umgekehrt erhöht die Verzinnung bei Eisenteilen, wenn ihre teilweise Beschädigung dem Elektrolyten Zutritt schafft, die Gefährdung des Eisens, statt sie zu mindern.

Das günstige Verhalten von Flußeisen gegenüber Schweißeisen tritt besonders bei Berieselungsvorrichtungen in Erscheinung, bei denen der schädliche Luftsauerstoff mitwirkt. Die im Schweißeisen im höheren

Maße eingeschlossene Schlacke ergibt gegenüber dem Eisen selbst ein elektrisches Gefälle und führt zu Zerstörungen, die bei höheren Temperaturen besonders stark sind, also in erster Linie bei Verflüssigern auftreten. Seewasser führt zu einer Erhöhung der wirksamen Spannung, die selbst bei vollständig aus Kupfer hergestellten Verflüssigern Anfressungen herbeiführen kann. Wo die Zerstörung auftritt, hängt von der Stellung ab, die den zusammenwirkenden Stoffen in der Reihe der Lösungsspannungen zukommt. Zink steht hierbei an erster Stelle, ihm folgen Aluminium, Gußeisen, Schmiedeeisen, Schweißstahl, Gußstahl, Flußeisen, Nickelstahl, Zinn, Blei, Messing, Bronze und Kupfer, wobei von zwei Metallen jeweils das vorausstehende zerstört wird. Da selbst ein und derselbe Baustoff in der Reihe der Lösungsspannungen, je nach dem Grade seiner Bearbeitung, eine verschiedene Stelle einnimmt, stellt diese Reihe nur die groben Stufen dar. Um den schädlichen Wirkungen entgegenzuarbeiten, wird zuweilen ein drittes, weiter vorausstehendes Metall, im allgemeinen Zink, angewandt, das die Zerstörung auf sich ablenkt.

Bei Solekühlanlagen finden sich an Austauschvorrichtungen und Umlaufpumpen häufig Teile aus Kupfer oder Rotguß. Erfahrungsgemäß werden sie im Betriebe wenig oder gar nicht angegriffen, daneben vorhandene Eisenteile dagegen rasch zerstört. In solchen Fällen sind Schädigungen der Eisenteile auf elektrolytische Wirkungen zurückzuführen, die das Eisen als den weniger edlen Stoff ergreifen und durch Ablenkung auf eingebrachte Zinkschutzstäbe oder -platten unschädlich gemacht werden. Verwendung von Kupfer und Rotguß neben Eisen ist deshalb als eine Verschlechterung anzusehen und bei Solepumpen ein in gußeisernem Gehäuse laufender Rotgußflügel alles weniger als vorteilhaft, ebenso wie eine Rotgußstopfbüchse, die mit einem gußeisernen Tauchkolben zusammenarbeitet. Entweder sollen alle soleberührten Teile aus Rotguß oder alle aus Eisen hergestellt werden. Um das Zusammenrosten beim Stillstand zu vermeiden, können Weißmetallbüchsen verwandt werden, wobei der Zinkgehalt niedrig sein soll, weil er leicht ausgelaugt wird. Sinngemäß sollen die Rührwerke an eisernen Soleverdampfern aus Gußeisen sein und in Weißmetallbüchsen laufen. Bei den mit Kohlensäure arbeitenden Verdampfern von Schiffskühlanlagen lassen sich Anfressungen dadurch verhindern, daß Verdampfergefäß und Schlangen aus Kupfer hergestellt und die letzten mit eisernen Schutzspiralen umwickelt werden. Bei Schwefligsäureanlagen dient zur Herstellung der Verdampferkörper vielfach Kupfer, für die Behälter wegen der Billigkeit Eisen. Hier sind wirksame Schutzmaßnahmen angebracht. Vor allem ist die Berührung verschiedener Metalle zu vermeiden, weil sie als kurzgeschlossenes galvanisches Element innerhalb leitender Lösungen besonders zerstörend wirkt.

Zinkschutzplatten sollen nicht zu schwach gehalten sein. 20 mm stellen eine zweckmäßige mittlere Stärke dar. Um eine verderbliche Umkehr ihrer Polarität zu vermeiden, ist streng vorzuschreiben, die Platten etwa alle Monate herauszunehmen und durch scharfes Abklopfen von der schwammigen Oberschicht zu befreien, im gegebenen Zeitpunkte selbstverständlich zu ersetzen. Versuche von Richardson[1] haben ergeben, daß der zerstörende Einfluß von Sole auf Eisen besonders dann stark anwächst, wenn die Eisenteile abwechselnd naß und trocken sind. Durchlüften der Sole ist daher sorgfältig zu vermeiden. Es tritt auf bei schlecht arbeitenden Rührwerken und Pumpen sowie freiem Fall des Rückstroms, veranlaßt durch falsche Anordnung der Rohrleitung oder Sinken des Flüssigkeitsstandes. Diese Fehler sind auch deshalb zu vermeiden, weil das durch die Luftblasen bewirkte Schäumen häufig Unzuträglichkeiten bringt, insbesondere wenn Rostteilchen oder andere unlösliche Stoffe die Schaumbildung begünstigen.

Auch Hammerschlag wirkt wegen des elektrischen Lösungsunterschiedes schädlich auf die Rohre, ist daher sorgfältig zu entfernen.

Gegen vagabundierende Ströme, die besonders bei Solekühlanlagen Veranlassung zu Zerstörungen geben können, werden zweckmäßig sämtliche solefördernden Teile an ein genügend starkes, sorgfältig geerdetes Kupferkabel gut leitend angeschlossen.

Werden Solegefäße, um die allmähliche Zerstörung zu verhüten, aus Beton hergestellt, so sind besondere Vorsichtsmaßnahmen erforderlich: starke Eiseneinlage wegen der tiefen Temperaturen und wechselnden Spannungen; aus dem gleichen Grunde Ausführung der Behälterwände ohne Verbindung mit Säulen oder anderen Gebäudeteilen; Verwendung eines Betons, der reich an Kieselsäure, arm an Tonerde, Eisenoxyd und vegetabilischen Bestandteilen ist; dichter innerer Glattstrich, dessen Widerstandsfähigkeit durch eine Natriumsilikatlösung erhöht wird; Erhärtung in warmer feuchter Luft, gegebenenfalls unter Anwendung von naß zu haltenden Tüchern.

Die Füllstoffe von Naßluftkühlern sind dem zerstörenden Einfluß von Luft in besonderem Maße ausgesetzt. Da sie außerdem für den Kälteträger als Filter wirken, ist mit ihrer allmählichen Veränderung zu rechnen. Sie äußert sich häufig als Verringerung des freien Luftquerschnittes, muß daher durch sorgfältige Reinigung oder Ersatz der Füllstoffe im richtigen Augenblicke beseitigt werden. Die heute vorzugsweise verwandten Raschig-Ringe aus Porzellan sind unempfindlich gegen Luft und Sole. Ihre Zerbrechlichkeit fordert rücksichtsvolle Behandlung beim Einbringen, weil die gebrochenen Füllstoffe schließlich eine vollständige Verstopfung des Luftkühlers herbeiführen können.

Selten ausgeübt und doch von außerordentlicher Wichtigkeit ist dauernde Überwachung des Wärmeschutzes. Im allgemeinen wird die Betriebsführung auf seine Mängel erst aufmerksam, wenn weitgehende Zerstörung, vor allem durch Feuchtigkeit, die Kühlwirkung vermindert oder durch Bildung einer Eiszwischenlage die Schutzschicht sich löst. Für den geordneten Betrieb ist zu fordern, daß an verschiedenen, Veränderungen besonders ausgesetzten Stellen etwa halbjährlich die Schutzschicht angebohrt und untersucht wird. Dies gilt sowohl für Gebäude als auch für Wärmeaustauschvorrichtungen, bei denen vor allem die unteren Schichten ins Auge zu fassen sind.

---

[1] Speller: Control of corrosion in refrigeration. A.S.R.E. J. 1921.

IV. Unregelmäßigkeiten während des Betriebes.

Die richtige Einschätzung von Unregelmäßigkeiten, die während des Betriebes der Kälteanlage auftreten, verlangt ein besonderes Maß von Schulung, das im allgemeinen nur dadurch zu erreichen ist, daß die Bedienungsmannschaft in die inneren Vorgänge und den Zusammenhang der Einzelerscheinungen eingeweiht wird.

1. Zu hohe und unregelmäßige Temperaturen am Verdichter.

Zeigt das Thermometer auf der Druckseite zu hoch, und läßt sich die Temperatur durch Weiteröffnen des Regelventils nicht auf das richtige Maß senken, so kann die Ursache in Mangel an Arbeitsstoff oder Verunreinigung der Füllung durch Luft oder andere fremde Gase liegen. Im ersten Falle ist gleichzeitig der Verflüssigerdruck ungewöhnlich niedrig, im zweiten ungewöhnlich hoch, die Temperatur auf der Saugseite im ersten Falle nach oben verschoben, im zweiten schwankend. Einen weiteren Anhaltspunkt für zu geringe Füllung bietet die Beobachtung eines vor dem Regelventil eingesetzten Thermometers; die von ihm angezeigte Temperatur liegt ungewöhnlich niedrig und kann unter die des Kühlwassers sinken. (Ein Temperaturunterschied im gleichen Sinne tritt allerdings auch dann auf, wenn durch Verstopfung vor dem Thermometer eine Vordrosselung stattfindet, oder die Flüssigkeitsleitung von vornherein zu eng bemessen wurde.) Zu hohe und unregelmäßige Temperaturen können auch durch undichte Kolben oder Ventile des Verdichters veranlaßt sein. In diesem Falle gibt das Indikatordiagramm Aufschluß und Anhalt für Abhilfe.

Bei Mangel an Arbeitsstoff erfolgt Ergänzung der Füllung genau wie beim erstmaligen Füllen.

Luft und andere fremde Gase, die von außen oder durch innere Zersetzung in den Kreislauf gelangen, und die Wirksamkeit der Wärmeaustauschvorrichtungen verschlechtern, müssen rechtzeitig entfernt werden. Über die zweckmäßigen Maßnahmen und den damit verbundenen Verlust an Arbeitsstoff herrscht vielfach Unklarheit. Der Betrieb sieht es häufig als genügend an, wenn am höchsten Punkte des Verflüssigers eine Entlüftungsvorrichtung angebracht ist, und rechnet damit, daß bei vorsichtiger Handhabung nennenswerte Verluste an Arbeitsstoff sich vermeiden lassen.

In den Leitungen, die unterkühlte Flüssigkeit führen, bewegen sich die fremden Gase in Blasenform, und zwar zwanglos mit der Flüssigkeit, solange sie ansteigt, hemmend gegenüber dem Flüssigkeitsstrom, sobald er abfällt. In den gasführenden Leitungen findet innige Mischung zwischen Arbeitsstoff und fremden Gasen statt. Für beide kann hier gleichmäßige Bewegung angenommen werden. In den mit einer Mischung von gesättigten Dämpfen und verdampfender Flüssigkeit arbeitenden Teilen der Anlage — Verflüssigungsgebiet des Verflüssigers, Verdampfgebiet des Verdampfers, Einspritzleitung — entstehen durch fremde

Gase besondere Störungen, die sich als stoßweise oder dauernde Hemmung des ruhigen Strömungsvorganges bemerkbar machen. Das äußere Kennzeichen ist hörbares Rauschen, das mit dem Kommen und Verschwinden der gasförmigen Verunreinigung zu- bzw. abnimmt.

Bei der Durchbildung der Luftabscheider genügt es nicht, davon auszugehen, daß die Luft schwerer oder leichter ist als gesättigter Dampf des Arbeitsstoffs gleicher Temperatur. Wird ein geräumiger kesselartiger Körper so hoch angeordnet, daß im allgemeinen kein flüssiger Arbeitsstoff hineingelangen kann, und die Verbindungsleitung dahin so reichlich bemessen, daß beim Ablassen von fremden Gasen nicht etwa durch Strahlwirkung Dunst oder Flüssigkeitsteilchen mitgerissen werden, so ergibt sich bei Verflüssigern mit unterem Eintritt des Arbeitsstoffs eine befriedigende Wirkung. In weniger vollkommenem Maße ist sie zu erwarten, wenn der Arbeitsstoff oben eintritt, weil die Absonderung der fremden Gase in der Hauptsache in dem unteren flüssigkeitsführenden Teile anzunehmen ist. Sie werden daher nur teilweise, dem Strom entgegen, nach oben steigen, während der Rest mit der Flüssigkeit in den Flüssigkeitssammler wandert und sich erst dort abscheidet. Hier liegt daher die gegebene Stelle für die Entlüftung.

Für den mit der Entfernung von Luft verbundenen Verlust an Arbeitsstoff ergeben sich beispielsweise für Ammoniak unter Annahme eines bestimmten Falles folgende Verhältnisse:

Temperatur des Gemisches 30^0;

Druck des Gemisches 139000 kg/m².

Da der Sättigungsdruck bei 30^0 119000 kg/m² beträgt, stellt 139000 — 119000 = 20000 kg/m² den Teildruck der Luft dar. Das Gewichtsverhältnis, in dem Ammoniak und Luft in dem Gemisch enthalten sind, richtet sich nach dem spezifischen Gewicht beider, gemessen bei 30^0 und dem Teildruck von 119000 bzw. 20000 kg/m²; es beträgt hier 9,03 (NH_3) : 2,26 (Luft). Bei Betätigung der Entlüftungsvorrichtung geht daher ein Ammoniakgewicht ab, das etwa das Vierfache des austretenden Luftgewichtes darstellt. Nachdem die Hälfte der Luft entwichen, ihr Teildruck daher auf 10000 kg/m² gesunken ist, beträgt der Gesamtdruck nur noch 129000 kg/m² und das Mischungsverhältnis entspricht 9,08 : 1,13. Nunmehr geht in jedem kg Luft etwa das achtfache Ammoniakgewicht verloren. Je weiter daher die Entlüftung getrieben wird, um so höher steigt der Verlust an Arbeitsstoff, bis schließlich das abströmende Gemisch in der Hauptsache nur aus solchem besteht. Dem verlorenen Arbeitsstoff entsprechend gelangt eine etwa gleiche Gewichtsmenge zur Verdampfung und bewirkt eine Temperaturerniedrigung der Füllung. Da diese im allgemeinen ein Vielfaches des Verlustes darstellt, ist die Temperatursenkung unwesentlich.

Beträgt der Gesamtdruck 159000 kg/m², der Teildruck der Luft also 40000 kg/m², so entweicht anfangs Ammoniak und Luft im Verhältnis 9,03 : 4,52. Der Verlust an Arbeitsstoff ist daher nur halb so groß wie in dem vorausgehenden Beispiele.

Beträgt die Temperatur statt 30^0 nur 10^0, entsprechend einem Sättigungsdruck von 62700 kg/m², so würde das zuvor angenommene spezifische Gewicht der Luft von 4,52 kg/m³ einem Teildruck von 37300 kg/m² der Luft entsprechen und einen Gesamtdruck von 100000 kg/m² ergeben. In diesem Falle gehen anfangs mit 4,52 kg Luft 4,86 kg Ammoniak verloren, also abermals nur die Hälfte des vorausgehenden Beispiels.

Beim Ablassen entsteht daher um so geringerer Verlust an Arbeitsstoff, je tiefer die Temperatur der Mischung liegt. Für die Entlüftung ergeben sich damit folgende Regeln:

das Entlüften erfolgt um so wirksamer, je höher der Teildruck der fremden Gase steigt, d. h. je geringer der Gasraum über der Flüssigkeit bzw. je größer die Füllung des Verflüssigers ist. Gründliches Absaugen führt hier zu günstigen Verhältnissen;

das Entlüften soll nur bei Stillstand erfolgen, damit möglichste Gewähr geboten ist, daß keine Flüssigkeitsteilchen mitgerissen werden;

da der Gehalt des entweichenden Gemisches an Arbeitsstoff im Verlauf der Entlüftung zunimmt, soll der Entlüftungskessel währenddessen von dem Verflüssiger abgesperrt werden, um den ganzen Inhalt in einer dem anfänglichen Zustand entsprechenden gleichbleibenden Zusammensetzung austreten zu lassen;

vor der Entlüftung ist der Verflüssigerinhalt möglichst tief zu kühlen. Die Grenze bildet im allgemeinen die Temperatur des Kühlwassers. Im Winter bietet es bei freistehenden Berieselern Vorteile, das Kühlwasser abzusperren und vor Entlüftung die kältere Außenluft auf den Verflüssiger einwirken zu lassen;

es liegt nahe, die Kühlung noch weiter fortzusetzen und das Gemisch vor Austritt ins Freie durch besondere mit Verdampferschlangen versehene Entlüfter zu leiten, um einen Teil des mitgeführten Arbeitsstoffs zurückzuhalten. Bei —10⁰ beträgt beispielsweise, entsprechend einem spezifischen Gewicht des Ammoniaks von 2,39 kg/m³ gegenüber 4,86 kg/m³ der Luft, der Verlust nur etwa die Hälfte des bei 10⁰ ermittelten. Dieses Verfahren bildet bei den Entlüftern die Regel, die an den oberen Teil des Flüssigkeitssammlers anschließen und ständige Entfernung der fremden Gase im Betriebe bezwecken.

In gewissen Abschnitten sollte eine chemische Untersuchung der Füllung auf fremde Gase erfolgen. Wasserstoff im Verflüssiger findet sich als Verunreinigung bei Verwendung minderwertigen Schmieröls im Verdichter. Außerdem kann der Grund hierfür in dem Eindringen von Wasser oder Luftfeuchtigkeit liegen, wobei der Wasserdampf sich zersetzt und seinen Sauerstoff unter Bildung von Eisenoxyden an Eisen abgibt.

Fremde Gase in Absorptionskühlanlagen treten entweder bei Undichtheiten auf — sie bestehen alsdann hauptsächlich aus Stickstoff — oder durch chemische Einwirkung der Ammoniaklösung auf das Metall. Sie führt vor allem zu Wasserstoffbildung. Im letzten Falle bildet Verunreinigung der Füllung die Ursache. Sie läßt sich durch Beifügung von etwa 0,2% Natriumbichromat beseitigen.

Das Mischungsverhältnis der Gase liegt häufig innerhalb der Explosionsgrenzen. Beim Ablassen ist daher besondere Vorsicht geboten.

2. Verwässerte Füllung.

Wasser kann in den Kreislauf des Arbeitsstoffs gelangen durch:
unreinen Arbeitsstoff;

Undichtheit von Rohren im Flüssigkeitsbade. Bei Schwefligsäureanlagen liegt diese Gefahr für den Verdampfer in besonderem Maße vor, weil hier in der Regel Luftleere herrscht. Bei Kohlensäure- und vor allem Ammoniakmaschinen entsteht sie beim gelegentlichen Absaugen auf Luftleere. Der Fehler läßt sich durch Untersuchung des Kälteträgers, z. B. mit Neßlers Reagens, oder auch dadurch feststellen, daß bei beiderseitiger Absperrung das Manometer am Verdampfer bis auf eine Temperatur sinkt, die tiefer liegt, als dem Sättigungszustande des Kälteträgers entspricht. Auch bei Luftkühlschlangen und der Leitung kann in gewissem Grade durch Undichtheiten Wasser eindringen, das sich in Form von Reif oder Tau äußerlich bildet;

Undichtheit der Stopfbüchse. Bei nassem Arbeiten beschlägt die Kolbenstange und schleppt Wasser zusammen mit dem Öl in den Zylinder. Außerdem dringt mit der äußeren Luft Feuchtigkeit durch eine undichte Stopfbüchse ein. Gegen beide Möglichkeiten schützt nur geeignete Bauart und sorgfältige Beobachtung während des Betriebes. Beim Absaugen vor dem Stillsetzen ist es unnötig, zu weit zu gehen. Ist der Druck abgesenkt und kann angenommen werden, daß alle Flüssigkeit im Verdampfer verdampft ist — erkennbar daran, daß der Druck beschleunigt fällt —, so ist Fortsetzung des Absaugens zwecklos. Mit dieser Regel wird es auch bei Ammoniakmaschinen im allgemeinen möglich, jedesmaliges Absaugen bis auf Luftleere zu vermeiden. Gleich der Stopfbüchse wirkt — besonders bei Schwefligsäureanlagen — jede Undichtheit auf der Saugseite dadurch ungünstig, daß feuchte Luft eindringen kann;

Zurückbleiben von Wasser beim Abpressen oder Ausdämpfen von Rohrschlangen und Leitungen. Um dies zu vermeiden, sollen Schlangen und Rohre beim Prüfen und Reinigen mit Gefälle aufgestellt werden, Spiralen also niemals liegen. Schlangen, deren beide Rohrenden nach oben führen, sollen bei der Behandlung umgedreht werden. Zum Ausdämpfen ist Heißdampf zu verwenden und das Durchblasen so lange fortzusetzen, bis die Wandungen durchheizt sind, und kein Niederschlag mehr eintritt. Ist Heißdampf nicht vorhanden, so soll wenigstens Hochdruckdampf verwandt und, zum Zwecke mäßiger Überhitzung, unmittelbar vor Eintritt in die Rohrschlange entwässert und danach gedrosselt werden. Ausdämpfen von Schlangen, die noch im Flüssigkeitsbade stehen, führt zu erheblicher Wasserbildung und ist unbedingt zu vermeiden. Ausblasen mit Luft und Kohlensäure ersetzt im allgemeinen nicht das Ausdämpfen, bei dem sich innere Verunreinigungen, vor allem Ölkrusten, lösen. Dagegen ist Nachblasen mit trockener Luft empfehlenswert. Wird bei der Anordnung der Kühlvorrichtungen nicht schon im Entwurf Rücksicht darauf genommen, daß sich die Schlangen zum ordnungsgemäßen Ausdämpfen ohne Schwierigkeit ausbauen lassen, so wird immer damit zu rechnen sein, daß entweder die innere Reinigung im gegebenen Augenblicke unterbleibt oder, was noch schlimmer sein kann, unsachgemäß erfolgt.

Bei Ammoniakverdichteranlagen führt Anwesenheit von Wasser in der Füllung zu einer grundsätzlichen Veränderung des Verdichtungsvorganges. Im Verdichter angesammeltes Wasser reichert sich bei dem Verdichtungshub mit Ammoniak an und gibt beim Ansaugehub wieder Ammoniak ab. Es läuft daher ein Absorptionsvorgang neben dem Hauptkreislauf einher und zieht die Leistung erheblich herab. Wasser im Verdichter wirkt vor allem zerstörend auf die Arbeitsventile und spült in Sitz und Teller tiefe Kanäle, die schließlich zum Versagen führen. Reichliches Schmieren und ständiges Ablassen verhilft in vielen Fällen zur allmählichen Entfernung des Wassers. Vollständige Erneuerung der Ammoniakfüllung nach gründlicher innerer Reinigung stellt das sicherste Mittel dar, ist jedoch wegen der Kostspieligkeit und Betriebsstörung nur selten anwendbar. Bei stark zerklüfteter Formengebung der Ventile gelingt es häufig nicht, die Flüssigkeit zu entfernen, ohne daß der Verdichter geöffnet wird. Bei Wassergehalt der Füllung neigt das Schmiermittel stark zur Verseifung, besonders bei höheren, die Zersetzung begünstigenden Überhitzungstemperaturen. Gelangt das verseifte Schmiermittel in den Verdampfer, so friert der Wassergehalt aus und die Emulsion bedeckt als schlechtleitende Schicht das Rohrinnere. Hier hilft im allgemeinen nur Ausblasen mit Dampf.

Um möglichst wenig Arbeitsstoff zu verlieren, ist für das Ablassen des Wassers die Stelle am besten geeignet, an der Flüssigkeit mit höchster Temperatur strömt, das ist die Flüssigkeitsleitung am Austritt aus dem Sättigungsgebiet des Verflüssigers, also vor Eintritt in einen Nachkühler. Der Wasserdampfgehalt eines Ammoniak-Wassergemisches steigt mit zunehmender Temperatur, so daß bei Abkühlung überhitzter, mit Wasserdampf vermischter Ammoniakdämpfe sich eine teilweise Ausscheidung des Wassergehaltes ergibt. Eine zweite Stelle zur Abführung stellt daher der Eintritt der Gase in den Sättigungsteil des Verflüssigers dar, wo die Überhitzungswärme vollkommen abgeführt und der größte Teil des Wassergehaltes niedergeschlagen ist. Sitzt Wasser im Verdampfer fest, so besteht ein Mittel zu seiner Entfernung in Anwärmung des Verdampferinhaltes, weil hierdurch der Teildruck des Wasserdampfes zu und der Sättigungsgrad der nach dem Verdichter zuströmenden Gase abnimmt Die Anwärmung ist um so wirksamer und verlangt um so weniger hohe Temperaturen, je niedriger der Saugdruck des Verdichters liegt.

Bei den Verdampfern von Absorptionskühlanlagen ist stets mit Wasser zu rechnen und dieses in regelmäßigen Zeitabschnitten in den Aufsauger abzulassen, wenn nicht die Verdampferbauart durch oberen Eintritt und stetes Gefälle selbsttätiges Abfließen des Wassers regelt.

Bei Kohlensäureanlagen führt die aus dem Glyzerin bei Anwesenheit von Wasser sich bildende Emulsion häufig zu einem Einfrieren an engen Punkten, z. B. dem Regler, oder Stellen geringer Strömungsgeschwindigkeit, z. B. dem Saugsieb, dessen Öffnung hierdurch notwendig werden kann. Im allgemeinen genügt jedoch allmähliche Entziehung des Wassergehaltes zusammen mit dem Glyzerin am Ölabscheider und gegebenenfalls an Sammel- und Abscheidetöpfen in Saug- und Flüssigkeitsleitung. Für Entfernung geringer Wassermengen wird Einfüllen einer Mischung von Glyzerin und Äthyläther im Verhältnis 2 : 1 empfohlen.

Bei Schwefligsäureanlagen wirkt Wasser besonders verderblich durch Bildung von Schwefel und Schwefelsäure. Hierdurch entstehen Verschmutzungen und Verstopfungen, die im allgemeinen nur durch Öffnung von Leitung und Verdichter beseitigt werden können, oder Zerstörung von arbeitsstofführenden Teilen, deren Ersatz nötig wird.

3. Zu hoher Verflüssigerdruck.

Ungewöhnliches Ansteigen des Verflüssigerdruckes kann seinen Grund in zu geringer Kühlwasserzufuhr, ungleichmäßiger Kühlwasserverteilung bei Berieselern, zu hoher Füllung, Verunreinigung der Verflüssigerfläche (innen Schmiermittel, außen Schmutz und Steinansatz) oder unreiner Füllung (Luft) finden.

Die Abhilfemaßnahmen ergeben sich hieraus von selbst. Für die Reinhaltung der Kühlflächen kann bei großen Anlagen Betrauung eines besonderen Mannes lohnend werden. Falsch ist es, diese Reinigung jeweils nur am Jahresende vorzunehmen. Allerdings bildet die Verschmutzung häufig eine Schutzschicht gegen Oxydation und ihre Entfernung vermindert die Lebensdauer. Dieser Nachteil ist jedoch verschwindend gegenüber dem wirtschaftlichen Vorteil dauernd reiner Wärmeaustauschflächen.

Der überschüssige Arbeitsstoff kann in eine stilliegende Verdampfergruppe eingeleitet oder in Flaschen zurückgefüllt werden. Im letzten Falle ist Vorsicht geboten, damit die Flaschen nicht überfüllt werden. Sie liegen hierbei einzeln, wie zum Einfüllen angeschlossen, ausgewuchtet auf einer Waage. Ein der zulässigen Füllung entsprechendes Gewicht wird auf die Waagschale gelegt, Füllventil und Absperrventil der Flüssigkeitsleitung, danach vorsichtig das Flaschenventil geöffnet, die Flasche abgesperrt, sobald die Waage ausschlägt, und nach dem Leersaugen des Füllrohres entfernt. Wegen der Gefahr beim Zurückfüllen empfiehlt es sich, kleine Überschußmengen entweichen zu lassen. Dies geschieht zweckmäßig an der Entlüftungsstelle des Verflüssigers, die bei Ammoniak und Schwefligsäure durch Schlauch mit einem Gefäß verbunden wird, in dem sich bei Ammoniak Wasser, bei Schwefligsäure Kalkmilchlösung befindet. Auch hier ist mit der Möglichkeit zu rechnen, daß die Absorptionsflüssigkeit eingesaugt wird, sobald das Überströmen des Arbeitsstoffes aufhört.

4. Zu niedriger Verdampferdruck.

Verunreinigte Verdampferflächen (innen Schmiermittel, außen Schmutz, Eisansatz, Salzkristalle), Verstopfungen sowie mangelhafter Umlauf des Kälteträgers äußern sich in Verringerung des Verdampferdruckes.

Bei den Verdampferkesseln kleiner Schwefligsäureanlagen ergibt sich eine Hemmung der Verdampfung durch die auf dem Arbeitsstoff schwimmende Ölschicht, durch die die Gasblasen stoßweise vordringen, sobald die Ölschicht sich geschlossen hat. Eine Senkung des Verdampferdruckes ist die Folge.

Eine Drosselung bis zur vollständigen Verstopfung kann dadurch eintreten, daß das Sieb des in der Saugleitung eingeschalteten Schmutzfängers sich allmählich mit Hammerschlag oder anderen Verunreinigungen zusetzt. Es ist daher anfangs alle paar Tage, später seltener herauszunehmen und zu säubern. Nach einiger Betriebszeit genügt es, die Reinigung gelegentlich des allgemeinen Überholens der Anlage vorzunehmen.

5. Unregelmäßige Arbeitsweise des Verdichters.

Durch das Gehör lassen sich bisweilen Lockerung des Grundringes der Stopfbüchse oder eines Teiles am Kolben, ausgearbeitete Ventile oder gebrochene Ventilfedern erraten. Sicherheit bieten jedoch nur Indizieren des Verdichters und innere Prüfung des Zylinders.

Störungen im Triebwerk treten in der Hauptsache durch Warmlaufen oder Lockerung der Lagerstellen auf. Klopft die Maschine, ohne daß eine Erwärmung oder Lösung festzustellen ist, so kann der Grund in mangelnder Zylinderschmierung oder Eindringen flüssigen Arbeitsstoffes liegen, und im letzten Falle durch zeitweises Abstellen des Regelventils, bei gefährlichen Schlägen Schließen des Saugabsperrventils, behoben werden.

6. Ausströmen des Arbeitsstoffes durch Undichtheiten.

Zur Feststellung von Ammoniakundichtheiten sind Salzsäuredämpfe unter Verwendung des in Abb. 267 dargestellten Zerstäubers gegen die zu untersuchende Stelle zu blasen, wobei Ammoniak durch Bildung weißen Rauches — NH_4Cl — bemerkbar wird. Der Vorteil gegenüber brennendem Schwefel liegt in Vermeidung der nicht unbedenklichen Flamme, dem Fehlen unangenehmen Geruches, der Möglichkeit, durch Verlängerung des Austrittsrohres Stellen zu untersuchen, die sonst schwer zugänglich sind, schließlich in der fast unbegrenzten Haltbarkeit der Lösung.

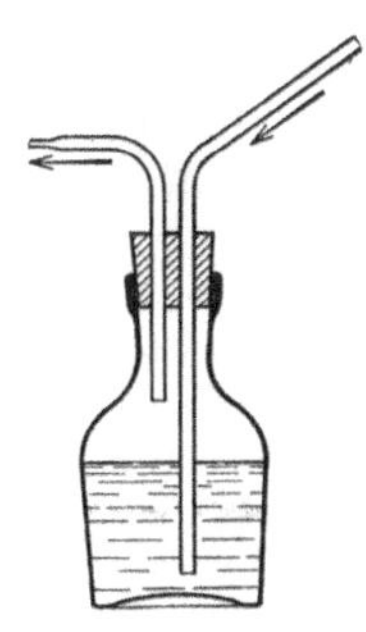

Abb. 267. Zerstäuber.

Undichtheiten an Schwefligsäureanlagen lassen sich dadurch feststellen, daß in ähnlicher Weise Salmiakdämpfe an die fragliche Stelle gebracht werden, wobei ausströmende Gase einen weißen Rauch $(NH_4)_2SO_3$ bilden. Auf der Saugseite ist dieses Mittel während des Betriebes unwirksam, wenn mit Unterdruck gearbeitet wird. Die Untersuchung hat alsdann bei Stillstand mit vorübergehender Drucksteigerung zu erfolgen. Sie ist wichtig, weil es leicht vorkommt, daß an einer schwer zugänglichen Stelle, z. B. unter der Wärmeschutzschicht, unbemerkt feuchte Luft einzieht und zu inneren Zerstörungen führt. Bei den im Flüssigkeitsbade eintauchenden Schwefligsäureschlangen erfolgt die Untersuchung auf Undichtheit zweckmäßig ebenfalls bei Stillstand der Anlage durch Prüfung der Flüssigkeit auf saure Beschaffenheit.

Nicht ganz unbedenklich ist es, wenn eine Alkoholflamme dazu benutzt wird, um undichte Stellen an Methylchloridanlagen durch die Grünfärbung der an sich farblosen Flamme festzustellen.

Nachdichten schadhafter Stellen durch Verstemmen oder gar Schweißen ist bedenklich und zu verbieten, wenn die Anlage bereits mit Arbeitsstoff gefüllt ist. Bei der Untersuchung und Beseitigung undichter Stellen soll die Gasmaske benutzt werden. Für Ammoniak und Schwefligsäure bewähren sich Kopfmasken mit Einsätzen, die eine Zeitlang die schädlichen Gase aufsaugen, für Kohlensäure und, bei starker Anreicherung der Luft, für alle Arbeitsstoffe kommt der mit Schlauch nach außen geführte Rauchhelm oder die Sauerstoffrettungsvorrichtung zur Anwendung. Es sind stets mindestens zwei Gasmasken bzw. zwei andere geeignete Schutzvorrichtungen bereitzuhalten, eine im Maschinenraum für gelegentliche Benutzung, die zweite außerhalb. Da Kohlensäureundichtheiten leicht verborgen bleiben, sollen ungelüftete tiefliegende Räume nur mit Sicherheitslampe betreten werden.

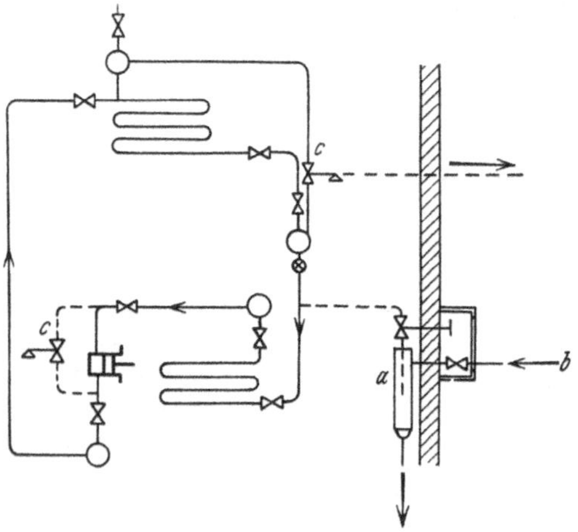

Abb. 268. Kühlmaschinensicherung. *a* Entleerungsvorrichtung, *b* Wasser, *c* Sicherheitsventile.

Für den Fall eines Brandes ist bei allen Arbeitsstoffen zur Vermeidung eines Zerknalls die Möglichkeit vorzusehen, die Füllung ins Freie abzulassen, wobei Ammoniak und Schwefligsäure in fließendes Wasser eingeleitet werden müssen. Die Bedienung der Entleerungsvorrichtung muß von einer außerhalb der Gefahrzone liegenden Stelle möglich sein. Durch einen geeigneten Umbau ist sie dem Eingriff Unbefugter zu entziehen. Ihre Anordnung ergibt sich aus Abb. 268. Um bei einer durch Zerknall oder anderen Unfall plötzlich auftretenden starken Verunreinigung der Luft ein Eindringen in den Maschinenraum ohne weitere Schutzmaßnahmen zu ermöglichen, bleibt bei Ammoniak der Einbau einer kräftigen Berieselungsvorrichtung zum raschen Niederschlagen der ausgetretenen Gase erwägenswert. Ihre Handhabung muß selbstverständlich von einem Punkte außerhalb des gefährdeten Raumes erfolgen.

Für die erste Hilfe bei Unfällen durch Ausströmen des Arbeitsstoffes gelten folgende Regeln:

Arzt herbeirufen;

bei Bewußtlosigkeit künstliche Atmung einleiten. Bei Ätzgasen wie Ammoniak ist mit Schädigungen der Luftwege zu rechnen und Anstrengung des Kranken zu vermeiden. Einatmen von Sauerstoff bei geringem Druck führt zu leichter beruhigender Atmung. Bei erstickenden Gasen wie Kohlensäure soll durch künstliche Atmung, möglichst verbunden mit kräftiger Sauerstoffzufuhr, die unterbrochene Eigenatmung wieder eingeleitet werden;

wenn die Augen angegriffen sind, Lider offen halten, Augapfel und Lider einige Minuten mit lauwarmem Wasser oder 1% Borsäurelösung auswaschen, dann flüssige Vaseline auf den Augapfel träufeln;

verbrannte Körperteile entblößen, mit Wasser abspülen, dann mit Vaseline bestreichen;

sind Nase und Kehle angegriffen, 1% Borsäurelösung durch die Nase einziehen und Mund spülen lassen;

große Mengen Milch oder warmes Wasser trinken lassen.

V. Der Wasserbedarf des Röhrenbündel- und Doppelrohrverflüssigers.

1. Röhrenbündelverflüssiger.

Die Aufstellung der Röhrenbündelverflüssiger findet im allgemeinen in Betriebsräumen statt, deren Temperatur von der mittleren Temperatur des Kühlwassers nicht sehr abweicht. Zudem ist die Manteloberfläche begrenzt, so daß der Wärmeaustausch zwischen Kühlwasser und umgebender Luft in der Regel 1% der Verflüssigerleistung nicht überschreitet, daher vernachlässigt werden kann. Die gesamte Verflüssigerleistung äußert sich in einer Erhöhung des Wärmeinhalts des Kühlwassers. Je mehr Kühlwasser für eine bestimmte Verflüssigerleistung zur Verfügung steht, um so geringer ist seine Temperaturerhöhung und um so niedriger der Verflüssigungsdruck.

Im allgemeinen wird so viel Kühlwasser verwendet, daß die Ablauftemperatur etwa 10° über der Zulauftemperatur liegt. Eine derartige Vorschrift ist natürlich nicht für jeden Fall zu vertreten. Wird beispielsweise für andere Zwecke des gleichen Betriebes mehr Wasser benötigt, als sich bei 10° Temperaturerhöhung ergibt, und ist es hierbei gleichgültig, ob das Wasser einige Grad wärmer oder kälter ist — Reinigungswasser, Kühlwasser für Verbrennungskraftmaschinen —, so ist es ratsam, die ganze, für fremde Zwecke benötigte Wassermenge zunächst dem Verflüssiger zuzuführen und dadurch den Vorteil einer niedrigen Ablauftemperatur zu sichern. Wenn andererseits die in dem Kühlwasser gewonnene Wärme in dem gleichen Betriebe zur Deckung des Wärmebedarfs herangezogen wird, die verwendbare Wassermenge jedoch geringer ist, als die bei 10° Temperaturerhöhung im Röhrenbündelverflüssiger sich ergebende, kann es in gewissen Grenzen geboten sein, die Wassermenge herabzusetzen und dafür eine höhere Ablauftemperatur in Kauf zu nehmen. Entscheidend wird jeweils die Frage sein, ob der mit der höheren Ablauftemperatur zunehmende Kraftbedarf die Betriebskosten mehr erhöht, als wenn die Nachwärmung des Kühlwassers mit anderen Mitteln erfolgen würde. Abgesehen von diesen Sonderfällen, bei denen der Kühlmaschinenbetrieb mit anderen Teilbetrieben gekuppelt wird, ist für Bemessung des Kühlwasserbedarfs im Röhrenbündelverflüssiger die rein wirtschaftliche Frage maßgebend, bei welchen Verhältnissen die Summe der Kosten für Beschaffung des — aus fremdem Leitungsnetz bezogenen oder selbst gepumpten — Kühlwassers einerseits und für Deckung des Arbeitsbedarfs des Verdichters andererseits einen Mindestbetrag erreicht. Werden mit K_N die Kosten für den Arbeitsbedarf des Verdichters bezeichnet, die für 1000 kcal Verflüssigerleistung entstehen, wenn die Kühlwasserablauftemperatur 10^0 höher liegt als die Zulauftemperatur, und mit K_w die Kosten für die Beschaffung von 100 l Kühlwasser — bei 10^0 Temperaturerhöhung den angenommenen 1000 kcal Verflüssigerleistung entsprechend —, so schwankt das Verhältnis K_N/K_w in Wirklichkeit in den Grenzen 0,1 bis 1000. Nur für einen ganz bestimmten Wert dieses Verhältnisses ist die übliche Wassermenge von 100 l für 1000 kcal Verflüssigerleistung auch die wirtschaftliche, die zu den geringsten Gesamtkosten führt. Für alle übrigen Werte von K_N/K_w ergeben Abweichungen im einen oder anderen Sinne Verteuerungen, die sich für jede Wassermenge berechnen lassen. Es sei hierbei die, innerhalb der gegebenen Grenzen zulässige, Annahme gemacht, daß für 1^0 höhere Kühlwasserablauftemperatur der Arbeitsbedarf und damit die Kraftkosten des Verdichters um 4% zunehmen. Werden beispielsweise statt 100 nur 50 l Kühlwasser verwendet, die eine Temperaturerhöhung von 20 statt 10^0 erfahren, so nehmen die Kühlwasserkosten um 50% ab, die Arbeitskosten, der um 10^0 höheren Ablauftemperatur entsprechend, um $10 \cdot 4 = 40\%$ zu. Für das Verhältnis $K_N/K_w = 1$, d. h. den Fall, daß die Kosten für 100 l Wasser gleich den Kraftkosten für 1000 kcal Verflüssigerleistung sind, ergibt daher eine Verminderung der Kühlwassermenge auf 50 l eine Ersparnis an Gesamtkosten von $50 - 40 = 10\%$. Für das Verhältnis $K_N/K_w = 0,1$ kommt der Zunahme der Kraftkosten nur die 0,1fache Bedeutung zu wie der Abnahme der Wasserkosten, wenn beide Beträge auf den Maßstab der Wasserkosten zurückgeführt werden. Die Ersparnis der Gesamtkosten beträgt daher für diesen Fall $50 - 0,1 \cdot 40 = 46\%$. Für jeden Betrag von K_N/K_w besteht ein Höchstwert dieser Ersparnisse, der gleichbedeutend mit dem wirtschaftlichen Bestwert der Kühlwassermenge ist. Die Kurven der Ersparnisse sind für $K_N/K_w = 0,1$ bis 1000 in ihrer Veränderung mit der für 1000 kcal Verflüssigerleistung aufgewandten Kühlwassermenge in Abb. 269 dargestellt, wobei für die Abszissen und Ordinaten logarithmischer Maßstab gewählt wurde. Sie zeigen einen Höchstwert, der für die Werte $K_N/K_w = 1$ bis 5 besonders ausgeprägt ist. Für die kleineren und größeren Werte ergibt sich ein flacherer Verlauf der Kurven. Das will sagen, daß bei besonders kleinen und besonders großen Werten von K_N/K_w der Festsetzung einer ganz

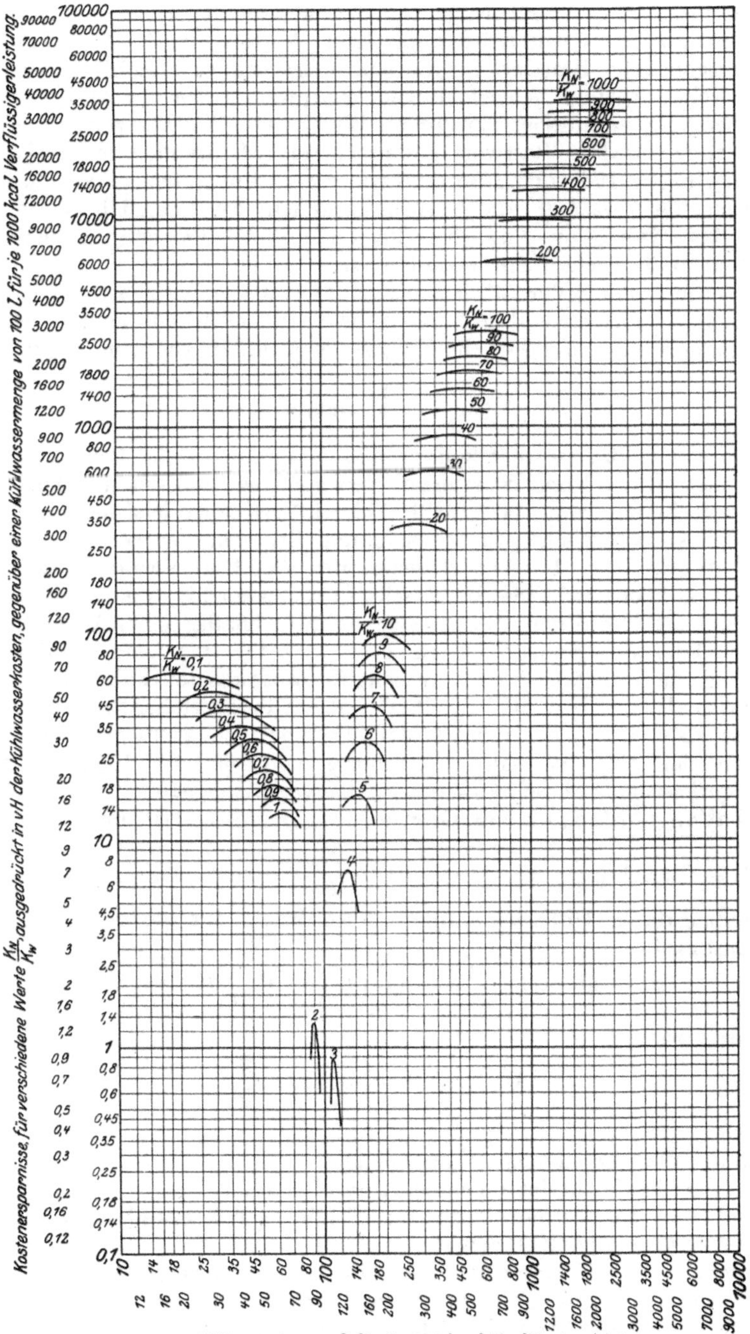

Abb. 269. Abhängigkeit zwischen Kühlwassermenge und Kostenersparnis.

bestimmten Kühlwassermenge als der wirtschaftlichen nicht die Bedeutung zukommt, wie bei den mittleren Werten von K_N/K_w, bei denen ein ausgeprägter Bestwert für die Kühlwassermenge besteht, dem gegenüber schon geringe Abweichungen eine wesentliche Verschlechterung ergeben. Es wäre daher bei großen Werten von K_N/K_w verfehlt, Kühlwassermengen dem Bestwert entsprechend aufzuwenden, beispielsweise für $K_N/K_w = 1000$ den Bestwert von 2000 l für 1000 kcal Verflüssigerleistung, da etwa 500 l die Grenze darstellen, bei deren Überschreitung auch bei niedrigsten Kühlwasserkosten eine Verbesserung in nennenswertem Maße nicht mehr erzielbar ist.

Werden zu dem Verhältnis K_N/K_w als Ordinaten die günstigsten Werte der Kühlwassermenge als Abszissen, beide in logarithmischem Maßstabe, aufgetragen, so ergibt sich die Gerade der Abb. 270, die dem Gesetz folgt

$$W_{\text{best}} = \sqrt{4000 \cdot \frac{K_N}{K_w}}.$$

Jenseits der Abszisse 500 kommt dieser Geraden keine Bedeutung zu. Sie führt zu der bemerkenswerten Beobachtung, daß der übliche Kühlwasserverbrauch von 100 l für 1000 kcal Verflüssigerleistung nur dann mit der wirtschaftlichen Zahl zusammenfällt, wenn der Wert $K_N/K_w = 2{,}5$ beträgt, d. h. die Arbeitskosten für 1000 kcal Verflüssigerleistung 2,5mal so hoch sind, wie die Beschaffungskosten für 100 l Kühlwasser. Für kleinere Werte von K_N/K_w, also verhältnismäßig hohen Wasserpreis, ist die Kühlwassermenge bis auf etwa 20 l für 1000 kcal Verflüssigerleistung im Grenzfalle herabzusetzen, im umgekehrten Falle bis auf ein Höchstmaß von etwa 500 l für 1000 kcal Verflüssigerleistung zu steigern. Es ist also falsch, bei verhältnismäßig niedrigen Wasserbeschaffungskosten sich auf eine Kühlwassermenge von 100 l für 1000 kcal Verflüssigerleistung zu beschränken, oder, bei verhältnismäßig hohen Wasserbeschaffungskosten, bis zur Grenze dieser Kühlwassermenge zu gehen.

Die Beziehung $W_{\text{best}} = \sqrt{4000 \cdot \frac{K_N}{K_w}}$ ergibt sich übrigens unmittelbar durch Differenzierung des Ausdrucks für die veränderlichen Gesamtkosten

$$K = K_w \cdot \frac{W}{W_0} + K_N \left(1 + \frac{\Delta t_w \cdot W_0 \cdot x}{W}\right)$$

in der Form

$$W_{\text{best}} = W_0 \cdot \sqrt{\Delta t_w \cdot x \cdot \frac{K_N}{K_w}},$$

wobei

$W_0 = 100$ die übliche Wassermenge,

$\Delta t_w = 10$ die übliche Temperaturerhöhung,

$x = 0{,}04$ das Verhältnis der für 1^0 höhere Wasserumlauftemperatur sich ergebenden Mehrarbeit

darstellen. Im allgemeinen Falle, für den die Annahmen $W_0 = 100$, $\Delta t_w = 10$, $x = 0{,}04$ nicht zutreffen, ist daher unter der Wurzel statt der Zahl 4000 der Wert $W_0^2 \cdot \Delta t_w \cdot x$ einzusetzen.

2. Doppelrohrverflüssiger.

Wird von dem Wärmeaustausch des Mantelrohrs mit der umgebenden Luft abgesehen, so liegen die Verhältnisse in bezug auf die wirtschaftlichste Kühlwassermenge genau wie bei dem Röhrenbündelverflüssiger. Die vollständige Vernachlässigung des Wärmeaustausches ist jedoch nicht in

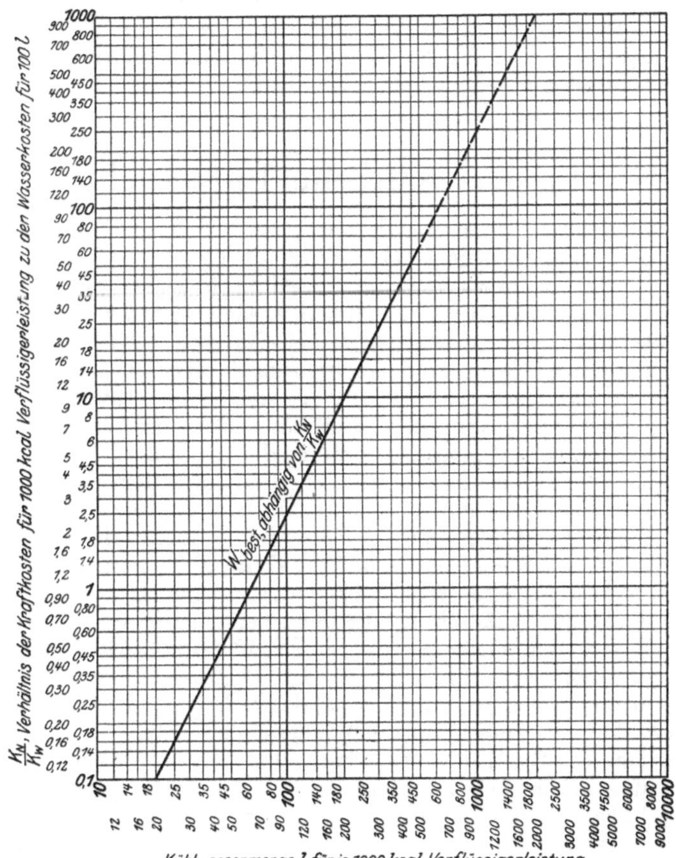

Abb. 270. Abhängigkeit der wirtschaftlichen Kühlwassermenge von Kraft- und Wasserkosten.

gleichem Maße zulässig, denn die verhältnismäßige Ausstrahlungsfläche ist größer, außerdem liegt das Temperaturgefälle höher, weil für den Austausch die Temperatur des Arbeitsstoffs in Betracht kommt. Tatsächlich wirkt die umgebende Luft bei dem Doppelrohrverflüssiger derart, daß bis etwa 10% der Leistung durch sie abgeführt werden, während die verbleibenden 90% sich als Zunahme des Wärmeinhalts des Kühlwassers äußern. Werden auch hier 100 l Kühlwasser für 1000 kcal Verflüssigerleistung aufgewandt, so erhöht sich seine Temperatur nicht um

10°, sondern im günstigsten Falle nur um 9°, woraus, abgesehen von anderem, eine günstigere Arbeitsweise des Doppelrohrverflüssigers folgt. Bei dem Spielraum, der in der Festsetzung von Kraft- und Wasserkosten im allgemeinen liegt, sind die 10% Unterschied niedrig und lassen die unmittelbare Anwendung der durch die Gerade der Abb. 270 gegebenen Beziehung auch für den Doppelrohrverflüssiger berechtigt erscheinen. Soll jedoch weitergegangen und der Unterschied voll berücksichtigt werden, so ist eine Parallele zu der Geraden der Abb. 270 zu ziehen, für die dem Wert von $K_N/K_w = 2{,}5$ ein W_{best} zugeordnet ist, das je nach dem Anteil der tatsächlichen Ausstrahlung zwischen 100 und 90 l liegt.

VI. Wissenschaftliche Untersuchung.

Plank[1] weist in Auswertung der Fischerschen Versuche darauf hin, daß bei Versuchen die Übertragung von den wirklichen auf die in der Gewähr des Lieferers vorausgesetzten Verhältnisse nur dann nach den rechnerischen Zahlen vorgenommen werden darf, wenn beide wenig voneinander abweichen, daß dagegen bei erheblichen Unterschieden die Veränderung der Wirkungsgrade zu berücksichtigen ist. In Erweiterung dieser Arbeit hat Verfasser[2] angegeben, daß bei Ansaugen trockener Gase die Umrechnung dann ohne weiteres zulässig ist, wenn beim Versuch ein Verhältnis T/T_0 vorliegt, wie es den Gewährzahlen entspricht. Lassen sich daher einseitig — beim Verflüssiger oder Verdampfer — die angenommenen Bedingungen nicht erfüllen, so sind sie auf der anderen Seite — beim Verdampfer bzw. Verflüssiger — keinesfalls anzustreben, sondern so zu verändern, daß das Verhältnis T/T_0 hergestellt wird.

Wenn fortgeschrittene Werkstätten die Möglichkeit anstreben, den Verdichter vor der Aufstellung auf dem Versuchsstande zu prüfen, so ergibt sich aus dem Gesagten die Vorschrift, durch Unterteilung der Verflüssiger- und Verdampferflächen des Prüfstandes zu ermöglichen, daß sich beim Probelauf das Temperaturverhältnis den späteren tatsächlichen Bedingungen entsprechend herstellen läßt.

Bezüglich der Durchführung wissenschaftlicher Untersuchungen sei auf die „Regeln für Leistungsversuche an Kältemaschinen und Kühlanlagen" hingewiesen und die Erörterung auf einige wichtige Sonderheiten beschränkt.

1. Temperaturmessung.

Für die Messung von Temperaturen bei Kälteanlagen kommen folgende Stellen in Frage:

das Innere der Saugleitung in unmittelbarer Nähe des Verdichters;
das Innere der Druckleitung unmittelbar hinter dem Verdichter;
das Innere der Flüssigkeitsleitung unmittelbar vor dem Regelventil;

[1] Plank: Die Umrechnung von Leistungszahlen von Versuchs- auf Garantiebedingungen. Z. ges. Kälteind. 1920.
[2] Z. ges. Kälteind. 1921.

das Flüssigkeitsbad des Kälteträgers, bei Kühlern mit äußerem Flüssigkeitsumlauf das Innere der Rohrleitung unmittelbar am Austritt aus dem Kühlergefäß bzw. vor dem Wiedereintritt;

das Innere der Kühlwasserleitungen zum und vom Verflüssiger bzw. Nachkühler;

das Innere von Kühlräumen.

Hierzu treten zahlreiche weitere Möglichkeiten, Zwischentemperaturen festzustellen, um außer dem Endergebnis auch die einzelnen Abschnitte des Kreislaufs zahlenmäßig zu erfassen. Für die Vornahme der Messung machen Knoblauch-Hencky[1] maßgebende Vorschriften. Sie laufen auf folgende hauptsächlichen Gesichtspunkte hinaus:

Für geschlossene Leitungen:

kleine wärmeleitende Querschnitte zwischen der das Thermometer aufnehmenden metallischen Hülse und der Rohrwand;

blanke äußere Oberfläche des Thermometereinsatzes;

guter Wärmeübergang auf das Thermometer durch Auffüllen des Einsatzrohres mit gutleitender Flüssigkeit und Einbau an einer Stelle hoher Strömungsgeschwindigkeit;

Wärmeschutz des Rohres an der Meßstelle.

Hencky[2] hat hierzu noch folgende Forderungen aufgestellt:

niedrige Wärmeleitzahl des Baustoffes der verwandten Hülse im eintauchenden Teil, Wärmeschutz im vorragenden Teil;

große Eintauchtiefe der verwandten Hülse bzw. des Thermometers unmittelbar in den Strom der zu messenden Flüssigkeit;

kleiner Durchmesser und geringe Wandstärke der verwandten Hülse;

Füllflüssigkeit im Eintauchrohr nicht höher, als daß das Thermometergefäß gerade bedeckt ist;

Bevorzugung von Thermoelementen in spitz zulaufenden Hülsen.

Für freie Lufträume:

freie Aufhängung des Thermometers ohne leitende Verbindung mit festen Körpern;

Strahlungsschutz durch glänzenden Edelmetallbelag auf der Quecksilberkugel;

Trägheit des Thermometers, um die Einwirkung des Beobachters zu verringern.

Die Untersuchungen von Reiher und Cleve[3] haben diese Gesichtspunkte dahin erweitert, daß die Messung in geschlossenen Leitungen fehlerfrei wird, wenn auf dem unteren Teil des eintauchenden Thermometerstutzens zur Vergrößerung der Oberfläche Rippen aufgesetzt werden.

Für Messung der Flüssigkeitstemperatur in Behältern empfiehlt sich die Verwendung eines Becherthermometers mit großer Trägheit, damit

[1] Knoblauch-Hencky: Anleitung zu genauen technischen Temperaturmessungen. München-Berlin 1919.

[2] Hencky: Zur Technik der Temperaturmessungen. Z. VDI 1924.

[3] Reiher-Cleve: Temperaturmeßfehler bei strömenden Gasen. Techn. Mech. VDI-Sonderh. 1925.

die Anzeige beim Herausziehen sich möglichst wenig verändert. Anbringung einer Rückschlagklappe am Boden des Bechers sichert bei schnellem Eintauchen Füllung mit Flüssigkeit von tiefster Stelle.

Die Beobachtung von Flüssigkeitstemperaturen erfolgt hauptsächlich zur Feststellung der Unterschiede, die häufig klein sind. Es kommt daher darauf an, zwei Thermometer mit feiner Teilung möglichst gleichartig einzubauen.

Ist die Anbringung von Thermometern nicht von vornherein vorgesehen, so muß sich der Versuch zuweilen damit abfinden, die äußeren Wandungstemperaturen zu messen und daraus die Temperaturen im Innern zu beurteilen. Um den damit verbundenen Fehler gering zu halten, ist die Oberfläche blank zu machen, darauf unter Zwischenstopfung leitender Körper — Bleiwolle u. dgl. — die Quecksilberkugel mit Metalldraht anzubinden und die Meßstelle mit besonders starkem Wärmeschutz zu versehen.

Wird die Leistung nach Menge und Temperaturänderung eines umlaufenden Flüssigkeitsstromes festgestellt, so können auch bei gleichbleibender Flüssigkeitsmenge und gleichbleibender Leistung die Temperaturen sich zeitweise nähern oder voneinander entfernen, wenn beispielsweise die Kälteverwertung den Durchschnittswert der Kälteerzeugung nicht erreicht bzw. überschreitet. Bezeichnet G die Flüssigkeitsmenge zwischen den beiden Meßstellen und G_h die stündliche Umlaufmenge, so wechselt die gesamte Flüssigkeit nach G/G_h Stunden. Gute Durchmischung vorausgesetzt, verläßt also ein Flüssigkeitsteilchen G/G_h Stunden nach dem Eintritt den beobachteten Abschnitt. Um diesen Zeitwert sind daher die beiden Temperaturmessungen, Eintrittstemperatur um $G/2\,G_h$ Stunden vorwärts, Austrittstemperatur um $G/2\,G_h$ Stunden rückwärts, zu verschieben, um aus dem Temperaturbild die augenblickliche Leistung ableiten zu können. Diese Berichtigung ist um so wichtiger, je größer die Flüssigkeitsmenge zwischen den Meßstellen im Vergleich zur Umlaufmenge ist. Bei selbstschreibenden Thermometern ergeben Doppelzeigervorrichtungen mit um G/G_h zeitlich verschobenen Schreibstiften ein Bild der Leistungsveränderung, wenn mit einem gleichbleibenden Wert G_h dauernd gerechnet werden kann.

Bei Absorptionskühlanlagen ist, neben dem Dampfverbrauch und Wasserbedarf, die Kälteleistung aus der umlaufenden Ammoniakmenge festzustellen, die sich aus der Leistung der Ammoniakpumpe und dem Stärkegrad der Lösungen ermitteln läßt. Um Fehler zu vermeiden, sollen hierbei die zur Prüfung entnommenen Lösungsproben nicht unmittelbar abgezogen, sondern zuvor durch eine Kühlschlange geleitet werden. Als wichtigste Temperaturen kommen Verdampftemperatur und die für die Betriebsführung bedeutsame Temperatur in der Gasleitung zwischen Trockner und Verflüssiger in Betracht.

2. Druckmessung.

Für Messung des Arbeitsstoffdruckes verdienen Röhrenfedermanometer den Vorzug vor Plattenfedermanometern, die gegen Temperaturänderung empfindlich sind.

3. Messung der Luftfeuchtigkeit.

Die Psychrometertafeln setzen für die Berechnung des Feuchtigkeitsgrades bei Lufttemperaturen unter dem Eispunkt als Höchstwert die der über Wasser gemessenen Sättigungsspannung entsprechende Zahl ein. Plank[1] betont mit Recht, daß bei belegten Gefrierräumen diese Grenze niemals erreicht werden kann, weil schon vorher, sobald die Sättigungsspannung den niedrigeren, über Eis gemessenen Wert annimmt, die Feuchtigkeit der Luft auf das Kühlgut niederschlägt. Dieser Punkt, bei dem der Temperaturunterschied zwischen trockenem und feuchtem Thermometer verschwindet, ist daher als Höchstmaß der zulässigen Feuchtigkeit anzusehen und an Stelle der Psychrometertafeln die Angabe der von Plank entworfenen Abb. 271 zu benutzen.

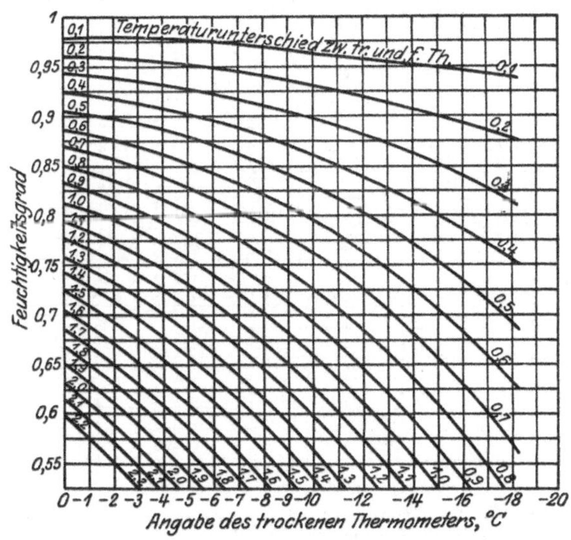

Abb. 271. Abhängigkeit des Feuchtigkeitsgrades von der Anzeige des trockenen und feuchten Thermometers (Plank).

Wird die Psychrometermessung in ruhender oder schwach bewegter Luft vorgenommen, so ergibt sich eine höhere Anzeige des feuchten Thermometers, als sie der zu ermittelnden „Kühlgrenze" entspricht. Die Abweichung wurde von Carrier-Lindsay[2] nach Abb. 272 ermittelt; sie ist bei tiefen Temperaturen beträchtlich. Die Geschwindigkeitsangaben beziehen sich auf eine Lufttemperatur von 21°, die mit der tatsächlichen Geschwindigkeit w_t in der Beziehung $w_{21} = w_t \cdot \frac{294}{273 + t}$ steht.

Neben dem Psychrometer ist der Haarfeuchtigkeitsmesser für alle Temperaturen geeignet, um die Frage zu beantworten, in welchem Grade die Luftbeschaffenheit einerseits gegen Beschlagen des Kühlguts, andererseits gegen übermäßigen Gewichtsverlust Sicherheit bietet.

Der Feuchtigkeitsgrad der Luft läßt sich auch dadurch feststellen, daß eine blanke Metallfläche bis auf eine dem Taupunkt entsprechende Temperatur abgekühlt wird und alsdann sichtbaren Niederschlag zeigt.

[1] Plank-Kallert: Über die Behandlung und Verarbeitung von gefrorenem Rindfleisch. Berlin 1916.

[2] Carrier-Lindsay: The temperatures of evaporation of water into air. Refrig. Engng. 1925.

Die Abkühlung muß langsam vor sich gehen, damit der Niederschlag deutlich erkennbar wird, ehe die Temperatur den Taupunkt unterschritten hat. Gleiches gilt für das umgekehrte Verfahren, bei dem das Verschwinden des Niederschlages auf der Metallfläche beobachtet wird. Steigt hierbei die Temperatur zu rasch, so hängt es ganz von der Menge der niedergeschlagenen Flüssigkeit und der Luftbewegung ab, um wieviel verspätet der Niederschlag verschwindet.

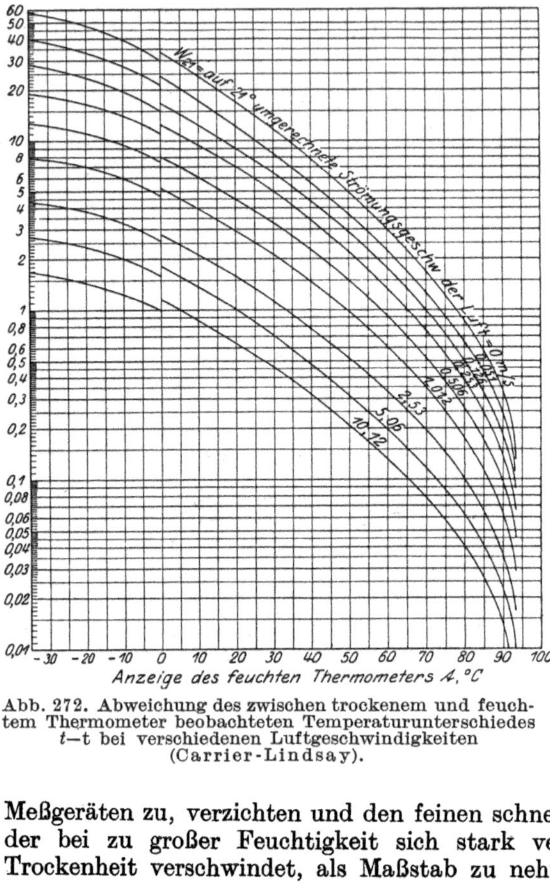

Abb. 272. Abweichung des zwischen trockenem und feuchtem Thermometer beobachteten Temperaturunterschiedes $t-t$ bei verschiedenen Luftgeschwindigkeiten (Carrier-Lindsay).

Der Betrieb macht sich zuweilen frei von derartigen Meßvorrichtungen und beobachtet den richtigen Feuchtigkeitsgrad an Äußerlichkeiten, beispielsweise bei der Obstlagerung an der Schimmelbildung bzw. Einschrumpfung einiger beschädigter Früchte. Pennington empfiehlt, bei Eierkühllagern auf die Beobachtung von Meßgeräten zu, verzichten und den feinen schneeweißen Schimmelhauch der bei zu großer Feuchtigkeit sich stark vermehrt, bei zu großer Trockenheit verschwindet, als Maßstab zu nehmen.

4. Mengenmessung.

Leistungsprüfer stellen die umlaufende Arbeitsstoffmenge fest. Da sie mit der Regelung schwankt, sind selbstschreibende Geräte am Platze, um statt der irreführenden Augenblicksleistung die Durchschnittsleistung durch Planimetrieren zu ermitteln.

Der Thomas-Messer, bei dem das Gas durch einen elektrischen Widerstand erwärmt wird, ermöglicht eine Leistungsmessung bei Einschaltung in die Druckleitung. Statt durch Wärmezufuhr könnte hier auch durch Abkühlung die Arbeitsstoffmenge dadurch festgestellt werden, daß eine Strecke des Druckrohres mit einem nach außen wärmegeschützten Wassermantel umgeben und als Kalorimeter benutzt würde.

Für die Leistungsmessung im Luftstrom sind die Feststellungen von Schack[1] wichtig, wonach die für die Durchflußmenge maßgebende mittlere Strömungsgeschwindigkeit auf einem Kreise mit dem Halbmesser 0,78 R und die den Wärmeinhalt bestimmende wahre mittlere Temperatur auf einem Kreise mit dem Halbmesser 0,75 R zu messen ist, wenn R den inneren Halbmesser des kreisförmig angenommenen Rohres bedeutet. Diese Messungen sind jedoch nur hinter der Beruhigungsstrecke, also im feststehenden turbulenten Strömungsfelde, zulässig.

5. Wärmeschutzprüfung.

Für die Prüfung des Wärmeschutzes an Bauwerken im Betriebszustande empfiehlt Hencky[2], die zu untersuchende Wand mit einer Schutzschicht zu belegen, deren Wärmeleitfähigkeit bekannt ist, und aus Beobachtung der Luft- und Oberflächentemperaturen die Wärmedurchgangszahl zu ermitteln. Der Ausbau dieses Verfahrens durch Schmidt macht es möglich, die Wirksamkeit des fertig verlegten Wärmeschutzes zu beurteilen und seine Veränderung während des Betriebes zu verfolgen.

6. Indizierung.

Die Deutung des Indikatordiagramms zählt zu den vornehmsten Aufgaben der Betriebsüberwachung. Fehlschlüsse

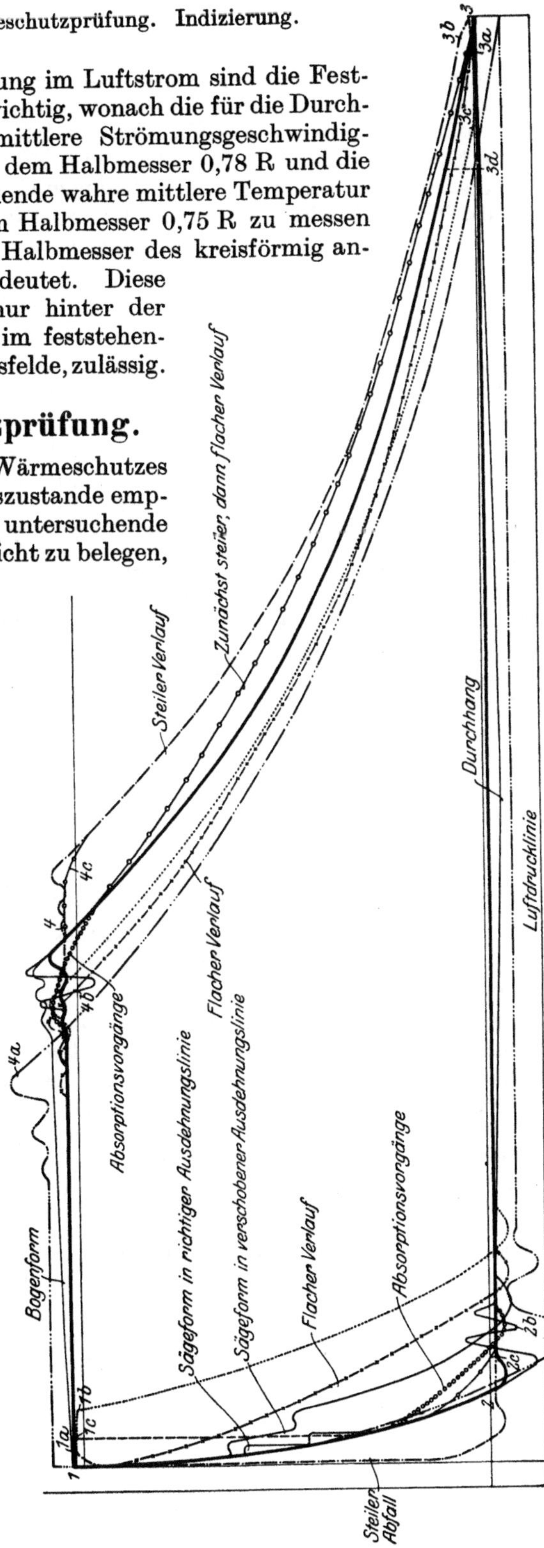

Abb. 273. Indikatordiagramm.

[1] Schack: Über die Messung großer Wärmemengen in turbulenten Gasströmen. Z. angew. Math. Mech. 1924.

[2] Hencky: Ein einfaches praktisches Verfahren zur Bestimmung des Wärmeschutzes verschiedener Bauweisen. Z. ges. Kälteind. 1919.

sind leicht möglich, und es gehört besondere Erfahrung dazu, sich davor zu schützen. Bestimmte Abweichungen von dem regelmäßigen Diagramm können verschiedene Ursachen finden, die eindeutig festzulegen daher hier nicht möglich ist. Die folgenden Ausführungen geben nur Anhalte und verlangen in jedem besonderen Falle Prüfung durch berufenes Urteil. Zur Erleichterung des Vergleiches sind in Abb. 273 neben dem regelmäßigen Diagramm die am häufigsten auftretenden Fehler zusammengetragen.

Ausdehnungsbeginn (Punkt 1).

Der Punkt soll mit dem Totpunkte genau übereinstimmen. Liegt er davor (1a), so deutet dies auf Undichtheit von Kolben oder Saugventil, die so groß ist, daß trotz des vorrückenden Kolbens der Druck sinkt. Gleichzeitig geht im allgemeinen die Ausdehnungslinie nicht in einem scharfen Winkel von der Ausschublinie ab, sondern mit Abrundung. Liegt Punkt 1 hinter dem Totpunkt (1b), und läuft die Ausdehnungslinie anfänglich etwa in Höhe des Verflüssigerdruckes zurück, so liegt verspäteter Schluß des Druckventils vor, verursacht durch zu großen Hub, zu schwache Feder oder Klemmung. Nicht zu verwechseln ist dieser Fall mit der bei zu langer Indikatorschnur sich ergebenden Verkürzung des Diagramms (1c), wobei, wegen des Stillstandes der Indikatortrommel im Hubende, die Ausdehnungslinie genau senkrecht niederfällt und danach plötzlich in die regelmäßige Form übergeht.

Ausdehnungslinie (Strecke 1 2).

Fällt die Ausdehnungslinie im Totpunkte steil ab, so deutet dies darauf, daß die im schädlichen Raum verdichteten Gase entweichen. Der Grund kann in stark undichten Saugventilen liegen oder auch in undichtem Kolben. Ist bei einem doppeltwirkenden Verdichter nur der Kolben undicht, so geht, neben dem steilen Abfallen der Ausdehnungslinie auf der einen Seite, rasches Ansteigen des Verdichtungsdruckes zu Beginn des Verdichtungshubes auf der anderen Seite einher (Punkt 3).

Verläuft die Ausdehnungslinie zu flach, so liegt der Grund in zu großem schädlichen Raum oder übermäßiger Feuchtigkeit der im Totpunkt darin eingeschlossenen Dämpfe. Auch übermäßige Wandungseinflüsse durch zerklüftete Formen sowie undichte Druckventile können die Ursache bilden.

Verläuft die Ausdehnungslinie nicht stetig, sondern in Sägeform, wobei der Druck zeitweise stehen bleibt oder gar ansteigt, so ist der Grund in einem Wiederaufspringen des Druckventiles zu suchen, veranlaßt durch zu großen Ventilhub, falsch bemessene Feder oder fehlerhaft eingestellten Luftpuffer. Eine ähnliche Erscheinung tritt auf, wenn der Indikatorkolben klemmt, hierbei endigt jedoch die Ausdehnungslinie im richtigen Punkte, während sie bei Wiedereröffnung des Druckventils, wegen der gleichzeitig zurückströmenden Gase, flacher verläuft.

Regelmäßige Form der Ausdehnungslinie im ersten Teile und flacher Verlauf im zweiten Teile deutet bei Ammoniakverdichtern auf Absorptionsvorgänge durch Wasseransammlung im Zylinder. Hierbei ist im allgemeinen auch im Endpunkte der Verdichtung (Punkt 4) ein Zurückbiegen der Verdichtungslinie zu beobachten. Von dem Falle schleichender Ventileröffnung, der sich ähnlich äußert, ist der vorliegende dadurch verschieden, daß bei ihm die Ventileröffnung deutlich durch Zacken gekennzeichnet wird.

Saugventilöffnung (Punkt 2).

Erfolgt die Öffnung des Saugventils erst nach Erreichung eines großen Unterdrucks (2a), so ist entweder der Klebwiderstand des Ventiles zu groß oder die Feder zu stark bemessen. Im letzten Falle liegt gleichzeitig die Ansauglinie ungewöhnlich tief unterhalb des Verdampferdruckes.

Folgen auf den Punkt der Ventilöffnung Schwingungslinien unterhalb des Verdampferdruckes, so ist anzunehmen, daß die Ventilfeder flattert. Diese Erscheinung ist leicht zu verwechseln mit einer ähnlichen (2b), die ihre Ursache in schwingender Indikatorfeder findet, wenn diese zu schwach bemessen ist oder Resonanzwirkung bei der gerade vorliegenden Drehzahl ergibt. Die Indikatorschwingungen sind im allgemeinen spitz und kurz. Außerdem können sie auch die Linie des Verdampferdruckes überschneiden. Unregelmäßige Schwingungsformen ergeben sich aus der Zusammenwirkung beider Ursachen.

Geht die Ausdehnungslinie mit sanfter Abrundung in die Ansauglinie über (2c), so ist auf Undichtheit des Saugventils zu schließen, das schon vor der eigentlichen Öffnung so viel Gas durchläßt, daß ein Klebwiderstand sich im Diagramm überhaupt nicht äußert.

Ansauglinie (Strecke 2 3).

Liegt die Ansauglinie in ihrem ganzen Verlauf erheblich unter dem Verdampferdruck, so sind die Saugventilwiderstände zu groß. Bei zu eng bemessenem Ventil hängt hierbei die Ansauglinie, der zunehmenden Geschwindigkeit entsprechend, in der Hubmitte durch, während sie bei zu starker Federspannung im allgemeinen parallel zum Verdampferdruck verläuft und sich gleichzeitig in großem Ventilöffnungswiderstand äußert.

Zuweilen fällt die Ansauglinie mit dem Verdampferdruck zusammen oder gar darüber hinaus. Es wäre falsch, hieraus einen volumetrischen Wirkungsgrad = 1 oder darüber abzuleiten. Zur Klärung des Vorganges ist gleichzeitig mit dem Verdichter der Raum zu indizieren, aus dem er saugt. Bei einfachwirkenden Zylindern mit auf dem Kolben angeordnetem Saugventil wird hinter dem Kolben gleichfalls Arbeit geleistet. Bei doppeltwirkenden Zylindern bilden Schwingungsvorgänge die Ursache, meist veranlaßt durch Resonanzerscheinungen und stets mit Verlusten verbunden. Ihre Beseitigung erfolgt durch Änderung der Rohrleitungsverhältnisse oder der Verdichterdrehzahl.

Verdichtungsbeginn (Punkt 3).

Beginnt der Druckanstieg vor dem Totpunkte (3a), so bedeutet dies, daß durch Undichtheit des Kolbens oder Druckventils Gase von der Druckseite her einströmen. Der Punkt steht insofern mit Punkt 1 im Zusammenhang, als Lage beider vor dem Totpunkte mit Sicherheit auf Undichtheit des Kolbens schließen läßt, besonders wenn gleichzeitig die Strecke 1 2 steil abfällt. Treffen die Beobachtungen nicht zusammen und verläuft die Strecke 1 2 flach, so mag auch ein undichtes Druckventil die Schuld tragen. In allen diesen Fällen steigt die Ansauglinie bis zum Hubende über den Verdampferdruck hoch. Bei undichtem Druckventil und vor allem undichtem Kolben setzt sich die ungewöhnliche Drucksteigerung auch nach dem Hubende noch fort. Während jedoch bei Undichtheit des Druckventils die Verdichtungslinie nach steilem Beginn allmählich in regelmäßige Form übergeht, ergibt Undichtheit des Kolbens einen Umkehrpunkt in Nähe des Totpunktes (3b). Beginnt die Verdichtungslinie hinter dem Hubende, und läuft das Diagramm bis dahin etwa auf dem Verdampferdruck zurück (3c), so liegt verspäteter Saugventilschluß vor, begründet durch zu großen Ventilhub, zu schwache Feder oder Klemmung. Zu lange Indikatorschnur verursacht eine Verkürzung des Diagramms (3d). Während des Stillstandes der Trommel im Hubende steigt hierbei die Verdichtungslinie senkrecht an und geht im Augenblicke der Schnurspannung in die richtige Form über.

Verdichtungslinie (Strecke 3 4).

Als Vergleichslinien für die Verdichtungs-, ebenso wie die Ausdehnungslinie kommen in Betracht:

die Isentrope (Adiabate) für Heißdampf, die sich bei trocken gesättigtem oder überhitztem Zustande der angesaugten Gase, vollkommen wärmedichtem Zylinder und Fehlen von Wandungswirkung ergibt (bei der Ausdehnungslinie entspricht die Heißdampfisentrope einem Endzustande von trocken gesättigtem oder überhitztem Gas);

die Isentrope für Sattdampf, die bei Beginn der Verdichtung (bzw. dem Ende der Ausdehnung) feuchten Gasen mit einem Dampfgehalt entspricht, der während der Verdichtung zu- (bzw. während der Ausdehnung ab-) nimmt und bei dem höchsten Verdichtungsdruck = 1 wird, also mit dem Zustande trockener Sättigung zusammenfällt, auch hier unter Voraussetzung eines wärmeundurchlässigen Zylinders ohne Wärmeinhalt.

Die Einzeichnung der Isentrope in das aufgenommene Indikatordiagramm gibt nur dann Aufschluß über die Wärmebewegung, wenn die wirkliche Diagrammlinie vollständig unterhalb oder oberhalb der Vergleichskurve liegt. Dagegen ist es fehlerhaft, wenn beide sich kreuzen, etwa anzunehmen, daß die Wandungen Wärme abgeben, solange die wirkliche Verdichtungslinie oberhalb der Isentrope verläuft, und Wärme aufnehmen, soweit die Diagrammkurve unterhalb der Vergleichslinie liegt. Um die Wärmebewegung richtig zu beurteilen, ist es vielmehr notwendig, nicht eine einzige vom Hubende ausgehende Isentrope zu entwerfen, sondern zahlreiche von mehreren zu untersuchenden Punkten. Liegt alsdann die unmittelbar benachbarte Strecke der Diagrammlinie oberhalb oder unterhalb der Isentrope, so ist auf Wärmeabgabe bzw. Wärmeaufnahme der Wandungen zu schließen, und zwar in einem um so höheren Grade, je größer der Winkel zwischen wirklicher und Vergleichslinie ist. In einfacherer Weise läßt sich der Verlauf der Wärmebewegung darstellen, wenn die Diagrammlinien auf den Wert des polytropischen Exponenten untersucht werden, wofür Leinweber[1] die Anleitung gibt. Werden die ermittelten Zahlen dieses Exponenten über den Diagrammlinien aufgetragen, und mit der $\varkappa$-Linie, wie sie der Isentrope entspricht, verglichen, so bedeutet der Schnittpunkt beider Umkehr der Wärmebewegung, Punkte über der $\varkappa$-Linie Wärmeabgabe, darunter Wärmeaufnahme der Wandung, beides mit um so größerer Lebhaftigkeit, je größer der Abstand von der $\varkappa$-Linie ist.

Bei der Eintragung der Vergleichskurven ist als schädlicher Raum das vergrößerte Maß einzutragen, das sich bei der Indizierung durch Verbindung mit dem Indikator ergibt. Genau genommen, ist es mit der Bewegung des Indikatorkolbens veränderlich. Der bei Annahme eines mittleren Wertes sich ergebende Fehler spielt keine Rolle, wenn bei kleinem Zylinderinhalt, also vor allem bei Kohlensäureverdichtern kleiner Leistung, Indikatoren mit kleinem Kolbendurchmesser und kurzem Hub, d. h. starker Feder, Verwendung finden.

Abgesehen von den Wandungseinflüssen deutet ein zu steiler Verlauf der Verdichtungslinie auf Undichtheit des Druckventils, eine zu flache Form auf Undichtheit des Saugventils.

Druckventilöffnung (Punkt 4).

Starkes Übersteigen des Verflüssigerdruckes im Punkte der Ventilöffnung und anschließende Schwingungen oberhalb des Verflüssigerdruckes (4a) oder mit Unterschneidung (4b) haben die gleiche Ursache wie die bei Punkt 2 erörterten entsprechenden Erscheinungen bei der Saugventilöffnung. Ähnlich wie dort deutet auch ein Zurückbiegen der Verdichtungslinie mit abgerundetem Übergang in die Ausschublinie (4c) auf Undichtheit des Druckventiles, die so stark ist, daß der Klebwiderstand vor dem eigentlichen Öffnen schon überwunden ist. Ein ähnliches Bild ergibt bei Ammoniakverdichtern die Anwesenheit von Wasser im Zylinder.

Ausschublinie (Strecke 4 1).

Liegt die Ausschublinie wesentlich über dem Verflüssigerdruck, so bedeutet dies zu große Widerstände des Druckventils, und zwar zu kleine Querschnitte, wenn der Druckunterschied gegen Hubende abnimmt, zu starke Feder, wenn er während des ganzen Ausschubes etwa gleich bleibt.

[1] Leinweber: Diagramm-Charakteristiken. Z. VDI 1913.

Andere Verzerrungen finden ihre Ursache in Fehlern der Indiziervorrichtung. Ist z. B. die Verbindung zwischen Indikator und Zylinder verstopft, oder der Indizierhahn ungenügend geöffnet, so liegt das wirkliche Diagramm in seinem ganzen Verlauf innerhalb des regelmäßigen, und die Übergänge von Ausdehnungslinie zu Ansauglinie und Verdichtungslinie zu Ausschublinie erscheinen vollkommen abgerundet. Stellt der Indizierkanal nicht dauernd die Verbindung zwischen Zylinder und Indikator her, weil z. B. der Kolben im Hubende überschleift, so fällt die Ausschublinie zum Schlusse etwas ab, die Ausdehnungslinie läuft zunächst fast in gleicher Höhe, um nach Freiwerden der Öffnung rasch auf die richtige Linie zu sinken.

Um aus der Untersuchung des Indikatordiagramms genaue zahlenmäßige Schlußfolgerungen ziehen zu können, ist die Aufnahme des Barometerstandes wichtig, ebenso die Eichung der verwandten Indikatorfedern.

D. Berechnung.

I. Der Vorgang der Kälteerzeugung im Sankey-Bild.

1. Kaltdampfanlage mit Verdichter und Regler (Abb. 274).

Der Arbeitsstoff befindet sich vor dem Regler im Zustande einer unterkühlten Flüssigkeit. Beim Durchströmen durch den Regler verwandelt er sich in ein Gemisch, das dem Gewichte nach zum größten Teile aus

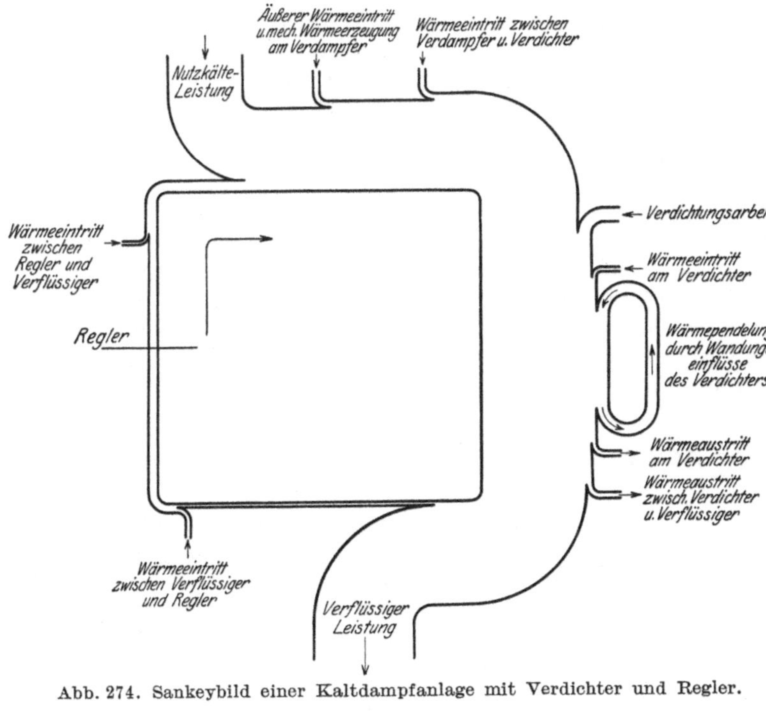

Abb. 274. Sankeybild einer Kaltdampfanlage mit Verdichter und Regler.

gesättigter Flüssigkeit, zum Rest aus gesättigten Dämpfen besteht. In diesem Zustande fließt der Arbeitsstoff durch die Einspritzleitung unter Aufnahme der durch den Wärmeschutz von außen eindringenden Wärme und Erhöhung des Dampfgehaltes dem Verdampfer zu, in dem eine Vermehrung des Wärmeinhalts um den Betrag der Nutzkälteleistung dadurch eintritt, daß der zu kühlende Körper die Flüssigkeit vollständig zur Verdampfung bringt (trockenes Ansaugen. Erfolgt die Verdampfung nicht restlos, und befindet sich am Ausgang des Verdampfers noch mehr Flüssigkeit in der Leitung, als bis zum Verdichter durch Eindringen äußerer Wärme verdampft, so ergibt sich nasses Ansaugen). Außer dieser Vermehrung des Wärmeinhalts durch Aufnahme der Nutzkälteleistung trägt der Wärmeeintritt von außen durch den Wärmeschutz in den Verdampfer und hinter ihm in die Saugleitung zwischen Verdampfer und Verdichter, außerdem die im Verdampfer durch Umlaufvorrichtungen mechanisch erzeugte Wärme, zur Erhöhung des Wärmeinhalts bei. Im Verdichter kommt der Wärmewert der Verdichtungsarbeit als weitere Erhöhung des Wärmeinhalts hinzu, außerdem der positive oder negative Betrag, um den der Wärmeeintritt in den Verdichterzylinder von außen dessen Wärmeabgabe an die Umgebung und an einen allenfalls vorhandenen Kühlwassermantel überwiegt. Die Druckleitung hinter dem Verdichter besitzt in der Regel eine höhere Temperatur als die Umgebung und gibt an diese einen Teil des im Arbeitsstoff vorhandenen Wärmeinhalts ab. In dem Verflüssiger werden die Gase auf die Siedetemperatur abgekühlt, in diesem Zustande verflüssigt und mehr oder weniger unter die Siedetemperatur unterkühlt, wobei als Verflüssigerleistung der größte Teil des Wärmeinhalts in das Kühlwasser des Verflüssigers wandert. In der Flüssigkeitsleitung vom Verflüssiger zum Regelventil ergibt schließlich die Erwärmung durch die im allgemeinen wärmere Umgebung eine Erhöhung des Wärmeinhalts auf den Wert, von dem die Betrachtung ausgegangen ist. Nicht berücksichtigt wurden hierbei die Reibungseinflüsse, die in dem ganzen Kreislauf des Arbeitsstoffs eine Vermehrung des Wärmeinhalts bewirken, vom Verflüssigeraustritt bis zum Verdichtereintritt daher gleichsinnig, vom Verdichteraustritt bis zum Verflüssigeraustritt dagegen entgegen der hauptsächlichen Wärmebewegung arbeiten, ohne jedoch deren Sinn zu verändern.

2. Kaltdampfanlage mit Aufsauger und Austreiber (Abb. 275).

Bis zum Ende der an den Verdampfer anschließenden Saugleitung entspricht das Bild der Wärmebewegung der mit Verdichter arbeitenden Kaltdampfanlage. In dem Aufsauger wird die dem Lösungsvorgange entsprechende Wärmemenge — Aufsaugerleistung — frei und durch das Kühlwasser nach außen weggeführt. Der Wärmeinhalt des Arbeitsstoffes nimmt dadurch bis zu einem negativen Werte ab. In gleichem Sinne wirkt die Wärmeabgabe des Aufsaugers und der Anschlußleitung zwischen diesem und der Lösungspumpe an die Umgebung vermindernd auf den Wärmeinhalt. In der Lösungspumpe führt der Wärmewert der Pumparbeit zu einer Vermehrung des Wärmeinhalts, während die Wärmeabgabe der Pumpe und ihrer Anschlußleitung nach dem Temperaturwechsler an die Umgebung einen Verlust

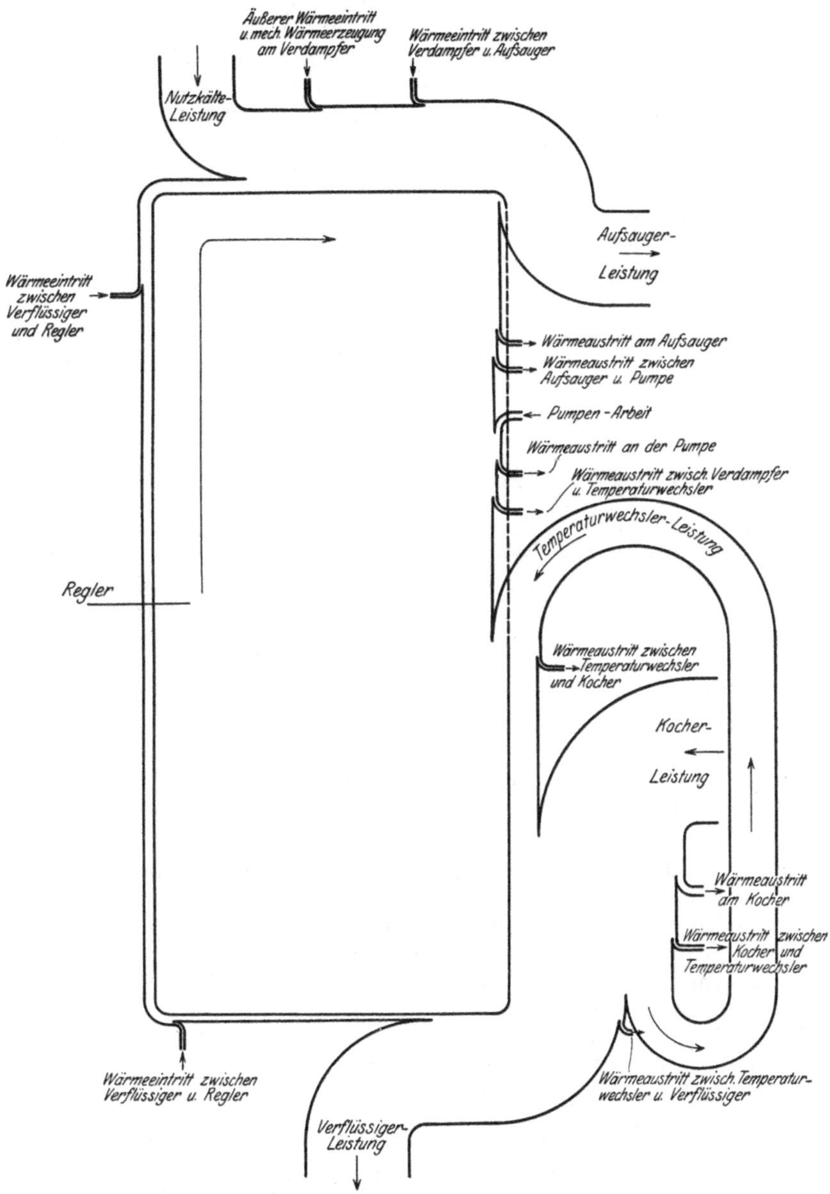

Abb. 275. Sankeybild einer Kaltdampfanlage mit Aufsauger und Austreiber.

an Wärmeinhalt ergibt. Die der Vorwärmung der starken Lösung auf der einen Seite des Temperaturwechslers entsprechende Wärmeleistung kommt der Abkühlung der schwachen Lösung auf dessen anderer Seite gleich, führt also zu einer Pendelung der Wärmebewegung, die auf den schließlichen Wärmeinhalt ohne Einfluß ist. Dagegen stellt die Wärmeabgabe des Temperaturwechslers und seiner Verbindungsleitung mit dem Kocher an die Umgebung einen Verlust an Wärmeinhalt dar. In dem Austreiber werden die Dämpfe durch Erwärmung aus der starken Lösung ausgetrieben, der Druck erreicht hierbei eine Höhe, bei der die Verflüssigung durch das verfügbare Kühlwasser möglich ist. Der Wärmeinhalt nimmt im Austreiber um die als Heizleistung eingeführte Wärmemenge zu. Hiervon geht der Wärmeverlust des Kochers und seiner Verbindungsleitung zum Verflüssiger an die Umgebung ab. Vom Eintritt in den Verflüssiger ab entspricht die Wärmebewegung wieder der mit Verdichter arbeitenden Kaltdampfanlage.

In ähnlicher Weise lassen sich die Wärmebilder für die weniger wichtigen Fälle der Kaltdampfanlage mit Ausdehnungsmotor, Wasserdampfkühlanlage und Kaltluftanlage entwerfen.

II. Der Vorgang der Kälteerzeugung im s-T-Bild.

Die rechnerische Grundlage der Kälteerzeugung bilden die beiden Hauptsätze der Wärmelehre, deren erster besagt, daß Energie wohl ihre Form verändern, nicht aber verschwinden kann, während der zweite angibt, daß Wärme niemals von selbst von einem kälteren zu einem wärmeren Körper übertritt. Auf die Kälteerzeugung angewandt, bedeuten sie:

Die Energie, die als Wärme dem zu kühlenden Körper entzogen wird, bleibt erhalten und tritt in gleichem Betrage wieder in Erscheinung, nachdem sie auf einen zweiten Körper der Umgebung übertragen ist.

Um die Wärme von der tieferen Temperatur auf die höhere Umgebungstemperatur zu heben, ist ein besonderer Hilfsvorgang erforderlich.

Es bezeichne:

q_0 die bei der Temperatur T_0 zu entziehende Wärmemenge, bezogen auf 1 kg (spezifische Kälteleistung), in kcal/kg,

q die bei der Temperatur T an die Umgebung übertragene Wärmemenge, bezogen auf 1 kg, in kcal/kg,

q_N den im Wärmemaß ausgedrückten Betrag der Hilfsenergie, bezogen auf 1 kg, in kcal/kg,

T_0 die Temperatur des zu kühlenden Körpers, in ^{0}C abs.

T die Temperatur der Umgebung, in ^{0}C abs.

Dann gilt nach dem ersten Hauptsatze

$$q_0 + q_N = q. \tag{1}$$

Dem zweiten Hauptsatze hat Lorenz die Fassung gegeben: Mit jeder Energiezerstreuung innerhalb eines Systems ist eine Entropiesteigerung verbunden, d. h. Entropiezunahme eines Systems bedeutet Verlust; verlustlose, umkehrbare Vorgänge sind daher solche, bei denen die Gesamtentropie gleich bleibt. Jedes wirkliche Verfahren ist, weil unvollkommen und mit Verlusten verknüpft, mit nichtumkehrbaren

Nebenvorgängen verbunden, die eine Entropievermehrung bewirken. Der vollkommene Vorgang wäre der, bei dem die Entropiezunahme gerade gleich der Entropieabnahme wird. Die Entropie s ist eine Zustandsgröße des Körpers und bei umkehrbaren Vorgängen durch die Beziehung

$$s = \int \frac{dq}{T}; \quad s_0 = \int \frac{dq_0}{T_0}$$

gekennzeichnet. Für den vollkommenen Vorgang gilt daher

$$\int \frac{dq}{T} = \int \frac{dq_0}{T_0}. \tag{2}$$

Die für den Hilfsvorgang aufzuwendende Energie q_N soll, verglichen mit der Kälteleistung q_0, möglichst niedrig, das als Leistungsziffer bezeichnete Verhältnis $\varepsilon = \frac{q_0}{q_N}$ daher möglichst groß sein. Vollziehen sich Wärmeaufnahme q_0 und Wärmeabgabe q bei unveränderlichen Temperaturen T_0 bzw. T, so schreibt sich Formel 2

$$\int \frac{q}{T} = \frac{q_0}{T_0}. \tag{3}$$

Die Beziehungen 1 und 3 stellen die Voraussetzungen für den Carnotschen Kreislauf dar. Aus beiden folgt die Leistungsziffer

$$\varepsilon = \frac{T_0}{T - T_0}, \tag{4}$$

d. h. der Energieaufwand für eine bestimmte Kälteleistung ist um so geringer, je höher die Temperatur T_0 und je tiefer die Temperatur T liegt. Die Kälteerzeugung soll daher bei einer Temperatur T_0 geleitet werden, die nicht tiefer liegt, als eben nötig. Als Ausgleichskörper für Übertragung der Wärme auf die Umgebung ist ein Körper mit möglichst tiefer Temperatur T zu suchen, Erdmasse, Luft und vor allem Wasser.

Für die Durchführung des Hilfsvorganges ist ein Arbeitsstoff als Energieträger erforderlich. Von ihm sind folgende Eigenschaften zu fordern:

er soll die abzuführende Wärme (Kälteleistung) bei gleichbleibender Temperatur T_0 aufnehmen können. Denn eine Veränderung gegenüber T_0 könnte, da T_0 als die höchstmögliche Kühltemperatur anzusehen ist, nur in einem Heruntergehen unter T_0 bestehen; dies aber würde eine Verschlechterung der Wirkungsweise bedeuten;

er soll die an die Umgebung zu übertragende Wärme bei gleichbleibender Temperatur T abgeben können, da T als die tiefstmögliche Umgebungstemperatur anzusehen ist und eine veränderliche Temperatur während der Wärmeabgabe nur in einer Überschreitung der Grenztemperatur T, d. h. einer Verschlechterung des Arbeitsvorganges, bestehen könnte.

1. Kaltdampfanlage.

Wird der Kreislauf des Arbeitsstoffes in einem Diagramm dargestellt, dessen Abszissen die Entropie s und dessen Ordinaten die Temperatur T messen, so ergibt sich in Abb. 276 das vollkommene Arbeitsverfahren (Carnotscher Kreislauf) als Rechteck, begrenzt durch zwei Linien gleichbleibender Temperatur (Isothermen) und zwei Linien gleichbleibender Entropie (Isentropen). Arbeitsstoffe, die isothermische Wärmeaufnahme bzw. Wärmeabgabe ermöglichen, sind Flüssigkeiten bzw. Dämpfe im Sättigungsgebiet. Das Sättigungsgebiet wird in Abb. 276 durch zwei Linien eingeschlossen, deren eine — untere Grenzkurve — den Zustand als reine Flüssigkeit mit der Sättigungstemperatur darstellt, während die andere — obere Grenzkurve — für das trocken gesättigte Gas gilt. Siedende Flüssigkeit bindet Wärme bei gleichbleibender Temperatur, ebenso wie Dämpfe bei der Verflüssigung

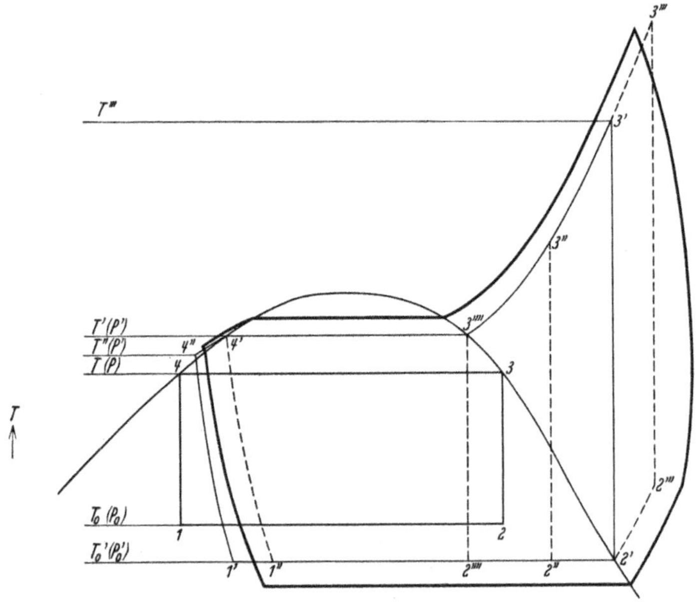

Abb. 276. s-T-Bild einer Kaltdampfanlage.

Wärme ohne Temperaturänderung abgeben. Bei vollkommenen Gasen, unterkühlten Flüssigkeiten und festen Körpern dagegen bedingt Wärmeaufnahme Temperaturerhöhung, Wärmeabgabe Temperatursenkung. Von diesem Gesichtspunkte aus ist eine vollkommene Lösung der Kälteerzeugung in erster Linie bei Verwendung eines Arbeitsstoffes innerhalb des durch die beiden Grenzkurven eingeschlossenen Gebiets zu erwarten, d. h. in den Kaltdampfanlagen.

Der vollkommene Arbeitsvorgang in der Kaltdampfmaschine, wie er in dem s-T-Bild der Abb. 276 dargestellt ist, vollzieht sich zwischen den beiden Grenztemperaturen. Es bedeutet darin

1 2 Aufnahme der Kälteleistung q_0 bei gleichbleibender Temperatur T_0 durch eine siedende Flüssigkeit vom Drucke P_0, deren Dampfgehalt sich von dem Zustande 1 auf den Zustand 2 erhöht. Die Leistung $q_0 = T_0 \frac{q_0}{T_0} = T_0 \left(\frac{q_{0,2}}{T_0} - \frac{q_{0,1}}{T_0} \right) = T_0 \, (s_{0,2} - s_{0,1})$ wird hierbei durch das

Rechteck gemessen, das oben durch die Gerade 1 2, unten durch die Abszissenachse für $T = 0$ und seitlich durch die Ordinaten durch 1 und 2 begrenzt ist;

2 3 isentropische (d. h. äußere Einflüsse fernhaltende) Überführung des Arbeitsstoffs von dem Dampfgehalt 2, der Temperatur T_0 und dem Drucke P_0 in den Zustand trockenen Dampfes mit der Siedetemperatur T und dem Drucke P, entsprechend Punkt 3;

3 4 Abgabe der Wärmemenge q bei der gleichbleibenden Temperatur T durch einen Arbeitsstoff vom Drucke P, der hierbei von dem Zustand trocken gesättigten Dampfes in den reiner Flüssigkeit übergeht. Die Leistung $q = T\,(s_3 - s_4)$ wird durch das Rechteck gemessen, das oben durch die Gerade 3 4, unten durch die Abszissenachse für $T = 0$ und seitlich durch die Ordinaten durch 3 und 4 begrenzt ist;

4 1 isentropische Überführung des Arbeitsstoffs von dem Zustand reiner Flüssigkeit mit der Siedetemperatur T und dem Drucke P in den Zustand mit dem Dampfgehalt 1, der Temperatur T_0 und dem Drucke P_0.

Der Energieverbrauch $q_N = q - q_0$ wird durch die Fläche 1 2 3 4 in Wärmeeinheiten gemessen.

Der wirkliche Vorgang in der Kaltdampfanlage weicht von dem beschriebenen Carnotschen Kreislauf in verschiedenen Punkten ab:

Temperaturgefälle zwischen Arbeitsstoff und Kühlmittel (Punkt 4'). Der Arbeitsstoff ist vollständig verflüssigt, seine Temperatur T' liegt höher als die dem Kühlmittel eigentümliche Grenztemperatur T. Das Maß dieses Temperaturunterschiedes hängt ab von Bemessung und Bauart der Verflüssigungsvorrichtung. Die endliche Größe der Austauschfläche bedingt ein Temperaturgefälle zwischen dem Kühlmittel (Kühlwasser) und dem Arbeitsstoff, die endliche Menge des Kühlwassers eine Veränderung seiner Temperatur im Laufe des Arbeitsvorganges und eine für die Verflüssigungsspannung maßgebende Temperatur, die höher liegt, als die Anfangstemperatur des Kühlmittels. Aus dem gleichen Grunde folgt der wirkliche Druck P' höher als P.

Unterkühlung des Arbeitsstoffes (Verlauf 4' 4''). Die gesättigte Flüssigkeit wird unterkühlt. Im Zustande 4'' besitzt der Arbeitsstoff die Sättigungsspannung, die dem Zustande 4' entspricht und die Temperatur T'', die niedriger als T' und höher als T liegt, jedoch durch entsprechende Bemessung der Kühlflächen und Ausbildung des Unterkühlers als Gegenstromvorrichtung beliebig weit an T angenähert werden kann. Der Verlauf 4' 4'' entspricht einer Linie gleichbleibenden Druckes (Isobare) der Flüssigkeit und weicht von der unteren Grenzkurve nur unerheblich ab. Der Unterschied tritt allein bei Arbeitsstoffen in Erscheinung, die, wie Kohlensäure, in flüssigem Zustande als elastisch anzusehen sind.

Abdrosseln des Druckunterschiedes (Verlauf 4'' 1'). Während die isentropische Überführung von Zustand 4 in Zustand 1 die Verwendung eines Ausdehnungsmotors bedingt, in dem die Entspannung unter Arbeitsgewinn erfolgt, fehlt dieser bei den üblichen Kaltdampfanlagen. Er findet Ersatz in dem Regler, einer Drosselvorrichtung, die zwischen die beiden Druckgebiete eingeschaltet ist. Die Drosselkurve 4'' 1' entspricht der Linie gleichbleibenden Wärmeinhalts. Sie besitzt an der unteren Grenzkurve einen Knick und endigt in einem Punkte 1', dem ein höherer Dampfgehalt und eine tiefere Temperatur T_0' entspricht als Punkt 1 beim Carnotschen Kreislauf. Der erhöhte Dampfgehalt ergibt eine verminderte Kälteleistung. Fehlt die Unterkühlung, so folgt der Drosselvorgang der Linie 4' 1''. Der Dampfgehalt ist hierbei entsprechend dem Maß 1' 1'' weiter erhöht und die Kälteleistung noch mehr verringert.

Temperaturgefälle zwischen Arbeitsstoff und Kälteträger (Verlauf 1' 2'). Die Kälteleistung q_0' wird bei der gleichbleibenden Temperatur T_0' aufgenommen, wobei der Arbeitsstoff unter dem Drucke $P_0' < P_0$ vollständig verdampft. Das Maß, um das die Temperatur T_0' unter der Grenztemperatur T_0 liegt, ist bedingt einerseits durch die endliche Größe der für die Kälteübertragung angewandten Austauschfläche, durch die sich eine Senkung unter den Grenzwert T_0 ergibt, andererseits durch die endliche Menge des zu kühlenden Stoffes — Kälteträgers —, dessen Temperatur abnimmt, so daß die Temperatur T_0' tiefer liegt als die Anfangstemperatur des Kälteträgers. Der Zustand 2' hängt von der Handhabung des Reglers ab. Um den Zustand trockener Sättigung im Punkte 2' zu sichern, werden Hilfsvorrichtungen (Flüssigkeitsabscheider) angewandt. Bei unvollständiger Verdampfung endigt die Kälteleistung bei einem Punkte 2''. Bei verminderter Zuführung von Arbeitsstoff durch das Regelventil tritt zum Schlusse eine Überhitzung des Arbeitsstoffes bis zum Punkte 2''' ein, wobei die Kurve 2' 2''' eine Linie gleichen Druckes darstellt. Gegenüber Punkt 2' bedeutet die Beendigung der Wärmeaufnahme im Zustand 2'' eine Verminderung, die Fortsetzung der Wärmeaufnahme bis zum Zustand 2''' eine Vermehrung der Kälteleistung.

Verdichtung mit Überhitzung des Arbeitsstoffes (Verlauf 2' 3'). Isentropische Überführung des Arbeitsstoffes von dem T_0' zugeordneten Sättigungsdruck P_0' auf den T' zugeordneten Sättigungsdruck P', wobei der Arbeitsstoff sich auf die Temperatur T''' überhitzt. Bei unvollständiger Verdampfung würde der Vorgang der Linie 2'' 3'' entsprechen, wobei die Endtemperatur des überhitzten Arbeitsstoffs niedriger liegt, bzw. wenn 2'' noch weiter von der rechten Grenzkurve nach 2'''' wegrückt, schließlich mit der Siedetemperatur T' zusammenfällt (Linie 2'''' 3''''). Andererseits entspricht der Verlauf 2''' 3''' einer höheren Temperatur während des ganzen Vorganges.

Enthitzung des Arbeitsstoffes vor der Verflüssigung (Verlauf 3' 3''''). Abgabe der Wärmemenge q' zunächst bei Abnahme der Temperatur von T''' auf T' (Abführung der Überhitzungswärme), danach bei gleichbleibender Temperatur T' bis zum Zustande vollständiger Verflüssigung.

Der durch den Verlauf 1' 2' 3' 3'''' 4' 4'' dargestellte Vorgang deckt sich immer noch nicht mit dem in Wirklichkeit auftretenden. Abweichungen ergeben sich durch die Widerstände der von dem Arbeitsstoff durchlaufenen Wärmeaustauschvorrichtungen und Rohrleitungen, ferner durch die tatsächliche Unmöglichkeit des isentropischen Vorganges 2′ 3′. Die Folge ist eine Verzerrung des s-T-Bildes, die in Abb. 276 mit dicken Linien angedeutet ist. Bei den Abweichungen handelt es sich durchweg um nicht umkehrbare Vorgänge, die verlusterhöhend wirken.

Bei einer Kälteanlage mit Verdichter kennzeichnet die Linie 2′ 3′ den Verdichtungsvorgang, die Abweichung von der Isentrope (Geraden) wird vor allem dadurch veranlaßt, daß der Arbeitsstoff beim Eintritt in den warmen Verdichter eine Temperaturerhöhung zunächst bei gleichbleibendem Druck (während des Ansaugens) erfährt, danach während des ersten Teiles der Verdichtung unter dem sich fortsetzenden Einfluß der Zylinderwandungen sich schneller überhitzt, als dem isentropischen Verlauf entspricht. Schließlich tritt während des letzten Teils der Verdichtung und während des Ausschubes umgekehrt ein Wärmeübergang von dem Arbeitsstoff auf die Zylinderwand ein, durch den das Maß der Überhitzung vermindert wird. Gleichzeitig kann Flüssigkeitsniederschlag auf den kühlenden Wandungen des Zylinders auftreten, ohne daß die Hauptmenge der Gase ihre Überhitzung vollständig verliert, so daß überhitzte Gase und Flüssigkeit gleichzeitig vorhanden sind.

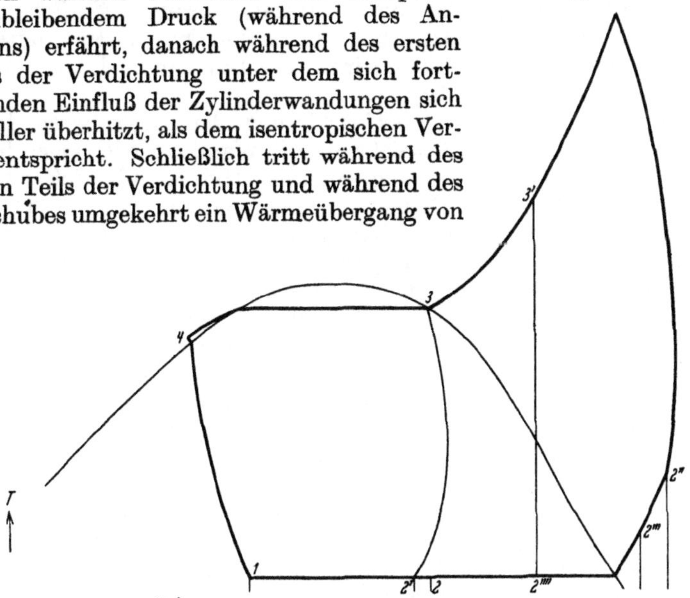

Abb. 277. Vergleich zwischen nassem und trockenem Arbeiten im s-T-Bild.

Ansaugen trockener Dämpfe. Der Unterschied zwischen dem Ansaugen nasser und trockener Dämpfe äußert sich im s-T-Bild nach Abb. 277. Eine Verbesserung der Leistungsziffer im letzten Falle geht daraus nicht ohne weiteres hervor. Eine Erklärung liegt darin, daß der im s-T-Bild dargestellte Vorgang mit nassem Ansaugen, bei dem der Endpunkt 3 des Verdichtungshubs auf der oberen Grenzkurve, der Endpunkt 2 des Saughubs senkrecht darunter angenommen wird, dem wirklichen Vorgang nicht entspricht. Die bei nassem Ansaugen besonders zur Geltung kommenden Wandungseinflüsse lassen die Verdichtungslinie stark von der Isentropen abweichen. Außerdem besitzt das Gemisch am Ende des Saughubs einen Dampfgehalt, der gegenüber dem Zustand vor dem Saugventil in höherem Grade vermehrt ist als bei trockenem Ansaugen. Die im s-T-Bild zum Ausdruck kommende Kälteleistung wird daher zum Teil im Zylinder durch Verdampfung des Feuchtigkeitsanteils nutzlos aufgebraucht. Die verbesserte Arbeitsweise bei trockenem Ansaugen kommt im s-T-Bild vor allem dadurch zum Ausdruck, daß das Verhältnis der verbleibenden Nutzkälteleistung zu der um den Betrag der Vorwärmung an den Zylinderwandungen vermehrten Scheinkälteleistung günstiger wird. In Abb. 277 ist beispielsweise die Kälteleistung durch die Fläche dargestellt, die bei nassem Ansaugen als Scheinkälteleistung unter der Verbindungslinie 1 2, als Nutzkälteleistung unter 1 2′, bei trockenem Ansaugen als Scheinkälteleistung unter 1 2″, als Nutzkälteleistung unter 1 2‴ liegt.

Unzweckmäßig ist es, die Überhitzung der angesaugten Dämpfe weiter zu treiben, als die Rücksicht auf die Wandungswirkungen fordert. Durch die Überhitzung der angesaugten Dämpfe läßt sich wohl die spezifische Kälteleistung erhöhen; auf der anderen Seite steht jedoch eine Verringerung der Förderleistung des Verdichters infolge des mit der Überhitzung zunehmenden spezifischen Volumens. Läßt sich daher eine erhebliche Überhitzung der angesaugten Dämpfe — beispielsweise wegen ungewöhnlich langer Saugleitung — nicht vermeiden, so wird in der Regel flüssiger Arbeitsstoff den überhitzten Dämpfen vor ihrem Eintritt in den Verdichter beigegeben und damit die Überhitzung größtenteils oder ganz aufgehoben. Der Aufwand flüssigen Arbeitsstoffes bedeutet eine Verminderung der Kälteleistung, die Erhöhung des spezifischen Volumens der Dämpfe eine Vergrößerung des Fördervermögens des Verdichters. Nach den Untersuchungen des Verfassers[1] überwiegt der letzte Einfluß, und es verbleibt ein Gewinn, der zugunsten der Hilfseinspritzung flüssigen Arbeitsstoffes spricht. Er beträgt für je 4^0 Abkühlung der überhitzt angesaugten Dämpfe, fast unabhängig von der Verdampftemperatur, etwa 1%.

Bei hohem Druckverhältnis kann es mit Rücksicht auf die Schmierung nötig werden, flüssigen Arbeitsstoff über das Maß einzuführen, das zur Aufhebung der Überhitzung nötig ist. Dieses Mehr bedeutet alsdann eindeutig einen Verlust an Kälteleistung, der im s-T-Bild der Abb. 277 dadurch zum Ausdruck kommt, daß die Isentrope durch den nach Druck und zulässiger Höchsttemperatur bestimmten Endpunkt 3′ die Isotherme für die Ansaugetemperatur im Punkt 2⁗ diesseits der oberen Grenzkurve schneidet.

Bei einer Absorptionskühlanlage erfolgt die Überführung von Zustand 2′ in Zustand 3′ der Abb. 276 auf einem Umwege, indem der Arbeitsstoff zunächst mit Wasser in Lösung tritt, danach aus der Lösung durch Erwärmung ausgetrieben wird. Der Vorgang im Aufsauger (Absorber) bedingt Abfuhr der Lösungswärme durch das verfügbare Kühlmittel, vollzieht sich also oberhalb der Grenztemperatur T des verfügbaren Kühlwassers. Das gleiche gilt für den Vorgang im Austreiber

[1] Hirsch: Wie wirkt sich das Ansaugen hochüberhitzter Dämpfe bei Ammoniakverdichtungsanlagen wirtschaftlich aus? Z. ges. Kälteind. 1929.

(Kocher). Die Bedingung eines verlustlosen, d. h. umkehrbaren Arbeitsvorganges führt bei Absorptionskühlanlagen zu der Vorschrift, mit gesättigten Lösungen zu arbeiten, der sich die wirkliche Ausführung natürlich nur nähern kann.

Bei Anlagen, für die eine begrenzte Menge des Kühlwassers und Kälteträgers gegeben ist, steht damit im allgemeinen auch die Endtemperatur beider, d. h. die höchste Kühlwassertemperatur $T_{w,e}$ beim Ablauf und die tiefste Temperatur des Kälteträgers $T_{s,e}$ fest. Als idealer Vergleichsvorgang wird hierbei im allgemeinen der betrachtet, bei dem Verdampfung und Verflüssigung sich möglichst nahe der tiefsten Temperatur des Kälteträgers bzw. der höchsten Kühlwassertemperatur vollziehen. Diese Annahme ist jedoch nicht einwandfrei, weil Verfahren denkbar sind, bei denen die Verflüssigung bei einer Temperatur vor sich geht, die zwischen Kühlwasserzu- und -ablauftemperatur ($T_{w,a}$, $T_{w,e}$), also tiefer als die letzte liegt, bzw. die Verdampfung bei einer Temperatur erfolgt, die zwischen der höchsten und tiefsten Temperatur ($T_{s,a}$, $T_{s,e}$) des Kälteträgers, also höher als die letzte liegt. Diesem Umstande trägt der Lorenzsche[1] Kreislauf Rechnung, indem er als angenähertes Vergleichsverfahren den Carnotschen Kreislauf vorschlägt, der zwischen den Grenztemperaturen

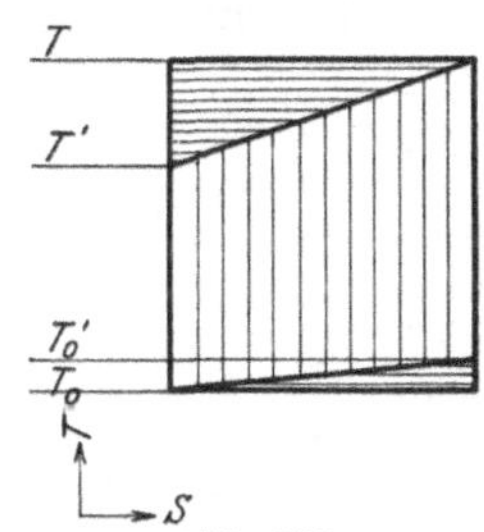

Abb. 278. Vergleich zwischen Carnot- und Lorenz-Kreislauf im s-T-Bild.

$$T = \frac{T_{w,a} - T_{w,e}}{\ln T_{w,a} - \ln T_{w,e}}$$

bzw.

$$T_0 = \frac{T_{s,e} - T_{s,a}}{\ln T_{s,e} - \ln T_{s,a}}$$

sich vollzieht.

Der vollkommene Lorenz-Kreislauf ist zusammen mit dem Carnotschen in Abb. 278 dargestellt. Die waagerecht gestrichelten Flächen geben den Mehrbedarf an Arbeit an, den das Carnot-Verfahren gegenüber dem Lorenz-Verfahren verlangt, wenn der Vorgang an die äußeren Temperaturen als Grenzen gebunden ist.

Dem vollkommenen Lorenz-Kreislauf nähern sich Kaltdampfanlagen nach dem Arbeitsbild Abb. 19, bei denen der Arbeitsvorgang in zahlreiche Stufen aufgelöst wird, deren jede sich einem Carnot-Kreislauf nähert (senkrechte Streifen der Abb. 278).

2. Kaltluftanlage.

Von den mit Gasen arbeitenden Kaltluftanlagen unterscheiden sich die Kaltdampfanlagen vor allem dadurch, daß die Isothermen innerhalb des Sättigungszustandes mit Linien gleichen Druckes zusammenfallen, während bei vollkommenen Gasen der Carnot-Kreislauf neben

[1] Lorenz: Beiträge zur Beurteilung der Kühlmaschinen. Z. VDI 1894.

den beiden Isentropen durch zwei Isothermen begrenzt wird, die Vorgängen mit veränderlichem Druck entsprechen.

Das vollkommene Arbeitsverfahren in der Kaltluftanlage vollzieht sich, wie in dem s-T-Bild der Abb. 279 dargestellt, zwischen den beiden Grenztemperaturen T_0 und T. Es bedeutet darin

1 2 Aufnahme der Kälteleistung q_0 bei gleichbleibender Temperatur T_0,

2 3 isentropische Verdichtung von dem Drucke P_0 auf den Druck P, wobei die Temperatur T_0 auf T steigt,

3 4 Abgabe der Wärmemenge q bei gleichbleibender Temperatur T,

4 1 isentropische Ausdehnung zwischen den Temperaturen T und T_0.

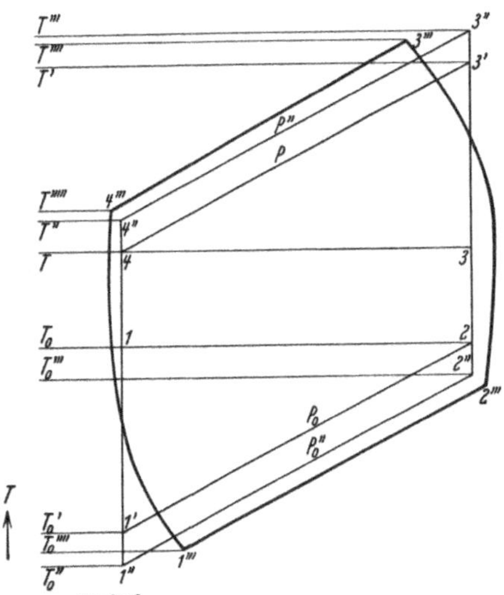

Abb. 279. s-T-Bild einer Kaltluftanlage.

Die Verwirklichung dieses Arbeitsvorganges bedingt, daß die Wärmeabgabe 3 4 mit zunehmendem, die Wärmeaufnahme 1 2 mit abnehmendem Druck erfolgt. Das erste läßt sich verwirklichen durch Verteilung des Vorganges 3 4 auf unendlich viele Stufen, wobei zwischen je zwei aufeinander folgenden die Wärme bei gleichbleibender Temperatur T abgeführt wird. Ebenso bedingt die Aufnahme der Kälteleistung bei gleichbleibender Temperatur eine Unterteilung der Wärmeaufnahme 1 2 in unendlich viele Stufen und Wärmezufuhr zwischen je zweien bei gleichbleibender Temperatur T_0. In Wirklichkeit besitzt die Kaltluftmaschine meist nur einen Verdichtungs- und einen Ausdehnungszylinder. Bei Verwendung von Kreiselmaschinen dagegen wäre eine Annäherung an den Carnot-Kreislauf dadurch möglich, daß nach Erreichung der Verdichtungstemperatur T zwischen je zwei der höheren Stufen ein Hochdruck-Zwischenkühler, ebenso bei der Ausdehnungsturbine nach Erreichung der Temperatur T_0 zwischen je zwei der tieferen Stufen ein Kühler eingeschaltet würde. Die Einzelvorgänge nähern sich hierbei der Isotherme um so mehr, je größer die Anzahl der Stufen ist.

Bei der einstufigen Kaltluftmaschine erfolgt die vollkommene isentropische Verdichtung bis zum Punkte 3′ und zur Temperatur T', die Wärmeabgabe längs der dem Druck P zugeordneten Isobaren 3′ 4, bei bis auf T abnehmender Temperatur. Ebenso erfolgt die Wärmeaufnahme längs der Isobaren 1′ 2 bei von T_0' bis T_0 zunehmender Temperatur und gleichbleibendem Drucke P_0.

Der wirkliche Arbeitsvorgang weicht von dem beschriebenen ab:

Punkt 4″. Am Ende der Wärmeabgabe besitzt die Luft wegen der endlichen Größe der Austauschfläche eine Temperatur T'', die höher liegt als die Temperatur T des Kühlmittels;

Verlauf 4″ 1″. Isentropische Überführung vom Zustand 4″, wobei der Punkt 1″ einer Temperatur T_0'' entspricht, die wegen der endlichen Größe der Austauschfläche tiefer liegt als T_0';

Verlauf 1″ 2″. Die Kälteleistung wird bei gleichbleibendem Druck P_0'' aufgenommen, wobei die Temperatur von T_0'' auf T_0''' steigt und T_0''' wegen der endlichen Größe der Austauschfläche und Menge des Kälteträgers tiefer liegt als die Grenztemperatur T_0;

Verlauf 2″ 3″. Isentropische Überführung der Luft vom Zustande 2″ auf den Zustand 3″, wobei 3″ durch den 4″ entsprechenden Druck P'' bedingt ist;

Verlauf 3″ 4″. Abgabe der Wärmemenge q' bei gleichbleibendem Drucke P'' und Abnahme der Temperatur von T''' auf T'', wobei T'' wegen der endlichen Größe der Austauschfläche und der Kühlwassermenge höher liegt als die Grenztemperatur T.

Der durch den Verlauf 1″ 2″ 3″ 4″ dargestellte Vorgang weicht außerdem von dem wirklich auftretenden ab durch die Widerstände der von der Luft durchströmten Wärmeaustauschvorrichtungen und Rohrleitungen, ferner durch die tatsächliche Unmöglichkeit des isentropischen Vorganges 2″ 3″ und 4″ 1″. Der Unterschied wird für die Verdichtung durch die Linie 2‴ 3‴ gekennzeichnet. Sie entspricht einer Vorwärmung der in den Verdichter einströmenden kalten Gase während des Ansaugens bei gleichem Druck, die während der Verdichtung sich anfangs fortsetzt, danach jedoch sich in eine Wärmeabgabe an die Zylinderwandung umkehrt, so daß die Endtemperatur T'''' im allgemeinen niedriger als T''' liegt. Bei der Ausdehnung erfolgt in ähnlicher Weise eine Abweichung längs der Kurve 4‴ 1‴, die eine anfängliche Abkühlung der einströmenden Luft auf die tiefere Temperatur T'''' kennzeichnet. Diese Abkühlung setzt sich zu Anfang des Ausdehnungsvorganges fort, kehrt sich jedoch später in eine Erwärmung an der Zylinderwand um und führt zu einem Endpunkte 1‴, mit einer zugeordneten Temperatur T_0'''', die höher liegen kann als T_0''.

Die Kaltluftmaschine bietet eine Möglichkeit zur Annäherung an den Lorenzschen Kreislauf, wenn für den Wärmeaustausch reine Gegenstromvorrichtungen Verwendung finden.

Arbeiten Kaltdampfmaschinen mit Überhitzung, so kann der Teilvorgang zwischen Überhitzungs- und Sättigungstemperatur, d. h. rechts der oberen Grenzkurve, gleichfalls im Lorenzschen Sinne verbessert werden, wenn die Abführung der Überhitzungswärme durch eine Gegenstromvorrichtung erfolgt. In der Nähe des kritischen Punktes, z. B. bei Kohlensäuremaschinen, gewinnt dieser Hinweis besondere Bedeutung.

Bei dieser Gelegenheit möge auch der Vorschlag von Osenbrück erwähnt werden, bei Kaltdampfmaschinen den Verdampfer als Austreiber, den Verflüssiger als Aufsauger wirken zu lassen, und durch Wahl entsprechender Sättigungsgrade veränderliche Temperaturen des Arbeitsstoffes entsprechend den äußeren Bedingungen des Kälteträgers bzw. Kühlwassers einzuhalten.

Liegt bei Kaltdampfanlagen die obere Grenztemperatur jenseits der kritischen Temperatur — der Fall kommt insbesondere bei Kohlensäureanlagen in Betracht —, so ist die Abgabe der Wärmemenge Q

bei gleichbleibender Temperatur T nicht mehr denkbar. Es ergibt sich alsdann der in Abb. 280 dargestellte Vorgang, bei dem die Abkühlung wie bei einer Kaltluftanlage bei gleichbleibendem Druck P und von T' auf T abnehmender Temperatur erfolgt. Fehlt ein Ausdehnungsmotor, so ist die Überführung des Arbeitsstoffes von dem Zustand P, T in den Zustand P_0, T_0 nicht ohne weiteres erklärlich, weil der Temperatur

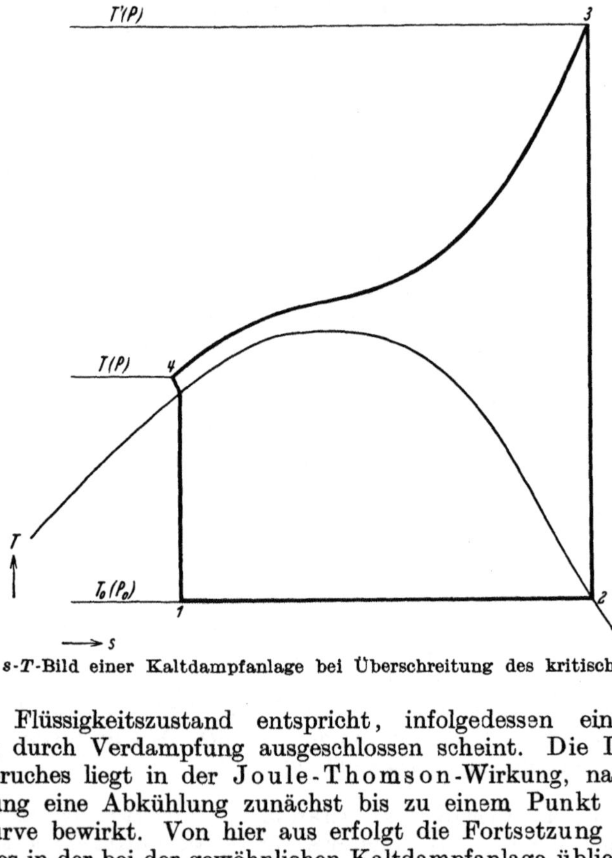

Abb. 280. s-T-Bild einer Kaltdampfanlage bei Überschreitung des kritischen Zustandes.

T kein Flüssigkeitszustand entspricht, infolgedessen eine Wärmebindung durch Verdampfung ausgeschlossen scheint. Die Lösung des Widerspruches liegt in der Joule-Thomson-Wirkung, nach der die Drosselung eine Abkühlung zunächst bis zu einem Punkt der linken Grenzkurve bewirkt. Von hier aus erfolgt die Fortsetzung des Regelvorganges in der bei der gewöhnlichen Kaltdampfanlage üblichen Weise.

III. Rechnerischer Einfluß des Arbeitsstoffes.

1. Erzielbare Kälteleistung.

Die aus der Gewichtseinheit flüssigen Arbeitsstoffes durch restlose Verdampfung erzielbare Kälteleistung beträgt bei der üblichen Ausführung mit Regelventil, also ohne Ausdehnungsmotor,

$$q_0 = r_0 - (i' - i'_0) - A\,(P \cdot v' - P_0 \cdot v'_0). \tag{5}$$

Hierbei bedeuten

q_0 Kälteleistung für 1 kg Arbeitsstoff, in kcal/kg,
t_0 Verdampftemperatur, in ^{0} C,
t Verflüssigungstemperatur, in ^{0} C,
r_0 Verdampfwärme bei der Siedetemperatur t_0, in kcal/kg,
i'_0, i' Flüssigkeitswärme bei der Temperatur t_0 bzw. t, in kcal/kg,
$\frac{1}{A} =$ 427 Arbeitswert der Wärmeeinheit (mechanisches Wärmeäquivalent), in mkg/kcal,
P_0, P absoluter Druck bei der Siedetemperatur t_0 bzw. t, in kg/m^2,
v'_0, v' spezifisches Volumen des flüssigen Arbeitsstoffes bei der Temperatur t_0 bzw. t, in m^3/kg.

Das letzte Glied $A\ (P \cdot v' - P_0 \cdot v'_0)$ der Gleichung 5 kann im allgemeinen vernachlässigt werden. Bei Kohlensäure nimmt es jedoch Werte an, die mit Annäherung an den kritischen Punkt für durchschnittliche Druckverhältnisse etwa 10% ausmachen, bei genauen Berechnungen daher nicht unberücksichtigt bleiben können. Der Wert r_0 bewegt sich für die Temperaturen

		zwischen	0	und — 30^0
bei	Ammoniak	„	301,52	„ 324,49
	Schwefligsäure	„	90,82	„ 97,77
	Kohlensäure	„	55,03	„ 72,32
	Methylchlorid	„	96,92	„ 103,80
	Wasserdampf	um etwa 600.		

Die Zunahme mit sinkender Temperatur ist bei Ammoniak, Schwefligsäure, Methylchlorid und Wasserdampf verhältnismäßig etwa gleich, bei Kohlensäure wesentlich größer. Soweit die Kälteleistung von r_0 abhängt, verhält sich daher Kohlensäure bei tiefen Temperaturen günstiger als die anderen Arbeitsstoffe.

Der Betrag $i' - i'_0$ entspricht dem Unterschied zwischen den Werten der Flüssigkeitswärme i' bei der Verflüssigungstemperatur t bzw. i'_0 bei der Verdampftemperatur t_0. Bei Ammoniak und Schwefligsäure liegen die Verhältnisse einheitlich so, daß für je 10^0 des Temperaturunterschieds $t - t_0$ der Betrag $i' - i'_0$ den Wert r_0 um etwa 3 bis 4% vermindert. Bei Wasserdampf ist der Einfluß der Flüssigkeitswärme nur halb, bei Kohlensäure mindestens doppelt so groß, er nimmt hier mit Annäherung an den kritischen Punkt auf ein Vielfaches dieses Betrages zu. Die Kälteleistung wird daher bei Kohlensäure mit Annäherung der Verflüssigungstemperatur an die kritische Temperatur immer ungünstiger. Bei einer Verdampftemperatur von — 10^0 und einer Verflüsigungstemperatur von 25^0 ergibt sich die Kälteleistung q_0 für 1 kg Arbeitsstoff für

Ammoniak	zu	309,64 — (28,09 + 10,97) = 270,58
Schwefligsäure	„	93,60 — (8,35 + 3,14) = 82,11
Kohlensäure	„	61,54 — (18,42 + 5,78) = 37,34
Methylchlorid	„	99,31 — (9,48 + 3,71) = 86,12
Wasserdampf	„	$\sim$ 600 — (25 + 10) $\sim$ 565.

1 kg Arbeitsstoff leistet bei Schwefligsäure und Methylchlorid rund doppelt, bei Ammoniak rund 7mal, bei Wasserdampf rund 15mal soviel wie bei Kohlensäure.

Für -30^0, 25^0 ändern sich die Zahlen für

Ammoniak	zu	324,49 — (28,09 + 32,58) = 263,82
Schwefligsäure	„	97,77 — (8,35 + 9,05) = 80,37
Kohlensäure	„	72,32 — (18,42 + 16,35) = 37,55
Methylchlorid	„	103,80 — (9,48 + 11,00) = 83,32
Wasserdampf	„	~ 600 — (25 + 30) ~ 545.

Die Werte nehmen bei Ammoniak, Schwefligsäure und Methylchlorid, ebenso wie bei Wasserdampf um ein geringes ab, bei Kohlensäure dagegen um ein geringes zu.

Bei -10^0, $31{,}35^0$ — kritische Temperatur der Kohlensäure — folgt schließlich q_0 für

Ammoniak	zu	309,64 — (35,41 + 10,97) = 263,26
Schwefligsäure	„	93,60 — (10,64 + 3,14) = 79,82
Kohlensäure	„	61,54 — (32,25 + 5,78) = 23,51
Methylchlorid	„	99,31 — (11,92 + 3,71) = 83,68
Wasserdampf	„	~ 600 — (31,25 + 10) ~ 560.

Gegenüber dem ersten Falle (-10^0, 25^0), ergibt sich durch die höhere Verflüssigungstemperatur bei Ammoniak, Schwefligsäure, Methylchlorid und Wasserdampf eine unbedeutende, bei Kohlensäure dagegen eine erhebliche Verminderung der Kälteleistung. Im letzten Falle ist die Berücksichtigung des Gliedes $A\,(P \cdot v' - P_0 \cdot v_0') = \frac{1}{427}(753100 \cdot 0{,}00216 - {}$ $- 269400 \cdot 0{,}001024) = 3{,}16$ geboten und q_0 auf $23{,}51 - 3{,}16 = 20{,}35$ herabzusetzen. Die Kälteleistung geht damit gegenüber dem ersten Falle (-10^0, 25^0) fast auf die Hälfte zurück.

Im vorstehenden ist durchgehend die Temperatur des flüssigen Arbeitsstoffes gleich der Verflüssigungstemperatur genommen, von der Möglichkeit einer Unterkühlung also abgesehen. Wird statt dessen die Anfangstemperatur niedriger, z. B. zu $t_w = 10^0$, angenommen, so ergibt sich bei einer Verflüssigungstemperatur von 25^0 für Wasserdampf eine Verbesserung der Kälteleistung von $2^1/_2$%, für Ammoniak, Schwefligsäure und Methylchlorid von 5 bis 6%, bei Kohlensäure dagegen um etwa $^1/_3$. Bei einer Verflüssigungstemperatur von $31{,}35^0$ steigt der Gewinn für Wasserdampf auf etwa $3^1/_2$%, für Ammoniak, Schwefligsäure und Methylchlorid auf etwa 8%. Für Kohlensäure ergibt sich bei -10^0 Verdampftemperatur eine Kälteleistung $q_0 = 61{,}54 - (6{,}19 + 5{,}78)$ $= 49{,}57$ bzw., unter Berücksichtigung von $A\,(P \cdot v' - P_0 \cdot v_0') = 1{,}42$ mit $q_0 = 49{,}57 - 1{,}42 = 48{,}15$, ein Wert, der etwa das $2^1/_2$fache des ohne Unterkühlung geltenden ausmacht.

Zusammengefaßt folgt hiermit:

das Verhältnis der Kälteleistung verbessert sich bei Kohlensäure gegenüber Ammoniak, Schwefligsäure, Methylchlorid und Wasserdampf bei tieferen Verdampftemperaturen;

das Verhältnis der Kälteleistung verschlechtert sich bei Kohlensäure gegenüber Ammoniak, Schwefligsäure, Methylchlorid und Wasserdampf bei höheren Verflüssigungstemperaturen und besonders stark mit Annäherung an die kritische Temperatur von $31{,}35^0$;

das Verhältnis der Kälteleistung verbessert sich bei Kohlensäure gegenüber Ammoniak, Schwefligsäure, Methylchlorid und Wasserdampf bei wirksamer Unterkühlung um so mehr, je höher gleichzeitig die Verflüssigungstemperatur liegt; während bei Ammoniak, Schwefligsäure, Methylchlorid und Wasserdampf die Unterkühlung im günstigsten Falle eine Erhöhung der Kälteleistung um etwa 10% herbeiführt, ist sie bei Kohlensäure von höherem Einfluß und kann die Leistung mehr als verdoppeln.

Es liegt nahe, die Unterkühlung noch weiter zu treiben, als die Temperatur des verfügbaren Kühlwassers ermöglicht und hierfür den verdampfenden Arbeitsstoff selbst zu benutzen, z. B. die bei Arbeiten des Verdampfers mit Flüssigkeitsüberschuß am Verdampferaustritt noch verfügbare Kälte. Hierbei wird im Grenzfalle $i' = i'_0$ und angenähert $v' = v'_0$, mithin

$$q_0 = r_0 - A \cdot v'_0 (P - P_0).$$

Das Verschwinden von $i' - i'_0$ bedeutet Erhöhung der Kälteleistung, die sich im ganzen wieder dadurch aufhebt, daß sie aus einem gleich hohen, am Verdampferaustritt übrig zu lassenden Kälteüberschuß bestritten werden muß. Da andererseits $A \cdot v'_0 (P\text{-}P_0)$ stets kleiner ist als $A (P \cdot v' - P_0 \cdot v'_0)$, ergibt sich eine tatsächliche Erhöhung der Kälteleistung, die allerdings bei Ammoniak, Schwefligsäure und Methylchlorid keine Rolle spielt, bei Kohlensäure jedoch, besonders in Nähe des kritischen Punktes, merkbare Werte annimmt. Auch hier bleibt der Gewinn noch so niedrig, daß die Rücksicht auf die rechnerische Kälteleistung allein gegen die Verwicklung des Verfahrens spricht.

Durch die zusätzliche Unterkühlung bis auf die Verdampftemperatur ergibt sich eine weitere Verbesserung dadurch, daß im Regler so gut wie keine Verdampfung auftritt, am Verdampfereintritt infolgedessen reine Flüssigkeit, keine Gas-Flüssigkeitsmischung, vorhanden ist. Außerdem wird der Verdampferaustritt noch durch den Flüssigkeitsanteil bespült, der durch die nachfolgende Zusatzunterkühlung verdampft. Aus beiden Gründen folgt eine Verbesserung der Wärmeübertragung im Verdampfer. Auch diese Verbesserung spielt keine Rolle, wenn, wie immer mehr üblich, der Verdampfer durch besondere Bauweise oder künstlich verstärkten Flüssigkeitsumlauf ständig überflutet gehalten wird.

2. Verdichterhubraum.

Das spezifische Volumen des Arbeitsstoffes im Zustande gesättigten Dampfes bildet, bezogen auf die Einheit der Kälteleistung, einen Maßstab für die erforderlichen Hubräume der Verdichter. Bedeutet

v''_0 das spezifische Volumen des dampfförmigen Arbeitsstoffes bei der Siedetemperatur t_0, in m^3/kg,

so stellt der Wert $\frac{v''_0}{q_0}$ das kennzeichnende Verhältnis dar, wenn restlose Verdampfung des Arbeitsstoffes angenommen wird. Besitzt er hinter dem Verdampfer den Dampfgehalt x_0, so ist statt v''_0 genauer $x_0 \cdot v''_0 + (1 - x_0) \cdot v'_0$ zu setzen, wobei das letzte Glied im allgemeinen vernachlässigt werden darf.

Der Wert v_0'' bewegt sich für Temperaturen

	zwischen	0	und	— 30°
bei Ammoniak	„	0,2897	„	0,9630
Schwefligsäure	„	0,223	„	0,822
Kohlensäure	„	0,01043	„	0,02666
Methylchlorid	„	0,168	„	0,528
Wasserdampf	„	205	„	2700.

Während bei Ammoniak, Schwefligsäure und Methylchlorid die Zunahme des Rauminhalts mit sinkender Temperatur etwa verhältnisgleich ist, nehmen die Werte für Kohlensäure langsamer, für Wasserdampf schneller zu.

Bei — 10° Verdampf- und 25° Verflüssigungstemperatur ergibt sich $\frac{v_0''}{q_0}$ bei

Ammoniak	zu	$\frac{0{,}4184}{270{,}58}$	$= 0{,}00152$
Schwefligsäure	„	$\frac{0{,}330}{82{,}11}$	$= 0{,}00402$
Kohlensäure	„	$\frac{0{,}01416}{37{,}34}$	$= 0{,}00038$
Methylchlorid	„	$\frac{0{,}241}{86{,}12}$	$= 0{,}00279$
Wasserdampf	„	$\frac{460}{565}$	$= 0{,}815.$

Für die gleiche Kälteleistung ist also bei Ammoniak rund 4mal, bei Methylchlorid rund 7mal, bei Schwefligsäure rund 10mal, bei Wasserdampf rund 2000mal soviel Hubraum erforderlich wie bei Kohlensäure.

Bei — 30°, 25° ergibt sich $\frac{v_0''}{q_0}$ bei

Ammoniak	zu	$\frac{0{,}9630}{263{,}82}$	$= 0{,}00365$
Schwefligsäure	„	$\frac{0{,}822}{80{,}37}$	$= 0{,}0102$
Kohlensäure	„	$\frac{0{,}02666}{37{,}55}$	$= 0{,}00071$
Methylchlorid	„	$\frac{0{,}528}{83{,}32}$	$= 0{,}00634$
Wasserdampf	„	$\frac{2700}{545}$	$\sim 5.$

Gegenüber — 10°, 25° vervielfacht sich also für — 30°, 25° der erforderliche Hubraum bei Ammoniak, Schwefligsäure und Methylchlorid auf etwa das $2^1/_2$fache, bei Wasserdampf auf etwa das 6fache, bei Kohlensäure auf knapp das Doppelte. Die Raumausnutzung wird daher mit der tieferen Temperatur bei Kohlensäure günstiger, bei Wasserdampf ungünstiger als bei Ammoniak, Schwefligsäure und Methylchlorid.

Bei — 10°, 31,35° folgt $\frac{v''_0}{q_0}$ bei

Ammoniak	zu	$\frac{0,4184}{263,26}$	$= 0,00159$
Schwefligsäure	,,	$\frac{0,330}{79,82}$	$= 0,00413$
Kohlensäure	,,	$\frac{0,01416}{23,51}$	$= 0,000602$
Methylchlorid	,,	$\frac{0,241}{83,68}$	$= 0,00288$
Wasserdampf	,,	$\frac{460}{560}$	$= 0,82.$

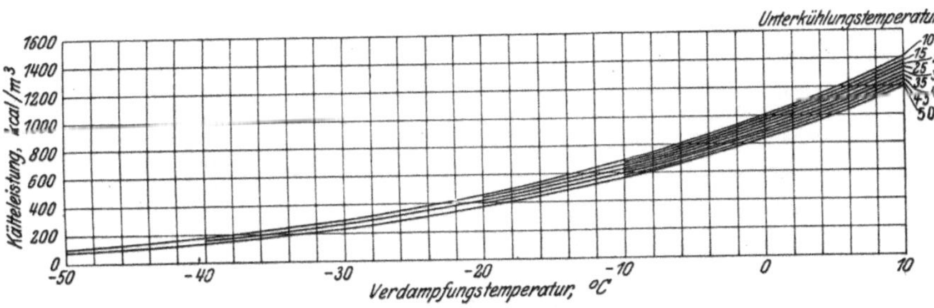

Abb. 281. Kälteleistung der Hubraumeinheit bei NH_3.

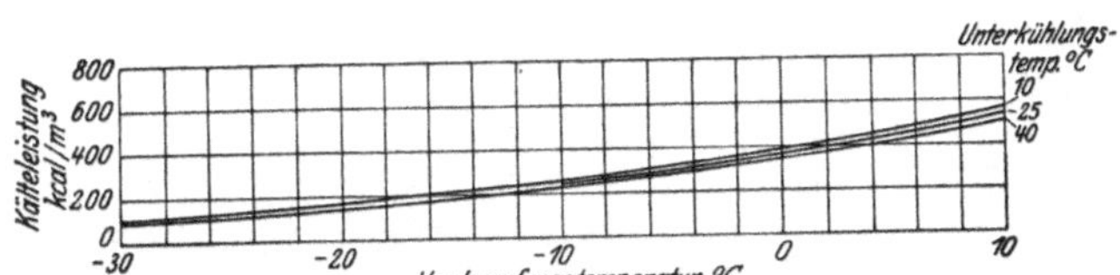

Abb. 282. Kälteleistung der Hubraumeinheit bei SO_2.

Bei allen Arbeitsstoffen bleibt die Raumausnutzung gegenüber — 10°, 25° etwa gleich, nur bei Kohlensäure sinkt sie auf nahezu die Hälfte. Die höhere Verflüssigungstemperatur, 31,35° gegen 25°, verlangt bei ihr etwa die gleiche Raumvergrößerung wie die tiefere Verdampftemperatur, — 30° gegen — 10°.

Bei Beurteilung des Verhältnisses $\frac{v''}{q_0}$ blieb bisher die Unterkühlmöglichkeit unberücksichtigt. Wird mit einer Unterkühlung auf $t_w = 10^0$ gerechnet, so bleibt die Reihenfolge der Arbeitsstoffe hinsichtlich der Raumausnutzung bestehen, die Zahlen werden jedoch für Kohlensäure noch günstiger. Bei einer Verflüssigungstemperatur gleich der kritischen Temperatur und $t_w = 10^0$ sinkt für Kohlensäure der Wert $\frac{v''_0}{q_0}$ auf $\frac{0,01416}{48,15} = 0,000294$, d. h. unter den für — 10°, 25° ohne Unterkühlung und nahezu auf den für — 10°, 25° mit Unterkühlung auf 10°

geltenden. Die Unterkühlung macht hinsichtlich der Raumausnutzung hier mehr gut als die hohe Verflüssigungstemperatur verschlechtert.

Die Veränderung der auf die Hubraumeinheit entfallenden Kälteleistung mit Verdampf- und Unterkühltemperatur ist für Ammoniak,

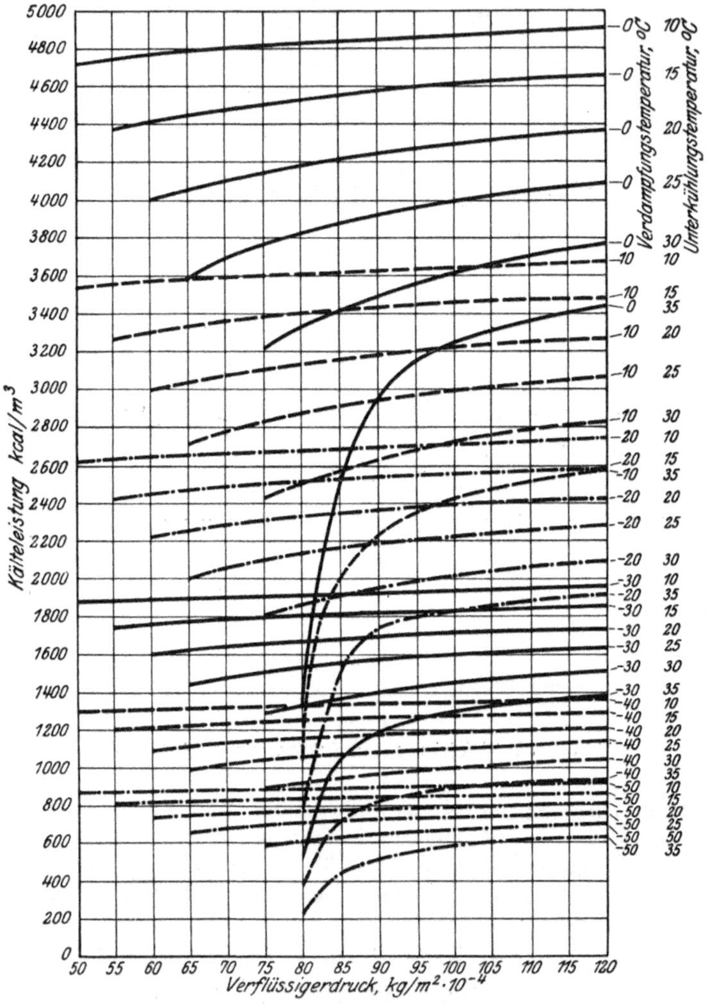

Abb. 283. Kälteleistung der Hubraumeinheit bei CO_2.

Schwefligsäure, Kohlensäure und Methylchlorid in den Abb. 281 bis 284 dargestellt, und für Kohlensäure hierbei der Verflüssigerdruck als Abszisse gewählt. Es zeigt sich die beachtenswerte Tatsache, daß bei Kohlensäure die Erhöhung des Verflüssigerdrucks ein Mittel darstellt, um bei gegebener Verdampf- und Unterkühltemperatur die Kälteleistung zu steigern, und zwar um so wirksamer, je höher die Unterkühltemperatur liegt. (Hierauf beruht das Plancksche Verfahren[1], nach dem der Hauptverdichter gegen den durch die Kühlwasserverhältnisse gegebenen niedrigen Verflüssigerdruck arbeitet, ein Zusatzverdichter den vom

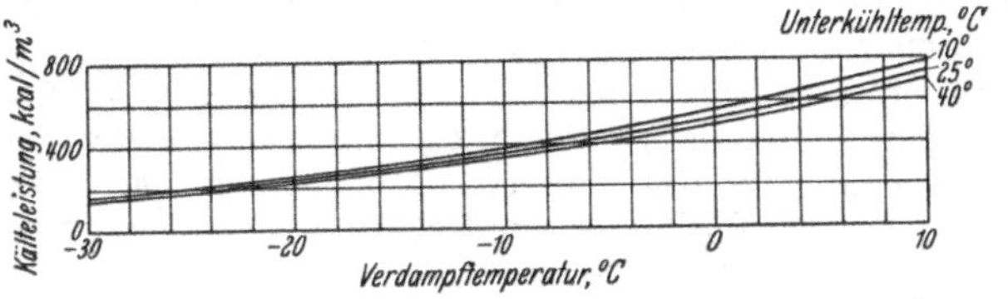

Abb. 284. Kälteleistung der Hubraumeinheit bei CH_3Cl.

Verflüssiger kommenden Arbeitsstoff nachverdichtet und einem Nachkühler zuführt, von dem aus der Arbeitsstoff zum Regler gelangt.)

Bezeichnet

$Q_{0,h}$ den stündlichen Kältebedarf, in kcal/h,

$V_{i,h}$ die theoretisch erforderliche Verdichterförderleistung, in m³/h,

so errechnet sich bei einer spezifischen Kälteleistung von $\frac{q_0}{v_0''}$ kcal/m³

$$V_{i,h} = \frac{Q_{0,h}}{\frac{q_0}{v_0''}}.$$

Die tatsächlich aufzuwendende Verdichterförderleistung ist wegen der unvermeidlichen Verluste stets höher.

Der im Indikatordiagramm gemessene, auf den Ansaugedruck unmittelbar vor dem Verdichterzylinder bezogene

volumetrische Wirkungsgrad φ_0

bezeichnet das Verhältnis von wirksamem zu gesamtem Hubraum, wobei der ungünstige Einfluß der Saugwiderstände berücksichtigt ist. Diesem volumetrischen Wirkungsgrad kommt nur untergeordnete Bedeutung zu, einmal, weil nicht zu erkennen ist, welchen Anteil an dem wirksamen Hubraum Flüssigkeitsteilchen nehmen, die mit den Gasen angesaugt werden und erst im Zylinder zur Verdampfung gelangen, dann, weil Angabe der Temperatur fehlt, die den Gasen im Hubende zukommt.

Maßgebend ist vielmehr das Verhältnis des wirksam angesaugten Gewichts gasförmigen Arbeitsstoffes zu dem bei dem betreffenden Verdampfdruck nach Maßgabe des gesamten Hubraums möglichen Gewicht. Dieses Verhältnis wird durch den

Liefergrad des Verdichters λ_0

dargestellt. Ist λ_0 bekannt, so folgt die wirkliche stündliche Verdichterförderleistung zu

$$V_h = \frac{Q_{0,h}}{\lambda_0 \cdot \frac{q_0}{v_0''}}.$$

[1] Plank: Versuche an einer Kohlensäurekältemaschine mit Zusatzkompression bei hohen Kondensatordrücken. Z. ges. Kälteind. 1921.

Der Liefergrad ist um so ungünstiger, je höher das Verhältnis T/T_0 liegt. Bei überhitztem Arbeiten scheint die Veränderung von Liefergrad und innerem Wirkungsgrad in linearer Abhängigkeit von T/T_0 zu erfolgen. Die in Abb. 285 angegebenen Geraden stellen die Auswertung der Fischerschen[1] Versuche an einer Ammoniakanlage dar. Ist durch Versuch ein Punkt der Geraden gefunden, so liegt ihr Verlauf fest, und es lassen sich für ein geändertes Verhältnis T/T_0, wie es den Annahmen der Berechnung entspricht, die zu erwartenden Werte des Wirkungsgrades ablesen. Ob der lineare Zusammenhang tatsächlich genau zutrifft, bleibt durch weitere Versuchsreihen zu prüfen.

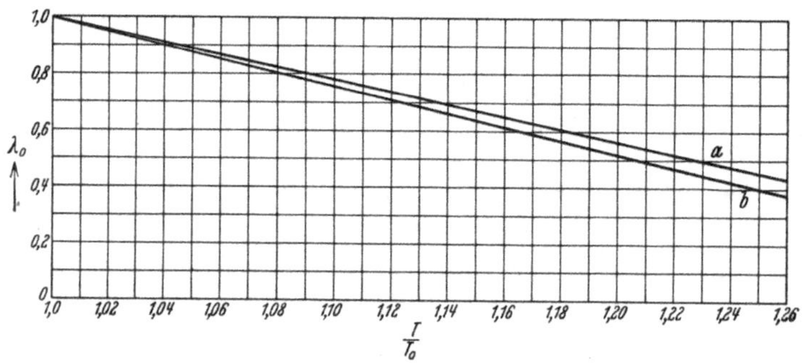

Abb. 285. Veränderung des Liefergrades mit dem Temperaturverhältnis. *a* mit Wasserkühlung, *b* ohne Wasserkühlung.

Die Untersuchung eines Kapselverdichters durch Plank-Krause-Tamm[2] hat für gleiche Werte des Temperaturverhältnisses T/T_0 verschiedene Werte des Liefergrades ergeben. Eine Senkung der Verdampftemperatur wirkte ungünstiger als eine Hebung der Verflüssigungstemperatur. Auch für diese Ergebnisse kann die allgemeine Geltung nicht ohne bestätigende Versuche beansprucht werden.

3. Arbeitsbedarf.

Bezeichnet

L_i den indizierten Arbeitsbedarf des Verdichters, in mkg,

$L_{i,h}$ den indizierten stündlichen Arbeitsbedarf des Verdichters, in mkg/h,

$N_i = \frac{L_{i,h}}{270\,000}$ den indizierten Arbeitsbedarf des Verdichters, in PSi,

so stellt das Verhältnis

$$\varepsilon = \frac{Q_0}{A L_i}$$

[1] Fischer: Untersuchungen an einer Ammoniak-Kältemaschine unter besonderer Berücksichtigung des Einflusses des Kühlmantels am Kompressor. Berlin 1921.

[2] Plank-Krause-Tamm: Kleinkältemaschinen mit Drehkolbenkompressoren. Z. ges. Kälteind. 1925.

die Leistungsziffer, das Verhältnis $\frac{Q_{0,h}}{N_i}$ die wirtschaftliche Wertzahl der verschiedenen Arbeitsstoffe dar. Sie läßt sich angenähert berechnen, indem adiabatische Verdichtung längs einer Verdichtungslinie $P \cdot v^{\varkappa} =$ konst angenommen wird.

$\varkappa$ stellt das Verhältnis der spezifischen Wärme bei gleichbleibendem Druck zu der spezifischen Wärme bei gleichbleibendem Volumen dar. Der Wert

$$\varkappa = \frac{c_p}{c_v}$$

ist hier nicht unveränderlich wie bei vollkommenen Gasen, sondern verläuft z. B. für Ammoniak nach den Untersuchungen des Bureau of Standards[1] gemäß Abb. 286. Für angenäherte Berechnungen kann ein Mittelwert $\varkappa$ wie folgt angenommen werden:

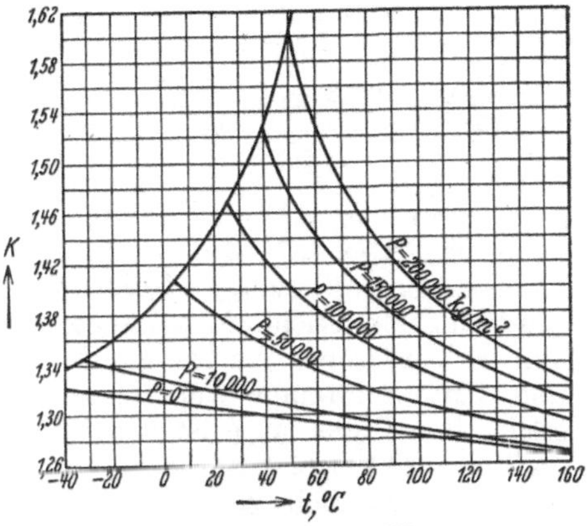

Abb. 286. $\varkappa$ für NH_3.

N_2O	C_2H_6	CO_2				
1,28	1,22	1,30				
C_3H_8	NH_3					
1,15	1,29					
CH_3Cl	Iso-C_4H_{10}	SO_2	C_2H_5Cl	$C_2H_2Cl_2$ *	C_2HCl_3	H_2O
1,2	1,11	1,25	1,13	1,14	1,14	1,3

Für genaue wissenschaftliche Prüfungen ist auf den veränderlichen Wert $\varkappa$ zurückzugreifen, der sich durch Unterteilung des gesamten Druckgefälles nach der Formel

$$\varkappa = \frac{\lg \frac{P_2}{P_1}}{\lg \frac{v_1}{v_2}}$$

aus dem Wärmebild ergibt, wobei P_1 und v_1 bzw. P_2 und v_2 einander zugeordnete Werte von Druck und spezifischem Volumen darstellen.

Statt l_i, d. i. den auf 1 kg Arbeitsstoff bezogenen Wert des spezifischen Arbeitsbedarfs L_i,

$$l_i = \frac{\varkappa}{\varkappa - 1} \cdot P_0 \cdot v_0 \left[\left(\frac{P}{P_0} \right)^{\frac{\varkappa - 1}{\varkappa}} - 1 \right] \tag{6}$$

und die wirtschaftliche Wertzahl

$$\frac{Q_{0,h}}{N_i} = 270000 \cdot \frac{r_0 - (i' - i_0') - A \cdot (P \cdot v' - P_0 \cdot v_0')}{\frac{\varkappa}{\varkappa - 1} \cdot P_0 \cdot v_0 \left[\left(\frac{P}{P_0} \right)^{\frac{\varkappa - 1}{\varkappa}} - 1 \right]} \tag{7}$$

[1] Cragoe: Ratio of specific heats and Joule-Thomson coefficient for ammonia. Refrig. Engng. 1922.

* Technisches Gemisch der beiden Isomeren.

rechnerisch zu ermitteln, können q_0, $A \cdot l_i = q - q_0$ aus dem Wärmebild entnommen und daraus

$$\varepsilon = \frac{q_0}{q - q_0},$$

$$\frac{Q_{0,h}}{N_i} = \frac{632{,}3 \cdot q_0}{A \cdot l_i} = \frac{632{,}3}{\frac{q}{q_0} - 1} \qquad (8)$$

gebildet werden. Dieses Verhältnis ist in den Abb. 287—290 für Ammoniak, Schwefligsäure, Kohlensäure und Methylchlorid abhängig von der Verdampf-, Verflüssigungs- und Unterkühltemperatur dargestellt. Bei Kohlensäure ist hierbei an Stelle des Verflüssigungsdruckes der dem Verdichtungsenddrucke entsprechende Verflüssigerdruck angeführt, auf dessen Einfluß bei hohen Kühlwassertemperaturen bereits hingewiesen wurde. Aus dieser Darstellung zeigt sich:

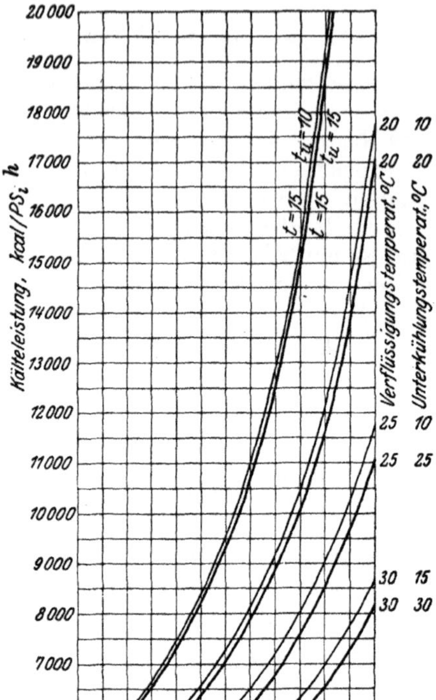
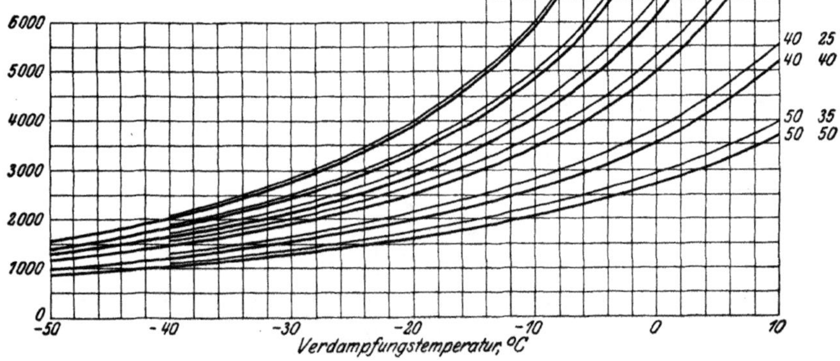

Abb. 287. Wirtschaftliche Wertzahl $\frac{Q_{0,h}}{N_i}$ bei NH_3.

die wirtschaftliche Wertzahl ist für Kohlensäure ungünstiger als für Ammoniak, Schwefligsäure und Methylchlorid, wenn in allen Fällen gleiche Verflüssigungs- und Unterkühltemperatur vorausgesetzt ist;

die wirtschaftliche Wertzahl ist bei allen Arbeitsstoffen um so günstiger, je niedriger die Verflüssigungs- und Unterkühltemperatur und je höher die Verdampftemperatur liegt;

der Einfluß der Unterkühlung auf die wirtschaftliche Wertzahl ist bei Ammoniak, Schwefligsäure und Methylchlorid geringer als bei

Kohlensäure. Bei der letzten spielt außerdem bei hohen Flüssigkeitstemperaturen der Verflüssigerdruck eine erhebliche Rolle insofern, als der ungünstige Einfluß hoher Flüssigkeitstemperatur durch Vergrößerung des Verflüssigerdruckes ausgeglichen oder gar überwogen werden kann. Abb. 289 zeigt auch, daß bei Verflüssigerdrücken oberhalb des kritischen Druckes für jede Verdampf- und Flüssigkeitstemperatur ein bestimmter Verflüssigerdruck als Bestwert auftritt. Der Höchstwert von $\frac{Q_{0,h}}{N_i}$ ist bei hoher Verdampftemperatur besonders ausgeprägt, während bei niedriger Verdampftemperatur wohl eine Unterschreitung, weniger aber eine Überschreitung des günstigsten Verflüssigerdruckes schadet. Haruhisa Inokuty[1] hat ein graphisches Verfahren entwickelt, um für Kohlensäurekühlanlagen den günstigsten Verflüssigerdruck zu ermitteln. Wird nach Abb. 291 im i-P-Bild von dem Punkt a, in dem sich die dem Verdampferdruck entsprechende Isobare mit der von Harushia Inokuty errechneten Hilfskurve schneidet, eine Tangente an die Isotherme gezogen, die der Temperatur des Arbeitsstoffes am Verflüssigeraustritt entspricht, so liegt in dem Berührungspunkt b die Höhe des günstigsten Verflüssigerdrucks genügend genau fest.

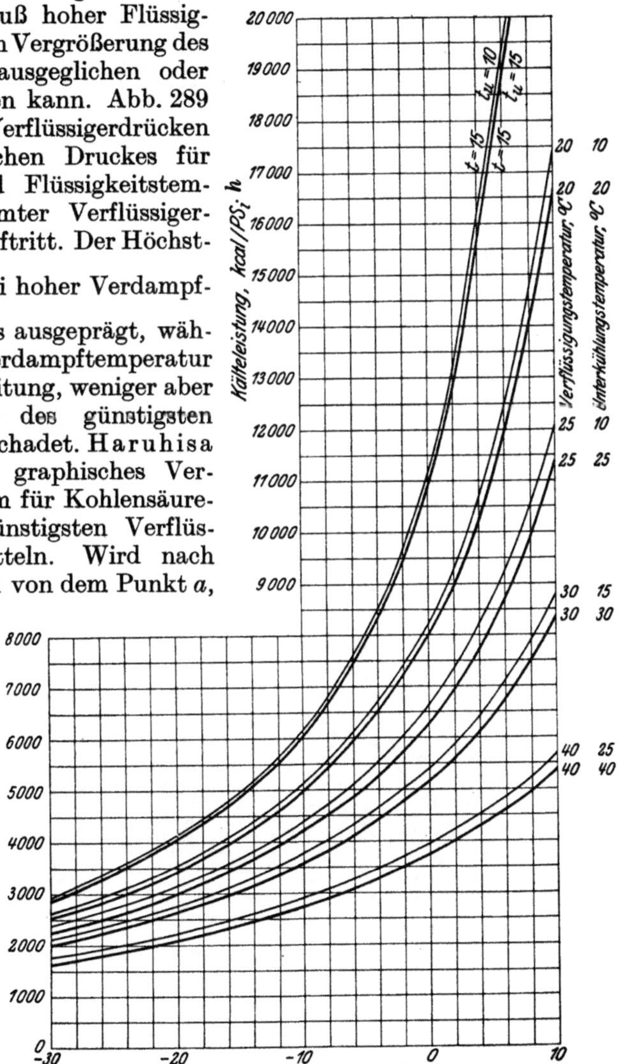

Abb. 288. Wirtschaftliche Wertzahl $\frac{Q_{0,h}}{N_i}$ bei SO_2.

Für die Bemessung des Verdichterantriebes ist die Frage von Wichtigkeit, wie der auf die Raumeinheit

[1] Haruhisa Inokuty: Graphical method of finding compression pressure of CO_2 refrigerating machine for maximum coefficient perrfomance. V. Int. Kältekongr., Rom 1928.

bezogene Arbeitsbedarf $\frac{l_i}{v_0}$ sich unter wechselnden Druckverhältnissen verändert. Das Verhältnis

$$\frac{l_i}{v_0} = \frac{\varkappa}{\varkappa - 1} \cdot P_0 \left[\left(\frac{P}{P_0} \right)^{\frac{\varkappa - 1}{\varkappa}} - 1 \right] \qquad (9)$$

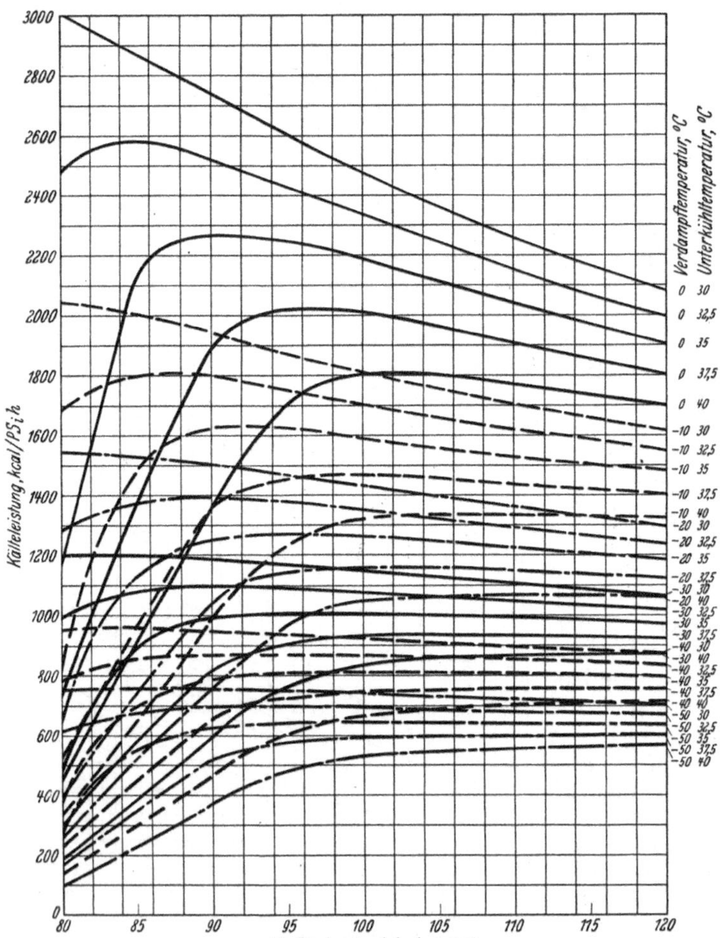

Abb. 289. Wirtschaftliche Wertzahl $\frac{Q_{0,h}}{N_i}$ bei CO_2.

erreicht bei unveränderlichem Verdampfdruck P_0 seinen Höchstwert für den in Betracht kommenden größten Verflüssigungsdruck P. Liegt andererseits P fest, so ergibt sich der Höchstwert von $\frac{l_i}{v_0}$ aus der Beziehung

$$\frac{d\left(\frac{l_i}{v_0}\right)}{d P_0} = \frac{d\left(\frac{\varkappa}{\varkappa - 1}\cdot P_0\left[\left(\frac{P}{P_0}\right)^{\frac{\varkappa - 1}{\varkappa}} - 1\right]\right)}{d P_0} = 0,$$

woraus schließlich folgt

$$\frac{P}{P_0} = \varkappa^{\frac{\varkappa}{\varkappa - 1}}.$$

Der Höchstwert wird also bei gegebenem Verflüssigungsdruck nicht etwa bei dem in Betracht kommenden niedrigsten oder höchsten, sondern einem ganz bestimmten Verdampfdruck P_0 erreicht, der folgt für

Ammoniak zu $\frac{P}{1{,}28^{\frac{1{,}28}{0{,}28}}} \sim \frac{P}{3{,}09}$,

Schwefligsäure „ $\frac{P}{1{,}26^{\frac{1{,}26}{0{,}26}}} \sim \frac{P}{3{,}07}$,

Kohlensäure und Wasserdampf „ $\frac{P}{1{,}3^{\frac{1{,}3}{0{,}3}}} \sim \frac{P}{3{,}11}$,

Methylchlorid „ $\frac{P}{1{,}2^{\frac{1{,}2}{0{,}2}}} \sim \frac{P}{3}$.

Steht daher der höchste Verflüssigungsdruck fest, so muß der Antrieb zeitweise den höchsten Arbeitsbedarf liefern können, der sich für einen Verdampfdruck von rund $^1/_3$ des Verflüssigungsdrucks errechnet. Denn dieser Verdampfdruck wird einmal auftreten, sei es beim Absaugen des Verdampfers, sei es beim Herunterkühlen, je nachdem der Verdampfdruck im Betrieb höher oder niedriger als der Grenzwert von P_0 liegt.

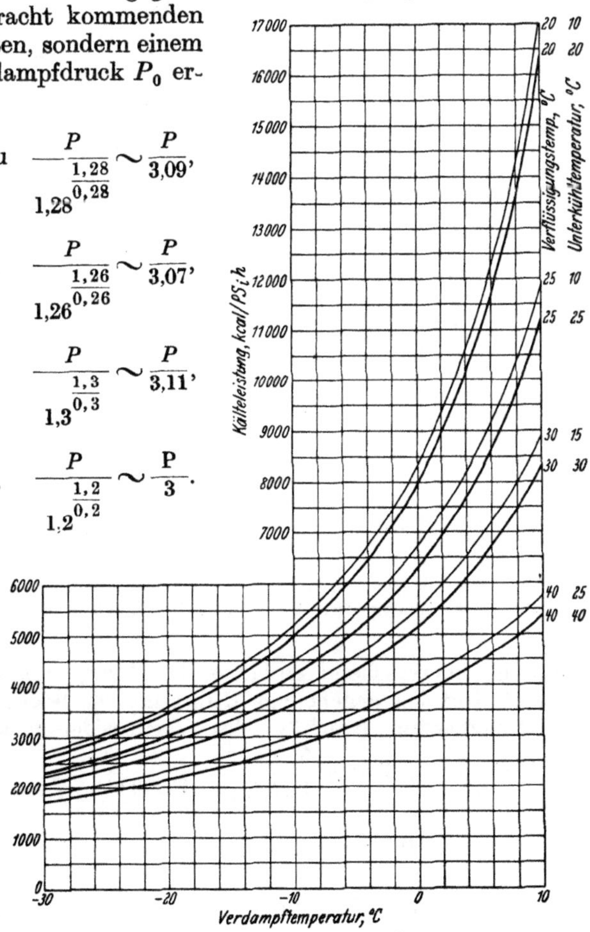

Abb. 290. Wirtschaftliche Wertzahl $\frac{Q_{0,h}}{N_i}$ bei CH_3Cl.

Durch Einsetzen von $P_0 = \frac{P}{\varkappa^{\frac{\varkappa}{\varkappa-1}}}$ in die Formel 9 ergibt sich als Höchstbetrag

$$\left(\frac{l_i}{v_0}\right)_{\max} = \frac{\varkappa}{\varkappa - 1} \cdot \frac{P}{\varkappa^{\frac{\varkappa}{\varkappa-1}}} \left[\left(\frac{P \cdot \varkappa^{\frac{\varkappa}{\varkappa-1}}}{P} \right)^{\frac{\varkappa-1}{\varkappa}} \right] = \frac{P}{\varkappa^{\frac{1}{\varkappa-1}}}, \tag{10}$$

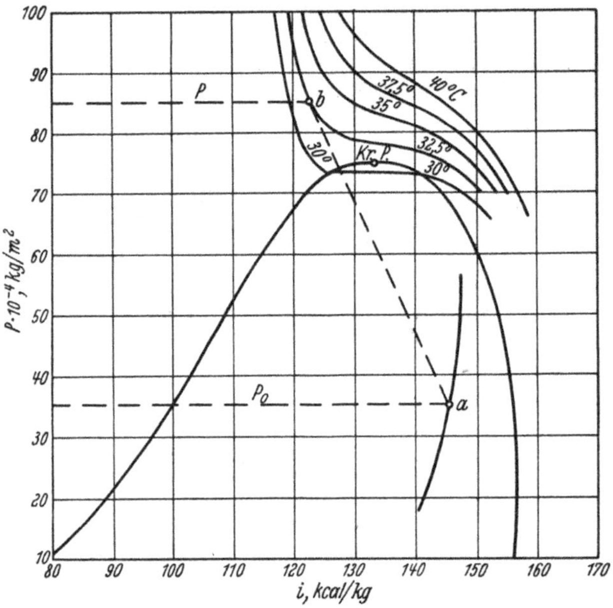

Abb. 291. Ermittelung des günstigsten Verflüssigerdruckes bei CO_2 (Haruhisa Inokuty).

also die überraschend einfache Beziehung, daß für ein und denselben Arbeitsstoff bei gegebenem Hubraum der höchste Arbeitsbedarf einen gleichbleibenden Bruchteil des Verflüssigerdrucks darstellt. Er folgt in PSi h/m³, d. i. als $\left(\frac{N_i}{V_h}\right)_{\max} = \frac{1}{270000}\left(\frac{l_i}{v_0}\right)_{\max}$ für

Ammoniak	zu $\frac{P}{652000}$,
Schwefligsäure	„ $\frac{P}{657000}$,
Kohlensäure und Wasserdampf	„ $\frac{P}{647000}$,
Methylchlorid	„ $\frac{P}{675000}$.

Für einen Kältebedarf von $Q_{0,h}$ kcal/h errechnet sich der theoretische Arbeitsbedarf des Verdichters N_i PSi bei einer wirtschaftlichen Wertzahl $\frac{Q_{0,h}}{N_i}$ kcal/PSi zu

$$N_i = \frac{Q_{0,h}}{\frac{Q_{0,h}}{N_i}}.$$

Die tatsächlich aufzuwendende Verdichterarbeit ist wegen der unvermeidlichen Verluste stets höher.

Der

indizierte Wirkungsgrad η_i des Verdichters,

der als Maßstab der Wirtschaftlichkeit dienen soll, bezeichnet das Verhältnis der mit der indizierten Arbeitseinheit erzielten gesamten Kälte-

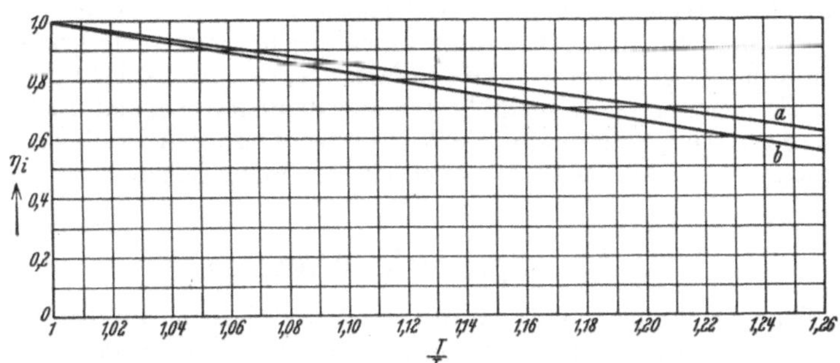

Abb. 292. Veränderung des indizierten Wirkungsgrades mit dem Temperaturverhältnis. *a* mit Wasserkühlung, *b* ohne Wasserkühlung.

leistung zu der hierfür möglichen rechnerischen Zahl, letzte bezogen auf das Verfahren mit Regelventil, unter Zugrundelegung der bei dem Versuch beobachteten Verdampf-, Verflüssigungs- und Unterkühltemperaturen.

Ist η_i bekannt, so folgt die wirkliche indizierte Verdichterarbeit zu

$$N_i = \frac{Q_{0,h}}{\eta_i \cdot \frac{Q_{0,h}}{N_i}}.$$

Der indizierte Wirkungsgrad ist, ebenso wie der Liefergrad, um so niedriger, je höher das Verhältnis T/T_0 liegt. Auch hier scheint nach der aus den Fischerschen Versuchen an einer Ammoniakanlage abgeleiteten Abb. 292 die Veränderung in linearer Abhängigkeit von T/T_0 zu erfolgen, wenn trockene Dämpfe angesaugt werden. Ist durch Versuch ein Punkt der Geraden gefunden, so steht ihr ganzer Verlauf fest und ermöglicht Ablesung des η_i-Wertes für das der Berechnung zugrunde zu legende Verhältnis T/T_0. Auch hier bedarf der lineare Zusammenhang noch der allgemeinen Bestätigung. Bei den erwähnten Versuchen von Plank-Krause-Tamm an einem Kapselverdichter wurde der

Einfluß einer tieferen Verdampftemperatur stärker, einer höheren Verflüssigungstemperatur schwächer gefunden, als der lineare Zusammenhang fordern würde.

Für die Bemessung der Antriebskraft sind die ungünstigsten Verhältnisse in Betracht zu ziehen, die aus dem zu erwartenden höchsten Verdichtungsdruck rund $\frac{P}{650\,000}$ PSi h/m³, also für einen stündlich durchlaufenen Hubraum $V_{0,h}$ rund $\frac{P \cdot V_{0,h}}{650\,000 \cdot \eta}$ PSe ergeben, wenn η den mechanischen Wirkungsgrad von Verdichter und Übertragungsmittel darstellt. Für P ist hierbei der um die Ventil- und Strömungswiderstände vermehrte höchste Verflüssigungsdruck einzusetzen.

Der mechanische Wirkungsgrad des Verdichters schwankt zwischen 0,6 und 0,9. Seine genaue Festlegung ist Sache des Versuchs und der Gewähr durch den Lieferer.

Wird zur Errechnung des Arbeitsbedarfs die Kälteleistung zugrunde gelegt, wie sie sich unter Annahme eines geschätzten Liefergrades aus dem Hubraum ergibt, so liegt die Gefahr vor, daß die Anlage günstiger arbeitet als angenommen, mehr leistet und dementsprechend auch mehr Kraft fordert. Die Folge kann ein knapp bemessener Antrieb sein, der dazu nötigt, die Kälteleistung künstlich herabzumindern.

4. Absorptionskühlanlage.

Die Untersuchungen von Hilde Mollier[1] haben die Grundlagen für die rechnerische Erfassung der Ammoniak-Absorptionskühlanlage geschaffen. Danach stehen fest:

die Beziehungen zwischen Druck, Temperatur und Stärkegrad wässeriger Ammoniaklösungen;

die Größe der Verdampfwärme einer wässerigen Ammoniaklösung, die sich von dem für reines Wasser geltenden Höchstwert mit zunehmendem Stärkegrad bis zu dem für reines Ammoniak geltenden Mindestwert verändert;

die Lösungswärme von Ammoniak in Wasser, die sich gleich der Verdampfwärme der wässerigen Lösung, vermindert um die Verdampfwärme des mitverdampfenden Wassers, ergibt;

die Lösungswärme von flüssigem Ammoniak in wässeriger Ammoniaklösung;

die Lösungswärme von gasförmigem Ammoniak in wässeriger Ammoniaklösung, die sich gleich der Lösungswärme des flüssigen Ammoniaks, vermehrt um die algebraische Summe: Abkühlwärme des Gases von der Aufsaugertemperatur auf die dem Druck entsprechende Siedetemperatur + Verdampfwärme des Ammoniaks bei der Siedetemperatur — Rückerwärmung des flüssigen Ammoniaks von der Siedetemperatur auf die Aufsaugertemperatur, ergibt.

---

[1] Hilde Mollier: Dampfdruck von wässerigen Ammoniaklösungen, Lösungswärme von Ammoniak in Wasser. VDI-Forsch.-Heft 1909 Nr. 63/64.

In Anlehnung an diese Untersuchungen hat Plank[1] die Rechnungsgrundlagen für Ammoniak-Absorptionskühlanlagen erweitert und Unstimmigkeiten zwischen Rechnung und Erfahrung geklärt. Er betont vor allem:

der Gehalt des aus dem Austreiber abströmenden Gemisches an Wasserdampf ist um so niedriger, je tiefer die Temperatur des Gemisches und je höher der Druck im Austreiber liegt. Bei der dem jeweiligen Drucke zugeordneten Siedetemperatur kann mit nahezu vollständiger Wasserfreiheit der abströmenden Ammoniakdämpfe gerechnet werden;

die dem Austreiber zuzuführende Wärmemenge beträgt $q = r + t - t_0$. Hierbei bedeutet r die Verdampfwärme für die Mitteltemperatur t im Austreiber, t_0 die Aufsaugertemperatur. Diese Wärmemenge nimmt mit der mittleren Austreibertemperatur ab, die niedrig zu halten deshalb vorteilhaft erscheint. Das aber heißt, den Austreibvorgang nicht zu weit treiben, also viel Gemisch umlaufen lassen. (Falsch wäre es, durch Steigerung der Aufsaugertemperatur t_0 eine Verminderung des Wärmebedarfs im Austreiber anzustreben, weil hierdurch das Aufsaugevermögen sinken und gleichzeitig die Verdampfwärme steigen würde.) Anfänglich niedriger Stärkegrad im Austreiber, wie er sich bei unvollkommener Aufsaugerbauart und hoher Kühlwassertemperatur ergibt, vergrößert den Betrag der zum Austreiben erforderlichen Heizwärme. Der Wärmebedarf des Austreibers nimmt, im übrigen gleiche Verhältnisse vorausgesetzt, mit dem Austreiberdruck zu, jedoch in so geringem Grade, daß die Abhängigkeit vom Austreiberdruck gegenüber den übrigen Einflüssen, vor allem dem Entgasungsgrad, vernachlässigt werden kann;

die Kälteleistung im Verdampfer vermindert sich durch den aus dem Austreiber mitgerissenen Wasserdampfgehalt. Niedriger Verdampferdruck und hohe Austrittstemperatur am Verdampfer ergeben geringste Verluste. Absorptionskühlanlagen arbeiten daher vorteilhaft mit niedrigem Verdampferdruck und überhitzten Gasen am Verdampferaustritt, soweit dies nach Maßgabe der zu erzielenden Temperaturen möglich ist;

die wirtschaftliche Wertzahl, die bei Absorptionskühlanlagen durch das Verhältnis der Kälteleistung zur Heizwärme dargestellt wird, ergibt sich um so höher, je niedriger der Verdampferdruck, je höher der Endstärkegrad im Austreiber und je höher die Austrittstemperatur am Verdampfer liegen. Mit wachsendem Austreiberdruck nimmt sie um ein geringes ab, so lange mit guter Unterkühlung gerechnet wird. Beim Arbeiten ohne Unterkühlung ist die Abnahme der wirtschaftlichen Wertzahl mit wachsendem Austreiberdruck erheblicher, erreicht jedoch nicht das bei Ammoniakanlagen mit Verdichtern auftretende Maß. Hierin liegt ein Grund für die besondere Eignung der Absorptionskühlanlage bei hoher Kühlwassertemperatur. Mit der Erniedrigung des

[1] Plank: Thermodynamische Untersuchung des Vorganges in der Absorptionskältemaschine auf Grund der Theorie der binären Gemische. Z. ges. Kälteind. 1910.

Verdampferdrucks darf nicht zu weit gegangen werden, weil gleichzeitig hiermit Aufsaugerdruck und dadurch Anfangsstärkegrad im Austreiber sinken.

Durch die Untersuchungen von Dietrichson[1] erfuhren die Feststellungen von Hilde Mollier eine Erweiterung, insbesondere hinsichtlich Ermittlung des Teildruckes von Wasserdampf über wässeriger Ammoniaklösung. Dort findet sich auch der Hinweis, daß für die Temperatur im Aufsauger zwei Grenzbedingungen bestehen. Herrscht darin eine bestimmte untere Grenztemperatur, so findet im Verdampfer keine Wasseransammlung statt. Bei einer bestimmten oberen Grenztemperatur dagegen tritt allmählich alles Wasser in den Verdampfer über, soweit es nicht durch Gefälle und Geschwindigkeit nach dem Aufsauger geführt wird. Die untere Grenztemperatur liegt um so höher, je niedriger die Anfangstemperatur im Trockner ist. Ihre Einhaltung geschieht auf Kosten der Austreiberleistung, weil mit der niedrigeren Abgangstemperatur im Trockner eine größere Lösungsmenge in den Austreiber zurücktritt.

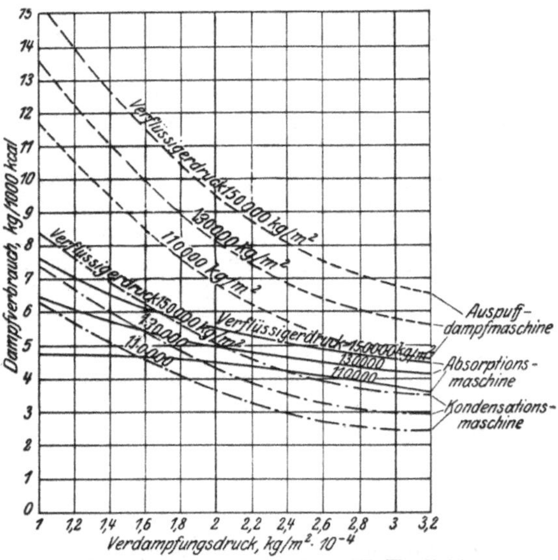

Abb. 293. Dampfverbrauch der NH_3-Verdichter- und -Absorptionskühlanlage (Voorhees).

Der wirkliche Dampfverbrauch von Ammoniak-Absorptionskühlanlagen verhält sich nach Voorhees[2] zu dem von Ammoniakkühlanlagen mit dampfbetriebenem Verdichter nach amerikanischen Erfahrungen gemäß Abb. 293. Wenn auch Voorhees den Dampfverbrauch für Betrieb des Verdichters reichlich hoch annimmt, so bleibt doch der Vergleich insofern gültig, als das Feld der Ammoniak-Absorptionskühlanlage vor allem bei tiefen Verdampftemperaturen liegt. Dies erhellt auch deutlich aus der gleichfalls nach Voorhees entworfenen Abb. 294, die zeigt, in welcher Weise die Kälteleistung sich im einen und anderen Falle mit wechselndem Verflüssigungs- und Verdampfdruck verändert.

Mannesmann[3] untersuchte die Zusammenhänge bei einer unterbrochen arbeitenden Ammoniak-Absorptionskühlmaschine und fand die

[1] Wilson: Univ. Illinois Bull. 23. 1925. Deutsche Bearbeitung Hirsch: Gesamtdruck und Teildrücke von wässerigen Ammoniaklösungen. Z. ges. Kälteind. 1925.

[2] Voorhees: Comparison of the production of cold by compression of liquifiable gazes and other methods. I. Int. Kältekongr., Paris 1908.

[3] Mannesmann: Versuche an einer intermittierenden Absorptionskältemaschine. Beihefte z. Z. ges. Kälteind. Reihe 2 Heft 3. 1930.

mit einem bestimmten Wärmeaufwand erzielbare Kälteleistung um so günstiger, je höher der Stärkegrad der Lösung ist. Nach seinen Beobachtungen kann mit einer Leistungsziffer $\varepsilon \sim 0{,}31$ gerechnet werden, wenn die Lösungsstärke einem Gehalt von 55 Gtl. NH_3 in 100 Gtl. Lösung gleichkommt, wie dies den Wasserverhältnissen in gemäßigter Zone als obere Grenze entspricht.

Für die Berechnung der mit festem Absorptionsmittel periodisch arbeitenden Absorptionskühlanlage ist die Kenntnis der Teilbildungswärme bei wechselnder Temperatur nötig. Sie wurde von Linge[1] für

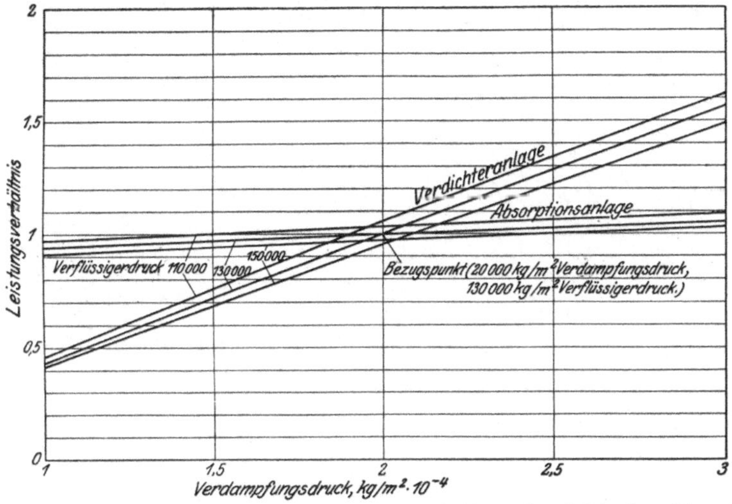

Abb. 294. Leistungsverhältnis der NH_3-Verdichter- und -Absorptionskühlanlage (Voorhees).

die bei der Einwirkung von Ammoniak auf Kalziumchlorid sich bildenden Ammoniakate ermittelt. Die auf 1 kg Absorptionsmittel bezogene theoretische Kälteleistung fand er unabhängig von der beim Austreiben auftretenden Endtemperatur und mit höherer Verflüssigungstemperatur nur wenig abnehmend.

IV. Das Wärmebild als rechnerische Grundlage des Kühlvorganges.

1. Kaltdampfanlage.

α) Kaltdampfanlage mit Verdichter. Für die rechnerische Verfolgung des Arbeitsvorganges einer mit Verdichter ausgestatteten Kaltdampfanlage im Wärmebild sind mannigfache Vorschläge gemacht worden.

Die klassische Darstellung des Kreislaufes durch Mollier im i-s-Bild verwendet schräge Koordinaten mit einem Achsenwinkel, dessen $\sin = {}^1/_5$.

[1] Linge: Über periodische Absorptionskältemaschinen. Mitt. Kältetechn. Inst. Techn. Hochschule Karlsruhe. Berlin 1929.

Durch diesen Kunstgriff wird die Darstellung für genaue Ablesungen brauchbar. Verdampferleistung, Verflüssigerleistung und Verdichterarbeit erscheinen als Strecken, die dem Vorgang im Verdichter und

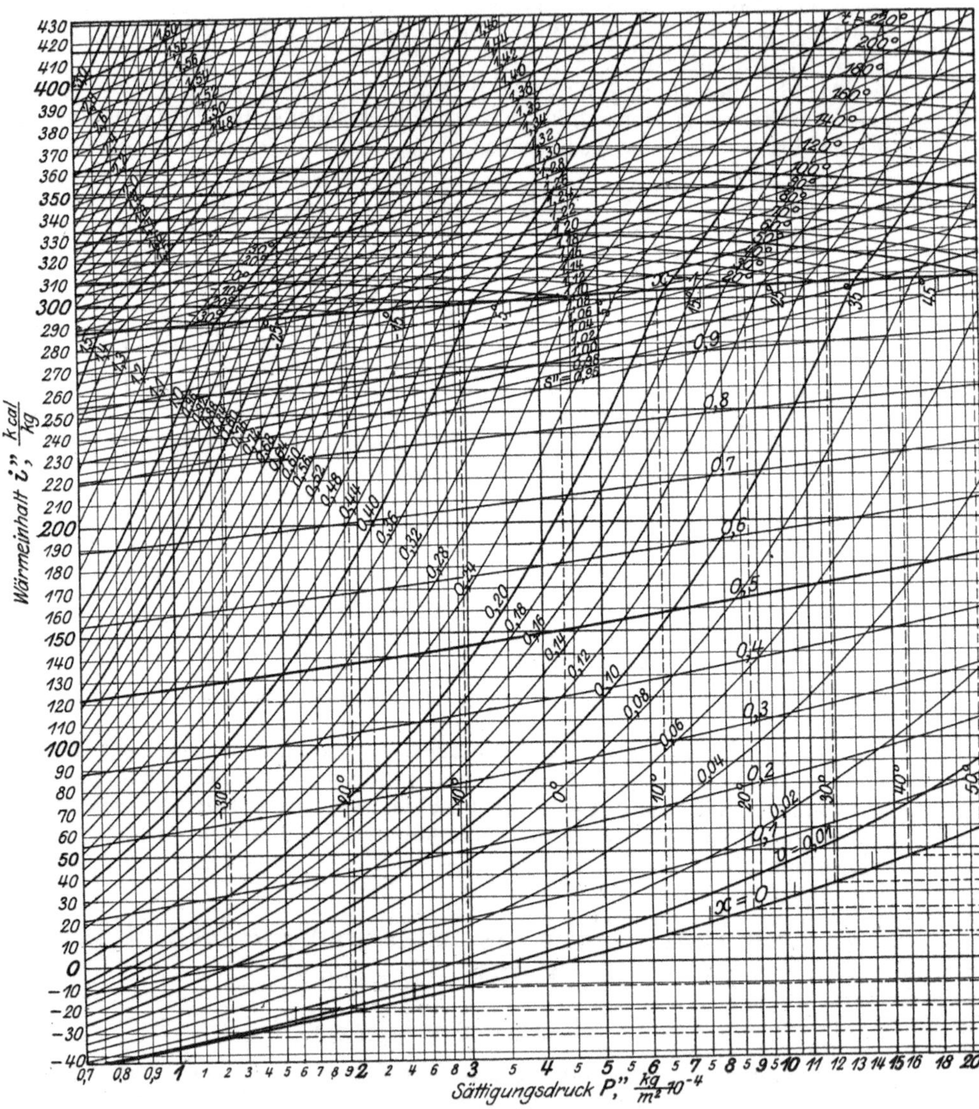

Abb. 295. *i-P*-Bild für NH_3.

Ausdehnungsmotor entsprechende Isentrope als Gerade, ebenso die den Vorgang im Regler darstellende Linie gleichen Wärmeinhalts und die dem Verdampfvorgang entsprechende Isobare innerhalb der Grenzkurven. Dagegen stellt sich die Isobare des Verflüssigungsvorganges, soweit sie außerhalb des Sättigungsgebietes liegt — also Enthitzung und Unterkühlung —, als Kurve dar.

Auf rechtwinklige Koordinaten übertragen verliert das i-s-Bild seine Klarheit und für genaue Ablesungen seine Brauchbarkeit.

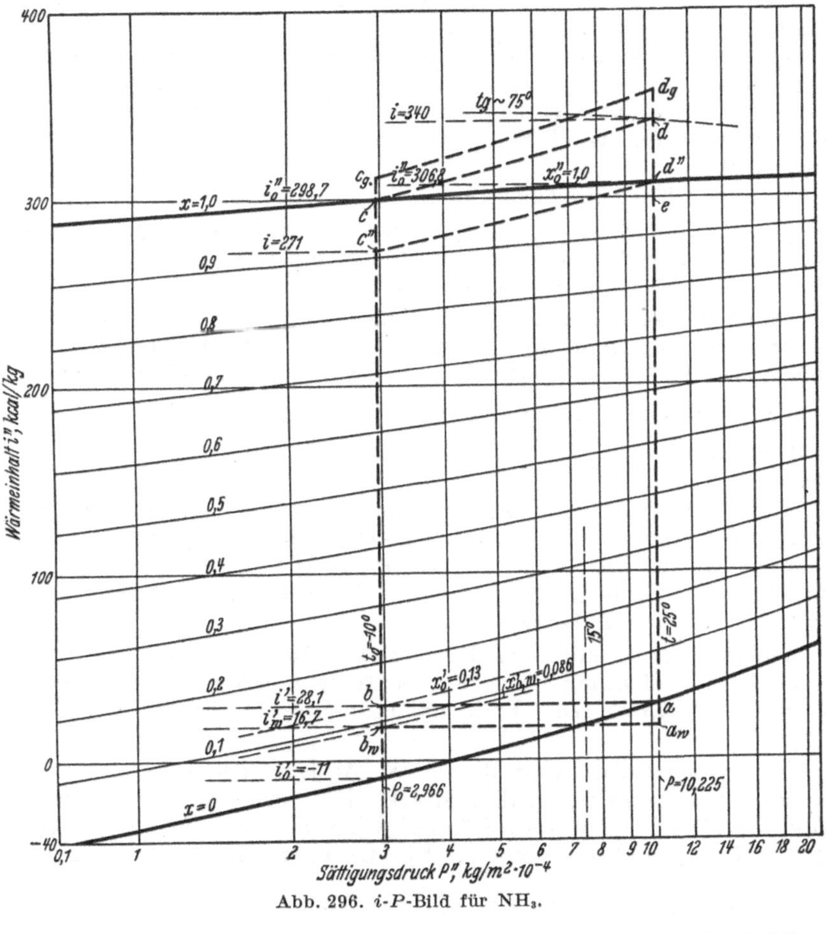

Abb. 296. i-P-Bild für NH_3.

Auch das von Mollier zuerst angegebene i-P-Bild mit rechtwinkligen Koordinaten ergibt Strecken für Verdampferleistung, Verflüssigerleistung und Verdichterarbeit, Geraden für die Isobaren des Verdampf- und Verflüssigungsvorganges und den Drosselvorgang im Regler, dagegen Kurven für die Isentropen des Verdichters und Ausdehnungsmotors. Bei tiefen Temperaturen wird das i-s-Bild in der Nähe der unteren Grenzkurve, das i-P-Bild in der Nähe der oberen Grenzkurve unübersichtlich, weil dort die Isentropen sich mit der Grenzkurve und den Ordinaten gleichen Wärmeinhalts in spitzem Winkel schneiden.

Ein i-P-Bild mit Darstellung der P-Abszissen in logarithmischem Maßstabe ist vom National Bureau of Standards, Washington, für Ammoniak entworfen worden und, auf deutsches Maß vom Verfasser umgerechnet, in Abb. 295 wiedergegeben. Ihm haften die erwähnten Mängel nicht mehr an. Auch hier werden Verdampferleistung, Verflüssigerleistung und Verdichterarbeit durch Strecken gemessen, die Vorgänge im Verdampfer, Verflüssiger und Regler durch Geraden, die Vorgänge im Verdichter und Ausdehnungsmotor jedoch als Kurven dargestellt. Die vorzugsweise gestellte Frage, in welcher Weise sich bei Änderung bestimmter Größen der ganze Arbeitsvorgang zahlenmäßig verschiebt, dürfte das i-P-Bild mit logarithmischen Abszissen am klarsten beantworten.

In Abb. 296 kennzeichnen

Punkt a den Zustand der Ammoniakflüssigkeit vor dem Regler bei dem Druck $P = 102250$ kg/m², der Siedetemperatur $t = 25^0$ und dem Wärmeinhalt $i' = 28{,}1$ kcal/kg;

Punkt b den Zustand der Flüssigkeit nach Durchgang durch den Regler und Entspannung auf einen Druck $P_0 = 29660$ kg/m² (Siedetemperatur $t_0 = -10^0$). Die Lage des Punktes kennzeichnet den Zustand des Dampfes durch den Wert des Dampfgehalts $x_0' = \frac{i' - i_0'}{i_0'' - i_0'} = \frac{28{,}1 - (-11)}{298{,}7 - (-11)} \sim 0{,}13$;

Punkt c den Zustand des Ammoniaks nach vollständiger Verdampfung. Druck und Temperatur entsprechen dem Zustand im Punkte b, der Dampfgehalt ist auf $x_0 = 1$ gewachsen. Die Strecke $b\ c$ mißt die Zunahme des Wärmeinhalts bei Verdampfung der Restflüssigkeit $i - i' = 298{,}7 - 28{,}1 = 270{,}6$ kcal/kg;

Punkt d den Zustand der überhitzten Ammoniakdämpfe nach isentropischer Verdichtung längs der Isentrope $c\ d$ von $P_0 = 29660$ auf $P = 102250$ kg/m². Die Endtemperatur erreicht hierbei den Wert $t_g \sim 75^0$.

Der Arbeitsbedarf wird durch den Abstand der Punkte d und c in der Ordinatenrichtung, d. i. Strecke $d\ c$, gemessen und beträgt im Wärmemaßstab $\sim 340 - 298{,}7 = 41{,}3$ kcal/kg bzw. im Arbeitsmaßstab $427 \cdot 41{,}3 = 17600$ mkg/kg. Die Leistungsziffer folgt hieraus zu

$$\varepsilon = \frac{270{,}6}{41{,}3} \sim 6{,}55.$$

Bei einer stündlich umlaufenden Arbeitsstoffmenge von 1000 kg/h beträgt die stündliche Kälteleistung

$$Q_{0,h} = 1000 \cdot 270{,}6 = 270600 \text{ kcal/h},$$

der Arbeitsverbrauch

$$1000 \cdot 17600 = 17600000 \text{ mkg/h}$$

bzw.

$$N_i = \frac{1000 \cdot 41{,}3}{632} \sim 65{,}35 \text{ PSi}.$$

Die wirtschaftliche Wertzahl ergibt sich zu

$$\frac{Q_{0,h}}{N_i} = \frac{270600}{65,35} \sim 4\ 100 \text{ kcal/PSi h}.$$

Die bei der Abkühlung vom Zustande d auf die Siedetemperatur von 25° (Punkt d'') und der anschließenden Verflüssigung bis zum Zustande a freiwerdende Wärmemenge wird durch die Strecke $d\ a$ gemessen. Sie entspricht der Summe der Kälteleistung und des im Wärmemaßstab gemessenen Arbeitsbedarfs und beträgt

$$340 - 28,1 \sim 312 \text{ kcal/kg}.$$

Punkt a verschiebt sich nach Punkt a_w, wenn das verflüssigte Ammoniak vor dem Regler von der Siedetemperatur $t_0 = 25^0$ auf die Temperatur $t_w = 15^0$, entsprechend einem Wärmeinhalt $i'_w = 16,72$ kcal/kg, unterkühlt wurde. Die Entspannung vollzieht sich alsdann auf den durch Punkt b_w gekennzeichneten Zustand. Der Dampfgehalt sinkt auf $x'_{0,w} = \frac{16,7 - (-11)}{298,7 - (-11)} \sim 0,086$. Dementsprechend steigt die Kälteleistung um den durch die Strecke $b\ b_w$ im Ordinatenmaßstab gemessenen Betrag $28,1 - 16,7 = 11,4$ auf 282 kcal/kg.

Während Punkt c dem Arbeitsvorgang mit Ansaugen trocken gesättigter Dämpfe entspricht, kennzeichnet Punkt c'' den Zustand naß angesaugter Dämpfe, wenn nach der isentropischen Verdichtung im Zustand d'' Überhitzung vermieden und die Dämpfe gerade trocken gesättigt sein sollen. Der Verlust an Kälteleistung wird durch die Strecke $c\ c''$ gemessen und beträgt $298,7 - 271 \sim 28$ kcal/kg. Da der Ordinatenabstand der Isentropen mit höherem Druck zunimmt, ergibt sich bei isentropischer Verdichtung nasser Dämpfe längs $c''\ d''$ eine Verringerung des Arbeitsbedarfs auf $306,8 - 271 \sim 36$ kcal/kg. Die Leistungsziffer beträgt bei fehlender Unterkühlung $\varepsilon = \frac{270,6-28}{36} \sim 6,7$ und bleibt damit etwa gleich der beim Ansaugen trocken gesättigter Dämpfe.

Erfahren die Dämpfe vor dem Ansaugen eine Überhitzung auf die durch Punkt c_g gekennzeichnete Temperatur, so erhöht sich die Kälteleistung um den durch den Abstand $c_g\ c$ gemessenen Betrag. Die Verdichtung erfolgt längs der Isentrope $c_g\ d_g$ und endigt in d_g bei einer höheren Überhitzungstemperatur. In der Regel stellt die durch $c_g\ c$ gemessene Kälteleistung keinen nutzbaren Gewinn dar, z. B. wenn sie durch Reibungswiderstände in der Saugleitung herbeigeführt wird. Liegt die Temperatur im Punkt d_g unerwünscht hoch und wird, zu ihrer Verminderung auf den Wert bei d, flüssiger Arbeitsstoff in die Saugseite eingeführt, so muß die eingebrachte Menge des Arbeitsstoffes so bemessen werden, daß sie die Überhitzungsleistung $c_g\ c$ gerade aufhebt. Die auf 1 kg umlaufenden Arbeitsstoff entfallende Kälteleistung sinkt hierdurch auf den Wert $\frac{c\ b}{1 + \frac{c_g\ c}{c\ b}}$. Die der Saugseite zugeführte Flüssigkeitsmenge verhält sich zu der im Verdampfer ausgenutzten Flüssigkeitsmenge wie $\frac{c_g\, c}{c\; b}$.

Der Einfluß stufenweiser Verdichtung mit Zwischenkühlung durch Kühlwasser nach dem Arbeitsbild der Abb. 8 geht aus dem Wärmebild

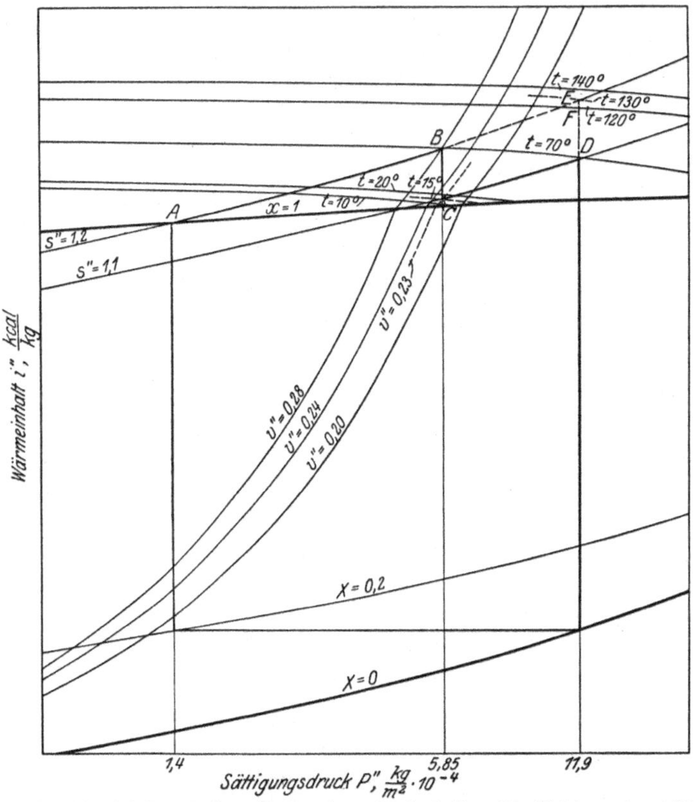

Abb. 297. Vergleich zwischen Verbund- und einstufiger Verdichtung im i-P-Bild.

der Abb. 297 hervor. Hiernach erfolgt z. B. die Verdichtung des Arbeitsstoffes vom trocken gesättigten Zustande des Punktes A ($P_0 = 14000$ kg/m², $t_0 \sim -27^0$) auf einen Enddruck $P = 118950$ kg/m² ($t \sim 30^0$). Die Zwischenkühlung ist bei einem Druck $P_m = 58500$ kg/m² eingeschaltet und erfolgt auf eine Temperatur $t_m = 15^0$. Bei der erstmaligen Verdichtung wird im Punkt B eine Temperatur von 70⁰ erreicht. Nahezu gleich hoch liegt die Temperatur am Ende der zweiten Verdichtung im Punkte D. Das Maß $B\,C$ mißt die Kühlleistung des Zwischenkühlers.

Bei fehlender Zwischenkühlung würde die einstufige Verdichtung im Punkte E bei einer Temperatur von etwa 130⁰ endigen. Die Arbeitsersparnis entspricht der Strecke $E\,F$, wenn $D\,F = C\,B$ aufgetragen wird. Der Ordinatenabstand zwischen den Punkten A und B mißt den Arbeitsbedarf der Niederdruckstufe, der Ordinatenabstand zwischen den Punkten C und D den Arbeitsbedarf der Hochdruckstufe. Die Verflüssigungsleistung vermindert sich um den durch die Strecke DE gemessenen Betrag, d. i. um die Leistung des Zwischenkühlers $CB = DF$, erhöht um den Wärmewert der Arbeitsersparnis EF.

Die wirklichen Verhältnisse werden durch die neu auftretenden Widerstände der Druckventile auf der Niederdruckseite, der Saugventile auf der Hochdruckseite, des Zwischenkühlers und der Zwischenleitungen so verändert, daß die tatsächlich erreichte Arbeitsersparnis geringer ist. Hierzu kommt die Verschlechterung des mechanischen Wirkungsgrades bei Anwendung zweier Kolben, so daß die Begründung der Verbundverdichtung mit der Arbeitsersparnis allein nur dann von vornherein auschlaggebend sein sollte, wenn die rechnerische Untersuchung einen erheblichen Gewinn ergibt, der durch diese Nebenumstände keinesfalls aufgezehrt wird. Die sichtbare Arbeitsersparnis, wie sie z. B. aus dem rankinisierten Indikatordiagramm der Abb. 298 hervorgeht, wird in der Regel durch die Verringerung der Wandungseinflüsse, d. h. eine im Indikatordiagramm nicht zum Ausdruck kommende Erhöhung des Liefergrades, außerdem durch betriebstechnische Vorteile, wie Vermeidung hoher Überhitzungstemperaturen und Verbesserung der Schmierungsverhältnisse, überwogen.

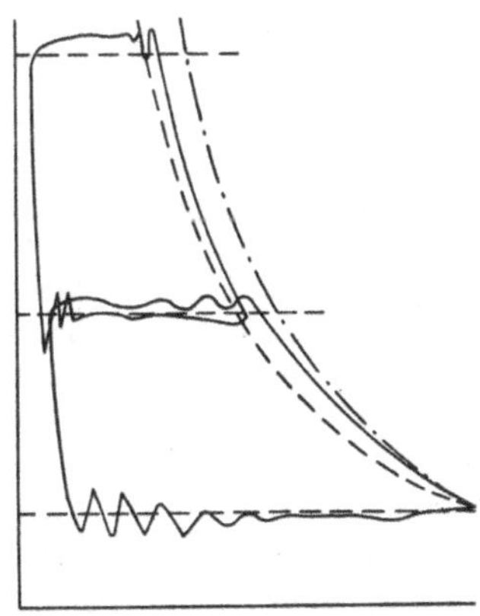

Abb. 298. Indikatordiagramm eines Verbundverdichters.

Die Höhe des Zwischendrucks und das damit festliegende Verhältnis der Förderleistungen von Hoch- und Niederdruckstufe sind so zu wählen, daß die Arbeitsersparnis einen Höchstwert erreicht. Wird die Verdichtungslinie als Polytrope mit einem Exponentwert $\varkappa$ betrachtet, so ergibt sich der Arbeitsbedarf bei zwei Stufen zu

$$L_{i,h} = \frac{\varkappa}{\varkappa - 1}\left(P_0 \cdot V_{0,h}\left[\left(\frac{P_m}{P_0}\right)^{\frac{\varkappa-1}{\varkappa}} - 1\right] + P_m \cdot V_{m,h}\left[\left(\frac{P}{P_m}\right)^{\frac{\varkappa-1}{\varkappa}} - 1\right]\right), \quad (11)$$

wenn $V_{m,h}$ den stündlich durchlaufenen Hubraum der zweiten Stufe bezeichnet. Der Bestwert von P_m folgt aus der Bedingung $\frac{dL_{i,h}}{dP_m} = 0$ zu

$$P_{m,best} = \sqrt{P_0 \cdot P\left(\frac{T_m}{T_0}\right)^{\frac{\varkappa}{\varkappa - 1}}}\,. \quad (12)$$

Hierbei ist das Verhältnis $\frac{P_m \cdot V_{m,h}}{P_0 \cdot V_{0,h}}$ durch das Verhältnis $\frac{T_m}{T_0}$ ersetzt, der Arbeitsstoff also als vollkommenes Gas betrachtet. Der günstigste Zwischendruck ist abhängig nicht nur von den Drücken P_0 und P, sondern auch von dem Verhältnis der Ansaugtemperatur der Hochdruckstufe T_m zu der Verdampftemperatur T_0. T_m ergibt sich hierbei aus der Temperatur des verfügbaren Kühlwassers und der Wirksamkeit des Zwischenkühlers. Durch Einsetzen des Wertes $P_{m,\,best}$ errechnet sich der Mindestarbeitsbedarf bei Verbundverdichtung mit Zwischenkühlung durch Wasser zu

$$L_{i,h,min} = \frac{\varkappa}{\varkappa-1}\left(P_0 \cdot V_{0,h}\left[\sqrt{\left(\frac{P}{P_0}\right)^{\frac{\varkappa-1}{\varkappa}} \cdot \frac{T_m}{T_0}} - 1\right] + \sqrt{P_0 \cdot P\left(\frac{T_m}{T_0}\right)^{\frac{\varkappa}{\varkappa-1}}} \cdot V_{m,h}\left[\sqrt{\left(\frac{P}{P_0}\right)^{\frac{\varkappa-1}{\varkappa}} \cdot \frac{T_0}{T_m}} - 1\right]\right). \tag{13}$$

Mit Rücksicht darauf, daß die angenommenen Verhältnisse im Betrieb Schwankungen unterworfen sind, ist es zwecklos, bei der Festlegung des Zwischendrucks allzu ängstlich zu verfahren. In der Regel genügt es, aus dem i-P-Bild den Zwischendruck versuchsweise so zu ermitteln, daß entweder der Arbeitsverbrauch in beiden Stufen gleich wird oder die am Ende der Verdichtung erreichte Überhitzungstemperatur in beiden Stufen gleich hoch liegt.

Der Einfluß stufenweiser Regelung unter gleichzeitiger Zwischenkühlung durch den Arbeitsstoff folgt aus Abb. 299. Die erstmalige Entspannung erfolgt vom Zustande a auf den Zustand b_m. Der dem Punkt b_m entsprechende Dampfgehalt x_m tritt in die zweite Stufe über, die Restflüssigkeit wird vom Zustande a_m auf den Zustand b weiter entspannt und bindet im Verdampfer die der Strecke $b\ c$ entsprechende Wärmemenge. Die Verdichtung erfolgt erstmalig längs $c\ d_m$. Hieran schließt die Zwischenkühlung vom Zustande d_m auf den Zustand c_m an. Die Verdichtung in der zweiten Stufe verläuft längs $c_m\ d$. Die Kälteleistung $b\ c$ entfällt auf 1 kg in der Niederdruckstufe umlaufenden Arbeitsstoff. In der Hochdruckstufe kreist gleichzeitig eine größere Menge, nämlich wegen des Überströmens der beim ersten Regeln entstandenen Dampfmenge das $\frac{c_m\,a_m}{c_m\,b_m}$ fache, wegen der Rückkühlung durch Arbeitsstoff, der nur die Hochdruckstufe durchläuft, das $\left(1 + \frac{d_m\,c_m}{c_m\,b_m}\right)$fache, im ganzen also $\frac{c_m\,a_m}{c_m\,b_m}\left(1 + \frac{d_m\,c_m}{c_m\,b_m}\right)$ kg. Während der durch den Ordinatenabstand zwischen d_m und c, d. i. Strecke $d_m\ e_m$, gemessene Arbeitsbedarf der Niederdruckstufe sich auf 1 kg bezieht, ist der durch den Ordinatenabstand zwischen d und c_m, d. i. Strecke $d\ e$, gemessene Arbeitsbedarf der Hochdruckstufe für $\frac{c_m\,a_m}{c_m\,b_m}\left(1 + \frac{d_m\,c_m}{c_m\,b_m}\right)$ kg in Rechnung zu stellen.

Der Vorteil zweistufiger Regelung mit zweistufiger Verdichtung liegt unter anderem darin, daß die im ersten Regler gebildeten Dämpfe die Niederdruckseite umgehen, der auf sie entfallende Arbeitsbedarf daher auf rund die Hälfte zurückgeht. Die Verbesserung der Arbeitsverhältnisse ist um so größer, je mehr die Menge der im ersten Regler freiwerdenden Dämpfe gegenüber der im Verdampfer entstehenden Dampfmenge in Betracht kommt. Das bedeutet, daß die Vorteile bei

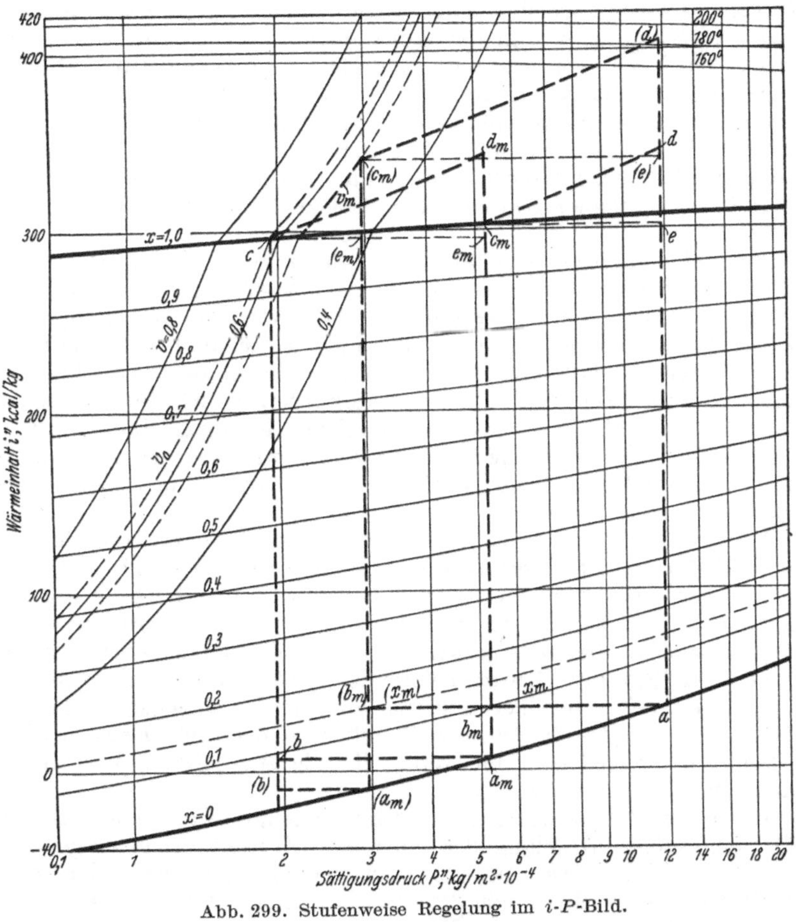

Abb. 299. Stufenweise Regelung im i-P-Bild.

weitgehender Unterkühlung kleiner, bei geringer oder fehlender Unterkühlung und hohem Druckgefälle erheblich werden, ganz besonders aber ins Gewicht fallen, wenn der Verflüssiger in der Nähe des kritischen Punktes arbeitet, wie dies bei Kohlensäureanlagen und hoher Kühlwassertemperatur der Fall ist.

Bei dem Verfahren von Voorhees nach dem Arbeitsbild der Abb. 11 erfolgt im Hubende eine Verdichtung vom Druck P_0 auf den Druck (P_m) unter Nachströmen des bei der erstmaligen Entspannung gebildeten Dampfgehalts (x_m). Das Gewicht des Arbeitsstoffes erhöht sich daher während des Nachströmens im Verhältnis $\frac{1}{1-(x_m)}$. Da dieser Vorgang sich bei gleichem Rauminhalt vollzieht, folgt das spezifische Volumen beim Drucke (P_m) zu $(v_m) = [1 - (x_m)]v_0$. Die isentropische Verdichtung beginnt in Abb. 299 vom Punkte (c_m), in dem sich die Isobare für (P_m) mit der Linie gleichen spezifischen Volumens (v_m) schneidet. Die Gase sind schon zu Anfang der isentropischen Verdichtung stark überhitzt. Die durch den Abstand (b) c gemessene Kälteleistung bezieht sich auf eine Arbeitsstoffmenge von $[1 - (x_m)]$ kg. Der Arbeitsverbrauch während der isentropischen Verdichtung entspricht dem Ordinatenabstand der Punkte (d) und (c_m) zuzüglich der Verdichtungsarbeit während des Nachströmens, die, auf 1 kg Arbeitsstoff bezogen, $v_0[(P_m) - P_0]$ mkg/kg beträgt. Die Strecke (d) a mißt die Verflüssigungsleistung.

Den zahlenmäßigen Einfluß dieses Arbeitsverfahrens hat Haruhisa Inokuty[1] untersucht. Er kommt zu dem Ergebnis, daß die auf 1 kg Arbeitsstoff bezogene Kälteleistung bei Kohlensäure um ein geringes kleiner, bei Ammoniak um ein geringes größer ist als bei dem gewöhnlichen Kreislauf, daß dagegen die auf die Einheit des Verdichterhubraums bezogene, bei gegebener Verdichterförderleistung also die gesamte Kälteleistung, höher liegt als bei einstufiger Regelung. Die Leistungszunahme ist um so größer, je niedriger der Verdampferdruck und je höher der Wärmeinhalt des Arbeitsstoffes beim Austritt aus dem Verflüssiger liegen.

Für eine Kohlensäureanlage mit einem Verdampferdruck von 211000 kg/m², einem Verflüssigerdruck von 914000 kg/m² und einer Temperatur von 33° am Verflüssigeraustritt errechnet Haruhisa Inokuty die Zunahme der Kälteleistung gegenüber einstufiger Regelung zu 60,2%. Bei den praktisch in Betracht kommenden Verhältnissen übersteigt der Gewinn keinesfalls 100%. Der Arbeitsverbrauch nimmt gleichzeitig mit der Leistung zu, für das angegebene Beispiel um 51,5%. Die für die Wirtschaftlichkeit maßgebende Leistungsziffer ändert sich infolgedessen nur wenig; für die angegebenen Verhältnisse erhöht sie sich um 5,6%.

Bei diesen Vergleichszahlen ist angenommen, daß bei dem Verfahren mit mehrstufiger Regelung der günstigste Zwischendruck eingehalten wird, der sich nach Haruhisa Inokuty dann ergibt, wenn der Druck im Aufnehmer gleich ist mit dem Mischdruck im Zylinder nach Überströmen der vorentspannten Dämpfe. Weiter ist vorausgesetzt, daß im Vergleichsfalle der Verdichterdruck derselbe ist. In Wirklichkeit wird jedoch bei dem Verfahren mit mehrstufiger Regelung der Verdichterdruck niedriger gehalten als bei einstufiger Regelung, da Erhöhung des Verflüssigerdrucks sich bei zweistufiger Regelung weniger günstig äußert als bei einstufiger.

Bei einem nach diesem Verfahren bei —25° Verdampftemperatur, 32° Kühlwassereintritt, 38° Kühlwasseraustritt arbeitenden Kohlen-

[1] Haruhisa Inokuty: Theory and experiments on vapor compression refrigerating machine with some modified cycles. V. Int. Kältekongr., Rom 1928.

säureverdichter fand Macintire[1] die in Abb. 300 und 301 wiedergegebenen Diagramme, von denen das erste der gewöhnlichen Verdichtung, das zweite der stufenweisen Regelung mit Nachströmen des bei der ersten Entspannung gebildeten Dampfes entspricht.

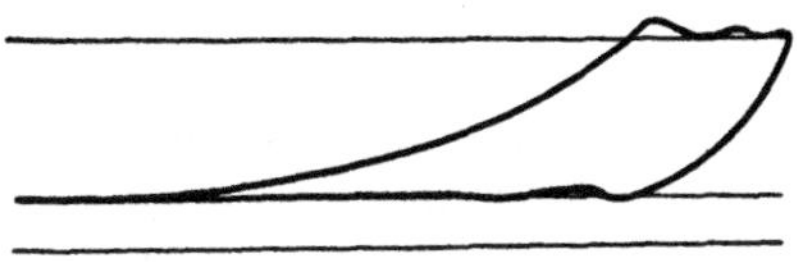

Abb. 300. CO_2-Indikatordiagramm.

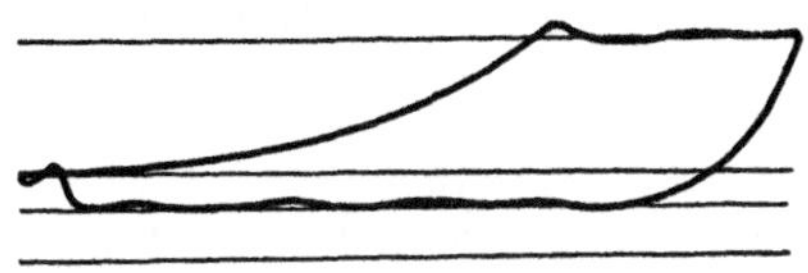

Abb. 301. CO_2-Indikatordiagramm bei zweistufiger Regelung (Voorhees).

Verglichen mit der getrennten Verdichtung der mit verschiedenem Druck — bei zweistufiger Regelung mit oder ohne Verdampfung — entstehenden Dämpfe, nimmt das Voorheessche Verfahren stets eine Mehrarbeit in Kauf, die ihren Grund in dem nicht umkehrbaren und daher verlustbringenden Mischvorgang findet. Nach Abb. 302 erfolgt die getrennte Verdichtung von P_0 auf P nach dem Diagramm 1 2 3 4, von P_m auf P nach dem Diagramm 1′ 2′ 3′ 4. Beim Nachströmen nach Voorhees ergibt sich das Diagramm 1 2 2″ 3″ 4. Würde in einem Idealverdichter zunächst Teilverdichtung nach 2 5 erfolgen, anschließend das Ansaugen sich längs 5 2″ fortsetzen und schließlich die restliche Verdichtung entsprechend 2″ 3″ verlaufen, so wäre die Fläche 5 2″ 3″ 3 gleich dem Diagramm 1′ 2′ 3′ 4. Die Fläche 2 2″ 5 stellt also den Arbeitsverlust dar, wenn, statt der getrennten Verdichtung, mit Nachströmen gearbeitet wird. Vorausgesetzt ist hierbei, daß die Temperatur bei der idealen Verdichtung im Punkte 5 gleich der beim Überströmen im Punkte 2″ ist, was nicht genau zutrifft. Mit dieser Annäherung stellt ferner die Fläche 2 6 2″ die Arbeitsersparnis dar, die sich bei dem Verfahren nach Voorhees gegenüber Verdichtung des gesamten Arbeitsstoffes vom Drucke P_0 auf den Druck P ergibt.

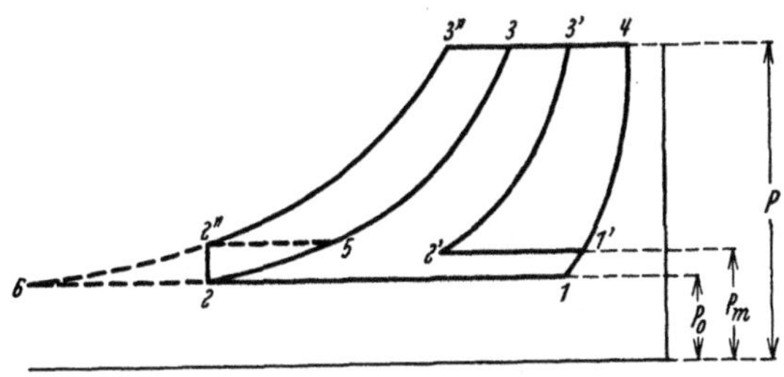

Abb. 302. Vergleich zwischen Voorheesscher und einstufiger Verdichtung.

Beim Arbeiten mit mehreren Verdampfern in Verbindung mit zweistufiger Regelung nach dem Arbeitsbild der Abb. 13 wird die Höhe des Zwischendruckes P_m durch die Temperatur des Hochdruckverdampfers bestimmt. Der Arbeitsgewinn wird am größten, wenn die Höhe des Zwischendruckes den Bestwert erreicht, der sich aus dem Drucke des Niederdruckverdampfers und des Verflüssigers ergibt. Gegenüber einstufiger Verdampfung verspricht die Anordnung um so mehr Gewinn,

[1] Macintire: Refrigeration with two suction pressures. Power 1922.

je größer die Leistung des Hochdruckverdampfers im Verhältnis zu der des Niederdruckverdampfers ist.

Der theoretisch interessante Grenzfall des Lorenz-Kreislaufes wird angenähert dadurch verwirklicht, daß die Verdampfung, Verdichtung und Verflüssigung in zahlreichen — im Grenzfalle unendlich vielen — Stufen vor sich geht. Die Dämpfe treten aus den Verdampfern allmählich in den ersten Stufen ein, aus den letzten Stufen in die Verflüssiger allmählich aus. Das Indikatordiagramm der Abb. 303 zeigt in den gestrichelten Flächen das Maß des bei der Verdichtung möglichen Arbeitsgewinnes. Neben diesem läuft eine erhöhte Kälteleistung.

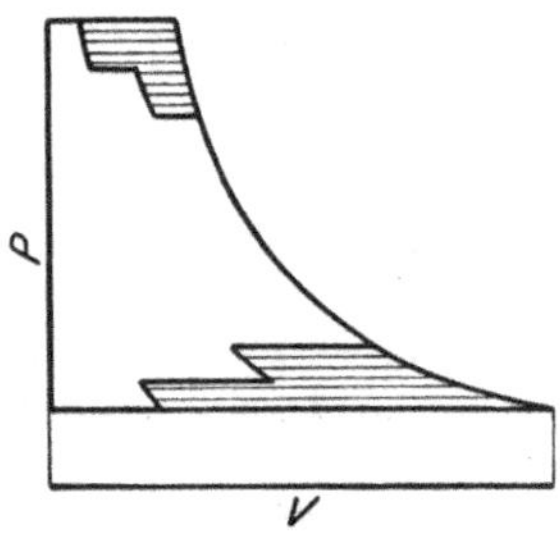

Abb. 303. Vergleich zwischen Carnot- und Lorenz-Kreislauf im P-V-Bild (Indikatordiagramm).

β) Wasserdampfkühlanlage mit Dampfstrahlverdichter. Für die Berechnung der Wasserdampfkältemaschine mit Dampfstrahlverdichter eignet sich das i-s-Bild, aus dem sich in einfachster Weise die mit 1 kg Treibdampf aus dem Verdampfer abgesaugte und im Verflüssiger niedergeschlagene Dampfmenge ableiten läßt. Bezüglich der Einzelheiten sei auf die von dem Verfasser neu bearbeitete 7. Auflage von Hausbrand: Verdampfen, Kondensieren und Kühlen[1] verwiesen. Der Vorteil der Stufenverteilung liegt in der Hauptsache darin, daß der Dampfstrahlverdichter günstiger arbeitet, wenn das Temperaturgefälle zwischen Ansauge- und Förderseite abnimmt.

γ) Absorptionskühlanlage. Ein für die Berechnung der Ammoniak-Absorptionskältemaschine besonders geeignetes i-ξ-Bild haben Merkel und Bosnjakovic[2] vorgeschlagen und unter vorzugsweiser Benutzung der Diedrichson-Wilsonschen Forschungen berechnet. Hierbei bedeutet

ξ den Gewichtsanteil des Ammoniaks im Gemisch.

Das i-ξ-Bild hat hier für die Ermittlung der wichtigsten Größen, wie Kälteleistung, Verflüssigerleistung, im Aufsauger freiwerdende Wärmemenge, Wärmeverbrauch im Austreiber, Leistung und Arbeitsverbrauch der Lösungspumpe, im Temperaturwechsler ausgetauschte Wärmemenge die gleiche Bedeutung, wie das i-P-Bild für die mit Verdichter arbeitende Kälteanlage. Beide ermöglichen einen Überblick über den Einfluß veränderter Voraussetzungen und damit Festlegung der jeweilig günstigsten Betriebsverhältnisse.

2. Kaltluftanlage.

Das unten behandelte Molliersche i-x-Bild läßt sich nach dem Vorschlage von Baumann[3] durch Einzeichnung der φ/P-Linien für

[1] Berlin: Julius Springer 1931.

[2] Merkel-Bosnjakovic: Diagramme und Tabellen zur Berechnung der Absorptionskältemaschinen. Berlin: Julius Springer 1929.

[3] Baumann: Kühlung und Entfeuchtung von Raumluft, insbesondere nach dem Luftexpansionsprozeß. Z. ges. Kälteind. 1930.

die Untersuchung der Kaltluftanlage umgestalten und bietet eine vorzügliche Grundlage für die Verfolgung der maßgebenden Zustandsgrößen insbesondere auch dann, wenn die Kühlung Nebenzweck, die nebenher sich ergebende Lufttrocknung Hauptzweck ist. Bezüglich der Einzelheiten sei auf die Quelle und das von Ostertag[1] gegebene Anwendungsbeispiel verwiesen.

Bei der Verdichtung und nachfolgenden Kühlung mittels Wasser wird häufig die Grenze überschritten, bei der die Luft mit Wasserdampf gesättigt ist. Infolgedessen fällt Wasser aus, und zwar um so mehr, je höher das Druckverhältnis und der Feuchtigkeitsgrad der angesaugten Luft und je größer der Temperaturunterschied zwischen angesaugter und nach der Verdichtung gekühlter Luft ist. Denn der auf den Wassergehalt entfallende Teildruck ist nur von der Temperatur der Luft abhängig, stellt daher einen um so geringeren Anteil des Gesamtdruckes dar, je höher dieser liegt. Mit der Entfeuchtung der Luft geht eine Abnahme ihres Wärmeinhaltes Hand in Hand. Wird die Luft danach entspannt, so stellt die Möglichkeit, den ursprünglichen Feuchtigkeitsgehalt wieder aufzunehmen, eine zusätzliche Kühlleistung dar. Sie wird jedoch durch die Verdichtung und anschließende Kühlung mittels Wasser bestritten und nicht erst durch die Entspannungsarbeit aufgebracht.

Zahlenbeispiel 1.

Gesättigte Luft von 20^0 wird mit einem Druck von 10000 kg/m² angesaugt, auf 30000 kg/m² verdichtet und danach durch Wasser auf 20^0 abgekühlt. Der Teildruck des Wasserdampfes beträgt daher anfangs und schließlich 238 kg/m², der Teildruck der Reinluft nimmt von $10000 - 238 = 9762$ kg/m² auf $30000 - 238 = 29762$ kg/m² zu. Auf 1 kg Reinluft entfallen 0,015 kg Wasserdampf und 14 kcal Wärmeinhalt im Ansaugzustand, dagegen nur $\frac{0{,}015 \cdot 9762}{29762} \sim 0{,}005$ kg Wasserdampf und 9 kcal Wärmeinhalt im Endzustand. Strömt die entfeuchtete Luft durch ein Drosselventil in den Ansaugraum aus, so bleiben Wasserdampfgehalt und Wärmeinhalt unverändert. Jedes kg Reinluft vermag daher durch Aufnahme von $0{,}015 - 0{,}005 = 0{,}010$ kg Wasser 6 kcal Wärme zu binden. Hierbei handelt es sich um Verdunstungskühlung, für die eine Entspannung unter Arbeitsleistung nicht nötig ist.

V. Berechnung der mittelbaren Kühlung.

Erfolgt die Übertragung der Kälteleistung nicht unmittelbar von dem Arbeitsstoff an das Kühlgut, sondern mittelbar vom Arbeitsstoff an den flüssigen oder gasförmigen Kälteträger und von diesem an das Kühlgut, so besteht zwischen Kälteleistung und Kälteträger die Beziehung

$$Q_{0,h} = G_h (i_a - i_e). \tag{14}$$

[1] Ostertag: Versuche an einer Entfeuchtungsanlage. Z. VDI 1930.

Hierbei bedeuten

$Q_{0,h}$ die von dem Kälteträger aufgenommene Wärmemenge, in kcal/h,

G_h die umlaufende Menge des Kälteträgers, in kg/h,

i_a den spezifischen Wärmeinhalt des Kälteträgers vor seiner Einwirkung auf die Kühlvorrichtung, in kcal/kg,

i_e den spezifischen Wärmeinhalt des Kälteträgers nach seiner Einwirkung auf die Kühlvorrichtung, in kcal/kg.

Wird der Vorgang der Abkühlung des Kälteträgers durch den Arbeitsstoff ins Auge gefaßt und der Verlust zwischen diesem Vorgang und der Übertragung der Kälteleistung auf das Kühlgut vernachlässigt, so bleibt die Beziehung auch gültig, wenn bedeuten

$Q_{0,h}$ die von dem Arbeitsstoff an den Kälteträger übertragene Kälteleistung, in kcal/h,

i_a den spezifischen Wärmeinhalt des Kälteträgers nach seiner Abkühlung, in kcal/kg,

i_e den spezifischen Wärmeinhalt des Kälteträgers vor seiner Abkühlung, in kcal/kg.

1. Flüssigkeiten als Kälteträger.

Dienen Flüssigkeiten als Kälteträger, so verändert sich ihr Aggregatzustand in der Regel nicht. Der spezifische Wärmeinhalt

$$i = c \cdot t \tag{15}$$

ist alsdann durch spezifische Wärme und Temperatur gegeben.

Die Größe der den Kälteträger fördernden Umlaufvorrichtung wird bestimmt durch die Beziehung

$$V_{s,h} = \frac{G_{s,h}}{\gamma_s}. \tag{16}$$

Hierbei bedeuten

$V_{s,h}$ die umlaufende Menge des Kälteträgers, in m³/h,

γ_s das spezifische Gewicht des Kälteträgers, bezogen auf die gleiche Temperatur, bei der $V_{s,h}$ gemessen wird, in kg/m³.

2. Luft (Gas) als Kälteträger.

Für die Verfolgung der Zustandsänderung dient das von Mollier[1] vorgeschlagene i-x-Bild. Es kann für die hier untersuchten, bei verhältnismäßig tiefen Temperaturen verlaufenden Vorgänge die in Abb. 304 dargestellte vereinfachte Form erhalten, die sich von der Mollierschen dadurch unterscheidet, daß die Isothermen parallel zur Abszissenachse verlaufen. Das i-x-Bild gilt jeweils nur für einen bestimmten Luftdruck, der hier gleichbleibend mit 10000 kg/m² (1 at) angenommen ist. Der Wärmeinhalt feuchter Luft beträgt, bezogen auf 1 kg Reinluft und von 0° gerechnet,

$$i = c_{p,l} \cdot t + x\,(r_0 + c_{p,d} \cdot t) \sim 0{,}24\,t + x\,(595 + 0{,}46\,t). \tag{17}$$

[1] Mollier: Ein neues Diagramm für Dampf-Luftgemische. Z. VDI 1923.

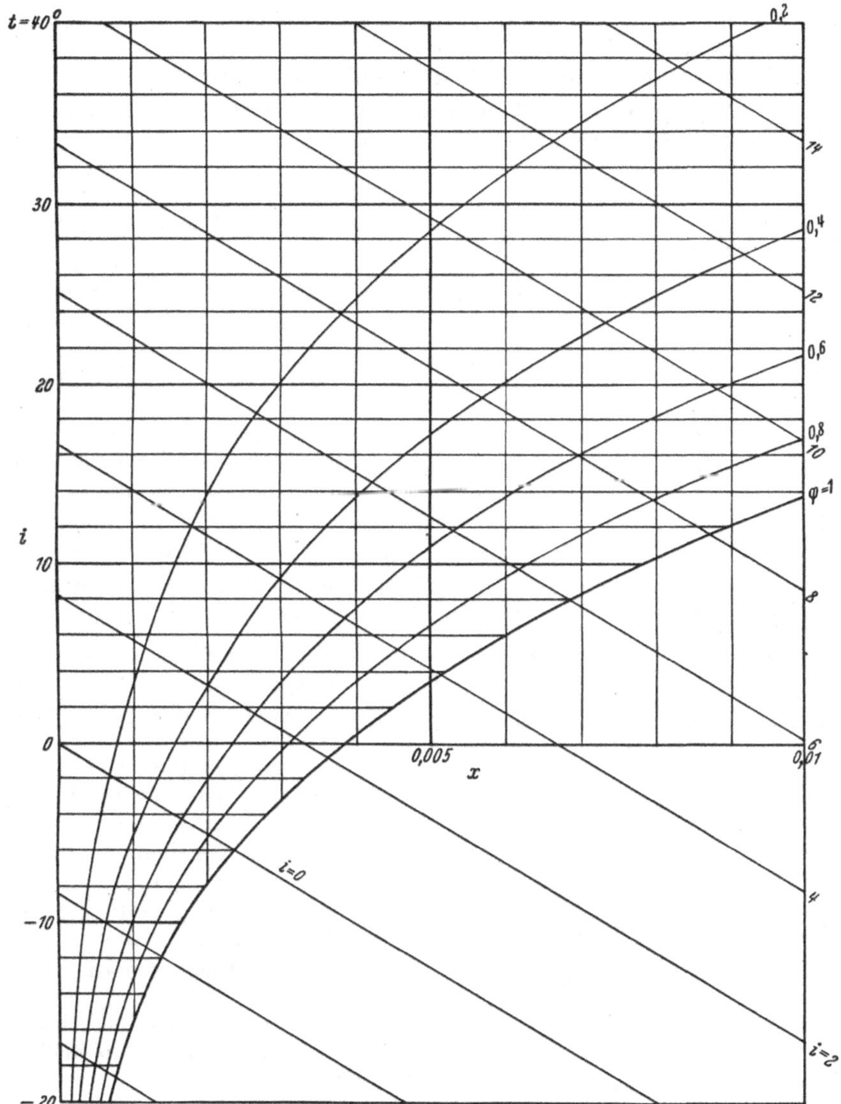

Abb. 304. i-x-Bild.

Hierbei bedeuten

$c_{p,l} \sim 0{,}24$ die spezifische Wärme der Reinluft, in kcal/kg · °C, die in dem hier untersuchten Bereich als unabhängig von Temperatur und Druck angenommen werden darf,

$c_{p,d} \sim 0{,}46$ die spezifische Wärme des Wasserdampfes, in kcal/kg · °C, unabhängig von Temperatur und Druck,

r_0 $\sim$ 595 die Verdampfwärme des Wasserdampfes bei 0^0, in kcal/kg,
t die Temperatur der Luft, in ^{0}C,
x das Gewicht der in 1 kg Reinluft enthaltenen Feuchtigkeit.

Die in Abb. 304 getroffene Vereinfachung läuft darauf hinaus, daß der Betrag $0{,}46\,t$ gegenüber 595 vernachlässigt, also

$$i \sim 0{,}24\,t + 595\,x \quad (18)$$

gesetzt wird.

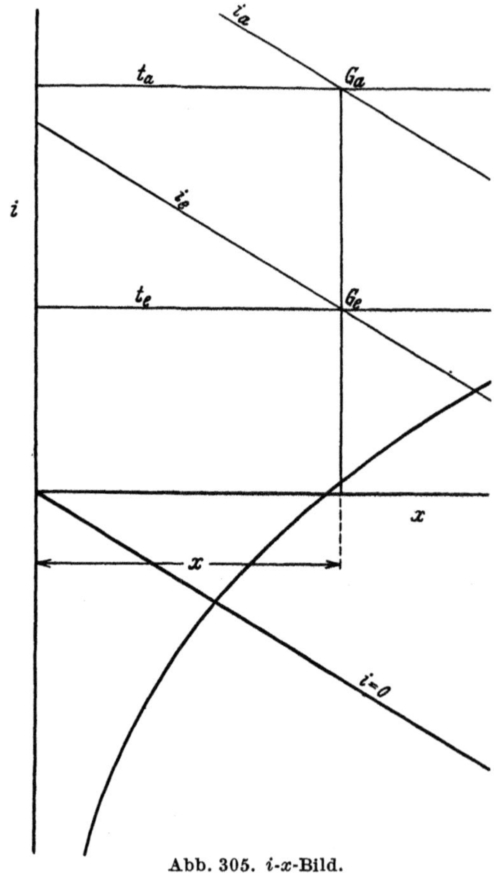

Abb. 305. i-x-Bild.

In Abb. 305 kennzeichnet Punkt G den Zustand der Luft nach Temperatur, Feuchtigkeitsgehalt und Wärmeinhalt. Nimmt die Temperatur von dem Wert t_a auf den Wert t_e ab, ohne daß sich der Feuchtigkeitsgehalt x verändert (Verlauf der Zustandsänderung längs der x-Ordinaten), so beträgt mit

$$i_a \sim 0{,}24\,t_a + 595\,x$$
$$i_e \sim 0{,}24\,t_e + 595\,x$$

die stündliche Kühlleistung

$$Q_{0,h} = G_{l,h}\,(i_a - i_e) = G_{l,h} \cdot 0{,}24\,(t_a - t_e), \quad (19)$$

entsprechend dem Abstand der Punkte G_e und G_a. Hierbei bedeutet

$G_{l,h}$ das stündlich zu verarbeitende Reinluftgewicht, in kg/h.

Ist statt dessen das Luftvolumen gegeben, so errechnet sich

$$G_{l,h} = V_{l,h} \cdot \gamma_l = V_{l,h} \cdot 1{,}293 \cdot \frac{P - P_d}{10330} \cdot \frac{273}{273 + t}, \quad (20)$$

wenn

$V_{l,h}$ das stündlich verarbeitete Luftvolumen, in m³/h,
γ_l das spezifische Gewicht der Reinluft, in kg/m³,
P den Luftdruck, in kg/m²,
P_d den Teildruck des in der Luft enthaltenen Wasserdampfes, in kg/m²,

$P - P_d = P_l$ also den Teildruck der Reinluft, in kg/m², bedeuten. Da bei tiefen Temperaturen der Teildruck P_d gegenüber dem Gesamtdruck P verschwindet, kann hier das Gewicht der Reinluft gleich dem der feuchten Luft genommen werden.

Das Luftvolumen $V_{l,h}$ bestimmt die Größe des Lüfters. Er ist stets so zu wählen, daß er bei den sich ergebenden Betriebsverhältnissen mit höchstem Wirkungsgrad arbeitet. Liegen Luftmenge und Gesamtwiderstand der Luft fest, so ist es zunächst Sache des Lieferers, den bestgeeigneten Lüfter vorzuschlagen. Eine Ungewißheit tritt jedoch insofern auf, als die Luftgeschwindigkeit unmittelbar vor und hinter dem Lüfter eine wesentliche Rolle spielt. Wird sie zunächst gleich Null angenommen und vorausgesetzt, daß die gesamte Geschwindigkeitsarbeit der austretenden Luft durch Wirbelbildung verschwindet, so ergibt der errechnete Gesamtwiderstand, der sich zusammensetzt aus Geschwindigkeits-, Reibungs- und Einzelwiderständen, den statischen Druckunterschied, der unmittelbar vor bzw. hinter dem Lüfter besteht. Wird dagegen vorausgesetzt, daß im Anschluß vor und hinter dem Lüfter gleiche Luftgeschwindigkeit herrscht, wie an seiner Eintritts- bzw. Austrittsöffnung, so ist der errechnete Gesamtwiderstand gleichbedeutend mit der von dem Lüfter einschließlich Geschwindigkeitshöhe erzeugten Gesamtpressung. Im ersten Falle wird die Arbeitsweise des Lüfters um so ungünstiger, je größer die verlorene Geschwindigkeitshöhe im Verhältnis zur statischen Nutzpressung ist. Kleine Lüfter mit hohen Geschwindigkeiten in den Anschlußöffnungen sind dann zu verwerfen. Im letzten Falle dagegen spielt die Geschwindigkeitshöhe keine Rolle und es wäre verfehlt, einen größeren und kostspieligeren Lüfter zu verwenden als den, dessen Ein- und Austrittsgeschwindigkeiten den Anschlußstücken entsprechen. In Wirklichkeit tritt der Fall kaum ein, daß die gesamte Geschwindigkeitshöhe verloren geht. Sie wird sich teilweise in Druck umsetzen und damit den Fehler hoher Anschlußgeschwindigkeiten am Lüfter mildern. Im Grenzfalle, wenn der Geschwindigkeitsüberschuß am Anschluß des Lüfters durch allmählichen Übergang vollständig in statischen Druck umgewandelt wird, verschwindet dieser Nachteil vollkommen, und ein Lüfter mit kleinen Abmessungen ist gleich geeignet wie ein größerer, wenn der Wirkungsgrad bei den durch Luftmenge und Gesamtpressung bestimmten Verhältnissen für beide gleich ist. Sitzt der Lüfter vor dem Luftkühler, so ergibt sich in der Regel beim Eintritt in die Luftkühlerkammer eine Geschwindigkeitsverringerung, umgekehrt beim Austritt aus der Luftkühlerkammer eine Beschleunigung, wenn der Lüfter hinter dem Luftkühler steht. Die Maßnahmen zur allmählichen Geschwindigkeitsveränderung beziehen sich daher bei dem vorgeschalteten Lüfter vor allem auf seine Austrittsöffnung, beim hintergeschalteten Lüfter auf die Saugöffnung.

Die tatsächlichen Verhältnisse werden den errechneten nicht genau entsprechen, schon deshalb, weil die günstigste Luftmenge in gewissem Zusammenhang mit der Kälteleistung steht und sich mit dieser ändern lassen soll. Ebenso wichtig wie die richtige Auswahl der Lüftergröße ist deshalb die Kenntnis der bezeichnenden Eigenschaften bei geänderten Betriebsbedingungen. Wird die Drehzahl erhöht, ohne daß die Querschnittsverhältnisse längs des Luftweges eine Änderung erfahren, so ergibt sich eine Erhöhung der Luftleistung etwa im Verhältnis der Drehzahl, gleichzeitig eine Erhöhung der Gesamtpressung etwa im Verhältnis des Quadrats der Drehzahl. Der für die Förderung der Luft maßgebende Widerstand verändert sich jedoch im Verhältnis des Quadrats der Luftgeschwindigkeit und damit des Quadrats der Luftmenge und Lüfterdrehzahl nur insoweit, als es sich um Geschwindigkeits- und Einzelwiderstand handelt, während der Reibungswiderstand langsamer zunimmt. Die Folge ist, daß die Betriebsverhältnisse des Lüfters sich so verschieben, als ob die Durchgangsquerschnitte vergrößert würden, d. h. Leistung und Gesamtpressung nehmen weiter zu. Das Maß dieser Abweichung ist im allgemeinen ohne großen Einfluß und besitzt die Bedeutung eines Sicherheitszuschlages, muß jedoch insofern berücksichtigt werden, als sich damit eine erhöhte Steigerung des Kraftbedarfs

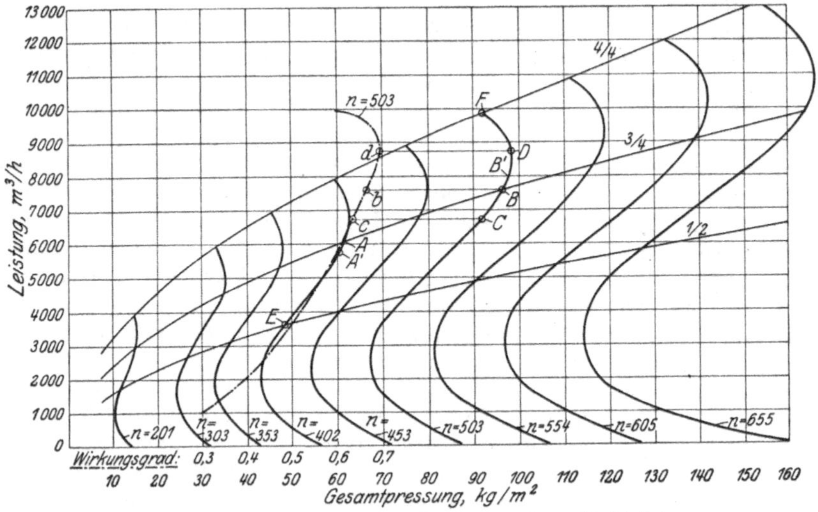

Abb. 306. Kennlinien eines Fliehkraftlüfters (Schiele).

ergibt. Andererseits wird bei Herabsetzung der Drehzahl die Leistungsabnahme größer, als der Drehzahlminderung entspräche.

In Abb. 306 sind die Kennlinien eines Schieleschen Schrägschaufelgebläses wiedergegeben. Sie stellen für verschiedene Drehzahlen die den Luftmengen zugeordnete Pressung dar. Die mit $^4/_4$, $^3/_4$, $^1/_2$ bezeichneten Kurven sind Linien gleichen Öffnungsquerschnitts. Längs dieser würden sich die Verhältnisse verschieben, wenn bei gleichbleibendem Querschnitt der Widerstand sich der Gesamtpressung entsprechend veränderte, was nur angenähert der Fall ist. Bei einer Steigerung von $n = 402$ auf 503 rückt Punkt A nicht nach B, sondern nach B', umgekehrt bei der Drehzahlminderung von B nicht nach A, sondern nach A'. Die Linien gleichen Wirkungsgrades laufen etwa im Sinne der Linien gleichen Öffnungsquerschnitts. Der Wirkungsgrad bei Drehzahländerung bleibt demnach günstig, wenn er es zuvor war.

Ein anderer Fall tritt ein, wenn die Querschnittsverhältnisse längs des Luftwegs verändert werden, beispielsweise durch Abschaltung von Seitenkanälen, Einstellung von Klappen und Schiebern. Auch hierbei ergibt sich eine Veränderung der Betriebsbedingungen, z. B. bei

Vergrößerung des Widerstands eine Verschiebung von Punkt *B* nach *C*. Dies bedeutet Verminderung der Luftleistung und gleichzeitig der Gesamtpressung, jedoch auf Kosten des Wirkungsgrades, der sich von Punkt *b* nach Punkt *c* bewegt. Erhöhung des Widerstands bei gleichbleibender Drehzahl verschlechtert die Arbeitsverhältnisse des Lüfters. Klappen und Schieber in den Luftkanälen des Kühlraums sollen daher nur benutzt werden, um die Luftverteilung ein für allemal einzustellen,

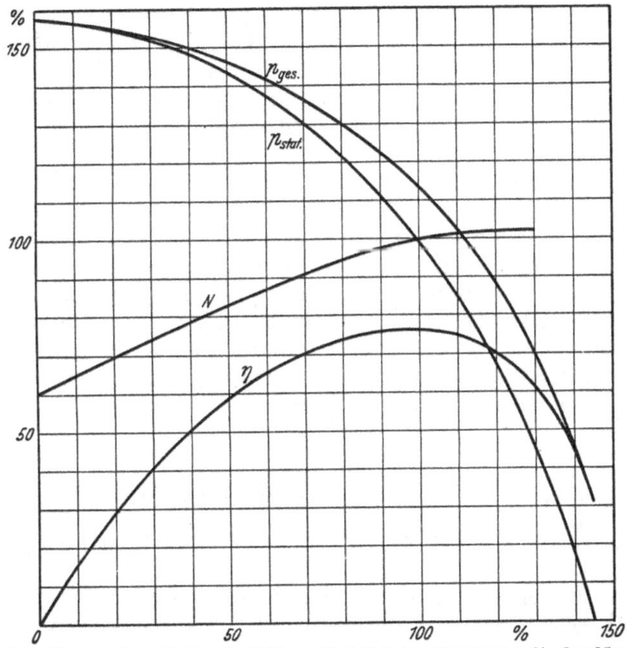

Abb. 307. Kennlinien eines Schleuderlüfters (Schilde). Abszissen: % der Normalleistung; Ordinaten: N Arbeitsverbrauch PSe, für Normalleistung $N = 100$; p_{stat} statischer Druck, für Normalleistung $p_{stat} = 100$; p_{ges} Gesamtdruck; η Wirkungsgrad.

nicht aber, um die Luftleistung zu regeln. Andererseits läßt es sich nicht vermeiden, daß, wenn mehrere Räume an einen Luftkühler angeschlossen sind, beim Ab- und Zuschalten eines Raumes der Punkt *B* nach *C* bzw. *D* rückt. Damit der Wirkungsgrad sich hierbei möglichst wenig verändert, wird im allgemeinen der dem regelmäßigen Betrieb entsprechende Punkt, z. B. *D*, so festzulegen sein, daß ihm der höchste Wert des Wirkungsgrades, entsprechend Punkt *d*, zukommt. Verändern sich die Verhältnisse sehr stark, so vermag ein einziger Lüfter ihnen überhaupt nicht in befriedigender Weise gerecht zu werden. Sollte beispielsweise gegenüber dem Punkt *D* mit einer Herabsetzung von Leistung und Widerstand auf die Hälfte gerechnet werden müssen — z. B., wenn von zwei vollkommen gleichen Räumen einer abgetrennt wird —, so würde diesen geänderten Bedingungen etwa der Punkt *E* entsprechen, dem ein wesentlich verschlechterter Wirkungsgrad zukommt. In solchen

Fällen ist Teilung der Luftleistung auf zwei oder mehr Lüfter die gegebene Lösung. Bei Wahl der Antriebsverhältnisse ist Veränderung der Drehzahl von vornherein vorzusehen und die verfügbare Kraft entsprechend zu bemessen.

Die Vorausbestimmung des Luftwiderstandes ist häufig schwierig, wenn nicht unmöglich. Für solche Fälle bieten Lüfter Vorteile, deren Kennlinien etwa Abb. 307 (Schilde) entsprechen. Der steile Abfall der Druckkurve bestimmt, neben dem flachen Verlauf der Linien für Kraftbedarf und Wirkungsgrad, gute Anpassungsfähigkeit. Im Gegensatz hierzu bringt ein Lüfter, bei dem Leistung und Kraftbedarf mit abnehmendem Druck stark ansteigen, oft Schwierigkeiten, wenn der Widerstand zu hoch geschätzt und der Lüfter dafür bemessen wurde. Drosselung der Luftaustrittsquerschnitte stellt dann einen unbefriedigenden Notbehelf dar.

Die angestellten Erwägungen beziehen sich auf Fliehkraftlüfter. Schraubenlüfter verhalten sich wesentlich anders. Für sie verringert sich bei einer bestimmten Drehzahl der Kraftbedarf bei Abnahme des Widerstands. Bei Fliehkraftlüftern dagegen bedeutet Abnahme des Widerstands bei gleichbleibender Drehzahl nicht eindeutig eine Verminderung des Kraftbedarfs. In dem Falle der Abb. 306 würde, wenn die Betriebsverhältnisse von Punkt D auf Punkt F übergingen — etwa dadurch, daß der Widerstand bei der Rechnung überschätzt war —, eine, wenn auch nicht wesentliche, Arbeitserhöhung eintreten.

VI. Wetter-, Wasser- und Bodenverhältnisse als Voraussetzungen bei Kühlanlagen.

Vor Festlegung des Entwurfs sollen alle äußeren Verhältnisse, die Kälte- und Arbeitsbedarf beeinflussen, so genau wie möglich festgestellt werden.

1. Wetterverhältnisse.

Für die Beurteilung der Wetterverhältnisse stehen meist die laufenden Beobachtungen der nächsten Wetterstelle zur Verfügung. Von Bedeutung sind:

Verlauf der Lufttemperatur im oberen, unteren und mittleren Tageswert. Während die mittlere Lufttemperatur beispielsweise ein Maß bietet für die im Tagesdurchschnitt von außen eindringende Wärme und damit die Grundlage für den Jahres-Kältebedarf — z. B. zur Beurteilung der Wirtschaftlichkeit — liefert, sind die Höchstwerte der Lufttemperatur ausschlaggebend für den zeitweise auftretenden höchsten Wärmedurchgang und damit die Leistungsbemessung der Kühlanlage. Die Kleinstwerte der Lufttemperatur sind insofern von Bedeutung, als an den Tagen, an denen die Tiefsttemperatur höher liegt als die Kühlraumtemperatur, Tag und Nacht Wärme von außen eindringt. Umgekehrt kommt an den Tagen ein Wärmedurchtritt von außen in Wegfall, an denen die Höchsttemperaturen tiefer liegen als die Kühlraumtemperatur. Während an den Tagen, an denen die mittlere Lufttemperatur gleich der des Kühlraumes ist, die Wärmeaufnahme in den heißen Stunden sich gegenüber der Wärmeabgabe in den kalten Stunden etwa aufhebt, bleibt an den Tagen, an denen die mittlere Temperatur oberhalb der Kühlraumtemperatur liegt, ein Überschuß der Wärmeaufnahme bestehen. Im ersten Falle kann es, abgesehen von dem Kühlbedürfnis warm eingeführter Waren, trotzdem notwendig werden, zur Aufhebung des zeitweisen Wärmeeintritts die Kühlanlage zu betreiben, wenn die Speicherwirkung der gewählten Bauart, unter Berücksichtigung des Kühlguts und der Betriebsweise, nicht ausreicht, um eine unzulässige Temperaturerhöhung während der wärmeren Stunden zu verhindern. Ähnlich liegen die Verhältnisse an den Tagen, an denen die mittlere Lufttemperatur niedriger liegt, als die Kühlraumtemperatur. Auch hier kann ein Betrieb der Kühlanlage zur Vernichtung der einströmenden Wärme nötig werden, um in den warmen Stunden einen unzulässigen Temperaturanstieg zu verhüten.

Die Luftfeuchtigkeit besitzt Bedeutung für die Errechnung des zur Trocknung der Ersatzluft erforderlichen Kältebedarfs. Es genügt, den Verlauf des Feuchtigkeitsgrades im Monatsmittel für das ganze Jahr zu kennen, um durchschnittliche Werte zu errechnen. Bei der Bemessung der Kälteanlage wird vorsichtigerweise mit dem ungünstigen Fall gerechnet werden, daß an heißen Tagen die Luft mit Feuchtigkeit gesättigt ist.

Die Zusammenwirkung von Lufttemperatur und Luftfeuchtigkeit findet ihren Ausdruck in der Kühlgrenze, wie sie das feuchte Thermometer anzeigt. In gesättigter Luft fällt die Kühlgrenztemperatur mit der Lufttemperatur zusammen. In ungesättigter Luft liegt sie tiefer und bestimmt die Temperatur, auf die sich im günstigsten Falle Wasser bei der vorliegenden Luftbeschaffenheit abkühlen läßt. Dieser Zusammenhang besitzt besondere Bedeutung für die Beurteilung der Rückkühlwirkung bei Verdunstungsverflüssigern. Im allgemeinen liegt bei hohen Lufttemperaturen ein niedriger Luftfeuchtigkeitsgrad vor. In Ausnahmefällen treffen hohe Temperaturen mit hohem Feuchtigkeitsgrad der Luft zusammen, z. B. bei subtropischem Klima. In solchen Fällen ist die Wirksamkeit von Verdunstungsverflüssigern in Frage gestellt.

Der Luftdruck ist wichtig bei jeder genauen Feststellung an der in Betrieb befindlichen Anlage. Für den Entwurf kommt ihm eine untergeordnete Rolle zu. Der zu erwartende niedrigste Luftdruck bestimmt die mögliche Saughöhe der Pumpen. Bei Berechnung der dem Sättigungszustand der Ersatzluft entsprechenden wirklichen Luftfeuchtigkeit ergibt er die höchste Wasserdampfmenge für jedes Kilogramm Reinluft. Für die Beurteilung der Verdunstungswirkung eines Berieselungsverflüssigers ist jedoch ebenso wie für die Leistungsbemessung der Luftpumpen von Destillieranlagen der höchste Luftdruck zugrunde zu legen, der die ungünstigsten Verhältnisse ergibt.

Die Anzahl Stunden, an denen mit Sonnenschein im Hochsommer zu rechnen ist, verdient eine weitergehende Berücksichtigung, als dies im allgemeinen geschieht. Die Vernachlässigung dieses Umstandes hat bespielsweise bei Schiffskühlanlagen zu unangenehmen Überraschungen geführt, weil während des Sonnenscheins die bestrahlten Flächen eine unerwartet viel höhere Temperatur aufweisen als die umgebende Luft.

2. Wasser- und Bodenverhältnisse.

Als Kühlwasser kommt Grund-, Oberflächen- und Leitungswasser in Frage; das Grundwasser in erster Linie für alle Anlagen, das Leitungswasser für kleine Anlagen, das Oberflächenwasser in der Regel nur bei besonders günstiger Lage an Fluß oder See.

Die Temperaturschwankungen des Grundwassers sind im Laufe des Jahres gering, im Laufe des Tages verschwindend. Während der größten Zeit des Jahres ist das Grundwasser kälter als das Oberflächenwasser, im Winter jedoch wärmer. Liegt daher die Möglichkeit vor, Grund- oder Oberflächenwasser zu verwenden, so ist es empfehlenswert, für den Winterbetrieb das Oberflächenwasser, für die übrige Zeit das Grundwasser in Betracht zu ziehen.

Während bei Grundwasser die Liefermenge sich nach der Leistungsfähigkeit der Brunnenanlage richtet, ist bei Oberflächenwasser die Menge in der Regel unbeschränkt. Hierdurch können höhere Temperaturen teilweise ausgeglichen werden. Für Schiffskühlanlagen kommt selbstverständlich nur Seewasser, dieses allerdings in beliebiger Menge, in Betracht.

Die Temperatur des Leitungswassers schwankt stark im Laufe des Jahres. Sie liegt während der längsten Zeit höher als die des Grundwassers. Wegen der hohen Kosten ist bei Benutzung von Leitungswasser Sparsamkeit geboten.

Steht nach diesen Gesichtspunkten fest, welche Art von Kühlwasser Verwendung finden soll, so gibt seine Höchsttemperatur nicht nur einen Anhaltspunkt für die Wirksamkeit der Kälteanlage in der heißesten Jahreszeit, sondern auch ein Mittel, um über die Art des zu verwendenden Arbeitsstoffs eine Entscheidung zu treffen. Zu beachten ist, daß die Kühlwassertemperatur im Jahresmittel bei großen Schwankungen keinesfalls die mittleren Betriebsverhältnisse der Kälteanlage kennzeichnet. Denn Abweichungen von diesem Temperaturmittel nach unten ergeben eine Verbesserung des Betriebes, die zahlenmäßig geringer ist, als die Verschlechterung bei einer um gleich viel höheren Temperatur. Um demnach die Betriebsverhältnisse festzulegen, die für Kosten und Wirtschaftlichkeit maßgebend sind, wird zweckmäßig eine Kühlwassertemperatur angenommen, die zwischen der mittleren und höchsten liegt.

Die Temperatur des Erdbodens, die für die von unten eindringende Wärme von Einfluß ist, bewegt sich mit der Temperatur des Grundwassers, und zwar um so enger, je näher der Grundwasserstand dem letzten Kühlraumboden liegt. Bei tiefem Grundwasserstand nimmt die wechselseitige Beeinflussung ab und der seitliche

Wärmestrom durch die benachbarten Bodenschichten zu. Es ist also keineswegs angängig, bei Berechnung der vom Boden her eintretenden Wärme die Bodentemperatur gleich der Grundwassertemperatur zu setzen, vielmehr eine höhere Temperatur anzunehmen, die sich der durchschnittlichen Lufttemperatur um so mehr nähert, je tiefer der Grundwasserspiegel liegt und je geringer die Grundfläche der Kühlräume im Verhältnis zu der Länge der Umfassungslinien ist.

In manchen Fällen wird es schwer sein, genaue Unterlagen für Wetter-, Wasser- und Bodenverhältnisse zu erhalten, in anderen wird aus allgemeinen Gründen ein solcher Grad von Sicherheit gefordert, daß die genaue Berücksichtigung der Schwankungen sich, besonders bei kleinen Anlagen, wenig lohnt. Alsdann sind mittlere Zahlen zugrunde zu legen, für die die nachstehenden Angaben als Anhaltspunkt dienen können:

Temperatur der Luft im Jahresmittel:	
nördliches Klima	0 bis 8°
mittleres „	8 „ 11°
südliches „	11 „ 18°
tropisches „	18 „ 28°
Temperatur der Luft im Tagesmittel (Sommerhitze):	
nördliches Klima	16 bis 18°
mittleres „	18 „ 22°
südliches „	22 „ 26°
tropisches „	26 „ 30°
Temperatur der Luft im Tagesmittel (Winterkälte):	
nördliches Klima	—22 bis —5°
mittleres „	—5 „ 0°
südliches „	0 „ 10°
tropisches „	10 „ 26°
Feuchtigkeitsgrad der Luft im mittleren Jahreswert	0,7
„ „ „ „ oberen „	1
Wassertemperatur:	
Grundwasser, je nach Jahreszeit, mittleres Klima	7 bis 13°
„ „ „ „ heißes Klima	13 „ 20°
Oberflächenwasser, je nach Jahreszeit, mittleres Klima	2 „ 22°
Seewasser, je nach Ort und Jahreszeit	0 „ 32°
Leitungswasser, je nach Jahreszeit, mittleres Klima	10 „ 25°

Für die Grundwassertemperatur in nördlichem und tropischem Klima und die Oberflächen- und Leitungswassertemperatur in nördlichen, südlichen und tropischen Gegenden lassen sich keine Normen aufstellen, weil die Verhältnisse zu sehr von der Örtlichkeit abhängen und mit der Ergiebigkeit des Wassernetzes erheblich schwanken.

VII. Berechnung der erforderlichen Kälteleistung.

Der Kältebedarf setzt sich zusammen aus der Nutzleistung, die der angestrebten Veränderung des Kühlgutes entspricht, und dem Verlust, der je nach Art der Kälteanwendung außerordentlich verschieden ist. Die Nutzkälteleistung kann bestehen aus:

Temperaturerniedrigung des Kühlgutes ohne Änderung des Gewichts- und Aggregatzustandes;

Temperaturerniedrigung des Kühlgutes unter Gewichtsänderung, ohne Änderung des Aggregatzustandes des verbleibenden Teils;

Zustandsänderung des Kühlgutes ohne Temperaturänderung;

Temperaturerniedrigung und Änderung des Aggregatzustandes des Kühlgutes ohne Gewichtsänderung;

Temperaturerniedrigung und Änderung des Aggregatzustandes und Gewichts des Kühlgutes.

Als Verlustquellen kommen in Frage:

a) Eindringen äußerer Wärme in Kühlräume und Kühlvorrichtungen;

b) innere Wärmeerzeugung durch Menschen, motorische Kräfte, Beleuchtung;

c) Wärmeentziehung aus Gebäudeteilen und Kühlvorrichtungen bis zur Herstellung des Beharrungszustandes;

d) hiermit sind nicht alle Möglichkeiten erschöpft. Manche Erscheinungen lassen sich bald als Nutzleistung, bald als Verlust auffassen, beispielsweise der Kältebedarf für die Erneuerungsluft in Kühlräumen oder für die Temperaturerniedrigung von Flüssigkeiten, für die, nach dem Auskristallisieren bestimmter Stoffe, die ursprüngliche, höhere Temperatur gefordert wird. Klärung läßt sich in solchen Zweifelfällen meist dadurch finden, daß mit Austauschvorrichtungen gerechnet wird, in denen die überflüssige Kälte des austretenden Stoffes zur Kühlung des eintretenden benutzt wird.

1. Temperaturerniedrigung des Kühlgutes ohne Änderung des Gewichts und Aggregatzustandes.

Um G_h [kg/h] eines Körpers mit der spezifischen Wärme c [kcal/kg · °C] von der anfänglichen Temperatur t_a auf schließlich t_e [° C] abzukühlen, ist eine stündliche Kühlleistung

$$Q_{0,h} = G_h \int_{t_a}^{t_e} c \cdot d\,t$$

erforderlich. In den hier betrachteten Grenzen kann im allgemeinen mit einem während der Temperaturänderung gleichbleibenden mittleren Wert c gerechnet werden, womit sich

$$Q_{0,h} = G_h \cdot c\,(t_a - t_e) \tag{21}$$

ergibt. Über die Höhe der spezifischen Wärme liegen für die als Kühlgut in Betracht kommenden Stoffe keine lückenlosen Angaben vor. Sie sind auch deshalb unmöglich, weil es sich fast ausnahmslos um Naturerzeugnisse von stark wechselnder Zusammensetzung handelt. Für den Entwurf genügen im allgemeinen rohe Schätzungswerte, zur genauen Berechnung können im einzelnen Falle Versuche mit der zu kühlenden Ware nötig werden. Lebensmittel bestehen zum großen Teile aus Wasser, dessen Anteil daher auch für die spezifische Wärme ausschlaggebend ist. Wird für den Wassergehalt oberhalb des Gefrierpunktes $c_w \sim 1$, unterhalb des Gefrierpunktes $c_{w,00} \sim 0{,}5$ und für den

Trockengehalt $c_T \sim 0{,}2$ angenommen, so ergibt sich die spezifische Wärme des Körpers mit einem auf das Gesamtgewicht bezogenen Wassergehalt φ_x oberhalb des Gefrierpunktes zu

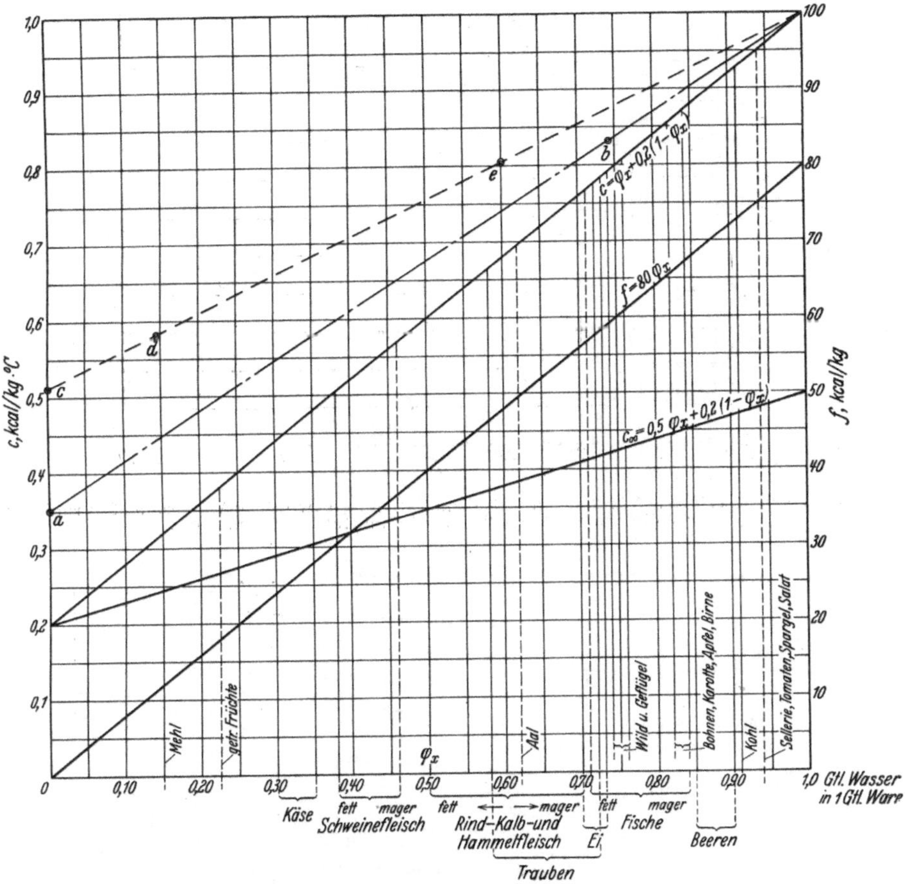

Abb. 308. Spezifische Wärme und Erstarrungswärme wasserhaltiger Ware. *a* Trockenstoff fettlosen Fleisches, *b* fettloses Fleisch, *c* Butterfett, *d* Butter, *e* Rahm.

unterhalb des Gefrierpunktes zu

$$c_{00} = 0{,}5\,\varphi_x + 0{,}2\,(1 - \varphi_x). \tag{22}$$

Die Werte c und c_{00} sind durch Geraden der Abb. 308 wiedergegeben.

Auf der Abszissenachse sind die wichtigsten Kühlgutarten bei den Werten des Wassergehaltes φ_x eingetragen, der ihnen nach den bisher vorliegenden Feststellungen etwa zukommt. Die Werte der spezifischen Wärme c ergeben sich für sie aus dem Schnittpunkt der c-Geraden mit der durch den betreffenden Punkt der Abszissenachse gezogenen Parallelen zur Ordinatenachse. Die aus der Literatur bekannt gewordenen Werte der spezifischen Wärme decken sich mit diesen Ergebnissen genügend genau.

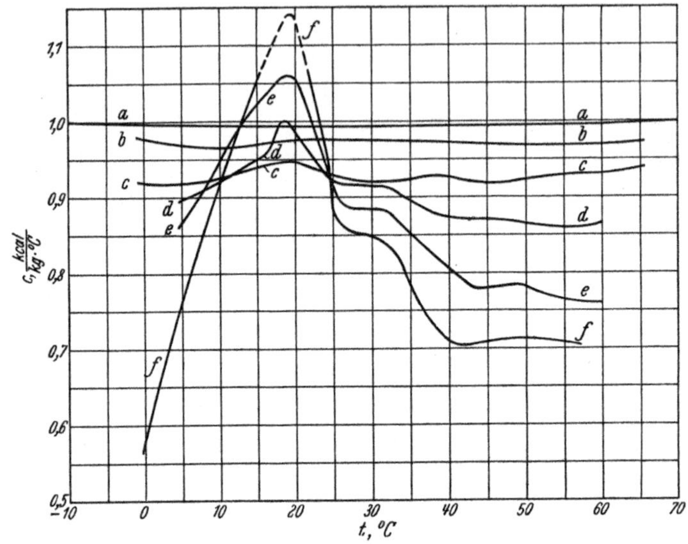

Abb. 309. Spezifische Wärme von Milch und Rahm (Bowen). *a* Wasser, *b* Magermilch, *c* Vollmilch, *d* Rahm 20%, *e* Rahm 40%, *f* Rahm 60%.

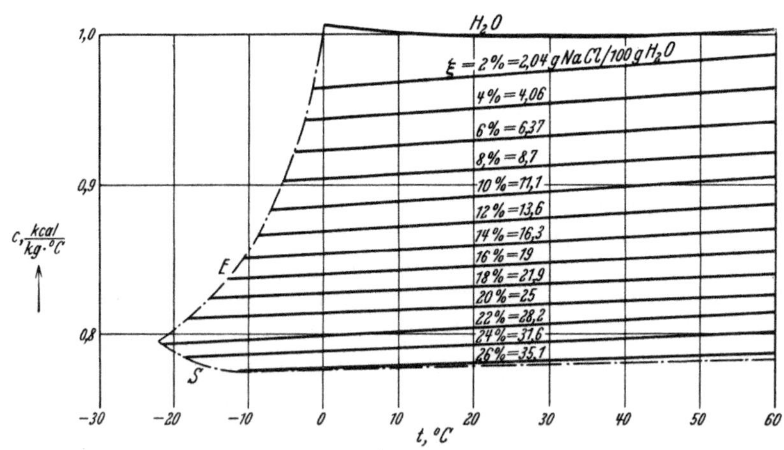

Abb. 310. Spezifische Wärme von NaCl-Lösung (Gröber). *E* Eiskurve, *S* Sättigungskurve, ξ Lösungsstärke.

Untersuchungen von Plank[1] ergaben als Wert der spezifischen Wärme des in fettlosem Fleisch enthaltenen Trockenstoffes $c_T = 0{,}35$. Die spezifische Wärme des fettfreien Fleisches selbst wurde durch

[1] Plank: Kalorimetrische Untersuchungen mit Gefrierfleisch. Z. ges. Kälteind. 1925.

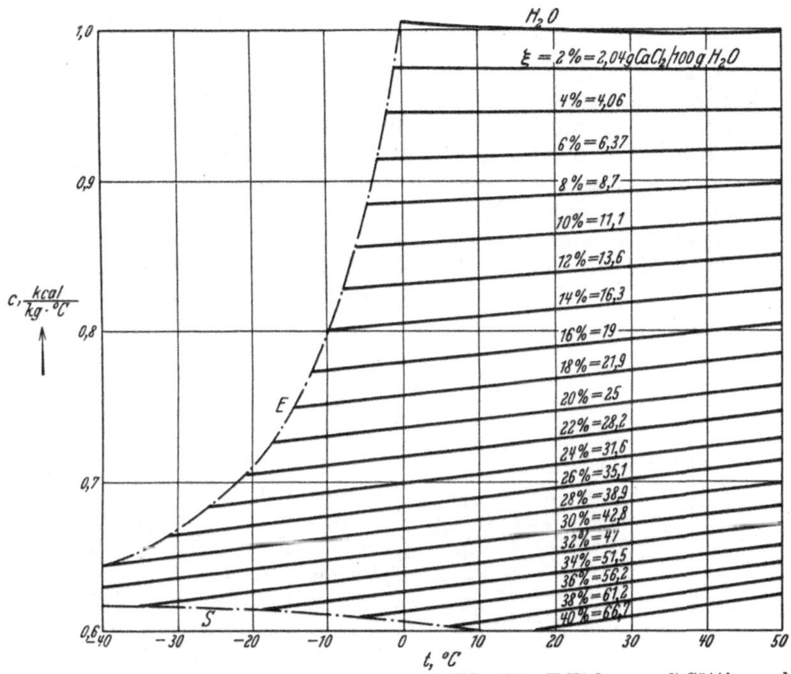

Abb. 311. Spezifische Wärme von $CaCl_2$-Lösung (Koch). *E* Eiskurve, *S* Sättigungskurve, ξ Lösungsstärke.

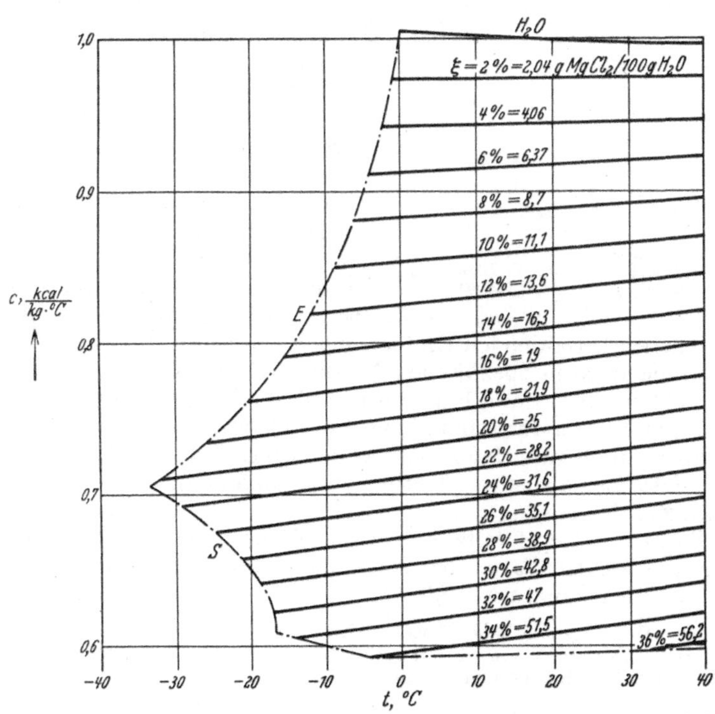

Abb. 312. Spezifische Wärme von $MgCl_2$-Lösung (Koch). *E* Eiskurve, *S* Sättungskurve, ξ Lösungsstärke.

Tamm[1] zu $c = 0{,}83$ gefunden. Mit einem Wassergehalt $\varphi_x \sim 0{,}74$ liegen beide Punkte auf der Geraden *a b* der Abb. 308, die ganz allgemein für fettloses Fleisch mit beliebigem Wassergehalt gilt.

In ähnlicher Weise wird der lineare Verlauf der *c*-Linie durch die Gerade *c d e* bestätigt, von der Punkt *c* für Butterfett, Punkt *d* für Butter und Punkt *e* für Rahm gelten.

Für genaue Rechnungen ist jeweils Ermittlung der spezifischen Wärme des Kühlguts durch Versuch nötig. Die Feststellung der in diesem Zusammenhang als Hilfsgröße anzusehenden Feuchtigkeit wasserhaltigen Guts wird hierdurch entbehrlich. Die Messung bezieht sich zweckmäßig auf die mittlere spezifische Wärme in dem für die Abkühlung in Betracht kommenden Temperaturbereich. Hierdurch wird auch die Veränderung der wahren spezifischen Wärme mit der Temperatur berücksichtigt. Sie ist im allgemeinen gering. Beispielsweise hat Plank für den Trockenstoff fettlosen Fleisches

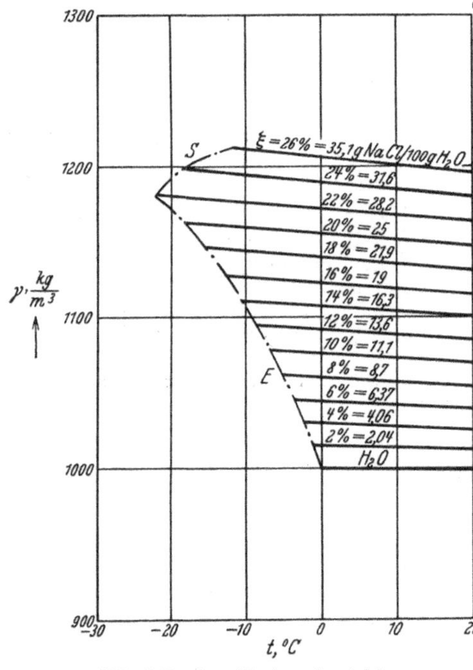

Abb. 313. Spezifisches Gewicht von NaCl-Lösung (Koch). *E* Eiskurve, *S* Sättigungskurve, ξ Lösungsstärke.

$$c_T = 0{,}35 + 0{,}0016\,t$$

gefunden. Eine auffallend starke Abhängigkeit ergibt sich für Milch und Rahm nach Abb. 309 (Bowen[2]). Hierbei handelt es sich offensichtlich um Scheinwerte, deren Schwankungen durch Zustandsänderungen des Fettgehalts verursacht sind. Wird trotzdem die Abkühlung als Vorgang ohne Änderung des Aggregatzustandes betrachtet, so werden die in Wirklichkeit daneben herlaufenden Umformungen bei Einsetzen des mittleren Werts der scheinbaren spezifischen Wärme berücksichtigt.

Ausdrücklich ist darauf hinzuweisen, daß die c_{00}-Werte unterhalb des Gefrierpunkts nur für Abkühlung des vollständig gefrorenen Gutes, also Temperaturen unterhalb des kryohydratischen Punktes gelten. Da dieser fast niemals unterschritten wird, kommt diesen Werten nur untergeordnete Bedeutung zu.

Für die in der Regel mitzukühlenden Verpackungsteile beträgt der Wert der spezifischen Wärme bei Eisen und Stahl etwa 0,11, bei Kupfer etwa 0,1 und bei Holz etwa 0,6.

[1] Tamm: Die Kühlung von Fleisch. Diss. 1930.

[2] Bowen: The application of refrigeration to dairying in the United States of America. IV. Int. Kältekongr., Rom 1928.

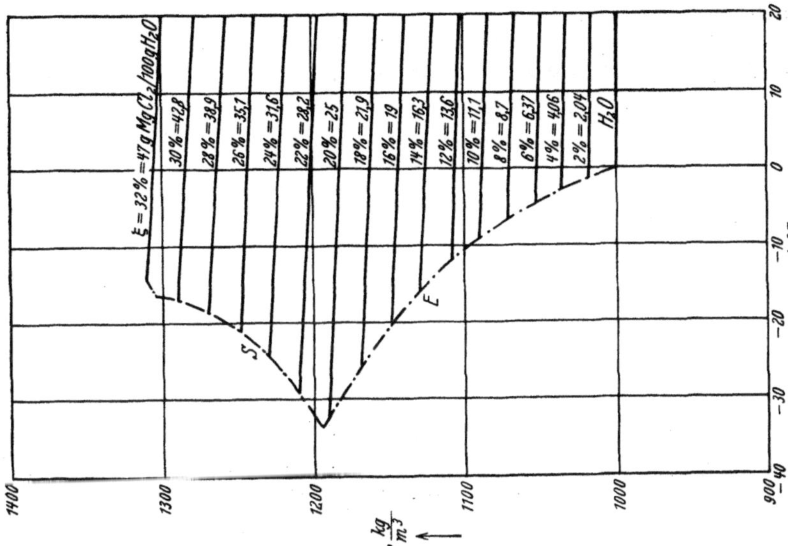

Abb. 315. Spezifisches Gewicht von $MgCl_2$-Lösung (Koch). *E* Eiskurve, *S* Sättigungskurve, *ξ* Lösungsstärke.

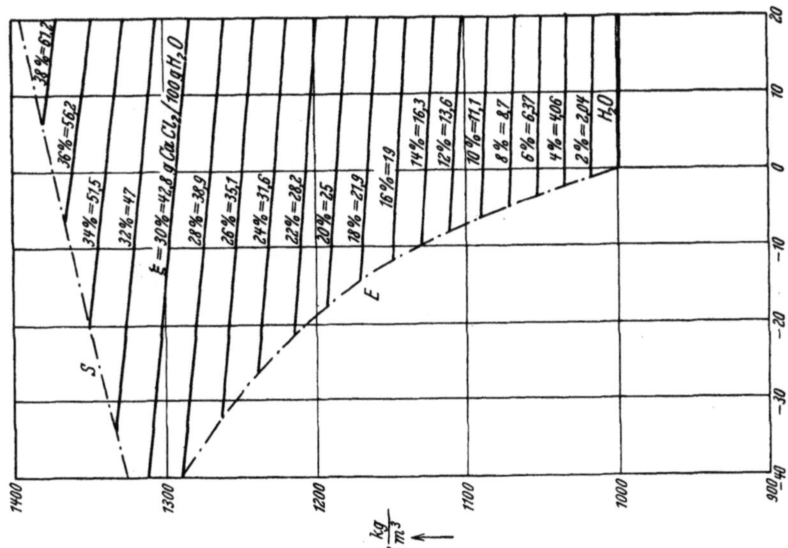

Abb. 314. Spezifisches Gewicht von $CaCl_2$-Lösung (Koch). *E* Eiskurve, *S* Sättigungskurve, *ξ* Lösungsstärke.

Zahlenbeispiel 2.

Welche mittlere stündliche Nutzkälteleistung ergibt sich, wenn mit einer Vorkühlanlage in 10 Eisenbahnwagen je 15000 kg Obst ($c \sim 0{,}86$) während 4 Stunden von 20 auf 4° gekühlt werden?

$$Q_{0,h} = \frac{150000}{4} \cdot 0{,}86\ (20 - 4) \sim 520000 \text{ kcal/h}.$$

Zahlenbeispiel 3.

Wie groß ist die mittlere stündliche Nutzkälteleistung, wenn 10000 kg fettes Rindfleisch ($c \sim 0{,}6$) im Vorkühlraum während 14 Stunden von

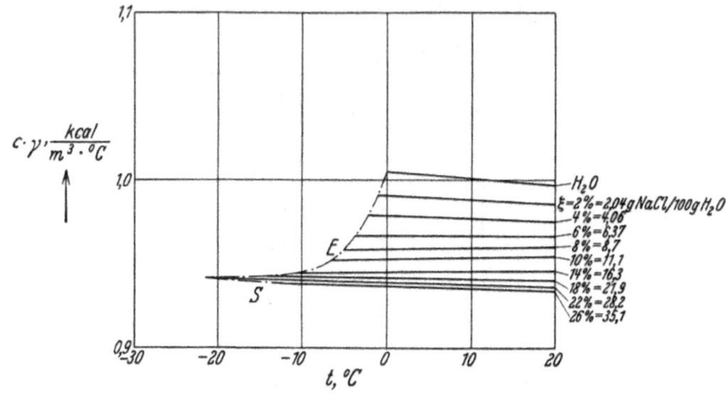

Abb. 316. Spezifische Wärme der Volumeneinheit von NaCl-Lösung (Koch). *E* Eiskurve, *S* Sättigungskurve, ξ Lösungsstärke.

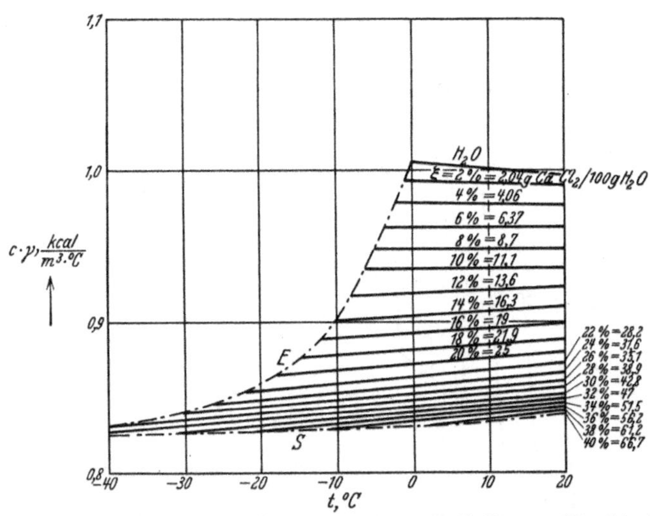

Abb. 317. Spezifische Wärme der Volumeneinheit von $CaCl_2$-Lösung (Koch). *E* Eiskurve, *S* Sättigungskurve, ξ Lösungsstärke.

28 auf 10° und anschließend im Kühlraum während 40 Stunden auf 3° gekühlt werden?

$$Q_{0,h} = \frac{10000}{14} \cdot 0{,}6\ (28 - 10) \sim 7700 \text{ kcal/h für die Vorkühlung,}$$

$$Q_{0,h} = \frac{10000}{40} \cdot 0{,}6\ (10 - 3) \sim 1050 \text{ kcal/h für die Auskühlung.}$$

Für die als Kälteträger neben Wasser vorzugsweise in Betracht kommenden Solelösungen sind die Werte der spezifischen Wärme genau untersucht. Bei NaCl ergibt sich nach Gröber[1] der in Abb. 310 dargestellte Zusammenhang, der das ganze Gebiet zwischen Eis- und Sättigungskurve und alle Stärkegrade vom reinen Wasser bis zur gesättigten Lösung umfaßt. In Fortsetzung der Gröberschen Untersuchungen hat Koch[2] die Werte für $CaCl_2$- und $MgCl_2$-Lösungen nach Abb. 311 und 312 gefunden. Die Nutzkälteleistung ergibt sich hiernach zu

$$Q_{0,h} = G_{s,h} \cdot c_s (t_a - t_e) = V_{s,h} \cdot \gamma_s \cdot c_s (t_a - t_e), \tag{23}$$

wenn bedeuten

$G_{s,h} = V_{s,h} \cdot \gamma_s$ das stündlich abgekühlte Solegewicht, in kg/h,

$V_{s,h}$ das stündlich abgekühlte mittlere Solevolumen, in m^3/h,

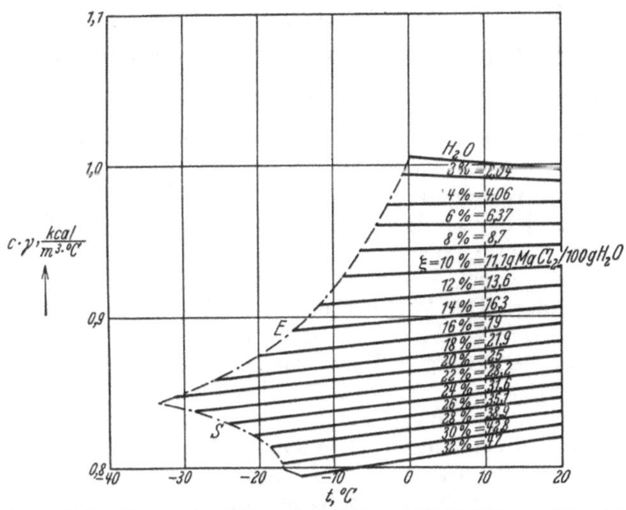

Abb. 318. Spezifische Wärme der Volumeneinheit von $MgCl_2$-Lösung (Koch). *E* Eiskurve, *S* Sättigungskurve, ξ Lösungsstärke.

γ_s das mittlere spezifische Gewicht der Sole, auf die gleiche Temperatur bezogen, für die $V_{s,h}$ gemessen wird, in kg/m^3,

c_s die mittlere spezifische Wärme der Sole, in kcal/kg · °C,

t_a, t_e die Temperatur der Sole im Anfangs- bzw. Endzustande, in °C.

Es ist wichtig, darauf zu achten, daß der Stärkegrad mit den üblichen Solemessern bei der Normaltemperatur von 15°, das in die Rechnung einzusetzende Raumgewicht γ_s dagegen bei der gleichen Temperatur festzustellen ist, mit der $V_{s,h}$ ermittelt wird.

Das spezifische Gewicht von NaCl-, $CaCl_2$-, $MgCl_2$-Lösungen hat Koch[3] im Laboratorium der Technischen Hochschule München ermittelt und daraus die Werte der auf die Volumeneinheit bezogenen spezifischen

[1] Gröber: Physikalische Untersuchungen für die Kälteindustrie. Z. ges. Kälteind. 1909.

[2] Koch: Die spezifische Wärme der Lösungen von Kalziumchlorid und Magnesiumchlorid für mittlere und tiefe Temperaturen. Z. ges. Kälteind. 1922.

[3] Koch: Spezifisches Gewicht und spezifische Wärme der Volumeneinheit der Lösungen von Natrium-, Kalzium- und Magnesiumchlorid bei tiefen und mittleren Temperaturen. Z. ges. Kälteind. 1924.

Wärme $c \cdot \gamma$ [kcal/m³ · °C] festgelegt. Das Ergebnis dieser Untersuchungen ist in den Abb. 313 bis 318 niedergelegt.

Zahlenbeispiel 4.

Eine Lösung mit 25 Gtl. NaCl in 100 Gtl. Wasser soll von 0° auf — 10° ($c_s \sim 0{,}81$) gekühlt werden. Die umlaufende Solemenge beträgt, bei 0° gemessen, 20 m³/h, das Raumgewicht bei 0° $\gamma_s \sim 1180$. Wie groß ist die Nutzleistung?

$$Q_{0,h} = 20 \cdot 1180 \cdot 0{,}81\,[0 - (-10)] \sim 19000 \text{ kcal/h}.$$

2. Temperaturerniedrigung des Kühlgutes unter Gewichtsänderung ohne Änderung des Aggregatzustandes des verbleibenden Teils.

Die mit der Kühlung wasserhaltiger Stoffe im allgemeinen verbundene Gewichtsabnahme stellt einen Trockenvorgang dar. Es ist falsch, die dem verdunstenden Wassergewicht entsprechende Wärmemenge als Teil der Kälteleistung anzusetzen. Die Gewichtsminderung von G [kg] um ΔG [kg] bedeutet, daß Wärme im Betrage von $\Delta G \cdot r$ kcal gebunden wird, wobei $r \sim 600$ die Verdampfwärme des Wassers in kcal/kg bezeichnet. Der Wärmeinhalt der trocknenden Luft nimmt um dasselbe Maß $\Delta G \cdot r$ kcal zu. Bei ihrer Abkühlung an den kalten Metallflächen werden die ΔG kg in Form von Tau niedergeschlagen und dabei die Wärmemenge $\Delta G \cdot r$ abgegeben. Die nunmehr gekühlte Luft ist jedoch für die Fortsetzung des Trockenvorganges im Kreislauf nicht geeignet, weil sie zu feucht ist. Um sie zur Aufnahme von Wasserdampf zu befähigen, muß, wie bei jeder Lufttrocknung, Wärme zugeführt werden, und zwar wieder im Betrage von $\Delta G \cdot r$ kcal. Diese Wärme wird entweder dem Kühlgut entzogen, durch die von außen eindringende Wärme gedeckt, oder durch künstliche Heizung herbeigeführt, wenn die beiden ersten Möglichkeiten versagen. Im allgemeinen ist daher der Betrag $\Delta G \cdot r$ kcal nicht etwa doppelt als Kältebedarf anzusetzen — für Temperaturerniedrigung des Kühlguts und Kälteverlust durch die von außen eintretende Wärme auf der einen und Gewichtsabnahme des Kühlguts auf der anderen Seite —, sondern nur einmal. Wenn also im Zahlenbeispiel 3 ein Gewichtsverlust ΔG auftritt, der nicht mehr als $10000 \cdot 0{,}6\,(28 - 3) = 150000$ kcal bindet, während der ganzen Kühlzeit also nicht mehr als $\frac{150000}{600} \sim 250$ kg oder 2,5% beträgt, so ist die hierfür erforderliche Kälteleistung gleichbedeutend mit der dem Kühlgut entzogenen Wärme, also in den errechneten 7700 kcal/h bzw. 1050 kcal/h enthalten. Selbst ein über 2,5% hinausgehender Gewichtsverlust ist möglich, ohne daß er für die Berechnung der Kälteleistung besonders anzusetzen wäre, wenn das Mehr der dadurch gebundenen Wärme nicht größer ist, als der Betrag der gleichzeitig durch die Umfassungen des Kühlraumes von außen eindringenden oder durch andere Verlustquellen entstehenden Wärme.

Die dem Kühlgut entzogene Feuchtigkeit findet sich als Reif an den Kühlflächen wieder vor, wenn deren Oberflächentemperatur unter 0^0 liegt. Ist gleichzeitig das Kühlgut gefroren, so bedeutet die Entziehung von ΔG kg Wasser eine Wärmeabgabe in Höhe von $\sim \Delta G$ $(600 + 80) \sim 680 \Delta G$ kcal, der eine Wärmezufuhr an den Kühlflächen in gleichem Betrage entspricht. Die zuvor angestellten Betrachtungen bleiben daher grundsätzlich gültig. Ist das Kühlgut nicht gefroren, so entsprechen den aus ihm entführten $600 \Delta G$ kcal an den bereiften Kühlflächen $680 \Delta G$ kcal, d. h. die Erstarrungswärme $80 \Delta G$ kcal ist rechnerisch als Erhöhung der Kälteleistung zu berücksichtigen, wenn nicht durch besondere Anordnung Sorge getragen ist, daß die beim Abtauen der Kühlflächen gebundene Schmelzwärme als Nutzleistung wiedergewonnen wird.

Zahlenbeispiel 5.

Wie groß ist die mittlere stündliche Nutzleistung in einem Gefrierlager, in dem 100000 kg gefrorene Butter ($c \sim 0{,}4$) in $z = 50$ Stunden von -12^0 auf -18^0 gekühlt werden, wenn gleichzeitig ein Gewichtsverlust von 0,2% = 200 kg auftritt?

$$Q_{0,h} = \frac{100\,000}{50} 0{,}4\,[-12 - (-18)] \sim 4800 \text{ kcal/h}.$$

Dem Gewichtsverlust entspricht ein Wärmebedarf

$$\frac{680 \Delta G}{z} = \frac{680 \cdot 200}{50} \sim 2700 \text{ kcal/h}.$$

Da er kleiner ist als $Q_{0,h}$, wird er durch die verfügbare Wärme der Butter gedeckt, ist also nicht besonders in Rechnung zu setzen. Beträgt der Gewichtsverlust in der gleichen Zeit das Dreifache, der entsprechende Wärmebedarf also ~ 8100 kcal/h, so bedeutet dies, daß eine Wärmemenge von $8100 - 4800 = 3300$ kcal/h durch die Raumluft an die Kühlgutoberfläche abgegeben wird, bespielsweise wenn die Butter in kleinen Packungen lebhaftem Luftzuge ausgesetzt ist und ihre feuchte Oberfläche die der Kühlgrenze entsprechende Temperatur annimmt. Sind die 3300 kcal/h durch Eindringen äußerer Wärme, Lüfterarbeit u. dgl. gedeckt, so erscheinen sie mit der Berechnung der Verluste berücksichtigt. Der andere Fall, daß die Verluste niedriger sind, ist hier nicht annehmbar, da kein Anlaß vorliegt, den Gewichtsverlust künstlich, z. B. durch Heizung der Luft, zu erhöhen.

Zahlenbeispiel 6.

Wie groß ist in dem Zahlenbeispiel 3 die mittlere stündliche Nutzkälteleistung, wenn der Gewichtsverlust 2,5% beträgt und die Kühlung durch Außenluftkühler erfolgt, dessen Rohre ständig bereift sind, ohne daß die Abtauwärme nutzbar gemacht wird?

Nach dem Vorausgehenden entsprechen die 2,5% = 250 kg Gewichtsverlust gerade der überschüssigen Wärme des Kühlgutes, auf die Stunde bezogen also im Mittel 7700 kcal/h im Vorkühlraum bzw. 1050 kcal/h im Kühlraum. Der zusätzliche Kältebedarf für das Gefrieren des entzogenen Wassers folgt damit zu $\frac{7700 \cdot 80}{600} \sim 1000$ kcal/h bzw. $\frac{1050 \cdot 80}{600} \sim 140$ kcal/h, so daß die Nutzkälteleistung

$$Q_{0,h} = 7700 + 1000 \sim 8700 \text{ kcal/h für die Vorkühlung,}$$
$$Q_{0,h} = 1050 + 140 \sim 1200 \text{ kcal/h für die Auskühlung}$$

beträgt.

Liegt die Temperatur des Kühlgutes über, jedoch so nahe 0^0, daß mit der Möglichkeit der Bereifung gerechnet werden muß, so wird der Sicherheit halber bei stark wasserhaltiger Ware anzunehmen sein, daß die gesamte, im Kühlgut selbst verfügbare und durch Verluste entstehende Wärme in der Verdampfung eines entsprechenden Wassergewichts gebunden erscheint, und daß durch Reifbildung eine Erhöhung des Kältebedarfs eintritt, der $\frac{80}{600} \sim 13\%$ des ohne Rücksicht auf den Gewichtsverlust errechneten Betrages gleichkommt.

Zahlenbeispiel 7.

Der mittlere stündliche Kältebedarf für einen mit Obst gefüllten Kühlraum errechnet sich aus Nutzleistung und Verlusten, jedoch ohne Berücksichtigung der Gewichtsveränderung zu 100000 kcal/h. Wie hoch ist die Kälteleistung anzunehmen, wenn für die Gewichtsabnahme kein besonderer Anhalt vorliegt?

$$Q_0 = (1 + 0{,}13)\ 100000 = 113000 \text{ kcal/h.}$$

3. Zustandsänderung des Kühlgutes ohne Änderung von Temperatur und Aggregatzustand.

Ist das Kühlgut ausgekühlt, so daß seine Temperatur sich nicht mehr verändert, so tritt bei wasserhaltiger Ware gleichwohl ein dauernder Gewichtsverlust auf. In diesem Falle wird die für den Trockenvorgang erforderliche Wärme nicht aus dem Kühlgut selbst, sondern durch die verschiedenen, als Verlustquellen anzusehenden Erscheinungen geliefert. Auch hier ist demnach eine Berücksichtigung des Gewichtsverlustes bei der Errechnung der Kühlleistung auf die zu 2. erwähnten Grenzen beschränkt.

Die durch chemische oder biologische Einflüsse entstehende Wärme ist durch eine gleich hohe Kälteleistung zu binden, wenn die Temperatur auf gleichbleibender Höhe gehalten werden soll. Im allgemeinen steht der Betrag der Reaktions- oder Erzeugungswärme erfahrungsgemäß fest. Bei den hierunter fallenden Gärungserscheinungen beträgt z. B. die freiwerdende Wärme rund 180 kcal/kg vergorenen Zuckergehalt.

Die bei lagernden Früchten neben der Abgabe von Atmungskohlensäure einherlaufende Wärmeentwicklung ergibt sich nach Hawkins[1] entsprechend nachstehender Tafel:

[1] Hawkins: Governing factors in transportation of perishable commodities. Refrig. Engng. 1929.

Frucht	Temperatur °C	Erzeugte Menge CO_2, in mg/kg · h	Erzeugte Wärme, in kcal/t · 24 h
Äpfel	0	3 bis 4	165 bis 220
,,	4,4	5 ,, 8	275 ,, 440
,,	15,6	20 ,, 30	1100 ,, 1650
,,	29,4	30 ,, 70	1650 ,, 3850
Birnen	0	3 ,, 4	165 ,, 220
,,	15,6	40 ,, 60	2200 ,, 3300
Pfirsiche	1,7	7 ,, 9	385 ,, 490
,,	15,6	30 ,, 40	1650 ,, 3300
,,	26,7	70 ,, 100	3850 ,, 5500
Saure Kirschen	0	6 ,, 8	330 ,, 440
,, ,,	15,6	50 ,, 60	2750 ,, 3300
Himbeeren	1,7	20 ,, 30	1100 ,, 1650
,,	15,6	70 ,, 80	3850 ,, 4400
Erdbeeren	0	15 ,, 17	825 ,, 935
,,	4,4	22 ,, 35	1210 ,, 1925
,,	15,6	49 ,, 68	2700 ,, 3750
Weintrauben	1,7	3 ,, 6	165 ,, 330
,,	15,6	10 ,, 30	550 ,, 1650
,,	26,7	25 ,, 70	1375 ,, 3850
Zitronen	1,7	2	110
,,	15,6	8	440
,,	26,7	15	825
Orangen	1,7	2	110
,,	15,6	8	440
,,	26,7	15	825
Kartoffeln	0	2 bis 5	110 bis 275
,,	10	4 ,, 8	220 ,, 440
,,	21,1	10 ,, 16	550 ,, 880
Zwiebeln	0	3 ,, 5	165 ,, 275
,,	10	8 ,, 9	440 ,, 495
,,	21,1	14 ,, 19	770 ,, 1045
Bananen grün	12,2	15	825
,, ,,	20	38	2090
,, reifend	20	42	2310
,, reif	20	38	2090

Zahlenbeispiel 8.

In einem Gärkeller stehen 3000 hl Bierwürze in Gärung. Der Extraktgehalt beträgt 15 kg/hl und soll in 10 × 24 Stunden zur Hälfte vergoren werden. Wie groß ist die mittlere stündliche Nutzkälteleistung, wenn eine Temperatursteigerung der Würze vermieden werden muß?

$$Q_{0,h} = \frac{3000 \cdot 15 \cdot 180}{2 \cdot 240} \sim 17000 \text{ kcal/h}.$$

Haben die Gärbottiche einen Inhalt von je 30 hl, so muß in jeden eine Kühlvorrichtung eingebracht werden, die 170 kcal/h überträgt, wenn die Wärmeabgabe der Bottichwände und des Flüssigkeitsspiegels vernachlässigt wird.

4. Temperaturerniedrigung des Kühlgutes und Änderung des Aggregatzustandes ohne Gewichtsänderung.

Als Änderungen des Aggregatzustandes unter dem Einfluß künstlicher Kühlung kommen in Betracht:

Erstarren reiner Flüssigkeiten oder des als Lösung anzunehmenden Flüssigkeitsgehaltes feuchter Körper;

Niederschlagen reiner Dämpfe oder des mit Gasen gemischten Dampfgehalts in flüssiger Form;

Niederschlagen wie zuvor, jedoch mit anschließendem Erstarren der Flüssigkeit.

Als Vorgang mit Temperaturerniedrigung und Erstarren einer reinen Flüssigkeit spielt die künstliche Eiserzeugung die größte Rolle. Die Nutzkälteleistung setzt sich hierbei zusammen aus der Vorkühlung des Gefrierwassers von seiner Anfangstemperatur t_w auf den mit 0^0 anzunehmenden Gefrierpunkt, der Erstarrung bei 0^0 und der Unterkühlung des Eises von 0^0 auf die Endtemperatur t_s. Die spezifische Wärme des Wassers beträgt innerhalb der hier betrachteten Grenzen genügend genau $c_w = 1$, der Kältebedarf für die Vorkühlung von 1 kg Gefrierwasser also t_w kcal/kg. Die Untersuchungen des USA. Bureau of Standards, Washington[1], haben als Schmelzwärme des Eises, bei Verwendung reinsten Wassers, einen Wert von 79,7 kcal/kg ergeben, der mit dem von Roth[2] abgeleiteten Werte übereinstimmt. Für technische Rechnungen kann die Erstarrungswärme unabhängig vom Reinheitsgrad des Wassers zu 80 kcal/kg angenommen werden. Die spezifische Wärme des Eises hängt nach den erwähnten Untersuchungen des U.S.A. Bureau of Standards vom Grade der Reinheit ab, und ergibt sich für das reinste Eis bei der Temperatur t zu $c_{w,00} = 0{,}5052 + 0{,}001\,861\,t$. Sie kann für technische Zwecke genügend genau, unabhängig von der Temperatur, zu 0,5, der Kältebedarf für die Unterkühlung demnach zu $-0{,}5 \cdot t_s$ kcal/kg angenommen werden. Die gesamte Nutzkälteleistung $t_w + 79{,}7 + 0{,}5\,(0 - t_s)$ ergibt sich nach Dickinson und Osborne gemäß Abb. 319. Links von der Ordinatenachse steht die anfängliche Temperatur t_w des Gefrierwassers, rechts die schließliche Unterkühltemperatur t_s des Eises. Der Ordinatenabstand zweier der Gefrierwasser- bzw. Unterkühltemperatur zugeordneten Punkte auf den beiden schrägen Geraden ergibt die gesuchte Kälteleistung. Die Unterkühltemperatur hängt ab von dem Gefrierverfahren. Bei Zellen- und Kanneneis ist, um sicher zu gehen, die endgültige Temperatur gleich der tiefsten Temperatur des Solebades anzusetzen. Bei Platteneiserzeugung ist die Eistemperatur auch am Ende des Gefriervorganges ungleich. Sie liegt gegen die Gefrierplatte etwa bei der Temperatur des Gefriermittels

---

[1] Dickinson u. Osborne: The specific heat and heat of fusion of ice. A.S.R.E. J. 1915.

[2] Roth: Z. physik. Chem. 1908.

— Sole oder unmittelbar verdampfender Arbeitsstoff —, an der Außenschicht bei etwa 0°, im mittel also ungefähr bei $\frac{t_s}{2}$, wenn t_s die Temperatur des Gefriermittels bedeutet. Da bei Platteneiserzeugung die angewandte Temperatur etwa doppelt so weit unter 0° liegt wie bei Zellen- und Kanneneis, gleicht sich der Unterschied der verschiedenen Unterkühlung angenähert aus.

Für die Erzeugung von Minuseis ist die Erstarrungswärme der Kryohydraten von Bedeutung. Sie beträgt beispielsweise für die kryohydratische Lösung von NaCl 57,7 kcal/kg, liegt also wesentlich niedriger als bei Wassereis.

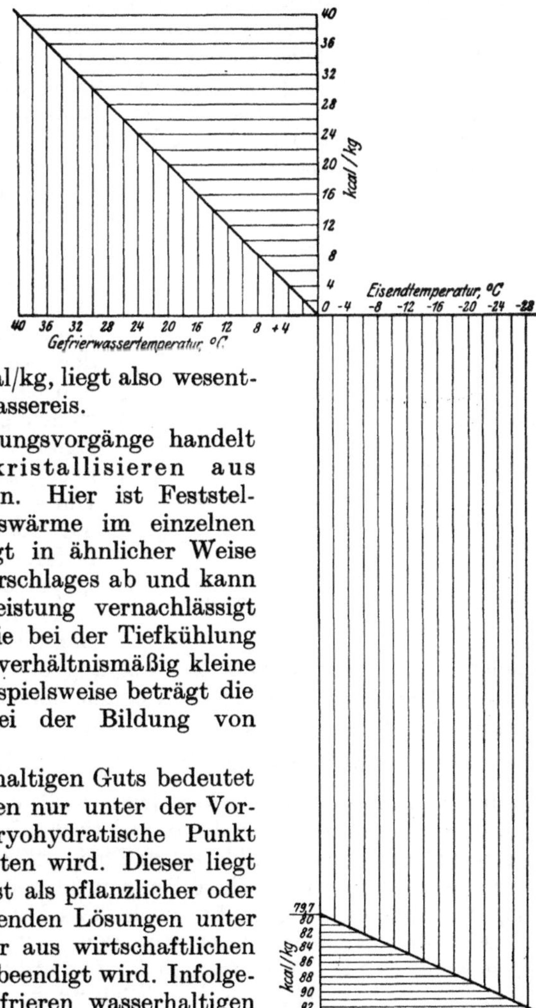

Abb. 319. Kältebedarf der Eiserzeugung (Dickinson).

Um teilweise Erstarrungsvorgänge handelt es sich bei dem Auskristallisieren aus gesättigten Lösungen. Hier ist Feststellung der Kristallisationswärme im einzelnen Falle geboten. Sie hängt in ähnlicher Weise von der Menge des Niederschlages ab und kann gegenüber der Abkühlleistung vernachlässigt werden, wenn es sich, wie bei der Tiefkühlung von Bier und Wein, um verhältnismäßig kleine Teilbeträge handelt. Beispielsweise beträgt die Kristallisationswärme bei der Bildung von Glaubersalz 57 kcal/kg.

Das Gefrieren wasserhaltigen Guts bedeutet ein vollständiges Erstarren nur unter der Voraussetzung, daß der kryohydratische Punkt erreicht oder unterschritten wird. Dieser liegt bei den im Kühlgut meist als pflanzlicher oder tierischer Saft vorkommenden Lösungen unter der Temperatur, bei der aus wirtschaftlichen Gründen die Abkühlung beendigt wird. Infolgedessen bedeutet das Gefrieren wasserhaltigen Kühlguts nur ein teilweises Erstarren.

In Abb. 308 ist eine Gerade 80 φ_x eingetragen, die den Betrag der auf 1 kg feuchtes Kühlgut entfallenden Erstarrungswärme angibt. Hierbei ist jedoch vorausgesetzt, daß die Erstarrungswärme der Lösung dem für Wasser gültigen Wert von 80 kcal/kg gleichkommt und daß die Erstarrung vollständig bei der als Gefrierpunkt geltenden Temperatur vor sich geht. Beides trifft für wasserhaltiges Gut nicht zu. Die Erstarrungswärme der Lösung pflegt kleiner zu sein als bei Wasser; außerdem beginnt die Erstarrung bei einem scheinbaren Gefrierpunkt, setzt sich jedoch unter gleichzeitiger Temperaturabnahme fort, ohne im praktischen Falle vollständig zu werden. Infolgedessen ist es zweckmäßig, die Abkühlung unter den scheinbaren Gefrierpunkt mit der auf den ausfrierenden Teil der Lösung entfallenden Erstarrungswärme zusammenzufassen. Zu dem so ermittelten Betrag kommt die Kälteleistung für Erniedrigung der Temperatur des Guts bis auf den scheinbaren Gefrierpunkt hinzu.

Für Fleisch hat Plank[1] im Maschinenlaboratorium der Technischen Hochschule Danzig den in Abb. 320 dargestellten Zusammenhang zwischen Temperatur und Kältebedarf q_0 gefunden. Hierbei wurde schieres Rindfleisch mit einem Wassergehalt $\varphi_x = 0{,}75$ bei einer Anfangstemperatur von -1^0 gefroren. Die zweite Kurve der Abb. 320 stellt das rechnerisch festgestellte Verhältnis der Gewichtsabnahme Δx zu dem gesamten absoluten Wassergehalt x beim Gefrieren dar. Hiernach tritt bei einer Temperatur von -56^0 vollständiges Erstarren ein. Der stetige Übergang der Kältebedarfskurve bei dieser Temperatur ist jedoch nach Plank wenig wahrscheinlich, vielmehr zu erwarten, daß der kryohydratische Punkt höher liegt, ein sprunghafter Übergang der stark gekrümmten Kurve in die flache Kurve erfolgt und dementsprechend der restliche Wassergehalt plötzlich erstarrt. Die Neigung des gestrichelten Linienzuges entspricht dem Verhältnis $\frac{dq_{00}}{dt} = c_{00}$, d. i. der spezifischen Wärme des vollständig erstarrten Fleisches. Dort wo die q_0-Kurve die gleiche Neigung besitzt, ist demnach der kryohydratische Punkt unterschritten. Aus Abb. 320 läßt sich auch ablesen, daß bei -2^0 etwa die Hälfte des Wassergehaltes gefroren ist, bei einer Temperatur von -10^0, wie sie den Gefrierlagerverhältnissen entspricht, noch etwa ein Fünftel des Wassergehalts flüssig ist, bei einer Temperatur von -20^0, wie sie beim Einfrieren angewandt wird, der Wassergehalt noch etwa 10% beträgt. Zu der aus Abb. 320 sich ergebenden Kälteleistung q_0 kommt bei einer Anfangstemperatur des Fleisches von t^0 noch ein zusätzlicher Kältebedarf von $0{,}83\,(t + 1)$ für die Vorkühlung hinzu.

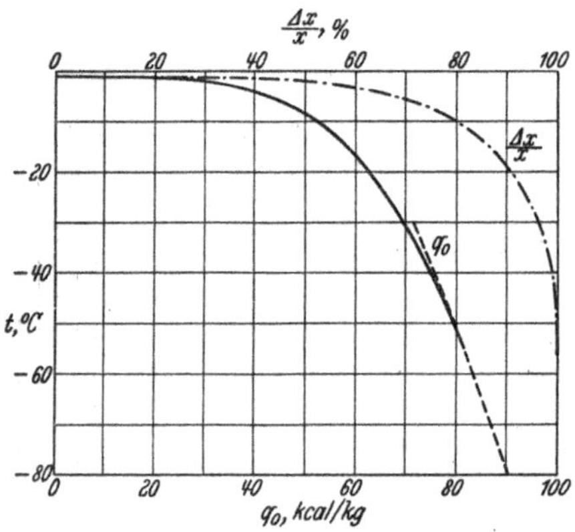

Abb. 320. Kältebedarf beim Gefrieren von Fleisch (Plank).

Nach den Untersuchungen von Moran[2] liegt der Anteil des im Fleischmuskel ausgefrorenen Wassers höher, und zwar im einzelnen wie folgt:

[1] Plank: Kalorimetrische Untersuchungen mit Gefrierfleisch. Z. ges. Kälteind. 1925.
[2] Moran: The frozen state in mammalian muscle. Proc. Roy. Soc. Lond. 1930

t, °C	—1,5	—2,0	—3,0	—5,0	—7,0	—10,0	—20,0
$\frac{\Delta x}{x}$, %	35,5	55,5	69,8	81,6	88,7	94,0	98,0.

Für Speiseeis mit einem Gehalt von 10% Milchfett, 14% Rohrzucker, 10,5% nicht fetthaltigen Milchfeststoffen und 0,5% Gelatine hat Zoller[1] den spezifischen Kältebedarf für Abkühlen und Einfrieren nach Abb. 321 ermittelt. Der scheinbare Gefrierpunkt liegt bei etwa —3°, wo die Abkühlgerade in die Gefrierkurve übergeht. Aus der Neigung des geraden Teils ergibt sich die spezifische Wärme oberhalb des Gefrierpunkts zu $c = \frac{dq_0}{dt} \sim 0{,}7$. Unterhalb des Gefrierpunkts ist sie auf alle Fälle kleiner und schätzungsweise $c_{00} = \frac{dq_{00}}{dt} \sim 0{,}4$. Die Gefrierkurve muß daher bei Temperaturen unterhalb des kryohydratischen Punkts in der Neigung etwa der gestrichelt eingetragenen Geraden entsprechen. Bei einer Temperatur von —25° ist der kryohydratische Punkt zwar nicht mehr fern, jedoch noch nicht erreicht.

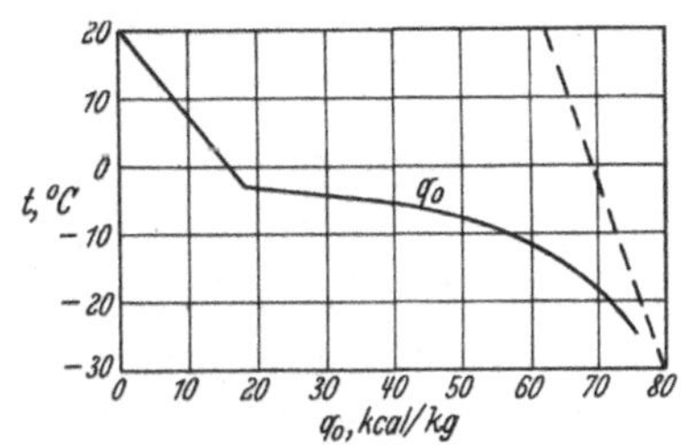

Abb. 321. Kältebedarf beim Gefrieren von Speiseeis.

Die in den Abb. 320 und 321 dargestellte Beziehung gilt nur für Stoffe der angegebenen Zusammensetzung, insbesondere gleichen Wassergehalts. Für veränderlichen Wassergehalt läßt sich die Beziehung zwischen Temperatursenkung, Kältebedarf und Wassergehalt in einfacher Weise durch das J-x-Bild der Abb. 322 darstellen, die z. B. für NaCl-Lösung entworfen ist. Es bedeuten die Abszissenwerte x den Feuchtigkeitsgehalt der Lösung, bezogen auf 1 kg wasserfreien Salzgehalt. Die Ordinaten J messen den Wärmeinhalt der Lösung, gerechnet von der Temperatur 0° ab und bezogen auf 1 kg wasserfreien Salzgehalt zuzüglich des darauf entfallenden gesamten Wassergehalts, bei teilweisem Ausfrieren also einschließlich des Eises.

$$J = (1 + x)\, c \cdot t. \tag{24}$$

Die stark ausgezogene Kurve stellt die Eiskurve dar. Von ihr aus laufen gegen den Nullpunkt zu Isothermen in Form schwach gekrümmter Linien. (Wird die spezifische Wärme der NaCl-Sole als unveränderlich angesehen, so werden diese Isothermen Geraden.) Unterhalb der Eiskurve finden die Isothermen ihre Fortsetzung in gleichfalls schwach gekrümmten Kurven, die nahezu parallel zueinander verlaufen. (Wird die Unterkühlung des ausgefrorenen Eises vernachlässigt, so verlaufen diese Linienzüge gerade.)

Punkt A legt beispielsweise den Anfangszustand fest, wenn die untersuchte Lösung einen Feuchtigkeitsgehalt $x_a = 5$, entsprechend 5 kg Wasser auf 1 kg wasserfreies NaCl oder 20 Gtl. NaCl in 100 Gtl.

[1] Zoller: Thermal exchange in freezing and hardening of ice-cream. Ice Refrig. 1924.

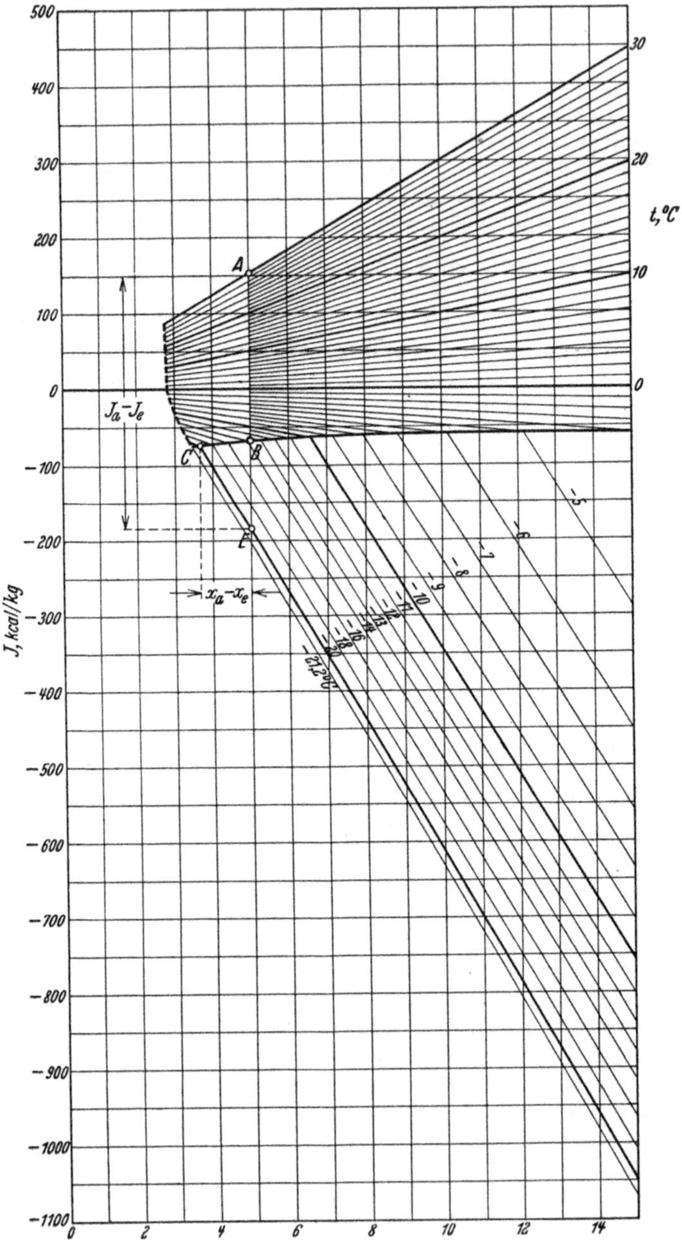

Abb. 322. J-x-Bild für NaCl-Lösung.

Wasser, und eine Anfangstemperatur $t_a = 30^0$ besitzt. Dem entspricht ein Wärmeinhalt

$$J_a = (1 + x_a)\, c_a \cdot t_a = 6 \cdot 0{,}84 \cdot 30 \sim 150 \text{ kcal/kg},$$

wobei $c_a \sim 0{,}84$ die als unabhängig von der Temperatur angenommene spezifische Wärme der Lösung bedeutet. Der Abkühlung dieser Lösung bis zur Eiskurve entspricht der mit der Ordinatenachse parallele Verlauf A B. Die Eiskurve wird bei einer Temperatur von etwa -14^0 erreicht. Bei Fortsetzung der Abkühlung folgt der flüssig bleibende Teil der Lösung der Eiskurve und erreicht z. B. in Punkt C eine Temperatur $t_e = -20^0$. Der Wassergehalt der Lösung ist alsdann $x_e \sim 3{,}7$. Der durch den Abszissenabstand zwischen B und C gemessene Anteil $x_a - x_e \sim 5 - 3{,}7 \sim 1{,}3$ fällt in Form von Eis aus. Der schließliche Wärmeinhalt von Restlösung und Eis beträgt

$$J_e = (1 + x_e)\, c_e \cdot t_e - (x_a - x_e)\left(80 + 0{,}5\,(t_B - t_e)\right) \tag{25}$$

$$J_e \sim (1 + 3{,}7)\, 0{,}81\, (-20) - 1{,}3\left(80 + 0{,}5\left[(-14) - (-20)\right]\right) \sim -184 \text{ kcal/kg}$$

Hierbei bedeuten

$c_e \sim 0{,}81$ die unabhängig von der Temperatur angenommene spezifische Wärme der Lösung bei dem Endwassergehalt x_e,

80 die Erstarrungswärme des Eises und

0,5 die spezifische Wärme des Eises.

Gemessen wird dieser Wärmeinhalt durch die Ordinate des senkrecht unter A auf der Eis-Isotherme für -20^0 liegenden Punktes E.

Der Kältebedarf beim Abkühlen von dem Zustande A auf den Zustand E unter gleichzeitigem Ausfrieren wird durch den Ordinatenabstand der Grenzpunkte A und E gemessen und beträgt

$$J_a - J_e = (1 + x_a)\, c_a \cdot t_a - \left((1 + x_e)\,(c_e \cdot t_e - (x_a - x_e)\left[80 + 0{,}5\,(t_B - t_e)\right]\right) \tag{26}$$

$$J_a - J_e \sim 150 - (-184) \sim 334 \text{ kcal/h}.$$

Die auf 1 kg Lösung bezogene Kälteleistung q_0 steht hierzu in der Beziehung

$$q_0 = \frac{J_a - J_e}{1 + x_a}$$

$$q_0 \sim \frac{334}{1+5} \sim 55{,}7 \text{ kcal/kg}. \tag{27}$$

In ähnlicher Weise läßt sich ein J-x-Bild entwerfen für Vorgänge, bei denen nicht, wie im dargestellten Falle, das Lösungsmittel ausfriert, sondern der gelöste Stoff auskristallisiert. Als Abszissenwert wird dann zweckmäßig der auf 1 kg Lösungsmittel entfallende Gehalt an gelöstem Stoff, also z. B. der Gehalt an wasserfreiem NaCl in 1 kg Wasser, gewählt und der in den Ordinaten dargestellte Wärmeinhalt gleichfalls auf 1 kg Lösungsmittel zuzüglich des darauf entfallenden gelösten Stoffes — einschließlich des zum Schluß auskristallisierten Teiles — bezogen. (Der in Abb. 322 links von dem kryohydratischen Punkt liegende gestrichelte Kurventeil kann zur Ermittlung des Kältebedarfs bei Abkühlung starker Lösungen bis tiefstens auf die Eiskurve dienen.

Darunter liegt das Feld, in dem die Lösung der Eiskurve folgt und die Abkühlung mit Auskristallisieren des Salzes verbunden ist. Dieser Vorgang wird jedoch in dem J-x-Bild zahlenmäßig nicht erfaßt.)

Beim Niederschlagen reiner Dämpfe wird die Verdampfwärme r frei. Sie beträgt nach Michaelis[1]

für	mit einem spez. Gew. γ [kg/m³]	r [kcal/kg]
Azeton	790	125
Alkohol	790	265
Äthyläther	710	90
Benzin	660 bis 750	61 bis 80
Benzol	880	128
Chloroform	1480	75
Dichloräthylen	1240	75
Schwefelkohlenstoff	1250	87
Tetrachlorkohlenstoff	1590	62
Trichloräthylen	1470	56

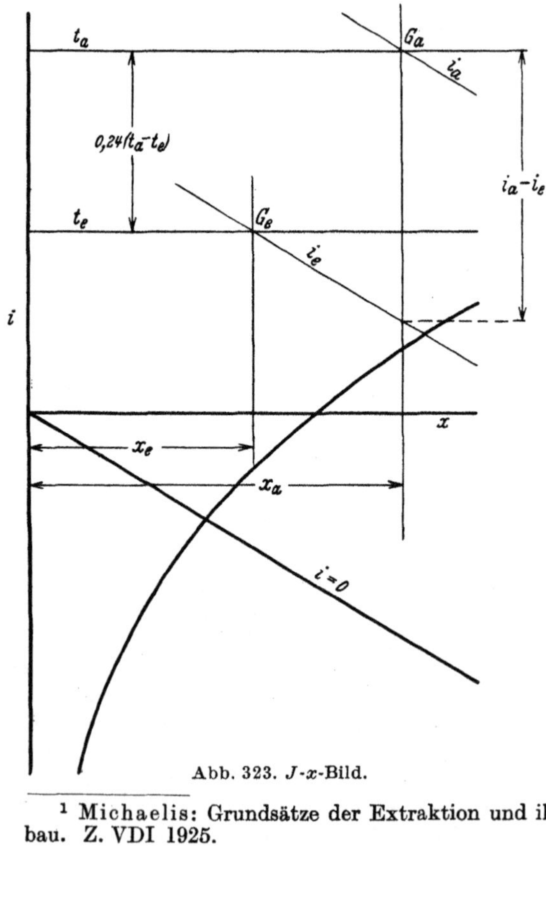

Abb. 323. J-x-Bild.

Im allgemeinen liegen Gasgemische vor, deren einer Bestandteil bei der Kühlung den seinem Teildrucke entsprechenden Taupunkt erreicht und niederschlägt, während der Rest gasförmig bleibt.

Die bei weitem größte Rolle spielt feuchte Luft, bei der die Wasserausscheidung einen Haupt- oder Nebenpunkt darstellt, je nachdem die Trocken- oder Abkühlwirkung in den Vordergrund tritt. Feuchte Luft verändert während der Abkühlung ihr spezifisches Gewicht, außerdem ihr Gesamtgewicht, sobald der Taupunkt unterschritten wird und ein Teil der Luftfeuchtigkeit ausfällt. Es ist daher zweckmäßig, bei allen Vorgängen der Luftkühlung das Gewicht der von Feuchtigkeit befreit gedachten „Reinluft" zugrunde zu legen, das sich im Verlauf des Kühlungs- und Entfeuchtungsvorganges nicht ändert. Die Abkühlleistung bei Übergang von dem in Abb. 323 durch Punkt G_a gekennzeichneten Anfangszustand (t_a, x_a, i_a) auf den Endzustand (t_e, x_e, i_e), entsprechend Punkt G_e, ergibt sich mit der nach Abb. 304 getroffenen Vereinfachung zu

[1] Michaelis: Grundsätze der Extraktion und ihrer Anwendung im Apparatebau. Z. VDI 1925.

$$Q_{0,h} = G_{l,h}\,(i_a - i_e) = G_{l,h}\,[0{,}24\,(t_a - t_e) + 595\,(x_a - x_e)]\,, \qquad (14\text{a})$$

bzw. bei gleichbleibendem Feuchtigkeitsgehalt

$$Q_{0,h} = G_{l,h} \cdot 0{,}24\,(t_a - t_e)\,. \qquad (19\text{a})$$

In dem Mollierschen J-x-Bild, Abb. 324, kennzeichnet der Punkt G'', in dem die x-Ordinate die Sättigungslinie schneidet, den Taupunkt der Luft durch die Temperatur t'' und den Wärmeinhalt i''. Bei der Kühlung feuchter Luft ergibt sich fast regelmäßig eine Verminderung des Feuchtigkeitsgehalts dadurch, daß die Luft im ganzen oder teilweise eine Temperatur annimmt, die unter dem Taupunkt liegt. Die Luft ist dann übersättigt und setzt sich aus gesättigter Luft und aus Feuchtigkeit zusammen, die in Form von Nebeltröpfchen oder Tau ausgefallen ist. Ihr Wärmeinhalt beträgt alsdann, bezogen auf 1 kg Reinluft,

$$i_e = 0{,}24\,t_e + 595\,x_e + t_e\,(x_a - x_e)\,. \qquad (28)$$

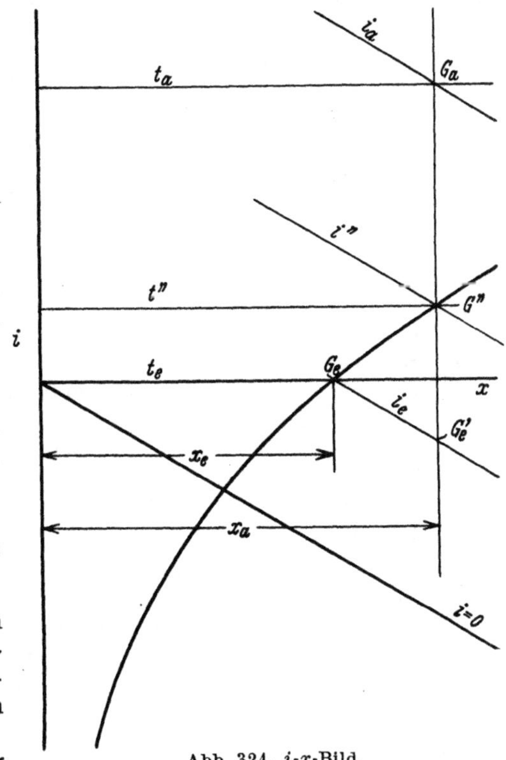

Abb. 324. i-x-Bild.

Hierbei bedeuten

x_a den in Form von Dampf und ausgefallener Flüssigkeit vorhandenen gesamten Feuchtigkeitsgehalt, bezogen auf 1 kg Reinluft,

x_e den bei der Temperatur t_e dem Sättigungszustande entsprechenden Dampfgehalt, bezogen auf 1 kg Reinluft,

$x_a - x_e$ die ausgefallene Flüssigkeit, bezogen auf 1 kg Reinluft.

Liegt t_e unter dem Nullpunkt, so fällt die Feuchtigkeit teilweise als Reif aus und der Wärmeinhalt verringert sich auf

$$i_e = 0{,}24\,t_e + 595\,x_e - (x_a - x_e)\,[80 + 0{,}5\,(0 - t_e)]\,, \qquad (29)$$

wenn die spezifische Wärme des Reifs zu 0,5 kcal/kg · ^{0}C und die Erstarrungswärme des Wassers zu 80 kcal/kg gesetzt werden.

Im vorstehenden wird die Temperatur der ausgefallenen Feuchtigkeit gleich der Lufttemperatur angenommen, was den tatsächlichen Verhältnissen nicht entspricht. Bei der Kühlung scheidet sich die Luftfeuchtigkeit an der kältesten Stelle, d. h. der Oberfläche des kühlenden

Körpers ab und nimmt dabei genügend genau dessen Temperatur an, die niedriger liegt als die Lufttemperatur. Infolgedessen ist auch die Bildung von Reif nicht an die Bedingung gebunden, daß die Raumtemperatur unter 0° liegt, sondern davon abhängig, daß die Oberflächentemperatur des Kühlkörpers 0° unterschreitet. (Besteht der Kühlkörper aus einer Flüssigkeit, so löst sich die ausfallende Feuchtigkeit in ihr auf. Eine Reifbildung fehlt alsdann auch bei Temperaturen unter 0°. Die erforderliche Kälteleistung wird durch die bei der Verdünnung der Lösung auftretende Wärmetönung beeinflußt, bei Natriumchlorid-Lösung verkleinert, bei Kalzium- und Magnesiumchlorid-Lösung vergrößert. Die Beträge der Verdünnungswärme sind jedoch stets so klein, daß ihre zahlenmäßige Berücksichtigung sich erübrigt.)

Für den praktischen Fall kann das Glied $-t_e (x_a - x_e)$ vernachlässigt werden. Dies läuft auf die Annahme hinaus, daß die Isothermen im J-x-Bild unterhalb der Sättigungslinie (Nebelgebiet) in Richtung der i-Linien verlaufen. Der Punkt G_e' der Abb. 324 kennzeichnet alsdann den Zustand eines Gemisches von gesättigter Luft und flüssig ausgefallener Feuchtigkeit mit einer Temperatur t_e, einem gesamten Feuchtigkeitsgehalt x_a und einem Wärmeinhalt i_e, der, unter Vernachlässigung des Anteils der ausgefallenen Feuchtigkeit, dem Wärmeinhalt gesättigter Luft von $t_e{}^0$ (Punkt G_e) entspricht. Im allgemeinen ist auch die Vernachlässigung des Gliedes $(x_a - x_e)\,[80 + 0{,}5\,(0 - t_e)]$ zulässig. Wird es berücksichtigt, so weichen die Isothermen unterhalb 0° von den i-Linien nach unten ab. Der Ordinatenunterschied beträgt $(x_a - x_e)\,[80 + 0{,}5\,(0 - t_e)]$ bzw. genügend genau $80\,(x_a - x_e)$.

Zahlenbeispiel 9.

Bei einer Hochofenwindtrockenanlage sollen stündlich 40000 m³ Luft von 30° ($P_d'' = 433$) und 0,8 Feuchtigkeitsgrad so tief gekühlt werden, daß auf 1 kg Reinluft nur 0,002 kg Feuchtigkeit entfallen. Der Luftdruck ist $P = 10\,330$ kg/m² (760 mm Barometerstand). Wie groß ist die stündliche Nutzkälteleistung, wenn die Luft durch Brunnenwasser auf 10° vorgekühlt wird?

$$P_d/P_d'' = 0{,}8,$$

$$P_d = 0{,}8 \cdot P_d'' = 0{,}8 \cdot 433 \sim 346 \text{ kg/m}^2,$$

$$G_{l,h} = 40000 \cdot 1{,}293 \cdot \frac{10\,330 - 346}{10\,330} \cdot \frac{273}{273 + 30} \sim 45000 \text{ kg/h}.$$

Dem Feuchtigkeitsgehalt von $x_e = 0{,}002$ entspricht ein Taupunkt $t'' \sim -7{,}8$. Die gesättigte Luft besitzt hierbei einen Wärmeinhalt, zunächst ohne Berücksichtigung des Niederschlages,

$$i_e = 0{,}24\,(-7{,}8) + 595 \cdot 0{,}002 \sim -0{,}7 \text{ kcal/kg}.$$

Die vorgekühlte Luft erreicht den Taupunkt bei etwa 26°, ist also bei 10° auf alle Fälle gesättigt, entsprechend einem Feuchtigkeitsgehalt von $x_a \sim 0{,}008$. Ihr Wärmeinhalt beträgt bei 10°

$$i_a = 0{,}24 \cdot 10 + 595 \cdot 0{,}008 \sim 7{,}1 \text{ kcal/kg},$$

die Wärmeentziehung demnach

$$Q_{0,h} = 45000\,[7{,}1 - (-0{,}7)] \sim 350000 \text{ kcal/h}.$$

Wird die Feuchtigkeit in Reifform niedergeschlagen, so erhöht sich die Kälteleistung um den Betrag 45000 (0,008 — 0,002) (80 + 0,5 7,8) $\sim$ 23000 auf $Q_{0,h} \sim$ 370000 kcal/h.

Zahlenbeispiel 10.

In einen trockenen Luftkühler strömen 100000 m³/h Luft mit einem Druck von $P = 10000$ kg/m², einer Temperatur von 4° ($P_d'' = 83$) und 0,8 Feuchtigkeitsgrad ein und mit 0° gesättigt aus. Wie groß sind die stündliche Nutzkälteleistung und die ausfallende Feuchtigkeitsmenge, wenn der Reif durch Umkehr des Luftweges nutzbar abgetaut wird?

$$P_d/P_d'' = 0{,}8,$$
$$P_d = 0{,}8 \cdot 83 \sim 66 \text{ kg/m}^2,$$
$$G_{l,h} = 100000 \cdot 1{,}293 \cdot \frac{10000 - 66}{10330} \cdot \frac{273}{273+4} \sim 122000 \text{ kg/h}.$$

Der Wärmeinhalt der Luft beträgt, entsprechend ihrem Feuchtigkeitsgehalt $x_a \sim 0{,}0041$, beim Eintritt

$$i_a = 0{,}24 \cdot 4 + 595 \cdot 0{,}0041 \sim 3{,}4 \text{ kcal/kg},$$

beim Austritt mit dem Feuchtigkeitsgehalt $x_e \sim 0{,}0039$

$$i_e = 595 \cdot 0{,}0039 \sim 2{,}3 \text{ kcal/kg}.$$

Hieraus folgt das Maß der Wärmeentziehung zu

$$Q_{0,h} = 122000\,(3{,}4 - 2{,}3) \sim 135000 \text{ kcal/h}.$$

Die ausfallende Feuchtigkeitsmenge beträgt

$$122000\,(0{,}0041 - 0{,}0039) \sim 24 \text{ kg/h}.$$

Der ihr entsprechende Wärmeinhalt verschwindet, wenn eine Abführung als Tau von 0° angenommen wird. Würde die Abtauwärme nicht wiedergewonnen, so ergäbe sich eine Vergrößerung des Kältebedarfs um

$$122000\,(0{,}0041 - 0{,}0039)\,(80 + 0{,}5 \cdot 5) \sim 2000 \text{ kcal/h},$$

wenn die mittlere Temperatur des Reifes zu — 5° angenommen wird.

Die wirtschaftlichen Grenzen des Verfahrens der kalten Trocknung hat Verfasser[1] untersucht und für den geschlossenen Kreislauf der Trockenluft den in Abb. 325 dargestellten Zusammenhang zwischen den Temperaturen in Kühler, Trockenraum und Heizvorrichtung einerseits, sowie der für 1 kg Wasserentziehung aufzuwendenden Kühl- bzw. Heizleistung andererseits aufgestellt. Unter Voraussetzung, daß die Luft den Trockenraum gesättigt verläßt und auf 0° abgekühlt wird, beträgt der Kältebedarf für 1 kg entzogene Feuchtigkeit rund 1400 kcal/kg, wenn die Luft in den Kühler mit 5° eintritt und in der Heizvorrichtung auf 10° angewärmt wird, dagegen nur rund 900 kcal/kg, wenn die Temperaturen am Kühlereintritt 40°, am Ende der Heizvorrichtung 120° betragen. Genau wie bei der allgemeinen Trocknung wird auch bei dem kalten Verfahren der Trockenvorgang bei höheren Temperaturen im

[1] Hirsch: Kalte Trocknung. Z. ges. Kälteind. 1919.

Trockenraum wirtschaftlicher als bei tiefen. Im allgemeinen liegt die höchstzulässige Lufttemperatur fest. Beträgt sie beispielsweise 40°, so ergibt sich die erforderliche Kühlleistung zwischen etwa 750 und 1100 kcal/kg, wenn die Luft am Kühler mit 35 bzw. 20° ein- und mit 30 bzw. 4° austritt. Da der Kreislauf geschlossen ist, bleibt der

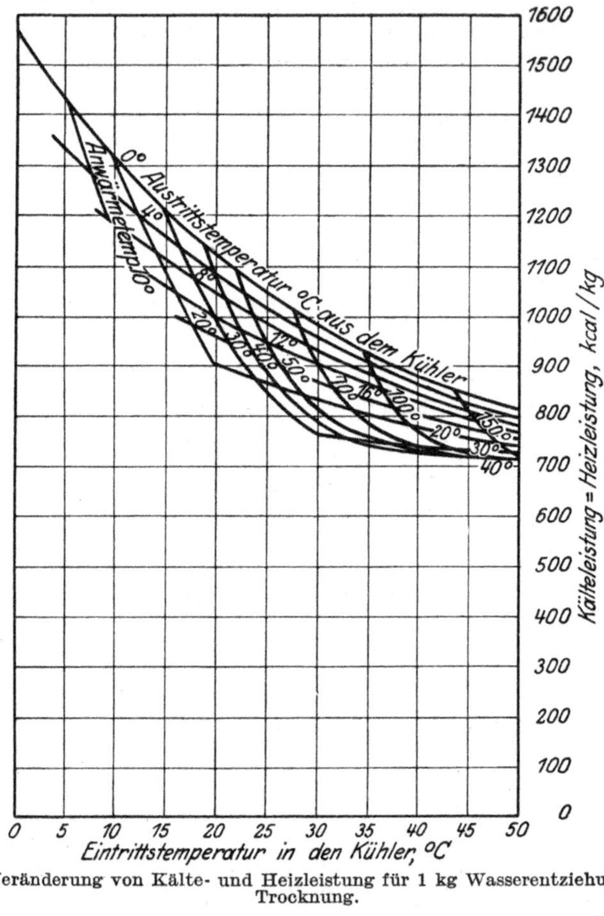

Abb. 325. Veränderung von Kälte- und Heizleistung für 1 kg Wasserentziehung bei kalter Trocknung.

Wärmeinhalt der Luft im Trockenraum gleich, und die Heizleistung ergibt sich gleich der Kühlleistung. Für beide gelten daher gleiche Gesichtspunkte. Diese rein rechnerischen Verhältnisse erfahren in Wirklichkeit eine Verschiebung wegen der unvermeidlichen Verluste, des hinzukommenden Einflusses der umlaufenden Luftmenge und schließlich dadurch, daß die Voraussetzung gesättigten Zustandes der Luft am Austritt aus dem Trockenraum nicht erfüllt ist. Wenn daher in einem bestimmten Falle nach den vorläufig ermittelten Zahlen eine Wirtschaftlichkeit bei kalter Trocknung zu erwarten ist, so bedarf es stets noch einer genauen Durchrechnung unter Berücksichtigung der tatsächlichen Abweichungen.

Der Feuchtigkeitsgrad im Trockenraum ist nach unten häufig dadurch begrenzt, daß das Trockengut bei zu geringer Luftfeuchtigkeit ebenso leidet wie bei zu hoher Temperatur. Bei der künstlichen Kühlung in Brotfabriken ist beispielsweise die Einhaltung einer mittelmäßigen Luftfeuchtigkeit geboten, um eine schnelle Gasabgabe des Teigs zu ermöglichen, jedoch eine Erhärtung der Oberfläche zu vermeiden.

Ähnlich liegen die Verhältnisse bei der Herstellung von Zelluloidfilmen und Trockenplatten, wo ein zu niedriger Feuchtigkeitsgrad Brüchigwerden oder gar Bersten der Emulsionsschicht herbeiführt.

5. Temperaturerniedrigung des Kühlgutes unter Änderung des Aggregatzustandes und Gewichts.

Die oben betrachteten Vorgänge der Abkühlung feuchter Luft leiten über zu den Fällen, bei denen neben der durch Temperaturerniedrigung herbeigeführten Änderung des Aggregatzustandes eine Gewichtsveränderung einherläuft. Sie umfassen in erster Linie das Einfrieren wasserhaltiger Körper, stellen also eine Fortsetzung des unter 4. behandelten Kühlvorganges unterhalb des Gefrierpunktes dar.

Bezüglich des Gewichtsverlustes gilt auch hier das unter 2. Gesagte. Er äußert sich im allgemeinen nicht als Erhöhung der erforderlichen Kälteleistung, der ihm entsprechende Wärmebedarf wird vielmehr aus dem Wärmeinhalt des Kühlgutes und den wärmezuführenden Verlustquellen gedeckt. Von den letzten abgesehen, ist daher der stündlich mögliche Gewichtsverlust begrenzt durch die Bedingung

$$\varDelta G_h \leqq \frac{Q_{0,h}}{600}. \tag{30}$$

6. Verluste.

Zu a. Über die zahlenmäßige Ermittlung des Verlustes durch Eindringen äußerer Wärme geben die späteren Untersuchungen über Berechnung der bei wärmegeschützten Flächen durchgehenden Wärmemenge Aufschluß. Er ist hier auf 1 h Betriebszeit zurückzuführen. Beispielsweise läßt sich der Wärmeeintritt in einen Eiserzeuger genau errechnen, wenn Abmessungen, Wärmeschutz, Temperatur des Kälteträgers und Beschaffenheit der Raumluft feststehen. Die Form des Eiserzeugers ändert sich in weiten Grenzen. Kleine Abmessungen ergeben, auf 1 kg Gefrierwasser bezogen, eine ungünstigere Oberfläche als große. Wird ein und derselbe Behälter einmal mit kleinen, ein andermal mit großen Zellen besetzt, so wird, auf die Einheit bezogen, bei den kleinen Zellen eine größere stündliche Eismenge erzeugt, daher der Verlust geringer. In gleichem Sinne wird die Oberfläche für einen Platteneiserzeuger größer als für einen Eiserzeuger gleicher Leistung mit Zellen oder Kannen. Dieser Unterschied wird nur teilweise dadurch aufgewogen, daß die Wände des Behälters bei Platteneis, dem Gefrierwasser entsprechend, eine Temperatur von etwa 0° besitzen, während sie bei Zellen und Kannen die Temperatur der Sole von etwa — 5 bis — 10° annehmen.

Einen weiteren Verlustbeitrag liefert, vor allem bei Kühlräumen, der Kälteaufwand für die Abkühlung und Entfeuchtung der, gewollt oder ungewollt, von außen eindringenden Luft. Er errechnet sich nach dem zu 4. Ausgeführten zu

$$Q_{0,h} = G_{l,h}(i_a - i_e) = 0{,}24\,(t_a - t_e) + 595\,(x_a - x_e)\,,$$

wobei $G_{l,h}$ das Gewicht der stündlich von außen eingeführten Reinluft bedeutet. Er hängt vor allem von der Art und dem Zustande des Kühlgutes und der Betriebsweise ab. Bei gekühltem Fleisch hat sich ein täglicher Frischluftersatz in Höhe des etwa sechsfachen Kühlrauminhalts bewährt, bei gefrorenem Fleisch liegt der Betrag wesentlich niedriger. In vielen Fällen kann auf besondere Frischluftzuführung überhaupt verzichtet werden. Alsdann ist der Wert $G_{l,h}$ nur durch das unbeabsichtigte Einströmen der Luft durch Türen, Fenster und Umfassungen bedingt und entzieht sich überhaupt der Rechnung. Ähnlich steht es bei dem schädlichen Eindringen von Außenluft in Kühlvorrichtungen, Luftkühlerkammern, Soleverdampfer, Eiserzeuger u. dgl., bei denen nur Schätzungen möglich sind. Das bedeutet jedoch keineswegs, daß die hierdurch bedingte Vermehrung des Kältebedarfs außer Ansatz bleiben darf.

Läßt sich die Erstarrungswärme des an den Kühlflächen gebildeten Reifes, wegen tiefer Temperatur der Umlaufluft, nicht durch entsprechende Schaltung des Luftweges wiedergewinnen, so kann die Frischluft hierzu benutzt werden. Ihre Kühlung erfolgt dann zum Teil oder ganz ohne zusätzlichen Kälteaufwand. Die Ausnutzung der Möglichkeit, die Ersatzluft in einer Austauschvorrichtung durch die austretende ersetzte Luft vorzukühlen, scheitert im allgemeinen an den Kosten der nötigen großen Kühlfläche. Außerdem vermag hierbei die abströmende Luft nur den Wärmeinhalt $G_{l,h} \cdot 0{,}24\,(t_a - t_e)$, d. h. die fühlbare Wärme, zu binden. Eine brauchbare Lösung hat neuerdings Hausen[1] in der Verwendung von Regeneratoren vorgeschlagen.

Zahlenbeispiel 11.

Wie groß ist der zusätzliche Kältebedarf, wenn ein Kühlraum von 1000 m³ Inhalt täglich viermalige Lufterneuerung bei 10 h Betriebszeit erhalten soll, die Außenluft 30° ($P_d'' = 432$) bei 0,8 Feuchtigkeitsgrad und 10330 kg/m² Luftdruck besitzt und auf 0° gekühlt werden soll?

$$P_d/P_d'' = 0{,}8\,,$$

$$P_d = 0{,}8\,P_d'' = 0{,}8 \cdot 433 \sim 346 \text{ kg/m}^2\,,$$

$$G_{l,h} = \frac{1000 \cdot 4}{10} \cdot 1{,}293 \cdot \frac{10330 - 346}{10330} \cdot \frac{273}{273 + 30} \sim 450 \text{ kg/h}.$$

Der Temperatur von 30° entspricht bei 0,8 Feuchtigkeitsgrad ein Wassergehalt von $x_a \sim 0{,}021$ und ein Wärmeinhalt $i_a \sim 19{,}7$ kcal/kg.

[1] Hausen: Über die Anwendbarkeit von Regeneratoren in der Kältetechnik. Z. ges. Kälteind. 1932.

Bei 0° ergibt sich ein Restfeuchtigkeitsgehalt von $x_e \sim 0{,}004$ und ein Wärmeinhalt $i_e \sim 2{,}4$ kcal/kg. Hieraus folgt

$$Q_{0,h} \sim 450\,(19{,}7 - 2{,}4) \sim 8000 \text{ kcal/h}.$$

Wird die Feuchtigkeit in Höhe von $\sim 450\,(0{,}021 + 0{,}004) \sim 7{,}7$ kg/h in Reifform niedergeschlagen, so erhöht sich der Kältebedarf auf

$$Q_{0,h} \sim 8000 + 7{,}7 \cdot 80 \sim 8600 \text{ kcal/h}.$$

Eine Austauschvorrichtung ohne künstliche Benetzung würde im Grenzfalle die Wiedergewinnung von nur $450 \cdot 7{,}2 \sim 3200$ kcal/h, unter Berücksichtigung der verbleibenden Untertemperatur am Austritt also kaum $\frac{1}{3}$, ermöglichen und nicht lohnend sein.

Zu b. Der Verlust durch menschliche und motorische Arbeit sowie Beleuchtung ergibt sich zu

$$Q_{0,h} = Q_{\text{mensch},h} + Q_{\text{motor},h} + Q_{\text{licht},h},$$

wobei bedeuten

$Q_{\text{mensch},h}$ die gesamte menschliche Wärmeerzeugung in kcal/h, zurückgeführt auf 1 h Betriebszeit. Sie kann für jeden tätigen Arbeiter zu 200 kcal/h angesetzt werden.

$Q_{\text{motor},h}$ die gesamte motorische Wärmeerzeugung in kcal/h, zurückgeführt auf 1 h Betriebszeit. Sie beträgt 860 kcal/kWh.

$Q_{\text{licht},h}$ die gesamte Wärmeerzeugung durch künstliches Licht in kcal/h, zurückgeführt auf 1 h Betriebszeit. Sie ergibt sich bei Verwendung elektrischer Lampen für jede Normalkerze und h zu etwa 1 kcal/HK · h.

Als motorische Kraft ist die Stromaufnahme von allen in den Kühlräumen arbeitenden Antrieben in voller Höhe in Rechnung zu setzen, von den Lüftern der Außenluftkühler nur die Luftarbeit.

Hierher gehört auch die Heizwärme, die bei Außenluftkühlern zuweilen noch zur Erzielung eines geringen Feuchtigkeitsgrades der unterkühlten Luft vor Eintritt in den Kühlraum zugeführt wird. Wenn die Luft die Kühlflächen in zu feuchtem Zustande verläßt, muß ihre Temperatur nachträglich erhöht werden, um sie aufnahmefähiger für Feuchtigkeit zu machen. Die Wärmezufuhr erfolgt durch die in den Kühlraum von außen eindringende Wärme, die menschliche und motorische Arbeit sowie Beleuchtung innerhalb des Raumes und, bis zur vollständigen Durchkühlung des Kühlgutes, durch dessen überschüssigen Wärmeinhalt. Die Lüfterarbeit bei Außenluftkühlern kommt hierfür nur insofern in Frage, als sie zur Überwindung von Widerständen hinter dem Luftkühler, also vor allem in der Druckleitung dient. Bei Anordnung des Lüfters am Kühleraustritt wirkt die ganze Lüfterarbeit als Heizleistung. Erst wenn die durch die Summe aller dieser Verlustquellen sich ergebende Wärme nicht ausreicht, um die gewünschte Trockenwirkung zu sichern, kommt Nachheizung in Betracht. Bei nassen Soleluftkühlern sind, wegen der hygroskopischen Wirkung der Sole, die Verhältnisse günstiger, weil die Luft mit einem niedrigeren Feuchtigkeitsgrad austritt. Eine künstlich erhöhte Wärmezufuhr kommt daher für sie erst später in Frage als bei Trockenluftkühlern. Ähnlich steht es bezüglich des Wärmebedarfs für das Abtauen, der bei dem trockenen Luftkühler

$$Q_h = G_{l,h}\,(x_a - x_e)\,[80 + 0{,}5\,(0 - t_e)] \tag{31}$$

beträgt, beim Naßluftkühler in Wegfall kommt.

Bei den Kühlvorrichtungen tritt von den hier erwähnten Verlustquellen vor allem der Arbeitsbedarf der Umlaufvorrichtungen, Rührwerke u. dgl., in Erscheinung.

Zahlenbeispiel 12.

In einen mit ausgekühlter Ware angefüllten Kühlraum von 0° und 0,8 Feuchtigkeitsgrad tritt täglich von außen eine Wärmemenge von 200000 kcal/24 h ein. Durch innere Arbeitsleistung und Beleuchtung entstehen 20000 kcal/24 h. Die Kühlung erfolgt während 10 Stunden täglich durch einen Außenluftkühler. Die Luftarbeit des hinter dem Kühler angeordneten Lüfters wird mit 4000 kcal/h in Wärme umgesetzt. Wie groß ist die künstlich zuzuführende Wärmemenge und die gesamte Kühlleistung, wenn täglich eine Trockenleistung von 600 kg verlangt wird?

Die Verlustwärme beträgt

$$200000 + 20000 + 4000 \cdot 10 = 260000 \text{ kcal/24 h},$$

entsprechend einem Trockenvermögen von $\frac{260\,000}{600} \sim 430$ kg/24 h. Zur Deckung der fehlenden $600 - 430 \sim 170$ kg/24 h ist eine etwa gleiche Menge Heizdampf aufzuwenden, die $170 \cdot 600 \sim 100000$ kcal/24 h erzeugt. Die stündliche Kälteleistung beträgt $\frac{200000 + 20000 + 100000}{10} + 4000 \sim 36000$ kcal/h.

Zu c. Im Beharrungszustande besitzen die Gebäudeteile im Kühlrauminnern bis zur Wärmeschutzschicht, ebenso wie die Innenwände der Kühlvorrichtungen, etwa die Temperatur des Kälteträgers — Luft, Sole —. Während des Stillstandes steigen Temperatur und Wärmeinhalt, dem entspricht nach Aufnahme des Kühlbetriebes eine zusätzliche Kälteleistung.

Zu d. Bei vielen Abkühlvorgängen ergibt sich ein Verlust dadurch, daß für das Kühlgut Behälter verwendet werden, deren Temperatur notgedrungen mit erniedrigt werden muß, beispielsweise die Schalen für Schokolade und Fett, die Zellen für Kunsteis und bei reihenweiser Zusammenfassung auch die Zellenrahmen. Bei Platteneiserzeugung kommt in diesem Sinne die Gefrierwand in Frage. Der Grad des Verlustes hängt von dem angewandten Verfahren ab. Er beträgt bei einem Wasserwert W [kcal/° C] der Metallteile und einem Temperaturunterschied $t_e - t_a$

$$Q_0 = W\,(t_e - t_a). \tag{32}$$

Die auf 1 kg Eis zu beziehenden Gewichte nehmen bei den Kunsteiserzeugern mit Vergrößerung der Zellen ab, wenn ähnliche Formen verglichen werden, sie sind ferner bei flachen Zellen höher als bei quadratischen.

Wird bei Kristallisationsvorgängen die Lösung gekühlt, so ist nach Abtrennung der Kristalle die niedrige Temperatur des Lösungsmittels im allgemeinen nicht mehr erforderlich. Hier sind Austauschvorrichtungen am Platze, um die durch die Untertemperatur des Lösungsmittels bedingte überschüssige Kälteleistung unter Vorkühlung der frischen Lösung wiederzugewinnen.

Zuweilen ist das Auskristallisieren nicht Selbstzweck, sondern nur Mittel zur Trennung, z. B. wenn Traubensaft durch Ausfrieren eingedickt wird. In solchen Fällen tritt zu der Aufgabe, die in der verstärkten Lösung überschüssige Kälteleistung durch Austauschvorrichtungen auf die dünne Lösung zu übertragen, noch das Bedürfnis, die beim Schmelzen des ausgefrorenen Teiles freiwerdende Leistung zur Kühlung auszunutzen. Die dünne Lösung bietet hierzu keine ausreichende Möglichkeit, weil die Vorkühlung bis auf die Temperatur des Gefrierbeginns ganz oder großenteils durch die verstärkte Lösung erfolgt ist und für die weitere Kühlung die Temperatur des schmelzenden Eises nicht ausreicht. Einen Ausweg bietet das vom Verfasser entwickelte Verfahren (D.R.P. 515760), bei dem die Verflüssigung in zwei Stufen erfolgt und der eine Verflüssiger durch das schmelzende Eis gekühlt wird. Es handelt sich hierbei nicht um eine eigentliche Rückgewinnung der Kälteleistung, sondern um das in wirtschaftlicher Hinsicht in gleicher Richtung liegende Ziel, den Kälteüberschuß zur Verbesserung des Arbeitsverfahrens durch Kraftersparnis auszunutzen.

Bei der Kunsteiserzeugung muß das Eis von den Gefrierwänden losgelöst werden. Der Auftauverlust ist in erster Linie abhängig von der auf 1 kg Gefrierwasser zu beziehenden Berührungsfläche zwischen Eis und Gefrierwand. Er beträgt, gleiche Höhe und Stärke angenommen, bei quadratischem Zelleneis rund viermal soviel wie bei Platteneis, bei flachen Zellen noch mehr. Zahlenmäßig läßt sich der Auftauverlust nicht genau festlegen, da er von der Handhabung und der durch Nebeneinflüsse gestörten Gleichmäßigkeit des Loslösens abhängt. Er kann für durchschnittliche Verhältnisse bei $12^1/_2$ kg-Blöcken von $0{,}19 \times 0{,}11$ m Kantenmaß zu 5 bis 8, bei 25 kg-Blöcken von $0{,}19 \times 0{,}19$ m Kantenmaß zu 3 bis 5, bei 300 lbs.-Blöcken und einer Kannenform von $11'' \times 22'' \times 44''$ zu $1^1/_2$ bis 3, bei Platteneis von 11″ Stärke zu etwa 2% geschätzt werden.

Der Rechnungsvorgang entwickelt sich allgemein etwa wie folgt:

Feststellung der Nutzkälteleistung für
- Temperaturerniedrigung,
- Änderung des Aggregatzustandes,
- Bindung der Reaktionswärme;

Feststellung der Verlustkälteleistung für
- Ausgleich des Wärmedurchgangs von außen, unter Berücksichtigung der Wärmespeicherung in Gebäudeteilen und Kühlvorrichtungen außerhalb der Betriebszeit,
- Abkühlung und Entfeuchtung der Frischluft, soweit nicht durch Wärmeaustausch gewonnen,

Verkehr, motorische Kräfte, Licht,

Bindung der Erstarrungswärme des Reifniederschlags bei ungefrorenem Kühlgut, soweit nicht durch Wärmeaustausch zurückgewonnen,

künstliche Anwärmung der Umlaufluft,

Kühlung von Stoffen, die nur Mittel zum Zweck darstellen, wie Kühlgutbehälter, Wasserüberschuß entsprechend dem Auftauverlust bei der künstlichen Eiserzeugung, soweit nicht durch Wärmeaustausch gewonnen.

Um hiernach die Größe der Kühlanlage festlegen zu können, bedarf es einer Entscheidung über die tägliche Betriebszeit. Zunächst scheint die Anlage am günstigsten zu arbeiten, die täglich 24 Stunden in Betrieb ist. Tatsächlich bestehen hiergegen Bedenken, weil der Kältebedarf im Laufe des Tages wechselt, der Dauerbetrieb daher unzulässige Temperaturschwankungen nicht ausschließt. Beschränkung der Betriebszeit auf wenige Stunden täglich bietet nur scheinbar besondere Sicherheit, weil während des Stillstandes Schaden durch unzulässige Temperaturerhöhung eintreten kann. Am vollkommensten scheint in technischer Hinsicht die Lösung, bei der die Leistung der Kühlanlage dem jeweils auftretenden Kältebedarf gerade entspricht. Da es praktisch unmöglich ist, dieses Ziel durch ständige Veränderung der Leistung zu erreichen, läuft die Bedingung darauf hinaus, daß die Leistung dem auftretenden Höchstkältebedarf entspricht und die Kühlanlage mit häufigen Unterbrechungen arbeitet, wobei jedoch die einzelnen Abschnitte von Betrieb und Stillstand kurz gehalten sind und sich über die 24 Stunden des Tages möglichst gleichmäßig verteilen. Die Erfahrung zeigt, daß sich diese Arbeitsweise nur bei einer selbstregelnden Anlage durchführen läßt, daher auf Anlagen nicht zu großer Leistung beschränkt bleibt. Bei größeren Anlagen muß durch Eingreifen der Bedienung die mögliche Annäherung angestrebt werden. Wird die Leistung der Kühlanlage so bemessen, daß sie bei einer täglichen Betriebszeit von 12 bis 16 Stunden den über 24 Stunden auftretenden Kältebedarf deckt, so ergeben sich — von einzelnen Ausnahmen abgesehen — im allgemeinen günstige Verhältnisse. Bei reichlicherer Bemessung erfolgt Stillsetzen und Wiederanspringen bei selbstregelnden Anlagen in zu rascher Folge, daher unter übermäßiger Beanspruchung der Regelvorrichtungen und arbeitenden Teile.

Die technisch vollkommene Lösung bedarf einer Prüfung hinsichtlich der Wirtschaftlichkeit. Abgesehen von den selbsttätigen Kühlanlagen kleinster Leistung wird mit einer Erhöhung der täglichen Betriebszeit über 8 Stunden Doppelbesetzung der Bedienung erforderlich. Bei elektrisch betriebenen Anlagen jeder Größe ist die Tarifregelung von Bedeutung. Die im allgemeinen besonders niedrigen Kosten des Nachtstromes lassen sich nur in seltenen Fällen so weit wie wünschenswert ausnutzen, weil der größere Kältebedarf tagsüber auftritt, ein Arbeiten der Kühlanlage während der Nachtstunden allein daher unzulässige Schwankungen und Schädigungen ergibt. In dieser Hinsicht wird bei der Vorschätzung der Betriebskosten häufig gesündigt. Der Ausgleich, der sich bei mittelbarer Kühlung durch das Speichervermögen der Sole schaffen läßt, ist selten genügend, um das Bild der Betriebsweise grundsätzlich zu ändern. Hier läßt sich jedoch bei mittleren und großen Anlagen eine Zwischenlösung durch Aufstellung großer Speicherbehälter schaffen, aus denen die Umlaufpumpen die Kühlräume versorgen. Betriebszeit der Umlaufvorrichtungen und der eigentlichen Kühlanlagen fallen alsdann nicht zusammen. Die Schwankungen werden, verglichen mit dem zeitweise vollständigen Stillstand bei unmittelbarer Kühlung, gemindert, jedoch nicht aufgehoben. Aus all diesen Gründen darf die Anpassung an die Tarifbedingungen der Elektrizitätswerke keinesfalls der Forderung einer störungsfreien Kühlung vorangestellt werden. Umgekehrt darf die Kälteindustrie ein verständnisvolles Eingehen der Elektrizitätswerke auf die besonderen Bedürfnisse des Faches bei der Ausarbeitung der Tarife erwarten. Auf die ungewöhnlich günstige Beeinflussung der Netzbelastung durch Kühlanlagen, deren höchste Beanspruchung außerhalb der Zeit des Hauptlichtbedarfs liegt, kann nicht oft und nicht eindringlich genug hingewiesen werden.

VIII. Die Gesetze der Wärmeübertragung.

1. Wärmeleitung.

Im Beharrungszustand tritt durch eine feste Wand von ebener Form die Wärmemenge

$$Q_h = F\,(t_W - t_{W,0})\,\frac{\lambda_W}{e_W}. \tag{33}$$

Hierbei bedeuten

Q_h die stündlich durch die Fläche F übertragene Wärmemenge, in kcal/h,
F die Größe der Trennungsfläche, in m²,
t_W die Oberflächentemperatur der Wand auf der wärmeren Seite, in °C,
$t_{W,0}$ die Oberflächentemperatur der Wand auf der kälteren Seite, in °C,
e_W die Wandstärke, in m,
λ_W die mittlere Wärmeleitfähigkeit des Wandbaustoffes innerhalb des Temperaturbereichs t_W bis $t_{W,0}$, in kcal/m · °C · h.

λ_W kann für die in Betracht kommenden Baustoffe im praktischen Falle als unveränderlich betrachtet werden. Besitzt die Trennwand die Form eines Hohlzylinders mit einem Durchmesser D auf der wärmeren, D_0 auf der kälteren Seite und einer Länge L, so gilt

$$Q_h = \frac{D + D_0}{2} \cdot \pi \cdot L \cdot \frac{1}{\chi}\,(t_W - t_{W,0})\,\frac{\lambda_W}{e_W}. \tag{34}$$

χ stellt einen von Jakob[1] vorgeschlagenen Formfaktor mit folgenden Werten dar:

ebene Wand $\chi = 1$

[1] Jakob: Zur Definition der Wärmewiderstände. Z. ges. Kälteind. 1927.

Hohlzylinder $\chi = \frac{1}{2}\frac{D+D_0}{D-D_0}\ln\frac{D}{D_0}$, wenn $D > D_0$, der wärmere Stoff also den Zylinder umspült,

$\chi = \frac{1}{2}\frac{D_0+D}{D_0-D}\ln\frac{D_0}{D}$, wenn $D_0 > D$, der wärmere Stoff also den Zylinder durchströmt.

Die Abhängigkeit zwischen χ und dem Durchmesserverhältnis ergibt sich nach Abb. 326. Hiernach kann für unbekleidete Rohre bei den

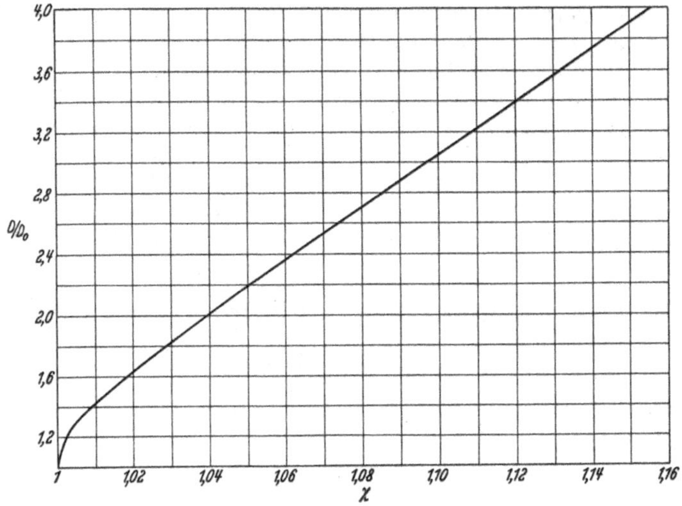

Abb. 326.

üblichen Wandstärken unbedenklich $\chi \sim 1$ gesetzt werden, während in Fällen, wo ein Rohr mit verhältnismäßig kleinem Durchmesser durch eine starke Wärmeschutzschicht umkleidet ist, eine Berichtigung angebracht sein kann.

Für die aus mehreren aufeinander folgenden Schichten bestehende Wand gilt bei ebener Form

$$Q_h = F\,(t_W - t_{W,0})\,\frac{1}{\frac{e_{W,1}}{\lambda_{W,1}} + \frac{e_{W,2}}{\lambda_{W,2}} + \cdots + \frac{e_{W,n}}{\lambda_{W,n}}}, \qquad (35)$$

für die Form des Hohlzylinders

$$Q_h = (t_W - t_{W,0})\,\frac{1}{\chi_1\frac{e_{W,1}}{F_{m,1}\cdot\lambda_{W,1}} + \chi_2\frac{e_{W,2}}{F_{m,2}\cdot\lambda_{W,2}} + \cdots + \chi_n\frac{e_{W,n}}{F_{m,n}\cdot\lambda_{W,n}}}, \qquad (36)$$

wenn

Index $_{1,\,2,\,\ldots\,n}$ die für die einzelnen Schichten geltenden Größen kennzeichnet und

$F_m = \frac{D+D_0}{2}\cdot\pi\cdot L$ die mittlere Fläche

bedeutet.

Bei Gasen und tropfbaren Flüssigkeiten tritt neben der molekularen Wärmeleitung ein molarer Wärmetransport — Konvektion — durch freie oder erzwungene Strömung auf. Die angeführten Gesetze gelten auch hier für den Anteil der Wärmeübertragung, der auf die Wärmeleitung entfällt. Die Wärmeleitfähigkeit nimmt bei Gasen und tropfbaren Flüssigkeiten mit der Temperatur merklich zu.

2. Konvektion.

Der molare Wärmeübergang tritt bei geordneter, laminarer, Strömung gegenüber der molekularen Wärmeleitung zurück. Für ungeordnete, turbulente, Strömung gilt das Umgekehrte. Der Temperaturabfall vollzieht sich bei turbulenter Bewegung innerhalb der „Grenzschicht", deren Stärke nur einen Bruchteil der Flüssigkeitsschicht ausmacht.

3. Wärmeübergang.

Der Einfluß von Wärmeleitung und Konvektion in allgemeinen Flüssigkeiten (Gasen und tropfbaren Flüssigkeiten) wird in der Wärmeübergangszahl zusammengefaßt. Es bedeuten

α die Wärmeübergangszahl von wärmerer Flüssigkeit an Wand, in kcal/m² · °C · h,
α_0 die Wärmeübergangszahl von Wand an kältere Flüssigkeit, in kcal/m² · °C · h,
t die mittlere Temperatur der wärmeren Flüssigkeit, in °C,
t_0 die mittlere Temperatur der kälteren Flüssigkeit, in °C,
F die wärmere Oberfläche der Wand, in m²,
F_0 die kältere Oberfläche der Wand, in m².

Alsdann wird die Wärmeübergangszahl gekennzeichnet durch die Beziehung

$$Q_h = F\,(t - t_W)\,\alpha = F_0\,(t_W - t_0)\,\alpha_0\,. \tag{37}$$

4. Wärmestrahlung.

Die neben Wärmeleitung und Konvektion fast stets auftretende Wärmestrahlung vollzieht sich zwischen festen Körpern, in bescheidenem Maße auch zwischen festen Körpern und Gasen. Die Wärmestrahlung folgt der Beziehung

$$Q_{h,s} = F\,(t_{W,1} - t_{W,2})\,C \cdot a_s\,. \tag{38}$$

Hierbei bedeuten

$C = \dfrac{1}{\dfrac{1}{C_{W,1}} + \dfrac{1}{C_{W,2}} - \dfrac{1}{4{,}96}}$ die scheinbare Strahlungskonstante, in kcal/m² (° abs.)^4 · h,

$C_{W,1}$ die Strahlungskonstante des einen Körpers, in kcal/m² (° abs.)^4 · h,
$C_{W,2}$ die Strahlungskonstante des zweiten Körpers, in kcal/m² (° abs.)^4 · h,

4,96 die Strahlungskonstante des vollkommen schwarzen Körpers, in kcal/m² (° abs.)⁴ · h,

$$a_s = \frac{\left(\frac{T_{W,1}}{100}\right)^4 - \left(\frac{T_{W,2}}{100}\right)^4}{t_{W,1} - t_{W,2}},$$

$T_{W,1}$ die Temperatur des einen Körpers, in ° abs.,
$t_{W,1}$ die Temperatur des einen Körpers, in ° C,
$T_{W,2}$ die Temperatur des zweiten Körpers, in ° abs.,
$t_{W,2}$ die Temperatur des zweiten Körpers, in ° C.

Hierbei ist vorausgesetzt, daß der eine Körper den zweiten vollständig umgibt. Die Wärmestrahlung spielt nur bei höheren Temperaturen eine Rolle. Bei den hier behandelten Aufgaben kann sie entweder vollständig vernachlässigt oder durch eine zusätzliche Wärmeübergangszahl α_s mit dem Wärmeübergang durch Leitung und Konvektion zusammengefaßt werden. Da die Temperatur $t_{W,1}$ des einen strahlenden Körpers in der Regel gleich der Temperatur t der in diesem Falle gasförmigen allgemeinen Flüssigkeit angenommen werden darf, wird

$$\alpha_s = C \cdot a_s = \frac{\left(\frac{T}{100}\right)^4 - \left(\frac{T_W}{100}\right)^4}{(t - t_W)\left(\frac{1}{C_{W,1}} + \frac{1}{C_{W,2}} - \frac{1}{4{,}96}\right)} \tag{39}$$

und

$$Q_h = F\,(t - t_W)\,(\alpha + \alpha_s). \tag{40}$$

Grundsätzlich sollen in allen Fällen erwünschten Wärmeaustausches die in Wechselwirkung stehenden Oberflächen dem vollkommen schwarzen Körper möglichst gleich gehalten werden.

5. Wärmedurchgang.

Tritt die allgemeine Flüssigkeit mit der Temperatur t durch eine ebene wärmeleitende Wand hindurch mittelbar in Wärmeaustausch mit der allgemeinen Flüssigkeit mit der niedrigeren Temperatur t_0, so ist die stündlich ausgetauschte Wärmemenge Q_h durch die Beziehung gegeben

$$Q_h = F \cdot k\,(t - t_0), \tag{41}$$

wenn

k die Wärmedurchgangszahl, in kcal/m² · ° C · h

bedeutet. Die Wärmedurchgangszahl k ist durch die Beziehungen definiert

$$k = \frac{1}{\frac{1}{\alpha} + \frac{1}{\alpha_0} + \sum \frac{e_W}{\lambda_W}}, \tag{42}$$

$$Q_h = \frac{F\,(t - t_0)}{\frac{1}{\alpha} + \frac{1}{\alpha_0} + \sum \frac{e_W}{\lambda_W}}. \tag{41a}$$

Besitzt die Wand die Form des Hohlzylinders, so beträgt die stündlich durchtretende Wärmemenge

$$Q_h = \frac{t - t_0}{\frac{1}{F \cdot \alpha} + \frac{1}{F_0 \cdot \alpha_0} + \sum \chi \frac{e_W}{F_m \cdot \lambda_W}}. \tag{43}$$

6. Wärmeübertragungswiderstand.

Jakob[1] hat vorgeschlagen, das Gesetz der Wärmeübertragung analog dem Ohmschen Gesetz in der Form

$$Q_h = \frac{t - t_0}{R_k} = \frac{t - t_W}{R_\alpha} = \frac{t_W - t_{W,0}}{R_{\lambda_W}} = \frac{t_{W,0} - t_0}{R_{\alpha_0}}$$

darzustellen und die Größen R wie folgt zu bezeichnen:

$R_k = \frac{1}{k \cdot F}$ Wärmedurchgangswiderstand der ganzen Wärmeaustauschvorrichtung, in $^0\mathrm{C}/\frac{\mathrm{kcal}}{\mathrm{h}}$,

$R_\alpha = \frac{1}{\alpha \cdot F}$ Wärmeübergangswiderstand auf der gesamten warmen Seite, in $^0\mathrm{C}/\frac{\mathrm{kcal}}{\mathrm{h}}$,

$R_{\alpha_0} = \frac{1}{\alpha_0 \cdot F}$ Wärmeübergangswiderstand auf der gesamten kalten Seite, in $^0\mathrm{C}/\frac{\mathrm{kcal}}{\mathrm{h}}$,

$R_{\lambda_W} = \frac{e_W}{\lambda_W \cdot F}$ Wärmeleitwiderstand der gesamten Wand, in $^0\mathrm{C}/\frac{\mathrm{kcal}}{\mathrm{h}}$.

Im Anschluß an diesen Vorschlag sind im folgenden statt der Werte α, α_0, $\frac{\lambda_W}{e_W}$ und k die reziproken Werte $\frac{1}{\alpha}$, $\frac{1}{\alpha_0}$, $\frac{e_W}{\lambda_W}$ und $\frac{1}{k}$ eingeführt, wobei bedeuten

$\frac{1}{\alpha} = R_\alpha \cdot F$ Wärmeübergangswiderstand der Flächeneinheit auf der warmen Seite, in $^0\mathrm{C}/\frac{\mathrm{kcal}}{\mathrm{m^2 \cdot h}}$,

$\frac{1}{\alpha_0} = R_{\alpha_0} \cdot F$ Wärmeübergangswiderstand der Flächeneinheit auf der kalten Seite, in $^0\mathrm{C}/\frac{\mathrm{kcal}}{\mathrm{m^2 \cdot h}}$,

$\frac{e_W}{\lambda_W} = R_{\lambda_W} \cdot F$ Wärmeleitwiderstand der Flächeneinheit, in $^0\mathrm{C}/\frac{\mathrm{kcal}}{\mathrm{m^2 \cdot h}}$,

$\frac{1}{k} = R_k \cdot F = \frac{1}{\alpha} + \frac{1}{\alpha_0} + \sum \frac{e_W}{\lambda_W}$ Wärmedurchgangswiderstand der Flächeneinheit, in $^0\mathrm{C}/\frac{\mathrm{kcal}}{\mathrm{m^2 \cdot h}}$.

[1] Jakob: Amerikanische und deutsche Bezeichnung der Wärmedurchgangsgröße. Z. ges. Kälteind. 1926.

Diese Bezeichnungen sind für den Hohlzylinder wie folgt zu berichtigen:

$$R_\alpha \cdot F = \frac{1}{\alpha}$$

$$R_{\alpha_0} \cdot F_0 = \frac{1}{\alpha_0}$$

$$R_{\lambda_W} \cdot F_m = \chi \cdot \frac{e_W}{\lambda_W}$$

$$R_k \cdot F_m = \frac{1}{k} = \frac{F_m}{F \cdot \alpha} + \frac{F_m}{F_0 \cdot \alpha_0} + \sum \chi \cdot \frac{e_W}{\lambda_W}.$$

7. Temperaturverlauf.

Verändert die allgemeine Flüssigkeit ihre Temperatur von einem durch Index a gekennzeichneten Anfangswert auf einen durch den Index e gekennzeichneten Endwert, so beträgt das wirksame Temperaturgefälle

$$(t - t_0)_{\text{gleich}} = (t_a - t_{0,a}) \frac{1 - \dfrac{t_e - t_{0,e}}{t_a - t_{0,a}}}{\ln \dfrac{t_a - t_{0,a}}{t_e - t_{0,e}}}, \tag{44}$$

wenn Heiz- und Kühlmittel in gleichem Sinne strömen (Gleichstrom) bzw.

$$(t - t_a)_{\text{gegen}} = (t_a - t_{0,e}) \frac{1 - \dfrac{t_e - t_{0,a}}{t_a - t_{0,e}}}{\ln \dfrac{t_a - t_{0,e}}{t_e - t_{0,e}}}, \tag{45}$$

wenn Heiz- und Kühlmittel sich in entgegengesetzter Richtung bewegen (Gegenstrom).

Bezeichnen

Δt_1 den Temperaturunterschied an der Eintrittsstelle des Heizmittels,
Δt_2 den Temperaturunterschied an der Austrittsstelle des Heizmittels,
Δt_m das wirksame Temperaturgefälle,

so läßt sich einheitlich schreiben

$$\Delta t_m = \frac{\Delta t_1 - \Delta t_2}{\ln \dfrac{\Delta t_1}{\Delta t_2}},$$

$$\frac{\Delta t_m}{\Delta t_1} = \frac{1 - \dfrac{\Delta t_2}{\Delta t_1}}{\ln \dfrac{\Delta t_1}{\Delta t_2}}. \tag{46}$$

Das Verhältnis $\frac{\Delta t_m}{\Delta t_1}$ ist, abhängig von dem Verhältnis $\frac{\Delta t_2}{\Delta t_1}$, in Abb. 327 dargestellt. Sie enthält gestrichelt das Verhältnis des arithmetischen Mittelwertes $\frac{\Delta t_1 + \Delta t_2}{2}$ zu Δt_1, also $\frac{\Delta t_1 + \Delta t_2}{2\,\Delta t_1}$. Bei einem Verhältnis $\frac{\Delta t_2}{\Delta t_1}$ zwischen etwa 0,5 und 1 ist der Fehler gering, wenn der arithmetische

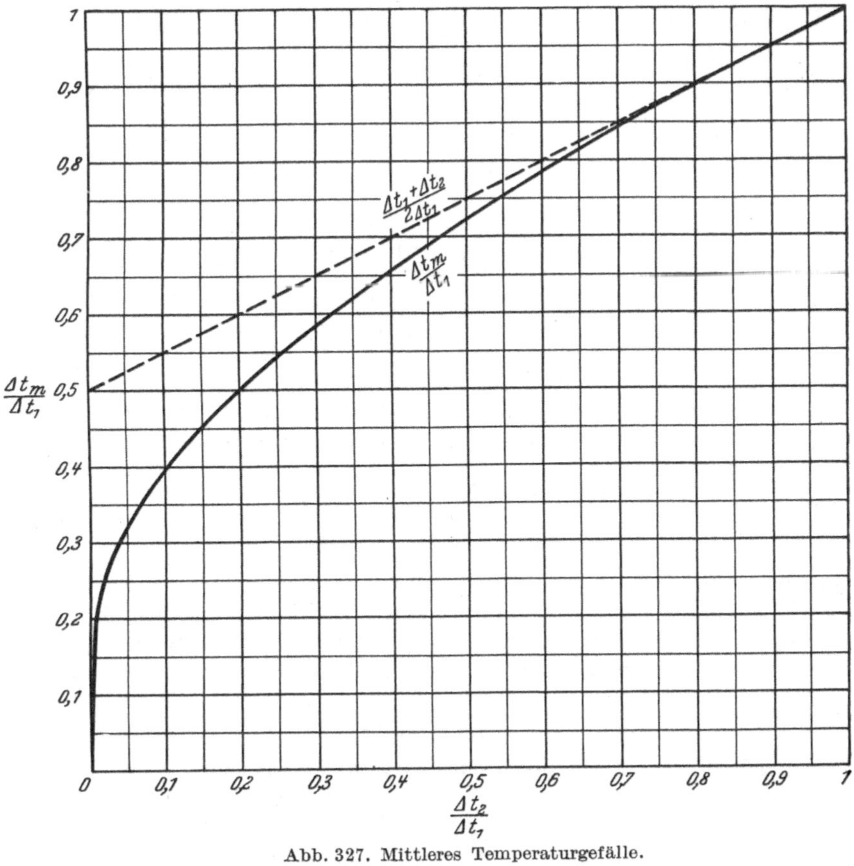

Abb. 327. Mittleres Temperaturgefälle.

statt des tatsächlichen Mittelwertes angewandt wird, er wird um so größer, je mehr sich das Verhältnis $\frac{\Delta t_2}{\Delta t_1}$ dem Werte Null nähert. Die Formel für Δt_m hat zur Voraussetzung, daß die Wärmeleitfähigkeit λ unabhängig von der Temperatur ist. Da dies in Wirklichkeit nicht zutrifft, verliert die Größe Δt_m für genaueste Berechnungen an Bedeutung. Alsdann ist die gesamte Fläche zu unterteilen und die Berechnung für die einzelnen Teilflächen durchzuführen, wenn größere Temperaturänderungen auftreten. Unbedingt nötig ist dies, wenn die allgemeine Flüssigkeit ihre Menge oder ihre Zusammensetzung ändert oder während des Durchströmens einer Teilstrecke einen anderen Aggregatzustand besitzt als während des Durchströmens der Reststrecke, vor allem also bei schlangenförmigen Verflüssigern, bei denen der Arbeitsstoff als überhitztes Gas, als kondensierender Dampf und schließlich als tropfbare Flüssigkeit auftritt.

Für unbekannte Endtemperaturen zweier in Wärmeaustausch befindlichen Stoffe, deren stündlicher Wasserwert $W_h = G_h \cdot c$ und $W_{h,0} = G_{h,0} \cdot c_0$ in kcal/^{0}C · h beträgt, entwickelt Gröber[1] die Formeln

$$Q_{h,\text{gleich}} = W_h \, (t_a - t_{0,a}) \cdot \frac{1 - e^{-\left(1 + \frac{W_h}{W_{h,0}}\right)\frac{k \cdot F}{W_h}}}{1 + \frac{W_h}{W_{h,0}}}, \tag{47}$$

$$Q_{h,\text{gegen}} = W_h \, (t_a - t_{0,a}) \cdot \frac{1 - e^{-\left(1 - \frac{W_h}{W_{h,0}}\right)\frac{k \cdot F}{W_h}}}{1 - \frac{W_h}{W_{h,0}} \cdot e^{-\left(1 - \frac{W_h}{W_{h,0}}\right)\frac{k \cdot F}{W_h}}}, \tag{48}$$

wobei $e = 2{,}718$ die Grundzahl des ln ist. Sie dienen z. B. dazu, festzustellen, welche Leistung Q_h sich mit einer gegebenen Vorrichtung (k, F) erzielen läßt, wenn sie zum Wärmeaustausch zweier Stoffe von bekanntem Wasserwert (W_h, $W_{h,0}$) und feststehender Anfangstemperatur (t_a, $t_{0,a}$) benutzt wird. Aus der Beziehung

$$Q_h = W_h \, (t_a - t_e) = W_{h,0} \, (t_{e,0} - t_{a,0}) \tag{49}$$

ergeben sich alsdann auch die Endtemperaturen.

Für kondensierenden Dampf kann $W_h = \infty$, für verdampfende Flüssigkeit $W_{h,0} = \infty$ gesetzt werden. Damit folgt für wasser- oder luftgekühlte Verflüssiger

$$Q_h = (t - t_{w,a}) \, W_{h,w} \left(1 - e^{-\frac{k \cdot F}{W_{h,w}}}\right), \tag{50}$$

für Verdampfer mit flüssigem oder gasförmigem Heizmittel

$$Q_{h,0} = (t_{s,a} - t_0) \, W_{h,s} \left(1 - e^{-\frac{k \cdot F}{W_{h,s}}}\right). \tag{51}$$

Strömen Heiz- und Kühlmittel senkrecht zueinander (Kreuzstrom), so gelten die angegebenen Beziehungen für Δt_m nicht mehr. Für nicht zu große Temperaturänderungen gibt Nusselt[2] die Annäherungsformel

$$Q_{h,\text{kreuz}} = \frac{t_a - t_{a,0}}{\frac{1}{k \cdot F} + \frac{1}{2\,W_h} + \frac{1}{2\,W_{h,0}}}. \tag{52}$$

[1] Gröber: Die Grundlagen der Wärmeleitung und des Wärmeüberganges. Berlin 1921.

[2] Nusselt: Der Wärmeübergang im Kreuzstrom. Z. VDI 1911.

Für die Teile von Verdampfern und Verflüssigern, in denen die eigentliche Verdampfung bzw. Verflüssigung vor sich geht, die Temperatur des Arbeitsstoffes daher als unveränderlich angesehen werden kann, ist es zulässig, auch bei Kreuzstrom mit der allgemeinen Formel

$$\Delta t_m = \frac{\Delta t_1 - \Delta t_2}{\ln \frac{\Delta t_1}{\Delta t_2}}$$

zu rechnen. Sind die Temperaturveränderungen der beiden in Wärmeaustausch tretenden Stoffe beim Kreuzstrom erheblich, so ist auf die genaueren Beziehungen zurückzugreifen, denen Nusselt[1] neuerdings die Form gegeben hat

$$Q_{h,\mathrm{kreuz}} = W_h (t_a - t_{e,m}) = W_h (t_a - t_{a,0}) \left(1 - \frac{t_{e,m} - t_{a,0}}{t_a - t_{a,0}}\right). \quad (53)$$

Hierbei ist das Verhältnis $\frac{t_{e,m} - t_{a,0}}{t_a - t_{a,0}}$ von den Größen $\frac{k \cdot F}{W_h}$ und $\frac{k \cdot F}{W_{h,0}}$ in der aus Abb. 328 (Nusselt) ersichtlichen Weise abhängig. Aus diesem Verhältnis ergibt sich auch die mittlere Austrittstemperatur $t_{e,m}$. Die mittlere Austrittstemperatur des zweiten Stoffes folgt schließlich zu

$$t_{e,0,m} = t_{a,0} + \frac{Q_{h,\mathrm{kreuz}}}{W_{h,0}}. \quad (54)$$

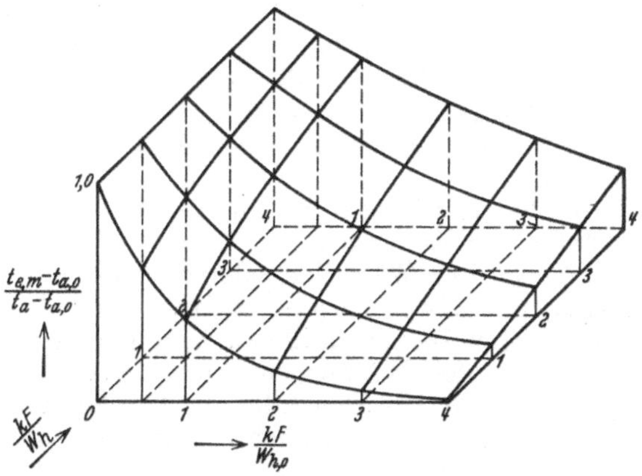

Abb. 328.

Der Temperaturabfall zwischen den beiden Seiten einer wärmeübertragenden Fläche vollzieht sich in einzelnen Abschnitten derart, daß die anteiligen Temperaturgefälle dem Wärmewiderstand der Flächeneinheit $\frac{1}{\alpha}$, $\sum \frac{e_W}{\lambda_W}$, $\frac{1}{\alpha_0}$ verhältnisgleich sind. Es gilt

$$t - t_W = \frac{Q_h}{F} \cdot \frac{1}{\alpha} \quad (55)$$

Temperaturgefälle zwischen Heizmittel und wärmerer Wandfläche,

$$t_W - t_{W,0} = \frac{Q_h}{F} \sum \frac{e_W}{\lambda_W} \quad (56)$$

[1] Nusselt: Eine neue Formel für den Wärmedurchgang im Kreuzstrom. Techn. Mech. Thermodyn. 1930.

Temperaturgefälle zwischen beiden Wandflächen,

$$t_{W,0} - t_0 = \frac{Q_h}{F} \cdot \frac{1}{\alpha_0} \tag{57}$$

Temperaturgefälle zwischen kälterer Wandfläche und Kühlmittel

$$(t - t_W) : (t_W - t_{W,0}) : (t_{W\,0} - t_0) = \frac{1}{\alpha} : \sum \frac{e_W}{\lambda_W} : \frac{1}{\alpha_0}. \tag{58}$$

Innerhalb einer zusammengesetzten Wand ergibt sich eine weitere Unterteilung im Verhältnis der auf die Teilschichten entfallenden Einzelleitwiderstände der Flächeneinheit.

IX. Berechnung der bei wärmegeschützten Flächen durchgehenden Wärmemenge.

1. Wärmeleitung.

Als feste Wände kommen bei Kühlanlagen in Betracht:

a) Metallwände für Flüssigkeitskühler und Rohrleitungen,

b) Natur- und Kunststein, Beton, Holz, Eisen, Glas, Dachpappe u. a. für die Umfassung der Kühlräume und Kühlerkammer sowie die Luftkanäle,

c) Wärmeschutzstoffe für Gebäude, Kühlerkammern, Luftkanäle, Kühler und Leitungen.

Zu a. Der Wärmeleitwiderstand der Metallwände spielt wegen der verhältnismäßig geringen Stärke e_W und dem hohen Wert der Wärmeleitfähigkeit λ_W für die Berechnung der durch wärmegeschützte Flächen durchgehenden Wärmemenge keine wesentliche Rolle.

Zu b. Für die Baustoffe der Kühlraumumfassung, Kühlerkammern und Luftkanäle gilt Ähnliches, wenn der eigentliche Wärmeschutz nicht diesen Baustoffen, sondern zusätzlich aufgewandten Wärmeschutzstoffen übertragen wird. Wird der Wärmeleitwiderstand der Baustoffschichten berücksichtigt, so darf der im Betriebszustand sich einstellende Feuchtigkeitsgehalt des Baustoffes nicht übersehen werden. Mit ihm nimmt der Wärmeleitwiderstand merklich zu. Die hier betrachteten Baustoffe stellen mehr oder minder Naturerzeugnisse von wechselnder Beschaffenheit dar. Auch aus diesem Grunde ist ihr Wärmeleitwiderstand mit besonderer Vorsicht in Rechnung zu stellen.

Eine besondere Bedeutung kommt dem gewachsenen Boden zu, wenn der Grundwasserspiegel tief liegt und, wie dies neuerdings bei künstlichen Eisbahnen die Regel bildet, auf einen besonderen Wärmeschutz der Bodenfläche verzichtet wird. Die Wärmeleitfähigkeit beträgt nach Redenbacher[1] bei lehmigem Feinsand mit 28,3 Vol.-% Feuchtigkeit und 2020 kg/m³ Raumgewicht bei 0° $\lambda \sim 2$. Die Stärke der wirk-

[1] Redenbacher: Die Wärmeleitfähigkeit des gewachsenen Bodens. Gesundh.-Ing. 1918.

samen Schicht kann hierbei bis zum Spiegel des Grundwassers gemessen und für diesen die gleichbleibende Grundwassertemperatur angenommen werden. Im allgemeinen Falle kann jedoch der gewachsene Boden nicht als vollwertiger Wärmeschutz betrachtet werden, einmal wegen der Gefahr von Schädigungen des Gebäudes durch Gefrieren des Bodens bei tiefen Temperaturen, dann deshalb, weil nach Abb. 329 bei nicht geschlossener Wärmeschutzhülle ein seitlicher Wärmestrom entsteht, der den von unten hochsteigenden um so mehr übertrifft, je größer das Verhältnis von Gebäudeumfang zu Gebäudegrundfläche ist. Abgesehen hiervon spielt bei unterbrochenem Betrieb das große Speichervermögen der Bodenmasse eine ausschlaggebende Rolle insofern, als es zu Temperaturschwankungen in einer Höhe führt, die im allgemeinen nicht zugelassen werden kann.

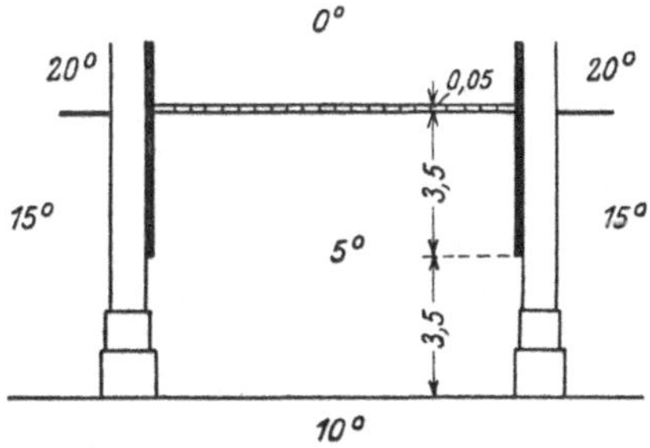

Abb. 329.

Die zahlenmäßigen Werte der Wärmeleitfähigkeit ergeben sich für die wichtigsten Baustoffe aus nachstehender Tafel. (Vgl. a. Schmidt: Die Wärmeleitzahlen von Stoffen auf Grund von Meßergebnissen. Mitt. Forsch.-Heim Wärmeschutz Heft 5. München 1924. Cammerer: Der Wärme- und Kälteschutz in der Industrie. Berlin: Julius Springer 1928. Cammerer: Wärmeschutztechnische Untersuchungen an neueren Wandkonstruktionen. Gesundh.-Ing. 1931.)

Zu c. Die Wärmeschutzschichten bestimmen in der Regel fast ausschließlich die Höhe des Wärmeleitwiderstandes. Für sie sind daher die genaue Höhe der Wärmeleitfähigkeit und — wegen deren Abhängigkeit von Temperatur, Raumgewicht und Feuchtigkeitsgehalt — der Betriebszustand von vornherein zu klären. Während bei Baustoffen mit einer Veränderung des Feuchtigkeitsgehalts unter dem Einfluß der Witterung gerechnet werden muß, ist für den Wärmeschutz die Bedingung zu stellen, daß er gegen das Eindringen äußerer Feuchtigkeit unbedingt geschützt wird. Wärmeschutzstoffe sind fast ausschließlich Kunsterzeugnisse. Dem Hersteller obliegt daher die Angabe des zugesicherten Wertes der Wärmeleitfähigkeit λ.

Für ein und denselben Wärmeschutzstoff nimmt die Wärmeleitfähigkeit nach Abb. 330 (Grünzweig) eindeutig mit dem Raumgewicht zu, wenn die Luft in allseitig geschlossenen Zellen verteilt ist. Den unteren Grenzwert bildet die Wärmeleitfähigkeit ruhender Luft. Bei gleichartigen Wärmeschutzstoffen gibt die Höhe des Raumgewichts einen ersten Anhalt für die Beurteilung der Güte. Füllstoffe, wie Korkschrot, Torfmull, lose Wolle, lose Seide, verhalten sich häufig günstiger als die daraus hergestellten Platten und Schalen. Die Körnung hat bei Füllstoffen nach Abb. 331 (Grünzweig) besonderen Einfluß. Bei gleichem Raumgewicht nimmt die Wärmeleitfähigkeit mit der Korngröße zu. Die künstliche Verbesserung des Wärmeschutzstoffes, wie sie bei

„expandiertem“ Kork dadurch herbeigeführt wird, daß die Korkzellen bei Wärmebehandlung aufquellen, läuft letzten Endes auf eine Erniedrigung des Raumgewichts und damit der Wärmeleitfähigkeit hinaus. Wird gleichzeitig der natürliche Klebstoff für Bindung der Körner und ihren wasserdichten Überzug benutzt, so können besondere Bindemittel, wie Pech, Öl, Wasserglas u. dgl., entbehrt werden. Diese sind, da sie die Wärmeleitfähigkeit erhöhen, nur als Behelfsmittel für Vergrößerung von Festigkeit und Haltbarkeit zu betrachten. Das gleiche gilt für Imprägnierstoffe, die z. B. bei dem leicht faulenden Balsaholz nötig werden.

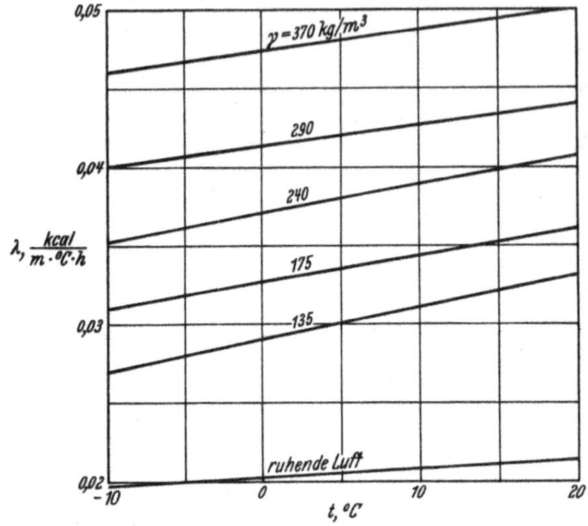

Abb. 330. Veränderung der Wärmeleitfähigkeit von Korkerzeugnissen mit Raumgewicht und Temperatur (Grünzweig).

Je mehr die Lufträume miteinander in Verbindung stehen, um so weniger kann von einer Wärmeleitfähigkeit im eigentlichen Sinne gesprochen werden. Die Luftströmungen machen das Wärmeschutzvermögen in hohem Maße abhängig von Lage und Stärke der Wärmeschutzschicht. In solchen Fällen, die vor allem bei losen Füllstoffen gegeben sein können, stellt die gleichwertige Wärmeleitfähigkeit einer Luftschicht von gleicher Lage und gleicher Stärke einen Vergleichswert dar. Werden verschiedene Wärmeschutzstoffe verglichen, so tritt zu diesem grundsätzlichen Unterschied noch der Einfluß der Wärmeleitfähigkeit des porenfrei gedachten Stoffes. Mit ihm nimmt die tatsächliche Wärmeleitfähigkeit bei im übrigen gleichem Raumgewicht und Gefüge zu. Der obere Grenzwert ist durch die Wärmeleitfähigkeit des porenfrei gedachten Stoffes gegeben und

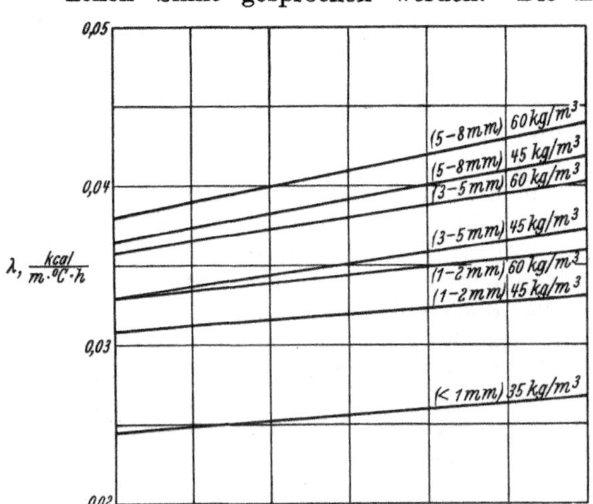

Abb. 331. Veränderung der Wärmeleitfähigkeit von Korkschrot mit Körnung, Raumgewicht und Temperatur (Grünzweig).

Wärmeleitfähigkeit von Baustoffen.

Art	Raumgew. kg/m³	spez. Wärme, kcal/kg·°C	Beob. Temp., °C	Wärmeleitfähigkeit, kcal/m·°C·h trocken	() Vol.-% Feuchtigk.	
Allgemein:						
	300			0,06	0,10 (5)	0,12 (10)
	400			0,07	0,12 (5)	0,14 (10)
	500			0,08	0,14 (5)	0,17 (10)
	600			0,10	0,18 (5)	0,21 (10)
	700			0,12	0,21 (5)	0,25 (10)
	800			0,14	0,25 (5)	0,29 (10)
	900			0,16	0,28 (5)	0,34 (10)
	1000			0,19	0,32 (5)	0,39 (10)
	1100			0,21	0,37 (5)	0,44 (10)
	1200			0,24	0,42 (5)	0,49 (10)
	1300			0,27	0,46 (5)	0,55 (10)
	1400			0,30	0,52 (5)	0,62 (10)
	1500			0,33	0,57 (5)	0,68 (10)
	1600			0,36	0,63 (5)	0,75 (10)
	1700			0,41	0,71 (5)	0,84 (10)
	1800			0,46	0,80 (5)	0,95 (10)
	1900			0,52	0,90 (5)	1,1 (10)
	2000			0,60	1,0 (5)	1,3 (10)
	2100			0,70	1,2 (5)	1,5 (10)
	2200			0,81	1,4 (5)	1,7 (10)
	2300			0,95	1,7 (5)	2,0 (10)
	2400			1,13	2,0 (5)	2,3 (10)
Natursteine:						
Granit	2500	0,20	20	2,7—3,5	—	
Marmor	~ 2700	0,21	0—30	1,8—2,47	—	
Sandstein	1662	0,22	20	0,56	—	
	1987	—	20	0,72—0,79	—	
getrocknet	2251	—	20	1,11	—	
frisch	2259	—	20	—	1,44 (?)	
Kalksandstein	1662	0,22	25	0,59	—	
	1987	—	25	0,80	—	
Kalksandsteinmauerwerk	1650	—	24	—	0,80 (15,3)	
Schiefer, senkrecht zur Schichtung . . .	2700	0,18	20	1,13—1,30	—	
Kunststeine:						
Ziegel, hochporös . . .	710	0,22	20	0,15	—	
	812	—	20	0,17	—	
	739	—	20	—	0,15 (1,2)	
	797	—	20	—	0,21 (5,8)	
	943	—	20	—	0,34 (21,5)	
Ziegel, handgeformt .	1568	0,22	25	0,34	—	
Maschinenziegel . . .	1672	0,22	0	0,44	—	
	1620	—	50	—	0,43 (0,08)	
	—	—	43	—	0,82 (1,8)	
Maschinenziegelmauerwerk	1850	—	20	0,35	—	

Art	Raumgew., kg/m³	spez. Wärme, kcal/kg·°C	Beob. Temp., °C	Wärmeleitfähigkeit, kcal/m·°C·h trocken	() Vol.-% Feuchtigk.
dgl. 28 cm, beiderseits verputzt	1961	—	10	—	1,20 (25)
	1763	—	10	—	0,84 (3,4)
	1748	—	10	—	0,74 (1,9)
	1737	—	10	—	0,65 (1)
	1715	—	10	—	0,60 (0,5)
Hohlziegel	—	—	20	0,19	—
Hohlziegelmauerwerk	1300	—	20	0,28	—
verputzt	~ 1330	—	10	—	0,64—0,7 (?)
Lehmstein, mit Stroh gemischt, ungebr.	1505	—	20	0,38	—
ungebrannt	1775	—	25	—	0,60 (7,4)
	1775	—	25	—	0,80 (10)
gestampft	1900	—	—	—	0,54 (5,7)
Schwemmstein	630	0,24	20	0,13	—
	735	—	20	0,16	—
	764	—	20	0,15	—
	780	—	20	0,17	—
Schwemmsteinmauerwerk, beiderseits verputzt	1158	—	10	—	0,40 (4,5)
	1165	—	10	—	0,44 (3,8)
Hochofenschwemmsteine	298	0,26	0—30	0,07	—
	785	—	25	0,16	—
Bauplatten:					
Gipsdiele	840	0,20	20	—	0,22 (7,6)
mit zylindr. Luftkanälen	625	—	20	—	0,22 (7,6)
Bimsbeton					
Stegplatte (Remy)	750—800	—	0	0,18	—
(Dahm)	950	—	10	0,23	—
Kassettenplatte (Remy)	950	—	0	0,23	—
Hohlblock, beiderseits verputzt (Dahm)	685	—	12	—	0,31 (?)
Strohpappe	790	—	0	0,12	—
Pappe	690	—	30	0,061	—
Kieselgurplatte	660	—	0	0,12	—
Holzwolle mit Magnesiasalz (Heraklith)	340	—	0	0,066	—
	790	—	0	0,12	—
Zementholz	715	—	20	0,12	—
	824	—	20	—	0,15 (11)
Asbestplatte, gepreßt	970	—	30	0,10	—
Asbestschiefer	1783	—	30	0,19	—
	1790	—	30	0,15	—
	1970	—	30	0,33	—

Art	Raumgew., kg/m³	spez. Wärme, kcal/kg·°C	Beob. Temp., °C	Wärmeleitfähigkeit, kcal/m·°C·h trocken	() Vol.-% Feuchtigk.
Beton:					
Beton 1 : 12	2050	0,21	20	—	0,70 (?)
1 : 4	2180	—	20	0,65	—
1 : 5	1900	—	0	—	0,95 (7,6)
	1900	—	0	—	1,15–1,2(8,6)
Kiesbeton	2270	—	20	—	1,10 (10,2)
1 : 11	1985	—	90	0,55	—
Bimsbeton	850	—	0	—	0,29 (10,3)
Zellenbeton (Christiani-Nielsen)	∼ 300	—	50	0,06	—
Gasbeton (Torkret) . .	∼ 500	—	0	0,09	—
	∼ 950	—	0	0,19	—
Schlackenbeton	870	—	20	0,25	—
Hochofenschaum-schlackenbeton . .	550	—	20—90	0,19	—
Zement:	1715	0,27	89	0,29	—
	1886	—	90	0,46	—
Mörtel:					
3 T. Sand, 1 T. Kalk . .	1820	—	20	—	0,58 (1,4)
Kalkmörtel	1339	—	90	0,30	—
Verputz, 12 T. Sand, 4 T. Kalk, 1 T. Zem.	1870	—	0	—	0,46 (2)
Kalkmörtelverputz . .	1690	—	20	—	0,68 (?)
Gipsmörtel	740	—	30	0,29	—
Bauholz:					
Eiche					
senkrecht z. Faser .	610	0,57	30	0,13	—
	825	—	15	0,18	—
parallel z. Faser . .	819	—	20	0,31	—
Kiefer					
senkrecht z. Faser .	546	0,65	15	0,14	—
parellel z. Faser . .	551	—	20	0,30	—
Verschiedene Baustoffe:					
Erdreich gewachsen . .	2020	—	0	—	2 (28,3)
Kies	1464	0,18	85	0,20	—
	1850	—	20	0,32	—
Sand	1520	—	20	0,28	—
	1640	0,22	20	—	0,97 (11,3)
Asche	470	0,20	0	0,13	—
Asphalt	2120	0,22	20	0,60	—
Dachpappe	1000—1200	—	0—20	0,12—0,20	—
Linoleum	1183	—	20	0,16	—
Glas	2400—3200	0,18—0,20	0	0,61—1,0	—
Porzellan	2200—2500	0,17—0,22	20	0,68	—
Steinzeug	2110—2370	0,20	20	0,90—1,35	—

für verschiedene Stoffe im allgemeinen verschieden. Aus diesen drei Gründen erscheint es aussichtslos, den Wert der Wärmeleitfähigkeit unabhängig von der Eigenart des Wärmeschutzmittels und abhängig von dem Raumgewicht allein darzustellen. Zum mindesten ist es nötig, zwei Gruppen auseinander zu halten, je nachdem der porenfrei gedachte Stoff eine niedrige oder hohe Wärmeleitfähigkeit besitzt. Wärmeschutzmittel, bei denen innere Luftströmungen auftreten, müssen hierbei überhaupt ausscheiden.

Die geringste Wärmeleitfähigkeit besitzt ruhende Luft. Demnächst folgen Kork- und Torferzeugnisse, Pflanzenfasergebilde, leichte Hölzer, die Rohstoffe von Geweben, von denen Schlacke und Bimskies zu der Vielzahl der eigentlichen Baustoffe überleiten. Bei allen Wärmeschutzstoffen nimmt die Wärmeleitfähigkeit bei tieferen Temperaturen ab. Der Unterschied ist praktisch von so geringer Bedeutung, daß nicht etwa aus diesem Grunde allein die Anbringung des Wärmeschutzstoffes auf der kälteren Seite den Vorzug verdient. Die Wärmeleitfähigkeit des zur Verfugung von Wärmeschutzplatten dienenden Kitts, Zements u. a. ist wesentlich höher als der des Wärmeschutzstoffes selbst. Dieser Einfluß ist bei der Berechnung durch entsprechende Zuschläge zu berücksichtigen. Er wird gemildert und die Einheitlichkeit der Wärmeschutzwirkung erhöht, weil die Anbringung einer doppelten Schicht mit versetzten Fugen die Regel bildet.

Das hygroskopische Verhalten von Wärmeschutzstoffen spielt insofern eine Rolle, als bei der Lagerung und Beförderung, schließlich auch im Betriebszustand ein allmählicher Übergang zu dem der Luftbeschaffenheit in der Umgebung entsprechenden Gleichgewichtszustand nicht zu vermeiden ist. Für Kork und Holz liegt dieser Gleichgewichtszustand bei einem Feuchtigkeitsgehalt von schätzungsweise 12 Gew.-%, für expandierten Gummi bei etwa 4 Gew.-%. Als nicht hygroskopisch sind mineralische Wärmeschutzstoffe anzusehen, wie Glaswolle und Schlackenwolle, deren Feuchtigkeitsgehalt im Betriebszustand 0,3 Gew.-% nicht überschreitet. Nach den Untersuchungen von Reichard-Jürges[1] erhöht 1 Gew.-% Feuchtigkeit bei imprägniertem Pechkorkstein die Wärmeleitfähigkeit zwischen 0 und 20 Gew.-% um etwa 2,5%. Bei höherem Feuchtigkeitsgehalt ist die Zunahme der Wärmeleitfähigkeit geringer, beträgt aber bei 70 Gew.-% noch immer 2%. Viel stärker ist die Veränderlichkeit bei Baustoffen. Für diese hat Cammerer[2] eine Zunahme der Wärmeleitfähigkeit von 20 bis 30% für das erste Vol.-% Feuchtigkeit festgestellt, mit einer Abnahme auf

15 %	für	1	Vol.-%	bei	5	Vol.-%	Feuchtigkeit
10,8%	„	1	„	„	10	„	„
8,8%	„	1	„	„	15	„	„
7,8%	„	1	„	„	20	„	„
7 %	„	1	„	„	25	„	„

[1] Reichard-Jürges: Bau- und Isoliertechnisches von Kühlräumen. Gesundh.-Ing. 1928.

[2] Cammerer: Wärmetechnische Untersuchungen an ausgeführten Bauten. XIII. Kongr. für Heizung und Lüftung, Dortmund 1930.

Ruhende Luft besitzt nach Nusselt eine Wärmeleitfähigkeit

$$\lambda_l = 0{,}00167 \cdot \frac{(1 + 0{,}000194\, T)\sqrt{T}}{1 + 117/T}, \tag{59}$$

entsprechend $\lambda_l \sim 0{,}02$ für 0^0. Der niedrige Wert darf nicht dahin gedeutet werden, daß Luftschichten ganz allgemein eine verhältnismäßig hohe Wärmeschutzwirkung zukäme. Der Wärmedurchgang durch eine zwischen festen Wänden eingeschlossene Luftschicht ist keineswegs allein, noch nicht einmal der Hauptsache nach von λ_l abhängig. Die Wärmeübertragung durch Konvektion und Strahlung der angrenzenden Oberflächen besitzt erheblichen Einfluß. Ihm gegenüber spielt der Leitwiderstand der ruhend gedachten Luft eine um so geringere Rolle, je größer die Stärke der Luftschicht ist. Für die rechnerische Berücksichtigung der Wärmeschutzwirkung von Luftschichten hat sich die Kennzeichnung durch den gleichwertigen Wärmeleitwiderstand der Flächeneinheit $\frac{e_l}{\lambda'}$ bewährt, wobei λ' die gleichwertige Wärmeleitfähigkeit der Luftschicht bedeutet. In ihr sind die Einflüsse von Wärmeleitung, Konvektion und Wärmestrahlung zusammengefaßt. Die Untersuchungen von Nusselt und Hencky haben bereits erwiesen, daß senkrechte Luftschichten einen Wärmeleitwiderstand ergeben, der dem guter Wärmeschutzstoffe nahekommt, wenn die Stärke der Luftschicht $e_l \sim 0{,}01$ m oder weniger beträgt. Weitere Klärung haben die Arbeiten von Schmidt[1] und Mull-Reiher[2] gebracht. Insbesondere die letzte liefert die Grundlagen zur genauen Ermittlung des gleichwertigen Wärmeleitwiderstandes. Seine genaue Höhe hängt von der Dicke der Luftschicht, der Strahlungskonstante der angrenzenden Oberfläche, dem Unterschied der Oberflächentemperaturen und der Mitteltemperatur der Luftschicht ab. Für senkrechte Luftschichten besitzt daneben die Höhe einen gewissen Einfluß. Für eine Stärke der senkrechten Luftschicht zwischen 0,05 und 0,20 m ist der gleichwertige Wärmeleitwiderstand wenig verschieden. Bei einer mittleren Lufttemperatur der Schicht von 5 bis 10^0, einer Schichthöhe von 1 m und einer Strahlungskonstante $C \sim 4{,}6$ ergibt sich $\frac{e_l}{\lambda'} \sim 0{,}20$, wenn der Temperaturunterschied der Wandoberflächen zwischen 10 und 20^0 liegt. Verringerung des Temperaturunterschiedes führt zu einer Erhöhung des Wärmeleitwiderstandes, im Grenzfalle um etwa 25%. Für eine Schichtstärke von 0,01 m beträgt der Wärmeleitwiderstand bei den angegebenen Verhältnissen etwa 0,16 und zwar unabhängig von dem Temperaturunterschied der Oberfläche, deren Einfluß auch bei einer Schichtstärke von 0,02 m noch unwesentlich bleibt.

Sinkt die Strahlungskonstante auf $C \sim 0{,}3$, wie sie Aluminiumflächen zukommt, so erhöht sich der gleichwertige Wärmeleitwiderstand bei

[1] Schmidt: Wärmestrahlung technischer Oberflächen bei gewöhnlicher Temperatur. Beihefte z. Gesundh.-Ing. 1927, Reihe 1, Heft 20.

[2] Mull-Reiher: Der Wärmeschutz von Luftschichten. Beihefte z. Gesundh.-Ing. 1930, Reihe 1, Heft 28.

Temperaturunterschieden zwischen 10 und 20° auf etwa das Dreifache. Bei geringen Temperaturunterschieden und Schichtstärken von 0,05 m und mehr tritt sogar eine Zunahme auf etwa das Sechsfache ein, weil das Strahlungsvermögen alsdann überwiegenden Einfluß gewinnt. Den Gedanken, durch zweckentsprechende Unterteilung der Luftschicht den Wärmewiderstand zu verbessern, hat Schmidt[1] durch Einführung von Aluminium-Planfolien als Trennwände verwirklicht. Sie ergeben bei einem Abstand von 0,01 m etwa den gleichen Wärmeleitwiderstand wie leichteste Korkplatten. Das gleiche gilt, wenn die Aluminiumfolie nach dem Vorschlage von Dyckerhoff in geknitterter Form zur Anwendung kommt. Wird eine gesamte Schicht von 0,05 bis 0,20 m in 5 bis 20 Einzelschichten von etwa 0,01 m zerlegt, so erhöht sich der Wärmeleitwiderstand auf etwa das Fünf- bis Zwanzigfache, wobei ein Teil der Verbesserung des Wärmeschutzes auf die gleichzeitig eintretende Unterteilung des Temperaturunterschiedes entfällt.

Bei waagerechten Luftschichten ist, unter im übrigen gleichen Verhältnissen, der Wärmeleitwiderstand etwa 10% kleiner als bei senkrechten Luftschichten, wenn die waagerechten Luftschichten von unten erwärmt werden. Wirkt, wie bei der oberen Decke eines gekühlten Raumes, die höhere Temperatur von oben auf die Luftschicht, so ist demgegenüber, wegen des Wegfalls der Konvektion, mit einer Vergrößerung des gleichwertigen Wärmeleitwiderstandes zu rechnen.

Die Wärmeübertragung in zylindrischen Luftschichten wurde von Beckmann[2] untersucht. Er fand unabhängig vom Rohrdurchmesser eine Luftschichtstärke von etwa 0,013 m am günstigsten. Hinsichtlich der zahlenmäßigen Ermittlung sei auf die Arbeit selbst verwiesen. Die zahlenmäßige Höhe der Wärmeleitfähigkeit folgt für die wichtigsten Wärmeschutzmittel aus nachstehender Tafel. (Vgl. a. Quellenangabe zur vorausgehenden Tafel über Wärmeleitfähigkeit von Baustoffen.)

2. Wärmeübergang und Wärmestrahlung.

Der Wärmeeintritt durch geschützte Flächen erstreckt sich bei Kühlanlagen auf

a) die Umfassungswände, Decken und Böden der Kühlräume,

b) die Umfassungswände, Decken und Böden der Kühlerkammern von Außenluftkühlern und Gaskühlern,

c) 1. die Gefäßwände und Böden von Verdampfern und allgemeinen Flüssigkeitskühlern in Gefäßform,

2. die Abdeckungen und den Flüssigkeitsspiegel der Kühler,

d) die Oberfläche von Leitungen für Gase, Dämpfe und Flüssigkeiten.

---

[1] Schmidt: Wärmeschutz durch Aluminiumfolie. Z. VDI 1927.

[2] Beckmann: Die Wärmeübertragung in zylindrischen Gasschichten bei natürlicher Konvektion. Forschg. Ing.-Wes. 1931.

Wärmeleitfähigkeit von Wärmeschutzstoffen.

Art	Raumgew., kg/m³	spez. Wärme, kcal/kg·°C	Beob. Temp., °C	Wärmeleitfähigkeit λ, kcal/m·°C·h	Zunahme von λ für 1° höhere Temperatur
Kork und Torfplatten:					
Allgemein	100	—	0	0,033	0,00016
	150	—	0	0,038	—
	200	—	0	0,041	—
	300	—	0	0,048	—
	400	—	0	0,055	—
Reinkorkplatte	200	—	0	0,045	0,00010
Korkplatte ohne Bindemittel	110,5	0,42	0	0,031	0,00008
	160	—	30	0,037	—
	180	—	30	0,038	—
	224	—	0	0,039	0,00013
Korkplatte expandiert mit Bindemittel	135	0,33	0	0,030	0,00015
	175	—	—	0,034	0,00012
	189	—	0	0,033	0,00022
	200	—	0	0,035	0,00012
	240	—	0	0,038	0,00012
	290	—	0	0,042	0,00010
	320	—	0	0,044	0,00010
	370	—	0	0,048	0,00015
Torfoleumplatte	165	0,45	0	0,034	0,00015
Kork- und Torffüllung:					
Allgemein	100	—	0	0,033	—
	200	—	0	0,040	—
Korkschrot, expandiert, Korn 5—8 mm	45	0,33	0	0,038	0,00018
	60	—	0	0,040	0,00020
3—5 mm	45	—	0	0,034	0,00015
	60	—	0	0,037	0,00015
1—2 mm	45	—	0	0,032	0,00007
	60	—	0	0,034	0,00010
Korkstaub, expandiert, Korn < 1 mm	35	—	0	0,025	0,00007
Torfmull	190	—	0	0,040	—
Torfoleummehl, lufttrocken	130	—	0	0,033	—
Holz:					
Balsaholz senkrecht zur Faser	113	—	30	0,039	—
	118	—	30	0,043	—
	143	—	30	0,048	—
	186	—	0	0,042	0,00048
	211	—	0	0,052	0,00028
	259	—	23	0,062	0,00020
	330	—	30	0,072	—
Holzspäne	140	—	30	0,050	—

Wärmeleitfähigkeit von Wärmeschutzstoffen (Fortsetzung).

Art	Raumgew., kg/m³	spez. Wärme, kcal/kg·°C	Beob. Temp., °C	Wärmeleitfähigkeit λ, kcal/m·°C·h	Zunahme von λ für 1° höhere Temperatur
Sägemehl	25	0,60	75	0,071	—
	58	—	78	0,075	—
	190	—	30	0,050	—
Holzkohle	184	0,20	10	0,045	—
	185	—	25	0,052	—
	212	—	30	0,044	—
	244	—	30	0,046	—
	308	—	30	0,049	—
Blätterholzkohle lose	215	—	0	0,050	0,00026
Platte	204	—	20	0,048	—
Organische Faserstoffe:					
Allgemein	20	—	—	0,034	0,00012
	50	—	—	0,032	0,00012
	100	—	—	0,032	0,00012
	150	—	—	0,034	0,00012
	200	—	—	0,038	0,00012
Baumwolle	81	0,36	0	0,048	0,00012
Flachsfaser (Linofelt)	79	0,32	30	0,035	—
	180	—	30	0,037	—
Haarfilz	270	—	30	0,031	—
Kapok (Dry Zero)	16	—	30	0,030	—
Holzfaser (Balsamwool)	35	—	30	0,033	—
Zuckerrohrfaser (Celotex)	265	—	0	0,041	—
Papierstoff (Insulite)	244—276	—	0	0,034	—
Strohfaser	139	—	0	0,039	—
Seide, lose	100	0,32	0	0,038	0,00013
Zopf	147	—	0	0,039	—
Wolle	40	—	30	0,036	—
	80	—	30	0,032	—
	105	—	30	0,030	—
	136	—	0	0,033	0,00017
Anorganische Wärmeschutzstoffe:					
Asbest, flockig	57	0,20	15	0,054	—
	72	—	79	0,079	—
Wolle	200	—	10—500	0,078	—
lose	383	—	0	0,096	0,00006
	470	—	0	0,13	0,00007
	579	—	0	0,17	0,00012
	702	—	0	0,20	0,00012
	1240	—	15	0,22	—
Glaswolle	186	—	0	0,030	0,00017
	219	—	0	0,030	0,00013
Schlackenwolle	192	—	30	0,032	—
	200	—	30	0,034	—
	300	—	0	0,050	0,00011
	360	—	0	0,042	0,00008
	450	—	0	0,044	0,00009

Wärmeleitfähigkeit von Wärmeschutzstoffen (Fortsetzung).

Art	Raumgew., kg/m³	spez. Wärme, kcal/kg·°C	Beob. Temp., °C	Wärmeleitfähigkeit λ, kcal/m·°C·h	Zunahme von λ für 1° höhere Temperatur
Kieselgur	245	—	0	0,046	0,00008
	267	—	0	0,050	0,00009
Bimskies, Korn 1–20 mm	300	0,24	0	0,075	0,00020
gewöhnlich	600	—	0	0,15	—
gereinigt	450	—	10	0,079	—
Hochofenschaumschlacke, Korn 2—3 mm	360	—	0	0,088	0,0001
30 mm	360	—	0	0,12	—
Kesselschlacke	750	—	0	0,13	—
Mineralwolle aus Kalkstein	96	—	30	0,032	—
	160		30	0,033	—
	224	—	30	0,034	—
	288	—	30	0,035	—
mit Paraffin gebunden (Rockcork)	287	—	30	0,047	—
Verschiedenes:					
Gummischwamm, aufgebläht	224	—	—	0,047	—
Aluminium-Knitterfolienwand, 14lagig, insges. 120 mm stark, einschl. Holzverschalung	—	—	11,5	0,046	—
ausschl. Holzverschalung	3	—	11,5	0,038	—

Zu a). Der Wärmeübergangswiderstand zwischen Luft und Umfassung der Kühlräume ergibt sich für die senkrechten Wände von H m Höhe nach Nusselt-Jürges[1] und Schmidt-Beckmann[2] unter gleichzeitiger Berücksichtigung der Wärmestrahlung zu

$$\frac{1}{\alpha} = \frac{1}{\dfrac{C\left[\left(\dfrac{T}{100}\right)^4 - \left(\dfrac{T_W}{100}\right)^4\right]}{t - t_W} + 4{,}8\sqrt[4]{\dfrac{t - t_W}{T \cdot H}}}, \tag{60}$$

$$\frac{1}{\alpha_0} = \frac{1}{\dfrac{C_0\left[\left(\dfrac{T_{W,0}}{100}\right)^4 - \left(\dfrac{T_0}{100}\right)^4\right]}{t_{W,0} - t_0} + 4{,}8\sqrt[4]{\dfrac{t_{W,0} - t_0}{T_0 \cdot H}}}. \tag{60a}$$

Hierbei kann genügend genau

$$C = C_{W,1} \cdot C_{W,2}/4{,}96$$

gesetzt werden.

[1] Nusselt-Jürges: Das Temperaturfeld über einer lotrecht stehenden und beheizten Platte. Z. VDI 1928.

[2] Schmidt-Beckmann: Das Temperatur- und Geschwindigkeitsfeld vor einer Wärme abgebenden senkrechten Platte bei natürlicher Konvektion. Techn. Mech. Thermodyn. 1930.

Zahlenbeispiel 13.

Eine freistehende Außenwand ist mit Kalkmörtel verputzt ($C_{W,1} = 4{,}3$). Die Umgebung besteht aus Basaltpflaster ($C_{W,2} = 3{,}42$). Wie hoch ist die scheinbare Strahlungskonstante C?

$$C = \frac{4{,}3 \cdot 3{,}42}{4{,}96} \sim 3 \text{ kcal/m}^2 \, (^0 \text{ abs.})^4 \cdot \text{h}.$$

Zahlenbeispiel 14.

Die Temperatur der Umgebung im vorstehenden Beispiele ist $t = 15^0$ ($T = 288^0$ abs.), die Oberflächentemperatur der Außenwand $t_W = 10^0$ ($T_W = 283^0$ abs.). Wie groß ist der Wärmeübergangswiderstand unter Berücksichtigung der Wärmestrahlung, wenn die Höhe der Wand $H = 5$ m beträgt?

$$\frac{1}{\alpha} = \frac{1}{\dfrac{3\left[\left(\dfrac{288}{100}\right)^4 - \left(\dfrac{283}{100}\right)^4\right]}{15 - 10} + 4{,}8 \sqrt[4]{\dfrac{15 - 10}{288 \cdot 5}}} \sim \frac{1}{2{,}8 + 1{,}2} \sim \frac{1}{4}.$$

Bei den Umfassungswänden von Kühlräumen handelt es sich, sachgemäßen Entwurf vorausgesetzt, stets um sorgfältig wärmegeschützte Ausführung mit einem hohen Wärmeleitwiderstand, dem gegenüber der Einfluß von $\frac{1}{\alpha}$ und $\frac{1}{\alpha_0}$ auf den für die Kältebedarfsrechnung maßgebenden Wert $\frac{1}{\text{k}}$ zurücktritt. Es ist daher für praktische Rechnungen zulässig, vereinfachende Annahmen allgemein festzulegen, wobei es für ungewöhnliche Fälle vorbehalten bleibt, auf die genaueren Werte zurückzugehen. Unter diesem Vorbehalt kann gesetzt werden:

für Außenflächen, die gegen Luftzug geschützt sind . $\frac{1}{\alpha} \sim \frac{1}{7} \, {}^0\text{C} / \frac{\text{kcal}}{\text{m}^2 \cdot \text{h}}$

für Außenflächen, die dem Wind ausgesetzt sind . . $\frac{1}{\alpha} \sim \frac{1}{25}$ „

für Innenwände von Kühlräumen ohne verstärkte Luftbewegung . . . . $\frac{1}{\alpha_0} \sim \frac{1}{7}$ „

für Innenwände von Kühlräumen mit verstärkter Luftbewegung . . . . $\frac{1}{\alpha_0} \sim \frac{1}{15}$ „

Für wärmegeschützte Trennwände zwischen zwei benachbarten Kühlräumen gelten beiderseits die für $\frac{1}{\alpha_0}$ angegebenen Werte. Fehlt bei solchen Zwischenwänden der Wärmeschutz, so steigt der Temperaturunterschied zwischen Luft und Wandoberfläche an, wenn die Gegenseite zeitweise nicht gekühlt wird. Der Wärmeübergangswiderstand kann hierfür zu

$\frac{1}{\alpha_0} \sim \frac{1}{8} \, {}^0\text{C} / \frac{\text{kcal}}{\text{m}^2 \cdot \text{h}}$ bei natürlicher Luftbewegung

$\frac{1}{\alpha_0} \sim \frac{1}{20}$ „ bei verstärkter Luftbewegung

gesetzt werden.

Für die waagerecht verlaufenden Umfassungen können genügend genau die gleichen Werte wie für die senkrechten Wände angenommen werden. Das gleiche gilt für die Innenseite des mit dem Erdreich in Berührung stehenden Bodens.

Zu b). Für die Kühlerkammern von Außenluftkühlern, die stets an geschütztem Ort untergebracht werden, kann nach vorstehendem gesetzt werden:

für die freistehenden Umfassungswände, Decken und Böden . . . . $\frac{1}{\alpha} \sim \frac{1}{7}\,{}^0\mathrm{C}/\frac{\mathrm{kcal}}{\mathrm{m^2 \cdot h}}$

für die mit den Außenmauern des Gebäudes zusammenfallenden Umfassungswände und die mit dem Dach zusammenfallenden Decken . . . . $\frac{1}{\alpha} \sim \frac{1}{25}$ „

für die mit der Kühlraumumfassung zusammenfallenden Wände, Decken und Böden . . . . . $\frac{1}{\alpha} \sim \frac{1}{7}$ bzw. $\frac{1}{15}$ „

Der Wert $\frac{1}{\alpha_0}$ verändert sich hier mit der Luftgeschwindigkeit, die unter Annahme eines mittleren Wertes $\frac{1}{\alpha_0} \sim \frac{1}{30}$ genügend berücksichtigt erscheint.

Zu c). Bei den Gefäßwänden und Böden von Flüssigkeitskühlern gelten für $\frac{1}{\alpha}$ die zu b. angeführten Werte. Der Wärmeübergangswiderstand $\frac{1}{\alpha_0}$ bezieht sich hier auf die Flüssigkeit gegen Wand. Er ist selbst bei ruhender Flüssigkeit gegenüber $\frac{1}{\alpha}$ verschwindend klein, kann daher außer Rechnung bleiben.

Besitzt das Gefäß eine luftdichte Abdeckung aus Holz o. dgl. mit oder ohne Wärmeschutz oder aus Eisen mit Wärmeschutz, so kann die Temperatur der unter der Abdeckung stehenden Luft gleich der Flüssigkeitstemperatur geschätzt und nach obigem $\frac{1}{\alpha} = \frac{1}{\alpha_0} \sim \frac{1}{7}\,{}^0\mathrm{C}/\frac{\mathrm{kcal}}{\mathrm{m^2 \cdot h}}$ gesetzt werden. Ist dagegen eine Abdeckung nicht oder nur in einer Form vorhanden, durch die der Umlauf der Raumluft nicht verhindert wird, so tritt die Flüssigkeitsoberfläche unmittelbar in Wärmeaustausch mit der Raumluft. Diese erfährt nicht nur eine Abkühlung, sondern in all den Fällen eine Trocknung, in denen die Flüssigkeitstemperatur unter dem Taupunkt der Luft liegt. Zu dem Übergang fühlbarer Wärme tritt alsdann ein Übergang von Dampfwärme in die Flüssigkeit. Die Gesamtwärme läßt sich nach den später angeführten Gesichtspunkten errechnen. Für den allgemeinen Fall erübrigt sich dies, weil die Ausführung derartiger Abdeckungen einen Mangel darstellt, der von vornherein zu vermeiden ist.

Zu d). Die außerhalb der Kühlräume laufenden, mit Wärmeschutz versehenen Luftkanäle können als Teile der Luftkühlerkammern betrachtet, ihr Wärmeübergangswiderstand daher mit den unter b) angegebenen Werten in Rechnung gesetzt werden.

Als wärmegeschützte Rohrleitungen kommen vor allem die den Arbeitsstoff führenden Saug- und Einspritzleitungen, außerdem die den Kälteträger oder andere gekühlte Stoffe führenden Leitungen samt ihren Armaturen in Betracht. Es genügt, hierfür $\frac{1}{\alpha} \sim \frac{1}{7}$ anzusetzen. $\frac{1}{\alpha_0}$ nimmt auf alle Fälle so geringe Werte an, daß seine Berücksichtigung sich erübrigt.

Bei wärmegeschützten Flächen kommt dem in dem Wärmeübergangswiderstand eingeschlossenen Strahlungseinfluß nur untergeordnete Bedeutung zu. Da hier der Wärmeaustausch unerwünscht ist, soll grundsätzlich die Strahlungskonstante der Oberfläche möglichst klein sein. Nach Schmidt[1] beträgt bei Temperaturen von 20 bis 30°

	C_W
für einen schneeweißen Emaillackanstrich	4,5
„ „ schwarzen glänzenden Lackanstrich	4,35
„ weiße Schmelzemaille	4,5

Diese Werte liegen etwa gleich hoch wie für Holz, Ziegel, Dachpappe. Es ist also irrtümlich, einen hellglänzenden, glatten Anstrich ohne weiteres als guten Strahlungsschutz anzusehen und in dieser Hinsicht einen Unterschied zwischen hellem und dunklem Anstrich zu machen. Andererseits ergibt ein Anstrich von Aluminiumlack mit Zapon als Bindemittel, wegen der niedrigen Strahlungskonstante von Rohaluminium (0,35), eine Strahlungskonstante zwischen 1,85 und 2. Sie stellt zwar immer noch ein Mehrfaches des für polierte Flächen aus Messing, Nickel, Kupfer und Aluminium geltenden Wertes dar, empfiehlt sich jedoch aus praktischen Gründen vorläufig als bestes Anstrichmittel für die der Strahlung besonders ausgesetzten, gegen Sonnenbestrahlung jedoch geschützten Flächen.

Die Untersuchungen von Schropp[2] haben den erheblichen Einfluß der Farbe auf solche Oberflächen nachgewiesen, die der Sonnenbestrahlung ausgesetzt sind. Hierbei hat sich ein weißer Anstrich als gleichwertig mit einer glänzenden Aluminiumfolie gezeigt. Die Temperaturerhöhung gegenüber der umgebenden Luft fand Schropp bei Sonnenbestrahlung und praktisch ruhender Luft für schwarze Oberflächen zu etwa 45 bis 55°, für glänzende Aluminiumfolie zu etwa 15°, für weiße Oberflächen zu etwa 15 bis 20°, für rohes Aluminiumblech und Aluminiumbronze auf Eisenblech zu 30 bis 35°. Die Unterseite wurde hierbei durch eine 0,05 m starke Kork- oder Torfplatte gebildet. Die Farbe, die bei der von Schmidt untersuchten langwelligen Strahlung ohne wesentlichen Einfluß ist, gewinnt hiernach bei kurzwelliger Strahlung ausschlaggebende Bedeutung. Heller Anstrich für Waggonkästen, Schiffsdecks, die Dächer und Südwände von Kühlhäusern und andere der Sonnenbestrahlung ausgesetzte Flächen bietet daher erhebliche Vorteile.

---

[1] Schmidt: Wärmestrahlung technischer Oberflächen bei gewöhnlicher Temperatur. Beihefte z. Gesundh.-Ing. 1927, Reihe 1, Heft 20.

[2] Schropp: Die Temperaturen technischer Oberflächen unter dem Einfluß der Sonnenbestrahlung und der nächtlichen Ausstrahlung. Gesundh.-Ing. 1931.

3. Wärmedurchgang.

Der Wärmedurchgangswiderstand der Flächeneinheit

$$\frac{1}{k} = \frac{1}{\alpha} + \frac{1}{\alpha_0} + \sum \frac{e_W}{\lambda_W}$$

läßt sich aus den Einzelwärmewiderständen finden. Hierbei müssen die Zwischentemperaturen, die das Teiltemperaturgefälle bestimmen, zunächst geschätzt werden.

Zahlenbeispiel 15.

Die gegen Wind geschützte 1 m starke Außenmauer eines Kühlraumes von 100 m² Oberfläche und 5 m Höhe ist aus Kalkstein ($\lambda = 0,8$) ohne Wärmeschutz aufgeführt. Wie groß ist der stündliche Wärmedurchgang bei einem Wert der scheinbaren Strahlungskonstante $C = 3$, einer Außentemperatur von 32° und einer Temperatur des Kühlraumes von 8°, wenn der Luftumlauf im Kühlrauminnern nicht künstlich verstärkt ist?

Der Temperaturabfall zwischen Wandfläche und Luft sei zu 3°, die Wandoberfläche daher zu $t_W = 32 - 3 = 29^0$ bzw. $t_{W,0} = 8 + 3 = 11^0$ geschätzt.

$$\frac{1}{\alpha} = \frac{1}{\dfrac{3\left[\left(\dfrac{305}{100}\right)^4 - \left(\dfrac{302}{100}\right)^4\right]}{3} + 4,8\sqrt{\dfrac{3}{305 \cdot 5}}} \sim \frac{1}{3,3 + 1,0} \sim \frac{1}{4}\;{}^0\mathrm{C}/\frac{\mathrm{kcal}}{\mathrm{m}^2 \cdot \mathrm{h}}$$

$$\frac{1}{\alpha_0} = \frac{1}{\dfrac{3\left[\left(\dfrac{284}{100}\right)^4 - \left(\dfrac{281}{100}\right)^4\right]}{3} + 4,8\sqrt[4]{\dfrac{3}{281 \cdot 5}}} \sim \frac{1}{2,7 + 1,0} \sim \frac{1}{4}\;{}^0\mathrm{C}/\frac{\mathrm{kcal}}{\mathrm{m}^2 \cdot \mathrm{h}}$$

$$\frac{1}{k} = \frac{1}{4} + \frac{1}{4} + \frac{1}{0,8} \sim 1,8\;{}^0\mathrm{C}/\frac{\mathrm{kcal}}{\mathrm{m}^2 \cdot \mathrm{h}}$$

$$Q_h = \frac{100\,(32-8)}{1,8} \sim 1300 \text{ kcal/h}.$$

Hieraus errechnet sich die genaue Wandtemperatur

$$t_W = 32 - \frac{1}{4} \cdot \frac{1300}{100} \sim 32 - 3 \sim 29^0,$$

$$t_{W,0} = 8 + \frac{1}{4} \cdot \frac{1300}{100} \sim 8 + 3 \sim 11^0.$$

Der Temperaturunterschied zwischen Luft und Wand beträgt also, wie richtig geschätzt, trotz des fehlenden Wärmeschutzes nur rund 3°. Eine Berichtigung der Werte $\frac{1}{\alpha}$ und $\frac{1}{\alpha_0}$ ist daher nicht nötig. Die mittlere Wandtemperatur beträgt $\frac{29 + 11}{2} = 20^0$. Da der angenommene Wert der Wärmeleitfähigkeit $\lambda = 0,8$ einer Beobachtungstemperatur von 20° entspricht, ist auch in dieser Beziehung die Voraussetzung richtig.

Ohne Berücksichtigung der Wandtemperaturen und mit Benutzung der rohen Mittelwerte $\frac{1}{\alpha} = \frac{1}{\alpha_0} = \frac{1}{7}$ hätte sich ergeben

$$\frac{1}{k} = \frac{1}{7} + \frac{1}{7} + \frac{1}{0,8} \sim 1,5\,{}^0\mathrm{C}/\frac{\mathrm{kcal}}{\mathrm{m}^2 \cdot \mathrm{h}},$$

$$Q_h = \frac{100\,(32-8)}{1,5} \sim 1600\,\mathrm{kcal/h}.$$

Bei fehlendem oder schwachem Wärmeschutz kommt der genaueren Berücksichtigung des Wärmeübergangswiderstandes Bedeutung zu, insbesondere dann, wenn er, wie bei ruhender Luft, verhältnismäßig hoch ist.

Zahlenbeispiel 16.

Der Boden eines mit natürlichem Luftumlauf gekühlten Gebäudes besteht aus 0,05 m starken Eichenbohlen ($\lambda = 0,18$), die ohne weiteren Wärmeschutz auf dem gewachsenen Boden liegen. Die 1 m starken Gebäudemauern ($\lambda = 0,8$) sind mit gutem Wärmeschutz bis 3,5 m unter Gebäudesohle versehen und weitere 3,5 m ungeschützt bis zum tragenden Erdreich geführt, das mit dem Grundwasserspiegel zusammenfällt. Wie groß ist der stündliche Wärmedurchgang durch den Boden, wenn die Raumtemperatur 0°, die Grundwassertemperatur 10°, die Außenlufttemperatur 20° beträgt und das Gebäude eine Länge von 20, eine Breite von 10 m besitzt, a) ohne, b) mit Berücksichtigung des seitlichen Wärmestroms (vgl. Abb. 329)?

Zu a) ergibt sich mit $\frac{1}{\alpha} = 0,\ \frac{1}{\alpha_0} = \frac{1}{7}$

$$\frac{1}{k} = \frac{1}{7} + \frac{0,05}{0,18} + \frac{7}{2} \sim \frac{1}{2,5}\,{}^0\mathrm{C}/\frac{\mathrm{kcal}}{\mathrm{m}^2 \cdot \mathrm{h}},$$

$$Q_{h,1} \sim \frac{20 \cdot 10\,(10-0)}{\frac{1}{0,25}} \sim 500\,\mathrm{kcal/h}.$$

Zu b). Innerhalb des Gebäudegrundrisses kann gleichmäßige Temperaturabnahme im gewachsenen Boden von 10° auf 0°, bei 3,5 m Tiefe also 5°, angenommen werden. Außerhalb des Gebäudegrundrisses ergäbe sich, wenn der Beharrungszustand erreicht würde, 15°, also ein beiderseitiger Temperaturunterschied von etwa $\frac{15+10}{2} - \frac{10+5}{2} = 5^0$. Der seitliche Wärmedurchgang folgt hiermit zu

$$Q_{h,2} \sim \frac{3,5 \cdot 2\,(20+10) \cdot 5}{\frac{1}{0,8}} \sim 840\,\mathrm{kcal/h}.$$

Der gesamte Wärmedurchgang

$$Q_{h,1} + Q_{h,2} \sim 500 + 840 \sim 1340\,\mathrm{kcal/h}$$

wird demnach mehr als doppelt so groß wie der ohne Berücksichtigung des seitlichen Wärmestromes ermittelte. Die Rechnung begnügt sich mit einer rohen Annäherung, da es sich hier nur darum handelt, die Verhältnisse grundsätzlich zu beleuchten.

Wird die spezifische Wärme des Erdreiches, bezogen auf 1 m³, zu 300 kcal/m³ · °C angenommen, so besitzen die 20 · 10 · 7 = 1400 m³ unter dem Fußboden liegenden Massen bei einer Durchschnittstemperatur von mindestens 5° einen Wärmeinhalt von 1400 · 300 · 5 = 2100000 kcal. Bei genügend langem Stillstand nimmt diese Masse schließlich eine Temperatur von mindestens 10° an, entsprechend dem doppelten Wärmeinhalt, so daß also bis zur Herstellung des Beharrungszustandes etwa 2100000 kcal, d. i. $\frac{2\,100\,000}{1340}$ = rund 1500mal soviel Wärme zu entziehen ist, wie dem stündlichen Wärmedurchgang im Beharrungszustande entspricht. Dies aber bedeutet, daß der Beharrungszustand so gut wie nie erreicht wird, daher auch für die Berechnung nicht maßgebend ist. Der tatsächliche Kältebedarf liegt dauernd höher, als wenn der gleiche Wärmeleitwiderstand durch einen Wärmeschutzstoff von geringem Wärmeinhalt gebildet würde. Das gewachsene Erdreich ohne zusätzlichen Wärmeschutz bringt eine Unsicherheit in die rechnerische Erfassung des Kältebedarfs, zu der noch Betriebsschwierigkeiten dadurch kommen, daß der nicht geschützte Boden stets eine Temperatur behält, die nicht unwesentlich über der Temperatur der Raumluft liegt.

Zahlenbeispiel 17.

Die mit der Gebäudeaußenmauer zusammenfallende Wand einer Luftkühlerkammer besitzt 100 m² Oberfläche. Sie besteht aus 0,25 m Außenmauerwerk, das innen mit einer Feuchtigkeitsschutzschicht (Wärmeleitfähigkeit unter Berücksichtigung der Feuchtigkeitsschutzschicht $\lambda = 1{,}25$) versehen ist, daran anliegend einer doppelten Schicht von Korkplatten 2 × 0,06 m stark ($\lambda = 0{,}04$), schließlich aus einer inneren 0,25 m starken Vormauerung ($\lambda \sim 0{,}75$). Wie groß ist der stündliche Wärmedurchgang bei einer Temperatur von 35° außen, — 5° innen?

Mit $\frac{1}{\alpha} = \frac{1}{25}$, $\frac{1}{\alpha_0} = \frac{1}{30}$ folgt

$$\frac{1}{k} = \frac{1}{25} + \frac{1}{30} + \frac{0{,}25}{1{,}25} + \frac{0{,}12}{0{,}04} + \frac{0{,}25}{0{,}75} \sim \frac{1}{0{,}28}\ {}^{0}\mathrm{C}/\frac{\mathrm{kcal}}{\mathrm{m}^2\cdot\mathrm{h}},$$

$$Q_h = \frac{100\,[35-(-5)]}{\frac{1}{0{,}28}} \sim 1110\ \mathrm{kcal/h}.$$

Zahlenbeispiel 18.

Wie groß wird in vorstehendem Falle der stündliche Wärmedurchgang, wenn die Wärmeübergangswiderstände sich auf $\frac{1}{\alpha} = \frac{1}{\alpha_0} = \frac{1}{7}$ erhöhen?

$$\frac{1}{k} = \frac{1}{7} + \frac{1}{7} + \frac{0{,}25}{1{,}25} + \frac{0{,}12}{0{,}04} + \frac{0{,}25}{0{,}75} \sim \frac{1}{0{,}26}\ {}^{0}\mathrm{C}/\frac{\mathrm{kcal}}{\mathrm{m}^2\cdot\mathrm{h}},$$

$$Q_h = \frac{100\cdot 40}{\frac{1}{0{,}26}} \sim 1050\ \mathrm{kcal/h}.$$

Die erhebliche Vergrößerung von $\frac{1}{\alpha}$ und $\frac{1}{\alpha_0}$, die beispielsweise dadurch veranlaßt würde, daß die vorher freistehende Außenwand einen Schutz gegen Windanfall erhielte und gleichzeitig die Luftgeschwindigkeit innerhalb der Luftkühlerkammer auf das Maß des natürlichen Umlaufs zurückginge, hat also den verschwindenden Einfluß, daß der Wärmedurchgang um etwa 4% abnimmt. Bei gut wärmegeschützter Umfassung lohnen sich kostspielige Maßnahmen zur Vergrößerung von $\frac{1}{\alpha}$ keinesfalls.

Wie verändert sich der Wärmedurchgang, wenn die Wärmeleitfähigkeit des Mauerwerks doppelt so hoch liegt, wie ursprünglich angenommen?

$$\frac{1}{k} = \frac{1}{25} + \frac{1}{30} + \frac{0,25}{2,5} + \frac{0,12}{0,04} + \frac{0,25}{1,5} \sim \frac{1}{3}\,{}^0\mathrm{C} / \frac{\mathrm{kcal}}{\mathrm{m}^2 \cdot \mathrm{h}},$$

$$Q_h = \frac{100 \cdot 40}{\frac{1}{3}} \sim 1200\,\mathrm{kcal/h}.$$

Falsche Annahme oder nachträgliche Veränderung der Wärmeleitfähigkeit des Mauerwerks, beispielsweise durch Erhöhung des Feuchtigkeitsgehaltes, besitzt bei gut wärmegeschützten Umfassungen einen gewissen Einfluß, der jedoch im vorliegenden Falle immer erst etwa 8% erreicht.

Zahlenbeispiel 19.

Wärmeübergangs- und -leitwiderstand besitzen die zuerst angenommenen Werte mit Ausnahme der Wärmeleitfähigkeit der Schutzschicht, die 0,048 statt 0,04 beträgt. Wie verändert sich dadurch der Wärmedurchgang?

$$\frac{1}{k} = \frac{1}{25} + \frac{1}{30} + \frac{0,25}{1,25} + \frac{0,12}{0,048} + \frac{0,25}{0,75} \sim \frac{1}{0,32}\,{}^0\mathrm{C} / \frac{\mathrm{kcal}}{\mathrm{m}^2 \cdot \mathrm{h}},$$

$$Q_h = \frac{100 \cdot 40}{\frac{1}{0,32}} \sim 1290\,\mathrm{kcal/h}.$$

Die Vergrößerung der Wärmeleitfähigkeit der Wärmeschutzschicht um 20% ergibt eine fast gleiche Erhöhung des Wärmedurchgangs um etwa 16%. Der Wärmeleitwiderstand der Flächeneinheit der Schutzschicht e/λ ist für die Berechnung des Wärmedurchganges ausschlaggebend. Auf die tatsächliche Einhaltung der Stärke und Schutzeigenschaft, wie sie bei der Vorausberechnung angenommen wurden, ist größter Wert zu legen. Andererseits wäre es unrichtig, mit der Wärmeschutzschicht allein zu rechnen und im ersten Falle beispielsweise $Q_h = \frac{100 \cdot 40}{\frac{0,12}{0,04}} \sim 1330\,\mathrm{kcal/h}$, d. i. 20% zu hoch, anzunehmen.

Zahlenbeispiel 20.

Die den Arbeitsstoff führende flußeiserne Saugleitung ($\lambda = 45$) besitzt 0,07 m inneren Durchmesser, 0,003 m Wandstärke und eine

Länge von 50 m. Die Wärmeschutzschicht besteht aus einer Korkschale von 0,03 m Stärke ($\lambda = 0{,}06$). Wie groß ist der stündliche Kälteverlust, wenn die Verdampftemperatur — 10° und die Raumtemperatur 20° beträgt?

In erster Annäherung werde die Temperatur der Außenfläche der Wärmeschutzschicht mit $t_W \sim 15^0$, d. i. 5° unter der Lufttemperatur, angenommen. Der Wärmeleitwiderstand der Eisenwand kann auf alle Fälle gegenüber dem der Wärmeschutzschicht vernachlässigt bleiben.

Mit einem Wert $\chi \sim 1{,}03$ für $\frac{D}{D_0} = \frac{0{,}136}{0{,}076} \sim 1{,}8$ folgt

$$Q_h = \frac{15 - (-10)}{1{,}03 \cdot \frac{0{,}03}{\frac{0{,}136 + 0{,}076}{2} \cdot \pi \cdot 50 \cdot 0{,}06}} \sim 810\,\text{kcal/h}.$$

Die Nachprüfung ergibt mit $\frac{1}{\alpha} \sim \frac{1}{7}$

$$t_W = 20 - \frac{1}{7} \cdot \frac{810}{0{,}136\,\pi \cdot 50} \sim 14{,}6^0.$$

Die Annahme $t_W \sim 15^0$ war also genügend genau richtig. Eine Vernachlässigung des äußeren Wärmeleitwiderstandes würde auf eine Wandtemperatur $t_W = t$ hinauslaufen und auf einen zu hohen Wert $Q_h \sim 970$ kcal/h führen. Eine ähnliche Ungenauigkeit ergibt sich, wenn der Wärmedurchgang nach der Formel für glatte Flächen errechnet wird. Er ergäbe sich dann zu

$$Q_h = \frac{0{,}136\,\pi \cdot 50 \cdot [20 - (-10)]}{\frac{1}{7} + \frac{0{,}03}{0{,}06}} \sim 1\,000\,\text{kcal/h},$$

also um $\frac{1}{4}$ zu hoch.

Zahlenbeispiel 21.

Eine mit doppelten Glasscheiben von 0,003 m Stärke ($\lambda = 0{,}66$) und einem Scheibenabstand von 0,1 m $\left(\frac{e_l}{\lambda'} \sim \frac{1}{5}\right)$ ausgeführtes Doppelfenster von 2 m² Fläche befindet sich in der Außenmauer $\left(\frac{1}{\alpha} = \frac{1}{25}\right)$ eines Gefrierraums mit natürlichem Luftumlauf $\left(\frac{1}{\alpha_0} = \frac{1}{7}\right)$. Wie groß ist der stündliche Wärmedurchgang bei 32° Außen- und — 8° Innentemperatur?

$$\frac{1}{k} = \frac{1}{25} + \frac{1}{7} + 2 \cdot \frac{0{,}003}{0{,}66} + \frac{1}{5} \sim \frac{1}{2{,}5}\,{}^0\text{C}/\frac{\text{kcal}}{\text{m}^2 \cdot \text{h}}$$

$$Q_h = \frac{2 \cdot [32 - (-8)]}{\frac{1}{2{,}5}} \sim 200\,\text{kcal/h}.$$

Um den gleichwertigen Wärmeleitwiderstand der Luftschicht genau zu ermitteln, ist es notwendig, die Temperaturen der inneren Glasflächen festzustellen. Die äußeren Glastemperaturen betragen:

$$t_{W,1} = 32 - \frac{1}{25} \cdot \frac{200}{2} = 28^0,$$

$$t_{W,0,1} = -8 + \frac{1}{7} \cdot \frac{200}{2} \sim 6^0.$$

Hieraus folgen die inneren Glastemperaturen zu

$$t_{W,2} = 28 - \frac{200}{2 \cdot \frac{0,66}{0,003}} \sim 27,6^0,$$

$$t_{W,0,2} = 6 + \frac{200}{2 \cdot \frac{0,66}{0,003}} \sim 6,4^0.$$

Der Unterschied der Oberflächentemperaturen beiderseits einer nicht zu starken gut leitenden oder einer dünnen schlecht leitenden Wand ist gering und für technische Rechnungen ohne Einfluß.

Zahlenbeispiel 22.

Ein Luftkanal besitzt 20 m² Außenwände, die aus 3 Lagen Gipsplatten ($\lambda = 0,22$) von 0,022 m Stärke und 2 Luftschichten von 0,05 m Stärke $\left(\frac{e_l}{\lambda'} \sim \frac{1}{5}\right)$ gebildet werden. Wie groß ist der stündliche Wärmedurchgang, wenn die Kanäle frei durch Innenräume $\left(\frac{1}{\alpha} = \frac{1}{6}\right)$ mit einer Temperatur von 20° laufen und die Luft eine Temperatur von 0° besitzt $\left(\frac{1}{\alpha_0} = \frac{1}{30}\right)$?

$$\frac{1}{k} = \frac{1}{6} + \frac{1}{30} + 3 \cdot \frac{0,022}{0,22} + 2 \cdot \frac{1}{5} \sim \frac{1}{1,1} \, {}^0\mathrm{C} / \frac{\mathrm{kcal}}{\mathrm{m}^2 \cdot \mathrm{h}},$$

$$Q_h = \frac{20 \cdot 20}{\frac{1}{1,1}} \sim 440 \text{ kcal/h}.$$

Zahlenbeispiel 23.

Wie groß ist der Wärmedurchgang im vorliegenden Falle, wenn die Stärke der Luftschicht nur 0,01 m $\left(\frac{e_l}{\lambda'} \sim \frac{1}{6}\right)$ beträgt?

$$\frac{1}{k} = \frac{1}{6} + \frac{1}{30} + 3 \cdot \frac{0,022}{0,22} + 2 \cdot \frac{1}{6} \sim \frac{1}{1,2} \, {}^0\mathrm{C} / \frac{\mathrm{kcal}}{\mathrm{m}^2 \cdot \mathrm{h}},$$

$$Q_h = \frac{20 \cdot 20}{\frac{1}{1,2}} \sim 480 \text{ kcal/h}.$$

Es genügt zur Verbesserung der Verhältnisse nicht, die Schichtstärke zu vermindern, sondern es muß gleichzeitig die Schichtzahl vergrößert werden, wenn hochwirksame Luftschichten angestrebt sind.

Zahlenbeispiel 24.

Wie stellt sich im ersten Falle der Wärmedurchgang, wenn die 0,05 m starken Luftschichten mit Korkschrot ($\lambda = 0{,}04$) angefüllt werden?

$$\frac{1}{k} = \frac{1}{6} + \frac{1}{30} + 3 \cdot \frac{0{,}022}{0{,}22} + 2 \cdot \frac{0{,}05}{0{,}04} \sim \frac{1}{0{,}33}\, {}^0\mathrm{C} / \frac{\mathrm{kcal}}{\mathrm{m}^2 \cdot \mathrm{h}},$$

$$Q_h = \frac{20 \cdot 20}{\frac{1}{0{,}33}} \sim 130\ \mathrm{kcal/h}.$$

Die Ausfüllung der Luftschicht mit einem Wärmeschutzmittel, dessen Wärmeleitfähigkeit immer noch etwa doppelt so groß ist wie die von ruhender Luft, verbessert in diesem Falle die Verhältnisse derart, daß der Wärmedurchgang auf etwa $^1/_4$ zurückgeht. Im allgemeinen sind daher ausgefüllte Hohlschichten den nur lufterfüllten vorzuziehen, es sei denn, daß durch besondere Mittel, wie bei dem „Alfol“-Wärmeschutz durch Aluminiumfolien, die Wirksamkeit grundsätzlich geändert wird.

Bei Fahrzeugen, insbesondere Schiffen, ist der mittlere Wärmedurchgangswiderstand nur ein Teil des Wertes, der sich unter Annahme einer gleichmäßig verlaufenden Wärmeschutzschicht errechnet. Die Wärmeleitfähigkeit der Verbindungen spielt hier eine wesentliche Rolle, so daß die vereinfachte Rechnung bedenkliche Fehlschlüsse möglich macht. Für rohe Schätzungen kann diesem Umstande durch Ansatz des doppelten bis dreifachen Kältebedarfs Rechnung getragen werden, je nachdem die Verbindungen vorzugsweise aus Holz oder Eisen bestehen.

4. Luftdurchlässigkeit.

Die Erhöhung der Kälteleistung durch warme Luft, die durch Undichtheiten von außen eindringt, läßt sich rechnerisch kaum erfassen. Sie wird zweckmäßig durch einen Zuschlag auf die aus $\frac{1}{k}$ errechneten Wärmemengen berücksichtigt. Für die Höhe dieses Zuschlages wird mehr oder weniger die Erfahrung des Entwerfenden maßgebend sein, der zusammen mit dem Baumeister bestrebt sein sollte, die Luftdurchlässigkeit durch besondere Schutzmittel möglichst vollkommen aufzuheben. Eine Erhöhung der errechneten Wärmemenge um 20% für die dem Wind hauptsächlich ausgesetzten Außenwände, um 50% für das Außendach und um 10% für die übrige luftberührte, d. h. oberirdische Umfassung dürfte durchschnittlichen Verhältnissen gerecht werden. Die Luftdurchlässigkeit von Zwischenwänden und Zwischenböden spielt für den gesamten Kältebedarf keine Rolle. Für die Abwägung der Verhältnisse sind die Einflüsse verschiedener Wärmeschutzausführung zu berücksichtigen.

Raisch[1] hat beobachtet, daß durch 1 m² verputzte Ziegelsteinmauer von 0,40 m Stärke bei 1 mm W.-S. Druckunterschied etwa

[1] Raisch: Die Luftdurchlässigkeit von Baustoffen und Baukonstruktionsteilen. Gesundh.-Ing. 1928.

0,3 m³/h Luft durchströmen, während sich aus dem 0,37 m starken Steinmaterial ohne Mörtel und Putz nur etwa der 400. Teil errechnet. Die Ursache für die Luftdurchlässigkeit von Ziegelbauten liegt daher in der Hauptsache in den Mörtelbändern. Bei verputztem Mauerwerk kommt der Luftdurchlässigkeit des Putzes ausschlaggebende Bedeutung zu. Zusatz von Zement verhindert ebenso wie das Weißen den Luftdurchtritt. Durch ein Schlüsselloch von 0,8 cm² Querschnitt strömen nach Raisch bei 1 mm Druckunterschied etwa 0,6 m³/h Luft, d. i. soviel wie durch 50 m² verputzte und geweißte Wand. In ähnlichem Sinne kommt den unvermeidlichen Fenster- und Türspalten ein überwiegender Einfluß zu.

Ähnlich steht es mit der Berücksichtigung der Bodenfeuchtigkeit und Wettereinflüsse (Regen, Sonnenschein). Die Umfassungen unter der Hofsohle und auf der Regenseite, sowie das Dach werden stets einen höheren Feuchtigkeitsgehalt besitzen als die übrigen Wände. Dem entspricht eine Erhöhung der Wärmeleitfähigkeit.

Der Einfluß der Sonnenbestrahlung ist rechnerisch in der Weise zu berücksichtigen, daß als Temperaturgefälle der Unterschied zwischen der Oberflächentemperatur t_W der sonnenbestrahlten Seite und der inneren Raumtemperatur t_0, als Wärmewiderstand der Flächeneinheit der Wert $\sum \frac{e_W}{\lambda_W} + \frac{1}{\alpha_0}$ angesetzt werden. Der Wärmeübergangswiderstand auf der sonnenbestrahlten Außenseite ist hierbei ausgeschaltet, weil die Oberflächentemperatur seinen Einfluß bereits berücksichtigt.

Ist die aus Zahlenbeispiel 17 gekennzeichnete Außenwand der Sonnenbestrahlung ausgesetzt, so ergibt sich bei schwarzem Anstrich (Übertemperatur $\sim 50^0$) für die dort angegebenen Verhältnisse der stündliche Wärmedurchgang zu

$$Q_h = \frac{100\,[(35 + 50) - (-5)]}{\frac{0,25}{1,25} + \frac{0,12}{0,04} + \frac{0,25}{0,75} + \frac{1}{30}} \sim 2530 \text{ kcal/h},$$

also etwa dem 2,3 fachen des für die nicht sonnenbestrahlte Fläche gefundenen Wertes von 1110 kcal/h. Wegen der Zunahme der Wärmeleitfähigkeit mit der Temperatur ist der Unterschied in Wirklichkeit noch etwas größer. Er wirkt sich selbstverständlich nur in den Stunden der wirksamen Sonnenbestrahlung aus. Über ihre durchschnittliche Dauer, ihre Wirkung auf waagerechte und senkrechte, nach Himmelsrichtung unterschiedene Flächen liegen zahlenmäßige Angaben von Eigenmann[1] vor, auf die verwiesen sei.

Zahlenbeispiel 25.

Für das in Abb. 332 dargestellte Kühlhausgebäude ist die Kälteverlustberechnung durchzuführen.

---

[1] Eigenmann: Die Wärmestrahlung der Sonne und ihr Einfluß auf den Brennstoffverbrauch von Heizungsanlagen. Gesundh.-Ing. 1932.

Annahme: 3 Geschosse je 4 m hoch, dazu Keller 4 m hoch, 1 m aus dem Erdboden vorragend, Schutzdach über dem letzten Obergeschoß.

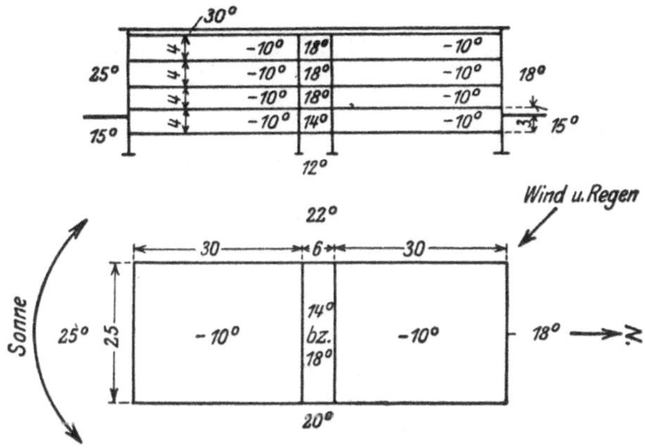

Abb. 332.

Äußere Temperaturen im Tagesmittel des Sommers:

unter Kellersohle . . . . 12°
um die unterirdischen Kellerwände . . . . 15°
um die oberirdischen Wände, Ostseite . . . . 20°
Südseite . . . . 25°
Westseite . . . . 22°
Nordseite . . . . 18°
vor den Gangwänden in Kellerhöhe . . . . 14°
darüber . . . . 18°
unter dem Schutzdach . . . . 30°
Temperatur in den Kühlräumen durchweg . . . . . . —10°

Wärmeübergangswiderstände:

außenseitig . . . . $\frac{1}{\alpha} = \frac{1}{25}$

im Gang und unter dem Schutzdach . . . . $\frac{1}{\alpha} = \frac{1}{6}$

unterirdisch . . . . $\frac{1}{\alpha} = 0$

innenseitig . . . . $\frac{1}{\alpha_0} = \frac{1}{15}$

Die Bauweise ist so durchgeführt, daß

für Ost- und Südseite und Gang . . . . $\sum \frac{e}{\lambda} = \frac{1}{0{,}33}$

für die dem Regen ausgesetzte West- und Nordseite, wie auch die unterirdischen Wände und Böden . . . . . $\sum \frac{e}{\lambda} = \frac{1}{0{,}5}$

Zuschlag:

Ost- und Südseite sowie Gänge 10%
West- und Nordseite — Windseite — 20%

Hiernach ergeben sich die Kälteverluste wie folgt:

Unterster Boden: $\dfrac{2 \cdot 25 \cdot 30\,[12 - (-10)]}{\dfrac{1}{15} + \dfrac{1}{0,5}} = 16000$ kcal/h

Unterirdische Kellerwände: $\dfrac{(2 \cdot 25 + 4 \cdot 30) \cdot 3\,[15 - (-10)]}{\dfrac{1}{15} + \dfrac{1}{0,5}} = 6200$ „

Oberirdische Kellerwände:

Ostseite $\dfrac{1,1 \cdot 60 \cdot 1\,[20 - (-10)]}{\dfrac{1}{25} + \dfrac{1}{15} + \dfrac{1}{0,33}} = 700$ „

Südseite $\dfrac{1,1 \cdot 25 \cdot 1\,[25 - (-10)]}{\dfrac{1}{25} + \dfrac{1}{15} + \dfrac{1}{0,33}} = 300$ „

Westseite $\dfrac{1,2 \cdot 60 \cdot 1\,[22 - (-10)]}{\dfrac{1}{25} + \dfrac{1}{15} + \dfrac{1}{0,5}} = 1100$ „

Nordseite $\dfrac{1,2 \cdot 25 \cdot 1\,[18 - (-10)]}{\dfrac{1}{25} + \dfrac{1}{15} + \dfrac{1}{0,5}} = 400$ „

Keller Gangwände: $\dfrac{1,1 \cdot 2 \cdot 25 \cdot 4\,[14 - (-10)]}{\dfrac{1}{6} + \dfrac{1}{15} + \dfrac{1}{0,33}} = 1700$ „

Außenwände von Erd- und Obergeschoß:

Ostseite $\dfrac{1,2 \cdot 60 \cdot 3 \cdot 4\,[20 - (-10)]}{\dfrac{1}{25} + \dfrac{1}{15} + \dfrac{1}{0,33}} = 7700$ „

Südseite $\dfrac{1,1 \cdot 25 \cdot 12\,[25 - (-10)]}{\dfrac{1}{25} + \dfrac{1}{15} + \dfrac{1}{0,33}} = 3700$ „

Westseite $\dfrac{1,2 \cdot 60 \cdot 12\,[20 - (-10)]}{\dfrac{1}{25} + \dfrac{1}{15} + \dfrac{1}{0,5}} = 12300$ „

Nordseite $\dfrac{1,2 \cdot 25 \cdot 12\,[18 - (-10)]}{\dfrac{1}{25} + \dfrac{1}{15} + \dfrac{1}{0,5}} = 4800$ „

Gangwände: $\dfrac{1,1 \cdot 2 \cdot 25 \cdot 12\,[18 - (-10)]}{\dfrac{1}{6} + \dfrac{1}{15} + \dfrac{1}{0,33}} = 5700$ „

Decke unter Schutzdach: $\dfrac{2 \cdot 25 \cdot 30\,[30 - (-10)]}{\dfrac{1}{6} + \dfrac{1}{15} + \dfrac{1}{0,33}} = 18500$ „

Gesamter Kälteverlust: 79100 kcal/h

im Tagesmittel, also beispielsweise bei einer Betriebszeit von 10 Stunden täglich einer stündlichen Kälteerzeugung von

$$\frac{79\,100 \cdot 24}{10} = 190\,000 \text{ kcal/h}$$

entsprechend. Diese Zahl ist der Leistungsbemessung der Anlage, selbstverständlich unter Berücksichtigung weiterer Wärmequellen, zugrunde zu legen. Für Bemessung der Kühlvorrichtungen in den einzelnen Räumen ist zunächst zu untersuchen, ob zwischen dem Kälteverlust in den Nord- und Südräumen wesentliche Unterschiede bestehen. Die Wände ergeben in den oberirdischen Nordräumen einen Verlust von

$$\frac{1}{2}(7700 + 5700 + 12\,300) + 4800 = 17\,700 \text{ kcal/h},$$

in den oberirdischen Südräumen von

$$\frac{1}{2}(7700 + 5700 + 12\,300) + 3700 = 16\,600 \text{ kcal/h}.$$

Der Unterschied entspricht einem um etwa 6% höheren Kältebedarf auf der Nordseite. Er ist nicht groß genug, um eine unterschiedliche Behandlung in der Kälteversorgung beider Teile zu empfehlen.

Sind alle Kühlräume in Betrieb, so entfällt auf die beiden Kellerräume ein Kälteverlust von

$$16\,000 + 6100 + 700 + 300 + 1100 + 400 + 1700 = 26\,400 \text{ kcal/h},$$

das ist $100\,\frac{26\,400}{79\,100} = 33{,}4\%$ des gesamten Kältebedarfs,

auf das letzte Obergeschoß

$$\frac{1}{3}(7700 + 3700 + 12\,300 + 4800 + 5700) + 18\,500 = 29\,900 \text{ kcal/h},$$

das ist $100\,\frac{29\,900}{79\,100} = 37{,}8\%$ des gesamten Kältebedarfs,

auf Erdgeschoß und erstes Obergeschoß je

$$\frac{1}{3}(7700 + 3700 + 12\,300 + 4800 + 5700) = 11\,400 \text{ kcal/h},$$

das ist je $100\,\frac{11\,400}{79\,100} = 14{,}4\%$ des gesamten Kältebedarfs. Die Kühlvorrichtung ist demnach für diese beiden Geschosse zunächst für etwa die halbe Leistungsfähigkeit zu bemessen wie für Keller und letztes Obergeschoß.

Ist damit zu rechnen, daß einzelne Stockwerke zeitweise außer Betrieb sind, so bedingt dies guten Wärmeschutz der Zwischenböden, außerdem reichliche Bemessung der Kühlvorrichtung. Wenn beispielsweise die Zwischenböden eine bauliche Ausführung entsprechend $\sum \frac{e}{\lambda} = \frac{1}{0{,}67}$ erhalten und angenommen wird, daß in den stilliegenden Räumen sich eine Temperatur von 10° im Tagesmittel einstellt, so folgt ein Wärmedurchgang durch die Zwischendecke von

$$\frac{2 \cdot 25 \cdot 30\,[10-(-10)]}{\frac{1}{6}+\frac{1}{15}+\frac{1}{0{,}67}} = 17\,300 \text{ kcal/h},$$

also etwa gleich dem Wärmedurchgang durch untersten Boden oder oberste Decke. Infolgedessen wird das mittlere Obergeschoß einen Kälteverlust erleiden, gleich dem des obersten Obergeschosses, wenn beispielsweise das Erdgeschoß stilliegt. Die Entscheidung über die Bemessung der Kühlleistung für die einzelnen Stockwerke kann im einzelnen Falle nur unter erfahrener Beurteilung der zu erwartenden Betriebsverhältnisse getroffen werden. Grundsätzlich würde im vorliegenden Falle Keller- und letztes Obergeschoß für weniger hohe Ansprüche und nach Möglichkeit höhere Temperaturen zu verwenden bzw., wenn dies nicht in Betracht käme, mit verstärktem Wärmeschutz, vor allem des untersten Bodens und der obersten Decke, zu versehen sein.

5. Wärmeinhalt.

Im Anschluß an das Zahlenbeispiel 16 wurde der Einfluß des Wärmeinhalts berührt, der bei Betriebsunterbrechung von dem nicht wärmegeschützten Boden aufgenommen wird und nachträglich daraus zu entziehen ist. Ähnlich liegen die Verhältnisse bei Kühlerkammern und Kühlvorrichtungen allgemeiner Bauart sowie allen wärmegeschützten Leitungen. Bei ihnen findet während des Stillstandes ein teilweiser oder vollständiger Ausgleich auf die Temperatur der Umgebung statt. Nach Wiederaufnahme des Betriebes muß daher zunächst das Temperaturgefälle innerhalb der Schutzschicht wiederhergestellt werden, wie es dem Dauerzustande entspricht. Die zu entziehende Wärmemenge wird um so niedriger, je geringer der Wärmeinhalt der Schutzschicht ist. Wird beispielsweise für eine Leitung an Stelle einer hochwertigen Korkschicht eine minderwertige mit der doppelten Wärmeleitzahl und, als Ausgleich, dem doppelten Rauminhalt der Schutzschicht verwendet, so daß im Dauerbetriebe der stündliche Kälteverlust etwa der gleiche bleibt, so wird der dem Wärmeinhalt entsprechende zusätzliche Kälteverlust nach Aufnahme des Betriebes bei dem schlechteren Schutzstoff rund achtmal größer als bei dem besseren. Denn der doppelten Wärmeleitzahl entspricht etwa das vierfache Raumgewicht.

Zahlenbeispiel 26.

Welcher Wärmeinhalt ist bei der in Zahlenbeispiel 20 beschriebenen flußeisernen Saugleitung (0,07 m innerer Durchmesser, 0,003 m Wandstärke, 50 m Länge) der Wärmeschutzschicht (Korkschale 0,03 m stark, $\lambda = 0{,}06$) zu entziehen, wenn die spezifische Wärme mit $c = 0{,}3$ kcal/kg · °C, das Raumgewicht mit 400 kg/m³ und vollkommener Ausgleich auf die Umgebungstemperatur von 20° angenommen wird?

Der Wärmeinhalt nach erfolgtem Temperaturausgleich beträgt

$$\frac{(0{,}136^2-0{,}076^2)\,\pi}{4} \cdot 50 \cdot 400 \cdot 0{,}3 \cdot 20 \sim 1200\ \text{kcal.}$$

Im Betriebszustande kann die Temperatur der äußeren Oberfläche, etwa der Raumtemperatur entsprechend, zu 20°, die der inneren, der Rohrtemperatur gleich, zu — 10°, die mittlere Temperatur der Wärmeschutzschicht demnach zu $\frac{20 + (-10)}{2} = 5^0$, entsprechend einem Wärmeinhalt von 300 kcal, gesetzt werden. Der nach jedem Stillstand zu entziehende überschüssige Wärmeinhalt beträgt daher 1200 — 300 = 900 kcal und entspricht dem 1,1fachen des im früheren Beispiele zu 810 kcal/h gefundenen stündlichen Kälteverlustes.

Zahlenbeispiel 27.

Wie verändern sich im vorausgehenden Beispiele Kälteverlust und Wärmeinhalt bei Verwendung eines minderwertigen Wärmeschutzes gleicher Stärke mit $\lambda = 0{,}09$ und einem Raumgewicht von 800 kg/m³?

$$Q_h \sim 800\,\frac{0{,}09}{0{,}06} \sim 1200\ \text{kcal/h.}$$

Die nach dem jedesmaligen Stillstande zu entziehende Wärmemenge beträgt wegen des doppelten Raumgewichtes 2 · 900 = 1800 kcal und entspricht damit dem $1^1/_2$stündigen Kälteverlust im Dauerzustande.

Zahlenbeispiel 28.

Ein freihängender Luftkanal $\left(\frac{1}{\alpha} = \frac{1}{7}, \frac{1}{\alpha_0} = \frac{1}{30}\right)$ von 100 m² Oberfläche wird durch Wände aus hochwertigen 0,06 m starken Korkplatten von einem Raumgewicht von 150 kg/m³ ($\lambda = 0{,}04$) gebildet. Wie groß ist der Wärmedurchgang und überschüssige Wärmeinhalt (Unterschied zwischen Wärmeinhalt nach Ausgleich mit der Umgebung bzw. im Betriebe) bei einer Raumtemperatur von 20° und einer inneren Lufttemperatur von — 10°?

$$Q_h = \frac{100 \cdot [20 - (-10)]}{\frac{1}{7} + \frac{1}{30} + \frac{0{,}06}{0{,}04}} \sim 1790\ \text{kcal/h.}$$

Überschüssiger Wärmeinhalt

$$\sim 100 \cdot 0{,}06 \cdot 150 \cdot 0{,}3\left(20 - \frac{20-10}{2}\right) \sim 4050\ \text{kcal.}$$

Der überschüssige Wärmeinhalt entspricht demnach dem etwa 2,2fachen des im Dauerzustande sich ergebenden stündlichen Kälteverlustes.

Wird ein minderwertiger Wärmeschutzstoff von 600 kg/m³ Raumgewicht ($\lambda = 0{,}08$) mit doppelter Stärke ($e = 0{,}12$) angewandt, so ergibt sich der stündliche Kälteverlust in gleicher Höhe, der überschüssige Wärmeinhalt jedoch zu $\sim 100 \cdot 0{,}12 \cdot 600 \cdot 0{,}3 \cdot 15 \sim 32400$ kcal, entsprechend dem etwa 18fachen des stündlichen Kälteverlustes im Beharrungszustande.

Wird, unter Inkaufnahme eines doppelt so hohen dauernden Wärmeverlustes, die Schutzschicht auch bei dem minderwertigen Schutzstoff mit 0,06 m Stärke gewählt, so entspricht der überschüssige Wärmeinhalt dem $\frac{18}{2 \cdot 2} = 4{,}5$fachen des stündlichen Dauerverlustes. Bei einer Betriebszeit von 9 Stunden ergibt sich der Gesamtverlust gleich dem, wie er sich für $9 + 4{,}5 = 13{,}5$ Stunden Dauerzustand errechnen würde, d. h. zu $2 \cdot 1790 \cdot 13{,}5 \sim 48000$ kcal. Bei der doppelt starken Schutzschicht beträgt der gesamte Kälteverlust, entsprechend $9 + 18 = 27$ Betriebsstunden $1790 \cdot 27 \sim 48000$ kcal, also gleich viel. Die schwächere Schutzschicht ist daher der doppelt so starken gleichwertig und wirtschaftlicher als diese. Bei höherer Betriebszeit wird die stärkere, bei niedrigerer die schwächere Schutzschicht überlegen. Es gibt in jedem Falle eine wirtschaftliche Schutzschichtstärke, die nicht nur von den Anschaffungskosten und dem Kälteverlust während des Dauerzustandes, sondern in hohem Maße von dem Wärmeinhalt der Schutzschicht und vor allem von der Betriebszeit der Anlage abhängt.

Ganz allgemein kann der Wert $\gamma \cdot c \cdot \lambda$ als Maßstab der Wärmespeicherung betrachtet werden, wenn verschiedene Stoffe mit gleichem Dauerverlust zu vergleichen sind. Dieser Wert beträgt der Größenordnung nach beispielsweise für ruhende Luft 0,0005, Korkschrot 0,5, Eichenholz 100, Ziegelsteine 150.

Der Wert des Wärmeübergangswiderstandes ist bei den Vergleichsrechnungen unberücksichtigt geblieben. Seine Beachtung würde in gleicher Richtung wirken, denn sie bedeutet eine Erhöhung der Schutzwirkung ohne hinzukommenden Wärmeinhalt, die um so mehr ins Gewicht fällt, je höher der aus der Wärmeleitfähigkeit allein sich ergebende Kälteverlust steigt. Bei Halbierung der Schutzschichtstärke wird daher der gesamte Wärmedurchgang weniger als doppelt so groß, und die Verringerung der Schutzschichtstärke erscheint, wenn sie unter Vernachlässigung des Wärmeübergangswiderstandes als wirtschaftlich erkannt wurde, noch mehr berechtigt, wenn dieser berücksichtigt wird.

Bei dem Wärmeschutz der äußeren Umfassung von Kühlräumen oder Kühlerkammern wirkt geringer Wärmeinhalt der außerhalb angebrachten Schutzschicht günstig. Sinkt die Außentemperatur im Laufe der Nacht, so folgt die Temperatur der äußeren Schutzschicht ihr um so langsamer, je größer ihr Wärmeinhalt ist. Infolgedessen wird eine tagsüber sonnenbestrahlte Wand in den kühlen Nachtstunden bei großem Wärmeinhalt einen höheren Wärmedurchgang ergeben als bei geringem Wärmeinhalt. Ein Ausgleich wird allerdings dadurch geschaffen, daß die nächtliche Abkühlung nachwirkt und den Einfluß der Tageshitze mildert. Da jedoch bei nicht durchgehendem Betriebe der nächtliche Stillstand die Regel bildet, trifft der durch hohen Wärmeinhalt der Schutzschicht vermehrte Wärmedurchgang in ungünstiger Weise mit der Zeit zusammen, in der die Kühlwirkung nachläßt.

Liegt die Schutzschicht auf der Innenseite, so kommt der äußeren Umfassung (Mauerwerk u. dgl.) gleiche Bedeutung insofern zu, als bei ihr hoher Wärmeinhalt unwillkommen ist. Es liegen hier also genau entgegengesetzte Verhältnisse vor wie bei innerer Vormauerung, bei der die Rücksicht auf niedrige Temperaturschwankungen möglichst großen Wärmeinhalt verlangt.

6. Veränderungsträgheit.

Die Untersuchungen von Weichart-Steinbacher[1] an einem bestimmten Schlackenstein ergaben, daß bei Bestrahlung der Stirnfläche unter raschem äußeren Temperaturanstieg die Temperatur mit fortschreitender Tiefe immer langsamer zunahm. Infolge dieser Veränderungsträgheit wird ein auf der abgewandten Seite sich einstellender Beharrungszustand durch Temperaturschwankungen an der Außenseite nur unbedeutend gestört. Derartige Baustoffe sind für Kühlräume besonders geeignet, denn sie halten von deren Innenseite den schädlichen Augenblickseinfluß hoher Außentemperatur ab.

7. Schutz gegen Tauwasserbildung.

Auf den Zusammenhang zwischen Wärmeschutz und Feuchtigkeitsniederschlag an Außenwänden haben bereits Knoblauch-Noell[2] und Hencky[3] hingewiesen. Danach muß die Schutzschicht so bemessen werden, daß der Wärmedurchgangswiderstand der Flächeneinheit

$$\frac{1}{k} \geqq \frac{1}{\alpha} \cdot \frac{t - t_0}{t - t''} \tag{61}$$

ist, wobei bedeuten

$\frac{1}{\alpha}$ den Wärmeübergangswiderstand der Flächeneinheit auf der wärmeren Seite, in $^0\mathrm{C}/\frac{\mathrm{kcal}}{\mathrm{m^2 \cdot h}}$,

t die Lufttemperatur auf der wärmeren Seite, in ^{0}C,

t_0 die Lufttemperatur auf der kälteren Seite, in ^{0}C,

t'' den Taupunkt, der der Luftbeschaffenheit auf der wärmeren Seite entspricht, in ^{0}C. Bei tiefer Temperatur gilt t'' als Taupunkt über Wasser, weil sich hierbei (Verhinderung von Tauwasser) eine weitergehende Forderung, $\left(\text{größeres } \frac{1}{k}\right)$ ergibt, als für t'' als Taupunkt über Eis (Verhinderung von Reif).

Ist die Luft gesättigt, so wird $t'' = t$ und $\frac{1}{k} = \infty$, d. h. es bildet sich auch beim besten Wärmeschutz ein Niederschlag. Im Betrieb ist dieser Fall ohne Bedeutung, denn für die Außenwände ist stets mit Niederschlägen, Regen und Schnee, zu rechnen, ihre Oberfläche daher so zu halten, daß der Wärmeschutz nicht leidet, d. h. Feuchtigkeit nicht bis zu ihm vordringt.

[1] Weichart-Steinbacher: Hygienische Untersuchungen über den Schlakkenstein des Nürnberger Gaswerks. Gesundh.-Ing. 1922.

[2] Knoblauch-Noell: Vermeidung von Schwitzwasser in Obstkellern. Gesundh.-Ing. 1916.

[3] Hencky: Die Wärmeverluste durch ebene Wände. München 1921.

Der untere Grenzwert des Wärmedurchgangswiderstandes läßt sich aus Abb. 333 finden. Die Benutzung geht aus dem eingezeichneten Beispiel hervor. Die Senkrechte in dem der Temperatur $t = 33^0$ zugeordneten Abszissenpunkt wird mit der $\varphi = 0{,}6$-Kurve zum Schnitt gebracht und durch den Schnittpunkt die Parallele zur Abszissenachse

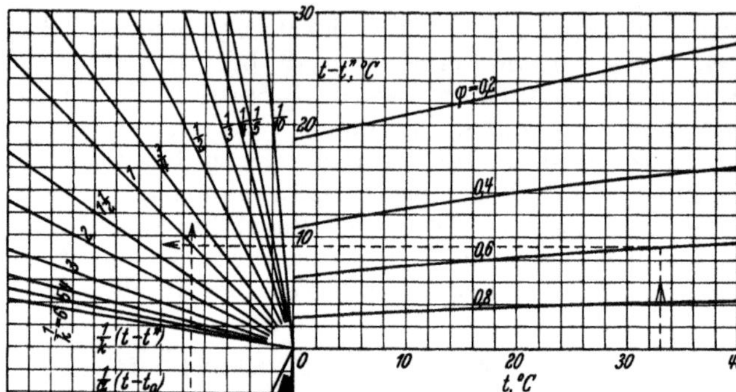

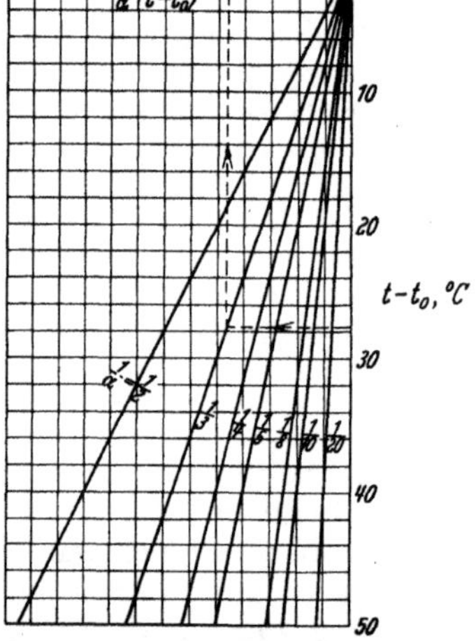

Abb. 333. Tafel zur Ermittlung des Wärmeschutzes gegen Tauwasserbildung.

gezogen, deren Ordinatenhöhe dem Unterschied $t - t'' = 9{,}2$ entspricht. Außerdem wird die Waagerechte durch den Ordinatenpunkt für $t - t_0 = 33 - 5{,}4 = 27{,}6$ bis zu dem vom Nullpunkt ausgehenden Strahl gezogen, der dem Wert $\frac{1}{\alpha} = \frac{1}{3}$ entspricht und durch den Schnittpunkt die Parallele zur Ordinatenachse gezeichnet. Diese schneidet die zuvor gefundene Parallele zur Abszissenachse in einem Punkte, dessen Lage auf einem der durch den Nullpunkt gelegten Strahlen den gesuchten Wert $\frac{1}{k} = 1$ festlegt. Eine etwa 0,025 m starke Korkplatte würde in diesem Falle genügen. Die auf diese Weise ermittelte, im allgemeinen geringe Stärke der Wärmeschutzschicht ist bei häufigem und längerem Stilliegen des Nachbarraumes zu vergrößern, weil dann die Kälteverluste für die Schutzschichtbemessung maßgebend werden. Da $\frac{1}{k}$ mit $\frac{1}{\alpha}$ abnimmt, wird die Gefahr des Beschlagens vermindert, wenn durch besondere Maßnahmen, z. B. durch künstliche Lüftung des wärmeren Raumes, $\frac{1}{\alpha}$ verkleinert wird. Da hierdurch gleichzeitig die Kälteverluste ansteigen, ist die Maßnahme nur in Fällen angebracht, bei denen die Ausführung einer genügenden Zwischenschutzschicht versäumt wurde, ein Beschlagen aber auf alle

Fälle vermieden werden muß. Eisenteile, die durch Trennmauern und Decken hindurchtreten, ergeben stets einen unzulässigen Wert $\frac{1}{k}$, werden immer beschlagen, sind daher an der Stirnseite mit einer Wärmeschutzschicht abzudecken. Natürlich sollte schon der Gesichtspunkt, daß jeder m^2 von leitenden Metallen, die durch den Wärmeschutz nach außen dringen, gleichbedeutend ist mit dem Hinzutreten von etwa 1000 m^2 gut geschützter Fläche, zur Regel machen, kein Mittel unversucht zu lassen, um diese Schwächung zu vermeiden und die Wärmeschutzschicht vollkommen, sei es als Innen- oder Außenmantel, zu schließen. In geringerem Maße gilt dies für die Baustoffe, z. B. das Gerippe von Betonbauten oder die Säulen aus Mauerwerk, schließlich auch für Holzteile, bei denen ein zusätzlicher Wärmeschutz in dem Maße nicht vergessen werden sollte, daß auch dort ein verhältnismäßig großer Verlust vermieden wird.

Wie die Bedingungen, ein Beschlagen der Außenwand zu vermeiden, eine Grundlage bilden für die Stärke der Wärmeschutzschicht an Zwischenwänden und Zwischendecken, so läßt sich die Frage aufwerfen, wie mit ähnlichen Mitteln das gefährliche Frieren des Untergrundes verhütet werden kann. Der Gefrierpunkt des Bodens beträgt unter der Voraussetzung, daß er mit Wasser gesättigt und keinerlei Erschütterung ausgesetzt ist, nach den Feststellungen von Buojoucos[1] für Mineralboden — 4,2°, für Torf — 5°. Er liegt höher als der Gefrierpunkt von Wasser, das sich bei vollkommener Ruhe bis auf — 6° unterkühlen läßt. Der Wärmeschutz wäre so zu wählen, daß bei der tiefsten Temperatur auf der Innenseite des Fußbodens und der in der Erde versenkten Mauern die Temperatur auf der äußeren Oberfläche nicht tiefer liegt als etwa — 4°. Da mit vollkommener Ruhe und Sättigung des Fußbodens im allgemeinen nicht gerechnet werden kann, ist, um sicher zu gehen, die Grenztemperatur zu 0° anzunehmen. Für die Innentemperatur stellt etwa — 20° das im allgemeinen Betriebe vorkommende tiefste Maß dar. Bezeichnet $\frac{1}{\alpha}$ den Wärmeübergangswiderstand der Flächeneinheit des Baugrunds an den Boden und die Mauern, $\frac{1}{k}$ den Wärmedurchgangswiderstand der Flächeneinheit der Bauschicht, so gilt für den Grenzfall die Beziehung

$$\frac{1}{k}(t-0) \geqq \frac{1}{\alpha}[t-(-20)],$$

$$\frac{1}{k} \geqq \frac{1}{\alpha} \cdot \frac{t+20}{t}.$$

Hierbei bedeutet t die Temperatur des Baugrundes. Je kleiner $\frac{1}{\alpha}$ ist, d. h. je rascher die durchdringende Kälte im Baugrunde verteilt wird,

[1] Buojoucos: Degree of temperature to which soils can be cooled without freezing. J. Agric. Res. 1920.

um so geringer ist die Einfriergefahr. Der größtmögliche Wert für $\frac{1}{\alpha}$ kann bei vollkommen losem Untergrund zu $\frac{1}{\alpha} \sim \frac{1}{10}$ geschätzt werden, also der Größenordnung nach gleich dem für die Innenseiten geltenden $\frac{1}{\alpha_0}$. Für diesen ungünstigsten Fall wäre die Schutzstärke durch den Wert $\frac{1}{k} \geqq \frac{t+20}{10\,t}$ bestimmt. Um unzulässige Kälteverluste zu vermeiden, wird die Schutzstärke im allgemeinen so gewählt, daß sich ein Wert $\frac{1}{k} \sim \frac{1}{0{,}5}$ ergibt. Mit dieser Zahl als Höchstwert bleibt ein Einfrieren des Baugrundes vermieden, solange $t \geqq \frac{10}{9{,}5}$, d. h. rund 1° oder mehr beträgt. Diese Bedingung ist im allgemeinen ohne weiteres als erfüllt anzusehen. Die Betrachtung hat zur Voraussetzung, daß die durch die Wärmeschutzschicht in den Kühlraum eindringende Bodenwärme durch die Umgebung dauernd ersetzt wird. Dies ist der Fall, wenn unterhalb des feuchten Bodens keine Schicht von besonders geringer Wärmeleitfähigkeit liegt, was wohl meistens zutrifft, und wenn die tieferen Bodenteile wärmer, also nicht etwa gefroren sind. Auch hiermit kann in der Regel gerechnet werden, da im allgemeinen Grundwasser mit einer dauernden Temperatur von etwa 10° vorliegt.

X. Kritische Geschwindigkeit.

Die Versuche von Osborne Reynolds[1] haben zu der Erkenntnis geführt, daß oberhalb einer bestimmten Grenzgeschwindigkeit die Strömung in Flüssigkeiten in Wirbelbewegung übergeht. Damit aber wird eine Bedingung für günstige Wärmeübertragung erfüllt, so daß in allen Fällen beabsichtigten Wärmeübergangs eine oberhalb dieses kritischen Wertes liegende Geschwindigkeit anzustreben ist.

Die kritische Geschwindigkeit in m/s beträgt hierbei

$$w_k = \frac{Re_{kr} \cdot \nu}{D}, \tag{62}$$

wobei bedeuten

Re_{kr} den kritischen Grenzwert einer Kenngröße, der Reynoldsschen Zahl*. Er beträgt nach Schiller[2] für Rohre ohne Unterschied der Rauhigkeit $Re_{kr} = 2320$,

---

[1] Osborne Reynolds: Sci. Pap. Bur. Stand. Bd. 2; Philos. Trans. Roy. Soc., Lond. 1883.

* Die Reynoldssche Zahl $Re = \frac{w \cdot D}{\nu}$ wird hier auf den Rohrdurchmesser bezogen, ist also doppelt so groß wie der zuweilen auf den Rohrhalbmesser bezogene Wert $(Re)_R = \frac{w \cdot R}{\nu}$.

[2] Schiller: Untersuchungen über laminare und turbulente Strömungen. VDI-Forsch.-Heft 1922 Nr. 248.

$\nu = \frac{\mu}{\varrho}$ die kinematische Zähigkeit, in m^2/s,
μ die Zähigkeit, in $kg \cdot s/m^2$,
D den Durchmesser des Rohres, in m,
$\varrho = \frac{\gamma}{g}$ die Massendichte, in $kg \cdot s^2/m^4$,
γ das spezifische Gewicht, in kg/m^3,
$g \sim 9{,}81$ m/s die Beschleunigung der Schwere.

Für Gase ist μ nahezu unabhängig vom Druck und nimmt mit der Temperatur zu. Bei tropfbaren Flüssigkeiten führt steigende Temperatur zu einer Abnahme der Zähigkeit.

In nachstehender Tafel sind für die hier in Betracht kommenden Stoffe die Werte μ, ϱ, ν und w_{kr} zusammengestellt. Für die Wärmeübertragungsflächen bei Kälteanlagen lassen sich hieraus folgende Schlüsse ziehen:

Luft. Die Wärmeübertragung an Luft erfolgt im allgemeinen in der Weise, daß die Luft sich um die Kühlflächen bewegt. Hierbei bildet eine Luftgeschwindigkeit die Regel, die jedenfalls $\geqq 0{,}5$ m/s ist und damit oberhalb des kritischen Grenzwertes liegt. Werden ausnahmsweise Luftkühler in Form von Röhrenbündeln angewandt, bei denen die Luft durch die Rohre streicht, so soll bei einem Rohrdurchmesser von etwa 0,04 m die Luftgeschwindigkeit nicht unter 1 m/s liegen.

Dämpfe. Der für die Kühlrohre bei Ammoniak angewandte Durchmesser beträgt im allgemeinen rund 0,03 m oder mehr. Für Verdampfer stellt hierbei etwa 0,5 m/s die Geschwindigkeit dar, die oberhalb des kritischen Grenzwertes liegt. Bei besonders tiefer Verdampftemperatur (— 15° und darunter) empfiehlt es sich, nicht unter 1 m/s herunterzugehen. Für die Verflüssiger bietet schon 0,2 m/s genügend Sicherheit, soweit es sich um das Überhitzungs- und Sättigungsgebiet handelt.

Bei Ammoniak-Absorptionskühlanlagen empfiehlt es sich, eine Geschwindigkeit von 0,2 m/s im Trockner und Temperaturwechsler nicht zu unterschreiten.

Die kritischen Geschwindigkeiten für Kohlensäure besitzen für Gas und Flüssigkeit Werte gleicher Größenordnung, weil das Anwendungsgebiet hier nahe dem kritischen Punkt liegt, bei dem beide Aggregatzustände ineinander übergehen. Als kleinste Rohrabmessung für die wärmeübertragenden Flächen kann 0,01 m angenommen werden. Für Verdampfer ergibt sich hieraus die Forderung, 0,1 m/s bei Temperaturen bis — 15°, 0,2 m/s bei Temperaturen unter — 15° nicht zu unterschreiten. Für den Verflüssiger kann im Überhitzungs- und Sättigungsgebiet 0,02 m/s als untere Grenze angesetzt werden.

Die bei Schwefligsäure angewandten Rohrabmessungen liegen bei etwa 0,04 m und darüber. Die für Verdampfer und Verflüssiger von Ammoniakanlagen empfohlenen Grenzzahlen lassen sich übernehmen.

Strömt Wasserdampf durch kleine Rohre von 0,04 m Durchmesser und darunter, so ist bei mäßigen Temperaturen, z. B. 0° im

Zähigkeit μ (kg · s/m²), Massendichte ϱ (kg · s²/m⁴), kinematische

		t, °C	$\mu \cdot 10^6$	ϱ
Luft	1 at	—20	1,59	0,138
		0	1,71	0,128
		20	1,83	0,119
	5 at	—20	1,59	0,690
		0	1,71	0,640
		20	1,83	0,595
Wasserdampf	0,01 at	6,6	0,94	0,00078
	0,1 ,,	45,4	1,06	0,0068
	1,0 ,,	99,1	1,28	0,059
	10,0 ,,	179,0	1,79	0,513
Ammoniakdampf		—20	1,12	0,164
		0	1,19	0,352
		20	1,34	0,682
Kohlensäuredampf		—15	1,68	6,14
		0	1,78	9,82
		20	2,08	19,39
Schwefligsäuredampf		—20	1,08	0,20
		0	1,25	0,46
		20	1,54	0,96
Wasser		0	183	102,0
		20	102	101,8
Wässerige Natriumchloridlösung	15%	—10	344	114,1
		0	230	113,8
	20%	—10	416	118,3
		0	275	117,9
Wässerige Kalziumchloridlösung	20%	—10	503	121,3
		0	318	121,0
	25%	—10	643	126,8
		0	413	126,3
Wässerige Magnesiumchloridlösung	15%	—10	552	115,9
		0	383	115,7
	20%	—10	815	120,9
		0	532	120,6
Ammoniak flüssig		0	24,4	65,1
		20	22,6	62,2
Kohlensäure flüssig		0	10,3	94,3
		20	7,2	78,6
Schwefligsäure flüssig		0	39,3	156,5
		20	27,8	141,0

Zähigkeit ν (m²/s) und kritische Geschwindigkeit w_{kr} (m/s).

$\nu \cdot 10^6$	w_{kr} bei einem Durchmesser D (m)					
	0,005	0,01	0,04	0,08	0,2	0,8
11,7	5,4	2,7	0,68	0,34	0,14	0,034
13,4	6,2	3,1	0,78	0,39	0,15	0,039
15,4	7,2	3,6	0,89	0,45	0,18	0,045
2,34	1,09	0,54	0,14	0,068	0,027	0,0068
2,68	1,24	0,62	0,16	0,078	0,031	0,0078
3,08	1,43	0,72	0,18	0,089	0,036	0,0089
1205,0	560,0	280,0	70,0	35,0	14,0	3,5
155,5	72,2	36,1	9,02	4,5	1,8	0,45
21,67	10,8	5,0	1,3	0,63	0,25	0,063
3,50	1,6	0,8	0,20	0,10	0,04	0,010
6,82	3,16	1,58	0,40	0,20	0,079	0,020
3,38	1,57	0,79	0,20	0,098	0,039	0,0098
1,96	0,91	0,46	0,11	0,057	0,023	0,0057
0,27	0,13	0,064	0,016	0,0080	0,0032	0,00080
0,18	0,084	0,042	0,011	0,0050	0,0021	0,00050
0,11	0,050	0,025	0,0062	0,0031	0,0012	0,00031
5,43	2,52	1,26	0,32	0,16	0,063	0,016
2,72	1,26	0,63	0,16	0,079	0,032	0,0079
1,61	0,75	0,37	0,094	0,047	0,019	0,0047
1,797	0,83	0,42	0,14	0,052	0,028	0,0052
1,005	0,46	0,23	0,058	0,029	0,016	0,0029
3,01	1,40	0,70	0,17	0,087	0,035	0,0087
2,02	0,94	0,47	0,12	0,059	0,023	0,0059
3,53	1,64	0,82	0,20	0,10	0,041	0,010
2,34	1,1	0,54	0,14	0,068	0,027	0,0068
4,15	1,93	0,96	0,24	0,12	0,048	0,012
2,62	1,2	0,61	0,15	0,076	0,030	0,0076
5,07	2,35	1,18	0,29	0,15	0,059	0,015
3,27	1,52	0,76	0,19	0,095	0,038	0,0095
4,77	2,21	1,11	0,28	0,14	0,055	0,014
3,31	1,54	0,72	0,19	0,096	0,038	0,0096
6,74	3,13	1,56	0,39	0,20	0,078	0,020
4,41	2,0	1,0	0,27	0,13	0,051	0,013
0,37	0,17	0,087	0,022	0,011	0,0043	0,0011
0,36	0,17	0,084	0,021	0,011	0,0042	0,0011
0,11	0,051	0,025	0,0063	0,0032	0,0013	0,00032
0,092	0,043	0,021	0,0053	0,0027	0,0011	0,00027
0,25	0,12	0,058	0,015	0,0073	0,0029	0,00073
0,20	0,091	0,046	0,011	0,0057	0,0023	0,00057

Verdampfer, 15⁰ im Verflüssiger, eine Geschwindigkeit von über 200 m/s im Verdampfer und über 50 m/s im Verflüssiger anzustreben. Bei größeren Rohrabmessungen und der üblichen Strömung um die Rohre ermäßigen sich diese Zahlen entsprechend.

Die vorstehenden Erörterungen bedürfen einer Einschränkung hinsichtlich der Wirkungsweise der Sättigungszone von Verflüssigern und Verdampfern. Nach neuerer Erkenntnis gilt es, beim Verflüssiger den entstehenden Niederschlag schnellstens von der Kühlfläche zu entfernen, während beim Verdampfer dafür zu sorgen ist, daß die Kühlfläche stets reichlich benetzt bleibt. Beides wird durch hohe Geschwindigkeit des strömenden Arbeitsstoffes begünstigt. Ihr Wert läßt sich für den dampfförmigen Teil einigermaßen errechnen. Für den flüssigen Teil dagegen sind Annahmen nötig. Der Begriff der kritischen Geschwindigkeit als zahlenmäßiger Grenzwert verliert dabei an Bedeutung. Wird er auf den Arbeitsstoff als einheitliches Gemisch bezogen, so liegt darin eine sehr grobe Annäherung.

Tropfbare Flüssigkeiten. Bei Tauchverflüssigern, Berieselungsverflüssigern und Tauchverdampfern besitzen die Wasserwege erhebliche Querschnitte, so daß schon geringe Geschwindigkeiten (über $\sim$ 0,01 m/s) oberhalb des kritischen Wertes liegen. Bei Doppelrohr- und Röhrenbündelbauart ist der angewandte Durchmesser 0,025 m oder mehr, und eine Geschwindigkeit von mindestens $\sim$ 0,5 m/s erforderlich.

Bei Solekühlern sind höhere Geschwindigkeiten angebracht als bei Wasserkühlern, der Unterschied ist um so größer, je höher der Stärkegrad und je tiefer die Temperatur der Lösung sind. Die kritische Geschwindigkeit erreicht hier bei kleinen Rohrdurchmessern schließlich Werte, die sich wegen des nebenherlaufenden hohen Strömungswiderstandes kaum verwirklichen lassen.

Der als Nachkühler wirkende letzte Teil des Verflüssigers bzw. gesonderte Nachkühler sollen mit einer Geschwindigkeit arbeiten, die bei Ammoniak und Schwefligsäure (Rohrdurchmesser rund 0,03 m) nicht unter 0,03 m/s, bei Kohlensäure (kleinster Rohrdurchmesser rund 0,01 m) nicht unter 0,04 m/s liegt. Werden bei Ammoniak und Schwefligsäure für den Nachkühler kleinere Rohrdurchmesser angewandt, z. B. 0,02 m, so sollte gleichzeitig die Geschwindigkeit auf mindestens 0,06 m/s erhöht werden.

Es sei ausdrücklich betont, daß die angegebenen Geschwindigkeitswerte nur Mindestzahlen darstellen, die nicht mit dem Betrage der häufig höher liegenden wirtschaftlichen Geschwindigkeiten verwechselt werden dürfen. Fehlerhafte Ausführungen, bei denen die kritische Geschwindigkeit unterschritten ist, lassen sich nicht etwa dadurch verbessern, daß beispielsweise die Rohrzahl verdoppelt, der Rohrdurchmesser auf die Hälfte verringert und damit die Geschwindigkeit auf das Doppelte erhöht wird. Denn dem halb so großen Rohrdurchmesser entspricht ein doppelt so hoher Wert der kritischen Geschwindigkeit. Abhilfe müßte in Vergrößerung der Rohrlänge und gleichzeitiger Verkleinerung der Rohrdurchmesser gesucht werden.

XI. Gleichwertiger Durchmesser.

Hat der Stromquerschnitt andere als Kreisform, so ist D durch

$$D' = \frac{4f}{U} \tag{63}$$

zu ersetzen. Hierbei stellen

D' den gleichwertigen Durchmesser, in m,
f den Stromquerschnitt, in m^2,
U den von der Flüssigkeit benetzten Umfang des durchströmten Kanals, in m,

dar. Für ringförmigen Stromquerschnitt mit einem äußeren Durchmesser D_a und einem inneren Durchmesser D_i wird

$$D' = D_a - D_i,$$

für den rechteckigen Stromquerschnitt mit den Seitenlängen B und H ergibt sich

$$D' = \frac{2\,B\,H}{B+H}.$$

Der gleichwertige Durchmesser tritt auch dann an Stelle von D, wenn statt der hydraulischen Strömungsverhältnisse der Vorgang der Wärmeübertragung verfolgt wird. Hierbei bedeutet U das Maß des an dem Wärmeaustausch beteiligten Umfanges, und der gleichwertige Durchmesser wird für ringförmigen Querschnitt:

bei Wärmeaustausch durch das Außen- und Innenrohr

$$D' = D_a - D_i,$$

bei Wärmeaustausch durch das Außenrohr allein

$$D' = \frac{D_a^2 - D_i^2}{D_a},$$

bei Wärmeaustausch durch das Innenrohr allein

$$D' = \frac{D_a^2 - D_i^2}{D_i},$$

für rechteckigen Querschnitt:

bei Wärmeaustausch durch alle vier Seiten

$$D' = \frac{2\,B\,H}{B+H},$$

bei Wärmeaustausch durch zwei gegenüberliegende Breitseiten

$$D' = 2\,H,$$

bei Wärmeaustausch durch zwei gegenüberliegende Längsseiten

$$D' = 2\,B.$$

XII. Berechnung der Wärmeübertragung durch Metallwände.

A. Wärmeleitwiderstand.

1. Heizflächenwand.

Der Wärmeleitwiderstand $\frac{e_W}{\lambda_W}$ der Heizflächenwand gewinnt bei den Wärmeaustauschern von Kühlanlagen in dem Maße an Bedeutung, in dem die Wärmeübergangswiderstände der beiderseits strömenden Stoffe zurücktreten. Dies gilt insbesondere bei hochwirksamen Verflüssigern und Verdampfern für Flüssigkeitskühlung, bei Luftkühlern dagegen überwiegt der Wärmeübergangswiderstand auf alle Fälle so stark, daß der Wärmeleitwiderstand der Heizflächenwand demgegenüber vollständig verschwindet.

Die den Wärmeleitwiderstand bestimmenden Größen e_W und λ_W hängen in bestimmten Grenzen voneinander ab, da der Baustoff (λ_W) bei gegebener Heizflächenform die Wandstärke (e_W) bestimmt, die mit Rücksicht auf Festigkeit und Abnutzung nötig ist.

Die Wahl des Baustoffes wird durch das Verhalten gegenüber den in Wärmeaustausch tretenden Stoffen (Arbeitsstoff, Kälteträger, Heizmittel) beeinflußt. In Betracht kommen vor allem Flußeisen, Gußeisen, Kupfer und Kupferlegierungen. Zuweilen erhält die Wand einen Schutzüberzug durch Verzinkung, Verzinnung, in seltenen Fällen auch Emaillierung. Für die Wärmeleitfähigkeit können unabhängig von der Temperatur folgende runden Werte angenommen werden:

Baustoff	λ_W [kcal/m · °C · h]	Baustoff	λ_W [kcal/m · °C · h]
Kupfer	300 bis 340	Nickel	50
Aluminium	175	Gußeisen, Flußeisen .	35 bis 50
Zink	95	Blei	30
Messing	75 bis 100	Glas	0,4 bis 0,8
Bronze, Zinn	55		

Die Unterlegenheit von Eisen gegenüber Kupfer wird einerseits dadurch erhöht, daß die Rostgefahr einen Sicherheitszuschlag zur Wandstärke verlangt, andererseits durch die höhere Festigkeit von Flußeisen teilweise ausgeglichen.

Rohre mit kleinem Durchmesser ermöglichen Anwendung geringerer Wandstärken. Da sie auch hinsichtlich des Wärmeüberganges Vorteile bieten, sind im allgemeinen die Rohrdurchmesser so klein zu halten, wie die Rücksicht auf Betrieb und Kosten zuläßt.

2. Fremdschicht.

Auf den Metallwänden der dem Wärmeaustausch dienenden Vorrichtungen können während des Betriebes Ablagerungen auftreten und die Arbeitsverhältnisse in ungünstiger Weise beeinflussen. Es handelt sich hierbei nicht nur um solche Fremdkörper, die durch ungünstige Beschaffenheit der Flüssigkeit (Kühlwasser von großer Härte, übersättigte Lösungen, unreinen Arbeitsstoff) gebildet werden, sondern auch solche, die im regelmäßigen Betriebe entstehen (Tau, Reif, Eis) oder als Schutzschicht von vornherein Anwendung finden (Anstrich).

α) **Steinbelag.** Die Wärmeleitfähigkeit für den hier in Frage kommenden kalkreichen Steinbelag liegt nach den Untersuchungen von Eberle-Holzhauer[1] um $\lambda_F \sim 0{,}3$ herum. Der Wärmeleitwiderstand des Steinbelags kommt zu dem der Metallwand und den beiderseitigen Wärmeübergangswiderständen hinzu. Sein Einfluß ist daher um so größer, je kleiner die übrigen Widerstände sind, d. h. je günstiger die Wärmeübertragungsverhältnisse bei reiner Metallfläche sich darstellen. In höchstem Maße ist dies der Fall, wenn beiderseits einer dünnen gut leitenden Metallwand schnell strömende oder lebhaft siedende Flüssigkeit strömt oder Dampf niederschlägt. Bei hochwirksamen Verdampfern und Verflüssigern kann schon mäßiger Steinbelag den Durchgangswiderstand auf ein Vielfaches erhöhen. Dies äußert sich bei Verflüssigern, die ja die Leistung nach wie vor in gleicher Höhe zu übertragen haben, und bei denen infolgedessen, gleichbleibende Kühlwassermenge vorausgesetzt, die Kühlwassertemperaturen dieselben bleiben, in einer Erhöhung des Temperaturgefälles bis zum Vielfachen des ursprünglichen und einem entsprechenden Ansteigen der Verflüssigungstemperatur. Bei Verdampfern liegen die Verhältnisse weniger einfach. Dampftemperatur und Kälteleistung nehmen hier ab, so daß schließlich das Temperaturgefälle sich nicht im gleichen Maße vermehrt wie bei Verflüssigern. Ein Steinbelag, der das Temperaturgefälle beim Verflüssiger verdoppelt bzw. verdreifacht, steigert das Temperaturgefälle beim Verdampfer nur auf das 1,7fache bzw. Doppelte. Ein Steinbelag, der am Verflüssiger (bei gleichbleibender Kälteleistung) eine Steigerung des Kraftbedarfs um 20 bzw. 40% herbeiführt, würde beim Verdampfer (bei gleichbleibendem Kraftbedarf) die Leistung um etwa 15 bzw. 20% vermindern. Steinbelag am Verflüssiger verschlechtert die Leistungsziffer daher wesentlich mehr als Steinbelag am Verdampfer. Strömt beiderseits der Metallwand unterkühlte Flüssigkeit wie bei dem der Unterkühlung dienenden Teile des Verflüssigers bzw. besonderen Nachkühlern, ferner bei den zahlreichen Kühlvorrichtungen, die der mittelbaren Ausnutzung der Kälte dienen, und wird die Menge der Flüssigkeit beiderseits gleich gehalten, so erwärmt bzw. kühlt sie sich weniger ab, der Temperaturunterschied nimmt infolgedessen zu und gleicht den verschlechterten Wärmedurchgang teilweise aus, so daß beispielsweise in einem bestimmten Falle mit starkem Steinbelag einer Vergrößerung des Wärmedurchgangswiderstandes auf das Dreifache eine Verminderung der übertragenen Leistung auf nur die Hälfte entspricht.

Tritt bei reiner Metalloberfläche ein erheblicher Übergangswiderstand dadurch auf, daß auf einer oder gar beiden Seiten Luft oder andere überhitzte Gase strömen, so verliert der Steinbelag bei geringer Stärke

[1] Eberle-Holzhauer: Die Wärmeleitfähigkeit von Kesselstein. Arch. Wärmewirtsch. 1928.

stets, bei erheblicher Stärke bis zu einem gewissen Grade seine Bedeutung. Der zur Abführung der Überhitzung dienende erste Teil des Verflüssigers und die für Luft- oder Gaskühlung angewandten Verdampfer sind daher gegen Steinbelag wenig empfindlich. Sein Einfluß würde sich beim Verflüssiger als eine geringe Erweiterung des Überhitzungsteils äußern. Da jedoch im allgemeinen gleichzeitig auch der Sättigungsteil verunreinigt ist und sich dadurch eine Erhöhung der Verflüssigungstemperatur ergibt, folgt in der Regel eine Steigerung der Überhitzungstemperatur und des Temperaturgefälles auf dem Überhitzungsteil, die größer ist, als der verminderten Übertragungsfähigkeit entspräche. In Wirklichkeit wird daher der Überhitzungsteil gleich groß bleiben oder sich gar zugunsten des Sättigungsteils verschieben. Bei den zur Luft- und Gaskühlung dienenden Verdampfern ergibt Steinbelag eine geringe Erhöhung des Temperaturgefälles, d. h. Erniedrigung der Verdampftemperatur und Verminderung der Kälteleistung. Bei Kühlvorrichtungen, die von Luft oder Gasen umströmt sind, liegt, gleichgültig, ob sie unmittelbar durch den Arbeitsstoff oder mittelbar durch einen Kälteträger gekühlt werden, im allgemeinen kein Anlaß zu Steinbildung vor.

β) Salz. Die Abscheidung von Salzen in Soleverdampfern tritt bei Übersättigung der Lösung ein und gehört zu den Ausnahmen. Für die Wärmeleitfähigkeit der abgeschiedenen Salzkristalle kann $\lambda_F \sim 0{,}5$ schätzungsweise angenommen werden. Für die Schädlichkeit des Salzbelags gilt damit grundsätzlich das für den Steinbelag Gesagte.

γ) Öl. Die Wärmeleitfähigkeit des Glyzerins ist etwa doppelt so hoch wie die von Mineralölen. Andererseits ist bei Glyzerin wegen der höheren Zähigkeit mit größerer Schichtstärke zu rechnen. Die Verölung tritt im Innern der Verflüssiger- und Verdampferrohre auf. Der Wärmeleitwiderstand nimmt schon bei geringer Stärke der Ölschicht erhebliche Höhe an. Der Einfluß dieses Widerstandes ist verschieden. Er ist sehr groß gegenüber den Wärmeübergangswiderständen im Sättigungsteil der Verflüssiger und Verdampfer, wenn auf der Gegenseite günstige Übergangsverhältnisse herrschen, also beispielsweise bei großer Geschwindigkeit von Kühlwasser bzw. Kälteträger. Dagegen verändert die Verölung die Wärmeübertragung für den Überhitzungsteil der Verflüssiger nur wenig. Nahezu vollkommen verschwindet der Einfluß der Verölung bei Luftkühlung und hier wieder hauptsächlich bei natürlichem Luftumlauf. (Bei der Verölung von flüssigkeitsführenden Rohren, also vor allem dem Unterkühlungsteil der Verflüssiger, ist mit einer Mischung von Öl und Arbeitsstoff zu rechnen, so daß ein eigentlicher zusätzlicher Fremdschichtwiderstand nicht auftritt. Die Veränderung der Verhältnisse wird sich jedoch ähnlich, wie oben ausgeführt, einstellen, weil der Übergangswiderstand für den zäheren und schlechter leitenden ölhaltigen Arbeitsstoff größer ist als für den reinen.)

δ) Tau. Die an den gekühlten Rohren bei einer Lufttemperatur von über 0^0 auftretende Benetzung der Oberfläche fließt sofort nach der Entstehung ab und läßt die Bildung einer Wasserhaut von merklicher Stärke nicht zu. Der Wärmeleitwiderstand kommt den Wärmeübergangswiderständen der Luft bei günstigsten Verhältnissen gleich, während er gegenüber den Wärmeübergangswiderständen der Luft bei ungünstigen Verhältnissen verschwindet.

ε) **Reif.** Die tropfbare Benetzung geht in Reifform über, sobald die Temperatur der äußeren Oberfläche 0^0 unterschreitet. Bei niedrigen Wärmeübergangswiderständen — verdampfendem Arbeitsstoff — im Innern tritt dieser Fall schon ein, sobald die Verdampftemperatur wenig unter 0^0 liegt, während bei weniger günstigen Wärmeübergangsverhältnissen im Innern wesentlich tiefere Temperaturen erforderlich sind.

Die Wärmeleitfähigkeit von Schnee bewegt sich von dem für ruhende Luft geltenden Werte $\lambda_F \sim 0{,}02$ mit zunehmender Dichte allmählich bis auf den dem Eiszustande entsprechenden Wert $\lambda_F \sim 2$. Wird mit einem mittleren Wert von 0,2 gerechnet, so ergibt sich, daß bei günstigen Wärmeübergangsverhältnissen auf der Luftseite ($\frac{1}{\alpha_0}$ ist in beiden Fällen zu vernachlässigen) schon eine Schneeschicht von geringer Stärke die Wärmedurchgangsverhältnisse erheblich verschlechtert, während bei schlechten Wärmeübergangsverhältnissen auf der Luftseite der Einfluß der Schneeschicht sich erst bei erheblicher Stärke bemerkbar macht. Häufiges Abtauen der Luftkühler ist daher besonders wichtig.

Die Schneeschicht bedeckt die Kühlfläche nur dann in gleichbleibender Stärke, wenn die Wärmeübertragungsverhältnisse überall dieselben sind. Bei erheblichen Ungleichheiten liefert die unterschiedliche Bereifungsstärke einen sichtbaren Anhalt für den örtlichen Verlauf des Wärmeüberganges.

ζ) **Eis.** Eisbelag kommt bei gekühlten Rohren in Luft vor, wenn die Kühlung vor vollständig beendigtem Trocknen der abgetauten Rohre wieder einsetzt oder auch dann, wenn während des Betriebes die Rohre abwechselnd beschlagen und bereifen. Die Wärmeleitfähigkeit für Eis stellt mit $\lambda_F \sim 2$ ein Vielfaches des Wertes für Schnee dar. Die Eisschicht bildet daher erst bei etwa der 10fachen Stärke ein gleiches Hindernis für den Wärmedurchgang wie loser Schnee.

Die Regel bildet Eisansatz bei Wasserkühlern mit einer Temperatur des Wassers nahe dem Eispunkt und einer Temperatur des Kälteträgers oder Arbeitsstoffes unter 0^0. Eisbildung beginnt, sobald die Temperatur der äußeren Oberfläche 0^0 unterschreitet. Dies tritt bei Verdampfern schon dann ein, wenn die Temperatur des Arbeitsstoffes wenig unter 0^0 sinkt, bei flüssigem Kälteträger und gleichen Wärmeübergangsverhältnissen beiderseits jedoch erst dann, wenn die Durchschnittstemperatur beider unter 0^0 liegt. Der Eisansatz vermindert bei günstigen Wärmedurchgangsverhältnissen, wie sie beispielsweise bei Doppelrohrkühlern mit verdampfendem Arbeitsstoff vorliegen, schon in der geringsten Schichtstärke die Wärmeübertragung erheblich, während bei ungünstigen Wärmedurchgangsverhältnissen, beispielsweise bei Berieselungskühlern mit geringer Auflaufstärke, Vereisungen in der zu erwartenden mäßigen Stärke die Leistung nur unmerklich verschlechtern.

η) **Anstrich.** Anstrich wärmeübertragender Flächen muß vor allem fest sitzen, so daß keine neuen Übergangswiderstände auftreten und nur der Wärmeleitwiderstand der dünnen Farbschicht in Betracht kommt. Die Wärmeleitfähigkeit hängt ab von der Zusammensetzung des Anstrichs. Sie kann schätzungsweise zu $\lambda_F \sim 0{,}2$ angenommen werden. Der Wärmeleitwiderstand eines dünnen Anstrichs ergibt beispielsweise, wenn beiderseits Flüssigkeit oder einerseits Flüssigkeit, andererseits Arbeitsstoff strömt, eine Verminderung des Wärmedurchganges um etwa 20%. Bei hohen Wärmeübergangswiderständen ist der Einfluß geringer, so daß bei Rohren für Luftkühlung mit natürlichem Umlauf der Anstrich für die Wärmeübertragung keine Rolle spielt.

Zu den Ablagerungen auf Metallflächen gehören auch die rechnerisch schwer zu erfassenden Verunreinigungen durch Schlamm und organische Gebilde, die hauptsächlich bei Verflüssigern auftreten, schließlich auch die auf der Oberfläche sich bildende Rostschicht. Beide sind unbedingt schädlich etwa in dem Grade, daß die Verschlammung die gleiche Verschlechterung bringt wie eine dünne Ölhaut, der Rost auf der Luftseite einer dünnen Schneeschicht, Rost auf der Wasserseite einem dünnen Salzbelag gleichkommt.

Für Fremdkörperbelag verschiedener Art und Stärke folgt hiernach etwa folgende Höhe des Wärmeleitwiderstandes $\frac{e_F}{\lambda_F}$:

Fremdschicht	λ_F kcal/m · °C · h	$\frac{e_F}{\lambda_F}$ für Schichtstärke e_F[m]							
		0,0001	0,0005	0,001	0,002	0,004	0,01	0,02	0,04
Wasserstein	0,3	0,0003	0,002	0,003	0,007	0,01	0,03	0,07	0,1
Salz	0,5	0,0002	0,001	0,002	0,004	0,008	0,02	0,04	0,08
Mineralöl	∼0,13	0,0008	0,004	0,008	0,01	0,03	0,08	0,1	0,3
Glyzerin	∼0,25	0,0004	0,002	0,004	0,008	0,02	0,04	0,08	0,2
Tau	0,48	0,0002	0,001	0,002	0,004	0,008	0,02	0,04	0,08
Schnee									
frisch $\gamma = 110$	0,09	0,001	0,005	0,01	0,02	0,04	0,1	0,2	0,4
alt $\gamma = 450$	0,42	0,0002	0,001	0,002	0,004	0,008	0,02	0,04	0,08
alt $\gamma = 900$ } Eis .... }	1,9	0,00005	0,0003	0,0005	0,001	0,002	0,005	0,01	0,02
Anstrich	0,2	0,0005	0,003	0,005	0,01	0,02	0,05	0,1	0,2

Ein Wärmeleitwiderstand von $\frac{e_F}{\lambda_F} \sim 0{,}005$ entspricht danach etwa einer 1 mm starken Schicht von Wasserstein, Glyzerin oder Ölfarbe, einem $2^1/_2$ mm dicken Belag von Salz oder Tau, einer nur $^1/_2$ mm starken Ölschicht, dagegen einem Ansatz von Eis in der erheblichen Stärke von 10 mm.

B. Wärmeübergangswiderstand.

Art des Wärmeübergangs. Für den Wärmeübergang zwischen dem wärmeaustauschenden Stoff und der Heizfläche kommen bei Kälteanlagen in der Hauptsache folgende Fälle in Betracht:

Vollkommene Gase und überhitzte Dämpfe an Metallwand:
Abkühlung von Luft und anderen vollkommenen Gasen in trockenen Luftkühlern;
Abkühlung der überhitzten Dämpfe im ersten Teile des Verflüssigers — bei Absorptionskühlanlagen auch im Trockner —.

Metallwand an vollkommene Gase oder überhitzte Dämpfe:
Erwärmung von Luft bei luftgekühlten Verflüssigern und, bei allen Verflüssigern, durch die Druckleitung;
Erwärmung trockener Dämpfe im letzten Teile des Verdampfers.

Tropfbare Flüssigkeiten an Metallwand:
Abkühlung von Flüssigkeit in Flüssigkeitskühlern;
Abkühlung des flüssigen Arbeitsstoffes im letzten Teile des Verflüssigers;
Abkühlung der schwachen Lösung im Temperaturwechsler von Absorptionskühlanlagen.

Metallwand an tropfbare Flüssigkeit:
Erwärmung des Kühlwassers im Verflüssiger;
Erwärmung des Kühlwassers im Aufsauger der Absorptionskühlanlagen;
Erwärmung der Flüssigkeit — Sole u. dgl. — in mittelbaren Kühlern;
Erwärmung der Lösung im Austreiber von Absorptionskühlanlagen;
Erwärmung der starken Lösung im Temperaturwechsler von Absorptionskühlanlagen.

Gesättigte Dämpfe an Metallwand:
Wärmeabgabe der niederschlagenden Dämpfe des Arbeitsstoffes im Verflüssiger-Hauptteil;
Wärmeabgabe der niederschlagenden Heizdämpfe im Austreiber von Absorptionskühlanlagen.

Metallwand an siedende Flüssigkeit:
Wärmeaufnahme des verdampfenden Arbeitsstoffes im Verdampfer-Hauptteil.

Einen Zwischenvorgang stellt die Wärmeabgabe von feuchten Gasen, vor allem wasserdampfführender Luft an eine Metallwand dar, deren Temperatur unter dem Taupunkt liegt. Da die Metallwand hierbei beschlägt, findet der Wärmeübergang zwischen feuchter Luft und Flüssigkeit statt, die ihrerseits als Fremdkörperschicht auftritt. Dieser Vorgang ist an späterer Stelle behandelt.

Der Wärmeübergangswiderstand von Gasen und tropfbaren Flüssigkeiten ist nahezu unabhängig davon, ob der Wärmeübergang an die Wand oder umgekehrt erfolgt, wenn die maßgebenden Bedingungen im übrigen übereinstimmen. Ändert dagegen der wärmeaustauschende Stoff seinen Aggregatzustand, so ist der Wärmeübergangswiderstand je nach der Richtung der Änderung verschieden, also beim Verdampfen ein anderer als beim Verflüssigen. Die Ursache liegt darin, daß der Wärmeübergangswiderstand durch den Leitwiderstand des unmittelbar an der Wand strömenden Stoffes mitbedingt ist und daß dieser Stoff beim Verdampfen aus Flüssigkeit besteht, die mit Dampfblasen durchsetzt ist, beim Verflüssigen aus reiner Flüssigkeit.

Außer der hiernach noch verbleibenden Vierfaltigkeit der Formeln für die angegebenen 4 Fälle sind noch Unterschiede gegeben durch die Art der Strömung. Sie erfolgt:

durch die aus geraden Kanälen — in der Regel kreisförmigen Rohren — bestehenden Elemente der Heizfläche;

um die aus geraden Kanälen bestehenden Elemente der Heizfläche in Richtung der Längsachse;

um die aus geraden Kanälen bestehenden Elemente der Heizfläche quer zur Längsachse.

Wird die Heizfläche durch ebene und gekrümmte Wände oder gebogene Kanäle gebildet, so entstehen Strömungen, die sich auf eine der drei genannten Formen zurückführen lassen oder sich aus ihnen zusammensetzen.

1. Erzwungene Strömung.

α) **Strömung durch gerade Kanäle.** a) Gase. Hierfür gilt die Nusselt[1]-Gröbersche[2] Formel

$$\frac{1}{\alpha_{g,m}} = 0{,}0422\, L^{0,05} \cdot D^{0,16} \cdot w^{-0,79} \cdot a_{g,m}^{0,79} \cdot \lambda_{g,m}^{-1}\,. \tag{64}$$

Mit der für Gase gültigen Beziehung

$$\gamma_g = \gamma_{g,\,10\,000\,\mathrm{kg/m^2}} \cdot \frac{P_g}{10\,000} \tag{65}$$

ergibt sich

$$\frac{1}{\alpha_{g,m}} = 0{,}0422\, L^{0,05} \cdot D^{0,16} \left(\frac{w \cdot P_g}{10\,000}\right)^{-0,79} \cdot a_{g,\,10\,000\,\mathrm{kg/m^2},\,m}^{0,79} \cdot \lambda_{g,m}^{-1}\,. \tag{66}$$

Hierbei bedeuten

$\frac{1}{\alpha_{g,m}}$ den mittleren Wärmeübergangswiderstand der Flächeneinheit in $^0C/\frac{\mathrm{kcal}}{\mathrm{m^2 \cdot h}}$,

L die Rohrlänge, in m,

D den Rohrdurchmesser, in m,

w die mittlere Geschwindigkeit, in m/s,

$\lambda_{g,m} = \frac{1}{t_g - t_W} \int_{t_W}^{t_g} \lambda_g\, d\,t$ die mittlere Wärmeleitfähigkeit des Gases, in kcal/m · ^{0}C · h,

$a_{g,m} = \frac{\lambda_{g,m}}{c_{p\,m} \cdot \gamma_{g,m}}$ die mittlere Temperaturleitfähigkeit des Gases, in m²/h, ($a_{g,\,10\,000\,\mathrm{kg/m^2}}$ bei 10000 kg/m²),

---

[1] Nusselt: Der Wärmeübergang im Rohr. Z. VDI 1917.

[2] Gröber: Die Grundgesetze der Wärmeleitung und des Wärmeüberganges. Berlin 1921.

$c_{p,m} = \frac{1}{t_g - t_W} \int\limits_{t_W}^{t_g} c_p \, d\, t$ die mittlere spezifische Wärme des Gases, in kcal/kg · °C,

$\gamma_{g,m} = \frac{1}{t_g - t_W} \int\limits_{t_W}^{t_g} \gamma_g \, d\, t = \frac{\gamma_{g,W} \cdot T_W}{t_g - t_W} \cdot \ln \frac{T_g}{T_W}$ das mittlere spezifische Gewicht des Gases, in kg/m³,

t_g die Temperatur des Gases, in °C (T_g in ° abs.),
t_W die Temperatur der Wand, in °C (T_W in ° abs.),
$\gamma_{g,W}$ das spezifische Gewicht des Gases bei der Temperatur t_W, in kg/m³.

In dieser Schreibweise ($t_g > t_W$) gilt die Formel für Kühlung der wärmeren Wand durch das kältere Gas. Im umgekehrten Falle der Kühlung des Gases durch die Wand ($t_W > t_g$) sind die Zeichen t_g und t_W zu vertauschen. Bei geringen Unterschieden zwischen Gas- und Wandtemperatur können für $\lambda_{g,m}$, $c_{p,m}$, $\gamma_{g,m}$ an Stelle der Integralwerte die für die Temperatur $\frac{t_g - t_W}{2}$ geltenden Zahlen gesetzt werden.

Die Beträge $L^{0,05}$, $D^{0,16}$, $w^{-0,79}$, $\left(\frac{P}{10\,000}\right)^{-0,79}$ lassen sich für die in Betracht kommenden Werte von L, D, w, P aus Abb. 334 entnehmen. Hiernach ist der Einfluß der Rohrlänge (bzw. die Anlaufstrecke) gering, der des Rohrdurchmessers beachtlich, der von Geschwindigkeit und Druck erheblich.

Der Wert $a^{0,79}_{g,\,10\,000\,\mathrm{kg/m^2}} \cdot \lambda_g^{-1}$ ist für Gase nur von der Temperatur abhängig. Für Gase, deren Temperatur in der Nähe der Siedetemperatur liegt, z. B. mäßig überhitzten Wasserdampf, gilt die Beziehung $\gamma_g = \frac{\gamma_{g,\,10\,000\,\mathrm{kg/m^2}} \cdot P_g}{10\,000}$ nicht mehr. Außerdem wird alsdann der Wert $a^{0,79}_{g,m} \cdot \lambda^{-1}_{g,m}$ auch durch den Druck beeinflußt. In diesem Falle ist daher auf die Formel 64 zurückzugreifen.

Für große Unterschiede zwischen der mittleren Gastemperatur und der Wandtemperatur hat Nusselt[1] neuerdings die Formel entwickelt

$$\frac{1}{a_{g,m}} = 0{,}0704\, c^{-1}_{p,g,W} \left(\frac{D}{g \cdot \mu_{g,W}}\right)^{0,25} \left(\frac{T_W}{T_{g,m}}\right)^{0,333} (w_m \cdot \gamma_{g,m})^{-0,75}. \quad (67)$$

Die maßgebenden Stoffwerte λ, c_p, $\gamma_{10\,000\,\mathrm{kg/m^2}}$, μ und $a_{10\,000\,\mathrm{kg/m^2}}$ sind für Luft von atmosphärischer Spannung in Abb. 335 wiedergegeben.

Für eine Temperatur	$t_g =$	— 20	0	20°
ergibt sich	$a^{0,79}_{g,\,10\,000\,\mathrm{kg/m^2}} \cdot \lambda^{-1} =$	5,61	5,88	6,13.

Der Einfluß der Temperatur ist daher gering.

Bei den Arbeitsstoffen im gasförmigen Zustand spielt der Wärmeübergang eine untergeordnete Rolle. Zudem sind die Stoffwerte nur

[1] Nusselt: Der Einfluß der Gastemperatur auf den Wärmeübergang im Rohr. Techn. Mech. Thermodyn. 1930.

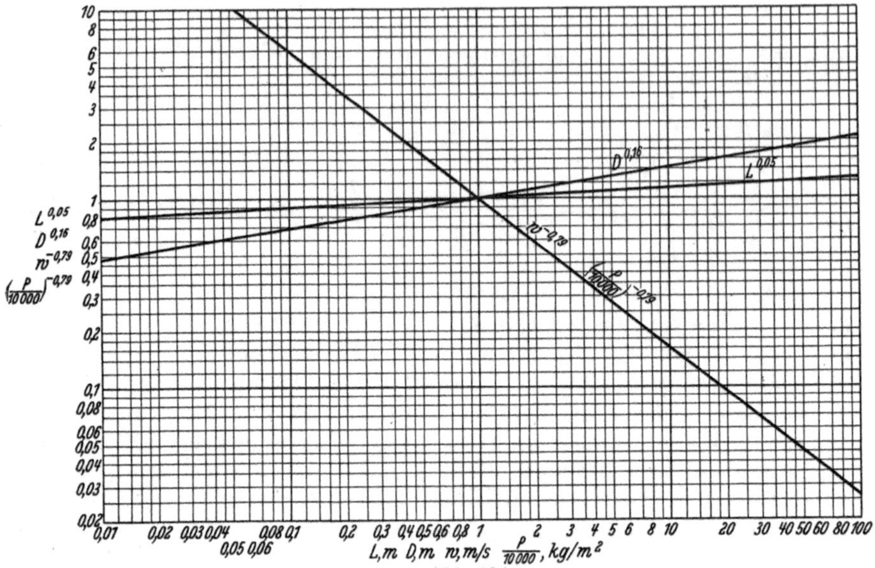

Abb. 334.

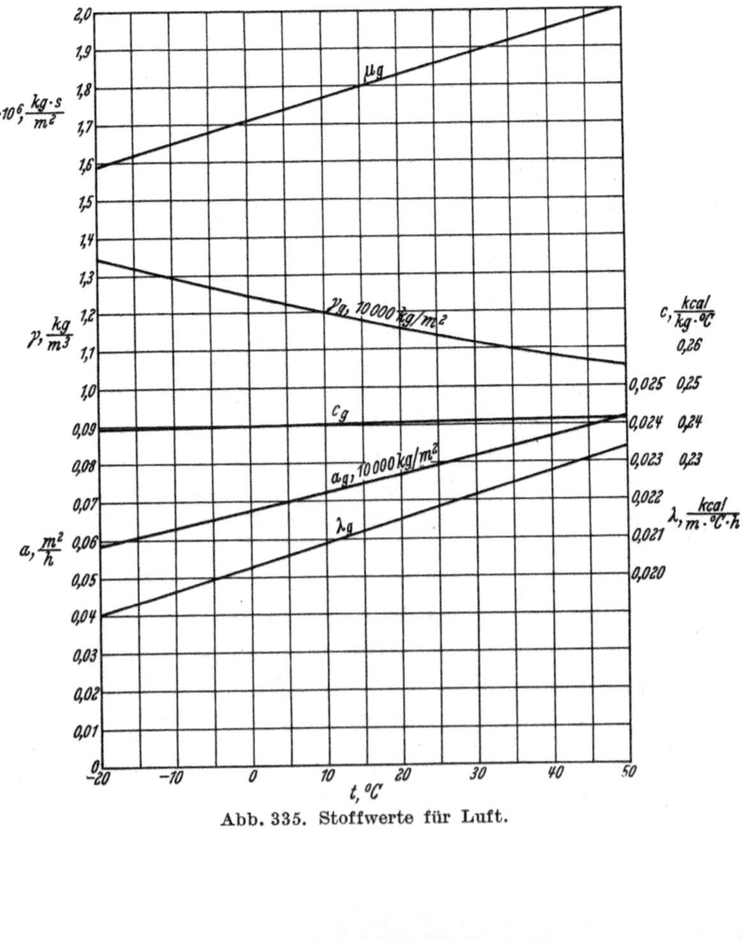

Abb. 335. Stoffwerte für Luft.

unvollständig bekannt. Einige Bedeutung kommt dem Wärmeübergang zwischen überhitztem Arbeitsstoff und Wand bei ausgesprochenen Enthitzern zu, wie sie in Ausnahmefällen angewandt werden, um die Überhitzungswärme für Heizzwecke auszunutzen. Für ihre angenäherte Berechnung genügt es, von den in den Abb. 336 bis 340 enthaltenen Stoffwerten auszugehen. Die γ_g-Werte ergeben sich hierbei angenähert aus dem Sättigungswert γ'' zu $\gamma_g \sim \gamma'' \cdot \frac{T''}{T}$, soweit hierfür nicht genauere Tafeln für überhitzten Dampf verfügbar sind.

Sind die Rohre zu Schlangen mit einem mittleren Krümmungshalbmesser R gewunden, so sinkt nach den Untersuchungen von Jeschke[1] der Wärmeübergangswiderstand auf den $\frac{1}{1 + 1{,}77\, D/R}$fachen Betrag bzw. auf das $\frac{1}{1 + 1{,}77\, D/R \cdot L_1/L}$fache, wenn sich die Rohrschlange nicht aus Kreisteilen, sondern aus abwechselnd gebogenen und geraden Rohrstücken zusammensetzt, wobei

R den Krümmungshalbmesser, in m,
L_1/L das Verhältnis der gebogenen Länge zur Gesamtlänge darstellt.

b) Tropfbare Flüssigkeiten. Für Wasser fand Stender[2]

$$\frac{0{,}000353}{\left(1 + 0{,}0215\,[t_w + 0{,}1\,(t_W - t_w)] - 0{,}00007\,[t_w + 0{,}1\,(t_W - t_w)]^2\right) w^{0{,}91 - 0{,}00115\,[t_w + 0{,}1\,(t_W - t_w)]}} \qquad (68)$$

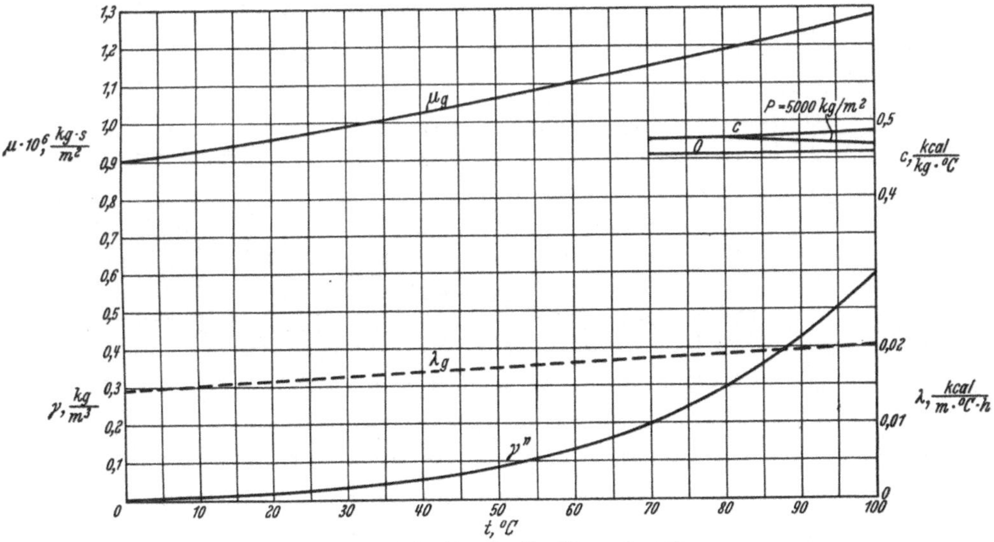

Abb. 336. Stoffwerte für Wasserdampf.

[1] Jeschke: Wärmeübertragung und Druckverlust in Rohrschlangen. Techn. Mech. VDI-Sonderh. 1925.
[2] Stender: Der Wärmeübergang an strömendes Wasser in vertikalen Rohren. Berlin: Julius Springer 1924.

unabhängig vom Rohrdurchmesser. Schack[1] gab dieser Formel unter Berücksichtigung des Rohrdurchmessers, die vereinfachte Form

$$\frac{1}{\alpha_w} = \frac{0{,}000494\,D^{0,1}}{1+0{,}014\,t_w}\cdot w^{-0,85}\,. \tag{69}$$

Ihre Anwendung kann für Wasser empfohlen werden.

Die für allgemeine Flüssigkeiten aufgestellte Formel

$$\frac{1}{\alpha} = C\cdot\frac{D}{\lambda}\left(\frac{L}{D}\right)^{n_1}\left(\frac{D\cdot w}{\nu}\right)^{-n_2}\left(\frac{\nu}{a}\right)^{-n_3} \tag{70}$$

$$= C\cdot L^{n_1}\cdot D^{1-n_1-n_2}\cdot w^{-n_2}\cdot a^{n_3}\cdot\lambda^{-1}\cdot\nu^{n_2-n_3}$$

$$= C\cdot L^{n_1}\cdot D^{1-n_1-n_2}\cdot w^{-n_2}\cdot a^{n_2}\cdot\lambda^{-1}\left(\frac{\nu}{a}\right)^{n_2-n_3}$$

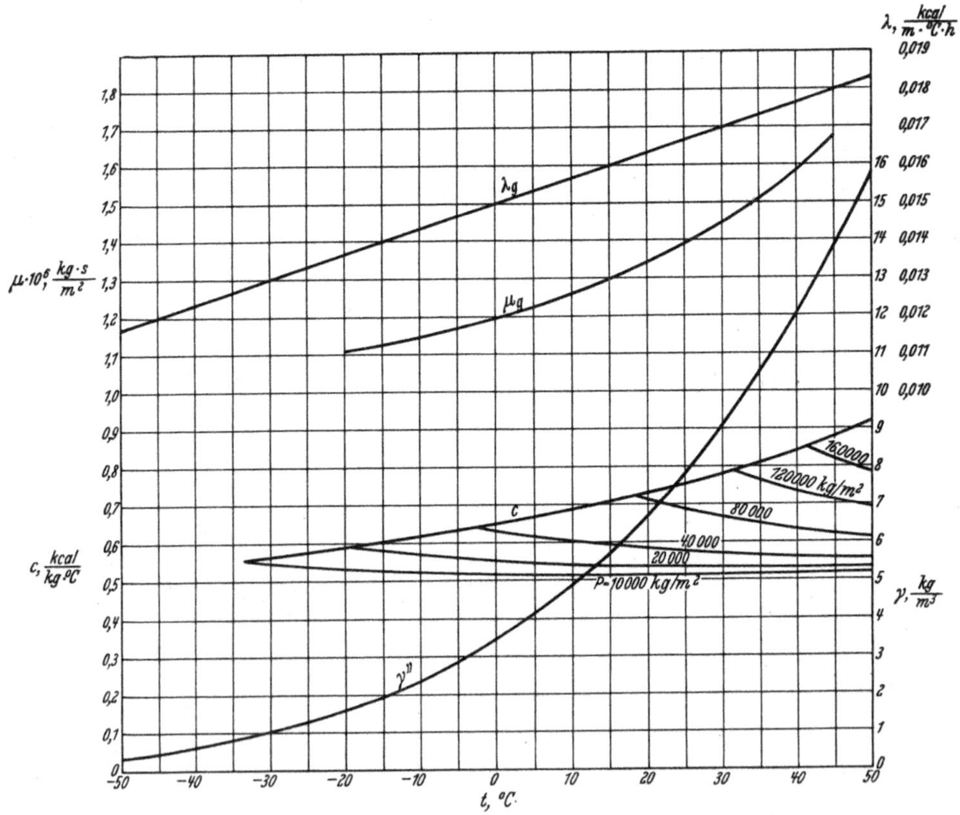

Abb. 337. Stoffwerte für Ammoniak (gasförmig).

[1] Schack: Der industrielle Wärmeübergang. Düsseldorf 1929.

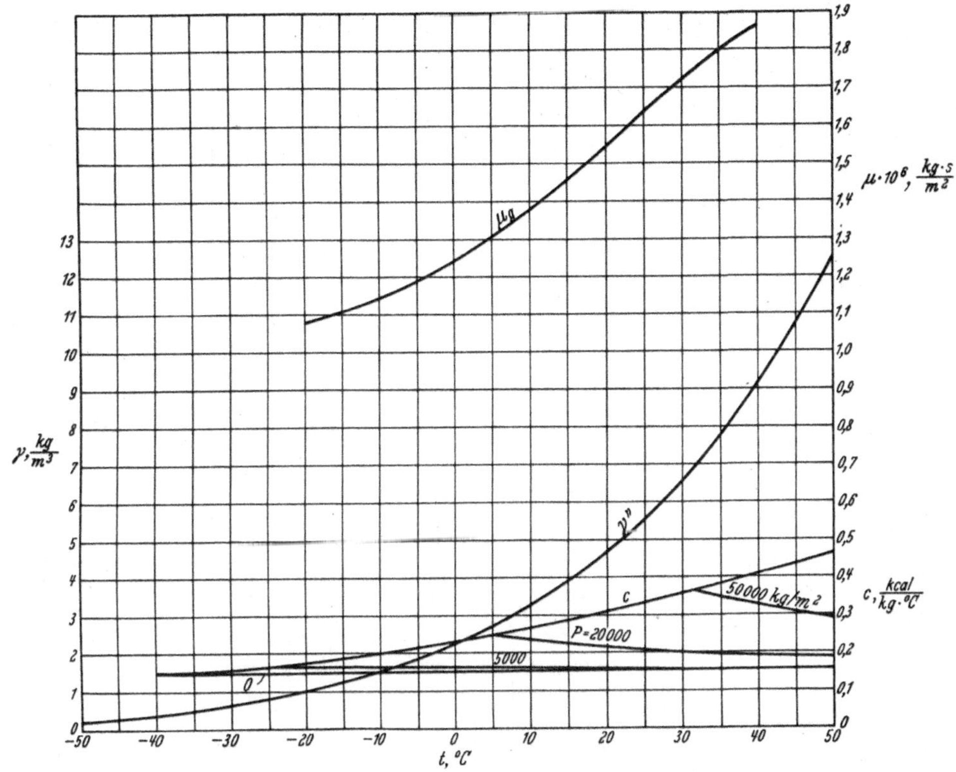

Abb. 338. Stoffwerte für Schwefligsäure (gasförmig).

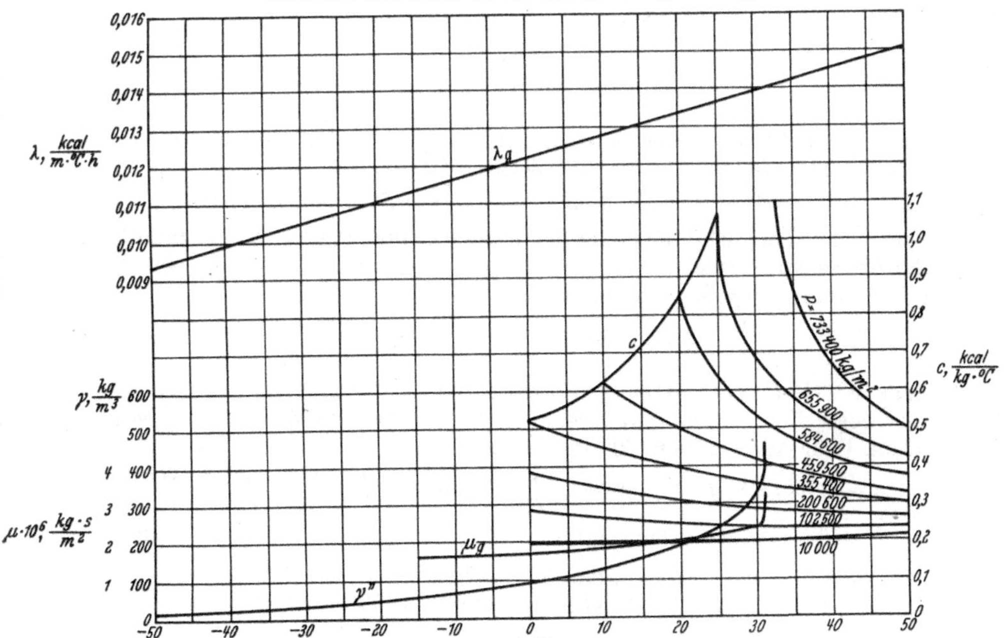

Abb. 339. Stoffwerte für Kohlensäure (gasförmig).

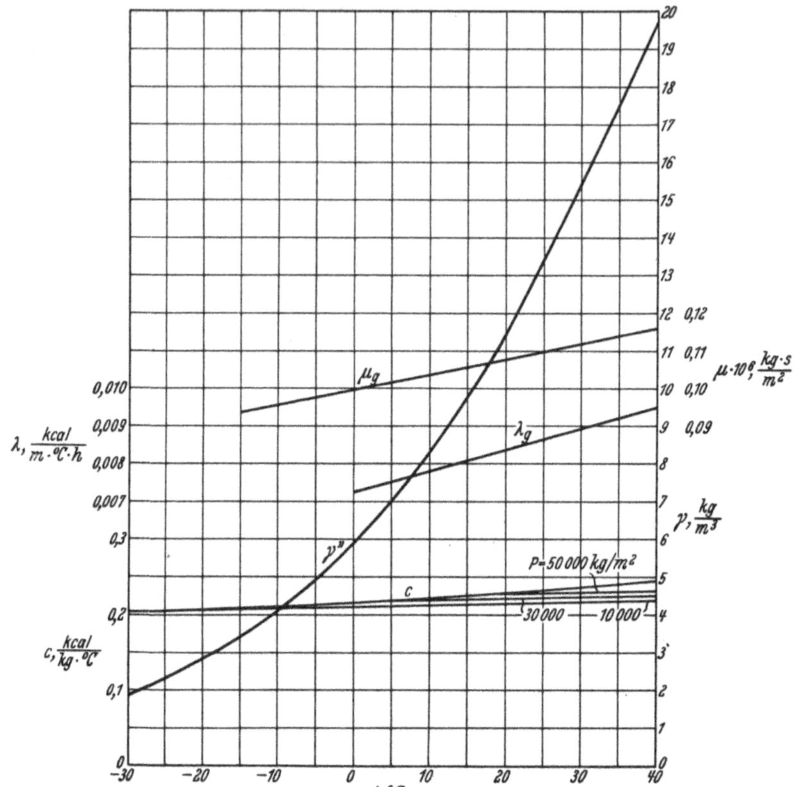

Abb. 340. Stoffwerte für Methylchlorid (gasförmig).

hat Nusselt[1] in guter Übereinstimmung mit den Versuchen von Burbach[2] gefunden, wenn für Wasser die Werte

$$C \sim 0{,}64 \qquad n_1 \sim 0{,}055 \qquad n_2 \sim 0{,}76 \qquad n_3 \sim 0{,}35$$

gesetzt werden. Die Exponenten stimmen mit denen der Nusselt-Gröberschen Formel für Gase ($n_1 = 0{,}05$, $n_2 = 0{,}79$, $1-n_1-n_2 = 0{,}16$) gut überein. Zur Berechnung von

$$\frac{1}{\alpha_f} = 0{,}64\, L^{0{,}055}\cdot D^{0{,}18}\cdot w^{-0{,}76}\cdot a_f^{0{,}76}\cdot \lambda_f^{-1}\left(\frac{\nu_f}{a_f}\right)^{0{,}41} \qquad (70\text{a})$$

dient Abb. 341 zusammen mit den Abb. 342 bis 346, aus denen die Stoffwerte für Wasser und Arbeitsstoffe in flüssigem Zustande hervorgehen. Für Wasser von 20° ergibt sich

$$\frac{1}{\alpha_{w,\,20^0}} = 0{,}64\, L^{0{,}055}\cdot D^{0{,}18}\cdot w^{-0{,}76}\left(\frac{1\cdot 1000}{0{,}505}\right)^{0{,}76}\cdot 0{,}505^{-1}\left(\frac{0{,}000102\cdot 9{,}81\cdot 1\cdot 1000}{1000\cdot 0{,}505}\right)^{0{,}41}$$

$$= 0{,}0003\, L^{0{,}055}\cdot D^{0{,}18}\cdot w^{-0{,}76}\,. \qquad (69\text{a})$$

[1] Nusselt: Der Wärmeaustausch zwischen Wand und Wasser im Rohr. Forschg. Ing.-Wes. 1931. [2] Burbach: Wärmeübergang in Rohren. Leipzig 1930.

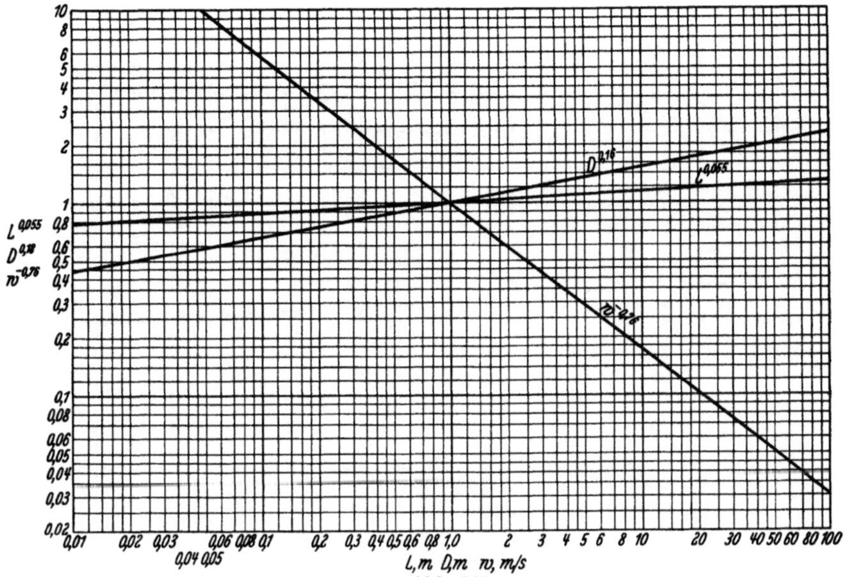

Abb. 341.

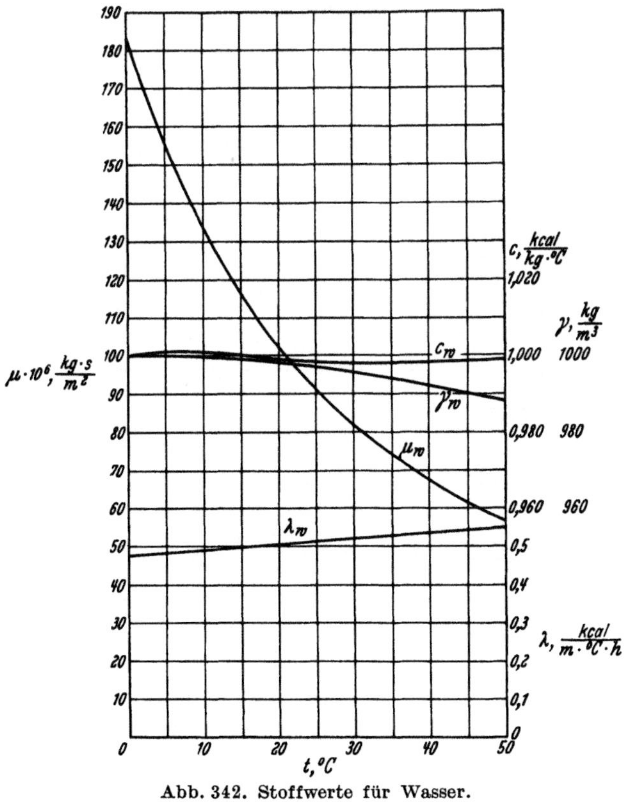

Abb. 342. Stoffwerte für Wasser.

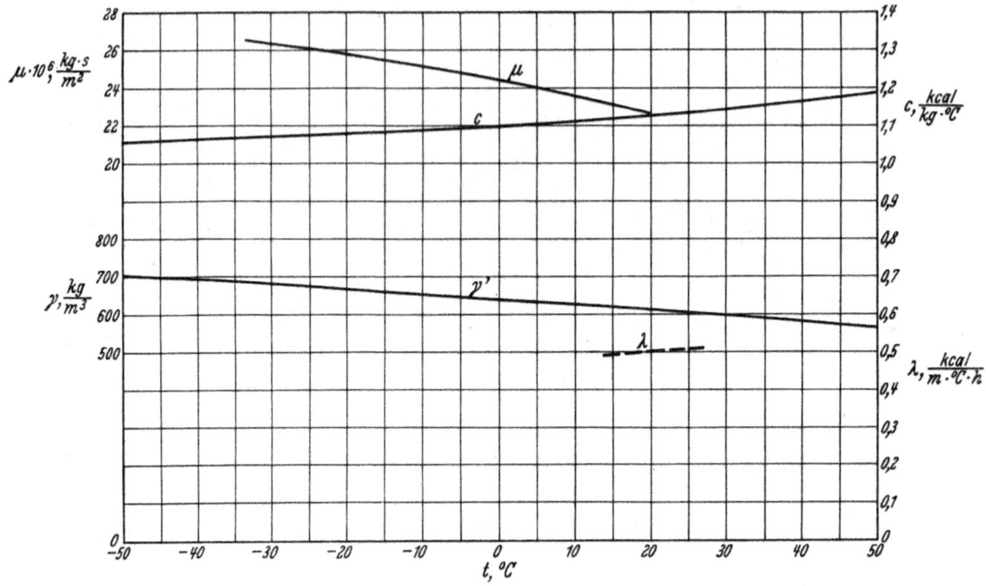

Abb. 343. Stoffwerte für Ammoniak (flüssig).

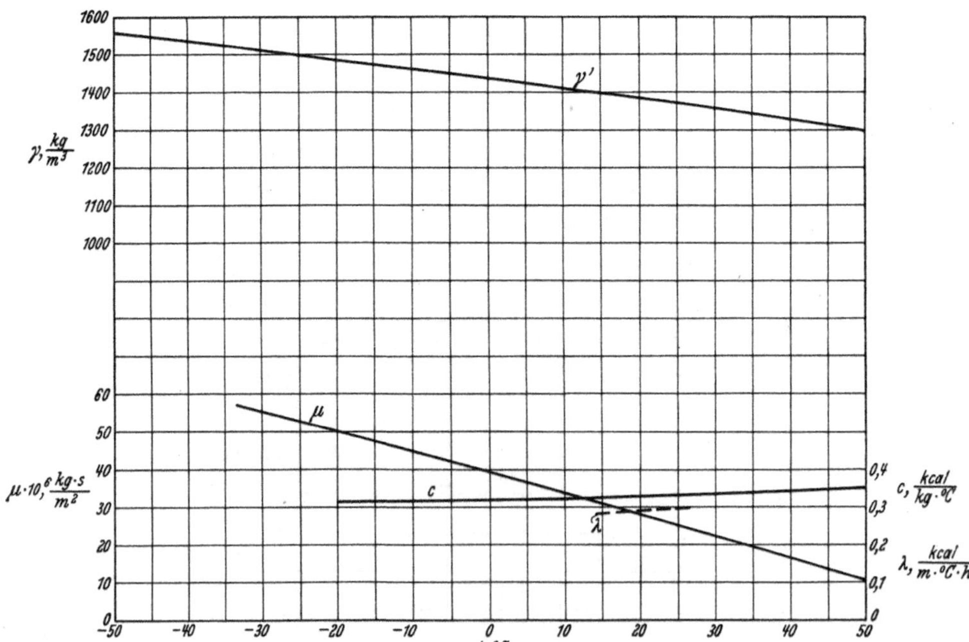

Abb. 344. Stoffwerte für Schwefligsäure (flüssig).

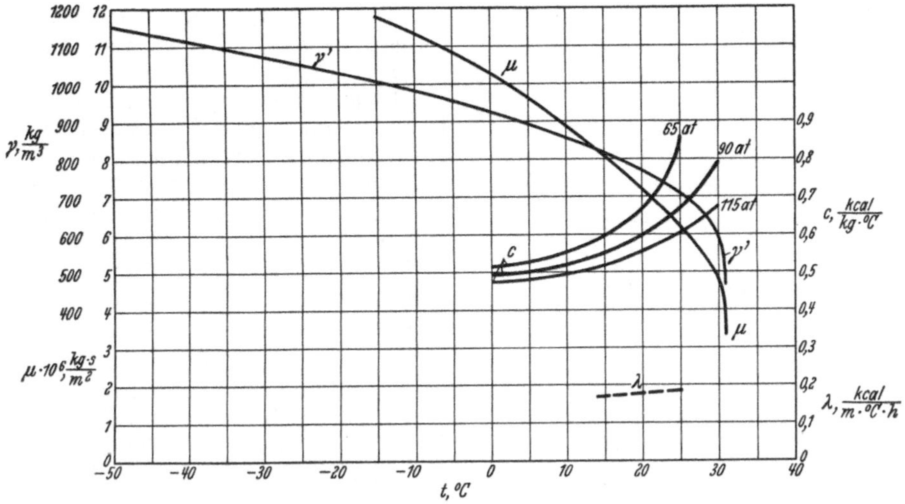

Abb. 345. Stoffwerte für Kohlensäure (flüssig).

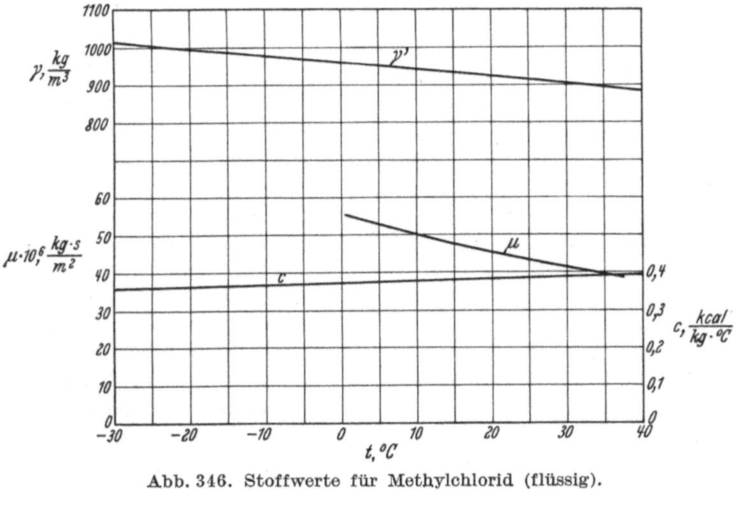

Abb. 346. Stoffwerte für Methylchlorid (flüssig).

In Abb. 347 ist der Wärmeübergangswiderstand von flüssigen Arbeitsstoffen mit dem von Wasser von 20°, unter Annahme gleicher Werte L, D, w, verglichen. Es zeigt sich, daß der Wärmeübergangswiderstand der Größenordnung nach von der Flüssigkeitsart unabhängig ist, mit Zunahme der Temperatur sinkt und in der Folge: Ammoniak, Kohlensäure, Schwefligsäure, Wasser größer ist. Die λ- und μ-Werte für die üblichen Kälteträger sind in den Abb. 348 bis 350 zusammengestellt. Sie finden ihre Ergänzung bezüglich der c-, γ- und $c \cdot \gamma$-Werte durch die Abb. 310

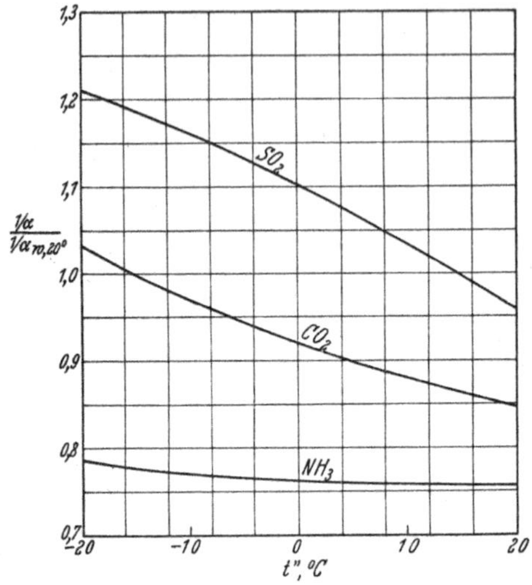

Abb. 347. Vergleich des Wärmeübergangswiderstandes von flüssigen Arbeitsstoffen und 20° Wasser an Wand.

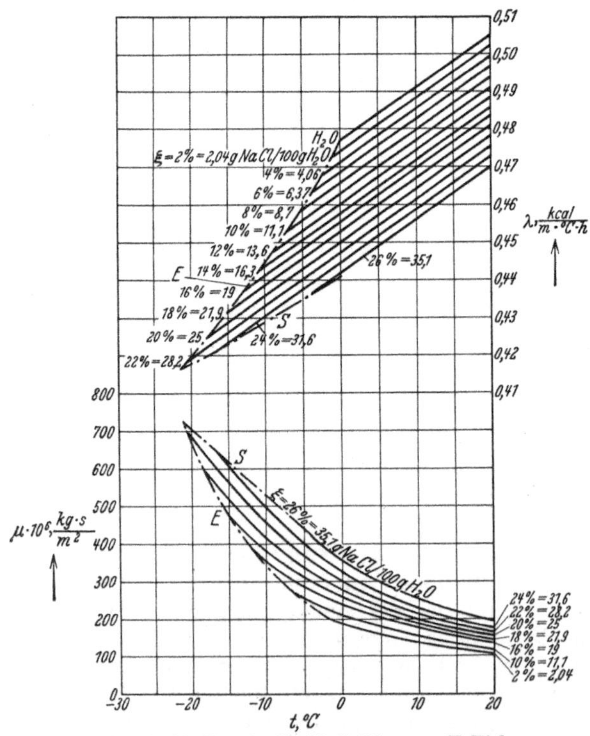

Abb. 348. Stoffwerte für NaCl-Lösung. *E* Eiskurve, *S* Sättigungskurve, ξ Lösungsstärke.

bis 312, 313 bis 315, 316 bis 318 Linge[1] vergleicht den Wärmeüber gangswiderstand von wässeriger Salzlösungen mit dem von Wasse gleicher Temperatur und finde hierbei die in Abb. 351 dargestellter Verhältnisse, wenn als Abszissen werte die Temperaturen der Eis kurve gewählt werden. Hiernacl verhält sich Natriumchlorid bei in übrigen gleichen Verhältnissen gün stiger als Kalziumchlorid und diese günstiger als Magnesiumchlorid.

β) Strömung um gerade Kanäl in Richtung der Längsachse. Gas und tropfbare Flüssigkeiten Strömen allgemeine Flüssigkeiter außen längs der Rohre, so könner unter Berücksichtigung des aus den Stromquerschnitt f und dem be netzten Kanalumfang U sic ergebenden gleichwertige Rohrdurchmessers $D' = \frac{4f}{U}$ die Formeln für innen durch strömte Rohre angewand werden. Im allgemeine handelt es sich um Röhren bündel. Ist die Rohrzahl gro und der Zwischenraum zwi schen den Einzelrohren etw gleich dem Zwischenraur zwischen den äußeren Rohre und dem Mantel, so könne die in den Rohrzwischer räumen vorliegenden Strö mungsverhältnisse für da ganze Röhrenbündel ange nommen und die Abweichur gen vernachlässigt werder die sich für die äußerer gegen den Mantel zu liegende

[1] Linge: Wärmeübertragun wässeriger Lösungen von Chlo natrium, Chlorkalzium, Chlo magnesium und Reinhartin b turbulenter Strömung in Rohre Z. ges. Kälteind. 1930.

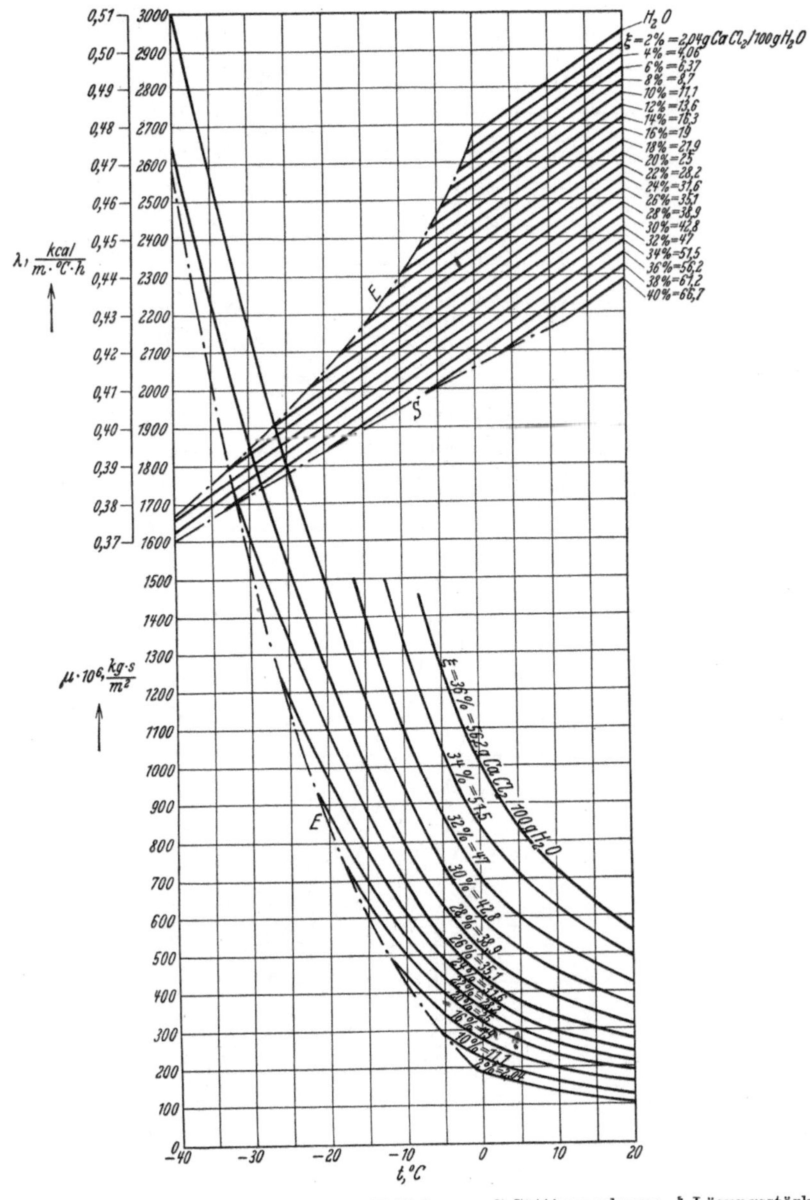

Abb. 349. Stoffwerte für $CaCl_2$-Lösung. *E* Eiskurve, *S* Sättigungskurve, ξ Lösungsstärke.

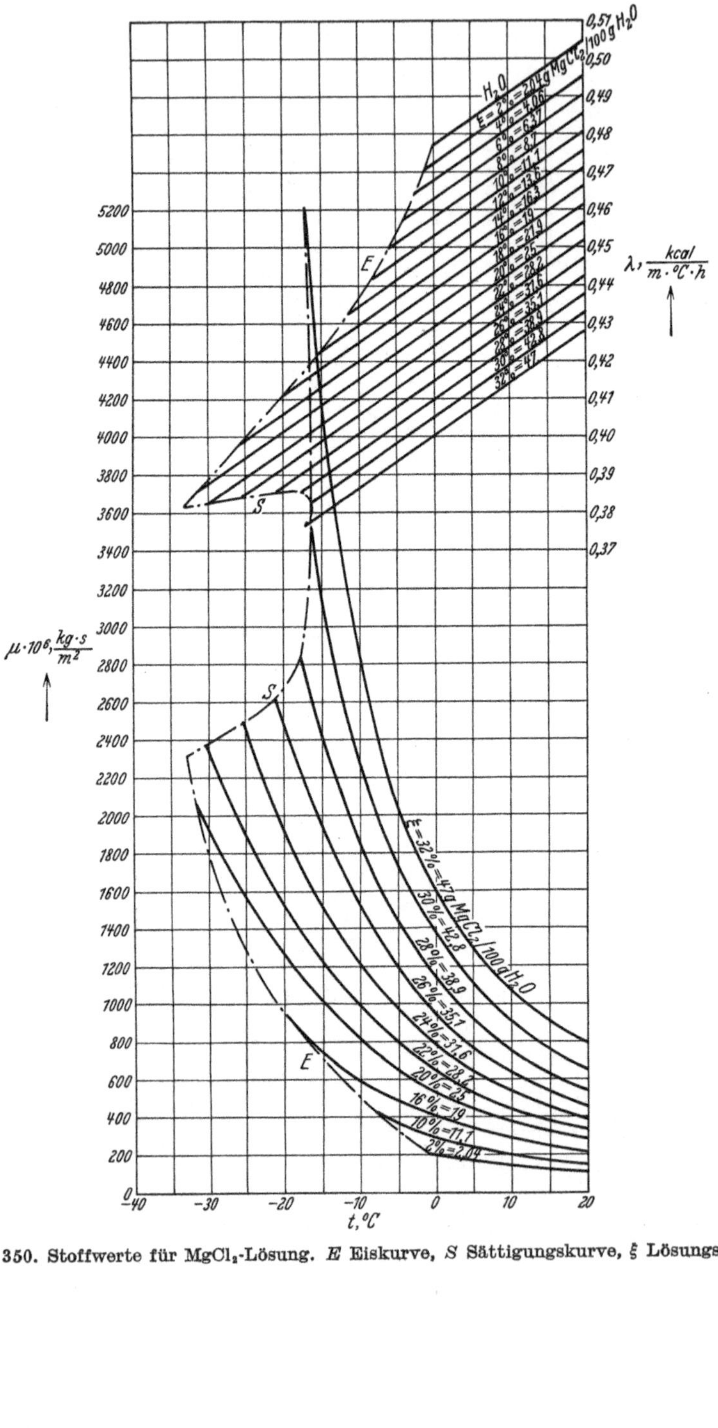

Abb. 350. Stoffwerte für $MgCl_2$-Lösung. *E* Eiskurve, *S* Sättigungskurve, ξ Lösungsstärke.

Rohre ergeben. Bezeichnet $m \cdot D_a$ die Rohrteilung, also $(m-1)\,D_a$ den freien Zwischenraum zwischen den Einzelrohren und auch zwischen Außenrohr und Wand, so entfällt bei versetzten Rohren nach Abb. 352 auf jedes umströmte Rohr ein Stromquerschnitt

$$f = 0{,}866\, m^2 \cdot D_a^2 - \frac{D_a^2 \cdot \pi}{4} =$$

$$= \frac{D_a^2}{4}(3{,}46\, m^2 - \pi).$$

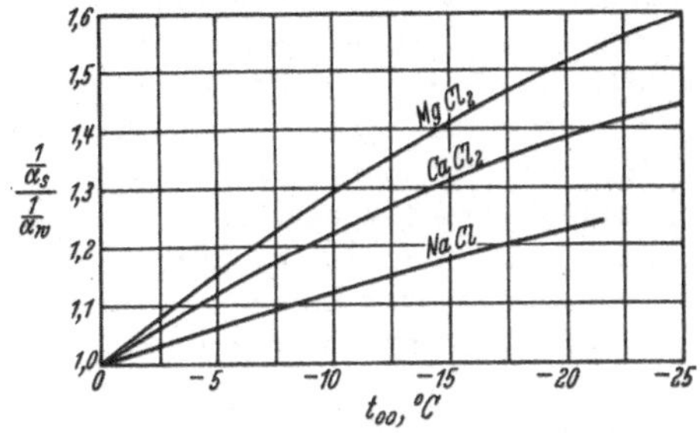

Abb. 351. Vergleich des Wärmeübergangswiderstandes von Kälteträgern und Wasser gleicher Temperatur an Wand.

Der gleichwertige Durchmesser folgt hieraus zu

$$D' = \frac{D_a^2\,(3{,}46\, m^2 - \pi)}{D_a \cdot \pi} = D_a\left(\frac{3{,}46\, m^2}{\pi} - 1\right). \tag{71}$$

Damit $D' = D_a$, also der gleichwertige Durchmesser dem äußeren Durchmesser gleich wird, muß

$$\frac{3{,}46\, m^2}{\pi} - 1 = 1,$$

$$m = \sqrt{\frac{\pi}{1{,}73}} \sim 1{,}35,$$

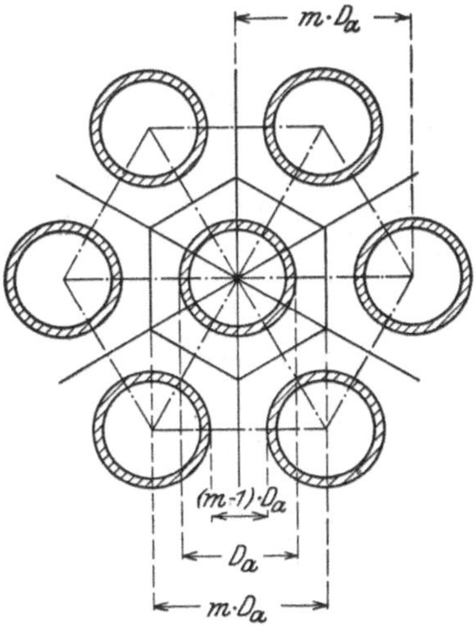

Abb. 352.

d. h. der Zwischenabstand etwa gleich $^1/_3$ des äußeren Rohrdurchmessers sein. In der praktischen Ausführung ist die Bedingung $m \sim 1{,}35$ bzw. $D' = D_a$ nur bei größeren Rohrdurchmessern von etwa $D_a > 0{,}05$ m erfüllbar. (Bei kleineren Rohren muß m größer gewählt werden, um den Steg nicht zu sehr zu schwächen.) Damit für $m \sim 1{,}35$ der Wärmeübergangswiderstand der gleiche ist wie bei innen durchströmten Rohren mit gleicher Länge und einem inneren Durchmesser D_i gleich dem äußeren Durchmesser D_a bei Außenströmung, muß als weitere Bedingung die Durchströmgeschwindigkeit in beiden Fällen dieselbe sein.

Für

$$m = \sqrt{\frac{\pi}{1{,}73}}$$

ergibt sich

$$f = \frac{D_a^2}{4}(3{,}46\, m^2 - \pi) = \frac{D_a^2 \cdot \pi}{4}.$$

Wird daher der Unterschied zwischen äußerem und innerem Rohrdurchmesser vernachlässigt, so bleiben bei einer Teilung 1,35 D des Röhrenbündels die Wärmeübergangsverhältnisse für Innen- und Außenströmung die gleichen, wenn Rohrdurchmesser, Rohrzahl und Rohrlänge übereinstimmen. Da die Strömungswiderstände von Geschwindigkeit und gleichwertigem Rohrdurchmesser abhängen, die beide unter dieser Voraussetzung sich nicht ändern, besagt dies, daß mit dem gleichen Wärmeübergangswiderstand im Vergleichsfalle gleicher Strömungswiderstand einherläuft. Für eine Teilung $m\,D_a \sim 1{,}35\,D_a$ wird der gleichwertige Durchmesser größer, bei gleicher Rohrzahl und Länge daher für Außenströmung die Geschwindigkeit kleiner und aus doppelten Gründen der Wärmeübergangswiderstand höher als bei Innenströmung, während die Strömungswiderstände sich verringern.

γ) **Strömung um gerade Kanäle quer zur Längsachse.** Unter Auswertung der Versuche von King, v. Bijlevelt, Kennely, Sanborn, Reiher, Hughes, Vornehm, Davis, Worthington und Malone gelangte Ulsamer[1] zu einer Lösung der von Nusselt[2] für den Wärmeübergang beim Kreuzstrom aufgestellten Beziehung

$$\frac{\alpha_m \cdot D}{\lambda_m} = \Phi\left(\frac{3600\, c_{p,m} \cdot g \cdot \mu_m}{\lambda_m},\ \frac{D^3 \cdot \gamma_m^2 \cdot \beta_m (t_W - t)}{g \cdot \mu_m^2},\ \frac{w \cdot D \cdot \gamma_m}{g \cdot \mu_m}\right), \quad (72)$$

die für Flüssigkeiten allgemeiner Art gilt. Hierbei bedeuten

$$\lambda_m = \frac{1}{t_W - t}\int_t^{t_W} \lambda \cdot dt$$ die mittlere Wärmeleitzahl der allgemeinen Flüssigkeit, in kcal/m · °C · h,

$$\mu_m = \frac{1}{t_W - t}\int_t^{t_W} \mu \cdot dt$$ die mittlere Zähigkeit der allgemeinen Flüssigkeit, in kg · s/m²,

$$\gamma_m = \frac{1}{t_W - t}\int_t^{t_W} \gamma \cdot dt$$ das mittlere spezifische Gewicht der allgemeinen Flüssigkeit, in kg/m³,

$$\beta_m = \frac{1}{t_W - t}\int_t^{t_W} \beta \cdot dt$$ die mittlere räumliche Ausdehnungszahl der allgemeinen Flüssigkeit, in /°C,

$$c_{p,m} = \frac{1}{t_W - t}\int_t^{t_W} c_p \cdot dt$$ die mittlere spezifische Wärme der allgemeinen Flüssigkeit, in kcal/kg · °C,

---

[1] Ulsamer: Die Wärmeabgabe eines Drahtes oder Rohres an einen senkrecht zur Achse strömenden Gas- oder Flüssigkeitsstrom. Forschg. Ing.-Wes. 1932.

[2] Nusselt: Die Wärmeabgabe eines waagerecht liegenden Drahtes oder Rohres in Flüssigkeiten und Gasen. Z. VDI 1929.

t die Temperatur der allgemeinen Flüssigkeit in einiger Entfernung von der Wand gemessen, in ^{0}C,
t_W die Oberflächentemperatur der Wand, in ^{0}C,
Φ eine Funktion der dimensionslosen Brüche in der Klammer.

$\frac{D^3 \cdot \gamma_m^2 \cdot \beta_m (t_W - t)}{g \cdot \mu_m^2}$ kennzeichnet den Einfluß der freien Strömung, der bei dem hier betrachteten Fall der erzwungenen Strömung verschwindet. Die von Ulsamer hierfür aufgestellte Beziehung lautet

$$\frac{1}{\alpha_m} = C \cdot \frac{D}{\lambda_m} \left(\frac{\lambda_m}{3600\, c_{p,m} \cdot g \cdot \mu_m} \right)^m \left(\frac{w \cdot D}{\nu_m} \right)^{-n}, \tag{72a}$$

a) Gase. Für die Bewegung von Luft senkrecht zur Achse des Einzelrohrs fand Nusselt[1] die Beziehung

$$\frac{1}{\alpha_{g,m}} = 14{,}9 \cdot \frac{D}{\lambda_{g,m}} \left(1273 + \frac{w \cdot D}{\nu_{g,m}} \right)^{-0{,}716}.$$

Den Wärmeübergangswiderstand von Luft an Röhrenbündel ermittelte Reiher[2] für Verhältnisse, bei denen der Einfluß der natürlichen Luftströmung aufgehoben ist und Geschwindigkeiten über 2 m/s auftreten, zu

$$\frac{1}{\alpha_{g,m}} = C \cdot \frac{D}{\lambda_{g,m}} \left(\frac{w \cdot D}{\nu_{g,m}} \right)^{-n}. \tag{73}$$

Dabei gelten für C und n folgende Werte:

	C		n	
glattes Einzelrohr, normale Turbulenz	2,86		0,560	
starke Turbulenz	3,79		0,648	
sehr rauhes Einzelrohr, normale Turbulenz	27,2		0,856	
	Rohre		Rohre	
	hintereinander	versetzt	hintereinander	versetzt
Röhrenbündel				
zwei Rohrreihen	8,20	10	0,654	0,690
drei Rohrreihen	7,94	8,85		
vier Rohrreihen	7,75	8,13		
fünf Rohrreihen	7,63	7,63		

Die Übereinstimmung der Formel (73) mit der von Ulsamer aufgestellten allgemeinen Beziehung (72a) folgt aus der Tatsache, daß die Kenngröße $\frac{3600\, c_{p,m} \cdot g \cdot \mu_m}{\lambda_m}$ für Gase nur von der Atomzahl abhängig ist, für ein bestimmtes Gas bzw. verschiedene Gase gleicher Atomzahl daher in dem Festwert aufgeht. Für zweiatomige Gase und Werte von

[1] Nusselt: Die Kühlung eines Zylinders durch einen senkrecht zur Achse strömenden Luftstrom. Gesundh.-Ing. 1922.
[2] Reiher: Wärmeübergang von strömender Luft an Rohre. VDI-Forsch.-Heft 1926 Nr. 269.

$50 < Re = \frac{w \cdot D}{\nu_m} < 10000$ führen die Untersuchungen von Ulsamer auf die Werte $C = 1{,}87$, $n = 0{,}5$. Sie gelten für das glatte Einzelrohr. Für niedrigere Werte der Reynoldsschen Zahl ergeben sich, wegen des zunehmenden Einflusses der freien Strömung, andere Werte und zwar $C = 1{,}22$, $n = 0{,}385$ für $0{,}1 < Re < 50$. Für verschiedenatomige Gase äußert sich der Einfluß der Kenngröße $\frac{3600\, c_{p,m} \cdot g \cdot \mu_{g,m}}{\lambda_{g,m}}$ nach der von Ulsamer aufgestellten erweiterten Beziehung

$$\frac{1}{\alpha_{g,m}} = C \cdot \frac{D}{\lambda_{g,m}} \left(\frac{\lambda_{g,m}}{3600\, c_{p,m} \cdot g \cdot \mu_{g,m}} \right)^{0,31} \left(\frac{w \cdot D}{\nu_{g,m}} \right)^{-n}, \qquad (72\,\text{b})$$

wobei der nachstehende Zusammenhang gilt

Atomzahl	1	2	3	4	5	6
$\frac{\lambda_{g,m}}{3600\, c_{p,m} \cdot g \cdot \mu_{g,m}}$	1,5	1,42	1,2	0,95	1	0,99,

der Einfluß der Atomzahl also zurücktritt. Für $0{,}1 < Re < 50$ beträgt $C = 1{,}10$, für $50 < Re < 10000$ $C = 1{,}67$.

Lohrisch[1] fand aus Diffusionsversuchen die Veränderung des Wärmeübergangswiderstandes über die einzelnen Punkte des umspülten Rohrumfanges nach Abb. 353. Sie stellt für verschiedene Werte der Reynoldsschen Zahl $Re = \frac{w \cdot D}{\nu} = 4000$, 20500, 50000 den Verlauf von $\frac{\alpha \cdot D}{\lambda}$ in radial auf dem Umfange aufgetragene Strecken dar und zeigt, daß der Wärmeübergangswiderstand nur für Geschwindigkeiten, die nahe oberhalb des kritischen Wertes w_{kr} liegen, auf der Vorderseite des Rohres wesentlich kleiner ist als auf der Rückseite, während bei besonders hohen Geschwindigkeiten die Verhältnisse sich umkehren, so daß der Übergangswiderstand auf der Vorderseite überwiegt. Die Erklärung liegt darin, daß die Grenzschicht sich alsbald nach Eintritt in die der Strömung abgekehrten Seite ablöst und der Rückseite frische Gasschichten durch Wirbelungen zugeführt werden. Das Ergebnis faßt Lohrisch dahin zusammen, daß er für

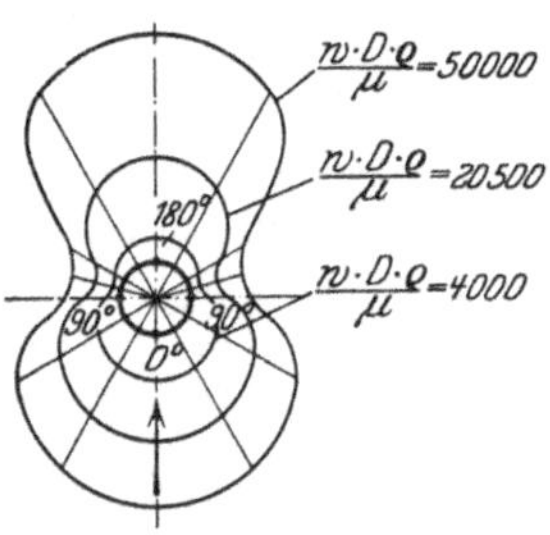

Abb. 353. Verlauf des Wärmeüberganges auf einem runden Rohr (Lohrisch).

die vordere Hälfte die Werte $C = 1{,}07$, $n = 0{,}477$,
die hintere Hälfte die Werte $C = 42{,}7$, $n = 0{,}824$

setzt. Für das Einzelrohr gibt er in guter Übereinstimmung mit der von Reiher für normale Turbulenz aufgestellten Beziehung die Gleichung

$$\frac{1}{\alpha_{g,m}} = 3{,}08 \cdot \frac{D}{\lambda_{g,m}} \left(\frac{w \cdot D}{\nu_{g,m}} \right)^{-0,563} \qquad (74)$$

[1] Lohrisch: Bestimmung von Wärmeübergangszahlen durch Diffusionsversuche. VDI-Forsch.-Heft 1929 Nr. 322.

Aus weiteren Versuchen mit Röhrenbündeln findet schließlich Lohrisch für

fünf Reihen mit versetzten Rohren $C \doteq 6{,}21,\ n = 0{,}661$
fünf Reihen mit hintereinanderliegenden Rohren $C = 24{,}8,\ n = 0{,}775$
drei Reihen mit versetzten Rohren $C = 5{,}99,\ n = 0{,}650$

Die Abweichung von den Reiherschen Versuchen ist bei versetzten Rohren unbedeutend, bei hintereinanderliegenden Rohren wesentlich. Während nach Reiher der mittlere Wärmeübergangswiderstand für höhere Geschwindigkeiten bei hintereinanderliegenden Rohren mehr und mehr den von versetzten Rohren überwiegt, findet nach Lohrisch mit zunehmender Geschwindigkeit ein Ausgleich statt. Für mittlere Geschwindigkeiten $\left(\frac{w \cdot D}{\nu} \sim 10000\right)$ spielen die Abweichungen praktisch keine Rolle, so daß die allgemeine Anwendung der von Reiher aufgestellten Beziehung empfohlen werden kann.

Ausdrücklich ist darauf aufmerksam zu machen, daß in den obigen Formeln w beim Röhrenbündel die auftretende Höchstgeschwindigkeit im Rohrspalt, beim Einzelrohr jedoch die mittlere Geschwindigkeit darstellt, mit der die Luft auf das Rohr trifft.

Die Frage der Rohrlage (waagerecht, senkrecht oder schräg) tritt zurück, wenn die Geschwindigkeiten hoch genug sind, um den Einfluß des natürlichen Umlaufes auszuschalten.

Wird die Heizfläche durch ebene Wände gebildet, so errechnet sich der Wärmeübergangswiderstand nach der von Jürges[1] für rauhe Oberfläche und Luft von atmosphärischem Druck gefundenen Beziehung zu

$$\frac{1}{\alpha_g} \sim 0{,}155\, w^{-0{,}78} \tag{75}$$

für Geschwindigkeiten über 5 m/s,

$$\frac{1}{\alpha_g} \sim \frac{1}{5{,}3 + 3{,}6\, w} \tag{76}$$

für Geschwindigkeiten unter 5 m/s.

b) Tropfbare Flüssigkeiten. Die Untersuchungen von Ulsamer haben die Gültigkeit der mit Formel (72b) übereinstimmenden Beziehung

$$\frac{1}{\alpha_{f,m}} = C \cdot \frac{D}{\lambda_{f,m}} \left(\frac{\lambda_{f,m}}{3600\, c_{p,m} \cdot g \cdot \mu_{f,m}}\right)^{0{,}31} \left(\frac{w \cdot D}{\nu}\right)^{-n} \tag{72c}$$

auch für tropfbare Flüssigkeiten erwiesen. Die Werte C und n sind hierbei zahlenmäßig gleich den für Gase angegeben.

Eine besonders wirksame Maßnahme für künstliche Verbesserung der Strömungsverhältnisse stellt der Vorschlag dar, die wärmeaustauschende Wand über ihre ganze Fläche durch die mit hoher Geschwindigkeit senkrecht auf die Wand gerichtete Flüssigkeit zu bespülen. Ungewöhnlich niedrige Werte des Wärmeübergangswiderstandes von Wasser an Wand bei Aufleitung des Wassers in rasch bewegtem Strahl senkrecht zur Wand

[1] Jürges: Der Wärmeübergang an einer ebenen Wand. Beihefte z. Gesundh.-Ing. 1924 Nr. 19.

haben Schmidt, Schurig und Sellschop[1] festgestellt. Sie fanden für die Auftreffstelle $\frac{1}{\alpha_w}$-Werte von rund $\frac{1}{40\,000}$ bis $\frac{1}{70\,000}$, wenn die Geschwindigkeit des Strahles 5,5 bis 10 m/s betrug. Der mittlere Wärmeübergangswiderstand ist, wegen der allmählichen Abnahme der Strömungsgeschwindigkeit mit Entfernung von der Auftreffstelle, selbstverständlich größer, bewegt sich aber bei den erwähnten Versuchen mit einer verhältnismäßig kleinen Platte noch um Werte in der auffallend niedrigen Größenordnung von $\frac{1}{20\,000}$ bis $\frac{1}{30\,000}$ $^0\mathrm{C}/\frac{\mathrm{kcal}}{\mathrm{m}^2\cdot\mathrm{h}}$.

Rieselt eine tropfbare Flüssigkeit senkrecht über untereinanderliegende waagerechte Rohre nieder, so ergeben sich ähnliche Verhältnisse wie bei Querströmung um Einzelrohre. Der Beschleunigung beim Niederrieseln wirkt die Reibung an den Rohrwänden entgegen. Heben sich beide Einflüsse auf, so bleibt die Geschwindigkeit gleich. Dies trifft für verhältnismäßig dünne Flüssigkeitsschichten zu. Die Flüssigkeitsgeschwindigkeit läßt sich leicht auf erhebliche Höhe bringen, so daß Werte des Wärmeübergangswiderstandes etwa gleicher Größenordnung zu erwarten sind wie bei innen durchströmten Rohren für Geschwindigkeiten um 1 m/s herum. Eine weitergehende Verminderung des Wärmeübergangswiderstandes ergibt sich daraus, daß die Flüssigkeit beim Übertritt vom einen Rohr zum folgenden durchmischt wird und dadurch die Grenzschicht mit wirksameren Außenschichten wechselt. Der erreichbaren Geschwindigkeit sind hierbei engere Grenzen gesetzt als bei zwangläufig durchströmten oder umflossenen Rohren, weil bei Steigerung der Flüssigkeitsmenge über ein bestimmtes Maß hinaus die Flüssigkeit teilweise seitlich wegspritzt und niederfällt, ohne weiter an dem Wärmeaustausch teilzunehmen.

Unter Ersatz der Rohrfläche durch eine senkrechte Wand fand Nusselt[2] die mittlere Flüssigkeitsgeschwindigkeit zu

$$w_m = \sqrt[3]{\left(\frac{G_{f,h}}{2\cdot 3600\,L}\right)^2 \cdot \frac{1}{3\,\gamma_f\cdot\mu_f}}. \tag{77}$$

Hierbei bedeuten

$\frac{G_{f,h}}{2}$ die auf der berieselten Wand einseitig niederfallende Flüssigkeitsmenge, $G_{f,h}$ also die beiderseits der Rohre niederfallende gesamte Flüssigkeitsmenge, in kg/h,

γ_f das spezifische Gewicht der Flüssigkeit, in kg/m³,

μ_f die Zähigkeit der Flüssigkeit, in kg · s/m²,

L die Länge der berieselten Rohre, entsprechend der Breite der berieselten Fläche, in m.

[1] Schmidt-Schurig-Sellschop: Versuche über die Kondensation von Wasserdampf in Film- und Tropfenform. Techn. Mech. Thermodyn. 1930.

[2] Nusselt: Der Wärmeaustausch am Berieselungskühler. Z. VDI 1920.

Der Wärmeübergangswiderstand ergibt sich nach Nusselt zu

$$\frac{1}{\alpha_f} = \frac{F}{G_{f,h} \cdot c_f \ln \dfrac{1}{1 - 2{,}23 \dfrac{\left(\dfrac{\lambda_f}{3600}\right)^{0,656} \cdot \gamma_f^{0,437} \left(\dfrac{F}{2L}\right)^{0,656}}{3^{0,875} \cdot c_f^{0,656} \cdot \mu_f^{0,219} \left(\dfrac{G_{f,h}}{2 \cdot 3600\, L}\right)^{0,875}}}} \tag{78}$$

bzw.

$$\frac{1}{\alpha_f} = \frac{F}{G_{f,h} \cdot c_f \left(0{,}0942 + \dfrac{5{,}65 \cdot \dfrac{\lambda_f}{3600} \cdot \gamma_f^{0,667} \cdot \dfrac{F}{2L}}{3^{1,333} \cdot c_f \cdot \mu_f^{0,333} \left(\dfrac{G_{f,h}}{2 \cdot 3600\, L}\right)^{1,333}}\right)}, \tag{78a}$$

je nachdem

$$\frac{\dfrac{\lambda_f}{3600} \cdot \gamma_f^{0,667} \cdot \dfrac{F}{2L}}{3^{1,333} \cdot c_f \cdot \mu_f^{0,333} \left(\dfrac{G_{f,h}}{2 \cdot 3600\, L}\right)^{1,333}} \lesseqgtr 0{,}05$$

ist. Hierbei bedeuten

F die Kühlfläche, in m²,
c_f die spezifische Wärme der Flüssigkeit, in kcal/kg · °C,
λ_f die Wärmeleitfähigkeit der Flüssigkeit, in kcal/m · °C · h.

2. Freie Strömung.

Bei freier Strömung bestimmen Leitung und Konvektion allein den Wärmeübergang. Ob die Strömung längs oder quer erfolgt, hängt infolgedessen nicht von der Richtung ab, mit der Gas und Flüssigkeit ein- und austreten, sondern von der Lage der Rohre. Da der natürliche Umlauf senkrecht nach oben oder unten strebt, ergeben senkrechte Rohre Längsströmung, waagerechte Rohre Querströmung.

α) **Senkrechte Rohre.** a) Gase. Nusselt-Jürges[1] haben für eine senkrechte glatte Wand das Temperaturfeld untersucht und die von Nusselt[2] für atmosphärische Luft von 35° entwickelte Gleichung

$$\frac{1}{\alpha_{l,m}} = \frac{0{,}455}{\sqrt[4]{t_W - t_g}} \tag{79}$$

bestätigt gefunden.

Unter der Voraussetzung, daß der Wärmeübergang an ein waagerechtes Rohr durch Leitung und Konvektion erfolgt, also äußere Einflüsse ausgeschaltet werden, fällt in der von Nusselt aufgestellten

[1] Nusselt-Jürges: Das Temperaturfeld über einer lotrecht stehenden geheizten Platte. Z. VDI 1928.

[2] Nusselt: Die Wärmeleitfähigkeit von Wärmeisolierstoffen. VDI-Forsch.-Heft 1909 Nr. 63—64.

allgemeinen Formel (72) die Kenngröße $Re = \frac{w \cdot D \cdot \gamma_m}{g \cdot \mu_m}$ fort und erfolgt für Flüssigkeiten allgemeiner Art

$$\frac{\alpha_m \cdot D}{\lambda_m} = \Phi\left(\frac{3600\, c_{p,m} \cdot g \cdot \mu_m}{\lambda_m}, \frac{D^3 \cdot \gamma_m^2 \cdot \beta_m (t_W - t)}{g \cdot \mu_m^2}\right), \quad (80$$

Ist die allgemeine Flüssigkeit ein Gas, so gilt

$$\beta_{g,m} = \frac{1}{T_{g,m}} = \frac{1}{t_W - t_g}\int_{t_g}^{t_W} \frac{dT}{T} = \frac{\ln \frac{T_W}{T_g}}{t_W - t_g} \quad (81$$

$$\frac{\alpha_{g,m} \cdot D}{\lambda_{g,m}} = \Phi\left(\frac{3600\, c_{p,m} \cdot g \cdot \mu_{g,m}}{\lambda_{g,m}}, \frac{D^3 \cdot \gamma_{g,m}^2 \cdot \ln \frac{T_W}{T_g}}{g \cdot \mu_{g,m}^2}\right). \quad (82$$

Für vollkommene Gase ist $\frac{\lambda_{g,m}}{3600\, c_{p,m} \cdot g \cdot \mu_{g,m}}$ von der Temperatur unabhängig und nur mit der Atomzahl veränderlich. Bei Annahme eines bestimmten Gases, z. B. Luft, wird daher

$$\frac{\alpha_{g,m} \cdot D}{\lambda_{g,m}} = \Phi'\left(\frac{D^3 \cdot \gamma_{g,m}^2 \cdot \ln \frac{T_W}{T_g}}{g \cdot \mu_{g,m}^2}\right). \quad (82a$$

Die Funktion Φ hat Nusselt nach Versuchen, die Davis[1] mit allgemeinen Flüssigkeiten vorgenommen hat, nach Abb. 354 gefunden, wobei die Ordinaten den Wert $\frac{\alpha_m \cdot D}{\lambda_m}$, die Abszissen das Verhältnis

$$\frac{A}{B} = \frac{\frac{D^3 \cdot \gamma_m^2 \cdot \beta_m (t_W - t)}{g \cdot \mu_m^2}}{\frac{\lambda_m}{3600 \cdot c_{p,m} \cdot g \cdot \mu_m}}$$

darstellen, das für Gase den Wert

$$\left(\frac{A}{B}\right)_g = \frac{3600\, D^3 \cdot \gamma_{g,m}^2 \cdot c_{p,m} \cdot \ln \frac{T_W}{T_g}}{\lambda_{g,m} \cdot \mu_{g,m}}$$

annimmt. Da für Gase mit genügender Genauigkeit unabhängig von der Temperatur $\beta_{g,m} \sim \frac{1}{273}$ gesetzt werden kann, ergibt sich die Vereinfachung

$$\left(\frac{A}{B}\right)_g = \frac{3600\, D^3 \cdot \gamma_{g,m}^2 \cdot c_{p,m} (t_W - t_g)}{273\, \lambda_{g,m} \cdot \mu_{g,m}}.$$

[1] Davis: Natural convective cooling in fluids. Philos. Mag. 1922.

Für Abszissenwerte $\frac{A}{B} > 4$ gilt genügend genau der einfache Zusammenhang

$$\frac{\alpha_m \cdot D}{\lambda_m} \sim 0{,}502 \sqrt[4]{\frac{A}{B}}$$

$$\frac{1}{\alpha} \sim \frac{2\,D}{\lambda_m \sqrt[4]{\frac{A}{B}}}.$$

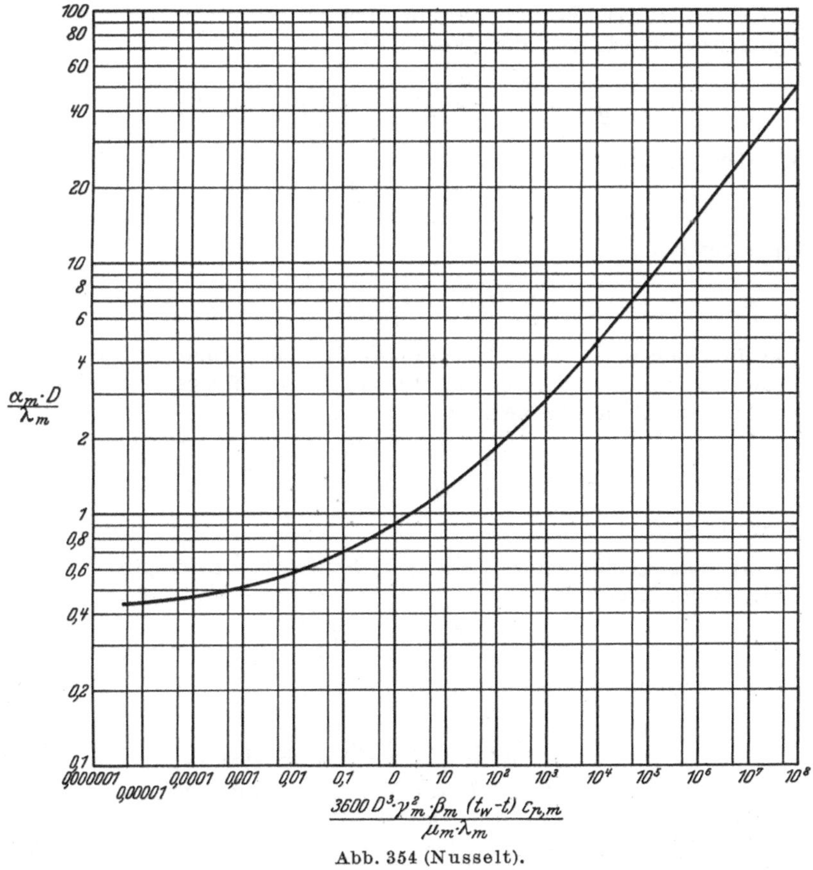

Abb. 354 (Nusselt).

In Anlehnung an diese Beobachtungen kann die für Luft und senkrechte Rohre gefundene Beziehung

$$\frac{1}{\alpha_{l,m}} = \frac{0{,}455}{\sqrt[4]{t_W - t_l}}$$

in die Form

$$\frac{1}{\alpha_{g,m}} = \frac{C}{\lambda_{g,m}} \sqrt[4]{\frac{273\ \lambda_{g,m} \cdot \mu_{g,m}}{3600\ \gamma_{g,m}^2 \cdot c_{p,m}\,(t_W - t_g)}} \tag{79a}$$

gebracht werden. Es ergibt sich dann

$$C = 0{,}455\,\lambda_{g,m} \sqrt[4]{\frac{3600\,\gamma_{g,m}^2 \cdot c_{p,m}}{273\,\lambda_{g,m} \cdot \mu_{g,m}}} = 1{,}27$$

und allgemein für Gase irgendwelcher Beschaffenheit

$$\frac{1}{\alpha_{g,m}} = \frac{1{,}27}{\lambda_{g,m}} \sqrt[4]{\frac{273\,\lambda_{g,m} \cdot \mu_{g,m}}{3600\,\gamma_{g,m}^2 \cdot c_{p,m}\,(t_W - t_g)}}. \qquad (79\,b)$$

b) Tropfbare Flüssigkeiten. Für tropfbare Flüssigkeiten besitzt das Abszissenverhältnis den Wert

$$\left(\frac{A}{B}\right)_f = \frac{3600\,D^3 \cdot \gamma_{f,m}^2 \cdot \beta_{f,m} \cdot c_{f,m}\,(t_W - t_f)}{\lambda_{f,m} \cdot \mu_{f,m}}.$$

Mit der Beziehung

$$\beta_f = \frac{1}{v_f} \cdot \frac{d\,v}{d\,t}$$

errechnet sich

$$\beta_{f,m} = \frac{1}{t_W - t_f} \cdot \frac{v_{t_W}}{v_{t,f}}.$$

Der für senkrechte, von Gas bespülte Kanäle gefundene Beiwert 1,27 kann in erster Annäherung auch für tropfbare Flüssigkeiten beibehalten werden, wenn hierfür die Form

$$\frac{1}{\alpha_{f,m}} = \frac{1{,}27}{\lambda_{f,m}} \sqrt[4]{\frac{\lambda_{f,m} \cdot \mu_{f,m}}{3600\,\gamma_{f,m}^2 \cdot c_{f,m} \cdot \beta_{f,m}\,(t_W - t_f)}} \qquad (83)$$

gewählt wird.

β) Waagerechte Rohre. Die von Nusselt für waagerechte Rohre aufgestellte Beziehung

$$\frac{\alpha_m \cdot D}{\lambda_m} = \Phi\left(\frac{A}{B}\right)$$

ist hier zutreffend.

3. Siedende Flüssigkeiten.

α) Strömung durch gerade Kanäle. Der Wärmeübergangswiderstand an dem von Dampfblasen bedeckten Teile der Heizfläche ist größer als an den von Flüssigkeit berührten Teilen. Rasche Loslösung der Gasblasen verbürgt daher niedrigen Wärmewiderstand. Solange die maßgebenden Gesetze nicht in einer für die Praxis brauchbaren einfachen Form vorliegen, erscheint es zulässig, den von den Dampfblasen bedeckten Teil der Heizfläche als unwirksam zu betrachten. Für den übrigen Teil handelt es sich um reine Flüssigkeitsbewegung. In erster Annäherung ist es wahrscheinlich, daß hierfür die gleichen Gesetze wie für nicht siedende Flüssigkeiten gelten, d. h. daß bei einer Bewegung der siedenden Flüssigkeit, die so lebhaft ist, daß die sich bildenden

Dampfblasen augenblicklich losgelöst werden, der Wärmeübergangswiderstand gleich dem gesetzt werden kann, der für die gleiche Flüssigkeit bei der gleichen Temperatur und Geschwindigkeit ohne Rücksicht auf den Siedezustand gelten würde.

Nach den Modellversuchen von Cleve[1] mit destilliertem Wasser wächst mit zunehmender Wärmezufuhr an das die siedende Flüssigkeit führende Rohr die Umlaufgeschwindigkeit der Flüssigkeit bis zu einer gewissen Grenze. Danach nimmt sie ab. Gleichzeitig treten Unregelmäßigkeiten des Siedevorganges mit stoßweisen Entleerungen des Rohres auf. Der Wärmeübergangswiderstand nimmt mit wachsender Heizleistung ständig ab, auch dann noch, wenn die Umlaufgeschwindigkeit sinkt. Die Gemischgeschwindigkeit erfährt, im Gegensatz zu der Eintrittsgeschwindigkeit der Flüssigkeit, eine ständige Zunahme und scheint für die Veränderung des Wärmeübergangswiderstandes maßgebend zu sein.

Während der mittlere Wert des Wärmeübergangswiderstandes $\frac{1}{\alpha_m}$ bei allgemeinen Flüssigkeiten genügend genau für die ganze Länge der Heizfläche gilt, nimmt bei siedenden Flüssigkeiten der örtliche Wert $\frac{1}{\alpha}$ vom Eintritt gegen den Austritt zu deutlich ab.

Für die Errechnung des Wärmeübergangswiderstandes siedender Flüssigkeiten unter Anwendung der für tropfbare Flüssigkeiten gültigen Beziehungen ergeben sich Schwierigkeiten, weil die Geschwindigkeit der Flüssigkeit durch die Dampfbildung ausschlaggebend beeinflußt wird, und zwar um so mehr, je enger und je länger die Rohre sind. Infolgedessen ist es nötig, neben dem Querschnitt der Rohre und der in der Zeiteinheit durchtretenden Flüssigkeitsmenge den Dampfgehalt der Flüssigkeit und die Geschwindigkeit der Dampfblasen relativ zur Flüssigkeit zu berücksichtigen, was vorläufig nur mit grober Annäherung gelingt.

Der Flüssigkeitskern besitzt im Siedezustande die Siedetemperatur. Die Flüssigkeitsteilchen in der Grenzschicht sind überhitzt, also in einem labilen Zustande, dessen Auslösung in Form einer Art von Entspannungsverdampfung anzunehmen ist.

Bosnjakovic[2] erklärt die von Jakob und Fritz gemachte Beobachtung, daß die Überhitzung der verdampfenden Flüssigkeit unabhängig von der Verdampfgeschwindigkeit ist, jedoch mit Abnahme der Flüssigkeitshöhe wächst, aus dem Verlauf des inneren Wärmeübergangs zwischen Dampfblase und umgebender Flüssigkeit. Bei verschiedenen Arten siedender Flüssigkeiten verhalten sich die Steiggeschwindigkeiten der Blasen mit einem Durchmesser, der oberhalb des aus der Reynoldsschen Zahl folgenden kritischen Wertes liegt, unabhängig von der Blasengröße wie

$$\frac{w_2}{w_1} = \left(\frac{\gamma_{f,2}}{\gamma_{f,1}}\right)^{\frac{1}{3}} \left(\frac{\nu_{f,2}}{\nu_{f,1}}\right)^{\frac{1}{3}} = \left(\frac{\mu_{f,2}}{\mu_{f,1}}\right)^{\frac{1}{3}}.$$

[1] Cleve: Modellversuche über den Wasserumlauf in Steil- und Schrägrohrkesseln. VDI-Forsch.-Heft 1929 Nr. 322.

[2] Bosnjakovic: Verdampfung und Flüssigkeitsüberhitzung. Techn. Mech. Thermodyn. 1930.

Merkwürdigerweise nimmt die Steiggeschwindigkeit bei höherer Zähigkeit der Flüssigkeit zu. Nach der Beobachtung von Hoefer[1] beträgt die Steiggeschwindigkeit in Wasser von 18° etwa 0,25 m/s. Hieraus errechnet sich für

siedendes	H_2O	bei	einem	Druck	von	10000 kg/m²	($t'' \sim$ 100°)	$w \sim$ 0,16 m/s
„	NH_3	„	„	„	„	30000 „	($t'' \sim -$ 10°)	$w \sim$ 0,15 „
„	SO_2	„	„	„	„	10000 „	($t'' \sim -$ 10°)	$w \sim$ 0 18 „
„	CO_2	„	„	„	„	270000 „	($t'' \sim -$ 10°)	$w \sim$ 0,13 „

Bosnjakovic ermittelt den Wert des Wärmeübergangswiderstandes zwischen siedendem Wasser und Dampfblase zu $\frac{1}{36500}$ °C/ $\frac{\text{kcal}}{\text{m}^2 \cdot \text{h}}$, also in einer Größenordnung, die gegenüber dem Wärmeübergangswiderstand zwischen Flüssigkeit und Wand verschwindet. Der letzte scheint daher tatsächlich für den Wärmeübergang maßgebend zu sein.

Während bei nicht siedenden Flüssigkeiten die Achsenlage des durchströmten Rohres — waagerecht, senkrecht oder schräg — keinen praktisch ins Gewicht fallenden Einfluß besitzt, solange die Durchflußgeschwindigkeit genügend hoch gehalten wird, ist bei im Rohrinnern siedenden Flüssigkeiten der Wärmeübergang in senkrechten Rohren günstiger als in schrägen oder gar waagerechten. Bei den ersten nehmen die abgelösten Dampfblasen und Dampffäden ihren Weg im Kern und verlieren damit ihren Einfluß auf die Wärmeübertragungsverhältnisse, bei waagerechten und schrägen Rohren streichen sie längs des oberen Teiles der Heizfläche und beeinträchtigen die Wirksamkeit. Die hindernde Dampfschichtstärke wächst hierbei in Richtung der Flüssigkeitsbewegung vom Eintritt nach dem Austritt zu. Aus diesem Grunde wird bei Innenströmung die Unterlegenheit waagerechter Rohre gegenüber senkrechten gleicher Abmessungen um so merklicher, je größer das Verhältnis L/D ist.

β) **Strömung um gerade Kanäle in Richtung der Längsachse.** Wird angenommen, daß neben den Stoffeigenschaften das Produkt $D^{0,16} \cdot w^{-0,79}$ den Wärmeübergangswiderstand auch bei siedenden Flüssigkeiten bestimmt, so können die für tropfbare Flüssigkeiten gefundenen Beziehungen auch hier angewandt werden. Diese Voraussetzung scheint ganz allgemein erfüllt zu sein. Neben den Stoffeigenschaften legt das Produkt $D^{0,16} \cdot w^{-0,79}$ die Stärke der Grenzschicht oder, um ein anderes Bild zu gebrauchen, die Scheuerkraft des Flüssigkeitsstromes fest. Von ihr aber hängt eindeutig die Stärke der den Wärmeübergang hemmenden Dampfschicht ab. Im übrigen spielt die Längsströmung um beheizte Kanäle bei siedenden Flüsssigkeiten kaum eine Rolle.

γ) **Strömung um gerade Kanäle quer zur Längsachse.** Querströmung siedender Flüssigkeit tritt bei Verdampfern mit waagerechten, innen von Kälteträgern durchströmten Rohren auf. Sind die Rohre in das Flüssigkeitsbad versenkt, so erfolgt die Bewegung als freie Strömung.

Erzwungene Querströmung ergibt sich bei Berieselungsverdampfern. Die Flüssigkeitsmenge erfährt beim Niederrieseln eine Abnahme nach

[1] Hoefer: Untersuchungen über Strömungsvorgänge im Steigrohr eines Druckluftwasserhebers. VDI-Forsch.-Heft 1913 Nr. 138.

Maßgabe der vorausgehenden Verdampfleistung. Beim Berieselungsverdampfer ist die von den Dampfblasen zu durchdringende Flüssigkeitsschicht besonders schwach. Der mit Temperaturverlust verbundene Einfluß einer statischen Flüssigkeitshöhe kommt hier in Wegfall.

d) **Einfluß der Betriebsbedingungen.** a) Temperaturgefälle. Erhöhung des Temperaturgefälles bewirkt eine deutliche Abnahme des Wärmeübergangswiderstandes. Beide zusammen ergeben aus doppelten Gründen eine Steigerung der spezifischen Belastung und der damit zusammenhängenden Umlaufgeschwindigkeit. Eine Beeinträchtigung der Wirksamkeit der Heizfläche durch die vermehrte Blasenentwicklung kommt offenbar nicht zustande, weil die verstärkte Scheuerwirkung des beschleunigten Gemisches überwiegt. Die Verbesserung der Wärmeübergangsverhältnisse durch Vergrößerung des Temperaturgefälles tritt besonders bei natürlichem Umlauf in Erscheinung. Bei künstlich verstärktem Umlauf kommt sie um so weniger zur Geltung, je mehr die Geschwindigkeit das für natürlichen Umlauf geltende Maß überschreitet.

b) Flüssigkeitsstand. Bei der Ermittlung des Wärmeübergangswiderstandes wird in der Regel die gesamte Heizfläche als wirksam betrachtet. Dies ist zutreffend, wenn volle Benetzung der Heizfläche gesichert ist.

Bei stehenden Wasserverdampfern mit nicht zu engen Rohren wurde wiederholt beobachtet, daß ein Flüssigkeitsstand von etwa ein Drittel der Rohrlänge die günstigsten Leistungsverhältnisse ergibt. Bei Rohren mit kleinem Durchmesser ist eher mit der Bildung von Dampfpolstern zu rechnen als bei weiten Rohren; ein besonders niedriger Flüssigkeitsstand scheint hier günstig. Die Verhältniszahl, die den günstigsten Flüssigkeitsstand kennzeichnet, ist daher keine unveränderliche Größe. Schließlich darf der Wert theoretischer Erörterungen in dieser Hinsicht nicht überschätzt werden.

Bei Verdampfern mit waagerechten, innen von Kälteträgern durchströmten Rohren kocht die Flüssigkeit auf der Eintrittsseite des Kälteträgers hoch und fällt auf der entgegengesetzten Seite nieder. Hierbei ergibt sich eine Umlaufbewegung oben in Richtung des Kälteträgers, unten entgegengesetzt. Künstliche Maßnahmen, um den Rücklauf der hochkochenden Flüssigkeit zu sichern, wie freie Gassen inmitten oder außerhalb der Rohrreihen, sind in der Regel entbehrlich. Sie haben einige Berechtigung nur dann, wenn infolge besonders niedrigen Temperaturgefälles sowie hoher Dichte und Zähigkeit der verdampfenden Flüssigkeit die natürliche Umlaufbewegung gehemmt ist. Strömt der Kälteträger nicht am einen Ende ein und am entgegengesetzten aus, sondern mehrmals hin und her, so ergeben sich Störungen des natürlichen Umlaufes. Bei waagerechten, außen beaufschlagten Verdampfern haben die Rohrabmessungen keinen Einfluß auf das Verhältnis des günstigsten Flüssigkeitsstandes. Das Ansteigen der Flüssigkeitshöhe im Betrieb ist hier in der Hauptsache durch die verminderte Dichte des Gemisches, weniger durch die Förderwirkung der Dampfblasen bedingt. Der günstigste Flüssigkeitsstand ist daher in verhältnismäßig größerer Höhe zu erwarten als bei stehenden Verdampfern mit innen durchflossenen Rohren.

4. Gesättigte Dämpfe.

Für den Wärmeübergang aus kondensierenden Dämpfen an Metallflächen hat Nusselt[1] eine Theorie entwickelt und in Versuchen von English und Donkin bestätigt gefunden. Er rechnet mit dem Zustandekommen einer zusammenhängenden Niederschlagschicht, deren Wärmeleitwiderstand den Wärmeübergangswiderstand bestimmt. Nach Feststellungen von Schmidt-Schurig-Sellschopp[2] entstehen bei der Verflüssigung je nach der Beschaffenheit der Wandoberfläche geschlossene Niederschlagschichten oder Tropfen, die nach Erreichung einer bestimmten Größe ablaufen und hierbei andere Tropfen mit fortspülen. Das erste ist der Fall bei Flächen, die durch den Niederschlag voll benetzt werden, wobei größere Rauhigkeit den Benetzungsgrad verbessert. Tropfen bilden sich, wenn die Fläche von dem Niederschlag schwach benetzt wird, wobei die flüssigkeitsabweisende Wirkung entweder durch die besondere Art von Fläche und Flüssigkeit oder durch die Oberflächenbeschaffenheit — besondere Glätte — oder durch einen Belag — Ölhauch bei kondensierendem Wasserdampf — oder mehrere dieser Umstände gleichzeitig verursacht wird. Die Tropfen lassen einen Teil der Fläche frei von Flüssigkeit. Hieraus erklärt es sich, daß bei Tropfenbildung der Wärmeübergangswiderstand kondensierenden Dampfes mit $\frac{1}{4}$ bis $\frac{1}{8}$ des Wertes gefunden wurde, der für Verflüssigung in geschlossener Schicht gilt.

Monrad-Badger[3] haben Abweichungen von der Nusseltschen Theorie bei langen senkrechten Heizrohren gefunden und hierfür die Tatsache verantwortlich gemacht, daß in diesem Falle die Nusseltsche Annahme einer laminaren Strömung der Niederschlagschicht nicht mehr zutrifft, sondern Turbulenz eintritt. Sie kommen, im Gegensatz zu Nusselt, zu der Schlußfolgerung, daß lange senkrechte Heizrohre bei großem Temperaturgefälle den Vorzug vor waagerechten Rohren gleicher Abmessung verdienen und nehmen an, daß die laminare Strömung bei senkrechten Rohren mit einer Länge von 2 bis 4 m und einem Temperaturgefälle von 10 bis 20^0 bereits in Turbulenz übergegangen ist, der Wärmeübergangswiderstand daher für solche Fälle geringer ist, als sich nach Nusselt ergibt. Der Einfluß der Geschwindigkeit gewinnt hierbei deshalb an Bedeutung, weil mit ihr eine Vorverlegung des Überganges von laminarer in turbulente Strömung erfolgt. Die Beobachtung, daß der Wärmeübergangswiderstand bei der Verflüssigung von Diphenyldämpfen mit zunehmendem Temperaturgefälle abnimmt bis zu einem Wert, der nahezu gleichbleibt, wird dadurch erklärt, daß die turbulente Bewegung mit zunehmender Belastung des Heizrohres allmählich vom

[1] Nusselt: Die Oberflächenkondensation des Wasserdampfes. Z. VDI 1916.
[2] Schmidt-Schurig-Sellschop: Versuche über die Kondensation von Wasserdampf in Film- und Tropfenform. Techn. Mech. Thermodyn. 1930
[3] Monrad-Badger: The condensation of vapors. Ind. Engng. Chem. 1930.

unteren Ende sich nach oben ausdehnt und schließlich nahezu die ganze Rohrlänge erfaßt. Im Sinne der Turbulenz wirkt auch das Abtropfen von Teilen des Niederschlages, die die unteren Teile der Rohre alsdann nicht mehr belasten.

Wie bei siedenden Flüssigkeiten besitzt auch bei kondensierenden Dämpfen die Lage der Wand — waagerecht, senkrecht oder schräg — einen wesentlichen Einfluß auf den Wärmeübergang.

α) **Strömung durch gerade Kanäle.** Für ruhenden Wasserdampf, der an einer senkrechten Wand kondensiert, beträgt nach Nusselt der mittlere Wärmeleitwiderstand

$$\frac{1}{\alpha_{m,v}} = 0{,}000295 \sqrt[4]{\frac{\mu' \cdot H\,(t''-t_W)}{r \cdot \gamma'^2 \left(\frac{\lambda'}{3600}\right)^3}}. \tag{84}$$

Hierbei bedeuten

μ' die Zähigkeit des Kondensats, in kg · s/m²,
γ' das spezifische Gewicht des Kondensats, in kg/m³,
λ' die Wärmeleitfähigkeit des Kondensats, in kcal/m · °C · h,
r die Verdampfwärme, in kcal/kg,
H die Höhe der senkrechten Wand, in m.

Mit der von Schack[1] vorgeschlagenen Vereinfachung

$$\sqrt[4]{\frac{r \cdot \gamma'^2 \cdot \lambda'^3}{\mu'}} \sim 1{,}72 + 0{,}0134\, t_w \sim 1{,}72 + 0{,}0134 \cdot \frac{t'' + t_W}{2} \tag{85}$$

schreibt sich die Nusseltsche Formel

$$\frac{1}{\alpha_{m,v}} \sim \frac{\sqrt[4]{H\,(t'-t_W)}}{5800 + 23\,(t''+t_W)}. \tag{86}$$

Bildet die geneigte Wand mit der Waagerechten den Winkel β, so nimmt der Wärmeübergangswiderstand auf

$$\frac{1}{\alpha_{m,\beta}} = \frac{1}{\alpha_{m,v}} \cdot \frac{1}{\sqrt[4]{\sin\beta}}$$

zu, also für	$\beta =$	60	45	30	15°
auf das	$\frac{1}{\sqrt[4]{\sin\beta}} =$	1,03	1,09	1,19	1,40fache.

Für eine genau oder angenähert waagerechte Wand verliert die Formel ihre Bedeutung.

Strömt der Dampf an einer senkrechten ebenen Wand mit einer Geschwindigkeit w abwärts, so beträgt nach Nusselt der mittlere Wärmeleitwiderstand

$$\frac{1}{\alpha_{m,v}} = \frac{1}{\lambda'} \cdot \frac{\sqrt[4]{\frac{H}{b_1}}}{\Phi \dfrac{b_2}{\sqrt[4]{\frac{H}{b_1}}}}. \tag{87}$$

[1] Schack: Der industrielle Wärmeübergang. Düsseldorf 1929.

Hierbei bedeuten

$$b_1 = \frac{900 \cdot r \cdot \gamma'^2}{\lambda' \cdot \mu' (t'' - t_W)},$$

$$b_2 = \frac{10{,}5 \cdot 10^{-4} \cdot w^2 \cdot \gamma}{3\,\gamma'},$$

γ das spezifische Gewicht des Dampfes, in kg/m³.

Für die Funktion Φ ergibt Abb. 355 die Abhängigkeit zwischen

$$\frac{\alpha_{m,v}}{\lambda'} \sqrt[4]{\frac{H}{b_1}} \text{ und } \frac{b_2}{\sqrt[4]{\frac{H}{b_1}}}.$$

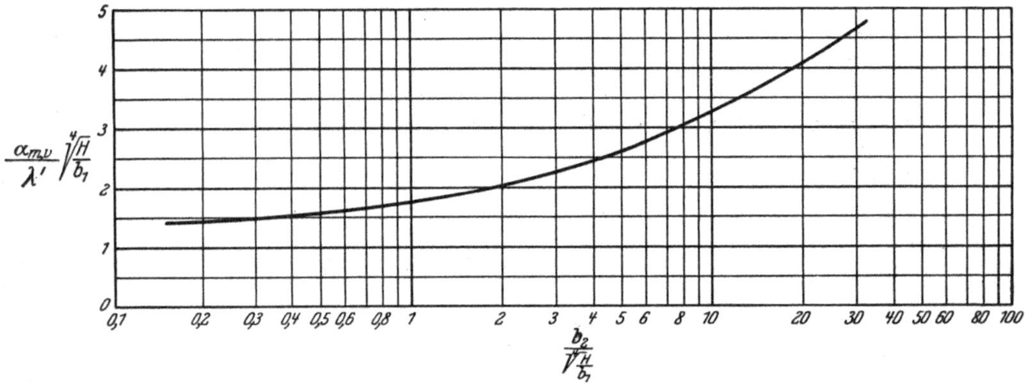

Abb. 355 (Nusselt).

Für innen durchströmte Kanäle gelten die von Nusselt für ebene Wände aufgestellten Beziehungen nur angenähert. Je enger der Stromquerschnitt und je länger der Kanal ist, um so mehr übertrifft der tatsächliche Wärmeübergangswiderstand den für die ebene Wand geltenden Wert.

Für ruhenden Wasserdampf, der an einem waagerechten Rohr außen kondensiert, beträgt nach Nusselt der mittlere Wärmeübergangswiderstand

$$\frac{1}{\alpha_{m,h}} = 0{,}00038 \sqrt[4]{\frac{\mu' \cdot D\,(t'' - t_W)}{r \cdot \gamma'^2 \left(\frac{\lambda'}{3600}\right)^3}} \tag{88}$$

bzw. mit der Vereinfachung nach Schack

$$\frac{1}{\alpha_{m,h}} \sim \frac{\sqrt[4]{D\,(t'' - t_W)}}{4460 + 17{,}7\,(t'' + t_W)}. \tag{89}$$

In der Regel handelt es sich nicht um Einzelrohre, sondern um Bündel paralleler Rohre. Liegen hierbei n Rohre übereinander, so ist der Wärmeübergangswiderstand für die folgenden Rohre, wegen des auftropfenden Niederschlages, größer, im Durchschnitt etwa gleich dem $\sqrt[4]{n}$fachen des für das Einzelrohr geltenden Wertes.

Für waagerechte, innen durchströmte Rohre gibt die Formel 89 den unteren Grenzwert. Er gilt unter der Annahme sofortiger Abführung des sich am Boden ansammelnden Niederschlags. In Wirklichkeit wird $\frac{1}{\alpha_{m,h}}$ größer. Der Einfluß der Dampfgeschwindigkeit äußert sich in dem Sinne, daß der Wärmeübergangswiderstand an der Eintrittseite abnimmt, an der Austrittseite wächst, vor allem aber darin, daß mit zunehmender Dampfgeschwindigkeit die Entfernung der niedergeschlagenen Flüssigkeit schneller erfolgt und der tatsächliche Wärmeübergangswiderstand dem unteren Grenzwert näherkommt. Schließlich wirkt hohe Dampfgeschwindigkeit ausgleichend auf die Unterschiede zwischen dem oberen und unteren Teile des Rohrumfanges.

Umgekehrt wie bei siedenden Flüssigkeiten nimmt bei kondensierenden Dämpfen der Wärmeübergangswiderstand in Richtung der Bewegung zu.

β) Strömung um gerade Kanäle in Richtung der Längsachse. Für senkrechte Rohre kann der Wärmeübergangswiderstand nach den für die senkrechte Wand geltenden Formeln errechnet werden. Bewegt der Dampf sich ausnahmsweise im waagerechten Rohr in der Längsrichtung, so gilt genügend genau die für ruhenden Dampf gefundene Beziehung, weil dann im Gegensatz zu innen durchströmten waagerechten Rohren die Dampfgeschwindigkeit keine wesentliche Rolle spielt. Ihre Richtung steht senkrecht zu der Bewegungsrichtung des unter dem Einfluß der Schwere am Rohrumfange niederfließenden und schließlich abtropfenden Niederschlags. Die Dampfströmung bewirkt nur, daß der Niederschlag längs der Mantellinie des Rohres im Sinne der Dampfrichtung verdrängt wird.

Für den Vergleich zwischen senkrechten und waagerechten Rohren ergibt sich die Beziehung

$$\frac{\frac{1}{\alpha_h}}{\frac{1}{\alpha_v}} = 1{,}3\sqrt[4]{\frac{D}{H}}. \tag{90}$$

Der Wärmeübergangswiderstand wird bei waagerechten und senkrechten Rohren gleich, wenn $H = 2{,}85\,D$ ist. Für Rohre üblicher Länge ist der Wärmeübergangswiderstand bei senkrechter Anordnung größer als bei waagerechter.

Ist ein von Dampf in Richtung der Längsachse umspültes Rohr im Sinne der Dampfbewegung gegen die Waagerechte geneigt, so findet neben dem Abtropfen ein Abfließen des an tiefster Stelle des Umfanges sich sammelnden Niederschlags längs des Mantels statt. In erster Annäherung kann angenommen werden, daß der Wärmeübergangswiderstand ähnlich wie bei der im Winkel β gegen die Waagerechte geneigten Wand sich gegenüber dem senkrechten Rohre auf das $\frac{1}{\sqrt[4]{\sin\beta}}$fache vergrößert, also für eine Neigung $\beta = 30^0$ auf das $\frac{1}{\sqrt[4]{0,5}} \sim 1,2$fache des für das senkrechte Rohr geltenden Wertes wächst.

Bei senkrechten und innen beheizten, waagerechten Rohren ändern sich die Verhältnisse nicht, wenn von dem Einzelrohr auf das Röhrenbündel übergegangen wird. Beim außen beheizten waagerechten Röhrenbündel nimmt der Wärmeübergangswiderstand für die tiefer liegenden Rohre zu, auf die der Niederschlag von den höher liegenden Rohren abläuft. Die angegebenen Beziehungen sind dann nur für die Rohre maßgebend, die die obere Hälfte des Röhrenbündels umsäumen. Sie gelten auch noch für die nach unten folgenden Rohre, wenn die Rohre in senkrechter Richtung versetzt sind, außerdem für das ganze Röhrenbündel, wenn ausnahmsweise der Niederschlag von Einzelrohren oder Rohrgruppen durch Rinnen und Bleche unter den Rohren aufgefangen und nach außen geleitet wird, ehe es die tiefer liegenden Rohre trifft. Fehlen solche besonderen Maßnahmen, so übersteigt der durchschnittliche Wärmeübergangswiderstand erheblich den für das Einzelrohr geltenden Wert.

γ) **Strömung um gerade Kanäle quer zur Längsachse.** Werden senkrechte Rohre durch einen waagerechten Dampfstrom mit mäßiger Geschwindigkeit einseitig getroffen, wie dies bei stehenden Röhrenbündelverflüssigern die Regel bildet, so wirkt die Dampfgeschwindigkeit im Sinne einer Verdrängung der Flüssigkeitshaut von der Vorderseite nach der Rückseite des Rohres, ist also ohne wesentlichen Einfluß auf den mittleren Wärmeübergangswiderstand. In diesem Falle ist daher die für senkrechte Wände und ruhenden Dampf aufgestellte Formel zutreffend.

Für Verflüssiger mit waagerechten Rohren stellt die von Nusselt für ruhenden Dampf gefundene Beziehung den oberen Grenzwert des für Einzelrohre zu erwartenden Wärmeübergangswiderstandes dar, da die Geschwindigkeit des von oben nach unten strömenden Dampfes im Sinne einer Beschleunigung des Niederschlags, also einer Verringerung der Flüssigkeitshautstärke, wirkt. Bei den stets angewandten Röhrenbündeln ergibt sich aus dem erwähnten Grunde ein höherer mittlerer Wärmeübergangswiderstand, wenn von der Anwendung besonderer Kunstgriffe abgesehen wird.

δ) **Einfluß der Temperatur.** Nusselt[1] gibt für eine Wandtemperatur t_W, die unter der Sättigungstemperatur t'' liegt, als Verhältnis der übertragenen Wärmemenge

$$\frac{Q_{h,\,\mathrm{ges}}}{Q_{h,\,\mathrm{überh}}} = \frac{1}{\sqrt[4]{1 + \frac{c_{p,\,m}}{r}(t_d - t'')}} \tag{91}$$

an, wenn

t_d die Temperatur des überhitzten Dampfes, in ^{0}C,

$c_{p,\,m}$ die spezifische Wärme des überhitzten Dampfes zwischen t'' und t_d, in kcal/kg $\cdot$ ^{0}C

---

[1] Nusselt: Der Wärmeübergang zwischen Arbeitsmedium und Zylinderwand in Kolbenmaschinen. VDI-Forsch.-Heft 1928 Nr. 300.

bedeuten. Voraussetzung für die Zunahme der Heizleistung ist Gleichbleiben der Verhältnisse auf der Gegenseite. Der Wärmeübergangswiderstand für überhitzten Dampf ist größer als für gesättigten Dampf, und zwar im Verhältnis

$$\frac{\frac{1}{\alpha_{\text{überh}}}}{\frac{1}{\alpha_{\text{ges}}}} = \frac{1}{\sqrt[4]{1 + \frac{c_{p,m}}{r}(t_d - t'')}} \cdot \frac{t_d - t_W}{t'' - t_W}. \tag{92}$$

Nach den Untersuchungen von Jakob-Erk-Eck[1] kann die Wärmeleistung bei überhitztem Dampf etwa gleich der bei gesättigtem Dampf gleicher Spannung genommen werden, solange die Wandtemperatur unter der Siedetemperatur liegt.

C. Wandtemperatur und Wärmedurchgangswiderstand.

Die Errechnung der Wärmeübergangswiderstände ist dadurch erschwert, daß ihr Wert u. a. von den Wandtemperaturen abhängt, deren Höhe

$$t_{W,m} = t_m - \frac{Q_h}{F} \cdot \frac{1}{\alpha_m}, \tag{93}$$

$$t_{W,m,o} = t_{m,o} + \frac{Q_h}{F} \cdot \frac{1}{\alpha_{m,o}} \tag{93a}$$

nicht von vornherein feststeht. Die Wärmeübergangswiderstände sind daher zunächst für geschätzte Wandtemperaturen zu ermitteln. Aus $\frac{1}{\alpha_m}$ und $\frac{1}{\alpha_{m,o}}$ folgt, zusammen mit den Beträgen $\frac{e_W}{\lambda_W}$, $\frac{e_F}{\lambda_F}$ und $\frac{e_{F,o}}{\lambda_{F,o}}$ der Wärmeleitwiderstände von Wand und Fremdkörperschichten, der Wärmedurchgangswiderstand

$$\frac{1}{k_m} = \frac{1}{\alpha_m} + \frac{1}{\alpha_{m,o}} + \sum \frac{e}{\lambda}$$

und damit

$$\frac{Q_h}{F} = \frac{\Delta t_m}{\frac{1}{k_m}}.$$

Durch Einsetzen dieses Verhältnisses und der erstmalig gefundenen Werte $\frac{1}{\alpha_m}$ und $\frac{1}{\alpha_{m,o}}$ lassen sich die Wandtemperaturen $t_{W,m}$ und $t_{W,m,o}$

[1] Jakob-Erk: Der Wärmeübergang beim Kondensieren von Heiß- und Sattdampf. VDI-Forsch.-Heft 1928 Nr. 310; Jakob-Erk-Eck: Der Wärmeübergang in einem waagerechten Rohr beim Kondensieren von Satt- und Heißdampf. Z. VDI 1928; Jakob-Erk-Eck: Temperaturverteilung und Turbulenz beim Kondensieren von Heißdampf in einem Rohr. Techn. Mech. Thermodyn. 1930.

errechnen. Ergeben sich Abweichungen gegenüber der Annahme, so ist der Rechnungsgang zu wiederholen. Schließlich folgt mit dem endgültigen Wert $\frac{1}{k_m}$ die erforderliche Heizfläche

$$F = \frac{Q_h}{\Delta t_m} \cdot \frac{1}{k_m}.$$

XIII. Berechnung der Wärmeübertragung zwischen feuchten Gasen und tropfbaren Flüssigkeiten bzw. Eis.

Es bedeute

$Q_{t,h}$ die stündlich von dem Gas an die Flüssigkeit übergehende Wärmemenge, fühlbar durch Verminderung der Gastemperatur (bzw., wenn negativ, Erhöhung der Gastemperatur), in kcal/h,

Q_h' die stündlich von dem Gas an die Flüssigkeit übergehende Wärmemenge, entstehend durch Niederschlag von Dampf aus dem Gas (bzw., wenn negativ, Verdampfen von Flüssigkeit in das Gas), in kcal/h,

$Q_h = Q_{t,h} + Q_h'$ die stündlich von dem Gas an die Flüssigkeit übergehende gesamte Wärmemenge, in kcal/h,

F die gasberührte Oberfläche der Flüssigkeit, in m²,

$\frac{1}{\alpha}$ den Übergangswiderstand für fühlbare Wärme, bezogen auf die Flächeneinheit, in $^0\mathrm{C}/\frac{\mathrm{kcal}}{\mathrm{m}^2 \cdot \mathrm{h}}$,

$c_{p,g}$ die spezifische Wärme des feuchten Gases, in kcal/kg · °C,

t_g die Temperatur des feuchten Gases, in °C,

t_g'' den Taupunkt des feuchten Gases beim Feuchtigkeitsgehalt x_g, in °C,

t_f die Temperatur der Flüssigkeit, in °C,

x_g den Feuchtigkeitsgehalt des Gases, bezogen auf 1 kg Reingas,

x_f den Feuchtigkeitsgehalt des mit Dampf aus der Flüssigkeit gesättigten Gases bei der Temperatur der Flüssigkeit, bezogen auf 1 kg Reingas,

k' die Verdunstungszahl, d. h. das auf 1 m² Flüssigkeitsoberfläche stündlich niederschlagende (bzw., wenn negativ, verdunstende) Flüssigkeitsgewicht, wenn der Unterschied des Feuchtigkeitsgehalts $x_g - x_f$ der Einheit entspricht, in kg/m² · h,

r die Verdampfwärme der Flüssigkeit, in kcal/kg.

Bei dem Wärmeaustausch zwischen feuchten Gasen und tropfbaren Flüssigkeiten tritt von dem Gas in die Flüssigkeit stündlich eine Wärmemenge über, deren fühlbarer Betrag

$$Q_{t,h} = \frac{F(t_g - t_f)}{\frac{1}{\alpha}} \qquad (94)$$

ist.

Aus der Definition der Verdunstungszahl k' ergibt sich die Niederschlags- (bzw., wenn negativ, Verdunstungs-) leistung zu

$$G_{g,h}(x_{g,a} - x_{g,e}) = k' \cdot F\,(x_g - x_f)\ \text{kg/h}. \tag{95}$$

Die hierbei entwickelte Niederschlagwärme beträgt

$$Q'_h = F \cdot r \cdot k'\,(x_g - x_f)\,. \tag{96}$$

Lewis[1] hat die Beziehung aufgestellt

$$\frac{\alpha}{k'} = c_{p,g}\,. \tag{97}$$

Hiernach folgt

$$Q'_h = \frac{F \cdot r\,(x_g - x_f)}{\frac{c_{p,g}}{\alpha}}. \tag{95a}$$

Die gesamte an die Flüssigkeit stündlich übertragene Wärmemenge beträgt

$$Q_h = Q_{t,h} + Q'_h = \frac{F}{\frac{1}{\alpha}}\left[(t_g - t_f) + \frac{r}{c_{p,g}}(x_g - x_f)\right]. \tag{98}$$

Die beiden Teilbeträge $Q_{t,h}$ und Q'_h können im einzelnen positiv oder negativ sein, was folgende Auslegung ergibt:

$t_g > t_f$. $Q_{t,h}$ positiv,

das wärmere Gas führt der kälteren Flüssigkeit fühlbare Wärme zu. Dieser Fall bildet die Regel bei der Abkühlung von Luft durch flüssige Kälteträger;

$t_g < t_f$. $Q_{t,h}$ negativ,

die wärmere Flüssigkeit führt dem kälteren Gase fühlbare Wärme zu. Dies tritt z. B. ein, wenn feuchtes Gut durch Luft abgekühlt wird;

$x_g > x_f$. Q'_h positiv,

Feuchtigkeit schlägt aus dem Gase in die Flüssigkeit nieder, z. B. Trocknung feuchter Luft durch flüssige Kälteträger. Dieser Fall kann im allgemeinen nur eintreten, wenn die Flüssigkeit kälter als das Gas, $Q_{t,h}$ also positiv ist. Die Flüssigkeitstemperatur liegt unter dem Taupunkt. (Ein Ausnahmefall ergibt sich, wenn die Flüssigkeit hygroskopisch ist. Alsdann ist es möglich, daß Feuchtigkeit aus dem Gase in Flüssigkeit von gleicher oder sogar höherer Temperatur niederschlägt.)

$x_g < x_f$. Q'_h negativ,

Flüssigkeit verdampft in das Gas. Die Flüssigkeit ist hierbei entweder wärmer als das Gas, $Q_{t,h}$ also negativ, z. B. bei Trocknung warmen feuchten Gutes durch kühlende Luft, oder sie besitzt die gleiche Temperatur wie Gas, wobei $Q_{t,h} = 0$ ist, oder sie ist kälter als das Gas, $Q_{t,h}$ also positiv.

[1] Lewis: The evaporation of a liquid into a gas. Mech. Engng. 1922, s. a. Bericht darüber im VDI-Forsch.-Heft 1925 Nr. 275.

Für die Bedingung $x_g < x_f$ bedeutet der Taupunkt des Gases die tiefstmögliche Temperatur der Flüssigkeit.

Im i-x-Bild der Abb. 356 ergibt sich für den einem beliebigen Zustande des Gases zugeordneten Punkt G Niederschlag in die Flüssigkeit oder Verdampfung in das Gas, je nachdem die Flüssigkeitstemperatur tiefer oder höher als der Taupunkt t_g'' liegt, der dem Schnittpunkt der Sättigungslinie mit der durch G gehenden Ordinaten entspricht. (Ist die Flüssigkeit hygroskopisch, so liegt der Grenzzustand senkrecht über

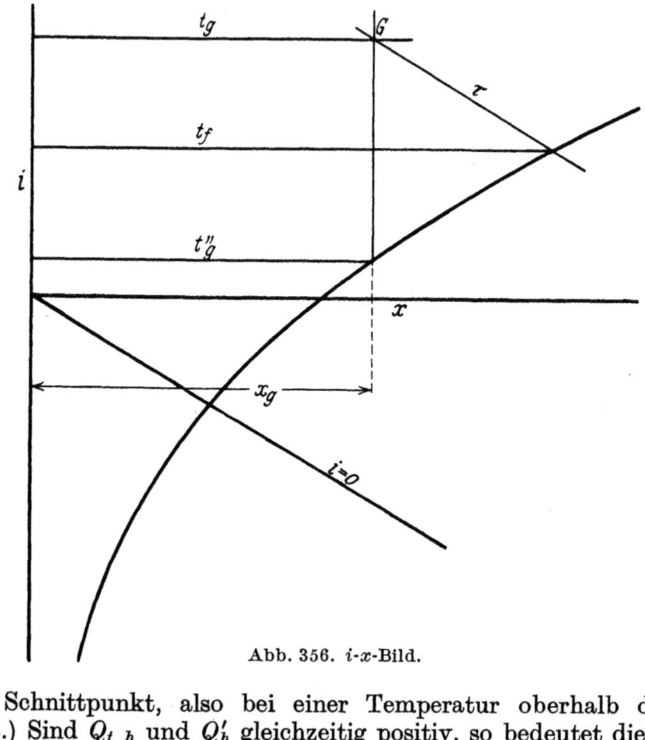

Abb. 356. i-x-Bild.

diesem Schnittpunkt, also bei einer Temperatur oberhalb des Taupunktes.) Sind $Q_{t,h}$ und Q_h' gleichzeitig positiv, so bedeutet dies Erwärmung der Flüssigkeit und Niederschlag in die Flüssigkeit auf der einen, Abkühlung und Entfeuchtung des Gases auf der anderen Seite; sind umgekehrt $Q_{t,h}$ und Q_h' gleichzeitig negativ, so folgt hieraus Abkühlung und Verdampfung der Flüssigkeit auf der einen, Erwärmung und Befeuchtung des Gases auf der anderen Seite. Ist $Q_{t,h}$ positiv und Q_h' negativ, so nimmt die Flüssigkeit aus dem Gase fühlbare Wärme, das Gas aus der Flüssigkeit Dampfwärme auf. Im Grenzzustande wird $Q_{t,h} = - Q_h'$ und $Q_h = 0$. Die von dem Gas an die Flüssigkeit abgegebene fühlbare Wärme entspricht dann gerade der aus der Flüssigkeit an das Gas übertragenen Dampfwärme und es folgt

$$- Q_h' = Q_{t\,h} = \frac{F\,(t_g - t_f)}{\frac{1}{\alpha}}.$$

Dieser Fall ist z. B. gegeben, wenn feuchtes Gut vollständig ausgekühlt ist, die Wechselwirkung mit der Luft sich daher nur als Trocknung — Gewichtsverlust — äußert. In diesem Ausgleichzustande fällt t_f mit der Kühlgrenztemperatur τ zusammen, die die Flüssigkeit bzw. das feuchte Gut dauernd behält, die Veränderung des Luftzustandes geht längs der τ-Linie vor sich.

Q'_h ist gleichbedeutend mit der im Wärmemaßstabe ausgedrückten stündlichen Trockenleistung.

Für freie Strömung gilt die Lewissche Beziehung nicht genau. Für sie wird nach Schmidt[1]

$$Q_h = \frac{F}{\frac{1}{\alpha}} \left[(t_g - t_f) + \frac{r}{c_{p,g}} \cdot \frac{k_g}{a_g} (x_g - x_f) \right] \sqrt[4]{\frac{T_g - T_f \cdot \frac{m_g}{m_f}}{t_g - t_f}}, \quad (99)$$

wenn

k_g die Diffusionskonstante, in m²/h,

$a_g = \frac{\lambda_g}{c_{p,g} \cdot \gamma_g}$ die Temperaturleitfähigkeit des Gases, in m²/h,

T_g die absolute Temperatur des Gases, in ⁰ C abs.,

T_f die absolute Temperatur der Flüssigkeit, in ⁰ C abs.,

m_g das Molekulargewicht des feuchten Gases bei dem Flüssigkeitsgehalt x_g,

m_f das Molekulargewicht des feuchten Gases bei dem Flüssigkeitsgehalt x_f

bedeuten.

Mit der Formel (79)

$$\frac{1}{\alpha} = \frac{0{,}455}{\sqrt[4]{t_g - t_f}}$$

wird für freie Strömung

$$Q_h = 2{,}2\, F \left[(t_g - t_f) + \frac{r}{c_{p,g}} \cdot \frac{k_g}{a_g} (x_g - x_f) \right] \sqrt[4]{T_g - T_f \cdot \frac{m_g}{m_f}}. \quad (100)$$

Die Formeln (98) und (99) stimmen überein, wenn der Unterschied der Molekulargewichte m_g und m_f vernachlässigt wird und die Diffusionskonstante k_g gleich der Temperaturleitfähigkeit a ist, was bei Verdunstung von Wasser in Luft ($a_g = 0{,}0654$ m²/h, $k_g = 0{,}0712$ m²/h, $\frac{a_g}{k_g} = 0{,}916$) genügend genau zutrifft.

In allen Fällen, in denen die Form der von der Flüssigkeit dargebotenen Oberfläche so unregelmäßig ist, daß sie sich rechnerisch nicht in einfacher Weise erfassen läßt, muß an Stelle von $\frac{1}{\alpha}$ der Wert $\frac{1}{\alpha_V}$ benutzt

[1] Schmidt: Verdunstung und Wärmeübergang. Gesundh.-Ing. 1929.

werden, der für die Raumwirkung maßgebend ist. $\frac{1}{\alpha}$ und $\frac{1}{\alpha_V}$ stehen in der Beziehung

$$\frac{F}{\frac{1}{\alpha}} = \frac{V}{\frac{1}{\alpha_V}}. \tag{101}$$

Hierbei bedeuten

$\frac{1}{\alpha_V}$ den räumlichen Übergangswiderstand für die fühlbare Wärme, bezogen auf die Volumeneinheit, in $^0\mathrm{C}/\frac{\mathrm{kcal}}{\mathrm{m}^3\cdot\mathrm{h}}$,

V den von dem Gas-Flüssigkeitsgemisch erfüllten Rauminhalt, in m^3.

Nach den Untersuchungen von Whitman-Keats[1] gilt

$$\frac{1}{\alpha_V} = \frac{1}{1150 + 1{,}5\cdot\frac{G_{g,h}}{f}} = \frac{1}{1150 + 5400\cdot w_g\cdot\gamma_g} \tag{102}$$

für den Fall der Flüssigkeitsverdunstung bzw. Trocknung feuchten Gutes in einem Füllkörperturm;

$$\frac{1}{\alpha_V} = \frac{1}{1150 + 5400\cdot w_g\cdot\gamma_g} + \frac{1}{2{,}16\cdot 10^{-9}\,(3600\cdot w_g\cdot\gamma_g)^{1,8}\,(3600\cdot w_f\cdot\gamma_f)^{1,54}} \tag{103}$$

für den Fall der Gastrocknung in einem Füllkörperturm;

$$\frac{1}{\alpha_V} = \frac{1}{600 + 0{,}12\cdot\frac{G_{g,h}}{f}} = \frac{1}{600 + 432\cdot w_g\cdot\gamma_g} \tag{104}$$

für den Fall der Flüssigkeitsverdunstung in einer Düsenkammer;

$$\frac{1}{\alpha_V} = \frac{1}{600 + 432\cdot w_g\cdot\gamma_g} + \frac{1}{330 + 46{,}8\cdot w_g\cdot\gamma_g} \tag{105}$$

für den Fall der Lufttrocknung in einer Düsenkammer;

$$\frac{1}{\alpha_V} = \frac{1}{13\,500\cdot w_g\cdot\gamma_g} \tag{106}$$

für Sprudelvorrichtungen;

$$\frac{1}{\alpha_V} = \frac{1}{4140\cdot w_g\cdot\gamma_g\,(1 + 0{,}2088\cdot w_f\cdot\gamma_f)} \tag{107}$$

für Säulen mit gelochten Sprudelplatten.

Hierbei bedeuten

$\frac{G_{g,h}}{f} = 3600\cdot w\cdot\gamma$ die Belüftungsstärke, d. h. das auf 1 m^2 Durchgangsquerschnitt entfallende stündliche Gasgewicht, in $\mathrm{kg/m^2\cdot h}$,

f den Durchgangsquerschnitt, in m^2,

[1] Whitman-Keats: Rates of absorption and heat transfer between gases and liquids. Ind. Engng. Chem. 1922.

w_g die Gasgeschwindigkeit, in m/s,

w_f die Flüssigkeits-(Guts-)Geschwindigkeit, in m/s,

γ_f das spezifische Gewicht der Flüssigkeit (Raumgewicht des feuchten Gutes), in kg/m³,

$\frac{G_{f,h}}{f} = 3600 \cdot w_f \cdot \gamma_f$ die Berieselungsstärke, d. h. das auf 1 m² Durchgangsquerschnitt entfallende stündliche Gewicht an Flüssigkeit (feuchtem Gut), in kg/m² · h.

Um eine bestimmte Leistung mit geringstem Raumaufwand zu übertragen, erscheint es am zweckmäßigsten, das zu kühlende Gas durch die Flüssigkeit hindurchsprudeln zu lassen, demnächst, die Flüssigkeit in Säulen über gelochte Sprudelbleche dem Gase entgegenzuleiten. Dagegen erfordern Streudüsenkammern einen verhältnismäßig großen Raum, während Kühltürme mit Füllstoffen in der Mitte stehen.

Es ist bestimmt anzunehmen, daß die Verteilung der Flüssigkeit im Gasstrom erheblichen Einfluß besitzt. Die Formeln von Whitman und Keats können daher nur als Annäherung betrachtet werden. Nach den Gleichungen (102) und (104) wäre die Wirkung bei verschiedenen Stoffen mit gleichem spezifischen Gewicht unabhängig von der spezifischen auf 1 kg bzw. 1 m³ entfallenden Oberfläche der Flüssigkeit. Dies ist aber zweifellos nicht der Fall und die auf 1 m³ bezogene Wärmeübertragung bei größerer spezifischer Oberfläche höher.

Die hier behandelten Gesetzmäßigkeiten gelten auch für den Fall, daß das feuchte Gut, statt mit tropfbaren Flüssigkeiten, mit Eis in Berührung tritt. Die Zustandsgrößen beziehen sich alsdann auf die Oberfläche des Eises. Die maßgebende Dunstspannung ist hierbei niedriger als über unterkühlter Flüssigkeit von gleicher Temperatur, der Wert x_f daher einer tieferen Temperatur t_f zugeordnet.

Wärmeübertragung zwischen feuchten Gasen einerseits und tropfbaren Flüssigkeiten oder Eis andererseits tritt bei Kälteanlagen in folgenden Formen auf:

bei „trockenen" Luftkühlern werden Gase gekühlt und gleichzeitig getrocknet, wenn die gasberührte Seite der Kühlfläche eine Oberflächentemperatur besitzt, die niedriger liegt als der Taupunkt des Gases. Die Trocknung erfolgt unter Bildung eines Niederschlages, der bei Wandtemperaturen über 0° flüssige Form besitzt (Tau), bei Wandtemperatur unter 0° die Form von Reif annimmt. Mit dem an sich möglichen Auftreten unterkühlter Flüssigkeit bei Temperaturen unter 0° ist hier nicht zu rechnen, da die Unterkühlung infolge der Bewegung des Niederschlags nicht aufrecht zu erhalten ist;

bei der Kühlung feuchten Gutes durch feuchte Luft ergibt sich umgekehrt eine Erwärmung und Befeuchtung der Luft unter gleichzeitiger Temperatur- und Gewichtsabnahme des Gutes. Vorausgesetzt ist hierbei, daß die Dampfspannung an der Oberfläche des Gutes höher ist als in der Luft;

bei „Naßluftkühlern" werden Gase gekühlt und getrocknet, indem sie durch zerteilte Flüssigkeit hindurchtreten;

bei Verflüssigern wird zuweilen die Überhitzungswärme dadurch abgeführt, daß die heißen Gase in den flüssigen Arbeitsstoff geblasen werden oder umgekehrt Flüssigkeit in den Gasstrom spritzt;

bei dem Aufsauger von Absorptionskühlanlagen werden Gase von der Lösung aufgesaugt;

auch der Austreibungsvorgang im Kocher gehört hierher. Er stellt die Umkehr der Aufsaugung dar;

bei Berieselungsverflüssigern wird das Wasser gekühlt, indem die Luft hindurchstreicht und einen Teil des Wassers zur Verdunstung bringt;

ähnlich wirken die als Berieseler ausgebildeten Vorkühler für Flüssigkeiten — Bier, Milch —, bei denen ein Teil der Kühlung durch die umgebende Luft unter teilweiser Verdunstung der Flüssigkeit erfolgt, ebenso

besondere Rückkühlvorrichtungen für das Kühlwasser der Verflüssiger.

XIV. Berechnung der Wärmeaustauschvorrichtungen.

1. Verflüssiger.

a) Waagerechte Röhrenbündelverflüssiger.

Zahlenbeispiel 29.

Ein mit Messingrohren von 0,050 m innerem, 0,054 m äußerem Durchmesser ausgestatteter Verflüssiger wird von Wasser mit einer mittleren Temperatur von 15° und einer mittleren Geschwindigkeit von 0,5 m/s durchströmt, während Wasserdampf mit einer Sättigungstemperatur von 25° die Rohre umspült.

Wasserseite. Das Kühlwasser strömt durch die Rohre. Nach der Stenderschen Formel in der Vereinfachung von Schack ergibt sich der Wärmeübergangswiderstand zu

$$\frac{1}{\alpha_w} = \frac{0{,}000494\, D^{0,1}}{1 + 0{,}014\, t_w} \cdot w^{-0,85} = \frac{0{,}000494 \cdot 0{,}050^{0,1}}{1 + 0{,}014 \cdot 15} \cdot 0{,}5^{-0,85} \sim \frac{1}{1800}\,{}^0\mathrm{C} \Big/ \frac{\mathrm{kcal}}{\mathrm{m^2 \cdot h}}\,.$$

Wand. Mit $\lambda_W \sim 80$ und $e_W = 0{,}002$ m ergibt sich

$$\frac{e_W}{\lambda_W} = \frac{0{,}002}{80} \sim \frac{1}{40000}\,{}^0\mathrm{C} \Big/ \frac{\mathrm{kcal}}{\mathrm{m^2 \cdot h}}\,.$$

Der Wärmeleitwiderstand der Wand kann in der Regel vernachlässigt werden.

Arbeitsstoffseite. Sind die Rohre waagerecht und so angeordnet, daß das Kondensat der höher liegenden Rohre die folgenden nicht trifft, so ergibt sich der Wärmeübergangswiderstand nach der Nusselt-schen Formel in der Vereinfachung von Schack zu

$$\frac{1}{\alpha_{m,h}} \sim \frac{\sqrt[4]{D\,(t'' - t_W)}}{4460 + 17{,}7\,(t'' - t_W)} = \frac{\sqrt[4]{0{,}054\,(25-22)}}{4460 + 17{,}7\,(25-22)} \sim \frac{1}{7000}\,{}^0\mathrm{C}\Big/\frac{\mathrm{kcal}}{\mathrm{m}^2\cdot\mathrm{h}}.$$

Liegen jedoch durchschnittlich 16 Rohre so übereinander, daß das Kondensat von einem auf das andere tropft, so erhöht sich der Wärmeübergangswiderstand auf

$$\frac{1}{\alpha_{m,h}} \sim \frac{\sqrt[4]{16}}{7000} \sim \frac{1}{3500}\,{}^0\mathrm{C}\Big/\frac{\mathrm{kcal}}{\mathrm{m}^2\cdot\mathrm{h}}.$$

Alsdann ergibt sich der

Wärmedurchgangswiderstand zu

$$\frac{1}{k} \sim \frac{1}{1800} + \frac{1}{40000} + \frac{1}{3500} \sim \frac{1}{1100}\,{}^0\mathrm{C}\Big/\frac{\mathrm{kcal}}{\mathrm{m}^2\cdot\mathrm{h}}.$$

Mit einem mittleren Temperaturgefälle von $t'' - t_w = 10^0$ überträgt der Verflüssiger 11000 kcal/m² · h. Bei den angenommenen Verhältnissen ist der Wärmeübergangswiderstand auf der Wasserseite ausschlaggebend. Als wirksam wird daher vorsichtigerweise die wasserberührte, durch die innere Rohrwand gebildete Kühlfläche betrachtet. Erst wenn die Möglichkeit, den Wärmeübergangswiderstand auf der Wasserseite durch Steigerung der Wassergeschwindigkeit zu verringern, erschöpft ist, kommen Maßnahmen zur Verbesserung des Wärmeüberganges auf der Dampfseite in Frage. Hierzu gehört die von Ginabat vorgeschlagene besondere Versetzungsweise der untereinander liegenden Rohre derart, daß die senkrechte Mittellinie des oberen die Tangente zur Mantellinie des darunter folgenden Rohres bildet. Auch freie Gassen für den Dampf mit dem Ziele, den Dampfweg durch die Rohrreihen überall gleich zu halten, schaffen dann Verbesserung.

Fremdkörperbelag. Wichtig ist hier peinliche Reinhaltung der Kühlfläche. Bildet sich ein Wassersteinbelag ($\lambda_F \sim 0{,}3$) von nur $^1/_4$ mm, so erhöht sich der Wärmedurchgangswiderstand auf

$$\frac{1}{k} \sim \frac{1}{1100} + \frac{0{,}00025}{0{,}3} \sim \frac{1}{550}\,{}^0\mathrm{C}\Big/\frac{\mathrm{kcal}}{\mathrm{m}^2\cdot\mathrm{h}},$$

also auf das Doppelte. Die gleiche Verschlechterung würde ein Mineralölbelag von etwa $^1/_{10}$ mm Stärke ergeben.

Temperaturgefälle. Bei reinen Kühlflächen verteilt sich das Temperaturgefälle von 10⁰ wie folgt:

Flüssigkeitstemperatur	$t_w =$	$15{,}0^0$
Temperaturgefälle zwischen Wand und Flüssigkeit	$t_W - t_w = \frac{11\,000}{1800} \sim$	$6{,}4^0$
Wandtemperatur auf der Wasserseite		$21{,}4^0$
Temperaturgefälle innerhalb der Wand	$\frac{11\,000}{40\,000} \sim$	$0{,}3^0$

Wandtemperatur auf der Dampfseite 21,7⁰
Temperaturgefälle zwischen Dampf und

Wand . . . . $t'' - t_W = \frac{11\,000}{3500} \sim 3{,}3^0$

Dampftemperatur . . . . 25⁰.

Es bleibt noch festzustellen, daß das für die Berechnung des Wärmeübergangswiderstandes auf der Dampfseite angenommene Temperaturgefälle $t'' - t_W = 25 - 22 = 3^0$ genügend genau geschätzt war. Würde dies nicht zutreffen, so wäre die Rechnung wiederholt durchzuführen.

Soll bei dem angenommenen Fremdkörperbelag die Verflüssigerleistung die gleiche bleiben, so muß das Temperaturgefälle auf das Doppelte steigen, bei gleichbleibenden Wasserverhältnissen die Dampftemperatur sich also auf 35,0⁰
erhöhen. Die hinzukommenden 10,0⁰
entfallen als Temperaturgefälle auf die Fremdkörperschicht,
deren Temperatur gegen das Wasser . . . . $\sim 21{,}4^0$
gegen die Rohrwand . . . . $\sim 31{,}4^0$
beträgt.

Zahlenbeispiel 30.

Kratz-Macintire-Gould[1] haben in der Versuchsstation der University of Illinois einen waagerechten Ammoniak-Röhrenbündelverflüssiger geprüft, der aus zwei gleichartigen Elementen mit je 7 schmiedeeisernen Rohren von 0,051 m äußerem, 0,041 m innerem Durchmesser bestand. Das Kühlwasser strömte durch die im einzelnen hintereinandergeschalteten Rohre, deren wasserberührte Oberfläche für beide Elemente zusammen 7 m² betrug. Für eine mittlere Wassertemperatur von 24⁰ und eine Wassergeschwindigkeit von 1 m/s, entsprechend einer stündlichen Kühlwassermenge von $\frac{0{,}041^2 \cdot \pi}{4} \cdot 1 \cdot 3600 \sim 4750$ kg/h errechnet sich

$$\frac{1}{\alpha_w} = \frac{0{,}000494 \cdot 0{,}041^{0,1}}{1 + 0{,}014 \cdot 24} \cdot 1^{-0,85} \sim \frac{1}{3700}\ {}^0\mathrm{C} \Big/ \frac{\mathrm{kcal}}{\mathrm{m^2 \cdot h}}.$$

Der Wärmeleitwiderstand der Wand beträgt

$$\frac{e_W}{\lambda_W} = \frac{0{,}005}{40} = \frac{1}{8000}\ {}^0\mathrm{C} \Big/ \frac{\mathrm{kcal}}{\mathrm{m^2 \cdot h}}.$$

Für eine Ammoniakverflüssigungstemperatur von $t'' = 28^0$ ($P = 112000$ kg/m², $r \sim 276$ kcal/kg, $\gamma' \sim 600$ kg/m³) und ein Temperaturgefälle zwischen Arbeitsstoff und Wand von $t'' - t_W = 1^0$ ergibt die Nusseltsche Formel für das Einzelrohr mit den Werten $\mu' = 0{,}000022$, $\lambda' \sim 0{,}5$ den Wärmeübergangswiderstand auf der Dampfseite zu

$$\frac{1}{\alpha_{m,h}} = 0{,}00038 \sqrt[4]{\frac{0{,}000\,022 \cdot 0{,}051 \cdot 1}{276 \cdot 600^2 \left(\frac{0{,}5}{3600}\right)^3}} \sim \frac{1}{10\,300}\ {}^0\mathrm{C} \Big/ \frac{\mathrm{kcal}}{\mathrm{m^2 \cdot h}}.$$

[1] Kratz-Macintire-Gould: Heat transfer in ammonia condensers. III. Univ. Illinois Bull. 209. Engng. Exp. Stat. 1930.

Die Anordnung der Rohre in jedem Element war so, daß die Flüssigkeit von den beiden höchstliegenden auf die beiden tiefstliegenden tropfte, von den drei mittleren Rohren dagegen frei abfloß. Der mittlere Wärmeübergangswiderstand des Röhrenbündels kann daher zu

$$\frac{1}{\alpha_{m,h}} = \frac{1}{7}\left(\frac{3}{10\,300} + \frac{4\sqrt[4]{2}}{10\,300}\right) \sim \frac{1}{9300}\;{}^0\mathrm{C} \Big/ \frac{\mathrm{kcal}}{\mathrm{m^2 \cdot h}}$$

angenommen werden. Es folgt der Wärmedurchgangswiderstand zu

$$\frac{1}{k} \sim \frac{1}{3700} + \frac{1}{8000} + \frac{1}{9300} \sim \frac{1}{2000}\;{}^0\mathrm{C} \Big/ \frac{\mathrm{kcal}}{\mathrm{m^2 \cdot h}}.$$

Diese Annahmen bedürfen einer Nachprüfung. Die Verflüssigerleistung errechnet sich nach Formel (50) für eine Kühlwassereintrittstemperatur von 20^0 zu

$$Q_h = (t'' - t_{w,a})\, W_{h,0} \left(1 - e^{-\frac{k \cdot F}{W_{h,0}}}\right)$$

$$= (28 - 20)\, 4750 \left(1 - e^{-\frac{2000 \cdot 7}{4750}}\right) \sim 36\,000\ \mathrm{kcal/h},$$

wenn von dem Einfluß der Berichtigung auf den Wärmedurchgangswiderstand zunächst abgesehen wird. Das Temperaturgefälle folgt hiernach zu

$$t'' - t_w \sim \frac{36\,000}{7 \cdot 2000} \sim 2{,}6^0,$$

die mittlere Wassertemperatur mit

$$t_w = 28 - 2{,}6 = 25{,}4^0$$

höher als 24^0, wie ursprünglich angenommen. Die Endtemperatur des Wassers beträgt

$$t_{w,e} = 20 + \frac{36\,000}{4750} \sim 27{,}5^0,$$

das Temperaturgefälle zu Anfang . . . . $28 - 20 \quad = 8{,}0^0$
zum Schluß . . . . $28 - 27{,}5 = 0{,}5^0$
im logarithmischen Mittel . . . . $2{,}6^0$,
wie oben bereits ermittelt.

Die Berichtigung der mittleren Wassertemperatur ist ohne merklichen Einfluß auf die Höhe des Wärmeübergangswiderstandes auf der Wasserseite. Das ursprünglich mit $t'' - t_W = 1{,}0^0$ angenommene Temperaturgefälle zwischen Dampf und Wand ist in Wirklichkeit $\frac{36\,000}{7 \cdot 10\,300}$ $= 0{,}5^0$, also nur halb so hoch wie angenommen, der Wärmeübergangswiderstand auf der Dampfseite daher im Verhältnis $\frac{\sqrt[4]{0{,}5}}{\sqrt[4]{1}}$ auf $\frac{1}{12\,300}$ zu berichtigen. Die Höhe des Wärmedurchgangswiderstandes bleibt auch hierdurch praktisch unbeeinflußt.

Die Versuche von Kratz-Macintire-Gould ergaben für die durchgerechneten Verhältnisse einen Durchgangswiderstand von $\frac{1}{2100}$ (gegenüber $\frac{1}{2000}$, wie oben gefunden), bzw. eine Verflüssigerleistung von rund 38000 kcal/h (gegenüber den oben errechneten 36000 kcal/h). Rechnung und Versuch scheinen daher vorzüglich übereinzustimmen. In Wirklichkeit ist dies weniger der Fall, weil die Versuche nicht bei vollkommen reinen Kühlflächen durchgeführt wurden.

b) Doppelrohrverflüssiger.

Die Verhältnisse sind hier fast die gleichen wie bei dem zuvor behandelten Röhrenbündelverflüssiger. Ein Unterschied besteht nur insofern, als die Rohre einander nicht beeinflussen können.

Zahlenbeispiel 31.

Unter Beibehaltung der für den Röhrenbündelverflüssiger angenommenen Verhältnisse des Zahlenbeispiels 29 ergibt sich der Wärmedurchgangswiderstand zu

$$\frac{1}{k} \sim \frac{1}{1800} + \frac{1}{40\,000} + \frac{1}{7000} \sim \frac{1}{1400}\ {}^0\mathrm{C}/\frac{\mathrm{kcal}}{\mathrm{m^2 \cdot h}},$$

also merklich niedriger. Hinzu kommt, daß Gleichmäßigkeit der Wasserführung bei Doppelrohren sich leichter erreichen läßt als bei Röhrenbündeln. Die höheren Herstellungskosten des Doppelrohrverflüssigers finden hierin einen teilweisen Ausgleich.

Bei dem Doppelrohrverflüssiger wirkt die Außenfläche des äußeren Rohres abkühlend, solange die Temperatur der Umgebung niedriger liegt als die Verflüssigungstemperatur. Die hieraus sich errechnende Kühlteilleistung ist gegenüber der in das Kühlwasser gehenden Wassermenge in der Regel zu vernachlässigen.

c) Senkrechte Röhrenbündel-Berieselungsverflüssiger.

Zahlenbeispiel 32.

Wasserseite. Das Kühlwasser rieselt durch das Rohrinnere. Die Einführung des Wassers hat so zu erfolgen, daß die Benetzung der Rohrwandung gesichert ist und nicht etwa Teile des Kühlwassers wirkungslos im Kern niederfallen. Unter dieser Voraussetzung errechnet sich der Wärmeübergangswiderstand nach Formel (78) bzw. (78a). Das Kühlwasser habe eine mittlere Temperatur von 20°. Die Kühlwassermenge betrage 300 kg/h für jedes Rohr, der innere Rohrdurchmesser sei 0,050 m und die Rohrlänge 6 m. Es ergibt sich alsdann

$$\frac{\frac{\lambda_w}{3600} \cdot \gamma_w^{0,667} \cdot \frac{F}{2L}}{3^{1,333} \cdot c_w \cdot \mu_w^{0,333} \left(\frac{G_{w,h}}{2 \cdot 3600\,L}\right)^{1,333}} = \frac{\frac{0,505}{3600} \cdot 1000^{0,667} \cdot 6}{3^{1,333} \cdot 1 \cdot 0,000102^{0,333} \cdot 0,53^{1,333}} \sim 1,05,$$

wobei

$\frac{F}{2L}$ die Höhe $H = 6$ m,

$\frac{G_{w,h}}{2 \cdot 3600\,L} = \frac{300}{3600 \cdot 0{,}050\,\pi} \sim 0{,}53$ kg/s · m die auf 1 m Umfang bezogene sekundliche Wassermenge

bedeuten.

Mit der für den Wert $1{,}05 > 0{,}05$ gültigen Formel (78a) folgt

$$\frac{1}{\alpha_w} = \frac{F}{G_{w,h} \cdot c_w \left(0{,}0942 + \frac{5{,}65 \cdot \frac{\lambda_w}{3600} \cdot \gamma_w^{0{,}667} \cdot \frac{F}{2L}}{3^{1{,}333} \cdot c_w \cdot \mu_w^{0{,}333} \left(\frac{G_{w,h}}{2 \cdot 3600\,L}\right)^{1{,}333}}\right)}$$

$$= \frac{0{,}94}{300 \cdot 1\,(0{,}0942 + 5{,}65 \cdot 1{,}05)} \sim \frac{1}{1900}\ {}^0\mathrm{C}/\frac{\mathrm{kcal}}{\mathrm{m}^2 \cdot \mathrm{h}}.$$

Würde das Wasser zwangläufig, z. B. von unten nach oben, geleitet, so würde die Wassergeschwindigkeit $w \sim 0{,}42$ m/s betragen und der Wärmeübergangswiderstand sich nach der Stender-Schackschen Formel zu rund $\frac{1}{1600}$ ergeben. Die Vergrößerung der Wassergeschwindigkeit beim freien Niederrieseln vermindert, wie von vornherein zu erwarten ist, den Wärmeübergangswiderstand merklich.

Wand. Bestehen die Rohre aus Flußeisen ($\lambda_W \sim 40$) von $e_W = 0{,}004$ m Wandstärke, so ergibt sich

$$\frac{e_W}{\lambda_W} = \frac{0{,}004}{40} = \frac{1}{10\,000}\ {}^0\mathrm{C}/\frac{\mathrm{kcal}}{\mathrm{m}^2 \cdot \mathrm{h}}.$$

Auch hier ist der Wärmeleitwiderstand der Wand so gering, daß er gegenüber dem Wärmeübergangswiderstand vernachlässigt werden darf.

Arbeitsstoffseite. Der Dampf umspült die Rohre. Der Verflüssiger besitze am tiefsten Punkt einen freien Ablauf derart, daß mit sofortiger Abführung der niederschlagenden Flüssigkeit gerechnet werden kann. Der Arbeitsstoff sei Ammoniak, die Verflüssigungstemperatur betrage $t'' = 25^0$ ($P = 102\,250$ kg/m², $r = 278{,}7$ kcal/kg, $\gamma' = 603$ kg/m³). Das Temperaturgefälle zwischen Arbeitsstoff und Wand sei zu $t'' - t_W = 3^0$ angenommen. Mit einem Wert $\mu' = 0{,}000022$, $\lambda' \sim 0{,}5$ ergibt sich alsdann der Wärmeübergangswiderstand nach der Nusseltschen Formel, für die selbstverständlich hier die, nur für Wasserdampf gültige, Vereinfachung von Schack nicht angewandt werden darf, zu

$$\frac{1}{\alpha_{m,v}} = 0{,}000295 \sqrt[4]{\frac{\mu' \cdot H\,(t'' - t_W)}{r \cdot \gamma'^2 \left(\frac{\lambda'}{3600}\right)^3}}$$

$$= 0{,}000295 \sqrt[4]{\frac{0{,}000022 \cdot 6 \cdot 3}{278{,}7 \cdot 603^2 \left(\frac{0{,}5}{3600}\right)^3}} \sim \frac{1}{3100}\ {}^0\mathrm{C}/\frac{\mathrm{kcal}}{\mathrm{m}^2 \cdot \mathrm{h}},$$

also merklich niedriger als auf der Wasserseite, jedoch von gleicher Größenordnung wie dort. In Wirklichkeit wird der Wärmeübergangswiderstand das errechnete Maß unterschreiten, weil bei der großen Rohrhöhe mit turbulenter Bewegung der niedergeschlagenen Flüssigkeit gerechnet werden darf.

Hiernach ergibt sich der

Wärmedurchgangswiderstand zu

$$\frac{1}{k} = \frac{1}{1900} + \frac{1}{10\,000} + \frac{1}{3100} \sim \frac{1}{1000}\ {}^0\mathrm{C}/\frac{\mathrm{kcal}}{\mathrm{m}^2 \cdot \mathrm{h}}.$$

Bei einem mittleren Temperaturgefälle von $t'' - t_w = 5^0$ überträgt der Verflüssiger 5000 kcal/m² · h. Auch hier ist, wegen des überwiegenden Wärmewiderstandes auf der Wasserseite, die innere Rohrwand bei Ermittlung der Kühlfläche als wirksam zu betrachten.

Fremdkörperbelag. Bezüglich der Reinhaltung der Kühlfläche gelten die Bemerkungen zum waagerechten Röhrenbündelverflüssiger auch hier.

Temperaturgefälle. Bei reinen Kühlflächen verteilt sich das Temperaturgefälle von 5^0 wie folgt:

Flüssigkeitstemperatur	$t_w = 20{,}0^0$
Temperaturgefälle zwischen Wand und Flüssigkeit	$t_W - t_w = \frac{5000}{1900} \sim 2{,}8^0$
Wandtemperatur auf der Wasserseite	$22{,}8^0$
Temperaturgefälle innerhalb der Wand	$\frac{5000}{10\,000} \sim 0{,}5^0$
Wandtemperatur auf der Dampfseite	$23{,}3^0$
Temperaturgefälle zwischen Dampf und Wand	$t'' - t_W = \frac{5000}{3100} \sim 1{,}7^0$
Verflüssigungstemperatur des Arbeitsstoffes.	25^0.

Das für die Berechnung des Wärmeübergangswiderstandes auf der Dampfseite zugrunde gelegte Temperaturgefälle $t'' - t_W = 3^0$ war hiernach zu hoch geschätzt. Der Wärmeübergangswiderstand auf der Dampfseite ist deshalb im Verhältnis $\sqrt[4]{\frac{1{,}7}{3}} = \frac{1}{1{,}15}$ von $\frac{1}{3100}$ auf $\frac{1}{\alpha_{m,v}} \sim \frac{1}{3600}\ {}^0\mathrm{C}/\frac{\mathrm{kcal}}{\mathrm{m}^2 \cdot \mathrm{h}}$ zu verringern. Auf die Höhe des Wärmedurchgangswiderstandes und der übertragenen Wärmeleistung hat diese geringfügige Änderung keinen wesentlichen Einfluß, so daß sich eine Berichtigung erübrigt.

Zahlenbeispiel 33.

Kratz-Macintire-Gould[1] haben in der Versuchsstation der University of Illinois einen senkrechten Röhrenbündel-Berieselungsverflüssiger

[1] Kratz-Macintire-Gould: Heat transfer in ammonia condensers. I. Univ. Illinois Bull. 171. Engng. Exp. Stat. 1927.

mit Ammoniak als Arbeitsstoff geprüft. Der Verflüssiger hatte eine wasserberührte Kühlfläche von 18,7 m², gebildet durch 30 Rohre mit einem Durchmesser von 0,041 m innen, 0,051 m außen und einer Länge von 4,9 m. Für eine Verflüssigungstemperatur von $t'' = 28^0$ und eine Kühlwassermenge von 9500 kg/h, d. i. 315 kg/h für jedes Rohr, fanden sie einen Wärmedurchgangswiderstand von rund $\frac{1}{1500}\,{}^0\mathrm{C}/\frac{\mathrm{kcal}}{\mathrm{m}^2\cdot\mathrm{h}}$.

Der Wärmeübergangswiderstand auf der Wasserseite ergibt sich für die Versuchsverhältnisse zu

$$\frac{1}{\alpha_w} \sim \frac{0{,}78}{315\cdot 1\left(0{,}0942 + 5{,}65\cdot 1{,}05\cdot \frac{4{,}9}{6}\right)} \sim \frac{1}{2000}\,{}^0\mathrm{C}/\frac{\mathrm{kcal}}{\mathrm{m}^2\cdot\mathrm{h}},$$

wenn der geringfügige Unterschied in der auf 1 m Umfang bezogenen sekundlichen Wassermenge gegenüber Beispiel 32 vernachlässigt wird. Ferner gilt für den Versuchsfall

$$\frac{e_W}{\lambda_W} = \frac{0{,}005}{40} = \frac{1}{8000}\,{}^0\mathrm{C}/\frac{\mathrm{kcal}}{\mathrm{m}^2\cdot\mathrm{h}},$$

$$\frac{1}{\alpha_{m,v}} \sim \frac{1}{3600}\sqrt[4]{\frac{4{,}9\cdot 0{,}8}{6\cdot 1{,}7}} \sim \frac{1}{4600}\,{}^0\mathrm{C}/\frac{\mathrm{kcal}}{\mathrm{m}^2\cdot\mathrm{h}},$$

$$\frac{1}{k} \sim \frac{1}{2000} + \frac{1}{8000} + \frac{1}{4600} \sim \frac{1}{1200}\,{}^0\mathrm{C}/\frac{\mathrm{kcal}}{\mathrm{m}^2\cdot\mathrm{h}}.$$

Bei der Errechnung des Wärmeübergangswiderstandes auf der Dampfseite ist hierbei das Temperaturgefälle zwischen Dampf und Wand zu $0{,}8^0$ geschätzt. Es überrascht nicht, daß der tatsächliche Wärmedurchgangswiderstand niedriger ist als der rechnerische, weil die niedergeschlagene Flüssigkeit in dem unteren Teil der langen Rohre in turbulenter Bewegung ist. Übereinstimmung zwischen Versuch und Rechnung würde sich ergeben bei einem Wärmeübergangswiderstand $\frac{1}{\alpha_{m,v}} \sim \frac{1}{20\,000}\,{}^0\mathrm{C}/\frac{\mathrm{kcal}}{\mathrm{m}^2\cdot\mathrm{h}}$ auf der Dampfseite, also einem Wert in der Größenordnung, wie sie für Niederschlag in Tropfenform gefunden wurde.

Die Verflüssigerleistung folgt, wenn der Wärmedurchgangswiderstand in $\frac{1}{k} \sim \frac{1}{1500}\,{}^0\mathrm{C}/\frac{\mathrm{kcal}}{\mathrm{m}^2\cdot\mathrm{h}}$ berichtigt wird, für eine Kühlwasseranfangstemperatur von 20^0 zu

$$Q_h = (28 - 20)\,9500\left(1 - e^{-\frac{1500\cdot 18{,}7}{9500}}\right) \sim 72\,000 \text{ kcal/h},$$

das mittlere Temperaturgefälle zu

$$t_{w,m} - t'' = \frac{72\,000}{1500\cdot 18{,}7} \sim 2{,}5^0,$$

die mittlere Wassertemperatur zu

$$t_{w,m} = 28 - 2{,}5 \qquad = 25{,}5^0,$$

die Wasserablauftemperatur zu

$$t_{w,e} = 20 + \frac{72\,000}{9\,500} \sim 27{,}6^0,$$

das Temperaturgefälle am Anfang zu

$$t_{w,a} = 28 - 20 = 8^0,$$

das Temperaturgefälle am Ende zu

$$t'' - t_{w,e} = 28 - 27{,}6 = 0{,}4^0.$$

d) Senkrechte Rohrwandverflüssiger.

Wasserseite. Das Kühlwasser rieselt über die äußere Wand der senkrechten parallel geschalteten Rohre. Bei gleicher Kühlwassermenge ist daher die Wasserschicht schwächer als beim Niederrieseln durch das Innere des gleichen Rohrs. Da zudem die größere Kühlfläche der Rohraußenwand als wirksam angesetzt werden darf, ergibt sich der Wärmeübergangswiderstand auf der Wasserseite kleiner und die übertragene Wärmeleistung zunächst größer als bei dem innen berieselten Rohr.

Auf der anderen Seite ist jedoch die durch den niederschlagenden Arbeitsstoff gebildete Flüssigkeitsschicht im Rohrinnern stärker und eine Anstauung des flüssigen Arbeitsstoffes im unteren Teil der Rohre eher zu befürchten als im zuvor behandelten Falle, in dem der Arbeitsstoff die Rohre umspült. Wird daher der Wärmedurchgangswiderstand nach den für den senkrechten Röhrenbündelverflüssiger angegebenen Formeln berechnet, so empfiehlt sich ein Zuschlag von etwa 20%, um der Möglichkeit unerwünschter innerer Überflutung Rechnung zu tragen. Mit Vergrößerung des Rohrdurchmessers nehmen diese Bedenken ab. Aus diesem Grunde dürfen für den senkrechten Rohrwandverflüssiger weitere Rohre als bisher üblich empfohlen werden, wenn sie in der handelsüblichen Länge zur Verwendung gelangen.

Das über das Äußere der Rohre niederrieselnde Kühlwasser tritt in Wärmeaustausch mit der umgebenden Luft. Liegt der Taupunkt der Luft höher als die mittlere Wassertemperatur, so äußert sich die Wechselwirkung in einem Niederschlag der Luftfeuchtigkeit auf das niederrieselnde Kühlwasser, im umgekehrten Fall in einer teilweisen Verdunstung des Kühlwassers in die Luft. Daneben nimmt das Kühlwasser aus der Luft fühlbare Wärme auf, solange die Lufttemperatur über der mittleren Wassertemperatur liegt und umgekehrt.

Wärmeaufnahme aus der Umgebung in Form von Dampf oder fühlbarer Wärme ist unerwünscht. Es liegt nahe, durch Ummantelung des Verflüssigers Schutz zu schaffen. Einfacher ist es jedoch, Ausgleich durch Vergrößerung der Kühlwassermenge zu suchen, wobei der abspritzende Überschuß den natürlichen Schutzmantel gegen die Umgebung bildet. Die Luft behält dann freien Zugang und die erwünschte Kühlwirkung bleibt für die Witterungsverhältnisse erhalten, bei denen mit einer merklichen Verdunstung des niederrieselnden Wassers gerechnet werden kann.

Bei der Vorausberechnung bleibt die Verdunstungswirkung am besten unberücksichtigt, wenn, wie bei senkrechten Rohrwandverflüssigern, die Kühlfläche und damit auch die Oberfläche des niederrieselnden Wassers verhältnismäßig klein sind.

e) Waagerechte Rohrwandverflüssiger.

Zahlenbeispiel 34.

Wasserseite. Das Kühlwasser rieselt außen über die waagerechten parallel geschalteten Rohre. Diese sind in einigem Abstand übereinander angeordnet, den das Wasser in freiem Fall durchläuft. Die Geschwindigkeit, mit der das Wasser von der höchsten bis zur tiefsten Stelle des Rohrumfangs strömt, ist veränderlich und im mittel kleiner als längs einer senkrechten Fläche, deren Höhe dem halben Rohrumfang entspricht. Andererseits wirkt der freie Fall zwischen den Rohren günstig wegen der Beschleunigung, ferner wegen der Wirbelung, die einen Wechsel der Grenzschicht sichert. Da sich beide Unterschiede ausgleichen, darf mit genügender Annäherung die Nusseltsche Formel (78) bzw. (78a) für das Niederrieseln an einer senkrechten Wand benutzt und als Wandhöhe H die Summe der Rohrumfangshälften $\frac{n \cdot d \cdot \pi}{2}$ angesetzt werden. Für eine mittlere Kühlwassertemperatur von 20^0, eine Kühlwassermenge von 1900 kg/h · m und 20 übereinander angeordnete Rohre von 0,060 m äußerem Rohrdurchmesser folgt alsdann

$$\frac{\frac{\lambda_w}{3600} \cdot \gamma_w^{0,667} \cdot \frac{F}{2\,L}}{3^{1,333} \cdot c_w \cdot \mu_w^{0,333} \left(\frac{G_{w,h}}{2 \cdot 3600\,L}\right)^{1,333}} = \frac{\frac{0,505}{3600} \cdot 1000^{0,667} \cdot \frac{20 \cdot 0,060\,\pi}{2 \cdot 1}}{3^{1,333} \cdot 1 \cdot 0,000102^{0,333} \left(\frac{1900}{2 \cdot 3600\,L}\right)^{1,333}} \sim 0,83,$$

also $> 0,05$.

$$\frac{1}{\alpha_w} = \frac{F}{G_{w,h} \cdot c_w \left(0,0942 + \frac{5,65 \cdot \frac{\lambda_w}{3600} \cdot \gamma_w^{0,667} \cdot \frac{F}{2\,L}}{3^{1.333} \cdot c_w \cdot \mu_w^{0,333} \left(\frac{G_{w,h}}{2 \cdot 3600\,\mathrm{L}}\right)^{1,333}}\right)} =$$

$$\frac{20 \cdot 0,060\,\pi}{1900 \cdot 1\,(0,0942 + 5,65 \cdot 0,83)} \sim \frac{1}{2400}\,{}^0\mathrm{C} \Big/ \frac{\mathrm{kcal}}{\mathrm{m^2 \cdot h}}.$$

Die verhältnismäßig geringe Höhe ergibt einen merklich geringeren Wärmeübergangswiderstand als die langen senkrechten Rohre des Zahlenbeispiels 32.

Wand. Bestehen die Rohre aus Flußeisen ($\lambda_W \sim 40$) von $e_W = 0,05$ m Wandstärke, so ergibt sich der auch hier vernachlässigbar geringe Wärmeleitwiderstand zu

$$\frac{e_W}{\lambda_W} = \frac{0,005}{40} = \frac{1}{8000}\,{}^0\mathrm{C} \Big/ \frac{\mathrm{kcal}}{\mathrm{m^2 \cdot h}}.$$

Arbeitsstoffseite. Der Dampf strömt durch die Rohre. Der Wärmeübergangswiderstand ist wegen der am Boden des Rohrs strömenden niedergeschlagenen Flüssigkeit gegenüber dem waagerechten außen vom Dampf beaufschlagten Rohr um so höher, je größer spezifische Belastung und Rohrlänge sind. Der Unterschied wird teilweise dadurch ausgeglichen, daß der Dampf im Innern eine wesentlich höhere Geschwindigkeit besitzt als bei dem außen von Dampf umströmten waagerechten Rohrbündel. Für Ammoniak als Arbeitsstoff, eine Verflüssigungstemperatur $t'' = 25^0$ ($P = 102250$ kg/m², $r = 278{,}7$ kcal/kg, $\gamma' = 603$ kg/m³) und ein Temperaturgefälle zwischen Arbeitsstoff und Wand von $t'' - t_W = 1{,}5^0$ ergibt sich mit den Werten $\mu' = 0{,}000022$, $\lambda' \sim 0{,}5$ die untere Grenze des Wärmeübergangswiderstandes nach der Nusseltschen Formel zu

$$\frac{1}{\alpha_{m,h}} = 0{,}00038 \sqrt[4]{\frac{\mu' \cdot D\,(t'' - t_W)}{r \cdot \gamma'^2 \left(\frac{\lambda'}{3600}\right)^3}}$$

$$= 0{,}00038 \sqrt[4]{\frac{0{,}000\,022 \cdot 0{,}05 \cdot 1{,}5}{278{,}7 \cdot 603^2 \left(\frac{0{,}5}{3600}\right)^3}} \sim \frac{1}{9400}\ {}^0\mathrm{C} \Big/ \frac{\mathrm{kcal}}{\mathrm{m^2 \cdot h}}.$$

Er ist gegenüber dem Wärmeübergangswiderstand auf der Wasserseite vernachlässigbar. Dies gilt auch noch unter Berücksichtigung der Rohrlänge, solange sie das handelsübliche Maß nicht überschreitet.

Wärmedurchgangswiderstand.

$$\frac{1}{k} = \frac{1}{2400} + \frac{1}{8000} + \frac{1}{9400} \sim \frac{1}{1500}\ {}^0\mathrm{C} \Big/ \frac{\mathrm{kcal}}{\mathrm{m^2 \cdot h}}.$$

Bei einem mittleren Temperaturgefälle $t'' - t_w = 5^0$ überträgt der Verflüssiger 7500 kcal/m² · h. Als wirksame Kühlfläche ist die äußere Rohrwand anzusehen.

Fremdkörperbelag. Bildet sich an der Kühlfläche ein Wassersteinbelag ($\lambda_F \sim 0{,}3$) von $\frac{1}{4}$ mm, so erhöht sich der Wärmedurchgangswiderstand auf

$$\frac{1}{k} \sim \frac{1}{1500} + \frac{0{,}000\,25}{0{,}3} \sim \frac{1}{700}\ {}^0\mathrm{C} \Big/ \frac{\mathrm{kcal}}{\mathrm{m^2 \cdot h}}.$$

Die Verschlechterung der Wärmeübertragung durch den Fremdkörperbelag ist auch hier erheblich.

Temperaturgefälle. Bei reinen Kühlflächen verteilt sich das Temperaturgefälle von 5^0 wie folgt:

Flüssigkeitstemperatur . . . . $t_w = 20{,}0^0$

Temperaturgefälle zwischen Wand und Flüssigkeit . . . . $t_W - t_w = \frac{7500}{2400} \sim 3{,}2^0$

Wandtemperatur auf der Wasserseite . . . . $23{,}2^0$

Temperaturgefälle innerhalb der Wand . . . . $\frac{7500}{8000} \sim 1{,}0^0$

Wandtemperatur auf der Dampfseite . . . . $24{,}2^0$

Temperaturgefälle zwischen Dampf und Wand $t'' - t_W = \frac{7500}{9400} \sim 0{,}8^0$

Verflüssigungstemperatur des Arbeitsstoffes. . . . . $t'' = 25^0$.

Das für die Berechnung des Wärmeübergangswiderstandes auf der Dampfseite zugrunde gelegte Temperaturgefälle $t'' - t_W = 1{,}5^0$ bedarf trotz der Abweichung keiner Berichtigung, weil im vorliegenden Falle der Wärmedurchgangswiderstand durch die Verhältnisse auf der Dampfseite wenig beeinflußt wird.

Verdunstungswirkung. Bezüglich des Wärmeaustausches zwischen dem niederrieselnden Kühlwasser und der umgebenden Luft gelten die zu d) gemachten grundsätzlichen Bemerkungen. Besitzt z. B. die Luft eine Temperatur $t_l = 25^0$ und einen Feuchtigkeitsgrad $\varphi_l = 0{,}75$, entsprechend einem Feuchtigkeitsgehalt $x_l \sim 0{,}0156$, so beträgt die auf 1 m² Kühlwasseroberfläche aus der Luft übergehende Wärme

$$\frac{(t_l - t_w)}{\frac{1}{\alpha}}\left[1 + \frac{r}{c_{p,\,l}} \cdot \frac{x_l - x_w}{t_l - t_w}\right] \sim \frac{5}{\frac{1}{3{,}3}}\left[1 + \frac{580}{0{,}24} \cdot \frac{0{,}0156 - 0{,}0152}{5}\right] \sim 20 \text{ kcal/m}^2 \cdot \text{h},$$

wenn $\frac{1}{\alpha} = \sqrt[4]{5} \sim \frac{1}{3{,}3}$ gesetzt wird. Wird die Oberfläche des Wassers gleich der dreifachen Rohrfläche geschätzt, so beträgt der Wärmeaustausch mit der Umgebung 60 kcal/m² · h. Er verschwindet gegenüber dem Wärmeaustausch zwischen Kühlwasser und Arbeitsstoff, der über hundertmal so groß ist. Ist die Luft dagegen bei $t_l = 10^0$ gesättigt, entsprechend einem Feuchtigkeitsgehalt $x_l \sim 0{,}0079$, so folgt

$$\frac{(t_l - t_w)}{\frac{1}{\alpha}}\left[1 + \frac{r}{c_{p,\,l}} \cdot \frac{x_l - x_w}{t_l - t_w}\right] \sim \frac{(-10)}{\frac{1}{3{,}9}}\left[1 + \frac{590}{0{,}24} \cdot \frac{0{,}0079 - 0{,}0156}{-10}\right]$$
$$\sim -110 \text{ kcal/m}^2 \cdot \text{h}.$$

Es geht nunmehr Wärme vom Kühlwasser in einem Betrage von 330 kcal/m² · h an die Luft über. Das macht auch jetzt nur etwa 4,4% der Verflüssigerleistung aus und bleibt nach wie vor ohne Einfluß.

f) Waagerechte Rohrschlangen-Berieselungsverflüssiger.

Die Hintereinanderschaltung der Rohrstränge ergibt eine zunehmende Überflutung der innen vom Dampf durchströmten Rohre. Infolgedessen nimmt der Wärmeübergangswiderstand hier alsbald die gleiche Größenordnung an, wie der Wärmeübergangswiderstand auf der Wasserseite und überwiegt diesen schließlich erheblich. Diese Erwartungen werden durch die Erfahrung bestätigt, nach der der Wärmedurchgangswiderstand

$$\frac{1}{k} \sim \frac{1}{200} \,{}^0\text{C}\Big/\frac{\text{kcal}}{\text{m}^2 \cdot \text{h}}$$

beträgt.

Wird bei Rohrschlangenverflüssigern die Flüssigkeit an den Umkehrstellen abgezapft, so läuft die Wirkungsweise auf die des waagerechten Rohrwandverflüssigers hinaus, dessen Berechnungsweise alsdann auch hier maßgebend ist.

Zahlenbeispiel 35.

Für den von Kratz-Macintire-Gould[1] untersuchten waagerechten Ammoniak-Rohrschlangen-Berieselungsverflüssiger mit 12 Rohren von 0,051 m äußerem, 0,041 m innerem Durchmesser, 6,1 m Länge, 12,2 m² wasserberührter Kühlfläche und Anzapfung hinter jedem zweiten Rohr ergibt die Nachrechnung für eine Kühlwassermenge von 8200 kg/h bzw. 1350 kg/h · m

$$\frac{1}{\alpha_w} = \frac{12 \cdot 0{,}051\,\pi}{1350 \cdot 1\,(0{,}0942 + 5{,}65 \cdot 0{,}66)} \sim \frac{1}{2650}\,{}^0\mathrm{C}\Big/\frac{\mathrm{kcal}}{\mathrm{m^2 \cdot h}},$$

$$\frac{e_W}{\lambda_W} = \frac{0{,}005}{40} = \frac{1}{8000}\,{}^0\mathrm{C}\Big/\frac{\mathrm{kcal}}{\mathrm{m^2 \cdot h}},$$

$$\frac{1}{\alpha_{m,\,h}} \sim \frac{1}{9400}\,{}^0\mathrm{C}\Big/\frac{\mathrm{kcal}}{\mathrm{m^2, h}},$$

$$\frac{1}{k} \sim \frac{1}{2650} + \frac{1}{8000} + \frac{1}{9400} \sim \frac{1}{1650}\,{}^0\mathrm{C}\Big/\frac{\mathrm{kcal}}{\mathrm{m^2 \cdot h}}.$$

Hierbei ist für die bei den Versuchen eingehaltene Verflüssigungstemperatur von $t'' = 28^0$ der Wärmeübergangswiderstand auf der Dampfseite, genügend genau, gleich dem für das vorausgehende Beispiel errechneten Wert angenommen. Der mit $\frac{1}{1350}$ gemessene Wärmedurchgangswiderstand lag höher als der errechnete. Der Unterschied erklärt sich daraus, daß bis zur Anzapfstelle die Rohre im Innern teilweise überflutet, daher weniger wirksam sind. Übereinstimmung ergibt sich für einen Wert $\frac{1}{\alpha_{m,\,h}} \sim \frac{1}{4200}\,{}^0\mathrm{C}\Big/\frac{\mathrm{kcal}}{\mathrm{m^2 \cdot h}}$. Danach wäre der tatsächliche Wärmeübergangswiderstand auf der Dampfseite mehr als doppelt so groß gewesen wie der unter der Voraussetzung sofortiger Abführung der niedergeschlagenen Flüssigkeit errechnete.

Mit dem berichtigten Wert des Wärmedurchgangswiderstandes errechnet sich die Verflüssigerleistung für eine Kühlwasseranfangstemperatur von $t_{w,a} = 20^0$ zu

$$Q_h = (28 - 20)\,8200\left(1 - e^{-\frac{1350 \cdot 12{,}2}{8200}}\right) \sim 56000\ \mathrm{kcal/h},$$

das mittlere Temperaturgefälle zu

$$t'' - t_{w,\,m} = \frac{56\,000}{12{,}2 \cdot 1350} \sim 3{,}4^0,$$

die Ablauftemperatur des Wassers zu

$$t_{w,\,e} = 20 + \frac{56\,000}{8200} \sim 26{,}8^0.$$

[1] Kratz-Macintire-Gould: Heat transfer in ammonia condensers. I. Univ. Illinois Bull. 171. Engng. Exp. Stat. 1927.

g) Rohrschlangen-Tauchverflüssiger.

Bei der geringen Bedeutung, die ins Wasserbad versenkte Rohrschlangenverflüssiger wegen ihrer ungünstigen Wirkungsweise heute haben, kann auf die Erörterung der zahlenmäßigen Wärmeübertragungsverhältnisse verzichtet werden. Der Wärmeübergangswiderstand auf der Wasserseite ist bei Bewegung durch einfache Mischwerke erheblich, läßt sich jedoch durch Anwendung richtiger Rührwerke verbessern. Dagegen haften dem Wärmeübergang auf der Dampfseite die bei dem Rohrschlangen-Berieselungsverflüssiger erwähnten Mängel an. Sie lassen sich hier auch nicht durch Anzapfung verbessern, die sich aus baulichen Gründen verbietet.

h) Enthitzer.

Bei den bisherigen Beispielen wurde stillschweigend angenommen, daß der Arbeitsstoff mit der seinem Druck zukommenden Siedetemperatur eintritt. Tatsächlich ist er bei der heute die Regel bildenden Arbeitsweise überhitzt. Nach dem früher Gesagten kann der Einfluß der Überhitzung vernachlässigt werden, wenn die dampfberührte Wand überall eine Temperatur unter der Siedetemperatur besitzt. Hiermit kann von vornherein bei den Röhrenbündelverflüssigern und den Rohrwandverflüssigern mit parallel geschalteten Rohren gerechnet werden, weil die Dampfgeschwindigkeit gering ist und die Enthitzung vorzugsweise oder ganz durch Mischung mit dem gesättigten Dampf abgeführt wird. Dagegen ist beim Doppelrohrverflüssiger ebenso wie beim Rohrschlangenverflüssiger mit der Möglichkeit einer ausgesprochenen Enthitzungszone zu rechnen.

Getrennte Enthitzer werden zuweilen zur Warmwasserbereitung angewandt und so betrieben, daß eine Verflüssigung des Arbeitsstoffes nicht eintritt. Für sie gelten bei der üblichen Ausführung als waagerechte Röhrenkühler die nachgenannten Grundsätze.

Zahlenbeispiel 36.

Wasserseite. Das Kühlwasser strömt durch die Rohre. Für einen inneren Rohrdurchmesser $D = 0{,}050$ m, eine mittlere Wassertemperatur $t_w = 25^0$ und eine Wassergeschwindigkeit $w = 0{,}5$ m/s ergibt sich nach der Stenderschen Formel in der Vereinfachung von Schack

$$\frac{1}{\alpha_w} = \frac{0{,}000494 \cdot D^{0,1}}{1 + 0{,}014 \cdot t_w} \cdot w^{-0,85} = \frac{0{,}000494 \cdot 0{,}05^{0,1}}{1 + 0{,}014 \cdot 25} \cdot 0\,5^{-0,85} \sim \frac{1}{2000}\ {}^0C/\frac{\text{kcal}}{\text{m}^2 \cdot \text{h}} \cdot$$

Wand. Der Wärmeleitwiderstand kann wegen des zu erwartenden hohen Wärmeübergangswiderstandes auf der Gasseite unberücksichtigt bleiben.

Arbeitsstoffseite. Die Gase strömen längs der Rohre, dem Kühlwasser entgegen. Besitzen die Rohre einen äußeren Durchmesser von 0,060 m und einen Mittelabstand von 0,081 m, so ist bei versetzten Rohren der gleichwertige Rohrdurchmesser $\frac{4f}{U} = 0{,}060$ m, also gerade gleich dem äußeren Rohrdurchmesser. Der Wärmeübergangswiderstand ergibt sich nach der Nusselt-Gröberschen Formel

$$\frac{1}{\alpha_{g,m}} = 0{,}0422\, L^{0{,}05} \cdot D^{0{,}16} \cdot w^{-0{,}79} \cdot a_{g,m}^{0{,}79} \cdot \lambda_{g,m}^{-1}\ {}^0\mathrm{C}/\frac{\mathrm{kcal}}{\mathrm{m}^2\cdot\mathrm{h}},$$

also z. B. für Ammoniak als Arbeitsstoff, eine Rohrlänge $L = 6$ m, eine Gasgeschwindigkeit $w = 5$ m/s, einen Druck des Arbeitsstoffes von 120000 kg/m² und eine mittlere Temperatur des Arbeitsstoffes von 70° mit den Werten $\lambda_{g,m} \sim 0{,}02$, $a_{g,m} \sim \frac{0{,}02}{0{,}64\cdot 7{,}6} \sim 0{,}004$ für überhitztes Ammoniak

$$\frac{1}{\alpha_{g,m}} = 0{,}0422 \cdot 6^{0{,}05} \cdot 0{,}060^{0{,}16} \cdot 5^{-0{,}79} \cdot 0{,}004^{0{,}79} \cdot 0{,}02^{-1} \sim \frac{1}{190}\ {}^0\mathrm{C}/\frac{\mathrm{kcal}}{\mathrm{m}^2\cdot\mathrm{h}}.$$

Der Wärmeübergangswiderstand auf der Gasseite überwiegt den auf der Wasserseite um ein Vielfaches, ist daher für die Wärmeübertragung maßgebend. Der

Wärmedurchgangswiderstand übertrifft mit

$$\frac{1}{k} \sim \frac{1}{2000} + \frac{1}{190} \sim \frac{1}{170}\ {}^0\mathrm{C}/\frac{\mathrm{kcal}}{\mathrm{m}^2\cdot\mathrm{h}}$$

den Wärmeübergangswiderstand auf der Arbeitsstoffseite nur um etwa 10%.

Bei einem mittleren Temperaturgefälle $t_g - t_w = 45^0$ überträgt der Enthitzer rund 7500 kcal/m² · h. Als wirksam ist die gasberührte Außenfläche der Rohre in Rechnung zu stellen.

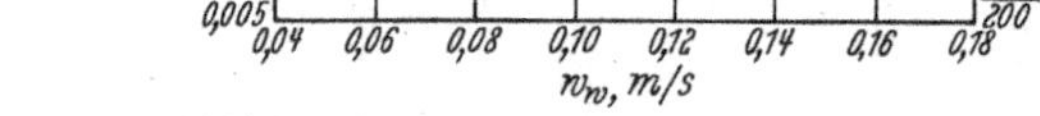

Abb. 357. Wärmedurchgangswiderstand eines Ammoniak-Doppelrohrenthitzers (Kratz-Macintire-Gould).

An einem Ammoniak-Doppelrohr-Enthitzer fanden Kratz-Macintire-Gould[1] die in Abb. 357 dargestellten Werte des Wärmedurchgangswiderstandes, abhängig von Wasser- und Ammoniakgas-Geschwindigkeit. Das überhitzte Ammoniak strömte hierbei durch das Innere eines $1^1/_2$''-Rohres von 5,2 m Länge, das Kühlwasser durch den durch einen $2^1/_2$''-Mantelrohr gebildeten Ringquerschnitt. Der Gasdruck betrug 113000 kg/m², die Gastemperatur etwa 74° am Eintritt, 52° am Austritt. Das mittlere Temperaturgefälle schwankte zwischen etwa 19 und 29°. Die Anfangstemperatur des Kühlwassers wurde stets über der Verflüssigungstemperatur gehalten. Die gefundenen Werte stimmen der Größenordnung nach mit der oben gefundenen Zahl $\frac{1}{k} \sim \frac{1}{170}$ überein.

[1] Kratz-Macintire-Gould: Heat transfer in ammonia condensers. II. Univ. Illinois Bull. 186. Engng. Exp. Stat. 1928.

Fremdkörperbelag. Bei Enthitzern ist wegen der hohen Temperatur mit Wassersteinbildung in besonderem Maße zu rechnen, außerdem liegt hier die Gefahr der Verölung vor, weil leicht flüchtige Öldämpfe niederschlagen. Ein Wassersteinbelag ($\lambda_F \sim 0{,}3$) von $^1/_2$ mm zusammen mit einer Mineralölschicht von $^1/_2$ mm ergeben eine Erhöhung des Wärmedurchgangswiderstandes auf

$$\frac{1}{k} \sim \frac{1}{170} + \frac{0{,}0005}{0{,}3} + \frac{0{,}0005}{0{,}13} \sim \frac{1}{95}\,{}^0\mathrm{C}/\frac{\mathrm{kcal}}{\mathrm{m}^2 \cdot \mathrm{h}},$$

also nahezu das Doppelte des für reine Flächen geltenden Wertes. Infolgedessen überträgt der Enthitzer bei einem mittleren Temperaturgefälle von 45^0 tatsächlich nur 4200 kcal/m² · h.

Temperaturgefälle. Unter Berücksichtigung des Fremdkörperbelags verteilt sich das Temperaturgefälle von 45^0 wie folgt:

Flüssigkeitstemperatur . . . . $t_w = 25{,}0^0$

Temperaturgefälle zwischen Flüssigkeit und Wand . . . . $t_w - t_W = \frac{4200}{2000} \sim 2{,}1^0$

Temperatur des Wassersteinbelags innen . . . . $27{,}1^0$

Gastemperatur . . . . $t_g = 70{,}0^0$

Temperaturgefälle zwischen Wand und Gas $t_W - t_g = \frac{4200}{190} \sim 22{,}0^0$

Temperatur der Ölhaut außen . . . . 48^0

Infolge des Fremdkörperbelags geht das Temperaturgefälle von . . . . $48 - 27{,}1 \sim 21^0$ verloren.

Ist der Enthitzer so bemessen, daß der Arbeitsstoff mit 40^0 austritt und zum Schluß mit Kühlwasser von 10^0 in Wärmeaustausch tritt, so wirkt an dieser Stelle ein Temperaturgefälle von $40 - 10 = 30^0$. Unter Beibehaltung der oben errechneten Werte der Wärmewiderstände ergibt sich für die Austrittseite des Arbeitsstoffs am Enthitzer eine Wärmeübertragung von $30 \cdot 170 = 5100$ kcal/m² · h bei reinen Kühlflächen. Die gasberührte Wandseite nimmt alsdann eine Temperatur von $t_W \sim 40 - \frac{5100}{190} \sim 13^0$ an. Das aber bedeutet, daß die Wandtemperatur nahezu gleich der Wassertemperatur wird und die bei etwa 30^0 liegende Verflüssigungstemperatur des Arbeitsstoffs weit unterschreitet. Der letzte Teil des Enthitzers wirkt infolgedessen als Vorverflüssiger. Für ihn gilt der errechnete Wert des Wärmeübergangswiderstandes auf der Gasseite nicht mehr. Er sinkt auf einen Betrag, dessen Größenordnung mit der des Wärmeübergangswiderstandes auf der Wasserseite übereinstimmt. Die Wand nimmt hierbei eine Temperatur an, die etwa in der Mitte zwischen Wasser- und Gastemperatur, also bei schätzungsweise 25^0 und damit immer noch unterhalb der Verflüssigungstemperatur, liegt.

Soll die Teilverflüssigung auf alle Fälle vermieden werden, so nützt es nichts, den Arbeitsstoff mit höherer Temperatur austreten zu lassen, weil die Wandtemperatur sich hierdurch kaum ändert. Ebensowenig wirksam ist die Verbesserung des Wärmeüberganges auf der Gasseite, z. B. durch Erhöhung der Gasgeschwindigkeit. Auch die künstliche Verschlechterung des Wärmeübergangs auf der Wasserseite, z. B. durch Verringerung der Wassergeschwindigkeit, führt nicht zum Ziele. Infolgedessen bleibt nur die Erhöhung der Temperatur des eintretenden Wassers übrig. Sie soll die Verflüssigungstemperatur des Arbeitsstoffes möglichst nicht unterschreiten, da die Wassertemperatur bei reiner Kühlfläche die Temperatur der Wand fast allein bestimmt.

Das Beispiel zeigt, daß bei Verflüssigern mit wirksamem Wasserlauf in der Enthitzungszone mit Wandtemperaturen gerechnet werden darf, die tiefer liegen als die Verflüssigungstemperatur des Arbeitsstoffes. Erfahrungsgemäß wird hierdurch die Wärmeübertragung zahlenmäßig gleich der bei gesättigten Dämpfen. Die Enthitzungsleistung beansprucht daher die gleiche Kühlfläche wie eine Verflüssigungsleistung gleicher Höhe. Die in dem Beispiel des waagerechten Röhrenbündelverflüssigers für ein Sattdampftemperaturgefälle von 10^0 gefundene spezifische Verflüssigerleistung von 11000 kcal/m^2 · h kann daher für die Gesamtleistung in Rechnung gestellt werden, wenn der Arbeitsstoff mit hoher Überhitzung in den Verflüssiger eintritt.

In dieser Beziehung bedürfen frühere Auffassungen einer Berichtigung. Es erscheint wenig nützlich, die Überhitzungswärme in Enthitzern dadurch abzuführen, daß darin der flüssige Arbeitsstoff durch die überhitzten Gase zum Verdampfen gebracht und die Gesamtleistung an die Rohrwand durch Sattdampf übertragen wird. Hieraus erklärt es sich, daß Versuche, durch Vorschaltung derartiger Enthitzer vor vorhandene Verflüssigeranlagen den Verflüssigungsdruck zu senken, im allgemeinen keinen Erfolg hatten. Eine Besserung wäre höchstens dann zu erwarten. wenn die Wärmeübertragung auf der Kühlwasserseite besonders günstig ist, das aber sind Fälle, wo besondere Maßnahmen in erster Linie auf der Wasserseite anzusetzen haben.

i) Nachkühler.

Während die Ausführung eines besonderen Enthitzers nur in Ausnahmefällen Berechtigung hat, wird die Unterkühlung des flüssigen Arbeitsstoffes zweckmäßigerweise einem besonderen Nachkühler übertragen, weil in dem eigentlichen Verflüssiger sich eine sehr niedrige Geschwindigkeit der Flüssigkeit ergibt. Die Bauweise als Doppelrohrwärmeaustauscher bildet für den Nachkühler die Regel.

Zahlenbeispiel 37.

Durch einen Doppelrohrnachkühler strömt Wasser mit einer Anfangstemperatur von 13^0 im Innenrohr, das 30 mm inneren, 38 mm äußeren Durchmesser besitzt. Um das Rohr wird, dem Wasser entgegen, flüssige Kohlensäure in einer Menge von 3000 kg/h mit einer Anfangstemperatur von 25^0 geleitet. Das Außenrohr besitzt 50 mm inneren Durchmesser.

Die Kohlensäure soll auf 2° über Wassereintrittstemperatur, d. i. 15°, gekühlt werden.

Die Unterkühlerleistung errechnet sich zu

$$Q_h = 3000\,(18{,}8 - 10{,}1) = 26\,100 \text{ kcal/h}.$$

Die Geschwindigkeit, mit der die Kohlensäure den Ringraum durchströmt, ergibt sich für die Mitteltemperatur von 20° zu

$$w = \frac{3000 \cdot 0{,}001\,298}{3600 \cdot 0{,}000\,829} \sim 1{,}3 \text{ m/s}.$$

Wird der gleichwertige Durchmesser $\frac{0{,}05^2 - 0{,}038^2}{0{,}038} \sim 0{,}028$ m gesetzt und der Einfluß der Anlaufstrecke vernachlässigt, so liefert die von Nusselt aufgestellte allgemeine Formel, mit den für Wasser gefundenen Werten für Exponenten und Beiwert, den Wärmeübergangswiderstand auf der Arbeitsstoffseite zu

$$\frac{1}{\alpha_f} = 0{,}64 \cdot \frac{0{,}028}{0{,}18}\left(\frac{0{,}028 \cdot 1{,}3 \cdot 770{,}7}{0{,}000\,0072 \cdot 9{,}81}\right)^{0{,}76}\left(\frac{0{,}000\,0072 \cdot 9{,}81 \cdot 0{,}87}{0{,}18}\right)^{-0{,}35}$$

$$\sim \frac{1}{11\,000}\,{}^0\text{C}\Big/\frac{\text{kcal}}{\text{m}^2 \cdot \text{h}}.$$

Beträgt die Kühlwasserendtemperatur . . . . $t_{w,e} = 20^0$,
entsprechend einer Erwärmung um . . . . $t_{w,a} - t_{w,e} = 7^0$,
so sind

$$\frac{26\,100}{7} \sim 3700 \text{ kg/h Wasser}$$

erforderlich, die mit einer Geschwindigkeit von

$$w = \frac{3{,}7}{3600 \cdot 0{,}000707} \sim 1{,}45 \text{ m/s}$$

durch das Innenrohr fließen. Der Wärmeübergangswiderstand auf der Wasserseite folgt hiernach zu

$$\frac{1}{\alpha_w} = \frac{0{,}000494 \cdot 0{,}03^{0{,}1}}{1 + 0{,}014 \cdot 16{,}5} \cdot 1{,}45^{-0{,}85} \sim \frac{1}{5000}\,{}^0\text{C}\Big/\frac{\text{kcal}}{\text{m}^2 \cdot \text{h}}.$$

Unter Vernachlässigung des Wärmeleitwiderstandes der Wand beträgt der Wärmedurchgangswiderstand

$$\frac{1}{k} \sim \frac{1}{11\,000} + \frac{1}{5000} \sim \frac{1}{3400}\,{}^0\text{C}\Big/\frac{\text{kcal}}{\text{m}^2 \cdot \text{h}}.$$

Das Temperaturgefälle ergibt sich an der Wassereintrittsseite zu 2°,
an der Wasseraustrittsseite zu . . . . 5°,
im mittel zu . . . . 3,5°.
Der Nachkühler überträgt daher

$$3{,}5 \cdot 3400 \sim 12\,000 \text{ kcal/m}^2 \cdot \text{h}.$$

Für die geforderte Leistung sind

$$\frac{26\,100}{12\,000} \sim 2{,}2 \text{ m}^2$$

Kühlfläche, gemessen an der als wirksam zu betrachtenden Außenseite des Innenrohrs, erforderlich.

Wegen des verhältnismäßig geringen Wärmeübergangswiderstandes ist der Einfluß eines Fremdkörperbelags erheblich. Der Wärmedurchgangswiderstand erhöht sich z. B. bei einem Wassersteinbelag von $^1/_4$ mm auf

$$\frac{1}{k} \sim \frac{1}{3400} + \frac{0{,}00025}{0{,}3} \sim \frac{1}{1200}\,{}^0\mathrm{C}\Big/\frac{\mathrm{kcal}}{\mathrm{m}^2 \cdot \mathrm{h}}.$$

Wie bei dem Doppelrohrverflüssiger tritt auch bei dem Doppelrohrnachkühler eine Abkühlung des Arbeitsstoffes durch die Außenfläche des äußeren Rohrs auf, solange die Temperatur der Umgebung niedriger liegt als die mittlere Temperatur des Arbeitsstoffes. Diese Kühlteilleistung ist, verglichen mit der durch das Kühlwasser abgeführten Wärmeleistung, gering. Liegt die Temperatur der Umgebung gleich hoch wie die mittlere Temperatur des Arbeitsstoffes, so findet zunächst eine Unterstützung der Abkühlung statt, die schließlich durch eine Erwärmung wieder ausgeglichen wird. Dies ist unerwünscht, da der Hauptzweck einer weitestgehenden Unterkühlung des Arbeitsstoffes darunter leidet. Aus diesem Grunde erscheint es berechtigt, den Doppelrohrnachkühler durch Wärmeschutzmittel den Einflüssen der Umgebung zu entziehen, wenn damit zu rechnen ist, daß die Raumtemperatur die angestrebte Endtemperatur des Arbeitsstoffes erheblich überschreitet.

k) Verdunstungsverflüssiger.

Während bei den Hochleistungsverflüssigern mit senkrechten oder waagerechten Rohrwänden die Verdunstungswirkung unberücksichtigt bleiben kann, spielt sie bei den waagerechten Rohrschlangen-Berieselungsverflüssigern eine nicht zu vernachlässigende Rolle, wenn die Abzapfung der Flüssigkeit unterbleibt, die Kühlfläche daher verhältnismäßig groß bemessen werden muß. Mit Rücksicht auf die geringe Bedeutung, die heute dieser Bauweise zukommt, darf hier auf die zahlenmäßige Erörterung verzichtet und auf die Untersuchungen von Krause[1], Hirsch[2] und Merkel[3] verwiesen werden.

Hochleistungsverflüssiger bedürfen bei Kühlwassermangel einer Ergänzung durch besondere Rückkühlwerke, deren Berechnung aus dem engeren Rahmen dieser Arbeit fällt. Die Theorie wurde durch Merkel[4] behandelt. Mit Rücksicht auf die hohen Ansprüche, die bei Kühlanlagen an derartige Rückkühlwerke gestellt werden, sind, außer guter Wasserverteilung, Maßnahmen erforderlich, um große Kühlluftmengen durch das Wasser zu treiben. Die untere Grenze der Wassertemperatur entspricht der „Kühlgrenze" der Luft. Der Unterschied gegenüber dieser kennzeichnet die Wirksamkeit des Rückkühlwerks.

[1] Krause: Zur Theorie der Berieselungskondensatoren. Diss. Danzig 1915.

[2] Hirsch: Die Beeinflussung der Druckverhältnisse in Berieselungsverflüssigern. Z. ges. Kälteind. 1922. Die Wassertemperatur an Berieselungsverflüssigern mit Verdunstungswirkung. Z. ges. Kälteind. 1924 u. 1926.

[3] Merkel: Der Berieselungsverflüssiger. Z. ges. Kälteind. 1927.

[4] Merkel: Verdunstungskühlung. VDI-Forsch.-Heft 1925 Nr. 275.

l) Luftgekühlte Verflüssiger.

Mit Rücksicht darauf, daß diese Bauweise fast nur für die kleinsten Leistungen angewandt wird und alsdann der praktische Versuch der Herstellung im großen vorausgeht, darf sich die rechnerische Untersuchung auf grobe Annäherung beschränken. Der Wärmeübergangswiderstand auf der Arbeitsstoffseite ebenso wie der Wärmeleitwiderstand des Rohrs können unberücksichtigt bleiben. Ferner tritt die Wirksamkeit des Rohrs gegenüber der Rippenfläche zurück, so daß es genügt, für die ungefähre Rechnung die letzte allein in Betracht zu ziehen. Wird schließlich schätzungsweise angenommen, daß die Temperatur der Rippenfläche gleich dem algebraischen Mittel der Temperaturen von Arbeitsstoff und Luft ist, das Temperaturgefälle daher halb so hoch ist wie zwischen Arbeitsstoff (bzw. genügend genau Rohrwand) und Luft, so ergibt sich folgender Rechnungsgang:

Zahlenbeispiel 38.

Ein Rippenrohrverflüssiger besteht aus zwei senkrechten Rohrschlangen, die versetzt nebeneinander angeordnet sind. Jede Schlange besitzt 10 Rohre von 0,012 m äußerem Durchmesser. Die Rohre sind mit je 200 quadratischen Rippenscheiben 0,02 × 0,02 m besetzt, entsprechend insgesamt 2,32 m² beiderseitiger Rippenoberfläche. Wird die Luft mit einer Geschwindigkeit von $w = 10$ m/s längs der Rippen geblasen, so ergibt sich der Wärmeübergangswiderstand nach Jürges zu

$$\frac{1}{\alpha_l} \sim 0{,}155 \cdot 10^{-0{,}78} \sim \frac{1}{38}\,{}^0\mathrm{C}\Big/\frac{\mathrm{kcal}}{\mathrm{m^2 \cdot h}}.$$

Soll eine Verflüssigerleistung von $Q_h = 600$ kcal/h übertragen werden, so stellt sich ein wirksames Temperaturgefälle von

$$\frac{Q_h \cdot \frac{1}{\alpha}}{F} = \frac{600 \cdot \frac{1}{38}}{2{,}32} \sim 7^0$$

ein. Bei einer mittleren Lufttemperatur von 20⁰ beträgt daher die mittlere Rippentemperatur $t_W = 27^0$ und nach der getroffenen Annahme die Verflüssigungstemperatur $t'' = 20 + 2 \cdot 7 = 34^0$.

Arbeitet die Kälteanlage mit Schwefligsäure, so erreicht der Verflüssigungsdruck 53000 kg/m².

m) Druckleitung.

Die Wärmeübertragungsverhältnisse der Druckleitung sind insofern von Interesse, als einerseits bei großer Länge die Überhitzung der Gase teilweise verschwindet, was auf eine Entlastung des Verflüssigers hinausläuft, andererseits die Möglichkeit einer teilweisen Verflüssigung innerhalb der Druckleitung und damit einer Gefährdung des Verdichters vorliegt.

Von vornherein liegt fest, daß der Wärmeübergangswiderstand innerhalb der Druckleitung mit Rücksicht auf die hohe Geschwindigkeit gegenüber dem allein maßgebenden Wärmeübergangswiderstand zwischen

Luft und Rohr verschwindet. Die Temperatur der Rohrwand kann daher genügend genau gleich der Temperatur des Arbeitsstoffes genommen werden. Damit aber fehlt die notwendige Voraussetzung für eine Verflüssigung der innen strömenden Dämpfe. Sie kann erst bei Stillstand der Anlage auftreten, z. B. wenn der Verflüssiger der Sonnenbestrahlung ausgesetzt ist und die Druckleitung in Kühlräumen verläuft.

Soll die Abkühlung der Gase in der Druckleitung errechnet werden, so braucht auch hier nur der Wärmeübergangswiderstand auf der Luftseite berücksichtigt zu werden. Da die Wandtemperatur verhältnismäßig hoch liegt, spielt die Wärmestrahlung eine zahlenmäßig fast gleich große Rolle wie der Wärmeübergang durch Leitung und Konvektion. Der letzte errechnet sich nach der in Abb. 354 wiedergegebenen Nusseltschen Beziehung.

Zahlenbeispiel 39.

Durch eine Ammoniakdruckleitung von 0,1 m Durchmesser (der Unterschied zwischen Außen- und Innendurchmesser sei vernachlässigt!) strömen Gase mit einer Anfangstemperatur von 100° und einer Geschwindigkeit von 4 m/s. Wie groß ist die Temperaturabnahme längs einer 40 m langen, vorzugsweise waagerecht verlaufenden Strecke, wenn die Temperatur der Umgebung 20° beträgt?

Wird die mittlere Rohrtemperatur zunächst schätzungsweise zu rund 80° angenommen und die scheinbare Strahlungskonstante zu $C \sim$ 4,5 kcal/m² (° abs)⁴ · h geschätzt, so folgt

$$\frac{3{,}53^4 - 2{,}93^4}{(80-20)\cdot\frac{1}{4{,}5}} \sim 6\,\text{kcal/m}^2\cdot{}^0\text{C}\cdot\text{h}.$$

Der Abszissenwert zu Abb. 354 beträgt

$$\frac{3600\,D^3\cdot\gamma^2\cdot c_p\,(t_W - t_g)}{273\cdot\lambda\cdot\mu} \sim \frac{3600\cdot 0{,}1^3\cdot 1{,}2^2\cdot 0{,}24\cdot 60}{273\cdot 0{,}02\cdot 0{,}0000018} \sim 8\,000\,000,$$

entsprechend einem Ordinatenwert

$$\frac{\alpha\cdot D}{\lambda} \sim 14.$$

Hieraus folgt

$$\frac{1}{\alpha} \sim \frac{14\cdot 0{,}02}{0{,}1} \sim \frac{1}{3},$$

$$\frac{1}{\alpha_s + \alpha} \sim \frac{1}{6+3}.$$

In die Umgebung tritt die Wärmemenge

$$0{,}1\,\pi\,40\,(80-20)\,(6+3) \sim 7000\,\text{kcal/h}.$$

Beträgt das spezifische Gewicht des Gases rund 7 kg/m³, das stündliche Gasgewicht daher

$$\frac{0{,}1^2\,\pi\cdot 4\cdot 3600\cdot 7}{4} \sim 800\,\text{kg/h},$$

so verliert das Gas an Wärmeinhalt

$$\frac{7000}{800} \sim 9 \text{ kcal/kg},$$

bei einer spezifischen Wärme von rund 0,5 entsprechend einem Temperaturverlust von 18° bzw. einer Endtemperatur der Gase von 82°, also mit der ursprünglichen Annahme einer mittlerer Rohrtemperatur von 80° genügend genau übereinstimmend.

Da das Verhältnis von Inhalt zu Oberfläche mit dem Leitungsdurchmesser zunimmt, sinkt bei im übrigen gleichen Verhältnissen, insbesondere also bei gleicher Gasgeschwindigkeit, die Temperatur der Druckleitung bei weiten Rohren weniger als bei engen.

2. Verdampfer.

a) Hochleistungsverdampfer für Flüssigkeitskühlung.

Die Berechnung kann sich auf die heute überwiegende Bauweise mit gleichartigen senkrecht verlaufenden, vom Arbeitsstoff durchströmten Rohren beschränken.

Zahlenbeispiel 40.

Besitzen die Rohre einen inneren Durchmesser von 0,05 m, eine Länge von 1 m und besteht der Arbeitsstoff aus Ammoniak, das bei $t'' = -10^0$ verdampft, so ergibt sich nach der Nusseltschen Formel 70 mit $\gamma' = 652$, $c' = 1{,}1$, $\mu' = 0{,}000026$, $\lambda' \sim 0{,}5$ der Wärmeübergangswiderstand auf der Arbeitsstoffseite zu

$$\frac{1}{\alpha} = 0{,}64 \cdot \frac{D}{\lambda} \left(\frac{L}{D}\right)^{0{,}055} \left(\frac{w \cdot D}{\nu}\right)^{-0{,}76} \left(\frac{\nu}{a}\right)^{-0{,}35}$$

$$= 0{,}64 \cdot \frac{0{,}05}{0{,}5} \left(\frac{1}{0{,}05}\right)^{0{,}0552} \left(\frac{0{,}05\, w \cdot 652}{0{,}000026 \cdot 9{,}81}\right)^{-0{,}76} \left(\frac{0{,}000026 \cdot 9{,}81 \cdot 1{,}1}{0{,}5}\right)^{-0{,}355}$$

$$\sim \frac{w^{-0{,}76}}{7400}.$$

Die maßgebende Geschwindigkeit des Arbeitsstoffes sei zu 0,5 m/s geschätzt. (In der Notwendigkeit dieser Schätzung liegt die Ungewißheit der ganzen Rechnung.) Hiermit folgt

$$\frac{1}{\alpha} \sim \frac{0{,}5^{-0{,}764}}{7400} \sim \frac{1}{4400}\ {}^0\text{C}/\frac{\text{kcal}}{\text{m}^2 \cdot \text{h}}.$$

Für Geschwindigkeiten von	0,2	1	1,5	2	m/s
würde sich	$\frac{1}{\alpha} \sim \frac{1}{2200}$	$\frac{1}{7400}$	$\frac{1}{10\,000}$	$\frac{1}{12\,500}$	${}^0\text{C}/\frac{\text{kcal}}{\text{m}^2 \cdot \text{h}}$

ergeben. Strömt um die Verdampferrohre eine 20%ige Kochsalzlösung von 0° mit einer Geschwindigkeit von 0,5 m/s, ($\gamma_s = 1230$, $c_s = 0{,}82$, $\mu_s = 0{,}000275$, $\lambda_s \sim 0{,}48$), so folgt der Wärmeübergangswiderstand bei einem äußeren Rohrdurchmesser von 0,06 m, wenn hier als Anhalt gleichfalls die Nusseltsche Formel angewandt wird,

$$\frac{1}{\alpha_s} = 0{,}64 \cdot \frac{0{,}06}{0{,}48}\left(\frac{1}{0{,}06}\right)^{0{,}055}\left(\frac{0{,}06 \cdot 0{,}5 \cdot 1230}{0{,}000275 \cdot 9{,}81}\right)^{-0{,}76}\left(\frac{0{,}000275 \cdot 9{,}81 \cdot 0{,}82}{0{,}48}\right)^{-0{,}35}$$

$$\sim \frac{1}{2200}\,{}^0\mathrm{C}/\frac{\mathrm{kcal}}{\mathrm{m}^2 \cdot \mathrm{h}},$$

also doppelt so hoch wie für den mit gleicher Geschwindigkeit strömenden Arbeitsstoff.

Mit einem Wärmeleitwiderstand der Wand

$$\frac{e_W}{\lambda_W} = \frac{0{,}005}{40} = \frac{1}{8000}\,{}^0\mathrm{C}/\frac{\mathrm{kcal}}{\mathrm{m}^2 \cdot \mathrm{h}}$$

ergibt sich der Wärmedurchgangswiderstand zu

$$\frac{1}{k} \sim \frac{1}{4400} + \frac{1}{2200} + \frac{1}{8000} \sim \frac{1}{1200}\,{}^0\mathrm{C}/\frac{\mathrm{kcal}}{\mathrm{m}^2 \cdot \mathrm{h}}.$$

Bei dem mit 10^0 angenommenen Temperaturgefälle würden hiernach 12000 kcal/m² · h übertragen.

Diese Rechnung dient nur zur Schätzung der Größenordnung der zu erwartenden Wärmewiderstände, für die zahlenmäßige Vorausberechnung in einwandfreier Form reichen die vorliegenden Forschungsergebnisse nicht aus, so daß der Versuch entscheiden muß. Während auf der Außenseite die Wärmeübergangsverhältnisse sich durch Steigerung der künstlich erzwungenen Geschwindigkeit verbessern lassen, ergeben sich die Strömungsverhältnisse im Innern zwangläufig in einer bei dem heutigen Stand der Wissenschaft noch nicht genügend genau vorauszubestimmenden Weise.

Systematische Untersuchungen an Ammoniak-Hochleistungsverdampfern wurden durch Shipley[1] durchgeführt. Für eine Solegeschwindigkeit von 1,76 m/s, eine Verdampftemperatur von — 14,7° fand er bei einem aus 1¼″ Rohren von 2,3 bis 5 m gestreckter Länge nach Art der Abb. 129 aufgebauten Verdampfer den Wärmedurchgangswiderstand zu $\frac{1}{k} \sim \frac{1}{620}\,{}^0\mathrm{C}/\frac{\mathrm{kcal}}{\mathrm{m}^2 \cdot \mathrm{h}}$.

b) Rohrschlangenverdampfer für Flüssigkeitskühlung.

Bei Verwendung vielfach gewundener, verhältnismäßig langer Rohrschlangen als Verdampfer lassen sich die Beziehungen auf der vom Arbeitsstoff berührten Innenseite zahlenmäßig kaum übersehen. Fest steht, daß eine erhebliche Geschwindigkeit des flüssigen Anteils wegen des großen Widerstandes nicht zustande kommt. Infolgedessen überwiegt der Wärmeübergangswiderstand auf der Innenseite in der Regel den Wärmeübergangswiderstand auf der von dem Kälteträger berührten Außenseite so weit, daß eine Verringerung des letzten durch Steigerung

[1] Shipley: Evaporating systems. Ice Refrig. 1928.

der Kälteträgergeschwindigkeit wenig Erfolg verspricht. Für die seltenen Fälle, in denen diese als überholt anzusehende Verdampferbauweise noch Anwendung findet, genügt die Annahme eines durch die Erfahrung bestätigten Wärmedurchgangswiderstandes von

$$\frac{1}{k} \sim \frac{1}{200}\,{}^0\mathrm{C}/\frac{\mathrm{kcal}}{\mathrm{m}^2\cdot\mathrm{h}}.$$

Der Einfluß eines Fremdkörperbelags ist bei Hochleistungsverdampfern merklich, bei Rohrschlangenverdampfern unbedeutend. Verunreinigungen treten auf als Verölung auf der Arbeitsstoffseite, Vereisung auf der Gegenseite, wenn Wasser den Kälteträger bildet und die Wandtemperatur den Gefrierpunkt unterschreitet. Die daneben bei Sole mögliche Inkrustation durch Salzkristalle stellt eine Störung dar, die unbedingt zu vermeiden ist.

Ein 0,01 m starker Eisbelag, der bei Süßwasserkühlern als Kältespeicher Berechtigung haben mag, erhöht den Wärmeübergangswiderstand um

$$\frac{e_F}{\lambda_F} \sim \frac{0{,}01}{2} \sim \frac{1}{200}\,{}^0\mathrm{C}/\frac{\mathrm{kcal}}{\mathrm{m}^2\cdot\mathrm{h}}.$$

Dies läuft bei schlecht wirksamen Rohrschlangenverdampfern auf eine Verdopplung, bei Hochleistungsverdampfern auf eine Vervielfachung des für reine Flächen geltenden Wärmedurchgangswiderstandes hinaus. In solchen Fällen verliert der Hochleistungsverdampfer seine Berechtigung und der Rohrschlangenverdampfer tritt in seine Rechte, zumal die bei ihm nötige große Kühlfläche ein Speichervermögen in bestimmtem Ausmaß mit einer verhältnismäßig dünnen Eisschicht ergibt.

c) Verdampfer für Luftkühlung.

Bei einem Luftkühler mit unmittelbarer Kühlung und freier Strömung der Luft, Raumberohrung, ist der Wärmeübergangswiderstand auf der Luftseite für die Wärmeübertragung allein ausschlaggebend. Der Wärmeübergangswiderstand auf der Arbeitsstoffseite darf daher ebenso wie der Wärmeleitwiderstand vernachlässigt werden. Dagegen spielt die Wärmestrahlung eine nicht zu übersehende Rolle.

Die Luftkühlung ist fast ausnahmslos mit einer Lufttrocknung verbunden, infolgedessen schlägt sich Feuchtigkeit in flüssiger oder fester Form auf der Rohroberfläche nieder. Solange der Belag keine übermäßige Stärke erreicht, tritt auch seine Bedeutung gegenüber dem Wärmeübergangswiderstand der Luft zurück.

Zahlenbeispiel 41.

Ein Kühlraum wird durch glatte Rohrschlangen von 0,038 m äußerem Rohrdurchmesser auf $t_l = 4^0$ gekühlt. Die Luft besitzt einen Feuchtigkeitsgrad $\varphi_l = 0{,}75$, entsprechend einer Teilspannung des in der Luft enthaltenen Wasserdampfes von $P_d = 0{,}75 \cdot 83 \sim 62$ kg/m². Der Arbeitsstoff sei Ammoniak, das mit einer Temperatur $t'' = -15^0$ verdampfe.

Die Temperatur der Rohrwand und des Niederschlags kann in erster Annäherung gleich der Temperatur des Arbeitsstoffes $t_W \sim -15^0$ geschätzt werden. Der Feuchtigkeitsgehalt der Luft beträgt

$$x_l \sim 0{,}75 \cdot 0{,}0052 \sim 0{,}0039,$$

der Feuchtigkeitsgehalt in der über dem Niederschlag schwebenden Grenzschicht

$$x_w = 0{,}00105.$$

Wird die scheinbare Strahlungskonstante zu

$$C \sim 4{,}5 \text{ kcal/m}^2 \, (^0 \text{ abs})^4 \cdot \text{h}$$

geschätzt, so folgt

$$\frac{2{,}77^4 - 2{,}58^4}{[4 - (-15)] \frac{1}{4{,}5}} \sim 3{,}5 \text{ kcal/m}^2 \cdot {}^0\text{C} \cdot \text{h}.$$

Das Abszissenverhältnis der in Abb. 354 dargestellten Nusseltschen Funktion beträgt

$$\frac{A}{B} = \frac{3600 \cdot 0{,}038^3 \cdot 1{,}27^2 \cdot 0{,}24\,[4 - (-15)]}{273 \cdot 0{,}02 \cdot 0{,}0000017} \sim 150\,000.$$

Hieraus folgt

$$\frac{\alpha \cdot D}{\lambda} \sim 13,$$

also

$$\frac{1}{\alpha_l} \sim \frac{0{,}038}{13 \cdot 0{,}02} \sim \frac{1}{7} \; {}^0\text{C}/\frac{\text{kcal}}{\text{m}^2 \cdot \text{h}}.$$

Die gesamte spezifische Wärmeübertragung beträgt

$$\frac{Q_h}{F} = \frac{t_l - t_w}{\frac{1}{\alpha + \alpha_s}} + \frac{r}{\frac{c_{p,l}}{\alpha}} (x_l - x_w) = \frac{4 - (-15)}{\frac{1}{7 + 3{,}5}} + \frac{610}{\frac{0{,}24}{7}} (0{,}00390 - 0{,}00105)$$

$$= 210 + 49{,}5 \sim 260 \text{ kcal/m}^2 \cdot \text{h}.$$

Hierbei ist der Wärmeverbrauch für das Erstarren des Niederschlags unberücksichtigt geblieben, was zulässig erscheint.

Die angegebenen Beziehungen gelten für das Einzelrohr und Gruppen von Rohren, die nebeneinander in waagerechter Ebene liegen. Bei zwei oder mehr untereinander angeordneten Rohrreihen tritt eine Verschlechterung der Wärmeübertragung ein, insbesondere bei nicht versetzten Rohren. Das gleiche ist der Fall, wenn die Rohre untereinander in senkrechter Ebene liegen. Anbringung einer nichtleitenden Abblendwand unter waagerechten bzw. vor senkrechten Rohrreihen verbessert Luftbewegung und Wärmeübertragung. Die Wärmestrahlung nach dem Rauminnern verschwindet, dagegen nimmt die Temperatur der Decke bzw. Wand ab.

Der Ausfall von Feuchtigkeit aus ungesättigter Luft erklärt sich daraus, daß die über der Kühlfläche lagernde Luftschicht deren Temperatur annimmt. Liegt daher die Wandtemperatur der Kühlfläche tiefer als der Taupunkt der Luft, so ist die Voraussetzung für Feuchtigkeitsausfall aus Teilen der Luft gegeben.

Auch wenn der Luftumlauf künstlich verstärkt ist (Trockenluftkühler), beherrscht die Höhe des Wärmeübergangswiderstandes auf der Luftseite die gesamte Wärmeübertragung. Stellt in Abb. 358 Punkt G_a den Anfangszustand der Luft, Punkt G_w den als gleichbleibend zu betrachtenden Zustand der über der Kühlfläche schwebenden Luftgrenzschicht dar, so bildet die Verbindungslinie G_a G_w den geometrischen Ort für die Veränderung des Luftzustandes. Die häufig herrschende Auffassung, daß sich der Luftzustand zunächst von G_a nach G'', danach längs der Sättigungslinie von G'' nach G_w bewege, trifft nicht zu. Denn hierfür wäre Bedingung, daß die Abkühlung bis auf den Taupunkt bei gleichbleibendem Feuchtigkeitsgehalt $x_{l,a}$ erfolgt. Dies aber ist unmöglich, weil die Grenzschicht bei Berührung mit einer Oberfläche, deren Temperatur $t_w < t_l''$ ist, sofort Feuchtigkeit verliert.

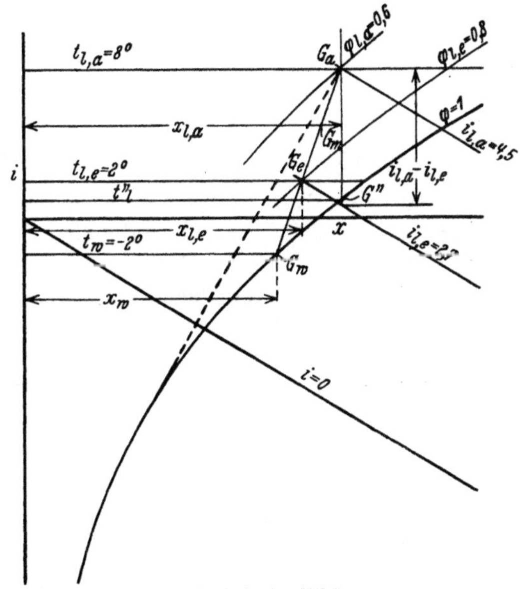

Abb. 358. i-x-Bild.

In der Regel ist die stündlich zu verarbeitende Reinluftmenge $G_{l,h}$, ihr Anfangszustand ($t_{l,a}$, $x_{l,a}$) und ihr Endzustand ($t_{l,e}$, $x_{l,e}$) gegeben. Aus dem i-x-Bild folgt alsdann die stündliche Kühlleistung

$$G_{l,h}\,(i_{l,a} - i_{l,e}),$$

ferner aus dem Schnittpunkt G_w der Verbindungslinie G_a G_e mit der Sättigungslinie die Temperatur t_w der Kühlfläche, die zur Erfüllung der Voraussetzung eingehalten werden muß. Damit sich ein solcher Schnittpunkt ergibt, kommen nur Endzustände der Luft in Betracht, für die Punkt G_e rechts der gestrichelten Tangente von Punkt G_a an die Sättigungslinie liegt.

Die wirksamen Mittelwerte des Temperaturgefälles $t_l - t_w$ und des Feuchtigkeitsgehaltsunterschieds $x_l - x_w$ betragen angenähert

$$t - t_w \sim \frac{t_{l,a} - t_{l,e}}{2} - t_w,$$

$$x - x_w \sim \frac{x_{l,a} - x_{l,e}}{2} - x_w.$$

Für genauere Berechnungen und insbesondere dann, wenn das Streckenverhältnis $\frac{G_e\,G_w}{G_a\,G_w}$ klein ist und etwa den Wert 0,5 unterschreitet, gelten die logarithmischen Mittelwerte

$$t_l - t_w = \frac{t_{l,a} - t_{l,e}}{\ln \dfrac{t_{l,a} - t_w}{t_{l,e} - t_w}},$$

$$x_l - x_w = \frac{x_{l,a} - x_{l,e}}{\ln \dfrac{x_{l,a} - x_w}{x_{l,e} - x_w}}.$$

Zahlenbeispiel 42.

10000 kg/h Luft treten mit 8° und einem Feuchtigkeitsgrad 0,6 in einen Trockenluftkühler ein und sollen darin auf 2° und einen Feuchtigkeitsgrad 0,8 gebracht werden.

Im i-x-Bild der Abb. 358 ergibt sich mit $t_{l,a} = 8^0$, $\varphi_{l,a} = 0{,}6$ Punkt G_a, ferner mit $t_{l,e} = 2^0$, $\varphi_{l,e} = 0{,}8$ Punkt G_e, aus der Verbindungslinie $G_a\,G_e$ Punkt G_w und damit die erforderliche Temperatur der Kühlfläche $t_w = -2^0$. Es folgt ferner aus dem i-x-Bild $i_{l,a} \sim 4{,}5$, $i_{l,e} \sim 2{,}7$ und damit die geforderte Kühlleistung

$$Q_h = 10000\,(4{,}5 - 2{,}7) \sim 18000 \text{ kcal/h}.$$

Da das Streckenverhältnis $\frac{G_e\,G_w}{G_a\,G_w} \sim 0{,}4$ ist, kann

$$t_l - t_w = \frac{8+2}{2} - (-2) \sim 7^0,$$

$$x_l - x_w = \frac{0{,}0042 + 0{,}0036}{2} - 0{,}0033 \sim 0{,}0006$$

gesetzt werden.

Die erforderliche Kühlfläche beträgt

$$F = \frac{Q_h}{\dfrac{t_l - t_w}{\dfrac{1}{\alpha_l + \alpha_s}} + \dfrac{\dfrac{r}{c_{p,l}}}{\alpha_l}(x_l - x_w)} \sim \frac{18\,000}{\dfrac{7}{\dfrac{1}{\alpha_l + \alpha_s}} + \dfrac{\dfrac{600}{0{,}24}}{\alpha_l} \cdot 0{,}0006} \sim \frac{2570}{1{,}21\,\alpha_l + \alpha_s} \text{ m}^2.$$

Die Kühlfläche bestehe aus glatten Rohrschlangen mit einem Rohrdurchmesser von $D = 0{,}038$ m. Die Rohrteilung betrage $3\,D = 0{,}114$ m, die Rohrlänge $L = 6$ m. Die Luft bewege sich mit einer Geschwindigkeit von 5 m/s längs der Rohre.

Der gleichwertige Rohrdurchmesser beträgt

$$D' = \left(\frac{3{,}46 \cdot 3^2}{\pi} - 1\right) 0{,}038 \sim 0{,}34 \text{ m}.$$

Nach der Nusselt-Gröberschen Formel folgt

$$\frac{1}{\alpha_l} = 0{,}0422 \cdot 6^{0,05} \cdot 0{,}34^{0,16} \cdot 5^{-0,79} \left(\frac{0{,}02}{0{,}24 \cdot 1{,}27}\right)^{0,79} \cdot 0{,}02^{-1} \sim \frac{1}{14{,}7}\ {}^0\mathrm{C}/\frac{\mathrm{kcal}}{\mathrm{m}^2 \cdot \mathrm{h}}.$$

Für die Berechnung von F kann α_s gegenüber 1,21 α vernachlässigt werden, so daß sich ergibt

$$F \sim \frac{2570}{1{,}21 \cdot 14{,}7} \sim 145\ \mathrm{m}^2.$$

Bildet sich um die Rohre eine Reifschicht in Stärke von 0,005 m, so erhöht sich der Wärmeübergangswiderstand auf der Luftseite von $\frac{1}{14{,}7}$ um $\frac{0{,}005}{0{,}09} = \frac{1}{18}$. Damit trotzdem die vorhandene Kühlfläche von 145 m² die geforderte Leistung von 18000 kcal/h überträgt und diese Leistung wie bei der reinen Kühlfläche mit 40% auf fühlbare Kühlung und 60% auf Entfeuchtung entfällt, muß die Oberfläche der Reifschicht die Temperatur $t_w = -2^0$ besitzen. Da das Temperaturgefälle innerhalb der Reifschicht $\frac{18\,000}{145 \cdot 18} \sim 7^0$ beträgt, muß wegen der Bereifung die Wandtemperatur auf $t_W = -2 - 7 = -9^0$ gesenkt werden. Das aber bedeutet eine erhebliche Leistungsminderung der auf den Verdampfer arbeitenden Kühlanlage, so daß ein Abtauen des Reifes dringend nötig wird, ehe seine Stärke sich dem angegebenen Maße nähert.

Mit bestimmtem Bereifungsgrad ist jedoch auch dann zu rechnen, wenn die Wandtemperatur und damit die Temperatur des verdampfenden Arbeitsstoffes von vornherein tiefer angesetzt sind, als sich für die reine Kühlfläche ergibt. Würde statt dessen die Kühlfläche reichlicher bemessen, so ergäbe sich eine höhere Oberflächentemperatur und damit ein verändertes Verhältnis zwischen fühlbarer Entwärmung und Entfeuchtung. Die Trockenwirkung des Luftkühlers würde verhältnismäßig geringer werden.

Hieraus folgt der wichtige Schluß, daß mit zunehmender Bereifung die Temperatur des verdampfenden Arbeitsstoffes gesenkt werden sollte, wenn eine verhältnismäßige Abnahme der Trockenwirkung unerwünscht ist. Arbeitet auf den Luftkühler eine eigene Kühlanlage, so sinken mit zunehmender Bereifung Dampftemperatur und Kühlleistung derart, daß die Oberflächentemperatur der Reifschicht sich der Lufttemperatur nähert. Die trocknende Wirkung des Luftkühlers wird hierdurch verringert. Dieser Nachteil erfährt noch eine Verstärkung, wenn der Luftkühler an eine Sammelkühlanlage angeschlossen ist, die mit gleichbleibender Dampftemperatur arbeitet. Die Forderung, den Anteil der Trockenleistung an der gesamten Kühlleistung gleichzuhalten, läßt sich nur erfüllen, wenn mit zunehmender Bereifung die Kühlleistung trotz Senkung der Dampftemperatur sich nicht verringert, z. B. durch Drehzahlerhöhung des Verdichters. Solche Maßnahmen verbieten sich jedoch in der Regel wegen der Erschwerung der Betriebsführung, so daß die mit zunehmender Bereifung schwächer werdende Trockenwirkung in Kauf genommen wird bzw., wo dies nicht angängig erscheint, ein häufiges Abtauen erfolgt.

Bestehen die Kühlsysteme aus Rippenrohren, so ist der Modellversuch der Rechnung vorzuziehen, weil trotz wesentlicher Fortschritte der Forschung[1 2 3 4] auf diesem Gebiete eine genügend einfache Berechnungsgrundlage noch fehlt.

Zahlenbeispiel 43.

In einem Rippenrohrverdampfer arbeitet Ammoniak mit einer Verdampftemperatur $t'' = -10^0$. Die 1 m langen Rohre besitzen 0,040 m inneren, 0,048 m äußeren Durchmesser und sind mit je 50 Rippen von 0,130 m Durchmesser besetzt. Die Luft besitzt eine Temperatur von 4^0, einen Feuchtigkeitsgrad von 0,75 und bewegt sich in freier Strömung.

Wird die mittlere Wandtemperatur der für den Wärmeübergangswiderstand maßgebenden luftberührten Rippenfläche zu -2^0 geschätzt, so folgt

$$\frac{1}{\alpha_l} = \frac{0,455}{\sqrt[4]{4-(-2)}} \sim \frac{1}{3,4}\,{}^0 C / \frac{\text{kcal}}{\text{m}^2 \cdot \text{h}}.$$

Die durch die luftberührte Fläche von $F \sim 1,5\ \text{m}^2$ übertragene Wärmemenge beträgt, unter Vernachlässigung der Wärmestrahlung, für 1 m Rohr

$$1,5\left[\frac{4-(-2)}{\frac{1}{3,4}} + \frac{600}{\frac{0,24}{3,4}}(0,0039 - 0,0033)\right] \sim 38,4\ \text{kcal/m} \cdot \text{h}.$$

Der Wärmeübergangswiderstand zwischen Arbeitsstoff und Innenwand sei zu $\frac{1}{500}$ geschätzt. Mit der Größe der inneren Kühlfläche von $0,126\ \text{m}^2/\text{m}$ ergibt sich das Temperaturgefälle zwischen Arbeitsstoff und Wand zu

$$\frac{38,4}{500 \cdot 0,126} \sim 0,6^0.$$

Das Zahlenbeispiel soll nur dazu dienen, die Verhältnisse grundsätzlich zu beleuchten. Es deutet an:

Je größer die Rippenfläche im Verhältnis zur Rohrfläche ist, um so mehr muß durch volle Benetzung des Rohrinnern dafür gesorgt werden, daß der Wärmeübergangswiderstand auf der Arbeitsstoffseite nicht zur Geltung kommt;

Vergrößerung der Rippenfläche führt in einem bestimmten Fall zu Erhöhung der Wandtemperatur und Verringerung des Temperaturgefälles auf der Luftseite. Bei freier Strömung führt schließlich eine immer weitergehende Vergrößerung der Rippenfläche nicht mehr zu

[1] Schmidt: Die Wärmeübertragung durch Rippen. Z. VDI 1926 und Mitt. Forsch.-Heim Wärmeschutz München 1926 Heft 7.

[2] Wagener: Der Wärmeübergang an Kühlrippen. Beihefte z. Gesundh.-Ing. 1929 Heft 24.

[3] Bogaerts-Meyer: Die Berechnung und Messung des Temperaturverlaufs in Wärmeübertragungsrippen. Forschg. Ing.-Wes. 1931.

[4] Stewart: Commercial cooling units. Refrig. Engng. 1931.

einer Leistungserhöhung, vor allem auch, weil die Trockenleistung mit zunehmender Wandtemperatur sinkt;

Ist eine Wandtemperatur unter 0° zu erwarten, so empfiehlt es sich, die Rippen nicht zu eng zu setzen, um ein rasches Zufrieren zu vermeiden. Dafür kann die Rippentiefe groß gehalten werden. Die Bereifung ist an der Wurzel der Rippe am stärksten. Hier nimmt daher alsbald die Wärmeübertragung stark ab, die Wandtemperatur der Rippe sinkt und die äußeren Teile der Rippe werden wirksamer.

Zahlenbeispiel 44.

Im vorausgehenden Beispiel bewege sich die Luft mit $w = 10$ m/s über die Rohre, und zwar in Richtung der Rippenebene. Der Wärmeübergangswiderstand sinkt dann nach Jürges auf

$$\frac{1}{\alpha_l} = 0{,}155 \cdot 10^{-0{,}78} \sim \frac{1}{38}\,{}^0\mathrm{C} / \frac{\mathrm{kcal}}{\mathrm{m^2 \cdot h}}.$$

Die Wandtemperatur steigt an und sei für die luftberührte Rippenfläche im mittel zu 0° geschätzt. 1 m Rohr überträgt alsdann

$$1{,}5\left[\frac{4-0}{\frac{1}{38}} + \frac{\frac{600}{0{,}24}}{38}(0{,}0039 - 0{,}0039)\right] \sim 230\ \mathrm{kcal/m \cdot h}.$$

Während bei der freien Strömung die Kühlleistung zu 80% auf fühlbare Kühlung und zu 20% auf Trocknung entfiel, hört jetzt die Trocknung gerade auf und die erhöhte Leistung äußert sich allein als fühlbare Kühlung. Das innere Temperaturgefälle wird mit $\frac{230}{500 \cdot 0{,}126} \sim 3{,}6^0$ sechsmal so hoch wie zuvor. Der inneren Strömung des Arbeitsstoffes ist daher um so höhere Beachtung zu schenken, je höher die Luftgeschwindigkeit ist.

3. Mittelbare Kühler.

a) Flüssigkeitskühler.

Beiderseits der Kühlfläche strömen tropfbare Flüssigkeiten. Die Frage, welche von beiden innerhalb und welche außerhalb zu leiten ist, wird fast ausnahmslos durch betriebstechnische Gründe entschieden und die besser zugängliche Seite der Flüssigkeit vorbehalten, deren Eigenart in höherem Grade leichte Reinigungsmöglichkeit fordert. Neben Doppelrohrkühlern und Berieselungskühlern kommen Tauchkühler nur selten zur Anwendung, wenn die gekühlte Flüssigkeit ihren Aggregatzustand nicht verändert. Dagegen bilden die letzten die Regel bei auskristallisierenden Flüssigkeiten, bei denen hohe Geschwindigkeit den Aufbaubedingungen der Kristalle zuwiderläuft, außerdem laufendes Abstreifen der Kristalle von der Kühlfläche durch mechanische Mittel nötig und in einfacher Form nur im Flüssigkeitsbad möglich ist.

Zahlenbeispiel 45.

In einem Doppelrohrkühler strömt durch kupferne Innenrohre von 0,03 m innerem Durchmesser Wein mit einer Geschwindigkeit von 0,5 m/s, durch den Ringraum, gebildet durch das Außenrohr von 0,051 m äußerem Durchmesser und das Innenrohr von 0,032 m äußerem Durchmesser, Alkohol mit einer Geschwindigkeit von $w = 0{,}5$ m/s. Der Kühler bestehe aus 20 Doppelrohren von je 5 m Länge, entsprechend einer wirksamen Kühlfläche von

$$F = 20 \cdot 5 \cdot 0{,}031\,\pi \sim 9{,}7 \text{ m}^2.$$

Wein und Alkohol strömen einander entgegen. Die Anfangstemperatur betrage beim Wein 10°, beim Alkohol —5°. Die spezifische Wärme betrage für den Wein $\sim$ 0,95 kcal/kg · °C, für den Alkohol $\sim$ 0,58 kcal/kg · °C, das spezifische Gewicht für den Wein $\sim$ 990 kg/m³, für den Alkohol $\sim$ 790 kg/m³.

Hieraus folgt

die stündliche Weinmenge zu

$$\frac{0{,}03^2\,\pi}{4} \cdot 0{,}5 \cdot 3600 \sim 1{,}27 \text{ m}^3/\text{h}$$

bzw.

$$1{,}27 \cdot 990 \sim 1260 \text{ kg/h},$$

entsprechend einem stündlichen Wasserwert von

$$1260 \cdot 0{,}95 \sim 1200 \text{ kcal}/^0\text{C} \cdot \text{h}.$$

Für den Alkohol betragen die entsprechenden Werte

$$\frac{(0{,}051^2 - 0{,}032^2)\,\pi}{4} \cdot 0{,}5 \cdot 3600 \sim 2{,}25 \text{ m}^3/\text{h},$$

$$2{,}25 \cdot 790 \sim 1780 \text{ kg/h},$$

$$1780 \cdot 0{,}58 \sim 1000 \text{ kcal}/^0\text{C} \cdot \text{h}.$$

Der Wärmeübergangswiderstand auf der Innenseite ergibt sich nach der Nusseltschen Formel mit

$$\mu \sim 0{,}00015 \text{ kg} \cdot \text{s/m}^2,$$

$$\lambda \sim 0{,}45 \text{ kcal/m} \cdot {}^0\text{C} \cdot \text{h},$$

$$\frac{1}{\alpha} = 0{,}64 \cdot \frac{0{,}03}{0{,}45}\left(\frac{5}{0{,}03}\right)^{0{,}55}\left(\frac{0{,}03 \cdot 0{,}5 \cdot 990}{0{,}00015 \cdot 9{,}81}\right)^{-0{,}76}\left(\frac{0{,}00015 \cdot 9{,}81 \cdot 0{,}95}{0{,}45}\right)^{-0{,}35}$$

$$\sim \frac{1}{2500}\,{}^0\text{C}\Big/\frac{\text{kcal}}{\text{m}^2 \cdot \text{h}}.$$

Auf der Außenseite folgt der Wärmeübergangswiderstand mit

$$\mu_0 \sim 0{,}00025 \text{ kg} \cdot \text{s/m}^2,$$

$$\lambda_0 \sim 0{,}24 \text{ kcal/m} \cdot {}^0\text{C} \cdot \text{h},$$

für den gleichwertigen Durchmesser

$$D_0' = \frac{0{,}051^2 - 0{,}032^2}{0{,}051} \sim 0{,}031 \text{ m}$$

zu

$$\frac{1}{\alpha_0} = 0{,}64 \cdot \frac{0{,}031}{0{,}24} \left(\frac{5}{0{,}031}\right)^{0{,}055} \left(\frac{0{,}031 \cdot 0{,}5 \cdot 790}{0{,}00025 \cdot 9{,}81}\right)^{-0{,}76} \left(\frac{0{,}00025 \cdot 9{,}81 \cdot 0{,}58}{0{,}24}\right)^{-0{,}35}$$

$$\sim \frac{1}{1000} \, {}^0\mathrm{C} / \frac{\mathrm{kcal}}{\mathrm{m}^2 \cdot \mathrm{h}}.$$

Der Wärmeleitwiderstand kann vernachlässigt werden. Hiernach folgen: der Wärmedurchgangswiderstand

$$\frac{1}{k} \sim \frac{1}{2500} + \frac{1}{1000} \sim \frac{1}{700} \, {}^0\mathrm{C} / \frac{\mathrm{kcal}}{\mathrm{m}^2 \cdot \mathrm{h}},$$

die Kühlleistung

$$Q_{h,\,\mathrm{gegen}} = W_h \,(t_a - t_{a,0}) \frac{1 - e^{-\left(1 - \frac{W_h}{W_{h,0}}\right)\frac{k \cdot F}{W_h}}}{1 - \frac{W_h}{W_{h,0}} \cdot e^{-\left(1 - \frac{W_h}{W_{h,0}}\right)\frac{k \cdot F}{W_h}}}$$

$$= 1200\,[10 - (-5)] \frac{1 - e^{-\left(1 - \frac{1200}{1000}\right)\frac{700 \cdot 9{,}7}{1200}}}{1 - \frac{1200}{1000} \cdot e^{-\left(1 - \frac{1200}{1000}\right)\frac{700 \cdot 9{,}7}{1200}}} \sim 14\,000 \text{ kcal/h},$$

die Endtemperatur des Weins

$$t_e = t_a - \frac{Q_h}{W_h} = 10 - \frac{14\,000}{1200} \sim -1{,}6^0,$$

die Endtemperatur des Alkohols

$$t_{e,0} = t_{a,0} + \frac{Q_h}{W_{h,0}} = -5 + \frac{14\,000}{1000} \sim 9^0.$$

Wird die Menge des Alkohols verdoppelt, so ändern sich die Verhältnisse wie folgt:

$$W_{h,0} = 2000 \text{ kcal}/{}^0\mathrm{C} \cdot \mathrm{h},$$

$$\frac{1}{\alpha_0} = \frac{1}{1000} \left(\frac{1}{0{,}5}\right)^{-0{,}76} \sim \frac{1}{1700} \, {}^0\mathrm{C} / \frac{\mathrm{kcal}}{\mathrm{m}^2 \cdot \mathrm{h}},$$

$$\frac{1}{k} \sim \frac{1}{2500} + \frac{1}{1700} \sim \frac{1}{1000} \, {}^0\mathrm{C} / \frac{\mathrm{kcal}}{\mathrm{m}^2 \cdot \mathrm{h}},$$

$$Q_h = 1200\,[10 - (-5)] \frac{1 - e^{-\left(1 - \frac{1200}{2000}\right)\frac{1000 \cdot 9{,}7}{1200}}}{1 - \frac{1200}{2000} \cdot e^{-\left(1 - \frac{1200}{2000}\right)\frac{1000 \cdot 9{,}7}{1200}}} \sim 17\,600 \text{ kcal/h},$$

$$t_e \;= 10 - \frac{17\,600}{1200} \sim -4{,}7^0,$$

$$t_{e,0} = -5 + \frac{17\,600}{2000} \sim 3{,}8^0.$$

Wird schließlich auch noch die Weinmenge verdoppelt, so ergibt sich:

$$W_h = 2400 \text{ kcal}/{}^0\,\text{C} \cdot \text{h},$$

$$\frac{1}{\alpha} = \frac{1}{2500}\left(\frac{1}{0{,}5}\right)^{-0{,}76} \sim \frac{1}{4200}\,{}^0\,\text{C}/\frac{\text{kcal}}{\text{m}^2 \cdot \text{h}},$$

$$\frac{1}{k} = \frac{1}{4200} + \frac{1}{1700} \sim \frac{1}{1200}\,{}^0\,\text{C}/\frac{\text{kcal}}{\text{m}^2 \cdot \text{h}},$$

$$Q_h = 2400\,[10 - (-5)]\,\frac{1 - e^{-\left(1 - \frac{2400}{2000}\right)\frac{1200 \cdot 9{,}7}{2400}}}{1 - \frac{2400}{2000} \cdot e^{-\left(1 - \frac{2400}{2000}\right)\frac{1200 \cdot 9{,}7}{2400}}} \sim 27\,500 \text{ kcal/h},$$

$$t_e \;= 10 - \frac{27\,500}{2400} \sim -1{,}4^0,$$

$$t_{e,0} = -5 + \frac{27\,500}{2000} \sim 8{,}7^0.$$

Das wirksame Temperaturgefälle ist im ersten Falle $\Delta t_m \sim 2^0$, durch Verdoppelung der Kälteträgermenge sinkt es auf $\Delta t_m \sim 1{,}8^0$, durch Verdoppelung auch der Weinmenge steigt es auf $\Delta t_m \sim 2{,}4^0$.

Die mittelbaren Berieselungskühler weisen mannigfaltige Profilformen auf. Waagerecht verlaufende Rohre von kreisförmigem Querschnitt finden sich z. B. neben solchen von linsenförmigem Querschnitt. Die Nusseltsche Formel trifft alsdann nicht mehr zu. Van der Ploeg[1] hat einen Berieselungskühler mit in der Hauptsache flachlinsenförmigem Rohrprofil im Kältetechnischen Institut der Technischen Hochschule Karlsruhe untersucht und für den Wärmeübergangswiderstand auf der berieselten Außenseite in Anlehnung an Nusselt die rein empirische Beziehung aufgestellt:

$$\frac{1}{\alpha_f} \sim \frac{\left(\frac{F}{L}\right)^{0{,}05}}{b_1\left(\frac{G_{f,h}}{2L}\right)^{0{,}267}(1 + b_2 \cdot t_f)}.$$

b_1 und b_2 sind Stoffwerte, die van der Ploeg für einen Temperaturbereich von 10 bis 40° wie folgt errechnet hat:

	b_1	b_2		b_1	b_2
Wasser . .	349	0,0135	Rahm . . .	160	0,0124
Vollmilch .	297	0,0102	Bierwürze .	321	0,0101

[1] Van der Ploeg: Der Wärmeübergang am Berieselungskühler. Diss. 1929.

Während nach Nusselt der Wärmeleitwiderstand mit wachsender Flüssigkeitsmenge langsam zunimmt, beobachtete van der Ploeg das Gegenteil. Er sucht die Erklärung darin, daß bei dem untersuchten Profil die Nusseltschen Annahmen — laminare Strömung ohne Geschwindigkeitsänderung — nicht zutreffen, sondern teilweise Turbulenz auftritt und die Flüssigkeit eine Beschleunigung erfährt.

Mittelbare Kühlung eines Flüssigkeitsbades ergibt sich z. B. bei der Temperierung gärender Bierwürze durch wassergekühlte Rohrschlangen. Anordnung der Rohre waagerecht nebeneinander ergibt geringeren äußeren Wärmeübergangswiderstand als die übliche Bauweise mit übereinanderliegenden Rohren, die mit Rücksicht auf die weniger starke Hefeablagerung gewählt wird.

Zahlenbeispiel 46.

Durch waagerechte Kupferrohre von 0,05 m äußerem Durchmesser fließt gekühltes Süßwasser mit 1^0 mittlerer Temperatur und 0,2 m/s Geschwindigkeit. Die Rohre liegen in gärender Würze von 4^0, für die die angenäherten Werte $\gamma \sim 1050$ kg/m³, $\beta \sim 0{,}00002$, $c \sim 0{,}92$ kcal/kg · °C, $\lambda \sim 0{,}55$ kcal/m · °C · h, $\mu \sim 0{,}0003$ kg · s/m² gelten.

Das Abszissenverhältnis der Abb. 354 beträgt, wenn die Wandtemperatur in erster Annäherung zu 1^0 geschätzt wird,

$$\frac{A}{B} = \frac{3600 \cdot 0{,}05^3 \cdot 1050^2 \cdot 0{,}00002 \cdot 0{,}92\,(4-1)}{0{,}55 \cdot 0{,}0003} \sim 160\,000\,.$$

Hierfür gilt

$$\frac{\alpha \cdot D}{\lambda} \sim 12\,,$$

$$\frac{1}{\alpha} \sim \frac{0{,}05}{13 \cdot 0{,}55} \sim \frac{1}{140}\,{}^0\mathrm{C}/\frac{\mathrm{kcal}}{\mathrm{m}^2 \cdot \mathrm{h}}\,.$$

Der Wert ist so groß, daß ihm gegenüber der Wärmeübergangswiderstand auf der Innenseite und der Wärmeleitwiderstand der Wand verschwindet. Die spezifische Kühlleistung beträgt daher

$$\frac{Q_h}{F} = 140\,(4-1) \sim 400\ \mathrm{kcal/m^2 \cdot h}.$$

Faßt der Gärbehälter 100 hl Würze mit einem Extraktgehalt von 15 kg/hl, der in 200 Stunden zur Hälfte vergoren werden soll, so wird stündlich eine Wärmemenge

$$Q_h = \frac{100 \cdot 15 \cdot 180}{2 \cdot 200} \sim 700\ \mathrm{kcal/h}$$

entwickelt und eine Kühlschlange von

$$F = \frac{700}{400} \sim 1{,}8\ \mathrm{m^2}$$

erforderlich. Werden statt der Rohrschlangen Gefriertaschen mit ebenen senkrechten Wänden angebracht, so ergibt sich für die maßgebende Außenseite

$$\frac{1}{\alpha} = \frac{1{,}27}{0{,}55} \sqrt[4]{\frac{0{,}55 \cdot 0{,}0003}{3600 \cdot 1050^2 \cdot 0{,}92 \cdot 0{,}00002\,(4-1)}} \sim \frac{1}{460}\ {}^0\mathrm{C}/\frac{\mathrm{kcal}}{\mathrm{m^2 \cdot h}}.$$

Besitzt der Wasserweg einen gleichwertigen Durchmesser von $D' \sim 0{,}04$ und strömt auch hier das Kühlwasser mit 0,2 m/s durch das Innere, so folgt der jetzt nicht mehr zu vernachlässigende innere Wärmeübergangswiderstand zu

$$\frac{1}{\alpha_0} \sim \frac{0{,}000494 \cdot 0{,}04^{0,1}}{1 + 0{,}014 \cdot 1} \cdot 0{,}2^{-0,85} \sim \frac{1}{720}\ {}^0\mathrm{C}/\frac{\mathrm{kcal}}{\mathrm{m^2 \cdot h}}$$

und der Wärmedurchgangswiderstand zu

$$\frac{1}{k} \sim \frac{1}{460} + \frac{1}{720} \sim \frac{1}{280}\ {}^0\mathrm{C}/\frac{\mathrm{kcal}}{\mathrm{m^2 \cdot h}},$$

also erheblich günstiger als für runde Rohre. Die erforderliche glatte Kühlfläche beträgt

$$F = \frac{700}{280\,(4-1)} \sim 0{,}9\ \mathrm{m^2}$$

und läßt sich z. B. durch eine Tasche von $0{,}6 \times 0{,}75\ \mathrm{m^2}$ Seitenfläche verwirklichen.

b) Luftkühler mit Kühlfläche.

Sowohl bei freier Luftströmung — Raumberohrung — als auch bei künstlich verstärktem Luftumlauf — Trockenluftkühler — liegt der Wärmeübergangswiderstand auf der luftberührten Seite erheblich höher als auf der Kälteträgerseite. Der letzte kann daher ebenso wie der Wärmeleitwiderstand der Wand vernachlässigt werden. Damit aber ergeben sich für mittelbare Luftkühlung die gleichen Leistungen wie für Luftkühl-Verdampfer, wenn in beiden Fällen die Temperatur des Kühlmittels (Arbeitsstoff bzw. Kälteträger) und damit die Wandtemperatur übereinstimmt.

Besondere Bedeutung kommt mittelbaren Luftkühlern zu, wenn es sich um lang unterbrochene Betriebe handelt, bei denen Ausgleich durch Speicherwirkung angestrebt wird.

Zahlenbeispiel 47.

Ein Raum von 100 m³ Inhalt wird durch Solespeicherrohre auf eine Temperatur gekühlt, die zwischen 3 und 5⁰ schwankt, im mittel also 4⁰ beträgt. Der mittlere Kältebedarf von 2000 kcal/h wird mit einer täglichen Betriebszeit von 2 × 4 Stunden und dazwischen liegenden Pausen von 2 × 8 Stunden durch eine Kälteleistung von $2000 \cdot \frac{24}{8} = 6000$ kcal/h gedeckt. Die Solespeicherrohre besitzen 0,5 m Durchmesser, die Sole eine mittlere Temperatur von -5^0, die Wandtemperatur sei gleich der Kälteträgertemperatur, daher $x_w = 0{,}0026$, angenommen. Der Luftfeuchtigkeitsgrad beträgt $\varphi_l \sim 0{,}75$, entsprechend $x_l \sim 0{,}75 \cdot 0{,}0052 \sim 0{,}0039$.

Wird die scheinbare Strahlungskonstante zu $C \sim 4{,}5$ kcal/m² (⁰ abs)⁴ · h angenommen, so folgt

$$\frac{2{,}77^4 - 2{,}68^4}{[4-(-5)]\,\frac{1}{4{,}5}} \sim 3{,}6 \text{ kcal/m}^2 \cdot {}^0\text{C} \cdot \text{h}\,.$$

Das Abszissenverhältnis der Abb. 354 ergibt sich zu

$$\frac{A}{B} = \frac{3600 \cdot 0{,}5^3 \cdot 1{,}27^2 \cdot 0{,}24\,[4-(-5)]}{273 \cdot 0{,}02 \cdot 0{,}0000017} \sim 170\,000\,000.$$

Es folgt

$$\frac{\alpha \cdot D}{\lambda} \sim 70\,,$$

$$\frac{1}{\alpha_l} = \frac{0{,}5}{70 \cdot 0{,}02} \sim \frac{1}{2{,}8}\ {}^0\text{C}\Big/\frac{\text{kcal}}{\text{m}^2 \cdot \text{h}}\,,$$

$$\frac{Q_h}{F} = \frac{4-(-5)}{\dfrac{1}{3{,}6+2{,}8}} + \frac{600\,(0{,}0039 - 0{,}0026)}{\dfrac{0{,}24}{2{,}8}} \sim 57 + 9 \sim 66 \text{ kcal/m}^2 \cdot \text{h}.$$

Für den ganzen Raum sind daher $\frac{6000}{66} \sim 91$ m² Kühlfläche, entsprechend 58 m Speicherrohren, erforderlich. Diese fassen rund 11 m³ Sole. Sie bestehe aus 25% Kalziumchloridlösung mit einem Wasserwert $11 \cdot 1200 \cdot 0{,}69 \sim 9000$ kcal/⁰ C. In den 8 Stunden Stillstand bedingt daher der Kältebedarf von $8 \cdot 2000 = 16000$ kcal eine Zunahme der Soletemperatur um $\frac{16\,000}{9000} \sim 1{,}8^0$, also von -5^0 auf $-3{,}2^0$. Während des Stillstandes beträgt die mittlere Soletemperatur $-4{,}1^0$. Der Ausgleich wird dadurch geschaffen, daß die Raumlufttemperatur beim Stillstand etwas ansteigt. Hierbei stellt sich jedoch das Verhältnis von fühlbarer Wärme und Trockenleistung anders ein. Die genaue Berechnung dieser Veränderung erübrigt sich, weil der Einfluß der auftretenden Bereifung weit größer ist.

c) Naßluftkühler.

Der Unterschied zwischen dem mit gekühlten Flächen arbeitenden „trockenen" Luftkühler und dem ohne solche mit gekühltem Wasser arbeitenden Naßluftkühler wird häufig überschätzt. Liegt, wie dies in der Regel zutrifft, die Wandtemperatur des „Trockenluftkühlers" unter dem Taupunkt der Luft, so vollzieht sich der Wärmeaustausch zwischen Luft und der auf der Kühlfläche gebildeten Tauschicht, also ganz ähnlich wie bei dem Naßluftkühler. Bei Temperaturen über dem Nullpunkt tritt der Niederschlag in Reifform auf, der Naßluftkühler muß alsdann Sole als Kälteträger verwenden. Hierdurch ergibt sich eine Verschiebung, gekennzeichnet vor allem dadurch, daß sich bei gleicher Temperatur des Kühlmittels mit dem Naßluftkühler eine stärkere Trockenwirkung erreichen läßt. Damit ist jedoch nicht gesagt, daß diese tatsächlich eintreten muß.

Das Verhältnis des Dampfdruckes P_d über Sole zu dem Dampfdruck P'' über Wasser kann für einen bestimmten Salzgehalt als unabhängig von der Temperatur angenommen werden. Es scheint weiter festzustehen, daß dieses Verhältnis $\frac{P_d}{P''}$ nach Abb. 359 nur von der Temperatur der beginnenden Eisbildung (Gefrierpunkt), nicht von der Art der Sole abhängt und gleich dem Verhältnis der Dampfspannung über Eis zu der Dampfspannung über Wasser bei der Gefriertemperatur

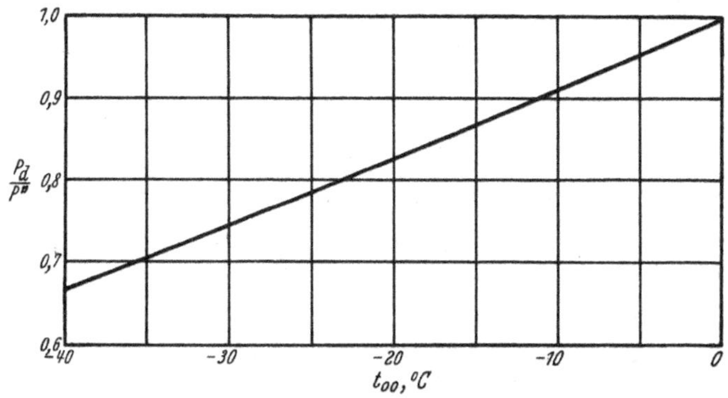

Abb. 359. Verhältnis des Dampfdruckes über Sole zu dem Dampfdruck über Wasser, abhängig von der Temperatur der „Eiskurve".

der Lösung ist. Beispielsweise hat Linge[1] für 0° den Dampfdruck zu $P_d = 57{,}5$ kg/m², d. i. $\frac{P_d}{P''} = \frac{57{,}5}{62{,}3} \sim 0{,}92$ gefunden, wenn der Gefrierpunkt der Lösung $-10°$ beträgt, gleichgültig ob Natriumchlorid, Kalziumchlorid oder Magnesiumchlorid in Wasser gelöst ist. Angenähert gilt für eine Gefriertemperatur t_{00}

$$P_d \sim P'' \, (1 + 0{,}009\, t_{00}). \tag{108}$$

Der Dampfdruck beträgt bei

	$t =$	6	4	2	0	−2	−4	−6	−8	−10 °C
über Wasser	P''	95,3	82,9	72,0	62,3	54,0	46,3	39,8	34,1	29,1 kg/m²
„ Eis	P_d				62,3	52,7	44,5	37,5	31,6	26,5 kg/m²

	$t =$	−12	−14	−16 °C
über Wasser	P''	24,8	21,1	17,9 kg/m²
„ Eis	P_d	22,1	18,4	15,3 kg/m².

Bei bestimmten Bauarten von Naßluftkühlern werden, unter Verzicht auf weitergehende Zerteilung der Flüssigkeit, Leitflächen benetzt, so daß die Größe der für den Wärmeaustausch maßgebenden Oberfläche feststeht.

[1] Linge: Der Dampfdruck über wässerigen Lösungen von Chlornatrium, Chlormagnesium und Chlorkalzium. Z. ges. Kälteind. 1929.

Zahlenbeispiel 48.

Ein Scheibenluftkühler besitzt 600 m² luftberührte Benetzungsfläche. Die Einzelluftkanäle werden durch je zwei benachbarte Scheiben gebildet, die 1,1 m aus dem $CaCl_2$-Bad herausragen und 0,02 m voneinander entfernt sind. Die mittlere Länge des Luftweges längs der Scheiben beträgt etwa 1,2 m. Entspricht die Solezusammensetzung einem Punkt der Eiskurve von — 16°, so ergibt sich die Dampfspannung über Sole bei einer zu — 5° angenommenen Soletemperatur

$$P_d = 42\,[1 + 0{,}009\,(-16)] \sim 36 \text{ kg/m}^2,$$

entsprechend Wasser von etwa — 6,5° und einem Wert $x_w \sim 0{,}0022$. Besitzt die Luft eine mittlere Temperatur von 2°, einen mittleren Feuchtigkeitsgrad 0,8, entsprechend einem Feuchtigkeitsgehalt von 0,8 · 0,0045 ~ 0,0036 und eine Geschwindigkeit von 2 m/s, so folgt mit dem gleichwertigen Durchmesser $D' = \frac{4 \cdot 1{,}1 \cdot 0{,}02}{2\,(1{,}1 + 0{,}02)} \sim 0{,}04$ m

der Wärmeübergangswiderstand

$$\frac{1}{\alpha} = 0{,}0422 \cdot 1{,}2^{0{,}05} \cdot 0{,}04^{0{,}16} \left(\frac{0{,}02}{2 \cdot 0{,}24 \cdot 1{,}28}\right)^{0{,}79} \cdot 0{,}02^{-1} \sim \frac{1}{12}\,{}^0\mathrm{C}/\frac{\text{kcal}}{\text{m}^2 \cdot \text{h}},$$

$$Q_h = 600\,\frac{[2-(-5)]}{\frac{1}{12}} + \frac{600\,(0{,}0036 - 0{,}0022)}{\frac{0{,}24}{12}} \sim 50\,000 + 25\,000$$

$$\sim 75\,000 \text{ kcal/h}.$$

Laufen stündlich 30000 kg/h Luft um, so beträgt die Temperatursenkung

$$t_{l,a} - t_{l,e} = \frac{50\,000}{30\,000 \cdot 0{,}24} \sim 7^0,$$

die Trockenleistung

$$\frac{25\,000}{600} \sim 41 \text{ kg/h},$$

bzw., auf 1 kg Luft bezogen,

$$x_{l,a} - x_{l,e} = \frac{41}{30\,000} \sim 0{,}0014.$$

Die heute überwiegende Bauart von Naßluftkühlern ist durch die weitgehende Zerteilung des Kälteträgers gekennzeichnet. Sie bestehen entweder aus Düsenkammern, bei denen die Luft mehrere durch reihenweise angeordnete Düsen gebildete Nebelräume durchdringt, oder aus Kühltürmen, in denen der Kälteträger durch eine Füllkörperschicht niederrieselt, während die Luft von unten nach oben hindurch strömt, daneben nur selten noch aus Regenkühlern, deren Wirkung mit der von Düsenkammern verglichen werden kann.

Zahlenbeispiel 49.

100000 kg/h Luft, die mit $t_{l,a} = 5^0$ und $\varphi_{l,a} = 0{,}8$, entsprechend $x_{l,a} \sim 0{,}8 \cdot 0{,}0056 \sim 0{,}0045$, eintreten, sollen durch NaCl-Sole auf $t_{l,e} = -2^0$ gekühlt und getrocknet werden. Die Solestärke entspricht einem Punkt der Eiskurve von — 16°. Die Solemenge wird so geregelt, daß bei einer Eintrittstemperatur $t_{s,a} = -7^0$ die Austrittstemperatur $t_{s,e} = -5^0$ beträgt.

Im i-x-Bild der Abb. 360 erfolgt die Zustandsänderung der Luft in jedem Augenblick in Richtung der Verbindungsgeraden $G_a\ G_s$, wenn die Punkte $G(t_l, x_l)$ und $G_s\ (t_s, x_s)$ den Augenblickzustand von Luft und Kälteträger, gekennzeichnet durch Temperatur und Feuchtigkeitsgehalt darstellen. Wird von der Veränderung der Soletemperatur abgesehen, so ergibt sich die Lage G_s entsprechend $t_s \sim -6^0$, $P_{d,0} \sim 39{,}8\ [1 + 0{,}009\ (-16)] \sim 34$ kg/m², $x_s \sim 0{,}0021$, und der Endzustand der Luft folgt für $t_{l,e} = -2^0$ aus dem Schnittpunkt G_e. Die Luft besitzt im Endzustand einen Wassergehalt $x_{l,e} = 0{,}0030$, also einen Feuchtigkeitsgrad $\varphi_{l,e} \sim \frac{0{,}0030}{0{,}0033} \sim 0{,}90$. Die austretende Luft ist also nicht gesättigt. Die Kühlleistung wird hiernach

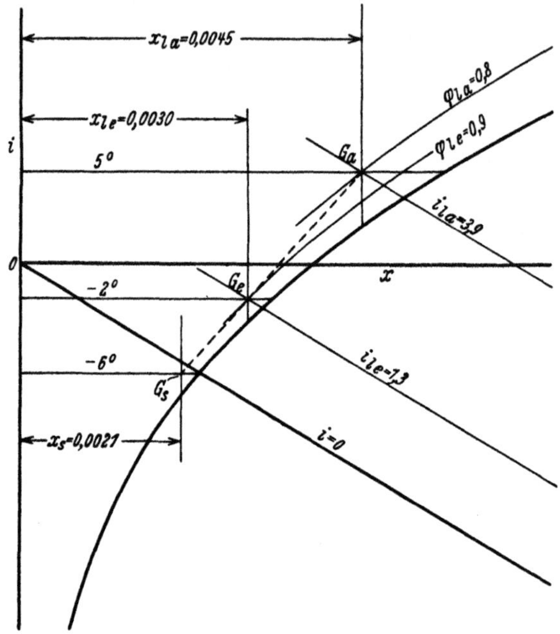

Abb. 360. i-x-Bild.

$$Q_h = 100000\ (i_{l,a} - i_{l,e}) \sim 100000\ (3{,}9 - 1{,}3) \sim 260000 \text{ kcal/h}.$$

Sie fordert eine Solemenge

$$G_{s,h} = \frac{260\,000}{[-5 - (-7)] \cdot 0{,}83} \sim 160000 \text{ kg/h}.$$

Wird die auf den freien Querschnitt bezogene Luftgeschwindigkeit mit $w = 1$ m/s festgelegt, so folgt der Durchgangsquerschnitt des Kühlers zu

$$\frac{10000}{3600 \cdot 1 \cdot 1{,}28} \sim 22 \text{ m}^2.$$

Der Wärmeübergangswiderstand für fühlbare Wärme ergibt sich hier zu

$$\frac{1}{\alpha_V} = \frac{1}{1150 + 1{,}5 \cdot \frac{G_l}{f}} + \frac{1}{216 \cdot 10^{-9} \left(\frac{G_l}{f}\right)^{1,8} \left(\frac{G_s}{f}\right)^{1,54}}$$

$$= \frac{1}{1150 + 1{,}5 \cdot \frac{100\,000}{22}} + \frac{1}{2{,}16 \cdot 10^{-9} \left(\frac{100\,000}{22}\right)^{1,8} \left(\frac{160\,000}{22}\right)^{1,54}}$$

$$\sim \frac{1}{3900}\ {}^0\text{C}/\frac{\text{kcal}}{\text{m}^2 \cdot \text{h}}.$$

Die Größe des Füllkörperraumes folgt schließlich zu

$$V = \frac{100\,000 \cdot 0{,}24\,[5 - (-2)]}{3900 \cdot \frac{5 + (-2)}{2} - (-6)} \sim 6\ \mathrm{m}^3,$$

entsprechend einer Höhe der Füllkörperschicht von

$$\frac{6}{22} \sim 0{,}27\ \mathrm{m}.$$

4. Absorptionskühlanlage.

Für die Berechnung von Verflüssiger, Verdampfer und mittelbare Kühler gelten die zuvor behandelten Regeln.

a) Aufsauger. Die übliche Ausführung entspricht einer Sprudelvorrichtung, in der die Dämpfe durch die schwache Lösung treten. Die genaue Berechnung des durch die Aufsaugerleistung bedingten Aufsaugerraumes scheitert an den hierfür nötigen zahlreichen Annahmen. Von vornherein kann erwartet werden, daß die Rechnung einen sehr kleinen Aufsaugerraum ergibt und die Rücksicht auf den Wärmedurchgangswiderstand von Lösung an Kühlwasser allein ausschlaggebend wird. Seine Festlegung bietet gegenüber mittelbaren Flüssigkeitskühlern nichts Neues.

b) Temperaturwechsler. Die Berechnung erfolgt wie für mittelbare Flüssigkeitskühler.

c) Austreiber. Der Austreiber kann als Dampfverflüssiger aufgefaßt werden, wobei die siedende Lösung als Kühlmittel dient. Ähnlich wie bei den Verdampfern ergibt sich hier eine Erschwerung der Rechnung durch die unbekannte Umlaufgeschwindigkeit der Lösung.

d) Anreicherer. Die Bauweise entspricht in der Regel einer Säule mit Sprudelplatten. Für die Berechnung sind auch hier vielfache Annahmen nötig, so daß der praktische Versuch den Vorzug verdient.

XV. Kühlung feuchten Gutes, Gewichtsverlust.

Es bedeute

G_l das Reinluftgewicht, in kg,
G_T das Trockenstoffgewicht des Kühlgutes, in kg,
x_l den Feuchtigkeitsgehalt der Luft, bezogen auf 1 kg Reinluft,
x_T den Feuchtigkeitsgehalt des Kühlgutes, bezogen auf 1 kg Trockenstoff,
t_l die Temperatur der Luft, in ^{0}C,
t_w die Temperatur der Kühlgutoberfläche, in ^{0}C.

Bei der Abkühlung feuchten Gutes kennzeichnet Punkt G_w im i-x-Bild, Abb. 361, den Zustand des Gutes, Punkt G den Zustand der kühlenden Luft. Die Zustandsänderung der Luft erfolgt in Richtung der Verbindungsgeraden $G\,G_w$. Während jedoch bei der Kühlung von Luft die Wandtemperatur der Kühlfläche als gleichbleibend angesehen werden durfte, bedingt die Abkühlung feuchten Gutes eine Verschiebung

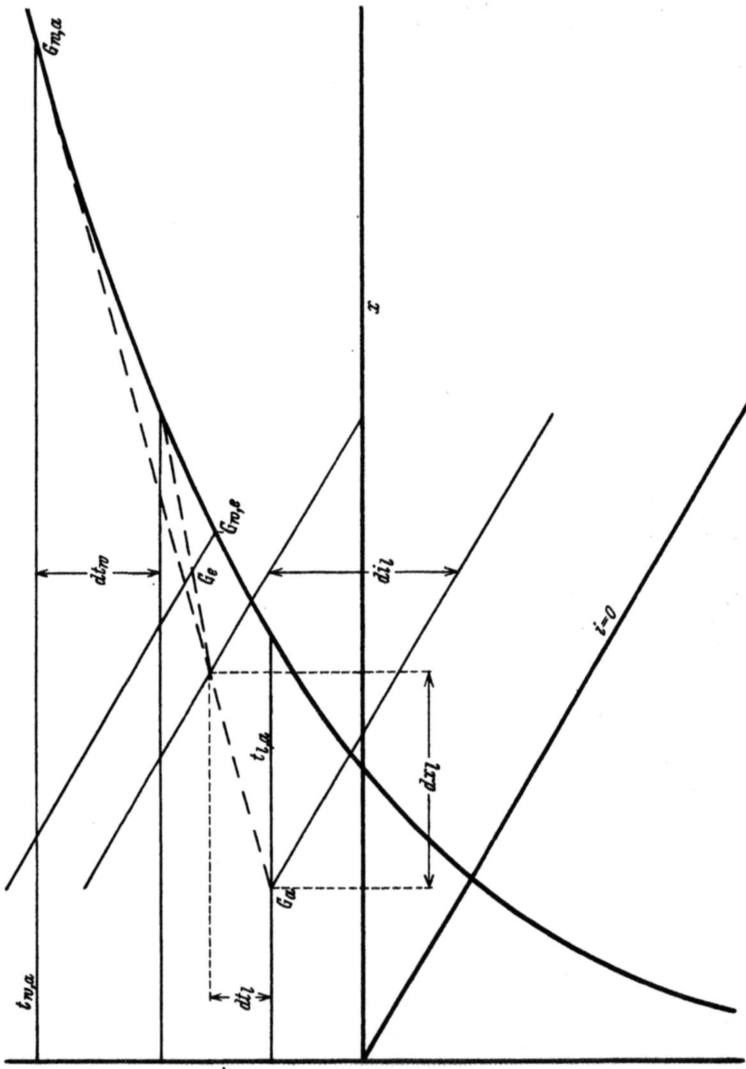

Abb. 361. *i-x*-Bild.

beider Zustandspunkte. Für eine unendlich kleine Veränderung nimmt der Feuchtigkeitsgehalt der Luft um dx_l, ihr Wärmeinhalt um di_l und ihre Temperatur um dt_l zu. Der Feuchtigkeitszunahme der Luft entspricht ein Gewichtsverlust des Gutes in der Höhe

$$G_l \cdot dx_l = G_T \cdot dx_T. \tag{109}$$

Die Zunahme des Wärmeinhalts der Luft findet ihren Ausgleich in einer Abkühlung des Gutes

$$G_l \cdot di_l = G_T \cdot c_T \cdot dt_w, \tag{110}$$

wenn

c_T die spezifische Wärme des feuchten Gutes bei dem Feuchtigkeitsgehalt x_T, bezogen auf 1 kg Trockenstoff, in kcal/kg

bedeutet. Aus dem Wert dt_w folgt der neue Zustandspunkt des Gutes im i-x-Bild und damit die Richtung für die Veränderung des Luftzustandes im folgenden Zeitelement. Die Temperaturerniedrigung des Gutes ist schließlich in einem Punkt $G_{w,e}$ beendigt, der auf der gleichen i-Linie liegt wie der dem Luftendzustand zukommende Punkt G_e. Die Temperatur des Kühlguts entspricht dann der Kühlgrenze. (Genau genommen fallen die Kühlgrenzlinien nicht mit den Linien gleichen Wärmeinhalts zusammen, sondern verlaufen flacher als diese, entsprechend der für sie geltenden Beziehung $i_l - i_w = t_w (x_l - x_w)$.

Bezeichnen

F_w die der Luft ausgesetzte Oberfläche des Kühlgutes, in m^2,

$\frac{1}{\alpha_w}$ den Wärmeübergangswiderstand zwischen Luft und Kühlgut, in $^0\text{C}/\frac{\text{kcal}}{\text{m}\cdot\text{h}}$,

so besteht in dem durch die Punkte G_e und $G_{w,e}$ gekennzeichneten Ausgleichzustand die Beziehung

$$F_w \cdot \frac{t_{l,e} - t_{w,e}}{\frac{1}{\alpha_w}} = F_w \cdot \frac{r_w (x_{w,e} - x_{l,e})}{\frac{c_{p,e}}{\alpha_w}}, \tag{111}$$

d. h. die von der Luft an das Gut übertragene fühlbare Wärme wirkt sich in einer gleich hohen Verdunstungswärme aus, die einen dauernden Gewichtsverlust des Gutes bedingt. Er beträgt zahlenmäßig

$$G_T \cdot \Delta x_T = F_w \cdot \frac{(x_{w,e} - x_{l,e})}{\frac{c_{p,l}}{\alpha_w}}, \tag{112}$$

wenn Δx_T den endlichen Wert der Feuchtigkeitsgehaltsabnahme des Gutes bedeutet.

Für die Berechnung kann meist der Zustand der Luft als unveränderlich angesehen werden, entsprechend der Temperatur t_l und dem Feuchtigkeitsgehalt x_l, wie sie im mittel im Kühlraum herrschen.

Tamm[1] fand bei der Abkühlung von sehr schmalen Hammelkeulen in Luft von 8,2 bzw. 2,4^0 z. B. die Temperaturabnahme gemäß Abb. 362. Die Luft besaß hierbei einen Feuchtigkeitsgrad von 0,72 bzw. 0,66, die Hammelkeule eine Stärke von 0,055 m und eine Anfangstemperatur

[1] Tamm: Die Kühlung von Fleisch. Diss. 1930.

von 27,8 bzw. 28,8°. Der Gewichtsverlust bei der Kühlung und Lagerung zweier Hammelkeulen von 0,08 m Dicke in Luft von 0 bzw. 2° und 0,92 bzw. 0,85 Feuchtigkeitsgrad, einer Geschwindigkeit von 0 bis 0,05 m/s verlief nach Abb. 363. Die Keulen waren nach rund 10 Stunden ausgekühlt. Die beiden Abbildungen stellen nur Beispiele dar und lassen sich nicht allgemein übertragen.

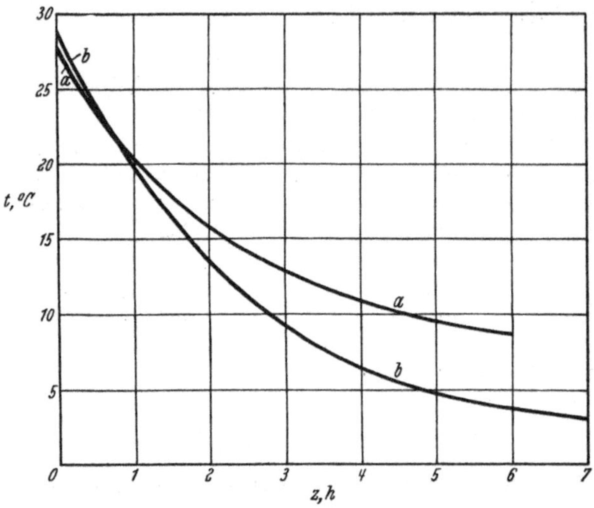

Abb. 362. Verlauf der Temperatur bei der Kühlung schmaler Hammelkeulen (Tamm). *a* in Luft von 8,2°, *b* in Luft von 2,4°.

Der Gewichtsverlust von Eiern verändert sich nach Smith[1] bei verschiedenen Lagerungsbedingungen in erster Linie verhältnisgleich dem Dampfdruck über Wasser von Raumtemperatur, wenn die Luft nicht künstlich bewegt wird. Das aber ist gleichbedeutend damit, daß bei im übrigen gleichen Verhältnissen der Unterschied $x_w - x_l$ die Verdunstungsmenge bestimmt, wie dies die Theorie voraussagt. Mit der Lagerzeit wurde eine Abnahme des Gewichtsverlustes beobachtet, die um so merklicher war, je höher die Lagertemperatur und damit der Gewichtsverlust an sich waren. Bei einer Lagertemperatur von 0,4° und ruhender Luft von 0,8 Feuchtigkeitsgrad wurde der Gewichtsverlust im Mittel zu rund 210 mg/kg · 24 h gefunden. Smith[2] beobachtete ferner bei einer Lufttemperatur von 3° den Gewichtsverlust von Äpfeln, bezogen auf ihre Oberfläche, bei einem Luftfeuchtigkeitsgrad von 0,75 im mittel zu 0,006 kg/m² · 24 h, bei einem Luftfeuchtig-

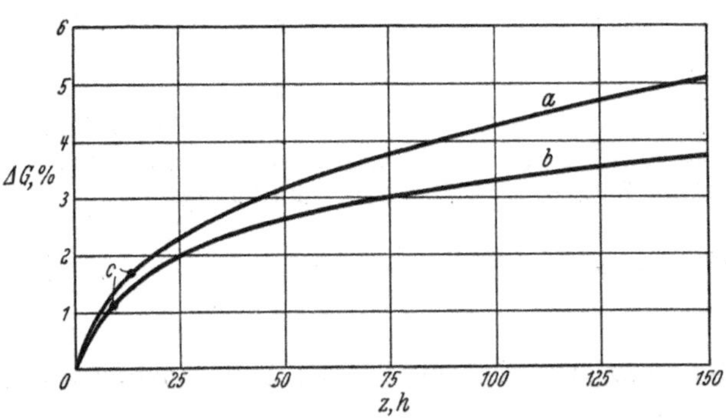

Abb. 363. Gewichtsverlust bei der Kühlung und Lagerung von Hammelkeulen (Tamm). *a* Luft 2°, $\varphi \sim 0,85$, $w \sim 0,05$ m/s, *b* Luft 0°, $\varphi \sim 0,92$, $w \sim 0$ m/s, *c* Beendigung der Kühlung.

[1] Smith: Rate of evaporation from eggs. Rep. Food Invest. Bd. 1929.

[2] Smith: Loss of water from apples in relation to humidity. Rep. Food Invest. Bd. 1929.

keitsgrad von 0,95 zu 0,002 kg/m² · 24 h. Nach Abb. 364 blieb der Gewichtsverlust während einer sechsmonatlichen Lagerung bei höherer Luftfeuchtigkeit unveränderlich, während bei niedrigerer Luftfeuchtigkeit eine deutliche Abnahme festzustellen war, die ihre Erklärung einmal

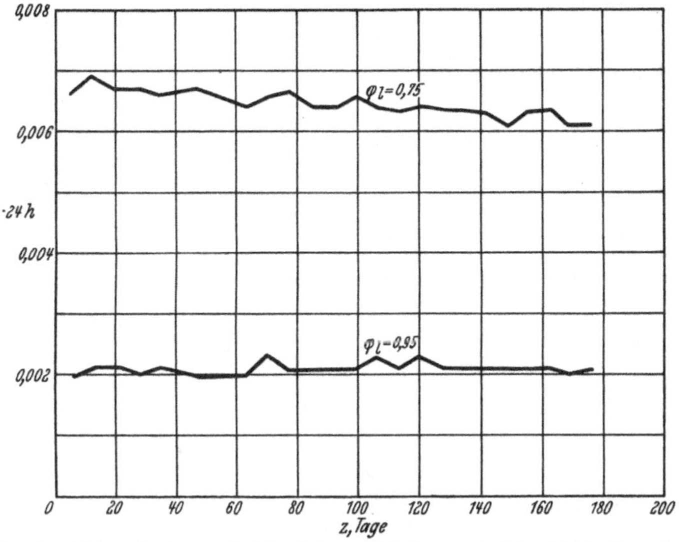

Abb. 364. Gewichtsverlust von Äpfeln bei verschiedenem Luftfeuchtigkeitsgrad (Smith).

in der höheren Saftstärke, dann in der Veränderung der Oberfläche findet, die allmählich die Eigenschaft des feuchten Körpers verliert und hygroskopisch wird.

XVI. Regelung des Luftfeuchtigkeitsgrades in Kühlräumen.

1. Im Beharrungszustand.

Im vorstehenden sind die Grundlagen gegeben, um einerseits die Veränderung der Luft bei der Abkühlung, andererseits die Veränderung feuchten Gutes unter dem Einfluß feuchter Luft zu verfolgen. Damit ist jedoch die im praktischen Falle gestellte Aufgabe noch nicht gelöst und insbesondere die Frage offen geblieben, welcher Luftzustand sich unter der Wechselwirkung zwischen Kühlkörper und Luft einerseits, Luft und Kühlgut andererseits einstellt. Die nachstehenden Erörterungen wollen diesen Punkt untersuchen und hierbei Mittel zur Regelung des Luftfeuchtigkeitsgrades in Kühlräumen finden. Soll der Luftfeuchtigkeitsgrad aus besonderen Gründen niedrig gehalten werden, so wird bisher, häufiger als nötig ist, eine Anwärmung der unterkühlten Luft vorgenommen. Im umgekehrten Falle stellt die künstliche Zufuhr von Feuchtigkeit einen Notbehelf dar, der, im Übermaß angewandt, ebensowenig gut zu heißen ist.

Abb. 365 setzt voraus, daß der Ausgleichzustand zwischen Luft und Kühlgut erreicht, die Auskühlung des Gutes also beendigt sei. Es kennzeichnet dann:

Punkt G den Zustand der Kühlraumluft,
Punkt G_w den Zustand des ausgekühlten Gutes,

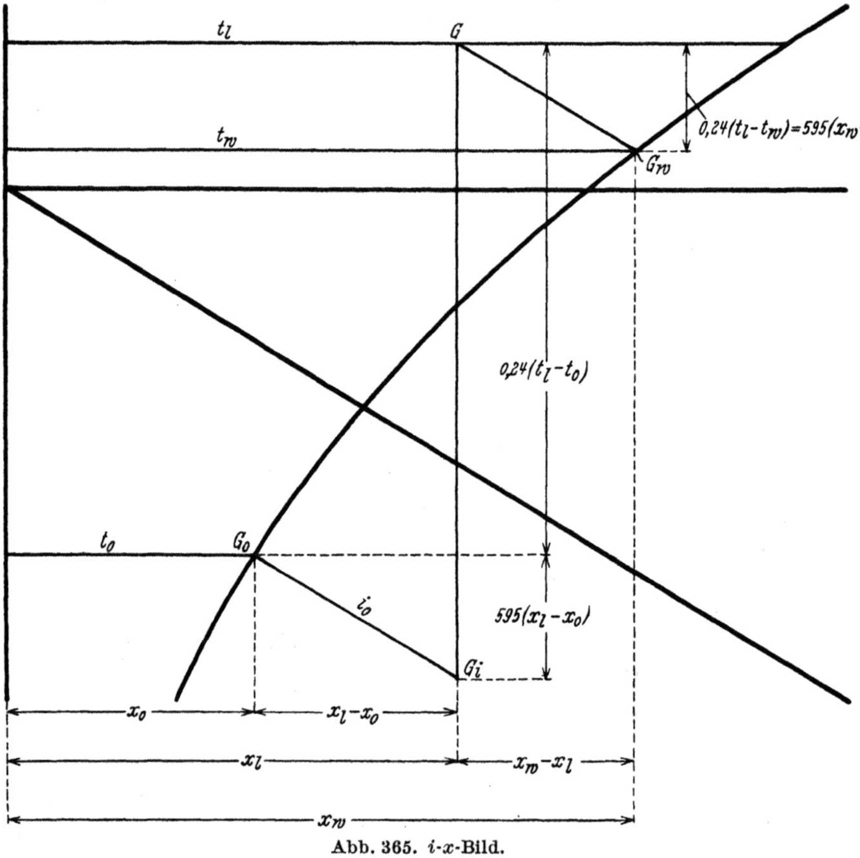

Abb. 365. i-x-Bild.

Punkt G_0 den Oberflächenzustand des Kühlkörpers und
Punkt G_i den Zustand, den die Luft im ideellen Falle bei Abkühlung auf die Oberflächentemperatur des Kühlkörpers annehmen würde.

Für den in der Ordinatenrichtung gemessenen Abstand zwischen den einzelnen Punkten gelten alsdann die in der Abb. 365 eingeschriebenen Beziehungen. Im Ausgleichzustand ist die vom Gut an die Luft abgegebene, dem Gewichtsverlust entsprechende Dampfwärme

$$Q'_{w,h} = F_w \cdot \frac{t_l - t_w}{\frac{1}{\alpha_w}}. \tag{111a}$$

Der in der Ordinatenrichtung gemessene Abstand $0{,}24\,(t_l - t_w)$ zwischen den Punkten G und G_w kann daher auch durch den Wert $0{,}24\, Q'_{w,h} \cdot \frac{\frac{1}{\alpha_w}}{F_w}$ ausgedrückt werden.

Die von der Luft an die Oberfläche des Kühlkörpers abgegebene Dampfwärme beträgt

$$Q'_h \sim F_0 \cdot \frac{595\,(x_l - x_0)}{\frac{0{,}24}{\alpha_0}}, \tag{113}$$

wenn

F_0 die luftberührte Oberfläche des Kühlkörpers, in m^2,

$\frac{1}{\alpha_0}$ den Wärmeübergangswiderstand zwischen Luft und Kühlkörper, in $^0 C/\frac{kcal}{m^2 \cdot h}$

darstellen. Hiernach kann der in der Ordinatenrichtung gemessene Abstand $\frac{595\,(x_l - x_0)}{0{,}24}$ zwischen G_0 und G_i auch durch den Wert $0{,}24\, Q'_h \cdot \frac{\frac{0{,}24}{\alpha_0}}{F_0}$ ausgedrückt werden. Ist das Kühlgut die einzige Feuchtigkeitsquelle, wird also insbesondere das Eindringen von Feuchtigkeitsüberschuß mit der aus der Umgebung absichtlich zugeführten oder unabsichtlich eindringenden Luft vernachlässigt, so ist die dem Gewichtsverlust entsprechende Dampfwärme $Q'_{w,h}$ gleich der Niederschlagswärme Q'_h und es gilt die Beziehung

$$Q'_{w,h} = F_w \cdot \frac{(t_l - t_w)}{\frac{1}{\alpha_w}} = Q'_h = F_0 \cdot \frac{595\,(x_l - x_0)}{\frac{0{,}24}{\alpha_0}}, \tag{114}$$

$$\frac{F_w \cdot \frac{1}{\alpha_0}}{F_0 \cdot \frac{1}{\alpha_w}} = \frac{595\,(x_l - x_0)}{0{,}24\,(t_l - t_w)}. \tag{115}$$

Die in der Ordinatenrichtung gemessenen Abstände zwischen den Punkten G und G_w bzw. G_0 und G_i verhalten sich daher wie $\frac{F_w}{\frac{1}{\alpha_w}} : \frac{F_0}{\frac{1}{\alpha_0}}$.

Die durch die Umfassung des gekühlten Raumes aus der Umgebung eindringende Wärme Q_h wird in die Raumluft übertragen. Der Teilbetrag

$$Q_{l,h} = F_0 \cdot \frac{(t_l - t_0)}{\frac{1}{\alpha_0}} \tag{116}$$

wird aus der Luft ohne weiteres in Form von fühlbarer Wärme an die Oberfläche des Kühlkörpers abgeführt, der Restbetrag Q'_h dagegen dem Kühlgut mitgeteilt, hier in Dampfwärme verwandelt und in dieser Form an die Oberfläche des Kühlkörpers übertragen. (Hieran ändert sich nichts, wenn der Anteil Q'_h der eindringenden Wärme ganz oder teilweise, statt in die Raumluft, in das Gut tritt, z. B. durch den Kühlraumboden, über dem das Kühlgut lagert.) Der Gesamtbetrag der von außen eindringenden Wärme

$$Q_h = Q_{t,h} + Q'_h = F_0 \cdot \frac{(t_l - t_0)}{\frac{1}{\alpha_0}} + F_0 \cdot \frac{595\,(x_l - x_0)}{\frac{0{,}24}{\alpha_0}}, \tag{117}$$

wird also nicht, wie häufig zu Unrecht angenommen, durch die den Gewichtsverlust entsprechende Dampfwärme vermehrt. **Der Gewichtsverlust ist ohne Einfluß auf die Kühlleistung.** Der in der Ordinatenrichtung gemessene Abstand $0{,}24\,(t_l - t_0) + 595\,(x_l - x_0)$ zwischen den Punkten G und G_i kann hiernach auch durch den Betrag $0{,}24\, Q_h \cdot \frac{\frac{1}{\alpha_0}}{F_0}$ ausgedrückt werden.

Im praktischen Falle ist die Lufttemperatur t_l des Kühlraumes vorgeschrieben. Hiernach läßt sich unter Berücksichtigung der baulichen Ausführung und der Verhältnisse in der Umgebung die stündlich eindringende Wärmemenge Q_h errechnen. Mit der Art und Menge des Kühlguts ist ferner seine wirksame Austauschfläche F_w gegeben. Der Wert des Wärmeübergangswiderstandes $\frac{1}{\alpha_w}$ zwischen Raumluft und Kühlgut läßt sich unter Berücksichtigung der zu erwartenden Luftströmung genügend genau schätzen. Für die Berechnung ist es weiter nötig, den Betrag $\frac{\frac{1}{\alpha_0}}{F_0}$ versuchsweise anzunehmen, d. h. die wirksame Kühleroberfläche F_0 willkürlich und, unter Berücksichtigung der Luftbewegung im Kühler, den Wärmeübergangswiderstand $\frac{1}{\alpha_0}$ zwischen Luft und Kühleroberfläche schätzungsweise einzusetzen. Damit steht der Betrag $0{,}24\, Q_h \cdot \frac{\frac{1}{\alpha_0}}{F_0}$, d. h. der in der Ordinatenrichtung gemessene Abstand des Punktes G_i von der Isotherme für t_l fest. Außerdem ist das Verhältnis $\frac{F_w \cdot \frac{1}{\alpha_0}}{\frac{1}{\alpha_w} \cdot F_0}$ bestimmt. Die Aufgabe läuft schließlich darauf hinaus, in dem i-x-Bild der Abb. 365 eine Ordinate $G\,G_i$ so zu ziehen, daß die in der Ordinatenrichtung sich ergebenden Abstände zwischen den Punkten G_0 und G_i bzw. G und G_w sich wie $\frac{F_w}{\frac{1}{\alpha_w}} : \frac{F_0}{\frac{1}{\alpha_0}}$ verhalten. Ist die Lage dieser Ordinaten gefunden, was nach einigen Versuchen gelingt, so sind alle maßgebenden Verhältnisse geklärt. Punkt G_o legt die Temperatur t_o fest, mit der die Kühleroberfläche arbeiten muß. Sie entspricht im allgemeinen genügend genau der Temperatur des im Kühler umlaufenden Arbeitsstoffes oder, bei mittelbarer Kühlung, des Kälteträgers. (Bei verrippten Flächen liegt t_0 über der Temperatur des Kühlmittels.) Punkt G liefert den Feuchtigkeitsgehalt x_l der Kühlraumluft und damit deren Feuchtigkeitsgrad φ_l. Schließlich ergibt der in der Ordinatenrichtung gemessene Abstand zwischen den Punkten G_0 und G_i das Verhältnis $\frac{Q'_h}{Q_h}$, beantwortet daher die Frage, wieviel von der eindringenden Wärme Q_h sich als Gewichtsverlust auswirkt. Damit steht auch die zahlenmäßige Höhe des stündlichen Gewichtsverlusts $\frac{Q'_h}{595}$ fest.

Die Aufgabe kann auch so gestellt sein, daß t_l, t_0 (Punkt G_0), Q_h und das Verhältnis $\frac{Q'_h}{Q_h}$ (entsprechend dem Verhältnis der in der Ordinatenrichtung gemessenen Abstände von G_0 und G_i bzw. G und G_i) gegeben sind. Die Lage der Ordinaten $G\ G_i$ ist dann durch Versuch festzulegen. Mit ihr ergibt sich der Luftzustand, entsprechend Punkt G, das Verhältnis $\frac{F_w \cdot \frac{1}{\alpha_0}}{\frac{1}{\alpha_w} \cdot F_0}$ und damit, für festliegende Werte F_w und $\frac{1}{\alpha_w}$, der Betrag $\frac{\frac{1}{\alpha_0}}{F_0}$. Wird $\frac{1}{\alpha_0}$ schätzungsweise ermittelt, so folgt schließlich die Größe F_0 selbst.

Aus dem Zusammenhang der Abb. 366 folgt: Der gestrichelt angedeuteten Verschiebung entspricht ein höherer Wert des Verhältnisses $\frac{F_w \cdot \frac{1}{\alpha_0}}{\frac{1}{\alpha_w} \cdot F_0}$, d. h. bei gegebenem Wert $\frac{F_w}{\frac{1}{\alpha_w}}$ ein niedrigerer Wert $\frac{F_0}{\frac{1}{\alpha_0}}$. V e r k l e i n e r u n g d e r K ü h l f l ä c h e F_0 o d e r V e r g r ö ß e r u n g d e s W ä r m e ü b e r g a n g s w i d e r s t a n d e s $\frac{1}{\alpha_0}$ z w i s c h e n K ü h l f l ä c h e u n d L u f t e r h ö h t d e n G e w i c h t s v e r l u s t. Umgekehrt ergibt eine Vergrößerung der Kühlfläche oder eine Verbesserung des Wärmeüberganges zwischen Kühlfläche und Luft eine Verminderung des Gewichtsverlustes. Werden glatte Kühlflächen durch verrippte von größerem Ausmaß ersetzt, so ergibt sich im allgemeinen eine Zunahme von $\frac{1}{\alpha_0}$ (Längsströmung statt Querströmung), die der Zunahme von F_0 entgegenwirkt. In der Regel überwiegt der Einfluß von F_0, so daß bei im übrigen gleichen Verhältnissen, also auch gleicher Temperatur t_0 der Oberfläche, bei verrippten Flächen ein geringer Gewichtsverlust zu erwarten steht. Dieser Unterschied wird noch dadurch verstärkt, daß im Vergleichsfalle die Temperatur des Kühlmittels gleich ist, die Oberflächentemperatur der Rippen daher höher liegt als die glatter Flächen. Infolgedessen bleibt ein geringerer Gewichtsverlust bei Rippenflächen selbst dann, wenn der Einfluß von $\frac{1}{\alpha_0}$ und F_0 sich aufhebt. Im Grenzfalle verschwindet der Gewichtsverlust, wenn der Feuchtigkeitsgehalt x_l der Luft den

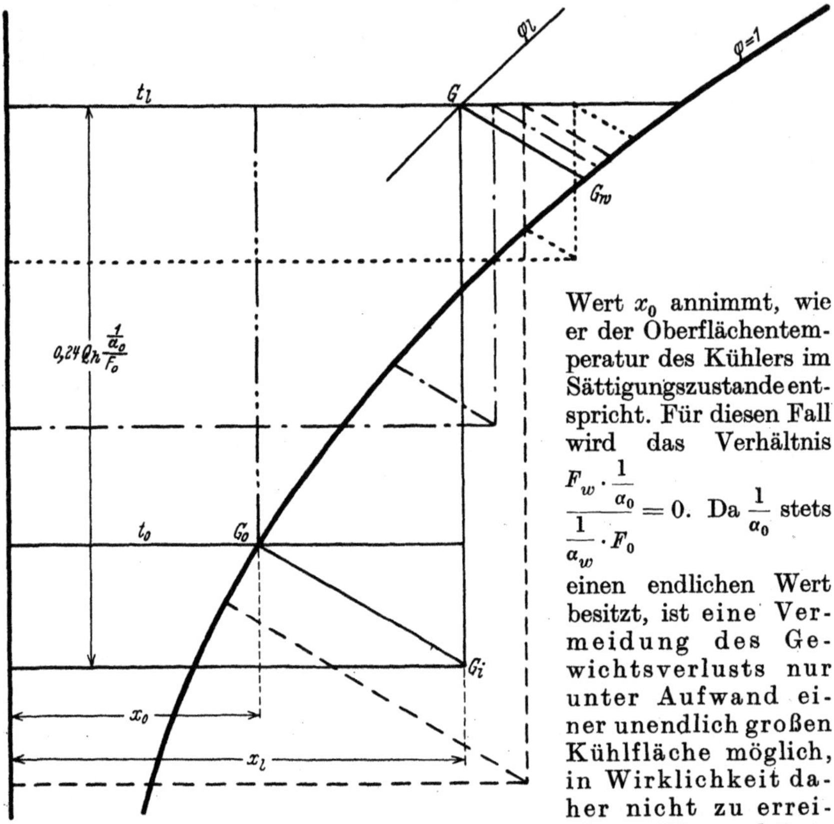

Abb. 366. i-x-Bild.

Wert x_0 annimmt, wie er der Oberflächentemperatur des Kühlers im Sättigungszustande entspricht. Für diesen Fall wird das Verhältnis

$$\frac{F_w \cdot \frac{1}{\alpha_0}}{\frac{1}{\alpha_w} \cdot F_0} = 0.$$

Da $\frac{1}{\alpha_0}$ stets einen endlichen Wert besitzt, ist eine Vermeidung des Gewichtsverlusts nur unter Aufwand einer unendlich großen Kühlfläche möglich, in Wirklichkeit daher nicht zu erreichen. Die punktierte Verschiebung in Abb. 366 stellt eine Annäherung an diesen Grenzzustand dar. Die Luft ist im Grenzfalle gesättigt, die Temperatur der kühlenden Oberfläche gleich der Lufttemperatur. Die Verschiebung im Sinne eines geringeren Gewichtsverlusts ergibt eine Erhöhung der Temperatur t_0. Mit der Verringerung des Gewichtsverlusts geht eine Annäherung der Oberflächentemperatur des Kühlers an die Lufttemperatur Hand in Hand. Dagegen besteht bezüglich des Feuchtigkeitsgrades der Luft kein eindeutiger Zusammenhang. Ein und derselbe Wert des Feuchtigkeitsgrades kann neben einem höheren oder niedrigeren Gewichtsverlust auftreten.

Verringert sich, bei im übrigen gleichbleibenden Verhältnissen, die einstrahlende Wärmemenge Q_h, so kommt dies im i-x-Bild der Abb. 366 als Verschiebung in die strichpunktierte Lage zum Ausdruck. Die Temperatur t_0 rückt näher an die Lufttemperatur t_l, der Gewichtsverlust nimmt ab, obwohl das Verhältnis der Dampfwärme zur Gesamtwärme $\frac{Q'_h}{Q_h}$ zunimmt. Bei niedrigerer Temperatur in der Umgebung (Winter) ist der Gewichtsverlust geringer als bei höherer Temperatur (Sommer). Maßnahmen zur Verringerung der von außen eindringenden Wärmemenge stellen ein Mittel zur Senkung des Gewichtsverlusts dar. Im Grenzfalle vollkommener Wärmedichte fällt t_0 mit t_l zusammen. Die Luft ist alsdann gesättigt und die Temperatur des Kühlguts gleich der Temperatur der Luft. In der Wirkung läuft dieser Fall auf die erwähnte Anwendung unendlich großer Kühlfläche hinaus. Beides verbietet sich mit Rücksicht darauf, daß gesättigte Luft die günstigste Voraussetzung für Entwicklung von Schimmel und Keimen darstellt. Hieraus folgt, daß ungewöhnlich niedriger Gewichtsverlust mit einer Gefährdung des Kühlguts verbunden ist.

Der Wärmeschutz eines Kühlraumes kann auch zu gut sein und einen so hohen Luftfeuchtigkeitsgrad bedingen, daß die Erhaltung der Ware fraglich wird. In diesem Falle ist zu dem Behelf der künstlichen Beheizung erst in zweiter Linie zu greifen und Abschaltung eines Teiles der Kühlfläche oder Erhöhung des Wertes $\frac{1}{\alpha_0}$ (z. B. durch teilweise Abblendung der Kühlfläche) vorzuziehen. Da der Wechsel der Jahreszeiten den Wert Q_h ständig verändert und im Winter schließlich zum Verschwinden bringt, ist die Regelbarkeit der Luftkühleinrichtung eine Voraussetzung dafür, daß der Gewichtsverlust weder die zulässigen Grenzen nach oben überschreitet, noch soweit sinkt, daß die Haltbarkeit in Frage gestellt ist.

Bedenken liegen auch vor gegen das an sich mögliche Mittel, durch dichte Stapelung des Gutes (kleiner Wert F_w) und Abhaltung der Luftbewegung durch Umhüllen des Kühlgutes $\left(\text{großer Wert } \frac{1}{\alpha_w}\right)$ dem Gewichtsverlust entgegenzuarbeiten. Für diesen Fall wird $Q'_h = 0$ und nach der in Abb. 366 durch Strich-Punkt-Punkt-Linie gekennzeichneten Lage der Ordinaten der Feuchtigkeitsgehalt x_l der Luft gleich dem Sättigungswert x_0 bei der Temperatur t_0 der kühlenden Oberfläche. Das Kühlgut selbst ist in diesem Grenzzustande von einer aus den erwähnten Gründen gefährlichen Hülle gesättigter Luft umgeben. Umgekehrt wirkt eine weitgehende Verteilung des Kühlgutes (großer Wert F_w) und lebhafte Luftbewegung über dem Kühlgut $\left(\text{niedriger Wert } \frac{1}{\alpha_w}\right)$, wegen der Zunahme des Verhältnisses $\frac{F_w \cdot \frac{1}{\alpha_0}}{\frac{1}{\alpha_w} \cdot F_0}$ im Sinne eines höheren Gewichtsverlusts.

Die für die Betriebsführung wichtigste Aufgabe läuft darauf hinaus, nicht nur die Temperatur, sondern auch den Feuchtigkeitsgrad der Raumluft so einzuhalten, wie sie durch das Kühlgut gefordert werden. Während die vorgeschriebene Lufttemperatur keinen Schwankungen unterworfen ist, muß bei längerer Lagerung der Luftfeuchtigkeitsgrad der Veränderung des Kühlguts folgen, d. h. in dem Maße abnehmen, wie das Gut an der Oberfläche trocknet, seine Dunstspannung unter den Sättigungswert sinkt und hygroskopische Wirkungen in zunehmendem Maße auftreten. Diese Erscheinungen ergeben sich um so früher, je mehr das Diffundieren der Feuchtigkeit nach der Oberfläche erschwert wird. Die hygroskopische Eigenschaft des Kühlgutes wird im i-x-Bild der Abb. 367 dadurch gekennzeichnet, daß der Punkt G_w von der Sättigungslinie nach einer Linie $\varphi_w < 1$ abrückt, die der Beziehung

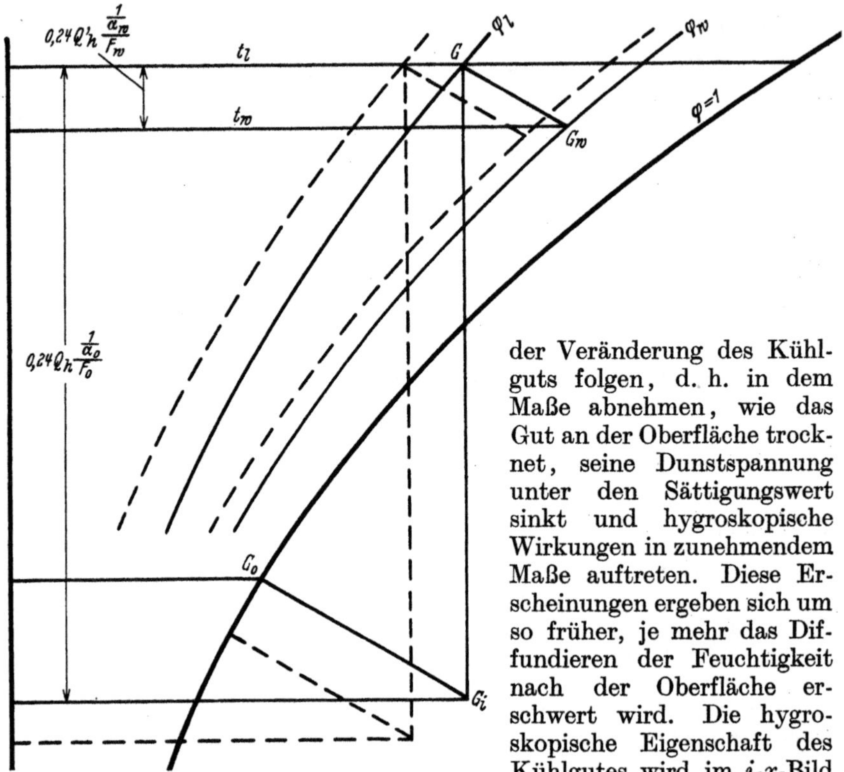

Abb. 367. i-x-Bild.

$$\varphi_w = \frac{P_d}{P''} \tag{118}$$

entspricht, wenn

P_d die tatsächliche Dampfspannung über der Oberfläche des Gutes, in kg/m²,
P'' die dem Sättigungszustande bei der Gutstemperatur t_w entsprechende Dampfspannung, in kg/m²

bedeuten. Um die Entwicklung von Keimen und Schimmelsporen zu vermeiden, muß der Feuchtigkeitsgrad φ_l der Luft stets merklich niedriger liegen als φ_w, weil bei einem Wert $\varphi_l > \varphi_w$ sofort Niederschlag auf der Kühlgutoberfläche *eintreten würde.* Die Werte t_l und φ_l legen den Zustandspunkt G der Luft fest. Der Zustandspunkt G_w des Gutes liegt dort, wo die durch G gezogene i-Linie die φ_w-Linie schneidet. Damit folgt t_w als die zu G_w gehörige Isotherme und mit dem in der Ordinatenrichtung gemessenen Abstand zwischen der t_l- und t_w-Isothermen der Betrag $0{,}24\ Q'_h \cdot \frac{\frac{1}{\alpha_w}}{F_w}$. Für bestimmte Stapelung (F_w) und den aus den Belüftungsverhältnissen des Gutes folgenden Wert $\frac{1}{\alpha_w}$ steht damit Q'_h fest. *Eine Beeinflussung des Gewichtsverlusts, z. B. durch Veränderung der Kühlerfläche, ist nicht möglich, wenn der Zustand der Luft nach Temperatur und Feuchtigkeitsgrad gegeben ist.* Ein zwangläufiger Zusammenhang bleibt jedoch insofern bestehen, als der Ordinatenabstand zwischen G_0 und G_i, der sich für jeden angenommenen Betrag $\frac{F_0}{\frac{1}{\alpha_0}}$ mit dem feststehenden Wert Q_h ergibt, der Größe $0{,}24\ Q'_h \cdot \frac{\frac{1}{\alpha_0}}{F_0}$ gleich sein muß. Die Lösung ist daher auch bezüglich des Betrages $\frac{F_0}{\frac{1}{\alpha_0}}$ eindeutig, womit auch t_0 sich zwangläufig ergibt.

Tritt mit zunehmender Austrockung der Oberfläche des Kühlguts eine Verschiebung der Verhältnisse in die gestrichelte Lage ein, so wird neuerlich eine Prüfung der wirksamen Kühlflächengröße nötig. Ob sie auf eine Verkleinerung oder Vergrößerung hinausläuft, steht von vornherein nicht fest, da mit der Verschiebung der Gewichtsverlust größer oder kleiner werden oder auch gleich bleiben kann. Es ist daher auch denkbar, daß eine Veränderung von F_0 sich erübrigt und eine Selbstregelung ohne künstliche Eingriffe eintritt.

2. Einfluß der Betriebsunterbrechung.

Bisher wurde stillschweigend Beharrungszustand angenommen, der *ununterbrochenen Betrieb* der Luftkühlanlage zur Voraussetzung hat. Diese Bedingung ist jedoch in Wirklichkeit nie ganz erfüllt. Die Abweichungen bei *unterbrochenem Betrieb* sind um so größer, je geringer das Speichervermögen des Kühlraumes (Kühlvorrichtung, Kühlgut und zusätzliche Speicher, wie Vormauerung vor dem Wärmeschutz) ist. Bei Stillstand tritt eine Zunahme der Lufttemperatur ein, wenn Wärme aus der Umgebung weiter zuströmt, was die Regel bildet. Ist der Kühlraum leer oder mit Gut gefüllt, das nicht mehr zu Feuchtigkeitsabgabe neigt, sei es, daß es vollkommen trocken ist, sei es, daß seine Austrocknung weit fortgeschritten ist, so bedeutet der Anstieg der Lufttemperatur eine Abnahme ihres Feuchtigkeitsgrades. Bei dem die Regel bildenden Falle feuchten Kühlgutes dagegen schreitet der Gewichtsverlust zunächst unvermindert fort, so daß alsbald ein

Anstieg des Luftfeuchtigkeitsgrades eintritt, bis Luftzustand und Kühlgut im Gleichgewicht stehen. Im praktischen Falle wird der Gleichgewichtszustand deshalb nicht erreicht, weil die Lufttemperatur der Kühlguttemperatur vorauseilt, die Dunstspannung über dem Kühlgut daher niedriger bleibt, als dem Sättigungswert bei der Lufttemperatur entspräche. Infolgedessen wird der Sättigungszustand der Luft auch bei feuchtem Kühlgut in absehbarer Zeit nicht erreicht, vorausgesetzt, daß das Gut zuvor ausgekühlt war. Auch wenn das Kühlgut den einzigen in Betracht kommenden Kältespeicher bildet, tritt bei unterbrochener Kühlung kein Beschlagen auf, wenn fremde Feuchtigkeitsquellen fehlen, d. h. der Niederschlag an den Kühlrohren entfernt und das Eindringen feuchter Luft von außen unterbunden ist. Da die selbsttätige sofortige Abführung des Niederschlags von den Kühlrohren nur bei einer Temperatur $t_0 > 0^0$ eintritt, bedeutet die bei tieferen Temperaturen auftretende Reifbildung eine Gefährdung des Gutes insofern, als der Reif, ohne weiteres oder nach dem Abtauen, auf die Kühlgutoberfläche überdampft und niederschlägt, sobald seine Dampfspannung über den Wert steigt, der der Kühlgutoberfläche zukommt. Die Verlegung der Speicherwirkung in die Kühlvorrichtung hat daher bei Gefrierräumen erhöhte Bedeutung.

Ist der Kühlraum leer oder mit trockenem Gut gefüllt, so verliert der Luftfeuchtigkeitsgrad jede Bedeutung. Er stellt sich so ein, daß die ihm zukommende Dampfspannung gleich der an der Kühleroberfläche herrschenden ist. Nimmt bei im übrigen gleichbleibenden Verhältnissen die Wärmezufuhr aus der Umgebung zu, so sinkt gleichzeitig t_0 und φ_l. Im gleichen Sinne wirkt eine Verkleinerung der wirksamen Kühlfläche. Der Zusammenhang entspricht der in Abb. 366 durch Punkt G_0 gezeichneten Ordinaten.

3. Einfluß der Kühlerausführung.

Bisher war die Frage offen geblieben, ob die Kühlvorrichtung sich innerhalb des Kühlraumes befindet (Raumberohrung) oder ob sie in einem besonderen Luftkühler untergebracht, mit Lüfter versehen und durch Luftkanäle mit dem Kühlraum verbunden ist. Der Unterschied zwischen beiden Fällen liegt hauptsächlich darin, daß im ersten Falle die Strahlwirkung zwischen Kühlrohren, Kühlgut und Kühlraumumfassungen zur Geltung kommt. Da sie in der Regel eine untergeordnete Rolle spielt, liegen die hier betrachteten Beziehungen in beiden Fällen etwa gleich. Daß trotzdem bei Außenluftkühlung die Verhältnisse sich anders einstellen als bei Raumberohrung, auch wenn in beiden Fällen $\frac{F_0}{\frac{1}{\alpha_0}}$ gleichgehalten wird (da $\frac{1}{\alpha_0}$ bei Raumberohrung größer ist als bei Außenluftkühlern mit künstlich verstärkter Luftbewegung, muß F_0 bei Raumberohrung entsprechend größer werden), liegt daran, daß die Luftbewegung im Kühlraum größer und damit $\frac{1}{\alpha_w}$ bei Außenluftkühlern kleiner ist als bei Raumberohrung, infolgedessen das Verhältnis $\frac{F_w \cdot \frac{1}{\alpha_0}}{\frac{1}{\alpha_w} \cdot F_0}$ höher liegt. Die Folge ist ein vergrößerter Gewichtsverlust bei Außenluftkühlern. Ein Ausgleich ist möglich durch Vergrößerung von F_0, die Hand in Hand geht mit einer Annäherung der Kühleroberflächentemperatur an die Raumtemperatur und einer Zunahme des Luftfeuchtigkeitsgrades.

4. Einfluß des Kühlmittels.

Bei Naßluftkühlern ist die Dunstspannung an der Oberfläche des Kälteträgers nicht, wie bei Röhrenkühlern, allein durch die Temperatur, sondern daneben durch die Zusammensetzung des Kälteträgers bedingt. Bei einer bestimmten Sole liegt sie um so niedriger, je höher der Salzgehalt ist und für verschiedene Arten von Salzlösungen um ein verschiedenes Maß unter der Sättigungsspannung. Der Unterschied kommt im i-x-Bild der Abb. 368, die im übrigen Abb. 367 entspricht, dadurch zum Ausdruck, daß der dem Zustand der Kühlkörperoberfläche entsprechende Punkt G_0 von der Sättigungslinie auf eine φ_0-Linie rückt, wobei $\varphi_0 < 1$ und durch die Beziehung

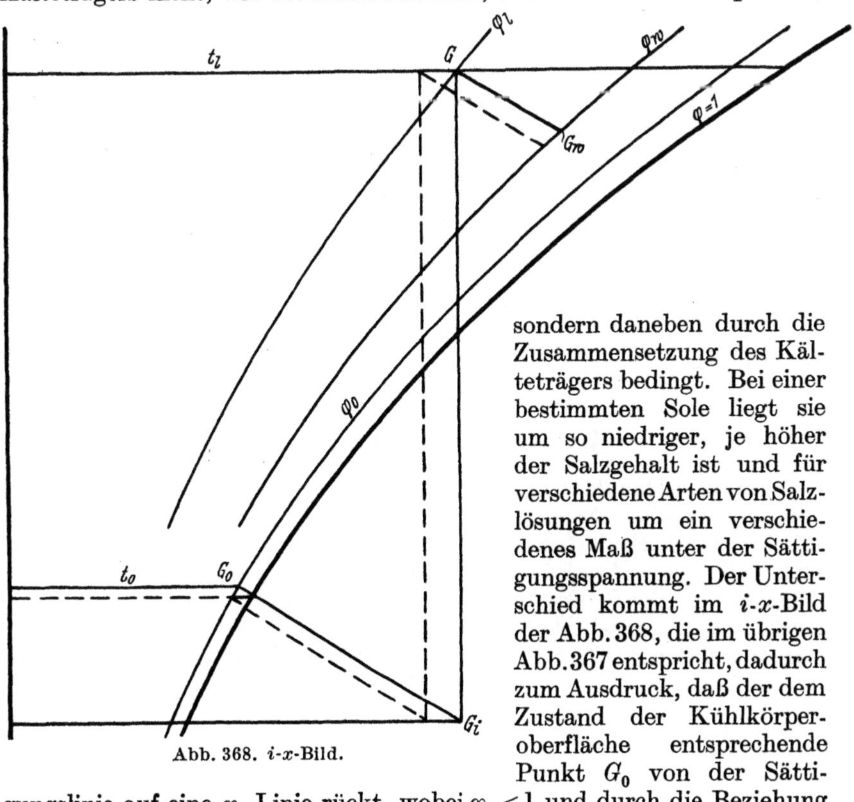

Abb. 368. i-x-Bild.

$$\varphi_0 = \frac{P_d}{P''} \tag{118a}$$

gekennzeichnet ist, wenn

P_d die tatsächliche Spannung über dem Kälteträger, in kg/m²,

P'' die der Kälteträgertemperatur t_0 im Sättigungszustande zukommende Dampfspannung, in kg/m², bedeuten. Die Verschiebung des Punktes G_0 besagt, daß bei Solenaßluftkühlern zur Einhaltung eines bestimmten Luftzustandes (t_l, φ_l) und damit, bei im übrigen feststehenden Verhältnissen, eines bestimmten Gewichtsverlusts die Temperatur t_0 höher liegt als bei Röhrenkühlern. Wird sie, wie in Abb. 368 gestrichelt angedeutet, durch Verkleinerung von $\frac{F_0}{\frac{1}{\alpha_0}}$ gleich hoch wie beim Röhrenkühler gehalten, so stellt sich beim Solenaßluftkühler ein niedrigerer Wert φ_l und damit ein höherer Gewichtsverlust ein. An die Stelle der Kühlfläche des Röhrenkühlers tritt beim Naßluftkühler die wirksame Oberfläche des Kälteträgers, die von der Größe des Kühlerraums und der Feinheit der Verteilung abhängt. Was beim Röhrenkühler durch Verkleinerung der Kühlfläche erreicht wird, läßt sich beim Naßluftkühler durch Verkleinerung des Kühlerraums oder Verminderung der Zerteilung erreichen. Die Möglichkeit, eine unendlich große wirksame Oberfläche zu verwirklichen, liegt beim Naßluftkühler viel näher als beim Röhrenkühler. Damit kann eine weitgehende Annäherung der Temperaturen von Luft und Kälteträger hier eher erwartet werden. Wenn im Grenzfalle beide Temperaturen gleich werden, so bedeutet dies jedoch nur dann Sättigungszustand der Luft, wenn Wasser als Kälteträger dient; bei Anwendung von Sole stellt für diesen Grenzfall der Wert φ_0 den Betrag dar, dem der Feuchtigkeitsgrad der Luft zustrebt. Hieraus folgt, daß die Verwendung von Solenaßluftkühlern in solchen Fällen nicht angebracht ist, wo ausnahmsweise die Kühlraumluft möglichst gesättigt gehalten werden soll, wie dies z. B. bei Einlagerung von Fischen der Fall ist.

5. Auskühlung des Gutes.

Wird das Kühlgut mit einer Temperatur eingebracht, die wesentlich höher ist als die Ausgleichtemperatur während der Lagerung, so setzt sich der Kältebedarf aus der von außen eindringenden Wärmemenge und der zur Auskühlung des Gutes erforderlichen Leistung zusammen. Der Zustand feuchten Kühlguts mit der Temperatur $t_w > t_l$ entspricht im i-x-Bild der Abb. 369 dem Punkte G_w. Der stündliche Austausch an fühlbarer Wärme zwischen Kühlgut und Luft beträgt

$$Q_{l,w,h} = F_w \cdot \frac{t_w - t_l}{\frac{1}{\alpha_w}}. \tag{119}$$

Der in der Ordinatenrichtung gemessene Abstand zwischen den Punkten G_w und G beträgt daher $0{,}24\ (t_w - t_l) = 0{,}24\ Q_{l,w,h} \cdot \frac{\frac{1}{\alpha_w}}{F_w}$. Der Abstand $G\ G_i$ bildet nach wie vor ein Maß der Kälteleistung, die nunmehr jedoch die an das Gut zu übertragende Abkühlleistung einschließt. Der Gewichtsverlust kommt in dem in der Ordinatenrichtung gemessenen Abstand zwischen den Punkten G und $G_{w,\,i}$ mit dem Betrage $0{,}24\ Q'_{w,h} \cdot \dfrac{\frac{1}{\alpha_w}}{F_w}$, außerdem in dem in der Ordinatenrichtung gemessenen Abstand zwischen den Punkten G_0 und G_i mit dem Betrage $0{,}24\ Q'_h \cdot \dfrac{\frac{1}{\alpha_0}}{F_0}$ zum Ausdruck.

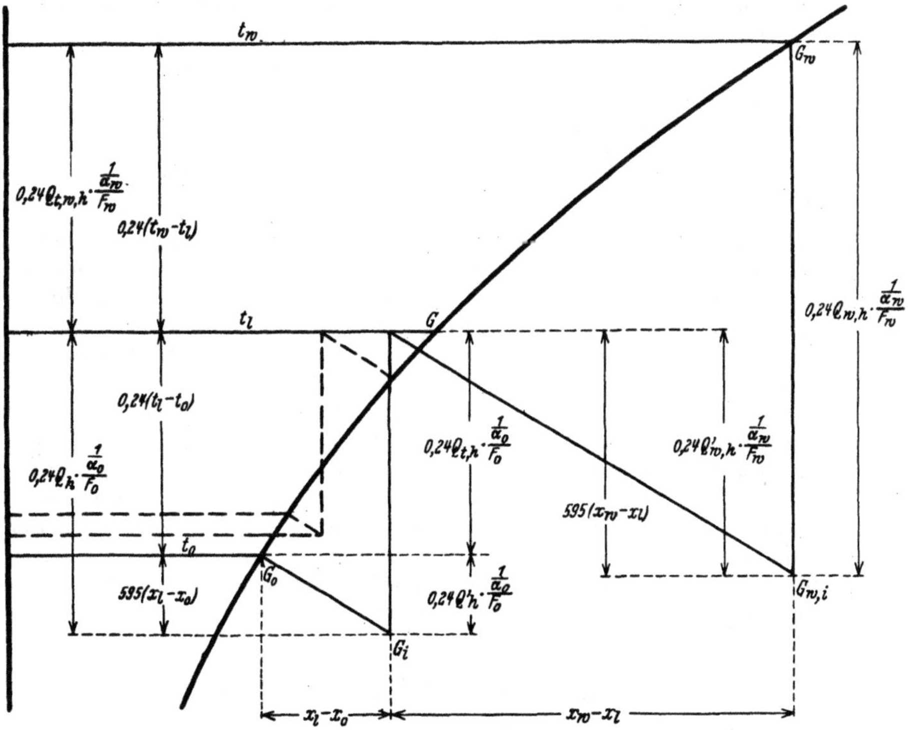

Abb. 369. i-x-Bild.

Hierbei ist $Q'_{w,\,h} = Q'_h$ und Punkt $G_{w,\,i}$ der Schnittpunkt der Ordinaten durch G_w mit der i-Linie durch Punkt G. Steht daher das Verhältnis $\dfrac{F_w \cdot \frac{1}{\alpha_0}}{\frac{1}{\alpha_w} \cdot F_0}$ fest, so ist der Verlauf des Linienzuges $G_0\ G_i\ G\ G_{w,\,i}$ in der zuvor angegebenen Weise zu finden. Verglichen mit dem Ausgleichzustand rückt nunmehr Punkt G_0 für im übrigen gleiche Verhältnisse merklich tiefer, wie der Vergleich mit dem in Abb. 369 gestrichelt eingetragenen Linienzuge zeigt, der etwa dem Ausgleichzustande entspricht. Aus Abb. 369 lassen sich folgende Beziehungen ablesen: Bei gleicher Lufttemperatur muß die Kühlertemperatur während der Auskühlung, der höheren Kühlleistung entsprechend, gesenkt werden. Der Gewichtsverlust ist während der Auskühlung größer. Zur Verringerung des Gewichtsverlusts muß $\frac{F_0}{\frac{1}{\alpha_0}}$ möglichst groß gehalten werden. Dies bedeutet Forderung hohen Luftfeuchtigkeitsgrades. Ist die Luft im Grenzfalle gesättigt, so setzt sich gleichwohl der Gewichtsverlust fort. Zu seiner vollständigen Unterbindung wäre die Anwendung übersättigter Luft mit einem in Nebelform ausgefallenen Feuchtigkeitsgehalt $x_w - x_g$ erforderlich, was sich in der Regel verbietet, ausnahmsweise allerdings, z. B. bei der Kühlung von Fischen, angebracht sein kann.

Bei der Auskühlung ist nicht der stündliche, sondern der während der ganzen Auskühlzeit eintretende gesamte Gewichtsverlust maßgebend oder, was dasselbe bedeutet, das Verhältnis $\frac{595\,(x_w - x_l)}{0{,}24\,(t_w - t_l)}$ des Gewichtsverlusts zur Auskühlleistung. Unter Annahme eines bestimmten Luftfeuchtigkeitsgrades, z. B. gesättigter Luft, wird dieses Verhältnis mit tiefer rückender Lufttemperatur t_l kleiner. Hieraus folgt der wichtige Schluß, daß bei der Auskühlung möglichst tiefe Lufttemperatur anzuwenden ist, wenn der gesamte Gewichtsverlust während der Auskühlzeit klein bleiben soll.

Der bei der Auskühlung feuchten Gutes sich einstellende Luftfeuchtigkeitsgrad liegt häufig höher als für das ausgekühlte Gut zuträglich ist. Aus diesem Grunde ist es zweckmäßig, Auskühlung und Lagerung in getrennten Räumen durchzuführen, wie dies z. B. bei der Behandlung von Fleisch in Schlachthöfen regelmäßig geschieht. Dagegen erscheint die bisherige Gepflogenheit falsch, bei der Vorkühlung höhere Lufttemperaturen anzuwenden als bei der Kühllagerung, wenn der Gesichtspunkt der Gewichtserhaltung Bedeutung besitzt.

6. Einfluß der Frischluftzufuhr.

Schließlich ist in Abb. 370 noch angedeutet, in welcher Weise die bei der Kühlung und Lagerung von feuchtem Gut regelmäßig angewandte Frischluftzufuhr sich äußert. Der Abstand $G\,G_i$ stellt auch hier ein Maß der Kühlleistung dar. Sie entspricht, wenn das Gut als ausgekühlt betrachtet wird, der von außen zugeführten Wärme in den beiden Anteilen, von denen der eine durch die nicht wärmedichten Umfassungen eindringt, der andere auf die Abkühlung und Entfeuchtung der Frischluft entfällt. Die Vermehrung der fühlbaren Wärme durch die notwendige Abkühlung der Frischluft führt, bei im übrigen gleichen Verhältnissen, wie die Vergrößerung der von außen eindringenden Wärmemenge überhaupt, zu einer Erhöhung des Gewichtsverlusts. Im umgekehrten Sinne wirkt der mit der Frischluft eingeführte Feuchtigkeitsgehalt. Welcher von beiden Einflüssen überwiegt, läßt sich allgemein nicht sagen. Der in der Ordinatenrichtung gemessene Abstand zwischen Punkt G (Zustand der Mischluft) und Punkt G_w stellt den Betrag $0{,}24\ Q'_{w,h} \cdot \dfrac{\frac{1}{\alpha_w}}{F_w}$, der Abstand zwischen G_0 und G_i den Betrag $0{,}24\ Q'_h \cdot \dfrac{\frac{1}{\alpha_0}}{F_0}$ dar. Hier ist jedoch $Q'_h > Q'_{w,h}$ und zwar um den Betrag, der auf die aus der Frischluft abzuleitende Dampfwärme entfällt. Für die Festlegung der kennzeichnenden Punkte im i-x-Bild sind daher die in der

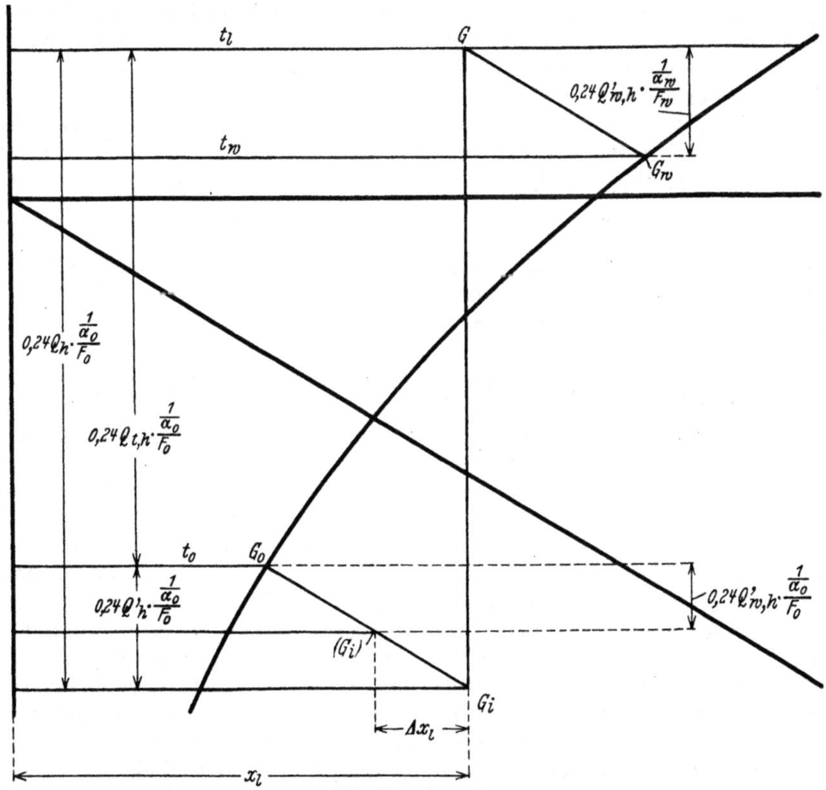

Abb. 370. i-x-Bild.

Ordinatenrichtung gemessenen Abstände zwischen den Punkten G_0 und (G_i) — nicht G_i! — bzw. G und G_w zu vergleichen. Ihr Verhältnis muß den Wert $\dfrac{F_w \cdot \frac{1}{\alpha_0}}{\frac{1}{\alpha_w} \cdot F_0}$ besitzen. Der Abstand zwischen den Punkten G_i und (G_i) entspricht hierbei, in der Abszissenrichtung gemessen, der auf 1 kg Reinluftgemisch bezogenen Feuchtigkeitsabnahme Δx_e der Frischluft.

Bei der Unbestimmtheit, die der Festlegung der wirksamen Kühlgutoberfläche F_w anhaftet, sollen die vorstehenden Ausführungen weniger dazu dienen, die Verhältnisse zahlenmäßig im voraus zu bestimmen, als dazu, Klarheit über die maßgebenden Grundsätze zu schaffen. Aus diesem Grunde durfte auch die Abweichung der i-Linie von der Isotherme unterhalb der Sättigungslinie bei Eisbildung durchweg unberücksichtigt bleiben. Auch die bisher getroffene Annahme, daß die Temperatur, mit der die Luft in Wärmeaustausch mit dem Kühlgut einerseits, dem Kühler andererseits tritt, dieselbe sei, trifft, genau genommen, nicht zu. Infolge der von außen eindringenden Wärme herrscht in der Regel die höchste Temperatur in dem freien Luftraum über dem Kühlgut. Es erscheint jedoch zwecklos, alle diese Nebenumstände erfassen zu wollen, um eine allgemein gültige Regel zu finden, unter anderem auch deshalb, weil die praktischen Anwendungsfälle zu sehr voneinander abweichen, um ohne unzulässige Verwicklung der Darstellung restlos erfaßt werden zu können. Aus diesem Grunde durfte auch die Beziehung $k' = \frac{a}{c_{p,g}}$ angenommen werden, obwohl sie nur für überkritische Geschwindigkeit gilt, während bei freier Strömung, wie sie für die Luftbewegung über das Kühlgut vorzuliegen pflegt, die Berichtigung nach Formel 100 geboten wäre.

XVII. Kühlzeit und Kältespeicherung.

Nur bei unendlich kleiner Stärke des zu kühlenden Körpers wäre der Verlauf der Abkühlung von der aufgewandten Kälteleistung allein abhängig. Diese würde unverzüglich auf das Kühlgut übertragen. Infolge der tatsächlich vorhandenen endlichen Stärke des Kühlguts ist der in der Zeiteinheit mögliche Wärmeentzug begrenzt. Für eine bestimmte Kühlgutart ergibt sich eine kennzeichnende Abkühldauer. Sie ist abhängig von dem Betrag der zu entziehenden Wärmemenge, den Abmessungen, Formen und Körpereigenschaften des Kühlguts, der Temperatur des Kälteträgers und der Höhe des Wärmeübergangswiderstandes von der Kühlgutoberfläche an den Kälteträger. Hierbei ist vorausgesetzt, daß die Veränderung des Kälteträgers beim Wärmeaustausch vernachlässigt werden kann. Dies trifft z. B. zu, wenn Luft mit großer Geschwindigkeit über das Kühlgut streicht und gleichzeitig in verhältnismäßig großen Mengen umläuft. Der Einfluß des Kälteträgers ist alsdann durch Temperatur und Wärmeübergangswiderstand erschöpfend gekennzeichnet. Ist die Voraussetzung nicht erfüllt, so gewinnt die Temperaturleitfähigkeit des Kälteträgers Bedeutung für die Abkühldauer.

Handelt es sich daher um Temperaturerniedrigung oder Gefrieren des Kühlguts, also um nichtstationäre Vorgänge, so liegt im bestimmten Falle mit der Annahme von Art, Temperatur und Strömung des Kälteträgers die für die geforderte Kühlleistung nötige Zeit fest. Daraus ergibt sich die Höhe der stündlichen Kälteleistung.

Für die Abkühlung von plattenförmigen, zylindrischen und kugelförmigen Körpern entwickelt Gröber[1] die Beziehung

[1] Gröber: Die Grundgesetze der Wärmeleitung und des Wärmeüberganges. Berlin: Julius Springer 1921.

$$Q = W\,(t_a - t_0)\,X\left(\frac{\alpha}{\lambda}\cdot\frac{e}{2},\ \frac{a\cdot z}{\left(\frac{e}{2}\right)^2}\right). \tag{120}$$

Es bedeuten hierin

Q die Wärmeabgabe des Körpers nach Ablauf von z Stunden, in kcal,
W seinen Wasserwert, in kcal/° C,
t_a die ursprüngliche Körpertemperatur, in ° C,
t_0 die Umgebungstemperatur, in ° C,
$\frac{1}{\alpha}$ den Wärmeübergangswiderstand der Flächeneinheit, in ° C/$\frac{\text{kcal}}{\text{m}^2\cdot\text{h}}$,
λ die Wärmeleitfähigkeit des Körpers, in kcal/m · ° C · h,
e die Stärke der Platte, bzw. den Durchmesser von Zylinder und Kugel, in m,
$a = \frac{\lambda}{c\cdot\gamma}$ die Temperaturleitfähigkeit, in m²/h,
z die Zeit, in h,
X eine von der Gestalt des Körpers abhängige Funktionsform.

Wird der Inhalt des Kältespeichers als einheitlicher flüssiger Körper angesehen und unter Annahme mittlerer Verhältnisse

$$\frac{1}{\alpha} = \frac{1}{5},$$
$$\lambda = 0{,}5,$$
$$a = 0{,}0005$$

gesetzt, so folgt nach Gröber für

$e =$	0,02					0,1					0,2					0,8		
nach Std. $z =$	1	2	5	10	24	1	2	5	10	24	1	2	5	10	24	5	10	24
X f. Platte	0,4	0,6	0,8	0,9	1	0,1	0,2	0,35	0,6	0,9	0,04	0,08	0,2	0,3	0,6	0,05	0,1	0,15
Zylinder	0,6	0,9	1	1	1	0,15	0,3	0,6	0,8	1	0,08	0,15	0,25	0,55	0,9	0,1	0,15	0,3
Kugel	0,8	0,95	1	1	1	0,2	0,4	0,7	0,9	1	0,12	0,25	0,5	0,7	1	0,15	0,25	0,4

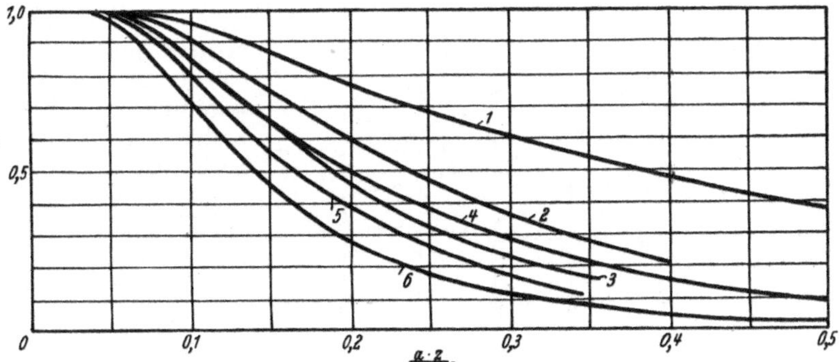

Abb. 371. *1* Platte, *2* quadratischer Balken, $L = \infty$, *3* Würfel, *4* Zylinder, $L = \infty$, *5* Zylinder, $L = D$, *6* Kugel.

Das bedeutet, daß beispielsweise ein flacher plattenförmiger Körper von 0,02 m Stärke nach 5 Stunden schon 80% seines überschüssigen Wärmeinhalts an die Umgebung abgegeben hat. Ist er dagegen 0,8 m

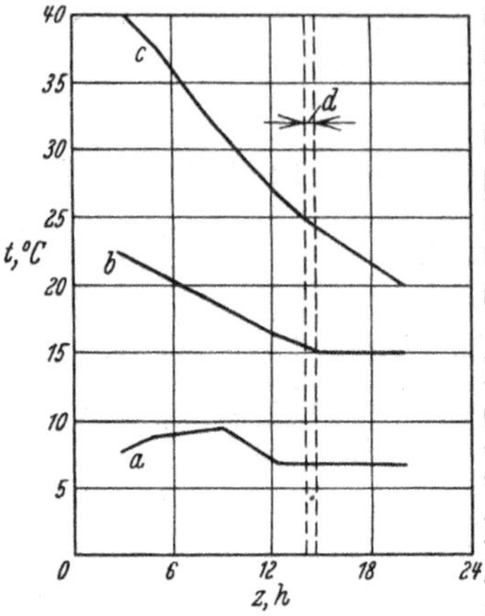

Abb. 372. Verlauf der Temperatur beim Abkühlen von Rinderhälften. Leichte Tiere, 335 kg Schlachtgewicht (Moran-Smith). *a* Lufttemperatur, *b* Außentemperatur des Kühlgutes, *c* Innentemperatur des Kühlgutes, *d* Überführung zum Lager, *z* Zeit nach der Schlachtung.

stark, so verliert er in der gleichen Zeit nur 5% seines gesamten Wärmeüberschusses. Hierbei ist die Temperatur der Umgebung als untere Grenze der Körpertemperatur genommen. Bei Zylinder- und erst recht bei Kugelform erfolgt die Wärmeabgabe wesentlich schneller als bei einer gleich starken Platte.

Ein anschauliches Bild über die Durchkühlgeschwindigkeit für Körper verschiedener Form ergibt sich aus Abb. 371, die von Gröber[1] nach den Untersuchungen von Williamson-Adams[2] entworfen wurde. Die dargestellten Beziehungen gelten unter Annahme eines unendlich kleinen Wärmeübergangswiderstandes, geben jedoch auch für die wirklichen Vorgänge ein anschauliches Vergleichsbild.

In der Regel sind alle das Kühlgut angehenden Voraussetzungen durch die Verhältnisse bestimmt. Die Steigerung der Durchkühlgeschwindigkeit kann dann hauptsächlich nur noch durch Verkleinerung des Wärmeübergangswiderstandes und Vergrößerung des Temperaturgefälles zwischen Kühlgut und Kälteträger erfolgen. Hiernach empfehlen sich in allen Fällen, in denen hohe Kühlgeschwindigkeit angestrebt wird, rasch strömende flüssige Kälteträger mit hoher Temperaturleitfähigkeit. Voraussetzung für ihre Anwendung ist, daß sie das Kühlgut nicht ungünstig beeinflussen.

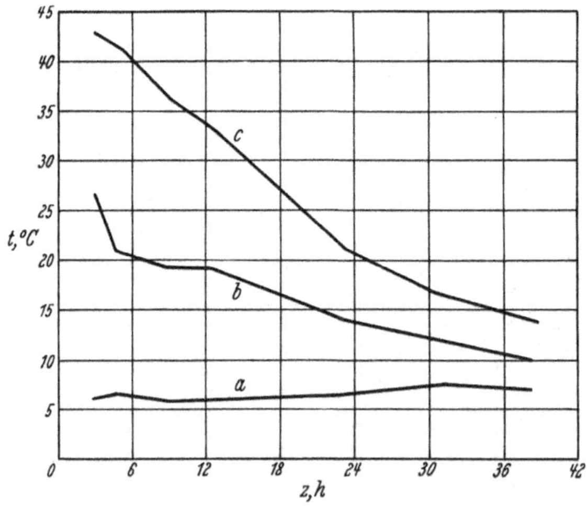

Abb. 373. Verlauf der Temperatur beim Abkühlen von Rinderhälften. Hochwertige Tiere, 415 kg Schlachtgewicht (Moran-Smith). *a* Lufttemperatur, *b* Außentemperatur des Kühlgutes, *c* Innentemperatur des Kühlgutes, *z* Zeit nach der Schlachtung.

Bei der verhältnismäßig geringen Anzahl von Kühlgutarten kann auf die rechnerische Ermittlung der Kühlgutzeit im allgemeinen verzichtet und der praktische Versuch gewählt werden.

[1] Gröber: Die Erwärmung und Abkühlung einfacher geometrischer Körper. Z. VDI 1925.

[2] Williamson-Adams: Temperature distribution in solids during heating or cooling. Physic. Rev. Vol. XII.

Die Abkühlung von Rinderhälften verläuft nach den Untersuchungen von Moran-Smith[1] nach Abb. 372 und 373. Die erste gilt für leichte minderwertige, die letzte für hochwertige Tiere. Die Messung der Außentemperatur erfolgt in einer Tiefe von etwa 0,012 m, die der Innentemperatur in einer Tiefe von etwa 0,150 m. Auch nach längerer Zeit bleibt noch ein Temperaturunterschied zwischen den äußeren und inneren Teilen bestehen. Werden, wie in den Vereinigten Staaten üblich, die Tiere sofort nach der Schlachtung in Räumen von 0 bis 1° Lufttemperatur gebracht,

so bewegt sich nach	1	2	3 Tagen
die Innentemperatur um	11	8	3,5° herum.

Moran-Smith haben auch den umgekehrten Vorgang der Wiedererwärmung gekühlten Fleisches beobachtet und bei einer Lufttemperatur von 12,8° den Verlauf nach Abb. 374 gefunden.

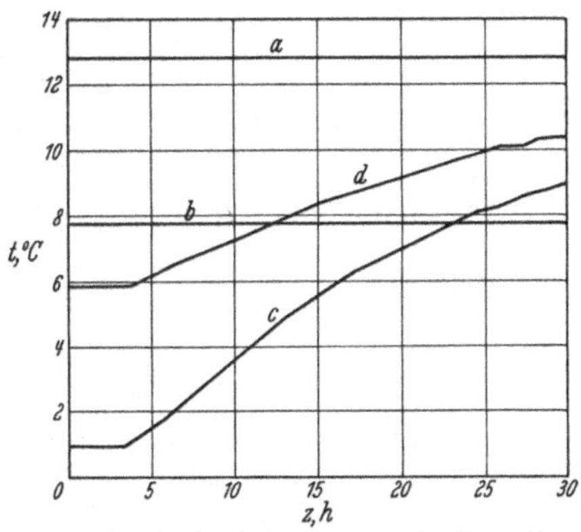

Abb. 374. Verlauf der Temperatur beim Erwärmen gekühlten Fleisches (Moran-Smith). a mittlere Lufttemperatur, b mittlerer Taupunkt der Luft, c, d Temperatur in der Mitte des Kühlgutes bei Einbringung mit verschiedener Temperatur, z Zeit.

Die bei ganzen oder geteilten Tierkörpern mögliche und zwecks raschen Auskühlens stets anzuwendende Ausbreitung im Kühlraum verbietet sich in anderen Fällen, in denen das Kühlgut in der für den späteren Versand bestimmten Packung gekühlt werden muß. Awbery[2] kommt auf Grund von Laboratoriumsversuchen zu dem Schluß, daß in solchen Fällen genügend genau die Kühlgeschwindigkeit durch Form und Größe der Packung — Kiste, Korb — gegeben ist. In Ausnahmefällen ist auch die Ausbreitung der einzelnen Packungen nicht möglich. Dies gilt z. B. für Schiffsladungen. Die Durchkühldauer ist alsdann durch die Größe der Stapel bestimmt, zu denen die Luft allseitig Zutritt hat, da zwischen den einzelnen Stapeln der Luftumlauf schwach zu sein pflegt.

Allgemein errechnet Plank[3] die Gefrierzeit z in Stunden, unter Annahme gleichen Temperaturunterschiedes und ohne Berücksichtigung der vorausgehenden Kühlung und der nachfolgenden Unterkühlung zu

$$z = \frac{80 \dfrac{x_T}{(1+x_T)\cdot\gamma} \cdot \dfrac{e}{2}}{\Delta t} \left(\frac{1}{2\alpha_0} + \frac{1}{\alpha} + \frac{1}{4\lambda}\cdot\frac{e}{2}\right), \qquad (121)$$

[1] Moran-Smith: Postmortem changes in animal tissues, the conditioning or ripening of beef. Spec. Rep. 36 Food Invest. Bd. 1929.

[2] Awbery: The rates of cooling of large masses. V. Int. Kältekongr., Rom 1928.

[3] Plank: Über den Einfluß der Gefriergeschwindigkeit auf die histologischen Veränderungen tierischer Gewebe. Z. allg. Physiol. 1916.

wobei bedeuten

x_T den Wassergehalt des Gefriergutes, bezogen auf 1 kg Trockenstoff,
γ das Raumgewicht des Gefriergutes, in kg/m³,
e die Dicke des stärksten Querschnitts, in m,
Δt den Temperaturunterschied während des Gefriervorganges, in ^{0}C,
$\frac{1}{\alpha_0}$ den Wärmeübergangswiderstand der Flächeneinheit von der Umgebung an das Kühlgut, in $^0\text{C}/\frac{\text{kcal}}{\text{m}^2\cdot\text{h}}$,
$\frac{1}{\alpha}$ den Wärmeübergangswiderstand der Flächeneinheit von der noch nicht gefrorenen Schicht an die ausgefrorene, in $^0\text{C}/\frac{\text{kcal}}{\text{m}^2\cdot\text{h}}$.
λ die Wärmeleitfähigkeit der ausgefrorenen Schicht, in kcal/m · ^{0}C · h.

Unter Annahme eines Wassergehalts $x_T = 3$ für Fische und Fleisch, von dem oberhalb des kryohydratischen Punktes 90% erstarren, und mit $\frac{1}{\alpha} \sim \frac{1}{500}$, $\lambda \sim 2$, $\frac{1}{\alpha_0} \sim \frac{1}{8}$ bei bewegter Luft als Kühlmittel, bzw. $\frac{1}{\alpha_0} \sim 4000$ bei bewegter Sole als Kühlmittel und einem Temperaturunterschied $\Delta t \sim 14$ errechnet Plank

$$z_l = 281{,}5\, e\,(e + 1{,}032)$$ für Luft bzw.

$$z_s = 120{,}5\, e\,(e + 0{,}034)$$ für Sole.

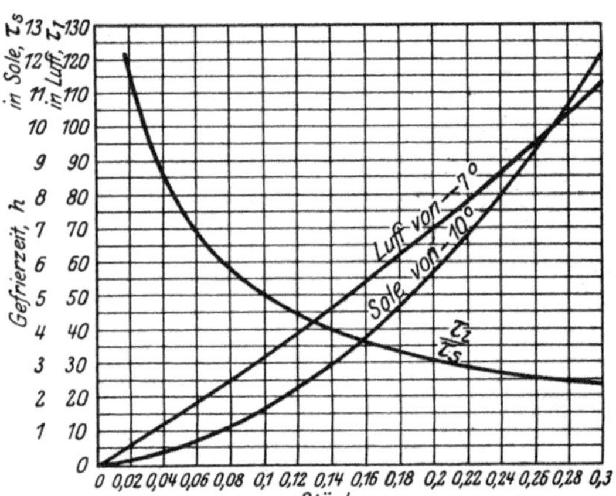

Abb. 375. Einfrieren von Fischen in Luft und Sole (Plank).

Diese Beziehung ist in Abb. 375 wiedergegeben. Die Gefrierzeit in Luft übertrifft die Gefrierzeit in Sole um so mehr, je kleiner die einzufrierenden Teile sind. Bei großen Körpern wird der Unterschied immer geringer, weil alsdann die für beide Fälle gleiche Wärmeleitfähigkeit gegenüber dem Wärmeübergangswiderstand $\frac{1}{\alpha_0}$ erhöhte Bedeutung gewinnt.

Die Untersuchungen von Plank stimmen mit der bei Fischen gemachten Erfahrung gut überein. Bei Fleisch ist jedoch der Einfluß der Fettschicht erheblich, und eine Fettschicht von 0,05 bis 0,10 m genügt, um für das Einfrieren in Sole die doppelte bis dreifache Zeit zu fordern. Diesen Einfluß berücksichtigt die erweiterte Planksche Formel

$$z = \frac{80 + \frac{x_T}{(1 + x_T)\cdot\gamma}\cdot\frac{e_2}{2}}{\Delta t}\cdot\left(\frac{1}{2\alpha_0}\cdot\frac{e_2}{e} + \frac{1}{\alpha} + \frac{1}{4\lambda}\cdot\frac{e_2}{2} + \frac{1}{2\lambda_1}\cdot\frac{e_2}{2}\ln\frac{e}{e_2}\right), \quad (122)$$

wobei bedeuten

λ_1 die Wärmeleitfähigkeit des Fettes, in kcal/m · °C · h,

e_2 die Dicke des fettlosen Kernes, in m,

$\frac{(e - e_2)}{2}$, also die Stärke der Fettschicht, in m.

Die Wärmeleitfähigkeit λ_1 beträgt nach Rubner 0,153 für Schweinefett, 0,15 für Rinderfett, ist also wesentlich kleiner als für das gefrorene Fleisch. Bei der Durchkühlung ohne Einfrieren ist die verzögernde Wirkung der Fettschicht wesentlich geringer, da ihre Wärmeleitfähigkeit von der frischer Fleischmuskeln — nach Tamm[1] $\sim$ 0,43 — der Größenordnung nach nicht sehr verschieden ist. Ebenso verschwindet der Einfluß der Fettschicht beim Gefrieren in Luft wegen des alsdann in erster Linie maßgebenden Wärmeübergangswiderstandes $\frac{1}{\alpha_0}$.

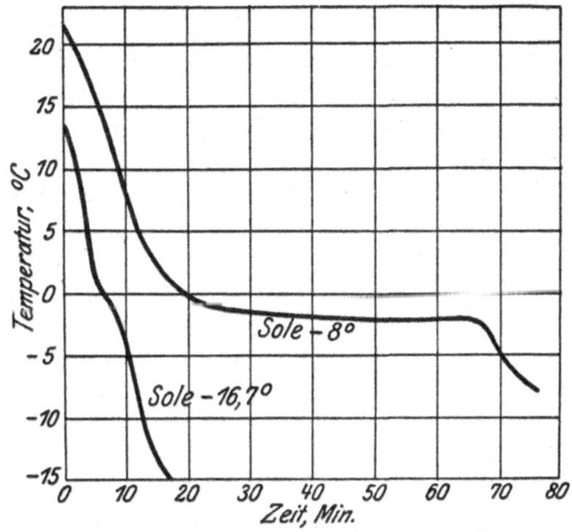

Abb. 376. Einfrieren von Heringen in Sole von verschiedener Temperatur.

Weitere Untersuchungen Planks über die Gefriergeschwindigkeit in den einzelnen Schichten des Querschnitts ergaben, daß die Gefriergeschwindigkeit bei mageren, in Sole eingefrorenen Stücken am Rande groß ist, allmählich abnimmt und dann wieder steigt. Der Mindestwert liegt in einer Entfernung von etwa 0,18 e vom Kern. Dagegen nimmt beim Gefrieren in Luft die Gefriergeschwindigkeit vom Rande nach dem Innern zu, und zwar besonders stark in unmittelbarer Nähe des Kerns. Die mit der Gefriergeschwindigkeit zusammenhängenden Veränderungen werden sich daher beim Einfrieren in Sole in den äußeren Teilen und dem Kern, beim Einfrieren in Luft im Kern verhältnismäßig stark äußern. In Sole wird jedoch bei

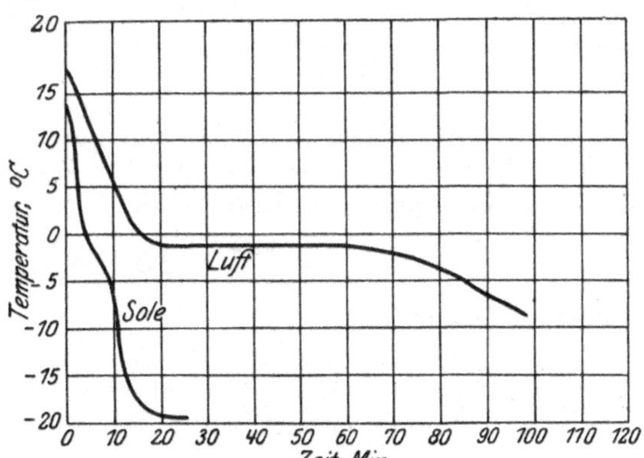

Abb. 377. Einfrieren von 0,015 kg schweren Fleischstückchen in Luft und Sole.

[1] Tamm: Die Kühlung von Fleisch. Diss. Karlsruhe 1930.

nicht allzu großer Stärke die kleinste Gefriergeschwindigkeit immer noch höher bleiben als die größte beim Einfrieren in Luft.

Nach englischen Versuchen[1] ergab sich für die Gefriergeschwindigkeit von Heringen bei verschiedener Soletemperatur von — 8° bzw. — 16,7° der in Abb. 376 dargestellte Zusammenhang, ferner für das Einfrieren kleiner Fleischstückchen von 0,015 kg Gewicht in Luft bzw. Sole von gleicher Temperatur der in Abb. 377 wiedergegebene unterschiedliche Verlauf.

Nach den Untersuchungen von Moran-Smith verläuft beim Einfrieren von Fleischteilen von etwa 5 kg Gewicht in Luft von — 2,2 bzw. — 10 bis — 11° die Innentemperatur in 0,06 bis 0,07 m Tiefe gemäß Abb. 378 und 379. Die Abbildungen enthalten auch den Temperaturverlauf beim Wiederauftauen in Luft von etwa 5°.

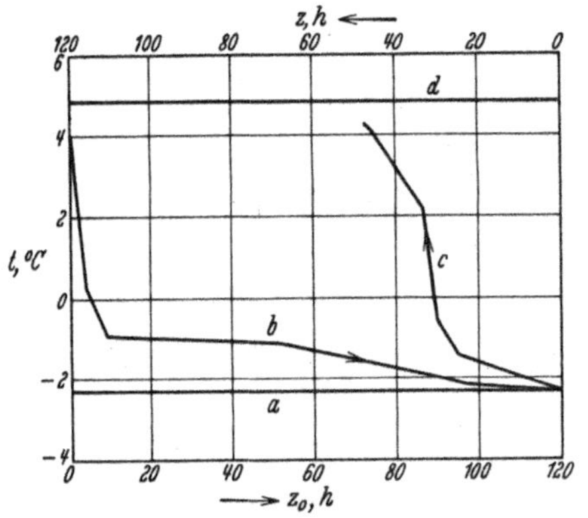

Abb. 378.

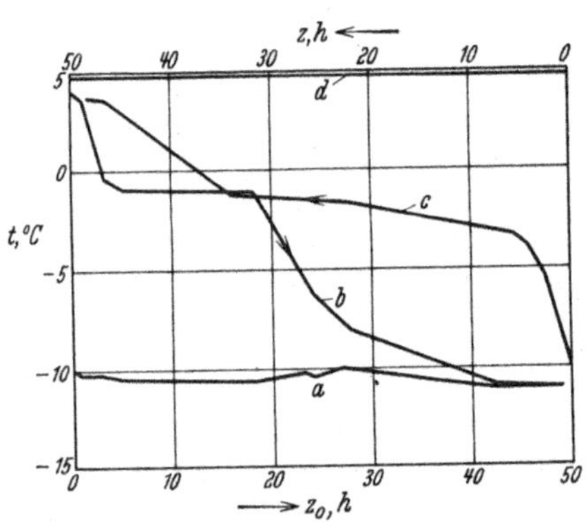

Abb. 379.

Abb. 378 und 379. Einfrieren und Auftauen von 5 kg schweren Fleischteilen in Luft (Moran-Smith). *a* mittlere Lufttemperatur im Einfrierraum, *b* Innentemperatur des Gefriergutes im Einfrierraum, *c* Temperatur des Gefriergutes im Auftauraum, *d* mittlere Lufttemperatur im Auftauraum, z_0 Einfrierzeit, *z* Auftauzeit.

Die Gefrierzeit von Kunsteis in quadratischen Zellen beträgt nach Plank[2], wenn zunächst die Zeit für Vorkühlung des Wassers auf 0° und Unterkühlung des Eises unter 0° vernachlässigt wird,

$$z = \frac{5000 \cdot B}{\lambda\,(-t_{s,\,m})}\left[B + 8\,\lambda\left(\frac{1}{2\,\alpha_2} + \frac{1}{\alpha}\right)\right]. \qquad (123)$$

Hierbei bedeuten

B die Kantenbreite der Zelle, in m, bei quadratischem Querschnitt gleich der Kantenhöhe H,

$\lambda \sim 2$ die Wärmeleitfähigkeit des Eises, in kcal/m · °C · h,

$t_{s,\,m} = \frac{1}{z}\int_0^z t_s\,dz$ die mittlere Temperatur des Kälteträgers, in °C,

[1] Interim-Report on methods of freezing fish with special reference to the handling of large quantities in gluts. Spec. Rep. 4. Food Invest. Bd. 1920.

[2] Plank: Die Gefrierdauer von Eisblöcken. Z. ges. Kälteind. 1913.

$\frac{1}{\alpha_0} \sim \frac{1}{2000}$ den Wärmeübergangswiderstand der Flächeneinheit von dem Kälteträger an die Gefrierwand, in $^0\mathrm{C}/\frac{\mathrm{kcal}}{\mathrm{m}^2 \cdot \mathrm{h}}$,

$\frac{1}{\alpha} \sim \frac{1}{500}$ den Wärmeübergangswiderstand der Flächeneinheit von Gefrierwasser an Eis, in $^0\mathrm{C}/\frac{\mathrm{kcal}}{\mathrm{m}^2 \cdot \mathrm{h}}$,

$z \sim \frac{2500\,B}{(-t_{s,m})}(B + 0{,}036)$ die Gefrierzeit, in h.

Die wirkliche Gefrierdauer unter Berücksichtigung von Wasservorkühlung und Eisunterkühlung ergibt sich etwa 25% höher zu

$$z \sim \frac{3120\,B}{(-t_{s,m})}(B + 0{,}036). \tag{123a}$$

Für rechteckige Zellen mit einer Kantenhöhe $H = nB$ beträgt die wirkliche Gefrierdauer

$$z \sim \frac{10000\,B}{(-t_{s,m})}\left(\frac{4n}{\alpha_0(n+1)} + \frac{4}{\alpha} + \frac{B}{4\lambda}\left[2n - (n-1)^2 \ln\frac{n+1}{n-1}\right]\right)$$

$$= \frac{\Psi_1(x)}{(-t_{s,m})} B\,[B + \Psi_2(x)], \tag{124}$$

wobei für

n	$\Psi_1(x)$	$\Psi_2(x)$	n	$\Psi_1(x)$	$\Psi_2(x)$
1	3120	0,036	2	4540	0,026
1,25	3690	0,031	2,5	4830	0,0245
1,5	4060	0,029	3	5050	0,024
1,75	4320	0,027	∞	6250	0,02

gilt. Für einseitig frierendes Platteneis von der Stärke B ergibt sich die Gefrierzeit nach Plank

$$z = \frac{2500\,B}{(-t_{s,m})}(B + 0{,}01). \tag{125}$$

Hieraus folgt für bestimmte Abmessungen folgende Zusammenstellung:

B × H [m]	$t_{s,m}$ [°C]	z [h]	
0,08 × 0,2	−8	5,05	stimmt mit Erfahrung überein
0,11 × 0,19	−8	8,1	
0,13 × 0,13	−8	8,4	
	−5,5	12,2	
0,13 × 0,19	−9	9,2	
0,19 × 0,19	−9	14,9	
	−5,5	24,3	
0,28 × 0,56	−9	43,2,	in Wirklichkeit 48
0,28 Platteneis	−13,2	154 = 6,4 Tage,	in Wirklichkeit 6 Tage
0,355 Platteneis	−15	216 = 9 Tage	in Wirklichkeit 8 bis 12 Tage.
	−12	270 = 11,25 Tage	

Das gekühlte Gut stellt nach der Durchkühlung bzw. dem Ausfrieren einen Kältespeicher dar. Sein Aufnahmevermögen genügt in der Regel, um bei den unvermeidlichen Betriebsunterbrechungen unerwünschte Temperaturschwankungen zu vermeiden. In gleichem Sinne wirken die wärmehaltenden Umfassungen der Kühlräume. In Ausnahmefällen werden besondere Kältespeicher innerhalb der Kühlräume angeordnet. Sie bestehen in der Regel aus Behältern oder Rohrnetzen mit einem flüssigen Kälteträger als Füllung. Der Kältespeicher bedarf nach der „Entladung" jedesmal einer neuen „Aufladung", bei der die zuvor von ihm aufgenommene Wärmemenge wieder entzogen wird.

Kältespeicher treten auch in Form von großen Sammelbehältern auf, die den flüssigen Kälteträger in verhältnismäßig großen Mengen fassen und während der Unterbrechung der Kälteerzeugung die Weiterkühlung durch Umpumpen des Kälteträgers ermöglichen.

Die Speicherleistung eines solchen Sammelbehälters ist gekennzeichnet als

$$Q_0 = W\,(t - t_0), \tag{126}$$

wobei bedeuten

Q_0 die überschüssige Kälteleistung, die in dem Behälter aufgespeichert ist, in kcal,

$W = V \cdot \gamma \cdot c$ den Wasserwert des Behälterinhalts, in kcal/^{0} C,

t die obere Temperatur, bis zu der der Kälteträger sich erwärmen kann, in ^{0} C,

t_0 die untere Temperatur, mit der der Kälteträger anfangs zur Verfügung steht, in ^{0} C.

Zahlenbeispiel 50.

Ein Süßwasserbehälter von 10 m^3 Inhalt ($W = 10000$) und $t_0 = 0^0$ dient zur Abführung der Wärme gärender Würze. Wieviel kcal/h können damit gebunden werden, wenn die Bottichkühler mit einer Wasserablauftemperatur von 4^0 arbeiten und die eigentliche Kälteerzeugung während 8 Stunden ruht?

$$Q_{0,\,h} = \frac{10\,000\,(4-0)}{8} = 5000 \text{ kcal/h}.$$

Arbeitet der Süßwasserkühler mit Eisansatz und nimmt dieser $^1/_{20}$ des Inhalts ein, so kann das angewärmte Süßwasser zum Behälter zurückgeleitet und durch den schmelzenden Eisvorrat wieder gekühlt werden. Die Leistungsfähigkeit beträgt alsdann

$$Q_0 = 10000\,(4-0) + \frac{10\,000}{20} \cdot 80 = 80\,000 \text{ kcal},$$

$$Q_{0,\,h} = \frac{80\,000}{8} = 10\,000 \text{ kcal/h},$$

also doppelt soviel wie ohne Eisansatz. Dieser stellt ein gutes Mittel dar, um den Inhalt von Speicherbehältern nicht zu groß werden zu lassen.

Für die Ladung und Entladung eines im Kühlrauminnern angeordneten Kältespeichers gelten die oben angeführten von Gröber aufgestellten Beziehungen. Hiernach sollen Kältespeicher, die möglichst lang anhalten müssen, nicht als flache Körper ausgebildet werden. Speicher von Zylinderform sind für lange Wirkung noch weniger geeignet. Jedenfalls kommt die Eigenschaft eines Kältespeichers runden Rohren nur dann zu, wenn sie einen nicht zu kleinen Durchmesser, auf alle Fälle $\geqq 0{,}1$ m, erhalten.

In vielen Fällen ist die Heranziehung des Kühlguts als Kältespeicher wegen der hierbei in Kauf genommenen Temperaturschwankungen unerwünscht. Dichte Lagerung und Vereinigung zu großen Stapeln schaffen hier einen Ausweg. Eine Grenze ist dadurch gegeben, daß mit der Größe der Stapel die Temperaturunterschiede im Kühlgut zunehmen. Hinzu kommt, daß Kühlgut, das durch Atmung Wärme erzeugt und Gase entwickelt, eine zu dichte Lagerung verbietet.

Zahlenbeispiel 51.

Die von außen in einen Kühlraum eindringende Wärmemenge beträgt 5000 kcal/h. Wie groß ist der Inhalt von Wärmespeichern zu bemessen, die aus Solerohren von 0,1 m Durchmesser bestehen, wenn der Kältebedarf während eines 10stündigen Stillstandes voll gedeckt werden soll?

Nach 10 Stunden haben die Speicherrohre 80% ihres überschüssigen Wärmeinhaltes abgegeben, diese müssen der eingedrungenen Wärme von $5000 \cdot 10 = 50000$ kcal entsprechen. Der anfängliche überschüssige Wärmeinhalt muß daher $\frac{50\,000}{0{,}8} \sim 62000$ kcal betragen. Besteht der Kälteträger aus NaCl-Sole von -8^0 mit einer Stärke von 25 Gtl. NaCl in 100 Gtl. H_2O und beträgt die Raumtemperatur 4^0, so entspricht dem ein Wasserwert des Kältespeichers von $\frac{62\,000}{4-(-8)} \sim 5000$ kcal/^{0} C und, bei einem Wert der auf die Raumeinheit bezogenen spezifischen Wärme $c \cdot \gamma \sim 940$, ein Inhalt von $\frac{5000}{940} \sim 5{,}3$ m^3. In diesem Falle wären wesentlich kleinere Rohre ebenso wenig angebracht wie größere. Denn Rohre von 0,02 m Durchmesser würden schon nach 2 Stunden fast ihren ganzen überschüssigen Wärmeinhalt verloren haben, während Rohre von 0,8 m Durchmesser nach 10 Stunden erst 15% ihres anfänglichen überschüssigen Wärmeinhaltes abgegeben hätten, also mit einem etwa fünfmal so großen Wasserwert ausgeführt werden müßten.

Zahlenbeispiel 52.

Wie groß muß der Kältespeicher im Zahlenbeispiel 51 werden, wenn der gleiche Zweck durch eine vorgemauerte Wand $\left(\gamma \sim 2300,\ \lambda \sim 0{,}6,\ c \sim 0{,}22,\ a = \frac{\lambda}{c \cdot \gamma} \sim 0{,}0012\right)$ erreicht werden soll, die eine Stärke $e = 0{,}5$ m besitzt?

Da die Wärmeabgabe einseitig erfolgt, muß das Speichervermögen die Hälfte desjenigen einer doppelseitig freien Wand von der Stärke $e = 1$ m betragen. Für diese gilt, wenn $\frac{1}{\alpha} \sim \frac{1}{5}$ genommen wird,

$$\frac{\alpha}{\lambda} \cdot \frac{e}{2} = \frac{5}{0{,}6} \cdot \frac{1}{2} \sim 4,$$

$$\frac{a \cdot z}{\left(\frac{e}{2}\right)^2} = \frac{0{,}0012 \cdot 10}{\left(\frac{1}{2}\right)^2} = 0{,}048.$$

Hierfür ergibt sich $X = 0{,}12$ und der Speicherinhalt entsprechend $\frac{50\,000}{0{,}12} \sim 420\,000$ kcal. Während bei den Solespeichern die „Ladung“ durch Vollpumpen mit gekühlter Sole in solch kurzer Zeit erfolgt, daß hierauf überhaupt keine Rücksicht zu nehmen ist, außerdem die Anfangstemperatur der Sole von der Betriebstemperatur der Raumluft unabhängig ist, besteht hier zwischen beiden ein zwangläufiger Zusammenhang. Denn die „Ladung“ des Mauerspeichers erfolgt durch die Raumluft selbst während des Betriebes. Ein genügend großer Solespeicher ermöglicht, die Raumtemperatur auch während des Stillstandes etwa gleich zu halten. Bei dem Mauerspeicher dagegen muß mit einer Zunahme der Temperatur gerechnet werden. Um sie nicht zu hoch werden zu lassen, wird während des Betriebs die Temperatur zweckmäßig etwas tiefer gedrückt, als sonst nötig wäre. Die tiefste Speichertemperatur möge hier mit 2^0, die Raumtemperatur mit 1^0 während des Betriebes, 7^0 am Ende des Stillstandes, und die höchste Speichertemperatur mit 4^0 angenommen werden. Dann folgt der Wasserwert des Mauerspeichers zu $\frac{420\,000}{4-2} \sim 210\,000$ kcal/^{0} C, der Rauminhalt also zu $\frac{210\,000}{2300 \cdot 0{,}22} \sim 415$ m^3, entsprechend 930 m^2 Fläche. Die Ausnutzung des Kältespeichers ist in diesem Falle mit 12% recht ungünstig. Der Grund liegt in der übermäßigen Stärke der Vormauerung. Wird sie nur $^1/_4$ so stark gewählt, so ergibt sich

$$\frac{\alpha}{\lambda} \cdot \frac{e}{2} \sim 1,$$

$$\frac{a \cdot z}{\left(\frac{e}{2}\right)^2} \sim 0{,}8,$$

$$X \sim 0{,}5.$$

Das bedeutet, daß der Wärmeinhalt des Speichers zu 50% ausgenutzt wird und nur $\frac{50\,000}{0{,}5} = 100\,000$ kcal betragen muß, entsprechend einem Inhalt von etwa 100 m^3 und einer Fläche von 800 m^2. Die Schwächung der Vormauerung auf $^1/_4$ verlangt also keine Vergrößerung der Mauerfläche. Die starke Vormauerung bedeutet vielmehr eine unentschuldbare Verschwendung.

Zu untersuchen bleibt noch, ob die Ladezeit für den Mauerspeicher ausreicht, um die aufgenommene Wärme wieder zu entziehen. Während der $24 - 10 = 14$stündigen Ladezeit beträgt für die schwächere Vormauerung $\frac{\alpha}{\lambda} \cdot \frac{e}{2} \sim 1$; $\frac{a \cdot z}{\left(\frac{e}{2}\right)^2} \sim 1{,}1$; $X \sim 0{,}6$. Das bedeutet, daß das Temperaturgefälle von Beginn bis zu Ende der Ladezeit sich auf das 0,6fache vermindert, also von $4 - 1 = 3$ auf $0{,}6 \cdot 3 = 1{,}8^0$. Die Annahme einer tiefsten Speichertemperatur von 2^0 geht daher sicher.

Dem Kältespeicher kommt neben der Einschränkung von Temperaturschwankungen auch die Aufgabe zu, Niederschläge auf das Kühlgut während der Betriebsunterbrechungen zu vermeiden. Die Temperatur der Speicheroberfläche soll hierbei stets niedriger bleiben als die der Kühlgutoberfläche. Diese Wirkung des Speichers als Trockner ist in vielen Fällen ebenso wichtig oder noch wichtiger als der Temperaturausgleich. Beide Gesichtspunkte verlangen verschiedene Ausführung. Ein Speicher für rasche Entladung vermindert Temperaturschwankungen in höherem Grade als ein Speicher gleichen Inhalts für langsame Entladung. Der erste folgt der steigenden Raumtemperatur in geringerem Abstand als der letzte, der sich mit Rücksicht auf Trockenhaltung der Raumluft empfiehlt.

XVIII. Berechnung des Druckverlustes.

Da den Strömungswiderständen bei Kälteanlagen keine ausschlaggebende Rolle zukommt, erscheint es zweckmäßig, beim Entwurf zunächst die Abmessungen nach Erfahrungsgrundsätzen festzulegen und die Annahmen gegebenenfalls zu berichtigen, wenn sich hierbei ein unzulässig hoher Druckverlust ergibt. Strömungswiderstände treten bei Kälteanlagen in folgenden Teilen auf:

Rohrleitungen,

die den Arbeitsstoff führen

a) in unterkühltem, flüssigem Zustande (Flüssigkeitsleitung),
b) in überhitztem, gasförmigem Zustande (Druckleitung),
c) in gemischtem Zustande, Dampf neben siedender Flüssigkeit (Einspritzleitung),
Die Saugleitung fällt ganz oder teilweise unter Fall b) oder c).
d) als Lösung (Leitungen von Absorptionskühlanlagen zwischen Aufsauger, Austreiber, Temperaturwechsler und Lösungspumpe),

die den Kälteträger führen

a) in unterkühltem, flüssigem Zustande (z. B. Soleleitung),
b) in gasförmigem Zustande (z. B. Luftleitung),

die das Kühlwasser führen.

Wärmeaustauschvorrichtungen,

die den Arbeitsstoff führen

a) in unterkühltem, flüssigem Zustande (Nachkühler),
b) in überhitztem, gasförmigem Zustande (Enthitzer),
c) in gemischtem Zustande, Dampf neben siedender Flüssigkeit (Verdampfer, Verflüssiger),
d) in gemischtem Zustande, Dampf neben Lösung (Aufsauger und Austreiber von Absorptionskühlanlagen),
e) als Lösung (Temperaturwechsler von Absorptionskühlanlagen).

Der Reibungsverlust von Flüssigkeiten allgemeiner Art in Rohren beträgt nach dem Hagen-Poiseuilleschen Gesetz

$$\Delta P_R = \lambda_R \cdot \frac{L}{D} \cdot \frac{w^2}{2g} \cdot \gamma. \tag{127}$$

Hierbei bedeuten

ΔP_R den Druckverlust längs der Strecke L, in kg/m²,
L die Leitungslänge, in m,
D den Leitungsdurchmesser, in m,
w die Strömungsgeschwindigkeit, in m/s,
g die Beschleunigung der Schwere = 9,81 m/s² (in den Zahlenbeispielen angenähert mit 10 m/s² eingesetzt),
γ das spezifische Gewicht, in kg/m³,
λ_R die Widerstandsziffer der Leitung stellt eine Funktion von der Reynoldsschen Zahl $Re = \frac{w \cdot D}{\nu}$ dar.[1]

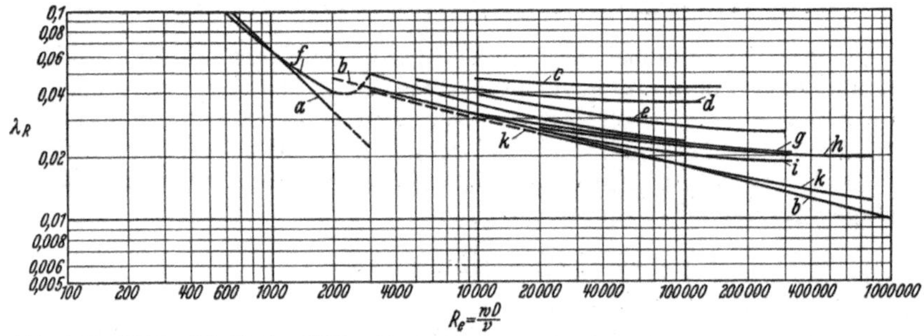

Abb. 380. Abhängigkeit der Widerstandsziffer von der Reynoldsschen Zahl. *a* glatte Rohre, laminar (Hagen-Poiseuille), *b* glatte Rohre, turbulent (Blasius), *c* Gußrohr 0,15 m Ø, *d* verzinktes Gasrohr 0,0123 m Ø, *e* Gasrohrleitung 0,0258 m Ø, *f* schmiedeeiserne Leitung 0,032 und 0,05 m Ø (Kratz, Macintire, Gould), *g* Gasrohrleitung 0,04 m Ø, schmiedeeiserne Leitung 0,07 m Ø, *h* Stahlrohr 0,025 m Ø (Reed, Ambrosius), *i* schmiedeeisernes gezogenes Rohr, geätzt 0,02 m Ø, *k* glatte Messing- und Kupferrohre 0,05 und 0,068 m Ø (Hermann).

Bei Rohrschlangen mit einem mittleren Krümmungshalbmesser R [m] steigt nach Jeschke[2] der Druckverlust gegenüber geraden Rohren gleicher Länge auf das $(1 + 1{,}87\, D/R)$fache.

Für laminare Bewegung ist

$$\lambda_{R,\,\mathrm{lam}} = \frac{64}{Re} = \frac{64\,\nu}{w \cdot D}, \tag{128}$$

$$\Delta P_{R,\,\mathrm{lam}} = 32\,\frac{L}{D^2} \cdot w \cdot \mu\,. \tag{129}$$

Für turbulente Strömung wird die Widerstandsziffer abhängig von dem Rauhigkeitsgrad der bespülten Wandung. Für glatte Oberfläche, wie sie reinen gezogenen Kupferrohren zukommt, gilt nach Blasius[3]

$$\lambda_{R,\,\mathrm{turb}} = 0{,}3164\, Re^{-0{,}25}. \tag{130}$$

[1] $\lambda_R = \Delta P_R \cdot \frac{D}{L} \cdot \frac{2g}{w^2} \cdot \frac{1}{\gamma}$ wird hier, ebenso wie Re, auf den Rohrdurchmesser bezogen, ist daher doppelt so groß wie der zuweilen auf den Rohrhalbmesser bezogene Wert $(\lambda_R)_R = \Delta P_R \cdot \frac{R}{L} \cdot \frac{2g}{w^2} \cdot \frac{1}{\gamma}$.

[2] Jeschke: Wärmeübertragung und Druckverlust in Rohrschlangen. Techn. Mech. VDI-Sonderh. 1925.

[3] Blasius: Das Ähnlichkeitsgesetz bei Reibungsvorgängen in Flüssigkeiten. VDI-Forsch.-Heft 1913 Nr. 131.

Im Aufbau glücklicher ist die nach neueren Untersuchungen von Hermann[1] für den weiten Bereich zwischen $20000 < Re < 2000000$ gefundene Beziehung

$$\lambda_{R,\,\text{turb}} = 0{,}0054 + 0{,}396\,Re^{-0{,}3}. \tag{130a}$$

Für Wandungen verschiedener Rauhigkeit sind in Abb. 380 die wichtigsten Versuchsergebnisse zusammengestellt.

Zu ΔP_R kommt der Druckverlust für einmalige Widerstände, der sich zu

$$\Delta P_\zeta = \Sigma \zeta \cdot \frac{w^2}{2g} \tag{131}$$

ergibt, wenn

ζ die Widerstandsziffer des Einzelwiderstandes

bedeutet. Bezüglich der zahlenmäßigen Höhe der ζ-Werte sei auf die „Hütte" verwiesen.

Schließlich tritt noch für Erteilung der Geschwindigkeit der Druckverlust

$$\Delta P_w = m \cdot \frac{w^2}{2g} \cdot \gamma$$

auf, der zum Teil wiedergewonnen werden kann, wenn die Flüssigkeit verzögert wird oder vollständig zur Ruhe kommt. Der Wert m beträgt bei laminarer Strömung ~ 2, bei turbulenter Strömung $\sim 1{,}09$.

1. Rohrleitungen, die den Arbeitsstoff führen.

a) In unterkühltem, flüssigem Zustande.

Die wirtschaftliche Geschwindigkeit in der Flüssigkeitsleitung liegt zwischen 0,3 und 2 m/s — untere Werte für Schwefligsäure, mittlere für Ammoniak, obere für Kohlensäure —, also bei dem 50- bis 500fachen Betrag der kritischen Geschwindigkeit. Für schmiedeeiserne Rohre mittlerer Rauhigkeit verändert sich λ_R innerhalb dieser Grenzen von etwa 0,03 bis 0,02. Der Sicherheit halber sei durchweg $\lambda_R \sim 0{,}03$ angenommen. Hiermit ergibt sich der Druckabfall in der Flüssigkeitsleitung zu

$$\Delta P_R = 0{,}03 \cdot \frac{L}{D} \cdot \frac{w^2}{2g} \cdot \gamma,$$

also für Kohlensäure etwa fünfmal, für Schwefligsäure etwa halb so hoch wie für Ammoniak. Diese Zahlen entsprechen dem Verhältnis des zwischen Verflüssiger- bzw. Nachkühleraustritt und Regler verfügbaren Gefälles, das bei Kohlensäure rund fünfmal, bei Schwefligsäure rund halb so groß ist wie bei Ammoniak.

Zahlenbeispiel 53.

Durch eine Ammoniakflüssigkeitsleitung von 0,02 m Durchmesser strömen 500 kg/h Ammoniak mit einer Temperatur von 15° ($\gamma \sim 620$). Wie groß ist der Druckverlust auf einer geraden Strecke von 50 m?

---

[1] Hermann: Strömungswiderstand in Rohren. Leipzig 1930.

$$w = \frac{500}{620 \cdot 3600 \cdot \frac{0{,}02^2 \cdot \pi}{4}} \sim 0{,}7 \text{ m/s},$$

$$\Delta P_R = 0{,}03 \cdot \frac{50}{0{,}02} \cdot \frac{0{,}7^2}{2 \cdot 10} \cdot 620 \sim 1200 \text{ kg/m}^2.$$

Dieser Verlust ist unbedenklich, da beispielsweise bei einer Verflüssigungstemperatur von 20° und einer Verdampftemperatur von —10° der verfügbare Spannungsunterschied etwa vierzigmal so hoch liegt.

Die rechnerische Kälteleistung beträgt im vorstehenden Falle rund 140000 kcal/h. Bei einer Kohlensäureanlage wären für die gleiche Leistung bei denselben Temperaturen rund 3000 kg/h, bei einer Schwefligsäureanlage rund 1600 kg/h nötig. Sollte auch hier die Durchflußgeschwindigkeit $w \sim 0{,}7$ m/s betragen, so wäre der Rohrdurchmesser für Kohlensäure mit etwa 0,045, für Schwefligsäure mit etwa 0,025 m zu bemessen, was auf einen Druckverlust führen würde, der für

$$\text{Kohlensäure} \quad \Delta P_R = 0{,}03 \cdot \frac{50}{0{,}045} \cdot \frac{0{,}7^2}{2 \cdot 10} \cdot 820 \sim 700 \text{ kg/m}^2,$$

$$\text{Schwefligsäure} \quad \Delta P_R = 0{,}03 \cdot \frac{50}{0{,}025} \cdot \frac{0{,}7^2}{2 \cdot 10} \cdot 1400 \sim 2100 \text{ kg/m}^2$$

beträgt. Dieser Verlust würde bei Schwefligsäure das etwa zehnmal so hohe verfügbare Druckgefälle nicht erschöpfen, bei Kohlensäure wäre er übertrieben niedrig, und die Bemessung der Flüssigkeitsleitung mit 0,045 m als nutzloser Kostenaufwand anzusehen. Die Verringerung des Durchmessers auf 0,025 m würde einen Druckverlust von etwa 10000 kg/m² ergeben und die untere Grenze noch keineswegs erreichen, da das verfügbare Spannungsgefälle nahezu fünfzigmal so groß ist. Es ist daher richtig, wenn für Kohlensäure Geschwindigkeiten zugelassen werden, die für Flüssigkeitsleitungen im allgemeinen zu hoch scheinen.

b) In überhitztem, gasförmigem Zustande.

Die üblichen Geschwindigkeiten in den Druckleitungen liegen für Ammoniak, Kohlensäure und Schwefligsäure etwa bei dem Hundertfachen der kritischen Geschwindigkeit, bei kleineren Anlagen zuweilen darunter, bei großen in der Regel nicht unwesentlich darüber. Ein Wert $\lambda_R \sim 0{,}025$ bietet hier genügende Sicherheit für den Rechnungsgang.

Zahlenbeispiel 54.

Wie groß ergibt sich im vorstehenden Beispiel der Druckverlust in einer Druckleitung von 0,08 m Durchmesser und 50 m gerader Länge, wenn der Verdichter ohne Überhitzung arbeitet?

Das spezifische Gewicht beträgt bei 20° Verflüssigungstemperatur für Ammoniak $\gamma \sim 6{,}7$ kg/m³, damit folgt

$$w = \frac{500}{6{,}7 \cdot 3600 \cdot \frac{0{,}08^2 \cdot \pi}{4}} \sim 4{,}2 \text{ m/s},$$

$$\Delta P_R = 0{,}025 \cdot \frac{50}{0{,}08} \cdot \frac{4{,}2^2}{2 \cdot 10} \cdot 6{,}7 \sim 100 \text{ kg/m}^2.$$

Dieser Verlust ergibt eine unmerkliche Erhöhung des Verflüssigungsdruckes von 87400 auf 87500 kg/m², entsprechend einer Steigerung der Verflüssigungstemperatur von 20° auf etwa 20,02° und einer Vermehrung des Arbeitsbedarfs um knapp 0,1%. Er ist also durchaus unbedenklich.

Soll bei einer Kohlensäure- oder Schwefligsäureanlage gleicher Leistung dieselbe Erhöhung der Verflüssigungstemperatur von 20° auf 20,02° zugelassen werden, so bedeutet dies eine zulässige Drucksteigerung bei Kohlensäure von 581500 auf etwa 581800, also um 300 kg/m², bei Schwefligsäure von 33500 auf 33525, also um 25 kg/m². Die Wahl eines Rohrdurchmessers von 0,04 m für Kohlensäure, 0,15 m für Schwefligsäure ergibt für

$$\text{Kohlensäure} \quad w = \frac{3000}{195 \cdot 3600 \cdot \frac{0{,}04^2 \cdot \pi}{4}} \sim 3{,}4 \text{ m/s},$$

$$\Delta P_R = 0{,}025 \cdot \frac{50}{0{,}04} \cdot \frac{3{,}4^2}{2 \cdot 10} \cdot 195 \sim 350 \text{ kg/m}^2,$$

$$\text{Schwefligsäure} \quad w = \frac{1600}{9{,}4 \cdot 3600 \cdot \frac{0{,}15^2 \cdot \pi}{4}} \sim 2{,}7 \text{ m/s},$$

$$\Delta P_R = 0{,}025 \cdot \frac{50}{0{,}15} \cdot \frac{2{,}7^2}{2 \cdot 10} \cdot 9{,}4 \sim 300 \text{ kg/m}^2.$$

Die Herabsetzung der Geschwindigkeit gegenüber Ammoniak auf $^4/_5$ für Kohlensäure ist etwa ausreichend, auf $^2/_3$ für Schwefligsäure dagegen nicht genügend. Der im letzten Falle sich ergebende Druckverlust ist um das 12fache höher. Ein auf das $\sqrt[5]{12} \sim 1{,}7$fache erhöhter Durchmesser von 0,25 m würde hier entsprechen, aus wirtschaftlichen Gründen jedoch voraussichtlich als zu teuer zu verwerfen sein.

Zahlenbeispiel 55.

Wie stellen sich die Verhältnisse, wenn im vorausgehenden Falle die mit trockenen Dämpfen arbeitende Saugleitung gleiche Abmessungen erhält wie die Druckleitung? Es gilt für

$$\text{Ammoniak} \quad w = \frac{500}{2{,}4 \cdot 3600 \cdot \frac{0{,}08^2 \cdot \pi}{4}} \sim 11{,}5 \text{ m/s},$$

$$\Delta P_R = 0{,}025 \cdot \frac{50}{0{,}08} \cdot \frac{11{,}5^2}{2 \cdot 10} \cdot 2{,}4 \sim 250 \text{ kg/m}^2.$$

Der Druckverlust erhöht sich im umgekehrten Verhältnis der spezifischen Gewichte. Das bedeutet bei tiefen Verdampftemperaturen Forderung niedriger Geschwindigkeiten in der Saugleitung. Es folgt für

$$\text{Kohlensäure} \quad \Delta P_R = \frac{350 \cdot 195}{70} \sim 1000 \text{ kg/m}^2,$$

$$\text{Schwefligsäure} \quad \Delta P_R = \frac{300 \cdot 9{,}4}{3} \sim 1000 \text{ kg/m}^2.$$

Der Druckverlust äußert sich bei Ammoniak in einer Senkung des Dampfdruckes von 29650 auf 29400 kg/m², entsprechend einer Abnahme der Verdampftemperatur von — 10° auf — 10,2° und einer Minderleistung von etwa 1%. Bei Kohlensäure beträgt der Leistungsverlust durch Senkung des Dampfdruckes von 269400 auf 268400 kg/m² und Abnahme der Verdampftemperatur von — 10° auf — 10,1° nur etwa 0,5%. Bei Schwefligsäure dagegen nimmt der Dampfdruck von 10300 auf 9300 kg/m², die Verdampftemperatur von — 10° auf — 12,3° ab, der Leistungsverlust steigt auf die bedenkliche Höhe von über 10%. Bei Vergrößerung des Leitungsdurchmessers auf 0,25 würde der Druckverlust auf etwa 100 kg/m², der Leistungsverlust auf etwa 1% zurückgehen.

c) In gemischtem Zustande, Dampf neben siedender Flüssigkeit.

Strömt Dampf neben siedender Flüssigkeit durch eine geschlossene Rohrleitung, so besteht zunächst Ungewißheit bezüglich Festsetzung der für beide Teile geltenden Durchflußgeschwindigkeit. Bei der Einspritzleitung kann in der Regel innige Durchmischung beider Teile angenommen werden. Der Druckverlust spielt hier insofern eine untergeordnete Rolle, als zu seinem Ausgleich das große Druckgefälle zwischen Ende des Verflüssigers bzw. Nachkühlers und Anfang des Verdampfers zur Verfügung steht. Eine eng bemessene Einspritzleitung übernimmt daher teilweise die Aufgabe des Reglers.

Zahlenbeispiel 56.

Durch eine Ammoniakeinspritzleitung von 0,01 m Durchmesser strömen 500 kg/h Ammoniak mit einer mittleren Temperatur von — 5° und einem mittleren Dampfgehalt von 0,1, entsprechend einem durchschnittlichen spezifischen Gewicht von

$$\gamma \sim \frac{1}{0{,}9 \cdot 0{,}00155 + 0{,}1 \cdot 0{,}3469} \sim 22{,}7 \text{ kg/m}^3.$$

(Der Einfluß des Dampfgehaltes ist so groß, daß er im allgemeinen nicht vernachlässigt und der Arbeitsstoff nicht als reine Flüssigkeit angenommen werden darf.) Wie groß ist der Druckverlust auf einer geraden Strecke von 10 m?

$$w = \frac{500}{27{,}7 \cdot 3600 \cdot \frac{0{,}01^2 \cdot \pi}{4}} \sim 64 \text{ m/s},$$

$$\varDelta P_R = 0{,}035 \cdot \frac{10}{0{,}01} \cdot \frac{64^2}{2 \cdot 10} \cdot 27{,}7 \sim 200000 \text{ kg/m}^2.$$

Hierbei ist der Sicherheit halber $\lambda_R \sim 0{,}035$ angesetzt. Der gefundene Druckverlust überschreitet auf alle Fälle das verfügbare Druckgefälle, so daß eine Vergrößerung des Leitungsdurchmessers geboten ist. Mit einem Durchmesser von 0,02 m ergibt sich die Geschwindigkeit $w \sim 16$ m/s und der Druckabfall $\varDelta P_R = 0{,}035 \frac{10}{0{,}02} \cdot \frac{16^2}{2 \cdot 10} \cdot 27{,}7 \sim 6200$ kg/m². Herrscht daher, einer Verdampftemperatur von — 10° gemäß, am Ende der Einspritzleitung ein Druck von 29660 kg/m², so beträgt er am Anfang der Einspritzleitung etwa 23460 kg/m². Der Regler hat bei einer Verflüssigungstemperatur von 20° und einem Druckverlust bis zum Ende der Flüssigkeitsleitung von 1200 kg/m² eine Abdrosselung von 87410 — 1200 = 86210 auf 23460 kg/m² auszuführen.

Zahlenbeispiel 57.

Durch eine Kohlensäureflüssigkeitsleitung von 0,02 m Durchmesser strömen 3000 kg/h Kohlensäure mit einer durchschnittlichen Temperatur von 0° und einem Dampfgehalt von 0,33, entsprechend einem durchschnittlichen spezifischen Gewicht von

$$\frac{1}{0{,}67 \cdot 0{,}00108 + 0{,}33 \cdot 0{,}01038} \sim 240 \text{ kg/m}^2.$$

(Bei derartigen, hohen Wassertemperaturen entsprechenden, Verhältnissen ist die Annahme reiner Flüssigkeit in der Einspritzleitung erst recht nicht zulässig.) Wie groß ist der Druckverlust auf einer geraden Strecke von 100 m?

$$w = \frac{3000}{240 \cdot 3600 \cdot \frac{0{,}02^2 \cdot \pi}{4}} \sim 11 \text{ m/s},$$

$$\varDelta P_R = 0{,}035 \cdot \frac{100}{0{,}02} \cdot \frac{11^2}{2 \cdot 10} \cdot 240 \sim 254000 \text{ kg/m}^2,$$

ein Druckverlust, der zulässig erscheint.

d) Als Lösung.

Für die den Arbeitsstoff als Lösung führenden Leitungen liegen die Werte der kritischen Geschwindigkeit, gleiche Rohrabmessungen und Temperaturen vorausgesetzt, höher als für den reinen Arbeitsstoff in flüssiger Form und nähern sich um so mehr den für reines Wasser geltenden Zahlen, je niedriger der Sättigungsgrad der Lösung ist. Ein Wert $\lambda_R \sim 0{,}035$ bietet für die Rechnung auch hier genügende Sicherheit, da die aus wirtschaftlichen Gründen angewandte Geschwindigkeit etwa den zehnfachen Betrag der kritischen Geschwindigkeit ausmacht.

2. Rohrleitungen, die den Kälteträger führen.

a) In unterkühltem, flüssigem Zustande.

Die in Soleleitungen angewandte Durchflußgeschwindigkeit schwankt zwischen etwa 0,5 und 2 m/s bei einem Durchmesser, der 0,04 m in der Regel nicht unterschreitet, entsprechend dem mindestens doppelten Wert der kritischen Geschwindigkeit. Für schmiedeeiserne Rohre mittlerer Rauhigkeit kann hierfür $\lambda_R \sim 0{,}04$ angesetzt werden. Wegen der verschiedenen Werte von Zähigkeit und spezifischem Gewicht ergeben sich je nach der Soleart verschieden hohe Widerstände, die sich in dem Arbeitsbedarf der Umlaufvorrichtungen äußern. Das hinsichtlich der Wärmeübertragung günstige Verhalten von NaCl gegenüber anderen Kältemitteln tritt aus diesem Grunde noch mehr hervor.

Zahlenbeispiel 58.

Durch eine Soleleitung von 0,08 m Durchmesser fließen 22000 kg/h NaCl-Sole von einem spezifischen Gewicht $\gamma = 1100\,\mathrm{kg/m^3}$. Wie groß ist der Druckverlust auf einer geraden Strecke von 50 m?

$$w = \frac{22\,000}{1100 \cdot 3600 \cdot \frac{0{,}08^2 \cdot \pi}{4}} \sim 1{,}1\ \mathrm{m/s},$$

$$\Delta P_R = 0{,}04 \cdot \frac{50}{0{,}08} \cdot \frac{1{,}1^2}{2 \cdot 10} \cdot 1100 \sim 1700\ \mathrm{kg/m^2}.$$

b) In gasförmigem Zustande.

Die bei Kälteanlagen üblichen Luftleitungen werden in der Regel aus Holz oder verputzten Baustoffen, meist in rechteckiger Form, hergestellt. Es ist daher mit einem verhältnismäßig hohen Rauhigkeitsgrad zu rechnen und als gleichwertiger Durchmesser der Wert $D' = \frac{2 \cdot B \cdot H}{B + H}$ einzusetzen. Die Geschwindigkeit in den Hauptluftkanälen bewegt sich aus wirtschaftlichen Gründen zwischen etwa 3 und 5 m/s, in den Verteilungskanälen zwischen 1 und 3 m/s, d. i. etwa das Zehn- bis Hundertfache des kritischen Wertes. Unter Berücksichtigung des hohen Rauhigkeitsgrades ist für hölzerne oder verputzte Luftleitungen ein Wert $\lambda_R \sim 0{,}04$ anzunehmen.

Zahlenbeispiel 59.

Eine hölzerne Luftleitung besitzt rechteckigen Querschnitt von 0,8 m Breite, 0,2 m Höhe, entsprechend einem gleichwertigen Durchmesser $D' = \frac{2 \cdot 0{,}8 \cdot 0{,}2}{0{,}8 + 0{,}2} \sim 0{,}32$ m. Sie wird von 720 m³/h Luft durchströmt, deren spezifisches Gewicht 1,25 kg/m³ beträgt. Wie groß ist der Druckverlust auf einer geraden Strecke von 10 m?

$$w = \frac{720}{3600 \cdot 0{,}8 \cdot 0{,}2} \sim 1{,}3\ \mathrm{m/s},$$

$$\Delta P_R = 0{,}04 \cdot \frac{10}{0{,}32} \cdot \frac{1{,}3^2}{2 \cdot 10} \cdot 1{,}25 \sim 0{,}14\ \mathrm{kg/m^2}.$$

3. Rohrleitungen, die das Kühlwasser führen.

Hierfür kann wie für Soleleitungen $\lambda_R \sim 0{,}04$ angenommen werden.

4. Wärmeaustauschvorrichtungen, die den Arbeitsstoff führen.

a) In unterkühltem, flüssigem Zustande.

Strömt der Arbeitsstoff als reine Flüssigkeit mit wechselnder Temperatur, so kann in genügender Annäherung für die Berechnung des Druckabfalles der Zustand zugrunde gelegt werden, wie er der mittleren Temperatur zukommt. Der Rechnungsgang und die daraus sich ergebenden

Gesichtspunkte laufen daher für den Nachkühler auf das für die Flüssigkeitsleitung Ausgeführte hinaus.

b) In überhitztem, gasförmigem Zustande.

Ähnlich liegen die Verhältnisse, wenn der Arbeitsstoff in Gasform mit wechselnder Temperatur vorliegt. Der Druckabfall im ersten Teile des Verflüssigers kann daher, wie bei der Druckleitung ausgeführt, berechnet werden, wobei der Zustand des Gases entsprechend der mittleren Gastemperatur anzunehmen ist.

c) In gemischtem Zustande. Dampf neben siedender Flüssigkeit.

In den Teilen von Wärmeaustauschvorrichtungen, in denen der Arbeitsstoff verdampft bzw. niederschlägt, entsprechen dem wechselnden Dampfgehalt veränderliche Reibungsverluste. Für wasserdampfführende Rohrschlangen läßt sich der Druckverlust nach den für strömenden Dampf geltenden Formeln berechnen, wenn das Dampfgewicht 1,73fach eingesetzt wird. Es ist anzunehmen, daß dieses Verhältnis auch für das Sättigungsgebiet im Verdampfer und Verflüssiger gilt.

Zahlenbeispiel 60.

Ein aus 6 parallel geschalteten Rohrschlangen von je 150 m Länge bestehender Ammoniakverflüssiger wird von 500 kg/h Arbeitsstoff durchflossen, der mit 90° Überhitzung eintritt, 10 m hinter der Eintrittsstelle die Sättigungstemperatur von 20° erreicht (mittlere Überhitzungstemperatur 55°, $\gamma \sim 5{,}7$). Das Verflüssigungsgebiet erstreckt sich über weitere 135 m, in den restlichen 5 m wird der Arbeitsstoff von 20° auf 10° unterkühlt (mittlere Temperatur 15°, $\gamma \sim 620$). Wie groß ist der gesamte Druckverlust ohne Berücksichtigung der einmaligen Widerstände, wenn der Rohrdurchmesser 0,03 m beträgt?

$$w = \frac{500}{5{,}7 \cdot 3600 \cdot 6 \cdot \frac{0{,}03^2 \cdot \pi}{4}} \sim 5{,}8 \text{ m/s im Enthitzungsgebiet,}$$

$$w = \frac{\frac{500}{1{,}76}}{6{,}7 \cdot 3600 \cdot 6 \cdot \frac{0{,}03^2 \cdot \pi}{4}} \sim 2{,}8 \text{ m/s im Sättigungsgebiet,}$$

$$w = \frac{500}{620 \cdot 3600 \cdot 6 \cdot \frac{0{,}03^2 \cdot \pi}{4}} \sim 0{,}05 \text{ m/s im Unterkühlungsgebiet,}$$

$$\Delta P_R = 0{,}025 \cdot \frac{10}{0{,}03} \cdot \frac{5{,}8^2}{2 \cdot 10} \cdot 5{,}7 + 0{,}035 \cdot \frac{135}{0{,}03} \cdot \frac{2{,}8^2}{2 \cdot 10} \cdot 6{,}7$$
$$+ 0{,}035 \cdot \frac{5}{0{,}03} \cdot \frac{0{,}05^2}{2 \cdot 10} \cdot 620 \sim 80 + 410 + 0{,}5 \sim 500 \text{kg/m}^2.$$

Der Druckverlust ist im Unterkühlungsgebiet verschwindend gering und auch im Verflüssiger insgesamt recht niedrig.

d) In gemischtem Zustande, Dampf neben Lösung.

Bei den Wärmeaustauschvorrichtungen, die den Arbeitsstoff als Dampf neben Lösung führen, ist der durch den Lösungsanteil bedingte Durchflußwiderstand ausschlaggebend, da ihm gegenüber der Dampfanteil verschwindet. Die Berechnung für Aufsauger und Austreiber von Absorptionskühlanlagen kann daher auf den nachstehenden Fall zurückgeführt werden.

e) Als Lösung.

Strömt der Arbeitsstoff in Lösungsform mit wechselnder Temperatur, jedoch ohne Veränderung der Lösungsstärke, so kann in genügender Annäherung für die Berechnung des Reibungsverlustes der Zustand zugrunde gelegt werden, wie er der mittleren Temperatur zukommt. Für den Temperaturwechsler bei Absorptionskühlanlagen ergibt sich hiermit der gleiche Rechnungsvorgang wie für die lösungführenden Leitungen.

Der in Wärmetauschern auftretende Druckverlust ist verschieden zu werten, je nachdem er verursacht ist

1. durch die Reibung an den wärmeübertragenden Wandungen,
2. durch Reibung an nur führenden, nicht wärmeübertragenden Flächen,
3. durch einmalige Widerstände außerhalb des wärmeübertragenden Feldes.

Dem Anteil zu 1. ist der Wärmeübergang verhältnisgleich. Er kann daher als nutzbarer Strömungswiderstand angesehen werden. Der Anteil zu 2. ergibt sich beispielsweise an der äußeren Fläche eines Doppelrohrringraumes, wenn nur das Kernrohr Wärme überträgt. Er hängt zwangläufig mit dem nutzbaren Strömungswiderstand zusammen. Der Anteil zu 3. tritt vorzugsweise als Ein-, Über- und Austrittswiderstand auf, z. B. in den Umkehrbogen und winkeligen Übergängen eines Doppelrohrwärmeaustauschers. Dieser Teil des Druckverlustes ist ohne Einfluß auf den Wärmeübergang, also eindeutig unerwünscht.

Aus dieser Unterscheidung erklärt es sich, daß der Gesamtwiderstand eines Wärmeaustauschers kein richtiges Bild über seine Berechtigung gibt. Beispielsweise ist bei gleichem Gesamtwiderstand für höhere Geschwindigkeit über kurze gerade Wege ein geringerer Wärmeübergangswiderstand zu erwarten als für niedrigere Geschwindigkeit über längere und vielfach gewundene Wege. Ein verfügbares Druckgefälle wird daher im allgemeinen besser durch Parallelschaltung enger Querschnitte als durch Hintereinanderschaltung weiter Querschnitte ausgenutzt.

Bei Verfolgung des Arbeitsstoffkreislaufes ergeben sich für die Berechnung des durch Reibungswiderstand, Einzelwiderstand und Geschwindigkeit veranlaßten Druckverlustes folgende Gesichtspunkte:

Der aus dem Verdichter verdrängte gasförmige Arbeitsstoff durchströmt die Arbeitsventile und erfährt hierbei eine Beschleunigung entsprechend einem Druckverlust $\Delta P_w = m \cdot \frac{w^2}{2g} \cdot \gamma$, wenn w die Durchströmungsgeschwindigkeit im Ventilspalt bedeutet, der gegenüber die niedrige Geschwindigkeit des Gases im Verdichterzylinder verschwindet.

Beim Durchströmen durch die Druckventile des Verdichters erleidet der Arbeitsstoff einen einmaligen Widerstandsverlust $\Delta P_\zeta = \zeta \cdot \frac{w^2}{2g} \cdot \gamma$, wobei ζ von der Bauart des Ventils abhängt und der Größenordnung nach etwa 5 beträgt.

Beim Durchströmen der anschließenden Druckleitung treten, neben dem von der Länge abhängigen Druckverlust durch Reibung, einmalige Widerstände auf: durch Absperrventile (ζ von der Bauart abhängend und in außerordentlich weiten Grenzen, zwischen 0,5 und 20, schwankend), Bogen (ζ_{90^0} je nach dem Verhältnis von Biegungshalbmesser zu Rohrdurchmesser: 0,1 für $r \geqq 5\,d$, bis 1,3 für $r = 0$, scharfes Knie), T-Stücke ($\zeta \sim 0{,}5$ für Durchgang, 1 für Abzweig, 2 für Zusammenlauf), Hosenstücke ($\zeta \sim 1$ für Zusammenlauf, 1 für Abzweig), Ölabscheider und andere Formstücke, die plötzliche Querschnittsänderungen ergeben ($\zeta \sim 1$ bis 5, unter Berücksichtigung des Widerstandes eines Ablenkungseinbaus). In Ölabscheidern und anderen Behältern mit starken Querschnittsveränderungen kann ein Teil der Anfangsgeschwindigkeit wiedergewonnen und zur Deckung des Verlustes benutzt werden, der sich durch die notwendige Beschleunigung am Austritt des Behälters ergibt. Die vorsichtige Rechnung wird jedoch hiervon absehen und in den einmaligen Widerstand des Behälters den auf die Austrittsstelle entfallenden Geschwindigkeitsverlust einschließen.

In dem Verflüssiger treten neben den Reibungsverlusten einmalige Widerstände vor allem durch die Rohrbogen auf. Die Bedingung für $\zeta \sim 0$ ($r \geqq 5\,d$) läßt sich im allgemeinen leicht erfüllen, so daß die einmaligen Widerstände in engen Grenzen bleiben. Nur bei Doppelrohrverflüssigern ist in der Regel mit kleinerem Windungshalbmesser zu rechnen und eine Vernachlässigung der Umkehrwiderstände unzulässig.

Bei der anschließenden Flüssigkeitsleitung treten einmalige Widerstände in gleicher Art auf wie bei der Druckleitung. In der Regelstelle bzw. einem besonderen Flüssigkeitssammler kommt der Arbeitsstoff nahezu zur Ruhe. Der Eintrittswiderstand in die Regelventile bzw. die zu ihnen führenden Rohrstutzen spielt in Ausnahmefällen eine Rolle, wenn das verfügbare Druckgefälle zwischen Verflüssiger und Verdampfer durch die Widerstände nahezu oder vollständig aufgezehrt wird. Er ergibt sich mit $\zeta \sim 1$ bis 2 gleich der ein- bis zweifachen Geschwindigkeitshöhe, wozu noch der Druckverlust $m \cdot \frac{w^2}{2g} \cdot \gamma$ für die Beschleunigung des Arbeitsstoffes hinzukommt.

Für die Einspritzleitung gelten ähnliche Gesichtspunkte wie für die Druckleitung.

Die Widerstände des Verdampfers ergeben sich gemäß dem für den Verflüssiger Angeführten. Der Verdampfung entspricht im allgemeinen eine Beschleunigung bis auf die beim Eintritt in die Saugleitung herrschende Geschwindigkeit, demgemäß ein Druckverlust $m \cdot \frac{w^2}{2g} \cdot \gamma$.

In der Saugleitung treten neben dem Reibungsverlust in der Hauptsache einmalige Widerstände gleicher Art auf wie in der Druckleitung. Der übliche Einbau eines Schmutzfängers unmittelbar vor dem Verdichter führt zu einem einmaligen Widerstand, der abhängig ist von dem Maße der Querschnittserweiterung und dem Verhältnis der freien zur gesamten Gitterfläche ($\zeta \sim 0{,}3$ starke Erweiterung und großer freier Querschnitt, bis 2 schwache Erweiterung und kleiner freier Querschnitt).

Die Geschwindigkeit in der Saugleitung geht in der Regel in den Saugräumen des Verdichters verloren, so daß für das Durchströmen der Saugventile im Verdichter außer dem einmaligen Widerstand ($\zeta \sim 5$) auch noch ein Druckverlust $m \cdot \frac{w^2}{2g} \cdot \gamma$ für Beschleunigung auftritt. Innerhalb des Verdichterzylinders sind die einmaligen Widerstände wegen der verhältnismäßig geringen Geschwindigkeit ohne wesentlichen Einfluß.

Bei Absorptionskühlanlagen treten die beschriebenen Widerstandsarten in anderer Folge, jedoch gleicher Form, auf, ebenso wie bei den den Kälteträger in flüssiger oder gasförmiger Form führenden Leitungen.

Bei Luftkanälen bedürfen die Widerstände besonders sorgfältiger Berücksichtigung, weil sie nicht, wie bei den übrigen Leitungen, einen geringen Bruchteil des durch Temperatur- und Höhenverhältnisse sich ergebenden Druckes ausmachen, sondern den gesamten Widerstand und damit den Arbeitsbedarf des Lüfters bedingen. Für den Rechnungsvorgang sind hierbei folgende Gesichtspunkte maßgebend:

Im Kühlraum in der Regel Überdruck von 1 bis 3 kg/m^2;

Eintritt in die Schlitze der Saugkanäle ($w \sim 0{,}5$ m/s, $\zeta \sim 2$);

Durchströmen der Seitenkanäle ($w \sim 2$ m/s) und Hauptkanäle ($w \sim 4$ m/s), einmalige Widerstände durch Richtungsänderung (ζ wie für Druckleitung angegeben), dazu Reibungs- und Druckverlust für Beschleunigung bis zur größten Geschwindigkeit;

Eintritt in den Luftkühler ($\zeta \sim 1$);

Durchströmen des Luftkühlers ($w \sim 2$ bis 3 m/s für Trockenluftkühler, 1 bis 2 m/s für Naßluftkühler). Beim Trockenluftkühler ergibt sich der Druckverlust in der Hauptsache durch den Gitterwiderstand ($\zeta \sim 0{,}6$) und ein- oder mehrmalige scharfwinkelige Umkehr (ζ bis 3), beim Naßluftkühler vor allem durch den Ablenkwiderstand, der besonders bei Fülltürmen erheblich werden kann;

Austritt aus dem Luftkühler ($\zeta \sim 2$) und Beschleunigung auf die Geschwindigkeit der Druckleitung;

Durchströmen der Hauptdruckkanäle und ihrer Abzweige, Austritt aus den Druckschlitzen, Widerstände entsprechend der Saugseite;

hierzu kommt der Widerstand beim Ein- und Austritt des Lüfters, der am Anfang oder Ende des Luftkühlers sitzt. Während bei den übrigen Leitungen mit vollständigem Verlust der Geschwindigkeitsdrücke gerechnet wird, lassen sich bei der Luftleitung, vor allem unmittelbar vor und hinter dem Lüfter, durch sorgfältige Formengebung die Geschwindigkeiten teilweise nutzbar in Druck umwandeln.

Der gesamte Widerstand vom Eintritt in die Saugschlitze bis zum Eintritt in den Lüfter ergibt, vermindert um den im Kühlraum herrschenden Überdruck, den am Lüftereintritt anzunehmenden Unterdruck. Der Überdruck am Lüfteraustritt folgt aus den Gesamtwiderständen von da bis zum Austritt aus den Schlitzen der Druckkanäle, vermehrt um den Überdruck im Kühlraum. Beide zusammen ergeben den für die Lüfterbemessung in Betracht kommenden Gesamtdruck.

Bei der Erörterung der Strömungswiderstände wurde bisher angenommen, daß der Arbeitsstoff mit gleichbleibender Geschwindigkeit sich fortbewegt. Die wirkliche Ausführung sucht sich dem durch Ausgleichbehälter zu nähern, durch die die Ungleichförmigkeit der Hin- und Herbewegung des Kolbens gemildert wird. Bei einfachwirkenden Verdichtern sind derartige Maßnahmen besonders angebracht. Für die Anschlüsse an den Verdichterzylindern selbst kommt die Ausgleichwirkung derartiger Zusatzräume noch nicht zur Geltung. Ein einfachwirkender Verdichter muß daher einen Anschluß gleicher Größe erhalten wie ein doppeltwirkender gleicher Abmessungen und Drehzahl, obwohl er nur halb so viel leistet wie der doppeltwirkende. Als Ausgleichbehälter bieten sich auf der Druckseite Ölabscheider, auf der Saugseite Schmutzfänger. Beide werden im allgemeinen nicht groß bemessen, so daß Pendelungen der Gasbewegung sich auch noch auf die Druck- bzw. Saugleitung ausdehnen und erst in dem Verflüssiger bzw. Verdampfer verschwinden. Welche durchschnittliche Geschwindigkeit für Druck- und Saugleitung bei der Berechnung der Widerstände anzusetzen ist, muß im allgemeinen die Erfahrung des Entwerfenden schätzen.

Bei mittelbarer Kühlung führt die vorläufige Annahme der Rohrleitungsabmessungen nach wirtschaftlichen Gesichtspunkten und die Abschätzung der damit sich ergebenden Reibungswiderstände zu einer Begrenzung der Menge des umlaufenden Kälteträgers und seiner Temperaturänderung während des Kreislaufes. Allgemein gültige Gesichtspunkte lassen sich kaum aufstellen. Je größer der Unterschied der höchsten und tiefsten Temperatur des Kälteträgers ist, um so niedriger wird die Leistungsziffer der Anlage, um so kleiner allerdings auch die Leitung und die Umlaufvorrichtung. Bei Luftkühlvorrichtungen kommt zu diesen Gesichtspunkten noch der Einfluß der Luftmenge auf den Gewichtsverlust des Kühlguts. Temperaturgefälle für flüssige Kälteträger von 2 bis 5^0 bei Röhrenkühlung, 0,5 bis 2^0 bei Naßluftkühlern, für Luft als Kälteträger von 1 bis 5^0 je nach der Empfindlichkeit des Kühlguts, kennzeichnen die ungefähren üblichen Grenzen.

Neben dem Druckverlust läuft eine Wärmeentwicklung einher, die bei allen den Kälteträger führenden Teilen einen Leistungsverlust ergibt. Soweit der Arbeitsstoff in Betracht kommt, ist die durch den Druckverlust veranlaßte Wärmezufuhr vom Verdampferaustritt bis Verflüssigeraustritt, außerdem in der Einspritzleitung, ohne wesentlichen Einfluß. Im Verdampfer bedeutet sie eine Verminderung der

Nutzleistung, in der Flüssigkeitsleitung ist ihr Einfluß verschieden, je nachdem es sich um unterkühlte oder gesättigte Flüssigkeit handelt. Im ersten Falle verringert sich der Unterkühlungsgrad, im letzten dagegen beginnt die dem Regelvorgang zugedachte Verdampfung schon in der Flüssigkeitsleitung und verlangt eine Anordnung, bei der die sich bildenden Dampfblasen frei abfließen.

Zwischen Druckverlust und Flüssigkeitserwärmung besteht die allgemeine Beziehung

$$A \cdot \Delta P \cdot V = \Delta T \cdot \gamma \cdot c \cdot V$$

$$\Delta T = \frac{A \cdot \Delta P}{\gamma \cdot c}, \tag{132}$$

d. h. die Temperaturzunahme erfolgt verhältnisgleich dem Spannungsverlust. Diese Beziehung ermöglicht bei hohen Widerständen eine Prüfung der rechnerisch zu erwartenden Temperaturänderung.

XIX. Vorausberechnung der Betriebszahlen bei feststehenden Abmessungen der Kühlanlage.

In der Regel erfolgt der Rechnungsgang in der Weise, daß zunächst die durch den Zweck der Anlage bedingte Kälteleistung, danach unter Festlegung der Temperaturen und des Verfahrens, die Verdampfergröße und schließlich die erforderliche Verflüssigungsanlage — Verdichter und Verflüssiger bzw. Aufsauger, Austreiber und Verflüssiger nebst Zubehör — ermittelt werden. Ausnahmsweise können die Verhältnisse für Verdampfer und Verflüssigungsanlage von vornherein festliegen, z. B. wenn eine in allen Teilen vorhandene Maschinenanlage zu verwerten ist. Hierbei wirft sich die Frage nach den Betriebsverhältnissen auf, die sich bei dem beabsichtigten Zwecke ergeben werden. Die Lösung erfolgt am einfachsten auf zeichnerischem Wege.

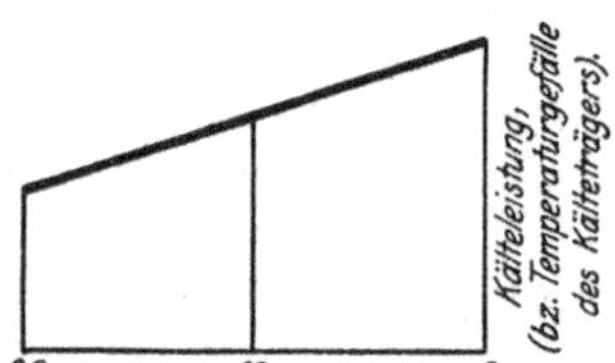

Abb. 381. Abhängigkeit zwischen Verdampftemperatur und Kälteleistung bzw. Temperaturgefälle des Kälteträgers.

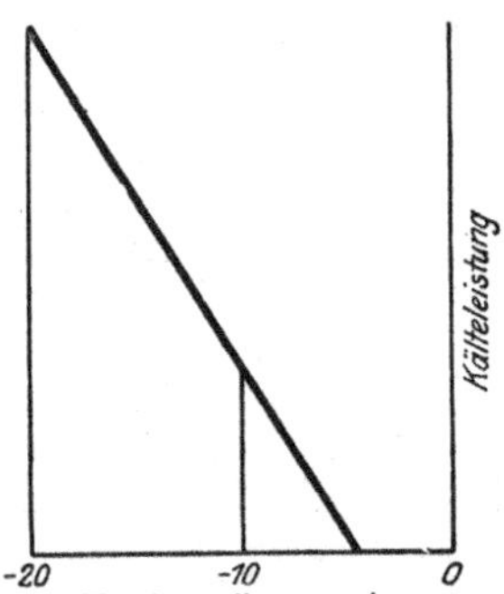

Abb. 382. Abhängigkeit zwischen Verdampftemperatur und Kälteleistung.

Die Veränderung der Kälteleistung mit der Verdampftemperatur ist hierbei als feststehend anzusehen, sie folgt beispielsweise nach Abb. 381.

Steht die äußere Temperatur des Verdampfers fest, so entspricht seiner als gegeben anzusehenden Oberfläche eine Kälteleistung, die sich mit

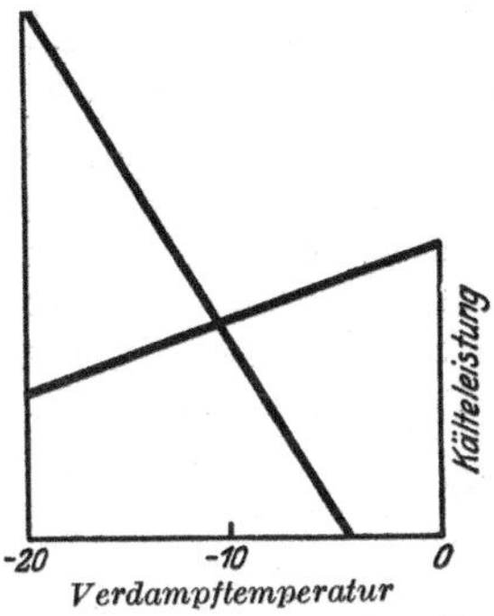

Abb. 383. Abhängigkeit zwischen Verdampftemperatur und Kälteleistung.

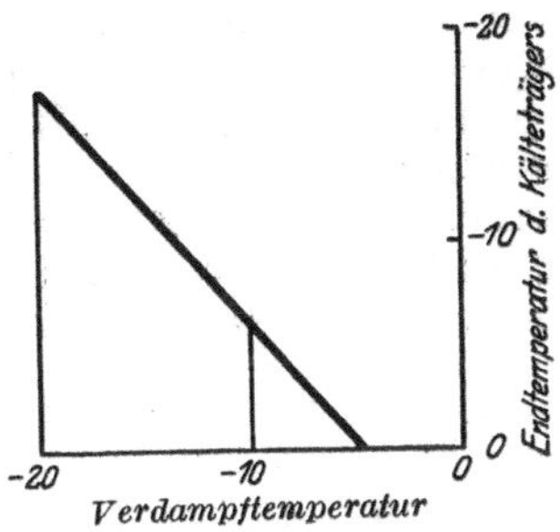

Abb. 384. Abhängigkeit zwischen Verdampftemperatur und Endtemperatur des Kälteträgers.

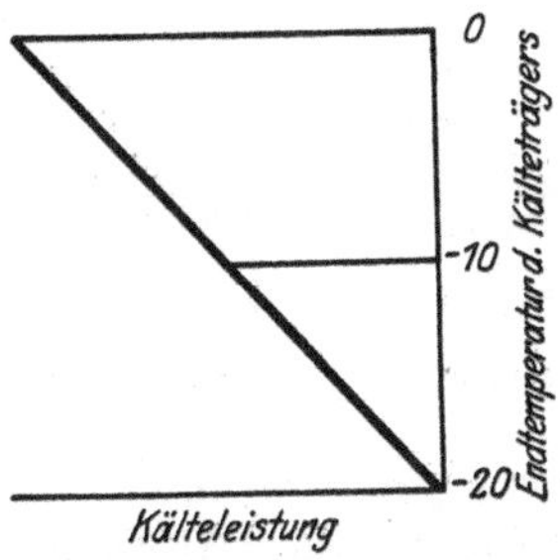

Abb. 385. Abhängigkeit zwischen Kälteleistung und Endtemperatur des Kälteträgers.

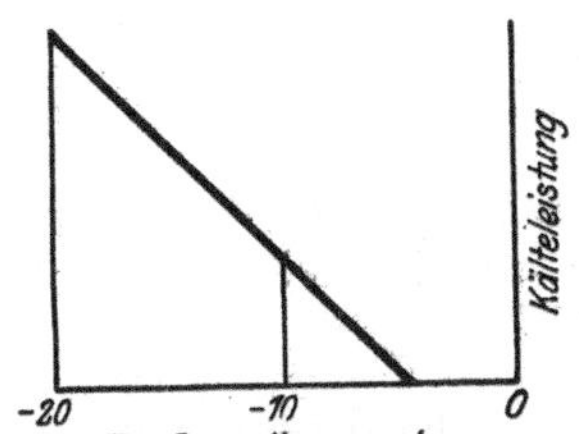

Abb. 386. Abhängigkeit zwischen Verdampftemperatur und Kälteleistung.

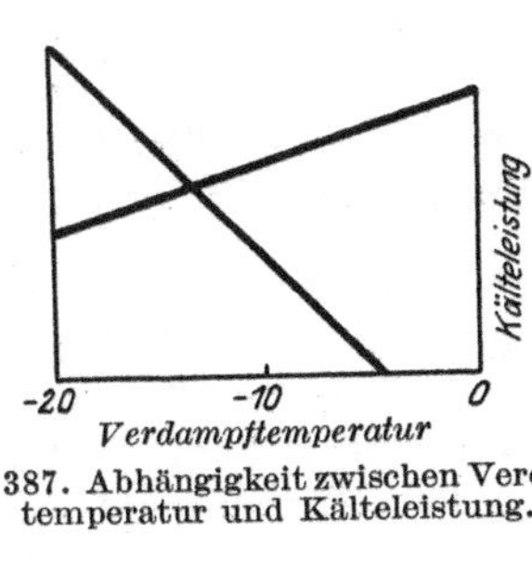

Abb. 387. Abhängigkeit zwischen Verdampftemperatur und Kälteleistung.

Abb. 388. Abhängigkeit zwischen mittelbarer Kälteleistung und Endtemperatur des Kälteträgers.

der Verdampftemperatur etwa nach Abb. 382 verändert. Durch Übereinanderlegen von Abb. 381 und 382 entsteht Abb. 383. Sie legt im Kreuzungspunkte die Verdampftemperatur und die ihr entsprechende Kälteleistung eindeutig fest.

Wird die äußere Temperatur des Verdampfers als veränderlich angesehen und etwa die Frage nach der Endtemperatur eines Kälteträgers aufgeworfen, der in bestimmter Menge und mit bestimmter Anfangstemperatur umläuft, so stellt Abb. 381 in entsprechendem Ordinatenmaßstab die Veränderung des Temperaturgefälles des Kälteträgers mit der Verdampftemperatur dar. Sie führt, über Abb. 384 — Abhängigkeit der Endtemperatur des Kälteträgers von der Verdampftemperatur —, zu Abb. 385 — Abhängigkeit zwischen der Endtemperatur des Kälteträgers und der aus Verdampferfläche und Anfangstemperatur des Kälteträgers errechneten Kälteleistung —. Aus dem Zusammenhange der Abb. 384 und 385 folgt Abb. 386 und durch deren Vereinigung mit Abb. 381 der Zusammenhang der Abb. 387. Er liefert

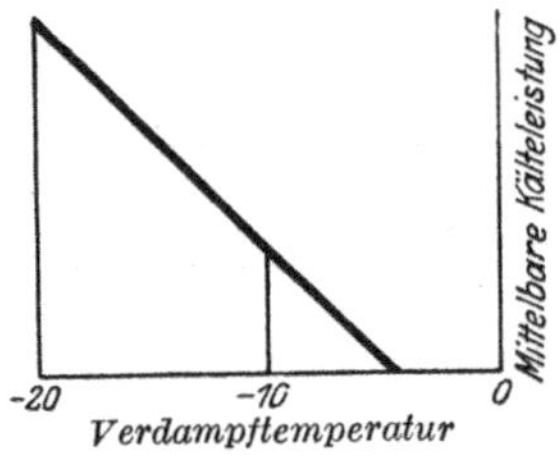

Abb. 389. Abhängigkeit zwischen Verdampftemperatur und mittelbarer Kälteleistung.

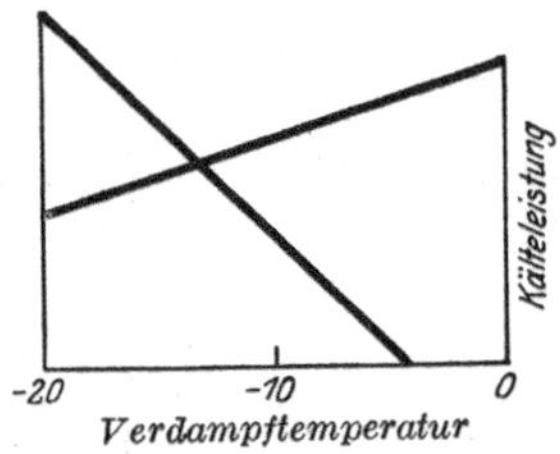

Abb. 390. Abhängigkeit zwischen Verdampftemperatur und Kälteleistung.

in dem Schnittpunkte die zu erwartenden Werte von Verdampftemperatur und Kälteleistung und damit aus Abb. 384 die Endtemperatur des Kälteträgers.

Ist der Zusammenhang dadurch noch verwickelter, daß, beispielsweise bei der Eiserzeugung, mit der Temperatur des Kälteträgers die mittelbare Kältewirkung sich verschiebt, so kommt zu dem in den Abb. 381 und 384 dargestellten Zusammenhang die Beziehung zwischen der tiefsten Temperatur des Kälteträgers und der mittelbaren Kälteleistung hinzu, die bei der Eiserzeugung durch die festliegenden Verhältnisse von Zellenzahl, Zellenform und Gefrierwassertemperatur beeinflußt wird. Aus den Abb. 388 und 384 folgt Abb. 389 und, durch ihre Verbindung mit Abb. 381, in Abb. 390 die dem Schnittpunkt entsprechenden Zahlen für die zu erwartende Verdampftemperatur und Kälteleistung.

Die Berechnung vereinfacht sich, wenn, wie in den gegebenen Darstellungen, die Abhängigkeit in allen Fällen durch Geraden dargestellt wird. Dies erscheint zulässig, weil es sich bei der Vorausberechnung in der Regel weniger um die Festlegung genauester Zahlen als um eine Schätzung handelt, wie weit die vorhandene Anlage für den beabsichtigten Zweck verwendbar ist.

Namenverzeichnis.

Sachverzeichnis.

Firmenverzeichnis.

***Diagramme und Tabellen zur Berechnung der Absorptions-Kältemaschinen.** Von Prof. Dr.-Ing. **Fr. Merkel,** Dresden, und Dr.-Ing. **Fr. Bosnjaković,** Dresden. Mit 30 Textabbildungen und 4 Diagrammen auf Tafeln. V, 43 Seiten. 1929. RM 12.—

***Kälteprozesse.** Dargestellt mit Hilfe der Entropie-Tafel. Von Prof. Dipl.-Ing. **P. Ostertag,** Winterthur. Mit 58 Textabbildungen und 3 Tafeln. II, 118 Seiten. 1924. Gebunden RM 6.80

***Haushalt-Kältemaschinen.** Von Dr.-Ing. **R. Plank,** o. Professor und Direktor des Kältetechnischen Instituts an der Technischen Hochschule Karlsruhe. Mit 68 Textabbildungen. V, 96 Seiten. 1928. RM 7.50

Der Verfasser, der Spezialist auf dem Gebiete des Kältewesens, hat in dieser Monographie über die Klein-Kältemaschinen das Gebiet kurz und übersichtlich dargestellt.

Die Technik des Kühlschrankes. Einführung in die Kältetechnik für Käufer und Verkäufer von Kühlschränken, Gas- und Elektrizitätswerke, Architekten und das Nahrungsmittelgewerbe. Von Dipl.-Ing. **P. Scholl,** Berlin. Mit 41 Textabbildungen. IV, 66 Seiten. 1932. RM 2.80

Der Verfasser hat sich die Aufgabe gestellt, allen denen, die sich beruflich mit Kühlschränken befassen müssen, die Kenntnisse zu vermitteln, die sie für ihre Aufgabe benötigen. Er entwickelt nicht nur die physikalischen Grundlagen der Kältetechnik und die besonderen Ausführungsformen von Kühlschränken, sondern geht auch auf die allgemeinen Fragen der Kühlhaltung ein. Besondere Vorkenntnisse sind nicht erforderlich, für das wissenschaftliche Studium der Einzelfragen fügt der Verfasser ein Literaturverzeichnis bei.

***Verdampfen, Kondensieren und Kühlen.** Von **E. Hausbrand** †. Siebente Auflage, unter besonderer Berücksichtigung der Verdampfanlagen vollständig neu bearbeitet von Dipl.-Ing. **M. Hirsch,** Beratender Ingenieur VBI. Mit 218 Textabbildungen. XVI, 359 Seiten. 1931. Gebunden RM 29.—

Die den drei Vorgängen: Verdampfen, Kondensieren und Kühlen gemeinsamen Grundbegriffe und die Gesetze der Strömung und Wärmeübertragung sind in den ersten Abschnitten behandelt; der theoretische und rechnerische Teil der Verdampfung bilden den Inhalt der folgenden Kapitel; im zweiten Buchteil geht der Verfasser ausführlich auf die praktische Ausführung und Anwendung von Verdampfanlagen ein. Daneben wird auch die Kondensation behandelt. Der Verfasser hat die Aufgabe, das Werk von Hausbrand in Einklang mit der modernen Forschung zu bringen, in bester Weise gelöst. Es ist ein für den Wärme- und Kälteingenieur gleich wertvolles Buch. „Die Kälte-Industrie“

*Auf alle vor dem 1. Juli 1931 erschienenen Bücher wird ein Notnachlaß von 10% gewährt.

Die Trockentechnik. Grundlagen, Berechnung, Ausführung und Betrieb der Trockeneinrichtungen. Von Dipl.-Ing. **M. Hirsch,** Beratender Ingenieur VBI. Zweite, verbesserte und vermehrte Auflage. Mit 336 Textabbildungen, 1 schwarzen und 2 zweifarbigen *i-x*-Tafeln für feuchte Luft. XVI, 484 Seiten. 1932. Gebunden RM 36.—

Der in der ersten Auflage unternommene Versuch einer wissenschaftlichen Behandlung der Trockentechnik und einer systematischen Darstellung ihrer Verfahren und Ausführungsformen hat eine fast ausnahmslos freundliche Beurteilung gefunden. In der Neuauflage hat der Verfasser die wissenschaftlichen Grundlagen verbreitert, um die Verständlichkeit zu erleichtern. Die letzten Fortschritte der Trockentechnik finden weitgehende Berücksichtigung. Neben Vertiefung der wissenschaftlichen Fragen kommt die Fühlung mit der Praxis durch reichen Erfahrungsstoff zum Ausdruck. Der immer wieder herangezogene Vergleich zwischen dem Ergebnis der Vorausberechnung und der tatsächlichen Beobachtung liefert einen wertvollen Maßstab für den Geltungsbereich der Theorie.

***Die Lehre vom Trocknen in graphischer Darstellung.** Von **Karl Reyscher,** Ingenieur. Zweite, verbesserte Auflage. Mit 34 Textabbildungen. IV, 74 Seiten. 1927. RM 4.50

***Das Trocknen mit Luft und Dampf.** Erklärungen, Formeln und Tabellen für den praktischen Gebrauch. Von Baurat **E. Hausbrand** †. Fünfte, stark vermehrte Auflage. Mit 6 Textfiguren, 9 lithographischen Tafeln und 35 Tabellen. VIII, 185 Seiten. 1920. Unveränderter Neudruck 1924. Gebunden RM 10.—

Luftbehandlung in Industrie- und Gewerbebetrieben. Be- und Entfeuchten, Heizen und Kühlen. Von Dipl.-Ing. **L. Silberberg.** Mit 96 Abbildungen im Text und einer Tafel. VI, 174 Seiten. 1932. RM 16.50; gebunden RM 18.—

Die vorliegende Arbeit ist für Fabrikanten und Betriebsbeamte, Ingenieure und Architekten bestimmt, die sich über Luftbe- und -entfeuchtung, im Zusammenhange mit Lüftung, Heizung und Kühlung näher unterrichten wollen. Der Ingenieur findet die rechnerischen Unterlagen, der Betriebsmann eine kritische Übersicht über die mannigfaltigen Systeme, deren Eigenarten und Anwendungsgebiete, sowie eine Fülle praktischer Winke. Das Buch füllt eine bisher in der technischen Literatur bestehende Lücke aus, indem es erstmalig die Theorie und Praxis der technischen Luftbehandlung in übersichtlicher Form vereinigt.

***Ix-Tafeln feuchter Luft** und ihr Gebrauch bei der Erwärmung, Abkühlung, Befeuchtung, Entfeuchtung von Luft, bei Wasserrückkühlung und beim Trocknen. Von Dr.-Ing. **M. Grubenmann,** Zürich. Mit 45 Textabbildungen und 3 Diagrammen auf 2 Tafeln. IV, 46 Seiten. 1926. RM 10.50

***Die Entropietafel für Luft** und ihre Verwendung zur Berechnung der Kolben- und Turbo-Kompressoren. Von Dipl.-Ing. **P. Ostertag,** Direktor des kant. Technikums Winterthur. Dritte, verbesserte Auflage. Mit 21 Textabbildungen und 2 Diagrammtafeln. IV, 48 Seiten. 1930. RM 6.—

* Auf alle vor dem 1. Juli 1931 erschienenen Bücher wird ein Notnachlaß von 10% gewährt.

GPSR Compliance

The European Union's (EU) General Product Safety Regulation (GPSR) is a set of rules that requires consumer products to be safe and our obligations to ensure this.

If you have any concerns about our products, you can contact us on ProductSafety@springernature.com

In case Publisher is established outside the EU, the EU authorized representative is:

Springer Nature Customer Service Center GmbH
Europaplatz 3
69115 Heidelberg, Germany

Batch number: 10682269

Printed by Printforce, the Netherlands